GAOZHONG SHUX

一门打尽

高中数学教材知识资料包

主　　编　刘增利
学科主编　冯艳红
本册主编　高晓明　杨建杰
编　　者　贾广磊　李保友
　　　　　张中楠　聂欢欢
　　　　　惠雅敏

北京出版集团公司　北京教育出版社

万向思维教育家团队

培养学子 全球视野

北京/王大绩	湖北/胡明道	广西/邓雅学	安徽/章潼生	河南/陈达仁	福建/江敬润	山西/田秀忠	吉林/王鹏伟
中学语文 特级教师	中学语文 特级教师	中学语文 特级教师	中学语文 高级教师	中学语文 高级教师	中学语文 高级教师	中学语文 高级教师	教授

北京/王建民	甘肃/郑作慧	浙江/施储	河南/骆传枢	湖南/周华辅	重庆/李开珂	山东/韩际清	贵州/龙纪文
中学数学 特级教师	中学数学 特级教师	中学数学 特级教师	中学数学 特级教师	中学数学 高级教师	中学数学 高级教师	中学数学 高级教师	副研究员

江苏/齐迅	安徽/邢凌初	广东/吴毓全	北京/王乐君	重庆/郑中和	新疆/卢萍	北京/周誉蔼	浙江/金鹏
中学英语 特级教师	中学英语 特级教师	中学英语 特级教师	中学英语 特级教师	中学英语 高级教师	中学英语 高级教师	中学物理 特级教师	中学物理 特级教师

四川/周昌鲜	湖北/夏正威	北京/程耀尧	北京/张立言	福建/李松华	四川/田间	新疆/王光曾	辽宁/林淑芬
中学物理 特级教师	中学化学 特级教师	中学化学 特级教师	中学化学 高级教师	中学化学 高级教师	中学化学 高级教师	中学化学 高级教师	中学化学 高级教师

山西/高培英	北京/秦伯川	江苏/曹惠玲	贵州/申萱行	云南/李正滋	河北/潘鸿章	河北/刘植义	吉林/毛正文
中学地理 特级教师	中学生物 特级教师	中学生物 高级教师	中学政治 特级教师	中学政治 特级教师	教授	教授	副教授

历年状元顾问团

书中滋味　一生体会

北京/张光珞
小学语文特级教师

北京/李龙文
小学语文特级教师

北京/赵景瑞
小学语文特级教师

北京/晋全增
小学数学特级教师

北京/朱滇生
小学数学特级教师

北京/王鑫
小学数学特级教师

陕西/张载锡
中学物理特级教师

甘肃/白春永
中学物理特级教师

辽宁/张福建
中学物理高级教师

北京/徐兆泰
中学政治特级教师

北京/张增强
中学历史高级教师

北京/李通
中学地理高级教师

黑龙江/朱靖
副研究员

湖南/杨慧仙
副研究员

云南/杨淑筠
副教授

山东/林小杰
文科状元

陕西/谢妮
文科状元

黑龙江/程相源
理科状元

江西/傅必振
理科状元

黑龙江/任飞
文科状元

吉林/孙田宇
文科状元

云南/吴倩
文科状元

上海/朱仁杰
免试录取生

海南/冯文婷
文科状元

福建/林巧璐
港澳台联考状元

陕西/郭薇
文科状元

河北/韩欢
文科状元

辽宁/代龙眷
理科状元

江西/周廷致
理科状元

广东/郑润泽
文科状元

重庆/刘趋然
文科状元

新疆/彭聘
理科状元

山西/王越
文科状元

辽宁/姜妍
文科状元

宁夏/陈溢辉
文科状元

教育家寄语

在数学的天地里，重要的不是我们知道什么，而是我们怎么知道什么.

——毕达哥拉斯

有人这样形容数学："思维的体操，智慧的火花"。数学在形成人类理性思维的过程中发挥着独特的、不可替代的作用。作为衡量一个人能力的重要学科，从小学到高中绝大多数同学都对它情有独钟，投入了大量的时间和精力。然而并非人人都是成功者，许多小学、初中数学学科成绩的佼佼者，进入高中阶段，第一个跟头就栽在数学上，导致众多初中学习的成功者沦为高中学习的失败者。

针对上述现象，我们该如何学习高中数学呢？《高中数学教材知识资料包》一书以新课标的理念为骨架，着力理清教材的基础知识和知识的结构，系统地整理教材的知识脉络，总结基本的解题技巧和数学方法，精选例题，引导学生灵活地运用知识，正确、迅速地解题。本书的特点主要体现在：

1. 三基强化讲解

"基础知识、基本技能、基本方法"这三个环节是教师如何教好数学的重要环节，也是学生学好数学的关键。本书对教材上的基础知识进行了精析，加强了学生认识问题的本质。贯穿始终的基本技能和基本方法，让学生在解题的时候学会通性通法解题。

2. 解题方法强化指导

高中学生仅仅想学是不够的，还必须"会学"。针对学生在学习过程中的疑难问题，本书采用重点问题强化指导的策略，化解分化疑难，让学生自己消化知识，使对所学知识由"熟"到"活"。

3. 学科特点专科专法

数学学科担负着培养学生运算能力、逻辑思维能力、空间想象力，以及运用所学知识分析问题、解决问题的能力的重任。针对于该特点，本书系统、完备地将高中知识进行了梳理、精析，真正实现了"由薄到厚"和"由厚到薄"的学习过程。

亲爱的同学们，学习的过程虽然是一个艰苦的过程，但对自己未知领域的探索永远充满着极大的诱惑力和无穷的乐趣。《高中数学教材知识资料包》将是你首选的良师益友，伴你轻松学习，快乐提高！

《高中教材知识资料包》丛书编审委员会

数学特级教师组

CONTENTS 目录

目录 CONTENTS

CONTENTS 目录

目录 CONTENTS

第一篇　集合与常用逻辑用语

第一章　集合

知识网络

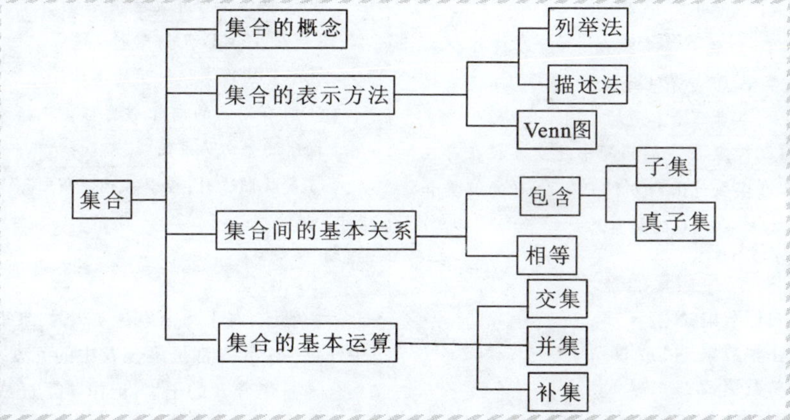

基础知识精析

1. 集合

一般地，指定的某些对象的全体称为集合，简称集，通常用大写的英文字母 A、B、C、…表示.

注意

组成集合的对象十分广泛，各种事物、抽象的符号都可以看作对象，集合本身也可以作为组成另一个集合的对象.

2. 元素

集合中的每个对象叫做这个集合的元素，通常用小写英文字母 a、b、c…表示.

3. 元素与集合的关系

元素与集合的关系有两种：属于和不属于.

如果 a 是集合 A 的元素，就说 a 属于 A，记作 $a\in A$，读作“a 属于 A”；如果 a 不是集合 A 的元素，就说 a 不属于 A，记作 $a\notin A$，读作“a 不属于 A”.

4. 元素的性质

(1)元素的确定性：给定一个集合，任何一个对象是不是这个集合的元素，必须是确定的.

(2)元素的互异性：对于一个给定的集合，它的任意两个元素都是不同的. 相同的对象归入同一个集合时只能算作集合的一个元素. 这个特性通常被用来判断集合的表示是否正确.

(3)元素的无序性:集合中的元素是没有前后顺序的.

5. 集合的分类

集合可以根据它含有的元素的个数分为两类:

含有有限个元素的集合叫做有限集,含有无限个元素的集合叫做无限集.

6. 空集

不含任何元素的集合叫做空集,记作∅.

注意

(1)空集中没有任何元素.要区分∅和{0},集合{0}中有1个元素0,而∅中没有任何元素,二者有着本质的不同.

(2)空集在实际问题中是实实在在存在的,如在实数范围内方程$x^2+1=0$的解集和不等式$x^2+1<0$的解集都是空集.

7. 常见数集的表示

自然数集:**N**;

正整数集:$\mathbf{N}^*$或$\mathbf{N}_+$;

整数集:**Z**;

有理数集:**Q**;

实数集:**R**;

复数集:**C**.

8. 集合的表示方法

集合的常用表示方法有列举法和描述法.

(1)列举法:把集合的元素一一列举出来,并用花括号"{ }"括起来表示集合的方法叫做列举法.

(2)描述法:用集合所含元素的共同特征表示集合的方法称为描述法.它的一般形式为$\{x\in I|p(x)\}$,其中x表示集合的元素,I表示x的取值范围,$p(x)$表示元素具有的特征性质.它表示该集合是由集合I中具有性质$p(x)$的元素构成的.

注意

(1)列举法可以明确集合中的具体元素及元素的个数,常用来表示有限集或有特殊规律的无限集.用列举法表示无限集时,必须把元素间的规律表示清楚后才能用省略号.

(2)使用描述法时,应注意以下几点:

①写清集合中元素的代号,如实数或实数对;

②说明该集合中元素具有的性质,如方程、不等式、函数或几何图形;

③不能出现未被说明的字母;

④所有描述的内容都要写在花括号内,用于描述的语句力求简明、确切;

⑤多层描述时,应当准确使用"或""且""非".

9. 子集

一般地,对于两个集合A、B,如果集合A中任意一个元素都是集合B中的元素,则称集合A是集合B的子集,记作$A\subseteq B$(或$B\supseteq A$),读作"A包含于B"(或"B包含A").

如果集合P中存在着不是集合Q的元素,那么集合P不包含于Q(或Q不包含P),记作$P\not\subseteq Q$(或$Q\not\supseteq P$).

注意

(1)任意一个集合A都是它本身的子集,即$A\subseteq A$.

(2)空集是任意一个集合的子集.即对任意集合A,都有$\varnothing\subseteq A$.

(3)如果$A\subseteq B$,$B\subseteq C$,那么$A\subseteq C$.

10. 真子集

如果集合$A\subseteq B$,但存在元素$x\in B$,且$x\notin A$,则称集合A是集合B的真子集,记作$A\subsetneqq B$(或$B\supsetneqq A$).

注意

(1)空集是任意一个非空集合的真子集. 即对任意非空集合 A,都有 $\varnothing \subsetneqq A$.

(2)真子集具有传递性. 如果 $A \subsetneqq B$, $B \subsetneqq C$,那么 $A \subsetneqq C$.

11. 集合的相等

一般地,如果集合 A 的每一个元素都是集合 B 的元素,反过来,集合 B 的每一个元素也都是集合 A 的元素,那么称集合 A 和集合 B 相等,记作 $A=B$.

如果 $A \subseteq B$ 且 $B \subseteq A$,那么 $A=B$. 反之,如果 $A=B$,那么 $A \subseteq B$ 且 $B \subseteq A$.

12. Venn 图

我们常用平面上封闭曲线的内部代表集合,这种图称为 Venn 图. 如图 1-1-1(1),表示 $A \subsetneqq B$;如图 1-1-1(2),表示 $A=B$;如图 1-1-1(3)(4),表示 $A \not\subseteq B$.

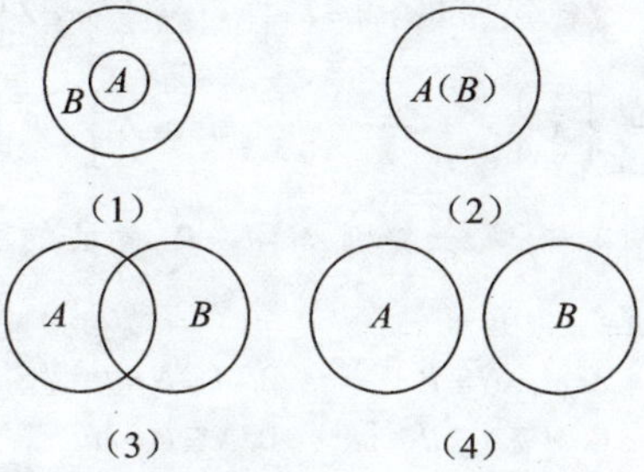

图 1-1-1

13. 交集

由属于集合 A 且属于集合 B 的所有元素组成的集合,称为集合 A 与 B 的交集,记作 $A \cap B$,读作"A 交 B",即 $A \cap B=\{x \mid x \in A$, 且$x \in B\}$.

可用 Venn 图表示交集,如图 1-1-2,阴影部分表示 $A \cap B$.

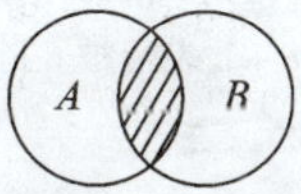

图 1-1-2

注意

对任意两个集合 A、B,都有

(1) $A \cap B=B \cap A$;

(2) $A \cap B \subseteq A$, $A \cap B \subseteq B$;

(3) $A \cap A=A$;

(4) $A \cap \varnothing=\varnothing \cap A=\varnothing$;

(5)如果 $A \subseteq B$,那么 $A \cap B=A$.

14. 并集

由所有属于集合 A 或属于集合 B 的元素组成的集合,称为集合 A 与 B 的并集,记作 $A \cup B$,读作"A 并 B",即 $A \cup B=\{x \mid x \in A$,或 $x \in B\}$.

可用 Venn 图表示并集,如图 1-1-3,阴影部分表示 $A \cup B$.

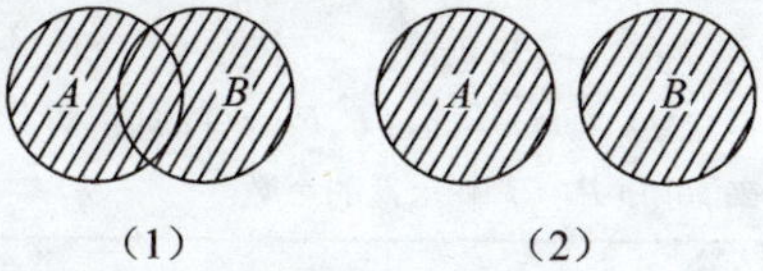

图 1-1-3

注意

对任意两个集合 A、B,都有

(1) $A \cup B=B \cup A$;

(2) $A \cup B \supseteq A$, $A \cup B \supseteq B$;

(3) $A \cup A=A$;

(4) $A \cup \varnothing=\varnothing \cup A=A$;

(5)如果 $A \subseteq B$,那么 $A \cup B=B$.

15. 全集

如果一个集合含有我们所研究问题中涉及的所有元素,那么就称这个集合是全集,通常记作 U.

16. 补集

如果给定集合 A 是全集 U 的一个子集,由 U 中不属于 A 的所有元素构成的集合,叫做 A 在 U 中的补集,记作 $\complement_U A$,即 $\complement_U A=\{x \mid x \in U$,且 $x \notin A\}$. 用 Venn 图表示补集,如图 1-1-4,阴影部分表示 $\complement_U A$.

图 1-1-4

17. 有限集的子集个数公式

设有限集 A 中有 n 个元素，则 A 的子集有 2^n 个，其中真子集的个数为 2^n-1，非空子集的个数为 2^n-1，非空真子集的个数为 2^{n-1}.

题型分类与方法总结

题型1 集合中元素的性质

集合中的元素具有确定性、互异性、无序性.

例1 （湖北高考）设 P、Q 为两个非空数集，定义集合 $P+Q=\{a+b\mid a\in P,b\in Q\}$，若 $P=\{0,2,5\}$，$Q=\{1,2,6\}$，则 $P+Q$ 中元素的个数是（　　）.

A. 9　　B. 8　　C. 7　　D. 6

解析 将 $a+b(a\in P,b\in Q)$ 的值都列举出来，可知 $P+Q$ 中元素的个数.

$a+b$ \ b / a	1	2	6
0	1	2	6
2	3	4	8
5	6	7	11

又因集合中的元素具有互异性，所以由上表可知 $P+Q$ 中元素的个数是 8.

答案 B.

点拨 虽然 $a+b$ 有 9 种组合，但有两个结果相同，均为 6，故只能算作 $P+Q$ 中的一个元素. 本题要考虑集合中元素的互异性.

题型2 元素与集合的关系

判断一个元素是否属于一个集合，就是看该元素是否有这个集合的特征性质.

例2 集合 $P=\{x\mid x=2k,k\in\mathbf{Z}\}$，$Q=\{x\mid x=2k+1,k\in\mathbf{Z}\}$，$R=\{x\mid x=4k+1,k\in\mathbf{Z}\}$，$a\in P,b\in Q$，则有（　　）.

A. $a+b\in P$

B. $a+b\in Q$

C. $a+b\in R$

D. $a+b$ 不属于 P、Q、R 中任意一个

解析 集合用描述法写出，要求判断 $a+b$ 与三个集合的关系，关键是看其结构符合哪个集合的元素特征.

设 $a=2m(m\in\mathbf{Z})$，$b=2n+1(n\in\mathbf{Z})$，

所以 $a+b=2m+2n+1=2(m+n)+1$.

又因为 $m+n\in\mathbf{Z}$，故 $a+b$ 与集合 Q 中元素特征 $x=2k+1(k\in\mathbf{Z})$ 相吻合，说明 $a+b\in Q$.

答案 B.

点拨 不能设 $a=2k,b=2k+1$，从而 $a+b=4k+1$. 因为 a 和 b 是任意的，它们的大小关系不固定.

题型3 集合间关系的确定

当用描述法表示集合时，集合之间的关系不易看出. 这时要分析各集合元素之间的关系看是否有一个集合的所有元素都属于另一个集合，从而确定集合之间是否有包含关系.

例3 已知集合 $M=\left\{x\,\middle|\,x=m+\frac{1}{6},m\in\mathbf{Z}\right\}$，$N=\left\{x\,\middle|\,x=\frac{n}{2}-\frac{1}{3},n\in\mathbf{Z}\right\}$，$P=\left\{x\,\middle|\,x=\frac{P}{2}+\frac{1}{6}\right\}$，则 M、N、P 满足的关系是（　　）.

A. $M=N\subsetneqq P$　　B. $M\subsetneqq N=P$

C. $M\subsetneqq N\subsetneqq P$　　D. $N\subsetneqq P=M$

解析 改变各集合中元素的表达方式，写成同分母的分式，找出规律得到答案.

对于集合 M：$x=\frac{6m+1}{6}$，$m\in\mathbf{Z}$；

对于集合 N：$x=\frac{3n-2}{6}=\frac{3(n-1)+1}{6}$，$n\in\mathbf{Z}$；

对于集合 P：$x=\frac{3p+1}{6}$，$p\in\mathbf{Z}$；

由于 $3(n-1)+1$ 和 $3p+1$ 都表示被 3 除余 1 的数，而 $6m+1$ 表示被 6 除余 1 的数，所以 $m\subsetneqq N=P$.

答案 B.

点拨 统一各集合中元素的形式后，要从

本质上认清各集合中元素的特征，被6除余1的数除以3肯定余1，但被3除余1的数除以6不一定余1.

题型4 两个集合相等的应用

两个集合相等就是它们所含的元素都相同. 当集合中的元素用字母给出时，相同元素有不同的对应方式，要分类讨论，同时还要注意同一集合中元素的互异性.

例4 设集合 $A=\{1,a,b\}$，$B=\{a,a^2,ab\}$，且 $A=B$，求 $a^{2008}+b^{2009}$ 的值.

分析 $A=B$，则它们元素对应相等，已知 A、B 都含有 a，故 A 中 1，b 对应 B 中 a^2，ab.

解法一 由 $A=B$，有

$\begin{cases}a^2=1,\\ab=b\end{cases}$ 或 $\begin{cases}a^2=b,\\ab=1.\end{cases}$

解方程组得 $\begin{cases}a=1,\\b\in\mathbf{R}\end{cases}$ 或 $\begin{cases}a=-1,\\b=0\end{cases}$ 或 $\begin{cases}a=1,\\b=1.\end{cases}$

根据集合元素的互异性知 $a\neq1$，

$\therefore a=-1,b=0$. 故 $a^{2008}+b^{2009}=1$.

解法二 由 $A=B$，可得

$\begin{cases}1\cdot a\cdot b=a\cdot a^2\cdot ab,\\1+a+b=a+a^2+ab,\end{cases}$

即 $\begin{cases}ab(a^3-1)=0,\\(a-1)(a+b+1)=0.\end{cases}$

根据集合元素的互异性知，$a\neq1$，且 $a\neq0$，

$\therefore \begin{cases}ab=0,\\a+b+1=0,\end{cases}$ $\therefore \begin{cases}a=-1,\\b=0.\end{cases}$

故 $a^{2008}+b^{2009}=1$.

点拨 解法一利用分类讨论的方法求 a、b 的值，是常规解法. 解法二利用了元素相同，则元素的和与乘积分别相等来建立方程. 两种方法殊途同归，需要注意的是解方程后要代入检验，集合中的元素具有互异性，对不符合题意的 a、b 的值要舍去.

题型5 已知集合关系求字母范围

例5 已知 $A=\{x|2a\leqslant x\leqslant a+3\}$，$B=\{x|x<-1$ 或 $x>5\}$，若 $A\cap B=\varnothing$. 求 a 的取值范围.

解 (1) 若 $A=\varnothing$，则 $A\cap B=\varnothing$，此时 $2a>a+3$，$\therefore a>3$.

(2) 若 $A\neq\varnothing$，由 $A\cap B=\varnothing$，得图1－1－5.

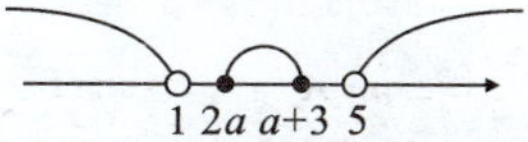

图1－1－5

$\therefore \begin{cases}2a\geqslant-1,\\a+3\leqslant5,\\2a\leqslant a+3,\end{cases}$ 解得 $-\dfrac{1}{2}\leqslant a\leqslant2$.

综上所述，a 的取值范围是 $-\dfrac{1}{2}\leqslant a\leqslant2$ 或 $a>3$.

点拨 出现交集为空集的问题，应首先考虑集合中有没有空集，即分类讨论. 其次，与不等式有关的集合的交、并运算中，数轴分析法直观清晰，应优先考虑.

例6 设集合 $A=\{x|x^2-3x+2=0,x\in\mathbf{R}\}$，$B=\{x|x^2-4x+a=0,x\in\mathbf{R}\}$，若 $A\cup B=A$，求实数 a 的取值范围.

分析 集合 A 确定，$A\cup B=A$，即 $B\subseteq A$，因此，首先要考虑 B 为空集的情形.

解 $\because A=\{x|x^2-3x+2=0\}$，$\therefore A=\{1,2\}$. $\because A\cup B=A$，$\therefore B\subseteq A$，集合 B 有两种情况，即 $B=\varnothing$ 或 $B\neq\varnothing$.

(1) 当 $B=\varnothing$ 时，方程 $x^2-4x+a=0$ 无实数根，$\therefore \Delta=16-4a<0$，$\therefore a>4$.

(2) 当 $B\neq\varnothing$ 时，方程 $x^2-4x+a=0$ 有实数根，即 $\Delta\geqslant0$.

当 $\Delta=0$ 时，$a=4$，$B=\{2\}\subseteq A$，满足题设；

当 $\Delta>0$ 时，若1，2是方程 $x^2-4x+a=0$ 的解，需满足 $\begin{cases}1+2=4,\\1\times2=a,\end{cases}$ 此时无解.

综上可知，a 的取值范围是 $a\geqslant4$.

点拨 进行集合运算，首先要分析、简化每个集合. 本题集合 B 中含有字母 a，因此，分类讨论是解决本题的关键. 解题中切莫漏掉

"空集".

例7 非空集合 $A=\{x\mid -2\leqslant x\leqslant a\}$，$B=\{y\mid y=2x+3,x\in A\}$，$C=\{z\mid z=x^2,x\in A\}$，且 $C\subseteq B$，求实数 a 的取值范围.

分析 本题关键在于求出集合 B 与 C，然后分情况讨论解决.

解 $\because -2\leqslant x\leqslant a$，$\therefore -1\leqslant 2x+3\leqslant 2a+3$，即 $B=\{y\mid -1\leqslant y\leqslant 2a+3\}$.

①当 $-2\leqslant a<0$ 时，$C=\{z\mid a^2\leqslant z\leqslant 4\}$，要使 $C\subseteq B$，只要 $2a+3\geqslant 4$，$\therefore a\geqslant \dfrac{1}{2}$，

与 $-2\leqslant a<0$ 矛盾；

②当 $0\leqslant a\leqslant 2$ 时，$C=\{z\mid 0\leqslant z\leqslant 4\}$，要使 $C\subseteq B$，只要 $2a+3\geqslant 4$，$\therefore a\geqslant \dfrac{1}{2}$，故 $\dfrac{1}{2}\leqslant a\leqslant 2$；

③当 $a>2$ 时，$C=\{z\mid 0\leqslant z\leqslant a^2\}$，要使 $C\subseteq B$，只要 $2a+3\geqslant a^2$，$\therefore -1\leqslant a\leqslant 3$，故 $2<a\leqslant 3$.

综上可知，实数 a 的取值范围是 $\dfrac{1}{2}\leqslant a\leqslant 3$.

点拨 解决集合问题时，对集合元素的准确识别十分重要. 本题 C 中元素的范围随 a 的大小而变化，因此必须分类讨论.

综合解题指导

题型1 集合与不等式的综合

例1 已知集合 $A=\{x\mid x^2+2x-8<0\}$，$B=\{x\mid |x+2|>3\}$，$C=\{x\mid x^2-2mx+m^2-1<0,m\in\mathbf{R}\}$.

(1)若 $A\cap C=\varnothing$，求 m 的取值范围；

(2)若 $(A\cap B)\subseteq C$，求 m 的取值范围.

分析 分别求出 A、B、C 三个集合，利用数轴分析.

解 由已知可求得 $A=\{x\mid -4<x<2\}$，$B=\{x\mid x<-5$ 或 $x>1\}$，$C=\{x\mid m-1<x<m+1\}$.

(1)若 $A\cap C=\varnothing$，如图1-1-6，则 $m-1\geqslant 2$ 或 $m+1\leqslant -4$，解得 $m\geqslant 3$ 或 $m\leqslant -5$.

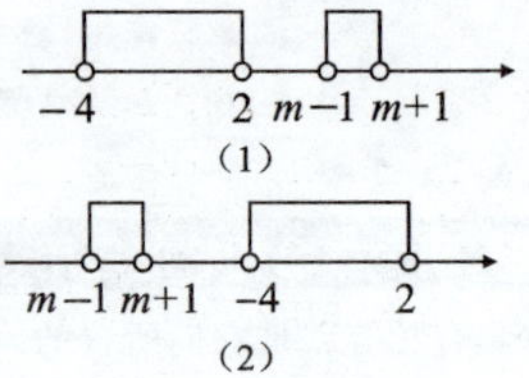

图1-1-6

故所求 m 的取值范围为 $m\leqslant -5$ 或 $m\geqslant 3$.

(2)若 $(A\cap B)\subseteq C$，即 $\{x\mid 1<x<2\}\subseteq\{x\mid m-1<x<m+1\}$，如图1-1-7.

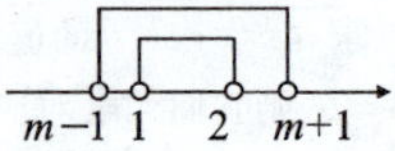

图1-1-7

$\therefore \begin{cases} m-1\leqslant 1, \\ m+1\geqslant 2, \end{cases}$ 解得 $1\leqslant m\leqslant 2$，

故所求 m 的取值范围为 $1\leqslant m\leqslant 2$.

点拨 解题时，应尽可能借助于图形、数轴或直角坐标系等，使问题直观形象.

题型2 集合与方程的综合

例2 设集合 $A=\{x\mid x^2-3x+2=0\}$，$B=\{x\mid x^2+2(a+1)x+(a^2-5)=0\}$.

(1)若 $A\cap B=\{2\}$，求实数 a 的值；

(2)若 $A\cup B=A$，求实数 a 的取值范围；

(3)若全集 $U=\mathbf{R}$，$A\cap(\complement_U B)=A$，求实数 a 的取值范围.

解 (1)由题意得 $A=\{1,2\}$. 若 $A\cap B=\{2\}$，则 $2\in B$，$\therefore 2^2+2(a+1)\times 2+a^2-5=0$，解得 $a=-1$ 或 $a=-3$.

当 $a=-1$ 时，$B=\{x\mid x^2-4=0\}=\{-2,2\}$，符合题意；

当 $a=-3$ 时，$B=\{x\mid x^2-4x+4=0\}=\{2\}$，符合题意.

综上可得 $a=-1$ 或 $a=-3$.

(2)$\because A\cup B=A$，$\therefore B\subseteq A$.

B 中方程 $\Delta=4(a+1)^2-4(a^2-5)=8a+24$.

当 $\Delta<0$ 即 $a<-3$ 时，$B=\varnothing$，符合题意；

当 $\Delta=0$ 即 $a=-3$ 时，$B=\{2\}\subseteq A$，符合

题意；

当 $\Delta>0$ 即 $a>-3$ 时，$B\subseteq A$，则 1，2 为 $x^2+2(a+1)x+a^2-5=0$ 的两根.

$\therefore \begin{cases}-2(a+1)=1+2,\\ a^2-5=1\times 2,\end{cases}$ 该方程组无解.

综上可得 $a\leqslant -3$.

(3) 由题意得 $A\cap B=\varnothing$，即 $1,2\notin B$，

$\therefore \begin{cases}1+2(a+1)+a^2-5\neq 0,\\ 2^2+2(a+1)\cdot 2+a^2-5\neq 0,\end{cases}$

解得 $a\neq -1\pm\sqrt{3}$ 且 $a\neq -1$，且 $a\neq -3$.

$\therefore a$ 的取值范围是 $a\neq -1\pm\sqrt{3}$ 且 $a\neq -1$，且 $a\neq -3$.

题型 3 集合与解析几何的综合

例 3 设 $a、b\in\mathbf{R}$，$A=\{(x,y)\mid x=n,y=na+b,n\in\mathbf{Z}\}$，$B=\{(x,y)\mid x=m,y=3(m^2+5),m\in\mathbf{Z}\}$，$C=\{(x,y)\mid x^2+y^2\leqslant 144\}$ 是平面 xOy 内的点集，是否存在实数 a 和 b 使得

①$A\cap B\neq\varnothing$；②$(a,b)\in C$ 同时成立？

分析 解决此题的关键是集合语言向非集合数学问题的转化.

解 $A\cap B\neq\varnothing$，即关于 $m、n$ 的方程组

$\begin{cases}n=m,\\ na+b=3m^2+15\end{cases}$ 有整数解.

即 $na+b=3n^2+15$ 有整数解. ①

又$\because (a,b)\in C$，$\therefore a^2+b^2\leqslant 144$. ②

若满足①②的 $a、b$ 存在，则关于 $a、b$ 的关系组 $\begin{cases}na+b=3n^2+15(n\in\mathbf{Z}),\\ a^2+b^2\leqslant 144\end{cases}$ 有解，从而直角坐标系 $aO'b$ 中，直线 l：$na+b-3(n^2+5)=0$ 与圆面 $a^2+b^2\leqslant 144$ 应有公共点.

于是圆心 $O'(0,0)$ 到直线 l 的距离不大于圆的半径 12，即 $\dfrac{3(n^2+5)}{\sqrt{n^2+1}}\leqslant 12$，$\therefore (n^2-3)^2\leqslant 0$，即 $n^2=3$. 而 $n\in\mathbf{Z}$，这是不可解的.

故满足①②的 $a、b$ 不存在.

例 4 集合 $A=\{(x,y)\mid x^2+y^2=4\}$，$B=\{(x,y)\mid (x-3)^2+(y-4)^2=r^2\}$，其中 $r>0$，若 $A\cap B$ 中有且仅有一个元素，则 r 的值是______.

解析 要使题设成立，需使两圆 $x^2+y^2=4$ 与 $(x-3)^2+(y-4)^2=r^2(r>0)$ 相切. 当两圆外切时，$\sqrt{3^2+4^2}=2+r=5$，得 $r=3$，当两圆内切时，$\sqrt{3^2+4^2}=|r-2|=5$，得 $r=7$.

答案 $r=3$ 或 $r=7$.

题型 4 集合与三角函数的综合

例 5 设全集 $U=\mathbf{R}$.

(1) 解关于 x 的不等式 $|x-1|+a-1>0$ $(a\in\mathbf{R})$；

(2) 记 A 为(1)中不等式的解集，集合 $B=\left\{x\mid \sin\left(\pi x-\dfrac{\pi}{3}\right)+\sqrt{3}\cos\left(\pi x-\dfrac{\pi}{3}\right)=0\right\}$，若 $(\complement_U A)\cap B$ 恰有 3 个元素，求 a 的取值范围.

解 (1) 由 $|x-1|+a-1>0$，得 $|x-1|>1-a$，当 $a>1$ 时，解集是 $\mathbf{R}$；当 $a\leqslant 1$ 时，解集是 $\{x\mid x<a$ 或 $x>2-a\}$.

(2) 当 $a>1$ 时，$A=\mathbf{R}$，$(\complement_U A)\cap B=\varnothing$；

当 $a\leqslant 1$，$\complement_U A=\{x\mid a\leqslant x\leqslant 2-a\}$.

$\because \sin\left(\pi x-\dfrac{\pi}{3}\right)+\sqrt{3}\cos\left(\pi x-\dfrac{\pi}{3}\right)=$

$2\left[\sin\left(\pi x-\dfrac{\pi}{3}\right)\cos\dfrac{\pi}{3}+\cos\left(\pi x-\dfrac{\pi}{3}\right)\cdot\sin\dfrac{\pi}{3}\right]=2\sin\pi x$.

由 $\sin\pi x=0$，得 $\pi x=k\pi(k\in\mathbf{Z})$，即 $x=k\in\mathbf{Z}$.

$\therefore B=\mathbf{Z}$.

$\therefore$ 当 $a>1$ 时，$(\complement_U A)\cap B=\varnothing$，不合题意，舍去.

当 $a\leqslant 1$ 时，$(\complement_U A)\cap B=\{x\mid a\leqslant x\leqslant 2-a,x\in\mathbf{Z}\}$.

$\because a\leqslant 1$，$\therefore 2-a\geqslant 1$，$\therefore 1\in(\complement_U A)\cap B$.

且 $\dfrac{a+(2-a)}{2}=1$，即 1 为 a 和 $2-a$ 的平均数，$\therefore$ 在数轴上，表示 a 和 $2-a$ 的点到表示

1 的点的距离相等.

当$(\complement_U A)\cap B$恰好有 3 个元素时,$(\complement_U A)\cap B=\{0,1,2\}$,

$$a\text{应满足}\begin{cases}a\leqslant 1,\\-1<a\leqslant 0,\\2\leqslant 2-a<3.\end{cases}\quad\therefore -1<a\leqslant 0.$$

点拨 画出数轴可以看出,a 在 -1 和 0 之间,$2-a$ 在 2 和 3 之间,且要注意哪些点可取,哪些点不可取.

三年高考分析

集合是中学数学最基本的概念之一,有关集合的试题,往往考查集合的概念、关系、运算及简单运用,经常作为工具广泛运用于函数、方程、不等式、三角函数及曲线、轨迹等知识中,在高考中占有重要地位.

例 1 (广东高考)已知全集 $U=\mathbf{R}$,则正确表示集合 $M=\{-1,0,1\}$ 和 $N=\{x\mid x^2+x=0\}$ 关系的韦恩(Venn)图是(　　).

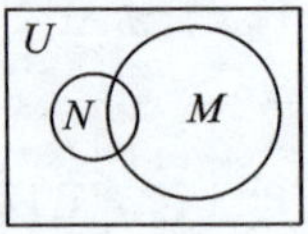

A

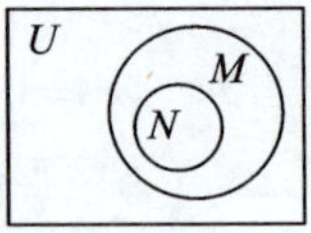

B

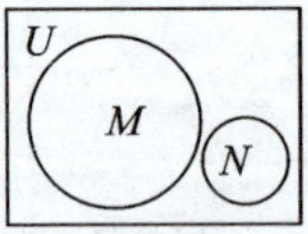

C

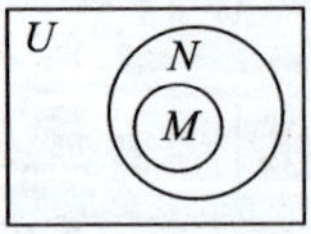

D

解析 由 $N=\{x\mid x^2+x=0\}$,得 $N=\{-1,0\}$.

$\because M=\{-1,0,1\}$,$\therefore N\subsetneqq M$,故选 B.

答案 B.

例 2 (全国高考 Ⅰ)设集合 $A=\{4,5,7,9\}$,$B=\{3,4,7,8,9\}$,全集 $U=A\cup B$,则集合 $\complement_U(A\cap B)$ 中的元素共有(　　).

A. 3 个　B. 4 个　C. 5 个　D. 6 个

解析 $\because A=\{4,5,7,9\}$,$B=\{3,4,7,8,9\}$,$\therefore A\cup B=\{3,4,5,7,8,9\}$,$A\cap B=\{4,7,9\}$,$\therefore \complement_U(A\cap B)=\{3,5,8\}$,$\therefore \complement_U(A\cap B)$ 共有 3 个元素.

答案 A.

点拨 本题以一道客观题综合考查了集合的三种运算.

例 3 (湖南高考)设集合 $M=\{1,2,3,4,5,6\}$,s_1、s_2、…、s_k 都是 M 的含 2 个元素的子集,且满足:对任意的 $s_i=\{a_i,b_i\}$,$s_j=\{a_j,b_j\}$($i\neq j$,i、$j\in\{1,2,3,\cdots,k\}$)都有 $\min\left\{\dfrac{a_i}{b_i},\dfrac{b_i}{a_i}\right\}\neq\min\left\{\dfrac{a_j}{b_j},\dfrac{b_j}{a_j}\right\}$,($\min\{x,y\}$ 表示两个数 x、y 中的较小者),则 k 的最大值是(　　).

A. 10　B. 11　C. 12　D. 13

解析 要求 k 的最大值,即是要求 M 的满足条件的子集有多少个,我们知道 M 的含 2 个元素的子集有 $\dfrac{6\times 5}{2}=15$(个),但要 $\min\left\{\dfrac{a_i}{b_i},\dfrac{b_i}{a_i}\right\}$不相等的集合,这 15 个子集的 $\min\left\{\dfrac{a_i}{b_i},\dfrac{b_i}{a_i}\right\}$值如下表:

a_i	b_i	$\min\left\{\dfrac{a_i}{b_i},\dfrac{b_i}{a_i}\right\}$
1	2	$\dfrac{1}{2}$
1	3	$\dfrac{1}{3}$
1	4	$\dfrac{1}{4}$
1	5	$\dfrac{1}{5}$
1	6	$\dfrac{1}{6}$
2	3	$\dfrac{2}{3}$
2	4	$\dfrac{1}{2}$

续表

a_i	b_i	$\min\left\{\frac{a_i}{b_i},\frac{b_i}{a_i}\right\}$
2	5	$\frac{2}{5}$
2	6	$\frac{1}{3}$
3	4	$\frac{3}{4}$
3	5	$\frac{3}{5}$
3	6	$\frac{1}{2}$
4	5	$\frac{4}{5}$
4	6	$\frac{2}{3}$
5	6	$\frac{5}{6}$

共有 11 个不同的值,故 k 的最大值是 11.

答案 B.

点拨 本题其实就是求 M 中的任意两个元素中,小数除以大数的值里不同的值有几个.从复杂的叙述中理解其本质是阅读理解能力的体现,用枚举法可以直观地得到答案.

例 4 (福建高考)设 P 是一个数集,且至少含有两个数,若对 $a、b\in P$,都有 $a+b、a-b、ab、\frac{a}{b}\in P$(除数 $b\neq 0$),则称 P 是一个数域.例如有理数集 $\mathbf{Q}$ 是数域;数集 $F=\{a+b\sqrt{2}\mid a、b\in\mathbf{Q}\}$ 也是数域,有下列命题:

①整数集是数域;

②若有理数集 $\mathbf{Q}\subseteq M$,则数集 M 必为数域;

③数域必为无限集;

④存在无穷多个数域.

其中正确的命题序号是____.(把你认为正确的命题的序号都填上)

解析 ①取整数集中的元素 2,3,但 $\frac{2}{3}$ 不是整数,故整数集不是数域,①错误.②取 $M=\mathbf{Q}\cup\{\pi\}$,则 $\mathbf{Q}$ 中任意元素与 π 的和都不属于 M,故 M 不是数域,②错误.③只要数域中含有 1 个非零元素,它和另一个元素(无论 0 或非零)就可以由 $a+b,a-b,ab,\frac{a}{b}$ 得到至少一个不同于这两个元素的非零元素,如此衍生下去,可知数域中元素有无限个,③正确.④由题可知 $\{a+b\sqrt{n}\mid a、b\in\mathbf{Q}\}$,当 n 取任意正整数时都是数域,所以数域有无穷多个.④正确.

答案 ③④.

例 5 (北京高考)已知数集 $A=\{a_1,a_2,\cdots,a_n\}(1\leqslant a_1<a_2<\cdots<a_n,n\geqslant 2)$ 具有性质 P:对任意的 $i,j(1\leqslant i\leqslant j\leqslant n)$,$a_ia_j$ 与 $\frac{a_j}{a_i}$ 两数中至少有一个属于 A.

(1)分别判断数集 $\{1,3,4\}$ 与 $\{1,2,3,6\}$ 是否具有性质 P,并说明理由;

(2)证明:$a_1=1$,且 $\frac{a_1+a_2+\cdots+a_n}{a_1^{-1}+a_2^{-1}+\cdots+a_n^{-1}}=a_n$;

(3)证明:当 $n=5$ 时,a_1,a_2,a_3,a_4,a_5 成等比数列.

(1) **解** 由于 3×4 与 $\frac{4}{3}$ 均不属于数集 $\{1,3,4\}$,所以数集 $\{1,3,4\}$ 不具有性质 P.

由于 $1\times 2,1\times 3,1\times 6,2\times 3,\frac{6}{2},\frac{6}{3},\frac{1}{1},\frac{2}{2},\frac{3}{3},\frac{6}{6}$ 都属于数集 $\{1,2,3,6\}$,所以数集 $\{1,2,3,6\}$ 具有性质 P.

(2) **证明** 因为 $A=\{a_1,a_2,\cdots,a_n\}$ 具有性质 P,所以 a_na_n 与 $\frac{a_n}{a_n}$ 中至少有一个属于 A.

由于 $1\leqslant a_1<a_2<\cdots<a_n$,所以 $a_na_n>a_n$,故 $a_na_n\notin A$.

从而 $1=\frac{a_n}{a_n}\in A$,故 $a_1=1$.

因为 $1=a_1<a_2<\cdots<a_n$,所以 $a_ka_n>a_n$,故 $a_ka_n\notin A(k=2,3,\cdots,n)$.由 A 具有性质

P 可知$\frac{a_n}{a_k}\in A(k=1,2,3,\cdots,n)$.

又因为$\frac{a_n}{a_n}<\frac{a_n}{a_{n-1}}<\cdots<\frac{a_n}{a_2}<\frac{a_n}{a_1}$,

所以$\frac{a_n}{a_n}=a_1,\frac{a_n}{a_{n-1}}=a_2,\cdots,\frac{a_n}{a_2}=a_{n-1}$, $\frac{a_n}{a_1}=a_n$.

从而$\frac{a_n}{a_n}+\frac{a_n}{a_{n-1}}+\cdots+\frac{a_n}{a_2}+\frac{a_n}{a_1}=a_1+a_2+\cdots+a_{n-1}+a_n$.

故$\frac{a_1+a_2+\cdots+a_n}{a_1^{-1}+a_2^{-1}+\cdots+a_n^{-1}}=a_n$.

(3) **证明** 由(2)知,当 $n=5$ 时,有$\frac{a_5}{a_4}=a_2,\frac{a_5}{a_3}=a_3$,即 $a_5=a_2a_4=a_3^2$.

因为 $1=a_1<a_2<\cdots<a_5$,

所以 $a_3a_4>a_2a_4=a_5$,故 $a_3a_4\notin A$.

由 A 具有性质 P 可知$\frac{a_4}{a_3}\in A$.

由 $a_2a_4=a_3^2$ 得$\frac{a_3}{a_2}=\frac{a_4}{a_3}\in A$,且 $1<\frac{a_3}{a_2}<a_3$,所以$\frac{a_4}{a_3}=\frac{a_3}{a_2}=a_2$.

所以$\frac{a_5}{a_4}=\frac{a_4}{a_3}=\frac{a_3}{a_2}=\frac{a_2}{a_1}=a_2$.

即 a_1,a_2,a_3,a_4,a_5 是首项为 1,公比为 a_2 的等比数列.

点拨 本题是信息综合题,主要考查自学数学的综合素质. (1) 中判断集合是否具有性质 P,若具有性质 P,则必须一一验证;若不具有性质 P,举一反例即可. (2)(3) 的证明需联系数列的相关知识.

数学思想

1. 补集思想

对于某些问题,如果从正面求解较困难,则可考虑先求解问题的反面,采用“正难则反”的解题策略. 具体地说,就是将研究对象的全体视为全集,求出使问题反面成立的集合 A,则 A 的补集即为所求.

例 1 已知集合 $A=\{x\mid x^2-4mx+2m+6=0,x\in\mathbf{R}\}$,若 $A\cap\mathbf{R}^-\neq\varnothing$,求实数 m 的取值范围($\mathbf{R}^-$ 表示负实数集,$\mathbf{R}^+$ 表示正实数集).

分析 集合 A 是方程 $x^2-4mx+2m+6=0$ 的实数解组成的集合,$A\cap\mathbf{R}^-\neq\varnothing$ 意味着方程有负根,则方程的根有:(i) 两负根;(ii) 一负根、一零根;(iii) 一负根、一正根三种情况. 分别求解相当麻烦. 上述三种情况虽可概括为方程的较小的根$\frac{4m-\sqrt{(-4m)^2-4(2m+6)}}{2}<0$,但求解此不等式也并不简单. 如果考虑 $A\cap\mathbf{R}^-\neq\varnothing$ 的反面 $A\cap\mathbf{R}^-=\varnothing$,则先求方程的两根均非负时 m 的取值范围,然后运用补集思想求解 $A\cap\mathbf{R}^-\neq\varnothing$ 时 m 的取值范围.

解 $U=\{m\mid\Delta=16m^2-8m-24\geqslant0\}=\left\{m\,\middle|\,m\leqslant-1\text{ 或 }m\geqslant\frac{3}{2}\right\}$.

$\because$ 方程 $x^2-4mx+2m+6=0$ 的两根均非负的充要条件是$\begin{cases}m\in U,\\4m\geqslant0,\\2m+6\geqslant0,\end{cases}$

上式等价于 $m\geqslant\frac{3}{2}$,

$\therefore A\cap\mathbf{R}^-=\varnothing$ 时,实数 m 的取值范围为$\left\{m\,\middle|\,m\geqslant\frac{3}{2}\right\}$.

$\therefore A\cap\mathbf{R}^-\neq\varnothing$ 时,实数 m 的取值范围为$\{m\mid m\leqslant-1\}$.

2. 数形结合思想

关于不等式的数集可以用数轴表示,点集可以用平面直角坐标系表示,集合间的关系可以用 Venn 图表示. 用图形帮助解题形象、直观,体现了数形结合的思想.

例 2 向 50 名学生调查对 A、B 两件事的态度，有如下结果：赞成 A 的人是全体人数的$\frac{3}{5}$，其余的不赞成；赞成 B 的比赞成 A 的多 3 人，其余的不赞成；另外，对 A、B 都不赞成的学生比对 A、B 都赞成的学生数的$\frac{1}{3}$多 1 人，问：对 A、B 都赞成的学生和都不赞成的学生各有多少人？

解 赞成 A 的人数为 $50\times\frac{3}{5}=30$，赞成 B 的人数为 $30+3=33$. 如图 1－1－8，记 50 名学生组成的集合为全集 U，赞成事件 A 的学生全体为集合 A，赞成事件 B 的学生全体为集合 B. 设对事件 A、B 都赞成的学生人数为 x，则 A、B 都不赞成的学生人数为$\frac{x}{3}+1$，赞成 A 而不赞成 B 的人数为 $30-x$，赞成 B 而不赞成 A 的人数为 $33-x$，由已知得

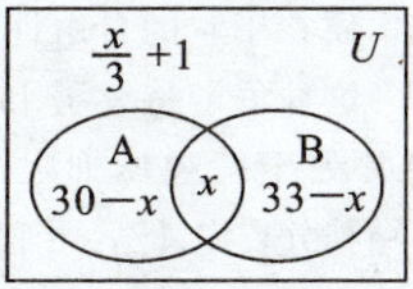

图 1－1－8

$$(33-x)+(30-x)+x+\left(\frac{x}{3}+1\right)=50,$$

解得 $x=21$，$\frac{x}{3}+1=8$.

即对 A、B 都赞成的学生有 21 人，都不赞成的学生有 8 人.

点拨 对于交集非空的若干集合的元素个数的计算，Venn 图是最好的方法，它能直观地把集合间的交、并、补的关系转换成各部分元素之间的数量关系.

3. 函数思想和方程思想

集合问题和函数、方程结合紧密，我们不但要利用函数、方程的知识进行求解，还要时刻注意运用函数和方程的思想，将一些等式看作函数或方程，灵活求解.

例3 设 $f(x)=x^2+px+q$，$A=\{x\mid x=f(x)\}$，$B=\{x\mid f[f(x)]=x\}$.

(1) 求证：$A\subseteq B$；

(2) 如果 $A=\{-1,3\}$，求 B.

(1) **证明** 对任意 $x_0\in A$，有 $f[f(x_0)]=f(x_0)=x_0$，

$\therefore x_0\in B$，$\therefore A\subseteq B$.

(2) **解** $A=\{-1,3\}$，即方程 $x^2+px+q=x$ 的两根为 -1 和 3，$\therefore \begin{cases}-(p-1)=2,\\ q=-3,\end{cases}$ 解得$\begin{cases}p=-1,\\ q=-3,\end{cases}$ $\therefore f(x)=x^2-x-3$.

$\therefore f[f(x)]=x$ 可化为 $(x^2-x-3)^2-(x^2-x-3)-3=x$，

整理得 $(x^2-x-3)^2-x^2=0$，

即 $(x^2-2x-3)(x^2-3)=0$.

解得 $x=-1$ 或 $x=3$ 或 $x=\sqrt{3}$ 或 $x=-\sqrt{3}$.

从而 $B=\{-1,3,\sqrt{3},-\sqrt{3}\}$.

4. 分类讨论思想和等价转化思想

当集合不确定时，往往需要对集合的种类或字母的取值进行分类讨论，特别要注意空集的情况.

在解答集合问题时，有时需要对给定的条件进行转化，这样给出的条件才能得以使用.

例4 已知集合 $A=\{x\mid x^2+3x+2\geqslant 0\}$，$B=\{x\mid mx^2-4x+m-1>0, m\in\mathbf{R}\}$. 若 $A\cap B=\varnothing$，且 $A\cup B=A$，求 m 的取值范围.

解 由已知 $A=\{x\mid x^2+3x+2\geqslant 0\}$ 得

$A=\{x\mid x\leqslant -2$ 或 $x\geqslant -1\}$.

$\because A\cap B=\varnothing$，$\therefore B$ 有两种情况：

(1) $B=\varnothing$；

(2) $B\neq\varnothing$，则 $B\subseteq\{x\mid -2<x<-1\}$.

又 $\because A\cup B=A$，$\therefore B\subseteq A$，$\therefore$ 第(2)种情况不成立. 由此知 $B=\varnothing$.

由已知 $B=\{x\mid mx^2-4x+m-1>0, m\in\mathbf{R}\}$，结合 $B=\varnothing$，得：对一切 $x\in\mathbf{R}$，$mx^2-4x+m-1\leqslant 0$ 恒成立，于是，有

$\begin{cases}m<0,\\ 16-4m(m-1)\leqslant 0,\end{cases}$ 解得 $m\leqslant\frac{1-\sqrt{17}}{2}$.

$\therefore m$ 的取值范围是 $m \leqslant \frac{1-\sqrt{17}}{2}$.

点拨 含参数的集合问题往往先需要进行等价转化或化简，然后再针对参数进行分类讨论.

背景材料

康托尔和集合论

德国数学家康托尔(Georg Cantor,1845－1918)是19世纪数学伟大成就之一——集合论的创立人. 1845年3月3日，他出生于俄国彼得保，1856年全家迁居德国法兰克福，康托尔先后就读于苏黎世大学、哥廷根大学、法兰克福大学和柏林大学，主要学习哲学、数学和物理. 在柏林大学，他受到著名分析家维尔斯特拉斯的影响，对纯粹数学产生了兴趣. 1867年，他以求不定方程 $ax^2+by^2+cz^2=0$ 的整数解(其中 a、b、c 为任意整数)的博士论文获哲学博士学位. 1869年他来到哈勒大学，历任教师、副教授、教授.

康托尔29岁时在数学杂志上发表了关于集合论的第一篇论文，提出了“无穷集合”这个数学概念，引起了数学界的极大关注. 他引进了无穷点集的一些概念，如：基数、势、序数等，试图把不同的无穷离散点集和无穷连续点集按某种方式加以区分. 他还构造了实变函数论中著名的“康托尔集”“康托尔序列”，他证明了代数数集和有理数集的可数性和实数集的不可数性，建立了实数连续性公理，被称为“康托尔公理”. 1877年，他又证明了一条线段上的点能够和正方形上的点建立一一对应，从而证明了直线上、平面上、三维空间乃至高维空间的所有点的集合都有相同的势. 1879－1884年他着重研究无穷数与超越数理论，他最重要的著作是《超越数理论基础》(1895－1897).

康托尔的工作给数学发展带来了一场革命. 由于他的理论超越直观，所以曾受到当时一些大数学家的反对，就连被誉为“博大精深、富于创举”的数学家庞加莱也把集合论比作有趣的“病理情形”，康托尔的老师克隆尼克甚至称他是“神经质”，“走进了超越数的地狱”. 对这些非难和指责，康托尔仍充满信心，他说“我的理论犹如磐石一般坚固，任何反对它的人都将搬起石头砸自己的脚. ”他还指出：“数学的本质在于它的自由性，不必受传统观念束缚. ”这种争辩持续了十年之久. 康托尔由于经常处于精神压抑之中，致使他1884年患了精神分裂症，最后死于精神病院.

然而，历史终究公平地评价了他的创造，集合论在20世纪初已逐渐渗透到各个数学分支，成为了分析理论、测度论、拓扑学及数理科学中必不可少的工具. 20世纪初世界上最伟大的数学家希尔伯特在德国传播了康托尔的思想，把集合论称为“数学家的乐园”和“数学思想最惊人的产物”. 英国哲学家罗素把康托尔的工作誉为“这个时代所能夸耀的最巨大的工作”.

第二章 常用逻辑用语

知识网络

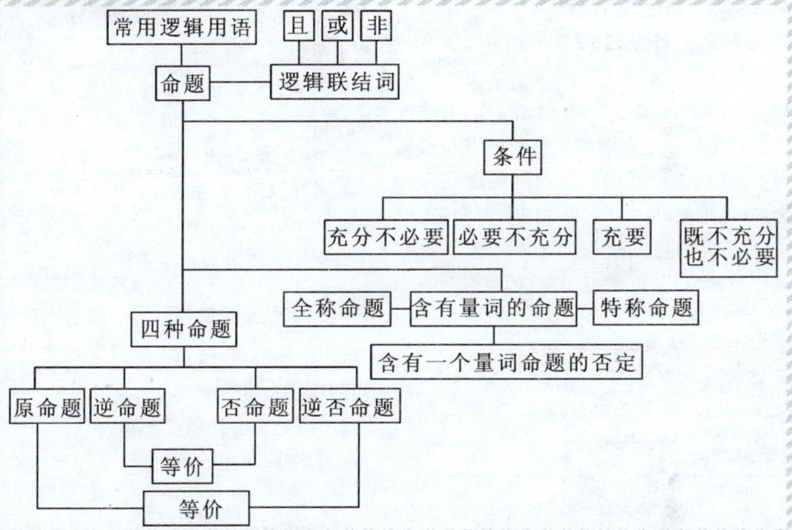

基础知识精析

1. 命题

一般地,在数学中我们把用语言、符号或式子表达的,可以判断真假的陈述句叫做命题.其中判断为真的语句叫做真命题,判断为假的语句叫做假命题.一个命题,一般可以用一个小写英文字母表示,如 p、q、v…

注意

判断一个语句是不是命题的两个要素:第一是陈述句,表达形式可以是语言、符号、表达式;第二可以判断真假.

2. 命题的条件和结论

在数学中,"若 p,则 q"是命题的常见形式,其中 p 叫做命题的条件,q 叫做命题的结论.

注意

所有命题都可表示为"若 p,则 q"的形式,有些命题为了语言简练采用了简略的表述方式.

3. 四种命题

(1)一般地,对于两个命题,如果一个命题的条件和结论分别是另一个命题的结论和条件,那么我们把这样的两个命题叫做互逆命题.其中一个命题叫做原命题,另一个命题叫做原命题的逆命题.

若原命题为“若 p，则 q”，则它的逆命题为“若 q，则 p”.

(2)对于两个命题，其中一个命题的条件和结论恰好为另一个命题的条件的否定和结论的否定，把这样的两个命题叫做互否命题.如果把其中的一个命题叫做原命题，那么另一个命题叫做原命题的否命题.

若原命题为“若 p，则 q”，则它的否命题为“若 $\neg p$，则 $\neg q$”.

(3)对于两个命题，其中一个命题的条件和结论恰好是另一个命题的结论的否定和条件的否定，我们把这样的两个命题叫做互为逆否命题，如果把其中一个命题叫做原命题，那么另一个命题叫做原命题的逆否命题.

若原命题为“若 p，则 q”，则它的逆否命题为“若 $\neg q$，则 $\neg p$”.

4. 四种命题间的相互关系

如图 1-2-1.

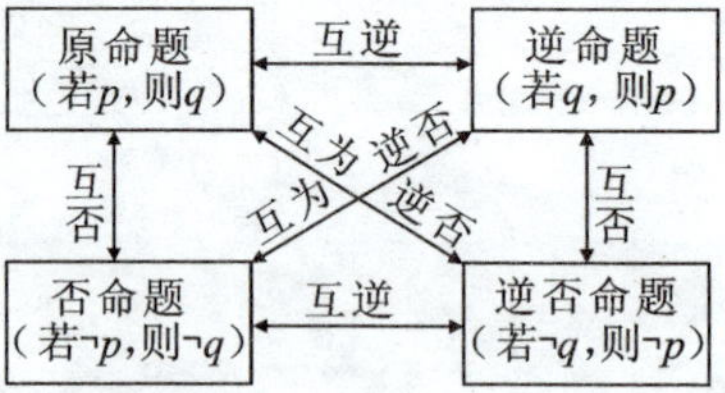

图 1-2-1

5. 四种命题的真假性的关系

(1)两个命题互为逆否命题，它们有相同的真假性.

(2)两个命题为互逆命题或互否命题，它们的真假性没有关系.

注意

(1)原命题与逆否命题互为逆否命题，同真同假；同时逆命题与否命题也互为逆否命题，也同真同假.

(2)当一个命题的真假不易判断或证明时，往往可以通过判断原命题的逆否命题的真假来判断出原命题的真假.

6. 充分条件与必要条件

一般地，“若 p，则 q”为真命题，是指由 p 可以推出 q，记作“$p \Rightarrow q$”，这时称 p 是 q 的充分条件，q 是 p 的必要条件.

7. 充要条件

如果既有 $p \Rightarrow q$，又有 $q \Rightarrow p$，就称 p 是 q 成立的充分必要条件，简称充要条件.

注意

(1)对充要条件的过程，要弄清定义实质：所谓“充分”，即要使 q 成立，有 p 成立就足够了；所谓“必要”，即 p 是 q 成立的必不可少的条件，缺其不可！

(2)当 p 是 q 的充要条件时，根据对称性，q 也同时是 p 的充要条件，符号“$\Leftrightarrow$”叫做等价符号.

8. 充分条件、必要条件、充要条件的判断

(1)定义法：

①若 $p \Rightarrow q$，但 $q \nRightarrow p$，则 p 是 q 的充分而不必要条件；

②若 $q \Rightarrow p$，但 $p \nRightarrow q$，则 p 是 q 的必要而不充分条件；

③若 $p \Rightarrow q$，且 $q \Rightarrow p$，则 p 是 q 的充要条件；

④若 $p \nRightarrow q$，且 $q \nRightarrow p$，则 p 是 q 的既不充分也不必要条件.

(2)集合法：

一个命题的条件和结论之间的逻辑关系与集合和集合之间的包含关系密切相关.设 p 包含的对象组成集合 A，q 包含的对象组成集合 B，则有：

①若 $A \subseteq B$，则 p 是 q 的充分条件；

②若 $A \supseteq B$，则 p 是 q 的必要条件；

③$A = B$，则 p 是 q 的充要条件；

④若 $A \not\subseteq B$，且 $B \not\subseteq A$，则 p 是 q 的既不充分也不必要条件.

对上述关系，我们也经常用 Venn 图来表示和判断，如图 1-2-2.

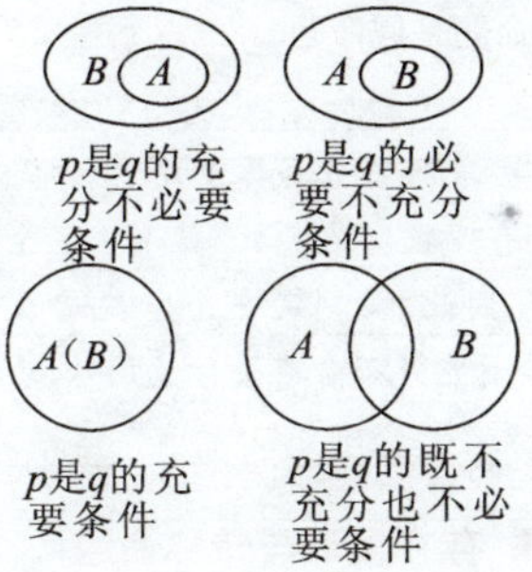

图 1－2－2

注意

在结合具体问题判断时要注意：

①确定条件是什么，结论是什么；

②尝试从条件推结论，从结论推条件；

③确定条件是结论的什么条件；

④证明条件的充分性即证明原命题成立，证明条件的必要性即证明逆命题成立，证明命题的条件是充要的，就要证明原命题与逆命题同时成立.

9. p 且 q 命题

(1) p 且 q 的定义：一般地，用逻辑联结词“且”把命题 p 和 q 联结起来，就得到一个新命题，记作 $p\wedge q$，记作“p 且 q”.

(2) p 且 q 命题的真假判断：当 p、q 都是真命题时，$p\wedge q$ 是真命题；当 p、q 两个命题中至少有一个命题是假命题时，$p\wedge q$ 是假命题.

命题 $p\wedge q$ 的真假性可用真值表表示如下：

p	q	$p\wedge q$
真	真	真
真	假	假
假	真	假
假	假	假

注意

(1)“且”与日常语言中的“并且”及“和”相当.

(2)对“且”的理解，可联想集合中“交集”的概念，“$x\in A\cap B$”是指“$x\in A$”，“$x\in B$”要同时满足，即 x 既属于集合 A，又属于集合 B，用“且”联结两个命题 p 与 q 构成的命题 $p\wedge q$，正好对应集合 $A\cap B$.

(3)“且”命题的真假可总结为：同真则真，有假则假. 如果 $p\wedge q$ 是假命题，那么 p、q 中至少有一个为假命题；如果 $p\wedge q$ 为真命题，那么 p、q 同时为真命题.

10. p 或 q 命题

(1) p 或 q 的定义：一般地，用联结词“或”把命题 p 和命题 q 联结起来，就得到一个新命题，记作 $p\vee q$，读作“p 或 q”.

(2) p 或 q 命题的真假判断：当 p、q 两个命题至少有一个命题是真命题时，$p\vee q$ 是真命题；当 p、q 两个命题都是假命题时，$p\vee q$ 是假命题.

命题 $p\vee q$ 的真假性可用真值表表示如下：

p	q	$p\vee q$
真	真	真
真	假	真
假	真	真
假	假	假

注意

(1)逻辑联结词中“或”的含义与并集中“或”的含义是一致的.

(2)“或”命题的真假可归结为：有真则真，同假则假. 如果 $p\vee q$ 是假命题，则 p、q 一定都是假命题；如果 $p\vee q$ 是真命题，则 p、q 中至少有一个是真命题.

11. 非 p 命题

(1)非 p 的定义：一般地，对命题 p 全盘否定就得到一个新的命题，记作 $\neg p$，读作“非 p”，或“p 的否定”.

(2) $\neg p$ 命题真假的判断：p 和 $\neg p$ 不能同真同假，其中一个为真，另一个必定为假，它

们互为否定,从而$\neg(\neg p)=p$. $\neg p$ 命题的真假性用真值表表示如下:

p	$\neg p$
真	假
假	真

注意

命题的否定与否命题的区别:命题的否定是直接对命题的结论进行否定,而否命题则是对原命题的条件和结论分别否定后组成的命题.如命题"若 p,则 q"的否定为"若 p,则$\neg q$",而其否命题为"若$\neg p$,则$\neg q$",命题的否定的真假性与原命题相反,而否命题的真假性与原命题无关.

12. 简单命题与复合命题

(1)简单命题:不含逻辑联结词("或""且""非")的命题,叫做简单命题.

(2)复合命题:由简单命题与逻辑联结词("或""且""非")构成的命题,叫做复合命题.

注意

判断一个命题是简单命题还是复合命题时,不能只从字面上看是否含有"或""且""非"字样,而是需要我们掌握一些词语、符号、或式子与逻辑联结词"或"、"且"、"非"的关系.如"或者"、"$x\pm 2$"、"$\geqslant$"的含义为"或";"并且"、"$\underline{\underline{\parallel}}$"的含义为"且";"不是"、"$\neq$"的含义为"非".

13. 全称量词与全称命题

(1)定义:短语"对所有的""对任意一个"在逻辑中通常叫做全称量词,用符号"$\forall$"表示.含有全称量词的命题叫做全称命题.

(2)形式:对 M 中任意一个 x,有 $p(x)$ 成立,可简记为$\forall x\in M,p(x)$.

(3)全称命题的真假判断:要判断全称命题"$\forall x\in M,p(x)$"是真命题,要对集合 M 中每一个元素 x,证明 $p(x)$ 成立;如果在集合 M 中找到一个元素 x_0,使 $p(x_0)$ 不成立,那么这个全称命题是假命题.

注意

有些命题省去全称量词,但仍是全称命题.如"有理数都是实数"就省去了全称量词"所有".因此,要判定一个命题是否是全称命题,除看它是否含有全称量词外,还要结合具体意义.

14. 存在量词与特称命题

(1)定义:短语"存在一个""至少有一个"在逻辑中通常叫做存在量词,用符号"$\exists$"表示.含有存在量词的命题,叫做特称命题.

(2)形式:存在 M 中的元素 x_0,使 $P(x_0)$ 成立,可简记为$\exists x_0\in M,p(x_0)$.

(3)特称命题的真假判断:要判断特称命题"$\exists x\in M,p(x)$"是真命题,只需在集合 M 中找到一个元素 x_0,使 $p(x_0)$ 成立即可;如果在集合 M 中,使 $p(x)$ 成立的元素 x 不存在,那么这个特称命题是假命题.

15. 含有一个量词的命题的否定

(1)全称命题 p: $\forall x\in M,p(x)$,它的否定为$\neg p$: $\exists x_0\in M,\neg p(x)$,即全称命题的否定是特称命题.

(2)特称命题 p: $\exists x_0\in M,P(x_0)$,它的否定为$\neg p(x)$: $\forall x\in M,\neg p(x)$.特称命题的否定是全称命题.

16. 命题的否定形式

一般地,写一个命题的否定,往往需要对正面叙述的词语进行否定,下面把常用的一些词语和它的否定词语对照列表如下:

原词语	等于	大于($>$)	小于($<$)	是	都是
否定词语	不等于	不大于($\leqslant$)	不小于($\geqslant$)	不是	不都是

原词语	至多有一个	至少有一个	至多有 n 个
否定词语	至少有两个	一个也没有	至少有 $n+1$ 个

原词语	任意的	任意两个	所有的	能
否定词语	某个	某两个	某些	不能

题型分类与方法总结

题型 1 命题的改写及真假判定

有些命题的叙述，其条件和结论并不分明，这时可以先将命题改写成“若 p，则 q”的形式，再判断其真假性.

例1 将下列命题改写成“若 p，则 q”的形式，并判断真假.

(1)偶数能被 2 整除；

(2)同弧所对的圆周角不相等；

(3)已知 a、b、c 是实数，当 $a\neq b$ 时，$a\cdot c\neq b\cdot c$.

分析 先找准命题的条件和结论，再写成“若 p，则 q”的形式.

解 (1)若一个数是偶数，则它能被 2 整除，真命题.

(2)若两个角为同弧所对的圆周角，则它们不相等，假命题.

(3)已知 a、b、c 是实数，若 $a\neq b$，则 $a\cdot c\neq b\cdot c$，假命题.

点拨 将命题改写成“若 p，则 q”的形式时，一定要找准命题的条件和结论，同时要注意条件和结论叙述的完整性.

题型 2 四种命题及其真假性的判定

关于命题、逆命题、否命题与逆否命题有如下表述：交换原命题的条件和结论，所得的命题是逆命题；同时否定原命题的条件和结论，所得的命题是否命题；交换原命题的条件和结论，并同时否定，所得的命题是逆否命题. 原命题为真，它的逆命题、否命题可以为真，也可以为假，但它的逆否命题一定为真.

例2 分别写出下列命题的逆命题、否命题、逆否命题，并判断它们的真假：

(1)若 $m<1$，则方程 $x^2+2x+m=0$ 有实数根；

(2)若 $ab\neq0$，则 $a=0$ 或 $b=0$；

(3)若 $x^2+y^2=0$，则 x、y 全为零.

解 (1)逆命题：若方程 $x^2+2x+m=0$ 有实数根，则 $m<1$. 逆命题为假命题.

否命题：若 $m\geqslant1$，则方程 $x^2+2x+m=0$ 无实数根. 否命题为假命题.

逆否命题：若方程 $x^2+2x+m=0$ 无实数根，则 $m\geqslant1$. 逆否命题为假命题.

(2)逆命题：若 $a=0$ 或 $b=0$，则 $ab=0$. 逆命题为真命题.

否命题：若 $ab\neq0$，则 $a\neq0$ 且 $b\neq0$. 否命题为真命题.

逆否命题：若 $a\neq0$ 且 $b\neq0$，则 $ab\neq0$. 逆否命题为真命题.

(3)逆命题：若 x、y 全为零，则 $x^2+y^2=0$. 逆命题为真命题.

否命题：若 $x^2+y^2\neq0$，则 x、y 不全为零. 否命题为真命题.

逆否命题：若 x、y 不全为零，则 $x^2+y^2\neq0$. 逆否命题为真命题.

点拨 要判断四种命题的真假，首先，要理清四种命题的相互关系，其次，利用其他知识判断真假时，一定要对有关知识熟练掌握.

例3 已知函数 $f(x)$ 是 $(-\infty,+\infty)$ 上的增函数，a、$b\in\mathbf{R}$. 若 $a+b\geqslant0$，则 $f(a)+f(b)\geqslant f(-a)+f(-b)$.

(1)写出其逆命题，判断其真假，并证明你的结论；

(2)写出其逆否命题，判断其真假，并证明你的结论.

解 (1)逆命题：$f(x)$ 是 $(-\infty,+\infty)$ 上的增函数，a、$b\in\mathbf{R}$，若 $f(a)+f(b)\geqslant f(-a)+f(-b)$，则 $a+b\geqslant0$；真命题.

证明：假设 $a+b<0$，则 $a<-b$，$\because f(x)$ 是

$(-\infty,+\infty)$上的增函数，$\therefore f(a)<f(-b)$. 同理$f(b)<f(-a)$. $\therefore f(a)+f(b)<f(-a)+f(-b)$，与题设矛盾，故假设不成立，即$a+b\geqslant 0$.

(2)逆否命题：$f(x)$是$(-\infty,+\infty)$上的增函数，a、$b\in\mathbf{R}$，若$f(a)+f(b)<f(-a)+f(-b)$，则$a+b<0$；真命题.

因为一个命题$\Leftrightarrow$它的逆否命题，故证明原命题为真即可.

$\because a+b\geqslant 0$，$\therefore a\geqslant -b$，$b\geqslant -a$.

又$\because f(x)$在$(-\infty,+\infty)$上是增函数，

$\therefore f(a)\geqslant f(-b)$，$f(b)\geqslant f(-a)$.

$\therefore f(a)+f(b)\geqslant f(-a)+f(-b)$.

故逆否命题为真.

点拨 互为逆否命题的两个命题的真假性是一致的.

题型3 四种条件的判定方法

充分条件、必要条件、充要条件、既不充分也不必要条件的判定方法：①定义法；②特殊值法；③集合法；④图示法.

例4 填空：

(1)$f(0)=0$是$f(x)$为奇函数的______条件；

(2)$A=B$是$\tan A=\tan B$的______条件；

(3)在$\triangle ABC$中，$\angle A>\angle B$是$\sin A>\sin B$的______条件；

(4)$f'(x_0)=0$是$y=f(x)$在$x=x_0$处取得极值的______条件.

(5)"$ab<0$"是"方程$ax^2+by^2=c$表示双曲线"的______条件.

解析 (1)$f(0)=0\nRightarrow f(x)$为奇数，如$y=x^2$；$f(x)$为奇函数$\nRightarrow f(0)=0$，因为$f(x)$在$x=0$处不一定有定义，如$y=\dfrac{1}{x}$.

(2)$A=B\nRightarrow \tan A=\tan B$，因为$\tan A$，$\tan B$可能没有意义，如$A=B=\dfrac{\pi}{2}$；$\tan A=\tan B\nRightarrow A=B$，因为三角函数具有周期性.

(3)在$\triangle ABC$中，$A>B\Leftrightarrow \sin A>\sin B$.

(4)$f'(x_0)=0\nRightarrow y=f(x)$在$x=x_0$处取得极值，因为在$x=x_0$处左右两侧导数的符号有可能没有发生改变，如$y=x^3$在$x=0$处；$y=f(x)$在$x=x_0$处取得极值$\nRightarrow f'(x_0)=0$，因为$y=f(x)$在$x=x_0$处有可能不可导，如$y=|x|$在$x=0$处取得极小值，但在$x=0$处不可导.

(5)$ab<0\nRightarrow ax^2+by^2=c$表示双曲线，因为$c$有可能等于0. 如$x^2-y^2=0$表示两条直线；$ax^2+by^2=c$为双曲线$\Rightarrow ab<0$.

答案 (1)既不充分也不必要　(2)既不充分也不必要　(3)充要　(4)既不充分也不必要　(5)必要不充分

点拨 判断p是q的什么条件，只要看$p\Rightarrow q$，$q\Rightarrow p$是否成立. 若$p\Rightarrow q$，则p是q的充分条件，若$q\Rightarrow p$，则p是q的必要条件.

题型4 判断复合命题的真假

可根据真值表来判断复合命题的真假.

对于$p\wedge q$命题，p、q同真，则$p\wedge q$为真；p、q有一个为假，则$p\wedge q$为假；对于$p\vee q$命题，p、q有一个为真，则$p\vee q$为真，p、q同假，则$p\vee q$为假；p和$\neg p$的真假性刚好相反.

例5 分别指出下列各组命题构成的"p或q""p且q""非p"形式的命题的真假.

(1)p：$\varnothing\subsetneqq\{0\}$，$q$：$0\in\varnothing$；

(2)p：$A\subseteq A$，q：$A\cap A=A$；

(3)p：函数$y=x^2+3x+4$的图象与x轴有公共点，q：方程$x^2+3x-4=0$没有实根.

分析 首先确定组成命题的每个简单命题的真假情况，然后再根据命题的形式，对照相应的真值表进行判断.

解 (1)p是真命题，q是假命题，则$p\vee q$是真命题，$p\wedge q$是假命题，$\neg p$是假命题.

(2)p是真命题，q是真命题，则$p\vee q$是真命题，$p\wedge q$是真命题，$\neg p$是假命题.

(3)p是假命题，q是假命题，则$p\vee q$是假命题，$p\wedge q$是假命题，$\neg p$是真命题.

点拨 判断一个复合命题真假的步骤：

(1)确定命题的结构形式;(2)判断构成复合命题的两个简单命题的真假;(3)利用相应真值表判断这个复合命题的真假.

题型5 全称命题与特称命题的否定

在书写全称命题与特称命题的否定时一定要抓住决定命题性质的量词,从对量词的否定入手.全称命题的否定是特称命题.特称命题的否定是全称命题.

例6 已知命题 p: $\forall x\in\mathbf{R}$, $\cos x\leqslant 1$,则命题 p 的否定为(　　).

A. $\neg p$: $\exists x\in\mathbf{R}$, $\cos x\geqslant 1$

B. $\neg p$: $\forall x\in\mathbf{R}$, $\cos x\geqslant 1$

C. $\neg p$: $\exists x\in\mathbf{R}$, $\cos x>1$

D. $\neg p$: $\forall x\in\mathbf{R}$, $\cos x>1$

解析 “$\forall$”的否定是“$\exists$”,“$\leqslant$”的否定是“$>$”.

答案 C.

题型6 全称命题与特称命题的真假判断

判断全称命题是真命题,必须确定对集合 M 中每一个元素都成立,若是假命题,举反例即可.判断特称命题是真命题,只要在集合 M 中,至少找到一个元素,使得命题成立即可.

例7 判断下列命题是全称命题还是特称命题,并判断真假.

(1)存在一个实数 α, $\tan\alpha$ 无意义;

(2)对任意实数 x_1, x_2,若 $x_1<x_2$,则 $\sin x_1<\sin x_2$;

(3) $\exists x_0, y_0\in Z$,使得 $\sqrt{2}x_0+y_0=3$.

分析 先分析命题的结构,再分析命题中含有的量词并判断其真假.

解 (1)特称命题.当 $\alpha=\dfrac{\pi}{2}$ 时, $\tan\alpha$ 不存在,$\therefore$ 命题(1)是真命题.

(2)全称命题.$\because$ 存在 $x_1=0$, $x_2=\pi$, $x_1<x_2$,但 $\sin x_1=\sin x_2$,$\therefore$ 命题(2)是假命题.

(3)特称命题.$\because$ $x_0=0$, $y_0=3$ 时符合题意,$\therefore$ 命题(3)是真命题.

点拨 判断全称命题和特称命题的真假时,应通过生活和数学中的丰富实例,并结合相关的数学知识综合判断.

综合解题指导

题型1 条件的求解问题

例1 已知抛物线 C: $y=-x^2+mx-1$ 和点 $A(3,0)$, $B(0,3)$,求抛物线 C 与线段 AB 有两个不同交点的充要条件.

解 (1)必要性:由已知得线段 AB 的方程为 $y=-x+3(0\leqslant x\leqslant 3)$.

由于抛物线 C 和线段 AB 有两个不同的交点,

所以方程组 $\begin{cases}y=-x^2+mx-1,\\ y=-x+3(0\leqslant x\leqslant 3)\end{cases}$ (*)

有两组不同的实数解.

消元得 $x^2-(m+1)x+4=0(0\leqslant x\leqslant 3)$.

设 $f(x)=x^2-(m+1)x+4$,则有

$$\begin{cases}\Delta=(m+1)^2-4\times 4>0,\\ f(0)=4\geqslant 0,\\ f(3)=9-3(m+1)+4\geqslant 0,\\ 0<\dfrac{m+1}{2}<3.\end{cases}$$

解得 $3<m\leqslant\dfrac{10}{3}$.

(2)充分性:当 $3<m\leqslant\dfrac{10}{3}$ 时, $0<(m+1)^2-16\leqslant\dfrac{5}{3}$.

$\therefore$ 方程 $x^2-(m+1)x+4=0$ 有两个不等的实数根 x_1, x_2,且

$$x_1=\frac{m+1-\sqrt{(m+1)^2-16}}{2}>\frac{m+1-\sqrt{(m+1)^2}}{2}>0,$$

$$x_2=\frac{m+1+\sqrt{(m+1)^2-16}}{2}\leqslant$$

$$\frac{\frac{10}{3}+1+\sqrt{\left(\frac{10}{3}+1\right)^2-16}}{2}=3.$$

$\therefore 0<x_1<x_2\leqslant 3$，方程组（$*$）有两组不同的实数解.

因此，抛物线 $y=-x^2+mx-1$ 和线段 AB 有两个不同交点的充要条件是 $3<m\leqslant\frac{10}{3}$.

点拨 探求出结论成立的必要条件，再对这个条件进行充分性的证明.

题型2 命题与解析几何的综合

例2 在平面直角坐标系 xOy 中，直线 l 与抛物线 $y^2=2x$ 相交于 A、B 两点.

（1）求证："如果直线 l 过点 $T(3,0)$，那么 $\overrightarrow{OA}\cdot\overrightarrow{OB}=3$"是真命题；

（2）写出（1）中命题的逆命题，判断它是真命题还是假命题，并说明理由.

（1）**证明** 令直线 l 与抛物线的两个交点 A、B 的坐标分别是 (x_1,y_1)，(x_2,y_2)，

由于直线 l 过点 $T(3,0)$，从而有 $\overrightarrow{TA}/\!/\overrightarrow{TB}$.

又由 $\overrightarrow{TA}=(x_1-3,y_1)$，$\overrightarrow{TB}=(x_2-3,y_2)$，

可得 $(x_1-3)y_2=(x_2-3)y_1$，即 $x_1y_2-x_2y_1-3y_2+3y_1=0$. ①

由交点 A、B 也在抛物线上，得 $\begin{cases}y_1^2=2x_1,\\y_2^2=2x_2.\end{cases}$

代入①得 $\frac{y_1^2y_2}{2}-\frac{y_1y_2^2}{2}-3y_2+3y_1=(y_1-y_2)\left(\frac{y_1y_2}{2}+3\right)=0$.

显然交点 A、B 的纵坐标不可能相等，所以有 $\frac{y_1y_2}{2}+3=0\Rightarrow y_1y_2=-6$.

所以 $\overrightarrow{OA}\cdot\overrightarrow{OB}=x_1x_2+y_1y_2=\left(\frac{y_1y_2}{2}\right)^2+y_1y_2=9-6=3$.

所以命题为真命题.

（2）**解** 逆命题为："如果 $\overrightarrow{OA}\cdot\overrightarrow{OB}=3$，则直线 l 过点 $T(3,0)$". 假命题.

由交点 A、B 也在抛物线上，得 $\begin{cases}y_1^2=2x_1,\\y_2^2=2x_2.\end{cases}$

所以 $\overrightarrow{OA}\cdot\overrightarrow{OB}=x_1x_2+y_1y_2=\left(\frac{y_1y_2}{2}\right)^2+y_1y_2=3$.

可得 $y_1y_2=2$ 或 $y_1y_2=-6$.

又由 $\overrightarrow{TA}=(x_1-3,y_1)$，$\overrightarrow{TB}=(x_2-3,y_2)$，直线 l 过点 $T(3,0)\Rightarrow\overrightarrow{TA}/\!/\overrightarrow{TB}\Rightarrow(x_1-3)y_2=(x_2-3)y_1$，即 $x_1y_2-x_2y_1-3y_2+3y_1=0$.

而 $x_1y_2-x_2y_1-3y_2+3y_1=\frac{y_1^2y_2}{2}-\frac{y_1y_2^2}{2}-3y_2+3y_1=(y_1-y_2)\left(\frac{y_1y_2}{2}+3\right)$，

显然当 $y_1y_2=-6$ 时，使得"直线 l 过点 $T(3,0)$".

而当 $y_1y_2=2$ 时，"直线 l 不过点 $T(3,0)$".

所以该命题是假命题.

题型3 命题与函数的综合

例3 图1－2－3是函数 $y=\left(\frac{1}{2}\right)^x$ 和 $y=3x^2$ 图象的一部分，其中 $x=x_1$，x_2（$-1<x_1<0<x_2$）时，两函数值相等.

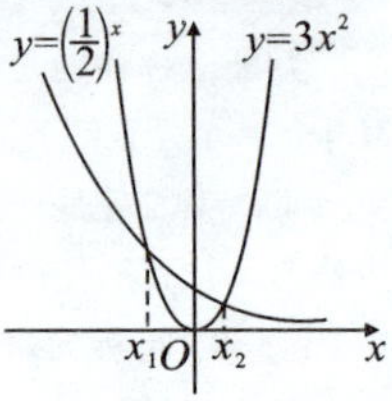

图1－2－3

（1）给出如下两个命题：

①当 $x<x_1$ 时，$\left(\frac{1}{2}\right)^x<3x^2$；

②当 $x>x_2$ 时，$\left(\frac{1}{2}\right)^x<3x^2$. 试判定命题①②的真假并说明理由.

（2）求证：$x_2\in(0,1)$.

（1）**解** 命题①是假命题，可以举反例：取 $x=-10$，则 $x<x_1$，但是 $\left(\frac{1}{2}\right)^{-10}=1\ 024$，$3\times(-10)^2=300$，$\left(\frac{1}{2}\right)^x<3x^2$ 不成立；命题

②是真命题. ∵ 函数 $y=\left(\frac{1}{2}\right)^x$ 在 $[x_2,+\infty)$ 上是减函数,函数 $y=3x^2$ 在 $[x_2,+\infty)$ 上是增函数.

∴ 当 $x>x_2$ 时,$\left(\frac{1}{2}\right)^x<\left(\frac{1}{2}\right)^{x_2}=3x_2^2<3x^2$.

(2) **证明** 构造函数 $f(x)=3x^2-\left(\frac{1}{2}\right)^x$,

则 $f(0)=-1<0,f(1)=\frac{5}{2}>0$,

∴ $f(x)$ 在区间 $(0,1)$ 内有零点.

又∵ $f'(x)=6x-\left(\frac{1}{2}\right)^x\ln\frac{1}{2}$,∴ 当 $x\in(0,+\infty)$ 时,$f'(x)>0$.

∴ 函数 $f(x)=3x^2-\left(\frac{1}{2}\right)^x$ 在区间 $(0,+\infty)$ 上单调递增,

∴ $f(x)$ 在区间 $(0,1)$ 内的零点唯一,即 $x_2\in(0,1)$.

点拨 判断命题为真,需经过严格推理证明其是真命题,而判断一个命题为假,只需举出反例即可.

三年高考分析

命题、逻辑联结词与充要条件这部分内容,以四种命题间的关系及命题的真假判断为重点考查内容,且以本部分知识作为工具考查三角函数、立体几何、解析几何中的知识点,题型主要是选择题和填空题,但也经常出现综合性大题,以考查学生分析问题、解决问题的能力.

全称命题和特称命题是新课标教材新增内容,在高考中已有所体现,在今后的高考中,一定会继续考查,多以选择题,填空题为主.

例1 (天津高考)命题"存在 $x_0\in\mathbf{R},2^{x_0}\leqslant 0$"的否定是(　　).

A. 不存在 $x_0\in\mathbf{R},2^{x_0}>0$

B. 存在 $x_0\in\mathbf{R},2^{x_0}\geqslant 0$

C. 对任意的 $x\in\mathbf{R},2^x\leqslant 0$

D. 对任意的 $x\in\mathbf{R},2^x>0$

解析 命题的否定是"对任意的 $x\in\mathbf{R},2^x>0$".

答案 D.

点拨 写出命题的否定形式,要注意量词形式的变化.

例2 (浙江高考)已知 a、b 是实数,则"$a>0$且 $b>0$"是"$a+b>0$ 且 $ab>0$"的(　　).

A. 充分而不必要条件

B. 必要而不充分条件

C. 充分必要条件

D. 既不充分也不必要条件

解析 当 $a>0$ 且 $b>0$ 时,一定有 $a+b>0$ 且 $ab>0$. 反之,当 $ab>0$ 时,可知 a、b 同号,又因 $a+b>0$,可知 $a>0,b>0$. 故"$a>0$ 且 $b>0$"是"$a+b>0$ 且 $ab>0$"的充要条件.

答案 C.

例3 (广东高考)已知命题 p:所有有理数都是实数;命题 q:正数的对数都是负数,则下列命题中为真命题的是(　　).

A. $(\neg p)\lor q$　　B. $p\land q$

C. $(\neg p)\land(\neg q)$　　D. $(\neg p)\lor(\neg q)$

解析 不难判断命题 p 为真命题,命题 q 为假命题,从而上述叙述中只有 $(\neg p)\lor(\neg q)$ 为真命题.

答案 D.

点拨 本题考查命题的概念以及对"或""且"、"非"命题的正确理解,求解时应注意"p 或 q"一真必真,"p 且 q"一假必假.

例4 (北京高考)对于函数:①$f(x)=\lg(|x-2|+1)$,②$f(x)=(x-2)^2$,③$f(x)=\cos(x+2)$,判断如下三个命题的真假:

命题甲:$f(x+2)$是偶函数;

命题乙:$f(x)$在 $(-\infty,2)$ 上是减函数,在 $(2,+\infty)$ 上是增函数;

命题丙:$f(x+2)-f(x)$在 $(-\infty,+\infty)$

上是增函数.

能使命题甲、乙、丙均为真的所有函数的序号是(　　).

A. ①③　B. ①②　C. ③　　D. ②

解析 对于函数① $f(x)=\lg(|x-2|+1)$，函数 $f(x+2)=\lg(|x|+1)$ 是偶函数；$f(x)$ 在 $(-\infty,2)$ 上是减函数，在 $(2,+\infty)$ 上是增函数；但对命题丙：$f(x+2)-f(x)=\lg(|x|+1)-\lg(|x-2|+1)=\lg\dfrac{|x|+1}{|x-2|+1}$，当 $x\in(-\infty,0)$ 时，$\lg\dfrac{|x|+1}{|x-2|+1}=\lg\dfrac{-x+1}{2-x+1}=\lg\left(1+\dfrac{2}{x-3}\right)$ 为减函数，排除①. 对于函数③ $f(x)=\cos(x+2)$，函数 $f(x+2)=\cos(x+4)$ 不是偶函数，排除函数③. 只有函数② $f(x)=(x-2)^2$ 符合要求.

答案 D.

例5 (海南高考)有四个关于三角函数的命题：

$p_1:\exists x\in\mathbf{R},\sin^2\dfrac{x}{2}+\cos^2\dfrac{x}{2}=\dfrac{1}{2}$；

$p_2:\exists x、y\in\mathbf{R},\sin(x-y)=\sin x-\sin y$；

$p_3:\forall x\in[0,\pi],\sqrt{\dfrac{1-\cos 2x}{2}}=\sin x$；

$p_4:\sin x=\cos y\Rightarrow x+y=\dfrac{\pi}{2}$，

其中的假命题是(　　).

A. p_1,p_4　　B. p_2,p_4

C. p_1,p_3　　D. p_2,p_3

解析 ∵ 对任意 $x\in\mathbf{R}$，均有 $\sin^2\dfrac{x}{2}+\cos^2\dfrac{x}{2}=1$ 而不是 $\dfrac{1}{2}$，故 p_1 为假命题；当 $x、y、x-y$ 有一个为 $2k\pi(k\in\mathbf{Z})$ 时，$\sin x-\sin y=\sin(x-y)$ 成立，故 p_2 是真命题；

∵ $\cos 2x=1-2\sin^2 x$，

∴ $\dfrac{1-\cos 2x}{2}=\dfrac{1-1+2\sin^2 x}{2}=\sin^2 x$.

又∵ $x\in[0,\pi]$ 时，$\sin x\geqslant 0$，∴ 对任意 $x\in[0,\pi]$，均有 $\sqrt{\dfrac{1-\cos 2x}{2}}=\sin x$，因此 p_3 是真命题；当 $\sin x=\cos y$，即 $\sin x=\sin\left(\dfrac{\pi}{2}-y\right)$ 时，$x=2k\pi+\dfrac{\pi}{2}-y$，即 $x+y=2k\pi+\dfrac{\pi}{2}(k\in\mathbf{Z})$，故 p_4 为假命题.

答案 A.

点拨 本题考查命题的真假的判断，以及对三角函数公式的理解与应用. 要判断一个命题为假命题，只需举出一个反例即可.

数学思想

1. 等价转化思想

利用互为逆否命题之间的等价性进行命题真假的判断、证明是转化思想在逻辑中的直接应用.

例1 判断 $p:x\neq 2$ 或 $y\neq 3$ 是 $q:x+y\neq 5$ 的什么条件.

分析 本题直接判断 p 是 q 的什么条件时，难度较大，而借助于四种命题之间的关系进行判断较简单.

解 若 p，则 q 的逆否命题是若 $\neg q$，则 $\neg p$.

由于 $\neg q:x+y=5$，$\neg p:x=2$ 且 $x=3$，

∴ $\neg p\Rightarrow\neg q$，而 $\neg q\nRightarrow\neg p$.

∴ 原命题的否命题成立，则与它等价的逆命题成立，即 $q\Rightarrow p$.

故 p 是 q 成立的必要而不充分条件.

2. 分类讨论思想

例2 命题 p：关于 x 的不等式 $x^2+2ax+4>0$ 对一切 $x\in\mathbf{R}$ 恒成立；命题 q：函数 $f(x)=-(5-2a)^x$ 是减函数，若 p 或 q 为真，p 且 q 为假，求实数 a 的取值范围.

分析 先求 $p、q$ 中的 a 的范围，再利用 $p\vee q$ 为真，$p\wedge q$ 为假，构造关于 a 的不等式组，求出适合条件的 a 的范围.

解 设 $g(x)=x^2+2ax+4$. 由于关于 x 的不等式 $x^2+2ax+4>0$ 对一切 $x\in\mathbf{R}$ 恒成

立,所以函数 $g(x)$ 的图象开口向上且与 x 轴没有交点,故 $\Delta=4a^2-16<0$.

$\therefore -2<a<2$,$\therefore$ 命题 p:$-2<a<2$.

函数 $f(x)=-(5-2a)^x$ 是减函数,

则有 $5-2a>1$,即 $a<2$.

所以命题 q:$a<2$.

又由于 p 或 q 为真,p 且 q 为假,可知 p 和 q 一真一假.

(1)若 p 真,q 假,则 $\begin{cases}-2<a<2,\\ a\geqslant 2,\end{cases}$ 此不等式组无解.

(2)若 p 假,q 真,则 $\begin{cases}a\leqslant -2 \text{ 或 } a\geqslant 2,\\ a<2,\end{cases}$

$\therefore a\leqslant -2$.

综上可知,所求实数 a 的取值范围为 $a\leqslant -2$.

点拨 (1)利用命题的真假求参数,实际就是已知命题 $p\wedge q$,$p\vee q$,$\neg p$ 的真假等不同的条件,求命题中涉及的参数的范围.(2)注意由条件得出分类的标准.

背景材料

"或""且""非"在逻辑用语和日常用语中的应用

"且""或"在日常用语中可做副词,也可做联词.

"且"做副词有"暂时""暂且"的意思,表示在短时间内先进行某一件事,别的事以后再说;也有"姑且"的意思,表示某种程度上的让步,如"话还没说完,你且慢走","且不谈考试成绩,就是平时作业他也属于全班第一".做联词有"而且"、"并且"的意思,表示进了一层.如"她工作快且好,不愧为技术能手"."且"连用时,后面只带单音动词.如"且看且记",相当于口语的"边……边……",表示动作同时进行.

"或"做副词有"也许""或许"的意思,表示可能.如"天空多云,或许要下雨".做联词时,表示在联结的几个成分中选择一个.如"这项任务你去完成或者他去完成都可以".在同"无论""不论""不管"等联词配合使用时,表示不受所说条件的限制.如"不论大事或小事,大家都愿意找他商量"."或"也有"有的"的意思,表示同时存在.如"或者练习英语,或者参加锻炼,大家都能充分利用业余时间"."或"和"或者"是同义词,可以换用.

在逻辑用语中,"且""或"我们主要取它们做联词的作用.

日常用语中的"非"可做副词,表示否定.同"不"配合使用,表示双重否定(即肯定),比用"一定"语气更坚决.如"这件工作,非他不行"."非"还有"只有"的意思.同"才"配合使用,表示必须具备这个条件.如"要把本领学到手,非下几年苦功夫才行"."非"也可做实词,如"答非所问"中的"非"是动词,"分清是非"中的"非"是名词.

在逻辑用语中,对"非",主要取做副词的作用.

日常用语"如果……,那么……"的前一分句,表示假设,后一分句是根据假设推出结论或者推出疑问.如"你如果不抓紧时间学习,那么将来就不能适应工作的需要",属判断句.又如"如果你今天不完成作业,那么什么时候完成呢?"属疑问句."如果……,那么……"在前一分句末尾用助词"的话"呼应配合,即强调假设的条件.如"如果你能及时赶到的话,那么我们就可以一同去参观".由此可见,日常用语中的"如果……,那么……"与教材中所讲的"如果……,那么……"的命题,其意义是基本一致的.

"等价"的意思是价值相等,表示程度、数量相同,引申到数学上,有"相当于""等同于"的含义.

虚词"且""或""非"在逻辑用语中都称为联结词,是用以表达命题与个体性质之间的逻辑关系的,用法与日常用语不尽相同.

第二篇　函数

第一章　函数概念与基本性质

知识网络

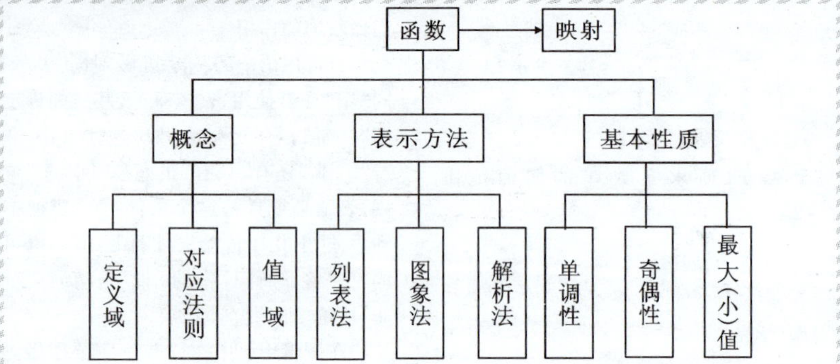

基础知识精析

1. 函数的定义

设 A、B 是非空的数集，如果按照某种确定的对应关系 f，使对于集合 A 中的任意一个数 x，在集合 B 中都有唯一确定的数 $f(x)$ 和它对应，那么就称 $f:A\to B$ 为集合 A 到集合 B 的一个函数，记作：$y=f(x)$，$x\in A$. 其中，x 叫做自变量，x 的取值范围 A 叫做函数的定义域；与 x 的值相对应的 y 值叫做函数值，函数值的集合 $\{f(x)\mid x\in A\}$ 叫做函数的值域.

注意

(1) 高中教材中函数的定义（称为现代定义）与初中学的函数的定义（称为传统定义）实质上是一致的，只不过传统定义是从运动变化的观点出发，而现代定义是从集合的观点出发.

(2) A、B 都是非空数集，因此定义域（或值域）为空集的函数不存在.

(3) 在现代定义中，集合 B 不一定是函数的值域，它包含了函数的值域，即值域是集合 B 的子集.

2. 函数的定义域

函数的定义域是自变量 x 的取值范围，它是构成函数的重要组成部分，如果没有标明定义域，则认为定义域是使函数解析式有意义的或使实际问题有意义的 x 的取值范围. 但要注意，在实际问题中，定义域要受到实际意义的制约. 如函数 $y=\sqrt{x}$ 的定义域为 $\{x\mid x\geqslant 0\}$，圆半径 r 与圆面积 S 的函数关系为 $S=$

πr^2，其定义域为$\{r|r>0\}$.

3. 函数的对应法则

对应关系 f 是函数关系的本质特征，$y=f(x)$的意义是：y 就是 x 在关系 f 下的对应值，而 f 是"对应"得以实现的方法和途径. 如 $f(x)=3x+5$，f 表示 3 倍的自变量加上 5，即$f(3)=3\times3+5=14$.

注意

(1)$f(x)$与$f(a)$的区别与联系：$f(a)$表示当 $x=a$ 时函数$f(x)$的值，是一个常量，而$f(x)$是自变量 x 的函数，在一般情况下，它是一个变量，$f(a)$是$f(x)$的一个特殊值.

(2)当法则所施加的对象与解析式中表述的对象不一致时，该解析式不能正确施加法则，比如$f(x)=x^2+1$，左端是对 x 施加法则，右端也是关于 x 的解析式，这时此式是以 x 为自变量的函数解析式；而对于$f(x+1)=3x^2+2x+1$，左端表示对 $x+1$ 施加法则，右端是关于 x 的解析式，二者并不统一，这时此式既不是关于 x 的函数解析式，也不是关于 $x+1$的函数解析式.

4. 函数的值域

对于函数 $y=f(x)$，$x\in A$，与 x 的值对应的 y 的值叫函数值. 如函数$y=x^2+5x+3$，当$x=3$时，$y=3^2+5\times3+3=27$叫做 $x=3$ 时的函数值，函数值的集合$\{f(x)|x\in A\}$叫做函数的值域，记作 C.

函数的值域是由对应法则 f 对自变量 x 在定义域内取值时相应的函数值的集合. 关于求函数值域的问题，可依据函数的对应规律，求出定义域内自变量 x 的函数值的取值范围，即为值域.

注意

定义域 A、值域 C 以及从 A 到 C 的对应关系 f，称为函数的三要素，一般情况下，一旦定义域和对应关系确定，函数的值域也就随之确定.

5. 同一函数

如果两个函数的定义域相同，并且对应关系完全一致，我们就称这两个函数相等(或同一函数).

注意

定义域不同，两个函数也就不同；对应法则不同，两个函数也是不同的；即使定义域和值域都分别相同的两个函数，它们也不一定是同一函数，因为函数的定义域和值域不能唯一地确定函数的对应关系. 如函数 $y=x+2$，$y=2x-1$，其定义域和值域都为 $\mathbf{R}$，但它们的对应关系不同，明显不是同一个函数.

6. 区间与无穷的概念

(1)区间的定义：设 a、b 是两个实数，且 $a<b$，规定：满足不等式 $a\leqslant x\leqslant b$ 的实数 x 的集合叫做闭区间，表示为$[a,b]$；满足不等式 $a<x<b$的实数 x 的集合叫做开区间，表示为(a,b)；满足不等式 $a\leqslant x<b$ 或 $a<x\leqslant b$ 的实数 x 的集合叫做半开半闭区间，分别表示为$[a,b)$，$(a,b]$. 这里实数 a 与 b 都叫做相应区间的端点.

闭区间$[a,b]$用数轴表示为 

开区间(a,b)用数轴表示为 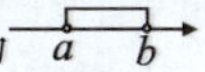

左闭右开区间$[a,b)$用数轴表示为 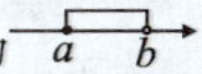

左开右闭区间$(a,b]$用数轴表示为 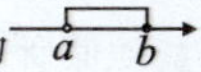

(2)无穷的概念：实数集 $\mathbf{R}$ 可以用区间表示为$(-\infty,+\infty)$，"∞"读作"无穷大"，"$-\infty$"读作"负无穷大"，"$+\infty$"读作"正无穷大". 把满足 $x\geqslant a$，$x>a$，$x\leqslant b$，$x<b$ 的实数 x 的集合分别表示为$[a,+\infty)$，$(a,+\infty)$，$(-\infty,b]$，$(-\infty,b)$.

注意

(1)区间是集合，区间的左端点必小于右端点.

(2)数轴表示区间时，用实心点表示包

括在区间内的端点，用空心圆圈表示不包括在区间内的端点.

(3)"无穷大"是一种变化趋势，符号"∞"不是一个数，因此，以"$-\infty$"或"$+\infty$"为区间的一端时，这一端必须是小括号.

7. 函数的表示法

(1)表示函数的常用方法为：解析法、列表法、图象法.

①解析法就是把两个变量的函数关系，用一个等式来表示，这个等式叫做函数的解析表达式，简称解析式.

②列表法就是列出表格来表示两个变量之间的函数关系.

③图象法就是用函数的图象表示两个变量之间的函数关系.

(2)三种方法的优缺点：

①解析法优点：一是简明、全面地概括了变量间的关系；二是可以通过解析式求出任意一个自变量的值所对应的函数值.

缺点：不够形象、直观、具体，而且并不是所有的函数都能用解析式表示出来.

②列表法优点：不需要计算就可以直接看出与自变量的值相对应的函数值.

缺点：它只能表示自变量取较少的有限值的对应关系，表示不出两变量的整体关系.

③图象法优点：能直观形象地表示出函数的变化情况.

缺点：只能近似地求出自变量的值所对应的函数值，而且有时误差较大.

8. 分段函数

分段函数的定义：在定义域不同的部分上，有不同的解析表达式，像这样的函数通常叫做分段函数.

注意

(1)分段函数是一个函数而不是几个函数，处理分段函数时，首先要确定自变量的取值属于哪一个区间段，从而选取相应的函数解析式.

(2)分段函数的草图常由几个不同的部分组成，作分段函数图象时，应根据不同区间上的解析式分别作出.

(3)分段函数的定义域是各段定义域的并集，各段定义域的交集应是空集，求函数值时，特别注意自变量所在的定义区间，以确定所适合的对应法则.

9. 映射

(1)映射的定义：设A、B是两个非空的集合，如果按照某一确定的对应关系f，使对于集合A中的任意一个元素x，在集合B中都有唯一确定的元素y与之对应，那么就称对应$f:A\to B$为从集合A到集合B的一个映射.

(2)象与原象：通常情况下，映射定义当中，称y是x在映射f的作用下的象，记作$f(x)$，于是$y=f(x)$，x称做y的原象.

(3)一一映射：如果映射f是集合A到集合B的映射，并且对于集合B中的任意一个元素，在集合A中都有且只有一个原象，这时我们说这两个集合的元素之间存在一一对应关系，并把这种映射叫做从集合A到集合B的一一映射.

注意

(1)映射$f:A\to B$，可从以下四点来理解：①A中的每个元素在B中都有唯一的元素与之对应；②对A中的不同元素，在B中可以有相同的元素与之对应；③允许B中有多余的元素，A中没有元素与之对应；④A中元素与B中元素可以是一对一，多对一，但不能一对多，也不能一对无.

(2)映射与函数的区别与联系：映射$f:A\to B$，其中A、B是两个"非空集合"，而函数$f:A\to B$，其中A、B是两个"非空数集"，这是它们的唯一区别，由此可知函数是特殊的映射，映射是函数的推广.

10. 增函数与减函数

一般地，设函数$f(x)$的定义域为I.

(1)如果对于定义域I内某个区间D上

的任意两个自变量的值 x_1、x_2，当 $x_1<x_2$ 时，都有 $f(x_1)<f(x_2)$，那么就说函数 $f(x)$ 在区间 D 上是增函数. 如图 2-1-1，$f(x)$ 在 $[a,b]$ 上是增函数.

(2) 如果对于定义域 I 内某个区间 D 上的任意两个自变量的值 x_1、x_2，当 $x_1<x_2$ 时，都有 $f(x_1)>f(x_2)$，那么就说函数 $f(x)$ 在区间 D 上是减函数. 如图 2-1-1，$g(x)$ 在 $[c,d]$ 上是减函数.

注意

沿 x 轴的方向，在单调区间上增函数的图象是上升的，减函数的图象是下降的.

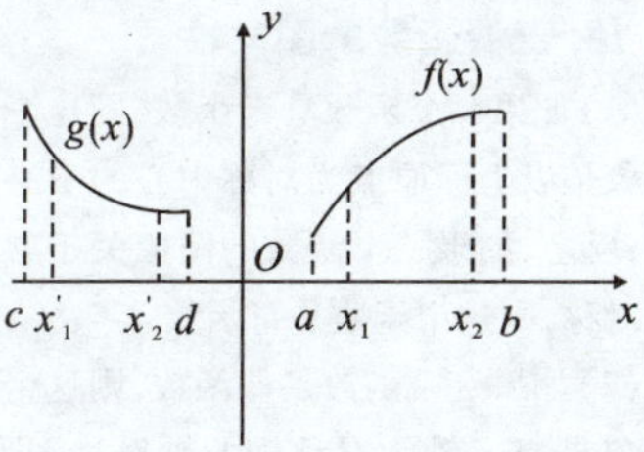

图 2-1-1

11. 单调性与单调区间

如果函数 $y=f(x)$ 在区间 D 上是增函数或减函数，那么就说函数 $y=f(x)$ 在这一区间具有(严格的)单调性，区间 D 叫做 $y=f(x)$ 的单调区间.

注意

(1) 单调性与“区间”紧密相关，一个函数在不同的区间上可能有不同的单调性. 如果一个函数在定义域的几个区间上都是增(减)函数，但是不能说它在定义域上是增(减)函数. 如 $f(x)=\frac{1}{x}$ 在 $(-\infty,0)$ 上是减函数，在 $(0,+\infty)$ 上也是减函数，但不能说 $f(x)$ 在 $(-\infty,0)\cup(0,+\infty)$ 上是减函数. 因为 $x_1=-1$，$x_2=1$ 时，$f(x_1)=-1$，$f(x_2)=1$，$f(x_1)<f(x_2)$，不满足减函数的定义.

(2) 有些函数在整个定义域上具有单调性，有的函数在定义域内的某个子集上具有单调性.

(3) 有些函数不具有单调性. 如函数

$y=\begin{cases}1 & (x\text{ 为无理数})\\0 & (x\text{ 为有理数})\end{cases}$ 的定义域为 $\mathbf{R}$，但不具有单调性；再如 $y=x+1$，$x\in\mathbf{Z}$，它的定义域不是区间，也不能说它在定义域上具有单调性.

12. 函数单调性的判定方法

(1) 定义法：利用定义严格判断. 第一步：在所给区间上任取两个自变量的值 x_1，x_2，且规定 $x_1<x_2$；第二步：确定 $f(x_1)$ 和 $f(x_2)$ 的大小. 通常“作差”，即“$f(x_2)-f(x_1)$”与“0”的大小比较；第三步：根据定义作出判断，得出结论.

(2) 图象法：作出函数的图象，用数形结合的方法确定函数的单调性.

13. 复合函数 $y=f(g(x))$

如果 y 是 u 的函数，记为 $y=f(u)$，u 又是 x 的函数，记为 $u=g(x)$，且 $g(x)$ 的值域与 $f(u)$ 的定义域的交集非空，则确定了一个 y 关于 x 的函数 $y=f(g(x))$，这时 y 叫做 x 的复合函数，其中 u 叫做中间变量，$y=f(u)$ 叫做外层函数，$u=g(x)$ 叫做内层函数.

14. 复合函数的单调性

若 $u=g(x)$ 在区间 $[a,b]$ 上的单调性与 $y=f(u)$ 在 $[g(a),g(b)]$ (或 $[g(b),g(a)]$) 上的单调性相同，则复合函数 $y=f[g(x)]$ 在 $[a,b]$ 上单调递增，否则，单调递减.

注意

(1) 复合函数的单调性可简记为“同增异减”，即内外函数的单调性相同时递增，相异时递减.

(2) 单调区间必须在定义域内.

15. 函数的最大(小)值

(1)最大值:一般地,设函数 $y=f(x)$ 的定义域为 I,如果存在实数 M 满足:

①对于任意 $x\in I$,都有 $f(x)\leqslant M$;

②存在 $x_0\in I$,使得 $f(x_0)=M$.

那么,我们称 M 是函数 $y=f(x)$ 的最大值.

(2)最小值:一般地,设函数 $y=f(x)$ 的定义域为 I,如果存在实数 M 满足:

①对于任意 $x\in I$,都有 $f(x)\geqslant M$;

②存在 $x_0\in I$,使得 $f(x_0)=M$.

那么,我们称 M 是函数的最小值.

注意

(1)对于单调函数,最大(小)值出现在定义域的端点处.

(2)对于非单调函数,通常借助图象求最大(小)值更方便.

16. 函数的奇偶性

(1)一般地,如果对于函数 $f(x)$ 的定义域内任意一个 x,都有 $f(-x)=f(x)$,那么函数 $f(x)$ 就叫做偶函数;如果都有 $f(-x)=-f(x)$,那么函数 $f(x)$ 就叫做奇函数.

(2)如果函数 $f(x)$ 是奇函数或偶函数,那么就说 $f(x)$ 具有奇偶性.

注意

(1)奇函数或偶函数的定义域一定关于坐标原点对称.如果一个函数的定义域关于坐标原点不对称,那么这个函数就失去了成为奇函数或偶函数的条件,即这个函数既不是奇函数也不是偶函数.

(2)如果 $f(-x)=f(x)$ 或 $f(-x)=-f(x)$ 都不成立,则 $f(x)$ 是非奇非偶函数.

(3)函数 $f(x)=0(x\in\mathbf{R})$ 既是奇函数也是偶函数.因为其定义域关于原点对称且既满足 $f(-x)=f(x)$ 也满足 $f(-x)=-f(x)$.

(4)奇函数若在 $x=0$ 时有定义,则 $f(0)=0$.因为 $f(-0)=-f(0)$,所以 $2f(0)=0$,$f(0)=0$.

17. 利用定义判断函数的奇偶性

利用定义判断函数 $f(x)$ 的奇偶性的步骤:

(1)求函数 $f(x)$ 的定义域;

(2)判断 $f(x)$ 的定义域是否关于原点对称,若不关于原点对称,则该函数既不是奇函数,也不是偶函数.若关于原点对称,则进行下一步;

(3)结合函数 $f(x)$ 的定义域,化简函数 $f(x)$ 的解析式;

(4)求 $f(-x)$;

(5)根据 $f(-x)$ 与 $f(x)$ 之间的关系,判断函数 $f(x)$ 的奇偶性.

18. 奇偶函数的图象性质

(1)如果一个函数是奇函数,则这个函数的图象是以坐标原点为对称中心的中心对称图形;反之,如果一个函数的图象关于原点成中心对称,则这个函数是奇函数.

(2)如果一个函数是偶函数,则这个函数的图象是以 y 轴为对称轴的轴对称图形;反之,如果一个函数的图象关于 y 轴对称,则这个函数是偶函数.

注意

(1)由函数图象的对称性判断函数的奇偶性也是常用的一种奇偶性判断方法.

(2)如果已知一个函数是奇函数或偶函数,则只要将它的定义域分成关于原点对称的两部分,得出函数在一部分上的性质和图象,就可推出函数在另一部分上的性质和图象.

19. 奇偶函数的单调性

一般地,若函数 $f(x)$ 为奇函数,则 $f(x)$ 在关于原点对称的两个区间 $[a,b]$ 和 $[-b,-a]$ 上具有相同的单调性;若函数 $f(x)$ 为偶函数,则 $f(x)$ 在关于原点对称的两个区间 $[a,b]$ 和 $[-b,-a]$ 上具有相反的单调性.上述可简记为"奇同偶异".

题型分类与方法总结

题型1 相同函数的判断

(1)看定义域是否相同;(2)看对应关系是否相同.只有两者完全相同的两个函数才是相同函数.

例1 下列各组式子是否表示同一函数?为什么?

(1)$f(x)=|x|,\varphi(t)=\sqrt{t^2}$;

(2)$y=\sqrt{x^2},y=(\sqrt{x})^2$;

(3)$y=\sqrt{x+1}\cdot\sqrt{x-1},y=\sqrt{x^2-1}$;

(4)$y=\sqrt{1+x}\cdot\sqrt{1-x},y=\sqrt{1-x^2}$.

分析 分别求出两个函数的定义域和对应法则,定义域与对应法则分别相同的两个函数才是同一函数.

解 对于(1):在公共定义域 $\mathbf{R}$ 上,$f(x)=|x|$和$\varphi(t)=\sqrt{t^2}$即$\varphi(t)=|t|$的对应法则完全相同,只是表示形式不同;对于(2):前者定义域为$\{x|x\in\mathbf{R}\}$,后者定义域为$\{x|x\geqslant 0\}$;对于(3):前者定义域为$\{x|x\geqslant 1\}$,后者定义域为$\{x|x\leqslant -1$ 或 $x\geqslant 1\}$;对于(4):在公共定义域$\{x|-1\leqslant x\leqslant 1\}$上,前者$y=\sqrt{1+x}\cdot\sqrt{1-x}=\sqrt{1-x^2}$.

由上可知(1)与(4)中的两个式子分别表示同一函数,(2)与(3)中的两个式子分别表示不同的函数.

点拨 本题易误认为第(1)组不表示同一函数,认为自变量一个是"x",而另一个是"t",所以对应法则不同.而事实上,这两个式子只是表示形式不同,对应法则都是一样的.

题型2 求函数的定义域

1. 给出函数的解析式求函数的定义域

(1)由函数解析式求定义域,要考虑以下几方面:①分母不为0;②开偶次方根,根号内式子不小于0;③0次幂的底数不等于0;④对数函数的真数大于0;⑤指数函数,对数函数的底数大于0且不等于1.

(2)如果函数解析式是由几个部分组成,那么它的定义域就是各部分自变量的取值范围的交集,即列出不等式或不等组,求解集.

例2 求下列函数的定义域:

(1)$y=2\sqrt{x}-\sqrt{1-7x}$;

(2)$y=\dfrac{(x+1)^0}{\sqrt{x+2}}$.

分析 (1)根号内的被开方数都要大于等于0;(2)分子中$x+1\neq 0$,且分母中被开方数要大于0.

解 (1)由$\begin{cases}x\geqslant 0,\\1-7x\geqslant 0,\end{cases}$ 得$0\leqslant x\leqslant\dfrac{1}{7}$.

$\therefore$ 函数 $y=2\sqrt{x}-\sqrt{1-7x}$ 的定义域为$\left[0,\dfrac{1}{7}\right]$.

(2)由于0^0无意义,故$x+1\neq 0$,即$x\neq -1$.

又$\because x+2>0,\therefore x>-2$.

$\therefore x>-2$且$x\neq -1$.

$\therefore y=\dfrac{(x+1)^0}{\sqrt{x+2}}$的定义域为$\{x|x>-2$,且$x\neq -1\}$.

点拨 求函数定义域时,要注意不能对解析式进行化简以免引起定义域的变化.

2. 复合函数定义域的求法

(1)已知$f(x)$的定义域,求$f[\varphi(x)]$的定义域,其实质是由$\varphi(x)$的取值范围,求出x的取值范围;

(2)已知$f[\varphi(x)]$的定义域,求$f(x)$的定义域,其实质是由x的取值范围,求$\varphi(x)$的取值范围.

例3 若函数$f(x)$的定义域为$[-1,1]$,则函数$f(x^2)$的定义域是________.

解析 由$f(x)$的定义域是$[-1,1]$,知$f(x^2)$应满足条件$-1\leqslant x^2\leqslant 1$.解得$-1\leqslant x\leqslant 1$.

所以函数$f(x^2)$的定义域是$[-1,1]$.

答案 $[-1,1]$.

例4 若函数$f(x+1)$的定义域是$[-2,3]$，则$y=f(2x-1)$的定义域是______.

解析 $\because f(x+1)$的定义域是$[-2,3]$，

$\therefore -2\leqslant x\leqslant 3$，$\therefore -1\leqslant x+1\leqslant 4$，即$f(x)$的定义域是$[-1,4]$. $\therefore -1\leqslant 2x-1\leqslant 4$，解得$0\leqslant x\leqslant \frac{5}{2}$，$\therefore f(2x-1)$的定义域是$\left[0,\frac{5}{2}\right]$.

答案 $\left[0,\frac{5}{2}\right]$.

题型3 求函数的值域

1. 观察法

对于一些简单的函数，可通过定义域及对应关系，用观察的方法来确定函数的值域.

例5 求下列函数的值域：

(1)$y=2x-1$；　　(2)$y=2\sqrt{x}+1$.

解 (1)$\because x\in\mathbf{R}$，$\therefore 2x-1\in\mathbf{R}$，从而$y\in\mathbf{R}$，即值域为$\mathbf{R}$.

(2)$\because x\geqslant 0$，$\sqrt{x}\geqslant 0$，$\therefore 2\sqrt{x}+1\geqslant 1$，即$y\geqslant 1$. $\therefore$ 函数$y=2\sqrt{x}+1$的值域为$[1,+\infty)$.

2. 配方法

若函数是二次函数形式，则可通过配方后再结合二次函数的性质求值域.

例6 求函数$y=-x^2-2x+3(-5\leqslant x\leqslant -2)$的值域.

解 $y=-x^2-2x+3=-(x^2+2x)+3=-(x+1)^2+4$.

$\because -5\leqslant x\leqslant -2$，

$\therefore$ 函数最小值$=-(-5+1)^2+4=-12$，函数最大值$=-(-2+1)^2+4=3$.

$\therefore$ 函数$y=-x^2-2x+3$的值域为$[-12,3]$.

点拨 本题亦可画出二次函数的图象，由图象观察得出.

3. 换元法

对一些无理函数或超越函数，先通过代换把它化为有理函数，然后利用有理函数求值域的一些方法可间接地把原函数的值域求出.

例7 求下列函数的值域：

(1)$y=x+\sqrt{2x-1}$；

(2)$y=2x-\sqrt{x-1}$.

分析 通常脱掉根号的方法就是换元法. (1)(2)均可采用换元法去掉根号，同时要注意换元过程中所换元的取值范围.

解 (1)设$u=\sqrt{2x-1}$，则$u\geqslant 0$，且$x=\frac{1+u^2}{2}$.

于是$y=\frac{1+u^2}{2}+u$，即$y=\frac{1}{2}(u+1)^2$.

故函数$y=x+\sqrt{2x-1}$的值域为$\left[\frac{1}{2},+\infty\right)$.

(2)令$\sqrt{x-1}=t$，则$t\geqslant 0$，$x=t^2+1$.

$\therefore y=2(t^2+1)-t=2t^2-t+2=2\left(t-\frac{1}{4}\right)^2+\frac{15}{8}$.

$\because t\geqslant 0$，$\therefore y\geqslant\frac{15}{8}$.

$\therefore$ 原函数的值域为$\left[\frac{15}{8},+\infty\right)$.

点拨 在利用换元法求函数值域时，一定要注意确定辅助元的取值范围，如在本题中，要确定u和t的取值范围，如忽视了这一点，就会造成错误.

4. 分离常数法(反比例函数法)

形如$y=\frac{cx+d}{ax+b}$形式的函数值域为$\left\{y\in\mathbf{R}，且y\neq\frac{c}{a}\right\}$.

例8 求函数$y=\frac{x}{x+1}$的值域.

解 $\because y=\frac{x}{x+1}=1-\frac{1}{x+1}$，且定义域

$x\neq -1, \frac{1}{x+1}\neq 0$,

$\therefore y=1-\frac{1}{x+1}\neq 1$.

$\therefore y=\frac{x}{x+1}$的值域是$\{y|y\in\mathbf{R}$,且$y\neq 1\}$.

5. 判别式法

对于$y=\frac{f(x)}{g(x)}$(其中$f(x),g(x)$至少有一个为二次函数且$f(x)$与$g(x)$没有公因式)型的函数可通过去分母转化为关于x的二次方程,利用判别式非负(定义域为非空数集)求得值域.

例9 求函数$y=\frac{x^2+4x}{x^2+4x+5}$的值域.

分析 由于$x\in\mathbf{R}$,故可转化为方程$(y-1)x^2+(4y-4)x+5y=0$在实数集内恒有解,利用判别式恒不小于0,确定y的取值范围.

解 由于$x^2+4x+5=(x+2)^2+1\neq 0$,故$x\in\mathbf{R}$. 去分母化为

$(y-1)x^2+4(y-1)x+5y=0$. ①

当$y=1$时,方程①无解;

当$y\neq 1$时,方程①的$\Delta=[4(y-1)]^2-4(y-1)\cdot 5y\geqslant 0$,解得$-4\leqslant y<1$.

综上可得函数的值域为$[-4,1]$.

点拨 (1)判别式法实际上是把函数问题转化为关于x的一元二次方程问题,把y做系数处理.(2)利用判别式法求值域时,要注意定义域的范围.

题型4 求函数的解析式

1. 直接变换法(配凑法)

对于给出$f(g(x))$的解析式,求$f(x)$的解析式时,可通过观察、分析,将$f(g(x))$的解析式变为"$g(x)$"的解析式,从而可确定$f(x)$的解析式,这种解法对变形能力、观察能力有一定要求.

例10 已知$f(\sqrt{x}+1)=x+2\sqrt{x}$,求$f(x)$.

解 $\because x+2\sqrt{x}=(\sqrt{x})^2+2\sqrt{x}+1-1=(\sqrt{x}+1)^2-1$,

$\therefore f(\sqrt{x}+1)=(\sqrt{x}+1)^2-1$.

又$\because \sqrt{x}+1\geqslant 1$,

$\therefore f(x)=x^2-1(x\geqslant 1)$.

点拨 应注意自变量的取值范围.

2. 换元法

若已知复合函数$f(g(x))$的解析式,求$f(x)$的解析式时可采用换元法.

通常令$g(x)=t$,由此解得$x=\varphi(t)$.

再将$g(x)=t,x=\varphi(t)$一并代入原函数中从而求得$f(x)$的解析式. 其中令$g(x)=t$实际上是一种变量替换(非等量代换),所以换元后要注意变量的范围.

例11 已知$f\left(\frac{x+1}{x}\right)=\frac{x^2+1}{x^2}+\frac{1}{x}$,求$f(x)$.

解 设$\frac{x+1}{x}=t$,则$x=\frac{1}{t-1},t\neq 1$.

$\therefore f(t)=f\left(\frac{x+1}{x}\right)=\frac{x^2+1}{x^2}+\frac{1}{x}$

$=1+\frac{1}{x^2}+\frac{1}{x}$

$=1+(t-1)^2+(t-1)=t^2-t+1$.

$\therefore f(x)=x^2-x+1(x\neq 1)$.

3. 待定系数法

若已知函数的类型,用待定系数设出,再由条件求出待定系数的值即可.

待定系数法常见设法:如果是一次函数,可设为$y=ax+b(a\neq 0)$;如果是二次函数,可设为$y=ax^2+bx+c(a\neq 0)$;如果是反比例函数,可设为$y=\frac{k}{x}(k\neq 0)$,然后再由已知条件求函数解析式.

例12 已知$f(x)$是二次函数,且$f(0)=2,f(x+1)-f(x)=x-1$,求$f(x)$的解析式.

解 设$f(x)=ax^2+bx+c\ (a\neq 0)$.

由$f(0)=2$,得$c=2$.

由$f(x+1)-f(x)=x-1$，

得$2ax+a+b=x-1$.

对比系数得$a=\dfrac{1}{2}$，$b=-\dfrac{3}{2}$.

故所求解析式为$f(x)=\dfrac{1}{2}x^2-\dfrac{3}{2}x+2$.

4. 消去法

已知$f(x)$满足某个等式，这个等式除$f(x)$是未知量外，还出现其他未知量，如$f(-x)$、$f\left(\dfrac{1}{x}\right)$等，则需根据已知等式再构造其他等式组成方程组，通过解方程组求出$f(x)$.

例13 已知函数$f(x)$满足$2f(x)+f\left(\dfrac{1}{x}\right)=3x$，求$f(x)$的解析式.

解 由已知$2f(x)+f\left(\dfrac{1}{x}\right)=3x$，①　将①中的$x$换成$\dfrac{1}{x}$，得$2f\left(\dfrac{1}{x}\right)+f(x)=\dfrac{3}{x}$. ②

①②联立方程组消去$f\left(\dfrac{1}{x}\right)$，得$f(x)=2x-\dfrac{1}{x}$.

点拨 解决此类问题应注意：原解析式应理解为$af(\square)+bf\left(\dfrac{1}{\square}\right)=c\square$，其中"$\square$"是使$f(x)$有意义的一切数或式子.

5. 赋值法

求抽象函数解析式一般采取赋值法，通过取某些特殊值代入题设中的等式，可使问题具体化、简单化，顺利找出规律.

例14 设$f(x)$是$\mathbf{R}$上的函数，且满足$f(0)=1$，并且对任意实数x、y有$f(x-y)=f(x)-y(2x-y+1)$，求$f(x)$的解析式.

解 由$f(0)=1$，$f(x-y)=f(x)-y(2x-y+1)$，

令$x=y$，得$f(0)=f(x)-x(2x-x+1)$.

$\therefore f(x)-x(2x-x+1)=1$，即$f(x)=x^2+x+1$.

题型5 函数单调性的证明

用函数单调性的定义证明函数的单调性，即取区间上任意值x_1、x_2，当$x_1<x_2$时，比较$f(x_1)$与$f(x_2)$的大小.

比较$f(x_1)$与$f(x_2)$的大小，作差是常用方法，差的结果一般化成几个因式的积的形式（或商的形式），然后判断各因式的符号，最后定积的符号. 有时也可作商和1的比较.

例15 证明函数$f(x)=x^2-2x$在区间$(1,+\infty)$上是增函数.

证明 设x_1、x_2是区间$(1,+\infty)$上的任意两个值，且$x_1<x_2$，则

$f(x_1)-f(x_2)=(x_1^2-2x_1)-(x_2^2-2x_2)$

$=(x_1^2-x_2^2)-2(x_1-x_2)$

$=(x_1-x_2)\cdot(x_1+x_2-2)$.

$\because x_1<x_2$，$\therefore x_1-x_2<0$.

又$\because x_2>x_1>1$，即$x_1+x_2>2$，

$\therefore x_1+x_2-2>0$.

$\therefore f(x_1)-f(x_2)$

$=(x_1-x_2)(x_1+x_2-2)<0$，

$\therefore f(x_1)<f(x_2)$.

故$f(x)$在$(1,+\infty)$上是增函数.

题型6 函数单调性的判定

函数单调性的判定方法主要有：

(1)定义法，利用定义严格判断.

(2)图象法，作出函数的图象，用数形结合的方法确定函数的单调性.

(3)两个函数和（或差）的单调性：

增+增=增，减+减=减，增-减=增，减-增=减.

(4)求复合函数$y=f(g(x))$的单调性的步骤：

①确定定义域；

②将复合函数分解成基本初等函数：$y=f(u)$，$u=g(x)$；

③分别确定这两个函数的单调区间.

④若这两个函数在一个区间上同增或同

减，则 $y=f(g(x))$ 在这个区间上为增函数，若一增一减，则 $y=f(g(x))$ 在这个区间上为减函数，简记为："同增异减". 如下表所示：

$u=g(x)$	增	增	减	减
$y=f(u)$	增	减	增	减
$y=f(g(x))$	增	减	减	增

(5)抽象函数单调性的判定：一般应充分利用题中条件，并对题中等式做适当变形，再利用以上方法判断函数的单调性.

例16 判断函数 $f(x)=\frac{-x^2+a}{x}(a>0)$ 的单调性.

分析 此函数可化为 $f(x)=-x+\frac{a}{x}$，根据 $y=\frac{a}{x}$ 的单调性来判断.

解 $f(x)=\frac{-x^2+a}{x}=-x+\frac{a}{x}$.

$\because a>0$，$\therefore y=\frac{a}{x}$ 在 $(-\infty,0)$ 和 $(0,+\infty)$ 上分别单调递减，

又$\because y=-x$ 在 $\mathbf{R}$ 上单调递减，

$\therefore f(x)=\frac{-x^2+a}{x}(a>0)$ 在 $(-\infty,0)$ 和 $(0,+\infty)$ 上分别单调递减.

例17 讨论函数 $f(x)=\left(\frac{1}{2}\right)^{|1+2x|+|x-2|}$ 的单调性.

解 令 $t=|1+2x|+|x-2|$，当 $x<-\frac{1}{2}$ 时，$t=-(1+2x)-(x-2)=-3x+1$；当 $-\frac{1}{2}\leqslant x<2$ 时，$t=(1+2x)-(x-2)=x+3$；当 $x\geqslant 2$ 时，$t=(1+2x)+(x-2)=3x-1$，

$\therefore$ 当 $x<-\frac{1}{2}$ 时，t 为减函数，

当 $x\geqslant-\frac{1}{2}$ 时，t 为增函数.

又$\because y=\left(\frac{1}{2}\right)^t$ 是减函数，

$\therefore$ 当 $x<-\frac{1}{2}$ 时，$f(x)$ 为增函数；

当 $x\geqslant-\frac{1}{2}$ 时，$f(x)$ 为减函数.

点拨 将函数变形为复合函数，利用复合函数单调性的判定方法来判断.

例18 已知定义在 $(0,+\infty)$ 上的函数 $f(x)$ 对任意 x、$y\in(0,+\infty)$，恒有 $f(xy)=f(x)+f(y)$，且当 $0<x<1$ 时，$f(x)>0$，判断 $f(x)$ 在 $(0,+\infty)$ 上的单调性.

解 设 x_1、x_2 是区间 $(0,+\infty)$ 上的任意值，且 $x_1<x_2$，则

$f(x_1)-f(x_2)=f\left(\frac{x_1}{x_2}\cdot x_2\right)-f(x_2)=f\left(\frac{x_1}{x_2}\right)+f(x_2)-f(x_2)=f\left(\frac{x_1}{x_2}\right)$.

$\because x_1$、$x_2\in(0,+\infty)$，且 $x_1<x_2$，

$\therefore 0<\frac{x_1}{x_2}<1$，$\therefore f\left(\frac{x_1}{x_2}\right)>0$.

$\therefore f(x_1)-f(x_2)>0$，即 $f(x_1)>f(x_2)$，

$\therefore f(x)$ 在 $(0,+\infty)$ 上是减函数.

题型7 函数单调性的应用

1. 比较函数值的大小

设法将所比较的函数值对应的自变量转化到同一个单调区间上，再利用单调性进行比较，最后写结果时再还原回去.

例19 如果函数 $f(x)=x^2+bx+c$，对任意实数 x 都有 $f(2+x)=f(2-x)$，比较 $f(1)$，$f(2)$，$f(4)$ 的大小.

解 由题意知 $f(x)$ 的对称轴为 $x=2$，故 $f(1)=f(3)$.

$\because$ 函数 $f(x)=x^2+bx+c$ 的图象开口向上，

$\therefore f(x)$ 在 $[2,+\infty)$ 上是增函数，

$\therefore f(2)<f(3)<f(4)$，

即 $f(2)<f(1)<f(4)$.

2. 求参数的范围

已知函数的单调性，求函数解析式中参数的范围，属函数单调性的逆向问题.

例20 已知函数 $f(x)=x^2+2(a-1)x+2$ 在区间 $(-\infty,4]$ 上是减函数，求实数 a 的取值范围.

解 函数 $f(x)=x^2+2(a-1)x+2$ 的对称轴为 $x=1-a$.

∵ 抛物线的开口方向向上，

∴ 函数在区间 $(-\infty,1-a]$ 上是减函数，

若使函数 $f(x)=x^2+2(a-1)x+2$ 在区间 $(-\infty,4]$ 上是减函数，

则对称轴 $x=1-a$ 必须在 $x=4$ 的右侧或与其重合，即 $1-a\geqslant4$，

∴ $a\leqslant-3$.

3. 求函数的最值(或值域)

例21 求函数 $f(x)=\sqrt{x}+\sqrt{x-1}$ 的值域.

解 由 $x\geqslant0$ 且 $x-1\geqslant0$ 得函数的定义域为 $[1,+\infty)$.

而函数 $f(x)=\sqrt{x}$ 和 $f(x)=\sqrt{x-1}$ 在 $[1,+\infty)$ 上都是增函数，所以 $f(x)=\sqrt{x}+\sqrt{x-1}$ 在 $[1,+\infty)$ 上也是增函数.

所以当 $x=1$ 时，$f(x)=\sqrt{x}+\sqrt{x-1}$ 取得最小值1，所以函数 $f(x)=\sqrt{x}+\sqrt{x-1}$ 的值域是 $[1,+\infty)$.

点拨 解决这类问题的关键是明确函数在定义域各区间上的单调性.

4. 解抽象不等式

例22 函数 $f(x)$ 是定义在 $[1,4]$ 上的减函数，求满足不等式 $f(1-2a)-f(4-a^2)>0$ 的 a 的集合.

解 ∵ $f(1-2a)-f(4-a^2)>0$,

∴ $f(1-2a)>f(4-a^2)$.

又∵ $f(x)$ 是定义在 $[1,4]$ 上的减函数，

$$\therefore \begin{cases}1\leqslant1-2a\leqslant4,\\ 1\leqslant4-a^2\leqslant4,\\ 1-2a<4-a^2,\end{cases}\text{解得}\begin{cases}-\dfrac{3}{2}\leqslant a\leqslant0,\\ -\sqrt{3}\leqslant a\leqslant\sqrt{3},\\ -1<a<3,\end{cases}$$

∴ $-1<a\leqslant0$.

∴ 满足题意的 a 的集合为 $\{a\mid-1<a\leqslant0\}$.

点拨 本题去掉 f，转化为不等式组，但往往容易忽视自变量的范围，错误地转化为不等式 $1-2a<4-a^2$，这一点应引起高度重视.

题型8 函数奇偶性的判断

判定函数的奇偶性的方法主要有：

(1)定义法：若函数的定义域不关于原点对称，则立即可判断函数既不是奇函数也不是偶函数；若函数的定义域关于原点对称，再判断下列等式(其中一个)是否成立：

① $f(-x)=\pm f(x)$;

② $f(x)\pm f(-x)=0$;

③ $\dfrac{f(-x)}{f(x)}=\pm1\,(f(x)\neq0)$.

(2)图象法：作出函数的图象，然后看图象是否关于 y 轴或原点对称，用数形结合的方法确定函数的奇偶性.

(3)性质法：对于定义在同一关于原点对称的区间上的两个函数，偶函数的和、差、积、商(分母不为零)仍为偶函数；奇函数的和、差仍为奇函数；奇(偶)数个奇函数积、商(分母不为零)为奇(偶)函数；一个奇函数与一个偶函数的积、商(分母不为零)为奇函数.

(4)分段函数的奇偶性要分段进行讨论.

(5)抽象函数奇偶性的判断：利用定义法，根据函数的性质和已知条件寻找 $f(x)$ 与 $f(-x)$ 的关系，从而得出结论.

例23 判断下列函数的奇偶性：

(1) $f(x)=x^2-2|x|+3$;

(2) $f(x)=|x+1|-|x-1|$;

(3) $f(x)=(x-1)\sqrt{\dfrac{1+x}{1-x}}$;

(4) $f(x)=0,x\in[-1,1]$;

(5) $f(x)=\begin{cases}-x^2+x\,(x>0),\\ x^2+x\,(x\leqslant0).\end{cases}$

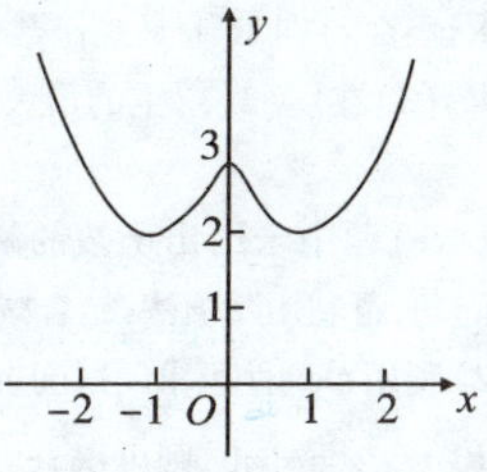

图2－1－2

解 (1)由图2－1－2可知，$f(x)$为偶函数(或者利用$f(-x)=f(x)$知$f(x)$为偶函数).

(2)$f(x)$的定义域为$\mathbf{R}$，$f(-x)=|-x+1|-|-x-1|=|x-1|-|x+1|=-(|x+1|-|x-1|)=-f(x)$，

$\therefore f(x)$是奇函数.

(3)由$\dfrac{1+x}{1-x}\geqslant 0$，且$1-x\neq 0$得$f(x)$的定义域为$[-1,1)$，故定义域不关于原点对称.

$\therefore f(x)$既不是奇函数，也不是偶函数.

(4)对$\forall x\in[-1,1]$，$f(x)=0$，$f(-x)=0$，

$\therefore f(-x)=f(x)$，$f(-x)=-f(x)$.

故$f(x)=0$既是奇函数又是偶函数.

(5)当$x>0$时，$-x<0$，则

$f(-x)=(-x)^2+(-x)=x^2-x=-(-x^2+x)=-f(x)$；

当$x<0$时，$-x>0$，则$f(-x)=-(-x)^2+(-x)=-x^2-x=-(x^2+x)=-f(x)$.

当$x=0$时，$f(0)=0$满足$f(-x)=-f(x)$.

综上$f(-x)=-f(x)$.

$\therefore$ 函数$f(x)$是奇函数.

例24 已知函数$f(x)$满足：$f(x+y)+f(x-y)=2f(x)\cdot f(y)$对任意的实数$x$、$y$总成立，且$f(1)\neq f(2)$，求证：$f(x)$是偶函数.

证明 令$x=y=0$，得$f(0)+f(0)=2f(0)\cdot f(0)$，$\therefore f(0)=0$或$f(0)=1$.

令$y=0$，若$f(0)=0$，则$f(x+0)+f(x-0)=2f(x)\cdot f(0)$，得$f(x)=0$，与$f(1)\neq f(2)$矛盾，$\therefore f(0)=1$.

令$x=0$，$y=x$，则有$f(0+x)+f(0-x)=2f(0)\cdot f(x)$，即$f(-x)=f(x)$，

$\therefore f(x)$是偶函数.

题型9 函数奇偶性的应用

函数奇偶性的应用主要体现在以下几个方面：(1)求函数值；(2)求函数解析式；(3)判断函数的单调性.

例25 已知$f(x)=ax^5+bx^3+cx-8$，且$f(d)=10$，求$f(-d)$的值.

解 设$g(x)=ax^5+bx^3+cx$，则$g(x)$是奇函数.

由题意可得$f(d)=g(d)-8=10\Rightarrow$

$g(d)=18$.

$\because g(x)$为奇函数，

$\therefore g(-d)=-g(d)=-18$，

$\therefore f(-d)=g(-d)-8=-18-8=-26$.

例26 已知$f(x)$满足$f(-x)=-f(x)$，当$x>0$时，其解析式为$f(x)=x^3+x+1$，则当$x<0$时，$f(x)$的解析式是________.

解析 当$x<0$时，$-x>0$，又$f(x)$满足$f(-x)=-f(x)$，所以$f(x)=-f(-x)=-[(-x)^3+(-x)+1]=x^3+x-1$.

答案 $f(x)=x^3+x-1$.

综合解题指导

题型1 函数性质的综合

例1 (上海高考)已知函数$f(x)=x^2+\dfrac{a}{x}(x\neq 0,a\in\mathbf{R})$.

(1)讨论$f(x)$的奇偶性，并说明理由；

(2)若$f(x)$在$[2,+\infty)$上是增函数，求实数a的取值范围.

分析 (1)判断函数奇偶性，先要确定参

数 a. 当 $a=0$ 时, $f(x)=x^2$ 为偶函数; 当 $a\neq 0$ 时, 要看 $f(-x)$ 与 $-f(x)$ 的关系来确定函数的奇偶性; (2) 由增函数的定义知当 $2\leqslant x_1<x_2$ 时, $f(x_2)-f(x_1)>0$ 恒成立, 即 $x_1x_2\cdot(x_1+x_2)-a>0$, 分析 x_1、x_2, 则可得 a 的取值范围.

解 (1) 当 $a=0$ 时, $f(x)=x^2$,

$\therefore$ 对任意 $x\in(-\infty,0)\cup(0,+\infty)$,

$f(-x)=(-x)^2=x^2=f(x)$,

$\therefore f(x)$ 为偶函数.

当 $a\neq 0$ 时, $f(x)=x^2+\dfrac{a}{x}(a\neq 0,x\neq 0)$.

取 $x=\pm 1$, 得 $f(-1)+f(1)=2\neq 0$, $f(-1)-f(1)=-2a\neq 0$,

$\therefore f(-1)\neq -f(1)$, 且 $f(-1)\neq f(1)$,

$\therefore$ 函数 $f(x)$ 既不是奇函数, 也不是偶函数.

(2) 设 $2\leqslant x_1<x_2$,

$f(x_1)-f(x_2)=x_1^2+\dfrac{a}{x_1}-x_2^2-\dfrac{a}{x_2}$

$=(x_1-x_2)(x_1+x_2-\dfrac{a}{x_1x_2})$.

要使函数 $f(x)$ 在 $x\in[2,+\infty)$ 上为增函数, 必须使 $f(x_1)-f(x_2)<0$ 恒成立, 即 $(x_1-x_2)(x_1+x_2-\dfrac{a}{x_1x_2})<0$ 恒成立.

$\because x_1-x_2<0$, $\therefore$ 只需 $x_1+x_2-\dfrac{a}{x_1x_2}>0$,

即 $a<x_1x_2(x_1+x_2)$.

又 $\because x_1x_2>4$, $x_1+x_2>4$,

$\therefore x_1x_2(x_1+x_2)>16$,

$\therefore a$ 的取值范围是 $(-\infty,16]$.

点拨 在有些题目中有时用定义解题会起到事半功倍的效果.

题型 2 抽象函数问题

例 2 已知函数 $f(x)$ 对任意 x、$y\in\mathbf{R}$, 总有 $f(x)+f(y)=f(x+y)$, 且当 $x>0$ 时, $f(x)<0$, $f(1)=-\dfrac{2}{3}$.

(1) 求证: $f(x)$ 在 $\mathbf{R}$ 上是减函数;

(2) 求 $f(x)$ 在 $[-3,3]$ 上的最大值和最小值.

分析 (1) 题中未给出函数的解析式, 属抽象函数问题, 可利用赋值法, 结合减函数的定义得证; (2) 利用单调性可求闭区间上的最值.

解 (1) 令 $x=y=0$, 则可得 $f(0)=0$.

令 $y=-x$ 可得 $f(-x)=-f(x)$.

在 $\mathbf{R}$ 上任取 $x_1>x_2$, 则 $f(x_1)-f(x_2)=f(x_1)+f(-x_2)=f(x_1-x_2)$.

$\because x_1>x_2$, $\therefore x_1-x_2>0$.

又 $\because x>0$ 时, $f(x)<0$,

$\therefore f(x_1-x_2)<0$, 即 $f(x_1)-f(x_2)<0$.

$\therefore f(x)$ 在 $\mathbf{R}$ 上是减函数.

(2) $\because f(x)$ 在 $\mathbf{R}$ 上是减函数,

$\therefore f(x)$ 在 $[-3,3]$ 上单调递减.

$\therefore f(-3)$ 最大, $f(3)$ 最小.

即 $f(3)=f(2)+f(1)=f(1)+f(1)+f(1)=3\times(-\dfrac{2}{3})=-2$, $f(-3)=-f(3)=2$.

$\therefore f(x)$ 在 $[-3,3]$ 上的最大值是 2, 最小值是 -2.

点拨 抽象函数的性质要紧扣定义, 并同时注意特殊值的应用.

题型 3 函数与不等式的集合

例 3 设 $f(x)$ 是定义在 $[-1,1]$ 上的奇函数, 且对任意 a、$b\in[-1,1]$, 当 $a+b\neq 0$ 时, 都有 $\dfrac{f(a)+f(b)}{a+b}>0$.

(1) 若 $a>b$, 试比较 $f(a)$ 与 $f(b)$ 的大小;

(2) 解不等式 $f\left(x-\dfrac{1}{2}\right)<f\left(x-\dfrac{1}{4}\right)$.

分析 (1) 由 $a>b$ 知, 要比较 $f(a)$ 与 $f(b)$ 的大小, 实质是要判断 $f(x)$ 的单调性; (2) 利用函数单调性脱掉"f", 转化为整式不等式求解.

解 (1) 任取 x_1、$x_2\in[-1,1]$,

当 $x_1<x_2$ 时, 由奇函数的定义和题设不

等式,得

$f(x_2)-f(x_1)=f(x_2)+f(-x_1)$

$=\dfrac{f(x_2)+f(-x_1)}{x_2+(-x_1)}\cdot(x_2-x_1)>0$,

即$f(x_2)>f(x_1)$.

$\therefore f(x)$在$[-1,1]$上是增函数.

$\because a$、$b\in[-1,1]$,$a>b$,

$\therefore f(a)>f(b)$.

(2)$\because f(x)$是$[-1,1]$上的增函数,

$\therefore$ 不等式$f\left(x-\dfrac{1}{2}\right)<f\left(x-\dfrac{1}{4}\right)$等价于

$$\begin{cases}-1\leqslant x-\dfrac{1}{2}\leqslant 1,\\ -1\leqslant x-\dfrac{1}{4}\leqslant 1,\\ x-\dfrac{1}{2}<x-\dfrac{1}{4},\end{cases}\quad\therefore -\dfrac{1}{2}\leqslant x\leqslant\dfrac{5}{4},$$

即原不等式的解集是$\left\{x\,\middle|\,-\dfrac{1}{2}\leqslant x\leqslant\dfrac{5}{4}\right\}$.

题型4 与函数有关的恒成立问题

例4 已知奇函数$f(x)=x^3+ax^2+bx+c$是定义在$[-1,1]$上的增函数.

(1)求实数b的取值范围;

(2)若$b^2-tb+1\geqslant f(x)$对$x\in[-1,1]$恒成立,求实数t的取值范围.

分析 (1)中直接应用奇函数的定义和增函数性质可求出b的范围;在(2)中可利用参数变量的相互转化,使问题得解.

解 (1)$\because f(x)$为奇函数,

$\therefore$ 当$x\in[-1,1]$时,$f(-x)=-f(x)$.

$\therefore a=c=0$,$\therefore f(x)=x^3+bx$.

$\because f(x)$在$[-1,1]$上是增函数,

$\therefore f'(x)=3x^2+b\geqslant 0$,

即$b\geqslant -3x^2$对于$x\in[-1,1]$恒成立,

$\therefore b\geqslant 0$.

(2)由(1)可知,$f(x)=x^3+bx$在$[-1,1]$上是增函数,

$\therefore f(x)_{\max}=f(1)=1+b$.

$\therefore b^2-tb+1\geqslant 1+b$对$b\in[0,+\infty)$恒成立.

即$tb\leqslant b(b-1)$对$b\in[0,+\infty)$恒成立.

$\therefore t\leqslant -1$.

点拨 一般可用函数的导数来判断函数的增减性,反之,已知函数的增减性,则可判断其导数的正负性,若可导函数$f(x)$在$[a,b]$内严格单调递增,则$f'(x)>0$;若可导函数$f(x)$在$[a,b]$内严格单调递减,则$f'(x)<0$.

三年高考分析

函数的图象和性质每年必考,选择题、填空题、解答题均有可能出现.函数的图象可以全面地反映函数的性质,其中画图、识图、用图是考查考生数学素质和能力的重要途径,也是解题思路的切入点;函数的定义域、值域、单调性、奇偶性是历年高考命题的热点,融各性质于一体的函数试题,可全面考查学生的知识和能力.

例1 (全国高考)函数$y=\sqrt{x(x-1)}+\sqrt{x}$的定义域为(　　).

A. $\{x|x\geqslant 0\}$　　B. $\{x|x\geqslant 1\}$

C. $\{x|x\geqslant 1\}\cup\{0\}$　　D. $\{x|0\leqslant x\leqslant 1\}$

解析 要使函数有意义,

需$\begin{cases}x(x-1)\geqslant 0,\\ x\geqslant 0.\end{cases}$解得$\begin{cases}x\geqslant 1\text{或}x\leqslant 0,\\ x\geqslant 0.\end{cases}$

$\therefore$ 函数的定义域为$\{x|x\geqslant 1\}\cup\{0\}$.

答案 C.

点拨 求解本题应明确偶次根式要有意义必须满足被开方式非负.

例2 (四川高考)已知函数$f(x)$是定义在实数集$\mathbf{R}$上的不恒为零的偶函数,且对任意实数x都有$xf(x+1)=(1+x)f(x)$,则$f\left(f\left(\dfrac{5}{2}\right)\right)$的值是(　　).

A. 0　　B. $\dfrac{1}{2}$　　C. 1　　D. $\dfrac{5}{2}$

解析 由$xf(x+1)=(1+x)f(x)$,可得

$x=\frac{3}{2}$时，$\frac{3}{2}f\left(\frac{5}{2}\right)=\frac{5}{2}f\left(\frac{3}{2}\right)$，

$x=\frac{1}{2}$时，$\frac{1}{2}f\left(\frac{3}{2}\right)=\frac{3}{2}f\left(\frac{1}{2}\right)$，

$x=-\frac{1}{2}$时，$-\frac{1}{2}f\left(\frac{1}{2}\right)=\frac{1}{2}f\left(-\frac{1}{2}\right)$.

又$\because f\left(\frac{1}{2}\right)=f\left(-\frac{1}{2}\right)$，

$\therefore f\left(\frac{1}{2}\right)=0, f\left(\frac{3}{2}\right)=0, f\left(\frac{5}{2}\right)=0$.

又$\because (-1)f(-1+1)=(1-1)f(-1)$，

$\therefore -f(0)=0f(-1)=0$.

$\therefore f(0)=0, \therefore f\left(f\left(\frac{5}{2}\right)\right)=f(0)=0$.

答案 A.

点拨 解此类抽象函数的关键在于巧用赋值法.

例3 （安徽高考）设$a<b$，函数$y=(x-a)^2(x-b)$的图象可能是（　　）.

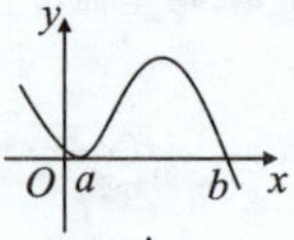

A

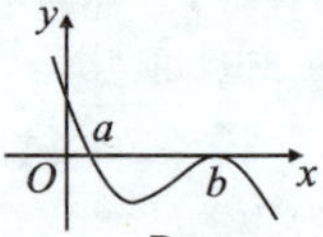

B

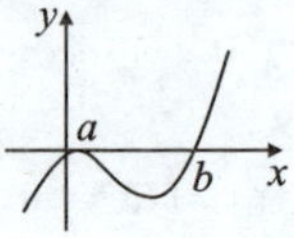

C

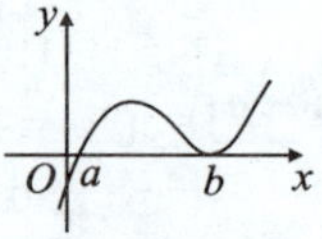

D

解析 当$x>b$时，$y>0$；当$x<b$时，$y\leqslant 0$，故选C.

答案 C.

点拨 本题考查函数的图象，可从函数值与0的大小来判断.

例4 （江西文高考）若函数$y=f(x)$的定义域是$[0,2]$，则函数$g(x)=\frac{f(2x)}{x-1}$的定义域是（　　）.

A. $[0,1]$　　B. $[0,1)$

C. $[0,1)\cup(1,4]$　　D. $(0,1)$

解析 $\because y=f(x)$的定义域是$[0,2]$，

$\therefore$要使$g(x)=\frac{f(2x)}{x-1}$有意义，

需$\begin{cases}0\leqslant 2x\leqslant 2,\\ x-1\neq 0.\end{cases}$　$\therefore 0\leqslant x<1$.

答案 B.

点拨 要注意使式子有意义的限制条件，须将$2x$整体限制在$[0,2]$内.

例5 （陕西高考）定义在$\mathbf{R}$上的偶函数$f(x)$满足：对任意的x_1、$x_2\in(-\infty,0]$（$x_1\neq x_2$），有$(x_2-x_1)(f(x_2)-f(x_1))>0$，则当$n\in\mathbf{N}^*$时，有（　　）.

A. $f(-n)<f(n-1)<f(n+1)$

B. $f(n-1)<f(-n)<f(n+1)$

C. $f(n+1)<f(-n)<f(n-1)$

D. $f(n+1)<f(n-1)<f(-n)$

解析 对任意x_1、$x_2\in(-\infty,0]$（$x_1\neq x_2$），有$(x_2-x_1)\cdot(f(x_2)-f(x_1))>0$，因此$x_2-x_1$和$f(x_2)-f(x_1)$同号，所以$f(x)$在$(-\infty,0]$上是增函数. 由于$n\in\mathbf{N}^*$，且$n+1>n>n-1$，所以$-n-1<-n<-n+1\leqslant 0$. 又因为$f(x)$为$\mathbf{R}$上的偶函数，所以$f(n+1)=f(-n-1)<f(-n)<f(-n+1)=f(n-1)$.

答案 C.

点拨 根据$f(x)$的单调性来判断函数的大小关系，必须要转化为同一单调区间内.

例6 （辽宁高考）已知偶函数$f(x)$在区间$[0,+\infty)$上单调递增，则满足$f(2x-1)<f\left(\frac{1}{3}\right)$的$x$的取值范围是（　　）.

A. $\left(\frac{1}{3},\frac{2}{3}\right)$　　B. $\left[\frac{1}{3},\frac{2}{3}\right)$

C. $\left(\frac{1}{2},\frac{2}{3}\right)$　　D. $\left[\frac{1}{2},\frac{2}{3}\right)$

解析 当$2x-1\geqslant 0$，即$x\geqslant\frac{1}{2}$时，因为$f(x)$在$[0,+\infty)$上单调递增，故需满足$2x-1<\frac{1}{3}$，即$x<\frac{2}{3}$，所以$\frac{1}{2}\leqslant x<\frac{2}{3}$；

当$2x-1<0$，即$x<\frac{1}{2}$时，由于$f(x)$是偶

函数，故 $f(x)$ 在 $(-\infty,0)$ 上单调递减，且 $f\left(\frac{1}{3}\right)=f\left(-\frac{1}{3}\right)$，此时需满足 $2x-1>-\frac{1}{3}$，所以 $\frac{1}{3}<x<\frac{1}{2}$.

综上可得 $\frac{1}{3}<x<\frac{2}{3}$.

答案 A.

点拨 抽象函数不等式的解法一般是利用函数的单调性去掉“f”.

例7 （重庆高考）若定义在 **R** 上的函数 $f(x)$ 满足：对任意 x_1、$x_2\in\mathbf{R}$ 有 $f(x_1+x_2)=f(x_1)+f(x_2)+1$，则下列说法一定正确的是（　　）.

A. $f(x)$ 为奇函数

B. $f(x)$ 为偶函数

C. $f(x)+1$ 为奇函数

D. $f(x)+1$ 为偶函数

解析 令 $x_1=x_2=0$，得 $f(0)=2f(0)+1$，所以 $f(0)=-1$.

令 $x_1=x, x_2=-x$，则有

$f(0)=-1=f(x)+f(-x)+1$，整理得

$[f(x)+1]+[f(-x)+1]=0$.

设 $g(x)=f(x)+1$，则 $g(-x)=f(-x)+1$，因而 $g(x)+g(-x)=0$，所以 $g(x)=f(x)+1$ 是奇函数.

答案 C.

点拨 (1) 判断或证明抽象函数的奇偶性、单调性，一般需用定义法，通过合理赋值来完成.

(2) 如果 $f(x_1+x_2)=f(x_1)+f(x_2)+a$，则 $f(x)+a$ 一定是奇函数.

数学思想

1. 数形结合思想

在解决数学问题时，将抽象的数学语言与直观的图形结合起来，实现抽象概念与具体图象的联系和转化，即把数量关系转化为图形性质来确定，或者把图形性质转化为数量关系问题来研究.

例1 对于任意 $x\in\mathbf{R}$，函数 $f(x)$ 表示 $-x+3$，$\frac{3}{2}x+\frac{1}{2}$，x^2-4x+3 中的较大者，则 $f(x)$ 的最小值是________.

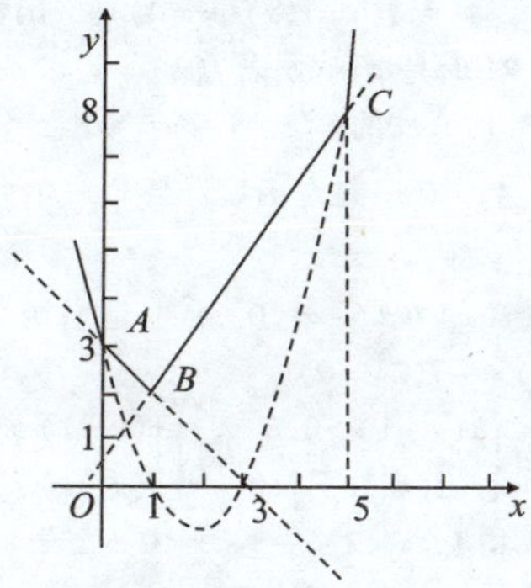

图 2-1-3

解析 首先应理解“函数 $f(x)$ 表示 $-x+3$，$\frac{3}{2}x+\frac{1}{2}$，x^2-4x+3 中的较大者”是指对某个区间而言，函数 $f(x)$ 表示 $y=-x+3$，$y=\frac{3}{2}x+\frac{1}{2}$，$y=x^2-4x+3$ 中最大的一个.

如图 2-1-3，分别画出三个函数 $y=-x+3$，$y=\frac{3}{2}x+\frac{1}{2}$，$y=x^2-4x+3$ 的图象，得到三个交点 $A(0,3)$，$B(1,2)$，$C(5,8)$. 从图象可得

$$f(x)=\begin{cases}x^2-4x+3 & (x\leqslant 0),\\ -x+3 & (0<x\leqslant 1),\\ \frac{3}{2}x+\frac{1}{2} & (1<x\leqslant 5),\\ x^2-4x+3 & (x>5).\end{cases}$$

$f(x)$ 的图象是图中的实线部分，图象的最低点为 $B(1,2)$. $\therefore f(x)_{\min}=2$，应填 2.

答案 2.

2. 转化与化归思想

转化与化归就是由一种形式向另一种形式的变换过程，从而使得原条件中隐含的条件显露出来，使各种关系明朗化，使难以解决的问题转化成已经解决或容易解决的问题，使陌生的问题转化为熟悉的问题，从而使问题获得解决.

例2 函数 $y=f(x)\ (x\neq 0)$ 是奇函数，且当 $x\in\mathbf{R}_+$ 时是增函数，若 $f(2)=0$，求不等式 $f(x(x-1))<0$ 的解集.

解 $\because f(x)$ 是奇函数且当 $x\in(0,+\infty)$ 时是增函数，

$\therefore f(x)$ 在 $(-\infty,0)$ 上也是增函数，且 $f(-2)=-f(2)=0$.

由 $\begin{cases}x(x-1)>0,\\ f(x(x-1))<0,\end{cases}$ 得 $\begin{cases}x(x-1)>0,\\ x(x-1)<2.\end{cases}$

解得 $1<x<2$ 或 $-1<x<0$.

由 $\begin{cases}x(x-1)<0,\\ f(x(x-1))<0,\end{cases}$

得 $\begin{cases}x(x-1)<0,\\ x(x-1)<-2.\end{cases}$ 解得 $x\in\varnothing$.

$\therefore$ 原不等式的解集为 $(-1,0)\cup(1,2)$.

点拨 本题综合利用函数的奇偶性、单调性解抽象不等式. 利用奇偶性主要是判断函数在其对称区间上的单调性，利用单调性将函数值的大小转化为自变量的大小，从而使问题获解.

3. 分类讨论思想

分类讨论思想是一种重要的数学思想，也是一种基本的解题方法，其实质是把整体问题化成部分来解决，化成部分后，增加题设条件，使问题变得条理清晰，层次分明，易于解决.

例3 试讨论函数 $f(x)=x+\dfrac{a}{x}\ (a\neq 0)$ 在 $(0,+\infty)$ 上的单调性.

分析 用定义法讨论函数 $f(x)$ 的单调性，并注意对所含参数的分类讨论.

解 任取 $x_1,x_2\in(0,+\infty)$，且 $x_1<x_2$，则

$$f(x_2)-f(x_1)=x_2+\frac{a}{x_2}-x_1-\frac{a}{x_1}$$

$$=(x_2-x_1)+\frac{a(x_1-x_2)}{x_1x_2}$$

$$=(x_2-x_1)\left(1-\frac{a}{x_1x_2}\right)$$

$$=(x_2-x_1)\frac{x_1x_2-a}{x_1x_2}.$$

若 $a<0$，则由 $x_2-x_1>0$，$x_1x_2>0$，$x_1x_2-a>0$ 知 $f(x_2)-f(x_1)>0$，即 $f(x_2)>f(x_1)$. 由单调性定义可知，$f(x)$ 在 $(0,+\infty)$ 上单调递增.

若 $a>0$，则当 $0<x_1<x_2\leqslant\sqrt{a}$ 时，有 $x_2-x_1>0$，$x_1x_2>0$，$x_1x_2-a<0$，因此 $f(x_2)-f(x_1)<0$，即 $f(x_2)<f(x_1)$；当 $x_2>x_1>\sqrt{a}$ 时，有 $x_2-x_1>0$，$x_1x_2>0$，$x_1x_2-a>0$，因此 $f(x_2)-f(x_1)>0$，即 $f(x_2)>f(x_1)$. 由单调性定义可知 $f(x)$ 在 $(0,\sqrt{a}]$ 上单调递减，在 $(\sqrt{a},+\infty)$ 上单调递增.

综上可知，当 $a<0$ 时，$f(x)=x+\dfrac{a}{x}$ 在 $(0,+\infty)$ 上单调递增；当 $a>0$ 时，$f(x)=x+\dfrac{a}{x}$ 在 $(0,\sqrt{a}]$ 上单调递减，在 $(\sqrt{a},+\infty)$ 上单调递增.

背景材料

函数概念的产生和发展

函数概念是数学中最重要的基本概念，也是社会实践广泛应用的一个数学概念，函数的概念同其他数学概念一样，有其萌芽、产生、发展的历史.

在16世纪，物体运动的研究已成了自然科学的中心研究课题，实际的需要和各门科学本身的发展使自然科学转向对运动的研究及对各种变化过程和各种变化着的量之间依赖关系的研究. 因而作为变化着的量的一般性质及它们之间依赖关系的反映，数学中产生了变量和函数的概念.

16世纪，人们开始转入对各种变化过程和各种变化着的量之间依赖关系的研究，特

别是进入17世纪以后,笛卡儿(Descartes duperron,1596—1650年,法国数学家)1637年出版的《几何学》中,第一次涉及到变量,不过当时没有使用变量这一术语,而称为“未知数和未定量”,同时也引入了函数的思想,他指出y和x是变量的时候,也注意到y依赖于x而变化.英国数学家格雷果里(Jame Gregorg,1638—1675年)在1667年曾给出了函数的定义,他在论文《论圆和双曲线的求积》中指出:函数是从一些其他的量通过一系列代数运算或任何其他可以想像的运算而得到的一个量.这里的运算指的是五种代数运算以及求极限运算.这一定义被认为是函数解析定义的开始,但是未能引起人们的重视.一般公认最早给出函数定义的是德国数学家莱布尼兹(Leibniz,1646—1716年),他在1673年的一篇手稿中,把任何一个随着曲线上的变动而变动的几何量,如切线、法线及点的纵坐标都称为函数,并强调这条曲线是用一个方程式给出的.用函数表示几何量,被看作是“函数概念的几何起源”,这些都是函数的比较模糊的原始定义.

函数概念从萌发开始第一次扩张主要是解析扩张,最早进行这一函数扩张的是瑞士著名的数学家约翰·伯努利(Bernoulli Johann,1667—1748年),他在1698年给出的函数的新定义是:由变量x和常量用任何方式构出的量都可以叫x的函数.1748年,伯努利的学生,18世纪杰出的数学家欧拉(Eule Leonhrd,1707—1783年),又推进了一步,在他著名的《无穷小分析论》一书中把函数定义为“由一个变量与一些常量通过任何方式组成的一个解析表达式”,欧拉还曾引入了函数符号$f(x)$,并区分了显函数和隐函数、单值函数和多值函数、一元函数和多元函数等.法国数学家拉格朗日(Lagrange Joseph Louis,1736—1813年)在1797年,把一元或多元函数定义为自变量在其中可以按任何形式出现并且对计算有用的表达式.他于1806年写的《函数计算教程》中说,函数是运算的一个组合.在18世纪占主要地位的观点是:把函数理解为一个解析表达式(有限或无限的).1822年法国数学家傅立叶(1768—1830年)提出了任意函数可展开为三角函数.19世纪函数的第三次扩张,杰出的法国数学家柯西(Cauchy Augustin Louis,1789—1857年)在1821年写的《解析教程》给出了函数的定义:在某些变量间存在着一定的关系,当一经给定其中某一变量的值,其他变量的值也随之确定,则将最初的变量称为自变量,其他各个变量值称为函数.这个定义把函数概念与曲线、连续、解析式等纠缠不清的关系给予了澄清,也避免了数学意义欠严格的“变化”一词.函数用一个式子或多个式子表示,甚至是否通过式子表示都无关紧要.德国数学家狄利克雷(Dirichlet Peter Gutar Lejeune.1805—1859年)于1837年给出了科学精确的函数定义:若对$x(a\leqslant x\leqslant b)$的每一个值,$y$总有完全确定的值与之对应,不管建立起这种对应的法则的方式如何,都称y是x的函数.狄利克雷还给出了著名的函数:$D(x)=\begin{cases}1 & (x\text{为有理数}),\\0 & (x\text{为无理数}),\end{cases}$这个函数是难以用简单的包含自变量$x$的解析式表达的.但按照上述定义$D(x)$确是一个函数.人们称为狄利克雷函数.美国数学家维布伦(Veblen Qswald.1880—1960年)的函数定义是建立在重新定义变量、变域和常量的基础上的.他给出了近代函数的定义:“设集合X、Y,如果X中每一个元素x都有Y中唯一确定的元素y与之对应,那么我们就把此对应叫做从集合X到集合Y的映射,记作$f:X\to Y$,$y=f(x)$”.函数概念经过二百多年的锤炼,变革到近代定义,应该说相当完善了,然而数学的发展是无止境的,人们还要探索更为广泛的函数定义.

第二章 基本初等函数 I 与函数的应用

知识网络

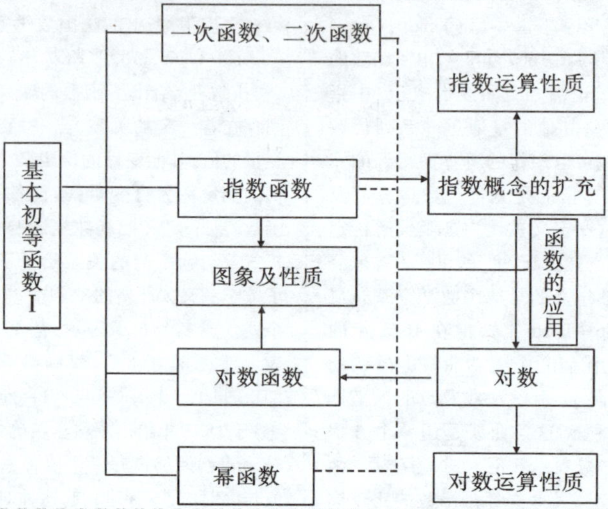

基础知识精析

1. 一次函数的概念

函数 $y=kx+b(k\neq0)$ 叫做一次函数，它的定义域为 $\mathbf{R}$，值域为 $\mathbf{R}$．一次函数 $y=kx+b(k\neq0)$ 的图象是一条直线，以后简写为直线 $y=kx+b$，其中 k 叫做该直线的斜率，b 叫做该直线在 y 轴上的截距，一次函数又叫做线性函数.

2. 一次函数的主要性质

(1) 函数值的改变量 $\Delta y=y_2-y_1$ 与自变量的改变量 $\Delta x=x_2-x_1$ 的比值等于常数 k.

(2) 当 $k>0$ 时，一次函数是增函数；当 $k<0$ 时，一次函数是减函数.

(3) 当 $b=0$ 时，一次函数变为正比例函数，是奇函数；当 $b\neq0$ 时，一次函数是非奇非偶函数.

(4) 直线 $y=kx+b$ 与 x 轴的交点坐标为 $\left(-\dfrac{b}{k},0\right)$，与 y 轴的交点坐标为 $(0,b)$.

3. 二次函数 $y=ax^2$ 的图象与性质

(1) 二次函数 $y=ax^2$ 的图象是一条关于 y 轴对称的抛物线，顶点坐标为 $(0,0)$.

(2) 当 $a>0$ 时，抛物线开口向上，在 $(-\infty,0]$ 上是减函数，在 $[0,+\infty)$ 上是增函数.

(3) 当 $a<0$ 时，抛物线开口向下，在 $(-\infty,0]$ 上是增函数，在 $[0,+\infty)$ 上是减函数.

(4) 函数 $y=ax^2$ 是偶函数.

4. 二次函数 $y=ax^2+bx+c$ 的图象与性质

(1)二次函数 $y=ax^2+bx+c$ 的图象是抛物线,顶点坐标是 $\left(-\frac{b}{2a},\frac{4ac-b^2}{4a}\right)$,对称轴是直线 $x=-\frac{b}{2a}$.

(2)当 $a>0$ 时,抛物线开口向上,函数在顶点处取得最小值 $\frac{4ac-b^2}{4a}$,在区间 $\left(-\infty,-\frac{b}{2a}\right]$ 上是减函数,在 $\left[-\frac{b}{2a},+\infty\right)$ 上是增函数.

(3)当 $a<0$ 时,抛物线开口向下,函数在顶点处取得最大值 $\frac{4ac-b^2}{4a}$,在区间 $\left(-\infty,-\frac{b}{2a}\right]$ 上是增函数,在 $\left[-\frac{b}{2a},+\infty\right)$ 上是减函数.

5. 方根

(1)方根的定义:一般地,如果 $x^n=a$,那么 x 叫做 a 的 n 次方根,其中 $n>1$,且 $n\in\mathbf{N}^*$.

(2)方根的性质:

① 0 的任何次方根都是 0,记作 $\sqrt[n]{0}=0$.

②当 n 是奇数时,实数 a 的 n 次方根记作 $\sqrt[n]{a}$,并且有:当 $a>0$ 时,$\sqrt[n]{a}>0$;$a<0$ 时,$\sqrt[n]{a}<0$.

③当 n 是偶数时,正数 a 的 n 次方根有两个,它们互为相反数.正的 n 次方根用符号 $\sqrt[n]{a}$ 表示,负的 n 次方根用符号 $-\sqrt[n]{a}$ 表示,正数 a 的偶次方根合并写成 $\pm\sqrt[n]{a}$.负数没有偶次方根.

注意

(1)n 次方根的定义是平方根、立方根定义的推广.

(2)负数没有偶次方根,这在求函数定义域时经常用到.

6. 根式

(1)根式的定义:一般地,式子 $\sqrt[n]{a}$ 叫做根式,这里 n 叫做根指数,a 叫做被开方数,其中 $n>1$,$n\in\mathbf{N}^*$.

(2)根式的性质:

①$(\sqrt[n]{a})^n=a(n>1$,且 $n\in\mathbf{N}^*)$.

②当 n 为奇数时,$\sqrt[n]{a^n}=a$;当 n 为偶数时,$\sqrt[n]{a^n}=|a|$.

7. 分数指数幂

(1)$a^{\frac{m}{n}}$ 的意义:一般地,给定正实数 a,对于任意给定的正整数 m、$n(n>1)$,存在唯一的正实数 b,使得 $b^n=a^m$,我们把 b 叫做 a 的 $\frac{m}{n}$ 次幂,记作 $b=a^{\frac{m}{n}}$,它就是正分数指数幂.

有时,我们把分数指数幂写成根式的形式,即 $a^{\frac{m}{n}}=\sqrt[n]{a^m}$.

(2)正数的负分数指数幂的意义与负整数指数幂意义相仿,规定:$a^{-\frac{m}{n}}=\frac{1}{a^{\frac{m}{n}}}=\frac{1}{\sqrt[n]{a^m}}$,其中 $a>0$,m、n 都是正整数,$n>1$.

(3)0 的指数幂:0 的正分数指数幂是 0,0 的负分数指数幂没有意义.

注意

(1)分数指数幂是指数概念的推广,分数指数幂 $a^{\frac{m}{n}}$ 不可理解为 $\frac{m}{n}$ 个 a 相乘,它是根式的一种新写法,表示的是相同意义的量,只是形式上不同而已.

(2)负数的分数指数幂是否有意义,应视 m、n 的具体数值而定.

8. 幂指数的扩充

<table>
<tr><th>幂指数</th><th>定　义</th><th colspan="2">底数的取值范围</th></tr>
<tr><td>正整数指数</td><td>$a^n=\underbrace{a\cdot a\cdot\cdots\cdot a}_{n个a}(n\in\mathbf{N}^*)$</td><td colspan="2">$a\in\mathbf{R}$</td></tr>
<tr><td>零指数</td><td>$a^0=1$</td><td colspan="2">$a\neq0$ 且 $a\in\mathbf{R}$</td></tr>
<tr><td>负整数指数</td><td>$a^{-n}=\frac{1}{a^n}(n\in\mathbf{N}^*)$</td><td colspan="2">$a\neq0$ 且 $a\in\mathbf{R}$</td></tr>
<tr><td rowspan="2">正分数指数</td><td rowspan="2">$a^{\frac{n}{m}}=\sqrt[m]{a^n}\left(\begin{array}{l}m、n\in\mathbf{N}^*,\\ 且\ m、n\ 互质\end{array}\right)$</td><td>$m$ 为奇数</td><td>$a\in\mathbf{R}$</td></tr>
<tr><td>m 为偶数</td><td>$a\geqslant0$</td></tr>
<tr><td rowspan="2">负分数指数</td><td rowspan="2">$a^{-\frac{n}{m}}=\frac{1}{\sqrt[m]{a^n}}$
$\left(\begin{array}{l}m、n\in\mathbf{N}^*,\\ 且\ m、n\ 互质\end{array}\right)$</td><td>$m$ 为奇数</td><td>$a\neq0$ 且 $a\in\mathbf{R}$</td></tr>
<tr><td>m 为偶数</td><td>$a>0$</td></tr>
<tr><td>无理数指数</td><td>a^p 是一个确定的实数
（其中 p 为无理数）</td><td colspan="2">$a>0$</td></tr>
</table>

9. 指数幂的运算性质

整数指数幂的运算性质对于整个实数指数幂也同样适用.

(1) $a^ra^s=a^{r+s}(a>0,r、s\in\mathbf{R})$;

(2) $(a^r)^s=a^{rs}(a>0,r、s\in\mathbf{R})$;

(3) $(ab)^r=a^rb^r(a>0,b>0,r\in\mathbf{R})$.

10. 指数函数

一般地,函数 $y=a^x(a>0,a\neq1)$ 叫做指数函数.

注意

对于定义应注意以下几点:

(1)定义域是 $\mathbf{R}$:因为指数的概念已经扩充到有理数和无理数,所以在底数 $a>0$ 的前提下,x 可以是任意实数.

(2)规定底数 a 大于零且不等于1的理由:

如果 $a=0$, $\begin{cases}当\ x>0\ 时,a^x\ 恒等于0,\\ 当\ x\leqslant0\ 时,a^x\ 无意义;\end{cases}$

如果 $a<0$,如 $y=(-4)^x$,当 $x=\frac{1}{4}、\frac{1}{2}$ 等时,在实数范围内函数值不存在;

如果 $a=1$, $y=1^x=1$,是一个常量,对它就没有研究的必要. 为了避免上述各种情况,所以规定 $a>0$,且 $a\neq1$.

(3)形式上的严格性:

在指数函数的定义表达式 $y=a^x$ 中,a^x 前的系数必须是1,自变量 x 在指数的位置上,否则,不是指数函数. 比如 $y=2a^x$, $y=a^{x+1}$, $y=a^x+1$ 等,都不是指数函数,我们可称它们为“类似指数函数”.

11. 指数函数的图象和性质

	$a>1$	$0<a<1$
图象	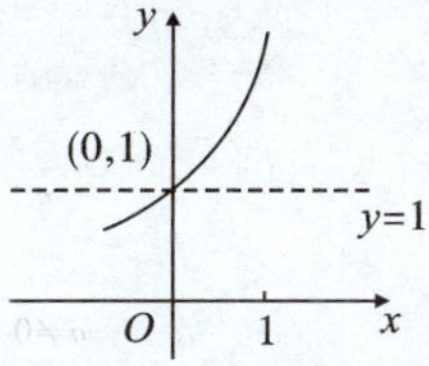	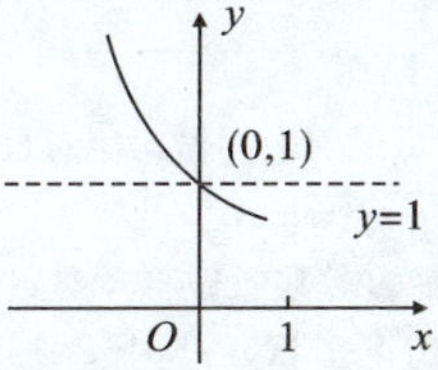
性质	(1)定义域 **R**,值域$(0,+\infty)$	
	(2)图象都过点(0,1)	
	(3)当$x>0$时,$y>1$; 当$x<0$时,$0<y<1$	(3)当$x>0$时,$0<y<1$; 当$x<0$时,$y>1$
	(4)在$(-\infty,+\infty)$上是增函数	(4)在$(-\infty,+\infty)$上是减函数

注意

(1)当底数a大小不定时,必须分"$a>1$"和"$0<a<1$"两种情形讨论.

(2)当$0<a<1$时,$x\to+\infty$,$y\to0$;当$a>1$时,$x\to-\infty$,$y\to0$.(其中"$x\to+\infty$"意义是"x接近于正无穷大")

(3)当$a>1$时,a的值越大,图象越靠近y轴,递增速度越快;当$0<a<1$时,a的值越小,图象越靠近y轴,递减的速度越快.

(4)指数函数在同一直角坐标系中的图象的相对位置与底数大小的关系如下:

在y轴右侧,图象从上到下相应的底数由大变小;在y轴左侧,图象从下到上相应的底数由大变小.

(5)指数函数$y=a^x$与$y=\left(\frac{1}{a}\right)^x$($a>0$且$a\neq1$)的图象关于$y$轴对称.

12. 对数

(1)对数的概念:如果$a^b=N$($a>0$且$a\neq1$),那么幂指数b叫做以a为底N的对数,记作$b=\log_aN$,其中a叫做对数的底数,N叫做真数.

(2)对数的性质:①真数必须大于零,底数大于零且不等于1;②$\log_a1=0$;③$\log_aa=1$;④$\log_aa^k=k$;⑤$a^{\log_aN}=N$.

注意

(1)对数与指数的关系:当$a>0$,且$a\neq1$时,$a^x=N\Leftrightarrow x=\log_aN$.这个关系式是对数与指数互化的依据.指数式与对数式互化时,底数不变.

(2)对数符号$\log_aN$只有在$N>0$,$a>0$且$a\neq1$时才有意义.①若$a<0$,且N为某些数值时,x不存在,如式子$(-4)^x=2$没有实数解,所以不存在$\log_{-4}2$,所以规定a不能小于0.

②若$a=0$,且$N\neq0$时,$\log_aN$不存在;若$a=0$,且$N=0$时,$\log_a0$有无数个值,不能确定,故规定$a\neq0$.

③若$a=1$,且N不为1时,$\log_aN$不存在,例如$\log_12$不存在;若$a=1$,$N=1$时,$\log_a1$可以为任何实数,不能确定,所以规定$a\neq1$.

(3)由于正数的任何次幂都是正数,即$a^x>0$($a>0$),故$N=a^x>0$.

(4)在规定了$a>0$,$a\neq1$,$N>0$后,对数记号$\log_aN$也就随着a、N的确定而确定.另

外，并不是所有的指数式都能直接改成对数式，如$(-2)^4=16$，不能写成$\log_{(-2)}16=4$.

13. 两种常见对数

(1)以10为底的对数叫做常用对数，N的常用对数$\log_{10}N$简记作$\lg N$.

(2)以e为底的对数叫做自然对数，N的自然对数$\log_e N$简记作$\ln N$，其中e是一个无理数，$e\approx 2.71828\cdots$.

14. 对数的运算

(1)对数的运算性质：如果$a>0$，且$a\neq 1$，$M>0$，$N>0$，那么：

①$\log_a(M\cdot N)=\log_a M+\log_a N$；

②$\log_a \dfrac{M}{N}=\log_a M-\log_a N$；

③$\log_a M^n=n\log_a M(n\in\mathbf{R})$.

(2)换底公式：$\log_a b=\dfrac{\log_c b}{\log_c a}(a>0$且$a\neq 1,c>0$且$c\neq 1,b>0)$.

(3)换底公式的推论：①$\log_a b\cdot\log_b a=1$；

②$\log_{a^n}b^m=\dfrac{m}{n}\log_a b(a>0,a\neq 1,b>0,m、n\in\mathbf{N}^*)$.

15. 对数函数

一般地，把函数$y=\log_a x(a>0,a\neq 1)$叫做对数函数，a叫做对数函数的底.

注意

在对数函数$y=\log_a x$中，①底数$a>0$，且$a\neq 1$，②自变量$x>0$；③函数值域$y\in\mathbf{R}$，此三点是对数函数的三要素，要理解清楚，准确应用.

16. 对数函数的图象和性质

<table>
<tr><td></td><td>$a>1$</td><td>$0<a<1$</td></tr>
<tr><td>图象</td><td>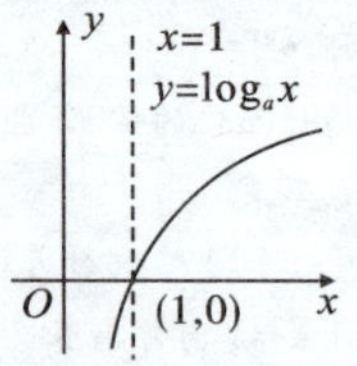
</td><td>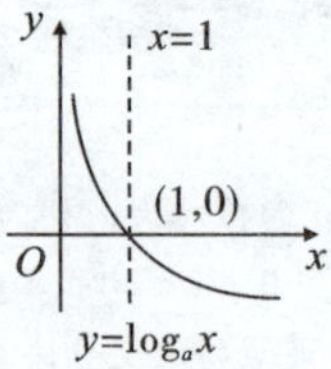
</td></tr>
<tr><td rowspan="5">性质</td><td colspan="2">(1)定义域：$(0,+\infty)$</td></tr>
<tr><td colspan="2">(2)值域：$\mathbf{R}$</td></tr>
<tr><td colspan="2">(3)当$x=1$时，$y=0$，即过定点$(1,0)$</td></tr>
<tr><td>(4)当$x>1$时，$y>0$；
当$0<x<1$时，$y<0$</td><td>(4)当$x>1$时，$y<0$；
当$0<x<1$时，$y>0$</td></tr>
<tr><td>(5)在$(0,+\infty)$上是增函数</td><td>(5)在$(0,+\infty)$上是减函数</td></tr>
<tr><td>补充性质</td><td colspan="2">设$y_1=\log_a x$，$y_2=\log_b x$，其中$a>1,b>1$(或$0<a<1,0<b<1$)，
当$x>1$时“底大图低”，即若$a>b$，则$y_1<y_2$；
当$0<x<1$时“底大图高”，即若$a>b$，则$y_1>y_2$.</td></tr>
</table>

17. 反函数

(1)反函数的定义：根据指数式与对数式的关系，将$y=a^x(a>0$且$a\neq 1)$化成对数式可得$x=\log_a y$，这样，对于任意一个$y\in(0,+\infty)$通过式子$x=\log_a y$，x在$\mathbf{R}$中都有唯一确定的值和它对应，也就是说，将y看成是自变量，x作为y的函数，这时我们说$x=\log_a y$ $(y\in(0,+\infty))$是函数$y=a^x(x\in\mathbf{R})$的反函数.

(2)反函数的性质：①互为反函数的两个函数的图象关于直线$y=x$对称；

②若函数$y=f(x)$的图象上有一点$(a,$

b)，则(b，a)必在其反函数的图象上.

注意

(1)习惯上常用 x 表示自变量，y 表示函数，则 $x=\log_a y$ 中的 x、y 互换，写成 $y=\log_a x$. 这样对数函数 $y=\log_a x$ 是指数函数 $y=a^x$ 的反函数.

(2)指数函数 $y=a^x(x\in\mathbf{R})$ 与对数函数 $y=\log_a x(x\in(0,+\infty))$ 互为反函数.

(3)反函数的定义域由原函数的值域来确定，特别是当反函数的定义域与由反函数解析式有意义所确定的自变量的取值范围不一致时，一定要注明反函数的定义域.

(4)并不是任何函数都存在反函数.

18. 幂函数

一般地，形如 $y=x^\alpha(\alpha\in\mathbf{R})$ 的函数称为幂函数，其中 α 为常数.

注意

幂函数有以下特征：(1)以幂的底为自变量，指数为常数；(2)函数的系数为1；(3)项数只有一项.

19. 幂函数的图象和性质

(1)幂函数当 $\alpha=1,2,3,\frac{1}{2},-1$ 时的图象如图2－2－1.

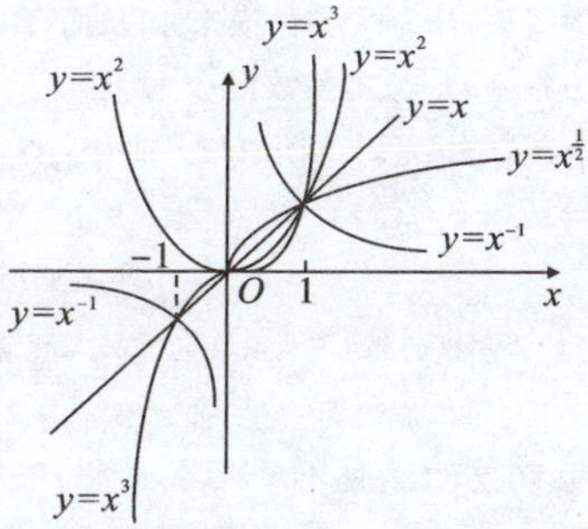

图2－2－1

(2)幂函数的性质：从图2－2－1可以观察得到幂函数的特征如下：

性质＼函数	$y=x$	$y=x^2$	$y=x^3$	$y=x^{\frac{1}{2}}$	$y=x^{-1}$
定义域	$\mathbf{R}$	$\mathbf{R}$	$\mathbf{R}$	$[0,+\infty)$	$\{x\mid x\in\mathbf{R}$ 且 $x\neq0\}$
值域	$\mathbf{R}$	$[0,+\infty)$	$\mathbf{R}$	$[0,+\infty)$	$\{y\mid y\in\mathbf{R}$ 且 $y\neq0\}$
奇偶性	奇	偶	奇	非奇非偶	奇
单调性	增	$x\in[0,+\infty)$ 时，单调递增；$x\in(-\infty,0]$ 时，单调递减	增	增	$x\in(0,+\infty)$ 时，单调递减；$x\in(-\infty,0)$ 时，单调递减
过定点	(1,1)，(0,0)	(1,1)，(0,0)	(1,1)，(0,0)	(1,1)，(0,0)	(1,1)

综合以上特征得幂函数的性质如下：

①所有的幂函数在 $(0,+\infty)$ 都有定义，并且图象都通过定点(1,1)；

②如果 $\alpha>0$，则幂函数的图象过原点，并且在区间 $[0,+\infty)$ 上为增函数；

③如果 $\alpha<0$，则幂函数在区间 $(0,+\infty)$ 上是减函数. 在第一象限内，当 x 从右边趋向于原点时，图象在 y 轴右方无限地逼近 y 轴；当 x 趋向于 $+\infty$ 时，图象在 x 轴上方无限地逼近 x 轴；

④当 α 为奇数时,幂函数为奇函数;当 α 为偶数时,幂函数为偶函数.

20. 函数的零点

(1)函数零点的定义:对于函数 $y=f(x)$,我们把使 $f(x)=0$ 的实数 x 叫做函数 $y=f(x)$ 的零点.

(2)函数零点的意义:函数 $y=f(x)$ 的零点就是方程 $f(x)=0$ 的实数根,即函数 $y=f(x)$ 的图象与 x 轴交点的横坐标,从而有

方程 $f(x)=0$ 有实数根

$\Leftrightarrow$函数 $y=f(x)$ 的图象与 x 轴有交点

$\Leftrightarrow$函数 $y=f(x)$ 有零点.

注意

(1)"方程的根"与"函数的零点"尽管有密切联系,但不能混为一谈,如方程 $x^2-2x+1=0$ 在 $[0,2]$ 上有两个等根,而函数 $f(x)=x^2-2x+1$ 在 $[0,2]$ 上只有一个零点.

(2)如果函数图象通过零点时穿过 x 轴,则称这样的零点为变号零点;如果没有穿过 x 轴,则为不变号零点.

(3)函数的零点是一个实数而不是数轴上的某个点.

21. 函数零点的存在性

零点存在定理:一般地,如果函数 $y=f(x)$ 在区间 $[a,b]$ 上的图象是连续不断的一条曲线,并且有 $f(a)\cdot f(b)<0$,那么函数 $y=f(x)$ 在区间 (a,b) 内有零点,即存在 $c\in(a,b)$,使得 $f(c)=0$,这个 c 也就是 $f(x)=0$ 的根.

注意

(1)符合该定理的条件,能确定 $f(x)$ 在 (a,b) 内有零点,但零点不一定唯一.

(2)并不是所有的零点都可以用该定理来确定,也可以说不满足该定理的条件,并不能说函数在 (a,b) 上没有零点,如函数 $f(x)=x^2-3x+2$,有 $f(0)\cdot f(3)>0$,但函数 $f(x)$ 在区间 $(0,3)$ 上有两个零点.

(3)若 $f(x)$ 在 $[a,b]$ 上的图象是连续不断的,且是单调函数,$f(a)\cdot f(b)<0$,则 $f(x)$ 在 (a,b) 上有唯一的零点.

22. 二分法

对于区间 $[a,b]$ 上连续不断的,且 $f(a)\cdot f(b)<0$ 的函数 $y=f(x)$,通过不断地把函数 $f(x)$ 的零点所在区间一分为二,使区间的两个端点逐步逼近零点,进而得到零点近似值的方法叫做二分法.

注意

用二分法求函数的零点近似值的方法仅对函数的变号零点适用.

23. 用二分法求函数零点的近似值

给定精确度 ε,用二分法求函数 $f(x)$ 零点近似值的步骤如下:

第一步:给定区间 $[a,b]$,验证 $f(a)\cdot f(b)<0$,给定精确度 ε;

第二步:求区间 (a,b) 的中点 x_1;

第三步:计算 $f(x_1)$;

(1)若 $f(x_1)=0$,则 x_1 就是函数的零点.

(2)若 $f(x_1)\cdot f(a)<0$,则令 $b=x_1$(此时零点 $x_0\in(a,x_1)$);若 $f(x_1)\cdot f(b)<0$,则令 $a=x_1$(此时零点 $x_0\in(x_1,b)$).

第四步:判断是否达到精确度 ε. 即若 $|a-b|<\varepsilon$,则得到零点近似值 a(或 b);否则重复第二、三、四步.

注意

第一步中要使①区间长度尽量小;

② $f(a)$、$f(b)$ 的值比较容易计算,且 $f(a)\cdot f(b)<0$.

24. 几类常见的函数模型

一次函数型模型:$f(x)=kx+b$(k、b 为常数,$k\neq0$);

二次函数型模型:$f(x)=ax^2+bx+c$(a、b、c 为常数,$a\neq0$);

指数函数型模型:$f(x)=ab^x+c$(a、b、c 为

常数，$a\neq0,b>0$，且 $b\neq1$）；

对数函数型模型：$f(x)=m\log_a x+n$（m、n、a 为常数，$a>0$，且 $a\neq1$）；

幂函数型模型：$f(x)=ax^n+b$（a、b、n 为常数，$a\neq0,n\neq1$）.

25. 几类函数模型的增长差异

在区间 $(0,+\infty)$ 上，尽管函数 $y=a^x(a>1)$、$y=\log_a x(a>1)$ 和 $y=x^\alpha(\alpha>0)$ 都是增函数，但它们的增长速度不同，而且不在同一个"档次"上. 随着 x 的增大，$y=a^x(a>1)$ 的增长速度越来越快，会超过并远远大于 $y=x^\alpha(\alpha>0)$ 的增长速度，而 $y=\log_a x(a>1)$ 的增长速度则会越来越慢，因此总会存在一个 x_0，当 $x>x_0$ 时，就有 $\log_a x<x^\alpha<a^x$.

注意

指数函数型增长的特点是随着自变量的增大，函数增长的速度越来越快，因此被形象地称为"指数爆炸"，即爆炸式增长.

26. 解函数应用题的步骤

解函数应用题，一般可按以下四步进行：

第一步：阅读理解、认真审题

就是读懂题中的文字叙述，理解叙述所反映的实际背景，领悟从背景中概括出来的数学实质. 尤其是理解叙述中的新名词、新概念，进而把握住新信息.

在此基础上，分析出已知什么，求什么，涉及哪些知识，确定自变量与函数值的意义，尝试问题的函数化. 审题时要抓住题目中的关键的量，要勇于尝试、探索，敏于发现、归纳，善于联想、化归，实现应用问题向数学问题的转化.

第二步：引进数学符号，建立数学模型

一般的设自变量为 x，函数为 y，并用 x 表示各相关量，然后根据问题及已知条件，运用已掌握的数学知识、物理知识及其他相关知识建立函数关系式，将实际问题转化为一个数学问题，实现问题的数学化，即所谓建立数学模型.

第三步：利用数学的方法将得到的常规数学问题（即数学模型）予以解答，求得结果.

第四步：再转译成具体问题作出解答.

题型分类与方法总结

题型 1　二次函数的图象和性质

讨论二次函数的性质一般要明确其图象的开口方向，对称轴，顶点，与 x 轴交点等. 求顶点可以用配方法，也可以直接使用顶点坐标公式 $\left(-\dfrac{b}{2a},\dfrac{4ac-b^2}{4a}\right)$，求与 x 轴的交点可借助配方法或直接使用求根公式 $x=\dfrac{-b\pm\sqrt{b^2-4ac}}{2a}(b^2-4ac\geqslant0)$. 画函数图象时，一般要标注对称轴、顶点、与 x 轴的交点、与 y 轴的交点等.

例 1　已知函数 $f(x)=-\dfrac{1}{2}x^2-3x-\dfrac{5}{2}$.

(1) 求图象的开口方向，对称轴，顶点坐标，与 x 轴的交点坐标；

(2) 求函数的单调区间，最值，零点；

(3) 设图象与 x 轴相交于点 $(x_1,0)$，$(x_2,0)$，不求出根，求 $|x_1-x_2|$；

(4) 已知 $f\left(-\dfrac{7}{2}\right)=\dfrac{15}{8}$，不计算函数值，求 $f\left(-\dfrac{5}{2}\right)$；

(5) 不计算函数值，试比较 $f\left(-\dfrac{1}{4}\right)$ 与 $f\left(-\dfrac{15}{4}\right)$ 的大小.

解　$y=-\dfrac{1}{2}x^2-3x-\dfrac{5}{2}$

$=-\dfrac{1}{2}(x^2+6x+5)$

$=-\dfrac{1}{2}(x^2+6x+9-9+5)$

$=-\frac{1}{2}[(x+3)^2-4]$

$=-\frac{1}{2}(x+3)^2+2.$

令 $y=0$，得 $(x+3)^2=4$，

$\therefore x_1=-5, x_2=-1.$

(1) $\because a=-\frac{1}{2}<0$，$\therefore$ 图象开口向下，对称轴为直线 $x=-3$，顶点坐标为 $(-3,2)$，与 x 轴交点坐标为 $(-5,0)$，$(-1,0)$.

(2) 单调增区间为 $(-\infty,-3]$，单调减区间为 $[-3,+\infty)$，有最大值为 2，无最小值，零点为 -5，-1.

(3) x_1、x_2 是方程 $-\frac{1}{2}x^2-3x-\frac{5}{2}=0$ 的两个根，即方程 $x^2+6x+5=0$ 的两根.

由根与系数关系，可知

$x_1+x_2=-6, x_1x_2=5$，

$\therefore |x_1-x_2|=\sqrt{(x_1+x_2)^2-4x_1x_2}=\sqrt{(-6)^2-4\times5}=\sqrt{36-20}=\sqrt{16}=4.$

(4) $\because$ 对称轴 $x=-3$，.

$\therefore f(-3+x)=f(-3-x).$

$\therefore f\left(-\frac{5}{2}\right)=f\left(-3+\frac{1}{2}\right)$

$=f\left(-3-\frac{1}{2}\right)=f\left(-\frac{7}{2}\right)=\frac{15}{8}.$

(5) $f\left(-\frac{15}{4}\right)=f\left(-3-\frac{3}{4}\right)$

$=f\left(-3+\frac{3}{4}\right)=f\left(-\frac{9}{4}\right).$

$\because -\frac{1}{4}, -\frac{9}{4}\in(-3,+\infty)$，而 $f(x)$ 在 $(-3,+\infty)$ 上是减函数，且 $-\frac{1}{4}>-\frac{9}{4}$，

$\therefore f\left(-\frac{1}{4}\right)<f\left(-\frac{9}{4}\right)$，

即 $f\left(-\frac{1}{4}\right)<f\left(-\frac{15}{4}\right).$

点拨 讨论二次函数的性质一定要结合二次函数的图象，为了方便，通常画草图. 利用单调性比较两个函数值的大小，关键是利用对称性将它们转化到同一个单调区间上，这里体现了数形结合及转化化归等重要的数学思想.

题型 2 确定二次函数的解析式

要确定二次函数解析式，就是要确定解析式中的待定系数(常数)，由于每一种形式中都含有三个待定系数，所以用待定系数法求二次函数解析式，需要已知三个独立条件.

(1) 当已知抛物线上任意三点时，通常设函数解析式为一般式 $y=ax^2+bx+c(a\neq0)$，然后列三元一次方程组求解.

(2) 当已知抛物线的顶点坐标 (h,k) 和抛物线上另一点时，通常设函数解析式的顶点式 $y=a(x-h)^2+k(a\neq0)$ 求解.

(3) 当已知抛物线与 x 轴的两个交点 $(x_1,0)$，$(x_2,0)$ 时，通常设函数解析式的交点式 $y=a(x-x_1)\cdot(x-x_2)(a\neq0)$ 求解.

例 2 已知二次函数 $f(x)$ 对任意实数 t 满足关系式 $f(2+t)=f(2-t)$，且 $f(x)$ 有最小值 -9. 已知函数 $f(x)$ 的图象与 x 轴有两个交点，它们之间的距离为 6，求函数 $f(x)$ 的解析式.

解法一 (一般式) 设 $f(x)=ax^2+bx+c$ $(a\neq0)$.

$\because f(2+t)=f(2-t)$，

$\therefore$ 函数图象的对称轴为 $x=2$，

$\therefore -\frac{b}{2a}=2.$ ①

$\because f(x)$ 有最小值 -9，

$\therefore \frac{4ac-b^2}{4a}=-9.$ ②

又 $\because f(x)$ 的图象与 x 轴两交点间的距离为 6，则 $6=|x_1-x_2|=\sqrt{(x_1+x_2)^2-4x_1x_2}=\sqrt{\left(-\frac{b}{a}\right)^2-4\cdot\frac{c}{a}}.$ ③

联立①②③解方程组，得 $a=1, b=-4, c=-5$. $\therefore f(x)=x^2-4x-5.$

解法二 (顶点式) 设 $f(x)=a(x-2)^2-9$. 展开化简得 $f(x)=ax^2-4ax+4a-9$. 于是

$x_1+x_2=4, x_1x_2=\frac{4a-9}{a}$.

由解法一中③式,得$6=\sqrt{4^2-4\times\frac{4a-9}{a}}$,解得 $a=1$,所以$f(x)=x^2-4x-5$.

解法三 (交点式)设函数图象与 x 轴交于 $A(x_1,0)$、$B(x_2,0)$两点. $\because x=2$ 为其对称轴,且$|AB|=6$,$\therefore x_1=2-3=-1, x_2=2+3=5$,于是可设$f(x)=a(x+1)(x-5)$. 从二次函数图象的性质知,当 $x=2$ 时,$f(x)_{\min}=-9$,故$f(2)=a(2+1)(2-5)=-9$,解得 $a=1$. 因此,$f(x)=x^2-4x-5$.

题型 3 根式与幂的计算

在进行幂与根式的计算时,一般先将根式化成幂的形式,尽可能统一成分数指数幂的形式,再利用幂的运算性质进行化简、求值、计算,达到化繁为简的目的.

例 3 计算下列形式:

(1)$(\sqrt[3]{a})^3$;

(2)$27^{\frac{2}{3}}-\left(\frac{49}{64}\right)^{-\frac{1}{2}}+\left(\frac{1}{9}\right)^{-0.5}$;

(3)$\sqrt[3]{a^{\frac{7}{2}}\cdot\sqrt{a^{-3}}}\div\sqrt{\sqrt[3]{a^{-8}}}$;

(4)$(0.0081)^{-\frac{1}{4}}-\left[3\times\left(\frac{7}{8}\right)^0\right]^{-1}\cdot\left[81^{-0.25}+\left(3\frac{3}{8}\right)^{-\frac{1}{3}}\right]^{-\frac{1}{2}}-10\times0.027^{\frac{1}{3}}$.

分析 (1)只要应用根式的性质计算即可;(2)先进行指数运算再进行有理数运算;(3)先把根式化成分数指数幂形式再进行运算;(4)先将小数化为分数,进行指数运算,再进行有理数运算.

解 (1)$(\sqrt[3]{a})^3=a$.

(2)原式$=(3^3)^{\frac{2}{3}}-\left[\left(\frac{7}{8}\right)^2\right]^{-\frac{1}{2}}+\left[\left(\frac{1}{3}\right)^2\right]^{-\frac{1}{2}}=3^2-\left(\frac{7}{8}\right)^{-1}+\left(\frac{1}{3}\right)^{1}$

$=3^2-\frac{8}{7}+3=\frac{76}{7}$.

(3)原式$=\sqrt[3]{a^{\frac{7}{2}}a^{-\frac{3}{2}}}\div\sqrt{a^{-\frac{8}{3}}}=\sqrt[3]{a^2}\div\sqrt{a^{-\frac{8}{3}}}=a^{\frac{2}{3}}\div a^{\frac{1}{2}\times\left(-\frac{8}{3}\right)}=a^{\frac{2}{3}}\div a^{-\frac{4}{3}}=a^{\frac{2}{3}-\left(-\frac{4}{3}\right)}=a^2$.

(4)原式$=\left[\left(\frac{3}{10}\right)^4\right]^{-\frac{1}{4}}-(3\times1)^{-1}\times\left[3^{-1}+\left(\frac{3}{2}\right)^{-1}\right]^{-\frac{1}{2}}-10\times[(0.3)^3]^{\frac{1}{3}}=\left(\frac{3}{10}\right)^{-1}-\frac{1}{3}\times\left(\frac{1}{3}+\frac{2}{3}\right)^{-\frac{1}{2}}-10\times0.3=\frac{10}{3}-\frac{1}{3}-3=0$.

题型 4 对数式与指数式的互化

指数与对数运算是一对互逆运算,即 $a^x=N\Leftrightarrow x=\log_a N$(其中 $a>0$,且 $a\neq1, N>0$),在解题中两者互相转化是解决相关问题的重要途径.

例 4 求下列各式中 x 的值.

(1)$\log_8 x=-\frac{2}{3}$;　　(2)$\log_3(\lg x)=1$.

解 (1)由 $\log_8 x=-\frac{2}{3}$,得

$x=8^{-\frac{2}{3}}=(2^3)^{-\frac{2}{3}}=2^{-2}=\frac{1}{4}$.

(2)由 $\log_3(\lg x)=1$,得 $\lg x=3$,

$\therefore x=10^3=1\,000$.

点拨 在利用 $a^x=N\Leftrightarrow x=\log_a N$ 进行互化时,要分清楚各字母分别在指数式和对数式中的哪个位置.

题型 5 带有附加条件的求值问题

带有附加条件的求值问题,有时需从附加条件入手化简直接求值,有时需要综合考虑已知条件和所求值的式子.

例 5 (1)已知 $a^{\frac{1}{2}}+a^{-\frac{1}{2}}=3$,求 a^2+a^{-2}的值;

(2)设 $3^a=4^b=36$,求$\frac{2}{a}+\frac{1}{b}$的值.

解 (1)将 $a^{\frac{1}{2}}+a^{-\frac{1}{2}}=3$ 两边平方,得

$a+a^{-1}+2=9$，即 $a+a^{-1}=7$.

将上式再平方，得 $a^2+a^{-2}+2=49$.

$\therefore a^2+a^{-2}=47$.

(2)由 $3^a=4^b=36$ 得 $a=\log_3 36$，$b=\log_4 36$.

$\therefore a=\log_3 36=\dfrac{1}{\log_{36}3}$，

$b=\log_4 36=\dfrac{1}{\log_{36}4}$，

$\therefore \dfrac{2}{a}+\dfrac{1}{b}=2\log_{36}3+\log_{36}4$

$=\log_{36}(3^2\times 4)=\log_{36}36=1$.

题型6 对数运算性质及公式的应用

对数运算性质及公式一般应用于计算中.计算问题一般有两种处理方法：一种是将式子中真数的积、商、幂、方根运用对数的运算法则化为对数的和、差、积、商，然后化简求值；另一种方法是将式中对数的和、差、积、商运用对数的运算法则化为真数的积、商、幂、方根，然后化简求值.

例6 (1)$\dfrac{1}{2}\lg\dfrac{32}{49}-\dfrac{4}{3}\lg\sqrt{8}+\lg\sqrt{245}$；

(2)$\lg 5^2+\dfrac{2}{3}\lg 8+\lg 5\cdot\lg 20+(\lg 2)^2$.

(1)**解法一** 原式 $=\dfrac{1}{2}(5\lg 2-2\lg 7)-\dfrac{4}{3}\times\dfrac{3}{2}\lg 2+\dfrac{1}{2}(2\lg 7+\lg 5)$

$=\dfrac{5}{2}\lg 2-\lg 7-2\lg 2+\lg 7+\dfrac{1}{2}\lg 5$

$=\dfrac{1}{2}\lg 2+\dfrac{1}{2}\lg 5=\dfrac{1}{2}(\lg 2+\lg 5)$

$=\dfrac{1}{2}\lg 10=\dfrac{1}{2}$.

解法二 原式 $=\lg\dfrac{4\sqrt{2}}{7}-\lg 4+\lg 7\sqrt{5}=\lg\dfrac{4\sqrt{2}\times 7\sqrt{5}}{7\times 4}=\lg(\sqrt{2}\times\sqrt{5})=\lg\sqrt{10}=\dfrac{1}{2}$.

(2)**解** 原式 $=2\lg 5+2\lg 2+\lg 5(2\lg 2+\lg 5)+(\lg 2)^2=2\lg 10+(\lg 5+\lg 2)^2=2+(\lg 10)^2=2+1=3$.

题型7 函数定义的有关问题

(1)指数函数 $y=a^x(a>0$ 且 $a\neq 1)$，要求 a^x 的系数为1，自变量在指数上，a 是常数，$a>0$ 且 $a\neq 1$.

(2)幂函数定义中要注意两个“1”，即 x、y 的系数都是1.

例7 函数 $y=(a^2-3a+3)a^x$ 是指数函数，则 a 的值是________.

解析 $\because y=(a^2-3a+3)a^x$ 是指数函数，

$\therefore \begin{cases}a^2-3a+3=1,\\ a>0\text{ 且 }a\neq 1.\end{cases}$ 解得 $\begin{cases}a=1\text{ 或 }2,\\ a>0\text{ 且 }a\neq 1.\end{cases}$

$\therefore a=2$.

答案 2.

点拨 熟记指数函数的定义与形式特征.

例8 判断下列哪些函数是幂函数.

(1)$y=2x^2$；(2)$y=(2x)^3$；(3)$y=x^{\sqrt{2}}$；

(4)$y=x^{\frac{1}{3}}$；(5)$y=(x+1)^5$.

分析 由幂函数的定义，形如 $y=x^\alpha(\alpha\in\mathbf{R})$ 的函数是幂函数，注意 x 的系数为1，底数只有 x.

解 (3)(4)是幂函数，(1)(2)(5)不是幂函数.

题型8 指数函数性质的应用

1. 指数型函数的定义域、值域

此类函数的解析式部分会有指数函数，求它们的定义域、值域时，先分清它们的结构特征，再具体利用函数的性质去求解.

例9 求下列函数的定义域和值域.

(1)$y=\sqrt{1-\left(\dfrac{1}{2}\right)^x}$；

(2)$y=3^{-|x|}$；

(3)$y=\dfrac{a^x-1}{a^x+1}(a>0$ 且 $a\neq 1)$.

分析 根据指数函数的定义和性质，以及求函数的定义域和值域的基本方法求解.

解 (1)$\because 1-\left(\dfrac{1}{2}\right)^x\geqslant 0$，即 $\left(\dfrac{1}{2}\right)^x\leqslant 1$，

$\therefore x\geqslant 0$,

$\therefore$ 原函数的定义域为$[0,+\infty)$.

令 $t=1-\left(\frac{1}{2}\right)^{x}(x\geqslant 0)$,则 $0\leqslant t<1$.

$\because y=\sqrt{t}$ 在$[0,1)$上是增函数,$\therefore 0\leqslant y<1$,

$\therefore$ 原函数的值域是$[0,1)$.

(2)原函数的定义域是 $\mathbf{R}$.

令 $t=-|x|$,则 $t\leqslant 0$.

$\because y=3^{t}$ 在$(-\infty,0]$上是增函数,

$\therefore 0<y\leqslant 1$.

$\therefore$ 原函数的值域是$(0,1]$.

(3)原函数的定义域是 $\mathbf{R}$.

由 $y=\frac{a^{x}-1}{a^{x}+1}(a>0,a\neq 1)$,

得 $a^{x}=-\frac{y+1}{y-1}$.

$\because a^{x}>0$,$\therefore -\frac{y+1}{y-1}>0$,$\therefore -1<y<1$.

$\therefore$ 原函数的值域是$(-1,1)$.

点拨 (1)(2)两题均通过换元将复合函数的值域问题转换为简单函数的值域问题. (3)将其解析式转化为 $a^{x}=\frac{ay+b}{cy+d}$ 的形式,利用 a^{x} 恒大于0,求出 y 的取值范围.

2. 指数型复合函数的单调性

对于含有指数函数的复合函数的单调性与证明问题仍然用定义法,即"取值—作差—变形—定号",其中在定号过程中需用到指数函数的单调性.

对于其单调性的判断,一般用复合法,但应注意中间变量的取值范围.

例 10 求出下列函数的单调区间.

(1)$y=a^{-x^{2}+3x+2}(a>1)$;

(2)$y=0.2^{\sqrt{-x^{2}+2x+3}}$.

解 (1)设 $u=-x^{2}+3x+2=\left(x-\frac{3}{2}\right)^{2}+\frac{17}{4}$,易知 u 在$\left(-\infty,\frac{3}{2}\right]$上是增函数,在$\left[\frac{3}{2},+\infty\right)$上是减函数.

又$\because a>1$,$y=a^{u}$ 在 $\mathbf{R}$ 上是增函数,

$\therefore$ 函数 $y=a^{-x^{2}+3x+2}(a>1)$的单调增区间是$\left(-\infty,\frac{3}{2}\right]$,单调减区间是$\left[\frac{3}{2},+\infty\right)$.

(2)$\because -x^{2}+2x+3\geqslant 0$,即 $x^{2}-2x-3\leqslant 0$,

$\therefore -1\leqslant x\leqslant 3$.

$\therefore$ 函数的定义域为$[-1,3]$.

令 $t=-x^{2}+2x+3=-(x-1)^{2}+4$,则其对称轴为直线$x=1$.

又令 $u=\sqrt{-x^{2}+2x+3}$,则 u 在$[-1,1]$上单调递增,在$[1,3]$上单调递减,

$\therefore$ 函数 $y=0.2^{\sqrt{-x^{2}+2x+3}}$在$[-1,1]$上单调递减,在$[1,3]$上单调递增.

即所求增区间是$[1,3]$,减区间是$[-1,1]$.

点拨 (1)中要注意 a 的取值范围;(2)中要注意 x 的取值范围.

题型 9 对数函数性质的应用

1. 对数型函数的定义域、值域

与对数函数有关的定义域问题,首先要考虑:真数大于零,底数大于零且不等于1,若分母中含有 x,还要考虑分母不能为0,偶次根式的被开方数不小于0等.

求对数函数的复合函数的值域时,首先要考虑定义域,然后"从里到外",利用换元法及单调性求解.

例 11 求下列函数的定义域和值域.

(1)$y=\sqrt{1-\log_{3}x}$;

(2)$y=\log_{\frac{1}{2}}(x^{2}-2x-3)$.

解 (1)由 $1-\log_{3}x\geqslant 0$ 得

$\log_{3}x\leqslant 1=\log_{3}3$,

$\therefore 0<x\leqslant 3$.

$\therefore$ 函数的定义域为$(0,3]$.

$\because 1-\log_{3}x\geqslant 0$,

$\therefore$ 函数的值域是$[0,+\infty)$.

(2)由 $x^{2}-2x-3>0$ 得 $x>3$ 或 $x<-1$,

$\therefore$ 函数的定义域为$(-\infty,-1)\cup(3,+\infty)$.

$\because x^{2}-2x-3>0$,即 $x^{2}-2x-3$ 能取遍一

切正实数,

$\therefore \log_{\frac{1}{2}}(x^2-2x-3)\in \mathbf{R}$,

$\therefore$ 函数的值域是 **R**.

2. 单调性问题

求与对数函数有关的复合函数的单调区间,应先考虑函数的定义域,另外必须看其底数是大于 1 还是小于 1,最后利用复合函数"同增异减"来判断单调性.

例 12 求函数 $y=\log_2(2x^2-5x-3)$ 的单调区间.

解 由 $2x^2-5x-3>0$ 得函数的定义域为 $\left\{x \middle| x<-\frac{1}{2}\text{或} x>3\right\}$.

令 $u=2x^2-5x-3=2\left(x-\frac{5}{4}\right)^2-\frac{49}{8}$,

则 u 的单调增区间是 $\left[\frac{5}{4},+\infty\right)$,单调递减区间是 $\left(-\infty,\frac{5}{4}\right]$.

$\therefore$ 函数 $y=\log_2(2x^2-5x-3)$ 的单调递增区间是 $(3,+\infty)$,单调递减区间是 $\left(-\infty,-\frac{1}{2}\right)$.

点拨 一定要在定义域内求单调区间.

题型 10 幂函数性质的应用

1. 幂函数的定义域、值域

幂函数的定义域要根据解析式来确定,要保证解析式有意义,值域要在定义域范围内求解.

例 13 求下列函数的定义域和值域.

(1) $y=x^{\frac{2}{5}}$;　(2) $y=x^{-\frac{3}{5}}$.

解 (1) $y=x^{\frac{2}{5}}$ 的定义域为实数集 **R**,值域为 $\{y|y\geqslant 0\}$.

(2) $y=x^{-\frac{3}{5}}$ 的定义域为 $\{x|x\neq 0\}$,值域为 $\{y|y\neq 0\}$.

2. 幂函数的单调性与奇偶性

幂函数的单调性与奇偶性的判断与一般函数的单调性和奇偶性的判断方法相同,主要应用定义法,有时也用幂函数的性质加以判断.

例 14 $y=x^{\frac{3}{5}}$ 在 $[-1,1]$ 上是(　　).

A. 增函数且是奇函数

B. 增函数且是偶函数

C. 减函数且是奇函数

D. 减函数且是偶函数

解析 设 $f(x)=x^{\frac{3}{5}}$, $x\in[-1,1]$,则 $f(-x)=(-x)^{\frac{3}{5}}=-x^{\frac{3}{5}}=-f(x)$, $\therefore f(x)=x^{\frac{3}{5}}$ 是奇函数,

$\because x\in[-1,1]$ 时, $y=x^{\frac{3}{5}}$ 是增函数,故 $y=x^{\frac{3}{5}}$ 在 $[-1,1]$ 上是增函数且是奇函数.

答案 A.

题型 11 求反函数

求反函数的步骤是:(1)由 $y=f(x)$ 解出 x 关于 y 的式子,即"反解";(2)由函数 $y=f(x)$ 的定义域与值域确定反函数的值域与定义域,即"互换";(3)根据习惯将 x 改写为 y,y 改写为 x,并注明相应的定义域,即"改写".

例 15 (1)(湖北高考)函数 $y=\frac{2^x+1}{2^x-1}$ $(x<0)$ 的反函数是(　　).

A. $y=\log_2\frac{x+1}{x-1}(x<-1)$

B. $y=\log_2\frac{x+1}{x-1}(x>1)$

C. $y=\log_2\frac{x-1}{x+1}(x<-1)$

D. $y=\log_2\frac{x-1}{x+1}(x>1)$

(2)(天津高考)函数 $y=\log_2(x+4)$ $(x>0)$ 的反函数是(　　).

A. $y=2^x+4(x>2)$

B. $y=2^x+4(x>0)$

C. $y=2^x-4(x>2)$

D. $y=2^x-4(x>0)$

解析 (1) $y=\frac{2^x+1}{2^x-1}\Rightarrow 2^x=\frac{y+1}{y-1}$. 由 $x<0$ 得 $0<\frac{y+1}{y-1}<1$，解得 $y<-1$.

$2^x=\frac{y+1}{y-1}\Rightarrow x=\log_2\frac{y+1}{y-1}$,

$\therefore$ 反函数为 $y=\log_2\frac{x+1}{x-1}(x<-1)$.

(2) 由已知 $y=\log_2(x+4)(x>0)$，得 $x+4=2^y$，即 $x=2^y-4$，$\therefore y=2^x-4$.

$\because$ 原函数的定义域为 $(0,+\infty)$，值域为 $(2,+\infty)$，$\therefore$ 反函数的定义域为 $(2,+\infty)$.

$\therefore y=2^x-4(x>2)$.

答案 (1) A.　(2) C.

题型 12 指数、对数方程

此类问题一般利用转化思想将其转化为一次方程或二次方程问题，并注意对数方程要验根.

例 16 解下列方程：

(1) $4^x-2^{x+2}-12=0$;

(2) $\lg 2x\cdot\lg 3x=\lg 2\cdot\lg 3$.

解 (1) 原方程可化为 $(2^x)^2-4\cdot 2^x-12=0$，即 $(2^x-6)(2^x+2)=0$,

$\therefore 2^x=6$ 或 $2^x=-2$（舍去）.

$\therefore x=\log_2 6=1+\log_2 3$.

即原方程的解为 $x=1+\log_2 3$.

(2) 原方程可化为 $(\lg 2+\lg x)(\lg 3+\lg x)=\lg 2\cdot\lg 3$,

即 $\lg^2 x+\lg 6\cdot\lg x=0$,

$\therefore \lg x=0$ 或 $\lg x=-\lg 6$.

$\therefore x=1$ 或 $x=\frac{1}{6}$.

经检验 $x=1$，$x=\frac{1}{6}$ 都是原方程的解.

题型 13 指数、对数不等式

指数、对数不等式主要依据单调性求解，通过等价转化，将指数、对数不等式转化为代数不等式.

例 17 解关于 x 的不等式：

(1) $\log_2(2^x-1)\cdot\log_2(2^{x+1}-2)<2$;

(2) $2\log_a(x-4)>\log_a(x-2)$.

解 (1) 原不等式可化为 $\log_2(2^x-1)\cdot\log_2 2(2^x-1)<2$,

即 $\log_2(2^x-1)[\log_2(2^x-1)+1]<2$,

即 $[\log_2(2^x-1)]^2+\log_2(2^x-1)-2<0$.

解得 $-2<\log_2(2^x-1)<1$.

$\therefore \frac{1}{4}<2^x-1<2$,　$\therefore \frac{5}{4}<2^x<3$.

$\therefore \log_2\frac{5}{4}<x<\log_2 3$.

$\therefore$ 不等式的解集为

$\left\{x\,\middle|\,\log_2\frac{5}{4}<x<\log_2 3\right\}$.

(2) 原不等式等价于

$\begin{cases}\log_a(x-4)^2>\log_a(x-2),\\ x-4>0.\end{cases}$

①当 $a>1$ 时，又等价于

$\begin{cases}(x-4)^2>x-2,\\ x-4>0,\end{cases}$ 解得 $x>6$.

②当 $0<a<1$ 时，又等价于

$\begin{cases}(x-4)^2<x-2,\\ x-4>0,\end{cases}$ 解得 $4<x<6$.

$\therefore$ 当 $a>1$ 时，不等式的解集是 $(6,+\infty)$;

当 $0<a<1$ 时，不等式的解集是 $(4,6)$.

题型 14 比较大小问题

1. 单调性法

单调性法适用于同底的指数式与对数式（若不同底，可设法化为同底），及幂函数形式的数的比较大小.

例18 比较下列各组数的大小：

(1)$2^7, 8^2$；

(2)$\log_{0.2}2, \log_{0.04}9$；

(3)$\left(-\frac{2}{3}\right)^{-1}, \left(-\frac{3}{5}\right)^{-1}$；

(4)$a^{1.2}, a^{1.3}$（$a>0$ 且 $a\neq 1$）.

解 (1)$\because 8^2=(2^3)^2=2^6$，由指数函数 $y=2^x$ 在 $\mathbf{R}$ 上单调递增知 $2^6<2^7$，即 $8^2<2^7$.

(2)$\because \log_{0.04}9=\frac{\lg 9}{\lg 0.04}=\frac{\lg 3^2}{\lg 0.2^2}=\frac{2\lg 3}{2\lg 0.2}=\frac{\lg 3}{\lg 0.2}=\lg_{0.2}3$，

又$\because y=\log_{0.2}x$ 在 $(0,+\infty)$ 上单调递减，

$\therefore \log_{0.2}2>\log_{0.2}3$，

即 $\log_{0.2}2>\log_{0.04}9$.

(3)$\because$ 幂函数 $y=x^{-1}$ 在 $(-\infty,0)$ 上单调递减，又 $-\frac{2}{3}<-\frac{3}{5}$，

$\therefore \left(-\frac{2}{3}\right)^{-1}>\left(-\frac{3}{5}\right)^{-1}$.

(4)因为函数 $y=a^x$（$a>0$ 且 $a\neq 1$）当底数 a 大于1时在 $\mathbf{R}$ 上是增函数；当底数 a 大于0小于1时在 $\mathbf{R}$ 上是减函数，而 $1.2<1.3$，故有当 $a>1$ 时，$a^{1.2}<a^{1.3}$；当 $0<a<1$ 时，$a^{1.2}>a^{1.3}$.

2. 中间量搭桥法

对于底数不同且指数也不同的幂及底数不同，真数也不同的对数常采用中间量搭桥法，即借助第三个数即中间量来搭桥传递比较出二者的大小，常用的中间量为0或1.

例19 比较下列各组数的大小：

(1)$2^{-\frac{1}{2}}, 0.3^{-\frac{1}{5}}$；

(2)$\log_2\frac{5}{24}, \log_3\frac{13}{108}$；

(3)$\log_{\frac{1}{2}}3, \log_{\frac{1}{3}}2$.

解 (1)由指数函数 $y=2^x$ 与 $y=0.3^x$ 的图象性质可知：$2^{-\frac{1}{2}}<1$，$0.3^{-\frac{1}{5}}>1$，

$\therefore 2^{-\frac{1}{2}}<0.3^{-\frac{1}{5}}$.

(2)根据对数运算法则，得 $\log_2\frac{5}{24}=\log_2\left(\frac{1}{8}\times\frac{5}{3}\right)=\log_2\frac{1}{8}+\log_2\frac{5}{3}=-3+\log_2\frac{5}{3}$，

$\log_3\frac{13}{108}=\log_3\left(\frac{1}{9}\times\frac{13}{12}\right)=\log_3\frac{1}{9}+\log_3\frac{13}{12}=-2+\log_3\frac{13}{12}$.

$\because \log_2\frac{5}{3}<\log_2 2=1$，$\log_3\frac{13}{12}>\log_3 1=0$，

$\therefore -3+\log_2\frac{5}{3}<-2$，$-2+\log_3\frac{13}{12}>-2$.

从而 $\log_2\frac{5}{24}<-2<\log_3\frac{13}{108}$.

$\therefore \log_2\frac{5}{24}<\log_3\frac{13}{108}$.

(3)由 $y=\log_{\frac{1}{2}}x$ 与 $y=\log_{\frac{1}{3}}x$ 的图象可知：$\log_{\frac{1}{2}}3<\log_{\frac{1}{3}}3$.

又 $y=\log_{\frac{1}{3}}x$ 在 $(0,+\infty)$ 上单调递减，

所以 $\log_{\frac{1}{3}}3<\log_{\frac{1}{3}}2$，故 $\log_{\frac{1}{2}}3<\log_{\frac{1}{3}}2$.

3. 图象法

对于底数不同，指数相同的两个幂及底数不同，真数相同的两个对数，可利用指数函数、对数函数图象的变化规律来判断. 同一直角坐标系中，指数函数的图象在 y 轴右侧，图象从上到下相应的底数由大变小，在 y 轴左侧，图象从下到上相应的底数由大变小；对数函数的图象在第一象限内从左到右，相应的底数由小到大，由上述规律画出大致图象便可比较大小.

例20 比较下列各组数的大小：

(1)$4^{22}, 3^{33}$；(2)$\log_{0.5}7$ 与 $\log_{0.6}7$.

分析 利用指数函数、对数函数的图象随底数的变化规律比较大小.

解 (1)$4^{22}=(4^2)^{11}=16^{11}$，$3^{33}=27^{11}$，因

为 $11>0,16>1,27>1$，则由指数函数 $y=16^x$ 与 $y=27^x$ 的图象（如图 2－2－2），可得 $16^{11}<27^{11}$，即 $4^{22}<3^{33}$.

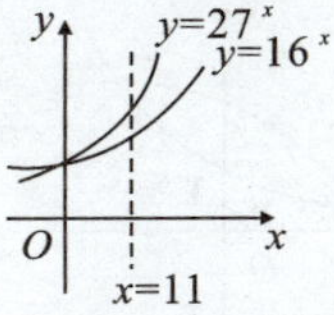

图 2－2－2

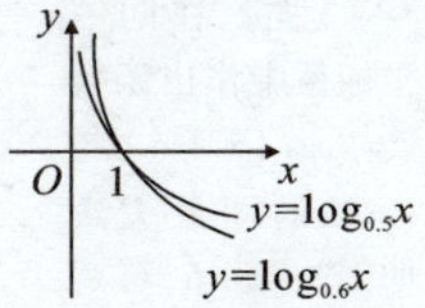

图 2－2－3

(2) 函数 $y=\log_{0.5}x$ 与 $y=\log_{0.6}x$ 的图象相对位置关系如图 2－2－3，所以 $\log_{0.6}7<\log_{0.5}7$.

4. 作商法

底数不同，指数相同的幂的大小比较也可采用作商法，作商后与 1 进行比较.

例 21 比较 $\left(\frac{1}{5}\right)^{\frac{1}{3}}$ 与 $\left(\frac{1}{2}\right)^{\frac{1}{3}}$ 的大小.

解 $\dfrac{\left(\frac{1}{5}\right)^{\frac{1}{3}}}{\left(\frac{1}{2}\right)^{\frac{1}{3}}}=\left(\frac{2}{5}\right)^{\frac{1}{3}}<1$，

又 $\because \left(\frac{1}{5}\right)^{\frac{1}{3}}>0,\left(\frac{1}{2}\right)^{\frac{1}{3}}>0$，

$\therefore \left(\frac{1}{5}\right)^{\frac{1}{3}}<\left(\frac{1}{2}\right)^{\frac{1}{3}}$.

5. 分组比较法

对于三个（或三个以上）的数的大小比较，则应先根据值的大小（特别是与 0、1 的大小）进行分组，再比较各组数的大小即可.

例 22 比较下列各组数的大小.

(1) $0.2^{3.3}$，$2.4^{0.2}$，$\log_{0.9}3.8$；

(2) $\log_{0.7}0.8$，$\log_{1.1}0.9$，$1.1^{0.9}$.

解 (1) $0.2^{3.3}<0.2^0=1$，且 $0.2^{3.3}>0$.

而 $2.4^{0.2}>2.4^0=1$，

$\log_{0.9}3.8<\log_{0.9}1=0$，

$\therefore \log_{0.9}3.8<0.2^{3.3}<2.4^{0.2}$.

(2) $\log_{0.7}0.8<\log_{0.7}0.7=1$，

而 $\log_{0.7}0.8>\log_{0.7}1=0$.

又 $\log_{1.1}0.9<\log_{1.1}1=0$，

$1.1^{0.9}>1.1^0=1$，

$\therefore \log_{1.1}0.9<\log_{0.7}0.8<1.1^{0.9}$.

题型 15 函数图象问题

函数的图象是直观地表示函数的一种方法，函数的很多性质可以从图象上直接观察出，利用函数的图象，能较简捷地解答一些问题.

例 23 （全国高考）设 $b>0$，二次函数 $y=ax^2+bx+a^2-1$ 的图象为图 2－2－4 之一，则 a 的值为（　　）.

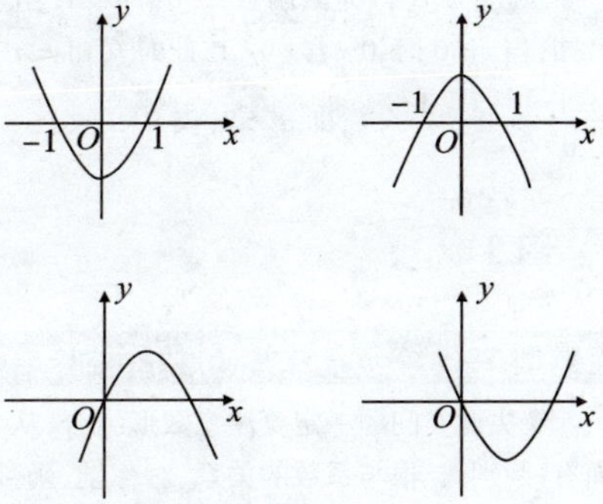

图 2－2－4

A. 1　　B. -1

C. $\dfrac{-1-\sqrt{5}}{2}$　　D. $\dfrac{-1+\sqrt{5}}{2}$

解析 对称轴为 $x=-\dfrac{b}{2a}$. $\because b>0$，$\therefore$ 当 $a>0$ 时，$x=-\dfrac{b}{2a}<0$，四个图象均不符合；当 $a<0$ 时，$x=-\dfrac{b}{2a}>0$，第三个符合，$\therefore a^2-1=0$，$\therefore a=-1$，故选 B.

答案 B.

点拨 注意二次函数图象的对称轴对图象的影响.

例 24 （福建高考）函数 $f(x)=a^{x-b}$ 的图象如图 2－2－5，其中 a、b 为常数，则下列结论正确的是（　　）.

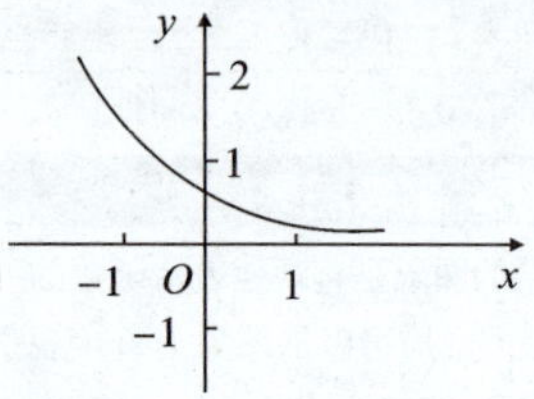

图 2－2－5

A. $a>1,b<0$　　B. $a>1,b>0$

C. $0<a<1,b>0$　　D. $0<a<1,b<0$

解析 $\because f(x)$ 为减函数，$\therefore 0<a<1$. 由图可知，当 $x=0$ 时，$0<f(x)<1$，此时 $f(x)=a^{-b}=\frac{1}{a^b}$. $\therefore 0<\frac{1}{a^b}<1$，即 $a^b>1$. 又 $0<a<1$，

$\therefore b<0$.

答案 D.

例 25 方程 $\log_2(x+4)=3^x$ 的实根的个数是(　　).

A. 0　　B. 1　　C. 2　　D. 3.

解析 在同一坐标系中作出函数 $y=\log_2(x+4)$ 与 $y=3^x$ 的图象大致如图 2－2－6，可观察出两个函数的图象共有两个不同的交点. 故选 C.

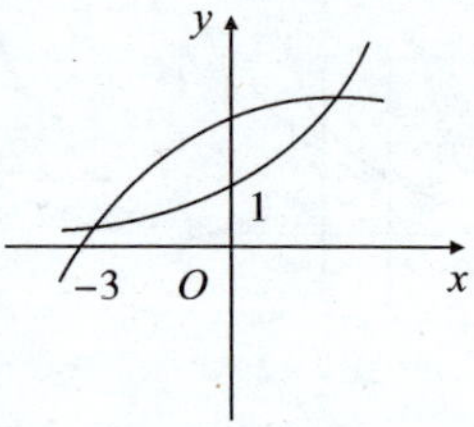

图 2－2－6

答案 C.

点拨 此类问题通过解方程是无法解决的，只有借助于函数的图象来解决.

题型 16　二次方程实根的分布问题

解决此类问题一定要注意数形结合，从各个方面去考虑使结论成立的所有条件，考虑的方面有：判别式、根与系数的关系、对称轴、函数值的大小、开口方向等，下面为几类常见二次方程根的分布情况需满足的条件(只讨论 $a>0$ 的情况，$a<0$ 时可变形为 $a>0$ 的情况).

根的分布($m<n<p$ 为常数)	图象	满足的条件
$x_1<x_2<m$	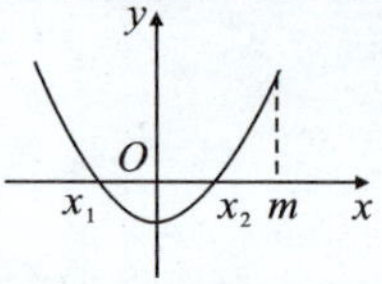	$\begin{cases}\Delta>0,\\ -\frac{b}{2a}<m,\\ f(m)>0\end{cases}$
$m<x_1<x_2$	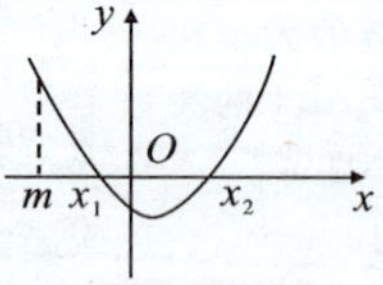	$\begin{cases}\Delta>0,\\ -\frac{b}{2a}>m,\\ f(m)>0\end{cases}$
$x_1<m<x_2$	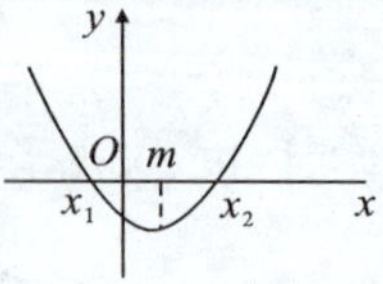	$\begin{cases}\Delta>0,\\ f(m)<0\end{cases}$
$x_1,x_2\in(m,n)$	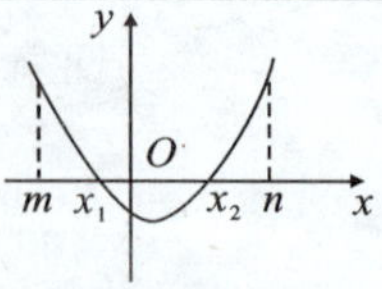	$\begin{cases}\Delta>0,\\ m<-\frac{b}{2a}<n,\\ f(m)>0,\\ f(n)>0\end{cases}$

续表

根的分布($m<n<p$ 为常数)	图象	满足的条件
$m<x_1<n<x_2<p$	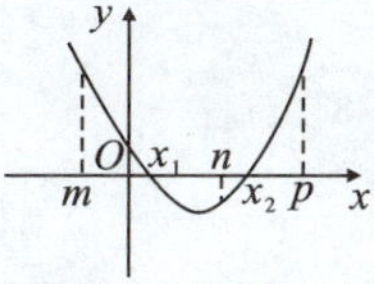	$\begin{cases}f(m)>0,\\f(n)<0,\\f(p)>0,\\\Delta>0\end{cases}$
只有一根在(m,n)之间	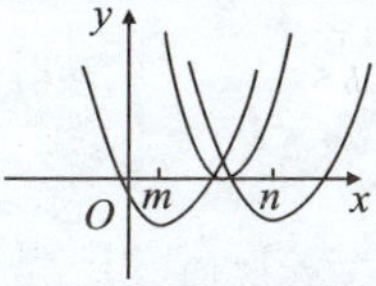	$\begin{cases}\Delta=0,\\m<-\frac{b}{2a}<n,\end{cases}$ 或$f(m)\cdot f(n)<0$

例26 关于 x 的方程 $ax^2-2(a+1)x+a-1=0$,求 a 为何值时:

(1)方程有一根;(2)方程有一正一负根;

(2)两根都大于 1;(4)一根大于 1,一根小于 1.

解 (1)当 $a=0$ 时,方程变为 $-2x-1=0$,则 $x=-\frac{1}{2}$,符合题意;

当 $a\neq0$ 时,方程为一元二次方程,因为方程有一根,所以 $\Delta=12a+4=0$. 解得 $a=-\frac{1}{3}$.

综上可知,当 $a=0$ 或 $a=-\frac{1}{3}$时,关于 x 的方程 $ax^2-2(a+1)x+a-1=0$ 有一根.

(2)因为方程有一正一负根,所以由根与系数的关系得$\frac{a-1}{a}<0$,又 $\Delta=12a+4>0$,

解得 $0<a<1$.

(3)方程两根都大于 1 的图象大致如图 2-2-7,所以必须满足:

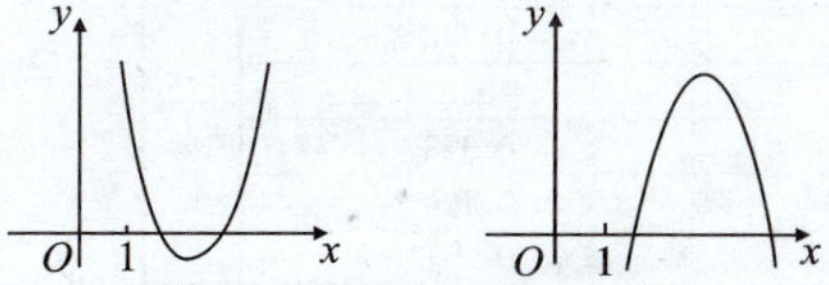

(1) (2)

图 2-2-7

$$\begin{cases}a>0,\\\Delta>0,\\\frac{2(a+1)}{2a}>1,\\f(1)>0\end{cases}\text{或}\begin{cases}a<0,\\\Delta>0,\\\frac{2(a+1)}{2a}>1,\\f(1)<0.\end{cases}$$

解得 $a\in\varnothing$.

所以不存在实数 a,使方程两根都大于 1.

(4)方程有一根大于 1,一根小于 1 的图象大致如图 2-2-8.

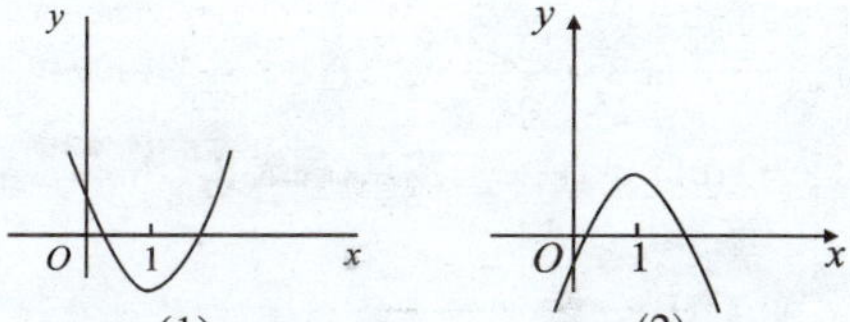

(1) (2)

图 2-2-8

所以必须满足$\begin{cases}a>0,\\f(1)<0\end{cases}$或$\begin{cases}a<0,\\f(1)>0.\end{cases}$

解得 $a>0$.

点拨 方程根的分布情况,可以根据判别式、根与系数的关系判断,同时还要结合图象从对称轴、函数值等方面去探究.

题型 17 函数零点的判定及求解

函数零点的判定一般用零点存在性质定理、图象法及解方程,利用解方程求解时,方程 $f(x)=0$的实数解即为函数的零点.

例27 判断下列函数在给定区间上是否存在零点.

(1)$f(x)=x^2-3x-18,x\in[1,8]$;

(2)$f(x)=\log_2(x+2)-x,x\in[1,3]$.

(1)**解法一** $\because f(1)=-20,f(8)=22>0$,

$f(1)\cdot f(8)<0$.

故$f(x)=x^2-3x-18$在$[1,8]$上存在零点.

解法二 令$x^2-3x-18=0$,解得$x=-3$或6,

$\therefore$函数$f(x)=x^2-3x-18$在$[1,8]$上存在零点.

(2)**解** $\because f(1)=\log_2(1+2)-1>\log_2 2-1=0$, $f(3)=\log_2(3+2)-3<\log_2 8-3=0$,

$\therefore f(1)\cdot f(3)<0$. 故$f(x)=\log_2(x+2)-x$在$[1,3]$上存在零点.

例28 函数$f(x)=\ln x-\dfrac{2}{x}$在区间(　　)内一定有零点.

A. $(1,2)$　　B. $(2,3)$

C. $\left(1,\dfrac{1}{e}\right)$和$(3,4)$　　D. $(e,+\infty)$

解析 $\because f(1)=-2<0$, $f(2)=\ln 2-1<0$, $f(3)=\ln 3-\dfrac{2}{3}>0$, $\therefore f(2)\cdot f(3)<0$,

$\therefore f(x)$在$(2,3)$内必有零点,故选B.

答案 B.

点拨 本题使用的是验证法,即将选项代入条件验证,然后选出正确选项.

题型18 二分法求函数零点的近似值

用二分法求函数零点近似值时,最好是将计算过程中所得到的各个区间、中点坐标、区间中点的函数值等列在一个表格中,这样可以更清楚地发现零点所在的区间.

例29 已知函数$f(x)=a^x+\dfrac{x-2}{x+1}$ $(a>1)$.

(1)求证$f(x)$在$(-1,+\infty)$上为增函数;

(2)若$a=3$,求方程$f(x)=0$的正根(精确到0.01).

(1)**证明** 任取x_1、$x_2\in(-1,+\infty)$,且$x_1<x_2$,则$x_2-x_1>0$, $a^{x_2-x_1}>1$,且$a^{x_1}>0$,

$\therefore a^{x_2}-a^{x_1}=a^{x_1}(a^{x_2-x_1}-1)>0$.

又$\because x_1+1>0$, $x_2+1>0$, $\therefore \dfrac{x_2-2}{x_2+1}-\dfrac{x_1-2}{x_1+1}=\dfrac{3(x_2-x_1)}{(x_1+1)(x_2+1)}>0$.

于是$f(x_2)-f(x_1)=a^{x_2}-a^{x_1}+\dfrac{x_2-2}{x_2+1}-\dfrac{x_1-2}{x_1+1}>0$. 故函数$f(x)$在$(-1,+\infty)$上为增函数.

(2)**解** 由(1)知,当$a=3$时,$f(x)=3^x+\dfrac{x-2}{x+1}$也在$(-1,+\infty)$上为增函数,故在$(0,+\infty)$也单调递增,因此$f(x)=0$的正根仅有一个,以下用二分法求这一正根.

由于$f(0)=-1<0$, $f(1)=\dfrac{5}{2}>0$,取$[0,1]$为初始区间,用二分法逐次计算,列出下表:

区间	中点	中点函数值
[0,1]	0.5	0.732
[0,0.5]	0.25	-0.084
[0.25,0.5]	0.375	0.328
[0.25,0.375]	0.312 5	0.124
[0.25,0.312 5]	0.281 25	0.021
[0.25,0.281 25]	0.265 6	-0.032
[0.265 6,0.281 25]	0.273 43	-0.005 5
[0.273 43,0.281 25]		

由于区间[0.273 43,0.281 25]的长度为0.007 82<0.01,所以这一区间的两个端点的近似值0.28就是方程的根的近似值,即原方程的正根约是0.28.

点拨 用二分法求函数零点的近似值x_0,要精确度为ε,即零点的近似值x_0与零点的真

实值 α 的误差不超过 ε.

题型 19 函数模型的应用

解决函数应用题的关键有两点：一是实际问题数学化，即在理解的基础上，通过列表、画图，引入变量，建立直角坐标系等手段把实际问题翻译成数学问题，并对各种模型及其性质熟练掌握；二是对得到的模型进行解答，得出数学问题的解.

例 30 某城市现有人口总数 100 万人，如果年自然增长率为 1.2%，试解答下面的问题：

(1)写出该城市人口总数 y(万人)与年份 x(年)的函数关系式；

(2)计算 10 年以后该城市人口总数(精确到 0.1 万人)；

(3)大约多少年以后该城市人口将达到 120 万人(精确到 1 年)？

(4)如果 20 年后该城市人口总数不超过 120 万人，年自然增长率应该控制在多少以内？

分析 人口增长率问题可以通过计算每年的城市人口总数与年份的关系，得到一般规律，从而得到函数模型.

解 (1)1 年后该城市人口总数为 $y=100+100\times1.2\%=100\times(1+1.2\%)$，

2 年后该城市人口总数为

$y=100\times(1+1.2\%)+100\times(1+1.2\%)\times1.2\%=100\times(1+1.2\%)^2$，

3 年后该城市人口总数为

$y=100\times(1+1.2\%)^2+100\times(1+1.2\%)^2\times1.2\%=100\times(1+1.2\%)^3$，

……

所以 x 年后该城市人口总数为 $y=100\times(1+1.2\%)^x$.

(2)10 年后该城市人口总数为 $100\times(1+1.2\%)^{10}\approx112.7$(万人).

(3)设 x 年后该城市人口将达到 120 万人，即 $100\times(1+1.2\%)^x=120$.

解得 $x=\log_{1.012}1.2\approx15$(年).

(4)设年自然增长率为 x，依题意有：

$100\times(1+x)^{20}\leqslant120$，

得 $1+x\leqslant1.009$，

$\therefore x\leqslant0.009=0.9\%$.

故年自然增长率应控制在 0.9% 以内.

点拨 在实际问题中，有关人口增长、银行利率、细胞分裂等增长问题常可以用指数函数模型表示，通常可以表示为 $y=N(1+p)^x$(其中 N 为基础数，p 为增长率，x 为时间)的形式.

综合解题指导

题型 1 指数函数与对数函数的综合题

例 1 已知 $f(x)=\log_a(a-a^x)(a>1)$.

(1)求 $f(x)$ 的定义域，值域；

(2)判断 $f(x)$ 的单调性，并证明.

解 (1)为使函数有意义，需满足 $a-a^x>0$，

$\therefore a^x<a$. 又 $\because a>1$，

$\therefore x<1$，故定义域为 $(-\infty,1)$.

又 $\because \log_a(a-a^x)<\log_a a=1$，$\therefore f(x)<1$，

即函数值域为 $(-\infty,1)$.

(2) $f(x)$ 为减函数，证明如下：设 $x_1<x_2<1$，则 $x_2-x_1>0$，

$f(x_2)-f(x_1)$

$=\log_a(a-a^{x_2})-\log_a(a-a^{x_1})$

$=\log_a\dfrac{a-a^{x_2}}{a-a^{x_1}}<\log_a1=0$，

即 $f(x_2)<f(x_1)$.

$\therefore f(x)$ 为减函数.

题型 2 指数函数与方程、不等式的综合

例 2 (江西文高考)已知函数

$f(x)=\begin{cases}cx+1(0<x<c),\\2^{-\frac{x}{c^2}}+1(c\leqslant x<1),\end{cases}$ 满足 $f(c^2)=\frac{9}{8}$.

(1)求常数 c 的值;

(2)解不等式 $f(x)>\frac{\sqrt{2}}{8}+1$.

分析 确定 c^2 的范围是解本题的关键.

解 (1)因为 $0<c<1$,所以 $c^2<c$.

由 $f(c^2)=\frac{9}{8}$,即 $c^3+1=\frac{9}{8}$,得 $c=\frac{1}{2}$.

(2)由(1)得

$$f(x)=\begin{cases}\frac{1}{2}x+1\left(0<x<\frac{1}{2}\right),\\2^{-4x}+1\left(\frac{1}{2}\leqslant x<1\right).\end{cases}$$

由 $f(x)>\frac{\sqrt{2}}{8}+1$,得

当 $0<x<\frac{1}{2}$ 时,解得 $\frac{\sqrt{2}}{4}<x<\frac{1}{2}$;

当 $\frac{1}{2}\leqslant x<1$ 时,解得 $\frac{1}{2}\leqslant x<\frac{5}{8}$.

所以 $f(x)>\frac{\sqrt{2}}{8}+1$ 的解集为

$$\left\{x\middle|\frac{\sqrt{2}}{4}<x<\frac{5}{8}\right\}.$$

题型3 恒成立问题

例3 设 $f(x)=\lg\frac{1+2^x+4^x\cdot a}{3}$,其中 $a\in\mathbf{R}$,如果 $x\in(-\infty,1)$ 时 $f(x)$ 有意义,求 a 的取值范围.

分析 $x\in(-\infty,1)$ 时 $f(x)$ 有意义,即 $1+2^x+4^x\cdot a>0$ 在 $(-\infty,1)$ 上恒成立.

解 由题可知 $1+2^x+4^x\cdot a>0$,

$\therefore a>-\left(\frac{1}{2^x}+\frac{1}{4^x}\right)$.

$\because$ 在定义域中 $y=\frac{1}{4^x}$,$y=\frac{1}{2^x}$ 均为减函数,

$\therefore g(x)=\frac{1}{4^x}+\frac{1}{2^x}$ 为减函数,

$\therefore -g(x)=-\left(\frac{1}{4^x}+\frac{1}{2^x}\right)$ 为增函数.

$\therefore a>-g(x)$ 在 $(-\infty,1)$ 上恒成立,即大于等于 $-g(x)$ 在 $(-\infty,1]$ 上的最大值即可.

$\therefore a\geqslant-\left(\frac{1}{4^1}+\frac{1}{2^1}\right)=-\frac{3}{4}$.

$\therefore a\geqslant-\frac{3}{4}$.

题型4 函数应用综合题

例4 某地新建一个服装厂,从今年1月份开始投产,并且前4个月的产量分别为1万件、1.2万件、1.3万件、1.37万件. 由于服装质量好且款式新颖,因此前几个月的销售情况良好. 为了使推销员在推销产品时,接收订单不至于过多或过少,需要估测以后几个月的产量,假如你是厂长,将会采用什么办法?

分析 首先建立直角坐标系,画出散点图,如图2-2-9;其次,根据散点图,可以设想函数模型可能为

一次函数型:$f(x)=kx+b(k\neq0)$;

二次函数型:$g(x)=ax^2+bx+c(a\neq0)$;

幂函数型:$h(x)=ax^{\frac{1}{2}}+b$;

指数函数型:$l(x)=ab^x+c$.

解 设月产量为 y 万件,月份数为 x,建立直角坐标系,如图2-2-9,可得 $A(1,1)$,$B(2,1.2)$,$C(3,1.3)$,$D(4,1.37)$.

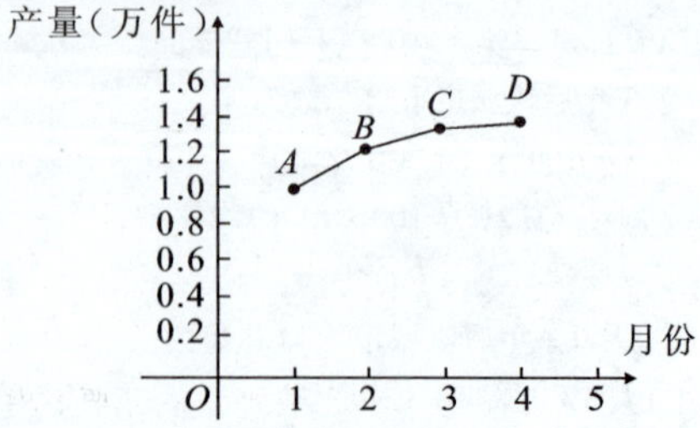

图2-2-9

(1)对于直线 $f(x)=kx+b(k\neq0)$,将 B、C 两点的坐标代入,有 $f(2)=2k+b=1.2$,

$f(3)=3k+b=1.3$,

解得 $k=0.1, b=1$,故 $f(x)=0.1x+1$.

将 $x=1$ 和 $x=4$ 代入,得 $f(1)=1.1$,与实际误差为 0.1, $f(4)=1.4$,与实际误差为 0.03.

(2)对于二次函数 $g(x)=ax^2+bx+c$ $(a\neq 0)$,将 A、B、C 三点的坐标代入,有 $g(1)=a+b+c=1$, $g(2)=4a+2b+c=1.2$, $g(3)=9a+3b+c=1.3$.

解得 $a=-0.05, b=0.35, c=0.7$.

故 $g(x)=-0.05x^2+0.35x+0.7$.

将 $x=4$ 代入,得

$g(4)=-0.05\times 4^2+0.35\times 4+0.7=1.3$,与实际误差为 0.07.

(3)对于幂函数型 $h(x)=ax^{\frac{1}{2}}+b$,将 A、B 两点的坐标代入,有 $h(1)=a+b=1$, $h(2)=\sqrt{2}a+b=1.2$.

解得 $a\approx 0.48, b\approx 0.52$.

故 $h(x)=0.48x^{\frac{1}{2}}+0.52$.

将 $x=3$ 和 $x=4$ 代入,得

$h(3)=0.48\times\sqrt{3}+0.52\approx 1.35$,与实际误差为 0.05;

$h(4)=0.48\times 2+0.52=1.48$,与实际误差为 0.11.

(4)对于指数函数型 $l(x)=ab^x+c$,将 A、B、C 三点的坐标代入,得

$l(1)=ab+c=1$, $l(2)=ab^2+c=1.2$, $l(3)=ab^3+c=1.3$.

解得: $a=-0.8, b=0.5, c=1.4$.

故 $l(x)=-0.8\times(0.5)^x+1.4$.

将 $x=4$ 代入,得

$l(4)=-0.8\times(0.5)^4+1.4=1.35$,与实际误差为 0.02.

比较上述 4 个模拟函数的优劣,既要考虑到剩余点误差最小,又要考虑生产的实际问题,比如增产的趋势和可能性,可以认为 $l(x)$ 最佳,一是误差值最小,二是由于新建厂,开始随着工人技术、管理效益逐渐提高,一段时间内产量明显上升,但到一定时期后,设备不更新,那么产量必然要趋于稳定,而 $l(x)$ 恰好反映了这种趋势,因此选用 $l(x)=-0.8\times(0.5)^x+1.4$ 比较接近客观实际.

点拨 本题充分体现了思维过程,提供了一个具体、形象、可操作的典型例题,为这类问题的解决提供了一种解题模式.

三年高考分析

基本初等函数的相关概念、性质及其应用是高考经常考查的内容,一般以选择题、填空题、解答题的形式出现,其中二次函数、指数函数、对数函数易于与其他知识相结合,是知识的交汇处,便于考查基础知识和应用能力,应予以高度重视.

例 1 (重庆高考)已知 $a^{\frac{2}{3}}=\frac{4}{9}(a>0)$,则 $\log_{\frac{2}{3}}a=$ ________.

解析 由 $a^{\frac{2}{3}}=\frac{4}{9}(a>0)$,得 $a=\left(\frac{4}{9}\right)^{\frac{3}{2}}=\left(\frac{2}{3}\right)^3$,所以 $\log_{\frac{2}{3}}a=\log_{\frac{2}{3}}\left(\frac{2}{3}\right)^3=3$.

答案 3.

例 2 (湖南高考)若 $\log_2 a<0$, $\left(\frac{1}{2}\right)^b>1$,则(　　).

A. $a>1, b>0$　　B. $a>1, b<0$

C. $0<a<1, b>0$　　D. $0<a<1, b<0$

解析 $\because \log_2 a<\log_2 1$, $\therefore 0<a<1$.

$\because \left(\frac{1}{2}\right)^b>1=\left(\frac{1}{2}\right)^0$, $\therefore b<0$.

答案 D.

例 3 (全国Ⅱ高考)设 $a=\log_3\pi$, $b=\log_2\sqrt{3}$, $c=\log_3\sqrt{2}$,则(　　).

A. $a>b>c$　　B. $a>c>b$

C. $b>a>c$　　D. $b>c>a$

解析 $\because a=\log_3\pi>1, b=\frac{1}{2}\log_2 3<1$, $c=\frac{1}{2}\log_3 2<1$, $\therefore a>b, a>c$. 又 $\frac{\log_2 3}{\log_3 2}=\frac{\lg^2 3}{\lg^2 2}>1$,

$\therefore b>c$, $\therefore a>b>c$.

答案 A.

点拨 对于不同底的对数在比较大小时，除选择中间变量0或1外，还可以用作商或作差法.

例4 (山东高考)设 $\alpha\in\left\{-1,1,\frac{1}{2},3\right\}$,则使函数 $y=x^\alpha$ 的定义域为 **R** 且为奇函数的所有 α 值为(　　).

A. 1,3　　B. $-1,1$

C. $-1,3$　　D. $-1,1,3$

解析 当 $\alpha=-1$ 时,$y=x^{-1}$.

$\because y=x^{-1}$ 的定义域为 $(-\infty,0)\cup(0,+\infty)$，不是 **R**, $\therefore \alpha=-1$ 不满足要求;

当 $\alpha=1$ 时,$y=x$. $y=x$ 的定义域是 **R**,且是奇函数,$\therefore \alpha=1$ 满足要求;

当 $\alpha=\frac{1}{2}$ 时,$y=x^{\frac{1}{2}}$. $\because y=x^{\frac{1}{2}}$ 的定义域是 $[0,+\infty)$, $\therefore \alpha=\frac{1}{2}$ 不满足要求;

当 $\alpha=3$ 时,$y=x^3$. $\because y=x^3$ 的定义域是 **R**,且是奇函数,$\therefore \alpha=3$ 满足要求.

综上可得 α 为1,3时,满足要求.

答案 A.

例5 (安徽高考)在同一平面直角坐标系中,函数 $y=g(x)$ 的图象与 $y=e^x$ 的图象关于直线 $y=x$ 对称,而函数 $y=f(x)$ 的图象与 $y=g(x)$ 的图象关于 y 轴对称,若 $f(m)=-1$,则 m 的值为(　　).

A. $-e$　　B. $-\frac{1}{e}$

C. e　　D. $\frac{1}{e}$

解析 由题意知 $y=g(x)$ 应为 $y=e^x$ 的反函数,即 $y=g(x)=\ln x$,而 $y=f(x)$ 与 $y=g(x)=\ln x$ 图象关于 y 轴对称,故可得 $y=f(x)=\ln(-x)$. 又 $f(m)=-1$,所以 $\ln(-m)=-1$,得 $-m=e^{-1}$,即 $m=-\frac{1}{e}$.

答案 B.

点拨 解答此题时应注意式子的转化以及符号问题.

例6 (天津高考)设函数 $f(x)=\frac{1}{3}x-\ln x(x>0)$,则 $y=f(x)$(　　).

A. 在区间 $\left(\frac{1}{e},1\right)$,$(1,e)$ 内均有零点

B. 在区间 $\left(\frac{1}{e},1\right)$,$(1,e)$ 内均无零点

C. 在区间 $\left(\frac{1}{e},1\right)$ 内有零点,$(1,e)$ 内无零点

D. 在区间 $\left(\frac{1}{e},1\right)$ 内无零点,$(1,e)$ 内有零点

解析 因为 $f\left(\frac{1}{e}\right)\cdot f(1)$

$=\left(\frac{1}{3}\cdot\frac{1}{e}-\ln\frac{1}{e}\right)\cdot\left(\frac{1}{3}-\ln 1\right)$

$=\frac{1}{3}\left(\frac{1}{3e}+1\right)>0$,

所以 $f(x)$ 在 $\left(\frac{1}{e},1\right)$ 内无零点.

又 $f(1)\cdot f(e)=\left(\frac{1}{3}\times 1-\ln 1\right)\cdot\left(\frac{1}{3}\cdot e-\ln e\right)=\frac{e-3}{9}<0$,

所以 $f(x)$ 在 $(1,e)$ 内有零点.

答案 D.

点拨 若 $f(a)\cdot f(b)<0$,则函数 $y=f(x)$ 在区间 (a,b) 内有零点.

例7 (福建高考)函数 $f(x)=ax^2+bx+c(a\neq 0)$ 的图象关于直线 $x=-\frac{b}{2a}$ 对称. 据此可推测,对任意的非零实数 a、b、c、m、n、p,关

于 x 的方程 $m[f(x)]^2+nf(x)+p=0$ 的解集不可能是(　　).

A. $\{1,2\}$　　B. $\{1,4\}$

C. $\{1,2,3,4\}$　　D. $\{1,4,16,64\}$

解析 方法一:当 $p=0,m=2,n=0,a=1,b=-3,c=2$ 时,由 $2[f(x)]^2=0$ 得 $f(x)=0$,即 $x^2-3x+2=0$,得解集 $\{1,2\}$.

当 $p=0,m=2,n=0,a=1,b=-5,c=4$ 时,由 $2[f(x)]^2=0$ 得 $f(x)=0$,即 $x^2-5x+4=0$,得解集 $\{1,4\}$.

当 $p=0,m=1,n=2,a=1,b=-5,c=4$ 时,由 $[f(x)]^2+2f(x)=0$ 得 $f(x)=0$ 或 $f(x)=-2$,即 $x^2-5x+4=0$ 或 $x^2-5x+4=-2$,得解集 $\{1,2,3,4\}$. 故选 D.

方法二:由题意,要使 $m[f(x)]^2+nf(x)+p=0$ 有四个不同解,需 $mt^2+nt+p=0$ 有两个不同解,设为 t_1、t_2,则 $f(x)=t_1$ 与 $f(x)=t_2$,即 $ax^2+bx+c=t_1$ 与 $ax^2+bx+c=t_2$ 也要分别有两个不同解. 设 $ax^2+bx+c=t_1$ 的两解为 α,β,$ax^2+bx+c=t_2$ 的两解为 γ,θ,则 $\alpha+\beta=-\frac{b}{a}$,$\gamma+\theta=-\frac{b}{a}$,即 $\alpha+\beta=\gamma+\theta$. 显然 D 不适合.

答案 D.

点拨 做选择题可灵活选择方法,可用举特例法,同时熟记二次函数的性质.

例8 (重庆高考)函数 $f(x)=\sqrt{x^2-2x}+2\sqrt{x^2-5x+4}$ 的最小值为________.

解析 由 $\begin{cases}x^2-2x\geqslant 0,\\x^2-5x+4\geqslant 0,\end{cases}$

得 $\begin{cases}x\leqslant 0 \text{ 或 } x\geqslant 2,\\x\leqslant 1 \text{ 或 } x\geqslant 4,\end{cases}$

∴ 函数的定义域为 $\{x|x\leqslant 0$ 或 $x\geqslant 4\}$,而原函数在 $(-\infty,0]$ 上为减函数,在 $[4,+\infty)$ 上是增函数,当 $x=0$,$f(x)=4$,而当 $x=4$ 时,$f(x)=1+2\sqrt{2}$,故 $f(x)$ 的最小值为 $1+2\sqrt{2}$.

答案 $1+2\sqrt{2}$.

例9 (湖北高考)为了预防流感,某学校对教室用药熏消毒法进行消毒. 已知药物释放过程中,室内每立方米空气中的含药量 y(毫克)与时间 t(时)成正比,药物释放完毕后,y 与 t 的函数关系式为 $y=\left(\frac{1}{16}\right)^{t-a}$($a$ 为常数),如图 2-2-10,根据图中所提供的信息,回答下列问题.

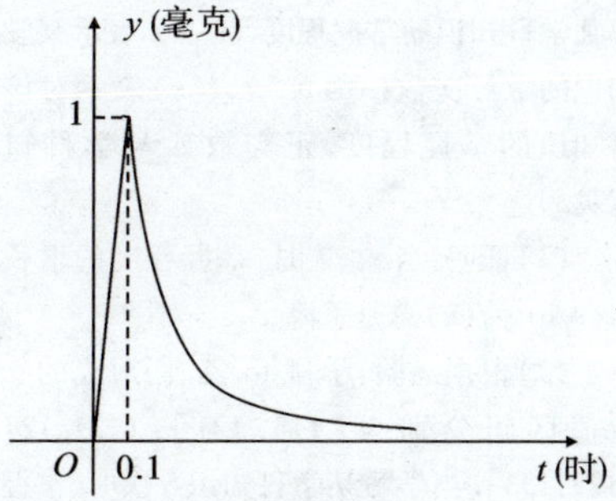

图 2-2-10

(1)从药物释放开始,每立方米空气中的含药量 y(毫克)与时间 t(时)之间的函数关系式为________;

(2)据测定,当空气中每立方米的含药量降低到 0.25 毫克以下时,学生方可进教室,那么从药物释放开始,至少需要经过________小时后,学生才能回到教室.

解析 由图象可知,当 $0\leqslant t\leqslant 0.1$ 时,$y=10t$;

当 $t=0.1$ 时,又有 $y=\left(\frac{1}{16}\right)^{0.1-a}$,

得 $a=0.1$,

∴ 当 $t>0.1$ 时,$y=\left(\frac{1}{16}\right)^{t-\frac{1}{10}}$.

$$\therefore y=\begin{cases}10t\,(0\leqslant t\leqslant 0.1),\\\left(\frac{1}{16}\right)^{t-\frac{1}{10}}\,(t>0.1).\end{cases}$$

由题意可知,当 $\left(\frac{1}{16}\right)^{t-\frac{1}{10}}<0.25$ 时,

$t>0.6$.

答案 (1) $y=\begin{cases}10t(0\leqslant t\leqslant 0.1),\\ \left(\frac{1}{16}\right)^{t-\frac{1}{10}}(t>0.1).\end{cases}$

(2)0.6.

例10 (上海高考)有时可用函数

$$f(x)=\begin{cases}0.1+15\ln\frac{a}{a-x}(x\leqslant 6),\\ \frac{x-4.4}{x-4}(x>6)\end{cases}$$ 描述学习某学科知识的掌握程度,其中 x 表示某学科知识的学习次数($x\in\mathbf{N}^*$),$f(x)$ 表示对该学科知识的掌握程度,正实数 a 与学科知识有关.

(1)证明:当 $x\geqslant 7$ 时,掌握程度的增长量 $f(x+1)-f(x)$ 总是下降;

(2)根据经验,学科甲、乙、丙对应的 a 的取值区间分别为(115,121],(121,127],(127,133].当学习某学科知识6次时,掌握程度是85%,请确定相应的学科.

分析 (1)写出 $f(x+1)-f(x)$ 的关系式并利用函数单调性来证明;(2)将 $x=6$,$f(x)=0.85$ 代入分段函数相应的关系式中,解方程即可.

(1)**证明** 当 $x\geqslant 7$ 时,$f(x+1)-f(x)=\frac{0.4}{(x-3)(x-4)}$.而当 $x\geqslant 7$ 时,函数 $y=(x-3)\cdot(x-4)$ 单调递增,且 $(x-3)(x-4)>0$,故 $f(x+1)-f(x)$ 单调递减.

$\therefore$ 当 $x\geqslant 7$ 时,掌握程度的增长量 $f(x+1)-f(x)$ 总是下降.

(2)**解** 由题意可知当 $x=6$ 时,$f(x)=0.1+15\ln\frac{a}{a-6}=0.85$.整理得 $\frac{a}{a-6}=e^{0.05}$.

解得 $a=\frac{6e^{0.05}}{e^{0.05}-1}\approx 123.0$.

$123.0\in(121,127]$.由此可知,该学科是乙学科.

点拨 对于分段函数不同的区间要注意应用不同的关系式.

数学思想

1.函数与方程的思想

函数思想,就是运用变化的观点,分析和研究具体问题中的数量关系,通过函数的关系,把这种数量关系表示出来并加以研究,从而使问题得到解决.本章函数与方程的思想,主要体现在用指数函数、对数函数、幂函数来解决有关数学问题上.

例1 设实数 $a>1>b>0$,问 a、b 满足什么关系时,不等式 $\lg(a^x-b^x)>0$ 的解集是 $(1,+\infty)$?

解 设 $f(x)=\lg(a^x-b^x)$.

$\because a^x-b^x>0$,即 $\left(\frac{a}{b}\right)^x>1$,

又 $\because \frac{a}{b}>1$,

$\therefore x\in(0,+\infty)$.

依题意,只需 $f(x)$ 是 $(0,+\infty)$ 上的增函数,且 $f(1)=0$ 就可使 $\lg(a^x-b^x)>0$ 的解集是 $(1,+\infty)$.

$\because a>1>b>0$,

$\therefore a^x$ 和 $-b^x$ 都是 $(0,+\infty)$ 上的增函数,

从而 a^x-b^x 也是 $(0,+\infty)$ 上的增函数,

故 $f(x)=\lg(a^x-b^x)$ 是 $(0,+\infty)$ 上的增函数.

又 $\because f(1)=\lg(a-b)=0$,

$\therefore a-b=1$.

因此 a、b 满足 $a=b+1$ 时,不等式 $\lg(a^x-b^x)>0$ 的解集是 $(1,+\infty)$.

2.数形结合思想

每一个函数,在平面直角坐标系中都对应一个图象,将函数中的数量变换与图形统一起来.函数解析式和函数图象是函数的两种不同的表现形式,因此在解决数学问题时,可以通

过数与形的相互转化达到“以形助数，以数解形”的目的，数形结合的思想方法可以使复杂问题简单化、抽象问题直观化. 本章数形结合的思想，主要体现在解的个数的判断和解的范围等问题中.

例2 （湖北高考）方程 $2^{-x}+x^2=3$ 的实数解的个数为______.

解析 如图2－2－11，在同一坐标系内分别画出 $y=2^{-x}$ 和 $y=3-x^2$ 的图象.

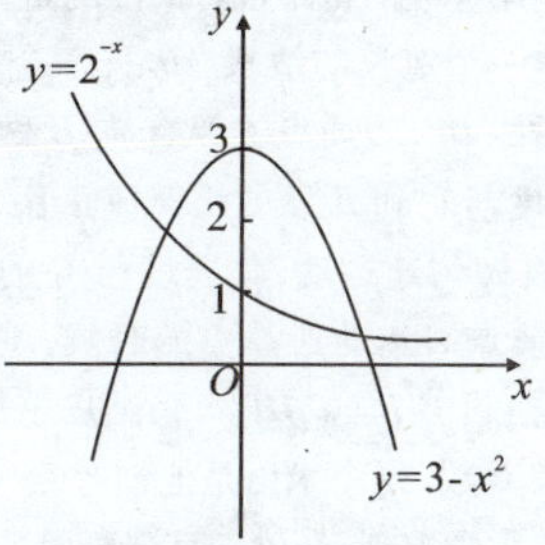

图2－2－11

由图可知两个函数的图象有两个交点，即 $2^{-x}+x^2=3$ 有两个根.

答案 2.

3. 分类讨论思想

在本章中分类讨论思想的应用非常突出，因为对于指数函数与对数函数来说，底数 $a>1$ 与 $0<a<1$ 时，函数的图象与性质截然不同，所以在底数 a 不确定的情况下，必须分类讨论. 在幂函数 $y=x^\alpha$ 中，$\alpha>0$ 或 $\alpha<0$ 时，幂函数的性质也是截然不同的两类情况，因此也需分类讨论.

例3 若 $\left(\log_a \frac{3}{2}\right)^2<1$，求 a 的范围.

解 $\because \left(\log_a \frac{3}{2}\right)^2<1$，

$\therefore -1<\log_a \frac{3}{2}<1$，

即 $\log_a \frac{1}{a}<\log_a \frac{3}{2}<\log_a a$.

①当 $a>1$ 时，函数 $y=\log_a x$ 为增函数，

$\therefore \frac{1}{a}<\frac{3}{2}<a$，解得 $a>\frac{3}{2}$.

又 $\because a>1$，$\therefore a>\frac{3}{2}$.

②当 $0<a<1$ 时，函数 $y=\log_a x$ 为减函数，

$\therefore \frac{1}{a}>\frac{3}{2}>a$，解得 $a<\frac{2}{3}$.

又 $\because 0<a<1$，$\therefore 0<a<\frac{2}{3}$.

综上可得，a 的取值范围为 $\left(0,\frac{2}{3}\right)\cup\left(\frac{3}{2},+\infty\right)$.

4. 转化与化归思想

本章中化归思想方法的运用主要是把需解决的问题向指数函数、对数函数或幂函数转化，利用图象与性质解决或利用函数之间的相互转化、指数与对数的互化解决问题等.

例4 设 $f(x)=\lg \frac{1}{n}[1+2^x+3^x+\cdots+(n-1)^x+n^x a]$（其中 a 是实数，n 是任意的自然数，且 $n\geqslant 2$），如果 $f(x)$ 在 $x\in(-\infty,1]$ 时有意义，求 a 的范围.

解 由对数的真数必须大于0，得 $\frac{1}{n}[1+2^x+3^x+\cdots+(n-1)^x+n^x a]>0$，

$\therefore 1+2^x+3^x+\cdots+(n-1)^x>-n^x a$，

$\therefore a>-\left[\left(\frac{1}{n}\right)^x+\left(\frac{2}{n}\right)^x+\cdots+\left(\frac{n-1}{n}\right)^x\right]$.

令 $y=-\left(\frac{k}{n}\right)^x$，$1\leqslant k\leqslant n-1$，$k\in\mathbf{N}$，且 $n\geqslant 2$，则 $0<\frac{k}{n}<1$，

$\therefore y=-\left(\frac{k}{n}\right)^x$ 在 $\mathbf{R}$ 上是单调递增函数.

$\therefore g(x)=$

$-\left[\left(\frac{1}{n}\right)^x+\left(\frac{2}{n}\right)^x+\cdots+\left(\frac{n-1}{n}\right)^x\right]$

在 $\mathbf{R}$ 上是单调递增函数.

$\because a>g(x)$ 对 $x\in(-\infty,1]$ 恒成立，

$\therefore a>g(x)_{\max}=g(1)=$

$$-\left(\frac{1}{n}+\frac{2}{n}+\cdots+\frac{n-1}{n}\right)=-\frac{n-1}{2},$$

$$\therefore a>-\frac{n-1}{2}.$$

背景材料

对数

如果不等于 1 的正数 a 的 b 次幂等于正数 N,那么幂指数 b 叫做正数 N 的以 a 为底的对数,记作 $\log_a N=b$.

16、17 世纪之交,精密的三角函数表已经出现.天文与航海等领域中的计算越来越精确,数字计算的工作量越来越繁重,这时迫切需要改进计算方法.在这样的历史条件下,苏格兰人纳皮尔在 1614 年创立了对数,那时指数的概念尚未完成,也没有指数符号.一直到 18 世纪,欧拉才发现指数与对数的天然关系,对数的建立先于指数,堪称历史上的珍闻.

在纳皮尔之前,人们已懂得利用一个等比数列与一个等差数列的对应,可以把数的乘除运算转化为加减运算.例如下面两个数列各项依次对应:

0	1	2	3	4	5	6	…
1	2	4	8	16	32	64	…

欲求第二行任意两数的积(或商),只需要求与这两数所对应的第一行的两数的和(或差),这个和(或差)数在第二行所对应的数即为所求之积(或商).1544 年德国人斯提非在《整数算术》中把第一行叫做"代表者".数学史家推测他的意愿可能是:要求两数之积(或商),只需求两数的"代表者"的和(或差)即可.在斯提非时代还没有指数的概念,很多积与商(例如 15×129,$2\ 049\div258$)的"代表者",斯提非是无法得到的,他只好说:"这个问题太狭窄了,所以不值得研究."事实上,他已走到发明的边缘,可惜!纳皮尔不从指数出发,怎样得到对数的概念呢?斯提非所考察的等比数列与等差数列各项是离散的量,纳皮尔的方法是用连续的量来代替离散的量.

他取一个定长的线段 AB 及一个从 D 点出发的射线 DE.设质点 C 从 A 向 B 做变速运动,其速度与它到 B 点的距离成正比;质点 F 从 D 向右做匀速运动,其速度与 C 的初速度相同,当质点 C 运动到 C' 点的时候,质点 F 运动到 F' 点,设 $C'B=x$,$DF'=y$,纳皮尔称 y 为 x 的对数."对数"这个术语是他创造的.

纳皮尔觉察到,经过一系列相等的时间,x 依等比数列减少,y 依等差数列增加.和斯提非一样,"等差数列"y 就是"等比数列"x 的"代表者"(对数).不过,纳皮尔比斯提非高明的地方是 x 和 y 做连续变化,所以打破了斯提非数列中均为整数的限制.

如果用现代数学语言来叙述,就可以看出纳皮尔实质上是给出一个微分方程的近似解,然而,当时甚至连微分方程的概念都没有.纳皮尔完全没有用现代数学术语而借用物理知识,直观地加以描述,得出了"对数"的概念,后人把他引进的对数叫做纳皮尔对数.

第三章 三角函数

知识网络

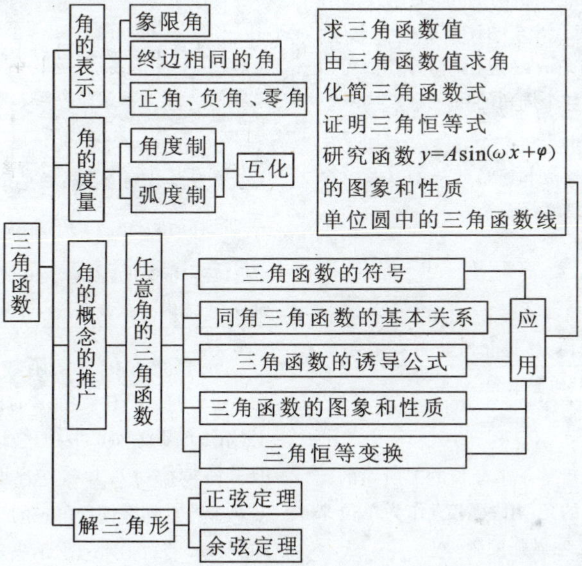

基础知识精析

1. 任意角的概念

(1)角的定义：一条射线由原来的位置 OA，绕着它的端点 O 按一定方向旋转到另一位置 OB，就形成了角 α. 其中射线 OA、OB 分别是角 α 的始边、终边，O 是角 α 的顶点.

(2)正角、负角、零角：按逆时针方向旋转而成的角叫做正角；按顺时针方向旋转而成的角叫做负角；如果一条射线没有作任何旋转，我们称它形成了零角.

注意

(1)角的度数不再限于 $0°\sim360°$.

(2)角的概念是通过角的终边的运动来推广的，根据角的终边的旋转方向得到正角、负角、零角，应当意识到角的终边位置的重要性.

2. 象限角与轴线角

(1)角的顶点在原点，始边在 x 轴的非负半轴上，角的终边在第几象限，就说这个角是第几象限的角(或说这个角属于第几象限).

(2)若角的终边在坐标轴上，就说这个角不属于任何象限，它叫轴线角(或象限界角).

注意

讨论象限角或轴线角都以"角的顶点为原点，角的始边为 x 轴的非负半轴"为前提，否则就不能从终边的位置来判断某角属于第几象限.

3. 终边相同的角

所有与角 α 终边相同的角，连同角 α 在内，可构成一个集合 $S=\{\beta|\beta=\alpha+k\cdot360°, k\in\mathbf{Z}\}$，即任一与角 α 终边相同的角，都可以表示成角 α 与整数个周角的和.

注意

关于与角 α 终边相同角的一般形式 $\alpha+k\cdot360°$，应着重理解：

(1) $k\in\mathbf{Z}$.

(2) α 是任意角.

(3) 终边相同的角不一定相等，但相等的角终边一定相同，终边相同的角有无穷多个，它们相差 $360°$ 的整数倍.

4. 弧度制

(1) 定义：长度等于半径长的弧所对的圆心角叫做 1 弧度的角. 用“弧度”作为单位来度量角的单位制，叫做弧度制.

(2) 弧度与角度的转化：

$1°=\frac{\pi}{180}\text{ rad}\approx0.01745\text{ rad}$，

$1\text{ rad}=\left(\frac{180}{\pi}\right)°\approx57.30°$，

$360°=2\pi\text{ rad}$.

一般地，正角的弧度数是一个正数，负角的弧度数是一个负数，零角的弧度数是 0.

(3) 弧度制简化了与弧长有关的公式：

①如果半径为 r 的圆的圆心角 α 所对弧的长为 l，那么，角 α 的弧度数的绝对值是 $|\alpha|=\frac{l}{r}$.

②弧长公式：$l=\frac{n\pi}{180}r=|\alpha|r$.

③扇形面积公式：$S_{扇形}=\frac{n\pi}{180}r^2=\frac{1}{2}lr=\frac{1}{2}|\alpha|r^2$.

注意

(1) 以弧度为单位来表示角的大小时，“弧度”或“rad”可略去不写. 如 $\pi=180°$ 中的 π 应理解为“π 弧度”，而“$180°$”的“°”不可省略.

(2) 角 α 与所在圆的半径大小无关，它由比值 $\frac{l}{r}$ 唯一确定.

(3) 在同一问题中（除互化外），一般不混用两种单位制. 例如：避免出现“$k\cdot360°+\frac{\pi}{2}$”这样的表达. 当式子是“$k\cdot360°+\alpha$”时，α 应理解为角度，而当式子是“$k\cdot2\pi+\alpha$”时，α 应理解为弧度数.

5. 任意角的三角函数

设 α 是一个任意角，α 的顶点在坐标原点上，始边位于 x 轴正半轴，终边上任意一点 P 的坐标是 (x,y)，它与原点的距离为 r ($r=\sqrt{x^2+y^2}$)，那么任意角 α 的三角函数的定义如下表：

三角函数	定义	定义域
$\sin\alpha$	$\frac{y}{r}$	$\mathbf{R}$
$\cos\alpha$	$\frac{x}{r}$	$\mathbf{R}$
$\tan\alpha$	$\frac{y}{x}$	$\left\{\alpha\,\middle|\,\alpha\neq k\pi+\frac{\pi}{2},k\in\mathbf{Z}\right\}$
$\cot\alpha$	$\frac{x}{y}$	$\{\alpha\|\alpha\neq k\pi,k\in\mathbf{Z}\}$
$\sec\alpha$	$\frac{r}{x}$	$\left\{\alpha\,\middle|\,\alpha\neq k\pi+\frac{\pi}{2},k\in\mathbf{Z}\right\}$
$\csc\alpha$	$\frac{r}{y}$	$\{\alpha\|\alpha\neq k\pi,k\in\mathbf{Z}\}$

注意

(1) $\frac{y}{r},\frac{x}{r},\frac{y}{x},\frac{x}{y},\frac{r}{x},\frac{r}{y}$ 六个比值的大小同点 P 在角 α 的终边上的位置无关，只同角的大小有关.

(2) $\sin\alpha$ 不是 $\sin$ 与 α 的乘积，它是一个

比值，是三角函数记号，是一个整体，实质就是“$f(x)$”. 其他5个三角函数记号也一样.

(3)任意角的三角函数都是采用坐标方法定义的.

6. 三角函数线

设任意角 α 的顶点在坐标原点 O，始边与 x 轴的正半轴重合，终边与单位圆(圆心在原点，半径为单位长度1的圆)相交于点 P，过 P 作 x 轴的垂线，垂足为 M，过单位圆与 x 轴的正半轴的交点 $A(1,0)$ 作单位圆的切线，这条切线与角 α 的终边(当 α 为第一、四象限角时)或其反向延长线(当 α 为第二、三象限角

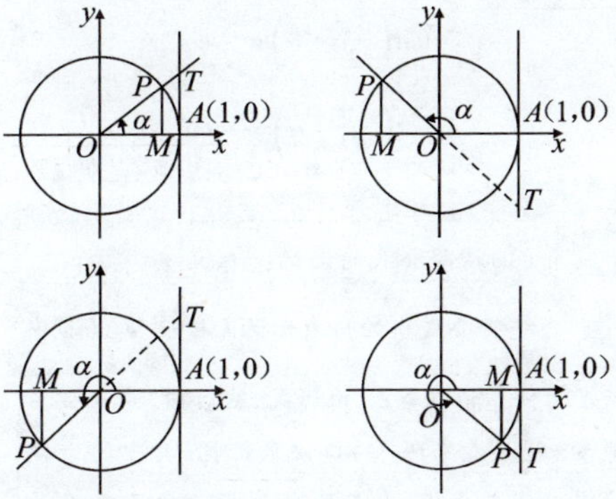

图2-3-1

时)相交于点 T，如图2-3-1. 其中，有向线段 MP 为正弦线，有向线段 OM 为余弦线，有向线段 AT 为正切线，正弦线、余弦线、正切线统称为三角函数线.

注意

(1)单位圆中的三角函数线是数形结合的有效工具，借助它，不但可以画出准确的三角函数图象，还可以讨论三角函数性质.

(2)三角函数线是有向线段，字母顺序不能随意调换，当角 α 的终边与 x 轴重合时，正弦线、正切线分别变成一个点，此时角 α 的正弦值和正切值都为0；当角 α 的终边与 y 轴重合时，余弦线变成一个点，正切线不存在，此时角 α 的余弦值为0，正切值不存在.

7. 三角函数值的符号

各象限角的三角函数值的符号如图2-3-2：

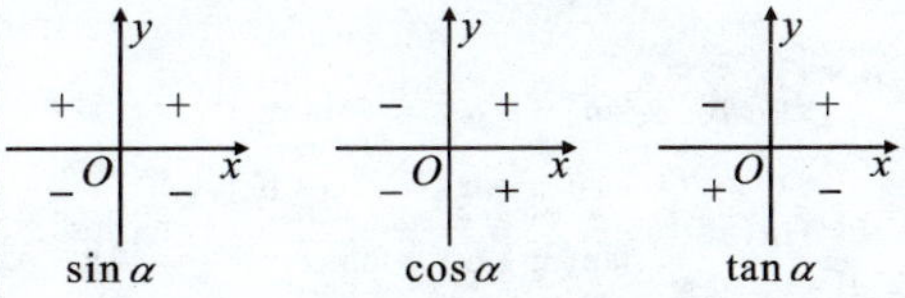

图2-3-2

三角函数正值口诀：Ⅰ全正，Ⅱ正弦，Ⅲ正切，Ⅳ余弦.

注意

判断三角函数值的符号所谓的“一全正，二正弦，三正切，四余弦”是指在第一象限所有角的三角函数值都是正的，在第二象限正弦值为正，在第三象限正、余切为正，在第四象限余弦为正.

8. 同角三角函数关系

(1)平方关系：$\sin^2\alpha+\cos^2\alpha=1$.

(2)商数关系：$\tan\alpha=\dfrac{\sin\alpha}{\cos\alpha}$；

$$\cot\alpha=\frac{\cos\alpha}{\sin\alpha}.$$

(3)倒数关系：$\tan\alpha\cdot\cot\alpha=1$；

$\sin\alpha\cdot\csc\alpha=1$；

$\cos\alpha\cdot\sec\alpha=1$.

注意

(1)这里“同角”有两层含义，一是“角相同”，二是对“任意”一个角(在使得函数有意义的前提下)，关系式都成立，即与角的表达形式无关. 如：$\sin^2\alpha+\cos^2\alpha=1$，$\sin^2 15°+\cos^2 15°=1$，$\sin^2\dfrac{\pi}{19}+\cos^2\dfrac{\pi}{19}=1$.

(2)在应用平方关系时，常用到平方根、算术平方根和绝对值的概念，应注意“±”的选取.

9. 诱导公式

常用的有以下九组：

公式一：$\sin(2k\pi+\alpha)=\sin\alpha$，

$\cos(2k\pi+\alpha)=\cos\alpha$，

$\tan(2k\pi+\alpha)=\tan\alpha$，

$\cot(2k\pi+\alpha)=\cot\alpha$.

公式二：$\sin(\pi+\alpha)=-\sin\alpha$，

$\cos(\pi+\alpha)=-\cos\alpha$，

$\tan(\pi+\alpha)=\tan\alpha$，

$\cot(\pi+\alpha)=\cot\alpha$.

公式三：$\sin(-\alpha)=-\sin\alpha$，

$\cos(-\alpha)=\cos\alpha$，

$\tan(-\alpha)=-\tan\alpha$，

$\cot(-\alpha)=-\cot\alpha$.

公式四：$\sin(\pi-\alpha)=\sin\alpha$，

$\cos(\pi-\alpha)=-\cos\alpha$，

$\tan(\pi-\alpha)=-\tan\alpha$，

$\cot(\pi-\alpha)=-\cot\alpha$.

公式五：$\sin(2\pi-\alpha)=\sin(-\alpha)=-\sin\alpha$，

$\cos(2\pi-\alpha)=\cos(-\alpha)=\cos\alpha$，

$\tan(2\pi-\alpha)=\tan(-\alpha)=-\tan\alpha$，

$\cot(2\pi-\alpha)=\cot(-\alpha)=-\cot\alpha$.

公式六：$\sin\left(\frac{\pi}{2}-\alpha\right)=\cos\alpha$，

$\cos\left(\frac{\pi}{2}-\alpha\right)=\sin\alpha$，

$\tan\left(\frac{\pi}{2}-\alpha\right)=\cot\alpha$，

$\cot\left(\frac{\pi}{2}-\alpha\right)=\tan\alpha$.

公式七：$\sin\left(\frac{\pi}{2}+\alpha\right)=\cos\alpha$，

$\cos\left(\frac{\pi}{2}+\alpha\right)=-\sin\alpha$，

$\tan\left(\frac{\pi}{2}+\alpha\right)=-\cot\alpha$，

$\cot\left(\frac{\pi}{2}+\alpha\right)=-\tan\alpha$.

公式八：$\sin\left(\frac{3\pi}{2}-\alpha\right)=-\cos\alpha$，

$\cos\left(\frac{3\pi}{2}-\alpha\right)=-\sin\alpha$，

$\tan\left(\frac{3\pi}{2}-\alpha\right)=\cot\alpha$，

$\cot\left(\frac{3\pi}{2}-\alpha\right)=\tan\alpha$.

公式九：$\sin\left(\frac{3\pi}{2}+\alpha\right)=-\cos\alpha$，

$\cos\left(\frac{3\pi}{2}+\alpha\right)=\sin\alpha$，

$\tan\left(\frac{3\pi}{2}+\alpha\right)=-\cot\alpha$，

$\cot\left(\frac{3\pi}{2}+\alpha\right)=-\tan\alpha$.

注意

(1)诱导公式的记忆：

先将公式中的角表示为$k\cdot\frac{\pi}{2}+\alpha$(其中$\alpha$为任意角，$k\in\mathbf{Z}$)的形式，然后按“奇变偶不变，符号看象限”的口诀来记忆. 其中的奇偶是指k的奇偶，变与不变是指三角函数名称的变化，若变则是 sin 变 cos，cos 变 sin，tan 变 cot，cot 变 tan，符号看象限是指把α看作锐角时，$k\cdot\frac{\pi}{2}+\alpha$所在象限的原三角函数值的符号即为诱导公式中新三角函数的符号.

(2)诱导公式的作用：

①利用诱导公式可以把任意角的三角函数转化为$0\sim\frac{\pi}{2}$之间角(即锐角)的三角函数.

②利用诱导公式可对三角函数式进行化简、求值、证明、把未知的转化为已知可求的，充分体现了化归思想.

③诱导公式可按下面步骤进行：

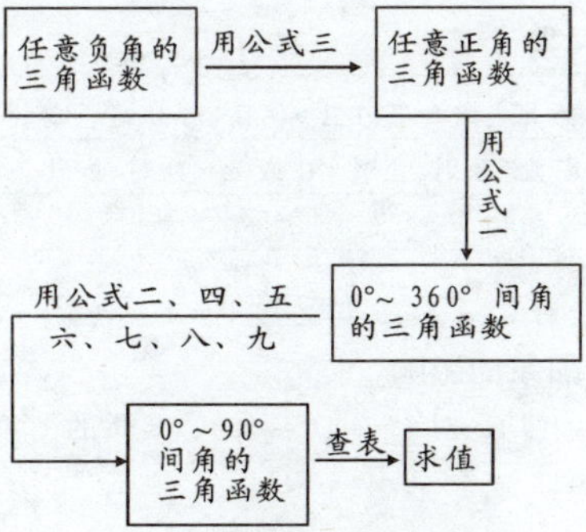

10. 正弦函数、余弦函数的图象

(1)正弦函数、余弦函数的图象分别叫做正弦曲线、余弦曲线，如图 2－3－3.

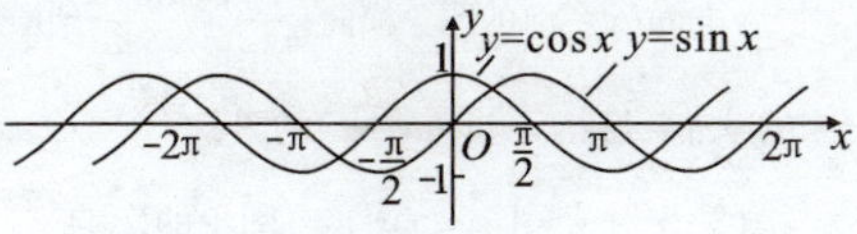

图 2－3－3

(2)图象的画法：

①几何法：利用单位圆中的正弦线、余弦线来作正弦函数、余弦函数的图象. 使用三角函数线作图时，将单位圆分的份数越多，图象越准确.

②五点法：对于一个圆周内的图象来说，起关键作用的点只有五个，所以通常用五点作图法作正弦、余弦函数图象.

函数 $y=\sin x, x\in[0,2\pi]$ 的图象上起关键作用的五点是：$(0,0)$，$\left(\frac{\pi}{2},1\right)$，$(\pi,0)$，$\left(\frac{3\pi}{2},-1\right)$，$(2\pi,0)$；余弦函数 $y=\cos x, x\in[0,2\pi]$ 的图象上起关键作用的点是：$(0,1)$，$\left(\frac{\pi}{2},0\right)$，$(\pi,-1)$，$\left(\frac{3\pi}{2},0\right)$，$(2\pi,1)$.

注意

(1)运用"五点法"作正、余弦函数图象时，应取好五个特殊点，并注意曲线的凹凸方向.

(2)作图象时，函数自变量要用弧度制，这样自变量与函数值均为实数，因此在 x 轴，y 轴上可以统一单位，作出的图象正规，便于应用.

11. 正弦函数、余弦函数的性质

	$y=\sin x$	$y=\cos x$
定义域	$\mathbf{R}$	$\mathbf{R}$
值域	$[-1,1]$	$[-1,1]$
最小正周期	2π	2π
奇偶性	奇函数	偶函数
单调性	在每一个闭区间 $\left[-\frac{\pi}{2}+2k\pi,\frac{\pi}{2}+2k\pi\right]$ 上都是增函数；在每一个闭区间 $\left[\frac{\pi}{2}+2k\pi,\frac{3\pi}{2}+2k\pi\right]$ 上都是减函数，其中 $k\in\mathbf{Z}$	在每一个闭区间 $[(2k-1)\pi, 2k\pi]$ 上都是增函数；在每一个闭区间 $[2k\pi,(2k+1)\pi]$ 上都是减函数，其中 $k\in\mathbf{Z}$
最值	当 $x=2k\pi+\frac{\pi}{2}$ 时，$y_{\max}=1$；当 $x=2k\pi-\frac{\pi}{2}$ 时，$y_{\min}=-1$	当 $x=2k\pi$ 时，$y_{\max}=1$；当 $x=2k\pi+\pi$ 时，$y_{\min}=-1$
对称轴	$x=k\pi+\frac{\pi}{2}(k\in\mathbf{Z})$	$x=k\pi(k\in\mathbf{Z})$
对称中心	$(k\pi,0)(k\in\mathbf{Z})$	$\left(k\pi+\frac{\pi}{2},0\right)$ $(k\in\mathbf{Z})$

12. 正切函数的性质和图象

(1)正切函数 $y=\tan x$ 的定义域：$\left\{x\,\middle|\,x\neq k\pi+\frac{\pi}{2},k\in\mathbf{Z}\right\}$.

(2)正切函数的周期性，由 $\tan(x+\pi)=\tan x$ 知正切函数是周期为 π 的周期函数.

(3)正切函数的奇偶性，由 $\tan(-x)=-\tan x, x\neq k\pi+\frac{\pi}{2}, k\in\mathbf{Z}$ 知正切函数是奇函数.

(4)正切函数的单调性：在每一个开区间 $\left(-\frac{\pi}{2}+k\pi,\frac{\pi}{2}+k\pi\right)(k\in\mathbf{Z})$ 上都是增函数.

(5)正切函数的最值：无最大值、最小值.

(6)正切曲线：

正切函数 $y=\tan x\left(x\in\mathbf{R},x\neq\frac{\pi}{2}+k\pi,k\in\mathbf{Z}\right)$ 的图象叫做正切曲线，图象如图 2-3-4.

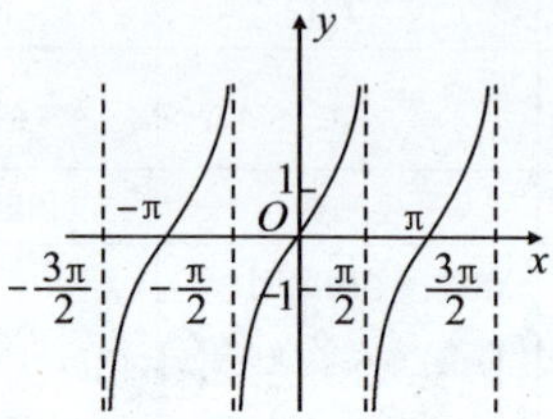

图 2-3-4

注意

(1)类似于正弦、余弦函数的“五点法”作图，正切曲线的简图，可用“三点两线法”，三点分别为 $(k\pi,0)$，$\left(k\pi+\frac{\pi}{4},1\right)$，$\left(k\pi-\frac{\pi}{4},-1\right)$，两线为直线 $x=k\pi+\frac{\pi}{2}$，直线 $x=k\pi-\frac{\pi}{2}$，其中 $k\in\mathbf{Z}$.

(2)正切函数 $y=\tan x$ 在 $x\in\left(k\pi-\frac{\pi}{2},k\pi+\frac{\pi}{2}\right)(k\in\mathbf{Z})$ 上是单调递增函数，但不能说函数在其定义域内是单调递增函数.

(3)函数 $y=\tan x$ 的对称中心的坐标是 $\left(\frac{k\pi}{2},0\right)(k\in\mathbf{Z})$.

13. 函数 $y=A\sin(\omega x+\varphi)$ 中的相关概念

当函数 $y=A\sin(\omega x+\varphi)(x\geqslant 0)(A>0,\omega>0)$ 表示一个振动量时，A 为振幅，$T=\frac{2\pi}{\omega}$ 是周期，$f=\frac{1}{T}=\frac{\omega}{2\pi}$ 是频率，$\omega x+\varphi$ 为相位，$x=0$ 时的相位 φ 为初相.

注意

上述概念是在 $A>0$ 且 $\omega>0$ 这一前提下的定义. 否则，当 $A<0$ 或 $\omega<0$ 时，φ 就不能称为初相.

14. A、ω、φ 对函数 $y=A\sin(\omega x+\varphi)$ 的图象的影响

(1)φ 对 $y=\sin(x+\varphi)$，$x\in\mathbf{R}$ 的图象的影响：

$y=\sin x$ 的图象 $\xrightarrow[\varphi<0\text{时向右}]{\varphi>0\text{时向左}}$ 平移 $|\varphi|$ 个单位得到 $y=\sin(x+\varphi)$ 的图象.

(2)ω 对 $y=\sin(\omega x+\varphi)$ 的图象的影响：

$y=\sin(x+\varphi)$ 的图象横向 $\xrightarrow[0<\omega<1\text{时伸长}]{\omega>1\text{时缩短}}$ 到原来的 $\frac{1}{\omega}$ 倍得到 $y=\sin(\omega x+\varphi)$ 的图象.

(3)A 对 $y=A\sin(\omega x+\varphi)$ 图象的影响：

$y=\sin(\omega x+\varphi)$ 的图象纵向 $\xrightarrow[0<A<1\text{时缩短}]{A>1\text{时伸长}}$ 到原来的 A 倍得到 $y=A\sin(\omega x+\varphi)$ 的图象.

注意

(1)对于函数 $y=\sin x$ 与 $y=\sin(x+\varphi)$ 之间的图象变换称为相位变换，它实质是一种左右平移转换，此时相位由 x 变成 $x+\varphi$，初相由 0 变成 φ.

(2)对于函数 $y=\sin(x+\varphi)$ 与 $y=\sin(\omega x+\varphi)(\omega>0)$ 之间的图象变换称为周期变换，它实质是横向的伸缩.

(3)对于 $y=\sin(\omega x+\varphi)$ 与 $y=A\sin(\omega x+\varphi)(\omega>0)$ 之间的图象变换称为振幅变换，它实质是纵向的伸缩.

15. 变换法作 $y=A\sin(\omega x+\varphi)$ 的图象

由 $y=\sin x$ 的图象得到 $y=A\sin(\omega x+\varphi)$ 的图象有两种途径：

(1)先相位变换后周期变换

$y=\sin x\xrightarrow[\text{向右平移}|\varphi|\text{个单位}(\varphi<0)]{\text{向左平移}|\varphi|\text{个单位}(\varphi>0)}$

$y=\sin(x+\varphi)$

$\xrightarrow[0<\omega<1\text{时伸长},\omega>1\text{时缩短}]{\text{图象上各点横坐标为原来的}\frac{1}{\omega}\text{倍}}$

$y=\sin(\omega x+\varphi)$

$\xrightarrow[\text{横坐标不变}]{\text{图象上各点纵坐标为原来的}A\text{倍}}$

$y=A\sin(\omega x+\varphi)$.

(2)先周期变换后相位变换

$y=\sin x\xrightarrow[0<\omega<1\text{时伸长},\omega>1\text{时缩短}]{\text{图象上各点横坐标变为原来的}\frac{1}{\omega}\text{倍}}$

$y=\sin\omega x\xrightarrow[\text{向右平移}\frac{|\varphi|}{\omega}\text{个单位}(\varphi<0)]{\text{向左平移}\frac{|\varphi|}{\omega}\text{个单位}(\varphi>0)}$

$y=\sin\omega\left(x+\frac{\varphi}{\omega}\right)=\sin(\omega x+\varphi)$

$\xrightarrow[\text{横坐标不变}]{\text{图象上各点纵坐标为原来的}A\text{倍}}$

$y=A\sin(\omega x+\varphi)$.

注意

平移变换时,一定要使 x 的系数为“1”;伸缩变换时,针对的量是 x,而与 φ 无关.

16. “五点法”作函数 $y=A\sin(\omega x+\varphi)$ 的简图

“五点法”要求找五个关键点,这五个点应分别是使 y 能取得最小值、最大值和曲线与 x 轴、y 轴相交的点. 其步骤为:

(1)先确定周期 $T=\frac{2\pi}{\omega}$,在一个周期内作出图象;

(2)令 $x=\omega x+\varphi$,则将 x 分别取 $0,\frac{\pi}{2},\pi,\frac{3\pi}{2},2\pi$ 来求出对应的 x 值;

(3)描点画图,再利用函数的周期性,可把所得简图向左右分别扩展,从而得到 $y=A\sin(\omega x+\varphi)$ 的简图.(一般这步只作叙述,图象上不体现出来也可)

17. $y=A\sin(\omega x+\varphi)$ 的性质

(1)定义域:$\mathbf{R}$.

(2)值域和最值:值域是 $[-A,A]$.

(3)奇偶性:$y=\sin x$ 是奇函数,$y=\cos x$ 是偶函数,但 $y=A\sin(\omega x+\varphi)$,$y=A\cos(\omega x+\varphi)$ 的奇偶性需要具体情形具体分析.

(4)对称性:$y=A\sin(\omega x+\varphi)(A>0)$ 在对称轴处取得最大值或最小值,即若 $x=x_0$ 是函数图象的一条对称轴,则应有 $\omega x_0+\varphi=k\pi+\frac{\pi}{2}$.

(5)单调性:函数 $y=A\sin(\omega x+\varphi)(A>0,\omega>0)$ 的单调区间的确定,基本思想是将 $\omega x+\varphi$ 看作一个整体,由 $2k\pi-\frac{\pi}{2}\leqslant\omega x+\varphi\leqslant 2k\pi+\frac{\pi}{2}(k\in\mathbf{Z})$ 解出 x 的范围,所得区间即为函数的增区间;由 $2k\pi+\frac{\pi}{2}\leqslant\omega x+\varphi\leqslant 2k\pi+\frac{3}{2}\pi(k\in\mathbf{Z})$ 解出 x 的范围,所得区间即为函数的减区间.

(6)周期性:$T=\frac{2\pi}{|\omega|}$.

18. 函数的周期性

对于函数 $y=f(x)$,如果存在一个不为零的常数 T,使得当 x 取定义域内的每一个值时 $f(x+T)=f(x)$ 都成立,那么就把函数 $y=f(x)$ 叫做周期函数,把不为零的常数 T 叫做这个函数的周期.

对于周期函数 $f(x)$,如果在它所有周期中存在一个最小的正数,则这个最小正数就叫做 $f(x)$ 的最小正周期.

例如 $2k\pi(k\in\mathbf{Z})$ 都是正弦函数、余弦函数的周期,2π 是它们的最小正周期.

注意

(1)周期性的概念比较抽象,理解函数 $y=f(x)$ 是周期函数的这一概念应抓住三点:

①存在一个不等于零的常数 T;

②对于定义域内的每一个 x 值,都有 $x+T$ 属于这个定义域;

③满足 $f(x+T)=f(x)$.

(2)今后本书中所涉及到的周期都是指函数的最小正周期.

19. 两角和与差的三角函数

两角和与差公式：

$\cos(\alpha\pm\beta)=\cos\alpha\cos\beta\mp\sin\alpha\sin\beta$ $(C_{(\alpha\pm\beta)})$，

$\sin(\alpha\pm\beta)=\sin\alpha\cos\beta\pm\cos\alpha\sin\beta$ $(S_{(\alpha\pm\beta)})$，

$\tan(\alpha\pm\beta)=\dfrac{\tan\alpha\pm\tan\beta}{1\mp\tan\alpha\tan\beta}$ $(T_{(\alpha\pm\beta)})$．

注意

(1)公式 $S_{(\alpha\pm\beta)}$、$C_{(\alpha\pm\beta)}$ 具有一般性，即 α、β 可为任意角；公式 $T_{(\alpha\pm\beta)}$ 也具有一般性，但应明确，公式 $T_{(\alpha\pm\beta)}$ 在 $\alpha\neq k\pi+\dfrac{\pi}{2}$，$\beta\neq k\pi+\dfrac{\pi}{2}$，$\alpha\pm\beta\neq k\pi+\dfrac{\pi}{2}(k\in\mathbf{Z})$ 时成立，否则不成立. 当 $\tan\alpha$、$\tan\beta$ 或 $\tan(\alpha\pm\beta)$ 不存在时，不能用此公式，而只能改用诱导公式或其他方法.

(2)注意公式的逆用或变形应用.

例如：$\dfrac{1+\tan\alpha}{1-\tan\alpha}=\tan\left(\dfrac{\pi}{4}+\alpha\right)$，

$\dfrac{1-\tan\alpha}{1+\tan\alpha}=\tan\left(\dfrac{\pi}{4}-\alpha\right)$，

$\tan\alpha+\tan\beta=\tan(\alpha+\beta)(1-\tan\alpha\tan\beta)$，

$\tan\alpha-\tan\beta=\tan(\alpha-\beta)(1+\tan\alpha\tan\beta)$.

20. 倍角、半角的三角函数

(1)二倍角公式：

$\sin 2\alpha=2\sin\alpha\cos\alpha$ $(S_{2\alpha})$，

$\cos 2\alpha=\cos^2\alpha-\sin^2\alpha$

$=2\cos^2\alpha-1$

$=1-2\sin^2\alpha$ $(C_{2\alpha})$，

$\tan 2\alpha=\dfrac{2\tan\alpha}{1-\tan^2\alpha}$ $(T_{2\alpha})$.

注意

①公式 $S_{2\alpha}$、$C_{2\alpha}$、$T_{2\alpha}$ 是分别由 $S_{(\alpha+\beta)}$、$C_{(\alpha+\beta)}$、$T_{(\alpha+\beta)}$ 中，当 $\alpha=\beta$ 时得出的. 公式 $S_{2\alpha}$、$C_{2\alpha}$ 具有一般性，即角 α 是任意角；公式 $T_{2\alpha}$ 也具有一般性，但只有当 $\alpha\neq\dfrac{k\pi}{2}+\dfrac{\pi}{4}$ 和 $\alpha\neq k\pi+\dfrac{\pi}{2}(k\in\mathbf{Z})$ 时才成立，否则不成立.

②要熟悉多种形式的两个角的倍数关系，不仅限于 2α 是 α 的二倍，其他如 4α 是 2α 的二倍，$\dfrac{\alpha}{2}$ 是 $\dfrac{\alpha}{4}$ 的二倍，3α 是 $\dfrac{3\alpha}{2}$ 的二倍，$\dfrac{\alpha}{3}$ 是 $\dfrac{\alpha}{6}$ 的二倍，$\dfrac{\pi}{2}\pm2\alpha$ 是 $\dfrac{\pi}{4}\pm\alpha$ 的二倍等，所有这些都可以应用二倍角公式.

③注意公式的变形应用与逆用. 特别对二倍角的余弦公式，其变形公式在求值、化简、证明中有广泛的应用. 我们把 $\cos^2\alpha=\dfrac{1+\cos 2\alpha}{2}$，$\sin^2\alpha=\dfrac{1-\cos 2\alpha}{2}$ 称为降幂公式，把 $1-\cos 2\alpha=2\sin^2\alpha$，$1+\cos 2\alpha=2\cos^2\alpha$ 称为升幂公式. 又如对二倍角的正切公式可变形为 $2\tan\alpha=\tan 2\alpha(1-\tan^2\alpha)$.

(2)半角公式：$\sin\dfrac{\alpha}{2}=\pm\sqrt{\dfrac{1-\cos\alpha}{2}}$ $(S_{\frac{\alpha}{2}})$，

$\cos\dfrac{\alpha}{2}=\pm\sqrt{\dfrac{1+\cos\alpha}{2}}$ $(C_{\frac{\alpha}{2}})$，

$\tan\dfrac{\alpha}{2}=\pm\sqrt{\dfrac{1-\cos\alpha}{1+\cos\alpha}}=\dfrac{\sin\alpha}{1+\cos\alpha}=\dfrac{1-\cos\alpha}{\sin\alpha}$ $(T_{\frac{\alpha}{2}})$.

注意

①半角的正弦、余弦、正切公式都可以用单角的余弦来表示，$S_{\frac{\alpha}{2}}$、$C_{\frac{\alpha}{2}}$、$T_{\frac{\alpha}{2}}$ 是二倍角余弦公式的推论，要特别注意公式中根号前的正负号的选取，它由等号左边 $\dfrac{\alpha}{2}$ 所在象限的三角函数符号确定，如果没有给限定符号的条件，根号前应保留正负两个符号.

②在已知 $\sin\alpha$、$\cos\alpha$ 的前提下，解有关 $\tan\dfrac{\alpha}{2}$ 的化简、求值、证明问题时用 $T_{\frac{\alpha}{2}}$ 有理式比较方便，尤其选用分母为“单项式”的公式更为方便.

21. 三角函数的积化和差公式

$\sin\alpha\cos\beta=\frac{1}{2}[\sin(\alpha+\beta)+\sin(\alpha-\beta)]$,

$\cos\alpha\sin\beta=\frac{1}{2}[\sin(\alpha+\beta)-\sin(\alpha-\beta)]$,

$\cos\alpha\cos\beta=\frac{1}{2}[\cos(\alpha+\beta)+\cos(\alpha-\beta)]$,

$\sin\alpha\sin\beta=-\frac{1}{2}[\cos(\alpha+\beta)-\cos(\alpha-\beta)]$.

22. 三角函数的和差化积公式

$\sin\theta+\sin\varphi=2\sin\frac{\theta+\varphi}{2}\cos\frac{\theta-\varphi}{2}$,

$\sin\theta-\sin\varphi=2\cos\frac{\theta+\varphi}{2}\sin\frac{\theta-\varphi}{2}$,

$\cos\theta+\cos\varphi=2\cos\frac{\theta+\varphi}{2}\cos\frac{\theta-\varphi}{2}$,

$\cos\theta-\cos\varphi=-2\sin\frac{\theta+\varphi}{2}\sin\frac{\theta-\varphi}{2}$.

23. 反三角函数

(1)根据正弦函数图象及性质,为了使符合条件 $\sin x=a(-1\leqslant a\leqslant 1)$ 内的角 x 有且只有一个,我们选择区间 $\left[-\frac{\pi}{2},\frac{\pi}{2}\right]$ 作为基本范围,在这个闭区间上符合 $\sin x=a(-1\leqslant a\leqslant 1)$ 的角 x 叫做实数 a 的反正弦,记作 $\arcsin a$,即 $x=\arcsin a$.

(2)根据余弦函数图象及性质,为了使符合条件 $\cos x=a(-1\leqslant a\leqslant 1)$ 内的角 x 有且只有一个,我们选择区间 $[0,\pi]$ 作为基本范围,在这个闭区间上符合条件 $\cos x=a(-1\leqslant a\leqslant 1)$ 的角 x 叫做实数 a 的反余弦,记作 $\arccos a$,即 $x=\arccos a$.

(3)根据正切函数图象及性质,为了使符合条件 $\tan x=a$(a 为任意实数)的角 x 有且只有一个,我们选择区间 $\left(-\frac{\pi}{2},\frac{\pi}{2}\right)$ 作为基本范围,在这个开区间内符合条件 $\tan x=a$(a 为任意实数)的角 x 叫做实数 a 的反正切,记作 $\arctan a$,即 $x=\arctan a$.

注意

(1)反三角函数实则是一个角.

(2)它们均需在特定范围内.

24. 三角变换

三角变换是运算化简的过程中运用较多的变换. 提高三角变换能力,要学会创设条件,灵活运用三角公式,掌握运算、化简的方法和技能. 常用的变换技巧如下:

(1)角的变换:在三角化简、求值、证明中,表达式中往往出现较多的相异角,可根据角与角之间的和差、倍半、互补、互余的关系,运用角的变换,沟通条件与结论中角的差异,使问题获解. 对角的变形如

$15°=45°-30°=60°-45°=\frac{30°}{2}$,

$\alpha=(\alpha+\beta)-\beta$,

$2\alpha=(\alpha+\beta)+(\alpha-\beta)=\left(\frac{\pi}{4}+\alpha\right)-\left(\frac{\pi}{4}-\alpha\right)$,

$\frac{\pi}{4}+\alpha=\frac{\pi}{2}-\left(\frac{\pi}{4}-\alpha\right)$等等.

(2)函数名称变换:三角变形中,常常需要变函数名称为同名函数. 如在三角函数中正余弦是基础,通常化切为弦,变异名为同名.

(3)常数代换:在三角函数运算、求值、证明中,有时需要将常数转化为三角函数值,例如常数“1”的代换变形有

$1=\sin^2\alpha+\cos^2\alpha=\sin 90°=\tan 45°,\cdots$.

(4)幂的变换:降幂是三角变换时的常用方法,对次数较高的三角函数式,一般采用降幂处理的方法. 常用降幂公式有:$\sin^2\alpha=\frac{1-\cos 2\alpha}{2}$,$\cos^2\alpha=\frac{1+\cos 2\alpha}{2}$和 $\sin^2\alpha+\cos^2\alpha=1$. 降幂并非绝对,有时需要升幂,如对无理式 $\sqrt{1+\cos\alpha}$ 常用升幂化为有理式.

(5)公式变形:三角公式是变换的依据,应熟练掌握三角公式的顺用、逆用及变形应用.

如 $\cos\alpha=\frac{\sin 2\alpha}{2\sin\alpha}$,$\tan\alpha\pm\tan\beta=\tan(\alpha\pm\beta)\cdot(1\mp\tan\alpha\tan\beta)$,$2\tan\alpha=\tan 2\alpha(1-\tan^2\alpha)$等.

(6)结构变化：在三角变换中，常常对条件、结论的结构施行调整，或重新分组，或移项，或变乘为除，或求差等等.

25. 正弦定理

(1)正弦定理：$\frac{a}{\sin A}=\frac{b}{\sin B}=\frac{c}{\sin C}=2R.$ 其中 R 为 $\triangle ABC$ 外接圆半径.

(2)正弦定理的变形

①$a=2R\sin A, b=2R\sin B, c=2R\sin C.$

②$\sin A=\frac{a}{2R}, \sin B=\frac{b}{2R}, \sin C=\frac{c}{2R}.$

③$\sin A:\sin B:\sin C=a:b:c.$

(3)正弦定理下的三角形面积公式：

$S_{\triangle ABC}=\frac{1}{2}bc\sin A=\frac{1}{2}ac\sin B=\frac{1}{2}ab\sin C.$

26. 余弦定理

$a^2=b^2+c^2-2bc\cos A\Leftrightarrow\cos A=\frac{b^2+c^2-a^2}{2bc},$

$b^2=a^2+c^2-2ac\cos B\Leftrightarrow\cos B=\frac{a^2+c^2-b^2}{2ac},$

$c^2=a^2+b^2-2ab\cos C\Leftrightarrow\cos C=\frac{a^2+b^2-c^2}{2ab}.$

27. 解三角形

(1)定义：一般地，把三角形的三个角及它们的对边叫做三角形的元素，已知三角形的几个元素求其他元素的过程叫做解三角形.

(2)解三角形有四种类型：

①已知两角 A、B 与一边 a，由 $\angle A+\angle B+\angle C=180°$ 求出 $\angle C$，再由 $\frac{a}{\sin A}=\frac{b}{\sin B}=\frac{c}{\sin C}$ 求出 b、c.

②已知两边 b、c 与其夹角 A，由 $a^2=b^2+c^2-bc\cos A$，求出 a，再由余弦定理或正弦定理求出角 B、C.

③已知 a、b、c 由余弦定理可求出角 A、B、C.

④已知两边 a、b 及其中一边的对角 A：

(Ⅰ)由正弦定理 $\frac{a}{\sin A}=\frac{b}{\sin B}$ 求出另一边 b 的对角 B，由 $\angle C=\pi-(\angle A+\angle B)$，求出 $\angle C$，再由 $\frac{a}{\sin A}=\frac{c}{\sin C}$ 求出 c，而通过 $\frac{a}{\sin A}=\frac{b}{\sin B}$ 求 $\angle B$ 时，可能得出一解、两解或无解的情况，其判断方法如下表所示：

	$\angle A>90°$	$\angle A=90°$	$\angle A<90°$	
$a>b$	一解	一解	一解	
$a=b$	无解	无解	一解	
$a<b$	无解	无解	$a>b\sin A$	两解
			$a=b\sin A$	一解
			$a<b\sin A$	无解

(Ⅱ)已知 a，b 及其中一边的对角 A 解三角形时，也可以用余弦定理. 如图 2－3－5，则 $a^2=b^2+c^2-2bc\cdot\cos A.$

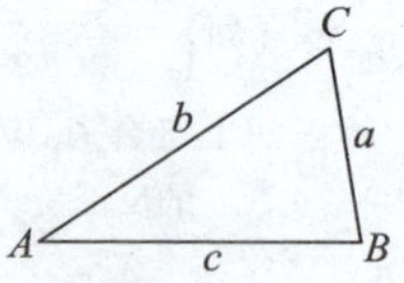

图 2－3－5

将 a、b 及 $\angle A$ 代入上式，就可以得到关于边 c 的一元二次方程，求出边 c，然后由余弦定理进一步求 $\angle B$，最后求 $\angle C$.

28. 解三角形在实际中的应用

解三角形的应用问题的步骤如下：

(1)准确理解题意，分清已知与所求，准确理解应用题中的有关名称和术语，如仰角、俯角、视角、方位角等；

(2)根据题意画出图形，并将已知量与未知量用恰当的符号在图中表示出来；

(3)从未知量出发，寻找未知量所在的三角形，将要求解的问题归结到一个三角形中，通过正弦定理、余弦定理等有关知识建立数学模型，最终把问题解决；

(4)检验上述所求的解是否符合题意及实际意义,从而得出实际问题的解.

题型分类与方法总结

题型1 终边相同的角

(1)利用终边相同的角的一般形式可以求出符合某些条件的终边相同的角.

(2)求终边相同的角的集合表示,一般方法为:①先找出$0°\sim360°$范围内满足条件的代表角,其他符合条件的角必与这些角的终边相同;②分别写出与每个代表角终边相同的角的集合形式;③合并集合,化简集合时把大角向小角分解.

例1 求终边为直线$y=-x$的角的集合.

解 在$0°\sim360°$范围内满足条件的角为$135°$和$315°$,

$\therefore$ 终边为直线$y=-x$的角的集合是

$\{\alpha|\alpha=k\cdot360°+135°,k\in\mathbf{Z}\}\cup\{\alpha|\alpha=k\cdot360°+315°,k\in\mathbf{Z}\}$

$=\{\alpha|\alpha=2k\cdot180°+135°,k\in\mathbf{Z}\}\cup\{\alpha|\alpha=(2k+1)\cdot180°+135°,k\in\mathbf{Z}\}$

$=\{\alpha|\alpha=n\cdot180°+135°,n\in\mathbf{Z}\}$.

题型2 判断角所在的象限

1. 任意角所在象限的判定

判断任意一个角β是第几象限的角或轴线角,如果$0°\leqslant\beta<360°$,可直接做出判断;若β不在这个范围内,则可将β化为$\beta=k\cdot360°+\alpha$,$k\in\mathbf{Z}(0\leqslant\alpha<360°)$的形式,再作判断.

例2 把下列角化成$2k\pi+\alpha(0\leqslant\alpha<2\pi,k\in\mathbf{Z})$的形式,写出与它终边相同的角的集合,并指出它是第几象限角.

(1) $-\dfrac{46}{3}\pi$;　　(2) $-1\,485°$.

解 (1) $-\dfrac{46}{3}\pi=-8\times2\pi+\dfrac{2\pi}{3}$,它是第二象限角,与它终边相同的角的集合是$\left\{\beta\,\middle|\,\beta=2k\pi+\dfrac{2\pi}{3},k\in\mathbf{Z}\right\}$.

(2) $-1\,485°=-5\times360°+315°=-10\pi+\dfrac{7\pi}{4}$,它是第四象限角,与它终边相同的角的集合是$\left\{\beta\,\middle|\,\beta=2k\pi+\dfrac{7\pi}{4},k\in\mathbf{Z}\right\}$.

2. $\dfrac{\alpha}{n}(n\in\mathbf{N}^*)$所在象限的确定

已知α是第几象限角,要确定$\dfrac{\alpha}{n}(n\in\mathbf{N}^*)$所在象限的常用方法有两个:一是分类讨论法;二是几何法,即先把各象限均分为n等份,再从x轴的正向的上方起,依次将各区域标上Ⅰ、Ⅱ、Ⅲ、Ⅳ,则α原来是第几象限对应的标号即为$\dfrac{\alpha}{n}$终边所在的象限.

例3 若α是第一象限角,问$\dfrac{\alpha}{3}$是第几象限角?

解法一 (分类讨论法)$\because$ α是第一象限角,$\therefore$ $k\cdot360°<\alpha<k\cdot360°+90°,k\in\mathbf{Z}$.

$\therefore$ $\dfrac{k}{3}\cdot360°<\dfrac{\alpha}{3}<\dfrac{k}{3}\cdot360°+30°,k\in\mathbf{Z}$.

①当$k=3n$时,则有$n\cdot360°<\dfrac{\alpha}{3}<n\cdot360°+30°,n\in\mathbf{Z}$,$\therefore$ $\dfrac{\alpha}{3}$是第一象限角.

②当$k=3n+1$时,则有$n\cdot360°+120°<\dfrac{\alpha}{3}<n\cdot360°+150°,n\in\mathbf{Z}$,

$\therefore$ $\dfrac{\alpha}{3}$是第二象限角.

③当$k=3n+2$时,则有$n\cdot360°+240°<\dfrac{\alpha}{3}<n\cdot360°+270°,n\in\mathbf{Z}$,

$\therefore$ $\dfrac{\alpha}{3}$是第三象限角.

综上,知$\dfrac{\alpha}{3}$为第一或第二或第三象限角.

解法二 (几何法)如图2-3-6,由图可知$\dfrac{\alpha}{3}$为第一、二、三象限角.

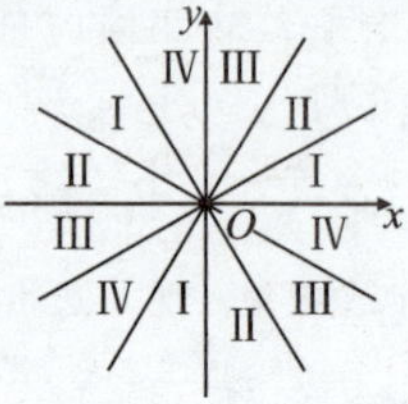

图 2－3－6

题型 3 三角函数式的符号

确定一个角的某一个三角函数值的符号关键要看角在哪一象限，确定一个式子的符号，则需观察构成该式的结构特点及每部分的符号.

例 4 判断下列各式的符号：

(1) $\sin 105°\cdot\cos 230°$；

(2) $\sin\dfrac{7\pi}{8}\cdot\tan\dfrac{7\pi}{8}$；

(3) $\cos 6\cdot\tan 6$.

解 (1) 105°，230°分别为第二，第三象限角，$\therefore \sin 105°>0$，$\cos 230°<0$，

$\therefore \sin 105°\cdot\cos 230°<0$.

(2) $\because \dfrac{\pi}{2}<\dfrac{7\pi}{8}<\pi$，$\therefore \dfrac{7\pi}{8}$是第二象限角，

$\therefore \sin\dfrac{7\pi}{8}>0$，$\tan\dfrac{7\pi}{8}<0$，

$\therefore \sin\dfrac{7\pi}{8}\cdot\tan\dfrac{7\pi}{8}<0$.

(3) $\because \dfrac{3}{2}\pi<6<2\pi$，$\therefore$ 6 弧度的角为第四象限角，$\therefore \cos 6>0$，$\tan 6<0$，$\therefore \cos 6\cdot\tan 6<0$.

题型 4 三角函数线的应用

三角函数的几何意义可通过单位圆中的三角函数线来体现，利用它可解决不等式等问题.

例 5 利用单位圆中的三角函数线，分别确定角 θ 的取值范围.

(1) $\sin\theta\geqslant\dfrac{\sqrt{3}}{2}$；(2) $-\dfrac{1}{2}\leqslant\cos\theta<\dfrac{\sqrt{3}}{2}$.

分析 对于(1)，先作出 $\sin\theta=\dfrac{\sqrt{3}}{2}$的正弦线，然后观察角在什么范围内变化时，$\sin\theta\geqslant\dfrac{\sqrt{3}}{2}$，再根据范围区域写出 θ 的集合，同样可考虑(2).

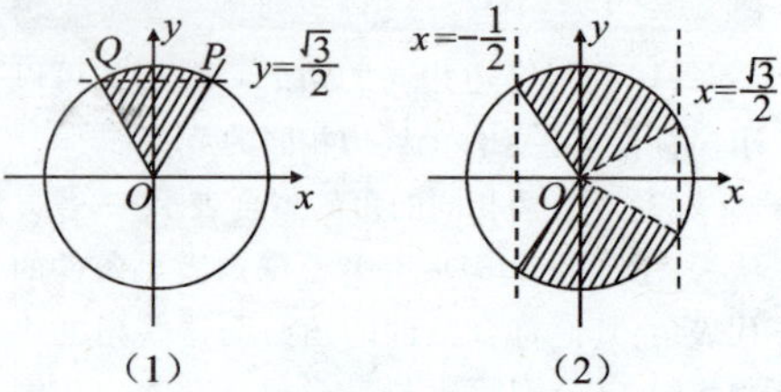

图 2－3－7

解 (1) 图 2－3－7(1) 中阴影部分就是满足条件的角 θ 的范围，即 $2k\pi+\dfrac{\pi}{3}\leqslant\theta\leqslant 2k\pi+\dfrac{2}{3}\pi$，$k\in\mathbf{Z}$.

(2) 图 2－3－7(2) 中阴影部分就是满足条件的角 θ 的范围，即 $2k\pi-\dfrac{2}{3}\pi\leqslant\theta<2k\pi-\dfrac{\pi}{6}$或 $2k\pi+\dfrac{\pi}{6}<\theta\leqslant 2k\pi+\dfrac{2}{3}\pi$，$k\in\mathbf{Z}$.

例 6 若 $0<\alpha<\dfrac{\pi}{2}$，试用三角函数线证明不等式：

(1) $\sin\alpha+\cos\alpha>1$；

(2) $\sin\alpha<\alpha<\tan\alpha$.

证明 (1) 如图 2－3－8，$\sin\alpha=MP$，$\cos\alpha=OM$，由三角形两边之和大于第三边可得 $OM+MP>OP=1$，

即 $\sin\alpha+\cos\alpha>1\left(0<\alpha<\dfrac{\pi}{2}\right)$.

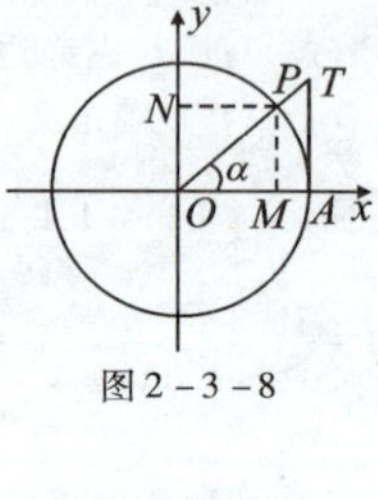

图 2－3－8

(2) 如图 2-3-8,

$S_{\triangle AOP} < S_{扇形AOP} < S_{\triangle AOT}$,

而 $S_{\triangle AOP} = \frac{1}{2}|OA||MP| = \frac{1}{2}\sin\alpha$,

$S_{扇形AOP} = \frac{1}{2}\alpha r^2 = \frac{1}{2}\alpha$,

$S_{\triangle AOT} = \frac{1}{2}|OA||AT| = \frac{1}{2}\tan\alpha$,

所以当 $0 < \alpha < \frac{\pi}{2}$ 时, $\sin\alpha < \alpha < \tan\alpha$.

点拨 利用三角函数线、数形结合,可使问题得以简化. 题中不等式既不是单纯的三角不等式,又不是单纯的代数不等式,而是"混合型"的不等式,证明的方法使用了面积关系,证明的基础是弧度制与三角函数线.

题型5 化简问题

化简三角函数式时常用的技巧有:

①"1"的代换. 为了解题的需要有时可以将1用"$\sin^2\alpha + \cos^2\alpha$"代替.

②切化弦. 利用商数关系把正切化为正弦和余弦函数.

③整体代替. 将计算式适当变形使条件可以整体代入或将条件适当变形找出与算式之间的关系.

④化简形如 $\sqrt{A}$(A 可化为形如 a^2 的三角函数式),这种问题是利用 $\sqrt{A} = \sqrt{a^2} = |a|$($a$ 是实数)化去根号.

⑤化简含有较高次数的三角函数式,此类问题多用因式分解、约分等.

化简的原则是形式尽量简单,三角函数名称尽量少,次数尽量低,最好不含分母,能求值的尽量求值.

例7 化简 $\frac{1-(\cos^4\alpha+\sin^4\alpha)}{1-(\cos^6\alpha+\sin^6\alpha)}$.

解法一

$$原式 = \frac{1-[(\cos^2\alpha+\sin^2\alpha)^2-2\cos^2\alpha\sin^2\alpha]}{1-(\cos^2\alpha+\sin^2\alpha)(\cos^4\alpha-\cos^2\alpha\sin^2\alpha+\sin^4\alpha)}$$

$$= \frac{1-1+2\cos^2\alpha\cdot\sin^2\alpha}{1-[(\cos^2\alpha+\sin^2\alpha)^2-3\cos^2\alpha\sin^2\alpha]}$$

$$= \frac{2\cos^2\alpha\cdot\sin^2\alpha}{3\cos^2\alpha\cdot\sin^2\alpha}$$

$$= \frac{2}{3}.$$

解法二

$$原式 = \frac{(1-\cos^2\alpha)(1+\cos^2\alpha)-\sin^4\alpha}{(1-\cos^2\alpha)(1+\cos^2\alpha+\cos^4\alpha)-\sin^6\alpha}$$

$$= \frac{\sin^2\alpha(1+\cos^2\alpha-\sin^2\alpha)}{\sin^2\alpha(1+\cos^2\alpha+\cos^4\alpha-\sin^4\alpha)}$$

$$= \frac{2\cos^2\alpha}{1+\cos^2\alpha+(\cos^2\alpha+\sin^2\alpha)(\cos^2\alpha-\sin^2\alpha)}$$

$$= \frac{2\cos^2\alpha}{1+\cos^2\alpha+\cos^2\alpha-\sin^2\alpha}$$

$$= \frac{2\cos^2\alpha}{3\cos^2\alpha}$$

$$= \frac{2}{3}.$$

解法三 由三角函数定义: $\sin\alpha = \frac{y}{r}$, $\cos\alpha = \frac{x}{r}$, 并注意到 $x^2+y^2=r^2$, 代入原式得:

$$原式 = \frac{1-\frac{x^4}{r^4}-\frac{y^4}{r^4}}{1-\frac{x^6}{r^6}-\frac{y^6}{r^6}} = \frac{\frac{r^4-(x^4+y^4)}{r^4}}{\frac{r^6-(x^6+y^6)}{r^6}}$$

$$= \frac{r^2[(x^2+y^2)^2-(x^4+y^4)]}{(x^2+y^2)^3-(x^6+y^6)}$$

$$= \frac{2x^2y^2(x^2+y^2)}{3x^4y^2+3x^2y^4}$$

$$= \frac{2x^2y^2(x^2+y^2)}{3x^2y^2(x^2+y^2)} = \frac{2}{3}.$$

点拨 解法一、解法二都是用平方关系 $\sin^2\alpha+\cos^2\alpha=1$ 变形,可见灵活运用三角公式是三角函数式恒等变形的关键. 解法三利用三角函数定义,返璞归真,揭示三角变换的实质.

例8 化简 $\sin^3\alpha\sin 3\alpha+\cos^3\alpha\cos 3\alpha$.

分析 观察可发现 $\sin^3\alpha\sin 3\alpha = \sin^2\alpha\cdot\sin\alpha\sin 3\alpha$, 同样 $\cos^3\alpha\cos 3\alpha = \cos^2\alpha\cos\alpha\cdot\cos 3\alpha$, 这样变形后可使用公式进行化简.

解 原式 $=\sin^2\alpha\sin\alpha\sin3\alpha+\cos^2\alpha\cdot\cos\alpha\cos3\alpha$

$=\frac{1-\cos2\alpha}{2}\sin\alpha\sin3\alpha+\frac{1+\cos2\alpha}{2}\cos\alpha\cdot\cos3\alpha$

$=\frac{1}{2}(\cos3\alpha\cos\alpha+\sin3\alpha\sin\alpha)+\frac{1}{2}\cos2\alpha(\cos3\alpha\cos\alpha-\sin3\alpha\sin\alpha)$

$=\frac{1}{2}\cos2\alpha+\frac{1}{2}\cos2\alpha\cos4\alpha$

$=\frac{1}{2}\cos2\alpha(1+\cos4\alpha)$

$=\frac{1}{2}\cos2\alpha\cdot2\cos^2 2\alpha=\cos^3 2\alpha.$

题型6 求值问题

三角函数的求值主要有三种类型，即给角求值、给值求值、给值求角.

(1)给角求值的关键是正确地选用公式，以便把非特殊角的三角函数相约或相消，从而化为特殊角的三角函数.

(2)给值求值的关键是找出已知式与欲求式之间的联系及函数的差异，一般可以适当变换已知式，求得另外函数式的值，以备应用. 同时也要注意变换欲求式，便于将已知式求得的函数值代入，从而达到解题的目的.

(3)给值求角关键找出所给三角函数值在$(0,2\pi)$内所对应的角，然后利用终边相同的角对应的三角函数值相同，求出所有符合条件的角.

例9 求 $\sin\left(2n\pi+\frac{2\pi}{3}\right)\cdot\cos\left(n\pi+\frac{4\pi}{3}\right)$ 的值$(n\in\mathbf{Z})$.

分析 利用诱导公式可以把$2n\pi$和$n\pi$转化为可以消去的量，这需要用到分类讨论的思想.

解 (1)当n为奇数时，

$\sin\left(2n\pi+\frac{2\pi}{3}\right)\cos\left(n\pi+\frac{4\pi}{3}\right)$

$=\sin\frac{2\pi}{3}\left(-\cos\frac{4\pi}{3}\right)$

$=\sin\left(\pi-\frac{\pi}{3}\right)\cdot\left[-\cos\left(\pi+\frac{\pi}{3}\right)\right]$

$=\sin\frac{\pi}{3}\cos\frac{\pi}{3}=\frac{\sqrt{3}}{2}\times\frac{1}{2}=\frac{\sqrt{3}}{4}.$

(2)当n为偶数时，

$\sin\left(2n\pi+\frac{2\pi}{3}\right)\cdot\cos\left(n\pi+\frac{4\pi}{3}\right)$

$=\sin\frac{2\pi}{3}\cdot\cos\frac{4\pi}{3}$

$=\sin\left(\pi-\frac{\pi}{3}\right)\cdot\cos\left(\pi+\frac{\pi}{3}\right)$

$=\sin\frac{\pi}{3}\left(-\cos\frac{\pi}{3}\right)$

$=\frac{\sqrt{3}}{2}\times\left(-\frac{1}{2}\right)$

$=-\frac{\sqrt{3}}{4}.$

点拨 在解决此类利用三角函数的诱导公式求值的问题时，应根据求值问题的需要和诱导公式的转化功能，对n进行逻辑划分，分为奇数、偶数讨论.

例10 已知 $\tan\theta=\frac{1}{2}$，求下列各式的值.

(1)$2\sin^2\theta-3\sin\theta\cos\theta-5\cos^2\theta$；

(2)$\frac{\sin^2\theta-2\sin\theta\cos\theta-\cos^2\theta}{4\cos^2\theta-3\sin^2\theta+1}$.

分析 需设法把所求式化为$\tan\theta$的函数式，方可求值.

解 (1)$2\sin^2\theta-3\sin\theta\cos\theta-5\cos^2\theta$

$=\frac{2\sin^2\theta-3\sin\theta\cos\theta-5\cos^2\theta}{\sin^2\theta+\cos^2\theta}$

$=\frac{2\tan^2\theta-3\tan\theta-5}{\tan^2\theta+1}$

$=\frac{\frac{1}{2}-\frac{3}{2}-5}{\frac{5}{4}}$

$= -\dfrac{24}{5}$.

(2) $\dfrac{\sin^2\theta - 2\sin\theta\cos\theta - \cos^2\theta}{4\cos^2\theta - 3\sin^2\theta + 1}$

$= \dfrac{\sin^2\theta - 2\sin\theta\cos\theta - \cos^2\theta}{5\cos^2\theta - 2\sin^2\theta}$

$= \dfrac{\tan^2\theta - 2\tan\theta - 1}{5 - 2\tan^2\theta}$

$= \dfrac{\frac{1}{4} - 1 - 1}{5 - \frac{1}{2}}$

$= -\dfrac{7}{18}$.

题型7 三角恒等式的证明

(1)证明三角恒等式的实质是消除等式两边的差异,有目的的化繁为简、左右归一或变更论证.

(2)三角恒等式的证明主要有两种类型:绝对恒等式与条件恒等式.

①证明绝对恒等式要根据等式两边的特征,化繁为简,左右归一、变更论证.通过三角恒等式变换,使等式的两边化异为同.

②条件恒等式的证明则要认真观察,比较已知条件与求证等式之间的联系,选择适当途径,常用代入法、消元法、两头凑等方法.

对条件恒等式的证明,要充分利用已知条件,以结论为目标,进行恒等变形,逐步推证结论.从某种意义上说,条件恒等式的证明可以看作是已知条件和结果的三角函数式的化简与求值.

例11 证明下列各式:

(1) $2\sin\alpha + \sin 2\alpha = \dfrac{2\sin^3\alpha}{1-\cos\alpha}$;

(2) $\tan\alpha - \cot\alpha + 2\cot 2\alpha = 0$.

证明 (1) $2\sin\alpha + \sin 2\alpha$

$= 2\sin\alpha + 2\sin\alpha\cos\alpha$

$= 2\sin\alpha(1+\cos\alpha)$

$= 2\sin\alpha \cdot \dfrac{1-\cos^2\alpha}{1-\cos\alpha}$

$= \dfrac{2\sin^3\alpha}{1-\cos\alpha}$.

(2) $\because \tan\alpha - \cot\alpha$

$= \dfrac{\sin\alpha}{\cos\alpha} - \dfrac{\cos\alpha}{\sin\alpha}$

$= \dfrac{\sin^2\alpha - \cos^2\alpha}{\sin\alpha\cos\alpha}$

$= \dfrac{-2\cos 2\alpha}{\sin 2\alpha}$

$= -2\cot 2\alpha$,

$\therefore \tan\alpha - \cot\alpha + 2\cot 2\alpha = 0$.

例12 已知 $\sin\theta + \cos\theta = 2\sin\alpha$, $\sin^2\beta = \sin\theta\cos\theta$,求证:$2\cos 2\alpha = \cos 2\beta$.

分析 观察问题的条件和结论,发现被证的等式中不含角 θ,因此从已知条件中消去角 θ,问题即可得证.

证明 由题意得

$$\begin{cases} 2\sin\alpha = \sin\theta + \cos\theta, & ① \\ \sin^2\beta = \sin\theta\cos\theta, & ② \end{cases}$$

①^2 $-2\times$②得 $4\sin^2\alpha - 2\sin^2\beta = 1$.

变形为 $1 - 2\sin^2\beta = 2 - 4\sin^2\alpha$,

则有 $\cos 2\beta = 2\cos 2\alpha$.

题型8 已知三角函数值求角

已知角 x 的三角函数值求角 x 的步骤:

(1)确定角 x 可能是第几象限角;

(2)如果函数值为正数,则先求出对应的锐角 x_1,如果函数值为负数,则先求出与其绝对值对应的锐角 x_1,然后根据 x 可能为第几象限角,得出 $(0,2\pi)$ 内对应的角——如果它是第二象限角,那么可表示为 $-x_1+\pi$;如果它是第三或第四象限角,可表示为 $x_1+\pi$ 或 $-x_1+2\pi$;

(3)如果要求出 $(0,2\pi)$ 以外对应的角,则可利用终边相同的角三角函数值相等写出结果.

例13 已知 $\sin x = \dfrac{1}{2}$.

(1)若 $x \in \left[-\dfrac{\pi}{2}, \dfrac{\pi}{2}\right]$,求角 x;

(2)若 $x \in \left[\dfrac{\pi}{2}, \dfrac{3}{2}\pi\right]$,求角 x;

(3)若 $x\in[0,\pi]$,求角 x.

解 (1)∵ $y=\sin x,x\in\left[-\dfrac{\pi}{2},\dfrac{\pi}{2}\right]$是单调增函数,且 $\sin\dfrac{\pi}{6}=\dfrac{1}{2}$,

∴满足条件的角有且只有

$x=\arcsin\dfrac{1}{2}=\dfrac{\pi}{6}$,∴ $x=\dfrac{\pi}{6}$.

(2)∵ $\arcsin\dfrac{1}{2}=\dfrac{\pi}{6}\in\left[-\dfrac{\pi}{2},\dfrac{\pi}{2}\right]$,

又∵函数 $y=\sin x$,在 $x\in\left[\dfrac{\pi}{2},\dfrac{3}{2}\pi\right]$上单调递减,∴适合条件的角 x 只有 1 个.且 $-\dfrac{\pi}{2}\leqslant\pi-x\leqslant\dfrac{\pi}{2}$,

又∵ $\sin x=\sin(\pi-x)=\dfrac{1}{2}$,

∴ $\pi-x=\dfrac{\pi}{6}$,即 $x=\dfrac{5}{6}\pi$.

(3)由函数 $y=\sin x,x\in[0,\pi]$上的图象知,适合 $\sin x=\dfrac{1}{2}$的角 x 应该有两个,一个为锐角,另一个为钝角.

由上面的(1)(2)知锐角为$\dfrac{\pi}{6}$,钝角为$\dfrac{5}{6}\pi$.∴适合条件的角 x 为$\dfrac{\pi}{6}$或$\dfrac{5}{6}\pi$.

题型9 三角函数的定义域

求由三角函数参与构成的函数的定义域,对于自变量必须满足:

①使三角函数有意义.例如,若函数含有 $\tan x$,需 $x\neq k\pi+\dfrac{\pi}{2},k\in\mathbf{Z}$;

②分式形式的分母不等于零;

③偶次根式的被开方数不小于零.

求三角函数定义时,常常归结为解三角不等式组,这时可利用基本三角函数的图象或单位圆中三角函数线直观地求得解集.

例14 求函数 $y=\sqrt{2\sin x+1}$的定义域.

分析 要求 $y=\sqrt{2\sin x+1}$的定义域,只需求满足 $2\sin x+1\geqslant0$ 的 x 值的集合,即只需求出满足 $\sin x\geqslant-\dfrac{1}{2}$的 x 值的集合.由于正弦函数具有周期性,故只需求出在一个周期上的适合条件的区间,然后两边加上 $2k\pi(k\in\mathbf{Z})$ 即可.

解 由题意知,需 $2\sin x+1\geqslant0$,也即需

$\sin x\geqslant-\dfrac{1}{2}$. ①

在一个周期$\left[-\dfrac{\pi}{2},\dfrac{3\pi}{2}\right]$上符合①的角的范围为$\left[-\dfrac{\pi}{6},\dfrac{7\pi}{6}\right]$.

由此可得函数的定义域为$\left[2k\pi-\dfrac{\pi}{6},2k\pi+\dfrac{7\pi}{6}\right](k\in\mathbf{Z})$.

题型10 三角函数的最值(值域)

1. 引入辅角法

对于 $y=a\sin x+b\cos x$ 型可引用辅角化为 $y=\sqrt{a^2+b^2}\sin(x+\varphi)$(其中 $\tan\varphi=\dfrac{b}{a}$),再结合正弦函数的有界性来求.

例15 (上海春高考)已知函数 $f(x)=2\sin\left(x+\dfrac{\pi}{6}\right)-2\cos x,x\in\left[\dfrac{\pi}{2},\pi\right]$.

(1)若 $\sin x=\dfrac{4}{5}$,求函数 $f(x)$ 的值;

(2)求函数 $f(x)$ 的值域.

解 (1)∵ $\sin x=\dfrac{4}{5},x\in\left[\dfrac{\pi}{2},\pi\right]$,

∴ $\cos x=-\dfrac{3}{5}$,

∴ $f(x)=2\left(\dfrac{\sqrt{3}}{2}\sin x+\dfrac{1}{2}\cos x\right)-2\cos x=\sqrt{3}\sin x-\cos x=\dfrac{4}{5}\sqrt{3}+\dfrac{3}{5}$.

(2) $f(x)=\sqrt{3}\sin x-\cos x=2\left(\dfrac{\sqrt{3}}{2}\sin x-\dfrac{1}{2}\cos x\right)=2\sin\left(x-\dfrac{\pi}{6}\right)$.

∵ $\dfrac{\pi}{2}\leqslant x\leqslant\pi$,∴ $\dfrac{\pi}{3}\leqslant x-\dfrac{\pi}{6}\leqslant\dfrac{5\pi}{6}$,

$\therefore \dfrac{1}{2} \leqslant \sin\left(x-\dfrac{\pi}{6}\right) \leqslant 1$,

$\therefore 1 \leqslant 2\sin(x-\dfrac{\pi}{6}) \leqslant 2$.

$\therefore$ 函数 $f(x)$ 的值域为 $[1,2]$.

2. 配方法

形如 $y=a\sin^2 x+b\sin x+c$ 的函数，常用配方法求最值或值域.

例 16 已知 $|x| \leqslant \dfrac{\pi}{4}$，求函数 $f(x)=\cos^2 x+\sin x+\dfrac{\sqrt{2}}{2}$ 的最小值.

分析 $\cos^2 x+\sin x+\dfrac{\sqrt{2}}{2}$ 难以表示成 $A\sin(\omega x+\varphi)$ 或 $A\cos(\omega x+\varphi)$ 的形式，但却容易表示成关于 $\sin x$ 的函数，于是可结合二次函数的相关性质求解.

解 $f(x)=\cos^2 x+\sin x+\dfrac{\sqrt{2}}{2}$

$=-\sin^2 x+\sin x+1+\dfrac{\sqrt{2}}{2}$

$=-\left(\sin x-\dfrac{1}{2}\right)^2+\dfrac{5}{4}+\dfrac{\sqrt{2}}{2}$.

$\because |x| \leqslant \dfrac{\pi}{4}$，$\therefore -\dfrac{\sqrt{2}}{2} \leqslant \sin x \leqslant \dfrac{\sqrt{2}}{2}$.

$\therefore \sin x=-\dfrac{\sqrt{2}}{2}$，即 $x=-\dfrac{\pi}{4}$ 时，$y_{\min}=\dfrac{1}{2}$.

3. 换元法

当函数表达式中，既有和（差）式 $\sin x+\cos x$（或 $\sin x-\cos x$），又有乘积 $\sin x\cos x$ 时，常用换元法求值域或最值. 换元途径：

$\sin x\cos x=\dfrac{(\sin x+\cos x)^2-1}{2}$

$=\dfrac{1-(\sin x-\cos x)^2}{2}$.

例 17 求 $y=\sin x+\cos x+\sin x\cos x$ 的值域.

解 令 $\sin x+\cos x=t$，则 $-\sqrt{2} \leqslant t \leqslant \sqrt{2}$.

$\therefore \sin x\cos x=\dfrac{t^2-1}{2}$.

原函数化为 $y=t+\dfrac{t^2-1}{2}=\dfrac{1}{2}t^2+t-\dfrac{1}{2}=\dfrac{1}{2}(t+1)^2-1(-\sqrt{2} \leqslant t \leqslant \sqrt{2})$.

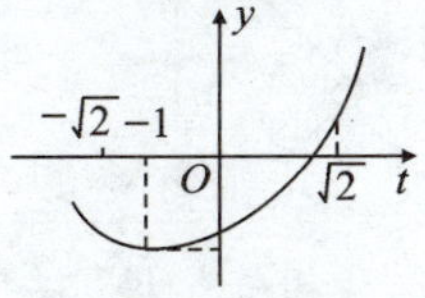

图 2－3－9

作出图象，如图 2－3－9，由图可知当 $t=-1$ 时，$y_{\min}=-1$；当 $t=\sqrt{2}$ 时，$y_{\max}=\dfrac{1}{2}+\sqrt{2}$，故函数的值域为 $\left[-1,\dfrac{1}{2}+\sqrt{2}\right]$.

4. 分离分子法

求形如 $y=\dfrac{c\sin x+d}{a\sin x+b}$ 或 $y=\dfrac{c\cos x+d}{a\cos x+b}$ 这一结构的三角函数的值域或最值时，可以考虑分离分子法，反解法或几何法.

例 18 求函数 $y=\dfrac{3\cos x+1}{\cos x+2}$ 的值域.

解法一 $y=\dfrac{3\cos x+1}{\cos x+2}$

$=\dfrac{3(\cos x+2)-5}{\cos x+2}$

$=3-\dfrac{5}{\cos x+2}$.

$\because -1 \leqslant \cos x \leqslant 1$，$\therefore 1 \leqslant \cos x+2 \leqslant 3$，

$\therefore \dfrac{1}{3} \leqslant \dfrac{1}{\cos x+2} \leqslant 1$，$\therefore -2 \leqslant y \leqslant \dfrac{4}{3}$.

$\therefore$ 函数的值域为 $\left[-2,\dfrac{4}{3}\right]$.

解法二 $\because y=\dfrac{3\cos x+1}{\cos x+2}$，

$\therefore y\cos x+2y=3\cos x+1$，$\cos x=\dfrac{2y-1}{3-y}$.

又 $\because -1 \leqslant \cos x \leqslant 1$，

$\therefore -1 \leqslant \dfrac{2y-1}{3-y} \leqslant 1$.

解得 $-2 \leqslant y \leqslant \dfrac{4}{3}$.

$\therefore$ 函数的值域为 $\left[-2,\dfrac{4}{3}\right]$.

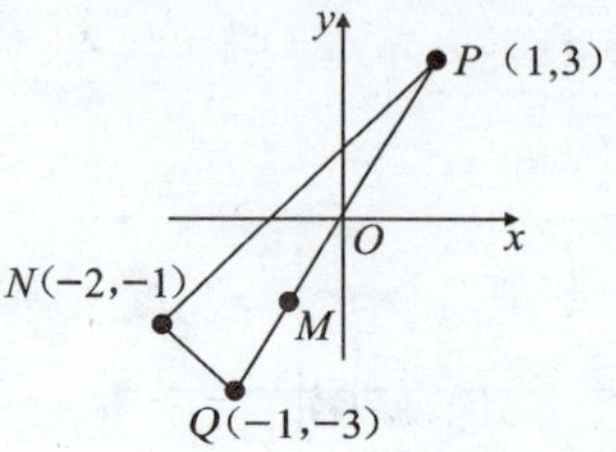

图 2-3-10

解法三 如图 2-3-10，令点 M 为 $(\cos\alpha, 3\cos\alpha)(-1\leqslant\cos\alpha\leqslant 1)$，则点 M 在线段 $y=3x(-1\leqslant x\leqslant 1)$ 上运动，又点 N 为 $(-2,-1)$，则线段 PQ 上的任一点 $M(\cos\alpha, 3\cos\alpha)$ 与点 N 的连线斜率为

$$K_{MN}=\frac{3\cos\alpha-(-1)}{\cos\alpha-(-2)}=\frac{3\cos\alpha+1}{\cos\alpha+2},$$

$\therefore K_{NQ}\leqslant K_{MN}\leqslant K_{NP}$,

从而 $-2\leqslant y\leqslant\frac{4}{3}$,

$\therefore$ 函数的值域为 $\left[-2,\frac{4}{3}\right]$.

5. 解析法

求形如 $y=\frac{\sin x-b}{\cos x-a}$ 的函数的最值时，常考虑斜率的几何意义；当求形如 $(\cos x-a)^2+(\sin x-b)^2$ 的函数的最值时，常考虑圆的几何意义.

例 19 求函数 $y=\frac{\sin x}{\cos x+2}$ 的最大值与最小值.

解 如图 2-3-11，令点 M 为 $(\cos\alpha, \sin\alpha)$，则点 M 为单位圆上的动点. 设点 N 为 $(-2,0)$，则 y 即为线段 MN 的斜率 $K_{MN}=\frac{\sin\alpha-0}{\cos\alpha-(-2)}=\frac{\sin\alpha}{\cos\alpha+2}$.

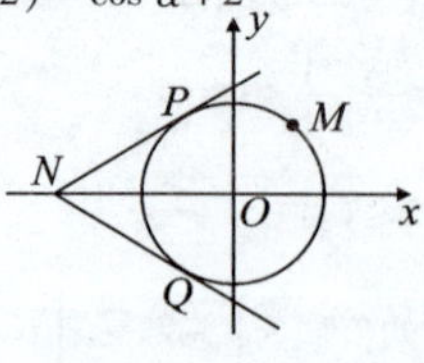

图 2-3-11

很显然，当直线 MN 与单位圆相切时，可达到最值.

$$y_{\max}=K_{PN}=\tan 30°=\frac{\sqrt{3}}{3},$$

$$y_{\min}=K_{QN}=\tan(-30°)=-\frac{\sqrt{3}}{3}.$$

题型 11 三角函数的单调性

三角函数单调区间的确定，一般先将函数化为基本函数的标准形式，然后通过同解变形或根据图象的直观性直接求解. 常见的形如 $y=A\sin(\omega x+\varphi)$ 或 $y=A\cos(\omega x+\varphi)$（其中 $A\neq 0,\omega>0$）的函数的单调区间，可通过解不等式的方法解答：

①把"$\omega x+\varphi(\omega>0)$"视为一个"整体"；② $A>0(A<0)$ 时，所列不等式的方向与 $y=\sin x\ (x\in\mathbf{R})$，$y=\cos x(x\in\mathbf{R})$ 的单调区间对应的不等式的方向相同（反）.

例 20 求函数 $y=\sin\left(-\frac{3}{2}x+\frac{\pi}{4}\right)$ 的单调递增区间.

解 令 $t=-\frac{3}{2}x+\frac{\pi}{4}$，则 $y=\sin t$.

$\because t$ 是 x 的一次减函数，

$\therefore$ 应取 $y=\sin t$ 的单调递减区间.

由单调性可得，$2k\pi+\frac{\pi}{2}\leqslant t\leqslant 2k\pi+\frac{3}{2}\pi(k\in\mathbf{Z})$,

即 $2k\pi+\frac{\pi}{2}\leqslant-\frac{3}{2}x+\frac{\pi}{4}\leqslant 2k\pi+\frac{3}{2}\pi$,

$\therefore$ 当 $-\frac{4}{3}k\pi-\frac{5}{6}\pi\leqslant x\leqslant-\frac{4}{3}k\pi-\frac{\pi}{6}\ (k\in\mathbf{Z})$ 时，$y=\sin t$ 为减函数.

$\therefore y=\sin\left(-\frac{3}{2}x+\frac{\pi}{4}\right)$ 的单调递增区间是 $\left[-\frac{4}{3}k\pi-\frac{5}{6}\pi,-\frac{4}{3}k\pi-\frac{\pi}{6}\right](k\in\mathbf{Z})$.

题型 12 三角函数的对称问题

函数 $y=A\sin(\omega x+\varphi)$ 与 $y=A\cos(\omega x+\varphi)(A\neq 0,\omega\neq 0)$ 的图象既是中心对称图形又

是轴对称图形，它们的对称中心有无数个，这些点即为图象与 x 轴的交点，对称轴有无数条，这些直线均与 x 轴垂直且过图象的最高点或最低点. 函数 $y=A\tan(\omega x+\varphi)$ $(A\neq 0, w\neq 0)$ 的图象只是中心对称图形，对称中心有无数个.

例21 已知 $f(x)=\sin(2x+\varphi)$，且 $f\left(\frac{\pi}{12}+x\right)=f\left(\frac{\pi}{12}-x\right)$ 恒成立，则 $f\left(\frac{\pi}{3}\right)=$________.

解 $\because f\left(\frac{\pi}{12}+x\right)=f\left(\frac{\pi}{12}-x\right)$ 恒成立，

$\therefore f(x)$ 的图象关于 $x=\frac{\pi}{12}$ 对称.

$\therefore 2\times\frac{\pi}{12}+\varphi=k\pi+\frac{\pi}{2}$，

$\therefore \varphi=k\pi+\frac{\pi}{3}$.

$\therefore f(x)=\sin\left(2x+k\pi+\frac{\pi}{3}\right)$，

$\therefore f\left(\frac{\pi}{3}\right)=\sin\left(2\times\frac{\pi}{3}+k\pi+\frac{\pi}{3}\right)$

$=\sin(k\pi+\pi)=0$.

答案 0.

例22 （天津高考）已知函数 $f(x)=a\sin x-b\cos x$（a、b 为常数，$a\neq 0, x\in\mathbf{R}$）在 $x=\frac{\pi}{4}$ 处取得最小值，则函数 $y=f\left(\frac{3}{4}\pi-x\right)$ 是（　　）.

A. 偶函数且它的图象关于点 $(\pi,0)$ 对称

B. 偶函数且它的图象关于点 $\left(\frac{3}{2}\pi,0\right)$ 对称

C. 奇函数且它的图象关于点 $\left(\frac{3}{2}\pi,0\right)$ 对称

D. 奇函数且它的图象关于点 $(\pi,0)$ 对称

解 $\because f(x)=\sqrt{a^2+b^2}\sin(x-\varphi)$，其中 $\tan\varphi=\frac{b}{a}$. 又 $f(x)$ 在 $x=\frac{\pi}{4}$ 处取最小值，

$\therefore \frac{\pi}{4}-\varphi=-\frac{\pi}{2}+2k\pi\ (k\in\mathbf{Z})$，则 $\varphi=\frac{3}{4}\pi-2k\pi\ (k\in\mathbf{Z})$.

$\therefore f\left(\frac{3}{4}\pi-x\right)$

$=\sqrt{a^2+b^2}\cdot\sin\left(\frac{3\pi}{4}-x-\frac{3}{4}\pi+2k\pi\right)$

$=-\sqrt{a^2+b^2}\sin x$. 由此可知应选 D.

答案 D.

题型 13 由图象确定三角函数解析式

解决此类问题的关键在于确定参数 A、ω、φ. 其基本方法是在观察图象的基础上，利用待定系数法求解. 若设所求解析式为 $y=A\sin(\omega x+\varphi)$，则在观察图象的基础上可按以下规律来确定 A、ω、φ：

(1) A：一般可由图象上的最大值、最小值来确定 $|A|$.

(2) ω：因为 $T=\frac{2\pi}{\omega}$，所以往往通过求周期 T 来确定 ω. 可通过已知曲线与 x 轴的交点从而确定 T，即相邻的最高点与最低点之间的距离为 $\frac{T}{2}$；相邻的两个最高点（或最低点）之间的距离为 T.

(3) φ：从寻找"五点法"中的第一零点 $\left(-\frac{\varphi}{\omega},0\right)$（也叫初始点）作为突破口，要从图象的升降情况找准第一零点的位置，即图象上升时与 x 轴的交点.

例23 若函数 $f(x)=\sin(\omega x+\varphi)$ 的部分图象如图 2－3－12，则 ω 和 φ 的取值是（　　）.

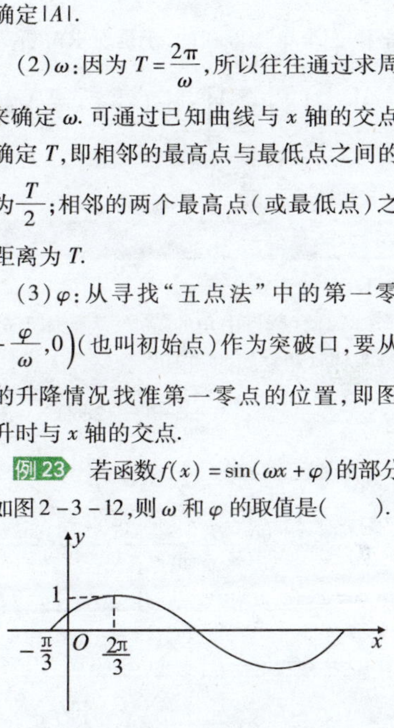

图 2－3－12

A. $\omega=1, \varphi=\frac{\pi}{3}$

B. $\omega=1,\varphi=-\frac{\pi}{3}$

C. $\omega=\frac{1}{2},\varphi=\frac{\pi}{6}$

D. $\omega=\frac{1}{2},\varphi=-\frac{\pi}{6}$

解析 方法一：$A=1$，$\frac{T}{4}=\frac{2\pi}{3}-\left(-\frac{\pi}{3}\right)=\pi$.

$\therefore T=4\pi=\frac{2\pi}{\omega}$，得 $\omega=\frac{1}{2}$，由点 $\left(-\frac{\pi}{3},0\right)$，令 $-\frac{\pi}{3}\times\omega+\varphi=0$，即 $\varphi=\frac{\pi}{6}$，故答案为C.

方法二：同方法一可得 $A=1,\omega=\frac{1}{2}$，

$\therefore$ 所给图象是由曲线 $y=\sin\left(\frac{1}{2}x\right)$ 的图象向左平移 $\frac{\pi}{3}$ 个单位得到的，于是所求解析式为 $y=\sin\left[\frac{1}{2}\left(x+\frac{\pi}{3}\right)\right]=\sin\left(\frac{1}{2}x+\frac{\pi}{6}\right)$，故答案为C.

答案 C.

题型14 三角变换

1. 角的变换方法

(1)观察题目中角的特点，从整体上分析所给非特殊角之间的和差关系.

例24 化简：$\frac{\sin(2\alpha-\beta)}{\sin\alpha}-2\cos(\alpha-\beta)$.

解 $\frac{\sin(2\alpha-\beta)}{\sin\alpha}-2\cos(\alpha-\beta)$

$=\frac{\sin[\alpha+(\alpha-\beta)]-2\cos(\alpha-\beta)\sin\alpha}{\sin\alpha}$

$=\frac{\sin\alpha\cos(\alpha-\beta)+\cos\alpha\sin(\alpha-\beta)-2\cos(\alpha-\beta)\sin\alpha}{\sin\alpha}$

$=\frac{\cos\alpha\sin(\alpha-\beta)-\sin\alpha\cos(\alpha-\beta)}{\sin\alpha}$

$=\frac{\sin[(\alpha-\beta)-\alpha]}{\sin\alpha}$

$=\frac{\sin(-\beta)}{\sin\alpha}=-\frac{\sin\beta}{\sin\alpha}$.

(2)寻求已知角与待求角的和差关系，把所求角转化为已知角或已知角与特殊角的和与差.

例25 已知 $\cos\left(\alpha-\frac{\pi}{6}\right)=\frac{12}{13}$ $\left(\frac{\pi}{6}<\alpha<\frac{\pi}{2}\right)$，求 $\cos\alpha$.

解 由于 $0<\alpha-\frac{\pi}{6}<\frac{\pi}{3}$，$\cos\left(\alpha-\frac{\pi}{6}\right)=\frac{12}{13}$，所以 $\sin\left(\alpha-\frac{\pi}{6}\right)=\frac{5}{13}$.

所以 $\cos\alpha=\cos\left[\left(\alpha-\frac{\pi}{6}\right)+\frac{\pi}{6}\right]$

$=\cos\left(\alpha-\frac{\pi}{6}\right)\cos\frac{\pi}{6}-\sin\left(\alpha-\frac{\pi}{6}\right)\cdot\sin\frac{\pi}{6}=\frac{12}{13}\times\frac{\sqrt{3}}{2}-\frac{5}{13}\times\frac{1}{2}=\frac{12\sqrt{3}-5}{26}$.

(3)寻求已知角与待求角的和差为特殊角，如 $\frac{\pi}{2}$，$\frac{3\pi}{2}$，π 等，适合运用诱导公式进行转化.

例26 求函数 $y=\sin\left(\frac{\pi}{3}-2x\right)+\cos\left(\frac{\pi}{6}+2x\right)$ 的最大值.

解 $\because\left(\frac{\pi}{3}-2x\right)+\left(\frac{\pi}{6}+2x\right)=\frac{\pi}{2}$，

$\therefore\cos\left(\frac{\pi}{6}+2x\right)=\sin\left(\frac{\pi}{3}-2x\right)$.

$\therefore y=2\sin\left(\frac{\pi}{3}-2x\right)$，其最大值为2.

(4)若已知角与待求角存在着倍角与半角关系，则应用二倍角公式及推论.

例27 若 $\sin\left(\frac{\pi}{6}-\alpha\right)=\frac{1}{3}$，则 $\cos\left(\frac{2\pi}{3}+2\alpha\right)$ 等于(　　).

A. $-\frac{7}{9}$　　B. $-\frac{1}{3}$

C. $\frac{1}{3}$　　D. $\frac{7}{9}$

解析 因为 $\frac{2\pi}{3}+2\alpha=2\left(\frac{\pi}{3}+\alpha\right)$，

又$\frac{\pi}{3}+\alpha+\left(\frac{\pi}{6}-\alpha\right)=\frac{\pi}{2}$.

由倍角公式知：$\cos\left(\frac{2\pi}{3}+2\alpha\right)=2\cos^2\left(\frac{\pi}{3}+\alpha\right)-1=2\sin^2\left(\frac{\pi}{6}-\alpha\right)-1=-\frac{7}{9}$.

答案 A.

(5)角成二倍角关系且以余弦积的形式出现的式子，化简方法为分子、分母乘以最小角的正弦后依次使用二倍角正弦公式.

例 28 $\cos 20°\cos 40°\cos 80°=$________.

解析 原式$=\frac{2\sin 20°\cos 20°\cos 40°\cos 80°}{2\sin 20°}$

$=\frac{\sin 40°\cos 40°\cos 80°}{2\sin 20°}$

$=\frac{\frac{1}{2}\sin 80°\cos 80°}{2\sin 20°}$

$=\frac{\frac{1}{4}\sin 160°}{2\sin 20°}$

$=\frac{1}{8}$.

答案 $\frac{1}{8}$.

2. 变换常数的方法

(1)式中出现的常数可以与特殊角的三角函数值对照，用三角函数形式来替换常数.

常见的“1”的代换有：

$1=\sin^2\alpha+\cos^2\alpha=\tan 45°=\tan\alpha\cdot\cot\alpha$.

例 29 化简：$(\tan 10°-\sqrt{3})\cdot\frac{\cos 10°}{\sin 50°}$.

解 $(\tan 10°-\sqrt{3})\cdot\frac{\cos 10°}{\sin 50°}$

$=(\tan 10°-\tan 60°)\cdot\frac{\cos 10°}{\sin 50°}$

$=\left(\frac{\sin 10°}{\cos 10°}-\frac{\sin 60°}{\cos 60°}\right)\cdot\frac{\cos 10°}{\sin 50°}$

$=\frac{\sin(-50°)}{\cos 10°\cdot\cos 60°}\cdot\frac{\cos 10°}{\sin 50°}$

$=-2$.

(2)变换函数名称的方法

三角变形中常常需要变不同名三角函数为同名三角函数. 如在三角函数中正余弦是基础，通常化切为弦，变异名为同名.

例 30 已知$\tan\frac{\alpha+\beta}{2}=\frac{\sqrt{6}}{2}$，$\tan\alpha\cdot\tan\beta=\frac{13}{7}$，求$\cos(\alpha-\beta)$的值.

解 $\tan\frac{\alpha+\beta}{2}=\frac{\sqrt{6}}{2}$，由二倍角公式的推论，

$\therefore\cos(\alpha+\beta)=\frac{1-\tan^2\frac{\alpha+\beta}{2}}{1+\tan^2\frac{\alpha+\beta}{2}}=-\frac{1}{5}$，

$\therefore\cos\alpha\cos\beta-\sin\alpha\sin\beta=-\frac{1}{5}$. ①

$\because\tan\alpha\tan\beta=\frac{13}{7}$，$\therefore\frac{\sin\alpha\cdot\sin\beta}{\cos\alpha\cdot\cos\beta}=\frac{13}{7}$.

$\therefore 7\sin\alpha\sin\beta-13\cos\alpha\cos\beta=0$. ②

由①②得$\begin{cases}\cos\alpha\cos\beta=\frac{7}{30},\\ \sin\alpha\sin\beta=\frac{13}{30}.\end{cases}$

$\therefore\cos(\alpha-\beta)=\cos\alpha\cos\beta+\sin\alpha\cdot\sin\beta=\frac{2}{3}$.

题型 15 解三角形

解已知两边和一角的三角形时，必须看准类型，到底属于两边夹角还是两边及一边的对角. 解题时合理选择正弦定理或余弦定理求解. 准确判断解的情况，以避免漏解.

例 31 在$\triangle ABC$中，$\angle A=45°$，$a=2$，$c=\sqrt{6}$，解此三角形.

分析 利用正弦定理有$\frac{a}{\sin A}=\frac{c}{\sin C}$，先求出$\angle C$. 但可能会出现两种情况，故还需分类讨论.

解 由正弦定理得$\sin C=\frac{\sqrt{6}}{2}\cdot\sin 45°=\frac{\sqrt{6}}{2}\times\frac{\sqrt{2}}{2}=\frac{\sqrt{3}}{2}$.

$\because 0° < \angle C < 135°$，

$\therefore \angle C$ 有两解，即 $\angle C = 60°$ 或 $\angle C = 120°$.

当 $\angle C = 60°$ 时，$\angle B = 180° - (\angle A + \angle C) = 75°$，

$b = \dfrac{a}{\sin A} \cdot \sin B = \sqrt{3} + 1$.

当 $\angle C = 120°$ 时，$\angle B = 180° - (\angle A + \angle C) = 15°$.

$\therefore b = \dfrac{a}{\sin A} \cdot \sin B = \sqrt{3} - 1$.

$\therefore b = \sqrt{3} + 1, \angle C = 60°, \angle B = 75°$ 或 $b = \sqrt{3} - 1, \angle C = 120°, \angle B = 15°$.

题型 16 判断三角形形状

判断三角形的形状，应围绕三角形的边角关系进行思考，主要看其是否是等边三角形、等腰三角形、直角三角形、钝角三角形或锐角三角形，要特别注意“等腰直角三角形”与“等腰三角形或直角三角形”的区别，依据已知条件中的边角关系判断时，主要有以下两条途径：

(1)利用正、余弦定理把已知条件转化为边边关系，通过因式分解、配方等得出边的相应关系，从而判断三角形的形状.

(2)利用正、余弦定理把已知条件转化为内角的三角函数间的关系，通过三角函数恒等变形，得出内角的关系，从而判断出三角形的形状，此时要注意应用 $A + B + C = \pi$ 这个条件.

在两种解法的等式变形中，一般两边不要约去公因式，应移项提取公因式，以免漏解.

例 32 $\triangle ABC$ 中，若 $\dfrac{\tan A}{\tan B} = \dfrac{a^2}{b^2}$，试判断 $\triangle ABC$ 的形状.

分析 先把切函数化为弦函数，然后利用正弦定理或余弦定理实现边、角的统一.

解法一 (利用正、余弦定理化角为边)

由题设知 $\dfrac{\sin A \cos B}{\cos A \sin B} = \dfrac{a^2}{b^2} \Rightarrow$

$$\frac{\dfrac{a}{2R} \cdot \dfrac{a^2 + c^2 - b^2}{2ac}}{\dfrac{b^2 + c^2 - a^2}{2bc} \cdot \dfrac{b}{2R}} = \frac{a^2}{b^2},$$

化简得 $b^2(a^2 + c^2 - b^2) = a^2(b^2 + c^2 - a^2)$.

$\therefore (a^2 - b^2)(a^2 + b^2 - c^2) = 0$.

$\therefore a = b$ 或 $a^2 + b^2 = c^2$.

$\therefore \triangle ABC$ 为等腰三角形或直角三角形.

解法二 (利用正弦定理化边为角)

由正弦定理知 $\dfrac{\sin A \cos B}{\sin B \cos A} = \dfrac{\sin^2 A}{\sin^2 B}$.

即 $\dfrac{\cos B}{\cos A} = \dfrac{\sin A}{\sin B}$，$\therefore \sin 2A = \sin 2B$.

$\therefore 2\angle A = 2\angle B$ 或 $2\angle A = 180° - 2\angle B$，

即 $\angle A = \angle B$ 或 $\angle A + \angle B = 90°$.

$\therefore \triangle ABC$ 为等腰三角形或直角三角形.

题型 17 解三角形的实际应用

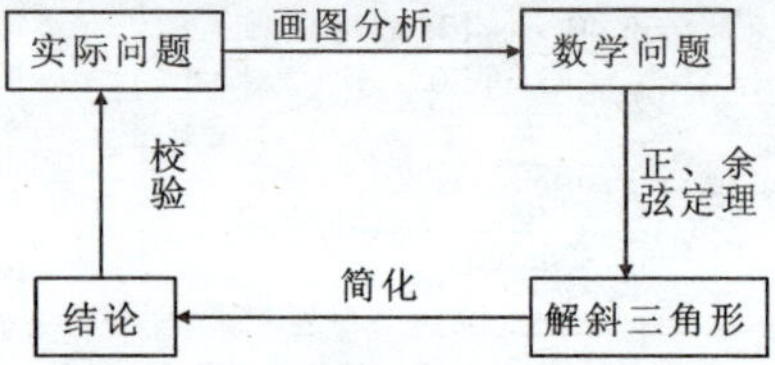

例 33 沿一条小路前进，从 A 到 B，方位角(从正北方向顺时针转到 AB 方向所成的角)是 $50°$，距离是 470 m，从 B 到 C，方位角是 $80°$，距离是 860 m，从 C 到 D，方位角是 $150°$，距离是 640 m.

试画出示意图，并计算出从 A 到 D 的方位角和距离.

分析 如图 2－3－13，作图要理解题意，并按适当的比例. 要求 A 到 D 的方位角，需构造三角形，连接 AC. 在 $\triangle ABC$ 中，用余弦定理求出 AC，进而求出 $\angle BAC$，再在 $\triangle ACD$ 中，求出 AD 和 $\angle CAD$.

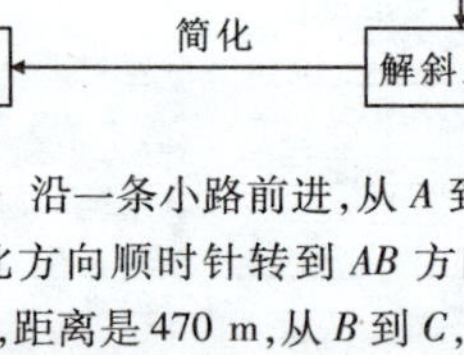

图 2－3－13

解 连接 AC，在 $\triangle ABC$ 中，

$\angle ABC = 50° + (180° - 80°) = 150°$，由余

弦理得

$AC=\sqrt{AB^2+BC^2-2AB\cdot BC\cos 150^\circ}\approx$ 1 289(m).

由正弦定理得

$\sin\angle BAC=\dfrac{BC\sin\angle ABC}{AC}=\dfrac{860\sin 150^\circ}{1\ 289}\approx$ 0.333 6.

所以$\angle BAC\approx19.5^\circ$，$\angle ACB\approx10.5^\circ$.

在$\triangle ACD$中，$\angle ACD=80^\circ-10.5^\circ+30^\circ=99.5^\circ$，

由余弦定理得

$AD=\sqrt{AC^2+CD^2-2AC\cdot CD\cos\angle ACD}\approx$ 1 531(m).

由正弦定理得$\sin\angle CAD=\dfrac{CD\cdot\sin\angle ACD}{AD}=\dfrac{640\sin 99.5^\circ}{1\ 531}\approx0.412\ 3$，$\angle CAD\approx24.4^\circ$.

于是AD的方位角为$50^\circ+19.5^\circ+24.4^\circ=93.9^\circ$，即从$A$到$D$的方位角约为$93.9^\circ$，距离约为1 531 m.

综合解题指导

题型1 三角与向量的综合

例1 已知向量$\boldsymbol{a}=(1+\cos\alpha,\sin\alpha)$，$\boldsymbol{b}=(1-\cos\beta,\sin\beta)$，$\boldsymbol{c}=(1,0)$，$\alpha\in(0,\pi)$，$\beta\in(\pi,2\pi)$，$\boldsymbol{a}$与$\boldsymbol{c}$的夹角为$\theta_1$，$\boldsymbol{b}$与$\boldsymbol{c}$的夹角为$\theta_2$，且$\theta_1-\theta_2=\dfrac{\pi}{6}$，求$\alpha-\beta$的值.

解 $\because\alpha\in(0,\pi)$，$\beta\in(\pi,2\pi)$，

$\therefore\dfrac{\alpha}{2}\in\left(0,\dfrac{\pi}{2}\right)$，$\dfrac{\beta}{2}\in\left(\dfrac{\pi}{2},\pi\right)$，

$\therefore\cos\dfrac{\alpha}{2}>0$，$\sin\dfrac{\beta}{2}>0$，

$\therefore|\boldsymbol{a}|=\sqrt{(1+\cos\alpha)^2+(\sin\alpha)^2}$

$=\sqrt{2+2\cos\alpha}=2\cos\dfrac{\alpha}{2}$，

$|\boldsymbol{b}|=\sqrt{(1-\cos\beta)^2+(\sin\beta)^2}$

$=\sqrt{2-2\cos\beta}=2\sin\dfrac{\beta}{2}$.

而$|\boldsymbol{c}|=1$，又$\because\boldsymbol{a}\cdot\boldsymbol{c}=1+\cos\alpha=2\cos^2\dfrac{\alpha}{2}$，$\boldsymbol{b}\cdot\boldsymbol{c}=1-\cos\beta=2\sin^2\dfrac{\beta}{2}$，

$\therefore\cos\theta_1=\dfrac{\boldsymbol{a}\cdot\boldsymbol{c}}{|\boldsymbol{a}||\boldsymbol{c}|}=\cos\dfrac{\alpha}{2}$，

$\cos\theta_2=\dfrac{\boldsymbol{b}\cdot\boldsymbol{c}}{|\boldsymbol{b}||\boldsymbol{c}|}=\sin\dfrac{\beta}{2}=\cos\left(\dfrac{\pi}{2}-\dfrac{\beta}{2}\right)=\cos\left(\dfrac{\beta}{2}-\dfrac{\pi}{2}\right)$.

又$\because\dfrac{\alpha}{2}\in\left(0,\dfrac{\pi}{2}\right)$，$\therefore\theta_1=\dfrac{\alpha}{2}$.

$\because\dfrac{\beta}{2}\in\left(\dfrac{\pi}{2},\pi\right)$，$0<\dfrac{\beta}{2}-\dfrac{\pi}{2}<\dfrac{\pi}{2}$，

$\cos\theta_2=\cos\left(\dfrac{\beta}{2}-\dfrac{\pi}{2}\right)$，$\therefore\theta_2=\dfrac{\beta}{2}-\dfrac{\pi}{2}$，

$\because\theta_1-\theta_2=\dfrac{\pi}{6}$，

即$\dfrac{\alpha}{2}-\left(\dfrac{\beta}{2}-\dfrac{\pi}{2}\right)=\dfrac{\pi}{6}$，

$\therefore\alpha-\beta=-\dfrac{2\pi}{3}$.

题型2 三角函数与不等式的综合

例2 已知α、β是锐角，且$\alpha+\beta\neq\dfrac{\pi}{2}$，$3\sin\beta=\sin(2\alpha+\beta)$.

(1)求证：$\tan(\alpha+\beta)=2\tan\alpha$；

(2)求证：$\tan\beta\leqslant\dfrac{\sqrt{2}}{4}$，并求等号成立时$\tan\alpha$和$\tan\beta$的值.

证明 (1)由$3\sin\beta=\sin(2\alpha+\beta)\Rightarrow3\sin(\alpha+\beta-\alpha)=\sin(\alpha+\beta+\alpha)\Rightarrow3\sin(\alpha+\beta)\cdot\cos\alpha-3\cos(\alpha+\beta)\sin\alpha=\sin(\alpha+\beta)\cos\alpha+\cos(\alpha+\beta)\sin\alpha\Rightarrow4\cos(\alpha+\beta)\cdot\sin\alpha=2\sin(\alpha+\beta)\cdot\cos\alpha$，故$\tan(\alpha+\beta)=2\tan\alpha$.

(2)$\tan\beta=\tan(\alpha+\beta-\alpha)$

$=\dfrac{\tan(\alpha+\beta)-\tan\alpha}{1+\tan(\alpha+\beta)\tan\alpha}$

$=\dfrac{\tan\alpha}{1+2\tan^2\alpha}$

$=\dfrac{1}{\dfrac{1}{\tan\alpha}+2\tan\alpha}\leqslant\dfrac{1}{2\sqrt{2}}=\dfrac{\sqrt{2}}{4}$.

当$\dfrac{1}{\tan\alpha}=2\tan\alpha$,即$\tan\alpha=\dfrac{\sqrt{2}}{2}$($\because\alpha$为锐角)时,$\tan\beta=\dfrac{\sqrt{2}}{4}$.

所以等号成立时,$\tan\alpha=\dfrac{\sqrt{2}}{2}$,$\tan\beta=\dfrac{\sqrt{2}}{4}$.

题型3 三角函数与解析几何的综合

例3 把函数$f(x)=\sin^2x-2\sin x\cos x+3\cos^2x$的图象沿$x$轴向左平移$m(m>0)$个单位,所得函数的图象关于直线$x=\dfrac{17\pi}{8}$对称.

(1)求m的最小值;

(2)证明当$x\in\left(-\dfrac{17\pi}{8},-\dfrac{15\pi}{8}\right)$时,经过函数$f(x)$的图象上任意两点的直线的斜率恒为负数;

(3)设$x_1、x_2\in(0,\pi)$,$x_1\neq x_2$,且$f(x_1)=f(x_2)=1$,求x_1+x_2的值.

(1)**解** $f(x)=\sin^2x-2\sin x\cos x+3\cos^2x$

$=\dfrac{1-\cos 2x}{2}-\sin 2x+3\cdot\dfrac{1+\cos 2x}{2}$

$=\cos 2x-\sin 2x+2$

$=\sqrt{2}\cos\left(2x+\dfrac{\pi}{4}\right)+2$.

将$f(x)$的图象沿x轴向左平移m个单位得到函数$g(x)=\sqrt{2}\cos\left[2(x+m)+\dfrac{\pi}{4}\right]+2$的图象.

$\because g(x)$的图象关于直线$x=\dfrac{17\pi}{8}$对称,

$\therefore 2\left(\dfrac{17\pi}{8}+m\right)+\dfrac{\pi}{4}=k\pi(k\in\mathbf{Z})$,

即$m=\dfrac{(2k-9)\pi}{4}(k\in\mathbf{Z})$.

又$\because m>0$,$\therefore m$的最小值为$\dfrac{\pi}{4}$($k=5$时取得).

(2)**证明** $\because -\dfrac{17\pi}{8}<x<-\dfrac{15\pi}{8}$,

$\therefore -4\pi<2x+\dfrac{\pi}{4}<-\dfrac{7\pi}{2}$.

$\therefore f(x)$在$\left(-\dfrac{17\pi}{8},-\dfrac{15\pi}{8}\right)$上是减函数.

于是对于$x_1、x_2\in\left(-\dfrac{17\pi}{8},-\dfrac{15\pi}{8}\right)$,且$x_1<x_2$,便有$f(x_1)>f(x_2)$,从而经过两点$(x_1,f(x_1))$,$(x,f(x_2))$的斜率$k=\dfrac{f(x_1)-f(x_2)}{x_1-x_2}<0$.

(3)**解法一** $f(x)=1\Leftrightarrow\cos\left(2x+\dfrac{\pi}{4}\right)=-\dfrac{\sqrt{2}}{2}$.

在$(0,\pi)$内满足$\cos\left(2x+\dfrac{\pi}{4}\right)=-\dfrac{\sqrt{2}}{2}$的值为$\dfrac{\pi}{4}$和$\dfrac{\pi}{2}$.

$\because f(x_1)=f(x_2)=1$,且$x_1、x_2\in(0,\pi)$,$x_1\neq x_2$,

$\therefore x_1+x_2=\dfrac{\pi}{4}+\dfrac{\pi}{2}=\dfrac{3\pi}{4}$.

解法二 由$2x+\dfrac{\pi}{4}=k\pi(k\in\mathbf{Z})$得$x=\dfrac{k\pi}{2}-\dfrac{\pi}{8}$.

$\therefore$在$(0,\pi)$内的对称轴为$x=\dfrac{3\pi}{8}$和$x=\dfrac{7\pi}{8}$.

又$f(x_1)=f(x_2)=1$,且$x_1、x_2\in(0,\pi)$,$x_1\neq x_2$,$x\in\left(\dfrac{7\pi}{8},\pi\right)$时,$f(x)\neq 1$,

$\therefore x_1、x_2$关于$x=\dfrac{3}{8}\pi$对称.

$\therefore x_1+x_2=2\times\dfrac{3\pi}{8}=\dfrac{3\pi}{4}$.

题型4 正、余弦定理的综合应用

例4 已知$\triangle ABC$中,$a、b、c$分别是内角$A、B、C$的对边,已知$2\sqrt{2}(\sin^2A-\sin^2C)=$

$(a-b)\sin B$，$\triangle ABC$ 的外接圆半径为$\sqrt{2}$.

(1)求角 C；

(2)求$\triangle ABC$ 的面积 S 的最大值.

解 (1)$\because$ $\triangle ABC$ 的外接圆半径为$\sqrt{2}$，

$\therefore \dfrac{a}{\sin A}=\dfrac{b}{\sin B}=\dfrac{c}{\sin C}=2\sqrt{2}$，

$\therefore \sin A=\dfrac{a}{2\sqrt{2}}$，$\sin B=\dfrac{b}{2\sqrt{2}}$，$\sin C=\dfrac{c}{2\sqrt{2}}$.

$\therefore$ 由题意$2\sqrt{2}\left(\dfrac{a^2}{8}-\dfrac{c^2}{8}\right)=(a-b)\cdot\dfrac{b}{2\sqrt{2}}$.

$\therefore a^2-c^2=ab-b^2$，即 $a^2+b^2-c^2=ab$.

$\therefore \cos C=\dfrac{a^2+b^2-c^2}{2ab}=\dfrac{1}{2}$.

$\therefore \angle C=60°$.

(2)由题意 $c=2\sqrt{2}\sin 60°=\sqrt{6}$，

$\therefore a^2+b^2-6=ab$.

由 $a^2+b^2\geqslant 2ab$，可得 $ab+6\geqslant 2ab$.

$\therefore ab\leqslant 6$.

$\therefore S_{\triangle ABC}=\dfrac{1}{2}ab\sin 60°\leqslant 3\times\dfrac{\sqrt{3}}{2}=\dfrac{3\sqrt{3}}{2}$，

$\therefore S_{\max}=\dfrac{3\sqrt{3}}{2}$.

三年高考分析

高考对本部分内容的考查侧重于以下几个方面：

(1)三角变换，主要是考查公式的灵活应用、变形能力，一般要运用和差角、倍角、降幂公式，引辅助角公式，诱导公式等.

(2)三角函数的图象、性质及其变换，主要是 $y=A\sin(\omega x+\varphi)$ 的图象、性质及其变换，三角函数的奇偶性、周期性、单调性、有界性、最值、图象的对称性及图象的平移、伸缩、五点法作图等.

(3)三角函数的应用，以平面向量、解析几何知识为载体或者用解三角形等考查学生对三角恒等变形及三角函数性质的综合应用能力.

例 1 (山东高考)将函数 $y=\sin 2x$ 的图象向左平移$\dfrac{\pi}{4}$个单位，再向上平移 1 个单位，所得函数图象的函数解析式是(　　).

A. $y=\cos 2x$　　B. $y=2\cos^2 x$

C. $y=1+\sin\left(2x+\dfrac{\pi}{4}\right)$　　D. $y=2\sin^2 x$

解析 将函数 $y=\sin 2x$ 的图象向左平移$\dfrac{\pi}{4}$个单位，得到函数 $y=\sin 2\left(x+\dfrac{\pi}{4}\right)=\sin\left(2x+\dfrac{\pi}{2}\right)=\cos 2x$ 的图象，再向上平移 1 个单位，所得函数图象的解析式为 $y=1+\cos 2x=2\cos^2 x$.

答案 B.

点拨 题中 $y=\sin 2x$ 的图象向左平移$\dfrac{\pi}{4}$个单位，得到的是 $y=\sin 2\left(x+\dfrac{\pi}{4}\right)$的图象，而不是 $y=\sin\left(2x+\dfrac{\pi}{4}\right)$的图象.

例 2 (陕西高考)若 $3\sin\alpha+\cos\alpha=0$，则$\dfrac{1}{\cos^2\alpha+\sin 2\alpha}$的值为(　　).

A. $\dfrac{10}{3}$　　B. $\dfrac{5}{3}$　　C. $\dfrac{2}{3}$　　D. -2

解析 $3\sin\alpha+\cos\alpha=0$，则 $\tan\alpha=-\dfrac{1}{3}$，

$\dfrac{1}{\cos^2\alpha+\sin 2\alpha}=\dfrac{\sin^2\alpha+\cos^2\alpha}{\cos^2\alpha+2\sin\alpha\cos\alpha}=\dfrac{\tan^2\alpha+1}{1+2\tan\alpha}=\dfrac{\left(-\dfrac{1}{3}\right)^2+1}{1+2\times\left(-\dfrac{1}{3}\right)}=\dfrac{10}{3}$.

答案 A.

点拨 解答本题的关键是 $1=\sin^2\alpha+\cos^2\alpha$和弦化正切.

例 3 (海南高考)已知函数 $y=\sin(\omega x+\varphi)$($\omega>0$，$-\pi\leqslant\varphi<\pi$)的图象如图 2－3－14，则 $\varphi=$________.

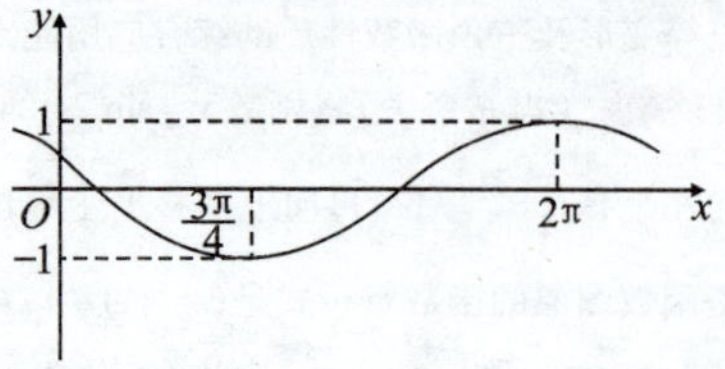

图 2－3－14

解析 由图象可知函数 $y=\sin(\omega x+\varphi)$ 的周期为 $2\left(2\pi-\frac{3}{4}\pi\right)=\frac{5}{2}\pi$，$\therefore \frac{2\pi}{\omega}=\frac{5}{2}\pi$.

$\therefore \omega=\frac{4}{5}$.

$\because$ 当 $x=\frac{3}{4}\pi$ 时，y 有最小值 -1，

$\therefore \frac{4}{5}\times\frac{3}{4}\pi+\varphi=2k\pi-\frac{\pi}{2}(k\in\mathbf{Z})$.

$\because -\pi\leqslant\varphi\leqslant\pi$，$\therefore \varphi=\frac{9}{10}\pi$.

答案 $\frac{9}{10}\pi$.

点拨 求解此类问题应先由三角函数图象的最值点确定周期求 ω，然后根据图象上的特殊点求 φ.

例 4 （全国高考Ⅱ）若动直线 $x=a$ 与函数 $f(x)=\sin x$ 和 $g(x)=\cos x$ 的图象分别交于 M、N 两点，则 $|MN|$ 的最大值为（　　）.

A. 1　　B. $\sqrt{2}$　　C. $\sqrt{3}$　　D. 2

解析 设 $x=a$ 与 $f(x)=\sin x$，$g(x)=\cos x$ 的图象的交点分别为 (a,y_1)，(a,y_2)，则

$|MN|=|y_1-y_2|$

$=|\sin a-\cos a|$

$=\sqrt{2}\left|\sin\left(a-\frac{\pi}{4}\right)\right|\leqslant\sqrt{2}$.

答案 B.

例 5 （四川高考）下面有 5 个命题：

①函数 $y=\sin^4x-\cos^4x$ 的最小正周期是 π；

②终边在 y 轴上的角的集合是 $\left\{\alpha\,|\,\alpha=\frac{k\pi}{2},k\in\mathbf{Z}\right\}$；

③在同一坐标系中，函数 $y=\sin x$ 的图象和函数 $y=x$ 的图象有三个公共点；

④把函数 $y=3\sin\left(2x+\frac{\pi}{3}\right)$ 的图象向右平移 $\frac{\pi}{6}$ 个单位得到 $y=3\sin 2x$ 的图象；

⑤函数 $y=\sin\left(x-\frac{\pi}{2}\right)$ 在 $[0,\pi]$ 上是减函数.

其中，真命题的编号是________（写出所有真命题的编号）.

解析 对于①，$y=\sin^4x-\cos^4x=(\sin^2x+\cos^2x)(\sin^2x-\cos^2x)=\sin^2x-\cos^2x=-\cos 2x$，由图象及性质可知 $T=\pi$，$\therefore$ ①正确；对于②，当 $k=2m$，$m\in\mathbf{Z}$，$\alpha=m\pi$，其终边在 x 轴上，$\therefore$ ②不正确；对于③，设 $f(x)=x-\sin x(x\in\mathbf{R})$，则 $f(x)$ 是奇函数，$\therefore f(0)=0$. 当 $x\geqslant\frac{\pi}{2}$，$\sin x\leqslant 1<\frac{\pi}{2}$，$\therefore f(x)=x-\sin x>0$ 恒成立，当 $0<x<\frac{\pi}{2}$ 时，由三角函数线和三角形面积的不等关系可知 $x>\sin x$. 综上可知 $x>0$ 时，$f(x)>0$；$x=0$ 时，$f(x)=0$；$x<0$，$f(x)<0$，所以函数 $y=\sin x$ 的图象和函数 $y=x$ 的图象有且仅有一个公共点，所以③不正确；对于④，函数 $y=3\sin\left(2x+\frac{\pi}{3}\right)$ 的图象向右平移 $\frac{\pi}{6}$ 个单位后得到 $y=3\sin 2x$ 的图象，$\therefore$ ④正确；对于⑤，$y=\sin\left(x-\frac{\pi}{2}\right)=-\sin\left(\frac{\pi}{2}-x\right)=-\cos x$，在 $[0,\pi]$ 上是增函数，$\therefore$ ⑤不正确.

答案 ①④.

例 6 （辽宁高考）已知 $f(x)=\sin\left(\omega x+\frac{\pi}{3}\right)(\omega>0)$，$f\left(\frac{\pi}{6}\right)=f\left(\frac{\pi}{3}\right)$，且 $f(x)$ 在区间 $\left(\frac{\pi}{6},\frac{\pi}{3}\right)$ 有最小值，无最大值，则 $\omega=$________.

解析 由题设可知 $f(x)$ 在 $x=\frac{\pi}{4}$ 处取得最小值，即有 $\frac{\pi}{4}\omega+\frac{\pi}{3}=2k\pi-\frac{\pi}{2}$，即 $\frac{\pi}{4}\omega=2k\pi-\frac{5\pi}{6}$，$\therefore \omega=8k-\frac{10}{3}(k\in\mathbf{Z})$.　　①

又由相邻两最大值点之间相差一个周期

可知：$\frac{\pi}{3}-\frac{\pi}{6}=\frac{\pi}{6}\leqslant T=\frac{2\pi}{\omega}$，$\therefore \omega\leqslant 12$. ②

由①②可得 $\omega=\frac{14}{3}$.

答案 $\frac{14}{3}$.

例7 （天津高考）在 $\triangle ABC$ 中，$BC=\sqrt{5}$，$AC=3$，$\sin C=2\sin A$.

(1)求 AB 的值；

(2)求 $\sin\left(2A-\frac{\pi}{4}\right)$ 的值.

分析 (1)利用正弦定理可求 AB 的值；(2)三边都知道，可利用余弦定理求出 $\cos A$，进一步求出 $\sin A$，$\sin 2A$，$\cos 2A$，最后利用两角差的正弦求出 $\sin\left(2A-\frac{\pi}{4}\right)$ 的值.

解 (1)在 $\triangle ABC$ 中，根据正弦定理得 $\frac{AB}{\sin C}=\frac{BC}{\sin A}$.

于是 $AB=\frac{\sin C}{\sin A}\cdot BC=2BC=2\sqrt{5}$.

(2)在 $\triangle ABC$ 中，根据余弦定理得 $\cos A=\frac{AB^2+AC^2-BC^2}{2AB\cdot AC}=\frac{2\sqrt{5}}{5}$.

于是 $\sin A=\sqrt{1-\cos^2 A}=\frac{\sqrt{5}}{5}$.

从而 $\sin 2A=2\sin A\cdot\cos A=\frac{4}{5}$，

$\cos 2A=\cos^2 A-\sin^2 A=\frac{3}{5}$.

所以 $\sin\left(2A-\frac{\pi}{4}\right)=\sin 2A\cos\frac{\pi}{4}-\cos 2A\sin\frac{\pi}{4}=\frac{\sqrt{2}}{10}$.

例8 （广东高考）已知向量 $\boldsymbol{a}=(\sin\theta,-2)$ 与 $\boldsymbol{b}=(1,\cos\theta)$ 互相垂直，其中 $\theta\in\left(0,\frac{\pi}{2}\right)$.

(1)求 $\sin\theta$ 和 $\cos\theta$ 的值；

(2)若 $\sin(\theta-\varphi)=\frac{\sqrt{10}}{10}$，$0<\varphi<\frac{\pi}{2}$，求 $\cos\varphi$ 的值.

解 (1)$\because \boldsymbol{a}\perp\boldsymbol{b}$，$\therefore \sin\theta-2\cos\theta=0$，

$\therefore \tan\theta=2$.

又 $\because \theta\in\left(0,\frac{\pi}{2}\right)$，$\therefore \sin\theta=\frac{2\sqrt{5}}{5}$，$\cos\theta=\frac{\sqrt{5}}{5}$.

(2)$\because \sin(\theta-\varphi)=\frac{\sqrt{10}}{10}$，$\therefore \cos(\theta-\varphi)=\frac{3\sqrt{10}}{10}$ 或 $-\frac{3\sqrt{10}}{10}$.

当 $\cos(\theta-\varphi)=\frac{3\sqrt{10}}{10}$ 时，$\cos\varphi=\cos[\theta-(\theta-\varphi)]=\cos\theta\cdot\cos(\theta-\varphi)+\sin\theta\cdot\sin(\theta-\varphi)=\frac{\sqrt{5}}{5}\times\frac{3\sqrt{10}}{10}+\frac{2\sqrt{5}}{5}\times\frac{\sqrt{10}}{10}=\frac{\sqrt{2}}{2}$.

当 $\cos(\theta-\varphi)=-\frac{3\sqrt{10}}{10}$ 时，$\cos\varphi=\cos[\theta-(\theta-\varphi)]=\cos\theta\cdot\cos(\theta-\varphi)+\sin\theta\cdot\sin(\theta-\varphi)=-\frac{\sqrt{5}}{5}\times\frac{3\sqrt{10}}{10}+\frac{2\sqrt{5}}{5}\times\frac{\sqrt{10}}{10}=-\frac{\sqrt{2}}{10}<0$. $\because \varphi\in\left(0,\frac{\pi}{2}\right)$，不合题意，舍去.

综上可得 $\cos\varphi=\frac{\sqrt{2}}{2}$.

点拨 求解时应注意角的变换：$\varphi=\theta-(\theta-\varphi)$.

例9 （山东高考）已知函数 $f(x)=\sqrt{3}\sin(\omega x+\varphi)-\cos(\omega x+\varphi)$ $(0<\varphi<\pi,\omega>0)$ 为偶函数，且函数 $y=f(x)$ 图象的两相邻对称轴间的距离为 $\frac{\pi}{2}$.

(1)求 $f\left(\frac{\pi}{8}\right)$ 的值；

(2)将函数 $y=f(x)$ 的图象向右平移 $\frac{\pi}{6}$ 个单位后，再将得到的图象上各点的横坐标伸长到原来的 4 倍，纵坐标不变，得到函数 $y=g(x)$ 的图象. 求 $g(x)$ 的单调递减区间.

解 (1)$f(x)=\sqrt{3}\sin(\omega x+\varphi)-\cos(\omega x+\varphi)=2\sin\left(\omega x+\varphi-\frac{\pi}{6}\right)$，

$\because f(x)$ 为偶函数，

$\therefore \sin\left(-\omega x+\varphi-\frac{\pi}{6}\right)$

$=\sin\left(\omega x+\varphi-\frac{\pi}{6}\right)$，

整理得 $\sin\omega x\cos\left(\varphi-\frac{\pi}{6}\right)=0$.

$\because \omega>0$，且 $x\in\mathbf{R}$，$0<\varphi<\pi$，

$\therefore \varphi-\frac{\pi}{6}=\frac{\pi}{2}$，即 $\varphi=\frac{2}{3}\pi$.

$\therefore f(x)=2\sin\left(\omega x+\frac{\pi}{2}\right)=2\cos wx$.

由题意得 $\frac{2\pi}{\omega}=2\cdot\frac{\pi}{2}$，$\therefore \omega=2$.

故 $f(x)=2\cos 2x$，因此 $f\left(\frac{\pi}{8}\right)=\sqrt{2}$.

(2) 易知 $g(x)=f\left(\frac{x}{4}-\frac{\pi}{6}\right)=2\cos\left(\frac{x}{2}-\frac{\pi}{3}\right)$.

当 $2k\pi\leqslant\frac{x}{2}-\frac{\pi}{3}\leqslant 2k\pi+\pi(k\in\mathbf{Z})$，

即 $4k\pi+\frac{2\pi}{3}\leqslant x\leqslant 4k\pi+\frac{8}{3}\pi(k\in\mathbf{Z})$ 时，$g(x)$ 单调递减，因此 $g(x)$ 的单调递减区间为 $\left[4k\pi+\frac{2}{3}\pi, 4k\pi+\frac{8}{3}\pi\right](k\in\mathbf{Z})$.

例 10 （山东高考）如图 2－3－15，甲船以每小时 $30\sqrt{2}$ 海里的速度向正北方向航行，乙船按固定方向匀速直线航行. 当甲船位于 A_1 处时，乙船位于甲船的北偏西 105°方向的 B_1 处，此时两船相距 20 海里. 当甲船航行 20 分钟到达 A_2 处时，乙船航行到甲船的北偏西 120°方向的 B_2 处，此时两船相距 $10\sqrt{2}$ 海里，问：乙船每小时航行多少海里？

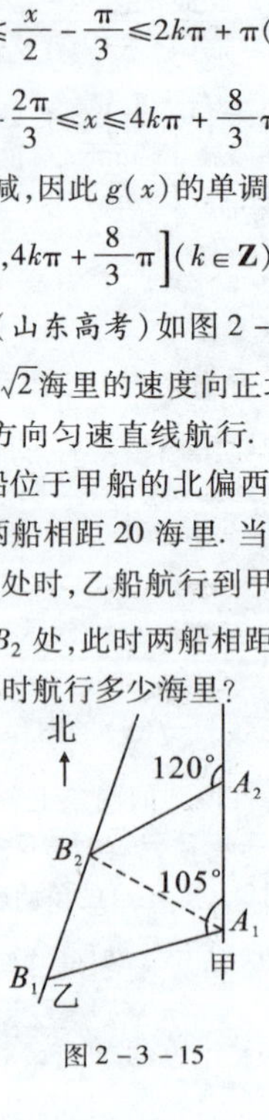

图 2－3－15

分析 要求乙船的速度，只需求出乙船 20 分钟行驶的距离 B_1B_2 即可. 连接 A_1B_2，在 $\triangle A_1A_2B_2$ 中求出 A_1B_2，再在 $\triangle B_1A_1B_2$ 中运用余弦定理求出 B_1B_2.

解 如图 2－3－15，连接 A_1B_2，由已知 $A_2B_2=10\sqrt{2}$ 海里，$A_1A_2=30\sqrt{2}\times\frac{20}{60}=10\sqrt{2}$（海里），$\therefore A_1A_2=A_2B_2$.

又 $\because \angle A_1A_2B_2=180°-120°=60°$，

$\therefore \triangle A_1A_2B_2$ 是等边三角形，

$\therefore A_1B_2=A_1A_2=10\sqrt{2}$（海里）.

由已知，$A_1B_1=20$ 海里，

$\angle B_1A_1B_2=105°-60°=45°$.

在 $\triangle A_1B_2B_1$ 中，由余弦定理，$B_1B_2^2=A_1B_1^2+A_1B_2^2-2A_1B_1\cdot A_1B_2\cdot\cos 45°=20^2+(10\sqrt{2})^2-2\times 20\times 10\sqrt{2}\times\frac{\sqrt{2}}{2}=200$，

$\therefore B_1B_2=10\sqrt{2}$（海里）.

因此，乙船的速度大小为 $\frac{10\sqrt{2}}{20}\times 60=30\sqrt{2}$（海里/时）.

答：乙船每小时航行 $30\sqrt{2}$ 海里.

点拨 本题主要考查利用解三角形的有关知识解决实际应用问题，其关键是理解各种应用问题中的有关名词、术语、画出图形，将实际问题转化成解三角形的问题求解.

数学思想

1. 数形结合思想

应用数形结合思想是处理三角函数有关问题的重要思想方法，本章中数形结合常用两种形式：一是利用单位圆解决角的范围或三角不等式问题；二是利用三角函数图象求解析式或得出函数的性质.

例 1 作出函数 $y=\frac{2\tan x}{1-\tan^2 x}$ 的图象，并观察函数的周期.

解 函数 $y=\dfrac{2\tan x}{1-\tan^2 x}$ 的定义域为

$$\left\{x\in\mathbf{R}\ \middle|\ x\neq\frac{\pi}{2}+k\pi,x\neq\pm\frac{\pi}{4}+k\pi,k\in\mathbf{Z}\right\},$$

又∵ $y=\dfrac{2\tan x}{1-\tan^2 x}=\tan 2x$，

∴ 函数 $y=\dfrac{2\tan x}{1-\tan^2 x}$ 的图象如图 2－3－16.

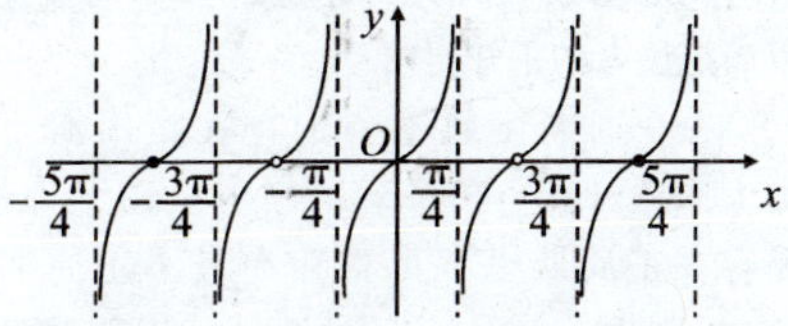

图 2－3－16

由函数图象可观察出函数 $y=\dfrac{2\tan x}{1-\tan^2 x}$ 的周期为 $\dfrac{\pi}{2}$.

2. 方程的思想方法

由三角函数构成的等式，可以等价当成以整个三角函数为变量的方程，从而以解方程的形式解决相关问题.

例 2 已知 $\cos\left(\dfrac{\pi}{2}-\alpha\right)=\sqrt{2}\cdot\cos\left(\dfrac{3\pi}{2}+\beta\right)$，$\sqrt{3}\sin\left(\dfrac{3\pi}{2}-\alpha\right)=-\sqrt{2}\cdot\sin\left(\dfrac{\pi}{2}+\beta\right)$，且 $0<\alpha<\pi$，$0<\beta<\pi$，求 α、β 的值.

分析 欲求 α、β 的值，可先求 α、β 的某种三角函数值，利用条件，建立 α、β 的三角函数为未知数的方程，从而求解.

解 由已知条件得

$$\begin{cases}\sin\alpha=\sqrt{2}\sin\beta, & ①\\ \sqrt{3}\cos\alpha=\sqrt{2}\cos\beta. & ②\end{cases}$$

①^2＋②^2，得 $\sin^2\alpha+3\cos^2\alpha=2$.

即 $\sin^2\alpha+3(1-\sin^2\alpha)=2$.

∴ $\sin^2\alpha=\dfrac{1}{2}$，∴ $\sin\alpha=\pm\dfrac{\sqrt{2}}{2}$.

∵ $0<\alpha<\pi$，∴ $\sin\alpha=\dfrac{\sqrt{2}}{2}$.

∴ $\alpha=\dfrac{\pi}{4}$ 或 $\alpha=\dfrac{3}{4}\pi$.

把 $\alpha=\dfrac{\pi}{4}$，$\alpha=\dfrac{3}{4}\pi$ 分别代入②，得 $\cos\beta=\dfrac{\sqrt{3}}{2}$ 或 $\cos\beta=-\dfrac{\sqrt{3}}{2}$.

又∵ $0<\beta<\pi$，∴ $\beta=\dfrac{\pi}{6}$ 或 $\beta=\dfrac{5}{6}\pi$. 因此 $\alpha=\dfrac{\pi}{4}$，$\beta=\dfrac{\pi}{6}$ 或 $\alpha=\dfrac{3}{4}\pi$，$\beta=\dfrac{5}{6}\pi$.

点拨 注意诱导公式的化简作用，以及灵活应用三角恒等式 $\sin^2\alpha+\cos^2\alpha=1$ 求解.

3. 分类讨论的思想

由于三角函数及性质受角所在象限的影响，这就需要对角所在不同象限的情况进行分类讨论.

例 3 已知 $\tan\alpha=\dfrac{4}{3}$，试求 $\sin\alpha$、$\cos\alpha$、$\cot\alpha$.

分析 可直接套用同角三角函数基本关系式求解或直接用定义解决.

解 ∵ $\tan\alpha=\dfrac{y}{x}=\dfrac{4}{3}>0$，

∴ x、y 同号，则 α 是第一或第三象限的角.

(1) 如果 α 是第一象限的角，由 $\tan\alpha=\dfrac{4}{3}$ 知角 α 的终边上有一点 $P(3,4)$，则 $x=3$，$y=4$. ∴ $r=\sqrt{x^2+y^2}=\sqrt{3^2+4^2}=5$，

∴ $\sin\alpha=\dfrac{y}{r}=\dfrac{4}{5}$，$\cos\alpha=\dfrac{x}{r}=\dfrac{3}{5}$，$\cot\alpha=\dfrac{x}{y}=\dfrac{3}{4}$.

(2) 如果 α 是第三象限的角，则由 $\tan\alpha=\dfrac{4}{3}$ 可知角 α 的终边上有一点 $P(-3,-4)$，则 $x=-3$，$y=-4$.

∴ $r=|OP|=\sqrt{x^2+y^2}=5$，∴ $\sin\alpha=$

$\frac{y}{r}=-\frac{4}{5}$, $\cos\alpha=\frac{x}{r}=-\frac{3}{5}$, $\cot\alpha=\frac{3}{4}$.

4. 构造思想

例4 若 $0<\beta<\alpha<\frac{\pi}{2}$,求证 $\sin\alpha-\sin\beta<\alpha-\beta<\tan\alpha-\tan\beta$.

分析 构造单位圆,借助三角函数式的关系,把数式的比较转化为几何图形面积的比较.

证明 作单位圆 O,如图 2-3-17,P_1、P_2 为单位圆周上两点,C 为 AP_2 与 OP_1 的交点,$\overset{\frown}{AP_1}=\beta$,$\overset{\frown}{AP_2}=\alpha$.

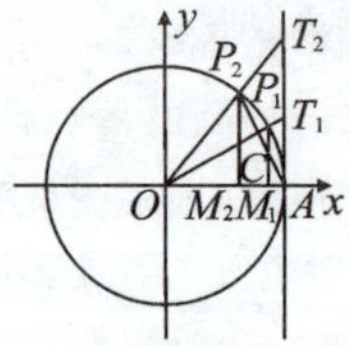

图 2-3-17

$\therefore \overset{\frown}{P_1P_2}=\alpha-\beta$, $M_1P_1=\sin\beta$, $M_2P_2=\sin\alpha$,

$AT_1=\tan\beta$, $AT_2=\tan\alpha$.

$S_{\triangle AP_2O}=\frac{1}{2}\sin\alpha$, $S_{\triangle AP_1O}=\frac{1}{2}\sin\beta$, $S_{\triangle AT_2O}=\frac{1}{2}\tan\alpha$, $S_{\triangle AT_1O}=\frac{1}{2}\tan\beta$.

由于 $S_{扇形OAP_2}=\frac{1}{2}\alpha$, $S_{扇形OAP_1}=\frac{1}{2}\beta$,

$\therefore S_{扇形OP_1P_2}=\frac{1}{2}\alpha-\frac{1}{2}\beta$,

$S_{\triangle OT_1T_2}=\frac{1}{2}\tan\alpha-\frac{1}{2}\tan\beta$.

设$\triangle OP_2C$ 的面积为 S_1,则 $S_1<S_{扇形OP_1P_2}<S_{\triangle OT_1T_2}$.

$\because S_{\triangle OAP_2}-S_{\triangle OAP_1}<S_{\triangle OAP_2}-S_{\triangle OAC}=S_1$,

$\therefore \frac{1}{2}\sin\alpha-\frac{1}{2}\sin\beta<\frac{1}{2}\alpha-\frac{1}{2}\beta<\frac{1}{2}\tan\alpha-\frac{1}{2}\tan\beta$,

即 $\sin\alpha-\sin\beta<\alpha-\beta<\tan\alpha-\tan\beta$.

背景材料

浅谈周期函数

周期性是三角函数最重要的性质之一,虽然教科书中给了周期函数的定义,但我们对周期函数的有关问题确实是知之甚少,笔者对周期函数的有关问题进行简要的概述,以满足读者的求知要求.

一个周期函数不一定存在正周期,比如大家熟知的 $y=\sin x, x\in(-\infty,0]$. 即便是存在正周期也不见得存在最小正周期,比如常数函数 $f(x)=a$,狄利克雷(Dirichlet)函数

$$f(x)=\begin{cases}1 & (x\text{为有理数})\\0 & (x\text{为无理数})\end{cases}\text{等.}$$

一个周期是否是函数的最小正周期,一般要用反证法进行严格的证明,比如 2π 是 $y=\sin x(x\in\mathbf{R})$, $y=\cos x(x\in\mathbf{R})$ 的最小正周期,π 是 $y=\tan x\left(x\in\mathbf{R}, x\neq\frac{\pi}{2}+k\pi, k\in\mathbf{Z}\right)$的最小正周期,$\frac{\pi}{2}$是 $y=|\sin x|+|\cos x|$ 的最小正周期等.

当然,有很多与三角函数有关的函数也不一定是周期函数,例如 $y=\sin x, x\in[-100\pi,100\pi]$, $y=\sin\frac{1}{x}$, $y=\sin|x|$, $y=\sin x^2$, $y=\sin\sqrt{x}$等等.

两个周期函数的和一定是周期函数吗?结论是否定的,比如 $y=\sin x+\cos\sqrt{2}x$ 就不是周期函数. 而两个周期函数的和如果是周期函数,这个周期函数也不一定存在最小正周期,像 $y=\sin^2x+\cos^2x$.

如果两个周期相同的周期函数相加得到的是周期函数,但它的最小正周期也有可能发生变化,比如 $y=\cot x$ 与 $y=\tan x$ 的周期是 π,而 $y=\cot x-\tan x=2\cot 2x$ 的周期是$\frac{\pi}{2}$.

确定函数的最小正周期的确是比较困难，教科书也只要求求能化为 $y=A\sin(\omega x+\varphi)$ 形式的函数的最小正周期，或者根据函数的图象能直观地求出它们的最小正周期.

有关最小正周期和非周期函数问题的证明

本文将对上文涉及的问题给以严格的证明.

例1 证明 $f(x)=\sin x(x\in\mathbf{R})$ 的最小正周期是 2π.

证明 (1) $\because f(x+2\pi)=\sin(x+2\pi)=\sin x=f(x)$，$\therefore 2\pi$ 是 $f(x)$ 的一个周期.

(2) 假设存在 $0<T<2\pi$ 使 $f(x+T)=f(x)$.

即 $\sin(x+T)=\sin x(x\in\mathbf{R})$.

令 $x=0$，则 $\sin T=0$；又 $0<T<2\pi$，则 $T=\pi$.

令 $x=\frac{\pi}{4}$，则 $\sin\left(\frac{\pi}{4}+T\right)=\sin\frac{\pi}{4}$.

即 $\sin\frac{5\pi}{4}=\sin\frac{\pi}{4}$，此为矛盾，

由(1)、(2)两步可知 2π 为 $f(x)=\sin x$ 的最小正周期.

例2 证明 $f(x)=|\sin x|+|\cos x|$ 的最小正周期为 $\frac{\pi}{2}$.

证明 (1) $\because f\left(x+\frac{\pi}{2}\right)=\left|\sin\left(x+\frac{\pi}{2}\right)\right|+\left|\cos\left(x+\frac{\pi}{2}\right)\right|=|\cos x|+|\sin x|=f(x)$.

$\therefore \frac{\pi}{2}$ 是 $f(x)$ 的一个周期.

(2) 假设存在 $0<T<\frac{\pi}{2}$ 使 $f(x+T)=f(x)$，

即 $|\sin(x+T)|+|\cos(x+T)|=|\sin x|+|\cos x|$.

令 $x=0$，得 $\sin T+\cos T=1$，

即 $\sin\left(T+\frac{\pi}{4}\right)=\frac{\sqrt{2}}{2}$.

又 $\because 0<T<\frac{\pi}{2}$，$\therefore \frac{\pi}{4}<T+\frac{\pi}{4}<\frac{3\pi}{4}$，

$\therefore \sin\left(T+\frac{\pi}{4}\right)>\frac{\sqrt{2}}{2}$，此为矛盾.

由(1)、(2)两步可知 $\frac{\pi}{2}$ 为 $f(x)=|\sin x|+|\cos x|$ 的最小正周期.

例3 证明 $f(x)=\sin\sqrt{x}$ 不是周期函数.

证明 假设 $f(x)=\sin\sqrt{x}$ 是周期函数，则存在 $T\neq 0$，使 $f(x+T)=f(x)$，

令 $x=0$，则 $\sin\sqrt{T}=0$，

则 $\sqrt{T}=k\pi(k\in\mathbf{Z})$. ①

令 $x=T$，则 $\sin\sqrt{2T}=\sin\sqrt{T}=0$，

$\therefore \sqrt{2T}=n\pi(n\in\mathbf{Z})$. ②

②÷①得 $\sqrt{2}=\frac{n}{k}(n\in\mathbf{Z},k\in\mathbf{Z})$，此为矛盾.

$\therefore f(x)=\sin\sqrt{x}$ 不是周期函数.

上述有关最小正周期和非周期函数的证明都采用了反证法.

第四章 导数及其应用

知识网络

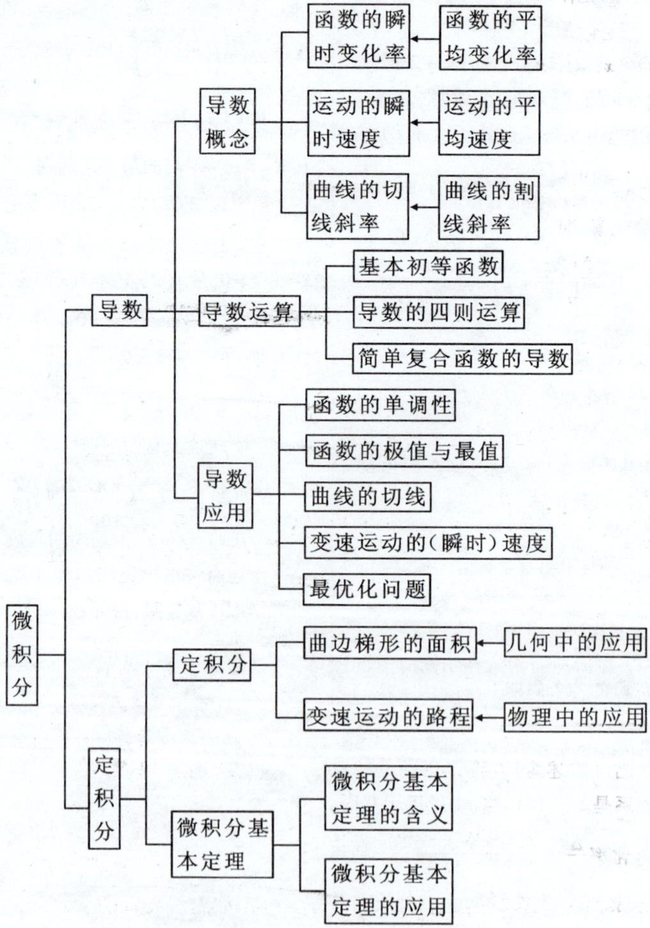

基础知识精析

1. 函数的增量

设函数 $y=f(x)$，当自变量 x 从 x_0 变到 x_1 时，函数 y 就从 $f(x_0)$ 变到 $f(x_1)$，则称 x_1-x_0 为自变量 x 相对于 x_0 的一个增量，记作 $\Delta x=x_1-x_0$，对应的 $f(x_1)-f(x_0)$ 为函数 y 相对于 $f(x_0)$ 的改变量，记作 $\Delta y=f(x_1)-f(x_0)$.

2. 平均变化率

设函数 $f(x)$ 在点 $x=x_0$ 及其附近有意义，当自变量 x 相对于 x_0 有增量 Δx，则函数 y 相应地有改变量 $\Delta y=f(x_0+\Delta x)-f(x_0)$，这两个增量的比 $\frac{\Delta y}{\Delta x}$ 叫做函数 $y=f(x)$ 从 x_0 到 $x_0+\Delta x$ 的平均变化率，即

$$\frac{\Delta y}{\Delta x}=\frac{f(x_0+\Delta x)-f(x_0)}{\Delta x}.$$

注意

(1) Δx，Δy 的值可正，可负，但 Δx 不能为 0. 若 Δy 为 0，则 $f(x)$ 为常数函数.

(2) 平均变化率的几何意义是函数曲线上过两点割线的斜率，若函数 $y=f(x)$ 图象上两点 $A(x_1,f(x_1))$，$B(x_2,f(x_2))$，则

$$\frac{f(x_2)-f(x_1)}{x_2-x_1}=k_{AB}.$$

3. 瞬时速度

作变速直线运动的物体在不同时刻的速度是不同的，把物体在某一时刻的速度叫做瞬时速度.

用数学语言描述为：设物体运动的位移与时间的关系是 $S=s(t)$，当 Δt 趋近于 0 时，速度平均变化率 $\frac{\Delta s}{\Delta t}=\frac{s(t_0+\Delta t)-s(t_0)}{\Delta t}$ 趋近于常数，我们把这个常数称为 t_0 时刻的瞬时速度.

4. 导数

设函数 $f(x)$ 在 x_0 及其附近有定义，如果当 Δx 趋近于 0 时，平均变化率 $\frac{\Delta y}{\Delta x}=\frac{f(x_0+\Delta x)-f(x_0)}{\Delta x}$ 趋近于一个常数 l，那么常数 l 称为函数 $f(x)$ 在 $x=x_0$ 处的瞬时变化率. 函数在 $x=x_0$ 处的瞬时变化率通常称为 $f(x)$ 在 $x=x_0$ 处的导数，记作 $f'(x_0)$ 或 $y'|_{x=x_0}$，即

$$f'(x_0)=\lim_{\Delta x\to 0}\frac{\Delta y}{\Delta x}=\lim_{\Delta x\to 0}\frac{f(x_0+\Delta x)-f(x_0)}{\Delta x}.$$

注意

(1) 导数的另一个定义式：

令 $x=x_0+\Delta x$，得 $\Delta x=x-x_0$，于是 $f'(x_0)=\lim\limits_{\Delta x\to 0}\frac{f(x)-f(x_0)}{x-x_0}$，它与 $f'(x_0)=\lim\limits_{\Delta x\to 0}\frac{f(x_0+\Delta x)-f(x_0)}{\Delta x}$ 是一个意思.

(2) 导数是一个局部概念，它只与函数 $y=f(x)$ 在 x_0 及其附近的函数值有关，与 Δx 无关.

5. 求函数 $y=f(x)$ 在 x_0 处导数的步骤

(1) 求函数的增量

$\Delta y=f(x_0+\Delta x)-f(x_0)$.

(2) 求平均变化率

$\frac{\Delta y}{\Delta x}=\frac{f(x+\Delta x)-f(x)}{\Delta x}$.

(3) 取极限，得导数

$f'(x_0)=\lim\limits_{\Delta x\to 0}\frac{\Delta y}{\Delta x}$.

6. 导数的物理意义

瞬时速度就是位移函数 $s(t)$ 在时间 t_0 处的导数，即

$$v_0=s'(t_0)=\lim_{\Delta t\to 0}\frac{\Delta s}{\Delta t}=\lim_{\Delta t\to 0}\frac{s(t_0+\Delta t)-s(t_0)}{\Delta t}.$$

7. 导数的几何意义

过曲线 $y=f(x)$ 上任意一点 (x_0,y_0) 的切线的斜率是 $f(x)$ 在 x_0 处的导数，即

$$k = f'(x_0) = \lim_{\Delta x \to 0} \frac{\Delta y}{\Delta x}$$

$$= \lim_{\Delta x \to 0} \frac{f(x_0 + \Delta x) - f(x_0)}{\Delta x}.$$

也就是说，曲线 $y = f(x)$ 在点 $P(x_0, f(x_0))$ 处的切线的斜率是 $f'(x_0)$，相应地，切线方程为 $y - y_0 = f'(x_0)(x - x_0)$.

8. 导函数

如果函数 $y = f(x)$ 在开区间 (a,b) 内每一点处都可导，就说 $f(x)$ 在开区间 (a,b) 内可导. 这时，对于开区间 (a,b) 内的每一个值 x_0，都对应着一个确定的导数 $f'(x_0)$，这样就在开区间 (a,b) 内构成一个新的函数，我们把这一新函数叫做 $f(x)$ 在该区间的导函数，记作 $f'(x)$ 或 y'，即

$$f'(x) = y' = \lim_{\Delta x \to 0} \frac{\Delta y}{\Delta x}$$

$$= \lim_{\Delta x \to 0} \frac{f(x + \Delta x) - f(x)}{\Delta x}.$$

注意

导函数也简称导数. 当 $x_0 \in (a,b)$ 时，函数 $y = f(x)$ 在点 x_0 处的导数 $f'(x_0)$ 等于函数 $f(x)$ 在开区间 (a,b) 内的导数 $f'(x)$ 在点 x_0 处的函数值.

9. 几个常用函数的导数

(1) $c' = 0$（c 为常数）；

(2) $x' = 1$；

(3) $(x^2)' = 2x$；

(4) $\left(\frac{1}{x}\right)' = -\frac{1}{x^2}$；

(5) $(\sqrt{x})' = \frac{1}{2\sqrt{x}}$.

10. 基本初等函数的导数公式

(1) 若 $f(x) = c$，则 $f'(x) = 0$；

(2) 若 $f(x) = x^n$ $(n \in \mathbf{N}^*)$，则 $f'(x) = nx^{n-1}$；

(3) 若 $f(x) = \sin x$，则 $f'(x) = \cos x$；

(4) 若 $f(x) = \cos x$，则 $f'(x) = -\sin x$；

(5) 若 $f(x) = a^x$，则 $f'(x) = a^x \ln a$ $(a > 0$，且 $a \neq 1)$；

(6) 若 $f(x) = \mathrm{e}^x$，则 $f'(x) = \mathrm{e}^x$；

(7) 若 $f(x) = \log_a x$，则 $f'(x) = \frac{1}{x\ln a}$ $(a > 0$，且 $a \neq 1)$；

(8) 若 $f(x) = \ln x$，则 $f'(x) = \frac{1}{x}$.

11. 导数的运算法则

(1) $[f(x) \pm g(x)]' = f'(x) \pm g'(x)$；

(2) $[f(x) \cdot g(x)]' = f'(x)g(x) + f(x) \cdot g'(x)$；

(3) $\left[\frac{f(x)}{g(x)}\right]' = \frac{f'(x)g(x) - g'(x)f(x)}{[g(x)]^2}$ $(g(x) \neq 0)$.

12. 复合函数的求导法则

复合函数 $y = f(g(x))$ 的导数和函数 $y = f(u)$，$u = g(x)$ 的导数间的关系为 $y'_x = y'_u \cdot u'_x$，即 y 对 x 的导数等于 y 对 u 的导数与 u 对 x 的导数的乘积.

注意

(1) 对复合函数求导就是根据基本函数的求导公式及导数的运算法则，求出各函数的导数，并把中间变量换成关于自变量的函数，如：求 $y = \sin\left(2x + \frac{\pi}{3}\right)$ 的导数，设 $y = \sin u$，$u = 2x + \frac{\pi}{3}$，则 $y'_x = y'_u \cdot u'_x = \cos u \cdot 2 = 2\cos u = 2\cos\left(2x + \frac{\pi}{3}\right)$.

(2) 分步计算中的每一步都要明确是对哪个变量求导，而其中需特别注意的是中间变量的系数，如 $(\sin 2x)' = 2\cos 2x$，而不是 $\cos 2x$，这里取 $u = 2x$.

13. 函数的单调性与导数

在某个区间 (a,b) 内，如果 $f'(x) > 0$，那么函数 $y = f(x)$ 在这个区间内单调递增；如果 $f'(x) < 0$，那么函数 $y = f(x)$ 在这个区间内单调递减.

求函数单调区间的步骤如下：

(1)确定 $f(x)$ 的定义域；

(2)求导数 $f'(x)$；

(3)由 $f'(x)>0$(或 $f'(x)<0$)解出相应的 x 的范围. 当 $f'(x)>0$ 时，$f(x)$ 在相应区间上是增函数；当 $f'(x)<0$ 时，$f(x)$ 在相应区间上是减函数.

注意

$f'(x)>0$ 是函数 $f(x)$ 为严格增函数的充分条件，但不是必要条件. 例如在 **R** 上的递增函数 $y=x^3$ 在 $x=0$ 处的导数为 0.

14. 函数的极值

如果对于定义域内的 a、b 两点，函数 $y=f(x)$ 在点 $x=a$ 的函数值 $f(a)$ 比它在点 $x=a$ 附近其他点的函数值都小，$f'(a)=0$，而且在点 $x=a$ 附近的左侧 $f'(x)<0$，右侧 $f'(x)>0$. 那么我们把点 a 叫做函数 $y=f(x)$ 的极小值点，$f(a)$ 叫做函数 $y=f(x)$ 的极小值；类似地，如果函数 $y=f(x)$ 在点 $x=b$ 的函数值 $f(b)$ 比它在点 $x=b$ 附近其他点的函数值都大，$f'(b)=0$，而且在点 $x=b$ 附近的左侧 $f'(x)>0$，右侧 $f'(x)<0$. 那么我们把点 b 叫做函数 $y=f(x)$ 的极大值点，$f(b)$ 叫做函数 $y=f(x)$ 的极大值.

极小值点、极大值点统称为极值点，极大值和极小值统称为极值.

注意

(1)极值反映了函数在某一点附近的大小情况，刻画的是函数的局部性质. 在函数的整个定义区间内可能有多个极大值或极小值，且极大值不一定比极小值大.

(2)极值点是区间内部的点不会是端点.

15. 求函数极值的方法

(1)求导数 $f'(x)$；

(2)求方程 $f'(x)=0$ 的所有实数根；

(3)检验 $f'(x)$ 在方程 $f'(x)=0$ 的根左右的符号，如果是左正右负(左负右正)，则 $f(x)$ 在这个根处取得极大(小)值.

注意

(1)$f'(x_0)=0$ 是函数 $y=f(x)$ 在 $x=x_0$ 处取得极值的既不充分也不必要条件. ①当 $f'(x_0)=0$，但在 $x=x_0$ 左右两侧导函数符号没有发生改变，此时 $x=x_0$ 不是极值点，$f(x_0)$ 不是极值，如 $y=x^3$ 在 $x=0$ 处导数为零，但在 $x=0$ 左右两侧导函数符号都大于零，故 $x=0$ 不是极值点.

②不可导函数也可能有极值点. 例如函数 $y=|x|$，它在 $x=0$ 处不可导，但 $x=0$ 是函数的极小值点.

(2)若 $f(x)$ 为可导函数，则若 x_0 为 $f(x)$ 极值点 $\Rightarrow f'(x_0)=0$，但 $f'(x_0)=0 \not\Rightarrow x_0$ 为 $f(x)$ 的极值点，即 $f'(x_0)=0$ 是 x_0 为可导函数 $f(x)$ 的极值点的必要不充分条件. 可导函数 $f(x)$ 在点 x_0 取极值的充要条件是：$f'(x_0)=0$，且在 x_0 两侧，$f'(x)$ 的符号不同.

16. 函数的最大(小)值与导数

设函数 $f(x)$ 在 $[a,b]$ 上连续，在 (a,b) 内可导，求 $f(x)$ 在 $[a,b]$ 的最大值与最小值的步骤如下：

(1)求 $f(x)$ 在 (a,b) 内的极值；

(2)将 $f(x)$ 的各极值与端点处的函数值 $f(a)$、$f(b)$ 比较，其中最大的一个为最大值，最小的一个为最小值.

注意

(1)函数的最大值和最小值是一个整体性概念，最大值、最小值必须是整个区间所有函数值中的最大值、最小值.

(2)函数的最大值、最小值是比较整个定义区间的函数值得出来的，函数的极值是比较极值点附近的函数值得出来的. 函数的极值可以有多个，但最值只有一个，极值只能在区间内取得，最值则可以在端点取得，极值可能成为最值，最值只要不在端点必定是极值.

(3)闭区间上的连续函数一定有最大值和最小值，开区间上的连续函数不一定有最大值和最小值.

(4)求函数的最值以导数为工具，先找到极值点，再求极值和区间端点函数值，其中最大的一个是最大值，最小的一个是最小值.

17. 利用导数解决优化问题

在生产生活中，常常会遇到要求在一定条件下使得用料最少、消耗最省、用力最省或经营利润最大、生产效率最高、强度最大等等的问题，需要寻求相应的最佳方案或最佳策略，这些都是最优化问题. 这类问题往往归结为求函数的最大值或最小值. 导数是解决这类问题的方法之一.

利用导数解决生活中的优化问题的一般步骤：

(1)分析实际问题中各变量之间的关系，列出实际问题的数学模型，写出实际问题中变量之间的函数关系式 $y=f(x)$.

(2)求函数的导数 $f'(x)$，解方程 $f'(x)=0$.

(3)比较函数在区间端点和 $f'(x)=0$ 的点的函数值的大小，最大(小)者为最大(小)值.

18. 曲边梯形的面积

曲线与平行于 y 轴的直线和 x 轴所围成的图形，通常称为曲边梯形，如图 2－4－1 是一个特殊的曲边梯形，它是一个曲边三角形.

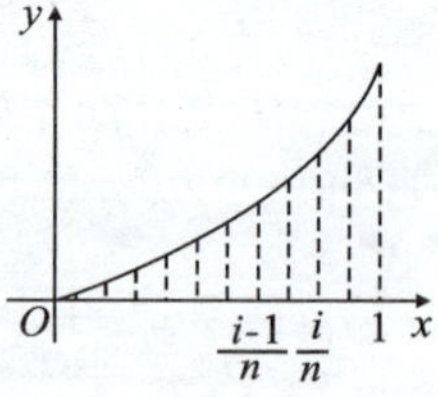

图 2－4－1

要求一个曲边梯形的面积，不能用已有的面积公式计算. 为了计算曲边梯形的面积，可以将它分割成一些小曲边梯形，每个小曲边梯形的面积用相应的小矩形的面积近似代替，对这些近似值求和，就得到曲边梯形面积的近似值. 当分割无限细时，这个近似值就无限趋近于所求曲边梯形的面积.

注意

"分割"的目的在于更精确地实施"以直代曲". 例子中以"矩形"代替"曲边梯形"，随着分割的等分数增多，即 n 越大，这种"代替"就越精确，所有小矩形的面积和就越逼近曲边梯形的面积.

19. 定积分的概念

设函数 $f(x)$ 在区间 $[a,b]$ 上连续，用分点 $a=x_0<x_1<\cdots<x_{i-1}<x_i<\cdots<x_n=b$ 把区间 $[a,b]$ 等分成 n 个小区间，在每个小区间 $[x_{i-1},x_i]$ 上任取一点 $\xi_i(i=1,2,\cdots,n)$，作和式 $\sum\limits_{i=1}^{n}f(\xi_i)\Delta x=\sum\limits_{i=1}^{n}\frac{b-a}{n}f(\xi_i)$.

当 $n\to\infty$ 时，上述和式无限接近某个常数，这个常数叫做函数 $f(x)$ 在区间 $[a,b]$ 上的定积分，记作 $\int_a^b f(x)\,\mathrm{d}x$，即 $\int_a^b f(x)\,\mathrm{d}x=\lim\limits_{n\to\infty}\sum\limits_{i=1}^{n}\frac{b-a}{n}f(\xi_i)$. 这里 a 与 b 分别叫做积分下限与积分上限，区间 $[a,b]$ 叫做积分区间，函数 $f(x)$ 叫做被积函数，x 叫做积分变量，$f(x)\mathrm{d}x$ 叫做被积式.

注意

定积分是一个数值(极限值)，它的值仅仅取决于被积函数与积分的上、下限，而与积分变量用什么字母表示无关.

20. 定积分的几何意义

设函数 $f(x)$ 在区间 $[a,b]$ 上连续. 在 $[a,b]$ 上，当 $f(x)\geqslant 0$ 时，定积分 $\int_a^b f(x)\,\mathrm{d}x$ 在几何上表示由曲线 $f(x)$ 以及直线 $x=a,x=b(a\neq b)$ 与 x 轴围成的曲边梯形的面积；在 $[a,b]$ 上，$f(x)\leqslant 0$ 时，由曲线 $y=f(x)$ 及 $x=a,x=b(a\neq b)$ 与 x 轴围成的曲边梯形位于 x 轴下方(对应于 $f(\xi_i)\leqslant 0$)，定积分 $\int_a^b f(x)\,\mathrm{d}x$ 在几何上表示上述曲边梯形面积的负值；在 $[a,b]$ 上，当 $f(x)$ 既取正值又取负值时，曲线 $y=$

$f(x)$ 的某些部分在 x 轴的上方,而其他部分在 x 轴下方,如果我们将在 x 轴上方的图形的面积赋予正号,在 x 轴下方的图形的面积赋予负号,那么在一般情形下,定积分 $\int_a^b f(x)\,\mathrm{d}x$ 的几何意义是曲线 $y=f(x)$,两条直线 $x=a$, $x=b$ 与 x 轴所围成的各部分面积的代数和.

21. 定积分的性质

(1) $\int_a^b kf(x)\,\mathrm{d}x = k\int_a^b f(x)\,\mathrm{d}x$($k$ 为常数);

(2) $\int_a^b [f(x) \pm g(x)]\,\mathrm{d}x = \int_a^b f(x)\,\mathrm{d}x \pm \int_a^b g(x)\,\mathrm{d}x$;

(3) $\int_a^b f(x)\,\mathrm{d}x = \int_a^c f(x)\,\mathrm{d}x + \int_c^b f(x)\,\mathrm{d}x$(其中 $a<c<b$).

注意

偶函数与奇函数在对称区间上的积分.

①若 $f(x)$ 是偶函数,且在关于原点对称的区间 $[-a,a]$ 上连续,则 $\int_{-a}^a f(x)\,\mathrm{d}x = 2\int_0^a f(x)\,\mathrm{d}x$.

②若 $f(x)$ 是奇函数,且在关于原点对称的区间 $[-a,a]$ 上连续,则 $\int_{-a}^a f(x)\,\mathrm{d}x = 0$.

22. 微积分基本定理

设 $f(x)$ 在 $[a,b]$ 上连续,并且 $F'(x)=f(x)$,那么 $\int_a^b f(x)\,\mathrm{d}x = F(b)-F(a)$.

这个结论叫做微积分基本定理,也叫做牛顿－莱布尼兹(Newton－Leibniz Formula)公式.它将定积分和微分这两个不同的概念联系起来,从而把求定积分 $\int_a^b f(x)\,\mathrm{d}x$ 的问题转化为求 $f(x)$ 原函数的问题.

注意

(1)求函数 $f(x)$ 在某个区间上的定积分,关键是求函数 $f(x)$ 的一个原函数,正确运用求导运算与求原函数运算互为逆运算的关系.

一般有 $\int_a^b x^n\,\mathrm{d}x = \frac{x^{n+1}}{n+1}\Big|_a^b$, $\int_a^b \frac{1}{x}\,\mathrm{d}x = \ln x\Big|_a^b$, $\int_a^b \mathrm{e}^x\,\mathrm{d}x = \mathrm{e}^x\Big|_a^b$.

(2)求复杂函数的定积分要依据定积分的性质.

23. 几种典型的曲边梯形面积的计算方法:

(1) 由三条直线 $x=a$、$x=b(a<b)$、x 轴,一条曲线 $y=f(x)(f(x)\geqslant 0)$ 围成的曲边梯形的面积: $S=\int_a^b f(x)\,\mathrm{d}x$(如图(1)).

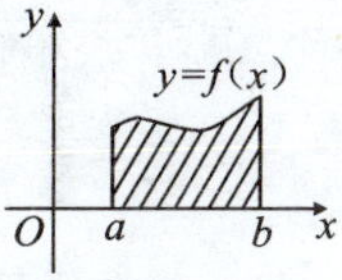

(1)

(2) 由三条直线 $x=a$、$x=b(a<b)$、x 轴,一条曲线 $y=f(x)(f(x)\leqslant 0)$ 围成的曲边梯形的面积: $S=\left|\int_a^b f(x)\,\mathrm{d}x\right| = -\int_a^b f(x)\,\mathrm{d}x$(如图(2)).

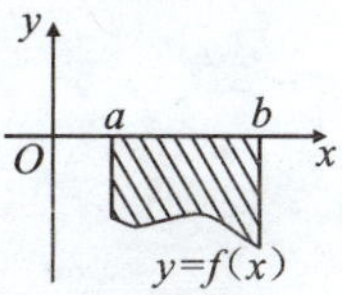

(2)

(3) 由两条直线 $x=a$、$x=b(a<b)$、两条曲线 $y=f(x)$、$y=g(x)(f(x)\geqslant g(x))$ 围成的平面图形的面积: $S=\int_a^b [f(x)-g(x)]\,\mathrm{d}x$(如图(3)).

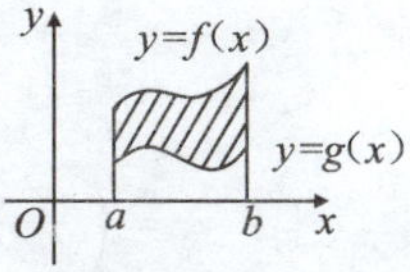

(3)

图 2－4－2

题型分类与方法总结

题型1 求导数

1. 利用定义求导数

根据导数的定义,第一步求函数的增量 Δy,第二步求平均变化率 $\frac{\Delta y}{\Delta x}$,第三步用逼近的方法得导数.

例1 利用导数的定义,求函数 $y=\frac{1}{\sqrt{x}}$ 在 $x=1$ 处的导数.

解 $\because \Delta y=f(1+\Delta x)-f(1)$

$=\frac{1}{\sqrt{1+\Delta x}}-1=\frac{1-\sqrt{1+\Delta x}}{\sqrt{1+\Delta x}}$

$=\frac{1-1-\Delta x}{(1+\sqrt{1+\Delta x})\sqrt{1+\Delta x}}$

$=\frac{-\Delta x}{(1+\sqrt{1+\Delta x})\sqrt{1+\Delta x}}$,

$\therefore \frac{\Delta y}{\Delta x}=-\frac{1}{(1+\sqrt{1+\Delta x})\sqrt{1+\Delta x}}$.

当 Δx 无限趋近于 0 时, $\frac{\Delta y}{\Delta x}$ 无限趋近于 $-\frac{1}{2}$, 即 $f'(1)=-\frac{1}{2}$.

点拨 做题时应注意运算技巧,如本题的解答中用到的分子有理化.

2. 利用公式、运算法则求导数

熟记常见函数的求导公式,并根据题目的特点选择恰当的求导法则会给运算带来方便.

例2 求函数 $y=\frac{\sin x-\cos x}{2\cos x}$ 的导数.

解 $y'=\left(\frac{\sin x-\cos x}{2\cos x}\right)'=$

$\left(\frac{\sin x}{2\cos x}-\frac{1}{2}\right)'=\left(\frac{\sin x}{2\cos x}\right)'=\frac{1}{2}\left(\frac{\sin x}{\cos x}\right)'$

$=\frac{1}{2}\cdot\frac{(\sin x)'\cdot\cos x-\sin x\cdot(\cos x)'}{\cos^2 x}=$

$\frac{\cos^2 x+\sin^2 x}{2\cos^2 x}=\frac{1}{2\cos^2 x}$.

点拨 先对函数的解析式进行合理的恒等变形,转化为容易求导的结构形式再求导.

3. 复合函数求导

首先要看清复合关系,特别要注意中间变量,其次应尽可能地将函数化简,然后再求导.要注意复合函数求导法则与四则运算求导法则的综合.

例3 求函数 $y=\ln(2x^2+x)$ 的导数.

分析 函数 $y=\ln(2x^2+x)$ 可以看作是函数 $y=\ln u$ 和 $u=2x^2$ 的复合函数,根据复合函数的求导法则求导.

解 $y'_x=y'_u\cdot u'_x=(\ln u)'\cdot(2x^2+x)'=\frac{1}{u}\cdot(4x+1)=\frac{4x+1}{2x^2+x}$.

4. 对数求导法

当函数解析式为多个因式乘积形式时,直接求导比较困难,可通过两边取对数后再求导,就可以使问题简化.但必须注意取对数时真数应为正实数.

例4 求函数 $y=(x-1)(x-2)\cdot\cdots\cdot(x-100)(x>100)$ 的导数.

解 两边取对数得 $\ln y=\ln(x-1)+\ln(x-2)+\cdots+\ln(x-100)$.

两边对 x 求导得

$\frac{y'}{y}=\frac{1}{x-1}+\frac{1}{x-2}+\cdots+\frac{1}{x-100}$.

$\therefore y'=\left(\frac{1}{x-1}+\frac{1}{x-2}+\cdots+\frac{1}{x-100}\right)\cdot(x-1)(x-2)\cdot\cdots\cdot(x-100)$.

题型2 导数几何意义的应用

导数 $f'(x)$ 的几何意义是:函数 $f(x)$ 的图象在点 $(x_0,f(x_0))$ 处的切线的斜率,利用导数易求得曲线的切线的斜率,从而可得切线方程,但应注意判断已知点是否在曲线上.若不在,应先设出切点坐标.

例5 (湖南高考)曲线 $y=\frac{1}{x}$ 和 $y=x^2$ 在它们交点处的两条切线与 x 轴所围成的三角形的面积是________.

解析 由 $\begin{cases}y=\frac{1}{x},\\ y=x^2,\end{cases}$ 得交点 A 的坐标为 $(1,1)$,由 $y=x^2$ 得 $y'=2x$,$\therefore y=x^2$ 在点 $A(1,1)$ 处的切线方程为 $y-1=2(x-1)$,

即 $y=2x-1$.

由 $y=\frac{1}{x}$ 得 $y'=\frac{-1}{x^2}$.

$\therefore y=\frac{1}{x}$ 在点 $A(1,1)$ 处的切线方程为

$y-1=-(x-1)$，即 $y=-x+2$，

$\therefore S_{三角形}=\frac{1}{2}\times\frac{3}{2}\times1=\frac{3}{4}$.

答案 $\frac{3}{4}$.

点拨 点在曲线上，则过该点的曲线的切线斜率等于该点处的导函数值.

例6 （湖北高考）过原点作曲线 $y=e^x$ 的切线，则切点的坐标为________，切线的斜率为________.

解析 原点不在曲线 $y=e^x$ 上，设切点为 $M(x_0,e^{x_0})$，则有

$k_{OM}=\frac{e^{x_0}}{x_0}=e^{x_0}$，

$\therefore x_0=1$，$k_{OM}=e$. $\therefore M$ 为 $(1,e)$.

答案 $(1,e)$，e.

点拨 点不在曲线上，需设切点坐标，然后构建方程(组)求解.

题型3 利用导数研究函数的单调性

求可导函数单调区间的一般步骤和方法如下：(1) 确定函数 $f(x)$ 的定义域；(2) 求 $f'(x)$，令 $f'(x)=0$，解此方程，求出它定义区间内的一切实根；(3) 把函数 $f(x)$ 的间断点(即 $f(x)$ 的无定义点)的横坐标和(2)中各个实根按从小到大的顺序排列起来，然后用这些点把函数 $f(x)$ 的定义区间分成若干个小区间；(4) 用 $f'(x)$ 的符号判定函数 $f(x)$ 在各个相应小开区间的增减性. 可列出自变量 x 变化时，$f(x)$，$f'(x)$ 的关系表，这样可使问题一目了然.

例7 （北京高考）已知函数 $f(x)=\frac{2x-b}{(x-1)^2}$，求导函数 $f'(x)$，并确定 $f(x)$ 的单调区间.

解 $f'(x)=\frac{2(x-1)^2-(2x-b)\cdot2(x-1)}{(x-1)^4}$

$=\frac{-2x+2b-2}{(x-1)^3}$

$=-\frac{2[x-(b-1)]}{(x-1)^3}$.

令 $f'(x)=0$，得 $x=b-1$. 当 $b-1<1$，即 $b<2$ 时，$f'(x)$ 的变化情况如下表所示：

x	$(-\infty,b-1)$	$b-1$	$(b-1,1)$	$(1,+\infty)$
$f'(x)$	$-$	0	$+$	$-$

当 $b-1>1$，即 $b>2$ 时，$f'(x)$ 的变化情况如下表所示：

x	$(-\infty,1)$	$(1,b-1)$	$b-1$	$(b-1,+\infty)$
$f'(x)$	$-$	$+$	0	$-$

所以，当 $b<2$ 时，函数 $f(x)$ 在 $(-\infty,b-1)$ 上单调递减，在 $(b-1,1)$ 上单调递增，在 $(1,+\infty)$ 上单调递减；当 $b>2$ 时，函数 $f(x)$ 在 $(-\infty,1)$ 上单调递减，在 $(1,b-1)$ 上单调递增，在 $(b-1,+\infty)$ 上单调递减；当 $b-1=1$，即 $b=2$ 时，$f(x)=\frac{2}{x-1}$，所以函数 $f(x)$ 在 $(-\infty,1)$ 上单调递减，在 $(1,+\infty)$ 上单调递减.

题型4 用导数判断函数单调性的应用

1. 证明不等式

若证明不等式 $f(x)>g(x)$，$x\in(a,b)$，可构造函数 $F(x)=f(x)-g(x)$. 如果 $f'(x)>0$，说明 $F(x)$ 在 (a,b) 上是增函数，若 $f(a)-g(a)\geqslant0$，由增函数的定义可知，当 $x\in(a,b)$ 时，$f(x)-g(x)>0$，即 $f(x)>g(x)$.

例8 当 $x>0$ 时，证明不等式 $\ln(x+1)>x-\frac{1}{2}x^2$.

分析 利用导数证明不等式，首先要构造函数 $f(x)$，而 $f(x)$ 实际上就是不等式两边式子的差，即 $f(x)=\ln(x+1)-x+\frac{1}{2}x^2$. 因此要证明原不等式，即证 $f(x)>0$ 在 $x>0$ 时恒成立.

证明 设$f(x)=\ln(x+1)-x+\frac{1}{2}x^2$，

则$f'(x)=\frac{1}{1+x}-1+x=\frac{x^2}{1+x}$.

当$x\in(-1,+\infty)$时，$f'(x)>0$，

$\therefore f(x)$在$(-1,+\infty)$上是增函数.

于是当$x>0$时，$f(x)>f(0)=0$，

$\therefore$ 当$x>0$时，不等式$\ln(x+1)>x-\frac{1}{2}x^2$恒成立.

2. 求参数的值(或取值范围)

函数$y=f(x)$的单调增区间、减区间分别是解不等式$f'(x)>0$，$f'(x)<0$所得的x的取值集合，反过来，若已知$f(x)$在区间D上单调递增，求$f(x)$中的参数值问题，这类问题往往转化为不等式的恒成立问题，即$f'(x)\geqslant 0$在D上恒成立，求$f(x)$中的参数值.

例 9 若函数$f(x)=ax^3-x^2+x-5$在$(-\infty,+\infty)$上单调递增，求实数a的取值范围.

分析 由$f(x)$在$\mathbf{R}$上是单调递增函数知，$f'(x)\geqslant 0$对$x\in\mathbf{R}$恒成立. 从而问题转化为一元二次不等式问题.

解 $\because f'(x)=3ax^2-2x+1$，又由题设可知$f(x)$在$\mathbf{R}$上单调递增，

$\therefore f'(x)\geqslant 0$对$x\in\mathbf{R}$恒成立.

即$3ax^2-2x+1>0$在$\mathbf{R}$上恒成立.

$\therefore\begin{cases}a>0,\\ \Delta=4-12a\leqslant 0,\end{cases}\quad\therefore a\geqslant\frac{1}{3}$.

题型 5 求函数的极值

在求可导函数的极值时，利用求可导函数的单调区间的一般步骤和方法，列出自变量x变化时，$f(x)$ $f'(x)$的变化情况表，就可将问题解决.

例 10 (重庆高考) 已知$a\in\mathbf{R}$，讨论函数$f(x)=e^x(x^2+ax+a+1)$的极值点的个数.

解 $f'(x)=e^x(x^2+ax+a+1)+e^x(2x+a)=e^x[x^2+(a+2)x+(2a+1)]$.

令$f'(x)=0$得$x^2+(a+2)x+2a+1=0$.

(1) 当$\Delta=(a+2)^2-4(2a+1)=a^2-4a=a(a-4)>0$，即$a<0$或$a>4$时，方程$x^2+(a+2)x+2a+1=0$有两个不等的实根$x_1,x_2$，不妨设$x_1<x_2$，

于是$f'(x)=e^x(x-x_1)(x-x_2)$，从而有下表：

x	$(-\infty,x_1)$	x_1	(x_1,x_2)	x_2	$(x_2,+\infty)$
$f'(x)$	+	0	−	0	+
$f(x)$	↗	$f(x_1)$ 为极大值	↘	$f(x_2)$ 为极小值	↗

即此时$f(x)$有两个极值点.

(2) 当$\Delta=0$，即$a=0$或$a=4$时，方程$x^2+(a+2)x+(2a+1)=0$有两个相同的实根$x_1=x_2$，

于是$f'(x)=e^x(x-x_1)^2$，故当$x<x_1$时，

$f'(x)>0$；当$x>x_1$时，$f'(x)>0$，因此$f(x)$无极值.

(3) 当$\Delta<0$，即$0<a<4$时，$x^2+(a+2)x+(2a+1)>0$，$f'(x)=e^x[x^2+(a+2)x+(2a+1)]>0$，

故$f(x)$是增函数，此时$f(x)$无极值.

综上，当$a>4$或$a<0$时，$f(x)$有2个极值点，当$0\leqslant a\leqslant 4$时，$f(x)$无极值点.

题型 6 函数极值的应用

(1) 确定参数的值，这里一般用待定系数法.

(2) 求参数的取值范围.

(3) 判断方程的根的变化，这里一般是利用数形结合的思想来讨论方程的根. 即先根据函数的极值情况画出函数$f(x)$的草图，再观察方程的根.

例11 如果函数 $f(x)=ax^5-bx^3+c(a>0)$ 在 $x=\pm1$ 时有极值，极大值为4，极小值为0，试求 a、b、c 的值.

分析 本题要求参数 a、b、c 的值，可通过求导来确定可疑点，再利用可疑点建立方程组，从而解出 a、b、c 的值.

解 $\because f'(x)=5ax^4-3bx^2$，令 $f'(x)=0$，即 $5ax^4-3bx^2=0$，$\therefore x^2(5ax^2-3b)=0$.

$\because x=\pm1$ 是极值点，

$\therefore 5a(\pm1)^2-3b=0$.

$\therefore 5a=3b$，$\therefore f'(x)=5ax^2(x^2-1)$.

又 $\because x^2=0$，$\therefore$ 可疑点为 $x=0$，$x=\pm1$.

当 x 变化时，$f'(x)$，$f(x)$ 的变化情况如下表：

x	$(-\infty,-1)$	-1	$(-1,0)$	0	$(0,1)$	1	$(1,+\infty)$
$f'(x)$	+	0	−	0	−	0	+
$f(x)$	↗	极大值	↘	无极值	↘	极小值	↗

由上表可知，当 $x=-1$ 时，$f(x)$ 有极大值，当 $x=1$ 时，$f(x)$ 有极小值，

$$\therefore\begin{cases}-a+b+c=4,\\a-b+c=0,\\5a=3b\end{cases}\Rightarrow\begin{cases}a=3,\\b=5,\\c=2.\end{cases}$$

例12 如图2－4－3，三次函数 $f(x)=x^3+ax^2+x$ 在区间 $[-1,1]$ 上有极大值和极小值，求常数 a 的取值范围.

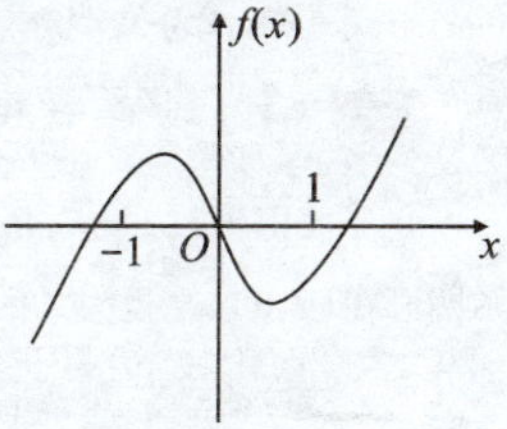

图2－4－3

分析 本题应正确理解函数在给定区间上有极值的实质，将函数的极值问题转化为二次方程根的分布问题，这样本题就能迎刃而解.

解 $\because f'(x)=3x^2+2ax+1$，$f(x)$ 在 $[-1,1]$ 上有极大值与极小值，

即 $f'(x)=0$ 在区间 $[-1,1]$ 上有两个相异的实根，

$\therefore$ 方程 $3x^2+2ax+1=0$ 在区间 $[-1,1]$ 上有两个相异的实根，

$$\text{则}\begin{cases}\Delta=4a^2-4\times3>0,\\-1<-\dfrac{a}{3}<1,\\f'(1)=2a+4\geqslant0,\\f'(-1)=-2a+4\geqslant0\end{cases}\Rightarrow$$

$$\begin{cases}a<-\sqrt{3}\text{ 或 }a>\sqrt{3},\\-3<a<3,\\-2\leqslant a\leqslant2.\end{cases}$$

$\therefore a\in[-2,-\sqrt{3})\cup(\sqrt{3},2]$.

题型7 函数的最值问题

函数 $f(x)$ 在 $[a,b]$ 内的全部极值，只能在 $f(x)$ 的导数为零的点或导数不存在的点取得（以下称这两种点为可疑点），所以只需将这些可疑点求出，然后算出 $f(x)$ 在可疑点处的函数值，再与区间端点处的函数值进行比较，就能求得最大值和最小值.

例13 已知 a 为实数，$f(x)=(x^2-4)(x-a)$.

(1) 求 $f(x)$ 的导数；

(2) 若 $f'(-1)=0$，求 $f(x)$ 在 $[-2,2]$ 上的最大值和最小值.

解 (1) 由原式得 $f(x)=x^3-ax^2-4x+4a$，

$\therefore f'(x)=3x^2-2ax-4$.

(2) 由 $f'(-1)=0$，得 $a=\dfrac{1}{2}$，此时有

$f(x)=(x^2-4)\left(x-\dfrac{1}{2}\right)$.

$f'(x)=3x^2-x-4$.

由 $f'(x)=0$ 得 $x=\dfrac{4}{3}$ 或 $x=-1$.

又 $f\left(\dfrac{4}{3}\right)=-\dfrac{50}{27}$，$f(-1)=\dfrac{9}{2}$，

$f(-2)=0$，$f(2)=0$，

$\therefore f(x)$ 在$[-2,2]$上的最大值是$\frac{9}{2}$，最小值是$-\frac{50}{27}$.

题型8 利用导数解决优化问题

不少优化问题可以化为求函数最值问题，导数方法是解这类问题的有效工具.

解题时应注意：(1) 得出 y 与 x 的关系式 $y=f(x)$ 后，必须从实际意义确定自变量 x 的定义域；(2) 求出的极值要与区间端点的取值进行大小比较，当区间为开区间且只有一个极值点时，这个极值往往就是我们要求的最值；(3) 问题求解中所得出的结果要符合问题的实际意义.

例14 （重庆高考）用长为18 m的钢条围成一个长方体形状的框架，要求长方体的长与宽之比为2∶1，问该长方体的长、宽、高各为多少时，其体积最大？最大体积是多少？

分析 设长方体的宽为 x m，并用 x 的代数式表示长和高，利用长方体的体积公式把体积表示为 x 的函数，再利用导数求最大值.

解 设长方体的宽为 x m，则长为 $2x$ m，高为 $h=\frac{18-12x}{4}=(4.5-3x)$ m，其中$0<x<\frac{3}{2}$.

所以长方体的体积为 $V(x)=2x^2(4.5-3x)=(9x^2-6x^3)(\text{m}^3)\left(0<x<\frac{3}{2}\right)$.

所以 $V'(x)=18x-18x^2=18x(1-x)$.

令 $V'(x)=0$，解得$x=0$（舍去）或$x=1$.

当$0<x<1$时，$V'(x)>0$；当$1<x<\frac{3}{2}$时，$V'(x)<0$.

所以在 $x=1$ 处，$V(x)$ 取得极大值，并且这个极大值就是 $V(x)$ 的最大值.

从而最大体积 $V_{\max}=V(1)=9\times1^2-6\times1^3=3(\text{m}^3)$，

此时长方体的宽为 1 m，长为 2 m，高为1.5 m.

答：当长方体的长为 2 m，宽为 1 m，高为 1.5 m 时，体积最大，最大体积为 3 m^3.

题型9 定积分的计算

求函数$f(x)$ 在某个区间上的定积分，关键是要正确运用求导数运算与求原函数运算互为逆运算的关系，有时也可根据定积分的几何意义求出.

例15 计算下列定积分：

(1) $\int_1^2\sqrt{x-1}\,dx$；(2) $\int_{-2}^2|x^2-x|\,dx$.

分析 (1)可直接求；(2)由于被积函数是绝对值函数，需在积分区间$[-2,2]$上分段积分，这里零点是$x=0,x=1$.

解 (1) $\int_1^2\sqrt{x-1}\,dx=\frac{2}{3}(x-1)^{\frac{3}{2}}\Big|_1^2=\frac{2}{3}$.

(2) $\int_{-2}^2|x^2-x|\,dx=\int_{-2}^0(x^2-x)\,dx+\int_0^1(x-x^2)\,dx+\int_1^2(x^2-x)\,dx=\left(\frac{1}{3}x^3-\frac{1}{2}x^2\right)\Big|_{-2}^0+\left(\frac{1}{2}x^2-\frac{1}{3}x^3\right)\Big|_0^1+\left(\frac{1}{3}x^3-\frac{1}{2}x^2\right)\Big|_1^2=\frac{17}{3}$.

点拨 在求含绝对值函数的积分时，由于被积函数的表达形式在给定区间上不能用统一的形式表示，需分段积分.

例16 求 $\int_0^2\sqrt{4-x^2}\,dx$ 的值.

解 被积函数 $y=\sqrt{4-x^2}\ (0\leqslant x\leqslant2)$ 表示圆心在$(0,0)$，半径为 2 的圆在第一象限的部分，

$\therefore \int_0^2\sqrt{4-x^2}\,dx=\frac{1}{4}\cdot\pi\cdot2^2=\pi$.

点拨 对于定积分可利用其几何意义来求，它等于曲线与 $x=a,x=b$ 及 x 轴围成的图形的面积.

题型10 用定积分求平面图形面积

用定积分求平面图形面积的解题步骤：

(1)画出图形;

(2)确定图形范围,通过解方程组求出交点横坐标,定出积分上、下限;

(3)确定被积函数,注意分清被积函数的上下位置;

(4)写出平面图形的定积分表达式;

(5)运用微积分基本定理计算定积分,求出平面图形的面积.

例17 计算由 $y^2=x, y=x^2$ 所围成的图形的面积.

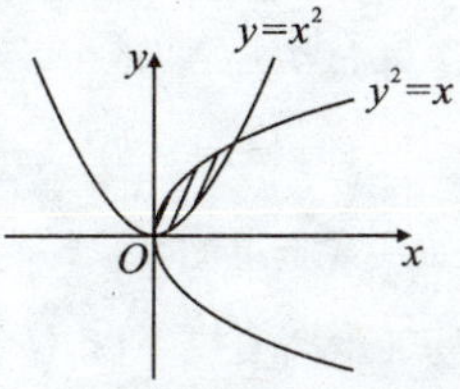

图 2-4-4

分析 为了确定图形的范围,先求出这两条曲线交点的横坐标.

解 如图 2-4-4.

解方程组 $\begin{cases} y^2=x, \\ y=x^2, \end{cases}$

得交点的横坐标为 $x_1=0, x_2=1$.

因此所求图形的面积为

$$S=\int_0^1 \sqrt{x}\mathrm{d}x-\int_0^1 x^2\mathrm{d}x=\frac{1}{3}.$$

题型 11 定积分在物理中的应用

1. 变速直线运动的路程

做变速直线运动的物体所走过的位移 s,等于其速度函数 $v=v(t)$ $(v(t)\geqslant 0)$ 在时间区间 $[a,b]$ 上的定积分,即 $s=\int_a^b v(t)\mathrm{d}t$.

例18 一点在直线上从时刻 $t=0$(s) 开始以速度 $v=t^2-4t+3$(m/s) 运动,求:

(1)在 $t=4$ s 时的位置;

(2)在 $t=4$ s 时运动的路程.

分析 因为位置决定于位移,所以它是 $v(t)$ 在 $[0,4]$ 上的定积分,而路程是位移的绝对值之和,所以需要判断在 $[0,4]$ 上,哪些时间段的位移为负.

解 (1)在 $t=4$ s 时该点的位移为

$$\int_0^4 (t^2-4t+3)\mathrm{d}t=\left(\frac{1}{3}t^3-2t^2+3t\right)\Big|_0^4=\frac{4}{3}(\mathrm{m}).$$

即在 $t=4$ s 时,该点距出发点 $\frac{4}{3}$ m.

(2) $\because v(t)=t^2-4t+3=(t-1)(t-3)$,

$\therefore$ 在区间 $[0,1]$ 及 $[3,4]$ 上的 $v(t)\geqslant 0$,在区间 $[1,3]$ 上,$v(t)\leqslant 0$,

$\therefore$ 在 $t=4$ s 时的路程为

$$S=\int_0^1 (t^2-4t+3)\mathrm{d}t+\left|\int_1^3 (t^2-4t+3)\mathrm{d}t\right|+\int_3^4 (t^2-4t+3)\mathrm{d}t$$

$$=\int_0^1 (t^2-4t+3)\mathrm{d}t-\int_1^3 (t^2-4t+3)\mathrm{d}t+\int_3^4 (t^2-4t+3)\mathrm{d}t=4(\mathrm{m}).$$

2. 变力做功

一物体在恒力 F(单位:N) 的作用下做直线运动,如果物体沿着与 F 相同的方向移动了 s(单位:m),则力 F 所做的功为 $W=Fs$.

如果物体在变力 $F(x)$ 的作用下做直线运动,并且物体沿着与 $F(x)$ 相同的方向从 $x=a$ 移动到 $x=b(a<b)$,那么变力 $F(x)$ 所做的功为 $W=\int_b^a f(x)\mathrm{d}x$.

例19 在底面积为 S 的圆柱形容器中盛有一定量的气体,在等温条件下,由于气体的膨胀,把容器中的一个活塞(面积为 S) 从点 a 处推到 b 处,计算在移动过程中,气体压力所做的功.

分析 力 F 对物体所做的功为 $W=F\cdot S$,求出变力 F 的表达式是本题中求功的关键.

解 由物理学知识易得,压强 P 与体积 V 的乘积是常数 k,即 $PV=k$.

$\because V=xS$(x 指活塞与底的距离).

$\therefore P=\frac{k}{V}=\frac{k}{xS}$.

$\therefore$ 作用在活塞上的力 $F = P \cdot S = \dfrac{k}{xS} \cdot S = \dfrac{k}{x}$.

$\therefore$ 所做的功 $W = \int_a^b \dfrac{k}{x}\mathrm{d}x = k \cdot \ln x \Big|_a^b = k\ln \dfrac{b}{a}$.

综合解题指导

题型1 导数与不等式的综合

1. 构造新函数，证明不等式

例1 已知函数 $f(x) = \ln(1+x) - x$，$g(x) = x\ln x$.

(1) 求函数 $f(x)$ 的最大值；

(2) 设 $0 < a < b$，证明 $0 < g(a) + g(b) - 2g\left(\dfrac{a+b}{2}\right) < (b-a)\ln 2$.

(1) **解** 函数 $f(x)$ 的定义域为 $(-1, +\infty)$，$f'(x) = \dfrac{1}{1+x} - 1 = \dfrac{-x}{x+1}$，

令 $f'(x) = 0$，解得 $x = 0$.

当 $-1 < x < 0$ 时，$f'(x) > 0$，$f(x)$ 单调递增；

当 $x > 0$ 时，$f'(x) < 0$，$f(x)$ 单调递减.

又 $f(0) = 0$，故当且仅当 $x = 0$ 时，$f(x)$ 取得最大值，最大值为 0.

(2) **证明** 设 $g(x) = x\ln x$，则 $x > 0$，$g'(x) = \ln x + 1$.

设 $F(x) = g(a) + g(x) - 2g\left(\dfrac{a+x}{2}\right)$，

则 $F'(x) = g'(x) - 2\left[g\left(\dfrac{a+x}{2}\right)\right]' = \ln x - \ln \dfrac{a+x}{2}$.

当 $0 < x < a$ 时，$f'(x) < 0$；当 $x > a$ 时，$f'(x) > 0$，从而当 $x = a$ 时，$F(x)$ 有极小值 $F(a)$.

$\because F(a) = 0, b > a, \therefore F(b) > 0$，即 $g(a) + g(b) - 2g\left(\dfrac{a+b}{2}\right) > 0$.

设 $G(x) = F(x) - (x-a)\ln 2$，

则 $G'(x) = \ln x - \ln \dfrac{a+x}{2} - \ln 2 = \ln x - \ln(a+x)$.

当 $x > 0, a > 0$ 时，$G'(x) < 0$，因此 $G(x)$ 在 $(0, +\infty)$ 上为减函数. $\because G(a) = 0, b > a$，$\therefore G(b) < 0$，

即 $g(a) + g(b) - 2g\left(\dfrac{a+b}{2}\right) < (b-a)\ln 2$.

综上可知 $0 < a < b$ 时，$0 < g(a) + g(b) - 2g\left(\dfrac{a+b}{2}\right) < (b-a)\ln 2$.

点拨 证明双元不等式，往往把其中一个（本题中的变量 b）看成主元，另一个（本题中的变量 a）看成“常数”，然后构造函数.

2. 变形后构造函数证明不等式

例2 已知 m、n 是正整数，且 $1 < m < n$，证明 $(1+m)^n > (1+n)^m$.

分析 本题用二项式定理结合排列、组合知识解决较难，若构造函数利用其单调性证明，思路简洁，方法更胜一筹.

证明 所证不等式两边取自然对数，得 $n\ln(1+m) > m\ln(1+n)$.

即 $\dfrac{\ln(1+m)}{m} > \dfrac{\ln(1+n)}{n}$.

令 $f(x) = \dfrac{\ln(1+x)}{x}$，

则 $f'(x) = \dfrac{\dfrac{x}{1+x} - \ln(1+x)}{x^2}$.

当 $x \geqslant 2$ 时，$\dfrac{x}{1+x} < 1$，$\ln(1+x) > 1$，

$\therefore f'(x) < 0$.

$\therefore$ 函数 $f(x)$ 在 $[2, +\infty)$ 上为减函数，

由 $2 \leqslant m < n$，得 $\dfrac{\ln(1+m)}{m} > \dfrac{\ln(1+n)}{n}$.

$\therefore (1+m)^n > (1+n)^m$.

点拨 (1) 本题构造函数是解题的关键. 解题时要弄清条件的本质特征, 有一个明确的方向, 以便重新进行逻辑组合.

(2) 不等式常常与函数联系在一起, 因此, 处理不等式问题离不开导数的应用, 特别要注意利用函数的单调性及极(最)值证明不等式.

题型 2 导数与数列的综合

例 3 已知函数 $f(x)=e^{-x}(\cos x+\sin x)$, 将满足 $f'(x)=0$ 的所有正数 x 从小到大排成数列 $\{x_n\}$.

求证: 数列 $\{f(x_n)\}$ 为等比数列.

分析 要证数列 $\{f(x_n)\}$ 为等比数列, 根据等比数列的定义及性质, 只需证 $\frac{f(x_{n+1})}{f(x_n)}$ 为常数即可. 由于已知 $f(x)=e^{-x}(\cos x+\sin x)$, 只需求出数列 $\{x_n\}$ 的通项即可.

证明 $\because f(x)=e^{-x}(\cos x+\sin x)$,

$\therefore f'(x)=(e^{-x})'(\cos x+\sin x)+e^{-x}(\cos x+\sin x)'$

$=-e^{-x}(\cos x+\sin x)+e^{-x}(-\sin x+\cos x)$

$=-2e^{-x}\sin x$.

令 $f'(x)=0$, 即 $-2e^{-x}\sin x=0$,

$\therefore \sin x=0$, $\therefore x=n\pi(n\in \mathbf{Z})$.

$\because$ 满足 $f'(x)=0$ 的所有正数 x 从小到大排成数列 $\{x_n\}$,

$\therefore x_n=n\pi(n=1,2,3,\cdots)$,

$\therefore f(x_n)=e^{-n\pi}(\cos n\pi+\sin n\pi)$

$=(-1)^n e^{-n\pi}$.

$\because \frac{f(x_{n+1})}{f(x_n)}=\frac{(-1)^{n+1}e^{-(n+1)\pi}}{(-1)^n e^{-n\pi}}$

$=-e^{-\pi}$ 为常数,

$\therefore \{f(x_n)\}$ 为等比数列.

题型 3 导数与三角函数的综合

例 4 (江西高考) 已知向量 $\boldsymbol{a}=\left(2\cos\frac{x}{2},\tan\left(\frac{x}{2}+\frac{\pi}{4}\right)\right)$, $\boldsymbol{b}=\left(\sqrt{2}\sin\left(\frac{x}{2}+\frac{\pi}{4}\right),\tan\left(\frac{x}{2}-\frac{\pi}{4}\right)\right)$, 令 $f(x)=\boldsymbol{a}\cdot\boldsymbol{b}$, 是否存在实数 $x\in[0,\pi]$, 使 $f(x)+f'(x)=0$ (其中 $f'(x)$ 是 $f(x)$ 的导数)? 若存在, 则求出 x 的值; 若不存在, 则证明之.

解 $f(x)=\boldsymbol{a}\cdot\boldsymbol{b}=2\sqrt{2}\cos\frac{x}{2}\cdot\sin\left(\frac{x}{2}+\frac{\pi}{4}\right)+\tan\left(\frac{x}{2}+\frac{\pi}{4}\right)\cdot\tan\left(\frac{x}{2}-\frac{\pi}{4}\right)=$

$2\sqrt{2}\cos\frac{x}{2}\left(\frac{\sqrt{2}}{2}\sin\frac{x}{2}+\frac{\sqrt{2}}{2}\cos\frac{x}{2}\right)+\frac{1+\tan\frac{x}{2}}{1-\tan\frac{x}{2}}\cdot\frac{\tan\frac{x}{2}-1}{1+\tan\frac{x}{2}}=2\sin\frac{x}{2}\cos\frac{x}{2}+2\cos^2\frac{x}{2}-1=\sin x+\cos x$.

$\therefore f'(x)=\cos x-\sin x$,

令 $f(x)+f'(x)=0$, 即 $2\cos x=0$.

由 $x\in(0,\pi)$, 则 $x=\frac{\pi}{2}$, 但当 $x=\frac{\pi}{2}$ 时, $\tan\left(\frac{x}{2}+\frac{\pi}{4}\right)$ 无意义, 所以不存在符合条件的 x 的值.

题型 4 导数与解析几何的综合

例 5 已知抛物线 $x^2=4y$ 的焦点为 F, A、B 是抛物线上的两动点, 且 $\overrightarrow{AF}=\lambda\overrightarrow{FB}(\lambda>0)$. 过 A、B 两点分别作抛物线的切线, 设其交点为 M. 证明 $\overrightarrow{FM}\cdot\overrightarrow{AB}$ 为定值.

证明 由已知条件, 得 F 为 $(0,1)$.

设 $A(x_1,y_1)$, $B(x_2,y_2)$. 由 $\overrightarrow{AF}=\lambda\overrightarrow{FB}$, 即得 $(-x_1,1-y_1)=\lambda(x_2,y_2-1)$,

$\therefore \begin{cases} -x_1 = \lambda x_2, & ① \\ 1-y_1 = \lambda(y_2-1). & ② \end{cases}$

将①式两边平方并把 $y_1 = \frac{1}{4}x_1^2, y_2 = \frac{1}{4}x_2^2$ 代入得 $y_1 = \lambda^2 y_2$. ③

解②③联立的方程组得 $\begin{cases} y_1 = \lambda, \\ y_2 = \frac{1}{\lambda}, \end{cases}$ 且有 $x_1x_2 = -\lambda x_2^2 = -4\lambda y_2 = -4$.

$\because$ 抛物线方程为 $y = \frac{1}{4}x^2$,

$\therefore y' = \frac{1}{2}x$.

所以过抛物线上 A、B 两点的切线方程分别是 $y = \frac{1}{2}x_1(x-x_1)+y_1$,

$y = \frac{1}{2}x_2(x-x_2)+y_2$,

即 $y = \frac{1}{2}x_1x - \frac{1}{4}x_1^2, y = \frac{1}{2}x_2x - \frac{1}{4}x_2^2$.

$\therefore M$ 的坐标为 $\left(\frac{x_1+x_2}{2}, \frac{x_1x_2}{4}\right)$ 即 $\left(\frac{x_1+x_2}{2}, -1\right)$.

所以 $\overrightarrow{FM} \cdot \overrightarrow{AB} = \left(\frac{x_1+x_2}{2}, -2\right) \cdot (x_2-x_1, y_2-y_1) = \frac{1}{2}(x_2^2-x_1^2) - 2\left(\frac{1}{4}x_2^2 - \frac{1}{4}x_1^2\right) = 0$.

所以 $\overrightarrow{FM} \cdot \overrightarrow{AB}$ 为定值,其值为0.

点拨 开口向上的抛物线方程本身可看成 y 关于 x 的函数,从而由切线搭造了解析几何与导数的桥梁.

题型5 导数与实际问题的综合

例6 有甲、乙两个工厂,甲工厂位于一直线河岸的岸边 A 处,乙厂与甲厂在河的同侧,乙厂位于离河岸40 km的 B 处,乙厂到河岸的垂足 D 与 A 相距50 km,两厂要在 A、D 之间合建一个供水站 C,从供水站到甲厂和乙厂的水管费用分别为每千米 $3a$ 元和 $5a$ 元,问供水站 C 建立在岸边何处才能使水管费用最省?

分析 根据题设条件作出如图2-4-5的图形,分析各已知条件之间的关系,借助图形的特征,合理选择这些条件间的联系方式,适当选定变元,构造相应的函数关系,通过求导的方法或其他方法求出函数的最小值,可确定点 C 的位置.

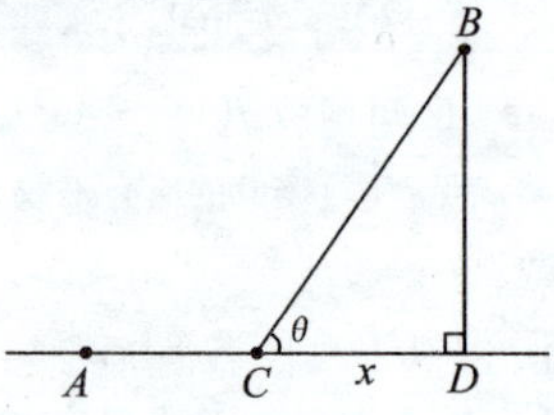

图2-4-5

解法一 根据题意知,只有点 C 在线段 AD 上某一适当位置,才能使总运费最省,设 C 点距 D 点 x km.

$\because BD = 40$ km, $AC = (50-x)$ km,

$\therefore BC = \sqrt{BD^2+CD^2} = \sqrt{x^2+40^2}$.

又设总的水管费用为 y 元,依题意有

$y = 3a(50-x)+5a\sqrt{x^2+40^2}$ $(0 < x < 50)$.

$\therefore y' = -3a + \frac{5ax}{\sqrt{x^2+40^2}}$.

令 $y' = 0$,解得 $x = 30$.

在 $(0,50)$ 上,y 只有一个极值点,根据实际问题的意义,函数在 $x = 30$(km) 处取得最小值,此时 $AC = 50-x = 20$(km).

$\therefore$ 供水站建在 A、D 之间距甲厂20 km处,可使水管费用最省.

解法二 设 $\angle BCD = \theta$,则 $BC = \frac{40}{\sin\theta}$,

$CD = 40 \cdot \cot\theta \left(0 < \theta < \frac{\pi}{2}\right)$,

$\therefore AC = 50 - 40 \cdot \cot\theta$.

设总的水管费用为$f(\theta)$，依题意，有

$f(\theta)=3a(50-40\cdot\cot\theta)+5a\cdot\dfrac{40}{\sin\theta}=150a+40a\cdot\dfrac{5-3\cos\theta}{\sin\theta}$，

$\therefore f'(\theta)=40a\cdot\dfrac{(5-3\cos\theta)'\cdot\sin\theta-(5-3\cos\theta)\cdot(\sin\theta)'}{\sin^2\theta}$

$=40a\cdot\dfrac{3-5\cos\theta}{\sin^2\theta}$.

令$f'(\theta)=0$，得$\cos\theta=\dfrac{3}{5}$.

根据问题的实际意义，当$\cos\theta=\dfrac{3}{5}$时，函数取得最小值，此时$\sin\theta=\dfrac{4}{5}$，$\therefore\cot\theta=\dfrac{3}{4}$，$\therefore AC=50-40\cot\theta=20(\text{km})$，即供水站建在$A$、$D$之间距甲厂20 km处，可使水管费用最省.

点拨 对于求最值问题的应用题，写出目标函数后，导数法是首选的方法.

三年高考分析

导数已成为高考命题的一个重要载体，通过导数实现了函数与不等式、方程、解析几何等多个知识点的交汇，并且在求解导数应用方面的试题时，都渗透着各种重要的数学思想方法，如数形结合、分类讨论、等价转化等思想的运用，因此导数的应用是高考的一个热点.

高考试题中对导数的考查既有客观题，侧重于对单调性和极值、最值的考查，也有主观题，侧重于对导数的综合应用.

例1 （全国Ⅰ高考）已知直线$y=x+1$与曲线$y=\ln(x+a)$相切，则a的值为(　　).

A. 1　　B. 2　　C. -1　　D. -2

解析 设直线$y=x+1$与曲线$y=\ln(x+a)$的相切的切点为(x_0,y_0)，则$y_0=1+x_0$，$y_0=\ln(x_0+a)$. 又$\because y'=\dfrac{1}{x+a}$，

$\therefore y'\Big|_{x=x_0}=\dfrac{1}{x_0+a}=1$，即$x_0+a=1$.

$\therefore y_0=0, x_0=-1$，$\therefore a=2$.

答案 B.

点拨 求解时应明确函数在切点处的导数值为1，且切点既在直线$y=x+1$上又在曲线$y=\ln(x+a)$上.

例2 （湖北高考）已知函数$f(x)=f'\left(\dfrac{\pi}{4}\right)\cos x+\sin x$，则$f\left(\dfrac{\pi}{4}\right)$的值为________.

解析 $\because f(x)=f'\left(\dfrac{\pi}{4}\right)\cos x+\sin x$，

$\therefore f'(x)=-f'\left(\dfrac{\pi}{4}\right)\sin x+\cos x$.

$\therefore f'\left(\dfrac{\pi}{4}\right)=-f'\left(\dfrac{\pi}{4}\right)\times\dfrac{\sqrt{2}}{2}+\dfrac{\sqrt{2}}{2}$.

$\therefore f'\left(\dfrac{\pi}{4}\right)=\dfrac{1}{1+\sqrt{2}}=\sqrt{2}-1$.

故$f\left(\dfrac{\pi}{4}\right)=(\sqrt{2}-1)\times\dfrac{\sqrt{2}}{2}+\dfrac{\sqrt{2}}{2}=1$.

点拨 由于题中含$f'\left(\dfrac{\pi}{4}\right)$，因此求出$f'(x)$后，应先求$f'\left(\dfrac{\pi}{4}\right)$.

例3 （江苏高考）函数$f(x)=x^3-15x^2-33x+6$的单调减区间为________.

解析 $f'(x)=3x^2-30x-33=3(x-11)\cdot(x+1)$. 令$f'(x)<0$得$-1<x<11$，$\therefore$ 函数$f(x)$的单调减区间为$(-1,11)$.

答案 $(-1,11)$.

点拨 注意函数单调性与导数的关系.

例4 （福建高考）$\int_{-\frac{\pi}{2}}^{\frac{\pi}{2}}(1+\cos x)\mathrm{d}x$等于(　　).

A. π　　B. 2　　C. $\pi-2$　　D. $\pi+2$

解析 $\because(x+\sin x)'=1+\cos x$，

$\therefore \int_{-\frac{\pi}{2}}^{\frac{\pi}{2}}(1+\cos x)\mathrm{d}x = (x+\sin x)\Big|_{-\frac{\pi}{2}}^{\frac{\pi}{2}} = \frac{\pi}{2}+\sin\frac{\pi}{2}-\left[-\frac{\pi}{2}+\sin\left(-\frac{\pi}{2}\right)\right]=\pi+2$

答案 D.

例5 （辽宁高考）已知$f(x)$与$g(x)$是定义在$\mathbf{R}$上的连续函数，如果$f(x)$与$g(x)$仅当$x=0$时的函数值为0，且$f(x)\geqslant g(x)$，那么下列情形不可能出现的是（　　）.

A. 0是$f(x)$的极大值，也是$g(x)$的极大值

B. 0是$f(x)$的极小值，也是$g(x)$的极小值

C. 0是$f(x)$的极大值，但不是$g(x)$的极值

D. 0是$f(x)$的极小值，但不是$g(x)$的极值

解析 对于A、B、D三个选项，很容易作出符合题意的图象，如图2－4－6.

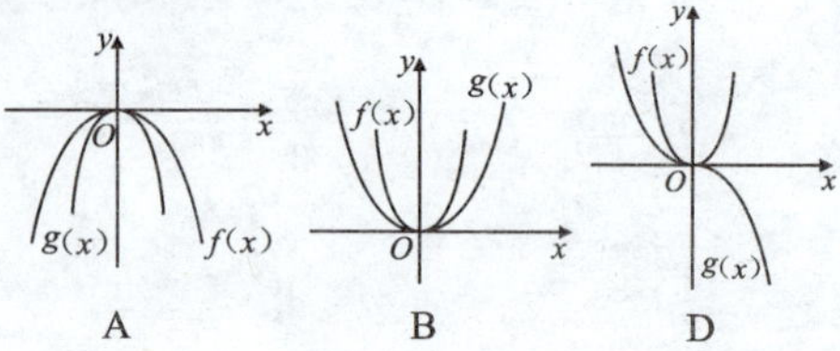

图2－4－6

对于选项C，若在0处取$f(x)$的极大值为0，当且仅当$x=0$时，$f(x)=0$，且$f(x)\leqslant 0(x\in\mathbf{R})$. 又$\because f(x)\geqslant g(x)$，$\therefore g(x)\leqslant 0(x\in\mathbf{R})$且当且仅当$x=0$时，$g(x)=0$，故0必为$g(x)$的极大值，选C.

答案 C.

例6 （天津高考）已知函数$f(x)=(x^2+ax-2a^2+3a)\mathrm{e}^x(x\in\mathbf{R})$，其中$a\in\mathbf{R}$.

(1) 当$a=0$时，求曲线$y=f(x)$在点$(1,f(1))$处的切线的斜率；

(2) 当$a\neq\frac{2}{3}$时，求函数$f(x)$的单调区间与极值.

解 (1) 当$a=0$时，$f(x)=x^2\mathrm{e}^x$，$f'(x)=(x^2+2x)\mathrm{e}^x$，故$f'(1)=3\mathrm{e}$.

所以曲线$y=f(x)$在点$(1,f(1))$处的切线的斜率为$3\mathrm{e}$.

(2) $\because f'(x)=[x^2+(a+2)x-2a^2+4a]\mathrm{e}^x$.

令$f'(x)=0$，解得$x=-2a$，或$x=a-2$，

由$a\neq\frac{2}{3}$知，$-2a\neq a-2$.

以上分两种情况讨论.

① 若$a>\frac{2}{3}$，则$-2a<a-2$. 当x变化时，$f'(x)$，$f(x)$的变化情况如下表：

x	$(-\infty,-2a)$	$-2a$	$(-2a,a-2)$	$a-2$	$(a-2,+\infty)$
$f'(x)$	+	0	−	0	+
$f(x)$	↗	极大值	↘	极小值	↗

所以$f(x)$在$(-\infty,-2a)$，$(a-2,+\infty)$上是增函数，在$(-2a,a-2)$上是减函数.

函数$f(x)$在$x=-2a$处取得极大值$f(-2a)$，且$f(-2a)=3a\mathrm{e}^{-2a}$.

函数$f(x)$在$x=a-2$处取得极小值$f(a-2)$，且$f(a-2)=(4-3a)\mathrm{e}^{a-2}$.

② 若$a<\frac{2}{3}$，则$-2a>a-2$，当x变化时，$f'(x)$，$f(x)$的变化情况如下表：

x	$(-\infty,a-2)$	$a-2$	$(a-2,-2a)$	$-2a$	$(-2a,+\infty)$
$f'(x)$	+	0	−	0	+
$f(x)$	↗	极大值	↘	极小值	↗

所以 $f(x)$ 在 $(-\infty,a-2)$，$(-2a,+\infty)$ 上是增函数，在 $(a-2,-2a)$ 上是减函数.

函数 $f(x)$ 在 $x=a-2$ 处取得极大值 $f(a-2)$，且 $f(a-2)=(4-3a)e^{a-2}$.

函数 $f(x)$ 在 $x=-2a$ 处取得极小值 $f(-2a)$，且 $f(-2a)=3ae^{-2a}$.

例7 （天津高考）已知函数 $f(x)=x+\frac{a}{x}+b(x\neq 0)$，其中 a、$b\in\mathbf{R}$.

（1）若曲线 $y=f(x)$ 在点 $P(2,f(2))$ 处的切线方程为 $y=3x+1$，求函数 $f(x)$ 的解析式；

（2）试讨论函数 $f(x)$ 的单调性；

（3）若对于任意的 $a\in\left[\frac{1}{2},2\right]$，不等式 $f(x)\leqslant 10$ 在 $\left[\frac{1}{4},1\right]$ 上恒成立，求 b 的取值范围.

解 （1）$\because f'(x)=1-\frac{a}{x^2}$，

$\therefore f'(2)=1-\frac{a}{4}=3$，$\therefore a=-8$.

$\because$ 切点 $P(2,f(2))$ 在直线 $y=3x+1$ 上，

$\therefore f(2)=7$. $\therefore 2-\frac{8}{2}+b=7$，即 $b=9$.

所以函数的解析式为 $f(x)=x-\frac{8}{x}+9$.

（2）$f'(x)=1-\frac{a}{x^2}$.

当 $a\leqslant 0$ 时，显然 $f'(x)>0(x\neq 0)$. 这时 $f(x)$ 在 $(-\infty,0)$，$(0,+\infty)$ 上是增函数.

当 $a>0$ 时，令 $f'(x)=0$，解得 $x=\pm\sqrt{a}$.

当 x 变化时，$f'(x)$，$f(x)$ 的变化情况如下表：

x	$(-\infty,-\sqrt{a})$	$-\sqrt{a}$	$(-\sqrt{a},0)$	$(0,\sqrt{a})$	$\sqrt{a}$	$(\sqrt{a},+\infty)$
$f'(x)$	+	0	−	−	0	+
$f(x)$	↗	极大值	↘	↘	极小值	↗

所以 $f(x)$ 在 $(-\infty,-\sqrt{a})$，$(\sqrt{a},+\infty)$ 上是增函数，在 $(-\sqrt{a},0)$，$(0,\sqrt{a})$ 上是减函数.

（3）由（2）知，$f(x)$ 在 $\left[\frac{1}{4},1\right]$ 上的最大值为 $f\left(\frac{1}{4}\right)$ 与 $f(1)$ 中的较大者，对于任意的 $a\in\left[\frac{1}{2},2\right]$，不等式 $f(x)\leqslant 10$ 在 $\left[\frac{1}{4},1\right]$ 上恒成立，当且仅当

$$\begin{cases}f\left(\frac{1}{4}\right)\leqslant 10,\\ f(1)\leqslant 10,\end{cases}\text{即}\quad\begin{cases}b\leqslant\frac{39}{4}-4a,\\ b\leqslant 9-a\end{cases}$$

对任意的 $a\in\left[\frac{1}{2},2\right]$ 成立.

从而得 $b\leqslant\frac{7}{4}$，所以满足条件的 b 的取值范围是 $\left(-\infty,\frac{7}{4}\right]$.

点拨 本题利用函数思想处理最值，避免了分类讨论.

例8 （海南高考）设函数 $f(x)=\ln(x+a)+x^2$.

（1）若当 $x=-1$ 时，$f(x)$ 取得极值，求 a 的值，并讨论 $f(x)$ 的单调性；

（2）若 $f(x)$ 存在极值，求 a 的取值范围，并证明所有极值之和大于 $\ln\frac{e}{2}$.

解 （1）$f'(x)=\frac{1}{x+a}+2x$.

依题意有 $f'(-1)=0$，故 $a=\frac{3}{2}$，

从而 $f'(x)=\frac{2x^2+3x+1}{x+\frac{3}{2}}$.

$f(x)$ 的定义域为 $\left(-\frac{3}{2},+\infty\right)$.

当 $-\frac{3}{2}<x<-1$ 时，$f'(x)>0$；

当 $-1<x<-\frac{1}{2}$ 时，$f'(x)<0$；

当 $x>-\frac{1}{2}$ 时，$f'(x)>0$.

从而$f(x)$分别在区间$\left(-\frac{3}{2},-1\right)$，$\left(-\frac{1}{2},+\infty\right)$上单调递增，在区间$\left(-1,-\frac{1}{2}\right)$上单调递减.

(2)$f(x)$的定义域为$(-a,+\infty)$，

$f'(x)=\frac{2x^2+2ax+1}{x+a}$，

方程$2x^2+2ax+1=0$的判别式$\Delta=4a^2-8$.

(ⅰ)若$\Delta<0$，即$-\sqrt{2}<a<\sqrt{2}$，则在$f(x)$的定义域内$f'(x)>0$，故$f(x)$无极值.

(ⅱ)若$\Delta=0$，则$a=\sqrt{2}$或$a=-\sqrt{2}$.

若$a=\sqrt{2}$，$x\in(-\sqrt{2},+\infty)$，当$x=-\frac{\sqrt{2}}{2}$时，$f'(x)=0$，当$x\in\left(-\sqrt{2},-\frac{\sqrt{2}}{2}\right)\cup\left(-\frac{\sqrt{2}}{2},+\infty\right)$时，$f'(x)>0$，所以$f(x)$无极值.

若$a=-\sqrt{2}$，$x\in(\sqrt{2},+\infty)$，$f'(x)>0$，$f(x)$也无极值.

(ⅲ)若$\Delta>0$，即$a>\sqrt{2}$或$a<-\sqrt{2}$，则$2x^2+2ax+1=0$有两个不同的实根，即

$x_1=\frac{-a-\sqrt{a^2-2}}{2}$，

$x_2=\frac{-a+\sqrt{a^2-2}}{2}$.

当$a<-\sqrt{2}$时，$x_1<-a$，$x_2<-a$，从而$f'(x)$在$f(x)$的定义域内没有零点，故$f(x)$无极值；

当$a>\sqrt{2}$时，$x_1>-a$，$x_2>-a$，$f'(x)$在$f(x)$的定义域内有两个不同的零点，由极值判别方法知$f(x)$在$x=x_1$，$x=x_2$取得极值.

综上，$f(x)$存在极值时，a的取值范围为$(\sqrt{2},+\infty)$.

$f(x)$的极值之和为

$f(x_1)+f(x_2)=\ln(x_1+a)+x_1^2+\ln(x_2+a)+x_2^2$

$=\ln\frac{1}{2}+a^2-1>1-\ln 2=\ln\frac{e}{2}$.

点拨 分类讨论由a入手，极值之和由a结束，始终围绕着参量a及其范围来展开，很好地提供了解决问题的主线.

数学思想

1. 数形结合思想

数形结合就是对题目中的题设和结论既分析其代数意义，又分析其几何意义，通过数形的相互转化来解决数学问题的一种重要数学方法. 它的实质是“以形助数，以数解形”，使抽象思维与形象思维结合起来，通过数与形的相互转化，使问题得到解决.

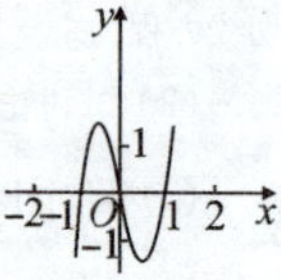

图 2－4－7

例1 (江西高考)已知函数$y=xf'(x)$的图象如图2－4－7(其中$f'(x)$是函数$f(x)$的导函数). 下面四个图象中$y=f(x)$的图象大致是(　　).

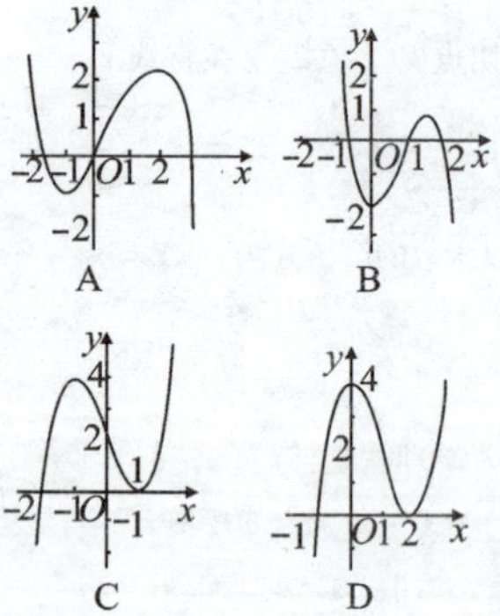

解析 由$y=xf'(x)$图象知：$0<x<1$时，$xf'(x)<0$，$\therefore f'(x)<0$，

$\therefore$在$(0,1)$内，$f(x)$为减函数，排除A、B.

$-1<x<0$时，$xf'(x)>0$，$\therefore f'(x)<0$，

$\therefore f(x)$在$(-1,0)$上为减函数，排除D.

答案 C.

点拨 知道导数的符号就可以判断函数的单调性，从而能够大致画出函数图象.

例2 已知函数$f(x)=x^3-3m^2x-1$，当

实数m在什么范围内变化时，函数$y=f(x)$的图象与直线$y=3$只有一个公共点？

解 (1) 当$m=0$时，$f(x)=x^3-1$的图象与直线$y=3$只有一个公共点.

(2) 当$m\neq 0$时，令$f'(x)=0$，解得$x=\pm|m|$，

列表如下：

x	$(-\infty,-\lvert m\rvert)$	$-\lvert m\rvert$	$(-\lvert m\rvert,\lvert m\rvert)$	$\lvert m\rvert$	$(\lvert m\rvert,+\infty)$
$f'(x)$	+	0	−	0	+
$f(x)$	↗	极大值	↘	极小值	↗

所以$f(x)_{极小值}=f(|m|)$

$=-2m^2|m|-1$

<-1.

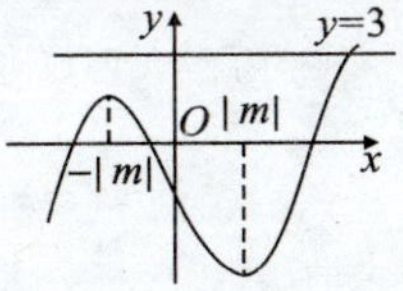

图 2－4－8

又因为$f(x)$的值域是$\mathbf{R}$. 且在$(|m|,+\infty)$上单调递增，所以当$x>|m|$时，函数$y=f(x)$的图象与直线$y=3$有且仅有一个公共点，如图 2－4－8.

当$x<|m|$时，恒有$f(x)\leqslant f(-|m|)$.

由题意，得$f(-|m|)<3$，

即$2m^2|m|-1=2|m|^3-1<3$.

解得$m\in(-\sqrt[3]{2},0)\cup(0,\sqrt[3]{2})$.

综上，m的取值范围是$(-\sqrt[3]{2},\sqrt[3]{2})$.

点拨 处理超越方程解的个数或两曲线交点个数问题常用数形结合思想.

2. 分类讨论思想

利用分类讨论思想解题一般分为四个步骤：(1) 确定讨论对象，即对哪个参数进行讨论；(2) 对所讨论的对象进行合理的分类；(3) 逐类讨论；(4) 归纳总结.

例3 已知函数$f(x)=\dfrac{1+x}{1-x}e^{-ax}$.

(1) 设$a>0$，讨论$y=f(x)$的单调性；

(2) 若对任意$x\in(0,1)$恒有$f(x)>1$，求a的取值范围.

解 (1) $f(x)$的定义域为$(-\infty,1)\cup(1,+\infty)$.

对$f(x)$求导数得$f'(x)=\dfrac{ax^2+2-a}{(1-x)^2}\cdot e^{-ax}$.

① 当$a=2$时，$f'(x)=\dfrac{2x^2}{(1-x)^2}e^{-2x}$，当$x=0$时，$f'(x)=0$，当$x\in(-\infty,0)\cup(0,1)\cup(1,+\infty)$时，$f'(x)>0$，所以$f(x)$在$(-\infty,1)$，$(1,+\infty)$上为增函数.

② 当$0<a<2$时，$f'(x)>0$，$f(x)$在$(-\infty,1)$，$(1,+\infty)$上为增函数.

③ 当$a>2$时，$0<\dfrac{a-2}{a}<1$.

令$f'(x)=0$，解得$x_1=-\sqrt{\dfrac{a-2}{a}}$，$x_2=\sqrt{\dfrac{a-2}{a}}$.

当x变化时，$f'(x)$和$f(x)$的变化情况如下表：

x	$\left(-\infty,-\sqrt{\frac{a-2}{a}}\right)$	$\left(-\sqrt{\frac{a-2}{a}},\sqrt{\frac{a-2}{a}}\right)$	$\left(\sqrt{\frac{a-2}{a}},1\right)$	$(1,+\infty)$
$f'(x)$	+	−	+	+
$f(x)$	↗	↘	↗	↗

可知$f(x)$在$\left(-\infty,-\sqrt{\dfrac{a-2}{a}}\right)$，$\left(\sqrt{\dfrac{a-2}{a}},1\right)$，$(1,+\infty)$上为增函数；在$\left(-\sqrt{\dfrac{a-2}{a}},\sqrt{\dfrac{a-2}{a}}\right)$上为减函数.

(2) ① 当$0<a\leqslant 2$时，由(1)知：对任意$x\in(0,1)$恒有$f(x)>f(0)=1$.

② 当$a>2$时，取$x_0=\dfrac{1}{2}\sqrt{\dfrac{a-2}{a}}\in(0,1)$，

则由(1)知$f(x_0)<f(0)=1$.

③ 当 $a\leqslant 0$ 时,对任意 $x\in(0,1)$,

恒有 $\frac{1+x}{1-x}>1$ 且 $e^{-ax}\geqslant 1$,

得 $f(x)=\frac{1+x}{1-x}\cdot e^{-ax}\geqslant\frac{1+x}{1-x}>1$.

综上,当且仅当 $a\in(-\infty,2]$ 时,对任意 $x\in(0,1)$,恒有 $f(x)>1$.

点拨 本题引发分类讨论的原因是判别式 Δ 与零的大小关系,和方程根与断点 1 的关系.

3. 化归与转化思想

在解决数学问题时,把需要解决的问题通过某种转化过程,归结为一类已经解决或容易解决的问题,从而获得问题的解答,这种思想就是人们常说的化归与转化思想.

例 4 (全国 Ⅱ 高考)设函数 $f(x)=(x+1)\ln(x+1)$. 若对所有的 $x\geqslant 0$,都有 $f(x)\geqslant ax$ 成立,求实数 a 的取值范围.

解法一 令 $g(x)=(x+1)\ln(x+1)-ax$,对函数 $g(x)$ 求导数,得

$g'(x)=\ln(x+1)+1-a$,令 $g'(x)=0$,解得 $x=e^{a-1}-1$.

(1) 当 $a\leqslant 1$ 时,对所有 $x\geqslant 0$,$g'(x)>0$,所以 $g(x)$ 在 $[0,+\infty)$ 上是增函数.

又 $g(0)=0$,

所以对 $x\geqslant 0$,有 $g(x)\geqslant g(0)$.

即当 $a\leqslant 1$ 时,对所有 $x\geqslant 0$,都有 $f(x)\geqslant ax$.

(2) 当 $a>1$ 时,对于 $0<x<e^{a-1}-1$,$g'(x)<0$,

所以 $g(x)$ 在 $(0,e^{a-1}-1)$ 是减函数.

又 $g(0)=0$,所以对 $0<x<e^{a-1}-1$,有 $g(x)<g(0)$,即 $f(x)<ax$.

∴ 当 $a>1$ 时,不是对所有的 $x\geqslant 0$,都有 $f(x)\geqslant ax$ 成立.

综上所述,a 的取值范围是 $(-\infty,1]$.

解法二 令 $g(x)=(x+1)\ln(x+1)-ax$,于是不等式 $f(x)\geqslant ax$ 成立即为 $g(x)\geqslant g(0)$ 成立.

对 $g(x)$ 求导数,得 $g'(x)=\ln(x+1)+1-a$.

令 $g'(x)=0$,解得 $x=e^{a-1}-1$.

当 $x>e^{a-1}-1$ 时,$g'(x)>0$,$g(x)$ 为增函数.

当 $-1<x<e^{a-1}-1$ 时,$g'(x)<0$,$g(x)$ 为减函数.

要对所有 $x\geqslant 0$ 都有 $g(x)\geqslant g(0)$,则其充要条件为 $e^{a-1}-1\leqslant 0$.

由此得 $a\leqslant 1$,即 a 的取值范围是 $(-\infty,1]$.

背景材料

函数的线性逼近

为了简化函数研究,如能以一次(线性)函数去逼近所研究的函数,无疑会大大简化研究的过程.从导数概念的起源,曾用平均速度去逼近瞬时速度,或以曲线割线的斜率去逼近曲线切线的斜率,从而获得启示,在函数的图象(如图2-4-9)上相邻两点 $A(a,f(a))$、$B(b,f(b))$ 连线的斜率为 $\frac{f(b)-f(a)}{b-a}$,

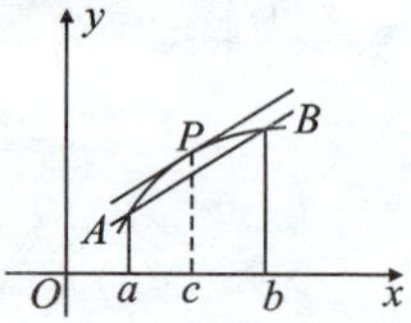

图2-4-9

在区间 (a,b) 内存在一点 $P(c,f(c))$,过点 P 的切线的斜率为 $f'(c)$,有

$$\frac{f(b)-f(a)}{b-a}=f'(c),$$

即过点 P 的切线与割线 AB 平行.

这在直观上是显而易见的,经过抽象可得定理如下:

定理　函数 $f(x)$ 在闭区间 $[a,b]$ 上连续,且在开区间 (a,b) 上可导(即处处存在切线),那么在区间 (a,b) 内至少存在一点 $P(c,f(c))$,使过点 P 的切线与 $[a,b]$ 上两点 $A(a,f(a))$、$B(b,f(b))$ 的连线互相平行,即

$$\frac{f(b)-f(a)}{b-a}=f'(c). \qquad ①$$

这就是数学家拉格朗日(Lagarange,1738 ~1813)发现的微分中值定理,正是这一定理在微积分的理论体系中起了十分关键的作用.我们且不去对此定理作严格的证明,仔细探索一下它的实际意义与作用是大有裨益的.

设 $b=x,a=x_0$,则 $\Delta x=x-x_0$,那么公式①可以写成

$f(x)-f(x_0)=f'(c)(x-x_0)$,

即 $f(x)=f'(c)(x-x_0)+f(x_0)$.

这说明在区间 (a,b) 上,$x_0,x\in[a,b]$,$f(x)$ 可以用一次函数 $f(x)=f'(c)(x-x_0)+f(x_0)$ 来逼近,使研究 $f(x)$ 转化为探讨一次函数 $f(x)=f'(c)(x-x_0)+f(x_0)$.这样不管 $f(x)$ 如何复杂,在区间 $[a,b]$ 去逼近 $f(x)$ 在理论上是可行的.

由此定理可知 $f(x)$ 在区间 $[a,b]$ 上单调递增的充分条件是在区间 $[a,b]$ 上 $f'(x)>0$;在区间 $[a,b]$ 上单调递减的充分条件是 $f'(x)<0$.

由 $f(x_1)-f(x_2)=f'(c)(x_1-x_2)$,如果在区间 $[a,b]$ 上处处 $f'(x)>0$,那么 $x_1-x_2>0$ 与 $f(x_1)-f(x_2)>0$ 等价,所以若 $f'(x)>0$,那 $f(x)$ 在区间 $[a,b]$ 是递增的.

同理,若 $f'(x)<0$ 可推出 $f(x)$ 在区间 $[a,b]$ 上是递减的.

但注意 $f'(x)>0$($f'(x)<0$)是函数递增(减)的充分条件,而不是必要条件.例如 $f(x)=x^3$,$f'(x)=3x^2\geqslant 0$,但它仍然是增函数.由拉格朗日定理可得,当 $f(x)$ 在 $[a,b]$ 上连续,且在 (a,b) 上可导,则

当 $f'(x_0)>0$ 时,$f(x)$ 在点 x_0 递增;反之,若 $f(x)$ 在点 x_0 递增,则 $f'(x_0)>0$;

当 $f'(x_0)<0$ 时,$f(x)$ 在点 x_0 递减;反之,若 $f(x)$ 在点 x_0 递减,则 $f'(x_0)<0$;

这就把求 $f(x)$ 的单调区间化归为解不等式 $f'(x)>0$(或 $f'(x)<0$).

在研究 $f(x)$ 的极值问题时还将再次用到拉格朗日定理.

在研究积分时,还将用到下列定理:

定理　$f(x)=C$(C 为常数)的充要条件是 $f'(x)=0$ 恒成立.

根据导数概念与公式极易证明条件的必要性,即当 $f(x)=C$(C 为常数)时,必有 $f'(x)=(C)'=0$;但反过来,要证条件的充分性,却非用拉格朗日定理不可.

若 $f'(x)=0$ 在区间 $[a,b]$ 上恒成立,则由拉格朗日定理,$f(x)$ 在 $[a,b]$ 上连续,在 (a,b) 上可导,对于 $x\in[a,b]$,有

$f(x)=f(a)+f'(c)(x-a)$,

$\because f'(c)=0$,

即 $x\in[a,b]$,必有 $f(x)=f(a)$.

$f(x)$ 在 $[a,b]$ 上处处都等于 $f(a)$($f(a)$ 为常数).

拉格朗日定理的应用还有很多,如证明微积分基本公式(牛顿—莱布尼茨公式):

$$\int_a^b f(x)\mathrm{d}x=F(b)-F(a),$$

其中 $F'(x)=f(x)$.

总之,这种以线性函数去逼近函数 $f(x)$ 的研究方法,是一种化归思想的重要应用,值得人们去反复思考和学习运用.

第三篇　数列

知识网络

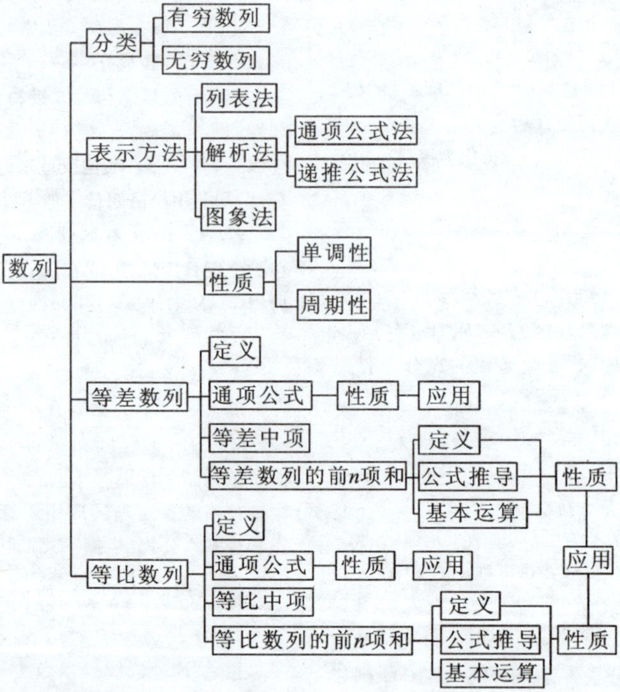

基础知识精析

1. 数列

数列是指按照一定顺序排列着的一列数. 在函数意义下,数列是某一定义域为正整数集 $\mathbf{N}^*$(或它的有限子集 $\{1,2,3,\cdots,n\}$)的函数,即当自变量从小到大依次取值时对应的一列函数值,其图象是无限个或有限个孤立的点,数列的一般形式为 $a_1,a_2,\cdots,a_n,\cdots$,通常简记为 $\{a_n\}$,其中 a_n 是数列 $\{a_n\}$ 的第 n 项,也叫做通项.

注意

(1) $\{a_n\}$ 是数列的简记符号，并不表示一个集合.

(2) $\{a_n\}$ 与 a_n 是不同的概念，$\{a_n\}$ 表示数列 $a_1,a_2,a_3,\cdots,a_n,\cdots$，而 a_n 仅表示数列 $\{a_n\}$ 的第 n 项.

(3) 数列的项与它的项数是不同的概念.数列的项是指这个数列中的某一个确定的数，是一个函数值，也就是相当于 $f(n)$，而项数是指这个数在数列中的位置序号，它是自变量的值，相当于 $f(n)$ 中的 n.

(4) 次序对于数列来讲是十分重要的，有几个相同的数，由于它们的排列次序不同，构成的数列就不是一个相同的数列.

2. 数列的分类

(1) 按项数是有限还是无限来分，数列可分为有穷数列和无穷数列.

(2) 按照项与项之间的大小关系来分，数列可分为递增数列、递减数列、摆动数列和常数列.

如果对所有的 $n\in\mathbf{N}^*$，都有 $a_{n+1}>a_n$，那么数列 $\{a_n\}$ 称为递增数列；如果对所有的 $n\in\mathbf{N}^*$，都有 $a_{n+1}<a_n$，那么数列 $\{a_n\}$ 称为递减数列；如果有些项大于它的前一项，有些项小于它的前一项，那么数列 $\{a_n\}$ 称为摆动数列；如果对所有的 $n\in\mathbf{N}^*$，都有 $a_{n+1}=a_n$，那么这个数列叫做常数列.

(3) 按照任何一项的绝对值是否小于某一正数分为有界数列和无界数列.

3. 数列的表示方法

从函数的观点看，数列的表示方法有：列表法、图象法和解析法.

(1) 列表法，就是列出表格来表示数列 $\{a_n\}$ 的第 n 项与序号 n 之间的关系.

(2) 图象法，在平面直角坐标系中，数列的图象是一列横坐标为正整数的孤立的点 (n,a_n).

(3) 解析法，将数列用一个数学式子表示出来的方法，叫做解析法，可用通项公式或其他式子表示数列.

4. 数列的通项公式

如果数列 $\{a_n\}$ 的第 n 项与项数（序号）n 之间的函数关系可以用一个公式 $a_n=f(n)$ 表示的话，那么称这个公式为这个数列的通项公式.由于数列的项是函数值，项数是自变量，所以，一个数列的通项公式就是一个以 $\mathbf{N}^*$ 或它的有限子集 $\{1,2,3,\cdots,n\}$ 为定义域的函数的解析表达式.

注意

(1) 并不是每一个数列都一定有通项公式的.例如 $\sqrt{2}$ 的不足近似值与过剩近似值精确到 1, 0.1, 0.01, … 所构成的两个数列：1, 1.4, 1.41, 1.414, 1.414 2, …；1, 1.5, 1.42, 1.415, 1.414 3, … 就都没有通项公式.

(2) 如果一个数列有通项公式，那么它的通项公式在形式上可以不止一个.换言之，一些数列的通项公式可以有多种形式.例如数列 $-1,1,-1,1,-1,1,\cdots$ 的通项公式可以写成 $a_n=(-1)^n$，也可以写成

$$a_n=\begin{cases}-1\,(n=2k-1,k\in\mathbf{N}^*),\\1\,(n=2k,k\in\mathbf{N}^*),\end{cases}$$

还可以写成 $a_n=\cos n\pi$.

5. 数列的递推公式

如果已知数列 $\{a_n\}$ 的第 1 项（或前几项），且从第二项起（或某一项）开始的任意一项 a_n 与它的前一项 a_{n-1}（或前几项）间的关系可以用一个公式来表示，那么这个公式就叫做这个数列的递推公式.等差数列与等比数列是最基本的递推数列，递推数列的基本问题是由递推关系求通项公式.

6. 数列的前 n 项和

$a_1+a_2+\cdots+a_n$ 叫做数列的前 n 项和，用 S_n 表示.

注意

因为 $S_n=a_1+a_2+\cdots+a_{n-1}+a_n=S_{n-1}+a_n$，所以 $a_n=\begin{cases}S_1(n=1),\\S_n-S_{n-1}(n\geqslant2),\end{cases}$ 由此揭示了数列前 n 项和与 a_n 的关系.

7. 等差数列的定义

一般地，如果一个数列从第 2 项起，每一项与它的前一项的差等于同一个常数，那么这个数列就叫做等差数列，这个常数叫做等差数列的公差，通常用字母 d 表示.

注意

(1)在等差数列的定义中，要强调“从第 2 项起”，因为第一项没有前一项；也要强调“同一个常数”，这五个字体现了等差数列的基本特征；还要强调公差是每一项(从第 2 项起)与它的前一项的差，防止把被减数与减数颠倒.

(2)用递推公式表示，则有：

若 $a_n-a_{n-1}=d(n\geqslant2,d$ 为常数)，则数列 $\{a_n\}$ 是等差数列.

8. 等差数列的通项公式

$a_n=a_1+(n-1)d(n\geqslant2)$.

等差数列的通项公式由它的首项和公差所完全确定. 换言之，如果等差数列的首项和公差已知，那么这个等差数列就被完全确定了.

有了通项公式，就可以由首项和公差求出等差数列中的任何一项. 例如，若 $a_1=1$，$d=5$，则有 $a_{19}=1+(19-1)\times5=91$.

注意

(1)已知等差数列中的任意两项，也可以求出等差数列中的任何一项. 这是因为从已知条件所建立的关于首项和公差的方程组可以解出首项和公差.

(2)将等差数列的通项公式 $a_n=a_1+(n-1)\cdot d$ 变形、整理可得 $a_n=nd+(a_1-d)$. 由此从函数的角度来看，$a_n=a_1+(n-1)d$ 是关于 n 的一次函数($d\neq0$ 时)或常函数($d=0$ 时). 它的图象是一条射线上的一群横坐标为正整数的孤立的点，公差 d 是该射线所在直线的斜率.

9. 等差中项

若三个数 a,b,c 成等差数列，则 b 为 a 和 c 的等差中项. a,b,c 成等差数列的充要条件是 $a+c=2b$，这是因为两个数的等差中项就是这两个数的算术平均数.

等差中项不仅描述了等差数列中相邻三项之间的数量关系：$a_{n-1}+a_{n+1}=2a_n(n\geqslant2)$，还可推广为：在等差数列中，若项数 m,n,p 成等差数列，则有 $a_m+a_p=2a_n$.

10. 等差数列的前 n 项和公式

(1) $S_n=\dfrac{n(a_1+a_n)}{2}$；

(2) $S_n=na_1+\dfrac{n(n-1)}{2}d$.

注意

公差 $S_n=na_1+\dfrac{n(n-1)}{2}d$ 可进一步变形为：$S_n=na_1+\dfrac{n^2}{2}d-\dfrac{n}{2}d$

$=\dfrac{d}{2}n^2+\left(a_1-\dfrac{d}{2}\right)n$.

若令 $A=\dfrac{d}{2}$，$B=a_1-\dfrac{d}{2}$，

则有 $S_n=An^2+Bn$.

①这是等差数列前 n 项和公式的另一种表达形式.

②当 $A\neq0$，即 $d\neq0$ 时，该式是 n 的二次函数，即 (n,S_n) 在 $y=Ax^2+Bx$ 的图象上. 因此，当 $d\neq0$ 时，数列 $S_1,S_2,S_3,\cdots,S_n$ 的图象是抛物线 $y=Ax^2+Bx$ 上的一群离散的点. 因此，由二次函数的性质即可得结论：当 $d>0$ 时，S_n 有最小值；当 $d<0$ 时，S_n 有最大值.

③$\dfrac{S_n}{n}=\dfrac{d}{2}n+\left(a_1-\dfrac{d}{2}\right)$ 是关于 n 的一次函数或常函数.

11. 证明或判断数列$\{a_n\}$是等差数列常用的方法

(1)定义法:$a_{n+1}-a_n=d$(常数)$\Leftrightarrow\{a_n\}$为等差数列($n\in\mathbf{N}^*$).

(2)中项公式法:$2a_{n+1}=a_n+a_{n+2}\Leftrightarrow\{a_n\}$为等差数列.

(3)通项公式法:$a_n=kn+b$(k,b是常数)$\Leftrightarrow\{a_n\}$为等差数列.

(4)前n项和公式法:$S_n=An^2+Bn$(A、B为常数)$\Leftrightarrow\{a_n\}$为等差数列.

注意

(1)(2)常用于证明,(3)(4)常用于判断.

12. 等差数列的主要性质

若数列$\{a_n\}$是公差为d的等差数列,则

(1)当$d>0$时,$\{a_n\}$是递增数列;当$d<0$时,$\{a_n\}$是递减数列;当$d=0$时,$\{a_n\}$是常数列.

(2)$a_n=a_m+(n-m)d$($n,m\in\mathbf{N}^*$).

(3)若$m+n=p+q$($m,n,p,q\in\mathbf{N}^*$),则$a_n+a_m=a_p+a_q$.

当$\frac{m+n}{2}=k$时,$a_m+a_n=2a_k$($m,n,k\in\mathbf{N}^*$).

(4)若$\{a_n\}$是有穷等差数列,则与首末两项等距离的两项之和都相等,且等于首末两项之和,即$a_1+a_n=a_2+a_{n-1}=a_3+a_{n-2}=\cdots$.

(5)数列$\{\lambda a_n+b\}$(λ、b是常数)是公差为λd的等差数列.

(6)若$\{b_n\}$也是公差为d的等差数列,则数列$\{\lambda_1a_n+\lambda_2b_n\}$($\lambda_1$、$\lambda_2$为常数)是公差为$(\lambda_1+\lambda_2)d$的等差数列.

(7)$S_n,S_{2n}-S_n,S_{3n}-S_{2n}$也构成一个等差数列,公差为$n^2d$.

(8)若等差数列的项数为$2n$($n\in\mathbf{N}^*$),则$S_{2n}=n(a_n+a_{n+1})$,且$S_{偶}-S_{奇}=nd$,$\frac{S_{偶}}{S_{奇}}=\frac{a_{n+1}}{a_n}$;若项数为$2n-1$,则有$S_{2n-1}=(2n-1)\cdot a_n$($a_n$为中间项),且$S_{奇}-S_{偶}=a_n$,$\frac{S_{偶}}{S_{奇}}=\frac{n-1}{n}$.

(9)在等差数列$\{a_n\}$中,若$a_n=m,a_m=n,m\neq n$,则有$a_{m+n}=0$.

(10)在等差数列$\{a_n\}$中,若$S_n=m,S_m=n,m\neq n$,则有$S_{m+n}=-(m+n)$.

(11)在等差数列中,若$S_n=S_m,S_m=n,m\neq n$,则$S_{m+n}=0$,如图3-1-1.

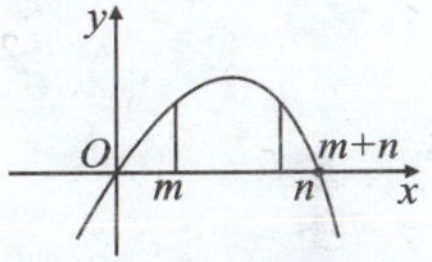

图3-1-1

(12)若$\{a_n\}$与$\{b_n\}$均为等差数列,且前n项和分别为S_n与S'_n,则有$\frac{a_m}{b_m}=\frac{S_{2m-1}}{S'_{(2m-1)}}$.

13. 等比数列的定义

如果数列$\{a_n\}$从第2项起,每一项与它的前一项的比等于同一个常数,那么这个数列叫做等比数列,这个常数叫做等比数列的公比,即$\frac{a_n}{a_{n-1}}=q$($n\geqslant2$).

注意

(1)由于等比数列的每一项都可能作分母,因此每一项均不为0,因此q也不能是0.

(2)"从第2项起"是因为首项没有"前一项".

(3)$\frac{a_{n+1}}{a_n}$均为同一个常数,即比值相等,由此体现了公比的意义,同时还要注意公比是每一项与其前一项之比,防止前后次序颠倒.

(4)如果一个数列不是从第2项起而是从第3项或第4项起每一项与它前一项的比都是同一个常数,那么此数列不是等比数列.这时可以说此数列从第2项起或第3项起是一个等比数列.

(5)如果一个数列从第2项起,每一项与它前一项的比尽管是一个与n无关的常数,但却是不同的常数,那么此数列不是等比数列.

(6) 常数列都是等差数列，但却不一定是等比数列. 若常数列是各项都为 0 的数列，则它就不是等比数列. 当常数列各项不为 0 时，是等比数列.

14. 等比数列的通项公式

$a_n = a_1 \cdot q^n$，推广形式：$a_n = a_m \cdot q^{n-m}$.

15. 等比中项

若 a, G, b 成等比数列，则有 $G^2 = ab$（$G = \pm\sqrt{ab}$），G 叫做 a 与 b 的等比中项.

注意

只有同号的两项才有等比中项，并且这两项有 2 个等比中项，互为相反数.

16. 等比数列的前 n 项和

$S_n = na_1\,(q=1)$；

$S_n = \dfrac{a_1(1-q^n)}{1-q} = \dfrac{a_1 - a_n q}{1-q}\,(q \neq 1)$.

17. 证明或判断数列 $\{a_n\}$ 是等比数列常用的方法

(1) 定义法：$a_{n+1} = a_n q$（q 是不为零的常数，$n \in \mathbf{N}^*$）$\Leftrightarrow \{a_n\}$ 是等比数列.

(2) 中项公式法：$a_{n+1}^2 = a_n \cdot a_{n+2}$（$a_n \cdot a_{n+1} \cdot a_{n+2} \neq 0, n \in \mathbf{N}^*$）$\Leftrightarrow \{a_n\}$ 是等比数列.

(3) 通项公式法：$a_n = cq^n$（c, q 均是不为 0 常数，$n \in \mathbf{N}^*$）$\Leftrightarrow \{a_n\}$ 是等比数列.

(4) 前 n 项和公式法：$S_n = A \cdot q^n - A$（A、q 为常数且 $A \neq 0, q \neq 0, 1$）$\Leftrightarrow \{a_n\}$ 是公比不为 1 的等比数列.

注意

(1)(2) 常用于证明，(3)(4) 常用于判断.

18. 等比数列的性质

(1) 在等比数列 $\{a_n\}$ 中，距首末两端等距离的两项的积相等，即 $a_1 a_n = a_2 a_{n-1} = a_3 a_{n-2} = \cdots$.

(2) 在等比数列 $\{a_n\}$ 中，有 $a_n = a_m q^{n-m}$（$m, n \in \mathbf{N}^*$）.

(3) 在等比数列 $\{a_n\}$ 中，若 $m + n = p + q$（$m, n, p, q \in \mathbf{N}^*$），则有 $a_n a_m = a_p a_q$.

(4) 在等比数列 $\{a_n\}$ 中，从第 2 项起，每一项（有穷等比数列的末项除外）是它的前一项与后一项的等比中项，即 $a_n^2 = a_{n+1} a_{n-1}$（$n \geq 2, n \in \mathbf{N}^*$）.

(5) 如果数列 $\{a_n\}$ 是等比数列，那么其中序号成等差数列的项仍成等比数列.

(6) 如果 $\{a_n\}$ 是等比数列，c 是不等于 0 的常数，那么 $\{c \cdot a_n\}$ 仍为等比数列.

(7) 若 $\{a_n\}$，$\{b_n\}$ 均为等比数列，且公比分别为 q_1, q_2，则有：

①$\{a_n b_n\}$ 仍为等比数列，且公比为 $q_1 q_2$；

②$\left\{\dfrac{a_n}{b_n}\right\}$ 仍为等比数列，且公比为 $\dfrac{q_1}{q_2}$.

(8) 数列 $\{a_n\}$ 为等比数列，公比为 q，S_n 为前 n 项和，则 $S_n, S_{2n} - S_n, S_{3n} - S_{2n}, \cdots$ 也可构成等比数列，且公比为 q^n.

(9) 若数列 $\{a_n\}$ 是公比为 q 的等比数列，则有

①$S_{n+m} = S_n + q^n S_m$；

②若项数为 $2n$，则 $\dfrac{S_{偶}}{S_{奇}} = q$；若项数为 $2n+1$，则 $\dfrac{S_{奇} - a_1}{S_{偶}} = q$.

题型分类与方法总结

题型 1　由数列的前几项归纳出其通项公式

根据所给数列的前几项求其通项公式时，需仔细观察分析，抓住以下几方面的特征：

(1) 分式中分子、分母的特征；(2) 相邻项的变化特征；(3) 拆项后的特征；(4) 各项符号特征和绝对值特征，并对此进行归纳、化归、联想.

例 1　根据数列的前几项，写出下列各数

列的一个通项公式：

(1) $-1,7,-13,19,\cdots$;

(2) $0.8,0.88,0.888,\cdots$;

(3) $\frac{1}{2},\frac{1}{4},-\frac{5}{8},\frac{13}{16},-\frac{29}{32},\frac{61}{64},\cdots$;

(4) $0,1,0,1,\cdots$.

分析 先观察各项的特点，然后归纳出通项公式.

解 (1) 符号问题可通过 $(-1)^n$ 或 $(-1)^{n+1}$ 表示，其各项的绝对值的排列规律为：后面的数的绝对值总比前面数的绝对值大 6，故通项公式为 $a_n=(-1)^n(6n-5)$.

(2) 将数列变形为 $\frac{8}{9}(1-0.1)$,

$\frac{8}{9}(1-0.01),\frac{8}{9}(1-0.001),\cdots$,

$\therefore a_n=\frac{8}{9}\left(1-\frac{1}{10^n}\right)$.

(3) 各项的分母分别为 $2^1,2^2,2^3,2^4,\cdots$，易看出第 2,3,4 项的分子分别比分母少 3. 因此把第 1 项变为 $-\frac{2-3}{2}$，至此原数列已化为

$-\frac{2^1-3}{2^1},\frac{2^2-3}{2^2},-\frac{2^3-3}{2^3},\frac{2^4-3}{2^4},\cdots$,

$\therefore a_n=(-1)^n\cdot\frac{2^n-3}{2^n}$.

(4) $a_n=\begin{cases}0(n\text{ 为奇数}),\\1(n\text{ 为偶数}).\end{cases}$

或 $a_n=\frac{1+(-1)^n}{2}$ 或 $a_n=\frac{1+\cos n\pi}{2}$.

点拨 (1) 根据数列的前几项求它的一个通项公式，要注意观察每一项的特点，可使用添项、还原、分割等办法，转化为一些常见数列的通项公式来求.

(2) 根据数列的前几项写出数列的一个通项公式是不完全归纳法，它蕴含着“从特殊到一般”的思想，由不完全归纳得出的结果是不可靠的，要注意代值检验，对于正负符号变化，可用 $(-1)^n$ 或 $(-1)^{n+1}$ 来调整.

(3) 观察、分析问题的特点是最重要的，观察要有目的，观察出项与项数之间的关系、规律，利用我们熟知的一些基本数列（如自然数列、奇偶数列等）建立合理的联想、转换而使问题得到解决.

题型2 等差数列的通项公式及其应用

运用等差数列的通项公式可知三求一，如果已知两个条件，就可以列出方程组求解.

例2 已知等差数列 $\{a_n\}$：$3,7,11,15,\cdots$，那么 $135,4m+19(m\in\mathbf{N}^*)$ 是 $\{a_n\}$ 中的项吗？并说明理由.

解 依题意有 $a_1=3,d=7-3=4$,

$\therefore a_n=3+4(n-1)=4n-1$.

设 $a_n=4n-1=135$，则有 $n=34$. 所以 135 是数列 $\{a_n\}$ 的第 34 项.

由于 $4m+19=4(m+5)-1$，且 $m\in\mathbf{N}^*$,

$\therefore 4m+19$ 是数列 $\{a_n\}$ 的第 $(m+5)$ 项.

例3 已知 5 个数成等差数列，它们的和为 5，平方和为 $\frac{85}{9}$，求这 5 个数.

分析 根据等差数列的特点，对称设出这 5 个数，然后由条件列方程组求解.

解 设第三个数是 a，公差为 d，由已知得

$$\begin{cases}(a-2d)+(a-d)+a+(a+d)+(a+2d)=5,\\(a-2d)^2+(a-d)^2+a^2+(a+d)^2+(a+2d)^2=\frac{85}{9},\end{cases}$$

化简得 $\begin{cases}5a=5,\\5a^2+10d^2=\frac{85}{9},\end{cases}$ 即 $\begin{cases}a=1,\\d=\pm\frac{2}{3}.\end{cases}$

故这 5 个数依次是 $-\frac{1}{3},\frac{1}{3},1,\frac{5}{3},\frac{7}{3}$ 或 $\frac{7}{3},\frac{5}{3},1,\frac{1}{3},-\frac{1}{3}$.

题型3 判断一个数列是等差数列

常用的方法有定义法、中项公式法（逆推法）、通项和公式法、前 n 项和公式法、性质法（具体见本章知识精析）.

例4 设实数 $a\neq 0$,且函数 $f(x)=a(x^2+1)-\left(2x+\frac{1}{a}\right)$ 有最小值 -1.

(1)求 a 的数值;

(2)设数列 $\{a_n\}$ 的前 n 项和 $S_n=f(n)$,令 $b_n=\frac{a_2+a_4+\cdots a_{2n}}{n}$, $n=1,2,3,\cdots$, 问数列 $\{b_n\}$ 是等差数列吗?

解 (1) $\because f(x)=a\left(x-\frac{1}{a}\right)^2+a-\frac{2}{a}$.

由题设知 $f\left(\frac{1}{a}\right)=a-\frac{2}{a}=-1$,

且 $a>0$,解得 $a=1$, $a=-2$(舍去).

(2)由(1)得 $f(x)=x^2-2x$,

$\therefore S_n=n^2-2n$, $a_1=S_1=-1$.

当 $n\geqslant 2$ 时, $a_n=S_n-S_{n-1}=n^2-2n-(n-1)^2+2(n-1)=2n-3$,

又当 $n\geqslant 2$ 时, $a_n-a_{n-1}=2n-3-2(n-1)+3=2$.

$\therefore \{a_n\}$ 是首项为 -1,公差为 2 的等差数列.

$a_2+a_4+\cdots+a_{2n}=n\cdot\frac{a_2+a_{2n}}{2}=n\cdot\frac{1+4n-3}{2}=n(2n-1)$,即 $b_n=2n-1$.

因此,当 $n\geqslant 2$ 时,

$b_n-b_{n-1}=(2n-1)-(2n-3)=2$.

又 $b_1=\frac{a_2}{1}=1$,即 $\{b_n\}$ 是以 1 为首项,2 为公差的等差数列.

例5 已知 $\frac{1}{a}$, $\frac{1}{b}$, $\frac{1}{c}$ 成等差数列,则 $\frac{b+c}{a}$, $\frac{a+c}{b}$, $\frac{a+b}{c}$ 是否也成等差数列?并说明你的理由.

解法一 $\because \frac{1}{a}$, $\frac{1}{b}$, $\frac{1}{c}$ 成等差数列,

$\therefore \frac{1}{a}+\frac{1}{c}=\frac{2}{b}$,即 $2ac=b(a+c)$.

$\therefore \frac{b+c}{a}+\frac{a+b}{c}=\frac{c(b+c)+a(a+b)}{ac}$

$=\frac{a^2+c^2+b(a+c)}{ac}$

$=\frac{2(a+c)^2}{b(a+c)}$

$=\frac{2(a+c)}{b}$,

$\therefore \frac{b+c}{a}$, $\frac{a+c}{b}$, $\frac{a+b}{c}$ 是等差数列.

解法二 $\because \frac{1}{a}$, $\frac{1}{b}$, $\frac{1}{c}$ 是等差数列,

$\therefore \frac{a+b+c}{a}$, $\frac{a+b+c}{b}$, $\frac{a+b+c}{c}$ 也是等差数列,

即 $\frac{b+c}{a}+1$, $\frac{a+c}{b}+1$, $\frac{a+b}{c}+1$ 也是等差数列,

$\therefore \frac{b+c}{a}$, $\frac{a+c}{b}$, $\frac{a+b}{c}$ 是等差数列.

题型4 等差数列性质的应用

等差数列的性质有很多,具体解题时,应根据题目特点灵活选用.

例6 (1)在等差数列 $\{a_n\}$ 中,若 $a_{15}=33$, $a_{45}=153$,则 $d=$______;

(2)在等差数列 $\{a_n\}$ 中,若 $a_1+a_2+a_3+a_4+a_5=20$,则 $a_3=$______;

(3)若一个等差数列前 3 项和为 34,最后三项和为 146,且所有项的和为 390,则这个数列的项数为______;

(4)设数列 $\{a_n\}$ 的前 n 项和为 S_n, $\{b_n\}$ 的前 n 项和为 T_n,已知 $\{a_n\}$、$\{b_n\}$ 都是等差数列,且 $\frac{S_n}{T_n}=\frac{n-9}{5n-3}$ 对任意正整数 n 都成立,则 $\frac{a_8}{b_8}=$______.

解析 (1)由 $d=\frac{a_m-a_n}{m-n}$,得 $d=\frac{a_{45}-a_{15}}{45-15}=4$.

(2)由 $a_1+a_5=a_2+a_4=2a_3$,得 $5a_3=20$,所以 $a_3=4$.

(3)由题意 $a_1+a_2+a_3=34$, $a_{n-2}+a_{n-1}+a_n=146$, $a_1+a_2+a_3+a_{n-2}+a_{n-1}+a_n=$

146 + 34 = 180.

又 $a_1+a_n=a_2+a_{n-1}=a_3+a_{n-2}$，

所以 $3(a_1+a_n)=180$，从而 $a_1+a_n=60$，

所以 $S_n=\frac{n(a_1+a_n)}{2}=\frac{n\cdot 60}{2}=390$，

得 $n=13$.

(4) $\frac{a_8}{b_8}=\frac{\frac{a_1+a_{15}}{2}}{\frac{b_1+b_{15}}{2}}=\frac{\frac{15(a_1+a_{15})}{2}}{\frac{15(b_1+b_{15})}{2}}$

$=\frac{S_{15}}{T_{15}}=\frac{15-9}{15\times5-3}=\frac{6}{72}=\frac{1}{12}$.

答案 (1)4. (2)4. (3)13. (4)$\frac{1}{12}$.

点拨 (1)如果条件中出现具有对称性的两项之和，那么一般利用到首末两项距离相等的两项之和相等的性质进行转化.

(2)如果已知数列中的两项，那么可以由 $d=\frac{a_m-a_n}{m-n}$ 求公差.

题型 5 等比数列的通项公式及其应用

等比数列的通项为 $a_n=a_1q^{n-1}$，已知 a_1 和 q 可以写出等比数列中的任意一项，并且可以知三求一.

例 7 已知数列 $\{a_n\}$ 是等比数列，$a_3=-2$，$a_8=64$，求 a_{14} 的值.

分析 已知等比数列的某两项，可建立方程组求出 a_1，q.

解 设等比数列 $\{a_n\}$ 的公比为 q，

则有 $\begin{cases}-2=a_3=a_1q^2,\\64=a_8=a_1q^7.\end{cases}$

$\therefore q^5=-32$，$q=-2$，$\therefore a_1=-\frac{1}{2}$.

$\therefore a_n=\left(-\frac{1}{2}\right)\times(-2)^{n-1}=(-2)^{n-2}$.

$\therefore a_{14}=(-2)^{14-2}=(-2)^{12}=2^{12}$.

例 8 有四个数，前三个数成等差数列，后三个数成等比数列，并且第一个数与第四个数的和是 16，第二个数与第三个数的和是 12，求这四个数.

分析 方法一：欲求这四个数，最直接的方法是设四个数分别为 a,b,c,d，然后根据题设的四个条件来建立四元方程组.

方法二：为减少所设未知数的个数，直接利用后三个数成等比数列的条件，依次设后三个数为 a,aq,aq^2，再由前三个数成等差数列，可得到第一个数为 $2a-aq$，这样就能建立关于 a,q 的二元方程组.

方法三：本题也可只设第二个数为 x，其他三个数都可以通过已知条件用 x 来表示，然后再通过最后一个条件列方程即可.

解法一 设所求的四个数分别为 a,b,c,d，则

依题意，得 $\begin{cases}a+c=2b,\\c^2=bd,\\a+d=16,\\b+c=12.\end{cases}$

解这个方程组，得 $\begin{cases}a=0,\\b=4,\\c=8,\\d=16,\end{cases}$ 或 $\begin{cases}a=15,\\b=9,\\c=3,\\d=1.\end{cases}$

即所求的四个数分别为 0，4，8，16 或 15，9，3，1.

解法二 设这四个数分别为 $2a-aq,a,aq,aq^2$，根据题意有 $\begin{cases}2a-aq+aq^2=16,\\a+aq=12.\end{cases}$

解这个方程组，得 $\begin{cases}a_1=4,\\q_1=2,\end{cases}$ 或 $\begin{cases}a_2=9,\\q_2=\frac{1}{3}.\end{cases}$

$\therefore$ 这四个数分别为 0，4，8，16 或 15，9，3，1.

解法三 设第二个数为 x，则第三个数为 $12-x$，由于前三个数成等差数列，所以第一个数为 $3x-12$，从而第四个数为 $28-3x$.

根据题意，有 $(12-x)^2=x(28-3x)$，

$\therefore x_1=4$，$x_2=9$.

$\therefore$ 这四个数分别为 0，4，8，16 或 15，9，3，1.

题型6 判断或证明一个数列是等比数列

常用的方法有定义法、中项公式法(递推法)、通项公式法、前 n 项和公式法、性质法(具体见本章知识精析).

例9 设数列 $\{a_n\}$ 中, $a_1=1$, $S_{n+1}=4a_n+2$, 记 $b_n=a_{n+1}-2a_n$, 数列 $\{b_n\}$ 是等比数列吗?请说明理由.

解 $\because S_{n+1}=4a_n+2$,

$\therefore S_{n+2}=4a_{n+1}+2$.

$\therefore a_{n+2}=S_{n+2}-S_{n+1}=4a_{n+1}-4a_n$,

所以 $a_{n+2}-2a_{n+1}=2(a_{n+1}-2a_n)$,

即 $b_{n+1}=2b_n$, $\dfrac{b_{n+1}}{b_n}=2$(常数),

$\therefore$ 数列 $\{b_n\}$ 为等比数列.

例10 某等差数列的第1,2,4项成等比数列,试证该数列的第4,6,9项也成等比数列.

证明 设等差数列 $\{a_n\}$ 的公差为 d.

$\because a_1,a_2,a_4$ 成等比数列,

$\therefore (a_1+d)^2=a_1(a_1+3d)$, 即 $d^2=a_1d$,

$\therefore d=0$ 或 $d=a_1$.

当 $d=0$ 时,结论显然成立(数列为非零常数列);

当 $d=a_1$ 时, $a_4=a_1+3d=4a_1$, $a_6=a_1+5d=6a_1$, $a_9=a_1+8d=9a_1$.

$\because 4a_1\cdot 9a_1=(6a_1)^2$, 故 a_4,a_6,a_9 也成等比数列.

点拨 证三个数成等比数列,只需证中间一个数是其他两个数的等比中项即可.

题型7 等比数列性质的应用

等比数列的性质中常用的是:在等比数列 $\{a_n\}$ 中,若 $m+n=p+q$, 则有 $a_m\cdot a_n=a_p\cdot a_q$. 在解题时,应灵活运用等比数列的性质.

例11 (1)若等比数列的公比为2,且前4项和为1,则这个等比数列的前8项和为(　　).

A. 21　　B. 19　　C. 17　　D. 15

(2)已知在等比数列 $\{a_n\}$ 中, $a_n>0$, a_1, a_{99} 为方程 $x^2-10x+16=0$ 两根,则 $a_{20}a_{50}a_{80}$ 的值为(　　).

A. 32　　B. 64　　C. 128　　D. 256

解析 (1)由题意得公比 $q=2$, $S_4=1$,

而 $\dfrac{S_8-S_4}{S_4}=\dfrac{a_5+a_6+a_7+a_8}{a_1+a_2+a_3+a_4}=q^4=16$,

则 $S_8=16S_4+S_4=17$.

(2)由题意得 $a_1a_{99}=16$, 则 $a_{20}a_{50}a_{80}=(a_{20}a_{80})a_{50}=(a_1a_{99})\sqrt{a_1a_{99}}=64$.

答案 (1)C. (2)B.

题型8 递推关系求通项公式

类型1: $a_{n+1}-a_n=f(n)$

这种求 a_n 的方法一般采用累加法.

例12 已知在数列 $\{a_n\}$ 中, $a_1=1$, 且 $a_{2k}=a_{2k-1}+(-1)^k$, $a_{2k+1}=a_{2k}+3^k$, 其中 $k=1,2,3,\cdots$, 求 $\{a_n\}$ 的通项公式.

解 $\because a_{2k}=a_{2k-1}+(-1)^k$,

$a_{2k+1}=a_{2k}+3^k$,

$\therefore a_{2k+1}=a_{2k-1}+(-1)^k+3^k$,

即 $a_{2k+1}-a_{2k-1}=3^k+(-1)^k$,

$\therefore a_3-a_1=3+(-1)$,

$a_5-a_3=3^2+(-1)^2$,

……

$a_{2k+1}-a_{2k-1}=3^k+(-1)^k$.

将以上 k 个式子相加,得

$a_{2k+1}-a_1=(3+3^2+\cdots+3^k)+[(-1)+(-1)^2+\cdots+(-1)^k]=\dfrac{3}{2}(3^k-1)+\dfrac{1}{2}\cdot[(-1)^k-1]$.

将 $a_1=1$ 代入有

$a_{2k+1}=\dfrac{1}{2}\cdot 3^{k+1}+\dfrac{1}{2}\cdot(-1)^k-1$,

$a_{2k}=a_{2k-1}+(-1)^k$

$=\dfrac{1}{2}\cdot 3^k+\dfrac{1}{2}(-1)^k-1$.

经检验 $a_1=1$ 也适合, $\therefore a_n=$

$$\begin{cases}\dfrac{1}{2}\cdot 3^{\frac{n+1}{2}}+\dfrac{1}{2}\cdot(-1)^{\frac{n-1}{2}}-1\ (n\text{ 为奇数}),\\ \dfrac{1}{2}\cdot 3^{\frac{n}{2}}+\dfrac{1}{2}\cdot(-1)^{\frac{n}{2}}-1\ (n\text{ 为偶数}).\end{cases}$$

类型2：$\frac{a_{n+1}}{a_n}=f(n)$

这种求 a_n 的方法一般采用累乘法.

例13 已知数列$\{a_n\}$满足 $a_1=1,a_n=a_1+2a_2+3a_3+\cdots+(n-1)a_{n-1}(n\geqslant2)$，则$\{a_n\}$的通项 $a_n=\begin{cases}1(n=1),\\ \_\_\_\_\_\_(n\geqslant2).\end{cases}$

解析 由已知，得 $a_{n+1}=a_1+2a_2+\cdots+(n-1)a_{n-1}+na_n$，用此式减去已知式，得

当 $n\geqslant2$ 时，$a_{n+1}-a_n=na_n$，

即 $a_{n+1}=(n+1)a_n$.

又 $a_2=a_1=1$，

$\therefore a_1=1,\frac{a_2}{a_1}=1,\frac{a_3}{a_2}=3,\frac{a_4}{a_3}=4,\cdots,\frac{a_n}{a_{n-1}}=n.$

将以上 n 个式子相乘，得 $a_n=\frac{n!}{2}(n\geqslant2)$.

答案 $\frac{n!}{2}$.

类型3：$a_{n+1}=pa_n+q(p\neq1,q\neq0)$

这种类型一般利用待定系数法构造等比数列，即令 $a_{n+1}+\lambda=p(a_n+\lambda)$，$a_{n+1}=pa_n+(p-1)\lambda$，与已知递推式比较，得$(p-1)\lambda=q$，即 $\lambda=\frac{q}{p-1}$，从而转化为$\left\{a_n+\frac{q}{p-1}\right\}$是公比为 p 的等比数列.

例14 （重庆高考）在数列$\{a_n\}$中，若 $a_1=1,a_{n+1}=2a_n+3(n\geqslant1)$，则该数列的通项 $a_n=$______.

解析 令 $a_{n+1}+\lambda=2(a_n+\lambda)$，

与已知 $a_{n+1}=2a_n+3(n\geqslant1)$比较，得 $\lambda=3$，

$\therefore a_{n+1}+3=2(a_n+3)(n\geqslant1)$，$\therefore\{a_n+3\}$是首项为 $a_1+3=4$、公比为2的等比数列.

$\therefore a_n+3=(a_1+3)\cdot2^{n-1}=2^{n+1}$，

$\therefore a_n=2^{n+1}-3$.

答案 $2^{n+1}-3$.

类型4：$S_n=f(a_n)$

数列$\{a_n\}$与其前 n 项和 S_n 的关系为

$$a_n=\begin{cases}S_1(n=1),\\ S_n-S_{n-1}(n\geqslant2,n\in\mathbf{N}^*).\end{cases}$$

此类型应注意：(1)应重视分类讨论的应用，要先分 $n=1$ 和 $n\geqslant2$ 两种情况讨论，特别要注意由 $S_n-S_{n-1}=a_n$ 推导出的 a_n 中的$n\geqslant2$.

(2)由 $S_n-S_{n-1}=a_n$ 推导出的 a_n，若当 $n=1$ 时，a_1 也适合“$a_n=f(n)$”，则需要统一合成一个表达式.

例15 （陕西高考）已知正项数列$\{a_n\}$，其前 n 项和 S_n 满足 $10S_n=a_n^2+5a_n+6$，且 a_1,a_3,a_{15}成等比数列，求数列$\{a_n\}$的通项 a_n.

解 $\because 10S_n=a_n^2+5a_n+6$， ①

$\therefore 10a_1=a_1^2+5a_1+6$.

解之，得 $a_1=2$ 或 $a_1=3$.

又 $10S_{n-1}=a_{n-1}^2+5a_{n-1}+6(n\geqslant2)$， ②

①－②，得 $10a_n=(a_n^2-a_{n-1}^2)+5(a_n-a_{n-1})$，

即$(a_n+a_{n-1})(a_n-a_{n-1}-5)=0(n\geqslant2)$.

$\because\{a_n\}$为正项数列，$\therefore a_n+a_{n-1}>0(n\geqslant2)$.

$\therefore a_n-a_{n-1}-5=0$，即 $a_n-a_{n-1}=5$.

$\therefore\{a_n\}$是公差为5的等差数列.

当 $a_1=3$ 时，$a_3=13,a_{15}=73$，

但 a_1,a_3,a_{15}不成等比数列，与题意不符，

$\therefore a_1\neq3$；

当 $a_1=2$ 时，$a_3=12,a_{15}=72$，且 a_1,a_3,a_{15}成等比数列，符合题意，$\therefore a_1=2$，

$\therefore a_n=5n-3$.

类型5：$a_{n+1}=pa_n+rq^n(p\neq1,0,q\neq0,r\neq0)$

当 $p\neq q$ 时，一般利用待定系数法构造等比数列，即令 $a_{n+1}+\lambda q^{n+1}=p(a_n+\lambda q^n)$，$a_{n+1}=pa_n+\lambda(p-q)^n$，从而与已知递推式比较，得 $\lambda(p-q)=r$，即 $\lambda=\frac{r}{p-q}$，从而转化为$\left\{a_n+\frac{r}{p-q}\cdot q^n\right\}$是公比为 p 的等比数列；当 $p=q$时，$a_{n+1}=qa_n+rq^n$，将递推式两边同时除以 q^{n+1}，得 $\frac{a_{n+1}}{q^{n+1}}=\frac{a_n}{q^n}+\frac{r}{q}$，从而转化为

$\left\{\dfrac{a_n}{q^n}\right\}$是公差为$\dfrac{r}{q}$的等差数列.

例16 (全国高考)设数列的前 n 项和 $S_n=\dfrac{4}{3}a_n-\dfrac{1}{3}\times 2^{n+1}+\dfrac{2}{3}$, $n=1,2,3,\cdots$,求数列$\{a_n\}$的通项公式.

解 当$n=1$时,$a_1=S_1=\dfrac{4}{3}a_1-\dfrac{4}{3}+\dfrac{2}{3}$,得$a_1=2$.

当$n\geqslant 2$时,$a_n=S_n-S_{n-1}=\dfrac{4}{3}a_n-\dfrac{1}{3}\times 2^{n+1}+\dfrac{2}{3}-\left(\dfrac{4}{3}a_{n-1}-\dfrac{1}{3}\times 2^n+\dfrac{2}{3}\right)$,即

$a_n=4a_{n-1}+2^n$.

设$a_n+\lambda\cdot 2^n=4(a_{n-1}+\lambda\cdot 2^{n-1})$,即

$a_n=4a_{n-1}+\lambda\cdot 2^n$,与$a_n=4a_{n-1}+2^n$比较,得$\lambda=1$,

$\therefore a_n+2^n=4(a_{n-1}+2^{n-1})$,

$\therefore \{a_n+2^n\}$是以$a_1+2=4$为首项,以4为公比的等比数列,

$\therefore a_n+2^n=4\cdot 4^{n-1}=4^n$,

故$a_n=4^n-2^n$.

点拨 本题变形得$a_n=4a_{n-1}+2^n(n\geqslant 2)$后也可这样解:

$\dfrac{a_n}{2^n}=\dfrac{4a_{n-1}}{2^n}+1=2\times\dfrac{a_{n-1}}{2^{n-1}}+1$,

$\therefore \left(\dfrac{a_n}{2^n}+\lambda\right)=2\left(\dfrac{a_{n-1}}{2^{n-1}}+\lambda\right)$,$\therefore \lambda=1$,

$\therefore \left\{\dfrac{a_n}{2^n}+1\right\}$是以$\dfrac{a_1}{2}+1=2$为首项,以2为公比的等比数列,$\therefore \dfrac{a_n}{2^n}+1=2^n$,$\therefore a_n=4^n-2^n$.

类型6:$a_{n+1}=pa_n+an+b(p\neq 1,0,a\neq 0)$

这种类型一般利用待定系数法构造等比数列,即令$a_{n+1}+x(n+1)+y=p(a_n+xn+y)$,与已知递推式比较,解出$x,y$,从而转化为$\{a_n+xn+y\}$是公比为$p$的等比数列.

例17 (山东高考)已知在数列$\{a_n\}$中,$a_1=\dfrac{1}{2}$,点$(n,2a_{n+1}-a_n)$在直线$y=x$上,其中$n=1,2,3,\cdots$,求数列$\{a_n\}$的通项公式.

解 由已知,得$a_1=\dfrac{1}{2}$,$2a_{n+1}-a_n=n$,

$\therefore a_{n+1}=\dfrac{1}{2}a_n+\dfrac{n}{2}$. ①

设$a_{n+1}+x(n+1)+y=\dfrac{1}{2}(a_n+xn+y)$,

即$a_{n+1}=\dfrac{1}{2}a_n-\dfrac{xn}{2}-x-\dfrac{y}{2}$.

与①式比较得$\begin{cases}-\dfrac{x}{2}=\dfrac{1}{2},\\ -x-\dfrac{y}{2}=0.\end{cases}$

故$\begin{cases}x=-1,\\ y=2.\end{cases}$

$\therefore a_{n+1}-(n+1)+2=\dfrac{1}{2}(a_n-n+2)$.

$\therefore \{a_n-n+2\}$是以$a_1-1+2=\dfrac{3}{2}$为首项,以$\dfrac{1}{2}$为公比的等比数列,

$\therefore a_n-n+2=\dfrac{3}{2}\cdot\left(\dfrac{1}{2}\right)^{n-1}=\dfrac{3}{2^n}$,

$\therefore a_n=\dfrac{3}{2^n}+n-2$.

类型7:$a_{n+2}=pa_{n+1}+qa_n$

这种类型一般利用$a_{n+2}-\alpha a_{n+1}=\beta(a_{n+1}-\alpha a_n)$构造等比数列来解决.

例18 (福建高考)已知数列$\{a_n\}$满足$a_1=1,a_2=3,a_{n+2}=3a_{n+1}-2a_n$,求数列$\{a_n\}$的通项公式.

解 设$a_{n+2}-\alpha a_{n+1}=\beta(a_{n+1}-\alpha a_n)$,

则有$a_{n+2}=(\alpha+\beta)a_{n+1}-\alpha\beta a_n$,

与已知等式比较,得$\begin{cases}\alpha+\beta=3,\\ \alpha\beta=2.\end{cases}$

解之,得$\begin{cases}\alpha=1,\\ \beta=2,\end{cases}$或$\begin{cases}\alpha=2,\\ \beta=1.\end{cases}$

取$\alpha=1,\beta=2$,得$a_{n+2}-a_{n+1}=2(a_{n+1}-a_n)$,即$\{a_{n+1}-a_n\}$是以$a_2-a_1=2$为首项,2

为公比的等比数列，

$\therefore a_{n+1}-a_n=(a_2-a_1)\cdot 2^{n-1}=2^n$，

$\therefore a_n=a_1+(a_2-a_1)+(a_3-a_2)+\cdots+(a_n-a_{n-1})=1+2+2^2+\cdots+2^{n-1}=2^n-1(n\geqslant 2)$；

将 $\alpha=2,\beta=1$ 代入，得 $a_{n+2}-2a_{n+1}=a_{n+1}-2a_n$ 及 $a_2-2a_1=3-2=1$，

$\therefore a_{n+1}-2a_n=1,\therefore a_{n+1}+1=2(a_n+1)$，

$\therefore a_n+1=2\cdot 2^{n-1},\therefore a_n=2^n-1$.

经验证，$n=1$ 时也适合 $a_n=2^n-1$，

$\therefore a_n=2^n-1$.

类型 8：$a_{n+1}=\dfrac{pa_n+q}{ra_n+m}(p,q,r,m\neq 0)$

当特征方程 $x=\dfrac{px+q}{rx+m}$有两个不同的根 x_1 与 x_2 时，则$\left\{\dfrac{a_n-x_1}{a_n-x_2}\right\}$是等比数列；当特征方程 $x=\dfrac{px+q}{rx+m}$ 有且仅有一个根 x_0 时，则$\left\{\dfrac{1}{a_n-x_0}\right\}$是等差数列.

例 19 （重庆高考）设数列$\{a_n\}$满足 $a_1=1,8a_{n+1}a_n-16a_{n+1}+2a_n+5=0(n\geqslant 1)$，求数列$\{a_n\}$的通项公式.

解 由已知，得 $a_{n+1}=\dfrac{2a_n+5}{16-8a_n}$，其特征方程为 $x=\dfrac{2x+5}{16-8x}$，解得 $x=\dfrac{1}{2}$或$\dfrac{5}{4}$.

$$\therefore a_{n+1}-\frac{1}{2}=\frac{6\left(a_n-\frac{1}{2}\right)}{16-8a_n},$$

$$a_{n+1}-\frac{5}{4}=\frac{12\left(a_n-\frac{5}{4}\right)}{16-8a_n},$$

$$\therefore \frac{a_{n+1}-\frac{1}{2}}{a_{n+1}-\frac{5}{4}}=\frac{1}{2}\cdot\frac{a_n-\frac{1}{2}}{a_n-\frac{5}{4}}.$$

$$\therefore \frac{a_n-\frac{1}{2}}{a_n-\frac{5}{4}}=\frac{a_1-\frac{1}{2}}{a_1-\frac{5}{4}}\cdot\left(\frac{1}{2}\right)^{n-1}=-\frac{4}{2^n}.$$

$$\therefore a_n=\frac{2^{n-1}+5}{2^n+4}.$$

类型 9：$a_n+a_{n+1}=pn+q$ 或 $a_na_{n+1}=pq^n$

这种类型一般可转化为$\{a_{2n-1}\}$与$\{a_{2n}\}$的等差或等比数列求解.

例 20 （1）在数列$\{a_n\}$中，$a_1=1,a_{n+1}=6n-a_n$，求 a_n；

（2）在数列$\{a_n\}$中，$a_1=1,a_na_{n+1}=3^n$，求 a_n.

解 （1）$\because a_n+a_{n+1}=6n$，

$\therefore a_{n+1}+a_{n+2}=6(n+1)$，

两式相减，得 $a_{n+2}-a_n=6$.

$\therefore \{a_{2n-1}\}$与$\{a_{2n}\}$均为公差为 6 的等差数列，

$\therefore$ 易求得 $a_n=\begin{cases}3n-2(n\text{ 为奇数}),\\3n-1(n\text{ 为偶数}).\end{cases}$

（2）$\because a_na_{n+1}=3^n,\therefore a_{n+2}a_{n+1}=3^{n+1}$.

两式相除，得$\dfrac{a_{n+2}}{a_n}=3$.

$\therefore \{a_{2n-1}\}$与$\{a_{2n}\}$均为公比为 3 的等比数列，

$\therefore$ 易求得 $a_n=\begin{cases}3^{\frac{n-1}{2}}(n\text{ 为奇数}),\\3^{\frac{n}{2}}(n\text{ 为偶数}).\end{cases}$

题型 9 数列求和

1. 公式法求和

（1）等差数列前 n 项和公式：

$$S_n=\frac{n(a_1+a_n)}{2}=na_1+\frac{n(n-1)}{2}d.$$

（2）等比数列前 n 项和公式：

$$S_n=\begin{cases}na_1(q=1),\\\dfrac{a_1(1-q^n)}{1-q}(q\neq 1).\end{cases}$$

（3）$1+2+3+\cdots+n=\dfrac{n(n+1)}{2}$.

（4）$1^2+2^2+3^2+\cdots+n^2$

$$=\frac{n(n+1)(2n+1)}{6}.$$

(5) $1^3+2^3+3^3+\cdots+n^3=\frac{n^2(n+1)^2}{4}$.

例21 等比数列$\{a_n\}$的前n项和$S_n=2^n-1$,求$a_1^2+a_2^2+\cdots+a_n^2$.

解 $\because a_1=S_1=2^1-1=1$,

$a_2=S_2-S_1=3-1=2$,

$\therefore$ 数列$\{a_n\}$的公比$q=2$. $\therefore$ 数列$\{a_n^2\}$是首项$a_1^2=1$,公比$q^2=4$的等比数列.

$\therefore a_1^2+a_2^2+\cdots+a_n^2=\frac{a_1^2(1-q^{2n})}{1-q^2}=\frac{1-4^n}{1-4}=\frac{1}{3}(4^n-1)$.

2. 错位相减法

这是在推导等比数列的前n项和公式时所用的方法,这种方法主要用于求数列$\{a_n\cdot b_n\}$的前n项和,其中$\{a_n\}$、$\{b_n\}$分别是等差数列和等比数列. 错位相减法实质上是构造了一个新的等比数列,再用公式法求和.

例22 求和:

(1) $S_n=\frac{1}{a}+\frac{2}{a^2}+\frac{3}{a^3}+\cdots+\frac{n}{a^n}$;

(2) $S_n=1+2\times3+3\times7+\cdots+n(2^n-1)$.

分析 (1)显然$\left\{\frac{1}{a^n}\right\}$成等比数列,其系数构成的数列$\{n\}$成等差数列,故可用错位相减法求前$n$项和;(2)由$a_n=n\cdot(2^n-1)=n\cdot2^n-n$可知,先将$a_n$拆分成为$n\cdot2^n$与基本数列$n$,再分别求和.

解 (1)分$a=1$和$a\neq1$两种情况:

当$a=1$时,$S_n=1+2+3+\cdots+n=\frac{n(n+1)}{2}$;

当$a\neq1$时,$S_n=\frac{1}{a}+\frac{2}{a^2}+\frac{3}{a^3}+\cdots+\frac{n}{a^n}$,

将上式两边同乘$\frac{1}{a}$,得

$\frac{1}{a}S_n=\frac{1}{a^2}+\frac{2}{a^3}+\frac{3}{a^4}+\cdots+\frac{n}{a^{n+1}}$,两式相减,得$\left(1-\frac{1}{a}\right)S_n=\frac{1}{a}+\frac{1}{a^2}+\cdots+\frac{1}{a^n}-\frac{n}{a^{n+1}}$,

即$S_n=\frac{a(a^n-1)-n(a-1)}{a^n(a-1)^2}$.

综上所述,得

$$S_n=\begin{cases}\frac{n(n+1)}{2}(a=1),\\ \frac{a(a^n-1)-n(a-1)}{a^n(a-1)^2}(a\neq1).\end{cases}$$

(2) $S_n=(1\times2-1)+(2\times2^2-2)+\cdots+(n\cdot2^n-n)=(1\times2+2\times2^2+\cdots+n\cdot2^n)-(1+2+\cdots+n)$.

令$S'_n=1\times2+2\times2^2+\cdots+n\cdot2^n$,

$2S'_n=1\times2^2+2\times2^3+\cdots+n\cdot2^{n+1}$,

两式相减,得

$-S'_n=2^1+2^2+2^3+\cdots+2^n-n\cdot2^{n+1}$

$=2(2^n-1)-n\cdot2^{n+1}$

$=-(n-1)\cdot2^{n+1}-2$,

$\therefore S'_n=(n-1)\cdot2^{n+1}+2$,

$\therefore S_n=(n-1)\cdot2^{n+1}+2-\frac{1}{2}n(n+1)$.

点拨 *在求含有参数的等比数列的前n项和时,要分公比$q=1$和$q\neq1$进行讨论.*

3. 裂项相消法

裂项相消法用的比较多,一般是把通项公式分解为两个式子的差,且相加抵消. 但是在抵消时,有的是依次抵消,有的是间隔抵消,特别是间隔抵消,应注意其规律性.

常见的裂项技巧有:

(1) $\frac{1}{n(n+k)}=\frac{1}{k}\left(\frac{1}{n}-\frac{1}{n+k}\right)$;

(2) $\frac{1}{\sqrt{n+k}+\sqrt{n}}=\frac{1}{k}(\sqrt{n+k}-\sqrt{n})$;

(3) $\frac{1}{(2n-1)(2n+1)}=\frac{1}{2}\left(\frac{1}{2n-1}-\frac{1}{2n+1}\right)$;

(4)若数列$\{a_n\}$是公差为d的等差数列,则$\frac{1}{a_na_{n+1}}=\frac{1}{d}\left(\frac{1}{a_n}-\frac{1}{a_{n+1}}\right)$.

例23 (湖北高考)已知二次函数$y=f(x)$的图象经过坐标原点,其导函数为$f'(x)=6x-2$. 数列$\{a_n\}$的前n项和为S_n,点$(n,S_n)(n\in\mathbf{N}^*)$均在函数$y=f(x)$的图象上.

(1)求数列$\{a_n\}$的通项公式;

(2)设$b_n=\frac{3}{a_na_{n+1}}$,T_n是数列$\{b_n\}$的前n项和,求使得$T_n<\frac{m}{20}$对所有$n\in\mathbf{N}^*$都成立的最小正整数m.

解 (1)依题意可设$f(x)=ax^2+bx(a\neq 0)$,则有$f'(x)=2ax+b$.

由$f'(x)=6x-2$,得$a=3$,$b=-2$,所以$f(x)=3x^2-2x$.

又由点$(n,S_n)(n\in\mathbf{N}^*)$均在函数$y=f(x)$的图象上,得$S_n=3n^2-2n$.

当$n\geqslant 2$时,$a_n=S_n-S_{n-1}=(3n^2-2n)-[3(n-1)^2-2(n-1)]=6n-5$;

当$n=1$时,$a_1=S_1=3\times 1^2-2\times 1=1=6\times 1-5$.

所以$a_n=6n-5(n\in\mathbf{N}^*)$.

(2)由(1)得

$$b_n=\frac{3}{a_na_{n+1}}=\frac{3}{(6n-5)[6(n+1)-5]}=\frac{1}{2}\left(\frac{1}{6n-5}-\frac{1}{6n+1}\right),$$故

$$T_n=\sum_{i=1}^{n}b_i=\frac{1}{2}\left[\left(1-\frac{1}{7}\right)+\cdots+\left(\frac{1}{7}-\frac{1}{13}\right)+\cdots+\left(\frac{1}{6n-5}-\frac{1}{6n+1}\right)\right].$$

因此,使得$\frac{1}{2}\left(1-\frac{1}{6n+1}\right)<\frac{m}{20}(n\in\mathbf{N}^*)$成立的$m$必须且仅需满足$\frac{1}{2}\leqslant\frac{m}{20}$,即$m\geqslant 10$,故满足要求的最小整数$m$为10.

4. 分组求和法

有一类数列,既不是等差数列,也不是等比数列.若将这类数列适当拆开,可分为几个等差、等比或常见的数列,就可方便求和.

例24 求和$S_n=1+\left(1+\frac{1}{2}\right)+\left(1+\frac{1}{2}+\frac{1}{4}\right)+\cdots+\left(1+\frac{1}{2}+\frac{1}{4}+\cdots+\frac{1}{2^{n-1}}\right)$.

分析 先看数列的通项有什么特点,再设法求和.

解 和式中第k项为

$$a_k=1+\frac{1}{2}+\frac{1}{4}+\cdots+\frac{1}{2^{k-1}}=\frac{1-\left(\frac{1}{2}\right)^k}{1-\frac{1}{2}}=2\left(1-\frac{1}{2^k}\right),$$

$$\therefore S_n=2\left[\left(1-\frac{1}{2}\right)+\left(1-\frac{1}{2^2}\right)+\cdots+\left(1-\frac{1}{2^n}\right)\right]$$

$$=2\left[\overbrace{(1+1+\cdots+1)}^{n\text{个}}-\left(\frac{1}{2}+\frac{1}{2^2}+\cdots+\frac{1}{2^n}\right)\right]$$

$$=2\left[n-\frac{\frac{1}{2}\left(1-\frac{1}{2^n}\right)}{1-\frac{1}{2}}\right]$$

$$=2\left[n-\left(1-\frac{1}{2^n}\right)\right]$$

$$=2n-2+\frac{1}{2^{n-1}}.$$

点拨 数列求和,首先考虑能否直接应用等差、等比数列的求和公式求和;若不能,一般地,可对第n项加以研究,得到a_n的表达式,再进一步考虑能否转化(通过拆项等)成等差、等比数列,再用公式法求和,这是重要的数列求和思路.

5. 倒序相加法

倒序相加法:一个数列倒过来与原数列相加时,如果有公因式可提,并且剩余的项的和容易求出,那么这样的数列求和可采用此法.其主要用于求组合数数列的和,这里易忽视因式为零的情况.

例25 求和:$C_n^0+2C_n^1+3C_n^2+\cdots+(n+1)C_n^n$.

解 令$S=C_n^0+2C_n^1+3C_n^2+\cdots+(n+$

$1)C_n^n$，

则 $S=(n+1)C_n^n+nC_n^{n-1}+(n-1)C_n^{n-2}+\cdots+C_n^0$，

$2S=(n+2)(C_n^0+C_n^1+\cdots+C_n^n)=(n+2)\cdot 2^n$.

$\therefore S=(n+2)\cdot 2^{n-1}$.

题型10 最值问题

等差数列的最值问题常用如下方法解决：(1)二次函数法；(2)若 $d>0,a_1<0$，当且仅当 $a_n\leqslant 0,a_{n+1}\geqslant 0$ 时，S_n 有最小值；若 $d<0,a_1>0$，当且仅当 $a_n\geqslant 0,a_{n+1}\leqslant 0$ 时，S_n 有最大值.

例26 设等差数列 $\{a_n\}$ 的前 n 项和为 S_n，已知 $a_3=12,S_{12}>0,S_{13}<0$.

(1)求公差 d 的取值范围；

(2)指出 $S_1,S_2,\cdots,S_{12}$ 中哪一个值最大，并说明理由.

分析 由 a_3,S_{12},S_{13} 可以得出 d 的取值范围，之后再确定出 $a_n>0,a_{n+1}<0$ 时的 n 值即可得知 S_n 的最大值.

(1)**解** 由题意得

$$\begin{cases}a_3=a_1+2d=12,\\ S_{12}=12a_1+\dfrac{12\times 11}{2}\cdot d>0,\\ S_{13}=13a_1+\dfrac{13\times 12}{2}\cdot d<0.\end{cases}$$

解得 $-\dfrac{24}{7}<d<-3$.

(2)**解法一** 由 $\begin{cases}S_{12}>0,\\ S_{13}<0,\end{cases}$ 知

$$\begin{cases}12a_1+\dfrac{12\times 11}{2}\cdot d>0,\\ 13a_1+\dfrac{13\times 12}{2}\cdot d<0,\end{cases}$$

即 $\begin{cases}a_1+\dfrac{11}{2}d>0,\\ a_1+6d<0,\end{cases}$ 即 $\begin{cases}a_1+\dfrac{11}{2}d>0,\\ a_7<0.\end{cases}$

$\because d<0,\therefore a_6=a_1+5d>a_1+\dfrac{11}{2}d>0$，

可知 $a_1>a_2>\cdots>a_6>0>a_7>\cdots$，

$\therefore S_1,S_2,\cdots,S_{12}$ 中最大的是 S_6.

解法二 $S_n=na_1+\dfrac{n(n-1)}{2}\cdot d$

$=n(12-2d)+\dfrac{1}{2}n(n-1)\cdot d$

$=\dfrac{d}{2}n^2+\dfrac{24-5d}{2}n$.

二次函数 $y=\dfrac{d}{2}x^2+\dfrac{24-5d}{2}x$ 的对称轴方程为 $x=\dfrac{-\dfrac{24-5d}{2}}{2\times\dfrac{d}{2}}=\dfrac{5}{2}-\dfrac{12}{d}$.

$\because -\dfrac{24}{7}<d<-3,\therefore 6<\dfrac{5}{2}-\dfrac{12}{d}<6.5$.

$\therefore S_6$ 最大.

题型11 数列应用题

1. 等差数列模型

一个实际问题，可建立等差数列模型的必要条件是：离散型的变量问题，并且变量取相邻两个值的差是一个常数.

例27 一个水池有若干出水量相同的水龙头，如果所有水龙头同时放水，那么 24 min 可注满水池. 如果开始时全部放开，以后每隔相等的时间关闭一个水龙头，到最后一个水龙头关闭时，恰好注满水池，而且最后一个水龙头放水的时间恰好是第一个水龙头放水时间的 5 倍，问：最后关闭的这个水龙头放水多长时间？

分析 每隔相等的时间关闭一个水龙头，则每个水龙头的放水时间成等差数列，可利用等差数列相关知识解答.

解 设共有 n 个水龙头，每个水龙头放水时间从短到长依次为 $x_1,x_2,\cdots,x_n$.

由已知可知 $x_2-x_1=x_3-x_2=\cdots=x_n-x_{n-1}$，

$\therefore$ 数列 $\{x_n\}$ 为等差数列.

每个水龙头 1 min 放 $\dfrac{1}{24n}$（不妨设水池容积为 1）.

$\therefore \frac{1}{24n}\cdot(x_1+x_2+\cdots+x_n)=1$,即 $S_n=24n$,

$\therefore \frac{n(x_1+x_n)}{2}=24n$,$\therefore x_1+x_n=48$.

又$\because x_n=5x_1$,$\therefore 6x_1=48$,$\therefore x_1=8,x_n=40$.

故最后关闭的这个水龙头放水 40 min.

点拨 解有关数列的应用题,应首先通过对实际问题的研究建立数列的数学模型,最后求出符合实际的答案.

2. 等比数列模型

能建立等比数列模型的实际问题,必须是离散型问题,并且这些离散的量之间是倍数关系.

例 28 职工小张年初向银行贷款 20 万元用于购房,银行贷款的年利率为 6%,按复利计算(即本年的利息计入次年的本金),若这笔贷款要分 10 年等额还清,每年年初还一次,并且从借款后次年年初开始归还,问每年应还多少元?(精确到 1 元)

分析 运用等比数列知识解决分期付款问题.

解 设每年还款 x 元,需 10 年还清,那么每年还款及利息情况如下:

第 10 年还款 x 元,此次欠款全部还清.

第 9 年付款 x 元,过 1 年欠款全部还清时,所付款连同利息之和为 $x(1+6\%)$ 元.

第 8 年付款 x 元,过 2 年欠款全部还清时,所付款连同利息之和为 $x(1+6\%)^2$ 元.

……

根据题意可得

$x+x(1+6\%)+x(1+6\%)^2+\cdots+x(1+6\%)^9=200\ 000(1+6\%)^{10}$,

所以 $x=\frac{200\ 000\times1.06^{10}\times0.06}{1.06^{10}-1}\approx27\ 174$.

所以每年应还款 27 174 元.

点拨 分期付款即借款后不是一次性付清,而是分几次分别付款的一种借款方式,对于每一种分期付款方案,应明确以下几点:

(1)规定多长时间付清全部款额;

(2)在规定时间内分几期付款,并且规定每期付款额相同;

(3)各期所付款连同到最后一次付款时所产生的利息之和,等于商品售价及从购买到最后一次付款时的利息之和.

3. 等差与等比数列模型的综合应用

例 29 某企业 2007 年的纯利润为 500 万元,因设备老化等原因,企业的生产能力将逐年下降.若不进行技术改造,预测从今年起每年比上一年纯利润减少 20 万元.今年初该企业一次性投入资金 600 万元进行技术改造,预测在未扣除技术改造资金的情况下,第 n 年(今年为第一年)的利润为 $500\left(1+\frac{1}{2^n}\right)$万元($n$ 为正整数).

(1)设从今年起的前 n 年,若该企业不进行技术改造累计纯利润为 A_n 万元,进行技术改造后的累计纯利润为 B_n 万元(须扣除技术改造资金),求 A_n、B_n 的表达式;

(2)依上述预测,从今年起该企业至少经过多少年,进行技术改造后的累计纯利润超过不进行技术改造的累计纯利润?

解 (1)依题设:$A_n=(500-20)+(500-40)+\cdots+(500-20n)=490n-10n^2$.

$B_n=500\left[\left(1+\frac{1}{2}\right)+\left(1+\frac{1}{2^2}\right)+\cdots+\left(1+\frac{1}{2^n}\right)\right]-600$

$=500n-\frac{500}{2^n}-100$.

(2)B_n-A_n

$=\left(500n-\frac{500}{2^n}-100\right)-(490n-10n^2)$

$=10n^2+10n-\frac{500}{2^n}-100$

$=10\left[n(n+1)-\frac{50}{2^n}-10\right]$.

$\because$ 函数 $y=x(x+1)-\frac{50}{2^x}-10$ 在 $(0,+\infty)$ 上为增函数，

当 $1\leqslant n\leqslant 3$ 时，$n(n+1)-\frac{50}{2^n}-10\leqslant 12-\frac{50}{8}-10<0$；

当 $n\geqslant 4$ 时，$n(n+1)-\frac{50}{2^n}-10\geqslant 20-\frac{50}{16}-10>0$.

$\therefore$ 仅当 $n\geqslant 4$ 时，$B_n>A_n$.

答：至少经过 4 年，该企业进行技术改造后的累计纯利润超过不进行技术改造的累计纯利润.

点拨 构造出函数 $y=x(x+1)-\frac{50}{2^x}-10$，利用它的单调性比较 A_n 与 B_n 的大小是本题解题的亮点.

4. 递推数列模型

例 30 某林场原有森林木材存有量为 a，木材以每年 25% 的增长率生长，若每年冬天需砍伐的木材量是一个常量，为了实现经过 20 年木材存有量至少翻两番的目标，那么每年至多只能砍伐多少木材量？（取 $\lg 2=0.30$）

分析 木材存量的变化有两个原因：每年生长量和年底砍伐量，因每年情况相似，故可建立一个一般的递推关系式，然后转化为等差数列或等比数列.

解 设每年砍伐量至多为 x，每年末的木材存有量组成数列 $\{a_n\}$，记 $a_0=a$，则由题意得 $a_1=\frac{5}{4}a-x$，$a_2=\frac{5}{4}a_1-x$，…，$a_{n+1}=\frac{5}{4}a_n-x$.

设 $a_{n+1}-t=\frac{5}{4}(a_n-t)$，比较两式得 $t=4x$，

$\therefore a_{n+1}-4x=\frac{5}{4}(a_n-4x)$，$a_1-4x=\frac{5}{4}a-5x$.

$\therefore$ 数列 $\{a_n-4x\}$ 是以 $\frac{5}{4}a-5x$ 为首项，$q=\frac{5}{4}$ 为公比的等比数列.

即 $a_n-4x=\left(\frac{5}{4}a-5x\right)\left(\frac{5}{4}\right)^{n-1}$.

$\therefore a_n=\left(\frac{5}{4}\right)^n a-4\left[\left(\frac{5}{4}\right)^n-1\right]x$.

根据题意，得 $a_{20}\geqslant 4a$，

即 $\left(\frac{5}{4}\right)^{20}\cdot a-4\left[\left(\frac{5}{4}\right)^{20}-1\right]x\geqslant 4a$，

解得 $x\leqslant\dfrac{\frac{1}{4}\left(\frac{5}{4}\right)^{20}-1}{\left(\frac{5}{4}\right)^{20}-1}a$.

令 $A=\left(\frac{5}{4}\right)^{20}$，则 $\lg A=20(\lg 5-\lg 4)=20(1-3\lg 2)=20(1-3\times 0.30)=2$.

$\therefore A=100$，$\therefore x\leqslant\dfrac{\frac{1}{4}\times 100-1}{100-1}a=\frac{8}{33}a$.

答：每年至多只能砍伐的木材量为 $\frac{8}{33}a$.

点拨 本题为数列应用题的重要类型——生态模型数列，其基本特征是递推关系 $a_{n+1}=pa_n+q$，它也适合于生态改良、动植物养殖园、国土治理、环境保护等题材.

综合解题指导

题型 1 数列与函数的综合

例 1 已知函数 $f(x)=\ln(2-x)+ax$ 在开区间 $(0,1)$ 内是增函数.

(1) 求实数 a 的取值范围；

(2) 若数列 $\{a_n\}$ 满足 $a_1\in(0,1)$，$a_{n+1}=\ln(2-a_n)+a_n(n\in\mathbf{N}^*)$，求证：$0<a_n<a_{n+1}<1$；

(3) 若数列 $\{b_n\}$ 满足 $b_1\in(0,1)$，$b_{n+1}=2\ln(2-b_n)+b_n(n\in\mathbf{N}^*)$，问数列 $\{b_n\}$ 是否是单调数列？

(1) **解** $\because$ 函数 $f(x)=\ln(2-x)+ax$ 在

开区间(0,1)内是增函数,

$\therefore f'(x)=-\frac{1}{2-x}+a>0, a>\frac{1}{2-x}.$

由于 $x\in(0,1)$,故 $a\geqslant1$.

(2) 证明 函数 $f(x)=\ln(2-x)+ax$ 在开区间(0,1)内是增函数,

若 $a=1$,则 $f(x)\in(\ln 2,1)$,

即 $f(x)<1$,而 $a_{n+1}=\ln(2-a_n)+a_n$.

用数学归纳法证明:$0<a_n<a_{n+1}<1$.

①当 $n=1$ 时,$a_1\in(0,1)$.

②假设当 $n=k$ 时,$0<a_k<a_{k+1}<1$,

则当 $n=k+1$ 时,

由于 $a_{k+2}=\ln(2-a_{k+1})+a_{k+1}>0$,

$a_{k+2}=\ln(2-a_{k+1})+a_{k+1}<1$

且 $a_{k+2}-a_{k+1}=\ln(2-a_{k+1})>0$,

$\therefore a_{k+2}>a_{k+1}$,

$\therefore 0<a_{k+1}<a_{k+2}<1$.

由数学归纳法可知 $0<a_n<a_{n+1}<1$ 成立.

(3) 解 数列$\{b_n\}$不是单调数列.

$\because b_1\in(0,1), b_{n+1}=2\ln(2-b_n)+b_n$.

不妨设 $b_1=\frac{1}{2}$,则 $b_2=2\ln(2-b_1)+b_1$

$=\ln\frac{9}{4}+\frac{1}{2}>b_1$,

而 $b_3=2\ln(2-b_2)+b_2<b_2$,

$\therefore$ 数列$\{b_n\}$不是单调数列.

点拨 数列就是函数,只是数列的定义域是正整数集合或其子集,表达形式与函数的解析式有所区别,但透过现象看本质,利用函数的性质分析数列的性质.

题型2 数列与不等式的综合

例2 已知函数 $f(x)=\frac{x+2}{x+1}, x\in(0,+\infty)$,数列$\{x_n\}$满足 $x_{n+1}=f(x_n)$, $n=1,2,3,\cdots$,且 $x_1=1$.

(1)设 $a_n=|x_n-\sqrt{2}|$,证明:$a_{n+1}<a_n$;

(2)设(1)中的数列$\{a_n\}$的前 n 项和为 S_n,证明:$S_n<\frac{\sqrt{2}}{2}$.

证明 (1)由题意得

$a_{n+1}=|x_{n+1}-\sqrt{2}|=|f(x_n)-\sqrt{2}|$

$=\left|\frac{x_n+2}{x_n+1}-\sqrt{2}\right|$

$=\left|\frac{x_n+2-\sqrt{2}x_n-\sqrt{2}}{x_n+1}\right|$

$=(\sqrt{2}-1)\cdot\frac{|x_n-\sqrt{2}|}{|x_n+1|}.$

又由条件可知 $x_n>0$,$\therefore a_{n+1}<(\sqrt{2}-1)\cdot|x_n-\sqrt{2}|<|x_n-\sqrt{2}|=a_n$,故 $a_{n+1}<a_n$.

(2)由(1)的过程可知

$a_{n+1}<(\sqrt{2}-1)\cdot|x_n-\sqrt{2}|<(\sqrt{2}-1)^2\cdot|x_{n-1}-\sqrt{2}|<\cdots<(\sqrt{2}-1)^n\cdot|x_1-\sqrt{2}|=(\sqrt{2}-1)^{n+1}$,

$\therefore S_n=a_1+a_2+\cdots+a_n$

$<(\sqrt{2}-1)+(\sqrt{2}-1)^2+\cdots+(\sqrt{2}-1)^n$

$=\frac{\sqrt{2}-1}{2-\sqrt{2}}[1-(\sqrt{2}-1)^n]$

$<\frac{\sqrt{2}-1}{2-\sqrt{2}}=\frac{\sqrt{2}}{2}.$

例3 设等比数列$\{a_n\}$的公比为 q,前 n 项和 $S_n>0(n=1,2,3,\cdots)$.

(1)求 q 的取值范围;

(2)设 $b_n=a_{n+2}-\frac{3}{2}a_{n+1}$,记$\{b_n\}$前 n 项和为 T_n,试比较 S_n 和 T_n 的大小.

解 (1)因为$\{a_n\}$是等比数列,$S_n>0$,

可得 $a_1=S_1>0, q\neq0$.

当 $q=1$ 时,$S_n=na_1>0$;

当 $q\neq1$ 时,$S_n=\frac{a_1(1-q^n)}{1-q}>0$,

即$\frac{1-q^n}{1-q}>0(n=1,2,\cdots)$.

上式等价于不等式组

$\begin{cases}1-q<0,\\1-q^n<0\end{cases}(n=1,2,\cdots)$ ①

或$\begin{cases}1-q>0,\\1-q^n>0.\end{cases}(n=1,2,\cdots)$ ②

解①得 $q>1$；

解②，由于 n 可为奇数，可为偶数，得 $-1<q<1$.

综上所述，q 的取值范围是 $(-1,0)\cup(0,+\infty)$.

(2) 由 $b_n=a_{n+2}-\frac{3}{2}a_{n+1}$，得

$b_n=a_n\left(q^2-\frac{3}{2}q\right)$，$T_n=\left(q^2-\frac{3}{2}q\right)S_n$，

于是 $T_n-S_n=\left(q^2-\frac{3}{2}q-1\right)S_n$

$=S_n\left(q+\frac{1}{2}\right)(q-2)$.

又 $S_n>0$，且 $-1<q<0$ 或 $q>0$，则

当 $-1<q<-\frac{1}{2}$ 或 $q>2$ 时，$T_n-S_n>0$，即 $T_n>S_n$；

当 $-\frac{1}{2}<q<2$ 且 $q\neq0$ 时，$T_n-S_n<0$，即 $T_n<S_n$；

当 $q=-\frac{1}{2}$ 或 $q=2$ 时，$T_n-S_n=0$，即 $T_n=S_n$.

点拨 第二问求和避免了等比数列求和的讨论，值得借鉴.

题型3 数列与方程的综合

例4 已知等差数列 $\{a_n\}$ 的公差 $d\neq0$，对任意 $n\in\mathbf{N}^*$，都有 $a_n\neq0$.

(1) 求证：对任意 $n\in\mathbf{N}^*$，所有方程 $a_nx^2+2a_{n+1}x+a_{n+2}=0$ 均有一个相同的实数根；

(2) 若 $a_1=d$，方程 $a_nx^2+2a_{n+1}x+a_{n+2}=0$ 的另一个不同根为 a_n，$b_n=\frac{1}{1+a_n}$，求数列 $\{b_n\}$ 的通项公式；

(3) 在(2)的条件下，求 $S_n=\frac{1}{b_1b_2}+\frac{1}{b_2b_3}+\cdots+\frac{1}{b_nb_{n+1}}$.

(1) 证明 $\because\{a_n\}$ 是等差数列，$\therefore a_n+a_{n+2}=2a_{n+1}$，即 $a_n-2a_{n+1}+a_{n+2}=0$，$n\in\mathbf{N}^*$，$x=-1$ 是所有方程 $a_nx^2+2a_{n+1}x+a_{n+2}=0$ 的相同的实根.

(2) 解 对任意 $n\in\mathbf{N}^*$，由根与系数的关系得 $(-1)a_n=\frac{a_{n+2}}{a_n}=\frac{(n+2)d}{nd}=1+\frac{2}{n}$.

$\therefore\frac{1}{1+a_n}=-\frac{n}{2}$，即 $b_n=-\frac{n}{2}$.

(3) 解 $\because b_n=-\frac{n}{2}$，$\therefore\frac{1}{b_nb_{n+1}}=\left(-\frac{2}{n}\right)\cdot\left(-\frac{2}{n+1}\right)=\frac{4}{n(n+1)}=4\left(\frac{1}{n}-\frac{1}{n+1}\right)$，

$\therefore S_n=4\left[\left(1-\frac{1}{2}\right)+\left(\frac{1}{2}-\frac{1}{3}\right)+\cdots+\left(\frac{1}{n}-\frac{1}{n+1}\right)\right]=4\left(1-\frac{1}{n+1}\right)=\frac{4n}{n+1}$.

题型4 数列与导数的综合

例5 设曲线 $y=x^2+x+1-\ln x$ 在 $x=1$ 处的切线为 l，在数列 $\{a_n\}$ 中，$a_1=1$，且点 (a_n,a_{n+1}) 在直线 l 上.

(1) 求证：数列 $\{a_n+1\}$ 是等比数列，并求 a_n；

(2) 求数列 $\{a_n\}$ 的前 n 项和 S_n.

(1) 证明 由 $y=x^2+x+1-\ln x$，知 $x=1$ 时，$y=3$.

$\because y'\big|_{x=1}=2x+1-\frac{1}{x}\Big|_{x=1}=2$，$\therefore$ 切线方程为 $y-3=2(x-1)$，即 $\frac{a_{n+1}+1}{a_n+1}=2$，

$\therefore\{a_n+1\}$ 是以 $a_1+1=2$ 为首项，2 为公比的等比数列.

$\therefore a_n+1=2\cdot2^{n-1}$，即 $a_n=2^n-1\ (n\in\mathbf{N}^*)$.

(2) 解 由(1)可知 $S_n=a_1+a_2+a_3+\cdots+a_n=(2-1)+(2^2-1)+(2^3-1)+\cdots+(2^n-1)$

$=2+2^2+2^3+\cdots+2^n-n=2^{n+1}-n-2$.

题型5 数列与解析几何的综合

例6 (浙江高考) 如图 3-1-2，$\triangle OBC$ 的三个顶点坐标分别为 $(0,0)$、$(1,0)$、$(0,2)$，设 P_1 为线段 BC 的中点，P_2 为线段 CO 的

中点，P_3 为线段 OP_1 的中点，对于每一个正整数 n，P_{n+3} 为线段 P_nP_{n+1} 的中点，令 P_n 的坐标为 (x_n, y_n)，$a_n=\frac{1}{2}y_n+y_{n+1}+y_{n+2}$.

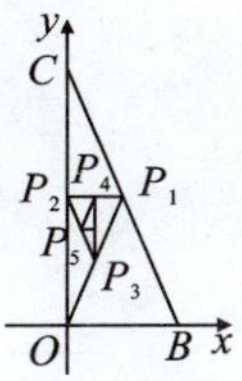

图 3－1－2

(1)求 a_1, a_2, a_3 及 a_n；

(2)证明：$y_{n+4}=1-\frac{y_n}{4}(n\in\mathbf{N}^*)$；

(3)若记 $b_n=y_{4n+4}-y_{4n}, n\in\mathbf{N}^*$，证明 $\{b_n\}$ 是等比数列.

(1) **解** $\because y_1=y_2=y_4=1, y_3=\frac{1}{2}$，$y_5=\frac{3}{4}$，

$\therefore a_1=a_2=a_3=2$.

又由题意可知 $y_{n+3}=\frac{y_n+y_{n+1}}{2}$.

$\therefore a_{n+1}=\frac{1}{2}y_{n+1}+y_{n+2}+y_{n+3}$

$=\frac{1}{2}y_{n+1}+y_{n+2}+\frac{y_n+y_{n+1}}{2}$

$=\frac{1}{2}y_n+y_{n+1}+y_{n+2}=a_n$.

$\therefore \{a_n\}$ 为常数列.

$\therefore a_n=a_1=2, n\in\mathbf{N}^*$.

(2) **证明** 将等式 $\frac{1}{2}y_n+y_{n+1}+y_{n+2}=2$ 两边除以 2，得

$\frac{1}{4}y_n+\frac{y_{n+1}+y_{n+2}}{2}=1$.

$\therefore y_{n+4}=1-\frac{y_n}{4}(n\in\mathbf{N}^*)$.

(3) **证明** $\because b_{n+1}=y_{4n+8}-y_{4n+4}$

$=\left(1-\frac{y_{4n+4}}{4}\right)-\left(1-\frac{y_{4n}}{4}\right)=-\frac{1}{4}(y_{4n+4}-y_{4n})=-\frac{1}{4}b_n$，

又 $\because b_1=y_8-y_4=-\frac{1}{4}\neq 0$，

$\therefore \{b_n\}$ 是公比为 $-\frac{1}{4}$，首项为 $-\frac{1}{4}$ 的等比数列.

点拨 本题是数列与解析几何相结合的一道试题，以解析几何点的坐标为依托，综合考查了等比数列等知识，考查了考生综合运用及解决问题的创新能力.

题型 6 数列与算法初步的综合

例 7 这是一个计算机程序的操作说明：

(1)初始值 $x=1, y=1, z=0, n=0$；

(2)$n=n+1$(将当前 $n+1$ 的值赋予新的 n)；

(3)$x=x+2$(将当前 $x+2$ 的值赋予新的 x)；

(4)$y=2y$(将当前 $2y$ 的值赋予新的 y)；

(5)$z=z+xy$(将当前 $z+xy$ 的值赋予新的 z)；

(6)如果 $z>7\ 000$，则执行语句(7)，否则返回语句(2)继续进行；

(7)打印 n, z；

(8)程序终止.

由语句(7)打印出的数值为______，______.

解析 设 $n=i$ 时，x, y, z 的值分别为 x_i, y_i, z_i，依题意，$x_0=1, x_n=x_{n-1}+2$，所以 $\{x_n\}$ 是等差数列，$x_n=2n+1$；$y_0=1, y_n=2y_{n-1}$，所以 $\{y_n\}$ 是等比数列，$y_n=2^n$；$z_0=0, z_n=z_{n-1}+x_ny_n$，所以 $z_n=x_1y_1+x_2y_2+\cdots+x_ny_n=3\cdot 2+5\cdot 2^2+7\cdot 2^3+\cdots+(2n+1)\cdot 2^n$，

$\therefore 2z_n=3\cdot 2^2+5\cdot 2^3+\cdots+(2n-1)2^n+(2n+1)2^{n+1}$.

两式相减，得 $z_n=-3\times 2-2(2^2+2^3+\cdots+2^n)+(2n+1)\cdot 2^{n+1}=(2n-1)2^{n+1}+2$.

依题意，程序终止时，$z_n>7\ 000$，

$z_{n-1}\leqslant 7\ 000$，

即 $\begin{cases}(2n-1)2^{n+1}+2>7\ 000,\\(2n-3)2^n+2\leqslant 7\ 000.\end{cases}$

解得 $\begin{cases}n=8,\\z=7\ 682.\end{cases}$

答案 8，7 682.

三年高考分析

例1 (山东文高考)在等差数列$\{a_n\}$中,$a_3=7,a_5=a_2+6$,则$a_6=$______.

解析 设等差数列的公差为d,首项为a_1,

$a_3=a_1+2d=7,a_5-a_2=3d=6.$

$\therefore d=2,a_1=3,\therefore a_6=a_1+5d=13.$

答案 13.

例2 (海南高考)等差数列$\{a_n\}$的前n项和为S_n,已知$a_{m-1}+a_{m+1}-a_m^2=0,S_{2m-1}=38$,则$m=$______.

解析 由等差数列的性质可知$a_{m+1}+a_{m-1}=2a_m$,代入已知得$2a_m-a_m^2=0.$

解得$a_m=2(a_m=0$舍去).

又$S_{2m-1}=\frac{2m-1}{2}(a_1+a_{2m-1})=\frac{2m-1}{2}\times2a_m=(2m-1)a_m=38,$

$\therefore 2m-1=19,\therefore m=10.$

答案 10.

点拨 注意等差数列性质的应用,以及求和公式的选择应用.

例3 (浙江高考)设等比数列$\{a_n\}$的公比$q=\frac{1}{2}$,前n项和为S_n,则$\frac{S_4}{a_4}=$______.

解析 $\because S_4=\frac{a_1(1-q^4)}{1-q},a_4=a_1q^3,$

$\therefore \frac{S_4}{a_4}=\frac{a_1(1-q^4)}{a_1q^3(1-q)}$

$=\frac{1-q^4}{q^3(1-q)}=\frac{1-\frac{1}{2^4}}{\frac{1}{2^3}\times\frac{1}{2}}=15.$

答案 15.

例4 (湖北高考)已知两个等差数列$\{a_n\}$和$\{b_n\}$的前n项和为A_n和B_n,且$\frac{A_n}{B_n}=\frac{7n+45}{n+3}$,则使得$\frac{a_n}{b_n}$为整数的正整数$n$的个数是(　　).

A. 2　　B. 3　　C. 4　　D. 5

解析 $\because \frac{a_n}{b_n}=\frac{\frac{a_1+a_{2n-1}}{2}}{\frac{b_1+b_{2n-1}}{2}}$

$=\frac{\frac{(2n-1)(a_1+a_{2n-1})}{2}}{\frac{(2n-1)(b_1+b_{2n-1})}{2}}$

$=\frac{A_{2n-1}}{B_{2n-1}}=\frac{7\times(2n-1)+45}{2n-1+3}=\frac{14n+38}{2n+2}$

$=\frac{7(2n+2)+38-14}{2n+2}=7+\frac{12}{n+1},$

$\therefore n=1,n=2,n=3,n=5,n=11$时,$\frac{a_n}{b_n}$为整数.

答案 D.

点拨 因为题设中提供的是和之间的关系,而目标式中是项之间的关系,所以应注意项与和之间的相互转化.

例5 (江苏高考)将全体正整数排成一个三角数阵(如图3-1-3):

1

2　3

4　5　6

7　8　9　10

11　12　13　14　15

………

图3-1-3

根据以上规律,数阵中第$n(n\geqslant3)$行的从左至右的第3个数是第______个.

解析 因为前$n-1$行共有正整数$1+2+\cdots+(n-1)=\frac{n^2-n}{2}$个,所以第$n$行第3个数是所有正整数中的第$\left(\frac{n^2-n}{2}+3\right)$个.

答案 $\left(\frac{n^2-n}{2}+3\right)$.

例6 (四川高考)已知在等比数列$\{a_n\}$中,$a_2=1$,则其前3项的和S_3的取值范围是(　　).

A. $(-\infty,-1]$

B. $(-\infty,0)\cup(1,+\infty)$

C. $[3,+\infty)$

D. $(-\infty,-1]\cup[3,+\infty)$

解析 由条件知数列$\{a_n\}$中，$a_2=1$，设公比为q，则$a_1=\frac{1}{q}$，$a_3=q$，则$S_3=a_1+a_2+a_3=q+\frac{1}{q}+1$. 当$q>0$时，$S_3=q+\frac{1}{q}+1\geqslant 3$，当且仅当$q=1$时取等号；当$q<0$时，$S_3=-\left[(-a)+\left(-\frac{1}{q}\right)\right]+1\leqslant -2+1=-1$，当且仅当$q=-1$时成立，故$S_3\in(-\infty,-1]\cup[3,+\infty)$.

答案 D.

例7 （天津文高考）已知等差数列$\{a_n\}$的公差d不为0，设$S_n=a_1+a_2q+\cdots+a_nq^{n-1}$，$T_n=a_1-a_2q+\cdots+(-1)^n a_nq^{n-1}$，$q\neq 0$，$n\in\mathbf{N}^*$.

(1)若$q=1$，$a_1=1$，$S_3=15$，求数列$\{a_n\}$的通项公式；

(2)若$a_1=d$且S_1,S_2,S_3成等比数列，求q的值；

(3)若$q\neq\pm1$，证明：$(1-q)S_{2n}-(1+q)T_{2n}=\frac{2dq(1-q^{2n})}{1-q^2}$，$n\in\mathbf{N}^*$.

(1) **解** 由题设知$S_3=a_1+(a_1+d)q+(a_1+2d)q^2$.

将$q=1$，$a_1=1$，$S_3=15$代入上式，解得$d=4$.

所以$a_n=4n-3$，$n\in\mathbf{N}^*$.

(2) **解** 当$a_1=d$时，

$S_1=d$，$S_2=d+2dq$，$S_3=d+2dq+3dq^2$.

因为S_1,S_2,S_3成等比数列，

所以$S_2^2=S_1S_3$，

即$(d+2dq)^2=d(d+2dq+3dq^2)$.

注意到$d\neq 0$，整理得$q^2+2q=0$.

因为$q\neq 0$，解得$q=-2$.

(3) **证明** 由题设知，

$S_{2n}=a_1+a_2q+a_3q^2+\cdots+a_{2n}q^{2n-1}$， ①

$T_{2n}=a_1-a_2q+a_3q^3-a_4q^3+\cdots-a_{2n}q^{2n-1}$. ②

①－②，得

$S_{2n}-T_{2n}=2(a_2q+a_4q^3+\cdots+a_{2n}\cdot q^{2n-1})$.

①＋②，得$S_{2n}+T_{2n}=2(a_1+a_3q^2+\cdots+a_{2n-1}q^{2n-2})$. ③

③式两边同乘q，得$q(S_{2n}+T_{2n})=2(a_1q+a_3q^3+\cdots+a_{2n-1}q^{2n-1}$.

所以$(1-q)S_{2n}-(1+q)T_{2n}$

$=(S_{2n}-T_{2n})-q(S_{2n}+T_{2n})$

$=2d(q+q^3+\cdots+q^{2n-1})$

$=\frac{2dq(1-q^{2n})}{1-q^2}$，$n\in\mathbf{N}^*$.

例8 （全国Ⅰ高考）在数列$\{a_n\}$中，$a_1=1$，$a_{n+1}=\left(1+\frac{1}{n}\right)a_n+\frac{n+1}{2^n}$.

(1)设$b_n=\frac{a_n}{n}$，求数列$\{b_n\}$的通项公式；

(2)求数列$\{a_n\}$的前n项和S_n.

分析 (1)由于待求通项公式为$b_n=\frac{a_n}{n}$，因此求解时首先要考虑将$a_{n+1}=\left(1+\frac{1}{n}\right)a_n+\frac{n+1}{2^n}$变形为$\frac{a_n+1}{n+1}=\frac{a_n}{n}+\frac{1}{2^n}$，由此得$b_{n+1}=b_n+\frac{1}{2^n}$，由此得$b_{n+1}=b_n+\frac{1}{2^n}$，可用累加法求$b_n$的通项公式；(2)利用$a_n=nb_n$可得通项公式，写出前$n$项和公式，分组求和.

解 (1)由已知得$b_1=a_1=1$，

且$\frac{a_{n+1}}{n+1}=\frac{a_n}{n}+\frac{1}{2^n}$，

即$b_{n+1}=b_n+\frac{1}{2^n}$，从而$b_2=b_1+\frac{1}{2}$，

$b_3=b_2+\frac{1}{2^2}$，…，$b_n=b_{n-1}+\frac{1}{2^{n-1}}(n\geqslant 2)$.

又 $b_1=1$，

于是 $b_n=b_1+\frac{1}{2}+\frac{1}{2^2}+\cdots+\frac{1}{2^{n-1}}=2-\frac{1}{2^{n-1}}(n\geqslant2)$.

故所求的通项公式 $b_n=2-\frac{1}{2^{n-1}}$.

(2)由(1)知 $a_n=2n-\frac{n}{2^{n-1}}$，故

$$S_n=(2+4+\cdots+2n)-\left(1+\frac{2}{2}+\frac{3}{2^2}+\frac{4}{2^3}+\cdots+\frac{n}{2^{n-1}}\right).$$

设 $T_n=1+\frac{2}{2^1}+\frac{3}{2^2}+\frac{4}{2^3}+\cdots+\frac{n}{2^{n-1}}$，①

则 $\frac{1}{2}T_n=\frac{1}{2}+\frac{2}{2^2}+\frac{3}{2^3}+\cdots+\frac{n-1}{2^{n-1}}+\frac{n}{2^n}$. ②

①－②，得 $\frac{1}{2}T_n=1+\frac{1}{2}+\frac{1}{2^2}+\frac{1}{2^3}+\cdots+\frac{1}{2^{n-1}}-\frac{n}{2^n}=\frac{1-\frac{1}{2^n}}{1-\frac{1}{2}}-\frac{n}{2^n}=2-\frac{2}{2^n}-\frac{n}{2^n}$，

$\therefore T_n=4-\frac{n+2}{2^{n-1}}$.

$\therefore S_n=n(n+1)+\frac{n+2}{2^{n-1}}-4$.

点拨 本题考查数列的递推公式、等比数列的前 n 项和以及分组求和和错位相减法求和等基础知识，考查运算能力以及对数列递推关系式的变形能力.

例9 （辽宁高考）在数列 $\{a_n\}$，$\{b_n\}$ 中，$a_1=2,b_1=4$，且 a_n,b_n,a_{n+1} 成等差数列，b_n,a_{n+1},b_{n+1} 成等比数列（$n\in\mathbf{N}^*$）.

(1)求 a_2,a_3,a_4 及 b_2,b_3,b_4 的值，由此猜测 $\{a_n\}$，$\{b_n\}$ 的通项公式，并证明你的结论；

(2)证明：$\frac{1}{a_1+b_1}+\frac{1}{a_2+b_2}+\cdots+\frac{1}{a_n+b_n}<\frac{5}{12}$.

(1) **解** 由条件得 $2b_n=a_n+a_{n+1}$，$a_{n+1}^2=b_n\cdot b_{n+1}$.

由此可得 $a_2=6,b_2=9,a_3=12,b_3=16,a_4=20,b_4=25$，猜测 $a_n=n(n+1)$，$b_n=(n+1)^2$.

用数学归纳法证明：

①当 $n=1$ 时，由上可知结论成立.

②假设当 $n=k$ 时，结论成立，即

$a_k=k(k+1)$，$b_k=(k+1)^2$.

那么当 $n=k+1$ 时，

$a_{k+1}^2=2b_k-a_k=2(k+1)^2-k(k+1)=(k+1)(k+2)$，

$b_{k+1}=\frac{a_{k+1}^2}{b_k}=(k+2)^2$，

所以当 $n=k+1$ 时，结论也成立.

由①②，可知 $a_n=n(n+1)$，$b_n=(n+1)^2$ 对一切正整数都成立.

(2) **证明** 当 $n=1$ 时，$\frac{1}{a_1+b_1}=\frac{1}{6}<\frac{5}{12}$.

当 $n\geqslant2$ 时，由(1)可知 $a_n+b_n=(n+1)\cdot(2n+1)=2n^2+3n+1>2n^2+2n=2n(n+1)$.

故 $\frac{1}{a_1+b_1}+\frac{1}{a_2+b_2}+\cdots+\frac{1}{a_n+b_n}<\frac{1}{6}+\frac{1}{2}\left(\frac{1}{2\times3}+\frac{1}{3\times4}+\cdots+\frac{1}{n(n+1)}\right)=\frac{1}{6}+\frac{1}{2}\cdot\left(\frac{1}{2}-\frac{1}{3}+\frac{1}{3}-\frac{1}{4}+\cdots+\frac{1}{n}-\frac{1}{n+1}\right)=\frac{1}{6}+\frac{1}{2}\left(\frac{1}{2}-\frac{1}{n+1}\right)<\frac{1}{6}+\frac{1}{4}=\frac{5}{12}$.

综上，原不等式成立.

点拨 处理与分式有关的求和问题，常见的解题策略是：(1)裂项求和；(2)先放缩再裂项求和.

数学思想

1. 函数思想

数列可看做是定义域是正整数集（或其有限子集）的特殊函数，运用函数思想，研究数列，就是要借助函数的有关概念、图象、性

质等解决问题.

例1 已知$f(x)$是定义在正整数集$n\in\mathbf{N}^*$上的函数,当x为奇数时,$f(x+1)-f(x)=1$;当x为偶数时,$f(x+1)-f(x)=3$,且$f(1)+f(2)=5$.

(1)求证:$f(1),f(3),f(5),\cdots,f(2n-1)(n\in\mathbf{N}^*)$成等差数列;

(2)求$f(x)$的解析表达式.

(1)**证明** $\because x$为奇数时,$x+1$为偶数,

$\therefore$由已知条件,可得

$f(x+1)-f(x)=1$,①

$f(x+2)-f(x+1)=3$.②

①+②,得$f(x+2)-f(x)=4$.

又$f(x)$定义在$\mathbf{N}^*$上,

$\therefore f(1),f(3),\cdots,f(2n-1)(n\in\mathbf{N}^*)$成等差数列.

(2)**解** $\because f(2)-f(1)=1,f(1)+f(2)=5$,

$\therefore f(1)=2,f(2)=3$.

又$f(n+2)-f(n)=4$,

$\therefore f(n)=\begin{cases}2n(n\text{ 为奇数}),\\2n-1(n\text{ 为偶数}).\end{cases}$

点拨 由最终结果可以看出,$\{f(n)\}$是由两个等差数列并成的一个数列;$f(1),f(3),\cdots,f(2n-1)$是定义在奇数集上的等差数列;$f(2),f(4),\cdots,f(2n)$则是定义在偶数集上的等差数列.它们的通项都是n的一次函数.

例2 已知数列$\{a_n\}$的通项公式为$a_n=2n-2\ 010$,问这个数列的前多少项和最小?

分析 求函数的最大(小)值问题往往与其单调性有关,数列是特殊的函数,当然也不例外,讨论数列的单调性,可以借助通项公式$a_n=f(n)$的对应函数$y=f(x)$的单调性实施.

解 设$a_n=2n-2\ 010$的对应函数为$y=2x-2\ 010$.

易知函数$y=2x-2\ 010$在$\mathbf{R}$上是增函数,且当$y=0$时,$x=1\ 005$.

因此,数列$\{a_n\}$是单调递增数列,且当$1\leqslant n\leqslant 1\ 005$时,$a_n\leqslant 0$;当$n>1\ 005$时,$a_n>0$.

所以数列$\{a_n\}$的前1 004项或前1 005项的和最小.

点拨 建立通项公式$a_n=f(n)$的对应函数:n换成x,a_n换成y,对应法则不变.据此,讨论$\{a_n\}$的单调性,可借助函数$y=f(x)$的单调性得以实施,这种观点的本质是:借助全局的性质讨论局部性质.

2. 方程思想

在等差(等比)数列通项公式与前n项和公式均各自有5个基本量,在这5个基本量中知三求二,一般运用方程思想解决问题.

例3 等差数列的第3项是5,第5项是3,求公差和a_8.

解 设等差数列首项为a_1,公差为d,则有$\begin{cases}a_1+2d=5,\\a_1+4d=3.\end{cases}$

解之,得$\begin{cases}d=-1,\\a_1=7.\end{cases}$

$\therefore a_8=a_1+7d=0$.

点拨 (1)解答等差数列基础题常将a_1、d作为未知量,通过列方程求解.

(2)一般地,在等差数列$\{a_n\}$中,若$a_m=n$,$a_n=m(m,n\in\mathbf{N}^*$,且$m\neq n)$,则公差$d=-1$,且$a_{m+n}=0$.

3. 转化与化归思想

对于一些比较复杂的数列问题,将已知条件与结论进行适当转化,可达到事半功倍的效果.

例4 在等差数列$\{a_n\}$中,已知前n项和为S_n,且$\dfrac{S_m}{S_n}=\dfrac{m^2-2m}{n^2-2n}(m\neq 2,n\neq 2)$,求$\dfrac{a_m}{a_n}$的表达式.

分析 这是在同一个等差数列中,由前m项和与前n项和之比转化为第m项与第n项之比的问题.转化的关键是沟通项与前n项和

之间的关系. 基于这一点,就不难想到利用等差数列项间的相等关系.

解 $\because S_n=\frac{n(a_1+a_n)}{2}$,

$$\therefore a_n=\frac{a_{2n-1}+a_1}{2}$$

$$=\frac{a_{2n-1}+a_1}{2}\cdot(2n-1)\cdot\frac{1}{2n-1}$$

$$=\frac{S_{2n-1}}{2n-1},$$

$$\therefore \frac{a_m}{a_n}=\frac{\frac{S_{2m-1}}{2m-1}}{\frac{S_{2n-1}}{2n-1}}$$

$$=\frac{\frac{(2m-1)[(2m-1)-2]}{2m-1}}{\frac{(2n-1)[(2n-1)-2]}{2n-1}}$$

$$=\frac{2m-3}{2n-3}.$$

点拨 本题的求解需要运用 $a_1+a_{2n-1}=2a_n$ 这一等式,并运用 $S_{2n-1}=\frac{1}{2}(a_1+a_{2n-1})\cdot(2n-1)$,这给予我们启示:必须正确灵活地运用公式.

4. 分类讨论思想

应用等比数列的求和公式时,必须注意 q 的值是否等于 1. q 的值不确定,就要分 $q=1$ 和 $q\neq1$ 两种情况讨论.

例5 设 $a_1,a_2,\cdots,a_n$ 成等比数列,且 $S=a_1+a_2+\cdots+a_n$, $R=\frac{1}{a_1}+\frac{1}{a_2}+\cdots+\frac{1}{a_n}$, $P=a_1a_2\cdot\cdots\cdot a_n$.

求证:(1) $\frac{S}{R}=a_1\cdot a_n$;(2) $P^2R^n=S^n$.

分析:数列 $\{a_n\}$ 成等比数列, $\left\{\frac{1}{a_n}\right\}$ 也成等比数列. 欲证结论中的两个等式成立,可运用通项公式及前 n 项和公式进行推导. 不过,需对 $q=1$, $q\neq1$ 两种情况分别进行讨论.

证明 本题分 $q\neq1$ 和 $q=1$ 两种情形进行讨论. 情形 1: $q\neq1$.

(1) 显然,此时 $S=\frac{a_1(1-q^n)}{1-q}$,

$$R=\frac{\frac{1}{a_1}\left(1-\frac{1}{q^n}\right)}{1-\frac{1}{q}}=\frac{1-q^n}{a_1q^{n-1}(1-q)},$$

$$P=a_1\cdot(a_1q)\cdot(a_1q^2)\cdot\cdots\cdot(a_1q^{n-1})$$

$$=a_1^nq^{\frac{n(n-1)}{2}}.$$

$$\therefore \frac{S}{R}=a_1^2q^{n-1}=a_1(a_1q^{n-1})=a_1a_n.$$

(2) 由(1),得

$$\left(\frac{S}{R}\right)^n=(a_1^2q^{n-1})^n$$

$$=\left(a_1^nq^{\frac{n(n-1)}{2}}\right)^2=P^2,$$

$\therefore P^2R^n=S^n$.

情形 2: $q=1$.

(1) 显然,此时 $S=na_1$, $R=\frac{n}{a_1}$, $P=a_1^n$,

$$\therefore \frac{S}{R}=a_1^2=a_1a_n.$$

(2) 由(1)得 $\left(\frac{S}{R}\right)^n=a_1^{2n}=P^2$,

即 $P^2R^n=S^n$.

故两式均成立.

综上所述,不论 q 是否为 1,两式都成立.

点拨 如果只完成 $q\neq1$ 时结论的证明,而忽视 $q=1$ 时结论的验证,则证明是不完整的.

5. 整体代换思想

整体代换思想就是把问题中的某些对象作为一个整体考虑,从而发现问题的内在联系,运用整体思想解题的关键是"整体"的选择与确定.

例6 若 S_n 是等差数列 $\{a_n\}$ 的前 n 项和,且 $S_m=n$, $S_n=m$,求 $S_{m+n}(m\neq n)$.

解 设数列 $\{a_n\}$ 中首项为 a_1,公差为 d,

则 $S_m=ma_1+\frac{m(m-1)}{2}d=n$,①

$S_n=na_1+\frac{n(n-1)}{2}d=m$. ②

①－②，得$(m-n)a_1+\frac{m^2-m-n^2+n}{2}d$

$=(m-n)a_1+\frac{(m-n)(m+n-1)}{2}d$

$=(m-n)\left[a_1+\frac{m+n-1}{2}d\right]$

$=n-m.$

$\therefore a_1+\frac{m+n-1}{2}d=-1.$

$\therefore S_{m+n}=(m+n)a_1+\frac{(m+n)(m+n-1)}{2}d$

$=(m+n)\left[a_1+\frac{m+n-1}{2}d\right]$

$=-(m+n).$

背景材料

历史上的等差数列与等比数列

人类在古代随着自然数、分数的概念和四则运算的产生，为了生产与生活的需要，就产生了数列的知识.

在世界数学史上，对级数（数列）的讨论具有悠久的历史，中国、巴比伦、古希腊、埃及和印度等，都曾经研究过级数，中国古代数学名著《周髀算经》、《九章算术》、《孔子算经》、《张邱建算经》等，对等差级数$a+(a+b)+(a+2b)+(a+3b)+\cdots+[a+(n-1)b]$和等比级数$a+aq+aq^2+aq^3+\cdots+aq^{n-1}$都列举出计算的例子，说明中国古代对级数的研究曾作出过一定的贡献.

古老的《易经》一书中写道："是故《易》有太极，是生两仪；两仪生四象，四象生八卦."实际上，这种分割，已经寓有数学中等比数列的思想.

著于东汉（25－220年）初年的中国古代数学名著《九章算术》均输章中，第19题："今有竹九节，下三节容四升，上四节容三升. 问中间两节欲均容，各多少."解得各节的容量是$1\frac{29}{66}$，$1\frac{22}{66}$，$1\frac{15}{66}$，$1\frac{8}{66}$，$1\frac{1}{66}$，$\frac{60}{66}$，$\frac{53}{66}$，$\frac{46}{66}$，$\frac{39}{66}$（单位是升）. 还记有这样一个问题："今有女子善织，日自倍，五日织五尺，问日织几何？"这是一个等比级数问题，即已知等比为2，项数为5，S_5为5，求首项a_1，答案是$\frac{5}{31}$.

在南北朝时，于466－484年，张邱建写了一部算经，世人称《张邱建算经》，在这本算经中，张邱建把等差数列的研究向前推进了一步.

例"今有十等人，每等一人，宫赐金以等次差降之，上三人先入，得金四斤，持出. 下四人后入得金三斤，持出，中间三人未到者，亦依等次更给. 问各得金几何，及未到三人复应得金几何."

按照术文，本题解法分三步：第一步，求出公差d.

"以先入人数分所持金数为上率，以后人人数分别持金数为下率，二率相减，余为差实. 并先后入人数而半之，以减凡人数，余为差法. 实如法而一，得差数."

用现代符号，记后入人数为n_1，后得金数为S_1，先入人数为n_3，先得金数为S_m，则上面的术文即
$$d=\frac{\frac{S_m}{n_3}-\frac{S_1}{n_1}}{n-\frac{n_3+n_1}{2}},$$

亦即
$$d=\frac{n_1S_m-n_3S_1}{\left(n-\frac{n_3+n_1}{2}\right)n_1n_3}.$$

若记未到人数为n_2，

则有
$$d=\frac{n_1S_m-n_3S_1}{\left(\frac{n_1+n_3}{2}+n_2\right)n_1n_3}.$$

第二步，把后入四人每人所得金数视为一个等差数列，问最下等人所得金数，这相当于已知d,S_n,n，求a_1，术文给出
$$a_1=\frac{S_n-\frac{n(n-1)}{2}d}{n}.$$

第三步，把十人各得金数视为一等差数列，求每人的金数，这相当于已知 a_1,d,n，求 a_n，术文给出 $a_n=a_1+(n-1)d$.

张邱建提出的问题及解法，有的是继承了以往的成果，更多的则是创新. 这说明最迟在五世纪，中国数学已具备了系统的等差数列的理论，同类结果一直到七世纪初才在印度梵藏的著作中出现.

在外国，公元前约2000年，巴比伦人在烧制的泥板上记载了一些数学知识. 其中有他们经过观察而制定的一个月亮周相表，用现代符号表示为：5，10，20，40；20，36，52. 可以看出，前者是一个等比数列，后者是一个等差数列. 还记有一个与分配有关的问题：兄弟10人分 $1\frac{2}{3}$ 米那的银子，要求每人所得的数量构成等差数列，其中第8个人的银子数量是6赛克尔.

他们在具体问题里算出了等差数列和等比数列的和，其中有 $1+2+4+\cdots+2^9=2^9+(2^9-1)=2^{10}-1$.

公元前2000—公元前1800年，古代埃及在草纸卷上记载了一些数学知识，其中，记有这样一个问题：5个人分100个面包，要求每个人所得的份数构成一个等差数列. 得解 $1\frac{2}{3},10\frac{5}{6},20,29\frac{1}{6},38\frac{1}{3}$. 还有一个问题；今有7个人，每人有7只猫，每只猫吃了7只老鼠，每只老鼠吃了7棵麦穗，每棵麦穗又可以长出7升麦粒. 问麦粒升数总数是多少？这是一个公比为7的等比数列求和问题，虽给了答案为16 807升，但是没指出所用方法，估计是通过简单的逐项相乘实现的.

公元前4世纪，古希腊的算术在巴比伦和埃及的基础上，又有了新发展，他们用石子、沙子记数和计算. 曾得到如下关系：

$$1+2+\cdots+n=\frac{n+1}{2}n,$$

$$1+3+5+\cdots+(2n-1)=\frac{1+(2n-1)}{2}n=n^2.$$

并称满足前者关系的数为三角形点数和，见图3－1－4，满足后者关系的数为正方形点数和，见图3－1－5.

图3－1－4

图3－1－5

该学派还给出了定理：两个相继三角形点数之和是正方形，即 $\frac{n}{2}(n+1)+\frac{n+1}{2}\cdot(n+2)=(n+1)^2$.

他们在研究算术级数（等差数列）与几何级数（等比数列）时得到算术平均数与几何平均数 $A=\frac{p+q}{2}$，$G=\sqrt{pq}$.

在研究音乐理论中得到了调和平均数 $H=\frac{2pq}{p+q}$.

他们发现，乐器的弦长决定乐器发出的声音，而且绷得一样紧的弦，当其长度成整数比时即发出谐音. 例如，如果一根弦的长度是另一根的2倍，就产生谐音，两音相差8度；如果一根与另一根的弦长比是3∶2，那么发出另一谐音，而谐音相差5度，或有三根弦，它们的长分别为 l_1,l_2,l_3，其中 $l_1:l_3=2:1$，$l_1:l_2=3:2$，因此 l_1,l_2,l_3 能发出谐音，且 l_3 比 l_1 的音高8度，l_2 比 l_1 的音高5度，求弦长的连比，他们得到 $l_2=\frac{2\times1\times2}{1+2}=\frac{4}{3}$，即 $l_1:l_2:l_3=2:\frac{4}{3}:1=6:4:3$，$l_2$ 叫 l_1 与 l_3 的调和平均数，$l_2=\frac{2l_1l_3}{l_1+l_3}=\frac{2}{\frac{1}{l_1}+\frac{1}{l_3}}$，调和平均数是 $\frac{1}{l_1}$ 和 $\frac{1}{l_3}$ 的算术平均数的倒数，它与后来发现的调和级数相联系.

约公元前300年，欧几里得（Euclid，约公元前330—公元前275年）的名著《几何原本》

(共13篇)第九篇的命题35给出了对等比数列之和的一个漂亮的证明.命理6给出了关于完全数的一个著名定理,即若几何级数(从1开始)一些项之和 $1+2+2^2+\cdots+2^{n-1}$ 是质数,那么这个和同最末一项的乘积是完全数,就是说 $(1+2+\cdots+2^{n-1})2^{n-1}$ 或 $(2^n-1)\cdot 2^{n-1}$ 是完全数(等于其小于本身的因数之和的数称为完全数).头4个完全数是 $6(6=1+2+3)$,$28(28=1+2+4+14)$,496,8 128,也许第5个完全数是希腊人已经知道了的.

5~12世纪,欧洲处于中世纪黑暗时期,数学研究衰退,这时的印度却是数学的高潮时期,印度人偏爱计算并喜欢把它们简化成一些经验公式,这一特点使他们在级数求和方面取得一些可喜成果.在阿耶波多(Aryabata,476~550年)的著作中,记载着许多重要的数列求和公式,如

$$1^2+2^2+3^2+\cdots+n^2=\frac{1}{6}n(n+1)\cdot(2n+1).$$

$$1^3+2^3+3^3+\cdots+n^3=(1+2+3+\cdots+n)^2=\frac{1}{4}n^2(n+1)^2.$$

$$1+(1+2)+(1+2+3)+\cdots+(1+2+\cdots+n)=\frac{1}{6}n(n+1)(n+2).$$

至于他是如何推导这些公式的,我们还不清楚.

波罗摩芨多(Brahmagupta,598—665年)是印度数学家处理级数问题最杰出的一位,他提出的确定等差数列的末项和一个给定级数之和的法则是:"项数(n)减1,乘公差(d),加上首项(a)就是末项(l)."即 $l=a+(n-1)d$;"末项与首项之和的一半是中项的值,它乘项数,便是整个数列的和(S)."即 $S=\frac{a+l}{2}n$.如果已知首项、公差和数列的和,求项数时,他给出"把首项的两倍与公差之差的平方加到数列的和与公差的8倍之乘积上,取其平方根,减去首项的两倍与公差的差,再除以公差的2倍,就是项数."即

$$n=\frac{\sqrt{(2a-d)^2+8dS}-(2a-d)}{2d}.$$

由等差数列、等比数列的研究,引起了更复杂的数列的研究,意大利数学家斐波那契(Fibonacci,Leonardo,约1170—1250年)的名著《算盘书》中,提出了一个有趣的问题:由一对兔子开始,假定每对大兔每月能生一对小兔子,而每对小兔生长两个月就成大兔,问一年后可以繁殖成多少对兔子?这导致著名的斐波那契数列:1,1,2,3,5,8,13,21,34,…,这个数列的特征是:$u_1=u_2=1$,$u_n=u_{n-1}+u_{n-2}$ $(n\geqslant 3)$,其通项为

$$F_n=\frac{1}{\sqrt{5}}\left(\frac{1+\sqrt{5}}{2}\right)^n-\frac{1}{\sqrt{5}}\left(\frac{1+\sqrt{5}}{2}\right)^n.$$

斐波那契数列有许多重要的性质和应用.特别,因为 $u_{n-1}:u_n\to\frac{1}{2}(\sqrt{5}-1)$,便与黄金分割联系起来了.更重要的是它引了对递归数列的研究,直到今天研究该数列的兴致不衰,美国有《斐波那契季刊》,专登有关这个数列性质的新发现.

第四篇　不等式

第一章　不等关系与不等式

知识网络

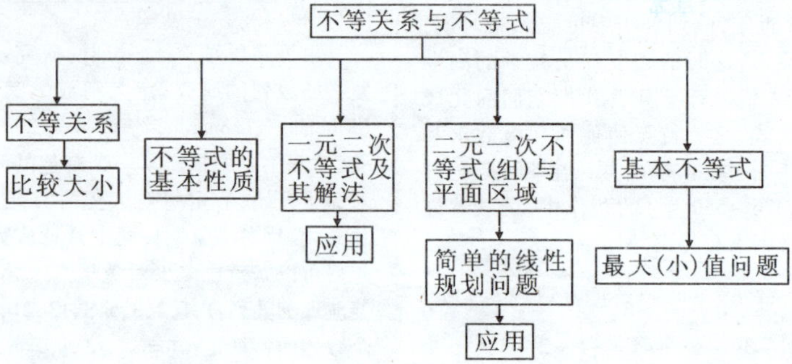

基础知识精析

1. 不等式的有关概念

(1)不等式的定义：用不等号(>，<，≤，≥，≠)表示不等关系的式子叫做不等式. 用“<”或“>”号连接的不等式，叫做严格不等式；用“≤”或“≥”号连接的不等式，叫做非严格不等式.

(2)同向、异向不等式：$f(x)>0$ 与 $g(x)>0$ 叫做同向不等式；$f(x)>0$ 与 $g(x)<0$ 叫做异向不等式.

(3)不等式的解集：使 $f(x)>0$(或 $f(x)<0$)成立的 x 的集合，叫做 $f(x)>0$(或 $f(x)<0$)的解集.

(4)同解不等式：若 $f(x)>0$ 与 $g(x)>0$(或 $g(x)<0$)的解集相等，则 $f(x)>0$ 与 $g(x)>0$(或 $g(x)<0$)叫做同解不等式.

(5)不等式的同解变形：一个不等式变形为与它同解的不等式，这样的变形称为不等式的同解变形.

注意

学习不等式，首先要理解“不等式的定义，同向、异向不等式，不等式的解集，同解不等式，不等式的同解变形，证明不等式，解不等式”等概念，这些概念的组合是不等式理论体系的总体框架，缺了其中的一个，这个体系就少了一分支撑.

2. 实数的运算性质与大小顺序之间的关系

对于任意两个实数 a,b，如果 $a>b$，那么 $a-b$ 是正数；如果 $a<b$，那么 $a-b$ 是负数；如果 $a=b$，那么 $a-b$ 等于0. 它们的逆命题也成立，即有

$a>b \Leftrightarrow a-b>0$;
$a=b \Leftrightarrow a-b=0$;
$a<b \Leftrightarrow a-b<0$.

上面等价符号的左式反映的是实数的大小顺序,右式反映的是实数的运算性质,合起来体现了实数的运算性质与大小顺序之间的关系,利用这一关系可以比较两个实数 a 与 b 的大小. 事实上,只需判断它们的差 $a-b$ 的符号.

3. 不等式的基本性质

(1) $a>b \Leftrightarrow b<a$(对称性).

(2) $a>b, b>c \Rightarrow a>c$(传递性).

(3) $a>b \Rightarrow a+c>b+c$(可加性).

(4) $a>b, c>d \Rightarrow a+c>b+d$.

(5) $a>b, c>0 \Rightarrow ac>bc$; $a>b, c<0 \Rightarrow ac<bc$(可乘性).

(6) $a>b>0, c>d>0 \Rightarrow ac>bd$.

(7) $a>b>0 \Rightarrow a^n>b^n>0$ ($n \in \mathbf{N}$, 且 $n>1$).

(8) $a>b>0 \Rightarrow \sqrt[n]{a}>\sqrt[n]{b}>0$ ($n \in \mathbf{N}$, 且 $n>1$).

注意

(1) 在使用不等式的性质时,一定要搞清它们成立的前提条件,例如:

①在应用传递性时,如果两个不等式中有一个带等号而另一个不带等号,那么等号是传递不过去的. 如 $a \leqslant b, b<c \Rightarrow a<c$.

②在可乘性中,要特别注意乘数 c 的符号. 例如当 $c \neq 0$ 时,有 $a>b \Rightarrow ac^2>bc^2$;若无 $c \neq 0$ 这个条件时,则 $a>b \Rightarrow ac^2>bc^2$ 是错误结论,因为当 $c=0$ 时,取"=".

③"$a>b>0 \Rightarrow a^n>b^n>0(n \in \mathbf{N}, n>1)$"成立的条件是"$n$ 为大于 1 的自然数, $a>b>0$",假如去掉"n 为大于 1 的自然数"这个条件,如取 $n=-1, a=3, b=2$,那么就会出现"$3^{-1}>2^{-1}$,即 $\frac{1}{3}>\frac{1}{2}$"的错误结论;假如去掉"$a>b>0$"这个条件,如取 $a=3, b=-4, n=2$,那么就会出现"$3^2>(-4)^2$"的错误结论.

(2) 以后经常用到"不等式取倒数"的性质: $a>b, ab>0 \Rightarrow \frac{1}{a}<\frac{1}{b}$,应在证明的基础上理解记忆.

4. 一元二次不等式的相关概念

只含有一个未知数,并且未知数的最高次数是 2 的不等式称为一元二次不等式.

使某个一元二次不等式成立的 x 的值叫做这个一元二次不等式的解,一元二次不等式的所有解组成的集合叫做这个一元二次不等式的解集.

注意

解不等式的过程就是将不等式进行同解变形,化为最简形式的同解不等式的过程. 变形时要注意条件的限制,比如:分母是否有意义,定义域是否有限制等.

5. 一元二次方程与相应函数、方程之间的关系

一元二次方程 $ax^2+bx+c=0(a \neq 0)$,一元二次不等式 $ax^2+bx+c>0$ 或 $ax^2+bx+c<0(a \neq 0)$ 与二次函数 $y=ax^2+bx+c(a \neq 0)$ 有着密切关系,这种关系以函数观点作指导,用函数图象刻画. 它们的关系如下表:

$\Delta=b^2-4ac$	$\Delta>0$	$\Delta=0$	$\Delta<0$
$y=ax^2+bx+c(a>0)$ 的图象	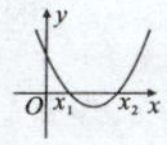	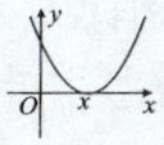	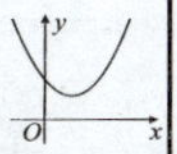
$ax^2+bx+c=0(a>0)$ 的根	x_1, x_2	$x=-\frac{b}{2a}$	没有实数根
$ax^2+bx+c>0(a>0)$ 的解集	$\{x \mid x<x_1$ 或 $x>x_2\}$	$\left\{x \mid x \neq -\frac{b}{2a}\right\}$	$\mathbf{R}$
$ax^2+bx+c<0(a>0)$ 的解集	$\{x \mid x_1<x<x_2\}$	$\varnothing$	$\varnothing$

6. 基本不等式(均值不等式)

重要不等式：如果 $a,b\in\mathbf{R}$，那么 $a^2+b^2\geqslant 2ab$（当且仅当 $a=b$ 时取“=”号）.

基本不等式：如果 $a,b\in\mathbf{R}^*$，那么 $\frac{a+b}{2}\geqslant\sqrt{ab}$（当且仅当 $a=b$ 时取“=”号）.

这里，我们称 $\frac{a+b}{2}$ 和 $\sqrt{ab}$ 分别为正数 a 与 b 的算术平均数和几何平均数. 因而基本不等式又可叙述为：两个正数的算术平均数不小于它们的几何平均数. 同时，我们也经常称不等式 $\frac{a+b}{2}\geqslant\sqrt{ab}$ 为均值不等式.

注意

(1) $a^2+b^2\geqslant 2ab$ 与 $\frac{a+b}{2}\geqslant\sqrt{ab}$ 成立的条件是不一样的，前者 a,b 可以是任意实数，后者 a,b 只能是正数.

(2) 要适当注意链式不等式：

$\frac{2}{\frac{1}{a}+\frac{1}{b}}\leqslant\sqrt{ab}\leqslant\frac{a+b}{2}\leqslant\sqrt{\frac{a^2+b^2}{2}}$（其中 $a,b\in\mathbf{R}^*$，且等号成立的条件都是 $a=b$.

定理：如果 $a,b,c\in\mathbf{R}^*$，那么 $a^3+b^3+c^3\geqslant 3abc$（当且仅当 $a=b=c$ 时取“=”号）.

定理的推论：如果 $a,b,c\in\mathbf{R}^*$，那么 $\frac{a+b+c}{3}\geqslant\sqrt[3]{abc}$（当且仅当 $a=b=c$ 时取“=”号）.

定理：如果 $a_1,a_2,\cdots a_n\in\mathbf{R}^*$，那么 $\frac{a_1+a_2+\cdots+a_n}{n}\geqslant\sqrt[n]{a_1a_2\cdot\cdots\cdot a_n}$（当且仅当 $a_1=a_2=\cdots=a_n$ 时取“=”号），其中 $n\in\mathbf{N}$，且 $n>1$.

7. 基本不等式与最值

设 x、y 是正数，则有

(1) 若 $x+y=S$（和为定值），则当 $x=y$ 时，积 xy 取得最大值 $\frac{S^2}{4}$；

(2) 若 $x\cdot y=P$（积为定值），则当 $x=y$ 时，和 $x+y$ 取得最小值 $2\sqrt{P}$；

结论可简化记为“和定积最大，积定和最小”，即两个正数的和为定值时，则可求其积的最大值；积为定值时，可求其和的最小值.

注意

(1) 式中各项系数需同号，都为正数时直接应用，都为负数时，需提取一个负号，如 $f(x)=x+\frac{1}{x}(x<0)$，当 $x<0$ 时，$f(x)=x+\frac{1}{x}\geqslant 2$ 是不正确的. 正确解法应为

$$f(x)=-\left[(-x)+\left(\frac{1}{-x}\right)\right]\leqslant -2\times\sqrt{(-x)\cdot\frac{1}{-x}}=-2.$$

(2) 函数式中，含变量的各项的和或积必须是常数.

(3) 只有各项相等时，才能利用算术平均数与几何平均数的关系求某些函数的最大值或最小值. 等号成立的条件要注意分析，有时等号不成立.

8. 二元一次不等式(组)表示平面区域

(1) 在平面直角坐标系中，直线 $Ax+By+C=0$ 将平面内所有的点分成三类：在直线上和在直线 $Ax+By+C=0$ 两侧的两个半平面内. 其中一个半平面内的点的坐标适合不等式 $Ax+By+C<0$，即直线 $Ax+By+C=0$ 划分平面所成的两个半平面内的点的坐标，分别满足不等式 $Ax+By+C>0$ 与 $Ax+By+C<0$. 因此，如同前面所学平面内的直线可以视为二元一次方程的几何表示一样，半平面就是二元一次不等式的几何表示.

(2) 由于对在直线 $Ax+By+C=0$ 同一侧的所在点 (x,y)，实数 $Ax+By+C$ 的符号相同，所以判断不等式 $Ax+By+C>0$ 所表示的平面区域，可在直线 $Ax+By+C=0$ 的某一侧的半平面选取一个特殊点，如选原点或坐标

轴上的点来验证 $Ax+By+C$ 的符号的正负，当 $C\neq0$ 时，常选用原点 $(0,0)$ 来判断.

注意

(1) 直线定界，特殊点定域.

(2) 若 $Ax+By+C\geqslant0$（或 $Ax+By+C\leqslant0$），则区域包含直线，否则，区域边界不包括直线，直线用虚线画出.

(3) 不等式组表示的区域是各个不等式表示的区域的公共部分.

(4) 若 $A=0$ 或 $B=0$，则直线平行于坐标轴，直接利用此直线即可得出平面区域.

9. 线性规划问题

(1) 目标函数：在一定条件下要求最大值或最小值问题的函数叫做目标函数，目标函数是关于变量的一次解析式，又叫做线性目标函数.

(2) 约束条件：在线性规划中，变量必须要满足的条件叫做约束条件，用关于变量是一次不等式方程表示的条件叫做线性约束条件.

(3) 可行解：在线性规划中，满足线性约束条件的解叫做可行解.

(4) 可行域：在线性规划中，由所有线性可行解组成的集合叫做可行域.

(5) 线性规划：求线性目标函数在线性约束条件下的最大值或最小值问题，统称为线性规划问题.

(6) 最优解：可行解中使目标函数取得最大值或最小值的解叫做最优解.

(7) 如果可行域是一个多边形，那么一般在其顶点处使目标函数取得最大值或最小值，最优解一般就是多边形的某个顶点. 确定最优解的常用方法：将目标函数的直线平行移动，最先通过或最后通过的顶点便是最优解.

值得注意的是，有些问题中可能要求 x、$y\in\mathbf{Z}$（即整点），所以它不一定在边界上.

特别地，当表示线性目标函数的直线与可行域的某条边平行（$k=k_i$）时，其最优解可能有无数个.

用图解法解决线性规划问题时，找出约束条件和目标函数是关键，可先将题目中的量分类，列出表格，理清头绪，然后列出不等式组（方程组），寻求约束条件，并就题目所述找到目标函数.

10. 线性规划的实际应用

(1) 在线性规划的实际问题中，主要掌握两种类型：一是给定一定数量的人力、物力资源，问怎样运用这些资源能使完成的任务量最大，收到的效益最大；二是给定一项任务，问怎样统筹安排，能使完成这项任务耗费的人力、物力资源最少.

(2) 常见的线性规划问题有：①物资调运问题；②产品生产安排问题；③用料问题；④人力资源问题；⑤整数解问题.

(3) 线性规划问题的解题步骤：

①建立模型：关键在于正确理解题意，将一般文字语言转化为数学语言，进而建立数学模型.

②模型求解：画出可行域，并结合所建函数的特点，选定可行域中的特殊点作为目标函数的最优解.

③模型应用：将求解出的问题反映到具体问题中，求出相应的最大值或最小值.

题型分类与方法总结

题型1 比较大小

1. 作差法

两个实数（式）比较大小，通常用作差法来进行，其一般步骤是：(1) 作差；(2) 变形，常采用配方、因式分解等恒等变形手段，将“差”化为“积”；(3) 定号，就是确定是差大于 0，还是等于 0，小于 0；(4) 下结论. 这里“定号”是目的，“变形”是过程.

如果比较两个均大于零的代数式或数的

大小，可通过比较它们的平方大小来得到它们的大小关系.

例1 已知 a、b 为正实数，试比较 $\frac{a}{\sqrt{b}}+\frac{b}{\sqrt{a}}$ 与 $\sqrt{a}+\sqrt{b}$ 的大小.

解法一（直接作差）

$\left(\frac{a}{\sqrt{b}}+\frac{b}{\sqrt{a}}\right)-(\sqrt{a}+\sqrt{b})$

$=\left(\frac{a}{\sqrt{b}}-\sqrt{b}\right)+\left(\frac{b}{\sqrt{a}}-\sqrt{a}\right)$

$=\frac{a-b}{\sqrt{b}}+\frac{b-a}{\sqrt{a}}$

$=\frac{(a-b)(\sqrt{a}-\sqrt{b})}{\sqrt{ab}}$

$=\frac{(\sqrt{a}-\sqrt{b})^2(\sqrt{a}+\sqrt{b})}{\sqrt{ab}}$.

$\because a$、b 为正实数，

$\therefore \sqrt{a}+\sqrt{b}>0$，$\sqrt{ab}\geqslant 0$，$(\sqrt{a}-\sqrt{b})^2\geqslant 0$，

$\therefore \frac{(\sqrt{a}-\sqrt{b})^2(\sqrt{a}+\sqrt{b})}{\sqrt{ab}}\geqslant 0$.

当且仅当 $a=b$ 时等号成立，

$\therefore \frac{a}{\sqrt{b}}+\frac{b}{\sqrt{a}}\geqslant\sqrt{a}+\sqrt{b}$（当且仅当 $a=b$ 时取等号）.

解法二（平方作差）

$\because \left(\frac{a}{\sqrt{b}}+\frac{b}{\sqrt{a}}\right)^2=\frac{a^2}{b}+\frac{b^2}{a}+2\sqrt{ab}$，

$(\sqrt{a}+\sqrt{b})^2=a+b+2\sqrt{ab}$，

$\therefore \left(\frac{a}{\sqrt{b}}+\frac{b}{\sqrt{a}}\right)^2-(\sqrt{a}+\sqrt{b})^2$

$=\frac{a^2}{b}+\frac{b^2}{a}+2\sqrt{ab}-a-b-2\sqrt{ab}$

$=\frac{a^3+b^3-ab(a+b)}{ab}=\frac{(a+b)(a-b)^2}{ab}$.

$\because a$、b 为正实数，

$\therefore \frac{(a+b)(a-b)^2}{ab}\geqslant 0$，

于是 $\left(\frac{a}{\sqrt{b}}+\frac{b}{\sqrt{a}}\right)^2\geqslant(\sqrt{a}+\sqrt{b})^2$.

又 $\frac{a}{\sqrt{b}}+\frac{b}{\sqrt{a}}>0$，$\sqrt{a}+\sqrt{b}>0$，

$\therefore \frac{a}{\sqrt{b}}+\frac{b}{\sqrt{a}}\geqslant\sqrt{a}+\sqrt{b}$（当且仅当 $a=b$ 时取等号）.

2. 作商法

如果两实数（式）同号，可采用作商法来比较大小，即作商后看大于1，等于1，还是小于1.

例2 若 $0<x<1$，$a>0$ 且 $a\neq 1$，比较 $|\log_a(1-x)|$ 与 $|\log_a(1+x)|$ 的大小.

解 显然 $|\log_a(1-x)|>0$，

$|\log_a(1+x)|>0$，

$\because 0<x<1$，$\therefore 0<1-x<1$，$1+x>1$，

$\therefore \log_{(1+x)}(1-x)<0$.

设 $A=\frac{|\log_a(1-x)|}{|\log_a(1+x)|}=|\log_{(1+x)}(1-x)|$

$=-\log_{(1+x)}(1-x)=\log_{(1+x)}\frac{1}{1-x}$.

$\because (1+x)-\frac{1}{1-x}=\frac{-x^2}{1-x}<0$，

$\therefore 1+x<\frac{1}{1-x}$.

$\because 1+x>1$，

$\therefore$ 以 $(1+x)$ 为底的对数函数是增函数，且当 $1+x=\frac{1}{1-x}$ 时，$\log_{(1+x)}\frac{1}{1-x}=1$，

$\therefore \log_{(1+x)}\frac{1}{1-x}>1$，

$\therefore |\log_a(1-x)|>|\log_a(1+x)|$.

点拨 本题解法较多，除作商法外，还可采用直接作差法，平方作差法，对 a 讨论后作差来解.

题型2 利用不等式的性质，求取值范围

利用几个不等式的范围来确定某个不等式的范围是一类常见的综合问题，对于这类问题要注意："同向（异向）不等式的两边可以相加（相减）"，这种转化不是等价变形，在一

个解题过程中多次使用这种转化时，就有可能扩大真实的取值范围，解题时务必小心谨慎.先建立待求范围的整体与已知范围的整体的等量关系，最后通过"一次性不等关系的运算，求得待求的范围"，是避免犯错误的一条途径.

例3 若已知二次函数 $y=f(x)$ 的图象过原点且 $1\leqslant f(-1)\leqslant 2, 3\leqslant f(1)\leqslant 4$，求 $f(-2)$ 的范围.

分析 用待定系数法或解方程组思想，由 $f(-1), f(1)$ 求出 $f(-2)$ 的取值范围.

解法一 设 $f(x)=ax^2+bx$，

$\therefore \begin{cases} f(1)=a+b, \\ f(-1)=a-b. \end{cases}$

$\therefore \begin{cases} a=\frac{1}{2}[f(1)+f(-1)], \\ b=\frac{1}{2}[f(1)-f(-1)]. \end{cases}$

$\because f(-2)=4a-2b=f(1)+3f(-1)$，

且 $1\leqslant f(-1)\leqslant 2, 3\leqslant f(1)\leqslant 4$，

$\therefore 6\leqslant f(-2)\leqslant 10$.

解法二 设 $f(x)=ax^2+bx$，且设 $m(a+b)+n(a-b)=f(-2)=4a-2b$.

$\therefore \begin{cases} m+n=4, \\ m-n=-2, \end{cases}\quad \therefore \begin{cases} m=1, \\ n=3. \end{cases}$

$\therefore f(-2)=(a+b)+3(a-b)=f(1)+3f(-1)$.

$\because 1\leqslant f(-1)\leqslant 2, 3\leqslant f(1)\leqslant 4$，

$\therefore 6\leqslant f(-2)\leqslant 10$.

点拨 解法二称为待定系数法，具有一般性，必须掌握.本题切不可单独求出 a、b 的范围，再求 $f(-2)=4a-2b$ 的范围，否则所得范围比所求范围大.

题型3 一元二次不等式的解法

解法步骤：(1)化不等式为标准形式，并观察二次项系数的符号；

(2)弄清方程 $ax^2+bx+c=0(a\neq 0)$ 的根的判别式 Δ 与 0 的大小关系，判定实根的个数；

(3)若方程 $ax^2+bx+c=0(a\neq 0)$ 有两个不相等的实数根 x_1、x_2，比较 x_1 与 x_2 的大小；

(4)依据二次函数的图象，写出解集.

例4 解不等式：$-2x^2+x+1<0$.

分析 本题可先求出方程的根，再结合图象写出解集，也可以先把二次项系数化为正数求解.

解法一 $\Delta=9>0$，

方程 $-2x^2+x+1=0$ 的解为 $x_1=-\frac{1}{2}$，$x_2=1$.

函数 $y=-2x^2+x+1$ 的图象是开口向下的抛物线，与 x 轴交于点 $\left(-\frac{1}{2},0\right)$ 和 $(1,0)$，如图 4-1-1. 由图象得不等式的解集是 $\left\{x \mid x<-\frac{1}{2} \text{ 或 } x>1\right\}$.

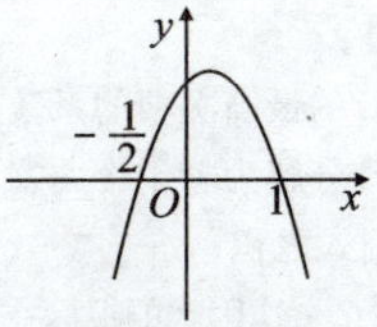

图 4-1-1

解法二 在不等式两边同乘 -1，可得 $2x^2-x-1>0$.

方程 $2x^2-x-1=0$ 的解为 $x_1=-\frac{1}{2}$，$x_2=1$.

函数 $y=2x^2-x-1$ 的图象开口向上，所以不等式的解集为 $\left\{x \mid x<-\frac{1}{2} \text{ 或 } x>1\right\}$.

题型4 含有参数的不等式的解法

解含有参数的形如 $ax^2+bx+c>0$ 的不等式：

(1)要以二次项系数与 0 的大小作为分类标准进行分类讨论；

(2)转化为标准形式的一元二次不等式(即二次项系数大于0)后，再以判别式与 0 的大小作为分类标准进行分类讨论；

(3)如果判别式大于0,但两根的大小还不能确定,此时再以两根的大小作为分类标准,再进行分类讨论.

例5 解关于 x 的不等式 $x^2-4ax-5a^2>0$.

解 方程 $x^2-4ax-5a^2=0$ 的两根为

$x_1=-a,x_2=5a$.

当 $a=0$ 时,$-a=5a$,不等式的解集为 $\{x|x\neq0,x\in\mathbf{R}\}$;

当 $a>0$ 时,$-a<5a$,不等式的解集为 $\{x|x<-a 或 x>5a\}$;

当 $a<0$ 时,$-a>5a$,不等式的解集为 $\{x|x<5a 或 x>-a\}$.

题型5 一元高次不等式的解法

(1)利用积的符号法则将一元高次不等式转化为不等式组.

(2)数轴穿根法(或称根轴法、区间法),其求解步骤是:

①将 $f(x)$ 的最高次项的系数化为正数;

②将 $f(x)$ 分解为若干个一次因式的积或二次不可分因式之积;

③将每一个一次因式的根标在数轴上,从右上方依次通过每一点画曲线(注意重根情况,偶次方根穿而不过,奇次方根既穿又过);

④根据曲线显现出的 $f(x)$ 值的符号变化规律,写出不等式的解集.

例6 解不等式 $(x+2)(x^2-x-12)>0$.

解法一 原不等式化为

$$\begin{cases}x+2>0,\\x^2-x-12>0\end{cases}或\begin{cases}x+2<0,\\x^2-x-12<0,\end{cases}$$

即 $\begin{cases}x>-2,\\x<-3 或 x>4\end{cases}$ 或 $\begin{cases}x<-2,\\-3<x<4.\end{cases}$

解得 $x>4$ 或 $-3<x<-2$.

所以原不等式的解集为

$\{x|-3<x<-2,或 x>4\}$.

解法二 令 $(x+2)(x^2-x-12)=0$,得 $x_1=-3,x_2=-2,x_3=4$.

将 $-3,-2,4$ 标在数轴上,如图4-1-2.

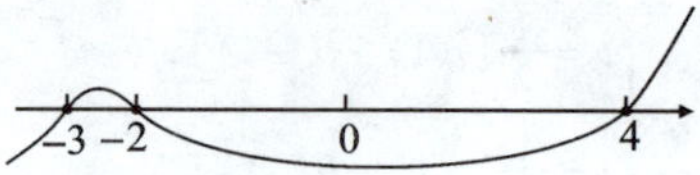

图4-1-2

由图可知原不等式的解集为

$\{x|-3<x<-2 或 x>4\}$.

点拨 由以上两种解法可知数轴穿根法是解一元高次不等式的最有效方法,简单易行.

题型6 分式不等式的解法

分式不等式的解法如下表:

分式不等式	同解不等式
$\frac{f(x)}{g(x)}>0$	①与 $\begin{cases}f(x)>0,\\g(x)>0\end{cases}$ 或 $\begin{cases}f(x)<0,\\g(x)<0\end{cases}$ 同解;②与 $f(x)g(x)>0$ 同解
$\frac{f(x)}{g(x)}<0$	①与 $\begin{cases}f(x)>0,\\g(x)<0\end{cases}$ 或 $\begin{cases}f(x)<0,\\g(x)>0\end{cases}$ 同解;②与 $f(x)g(x)<0$ 同解
$\frac{f(x)}{g(x)}>a(a>0)$	① 与 $\frac{f(x)-ag(x)}{g(x)}>0$ 同解;②与 $g(x)[f(x)-ag(x)]>0$ 同解

例7 解不等式:$\frac{x^2+2x-3}{-x^2+x+6}<0$.

解法一 原不等式可变形为 $\frac{x^2+2x-3}{x^2-x-6}>0$,故原不等式的解集是由下面两个不等式组的解集的并集构成:

① $\begin{cases}x^2+2x-3>0,\\x^2-x-6>0;\end{cases}$

②$\begin{cases}x^2+2x-3<0,\\x^2-x-6<0.\end{cases}$

解①得 $x<-3$ 或 $x>3$；解②得 $-2<x<1$.

综上可得，原不等式的解集是 $\{x|x<-3$ 或 $-2<x<1$ 或 $x>3\}$.

解法二 原不等式化为 $\frac{(x+3)(x-1)}{(x+2)(x-3)}>0$，

又等价变形为

$(x+3)(x+2)(x-1)(x-3)>0$.

令 $0=(x+3)(x+2)(x-1)(x-3)$.

各因式的根（从小到大排列）是：-3，-2，1，3.

结合图 4-1-3，可得原不等式的解集为 $\{x|x<-3$ 或 $-2<x<1$ 或 $x>3\}$.

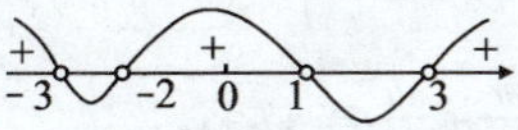

图 4-1-3

点拨 解分式不等式的基本思想是将分式不等式转化为整式不等式.

题型 7 指数、对数不等式的解法

$a^{f(x)}>a^{g(x)}(a>0,a\neq1)\Leftrightarrow f(x)>g(x)(a>1)$ 或 $f(x)<g(x)(0<a<1)$.

$\log_a f(x)>\log_a g(x)(a>0,a\neq1)\Leftrightarrow$

$\begin{cases}f(x)>0,\\g(x)>0,\quad(0<a<1)\\f(x)<g(x)\end{cases}$

或 $\begin{cases}f(x)>0,\\g(x)>0,\quad(a>1).\\f(x)>g(x)\end{cases}$

例 8 设 $a>0$，$a\neq1$，函数 $f(x)=a^{\lg(x^2-2x+3)}$ 有最大值，则不等式 $\log_a(x^2-5x+7)>0$ 的解集为______.

解析 $\because x^2-2x+3=(x-1)^2+2\geqslant2$，

即 $(x-1)^2+2$ 有最小值.

又 $f(x)$ 有最大值，$\therefore 0<a<1$.

$\therefore \log_a(x^2-5x+7)>0$

$\Leftrightarrow\begin{cases}x^2-5x+7>0\\x^2-5x+7<1.\end{cases}$

$\because x^2-5x+7>0$ 对任意 $x\in\mathbf{R}$ 均成立，

$\therefore$ 只要解 $x^2-5x+6<0$ 即可.

解 $x^2-5x+6<0$ 得 $2<x<3$.

$\therefore$ 不等式的解集为 $\{x|2<x<3\}$.

答案 $\{x|2<x<3\}$.

例 9 不等式 $\log_2\left(x+\frac{1}{x}+6\right)\leqslant3$ 的解集为______.

解析 $\log_2\left(x+\frac{1}{x}+6\right)\leqslant3$

$\Leftrightarrow 0<x+\frac{1}{x}+6\leqslant8$

$\Leftrightarrow\begin{cases}\frac{x^2+6x+1}{x}>0,\\\frac{x^2+6x+1-8x}{x}\leqslant0\end{cases}$

$\Leftrightarrow\begin{cases}x(x^2+6x+1)>0,\\x(x-1)^2\leqslant0,\\x\neq0,\end{cases}$

(1) 当 $x>0$ 时，

$\begin{cases}x^2+6x+1>0,\\(x-1)^2\leqslant0,\\x>0\end{cases}\Leftrightarrow x=1$；

(2) 当 $x<0$ 时，

$\begin{cases}x<0,\\x^2+6x+1<0,\\(x-1)^2\geqslant0\end{cases}\Leftrightarrow\begin{cases}x<0,\\x^2+6x+1<0.\end{cases}$

由 $x^2+6x+1<0$，得

$\frac{-6-4\sqrt{2}}{2}<x<\frac{-6+4\sqrt{2}}{2}$，

即 $-3-2\sqrt{2}<x<-3+2\sqrt{2}$.

$\because -3+2\sqrt{2}<0$，

$\therefore -3-2\sqrt{2}<x<-3+2\sqrt{2}$.

综上，不等式的解集为 $\{x|-3-2\sqrt{2}<x<-3+2\sqrt{2}$ 或 $x=1\}$.

题型8 不等式的证明

1. 利用基本性质证明不等式

综合应用不等式的性质证明不等式，并注意各性质成立的前提条件.

例10 已知 $a>b,c<d$，求证：$a-c>b-d$.

分析 由于 $a>b,c<d$ 是异向不等式，所以不能直接使用性质证明，可考虑先把异向不等式转化为同向不等式，然后推证.

证法一 由 $a>b$ 得 $a-b>0$.

由 $c<d$ 得 $c-d<0$，即 $d-c>0$.

$\because (a-c)-(b-d)=(a-b)+(d-c)>0$，

$\therefore a-c>b-d$.

证法二 $\because c<d,\therefore -c>-d$.

又$\because a>b,\therefore a+(-c)>b+(-d)$，

即 $a-c>b-d$.

2. 作差法证明不等式

通过作差，整理变形，最终得到几个因式积的形式，通过各个因式的符号，判断差的符号，从而完成证明.

例11 已知 $a>b>c$，求证：$a^2b+b^2c+c^2a>ab^2+bc^2+ca^2$.

分析 作差变形，讨论变形后式子与零的大小关系即可.

证明 $a^2b+b^2c+c^2a-(ab^2+bc^2+ca^2)$

$=b(a^2-c^2)+b^2(c-a)+ac(c-a)$

$=(c-a)(b^2+ac-ab-bc)$

$=(c-a)(c-b)(a-b)$.

$\because a>b>c$，

$\therefore c-a<0,c-b<0,a-b>0$，

$\therefore (c-a)(c-b)(a-b)>0$，

$\therefore a^2b+b^2c+c^2a>ab^2+bc^2+ca^2$.

3. 利用基本不等式证明不等式

不等式的证明中常用如下基本不等式及其变形：① $\sqrt{ab}\leqslant\frac{a+b}{2}(a、b\in\mathbf{R}^*)$；② $a^2+b^2\geqslant 2ab$；③ $a+b\geqslant 2\sqrt{ab}(a、b\in\mathbf{R}^*)$；④ $\frac{a}{b}+\frac{b}{a}\geqslant 2(ab>0)$；⑤ $ab\leqslant\left(\frac{a+b}{2}\right)^2(a、b\in\mathbf{R}^*)$.

应用时要注意 $a、b$ 的取值范围. 利用基本不等式进行证明时，关键要对不等式做出正确、合理的变形，合理构造“和式”和“积式”. 多次使用不等式讨论最值时，注意等号要同时成立.

例12 已知 $a>0,b>0,c>0$，求证：$\frac{bc}{a}+\frac{ac}{b}+\frac{ab}{c}\geqslant a+b+c$.

分析 由于待证不等式的左边有分母，而右边是整式，因此想办法利用基本不等式把左边的分母去掉.

证明 $\frac{bc}{a}+\frac{ac}{b}\geqslant 2\sqrt{\frac{bc}{a}\cdot\frac{ac}{b}}=2c$.

同理$\frac{bc}{a}+\frac{ab}{c}\geqslant 2b,\frac{ac}{b}+\frac{ab}{c}\geqslant 2a$.

$\therefore 2\left(\frac{bc}{a}+\frac{ac}{b}+\frac{ab}{c}\right)\geqslant 2(a+b+c)$，

$\therefore \frac{bc}{a}+\frac{ac}{b}+\frac{ab}{c}\geqslant a+b+c$.

题型9 最值问题

在应用基本不等式求最值时，分以下三步进行：

(1)首先看式子能否出现和(或积)的定值，若不具备，需对式子变形，凑出需要的定值；

(2)其次，看所用的两项是否同正，若不满足，通过分类解决，同负时，可提取(-1)变为同正；

(3)利用已知条件对取等号的情况进行验证，若满足，则可取最值，若不满足，则可通过函数单调性或导数解决.

例13 若 $x>0,y>0$，且 $2x+8y-xy=0$，求 $x+y$ 的最小值.

解 $\because 2x+8y-xy=0,\therefore y(x-8)=2x$.

$\because x>0,y>0,\therefore x-8>0,y=\frac{2x}{x-8}$.

$u=x+y=x+\frac{2x}{x-8}$

$=x+\frac{(2x-16)+16}{x-8}$

$=(x-8)+\frac{16}{x-8}+10$

$\geqslant 2\sqrt{(x-8)\times\frac{16}{x-8}}+10=18.$

当且仅当 $x-8=\frac{16}{x-8}$,

即 $x=12,y=6$ 时,$x+y$ 有最小值 18.

题型 10 基本不等式的实际应用

实际应用题中某些求最值问题可以用基本不等式来求解,但必须满足基本不等式的使用条件.解题的思路及步骤如下:

(1)理解题意,设变量时一般把要求最值的变量设为函数;

(2)建立相应函数关系式,把实际问题抽象为函数的最值问题;

(3)在定义域内,利用函数表达式,结合基本不等式求出最值.

(4)回归原题,回答题目所提问题.

例 14 某食品厂定期购买面粉,已知该厂每天需用面粉 6 t,每吨面粉的价格为 1 800 元,面粉的保管等其他费用为平均每吨每天 3 元,购买面粉每次需支付运费 900 元.

(1)求该厂多少天购买一次面粉,才能使平均每天所支付的总费用最少?

(2)若提供面粉的公司规定:当一次性购买面粉不少于 210 t 时,其价格可享受 9 折优惠(即原价的 90%),问该厂是否应考虑接受此优惠的条件?请说明理由.

解 (1)设该厂应每隔 x 天购买一次面粉,其购买量为 $6x$ t,由题意知,面粉的保管等其他费用为:

$3[6x+6(x-1)+\cdots+6\times2+6\times1]$
$=9x(x+1)$.

设每天所支付的总费用为 y_1 元,则

$y_1=\frac{1}{x}[9x(x+1)+900]+6\times1\ 800$

$=\frac{900}{x}+9x+10\ 809$

$\geqslant 2\sqrt{\frac{900}{x}\cdot 9x}+10\ 809$

$=10\ 989.$

当且仅当 $9x=\frac{900}{x}$,即 $x=10$ 时取等号.

所以该厂每隔 10 天购买一次面粉,才能使平均每天所支付的总费用最少.

(2)若该厂家利用此优惠条件,则至少每隔 35 天购买一次面粉.设该厂利用此优惠条件后,每隔 $x(x\geqslant35)$ 天购买一次面粉,平均每天支付的总费用为 y_2,则

$y_2=\frac{1}{x}[9x(x+1)+900]+6\times1\ 800\times0.90$

$=\frac{900}{x}+9x+9\ 729(x\geqslant35)$.

令 $f(x)=x+\frac{100}{x}(x\geqslant35)$,$x_2>x_1\geqslant35$,

则 $f(x_1)-f(x_2)$

$=\left(x_1+\frac{100}{x_1}\right)-\left(x_2+\frac{100}{x_2}\right)$

$=\frac{(x_1-x_2)(x_1x_2-100)}{x_1x_2}$.

$\because x_2>x_1\geqslant35$,

$\therefore x_2-x_1>0,x_1\cdot x_2>100,x_1x_2-100>0$,

$\therefore f(x_1)-f(x_2)<0$,即 $f(x_1)<f(x_2)$,

$\therefore$ 当 $x=35$ 时,y_2 有最小值约为 10 069.7,

此时 $y_2<10\ 989$.

$\therefore$ 该厂应该接受此优惠条件.

题型 11 用不等式(组)表示平面区域问题

(1)二元一次不等式表示平面区域,先作出边界直线,再用特殊点法求出所求平面区域.

(2)画二元一次不等式组所表示的平面区域的步骤是:

①画线——画出不等式所对应的方程所表示的直线(如果原不等式中带等号,则画成实线,否则,画成虚线).

②定侧——将某个区域内位置明显的特

殊点的坐标代入不等式，根据“同侧同号、异侧异号”的规律确定不等式所表示的平面区域是直线的哪一侧；常用的特殊点有(0,0)、(±1,0)、(0,±1).

③求“交”——如果平面区域是由不等式组决定的，则在确定了各个不等式所表示的区域后，再求这些区域的公共部分，这个公共部分就是不等式所表示的平面区域.

例15 画出不等式 $2x+3y+6\geqslant 0$ 表示的区域.

分析 先作出边界直线，再判断不等式所表示的区域.

解 先作出直线 $2x+3y+6=0$，因为直线上的点满足不等式，所以直线画成实线.

把原点(0,0)代入 $2x+3y+6$，得 $6>0$，

故原点在不等式所表示的区域内，

不等式表示的平面区域如图 4-1-4 中阴影部分.

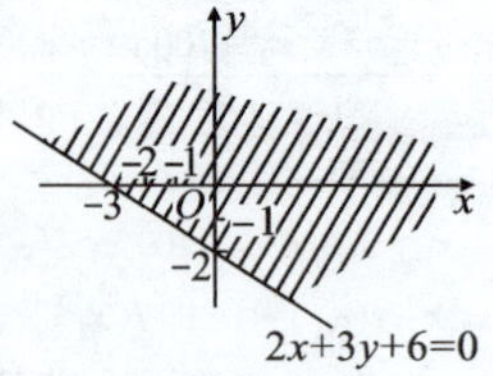

图 4-1-4

例16 求不等式组 $\begin{cases}x-y+6\geqslant 0,\\ x+y\geqslant 0,\\ x\leqslant 3\end{cases}$ 表示的平面区域的面积.

分析 画出不等式组表示的平面区域，即可求出其面积.

解 不等式 $x-y+6\geqslant 0$ 表示直线 $x-y+6=0$ 上及其右下方的点的集合；$x+y\geqslant 0$ 表示直线 $x+y=0$ 上及其右上方的点的集合；$x\leqslant 3$ 表示直线 $x=3$ 上及其左方的点的集合，所以不等式组 $\begin{cases}x-y+6\geqslant 0,\\ x+y\geqslant 0,\\ x\leqslant 3\end{cases}$ 表示的平面区域如图 4-1-5 阴影部分. 因此其区域面积也就是 $\triangle ABC$ 的面积. 显然 $\triangle ABC$ 为等腰直角三角形，$\angle A=90°$，$AB=AC$，B 点坐标为 $(3,-3)$. 由点到直线的距离公式得：$|AB|=\dfrac{|3\times 1+3\times 1+6|}{\sqrt{2}}=\dfrac{12}{\sqrt{2}}$，

$\therefore S_{\triangle ABC}=\dfrac{1}{2}\times\dfrac{12}{\sqrt{2}}\times\dfrac{12}{\sqrt{2}}=36.$

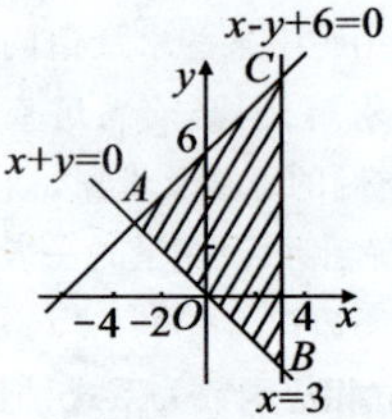

图 4-1-5

故不等式组 $\begin{cases}x-y+6\geqslant 0,\\ x+y\geqslant 0,\\ x\leqslant 3\end{cases}$ 表示的平面区域的面积等于 36.

点拨 解本题时注意到 $\triangle ABC$ 为等腰直角三角形，点 B 到直线 AC 的距离即为 $\triangle ABC$ 的腰长 $|AB|$，由点到直线的距离公式 $d=\dfrac{|Ax_0+By_0+C|}{\sqrt{A^2+B^2}}$ 求得 $|AB|$，面积便可求出.

题型12 求目标函数的最值

对于二元一次不等式组所表示的区域，如果存在使 $ax+by$ 达到最大或是最小的点，那么最值一定在该区域的顶点或边界上达到.

线性目标函数在约束条件下的最值问题的求解步骤是：

①作图——画出约束条件(不等式组)所确定的平面区域和目标函数所表示的平行直线系中的任意一条直线 l.

②平移——将 l 平行移动，以确定最优解所对应的点的位置.

③求值——解有关的方程组，求出最优点的坐标，再代入目标函数，求出目标函数的最值.

例17 （湖北高考）设变量 x、y 满足约束条件 $\begin{cases} x-y+3\geqslant 0, \\ x+y\geqslant 0, \\ -2\leqslant x\leqslant 3, \end{cases}$ 则目标函数 $2x+y$ 的最小值为______.

解析 由约束条件得如图 4－1－6 的三角形区域，令 $2x+y=z$，$y=-2x+z$，显然当平行直线过点 $\left(-\frac{3}{2},\frac{3}{2}\right)$ 时，z 取最小值 $-\frac{3}{2}$.

答案 $-\frac{3}{2}$.

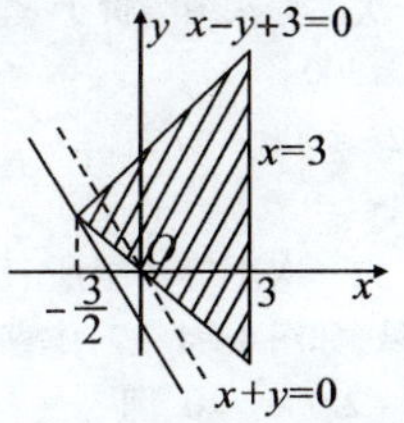

图 4－1－6

点拨 解线性规划有关问题时，往往先分别求解每两直线的交点，然后作可行域，再让目标函数运动变化通过可行域，所对应的最值就是所求的最值. 本题目标函数为平行直线系的截距，过交点得到了最小值.

例18 已知 x、y 满足 $\begin{cases} x-4y\leqslant -3, \\ 3x+5y\leqslant 25, \\ x\geqslant 1, \end{cases}$ 设 $z=ax+y(a>0)$，若当 z 取最大值时对应的点有无数多个，求 a 的值.

分析 先考虑目标量 z 与参量 a 的几何意义，然后让 $z=ax+y$（目标函数）所表示的直线与边界直线平行，最后再检验是否符合题意.

解 如图 4－1－7，即直线 $y=-ax+z(a>0)$ 平行于直线 AC，则直线经过线段 AC 上任意一点时，z 均取得最大值，此时将满足条件：有无数多个点使函数取得最大值.

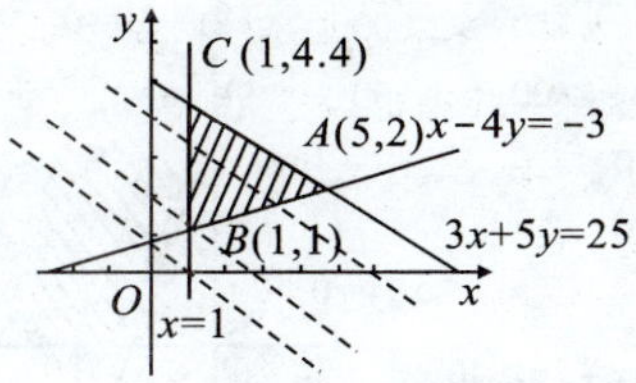

图 4－1－7

又由于 $k_{AC}=\frac{4.4-2}{1-5}=-\frac{3}{5}$，

即 $-a=-\frac{3}{5}$，$\therefore a=\frac{3}{5}$.

题型 13 最优整数解问题

利用线性规划解决实际问题时，有时要求最优解是整数解，需要在平面区域内找出整数点，这也是实际中常常用到的.

（1）平移找解法：先打网格，描整点，平移直线 l，最先经过或最后经过的整点便是最优整点解：这种方法应充分利用非整点最优解的信息，结合精确的作图才行. 当可行域是有限区域且整点个数又较少时，可逐个将整点坐标代入目标函数求值，经比较求最优解.

（2）调整优值法：先求非整点最优解及最优值，再借助不定方程的知识调整最优值，最后筛选出整点最优解.

（3）由于作图有误差，有时仅由图形不一定就能准确而迅速地找到最优解，此时可将数个可能解逐一检验即可见分晓.

例19 有粮食和石油两种物资，可用轮船与飞机两种方式运输，每天每艘轮船和每架飞机的运输效果见下表：

种类 \ 效果 \ 方式	轮船运输量(t)	飞机运输量(t)
粮食	300	150
石油	250	100

现在要在一天内运输 2 000 t 粮食和1 500 t 石油，需至少安排多少艘轮船和多少架飞机？

解 设需要安排 x 艘轮船和 y 架飞机，则有

$\begin{cases}300x+150y\geqslant 2\ 000,\\250x+100y\geqslant 1\ 500,\\x\geqslant 0,\\y\geqslant 0,\end{cases}$

即$\begin{cases}6x+3y\geqslant 40,\\5x+2y\geqslant 30,\\x\geqslant 0,\\y\geqslant 0,\end{cases}$

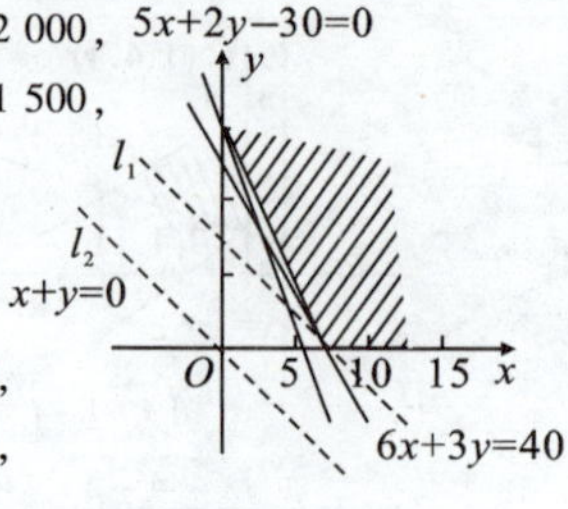

图 4－1－8

目标函数为：$z=x+y$.

作出可行域，如图 4－1－8. 平行直线系 $x+y=t$（t 为参数）中经过可行域内的点且和原点距离最小的直线，此直线经过直线 $6x+3y-40=0$ 和 $y=0$ 的交点 $A\left(\dfrac{20}{3},0\right)$，直线方程为 $x+y=\dfrac{20}{3}$.

由于$\dfrac{20}{3}$不是整数，而最优解(x,y)中 x,y 必须都是整数，所以，可行域内点$\left(\dfrac{20}{3},0\right)$不是最优解.

经过可行域内的整点（横、纵坐标都是整数的点）且与原点距离最近的直线经过的整点是$(7,0)$，即为最优解.

答：至少安排 7 艘轮船和 0 架飞机.

题型 14　借助线性规划求解应用问题

解决线性规划问题的重点有两个：一是建模，即把实际的条件转化为抽象的不等式、函数关系式、方程，这需要我们熟悉找出约束条件与目标函数的思路方法，常用的有表格法；二是很多实际应用问题都需要寻找整数最优解，这就需求作图要准确，并能将推理与计算结合起来.

例 20　（山东高考）本公司计划 2008 年在甲、乙两个电视台做总时间不超过 300 分钟的广告，广告总费用不超过 9 万元，甲、乙电视台的广告收费标准分别为 500 元/分钟和 200 元/分钟，规定甲、乙两个电视台为该公司所做的每分钟广告能给公司带来的收益分别为 0.3 万元和 0.2 万元. 问该公司如何分配在甲、乙两个电视台的广告时间，才能使公司的收益最大，最大收益是多少万元？

解　设公司在甲电视台和乙电视台做广告的时间分别为 x 分钟和 y 分钟，总收益为 z 元，由题意得$\begin{cases}x+y\leqslant 300,\\500x+200y\leqslant 90\ 000,\\x\geqslant 0,y\geqslant 0.\end{cases}$

目标函数为 $z=3\ 000x+2\ 000y$.

二元一次不等式组等价于

$\begin{cases}x+y\leqslant 300,\\5x+2y\leqslant 900,\\x\geqslant 0,y\geqslant 0.\end{cases}$

作出二元一次不等式组所表示的平面区域，即可行域，如图 4－1－9，作直线 l：

$3\ 000x+2\ 000y=0$，即 $3x+2y=0$.

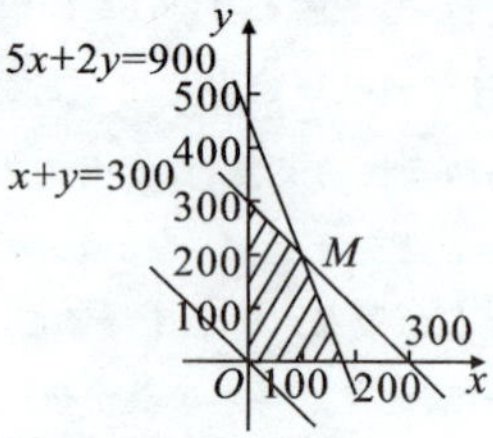

图 4－1－9

平移直线 l，从图中可知，当直线 l 过 M 点时，目标函数取得最大值.

联立$\begin{cases}x+y=300,\\5x+2y=900.\end{cases}$

解得 $x=100,y=200$.

∴ 点 M 的坐标为$(100,200)$.

∴ $z_{max}=3\ 000x+2\ 000y=700\ 000$（元）.

答：该公司在甲电视台做 100 分钟广告，在乙电视台做 200 分钟广告，公司的收益最大，最大收益是 70 万元.

点拨　构建变量满足的不等关系式，作出可行域，建立目标函数使其过可行域，运动变换得到最值，解决实际应用问题，这也是引入线性规划问题的原因.

综合解题指导

1. 不等式与函数、方程的综合

例1 已知$f(x)=x^2+bx+c$(b,c为常数),方程$f(x)=x$的两个实根为$x_1>0$,$x_2-x_1>1$.

(1)求证:$b^2>2(b+2c)$;

(2)设$0<t<x_1$,比较$f(t)$与x_1的大小.

(1)**证明** $f(x)=x$,即$x^2+(b-1)x+c=0$.

$\because x_1>0,x_2-x_1>1$,

即$x_2-x_1=\sqrt{(x_1+x_2)^2-4x_1x_2}$

$=\sqrt{(b-1)^2-4c}>1$,

$\therefore (b-1)^2-4c>1$,

$\therefore b^2>2b+4c=2(b+2c)$.

(2)**解** 设$f(x)-x=(x-x_1)(x-x_2)$,

则$f(t)=(t-x_1)(t-x_2)+t$,

$\therefore f(t)-x_1=(t-x_1)(t-x_2)+t-x_1$,

$=(t-x_1)(t-x_2+1)$.

$\because t<x_1,x_2-x_1>1$,

$\therefore t-x_1<0,1+x_1-x_2<0$,

$\therefore 1+t-x_2<1+x_1-x_2<0$,

$\therefore f(t)-x_1>0,\therefore f(t)>x_1$.

2. 不等式与三角的综合

例2 在$\triangle ABC$中,角A,B,C的对边分别为a,b,c,BC边上的高$AD=BC$,求$\frac{b}{c}+\frac{c}{b}$的范围.

分析 由$\frac{b}{c}+\frac{c}{b}=\frac{b^2+c^2}{bc}$,可考虑将$b^2+c^2=a^2+2\,bc\cos A$. $S_{\triangle ABC}=\frac{1}{2}bc\sin A=\frac{1}{2}a^2$代入,从而将原式用三角表示出,然后可用正余弦函数的有界性及均值不等式求出范围.

解 $\because \frac{b}{c}+\frac{c}{b}=\frac{b^2+c^2}{bc}$

$=\frac{a^2+2bc\cos A}{bc}=\frac{a^2}{bc}+2\cos A$,

又$S_{\triangle ABC}=\frac{1}{2}AD\cdot BC$

$=\frac{1}{2}a^2=\frac{1}{2}bc\sin A$,

则$\frac{a^2}{bc}=\sin A$,

故$\frac{b}{c}+\frac{c}{b}=\sin A+2\cos A$

$=\sqrt{5}\sin(A+\varphi)\leqslant\sqrt{5}$.

又$\frac{b}{c}+\frac{c}{b}\geqslant 2\sqrt{\frac{b}{c}\cdot\frac{c}{b}}=2$,

$\therefore 2\leqslant\frac{b}{c}+\frac{c}{b}\leqslant\sqrt{5}$.

点拨 本题是一个不等式与三角函数的综合问题,解题的关键是正确地利用正、余弦定理进行边和角的互化,然后通过三角变换并运用均值不等式进行求解.不等式在三角中的应用,主要是利用不等式的性质求范围或利用均值不等式求最值.

3. 函数与线性规划的综合

例3 (全国高考)已知函数$f(x)=\frac{1}{3}ax^3-bx^2+(2-b)x+1$,在$x=x_1$处取得极大值,在$x=x_2$处取得极小值,且$0<x_1<1<x_2<2$.

(1)证明$a>0$;

(2)若$z=a+2b$,求z的取值范围.

(1)**证明** 对函数$f(x)$求导得$f'(x)=ax^2-2bx+2-b$.由函数$f(x)$在$x=x_1$处取得极大值,在$x=x_2$处取得极小值,知x_1、x_2是$f'(x)=0$的两个根,所以$f'(x)=a(x-x_1)(x-x_2)$.

当$x<x_1$时,$f(x)$为增函数,$f'(x)>0$,由$x-x_1<0,x-x_2<0$,得$a>0$.

当$x_1<x<x_2$时,$f(x)$为减函数,$f'(x)<0$,同理可得$a>0$.

当$x_2<x$时,$f(x)$为增函数,$f'(x)>0$,同理可得$a>0$.

综上可知$a>0$.

(2) 解 在题设下，$0<x_1<1<x_2<2$ 等价于

$$\begin{cases}f'(0)>0,\\f'(1)<0,\\f'(2)>0,\end{cases}\text{即}\begin{cases}2-b>0,\\a-2b+2-b<0,\\4a-4b+2-b>0,\end{cases}$$

化简得 $\begin{cases}2-b>0,\\a-3b+2<0,\\4a-5b+2>0.\end{cases}$

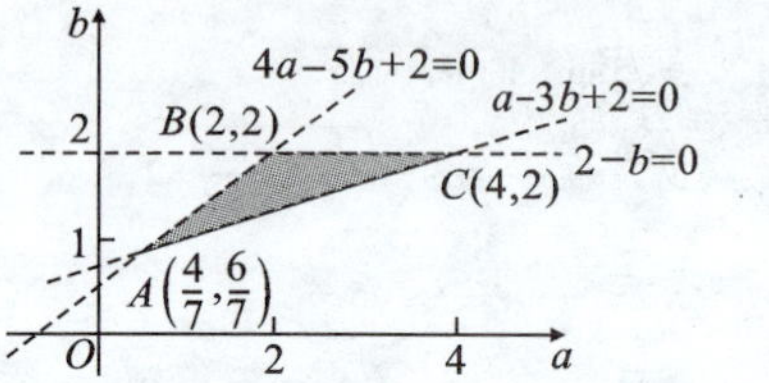

图 4-1-10

此不等式组表示的区域为平面 aOb 上三条直线：$2-b=0$，$a-3b+2=0$，$4a-5b+2=0$ 所围成的 $\triangle ABC$ 内部，如图 4-1-10，其三个顶点坐标分别为：$A\left(\frac{4}{7},\frac{6}{7}\right)$，$B(2,2)$，$C(4,2)$，$z$ 在这三点的值依次为 $\frac{16}{7}$，6，8.

所以 z 的取值范围为 $\left(\frac{16}{7},8\right)$.

点拨 三次函数求导后为二次函数，借助二次方程根的分布构建二元变量满足的不等关系，作出可行域，运动变化得到目标函数的值域，巧妙的结合来源于线性规划又回归于线性规划，耐人寻味.

4. 不等式与实际问题的综合

例4 设计一幅矩形宣传画，要求画面的面积为 4 840 cm^2，画面的宽与高的比为 λ $(\lambda<1)$，画面的上、下各留 8 cm 空白，左、右各留 5 cm 空白，怎样确定画面的高与宽的尺寸，能使宣传画所用纸张面积最小？

解 依题意，设画面的高、宽分别为 x cm、λx cm，则 $\lambda x^2=4\ 840$. ①

纸张的面积 $S=(x+16)(\lambda x+10)$，即

$S=\lambda x^2+(16\lambda+10)x+160$. ②

将①代入②，得

$S=5\ 000+44\sqrt{10}\left(8\sqrt{\lambda}+\frac{5}{\sqrt{\lambda}}\right)$. ③

由问题的实际意义，知 $\lambda>0$，

$\therefore 8\sqrt{\lambda}+\frac{5}{\sqrt{\lambda}}\geqslant 2\sqrt{8\times 5}=4\sqrt{10}$. ④

④代入③，得

$S\geqslant 5\ 000+44\sqrt{10}\times 4\sqrt{10}=6\ 760$，当且仅当 $8\sqrt{\lambda}=\frac{5}{\sqrt{\lambda}}$，即 $\lambda=\frac{5}{8}$ 时，等号成立.

这时，高：$x=\sqrt{\frac{4\ 840}{\lambda}}=88(\text{cm})$；

宽：$\lambda x=\frac{5}{8}\times 88=55(\text{cm})$.

答：画面的长为 88 cm，宽为 55 cm 时，宣传画所用纸张面积最小.

5. 不等式与解析几何的综合

例5 已知椭圆 C_1 的方程为 $\frac{x^2}{4}+y^2=1$，双曲线 C_2 的方程为 $\frac{x^2}{3}-y^2=1$. 若直线 l：$y=kx+\sqrt{2}$ 与椭圆 C_1 及双曲线 C_2 都恒有两个不同的交点，且 l 与 C_2 的两个交点 A 和 B 满足 $\overrightarrow{OA}\cdot\overrightarrow{OB}<6$（其中 O 为原点），求 k 的取值范围.

解 将 $y=kx+\sqrt{2}$ 代入 $\frac{x^2}{4}+y^2=1$，

得 $(1+4k^2)x^2+8\sqrt{2}kx+4=0$.

由直线 l 与椭圆 C_1 恒有两个不同的交点，得

$\Delta_1=(8\sqrt{2})^2k^2-16(1+4k^2)=16(4k^2-1)>0$，

即 $k^2>\frac{1}{4}$. ①

将 $y=kx+\sqrt{2}$ 代入 $\frac{x^2}{3}-y^2=1$，

得 $(1-3k^2)x^2-6\sqrt{2}kx-9=0$.

由直线 l 与双曲线 C_2 恒有两个不同的交点 A、B，得

$$\begin{cases}1-3k^2\neq 0,\\\Delta_2=(-6\sqrt{2}k)^2+36(1-3k^2)=36(1-k^2)>0,\end{cases}$$

即 $k^2\neq\frac{1}{3}$ 且 $k^2<1$. ②

设 $A(x_A,y_A)$,$B(x_B,y_B)$,

又 A、B 为直线 l 与双曲线 l_2 的交点,

则 $x_A+x_B=\frac{6\sqrt{2}k}{1-3k^2}$,$x_Ax_B=\frac{-9}{1-3k^2}$.

由 $\overrightarrow{OA}\cdot\overrightarrow{OB}<6$ 得 $x_Ax_B+y_Ay_B<6$.

而 $x_Ax_B+y_Ay_B$

$=x_Ax_B+(kx_A+\sqrt{2})(kx_B+\sqrt{2})$

$=(k^2+1)x_Ax_B+\sqrt{2}k(x_A+x_B)+2$

$=(k^2+1)\cdot\frac{-9}{1-3k^2}+\sqrt{2}k\cdot\frac{6\sqrt{2}k}{1-3k^2}+2$

$=\frac{3k^2+7}{3k^2-1}$.

于是 $\frac{3k^2+7}{3k^2-1}<6$,即 $\frac{15k^2-13}{3k^2-1}>0$.

解此不等式得 $k^2>\frac{13}{15}$ 或 $k^2<\frac{1}{3}$. ③

由①②③得 $\frac{1}{4}<k^2<\frac{1}{3}$ 或 $\frac{13}{15}<k^2<1$.

故 k 的取值范围为:

$\left(-1,-\sqrt{\frac{13}{15}}\right)\cup\left(-\frac{\sqrt{3}}{3},-\frac{1}{2}\right)\cup\left(\frac{1}{2},\frac{\sqrt{3}}{3}\right)\cup\left(\sqrt{\frac{13}{15}},1\right)$.

三年高考分析

不等式具有应用广泛、变换灵活、知识综合等特点,它不仅是中学数学的重点内容,也是高等数学的基础和工具. 不等式问题在高考中一直是考查的重点和热点,在近几年高考中占有相当大的比重. 这些试题不仅考查不等式的基础知识、基本技能和基本方法,而且能有效地测试逻辑推理能力、运算能力以及运用相关知识和方法去分析问题和解决问题的能力. 近几年高考加大了在知识交汇点处命题的力度,单独解不等式或证明不等式的题目明显减少,不等式试题更多的是与函数、方程、数列、三角、解析几何、立体几何、导数及实际应用问题的相互交叉和渗透,而且充分体现出不等式的知识网络所具有的极强的辐射作用.

例1 (全国Ⅱ高考)若 $x\in(e^{-1},1)$,$a=\ln x$,$b=2\ln x$,$c=\ln^3 x$,则(　　).

A. $a<b<c$　　B. $c<a<b$

C. $b<a<c$　　D. $b<c<a$

解析 $\because x\in(e^{-1},1)$,$\therefore -1<\ln x<0$,

$\therefore b-a=\ln x<0$,

$c-b=\ln^3x-2\ln x=\ln x(\ln^2x-2)>0$,

$c-a=\ln^3x-\ln x=\ln x(\ln^2x-1)>0$,

$\therefore b<a<c$.

答案 C.

点拨 往往通过作差法比较代数式的大小关系.

例2 (湖南高考)若 $x\in\left(0,\frac{\pi}{2}\right)$,则 $2\tan x+\tan\left(\frac{\pi}{2}-x\right)$ 的最小值为______.

解析 $y=2\tan x+\tan\left(\frac{\pi}{2}-x\right)$

$=2\tan x+\cot x=2\tan x+\frac{1}{\tan x}\geqslant 2\sqrt{2}$,

当且仅当 $2\tan x=\frac{1}{\tan x}$,

即 $\tan x=\frac{\sqrt{2}}{2}$ 时,$y_{\min}=2\sqrt{2}$.

答案 $2\sqrt{2}$.

例3 (全国Ⅰ高考)设奇函数 $f(x)$ 在 $(0,+\infty)$ 上为增函数,且 $f(1)=0$,则不等式 $\frac{f(x)-f(-x)}{x}<0$ 的解集为(　　).

A. $(-1,0)\cup(1,+\infty)$

B. $(-\infty,-1)\cup(0,1)$

C. $(-\infty,-1)\cup(1,+\infty)$

D. $(-1,0)\cup(0,1)$

解析 由题设可知 $f(x)$ 的简图如图4-1-11.

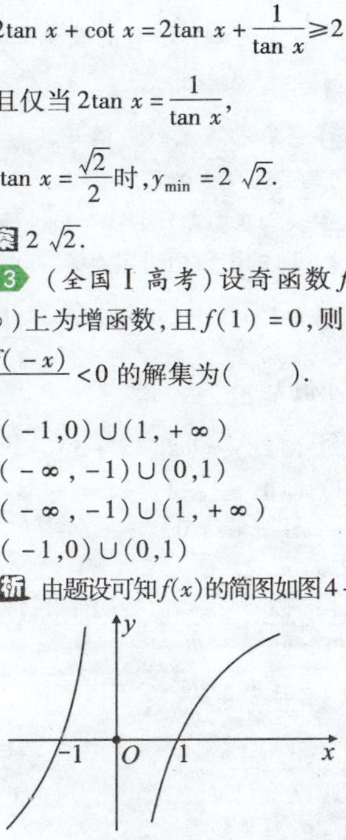

图4-1-11

又原不等式 $\frac{f(x)-f(-x)}{x}$

$=\frac{f(x)+f(x)}{x}=\frac{2f(x)}{x}<0$,

当 $x>0$ 时,需 $f(x)<0$,即 $0<x<1$;

当 $x<0$ 时,需 $f(x)>0$,即 $-1<x<0$,

故不等式的解集为 $\{x\mid -1<x<0$ 或 $0<x<1\}$.

答案 D.

点拨 根据函数的某些特征可画出函数的大致图象,利用图象能迅速解题.

例4 (湖北高考)已知关于 x 的不等式 $\frac{ax-1}{x+1}<0$ 的解集是 $(-\infty,-1)\cup\left(-\frac{1}{2},+\infty\right)$,则 $a=$______.

解析 由于不等式 $\frac{ax-1}{x+1}<0$ 的解集是 $(-\infty,-1)\cup\left(-\frac{1}{2},+\infty\right)$,且 $x+1=0$ 的根为 $x=-1$,

故 $-\frac{1}{2}$ 应是 $ax-1=0$ 的根,$\therefore a=-2$.

答案 -2.

点拨 利用不等式的解集与其对应方程的根之间的关系可方便求解.

例5 (山东高考)函数 $y=\log_a(x+3)-1(a>0,a\neq1)$ 的图象恒过定点 A,若点 A 在直线 $mx+ny+1=0$ 上,其中 $mn>0$,则 $\frac{1}{m}+\frac{2}{n}$ 的最小值为______.

解析 函数 $y=\log_a(x+3)-1$ 过定点 $(-2,-1)$,即 $A(-2,-1)$,

$\therefore -2m-n+1=0$,

$\therefore 2m+n=1$.

$\therefore \frac{1}{m}+\frac{2}{n}=\frac{2m+n}{m}+\frac{2(2m+n)}{n}$

$=2+2+\frac{n}{m}+\frac{4m}{n}$

$=4+\frac{n}{m}+\frac{4m}{n}$

$\geqslant 4+2\sqrt{4}=8$.

答案 8.

点拨 当题设中的函数结构不方便直接利用均值不等式的性质时,可以考虑常数的灵活代换求最值.

例6 (福建高考)若实数 x,y 满足 $\begin{cases}x-y+1\leqslant0,\\x>0,\end{cases}$ 则 $\frac{y}{x}$ 的取值范围是( ).

A. $(0,1)$　　B. $(0,1]$

C. $(1,+\infty)$　　D. $[1,+\infty)$

解法一 画出实数 x,y 满足 $\begin{cases}x-y+1\leqslant0,\\x>0,\end{cases}$ 表示的平面区域,如图4-1-12,则目标函数 $z=\frac{y}{x}=\frac{y-0}{x-0}$ 表示平面区域内的点与原点连线的斜率,则 $k\in(1,+\infty)$.

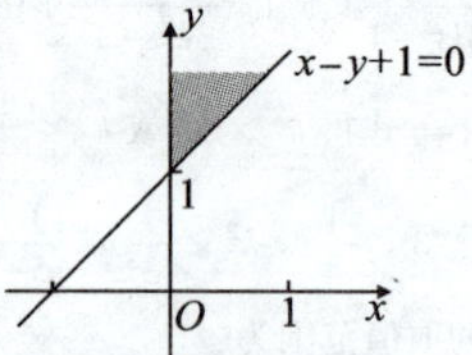

图 4-1-12

解法二 $\because x-y+1\leqslant0,x>0$,

$\therefore y\geqslant x+1$.

$\therefore \frac{y}{x}\geqslant\frac{x+1}{x}=1+\frac{1}{x}$.

又 $x>0$,$\therefore \frac{y}{x}>1$.

答案 C.

例7 (安徽高考)如果点 P 在平面区域 $\begin{cases}2x-y+2\geqslant0,\\x-2y+1\leqslant0,\\x+y-2\leqslant0\end{cases}$ 内,点 Q 在曲线 $x^2+(y+2)^2=1$ 上,那么 $|PQ|$ 的最小值为( ).

A. $\sqrt{5}-1$　　B. $\frac{4}{\sqrt{5}-1}$

C. $2\sqrt{2}-1$　　D. $\sqrt{2}-1$

解析 如图4-1-13,不等式组确定的区域为阴影部分,包括边界. 点 P 到 Q 的距离最小为点 $(0,-2)$ 到直线 $x-2y+1=0$ 的距离减去半圆的半径1,由图可知 $|PQ|_{\min}=\sqrt{1^2+2^2}-1=\sqrt{5}-1$,故选 A.

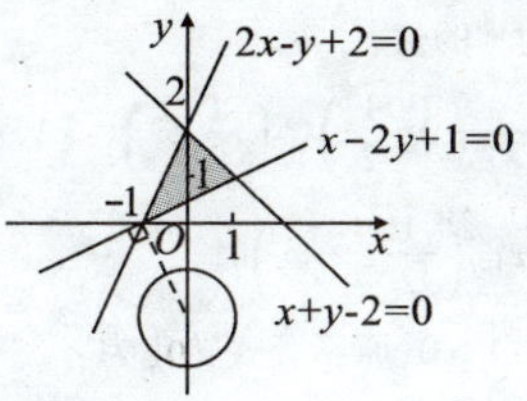

图 4-1-13

答案 A.

例8 (山东高考)设 x,y 满足约束条件 $\begin{cases}3x-y-6\leqslant 0,\\ x-y+2\geqslant 0,\\ x\geqslant 0,y\geqslant 0.\end{cases}$ 若目标函数 $z=ax+by(a>0,b>0)$ 的最大值为 12, 则 $\dfrac{2}{a}+\dfrac{3}{b}$ 的最小值为(　　).

A. $\dfrac{25}{6}$　　B. $\dfrac{8}{3}$

C. $\dfrac{11}{3}$　　D. 4

解析 不等式表示的平面区域如图 4-1-14所示阴影部分,当直线 $ax+by=z(a>0,b>0)$ 过直线 $x-y+2=0$ 与直线 $3x-y-6=0$ 的交点(4,6)时,目标函数 $z=ax+by(a>0,b>0)$ 取得最大值 12, 即 $4a+6b=12$, 即 $2a+3b=6$. 而 $\dfrac{2}{a}+\dfrac{3}{b}=\left(\dfrac{2}{a}+\dfrac{3}{b}\right)\cdot\dfrac{2a+3b}{6}=\dfrac{13}{6}+\left(\dfrac{b}{a}+\dfrac{a}{b}\right)\geqslant\dfrac{13}{6}+2=\dfrac{25}{6}$,故选 A.

答案 A.

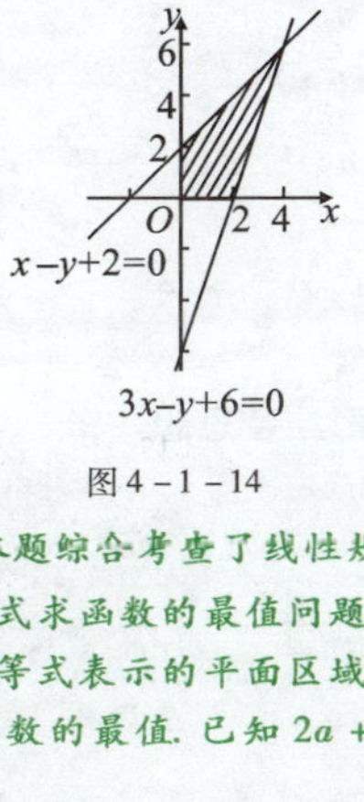

图 4-1-14

点拨 本题综合考查了线性规划问题和由基本不等式求函数的最值问题,要求能准确地画出不等式表示的平面区域,并且能够求得目标函数的最值. 已知 $2a+3b=6$, 求 $\dfrac{2}{a}+\dfrac{3}{b}$ 的最小值,可将 $2a+3b=6$ 变形为 $\dfrac{2a+3b}{6}=1$,进而用基本不等式解答.

例9 (江西高考)设函数 $f(x)=\dfrac{e^x}{x}$.

(1)求函数 $f(x)$ 的单调递增区间;

(2)若 $k>0$,求不等式 $f'(x)+k(1-x)\cdot f(x)>0$ 的解集.

分析 (1)直接利用导数求函数单调区间;(2)将函数及其导函数解析式代入,并转化为一元二次不等式求解.

解 (1) $f'(x)=-\dfrac{1}{x^2}e^x+\dfrac{1}{x}e^x=\dfrac{x-1}{x^2}e^x$, .

由 $f'(x)=0$ 得 $x=1$.

$\because$ 当 $x<0$ 时, $f'(x)<0$;当 $0<x<1$ 时, $f'(x)<0$;当 $x>1$ 时, $f'(x)>0$,

$\therefore f(x)$ 的单调递增区间是 $[1,+\infty)$.

(2)由 $f'(x)+k(1-x)f(x)$

$=\dfrac{x-1+kx-kx^2}{x^2}e^x$

$=\dfrac{(x-1)(-kx+1)}{x^2}e^x>0$,

得 $(x-1)(kx-1)<0$.

故当 $0<k<1$ 时,解集是 $\left\{x\,\middle|\,1<x<\dfrac{1}{k}\right\}$;当 $k=1$ 时,解集是 $\varnothing$;当 $k>1$ 时,解集是 $\left\{x\,\middle|\,\dfrac{1}{k}<x<1\right\}$.

点拨 在解不等式时,要注意对参数 k 的讨论.

数学思想

1. 函数与方程思想

不等式与函数、方程是紧密联系的,很多时候“三个二次”相互转化,为问题的解决提供更多工具和思路.

例1 设 $a\in\mathbf{R}$，关于 x 的一元二次不等式 $7x^2-(a+13)x+a^2-a-2<0$ 的解集是 $\{x|\alpha<x<\beta\}$，且 $0<\alpha<1<\beta<2$，求 a 的取值范围.

解 由不等式及其解集可知方程 $7x^2-(a+13)x+a^2-a-2=0$ 的两根为 α、β，且 α，β 分别在 $(0,1)$，$(1,2)$ 内.

则令 $f(x)=7x^2-(a+13)x+a^2-a-2$.

$\because 0<\alpha<1<\beta<2$，

$\therefore \begin{cases}f(0)>0,\\ f(1)<0,\\ f(2)>0,\end{cases}$ 即 $\begin{cases}a^2-a-2>0,\\ a^2-2a-8<0,\\ a^2-3a>0.\end{cases}$

$\therefore -2<a<-1$ 或 $3<a<4$.

$\therefore a$ 的取值范围是 $(-2,-1)\cup(3,4)$.

点拨 在本题中，由不等式的解集联系到与不等式相对应的方程的根及函数的图象，从而转化为根的分布问题，进而求出 a 的取值范围.

2. 分类讨论思想

对于含有参数的不等式，具体求解时，都需要按情况对参数或定义域进行讨论.

例2 解关于 x 的不等式 $|\log_a^2x-1|>2a-1$，其中 $a>0$，$a\neq1$.

分析 本题是一个含有参数 a 的绝对值不等式，绝对值符号内又是一个对数函数，故解此不等式，关键在于正确对参数 a 进行分类讨论. 抓住一个函数的绝对值是非负数，及对数函数的增减性，根据 $2a-1$ 的值可能大于0，等于0，小于0及 $a>0$ 且 $a\neq1$，可将 a 划分为 $\left(0,\frac{1}{2}\right)\cup\left\{\frac{1}{2}\right\}\cup\left(\frac{1}{2},1\right)\cup(1,+\infty)$ 来进行讨论.

解 当 $a\in\left(0,\frac{1}{2}\right)$ 时，

$|\log_a^2x-1|\geqslant0$，$2a-1<0$，

$\therefore x\in(0,+\infty)$ 是原不等式的解.

当 $a=\frac{1}{2}$ 时，

$2a-1=0$，原不等式的解为满足 $|\log_a^2x-1|\neq0$ 的 x 的值，

即 $x\in\left(0,\frac{1}{2}\right)\cup\left(\frac{1}{2},2\right)\cup(2,+\infty)$.

当 $a\in\left(\frac{1}{2},+\infty\right)$ 时，

$2a-1>0$，原不等式转化为

(1) $\log_a^2x-1>2a-1$，即 $\log_a^2x>2a$.

$\therefore \log_ax<-\sqrt{2a}$ 或 $\log_ax>\sqrt{2a}$，

当 $\frac{1}{2}<a<1$ 时，得 $x>a^{-\sqrt{2a}}$ 或 $0<x<a^{\sqrt{2a}}$；

当 $a>1$ 时，得 $0<x<a^{-\sqrt{2a}}$ 或 $x>a^{\sqrt{2a}}$.

(2) $-(\log_a^2x-1)>2a-1$，

即 $\log_a^2x<2(1-a)$.

当 $\frac{1}{2}<a<1$ 时，得

$-\sqrt{2(1-a)}<\log_ax<\sqrt{2(1-a)}$，

此时不等式的解为

$a^{\sqrt{2(1-a)}}<x<a^{-\sqrt{2(1-a)}}$；

当 $a>1$ 时，$\log_a^2x<2(1-a)$ 无解.

因此，不等式的解集是

当 $0<a<\frac{1}{2}$ 时，

$x\in(0,+\infty)$；

当 $a=\frac{1}{2}$ 时，

$x\in\left(0,\frac{1}{2}\right)\cup\left(\frac{1}{2},2\right)\cup(2,+\infty)$；

当 $\frac{1}{2}<a<1$，

$x\in(0,a^{\sqrt{2a}})\cup(a^{\sqrt{2(1-a)}},a^{-\sqrt{2(1-a)}})\cup(a^{-\sqrt{2a}},+\infty)$；

当 $a>1$ 时，

$x\in(0,a^{-\sqrt{2a}})\cup(a^{\sqrt{2a}},+\infty)$.

3. 数形结合思想

求一元高次不等式的解集可利用数轴标根法，通过图象法观察得到. 本章中线性规划问题一般通过图形来解.

例3 解不等式 $(x-2)(x+1)(x+3)\cdot(x+5)>0$.

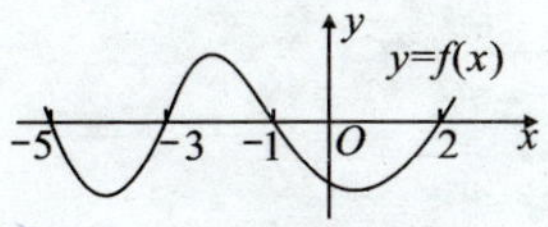

图 4-1-15

解 如图4-1-15为曲线$f(x)=(x-2)\cdot(x+1)(x+3)(x+5)$在开区间$(-\infty,-5)$、$(-5,-3)$、$(-3,-1)$、$(-1,2)$、$(2,+\infty)$上的曲线分布，原不等式的解集是$f(x)>0$所对应的$x$的集合.

∴ 原不等式的解集是$\{x|x<-5$ 或 $-3<x<-1$ 或 $x>2\}$.

点拨 用画数轴、标根及区间符号的方法解不等式，叫法不一，有称"根轴法"，有称"数轴标根法"，也有称"序轴法".

例4 （陕西高考）若x、y满足约束条件$\begin{cases}x+y\geqslant 1,\\x-y\geqslant -1,\\2x-y\leqslant 2.\end{cases}$目标函数$z=ax+2y$仅在点$(1,0)$处取得最小值，则$a$的取值范围是（　　）.

A. $(-1,2)$　　B. $(-4,2)$

C. $(-4,0]$　　D. $(-2,4)$

解析 作出可行域如图4-1-16，直线$ax+2y=z$仅在点$(1,0)$处取得最小值，由图象可知$-1<-\frac{a}{2}<2$，即$-4<a<2$.

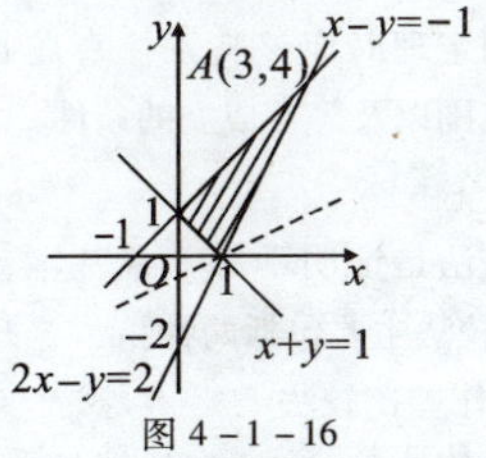

图 4-1-16

答案 B.

点拨 本题考查线性规划的基本知识，要利用好数形结合.

背景材料

天然不等式

纵观数学的发展，无论在哪一个领域，都围绕着等式展开研究，可是不等式的产生，不但是自然的，而且也是必然的.

人类仿效穿云破雾、翱翔天空的飞禽失败，却造出了飞机、飞船；人类仿效越山涉水、攀木缘崖的走兽失败，却造出了汽车、火车；人类仿效沉浮自如、水里乾坤的鱼鲛失败，却造出了船舰、潜艇. 这是巧夺天工呢，还是天工难夺呢？模仿、模拟、理想与现实存在着很大的差距，这就是人类生活中的一个天然不等式，相等只是理想，不等是现实. 要解决不等式问题，应从等式着眼；要解等式问题，却要从不等式入手，理想处着眼，现实处入手，这就是天然不等式给予我们的启迪.

等号与不等号

一种好的数学符号可节省人们思维的时间，也可以帮助人们导出新的概念. 假如一种数学符号能做到形意贴切，那还是一种美的抒发. 然而，许多数学符号的产生、发展以至被普遍采用，都经历过漫长的时间和许多曲折.

等号"="，表示相等，开始有人用"〔"、"‖"、"∞"作为等号用. 第一个把"="作为等号的是英国数学家雷科德，出现在他所著《智慧的激励》一书（1557年）中，他说："最相像的两件东西是两条平行的直线，所以这两条短线应用来表示相等". 直到17世纪后半叶，雷科德的符号"="被牛顿使用后，才真正为数学家们所公认，从而普遍使用起来.

不等号，表示不相等，有大于、小于. 起初，英国数学家奥特里德提出了用以表示大于和小于的符号；沃利斯也是英国数学家，他也提出了用以表示大于和小于的符号. 法国数学家吉拉德用"ff"表示大于，用"ξ"表示小于. 最早使用">"、"<"表示大于、小于的是英国数学家哈里奥特，他在1631年的《实例》一书中写道："大于的记号：$a>b$，表示a量大于b量；小于的记号：$a<b$，表示a量小于b量."这才使这种符号沿用至今. 1734年，法国数学家布根首次将不等号与等号联合使用，即"≥"和"≤"，表示不小于和不大于.

第二章 不等式选讲

知识网络

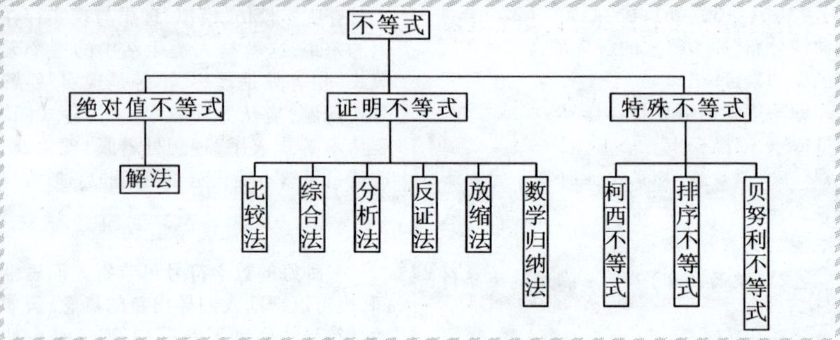

基础知识精析

1. 绝对值不等式相关定理

定理 1：如果 a,b 是实数，则 $|a+b|\leqslant|a|+|b|$，当且仅当 $ab\geqslant0$ 时，等号成立.

定理 1 的几何意义是三角形两边之和大于第三边，这个不等式可称为绝对值三角不等式.

注意

(1) 这个定理是含有绝对值的不等式中一个非常重要的不等式，证明的最重要的依据是对于一切实数 a,b，都有 $|a|\leqslant|b|\Leftrightarrow a^2\leqslant b^2\Leftrightarrow|a|^2\leqslant|b|^2$.

(2) 注意等号成立的条件是 $ab\geqslant0$，这与以前学习过的不等式有所不同.

(3) 定理 1 还可以变形为 $|a-b|\leqslant|a|+|b|$，等号成立的充要条件是 $ab\leqslant0$.

(4) 如果把实数 a,b 改为向量也成立，即 $|\boldsymbol{a}+\boldsymbol{b}|\leqslant|\boldsymbol{a}|+|\boldsymbol{b}|$，这里 $|\boldsymbol{a}+\boldsymbol{b}|$，$|\boldsymbol{a}|$，$|\boldsymbol{b}|$ 均为向量的模，当且仅当 $\boldsymbol{a}$ 与 $\boldsymbol{b}$ 方向相同或至少有一个向量为零时等号成立.

(5) 依据定理我们可以有以下两个结论：①$||a|-|b||\leqslant|a+b|\leqslant|a|+|b|$；②$||a|-|b||\leqslant|a-b|\leqslant|a|+|b|$.

定理 2：如果 a,b,c 是实数，那么 $|a-c|\leqslant|a-b|+|b-c|$，当且仅当 $(a-b)\cdot(b-c)\geqslant0$ 时，等号成立.

应用定理时应该特别注意题目的条件，适用的范围以及等号成立的条件.

2. 比较法

比较法是证明不等式最基本、最重要的方法. 比较法主要包括两种：

(1) 作差比较法

①应用范围：当欲证的不等式的两端是多项式、分式或对数式时，常用此法.

②方法：欲证 $A>B$，只需证 $A-B>0$.

③步骤：作差→变形→判断符号.

④使用此法作差后主要进行变形处理：

将差变形为常数，或变形为一个常数与几个平方和的形式，这常用到配方法或实数特征 $a^2\geqslant0$. 将差变形为几个因式时，积的形式常用因式分解法得到.

总之,变形的主要目的是有利于判断式子的符号,而变形方法不限定,也就是说,关键是变形的目标,如将差变形为$(a-b)(a^3-b^3)$也能判断它是正的,尽管它不是平方和的形式,也不是因式分解的结果.

(2)作商比较法

①应用范围:当要证的式子两端是乘积的形式或幂指数时常用此法.

②方法:要证$A>B$,常分三种情况:

若$B>0$,只需证明$\frac{A}{B}>1$;

若$B=0$,只需证明$A>0$;

若$B<0$,只需证明$\frac{A}{B}<1$.

③步骤:判断符号→作商→变形→判断商数与1的大小.

3. 综合法证明不等式

用综合法证明不等式的逻辑关系是$A\Rightarrow B_1\Rightarrow B_2\Rightarrow\cdots\Rightarrow B_n\Rightarrow B$. 由已知逐步推演不等式成立的必要条件得到结论. 由此可见,综合法是"由因导果",即由已知条件出发,推导出所要证明的不等式成立.

4. 分析法证明不等式

证明不等式时,有时可以从求证的不等式出发,分析使这个不等式成立的条件,把证明这个不等式问题转化为判定这些条件是否具备问题. 如果能够肯定这些条件都已具备,那么就可以断定原不等式成立. 这种证明方法通常叫做分析法. 分析法的书写形式一般为"因为……,为了证明……,只需证明……,即……,因此,只需证明……. 因为……成立,所以'……(结论)'成立".

分析法的特点可描述为"执果索因",即从"未知"看"需知",逐步靠拢"已知".

分析法的优点是易于思考,因为它方向明确、思路自然,易于掌握. 而综合法的优点是易于表述、条理清晰、形式简洁. 因而证明不等式时常用分析法寻找解题思路,再用综合法有条理地表述证明过程. 分析法一般用于"证明不等式,综合法难以实施"的时候.

5. 分析综合法证明不等式

有些不等式的证明,需一边分析,一边综合,称之为分析综合法. 分析综合法充分表明分析与综合之间互为前提、互相渗透、互相转化的辩证统一关系. 分析的终点是综合的起点,综合的终点又成为进一步分析的起点.

6. 反证法证明不等式

要证不等式$M>N$,先假设$M\leqslant N$,由题设及其他性质、定理推出矛盾,从而否定$M\leqslant N$,即肯定$M>N$成立. 凡涉及的证明不等式为否定性命题,唯一性命题或是含有"至多""至少"等字句时,可考虑使用反证法.

7. 放缩法证明不等式

在证明不等式时,有时需要将所需要证明的不等式的值适当地放大或缩小,使它由繁化简,以达到证明的目的,这种证明问题的方法叫做放缩法.

放缩法的理论依据有:(1)不等式的传递性;(2)等量加不等量为不等量;(3)同分子(分母)异分母(分子)的两个分式大小的比较.

8. 数学归纳法证明不等式

数列归纳法可用来证明一些与正整数有关的不等式,即先证明当n取第一个值n_0(例如$n_0=1$)时不等式成立,然后假设当$n=k$($k\in\mathbf{N}^*$,$k\geqslant n_0$)时不等式成立,并证明当$n=k+1$时不等式也成立,由此证明了这个不等式成立.

9. 柯西不等式

定理1(二维形式的柯西不等式)

若a,b,c,d都是实数,则$(a^2+b^2)(c^2+d^2)\geqslant(ac+bd)^2$,当且仅当$ad=bc$时,等号成立.

定理2(柯西不等式的向量形式)

设$\boldsymbol{\alpha},\boldsymbol{\beta}$为平面上的两个向量,则

$|\boldsymbol{\alpha}||\boldsymbol{\beta}|\geqslant|\boldsymbol{\alpha}\cdot\boldsymbol{\beta}|$.

当$\boldsymbol{\alpha}$及$\boldsymbol{\beta}$为非零向量时,上式中等号成立$\Leftrightarrow$向量$\boldsymbol{\alpha}$和$\boldsymbol{\beta}$共线(平行)$\Leftrightarrow$存在实数$\lambda\neq$

0，使得 $\boldsymbol{\alpha}=\lambda\boldsymbol{\beta}$.

当 $\boldsymbol{\alpha}$ 或 $\boldsymbol{\beta}$ 为零向量时，规定零向量和任何向量平行，当 $\boldsymbol{\alpha},\boldsymbol{\beta}$ 中至少有一个是零向量，则规定 $\boldsymbol{\alpha}\cdot\boldsymbol{\beta}=0$，上面的结果仍然正确.

定理3（二维形式的三角不等式）

设 $x_1,y_1,x_2,y_2\in\mathbf{R}$，那么 $\sqrt{x_1^2+y_1^2}+\sqrt{x_2^2+y_2^2}\geqslant\sqrt{(x_1+x_2)^2+(y_1+y_2)^2}$，等号成立的条件是存在非负实数 λ 和 μ，使得 $\mu x_1=\lambda x_2,\mu y_1=\lambda y_2$.

定理4（平面三角不等式）

设 a_1,a_2,b_1,b_2,c_1,c_2 为实数，则

$$\sqrt{(a_1-b_1)^2+(a_2-b_2)^2}+\sqrt{(b_1-c_1)^2+(b_2-c_2)^2}\geqslant\sqrt{(a_1-c_1)^2+(a_2-c_2)^2}.$$

等号成立的条件是存在非负实数 λ 及 μ 使得 $\mu(a_1-b_1)=\lambda(b_1-c_1)$，

$\mu(a_2-b_2)=\lambda(b_2-c_2)$.

定理5（柯西不等式的一般形式）

设 $a_1,a_2,a_3,\cdots,a_n,b_1,b_2,b_3,\cdots,b_n$ 是实数，则 $(a_1^2+a_2^2+\cdots+a_n^2)(b_1^2+b_2^2+\cdots+b_n^2)\geqslant(a_1b_1+a_2b_2+\cdots+a_nb_n)^2$，当且仅当 $b_i=0(i=1,2,\cdots,n)$ 或存在一个数 k，使得 $a_i=kb_i(i=1,2,\cdots,n)$ 时，等号成立.

10. 排序不等式

定义：设 $a_1\leqslant a_2\leqslant\cdots\leqslant a_n,b_1\leqslant b_2\leqslant\cdots\leqslant b_n$ 为两组实数，$c_1,c_2,\cdots,c_n$ 为 $b_1,b_2,\cdots,b_n$ 的任一排列，称 $a_1b_1+a_2b_2+\cdots+a_nb_n$ 为这两个实数组的顺序积之和（简称顺序和）；称 $a_1b_n+a_2b_{n-1}+\cdots+a_nb_1$ 为这两个实数组的反序积之和（简称反序和）；称 $a_1c_1+a_2c_2+\cdots+a_nc_n$ 为这两个实数组的乱序积之和（简称乱序和）.

定理（排序原理，又称排序不等式）：设 $a_1\leqslant a_2\leqslant\cdots\leqslant a_n,b_1\leqslant b_2\leqslant\cdots\leqslant b_n$ 为两组实数，$c_1,c_2,\cdots,c_n$ 为 $b_1,b_2,\cdots,b_n$ 的任一排列，则有

$$a_1b_n+a_2b_{n-1}+\cdots+a_nb_1\leqslant a_1c_1+a_2c_2+\cdots+a_nc_n\leqslant a_1b_1+a_2b_2+\cdots+a_nb_n,$$

等号成立（反序和等于顺序和）$\Leftrightarrow a_1=a_2=\cdots=a_n$ 或 $b_1=b_2=\cdots=b_n$.

排序原理可简记作：反序和≤乱序和≤顺序和.

11. 贝努利不等式

定理1（贝努利不等式）设 $x>-1$，且 $x\neq0$，n 为大于1的自然数，则 $(1+x)^n\geqslant1+nx$.

定理2　设 α 为有理数，$x>-1$.

(1) 如果 $0<\alpha<1$，则 $(1+x)^\alpha\leqslant1+\alpha x$.

(2) 如果 $\alpha<0$ 或者 $\alpha>1$，则 $(1+x)^\alpha\geqslant1+\alpha x$，当且仅当 $x=0$ 时等号成立.

题型分类与方法总结

题型1　绝对值三角不等式的应用

例1　设 $\varepsilon>0$，$|x-a|<\frac{\varepsilon}{4}$，$|y-b|<\frac{\varepsilon}{6}$，求证：$|2x+3y-2a-3b|<\varepsilon$.

分析　应首先将 $|2x+3y-2a-3b|$ 中的 $2x+3y-2a-3b$ 化成用 $x-a,y-b$ 表示的式子，再利用定理和基本不等式的性质求证.

证明　$|2x+3y-2a-3b|$

$=|2(x-a)+3(y-b)|$

$\leqslant2|x-a|+3|y-b|$

$<2\times\frac{\varepsilon}{4}+3\times\frac{\varepsilon}{6}=\varepsilon$.

题型2　解绝对值不等式

1. $|ax+b|\geqslant c$，$|ax+b|\leqslant c$ 型不等式的解法

(1) $|ax+b|\geqslant c(c>0)\Leftrightarrow ax+b\geqslant c$ 或 $ax+b\leqslant-c$；

(2) $|ax+b|\leqslant c(c>0)\Leftrightarrow-c\leqslant ax+b\leqslant c$.

解题过程中，应注意先把 x 的系数化为正数，再去求解.

例2　解下列不等式：(1) $|3x+1|\leqslant5$；(2) $|-2x+a|\geqslant b(b>0)$.

解　(1) $\because|3x+1|\leqslant5\Leftrightarrow-5\leqslant3x+1\leqslant5$

$\Leftrightarrow -6\leqslant 3x\leqslant 4\Leftrightarrow -2\leqslant x\leqslant \frac{4}{3}$,

∴ 原不等式的解集为 $\left[-2,\frac{4}{3}\right]$.

(2) ∵ $|-2x+a|\geqslant b\Leftrightarrow |2x-a|\geqslant b\Leftrightarrow 2x-a\geqslant b$ 或 $2x-a\leqslant -b\Leftrightarrow 2x\geqslant a+b$ 或 $2x\leqslant a-b\Leftrightarrow x\geqslant \frac{a+b}{2}$ 或 $x\leqslant \frac{a-b}{2}$,

∴ 原不等式的解集为

$\left\{x\,\middle|\,x\geqslant \frac{a+b}{2}\text{或}x\leqslant \frac{a-b}{2}\right\}$.

2. $|x-a|<|x-b|(a\neq b)$ 型不等式的解法

关于 $|x-a|<|x-b|(a\neq b)$ 型不等式的解法有以下两种:(1)零点分段法:按每个绝对值的解析式值的正、负(和零)分段求解;(2)利用不等式 $|x|<a(a>0)\Leftrightarrow x^2<a^2$ 的解法去掉绝对值来解.

例3 解不等式 $|x+3|>|x-5|$.

解法一 原不等式可化为下列四个不等式组:(1) $\begin{cases}x+3\geqslant 0,\\x-5\geqslant 0,\\x+3>x-5;\end{cases}$

(2) $\begin{cases}x+3\geqslant 0,\\x-5<0,\\x+3>-(x-5);\end{cases}$

(3) $\begin{cases}x+3<0,\\x-5\geqslant 0,\\-(x+3)>x-5;\end{cases}$

(4) $\begin{cases}x+3<0,\\x-5<0,\\-(x+3)>-(x-5).\end{cases}$

可分别求出(1)的解集为 $\{x\mid x\geqslant 5\}$,(2)的解集为 $\{x\mid 1<x<5\}$,(3)(4)的解集都是空集.

∴ 原不等式的解集为 $\{x\mid x>1\}$.

解法二 ∵ 不等式两边非负,

∴ 两边平方得 $x^2+6x+9>x^2-10x+25$,

∴ $x>1$,

∴ 原不等式的解集为 $\{x\mid x>1\}$.

点拨 解法一是分段讨论,解法二要注意不等式两边平方的等价问题,很明显,解法二要比解法一简捷.

3. $|x-a|+|x-b|\geqslant c(\leqslant c)$ 型不等式的解法

$|x-a|+|x-b|\geqslant c(\leqslant c)$ 型不等式的解法主要有三种:(1)分区间讨论法;(2)几何法;(3)图象法. 分区间讨论法的关键是由 $|x-a|=0,|x-b|=0$ 的根把 **R** 分成若干个小区间,在这些小区间上求解去掉绝对值符号后的不等式;几何解法的关键是理解绝对值的几何意义;图象法的关键是构造函数,正确画出函数的图象. 分区间讨论的方法具有普遍性,但较麻烦,几何法和图象法直观,但只适用于数据简单的情况.

例4 解不等式 $|x+3|+|x-3|>8$.

分析 这是一个含有两个绝对值符号的不等式,为了使其转化为不含绝对值符号的不等式,要进行分类讨论.

解法一 由代数式 $|x+3|$、$|x-3|$ 知,-3 和 3 把实数集分为三个区间:$x<-3$,$-3\leqslant x<3$,$x\geqslant 3$.

当 $x<-3$ 时,原不等式变形为 $-x-3-x+3>8$,即 $x<-4$,此时不等式的解为 $x<-4$; ①

当 $-3\leqslant x<3$ 时,原不等式变形为 $x+3-x+3>8$,此时不等式无解. ②

当 $x\geqslant 3$ 时,原不等式变形为 $x+3+x-3>8$,即 $x>4$,此时不等式的解为 $x>4$. ③

取①②③的并集得原不等式的解集为 $\{x\mid x<-4$ 或 $x>4\}$.

解法二 不等式 $|x+3|+|x-3|>8$ 表示数轴上与 $A(-3)$,$B(3)$ 两点距离之和大于 8 的点,而 A、B 两点的距离为 6,因此线段 AB 上每一点到 A、B 的距离之和都等于 6. 如图 4-2-1,要找到与 A、B 距离之和为 8 的点,只需由点 B 向右移 1 个单位(这时距离之和增加 2 个单位),即移到点 $B_1(4)$,或由点 A 向左移 1 个单位,即移到点 $A_1(-4)$.

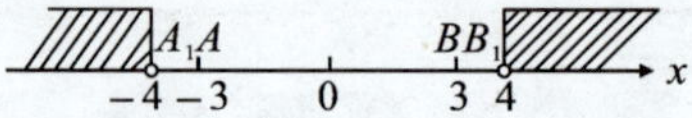

图 4-2-1

可以看出,数轴上点 $B_1(4)$ 向右的点或者点 $A_1(-4)$ 向左的点到 A、B 两点的距离之和均大于 8.

$\therefore$ 原不等式的解集为 $\{x|x<-4$ 或 $x>4\}$.

题型 3 不等式的证明

1. 比较法

作差比较法是利用不等式两边差是正数或负数来证明不等关系,应用广泛,要求熟练掌握;作商比较法适用于不等式两端是乘积形式或幂指数形式.

例 5 求证:(1) $a^2+b^2\geqslant 2(a-b-1)$;

(2) 已知 $x,y\in\mathbf{R}$,求证: $\sin x+\sin y\leqslant 1+\sin x\sin y$.

证明 (1) $a^2+b^2-2(a-b-1)$

$=(a-1)^2+(b+1)^2\geqslant 0$,

$\therefore a^2+b^2\geqslant 2(a-b-1)$.

(2) $\sin x+\sin y-1-\sin x\sin y$

$=\sin x(1-\sin y)-(1-\sin y)$

$=(1-\sin y)(\sin x-1)$.

$\because -1\leqslant\sin x\leqslant 1,\ -1\leqslant\sin y\leqslant 1$,

$\therefore 1-\sin y\geqslant 0,\ \sin x-1\leqslant 0$.

$\therefore (1-\sin y)(\sin x-1)\leqslant 0$,

即 $\sin x+\sin y\leqslant 1+\sin x\sin y$.

例 6 设 $a>0$, $b>0$, 求证: $a^ab^b\geqslant(ab)^{\frac{a+b}{2}}$.

分析 不等式两端都是指数式,它们的值均为正数,可考虑用作商法.

证明 $\because a^ab^b>0,\ (ab)^{\frac{a+b}{2}}>0$,

$$\therefore \frac{a^ab^b}{(ab)^{\frac{a+b}{2}}}=a^{\frac{a-b}{2}}b^{\frac{b-a}{2}}=\left(\frac{a}{b}\right)^{\frac{a-b}{2}}.$$

当 $a=b$ 时,显然有 $\left(\frac{a}{b}\right)^{\frac{a-b}{2}}=1$;

当 $a>b>0$ 时, $\frac{a}{b}>1,\ \frac{a-b}{2}>0$;

当 $b>a>0$ 时, $0<\frac{a}{b}<1,\ \frac{a-b}{2}<0$.

由指数函数的单调性知 $\left(\frac{a}{b}\right)^{\frac{a-b}{2}}>\left(\frac{a}{b}\right)^0$,即 $\left(\frac{a}{b}\right)^{\frac{a-b}{2}}>1$.

综上可知,对任意实数 a、b,都有 $a^ab^b\geqslant(ab)^{\frac{a+b}{2}}$.

2. 综合法

综合法是证明不等式的最基本、最常用的方法,由条件或一些重要不等式入手. 难度不大的不等式证明大多采用综合法. 用综合法证明不等式中所依赖的不等式主要有:

(1) $|a|\geqslant 0,a^2\geqslant 0,(a\pm b)^2\geqslant 0(a,b\in\mathbf{R})$;

(2) $a^2+b^2\geqslant 2ab(a,b\in\mathbf{R}$,当且仅当 $a=b$ 时取等号);

(3) $\frac{a+b}{2}\geqslant\sqrt{ab}(a>0,b>0$,当且仅当 $a=b$ 时取等号);

(4) $\frac{b}{a}+\frac{a}{b}\geqslant 2(ab>0)$;

(5) $||a|-|b||\leqslant|a\pm b|\leqslant|a|+|b|$.

例 7 已知: $a,b,c\in\mathbf{R}^*$. 求证:

(1) $(ab+a+b+1)(ab+ac+bc+c^2)\geqslant 16abc$;

(2) $\frac{b+c-a}{a}+\frac{c+a-b}{b}+\frac{a+b-c}{c}\geqslant 3$.

分析 用综合法证明,注意构造定理所需条件.

证明 (1) $ab+a+b+1=(a+1)(b+1)$,

$ab+ac+bc+c^2=(a+c)(b+c)$.

$\because a>0,b>0,c>0$,故 $a+1\geqslant 2\sqrt{a}>0$,

$b+1\geqslant 2\sqrt{b}>0,a+c\geqslant 2\sqrt{ac}>0$,

$b+c\geqslant 2\sqrt{bc}>0$,

$\therefore (a+1)(b+1)\geqslant 4\sqrt{ab}>0$,

$(a+c)(b+c)\geqslant 4\sqrt{abc^2}$.

$\therefore (a+1)(b+1)(a+c)(b+c)\geqslant 16abc$.

因此,当 $a,b,c\in\mathbf{R}^*$ 时,有

$(ab+a+b+1)(ab+ac+bc+c^2)\geqslant 16abc$.

当且仅当 $a=b=c=1$ 时，取等号.

(2) $\because a,b,c\in\mathbf{R}^*$，

$\therefore \frac{b}{a}+\frac{c}{b}+\frac{a}{c}\geqslant 3\sqrt[3]{\frac{b}{a}\cdot\frac{c}{b}\cdot\frac{a}{c}}=3$.

$\frac{c}{a}+\frac{b}{c}+\frac{a}{b}\geqslant 3$.

$\therefore \frac{b}{a}+\frac{c}{b}+\frac{a}{c}+\frac{c}{a}+\frac{b}{c}+\frac{a}{b}\geqslant 6$.

因此 $\left(\frac{b}{a}+\frac{c}{a}-1\right)+\left(\frac{c}{b}+\frac{a}{b}-1\right)+\left(\frac{a}{c}+\frac{b}{c}-1\right)\geqslant 3$，

即 $\frac{b+c-a}{a}+\frac{c+a-b}{b}+\frac{a+b-c}{c}\geqslant 3$.

当且仅当 $a=b=c$ 时，取等号.

3. 分析法

用分析法证明不等式要把握三点：

(1) 寻找使不等式成立的充分条件时，往往是先寻找使不等式成立的必要条件，再考虑这个必要条件是否充分.

(2) 分析法和综合法要结合起来使用，也就是"两头凑"会使问题较易解决.

(3) 分析法的叙述较繁琐，且不易看懂，往往是用分析法探寻思路，用综合法叙述证明过程.

例 8 若 a、b、c 是不全相等的正数，求证：$\lg\frac{a+b}{2}+\lg\frac{b+c}{2}+\lg\frac{c+a}{2}>\lg a+\lg b+\lg c$.

分析 根据本题的条件和要证明的结论，既可用分析法又可用综合法.

证法一 要证 $\lg\frac{a+b}{2}+\lg\frac{b+c}{2}+\lg\frac{c+a}{2}>\lg a+\lg b+\lg c$，

即证 $\lg\left(\frac{a+b}{2}\cdot\frac{b+c}{2}\cdot\frac{c+a}{2}\right)>\lg(abc)$ 成立.

只需证 $\frac{a+b}{2}\cdot\frac{b+c}{2}\cdot\frac{c+a}{2}>abc$ 成立.

$\because \frac{a+b}{2}\geqslant\sqrt{ab}>0,\frac{b+c}{2}\geqslant\sqrt{bc}>0,\frac{c+a}{2}\geqslant\sqrt{ca}>0$.

$\therefore \frac{a+b}{2}\cdot\frac{b+c}{2}\cdot\frac{c+a}{2}\geqslant abc>0$ 成立.（$*$）

又 $\because$ a、b、c 是不全相等的正数，

$\therefore$（$*$）式等号不成立，

$\therefore$ 原不等式成立.

证法二 $\because a$、b、$c\in\mathbf{R}^+$，

$\therefore \frac{a+b}{2}\geqslant\sqrt{ab}>0,\frac{b+c}{2}\geqslant\sqrt{bc}>0$,

$\frac{c+a}{2}\geqslant\sqrt{ca}>0$.

又 $\because$ a、b、c 是不全相等的正数，

$\therefore \frac{a+b}{2}\cdot\frac{b+c}{2}\cdot\frac{c+a}{2}>abc$.

$\therefore \lg\left(\frac{a+b}{2}\cdot\frac{b+c}{2}\cdot\frac{c+a}{2}\right)>\lg(abc)$.

即 $\lg\frac{a+b}{2}+\lg\frac{b+c}{2}+\lg\frac{c+a}{2}>\lg a+\lg b+\lg c$.

点拨 分析法和综合法是对立统一的两种方法，分析法的证明过程恰好是综合法的分析、思考过程，即综合法是分析法的逆过程.

4. 反证法

用直接法证明不等式困难的时候，可考虑用间接法予以证明，反证法是间接证明的一种. 用反证法证明不等式，其实质是从否定结论出发，通过逻辑推导，导出与已知条件或公理或某些性质相矛盾的结论，从而肯定原不等式成立.

例 9 已知 a、b、$c\in(0,1)$，求证：$(1-a)b,(1-b)c,(1-c)a$ 不能同时大于 $\frac{1}{4}$.

证法一 假设三式同时大于 $\frac{1}{4}$，

即有 $(1-a)b>\frac{1}{4},(1-b)c>\frac{1}{4},(1-c)a>\frac{1}{4}$.

三式同向相乘，得

$(1-a)a(1-b)b(1-c)c>\frac{1}{64}$.

又$(1-a)a\leqslant\left(\frac{1-a+a}{2}\right)^2=\frac{1}{4}$,

同理，$(1-b)b\leqslant\frac{1}{4}$，$(1-c)c\leqslant\frac{1}{4}$,

$\therefore (1-a)a(1-b)b(1-c)c\leqslant\frac{1}{64}$,

与假设矛盾，故假设错误原结论正确.

证法二 假设三式同时大于$\frac{1}{4}$.

$\because 0<a<1$，$\therefore 1-a>0$.

$\therefore \frac{(1-a)+b}{2}\geqslant\sqrt{(1-a)\cdot b}>\sqrt{\frac{1}{4}}=\frac{1}{2}$.

同理$\frac{(1-b)+c}{2}>\frac{1}{2}$，$\frac{(1-c)+a}{2}>\frac{1}{2}$.

三式相加，得$\frac{3}{2}>\frac{3}{2}$，矛盾，

$\therefore$ 假设不成立，原命题成立.

5. 放缩法

具体放缩方式有公式放缩和利用函数的单调性放缩等. 常用的技巧有：舍去一些正项或负项；在和或积中换大（或换小）某些项；扩大（或缩小）分式的分子（或分母）等. 放缩时要注意不等号的一致性.

例10 证明：$\frac{1}{1^2}+\frac{1}{2^2}+\frac{1}{3^2}+\cdots+\frac{1}{n^2}<2$.

证明 当$n=1$时，显然$1<2$成立.

当$n\geqslant2$时，有

$\frac{1}{n^2}<\frac{1}{n(n-1)}=\frac{1}{n-1}-\frac{1}{n}$,

$\therefore \frac{1}{1^2}+\frac{1}{2^2}+\frac{1}{3^2}+\cdots+\frac{1}{n^2}<1+1-\frac{1}{2}+\frac{1}{2}-\frac{1}{3}+\cdots+\frac{1}{n-1}-\frac{1}{n}=2-\frac{1}{n}<2$,

综上所述，原不等式成立.

6. 构造法

(1) 构造函数

①根据题目的结构特征，选择恰当的变元建立函数关系，构造与题设条件相符的函数，然后运用该函数的性质，往往可以收到意想不到的效果.

例11 已知$\triangle ABC$的三边为a,b,c，且m为正数，求证：$\frac{a}{a+m}+\frac{b}{b+m}>\frac{c}{c+m}$.

证明 构造函数$f(x)=\frac{x}{x+m}(x>0,m>0)$，则$f(x)=1-\frac{m}{x+m}$,

可知$f(x)=1-\frac{m}{x+m}$在$(0,+\infty)$为单调递增函数.

在$\triangle ABC$中，$a+b>c$,

$\therefore f(a+b)>f(c)$.

$\because f(a)+f(b)=\frac{a}{a+m}+\frac{b}{b+m}$.

又$\frac{a}{a+m}>\frac{a}{a+b+m}$，$\frac{b}{b+m}>\frac{b}{a+b+m}$,

$\therefore f(a)+f(b)>\frac{a+b}{a+b+m}=f(a+b)>f(c)$,

$\therefore f(a)+f(b)>f(c)$,

$\therefore \frac{a}{a+m}+\frac{b}{b+m}>\frac{c}{c+m}$.

②在不等式中，如果只含一个变量，先变换不等式，使一边为0，并将另一边看成新的函数，然后证明此函数在某个区间内递增或递减.

例12 设$x\in(0,+\infty)$，求证：$\ln(1+x)<x$.

分析 所证不等式等价于$\ln(1+x)-x<0$. 令$f(x)=\ln(1+x)-x$，故只需证$f(x)$在$(0,+\infty)$上的最大值小于0即可.

证明 令$f(x)=\ln(1+x)-x$.

$\because f'(x)=\frac{1}{1+x}-1$,

$\therefore$ 当$x>0$时，$f'(x)<0$,

$\therefore f(x)$在$x>0$上单调递减.

$\because f(x)$在$x>-1$上连续，且$f(0)=0$,

$\therefore$ 当$x>0$时，$f(x)<f(0)=0$,

即$\ln(1+x)<x$.

(2)构造方程

有些题目的特征与方程(尤其是一元二次方程)的性质相似,我们顺势构造一个与之相对应的方程,进而借助方程思想解决问题.

例 13 已知$\frac{\sqrt{2}b-2c}{a}=1$,求证:$b^2\geqslant 4ac$.

分析 将待证的结论$b^2\geqslant 4ac$稍加变形得到$b^2-4ac\geqslant 0$,这便与我们熟悉的一元二次方程的判别式的结构形式完全一致.于是只要能证明关于x的实系数一元二次方程$ax^2+bx+c=0$有实数解即可.

解 构造一个关于x的一元二次方程$ax^2+bx+c=0$.

已知$\frac{\sqrt{2}b-2c}{a}=1$,得到$a-\sqrt{2}b+2c=0$,

即$\frac{1}{2}a-\frac{\sqrt{2}}{2}b+c=0$,得到

$a\left(-\frac{\sqrt{2}}{2}\right)^2+b\left(-\frac{\sqrt{2}}{2}\right)+c=0$,

即方程有实数根$-\frac{\sqrt{2}}{2}$,

故方程的判别式$\Delta=b^2-4ac\geqslant 0$,

所以$b^2\geqslant 4ac$成立.

(3)构造图形

有一些不等式存在着几何背景(通常是由其结构特征来体现的),根据其几何意义构造出相应的几何图形,利用相关的几何知识能巧妙地证明它成立,突出体现了数形结合思想在解证不等式问题中的优越性.

例 14 对任意实数x,证明:$\sqrt{x^2+x+1}+\sqrt{x^2-x+1}\geqslant 2$.

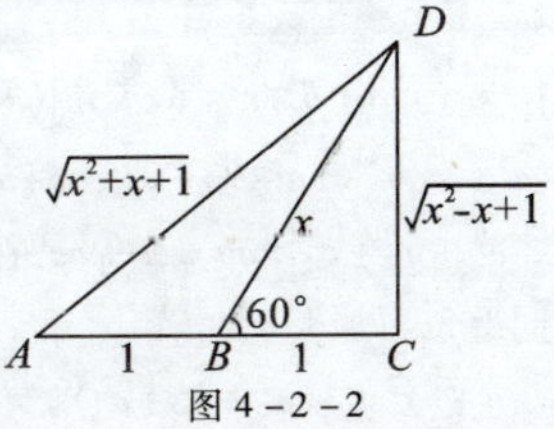

图 4-2-2

证明 (构造平面几何图形):通过观察、分析可以知道,$\sqrt{x^2+x+1}$的结构特征与三角形中余弦定理的形式相似,且$\sqrt{x^2+x+1}=\sqrt{x^2-2\cdot x\cdot 1\cdot\cos\frac{2\pi}{3}+1^2}$,因此可以构造一个以$\sqrt{x^2+x+1}$、1和$x(x>0)$为边的$\triangle ABC$.同理也可以构造一个以$\sqrt{x^2-x+1}$、1和$x(x>0)$为边的$\triangle BCD$,如图4-2-2.由平面几何知识"三角形两边之和大于第三边"知,$AD+CD>AC=2$;

显然当$x=0$,B、D两点重合,$AD+CD=AC=2$;

当$x<0$时,$-x>0$,将$\sqrt{x^2-x+1}$视为$\sqrt{(-x)^2+(-x)+1}$即可,证明结论也成立.

故结论成立.

(4)构造向量

根据所证不等式的特点,构造平面(空间)向量,将不等式问题转化为向量的问题,然后利用向量的性质和计算方法,使问题得以解决,这种证明不等式的方法称为向量法.常用到的关于向量的不等式有$|\boldsymbol{a}|-|\boldsymbol{b}|\leqslant|\boldsymbol{a}\pm\boldsymbol{b}|\leqslant|\boldsymbol{a}|+|\boldsymbol{b}|$,$\boldsymbol{a}^2\boldsymbol{b}^2\geqslant(\boldsymbol{a}\cdot\boldsymbol{b})^2$等.

例 15 若$a+b+c=1$,求证:$a^2+b^2+c^2\geqslant\frac{1}{3}$.

证明 构造向量$\boldsymbol{m}=(a,b,c)$,$\boldsymbol{n}=(b,c,a)$,$\boldsymbol{p}=(c,a,b)$,则$\boldsymbol{m}+\boldsymbol{n}+\boldsymbol{p}=(a+b+c,b+c+a,c+a+b)=(1,1,1)$,

于是由$|\boldsymbol{m}|+|\boldsymbol{n}|+|\boldsymbol{p}|\geqslant|\boldsymbol{m}+\boldsymbol{n}+\boldsymbol{p}|$,

有$3\sqrt{a^2+b^2+c^2}\geqslant\sqrt{1^2+1^2+1^2}=\sqrt{3}$

$\Leftrightarrow 9(a^2+b^2+c^2)\geqslant 3$,得$a^2+b^2+c^2\geqslant\frac{1}{3}$.

例 16 已知$x^2+y^2+z^2=6$,$a^2+b^2+c^2=4(x,y,z,a,b,c\in\mathbf{R})$,求证:$-2\sqrt{6}\leqslant ax+by+cz\leqslant 2\sqrt{6}$.

证明 构造向量$\boldsymbol{m}=(x,y,z)$,$\boldsymbol{n}=(a,b,$

c)，则 $ax+by+cz=$

$\boldsymbol{m}\cdot\boldsymbol{n}=|\boldsymbol{m}||\boldsymbol{n}|\cos<\boldsymbol{m},\boldsymbol{n}>$

$=\sqrt{x^2+y^2+z^2}\cdot\sqrt{a^2+b^2+c^2}\cos<\boldsymbol{m},\boldsymbol{n}>$

$=2\sqrt{6}\cos<\boldsymbol{m},\boldsymbol{n}>$.

$\because -1\leqslant\cos<\boldsymbol{m},\boldsymbol{n}>\leqslant 1$,

$\therefore -2\sqrt{6}\leqslant ax+by+cz\leqslant 2\sqrt{6}$.

(5)构造对偶式

所谓的对偶就在某种意义下成对出现的两个数学结构，如对偶点、对偶数、对偶图、对偶命题、对偶运算等. 若对于一个孤立的研究对象，有意识地构造对偶关系，往往可获得新颖别致的妙解，对偶关系中最常见的是对偶式.

例 17 已知正数 $a_1,a_2,\cdots,a_n$ 满足 $a_1+a_2+\cdots+a_n=1$，证明：$\frac{a_1^2}{a_1+a_2}+\frac{a_2^2}{a_2+a_3}+\cdots+\frac{a_{n-1}^2}{a_{n-1}+a_n}+\frac{a_n^2}{a_n+a_1}\geqslant\frac{1}{2}$.

分析 由于条件中仅有 n 个正数，且其和为定值1，而要证的结论式的左端却是 n 个式子的和. 分析、观察待证式的特点：每个分式的分母都是两个数的和，而分子却是其中一个数的平方，于是我们可以联想平方差公式 $a^2-b^2=(a+b)(a-b)$，于是可以相应地构造对偶式 $\frac{a_2^2}{a_1+a_2}+\frac{a_3^2}{a_2+a_3}+\cdots+\frac{a_n^2}{a_{n-1}+a_n}+\frac{a_1^2}{a_n+a_1}$.

证明 令 $M=\frac{a_1^2}{a_1+a_2}+\frac{a_2^2}{a_2+a_3}+\cdots+\frac{a_{n-1}^2}{a_{n-1}+a_n}+\frac{a_n^2}{a_n+a_1}$，$N=\frac{a_2^2}{a_1+a_2}+\frac{a_3^2}{a_2+a_3}+\cdots+\frac{a_n^2}{a_{n-1}+a_n}+\frac{a_1^2}{a_n+a_1}$.

则 $M-N=\frac{a_1^2-a_2^2}{a_1+a_2}+\frac{a_2^2-a_3^2}{a_2+a_3}+\cdots+\frac{a_{n-1}^2-a_n^2}{a_{n-1}+a_n}+\frac{a_n^2-a_1^2}{a_n+a_1}=(a_1-a_2)+(a_2-a_3)+\cdots+(a_n-a_1)=0$， ①

即 $M=N$.

又 $M+N=\frac{a_1^2+a_2^2}{a_1+a_2}+\frac{a_2^2+a_3^2}{a_2+a_3}+\cdots+\frac{a_n^2+a_1^2}{a_n+a_1}$

$\geqslant\frac{a_1+a_2}{2}+\frac{a_2+a_3}{2}+\cdots+\frac{a_n+a_1}{2}$

$=a_1+a_2+\cdots+a_n=1$，②

由① + ②，得 $\frac{a_1^2}{a_1+a_2}+\frac{a_2^2}{a_2+a_3}+\cdots+\frac{a_{n-1}^2}{a_{n-1}+a_n}+\frac{a_n^2}{a_n+a_1}=M\geqslant\frac{1}{2}$，即结论得证.

(6)构造组合公式

例 18 证明：如果 $|x|<1$，则对任意的整数 $n\geqslant 2$，有 $(1-x)^n+(1+x)^n<2^n$.

证明 因为 $(1-x)^n+(1+x)^n=2(1+C_n^2x^2+C_n^3x^3+\cdots)$，若 n 是偶数，等式右边括号里最后一项是 x^n，否则是 nx^{n-1}. 由于 $|x|<1$，故对所有整数 k，有 $C_n^{2k}x^{2k}<C_n^{2k}$，所以 $(1-x)^n+(1+x)^n<A_n$，其中 A_n 是当 $x=\pm1$ 时多项式 $(1-x)^n+(1+x)^n$ 的值，即 $A_n=2^n$，故 $(1-x)^n+(1+x)^n<2^n$.

题型 4 用柯西不等式解题

1. 利用柯西不等式证明不等式

利用柯西不等式证明不等式，可使原本困难的问题显得特别方便，但关键就是要构造出柯西不等式的结构特点和形式.

例 19 已知正数 a,b,c 满足 $a+b+c=1$，证明：$a^3+b^3+c^3\geqslant\frac{a^2+b^2+c^2}{3}$.

证明 利用柯西不等式

$(a^2+b^2+c^2)^2$

$=\left[a^{\frac{3}{2}}a^{\frac{1}{2}}+b^{\frac{3}{2}}b^{\frac{1}{2}}+c^{\frac{3}{2}}c^{\frac{1}{2}}\right]^2$

$\leqslant\left[(a^{\frac{3}{2}})^2+(b^{\frac{3}{2}})^2+(c^{\frac{3}{2}})^2\right](a+b+c)$

$=(a^3+b^3+c^3)(a+b+c)$. ($\because a+b+c=1$)

又 $\because a^2+b^2+c^2\geqslant ab+bc+ac$，在此不等式两边同乘2，再加上 $a^2+b^2+c^2$ 得

$(a+b+c)^2\leqslant 3(a^2+b^2+c^2)$.

$\because (a^2+b^2+c^2)^2 \leqslant (a^3+b^3+c^3)\cdot 3(a^2+b^2+c^2)$,

$\therefore a^3+b^3+c^3 \geqslant \dfrac{a^2+b^2+c^2}{3}$.

例20 设 a,b,c 为正数,且 $a+b+c=1$,求证:$\left(a+\dfrac{1}{a}\right)^2+\left(b+\dfrac{1}{b}\right)^2+\left(c+\dfrac{1}{c}\right)^2 \geqslant \dfrac{100}{3}$.

证明 $\left(a+\dfrac{1}{a}\right)^2+\left(b+\dfrac{1}{b}\right)^2+\left(c+\dfrac{1}{c}\right)^2=\dfrac{1}{3}(1^2+1^2+1^2)\cdot\left[\left(a+\dfrac{1}{a}\right)^2+\left(b+\dfrac{1}{b}\right)^2+\left(c+\dfrac{1}{c}\right)^2\right] \geqslant \dfrac{1}{3}\left[\left(a+\dfrac{1}{a}\right)\cdot 1+\left(b+\dfrac{1}{b}\right)\cdot 1+\left(c+\dfrac{1}{c}\right)\cdot 1\right]^2$

$=\dfrac{1}{3}\left[1+\left(\dfrac{1}{a}+\dfrac{1}{b}+\dfrac{1}{c}\right)\right]^2$

$=\dfrac{1}{3}\left[1+(a+b+c)\left(\dfrac{1}{a}+\dfrac{1}{b}+\dfrac{1}{c}\right)\right]^2$

$\geqslant \dfrac{1}{3}\left[1+\left(\sqrt{a}\cdot\dfrac{1}{\sqrt{a}}+\sqrt{b}\cdot\dfrac{1}{\sqrt{b}}+\sqrt{c}\cdot\dfrac{1}{\sqrt{c}}\right)^2\right]^2$

$=\dfrac{1}{3}(1+9)^2=\dfrac{100}{3}$.

$\therefore$ 原不等式成立.

点拨 为了使用柯西不等式,可从欲证不等式的一边入手,将其进行适当的变形.

2. 利用柯西不等式求函数最值

利用柯西不等式,可以方便地解决一些函数的最值问题.

例21 已知 a、b、$c\in \mathbf{R}^+$ 且 $a+b+c=1$,求 $\sqrt{4a+1}+\sqrt{4b+1}+\sqrt{4c+1}$ 的最大值.

解 $\sqrt{4a+1}+\sqrt{4b+1}+\sqrt{4c+1}$

$=\sqrt{4a+1}\times 1+\sqrt{4b+1}\times 1+\sqrt{4c+1}\times 1 \leqslant \sqrt{[(4a+1)+(4b+1)+(4c+1)](1^2+1^2+1^2)}$

$=\sqrt{21}$.

当且仅当 $a=b=c$ 时,取得最大值 $\sqrt{21}$.

3. 利用柯西不等式解三角形相关问题

例22 三角形三边 a,b,c 对应的高为 h_a,h_b,h_c,r 为此三角形内切圆半径. 若 $h_a+h_b+h_c=9r$,试判断此三角形的形状.

解 由条件知 $S=\dfrac{1}{2}ah_a=\dfrac{1}{2}bh_b=\dfrac{1}{2}ch_c=\dfrac{1}{2}(a+b+c)r$. (*)

由条件知 $h_a+h_b+h_c=9r$,

则 $(h_a+h_b+h_c)(a+b+c)=9(a+b+c)r$.

由柯西不等式得 $(h_a+h_b+h_c)\cdot(a+b+c)$

$=9(a+b+c)r \geqslant (\sqrt{ah_a}+\sqrt{bh_b}+\sqrt{ch_c})^2$,

即 $9\cdot 2S \geqslant (\sqrt{2S}+\sqrt{2S}+\sqrt{2S})^2=18S$.

当且仅当 $\dfrac{h_a}{a}=\dfrac{h_b}{b}=\dfrac{h_c}{c}$ 时取等号,所以 $\dfrac{h_a}{a}=\dfrac{h_b}{b}=\dfrac{h_c}{c}=k$($k$ 为常数)代入(*),

可得 $a=b=c$,所以此三角形为等边三角形.

4. 利用柯西不等式解方程(组)

例23 在实数集内解方程组

$$\begin{cases} x^2+y^2+z^2=\dfrac{9}{4}, \\ -8x+6y-24z=39. \end{cases}$$

解 由柯西不等式,得

$(x^2+y^2+z^2)[(-8)^2+6^2+(-24)^2]$

$\geqslant (-8x+6y-24z)^2$. ①

$\because (x^2+y^2+z^2)[(-8)^2+6^2+(-24)^2]$

$=\dfrac{9}{4}\times(64+36+4\times 144)^2=39^2$,

又 $(-8x+6y-24z)^2=39^2$,

$\therefore (x^2+y^2+z^2)[(-8)^2+6^2+(-24)^2]$

$=(-8x+6y-24z)^2$,

即不等式①中只有等号成立.

从而由柯西不等式中等号成立的条件得

$\dfrac{x}{-8}=\dfrac{y}{6}=\dfrac{z}{-24}$.

它与 $-8x+6y-24z=39$ 联立,可得

$x=-\dfrac{6}{13}, y=\dfrac{9}{26}, z=-\dfrac{18}{13}$.

题型5 排序不等式的应用

排序不等式一般应用于不等式的证明中,它的本质含义是:两实数序列同方向单调(同时增或同时减)时所得两两乘积之和最大,反方向单调(一增一减)时所得两两乘积之和最小,注意符号成立条件是其中一序列为常数数列.

例24 设 $a_1,a_2,\cdots,a_n$ 是 n 个互不相同的正整数,求证:$1+\frac{1}{2}+\frac{1}{3}+\cdots+\frac{1}{n}\leqslant a_1+\frac{a_2}{2^2}+\frac{a_3}{3^2}+\cdots+\frac{a_n}{n^2}$.

分析 $a_1,a_2,\cdots,a_n$ 是 n 个互不相同的正整数,因此它们可以从小到大排序. 观察特征式子,可以猜想到与 $a_1,a_2,\cdots,a_n$ 对应的另一列数是 $1,\frac{1}{2^2},\frac{1}{3^2},\cdots,\frac{1}{n^2}$,由此联想到用排序不等式证明.

证明 设 $b_1,b_2,\cdots,b_n$ 是 $a_1,a_2,\cdots,a_n$ 的一个排列,且满足 $b_1<b_2<\cdots<b_n$.

$\because b_1,b_2,\cdots,b_n$ 是互不相同的正整数,

$\therefore b_1\geqslant1,b_2\geqslant2,\cdots,b_n\geqslant n$.

$\because 1>\frac{1}{2^2}>\frac{1}{3^2}>\cdots>\frac{1}{n^2}$,

$\therefore$ 由排序不等式得

$$a_1+\frac{a_2}{2^2}+\frac{a_3}{3^2}+\cdots+\frac{a_n}{n^2}$$

$$\geqslant b_1+\frac{b_2}{2^2}+\frac{b_3}{3^2}+\cdots+\frac{b_n}{n^2}$$

$$\geqslant1\times1+2\times\frac{1}{2^2}+3\times\frac{1}{3^2}+\cdots+n\times\frac{1}{n^2}$$

$$=1+\frac{1}{2}+\frac{1}{3}+\cdots+\frac{1}{n}.$$

点拨 在利用排序不等式证明其他不等式时,必须构造出两个合适的有序数组.

题型6 数学归纳法证明不等式

数学归纳法是证明不等式的一种重要方法. 对与正整数有关的不等式,如果用其他方法证明比较困难时,通常考虑用数学归纳法. 推导“$k+1$”成立时,比较法、分析法、综合法、放缩法常被灵活地应用.

例25 数列 $\{a_n\}$ 满足 $a_1=1$ 且 $a_{n+1}=\left(1+\frac{1}{n^2+n}\right)a_n+\frac{1}{2^n}(n\geqslant1)$.

(1)用数学归纳法证明:$a_n\geqslant2(n\geqslant2)$;

(2)已知不等式 $\ln(1+x)<x$ 对 $x>0$ 成立,证明:$a_n<e^2(n\geqslant1)$,其中无理数 $e=2.718\ 28\cdots$.

证明 (1)①当 $n=1$ 时,$a_2=2\geqslant2$,不等式成立.

②假设当 $n=k(k\geqslant2)$ 时不等式成立,即 $a_k\geqslant2(k\geqslant2)$,

那么 $a_{k+1}=\left[1+\frac{1}{k(k+1)}\right]a_k+\frac{1}{2^k}\geqslant2$,

这就是说,当 $n=k+1$ 时不等式成立.

根据①②可知:$a_n\geqslant2$ 对所有 $n\geqslant2$ 成立.

(2)由数学归纳法易证 $2^n>n(n-1)$ 对 $n\geqslant2$ 成立,故

$$a_{n+1}=\left(1+\frac{1}{n^2+n}\right)a_n+\frac{1}{2^n}<\left[1+\frac{1}{n(n+1)}\right]a_n+\frac{1}{n(n-1)}<\left[1+\frac{1}{n(n-1)}\right]a_n+\frac{1}{n(n-1)}(n\geqslant2).$$

令 $b_n=a_n+1(n\geqslant2)$,则

$$b_{n+1}<\left[1+\frac{1}{n(n-1)}\right]b_n(n\geqslant2).$$

取对数并利用已知不等式得

$$\ln b_{n+1}<\ln\left[1+\frac{1}{n(n-1)}\right]+\ln b_n<\ln b_n+\frac{1}{n(n-1)}(n\geqslant2).$$

上式从2到 n 求和得

$$\ln b_{n+1}-\ln b_2<\frac{1}{1\times2}+\frac{1}{2\times3}+\cdots+\frac{1}{n(n-1)}=1-\frac{1}{2}+\frac{1}{2}-\frac{1}{3}+\cdots+\frac{1}{n-1}-\frac{1}{n}<1.$$

因 $b_2=a_2+1=3$，故

$\ln b_{n+1}<1+\ln 3, b_{n+1}<e^{1+\ln 3}=3e(n\geq 2)$.

故 $a_{n+1}<3e-1<e^2, n\geq 2$.

又显然 $a_1<e^2, a_2<e^2$，故 $a_n<e^2$ 对一切 $n\geq 1$ 成立.

点拨 本题考查数学归纳法、数列、不等式的有关内容，涉及到对数函数、放缩法、数列求和等知识，具有较强的综合性.

综合解题指导

题型1 不等式与方程的综合

例1 （广东高考）已知 $a\in\mathbf{R}$，若关于 x 的方程 $x^2+x+\left|a-\frac{1}{4}\right|+|a|=0$ 有实根，则 a 的取值范围是______.

解析 ∵ 关于 x 的方程 $x^2+x+\left|a-\frac{1}{4}\right|+|a|=0$ 有实根，

$\therefore \Delta=1-4\left(\left|a-\frac{1}{4}\right|+|a|\right)\geq 0$，

$\therefore \left|a-\frac{1}{4}\right|+|a|\leq\frac{1}{4}$.

当 $a\leq 0$ 时，$\left|a-\frac{1}{4}\right|+|a|=\frac{1}{4}-2a\leq\frac{1}{4}$，$\therefore a=0$；

当 $0<a\leq\frac{1}{4}$ 时，$\left|a-\frac{1}{4}\right|+|a|=\frac{1}{4}-a+a\leq\frac{1}{4}$ 成立，

$\therefore 0<a\leq\frac{1}{4}$；

当 $a>\frac{1}{4}$ 时，$\left|a-\frac{1}{4}\right|+|a|=a-\frac{1}{4}+a=2a-\frac{1}{4}\leq\frac{1}{4}$，

$\therefore a\leq\frac{1}{4}$，不等式无解.

综上可知 $0\leq a\leq\frac{1}{4}$.

答案 $0\leq a\leq\frac{1}{4}$.

题型2 不等式与函数的综合

例2 已知二次函数 $f(x)=ax^2+bx+c\ (a>0)$ 的图象与 x 轴有两个不同的公共点，若 $f(c)=0$，且 $0<x<c$ 时，$f(x)>0$.

(1) 试比较 $\frac{1}{a}$ 与 c 的大小；

(2) 证明：$-2<b<-1$；

(3) 当 $c>1, t>0$ 时，求证：$\frac{a}{t+2}+\frac{b}{t+1}+\frac{c}{t}>0$.

(1) **解** ∵ $f(x)=0$ 的图象与 x 轴有两个不同的交点，

∴ 方程 $f(x)=0$ 有两个不等实根 x_1, x_2.

∵ $f(c)=0$，∴ c 是方程 $f(x)=0$ 的一个实根.

不妨设 $x_1=c$，由于 $x_1x_2=\frac{c}{a}$，∴ $x_2=\frac{1}{a}$.

假设 $\frac{1}{a}<c$，又 $\frac{1}{a}>0$.

据 $0<x<c$ 时，$f(x)>0$，得 $f\left(\frac{1}{a}\right)>0$，这与 $f\left(\frac{1}{a}\right)=0$ 矛盾，

$\therefore \frac{1}{a}>c$.

(2) **证明** ∵ $f(c)=0$，∴ $ac+b+1=0$，$b=-1-ac$.

又 $a>0, c>0$，∴ $b<-1$.

又 $x=-\frac{b}{2a}=\frac{x_1+x_2}{2}<\frac{x_2+x_2}{2}=x_2=\frac{1}{a}$（由(1)，$x_1=c, x_2=\frac{1}{a}, \frac{1}{a}>c$，即 $x_2>x_1$），

即 $-\frac{b}{2a}<\frac{1}{a}$. 又 $a>0$，∴ $b>-2$.

∴ $-2<b<-1$.

(3) **证明** ∵ $t>0$，∴ 要证不等式成立，只

要证明 $g(t)=(a+b+c)t^2+(a+2b+3c)t+2c>0$.

$\because c>1>0$, $\therefore f(1)>0$，即 $a+b+c>0$.

又 $-2<b<-1$，

$\therefore a+2b+3c=(a+b+c)+(b+2c)>b+2c>b+c>0$.

$\therefore$ 二次函数 $g(t)$ 的对称轴为 $-\dfrac{a+2b+3c}{2(a+b+c)}<0$.

由此可见 $f(t)$ 在 $[0,+\infty)$ 上为增函数.

$\therefore$ 当 $t>0$ 时，$g(t)>g(0)=2c>0$.

即原不等式成立.

题型3 不等式、数列与数学归纳法的综合

例3 （安徽高考）首项为正数的数列 $\{a_n\}$ 满足 $a_{n+1}=\dfrac{1}{4}(a_n^2+3)$，$n\in\mathbf{N}^*$.

(1) **证明** 若 a_1 为奇数，则对一切 $n\geqslant 2$，a_n 都是奇数；

(2) 若对一切 $n\in\mathbf{N}^*$，都有 $a_{n+1}>a_n$，求 a_1 的取值范围.

(1) 证明：已知 a_1 是奇数，假设 $a_k=2m-1$ 是奇数，其中 m 为正整数，

则由递推关系得 $a_{k+1}=\dfrac{a_k^2+3}{4}=m(m-1)+1$ 是奇数.

根据数学归纳法，对任何 $n\in\mathbf{N}^*$，a_n 是奇数

(2) **解法一** 由 $a_{n+1}-a_n=\dfrac{1}{4}(a_n-1)(a_n-3)$ 知，$a_{n+1}>a_n$ 当且仅当 $a_n<1$ 或 $a_n>3$.

另一方面，若 $0<a_k<1$，则 $0<a_{k+1}<\dfrac{1+3}{4}=1$；

若 $a_k>3$，则 $a_{k+1}>\dfrac{3^2+3}{4}=3$.

根据数学归纳法，$0<a_1<1\Leftrightarrow 0<a_n<1$，$\forall n\in\mathbf{N}^*$；

$a_1>3\Leftrightarrow a_n>3$，$\forall n\in\mathbf{N}^*$.

综上所述，对一切 $n\in\mathbf{N}^*$ 都有 $a_{n+1}>a_n$ 的充要条件是 $0<a_1<1$ 或 $a_1>3$.

解法二 由 $a_2=\dfrac{a_1^2+3}{4}>a_1$，得

$a_1^2-4a_1+3>0$，

于是 $0<a_1<1$ 或 $a_1>3$.

$a_{n+1}-a_n=\dfrac{a_n^2+3}{4}-\dfrac{a_{n-1}^2+3}{4}$

$=\dfrac{(a_n+a_{n-1})(a_n-a_{n-1})}{4}$.

因为 $a_1>0$，$a_{n+1}=\dfrac{a_n^2+3}{4}$，所以所有的 a_n 均大于0，

因此 $a_{n+1}-a_n$ 与 a_n-a_{n-1} 同号.

根据数学归纳法，$\forall n\in\mathbf{N}^*$，$a_{n+1}-a_n$ 与 a_2-a_1 同号.

因此，对一切 $n\in\mathbf{N}^*$，都有 $a_{n+1}>a_n$ 的充要条件是 $0<a_1<1$ 或 $a_1>3$.

点拨 本小题主要考查数列、数学归纳法和不等式的有关知识，考查推理论证、抽象概括、运算求解和探究能力，考查学生是否具有谨慎思维的习惯和一定的数学视野.

三年高考分析

含绝对值符号的不等式近几年在高考试题中出现率比较高，内容多以判断、求解集，求参数的取值范围等单纯的绝对值不等式或与其他知识小综合的形式出现，难度属于中低档.

不等式的证明是高中数学的重要内容，命题方向重在考查逻辑推理能力，在题目的设计上，常将不等式的证明与函数、数列、三角综合，比较法、综合法、数学归纳法是高考中常用证明不等式的方法.

例1 （江苏高考）设 $a\geqslant b>0$，求证：$3a^3+2b^3\geqslant 3a^2b+2ab^2$.

分析 不等式两边均为多项式，可考虑用作差比较法.

证明 $3a^3+2b^3-(3a^2b+2ab^2)$

$=3a^2(a-b)+2b^2(b-a)$

$=(3a^2-2b^2)(a-b)$.

$\because a\geqslant b>0$,

$\therefore a-b\geqslant 0, 3a^2-2b^2>0$,

$\therefore (3a^2-2b^2)(a-b)\geqslant 0$,

即 $3a^3+2b^3\geqslant 3a^2b+2ab^2$.

例2 （山东高考）不等式 $|2x-1|-|x-2|<0$ 的解集为______.

解析 方法一：原不等式等价于不等式组

① $\begin{cases}x\geqslant 2,\\ 2x-1-(x-2)<0,\end{cases}$

或② $\begin{cases}\frac{1}{2}<x<2,\\ 2x-1+(x-2)<0,\end{cases}$

或③ $\begin{cases}x\leqslant\frac{1}{2},\\ -(2x-1)+(x-2)<0.\end{cases}$

不等式组①无解，由②得 $\frac{1}{2}<x<1$，由③得 $-1\leqslant x\leqslant\frac{1}{2}$，综上可得 $-1<x<1$.

所以原不等式的解集为 $\{x|-1<x<1\}$.

方法二：原不等式即为 $|2x-1|<|x-2|$，

$\therefore 4x^2-4x+1<x^2-4x+4$,

$\therefore -1<x<1$,

答案 $\{x|-1<x<1\}$.

点拨 本题考查了含多个绝对值号不等式的解法．求解时，既可根据绝对值的定义分段去掉绝对值符号，也可将不等式变形为 $|f(x)|<|g(x)|$ 后两边平方求解.

例3 （全国高考）若直线 $\frac{x}{a}+\frac{y}{b}=1$ 通过点 $M(\cos\alpha,\sin\alpha)$，则（　　）.

A. $a^2+b^2\leqslant 1$　　B. $a^2+b^2\geqslant 1$

C. $\frac{1}{a^2}+\frac{1}{b^2}\leqslant 1$　　D. $\frac{1}{a^2}+\frac{1}{b^2}\geqslant 1$

解析 依题意及柯西不等式得

$1=\left(\frac{\cos\alpha}{a}+\frac{\sin\alpha}{b}\right)^2$

$=\left(\cos\alpha\cdot\frac{1}{a}+\sin\alpha\cdot\frac{1}{b}\right)^2\leqslant\left(\cos^2\alpha+\sin^2\alpha\right)\left(\frac{1}{a^2}+\frac{1}{b^2}\right)$,

所以 $\frac{1}{a^2}+\frac{1}{b^2}\geqslant 1$.

答案 D.

点拨 本题解法很多，但应用柯西不等式求解是最简单的.

例4 （辽宁高考）设函数 $f(x)=|x-1|+|x-a|$.

(1) 若 $a=-1$，解不等式 $f(x)\geqslant 3$；

(2) 如果 $\forall x\in\mathbf{R}, f(x)\geqslant 2$，求 a 的取值范围.

解 (1) 当 $a=-1$ 时，

$f(x)=|x-1|+|x+1|$.

由 $f(x)\geqslant 3$ 得 $|x-1|+|x+1|\geqslant 3$.

①当 $x\leqslant -1$ 时，

不等式化为 $1-x-1-x\geqslant 3$，即 $-2x\geqslant 3$.

解得 $x\leqslant -\frac{3}{2}$.

不等式组 $\begin{cases}x\leqslant -1,\\ f(x)\geqslant 3\end{cases}$ 的解集为 $\left(-\infty,-\frac{3}{2}\right]$.

②当 $-1<x\leqslant 1$ 时，不等式化为 $1-x+x+1\geqslant 3$，此不等式不成立，不等式组 $\begin{cases}-1<x\leqslant 1,\\ f(x)\geqslant 3\end{cases}$ 的解集为 $\varnothing$.

③当 $x>1$ 时，不等式化为 $x-1+x+1\geqslant 3$，即 $2x\geqslant 3$，解得 $x\geqslant\frac{3}{2}$.

不等式组 $\begin{cases}x>1,\\ f(x)\geqslant 3\end{cases}$ 的解集为 $\left[\frac{3}{2},+\infty\right)$.

综上可得，$f(x)\geqslant 3$ 的解集为 $\left(-\infty,-\frac{3}{2}\right]\cup\left[\frac{3}{2},+\infty\right)$.

(2) 若 $a=1$，$f(x)=2|x-1|$，不满足题设

条件.

若 $a<1$，$f(x)=\begin{cases}-2x+a+1, x\leqslant a.\\1-a, a<x<1,\\2x-(a+1), x\geqslant 1.\end{cases}$

$f(x)$ 的最小值为 $1-a$.

若 $a>1$，$f(x)=\begin{cases}-2x+a+1, x\leqslant 1,\\a-1, 1<x<a,\\2x-(a+1), x\geqslant a.\end{cases}$

$f(x)$ 的最小值为 $a-1$.

所以 $\forall x\in\mathbf{R}$，$f(x)\geqslant 2$ 的充要条件是 $|a-1|\geqslant 2$，从而 a 的取值范围为 $(-\infty,-1]\cup[3,+\infty)$.

点拨 本题考查了含绝对值不等式的解法，对此类问题可进行分类讨论.

例5 （全国Ⅰ高考）设函数 $f(x)=x-x\ln x$，数列 $\{a_n\}$ 满足 $0<a_1<1$，$a_{n+1}=f(a_n)$.

(1) 证明：函数 $f(x)$ 在区间 $(0,1)$ 上是增函数；

(2) 证明：$a_n<a_{n+1}<1$；

(3) 设 $b\in(a_1,1)$，整数 $k\geqslant\dfrac{a_1-b}{a_1\ln b}$，证明：$a_{k+1}>b$.

证明 (1) $f'(x)=1-(1+\ln x)=-\ln x$，

因为 $0<x<1$，故 $\ln x<0$，

因此 $f'(x)>0$，故 $f(x)$ 在 $(0,1)$ 上为增函数.

(2) 当 $0<x<1$ 时，$f(x)=x-x\ln x>x$.

又由(1)及 $f(x)$ 在 $x=1$ 处连续知，

当 $0<x<1$ 时，$0<x<f(x)<1$，

因此，当 $0<x<1$ 时，$0<x<f(x)<1$. ①

下面用数学归纳法证明：

$0<a_n<a_{n+1}<1$. ②

由 $0<a_1<1$，$a_2=f(a_1)$，

由式①得 $0<a_1<a_2<1$.

即当 $n=1$ 时，不等式②成立.

假设 $n=k$ 时，不等式②成立，

即 $0<a_k<a_{k+1}<1$.

当 $n=k+1$ 时，则可得 $0<a_{k+1}<f(a_{k+1})<1$.

即 $0<a_{k+1}<a_{k+2}<1$，

故当 $n=k+1$ 时，不等式②成立.

综合证得 $a_n<a_{n+1}<1$.

(3) 由(2)知，$\{a_n\}$ 逐渐递增，故若存在正整数 $m\leqslant k$，使得 $a_m\geqslant b$，则 $a_{k+1}>a_m\geqslant b$.

否则，若 $a_m<b(m\leqslant k)$，则

由 $0<a_1\leqslant a_m<b<1(m\leqslant k)$ 知，

$a_m\ln a_m\leqslant a_1\ln a_m<a_1\ln b<0$. ③

$a_{k+1}=a_k-a_k\ln a_k=a_{k-1}-a_{k-1}\ln a_{k-1}-a_k\ln a_k=\cdots=a_1-\sum\limits_{m=1}^{k}a_m\ln a_m$.

由③知 $\sum\limits_{m=1}^{k}a_m\ln a_m<k(a_1\ln b)$，

于是 $a_{k+1}>a_1+k|a_1\ln b|\geqslant a_1+(b-a_1)=b$.

故 $a_{k+1}>b$.

点拨 本题考查利用导数研究函数的单调性等知识以及数列中的归纳、推理、论证及综合分析问题的能力.

数学思想

1. 分类讨论思想

解含多个绝对值符号的不等式，常采用分类讨论思想.

例1 解不等式 $|x|+|x-3|\leqslant 5$.

分析 令 $x=0$，$x-3=0$，将 $\mathbf{R}$ 分成3个小区间分类讨论.

解 原不等式等价于

①$\begin{cases}x<0,\\-x+(3-x)\leqslant 5\end{cases}$

或②$\begin{cases}0\leqslant x<3,\\x+3-x\leqslant 5\end{cases}$

或③$\begin{cases}x\geqslant 3,\\x+x-3\leqslant 5.\end{cases}$

解①得 $-1\leqslant x<0$，解②得 $0\leqslant x<3$，解③得 $3\leqslant x\leqslant 4$.

综上可得 $-1\leqslant x\leqslant 4$.

$\therefore$ 不等式的解集为 $\{x\mid -1\leqslant x\leqslant 4\}$.

2. 函数思想

在证明不等式时，根据待证不等式的特征，构造一个相应的函数，利用函数的有关性质，使问题得以解决.

例2 已知 a,b 为实数，且 $e<a<b$，证明：$a^b>b^a$.

分析 先把指数问题转化为对数问题，$a^b>b^a\Leftrightarrow b\ln a>a\ln b$，进一步转化为 $b\ln a>a\ln b\Leftrightarrow\frac{\ln a}{a}>\frac{\ln b}{b}$. 由此问题可转化为证明函数 $f(x)=\frac{\ln x}{x}$ 在 $(e,+\infty)$ 上是减函数.

证明 令 $f(x)=\frac{\ln x}{x}$，则 $f'(x)=\frac{1-\ln x}{x^2}$.

当 $x\in(e,+\infty)$ 时，$\ln x>1$.

$\therefore f'(x)<0$,

$\therefore f(x)$ 在 $(e,+\infty)$ 上是减函数.

$\therefore$ 当 $e<a<b$ 时，有 $\frac{\ln a}{a}>\frac{\ln b}{b}$，即 $a^b>b^a$.

3. 数形结合思想

某些不等式存在几何背景，可根据几何意义构造出相应原图形，利用数形结合思想帮助解题.

例3 已知实数 a、b 满足 $0<a<1,0<b<1$，求证：$\sqrt{a^2+b^2}+\sqrt{(a-1)^2+b^2}+\sqrt{a^2+(b-1)^2}+\sqrt{(a-1)^2+(b-1)^2}\geqslant 2\sqrt{2}$.

分析 题设给出了两个已知范围的变量 a、b，条件很简单，而要求证的式子却很复杂——4 个根式的和不小于一个特定的数字，感觉无从下手. 但是我们如能联想到每个独立的式子的几何意义——平面内两点间的距离，这个问题就转化了距离和的问题. 因此待证式左端的几何意义是：在平面内几条共点线段的长度和，从而实现了由“式”到“形”的转化；同时为了实现“等”到“不等”的转化，可以联想到三角形的性质——两边之和大于第三边. 证明：借助一个边长为 1 的正方形，取其内部一点 O，使之到 AB、AD 的距离分别为 a、b，如图 4－2－3，则

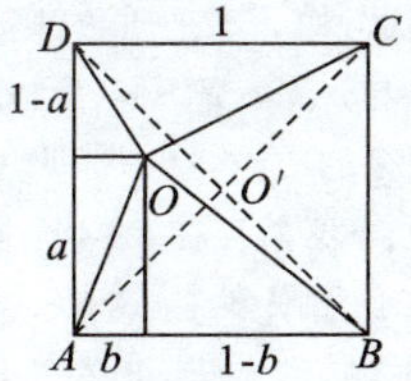

图 4－2－3

$|AO|=\sqrt{a^2+b^2}$,

$|BO|=\sqrt{a^2+(b-1)^2}$,

$|CO|=\sqrt{(a-1)^2+(b-1)^2}$,

$|DO|=\sqrt{(a-1)^2+b^2}$.

在 $\triangle AOC$ 中，$AO+OC\geqslant\sqrt{2}$（当 $O\in AC$ 时，等号成立，此时 AOC 为直线）；

在 $\triangle BOD$ 中，$BO+OD\geqslant\sqrt{2}$（当 $O\in BD$ 时，等号成立，此时 BOD 为直线），

$\therefore\sqrt{a^2+b^2}+\sqrt{(a-1)^2+b^2}+\sqrt{a^2+(b-1)^2}+\sqrt{(a-1)^2+(b-1)^2}\geqslant 2\sqrt{2}$，当且仅当点 O 为正方形的中心时，等号成立. 故结论成立，即命题得证.

背景材料

数学归纳法简史

我们经常要证明关于全体自然数的命题，由于自然数有无限多个，若是一个接一个地验证下去，那永远也做不完，而数学归纳法就是解决这类问题的一个重要方法.

数学归纳法在数学中有着广泛的应用，它是从有限到无限的过渡桥梁.

数学归纳法的思想可以远推至欧几里得（活动约于公元前 300 年）的《几何原本》. 该书第九卷第 20 命题是：“质数比任何给定的一批质数都多.”

欧几里得在证明这一命题时采用了独特的“几何”方式，他把数视为线段. 设有质数 a,

b,c,另设 $d=a\cdot b\cdot c+1$,则 d 或是质数或不是质数. 如果 d 是质数,则 d 是与 a,b,c 三者都不同的质数,如 d 不是质数,则它必有质因数 e,并且 e 与 a,b,c 都不同,所以一定有比给定的质数更多的质数,这一证明里隐含了:若有 n 个质数,就必然存在 $n+1$ 个质数,因而自然推出质数有无限多个. 这是一种试图用有限推导把握无限的做法,虽然它不是很完善,但由于它隐含着这个命题,人们还是普遍接受了它. 这可以说是数学归纳法思想产生的早期,人们沟通有限和无限的一种初步的尝试.

严格的数学归纳法是在 16 世纪后期才引入的. 1575 年意大利数学家、物理学家莫洛克斯(1494 - 1575)在他的《算术》一书中明确提出了这一方法,并且用它证明了

$$1+3+\cdots+(2n+1)=(n+1)^2.$$

法国著名数学家帕斯卡(1623 - 1662)承认莫洛克斯引用了这方法,并在他的著作《三角阵算术》中运用了这一方法.

帕斯卡发现了一种被后来称作“帕斯卡三角形”的数表,即二项展开式系数表,中国称为“贾宪三角形”. 它是宋代贾宪于公元 11 世纪最先发现的. 而帕斯卡在研究证明“算术三角形”等三个命题时,他最先准确而清晰地指出了证明过程所必须且只需的两个步骤,他称之为第一条引理和第二条引理.

第一条引理:该命题对于第一个底(即 $n=1$)成立,这是很显然的.

第二条引理:如果该命题对任一底(对任意的 n)成立,它必对其下一底(对 $n+1$)也成立.

由此可见,该命题必定对 n 值都成立.

帕斯卡的证明方法就是现在的数学归纳法,他所提出的两个引理就是数学归纳法的两个步骤,他在 1654 年写出的著作《论算术三角形》中做了详尽的论述. 因此,一般认为帕斯卡是数学归纳法的主要发明人.

由于当时还没有表示任意自然数的符号,因此其公式及证明只能用叙述的方法. 1686 年 J · 贝努利首先采用了表示任意自然数的符号. 在他的名著《猜度术》(1713 年)中包含了运用数学归纳法证明问题的出色例子. “数学归纳法”这个名称及数学归纳法的证明形式是德摩根(1806 - 1871 年)所提出的. 皮亚诺(1858 - 1932 年)的自然数公理中包含了归纳原理.

第五篇　算法初步

知识网络

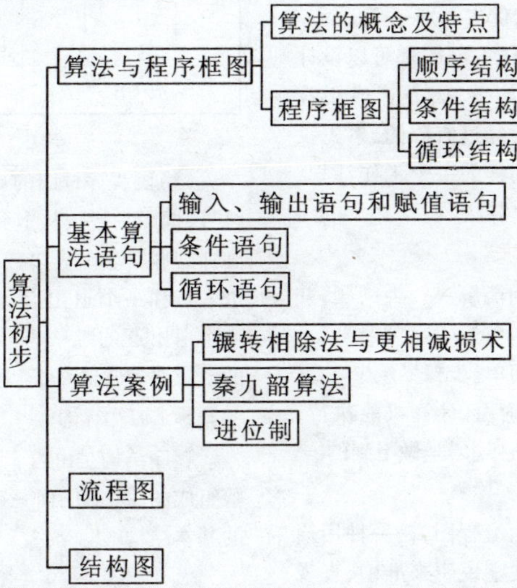

基础知识精析

1. 算法

在数学中,算法通常是指按照一定规则解决某一类问题的明确和有限的步骤.现在,算法通常可以编成计算机程序,在计算机里执行并解决问题,并且在有限步之内可以完成.

注意

(1)算法与一般意义上具体问题的解法既有联系,又有区别,它们之间是一般和特殊的关系,也是抽象与具体的关系.算法的获得要借助一般意义上具体问题的求解方法,而任何一个具体问题都可以利用这类问题的一般算法来解决.

(2)描述算法可以用不同的方式,例如,可以用自然语言和数学语言加以叙述,也可以用算法语言给出精确的说明,或者用框图直观地显示出算法的全貌.

2. 算法的特点

算法有以下五个特点:确定性、逻辑性、有穷性、不唯一性、普遍性.

(1)确定性:算法中的每一步都应该是确定的,并且能有效地执行且得到确定的结果,不可模棱两可.

(2)逻辑性:算法从初始步骤开始,分为若干明确的步骤,前一步是后一步的前提,只有执行完前一步才能进行下一步,而且每一步都是正确无误的,从而组成了一个有着很强逻辑性的步骤序列.

(3)有穷性:算法有一个清晰的起始步,终止步时会显示问题得到解答或指出问题没有解答,所有序列必须在有限个步骤之内完成,不能无休止地执行下去.

(4)不唯一性:求解某一个问题的算法不一定只有唯一的一个,可以有不同的算法,当然这些算法有简繁之分、优劣之别.

(5)普遍性:很多具体的问题都可以设计合理的算法去解决. 例如手算、心算或用算盘. 用计算器去计算都要经过有限的、事先设计好的步骤加以解决. 同样的一个工作计划,生产流程等都可以视为"算法".

3. 设计算法的要求

(1)写出的算法必须能解决一类问题,并且能够重复使用.

(2)要使算法尽量简单,步骤尽量少.

(3)要保证算法正确,且计算机能执行,如让计算机去执行"倒一杯水"是做不到的.

4. 程序框图

(1)程序框图又称为流程图,是一种用规定的程序框、流程线及文字说明来准确、直观地表示算法的图形.

(2)用程序框图表示算法,具有直观、形象的特点,能更清楚地呈现算法的逻辑结构.

(3)程序框图主要由程序框和流程线组成,基本的程序框有终端框(即起止框),输入、输出框、处理框、判断框,其中起止框是任何流程图不可缺少的,而输入、输出框可以用在算法中任何需要输入、输出的位置.

图形符号	名称
	起止框
	输入、输出框
	处理框
	判断框
	流程线
	连接点

(4)画程序框图的规则:使用标准的框图符号;框图一般按从上到下,从左到右的方向画;除判断框外,大多数流程图符号只有一个进入点和一个退出点,而判断框是具有超过一个退出点的唯一符号;在图形符号内描述的语言要非常简练、清楚.

5. 顺序结构

顺序结构是由若干个依次执行的处理步骤组成的. 这是任何一个算法结构都离不开的基本结构.

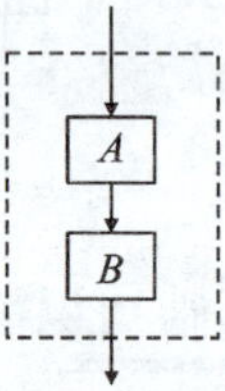

图 5-1-1

图 5-1-1 虚线框内是一个顺序结构,要求算法按书写的顺序执行,即先执行 A 操作,再执行 B 操作.

6. 条件结构(选择结构)

条件结构是指依据条件是否成立选择执行不同的算法结构. 图 5-1-2 虚线框内是一个条件结构,此结构中包含一个判断操作,根据给定的条件 P 是否成立而选择执行 A 操作或 B 操作.

注意

(1)无论 P 条件是否成立，只能执行 A 操作或 B 操作之一，不可能既执行 A 操作又执行 B 操作.

(2)无论走哪一条路径，在执行完 A 或 B 之后，都经过 b 点，然后脱离本条件结构.

(3)A 或 B 两个框中可以有一个是空的，即不执行任何操作，如图 5－1－2(2).

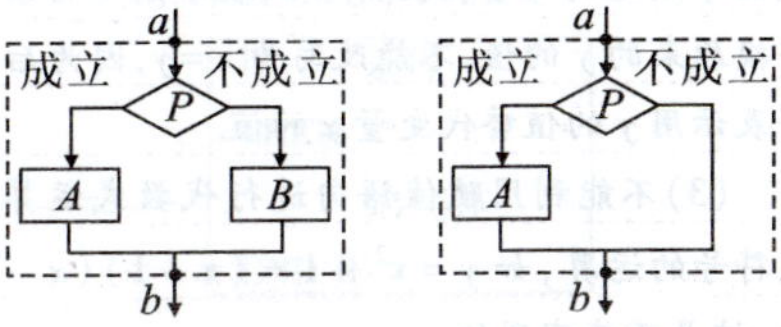

(1)　　(2)

图 5－1－2

7. 循环结构

循环结构是指按照一定条件，反复执行某一处理步骤的算法结构. 在循环结构中，反复执行的处理步骤称为循环体. 常见的循环有：

(1)当型(While 型)循环结构

如图 5－1－3(1)，当条件 P_1 成立时，执行 A 操作操作，执行完 A 后，再判断条件 P_1 是否成立，如果仍然成立，再执行 A 操作，如此反复执行 A 操作，直到某一次 P_1 条件不成立为止，此时不执行 A 操作，而从 b 点脱离循环结构.

(2)直到型(Until 型)循环结构

如图 5－1－3(2)，它的功能是首先执行 A 操作，然后判断给定的条件 P_2 是否成立，如果 P_2 条件不成立，则再执行 A 操作，然后再对 P_2 条件做判断，如果 P_2 条件仍然不成立，再执行 A 操作……如此反复执行，直到给定的 P_2 条件成立为止，此时不再执行 A 操作，从 b 点脱离本循环结构.

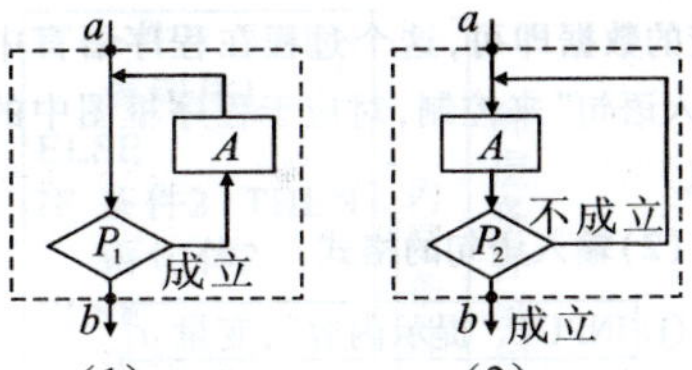

(1)　　(2)

图 5－1－3

注意

(1)当型循环和直到型循环的区别是：当型循环是先判断(条件)再执行，而直到型循环是先执行后判断；当型循环是条件满足时执行有关操作，直到型循环是满足了条件就不再执行有关操作.

(2)循环结构中一定包含条件结构.

(3)循环结构中常用的变量有计数变量、累加变量及累乘变量. 计数变量用来记录某个事件发生的次数(即执行循环体的次数)，累加变量用来计算数据之和，累乘变量用来计算数据之积. 对这些变量，开始一般要先赋初值，一般地，计数变量初值可设为 0 或 1，累加变量初值设为 0，累乘变量初值设为 1.

8. 三种基本结构的共同特点

三种基本结构都具有以下特点：

(1)只有一个入口.

(2)只有一个出口.

(3)结构中每一部分都应当有一条从入口到出口的路径通过它(至少通过一次).

(4)结构内没有“死循环”(无终止的循环).

通过对各种各样的算法和框图进行分析和研究，证明只须用顺序结构、分支结构和循环结构就可表示任何一个算法.

9. 输入语句

(1)在某些算法中，变量的初值要根据情况经常地改变. 一般我们把程序和初始数据分开，每次运算时，即使初始数据改变，也不必改变程序部分，只要每次程序运行时，输入计算机执行 UNTIL 语句时，先执行一次循环体，然后判断条件是否成立，当条件不成立时，执行循环体，直到某一次符合条件为止，这时不再执行循环体，跳出循环，执行 LOOP UNTIL 语句后的其他语句，因此 UNTIL 语句又称为直到型循环语句.

(5)当型循环语句与直到型循环语句的区别：

①当型循环先判断后执行，直到型循环先执行后判断.

②当型循环用 WHILE 语句，直到型循环用 UNTIL 语句.

③对同一算法来说，当型循环和直到型循环的条件互为反条件.

④直到型循环语句至少执行一次循环体，而当型循环则可能一次也不执行循环体.

(6)当型循环语句与直到型循环语句的联系：

当型循环和直到型循环只是在实现循环方法上不同，两种循环语句间是可以相互转化的，也就是说对同一算法而言，两种语句所达到的效果是等同的.

14. 辗转相除法

辗转相除法是用于求两个数的最大公约数的一种方法. 这种算法由欧几里得在公元前300年左右首先提出，因而又叫欧几里得算法.

辗转相除法的算法思想是：对于给定的两个正整数，用较大的数除以较小的数，若余数不为零，则将余数和较小的数构成新的一组数，继续上面的除法，直到大数被小数除尽，则这时较小的数就是原来两个数的最大公约数. 其算法步骤是：

第一步：输入两个正整数 $a,b(a>b)$；

第二步：求出 $a\div b$ 的余数 r；

第三步：令 $a=b,b=r$，若 $r\neq 0$，重复第二步；

第四步：输出最大公约数 a.

15. 更相减损术

更相减损术是求两个数的最大公约数的另一种方法.

更相减损术的算法思想是：对于给定的两个数(不全为偶数)，以两数中较大的数减去较小的数，然后将差和较小的数构成一组新数，再用其中较大的数减去较小的数，反复执行此步骤，直到差数和较小的数相等，此时相等的两数便为原来两数的最大公约数. 其算法步骤为：

第一步：输入两个正整数 $a,b(a>b)$；

第二步：若 $a\neq b$，则执行第三步，否则执行第五步；

第三步：把 $a-b$ 的差赋予 r；

第四步：如果 $b>r$，则把 b 赋予 a，把 r 赋予 b；否则把 r 赋予 a，执行第二步；

第五步：输出最大公约数 b.

若给出的两个正整数都是偶数，则用 2 先约分.

16. 秦九韶算法

秦九韶算法是计算多项式函数值的比较先进的算法.

对任意一元多项式

$$f(x)=a_nx^n+a_{n-1}x^{n-1}+\cdots+a_1x+a_0$$

$$=(a_nx^{n-1}+a_{n-1}x^{n-2}+\cdots+a_1)x+a_0$$

$$=((a_nx^{n-2}+a_{n-1}x^{n-3}+\cdots+a_2)x+a_1)\cdot x+a_0$$

$$=\cdots$$

$$=(\cdots((a_nx+a_{n-1})x+a_{n-2})x+\cdots+a_1)x+a_0.$$

求多项式的值时，首先计算最内层括号内一次多项式的值，即

$b_1=a_nx+a_{n-1}$，

然后由内向外逐层计算一次多项式的值，即

$b_2=b_1x+a_{n-2}$，

$b_3=b_2x+a_{n-3}$，

…

$b_n = b_{n-1}x + a_0$.

这样,求 n 次多项式 $f(x)$ 的值就转化为求 n 个一次多项式的值.

上述方法称为秦九韶算法.秦九韶算法的优越性在于节省了乘法的次数,使计算量减少,并且逻辑结构简单.另外这种算法还避免了对自变量 x 单独做幂的计算,而是与系数一起逐次增长幂次,从而可提高计算的精度.

可见,秦九韶算法把运算次数由至多的 $\frac{n(n+1)}{2}$ 次乘法运算和 n 次加法运算减少为乘法运算 n 次,加法运算 n 次,大大提高了运算效率.

17. 进位制

所谓进位制,是人们为了计数和运算方便而约定的记数系数.“满几进一”就是几进制,几进制的基数就是几.因此,k 进制需要用 k 个数字来表示.

k 进制的特点:具有 k 个数字符号,它们是0,1,2,3,…,$(k-1)$.由低位到高位是按“逢 k 进一”的规则进行计数;可以表示为一串数字连写在一起的形式:

$a_na_{n-1}\cdots,a_1a_{0(k)}$ $(0<a_n<k,0\leqslant a_{n-1},a_{n-2},\cdots,a_1,a_0<k)$.

注意

k 进制的基数都是大于1的整数,为区分不同的进位数,常在数的右下角标明基数,十进制数一般不标注基数.

18. 排序问题

(1)为了便于查询和检索,我们常常根据某种要求把被查询的对象用数字(或者符号)表示出来,并把数字按大小排列,这是信息处理中的一项基本工作,通常称为排序.

(2)有序列:给定一组按从小到大的顺序排好的数据列,例如{5,17,21,35}通常称这样按顺序排列的数据列为有序列.

(3)有序列直接插入排序:对于一个有序列:$a_1\leqslant a_2\leqslant a_3\leqslant\cdots\leqslant a_n$,欲将新数据 A 插入到有序列内,形成新的有序列,其做法是:将数据 A 与原有序列中的数据从右到左依次进行比较,直到发现某一数据 a_i 使得 $a_i\leqslant A$,把 A 插入到 a_i 的右边;如果数据 A 小于原有序列中的所有数据,则将 A 插入到原有序列的最左边,这种排序算法通常称为有序列直接插入排序的算法.

(4)折半插入排序:先将新数据与有序列的“中间位置”的数据进行比较.若有序列有 $2n+1$ 个数据,则“中间位置”的数据指的是第 $n+1$ 个数;若有序列有 $2n$ 个数据,则“中间位置”的数据指的是第 n 个数.如果新数据小于“中间位置”的数据,则新数据插入的位置应该在靠左边的一半;如果新数据等于“中间位置”的数据,则新数据插入到“中间位置”的数据的右边;如果新数据大于“中间位置”的数据,则新数据插入的位置应该在靠右边的一半.也就是说,一次比较,就排除了数据列中一半的位置,反复进行这种比较,直到确定新数据的位置,像这样的插入排序方法我们称之为折半插入排序方法.

19. 工序流程图

工序流程图又称统筹图,常常用来表示一些动态过程,可以有一个或多个终点,直观、明确地表示了动态过程从开始到结束的全部过程.

工序流程图常见的一种画法是:将一个工作或工程从头到尾依先后顺序分为若干道工序(即所谓自顶向下),每一道工序用矩形框表示,并在该矩形框内注明此工序的名称或代号.两相邻工序之间用流程线相连.有时为合理安排工程进度,还在每道工序框上注明完成该工序所需时间.开始时工序流程图可以画得粗疏,然后再对每一框逐步细化.

注意

在工序流程图上不允许出现几道工序首尾相接的圈图或循环回路,当然对每一道工序还可以再细分,还可以画出更精细的统筹图,这一点完全类似于算法的流程图表示:自顶向下,逐步细化.

20. 流程图

常见的流程图有程序框图和工序流程图,流程图通常用来描述一个过程性活动,活动的每一个明确的步骤构成流程图的一个基本单元.

在我们所介绍的流程图内,每一个框代表一道工序,流程线则表示两相邻工序之间的衔接关系,这是一个有向线,其方向用它上面的箭头标识,用以指示工序进展的方向.

21. 结构图

结构图一般由构成系统的若干要素和表达各要素之间关系的连线(或方向箭头)构成. 连线通常按从上到下、从左到右的方向(方向箭头按照箭头所指的方向)表示要素的从属关系与逻辑的先后关系,一般有知识结构图和组织结构图.

在结构图中前面的要素称为后面要素的"上位"要素,后面的要素称为前面要素的"下位"要素,一般情况下,"下位"要素比"上位"要素更为具体,"上位"要素比"下位"要素更为抽象. "下位"要素越多,结构图越复杂,所以在画结构图时,应根据具体需要确定复杂程度,简洁的结构图有时能更好地反映主体要素之间的关系和系统的整体特点. 结构图一般都呈"树"形结构,这种图直观,容易理解. 在结构图中也经常出现一些"环"形结构,这种情形常在表达逻辑先后关系时出现.

题型分类与方法总结

题型 1 设计算法

给出一个问题,设计算法思路如下:

(1)认真分析问题,联系解决此问题的一般数学方法;(2)综合考虑此类问题所涉及的各种情况;(3)借助有关的变量或参数对算法加以描述;(4)将解决问题的过程划分为若干个步骤;(5)用简洁的语言将各个步骤表示出来.

例 1 输入一个实数 x,计算函数 $f(x)=|x-1|$ 的值,用算法实现.

分析 在设计算法时要注意程序的可执行性,对输入的实数有一个判断的过程.

解 算法如下:

第一步:输入一个实数 x.

第二步:判断 x 是否大于等于 1,若 $x\geqslant1$,则 $f(x)=x-1$;否则,$f(x)=1-x$.

第三步:输出 $f(x)$ 的值.

点拨 设计算法时要尽量选取简洁、快速、高效的解决问题的途径. 对一个具体问题,要对解决问题的途径进行透彻的研究,找出最优算法,做到"先思考后处理".

题型 2 顺序结构及其应用

顺序结构描述的是最简单、最基本的算法结构,语句与语句之间、框与框之间是按从上到下顺序进行的.

例 2 利用梯形的面积公式计算上底为 2,下底为 4,高为 5 的梯形的面积. 设计出该问题的算法及程序框图.

解 算法如下:

第一步:$a=2,b=4,h=5$.

第二步:$S=\frac{1}{2}(a+b)h$.

第三步:输出 S.

程序框图如图 5-1-7.

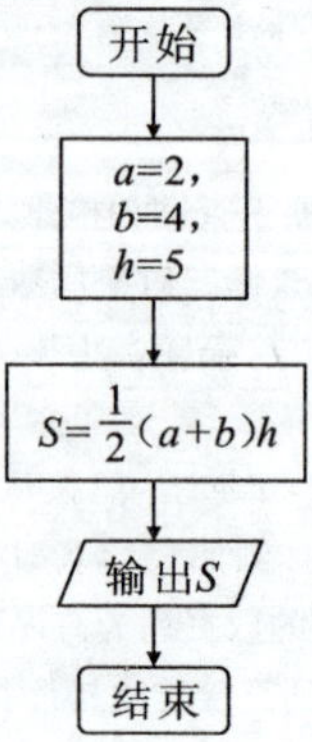

图 5-1-7

点拨 解这一类问题关键在于正确写出算法，然后仿照结构形式，根据画法规则画出程序框图. 程序框图的顺序应与算法的步骤一致.

题型3 条件结构及其应用

使用条件结构画程序框图要注意两点：一是判断条件是什么；二是判断后的条件分别对应什么样的结果. 在画程序框图时，必须引入一个判断框应用选择结构.

例3 已知函数 $y=\begin{cases}-2(x>0),\\0(x=0),\\2(x<0),\end{cases}$ 写出求该函数的函数值的算法，并画出程序框图.

解 算法如下：

第一步：输入 x.

第二步：如果 $x>0$，则 $y=-2$；如果 $x=0$，则 $y=0$；如果 $x<0$，则 $y=2$.

第三步：输出函数值 y.

相应的程序框图如图5-1-8.

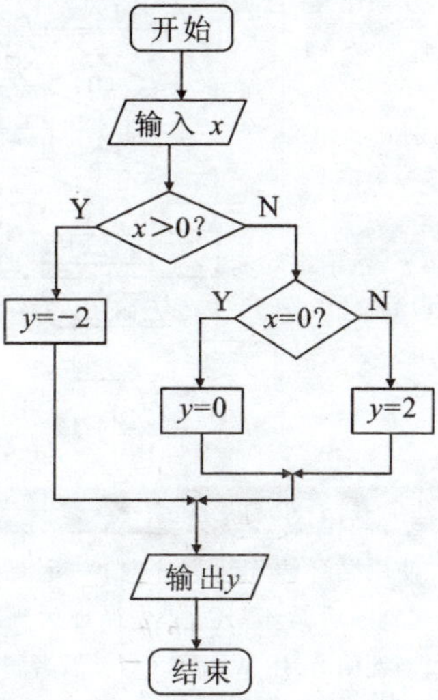

图5-1-8

点拨 求分段函数值的算法应用到条件结构，因此在程序框图的画法中需要引入判断框，要根据题目的要求引入适当个数的判断框，而判断框内的条件不同，对应的下一图框中的内容或操作也要相应地进行变化.

题型4 循环结构及其应用

(1)涉及多次的和或积的程序框图要用到循环和分支结构，画图时应注意三个量：循环变量的初始量、终值，循环变量的增量在程序中的作用与位置.

(2)当型循环和直到型循环只是实现循环的不同方法，两种循环是可以互相转化的.

例4 利用两种循环写出 $1+2+3+\cdots+1\,000$ 的算法，并画出各自的算法程序框图.

解 直到型算法：

S1 $S=0$；

S2 $I=1$；

S3 $S=S+I$；

S4 $I=I+1$；

S5 如果 I 不大于 1 000，转 S3；否则，输出 S.

相应程序框图如图5-1-9(1).

当型循环算法如下：

S1 $S=0,I=1$；

S2 若 $I\leqslant 1\,000$ 成立，则执行 S3，否则输出 S；

S3 $S=S+I$；

S4 $I=I+1$，返回 S2.

相应程序框图如图5-1-9(2).

点拨 (1)注意直到型循环和当型循环的本质区别. 直到型循环先执行 $I=I+1$，再判断 $I>1\,000$，若满足才输出 S；而当型循环先判断 $I\leqslant 1\,000$，若是，则使 $I=I+1$，直到条件 $I\leqslant 1\,000$ 不成立才结束循环，输出 S.

(2)循环结构主要用在一些有规律的重复计算的算法中，如累加求和、累乘求积等问题.

(3)在循环结构中，要注意根据条件设计合理的计数变量、累加或累乘变量等，特别要注意循环结构中条件的表达要恰当、精确.

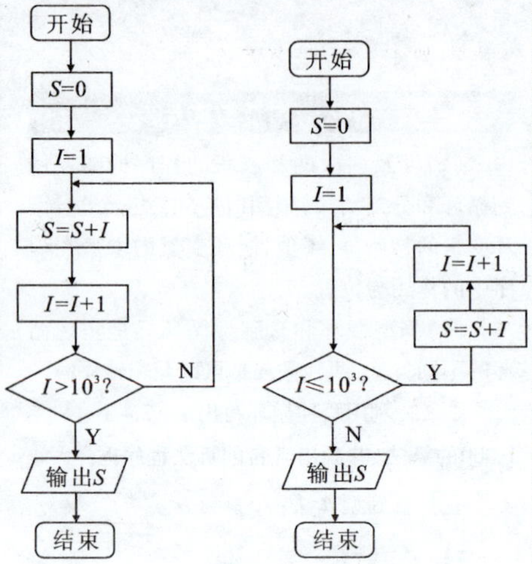

图 5－1－9

题型 5 输入、输出语句和赋值语句的应用

用输入、输出、赋值三种语句来编写程序时，要注意各种语句的格式与作用，及相应符号的运用.

例 5 已知函数 $y=x^2-2x+3$，编写一个程序，使每输入一个 x 的值，都得到相应的 y 值.

分析 要完成该程序，只要恰当地用好输入、输出语句和赋值语句即可.

解 程序如下：

```
INPUT   "x = ";x
  y = x^2 - 2 * x + 3
PRINT   "x = ";x
PRINT   "y = ";y
END
```

题型 6 条件语句的应用

条件语句主要有两种格式，分别是 IF－THEN 格式和 IF－THEN－ELSE 格式. 在复杂的算法中，有时需要对按条件执行的某一语句（特别是 ELSE 后边的语句体 2）继续按照另一个要求进行判断，这时可再利用一个条件语句进行判断，这就形成 3 条件语句的嵌套. 在编写条件语句嵌套中的"条件"时，要注意"IF"与"END IF"的配对.

例 6 已知分段函数

$$y=\begin{cases}-2x+1 & (x<0),\\ 0 & (x=0),\\ 2x+1 & (x>0),\end{cases}$$

编写程序，输入自变量 x 的值，输出其相应的函数值，并画出程序框图.

分析 由于该函数是一分段函数，所以输入 x 的值后应根据 x 的值所在的范围，选择相应的解析式代入求出其函数值，故应用条件语句. 又因为实数 x 的值共分为三个范围，所以还应用到条件语句的嵌套.

解 程序框图如图 5－1－10.

程序如下：

```
INPUT x
IF   x < 0   THEN
   y = -2 * x + 1
ELSE
  IF   x = 0   THEN
     y = 0
  ELSE
    y = 2 * x + 1
  END   IF
END   IF
PRINT   y
END
```

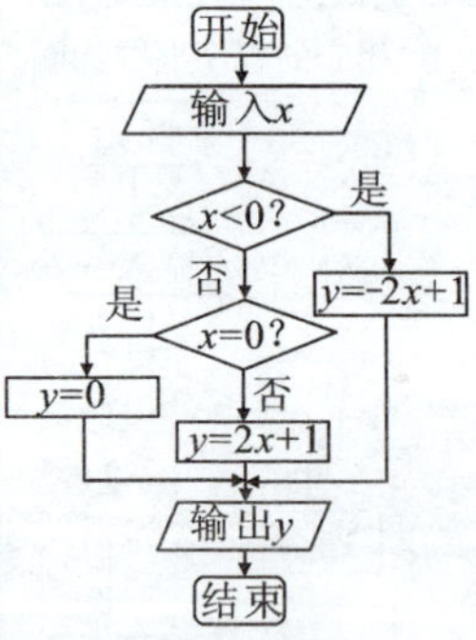

图 5－1－10

题型 7 循环语句的应用

在使用循环语句写程序时，一定要判断好是"先判断后循环"还是"先循环后判断"，前者属当型循环，用 WHILE 语句. 后者属直到型循环，用 UNTIL 语句.

例 7 给出 30 个数：1，2，4，7，…，其规律是：第 1 个数是 1，第 2 个数比第一个数大 1，第 3 个数比第二个数大 2，第 4 个数比第 3 个数大3,以此类推,要计算第30个数的大小.现在已给出了该问题算法的程序框图(如图5-1-11).

(1)请在图中判断框①处和执行框②处填上合适的语句,使之能完成该题算法功能;

(2)根据程序框图写出程序.

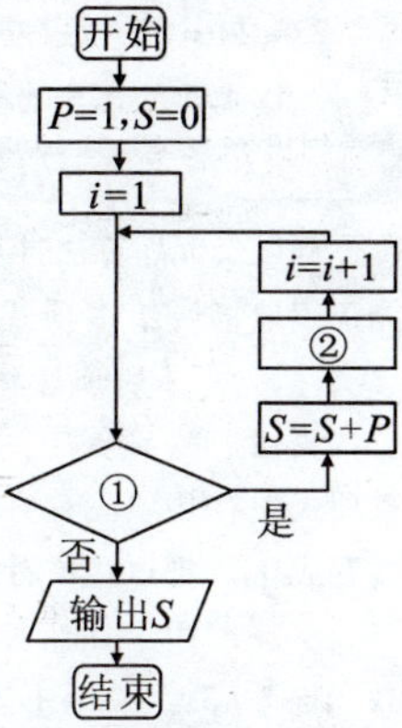

图5-1-11

分析 本题给出的程序框图中的循环结构是先判断条件然后执行循环体,属于当型循环结构,当型循环应是满足条件执行循环体,不满足条件退出循环,故①应填"$i\leqslant30$",设计的程序中的循环语句应用当型(WHILE)语句.

解 (1)①中填"$i\leqslant30$?";②中应填"$P=P+i$".

(2)程序如下:

```
P = 1
S = 0
i = 1
WHILE   i < = 30
  S = S + P
  P = P + i
  i = i + 1
WEND
PRINT   S
END
```

例8 方程$\ln x+2x-6=0$在(2,3)之间有一个根,试把它求出来,精确到0.000 1.

解 第一步:令$f(x)=\ln x+2x-6$,

因为$f(2)<0,f(3)>0$,

所以设$x_1=2,x_2=3$.

第二步:令$C=\frac{x_1+x_2}{2}$,判断$f(C)$是否为0.若是,则C为所求;若否,继续判断$f(x_1)\cdot f(C)$大于0还是小于0.

第三步:若$f(x_1)\cdot f(C)>0$,则令$x_1=C$;否则,令$x_2=C$.

第四步:判断$|x_1-x_2|<0.000\ 1$是否成立.若是,则x_1,x_2之间的任意取值均为满足条件的近似根;若否,则返回第二步.

程序框图如图5-1-12.

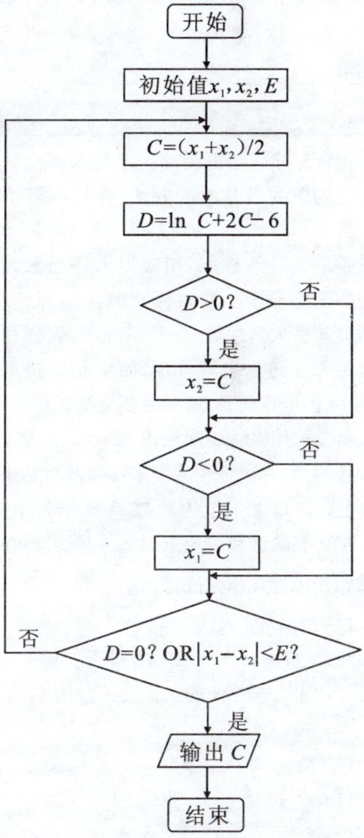

图5-1-12

程序如下:

```
x1 =2,x2 =3,E=0.000 1
DO
C=(x1 +x2)/2
D=ln C+2C-6
IF  D>0  THEN
  x2 =C  END  IF
IF  D<0  THEN
  x1 =C
END  IF
LOOP UNTIL  D=0  OR  ABS(x1 -x2)<E
PRINT  "X≈";C
END
```

题型8 求两个数的最大公约数

辗转相除法和更相减损术是求两个数的最大公约数的最基本的方法.辗转相除法是当大数被小数除尽时,结束除法运算,较小的数就是最大公约数;更相减损术是当大数减去小数的差等于小数时停止减法运算,较小的数就是最大公约数.一般情况下,辗转相除法得最大公约数步骤较少,而更相减损术步骤较多,但运算简易,解题时要灵活选用.

例9 用辗转相除法求528和12 155的最大公约数,并用更相减损术检验所得结果.

分析 12 155作为大数,528作为小数,执行辗转相除法和更相减损术的步骤即可.

解 用辗转相除法

$12\,155=528\times23+11$,

$528=11\times48$,

$\therefore$ 12 155与528的最大公约数为11.

更相减损术验证

$12\,155-528=11\,627$,

$11\,627-528=11\,099$,

…,

$539-528=11$,

$528-11=517$,

$517-11=506$,

…,

$22-11=11$,

$\therefore$ 12 155与528的最大公约数为11.

题型9 秦九韶算法

利用秦九韶算法计算多项式的值关键是能正确地将所给多项式改写,然后由内向外逐次计算,由于后项计算用到前项的结果,故应认真、细心,确保中间结果的准确性.若在多项式中有几项不存在时,可将这些项的系数看成0,即把这些项看做$0\times x^n$.

例10 用秦九韶算法求多项式$f(x)=8x^7+5x^6+3x^4+2x+1$当$x=2$时的值.

分析 利用秦九韶算法一步一步地代入运算,注意本题中有几项不存在,此时在计算时,我们应该将这些项加上,比如含有x^3这一项可看做$0\cdot x^3$.

解 根据秦九韶算法,把多项式改写成如下形式:

$f(x)=8x^7+5x^6+0\cdot x^5+3x^4+0\cdot x^3+0\cdot x^2+2x+1$

$=((((((8x+5)x+0)x+3)x+0)x+0)x+2)x+1$.

$v_0=8$,

$v_1=8\times2+5=21$,

$v_2=21\times2+0=42$,

$v_3=42\times2+3=87$,

$v_4=87\times2+0=174$,

$v_5=174\times2+0=348$,

$v_6=348\times2+2=698$,

$v_7=698\times2+1=1\,397$,

$\therefore$ 当$x=2$时,多项式的值为1 397,

点拨 秦九韶算法是多项式求值的优秀算法,秦九韶算法的特点是:(1)化高次多项式求值为一次多项式求值;(2)减少了运算次数,提高了效率;(3)步骤重复执行,容易用计算机实现.

题型10 进位制

(1)将k进制数化为十进制数的方法:先把k

进制数写成用各位上的数字与 k 的幂的乘积的形式，再按照十进制数的运算规则计算出结果.

(2)将十进制数化为 k 进制的方法：除 k 取余法，即用 k 连续去除十进制数或所得的商，直到商为零为止，然后把各步得到的余数倒看写出，就是相应的 k 进制数.

(3)k 进制之间的转化，先转化成十进制，再转化为 k 进制.

例11 (1)把十进制数168化为八进制数；

(2)把五进制数 $33_{(5)}$ 化为二进制数.

分析 由(1)十进制数转化为八进制数，除8取余数；(2)把五进制数转化为二进制数，先把五进制数转化为十进制数，再由十进制数转化为二进制数.

解 (1)

除数	被除数	余数
8	168	
8	21	0
8	2	5
	0	2

$\therefore 168=250_{(8)}$.

(2)$33_{(5)}=3\times5^1+3\times5^0=18$.

除数	被除数	余数
2	18	
2	9	0
2	4	1
2	2	0
2	1	0
	0	1

$\therefore 33_{(5)}=10\,010_{(2)}$.

题型11 排序问题

(1)直接插入法排序一般从右到左依次进行.

(2)折半插入排序法是将新数据依次与“中间位置”的数据比较，直至确定位置.

例12 利用折半插入排序法将5插入到有序列{1,3,4,7,9,10,12}中，并写出步骤.

分析 利用折半插入排序的方法，依次把5与“中间位置”的数据比较即可.

解 第一步：将5与中间位置的数据7比较，由于 $5<7$，所以5应插入靠近左边的一半.

第二步：将5与左边中间位置的数据3比较，由于 $5>3$，所以5应插入左边中靠近右边的一半.

第三步：将5与4比较，由于 $5>4$，所以5应插入4的右边.

所以5应插入4和7之间.

题型12 流程图

1. 工序流程图

画工序流程图，首先要弄清楚整项工程应分为多少道工序，应该由上到下，先粗略后精细，其次是仔细考虑各道工序的先后顺序及相互联系、制约的程度，最后要考虑哪些工序可以平行进行，哪些工序可以交叉进行，哪些是紧前工序.

例13 要在某一规划区域内筹建工厂，拆迁和工程设计可以同时进行. 如果工程设计分为两个部分的话，那就是土建设计与设备采购，这两项又可以同时进行. 显然，当拆迁工作和土建设计进行完才能进行厂房土建工程，在厂房土建工程和设备采购进行完才能进行设备安装、调试，待此工序完成后，才能进行试生产. 试画出该工厂由拆迁、设计、购买设备、厂房建设、设备安装到试生产的工序流程图.

首先列出下表：

工序代号	工序名称	紧前工序
A	拆迁	—
B	工程设计	—
C	土建设计	B
D	设备采购	B
E	厂房土建	A,C
F	设备安装	D,E
G	设备调试	F
H	试生产	G

画出工序流程图如图5－1－13.

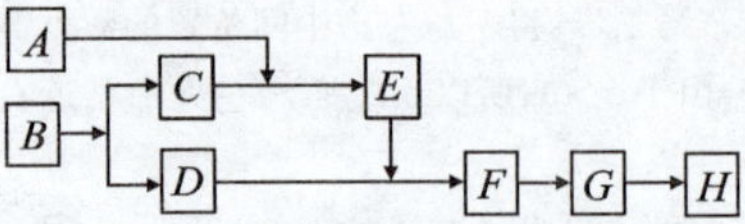

图 5－1－13

2. 一般流程图

先将文字所述流程分解为若干个比较明确的步骤，并确定这些步骤之间的联系，再画出流程图.

例 14 某保险公司业务流程如下：

(1)保户投保：填单交费、公司承保、出具保单；

(2)保户提赔：公司勘查，同意，则赔偿；不同意，则拒赔.

试画出该公司的业务流程图.

分析 (1)中是主要步骤，按顺序填写好，再将(2)中的步骤补充到里面去，由于(2)中包含一个判断框，因此注意条件与处理方式相对应.

解 流程图如图 5－1－14.

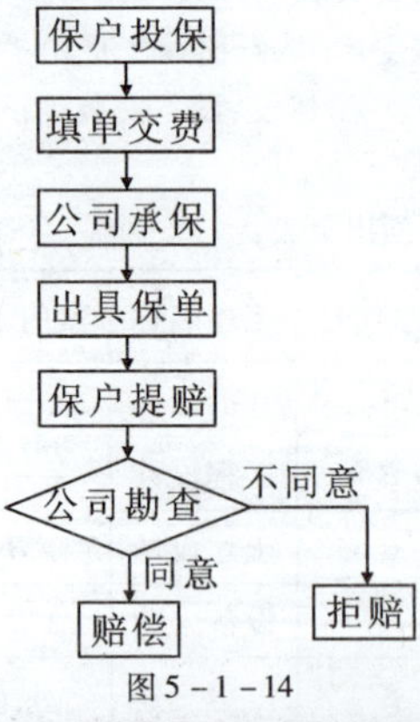

图 5－1－14

题型 13 结构图

画结构图时，首先要确定组成结构图的基本要素，然后通过连线来表明各要素之间的关系. 各要素之间的关系通常包括逻辑关系和从属关系，逻辑关系通常用“环”形结构来表达，而从属关系通常用“树”形结构来表达.

一般地，绘制结构图的具体过程如下：

(1)从头到尾抓住主要脉络分解成若干步；

(2)将每一步提炼成简洁语言放在矩形框内；

(3)各步按逻辑顺序排列并用线段相连.

例 15 某中学行政机构关系如下：校长下设两名副校长和校长办公室，两名副校长又各自管理教务处、教科室和保卫科、政教处、总务处，各科室共同管理和服务班级. 试画出该校的行政组织结构图，并由结构图说明学校的管理工作是怎样进行的.

解析 该校的行政组织结构图如图5－1－15.

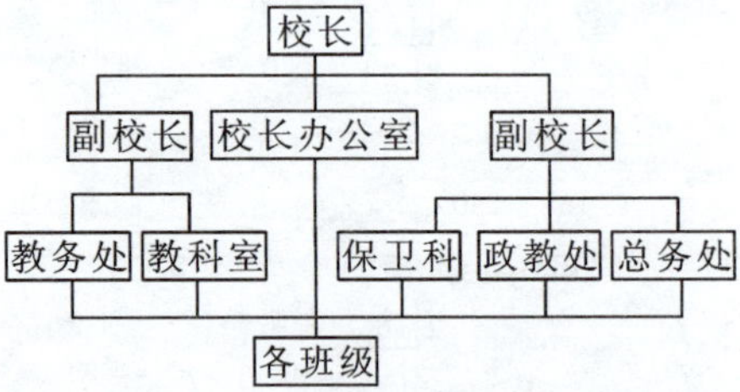

图 5－1－15

由图 5－1－15 可知：学校的现有管理工作由校长总负责，然后由两名副校长分别负责教学工作和后勤工作，校长办公室对校长负责，处理学校工作，班级是学校的基本单位，各部门科室都有责任管理和服务于班级，班级工作是最基础的学校工作.

综合解题指导

题型 1 算法与三角的综合

例 1 如图 5－1－16 的算法中，令 $a=\tan\theta, b=\sin\theta, c=\cos\theta, \theta\in\left(-\frac{5\pi}{4},-\pi\right)$，则输出结果为________.

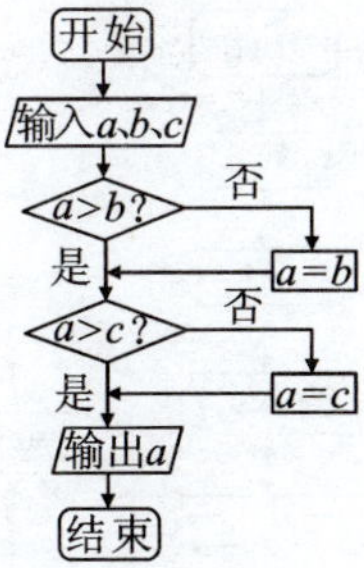

图 5－1－16

解析 由题意知该程序框图的作用是输出三者中的最大者. θ 在第二象限,只有 $\sin\theta$ 为正值.

答案 $\sin\theta$.

题型 2 算法与数列的综合

例 2 按如图 5－1－17 程序框图,若输出结果为 170,则判断框内应补充的条件为(　　).

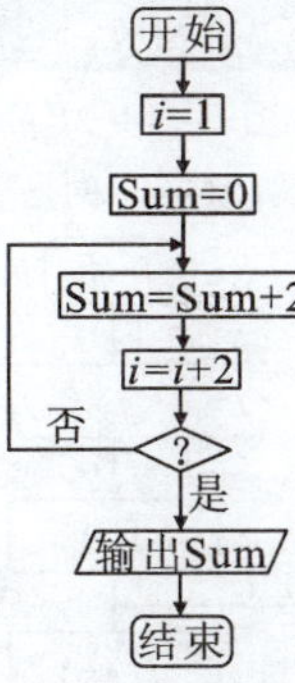

图 5－1－17

A. $i>5$　B. $i\geqslant 7$　C. $i>9$　D. $i\geqslant 9$

解析 框图所体现的程序功能为求和:$2+2^3+2^5+\cdots+2^{2n-1}(n\in\mathbf{N}^*)$. 因为输出结果为 170,由 $\frac{2\times(4^n-1)}{4-1}=170$ 得 $n=4$,即输出的是和:$2+2^3+2^5+2^7$. 由 $i=i+2$ 可得 $7+2=9$,故判断框内应补充的条件为 $i\geqslant 9$(也可填 $i>7$),故选 D.

答案 D.

题型 3 算法与函数方程的综合

例 3 给出一个如图 5－1－18 的程序框图,若要使输入的 x 值与输出的 y 值相等,则这样的 x 值的个数是(　　).

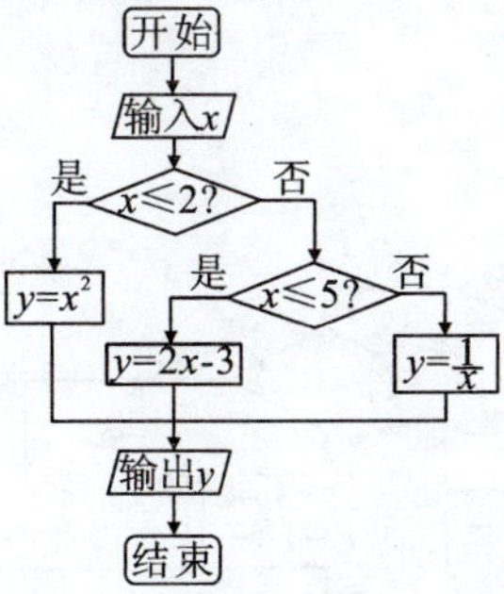

图 5－1－18

A. 1　　B. 2　　C. 3　　D. 4

解析 当 $x\leqslant 2$ 时,$y=x^2=x$,解得 $x_1=0$,$x_2=1$;

当 $2<x\leqslant 5$ 时,$y=2x-3=x$,解得 $x_3=3$;

当 $x>5$ 时,$y=\frac{1}{x}=x$,解得 $x=\pm 1$(舍去). 故 x 可为 0,1,3,应选 C.

答案 C.

题型 4 算法与应用题的综合

例 4 铁路运输托运行李,从甲地到乙地,规定每张客票托运费计算方法是:行李质量不超过 50 kg 时,按 0. 25 元/kg 计算;超过 50 kg 而不超过 100 kg 时,其超过部分按0. 35 元/kg 计算;超过 100 kg 时,其超过部分按 0. 45 元/kg 计算. 编写程序,输入行李质量,计算并输出托运的费用,并画出程序框图.

解 程序如下:

```
INPUT  "ω=";ω
  IF  ω<=50  THEN
      x=ω*0.25
  ELSE
      IF  ω<=100  THEN
      x=0.25*50+0.35*(ω-50)
      ELSE
      x=0.25*50+0.35*50+0.45*(ω-
100)
      END  IF
  END  IF
  PRINT  "x=";x
  END
```

程序框图如图 5－1－19.

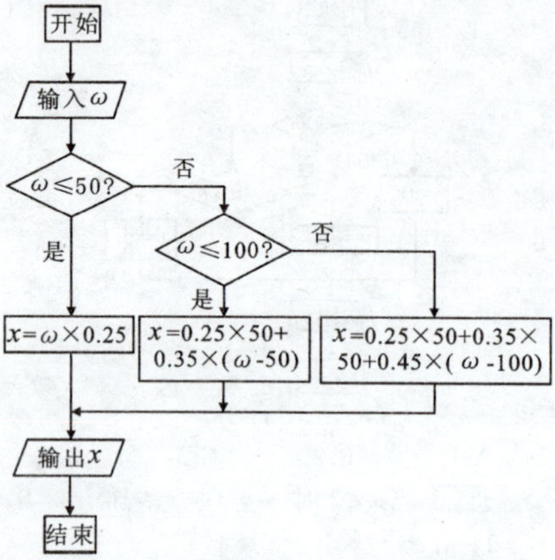

图 5－1－19

题型 5 算法与统计综合

例 5 对一个作直线运动的质点的运动过程观测了 8 次，得到如下表所示的数据：

观测次数 i	1	2	3	4	5	6	7	8
观测数据	40	41	43	43	44	46	47	48

在上述统计数据的分析中，一部分计算见如图 5－1－20 的程序框图（其中 $\bar{a}$ 是这 8 个数据的平均数），则输出的 S 的值是________.

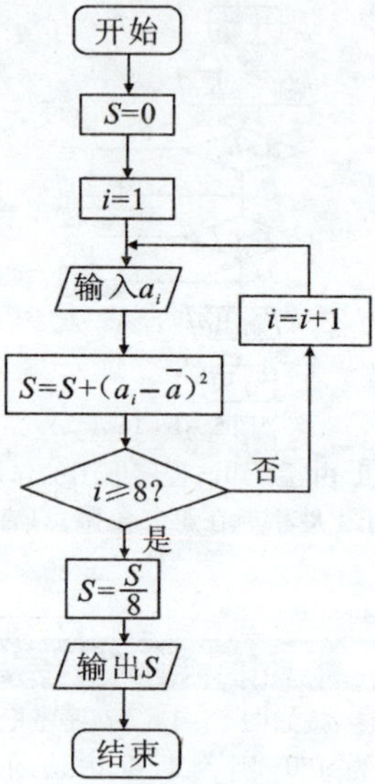

图 5－1－20

解析 由程序框图知输出的 S 实质为上述表格中数据的方差，故只要根据方差的公式求出方差即可. 可求得 a_i 的平均数为 44，故 $S^2=\frac{1}{8}(16+9+1+1+0+4+9+16)=7$.

答案 7.

点拨 本题主要考查统计和算法的基本知识，算法与统计交汇主要是以统计为载体考查算法程序框图问题，解题的关键是熟练掌握统计及程序框图的基本知识.

题型 6 算法与导数综合

例 6 在如图 5－1－21 的程序框图中，输入 $f_0(x)=\cos x$，则输出的是________.

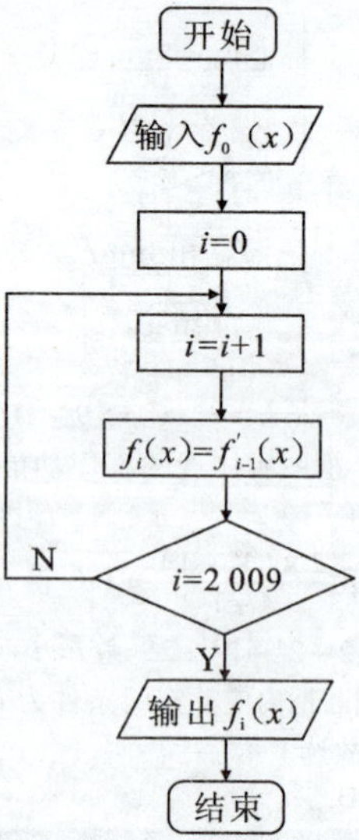

图 5－1－21

解析 依题意：$f_0(x)=\cos x, f_1(x)=f'_0(x)=-\sin x, f_2(x)=f'_1(x)=-\cos x$,

$f_3(x)=f'_2(x)=\sin x, f_4(x)=f'_3(x)=\cos x$，故周期为4，所以$f_{2\,009}(x)=f_1(x)=-\sin x$.

答案 $-\sin x$.

点拨 此题是一常规题型，所不同的是将此题用程序框图的方式表达出来，从而使题目变得耳目一新，因此平时要加强对程序框图阅读理解能力的训练.

三年高考分析

通过对近三年命题分布数据的分析可以看出：算法是数学及其应用的重要组成部分，也是计算机科学的重要基础. 算法初步是新课标新增加的必修内容，它与前面的知识有着密切的联系，并且与实际问题的联系也非常密切. 本部分知识能很好地考查我们的严谨思考与表达能力.

本部分知识在高考中一般以选择题、填空题形式出现，主要考查程序框图.

例1 （山东高考）阅读如图5-1-22的程序框图，若输入的n是100，则输出的变量S和T的值依次是（　　）.

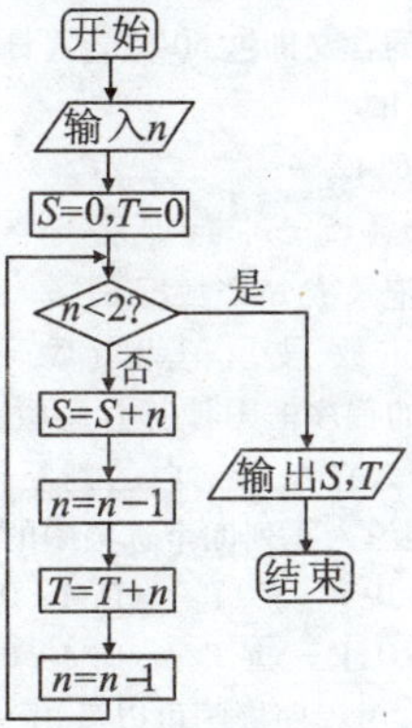

图5-1-22

A. 2 500，2 500　　B. 2 550，2 550

C. 2 500，2 550　　D. 2 550，2 500

解法一 由程序框图知：$S>T$，排除选项A、B、C，故选D.

解法二 $S=100+98+96+\cdots+2=\dfrac{(100+2)\times 50}{2}=2\,550$.

$T=99+97+\cdots+3+1=\dfrac{(99+1)\times 50}{2}=2\,500$，故选D.

答案 D.

例2 （广东高考）如图5-1-23(1)是某县参加2007年高考的学生身高条形统计图，从左到右的各条形表示的学生人数依次记为A_1、A_2、…、A_{10}（如A_2表示身高（单位：cm）在[150,155)内的学生人数）. 图5-1-23(2)是统计图5-1-23(1)中身高在一定范围内学生人数的一个算法流程图. 现要统计身高在160～180 cm（含160 cm，不含180 cm）的学生人数，那么在流程图中的判断框内应填写的条件是（　　）.

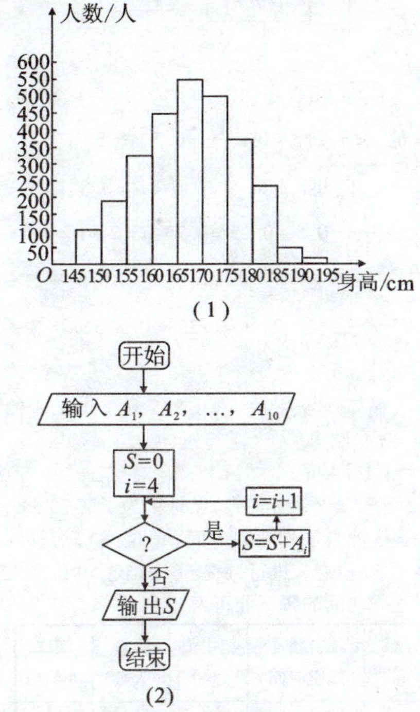

图5-1-23

A. $i<9$　B. $i<8$　C. $i<7$　D. $i<6$

解析 统计160～180 cm的学生，即$A_4+A_5+A_6+A_7$，$4\leq i\leq 7$时都符合要求.

答案 B.

例3 （山东高考）执行下边的程序框图

(如图 5-1-24),若 $p=0.8$,则输出的 $n=$________.

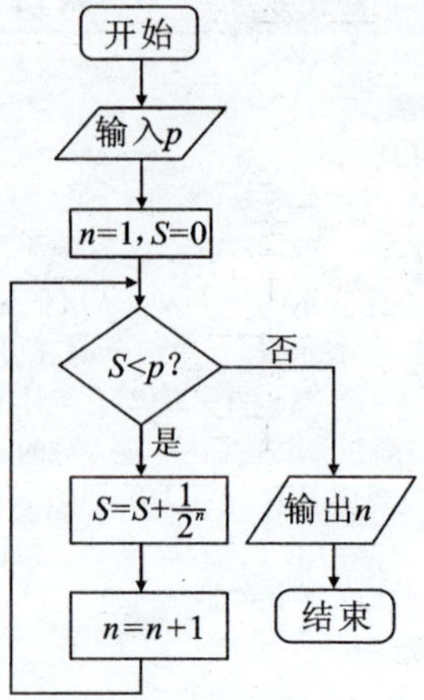

图 5-1-24

解析 由程序框图,$p=0.8$,$n=1$,$S=0$,满足 $S<p$,则 $S=0+\frac{1}{2^1}=0.5$,$n=1+1=2$;

循环判断,此时 $S=0.5<p=0.8$,则 $S=0.5+\frac{1}{2^2}=0.5+0.25=0.75$,$n=2+1=3$;

循环判断,此时 $S=0.75<p=0.8$,则 $S=0.75+\frac{1}{2^3}=0.75+0.125=0.875$,$n=3+1=4$;

循环判断,此时 $S=0.875>p=0.8$,则输出 $n=4$. 结束.

答案 4.

例 4 (江苏高考)某地区为了解 70~80 岁老人的日平均睡眠时间(单位:h),随机选择了 50 位老人进行调查. 下表是这 50 位老人日睡眠时间的频率分布表.

序号 (i)	分组 (睡眠时间)	组中值 (G_i)	频数 (人数)	频率 (F_i)
1	[4,5)	4.5	6	0.12
2	[5,6)	5.5	10	0.20
3	[6,7)	6.5	20	0.40
4	[7,8)	7.5	10	0.20
5	[8,9)	8.5	4	0.08

在上述统计数据的分析中,一部分计算见算法流程图(如图 5-1-25),则输出的 S 的值是________.

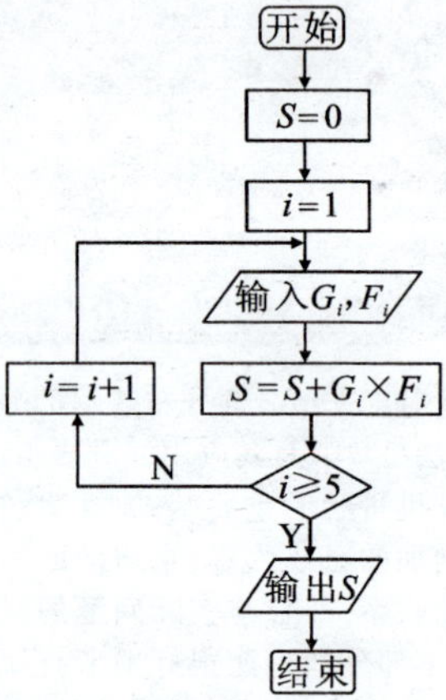

图 5-1-25

解析 根据题目所给算法流程图可知,S 是每组的组中值与其频率乘积的和,类似于求睡眠时间的期望,

所以输出 $S=0+4.5\times0.12+5.5\times0.2+6.5\times0.4+7.5\times0.2+8.5\times0.08=6.42$.

结果的含义即这 50 位老人日平均睡眠时间为 6.42 h.

答案 6.42.

例 5 (辽宁高考)某店一个月的收入和支出总共记录成 N 个数据 $a_1,a_2,\cdots,a_N$,其中收入记为正数,支出记为负数. 该店用如图 5-1-26的程序框图计算月总收入 S 和月净盈利 V,那么在图中空白的判断框和处理框中,应分别填入下列四个选项中的(　　).

A. $A>0,V=S-T$　　B. $A<0,V=S-T$

C. $A>0,V=S+T$　　D. $A<0,V=S+T$

解析 由程序框图可以看出,判断框应填 $A>0$,因为满足条件时,执行 $S=S+A$,即收入. 处理框中应填 $V=S+T$,因为月净盈利等于月总收入减总支出,T 为负值,即负值表支出,所以应用 $V=S+T$.

答案 C.

点拨 本题关键在于 T 本身是负值,故盈利为 $V=S+T$.

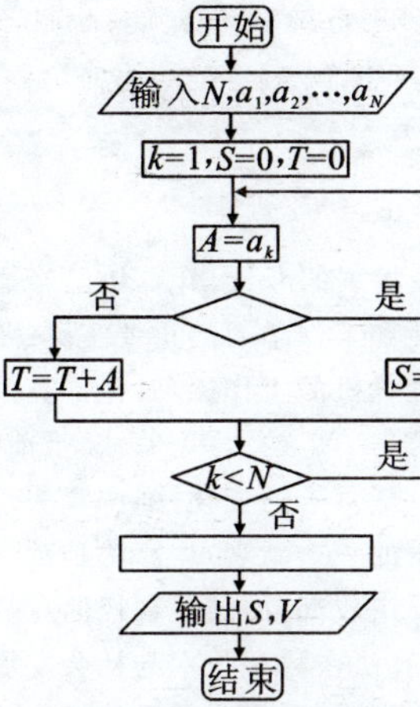

图 5－1－26

例6 （海南高考）如果执行下边的程序框图（如图 5－1－27）时，输入 $x=-2$，$h=0.5$，那么输出的各个数的和等于（　　）.

A. 3　　B. 3.5　　C. 4　　D. 4.5

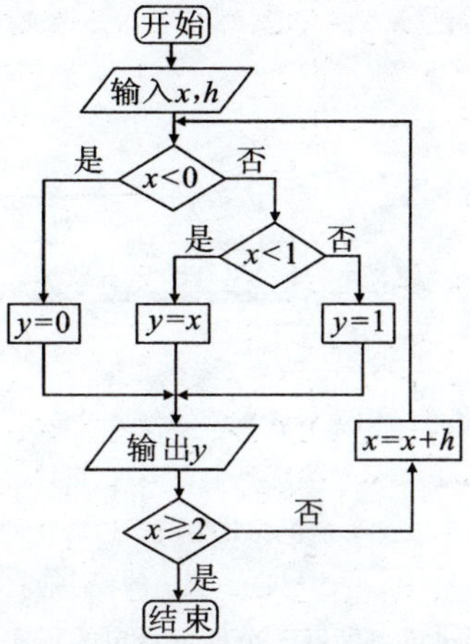

图 5－1－27

解析 输入 $x=-2$ 时，$y=0$，执行 $x=x+0.5$ 后 $x=-1.5$；

当 $x=-1.5$ 时，$y=0$，执行 $x=x+0.5$ 后 $x=-1$；

当 $x=-1$ 时，$y=0$，执行 $x=x+0.5$ 后 $x=-0.5$；

当 $x=-0.5$ 时，$y=0$，执行 $x=x+0.5$ 后 $x=0$；

当 $x=0$ 时，$y=0$，执行 $x=x+0.5$ 后 $x=0.5$；

当 $x=0.5$ 时，$y=0.5$，执行 $x=x+0.5$ 后 $x=1$；

当 $x=1$ 时，$y=1$，执行 $x=x+0.5$ 后 $x=1.5$；

当 $x=1.5$ 时，$y=1$，执行 $x=x+0.5$ 后 $x=2$；

当 $x=2$ 时，$y=1$，此时 $2\geq2$，因此结束循环.

故输出各个数之和为 $0.5+1+1+1=3.5$.

答案 B.

点拨 本题考查对循环结构及条件分支结构程序框图的理解与应用，求解本题应明确是先输出 y，再对 $x\geq2$ 进行判断.

例7 （浙江高考）某程序框图 5－1－28，该程序运行后输出的 k 的值是（　　）.

A. 4　　B. 5　　C. 6　　D. 7

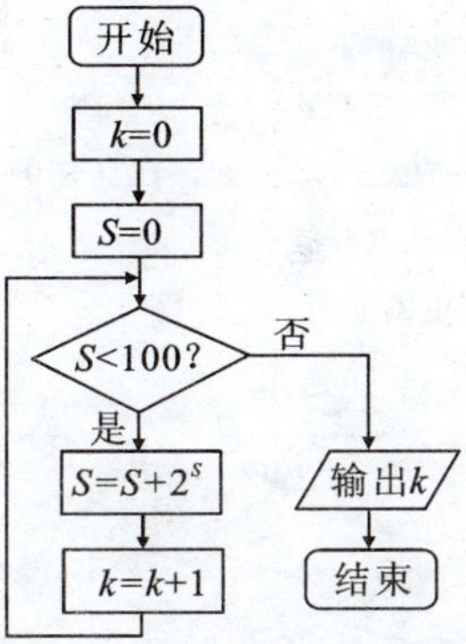

图 5－1－28

解析 当 $k=0$，$S=0$ 时，执行 $S=S+2^S$ 后 S 变为 $S=1$，此时执行 $k=k+1$ 后 $k=1$；

当 $k=1$，$S=1$ 时，执行 $S=S+2^S$ 后，$S=1+2^1=3$，此时执行 $k=k+1$ 后 $k=2$；

当 $k=2$，$S=3$ 时，执行 $S=S+2^S$ 后，$S=3+2^3=11$，此时执行 $k=k+1$ 后 $k=3$；

当 $k=3$，$S=11$ 时，继续执行 $S=S+2^S$，此时 $S=11+2^{11}=2\,059$ 执行 $k=k+1$ 后 $k=4$.

此时 $11+2^{11}>100$，故输出 $k=4$.

答案 A.

点拨 应注意，本题中先执行 $S=S+2^S$ 后，再执行 $k=k+1$，故应输出 $k=4$.

数学思想

分类讨论思想

条件结构蕴涵着典型的分类讨论思想.

例1 任意给定3个正实数，设计一个算法，判定以这3个正实数为三条边的长的三角形是否存在，并画出这个算法的程序框图.

分析 判断以3个任意给定的正实数为三条边的长的三角形是否存在，只需验证这3个数中任意两个数的和是否大于第3个数.

解 算法步骤如下：

第一步：输入3个正实数 a,b,c.

第二步：判断 $a+b>c,b+c>a,c+a>b$ 是否同时成立. 若是，则存在这样的三角形；否则，不存在这样的三角形.

程序框图如图5-1-29.

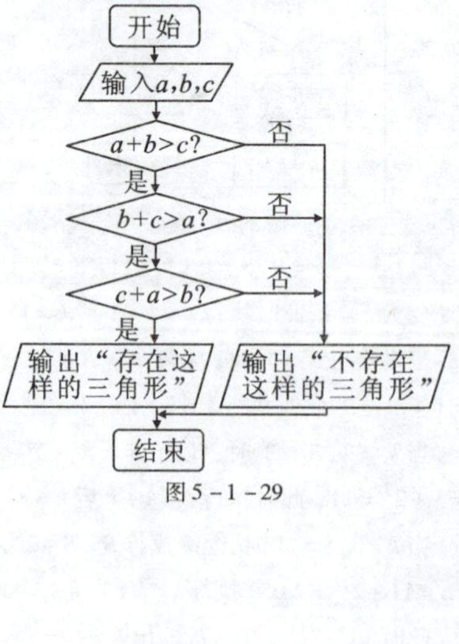

图5-1-29

背景材料

算法的来龙去脉

在科技高速发展的今天，计算机已经成为人们日常生活和工作学习的重要工具；要想更好地理解计算机的工作原理，让计算机更好地为我们服务，就必须学习算法. 当前，教育正发生着日新月异的变化，强调算法也是数学课程改革的一个新观点. 算法是数学及其应用的重要组成部分. 随着现代信息技术的飞速发展，算法在科学技术与社会发展中正发挥着越来越大的作用，并且日益渗入到社会生活的许多方面，算法思想已经成为现代人应具备的一种数学素养.

随着数学的进一步发展，算法一词便有了机械执行的特殊意味. 所谓算法就是逐步执行某类计算的方法. 一位数的加减乘除、进位、借位、去括号、分配律、通分等是算法，通过它们我们可以完成复杂的计算过程，如 $9.16\times(4.67+3.72)$ 就是通过多次使用一位数乘法、加法、进位运算、去括号的先后次序等算法过程.

人类最早关于算法的记录是在两河流域发现的公元前两三千年的黏土板上发现的，较典型的是计算利息何时等于本金，还有一例我们较为熟悉的算法，就是求两数的最大公约数的辗转相除法. 文艺复兴后，随着数学的发展，人们研究了许多数学问题的计算过程，提出了许多算法. 20世纪三四十年代，关于算法的基础理论研究取得了一系列突破性进展，人们提出了若干非常重要的计算过程模型. 现代意义上的算法通常是指可用计算机来解决的某一类问题的程序或步骤，这些程序或步骤必须是有效的，且能在有限的步骤下完成，如我们熟悉的带余除法，解线性方程组的消元法等.

第六篇 平面解析几何

第一章 平面解析几何初步

知识网络

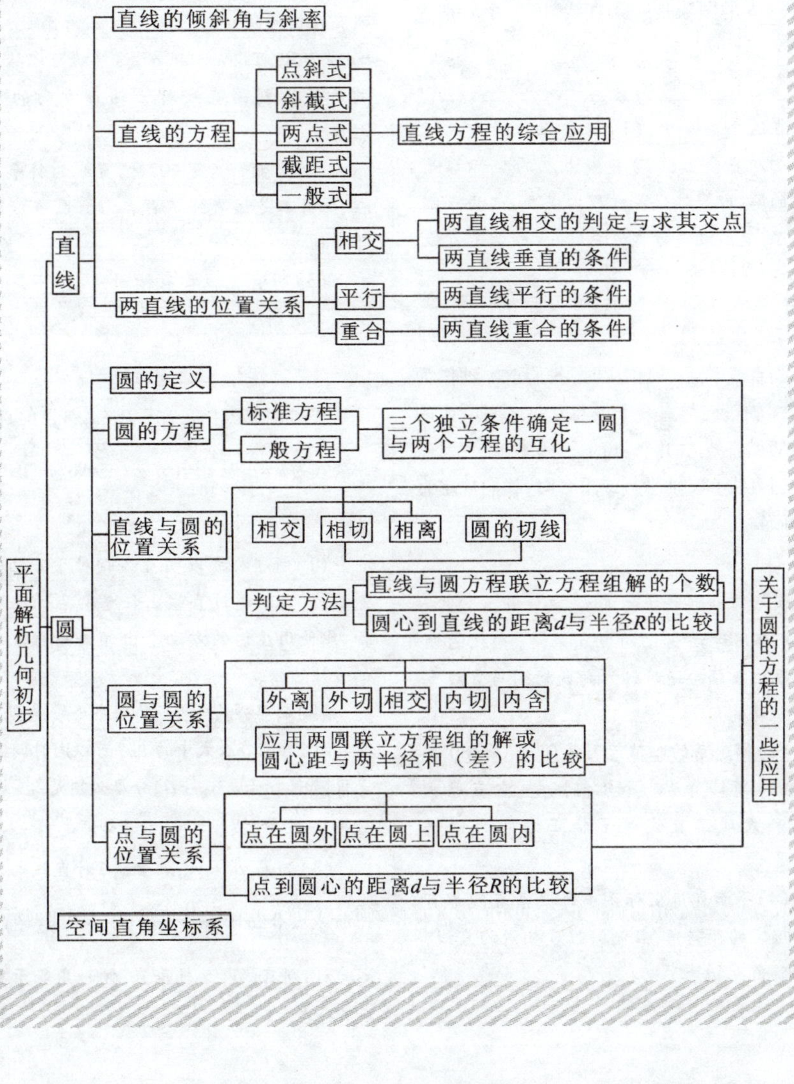

基础知识精析

1. 直线的方程

如果以一个方程的解为坐标的点都在某条直线上，且这条直线上点的坐标都是这个方程的解，那么这个方程叫做这条直线的方程，这条直线叫做这个方程的直线. 由于方程 $y=kx+b$ 的图象是一条直线，因此今后常说直线 $y=kx+b$.

注意

在这个概念中，(1) 以方程的解为坐标的点都在直线上；(2) 直线上点的坐标都是方程的解，即坐标代入方程均成立，这两点都具备了，直线就是方程的直线，方程就是直线的方程.

2. 直线的倾斜角

当直线 l 与 x 轴相交时，我们取 x 轴作为基准，x 轴正向与直线 l 向上方向之间所成的角 α 叫做直线 l 的倾斜角.

当直线和 x 轴平行或重合时，我们规定直线的倾斜角为 $0°$.

注意

关于直线倾斜角的定义，要注意：

(1) 用运动变化的观点来看，直线的倾斜角是由 x 轴按逆时针方向旋转到与直线重合时所转的角.

(2) 倾斜角的取值范围是 $0°\leqslant\alpha<180°$.

(3) 倾斜角是一个几何概念，它直观地描述和表现了直线对 x 轴正方向的倾斜程度.

(4) 平面直角坐标系中每一条直线都有一个确定的倾斜角，且倾斜程度相同的直线，其倾斜角也相等.

3. 直线的斜率

倾斜角不是 $90°$ 的直线，它的倾斜角的正切值叫做这条直线的斜率，直线的斜率用 k 表示，即 $k=\tan\alpha$.

倾斜角是 $90°$ 的直线没有斜率.

注意

(1) 仅用倾斜角这个几何概念来刻画直线方向是不符合解析思想（即用代数的方法研究几何问题）的，由此想到三角函数，因为 $\tan\alpha\in\mathbf{R}$，可设 $k=\tan\alpha$，这样就可以从代数的角度去刻画直线对 x 轴正方向的倾斜程度.

(2) 当倾斜角是 $90°$ 时，直线的斜率不存在，但并不是该直线不存在. 此时，直线垂直于 x 轴.

(3) 所有直线都有倾斜角，但不是所有直线都有斜率.

4. 直线的斜率公式

经过两点 $P_1(x_1,y_1)$，$P_2(x_2,y_2)$ 的直线斜率公式为 $k=\dfrac{y_2-y_1}{x_2-x_1}=\tan\alpha\ (\alpha\neq90°)$.

注意

(1) 斜率公式表明直线相对于 x 轴的倾斜程度，可以通过直线上任意两点的坐标表示，比使用几何的方法求出倾斜角再求斜率的方法方便.

(2) 斜率公式与两点的顺序无关，即两纵坐标和两横坐标在公式中的次序可以同时调换，就是说，如果分子是 y_2-y_1，分母必须是 x_2-x_1. 反过来，如果分子是 y_1-y_2，分母必须是 x_1-x_2.

(3) 如果 $y_2=y_1$，$x_2\neq x_1$，则直线与 x 轴平行或重合，$k=\dfrac{0}{x_2-x_1}=0$；如果 $y_2\neq y_1$，$x_2=x_1$，则直线与 x 轴垂直，倾斜角等于 $90°$，k 不存在.

5. 直线方程

直线方程的六种形式(如下表):

名称	方程形式	常数的几何意义	适用范围
点斜式	$y-y_0=k(x-x_0)$	(x_0,y_0)是直线上一定点,k是斜率	不垂直于x轴的直线
斜截式	$y=kx+b$	k是斜率,b是直线在y轴上的截距	不垂直于x轴的直线
两点式	$\frac{y-y_1}{y_2-y_1}=\frac{x-x_1}{x_2-x_1}$	$(x_1,y_1),(x_2,y_2)$是直线上的两定点	不垂直于x轴和y轴的直线
截距式	$\frac{x}{a}+\frac{y}{b}=1$	a是直线在x轴上的非零截距,b是直线在y轴上的非零截距	不垂直于x轴和y轴,且不过原点的直线
一般式	$Ax+By+C=0(A^2+B^2\neq0)$	斜率为$-\frac{A}{B}$,在x轴上的截距为$-\frac{C}{A}$,在y轴上的截距为$-\frac{C}{B}$	任何位置的直线

直线方程的一般式与四种特殊形式之间的转化如下:

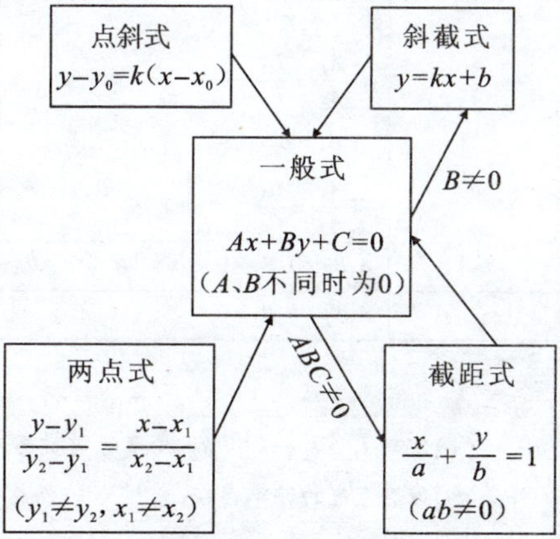

注意

(1)当直线没有斜率($x_1=x_2$)或斜率为0($y_1=y_2$)时,不能用两点式求它的方程,但把两点式化为整式形式:$(y-y_1)(x_2-x_1)=(x-x_1)(y_2-y_1)$,就可以利用它来求过平面内任意两点的直线的方程.

(2)直线的截距式方程是两点式的一种特殊情形,用它来画直线以及求直线与坐标轴围成的三角形面积或周长时较为方便,直线过原点或与坐标轴垂直时,没有截距式方程.

(3)注意直线方程使用的范围,直线方程的点斜式$y-y_0=k(x-x_0)$和斜截式$y=kx+b$,都是在斜率k存在的前提下才能使用.

(4)由于取点的不同,由一般式得到的点斜式和两点式的形式不唯一.

6. 直线系方程

具有某一个共同性质的一组直线称为直线系,它的方程称为直线系方程.

直线系方程通常只含有一个独立参数,常见的直线系有如下几类:

(1)平行直线系

①斜率为k_0(常数)的直线系:$y=k_0x+b$(b为参数).

②平行于已知直线$A_0x+B_0y+C_0=0$(A_0、B_0是不全为零的常数)的直线系:$A_0x+B_0y+C=0$(C为参数且$C\neq C_0$).

(2)定点直线系

①以斜率k作为参数的直线系:$y-y_0=k(x-x_0)$,直线过定点(x_0,y_0).

②过两条直线$l_1:A_1x+B_1y+C_1=0$,

$l_2:A_2x+B_2y+C_2=0$ 的交点的直线系方程为:

$\lambda_1(A_1x+B_1y+C_1)+\lambda_2(A_2x+B_2y+C_2)=0$（$\lambda_1$、$\lambda_2$ 为参数且 λ_1、λ_2 不同时为零）.

(3)垂直直线系

垂直于已知直线 $A_0x+B_0y+C_0=0$（A_0、B_0 是不全为零的常数）的直线系为 $B_0x-A_0y+\lambda=0$（λ 为参数）.

7. 两条直线的位置关系

两条直线的位置关系如下表:

两直线方程	位置关系	条 件
$l_1:y=k_1x+b_1$, $l_2:y=k_2x+b_2$	$l_1/\!/l_2$	$k_1=k_2$ 且 $b_1\neq b_2$
	l_1 与 l_2 重合	$k_1=k_2$ 且 $b_1=b_2$
	l_1 与 l_2 相交	$k_1\neq k_2$
	$l_1\perp l_2$	$k_1\cdot k_2=-1$
$l_1:A_1x+B_1y+C_1=0$ （A_1、B_1 不同时为 0）， $l_2:A_2x+B_2y+C_2=0$ （A_2、B_2 不同时为 0）	$l_1/\!/l_2$	$B_1\cdot B_2\neq0$, 且 $\frac{A_1}{A_2}=\frac{B_1}{B_2}\neq\frac{C_1}{C_2}$ 或 $B_1=B_2=0$, 且 $\frac{A_1}{A_2}\neq\frac{C_1}{C_2}$
	l_1 与 l_2 重合	$B_1\cdot B_2\neq0$, 且 $\frac{A_1}{A_2}=\frac{B_1}{B_2}=\frac{C_1}{C_2}$ 或 $B_1=B_2=0$, 且 $\frac{A_1}{A_2}=\frac{C_1}{C_2}$
	l_1 与 l_2 相交	$A_1B_2-A_2B_1\neq0$
	$l_1\perp l_2$	$A_1A_2+B_1B_2=0$

8. 两条直线的交点

设直线 $l_1:A_1x+B_1y+C_1=0$,直线 $l_2:A_2x+B_2y+C_2=0$,设方程组

$$\begin{cases}A_1x+B_1y+C_1=0,\\A_2x+B_2y+C_2=0.\end{cases}\quad(*)$$

(1)若方程组(*)有唯一解 $\Leftrightarrow l_1$ 与 l_2 相交;

(2)若方程组(*)无解 $\Leftrightarrow l_1/\!/l_2$;

(3)若方程组(*)有无数组解 $\Leftrightarrow l_1$ 与 l_2 重合.

注意

(1)定理 $l_1/\!/l_2\Leftrightarrow k_1=k_2$ 成立的前提条件是:①两条直线的斜率存在,分别为 k_1、k_2;②l_1 与 l_2 不重合.

(2)当两条直线的斜率都不存在且不重合时,l_1 与 l_2 的倾斜角都是 $90°$,则 $l_1/\!/l_2$.

(3)两条直线中,一条斜率不存在,同时另一条斜率为 0,则两条直线垂直.

9. 平面内两点的距离公式

一般地,计算 $A(x_1,y_1)$,$B(x_2,y_2)$ 两点之间距离的公式:

$d(A,B)=|AB|$

$$=\sqrt{(x_2-x_1)^2+(y_2-y_1)^2}.$$

注意

对任意两点，只需给出两点的坐标，就可算出两点的距离.

10. 点到直线的距离公式

设点 $P(x_0,y_0)$，直线 $l:Ax+By+C=0$，P 到 l 的距离为 d，则 $d=\frac{|Ax_0+By_0+C|}{\sqrt{A^2+B^2}}$.

注意

如果给出的方程不是一般式，应先将方程化为一般式；若点 P 在直线上，则点 P 到直线的距离为 0，距离公式仍然成立.

11. 两平行线间的距离

设两条平行直线 $l_1:Ax+By+C_1=0$，$l_2:Ax+By+C_2=0(C_1\neq C_2)$，它们之间的距离为 d，则 d 等于 l_1 上任意一点 $P(x_0,y_0)$ 到 l_2 的距离，即

$$d=\frac{|Ax_0+By_0+C_2|}{\sqrt{A^2+B^2}}=\frac{|C_1-C_2|}{\sqrt{A^2+B^2}}.$$

注意

在使用两条直线间的距离公式时，一定要注意的是：两条直线方程均为一般式，且 x、y 的系数分别相同，而不是对应成比例，当直线方程不满足以上条件时，应将方程变形.

12. 平面内的中点坐标公式

若 $A(x_1,y_1)$，$B(x_2,y_2)$，则线段 AB 的中点 $M(x,y)$ 的坐标计算公式为 $x=\frac{x_1+x_2}{2}$，$y=\frac{y_1+y_2}{2}$.

13. 圆的方程

(1) 圆的标准方程

$(x-a)^2+(y-b)^2=r^2$，其中 (a,b) 为圆心，r 为半径.

注意

①如果圆心在坐标原点，这时 $a=0$，$b=0$，圆的方程就是 $x^2+y^2=r^2$.

②圆的标准方程体现了圆的几何性质.

③圆心是圆的定位条件，半径是圆的定形条件.

(2) 圆的一般方程

$x^2+y^2+Dx+Ey+F=0$，其中 $D^2+E^2-4F>0$.

注意

①x^2 和 y^2 的系数相等且不为零（x^2 和 y^2 的系数如果不是 1 的非零常数，只需在方程两边除以这个数，就可得到上述形式的方程）.

②没有 xy 这样的二次项.

③二元二次方程 $Ax^2+Bxy+Cy^2+Dx+Ey+F=0$，只有当 $A=C\neq0$，$B=0$，$D^2+E^2-4AF>0$ 时，此方程才表示圆的方程.

④圆的标准方程，需要确定圆心的坐标和圆的半径；而给出圆的一般方程，则需要确定一般方程中的三个系数 D、E、F.

⑤圆的标准方程明确指出了圆的圆心和半径，而圆的一般方程表明了方程形式上的特点.

⑥将圆的标准方程展开即得一般方程，而将一般方程配方即得圆的标准方程.

14. 点与圆的位置关系

(1) 点 $P(x_0,y_0)$ 与圆 $x^2+y^2+Dx+Ey+F=0$ 的位置关系的判定：

令 $m=x_0^2+y_0^2+Dx_0+Ey_0+F$，则①$m<0\Leftrightarrow P$ 在圆内；②$m=0\Leftrightarrow P$ 在圆上；③$m>0\Leftrightarrow P$ 在圆外.

(2) 点 $P(x_0,y_0)$ 与圆 $(x-a)^2+(y-b)^2=r^2$ 的位置关系的判断：

令 $m=(x_0-a)^2+(y_0-b)^2$，则①$m<r^2\Leftrightarrow P$ 在圆内；②$m=r^2\Leftrightarrow P$ 在圆上；③$m>r^2\Leftrightarrow P$ 在

圆外.

15. 直线与圆的位置关系

设圆的半径为 r,圆心到直线的距离为 d,直线与圆的方程组成的方程组为 M,这时,直线与圆的位置关系如下表:

位置关系	相交	相切	相离
几何特征	$d<r$	$d=r$	$d>r$
代数特征	M 有两组实数解	M 有一组实数解	M 无实数解

16. 两圆的位置关系

设两圆的半径分别为 R、$r(R>r)$,圆心距为 d,两圆的方程组成的方程组为 M,两圆的位置关系如下表:

位置关系	几何特征	代数特征
外　离	$d>R+r$	M 无实数解
外　切	$d=R+r$	M 有一组实数解
相　交	$R-r<d<R+r$	M 有两组实数解
内　切	$d=R-r$	M 有一组实数解
内　含	$d<R-r$	M 无实数解

注意

代数法能准确地说明两圆相交的情况,但不能准确地说明内切、外切、相离、内含的情况.

17. 直线被圆截得的弦长的求法

(1)几何方法:

运用弦心距 d、半径 r 及弦的一半构成直角三角形,计算弦长 $|AB|=2\sqrt{r^2-d^2}$.

(2)代数方法:

设直线 $y=kx+m$ 与圆 $(x-a)^2+(y-b)^2=r^2$ 相交于 A、B 两点,将直线方程与圆的方程联立后,整理出关于 x 的方程,求出 x_A+x_B 及 $x_A\cdot x_B$ 则

$$|AB|=\sqrt{(1+k^2)[(x_A+x_B)^2-4x_A\cdot x_B]}.$$

18. 两圆的公共弦所在直线的方程

$\odot O_1: x^2+y^2+D_1x+E_1y+F_1=0$,

$\odot O_2: x^2+y^2+D_2x+E_2y+F_2=0$.

若 $\odot O_1$ 与 $\odot O_2$ 相交时,两圆的公共弦所在直线的方程为

$$(D_1-D_2)x+(E_1-E_2)y+F_1-F_2=0.$$

19. 点到圆的最大、最小距离

点与圆心的连线与该圆有两个交点,如图6-1-1,点 P 到圆 O 的最大距离为 $|PA|$ 的长,最小距离为 $|PB|$ 的长.

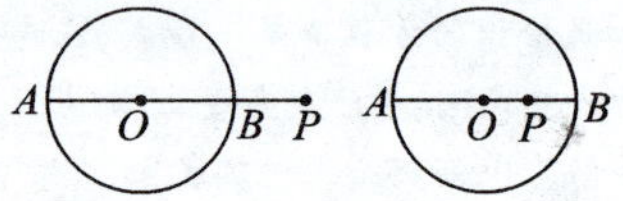

图 6-1-1

20. 直线到圆的最大、最小距离

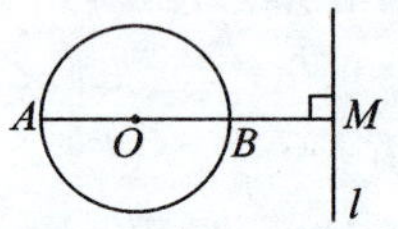

图 6-1-2

当直线与圆相离时,$d>r$,圆上的点到直线的最大距离为 $d+r$,最小距离为 $d-r$,其中 d 为圆心到直线的距离. 如图 6-1-2,$AM\perp l$,$|AM|$、$|BM|$ 的长分别为最大、最小距离.

21. 直线与圆相切时切线的求法

(1)求过圆上的一点 (x_0,y_0) 的圆的切线方程

先求切点与圆心连线的斜率 k,则由垂直关系,切线斜率为 $-\frac{1}{k}$,由点斜式方程可求得切线方程. 如果 $k=0$ 或 k 不存在,则由图形可直接得切线方程为 $x=x_0$ 或 $y=y_0$.

(2)求过圆外一点 (x_0,y_0) 的圆的切线方程

①几何方法:

当 k 存在时,设切线方程为 $y-y_0=k(x-x_0)$,即 $kx-y-kx_0+y_0=0$. 由圆心到直线的

距离等于半径,可求得 k,切线方程即可求出.

②代数方法:

设切线方程为 $y-y_0=k(x-x_0)$,即 $y=kx-kx_0+y_0$,代入圆方程,得一个关于 x 的一元二次方程. 由 $\Delta=0$,求得 k,切线方程即可求出.

22. 圆系方程

具有某种共同性质的圆的集合,称为圆系.

(1)以 (a,b) 为圆心的同心圆系方程

$(x-a)^2+(y-b)^2=\lambda^2(\lambda\neq0)$;

(2)与圆 $x^2+y^2+Dx+Ey+F=0$ 同心的圆系方程

$x^2+y^2+Dx+Ey+\lambda=0$;

(3)过同一定点 (a,b) 的圆系方程

$(x-a)^2+(y-b)^2+\lambda_1(x-a)+\lambda_2(y-b)=0$;

(4)过直线 $Ax+By+C=0$ 与圆 $x^2+y^2+Dx+Ey+F=0$ 的交点的圆系方程

$x^2+y^2+Dx+Ey+F+\lambda(Ax+By+C)=0$;

(5)过两圆 $C_1:x^2+y^2+D_1x+E_1y+F_1=0$ 和 $C_2:x^2+y^2+D_2x+E_2y+F_2=0$ 的交点的圆系方程

$(x^2+y^2+D_1x+E_1y+F_1)+\lambda(x^2+y^2+D_2x+E_2y+F_2)=0(\lambda\neq-1)$.

该圆系方程不含有圆 $C_2:x^2+y^2+D_2x+E_2y+F_2=0$,因此应用该圆系方程时,要注意检验 C_2 是否满足题意,以防丢解.

特别地,在该圆系方程中:

①当 $\lambda=-1$ 时,方程 $(D_1-D_2)x+(E_1-E_2)y+F_1-F_2=0$ 为两圆公共弦所在直线的方程;

②当两圆相切(内切或外切)时,方程 $(D_1-D_2)x+(E_1-E_2)y+F_1-F_2=0$ 为过两圆公共切点的公切线所在直线的方程.

23. 空间直角坐标系

如图 6-1-3,四棱柱 $OABC-O'A'B'C'$ 是单位正方体,以 O 为原点,分别以射线 OA、OC、OO' 的方向为正方向,以线段 OA、OC、OO' 的长为单位长,建立三条数轴:x 轴、y 轴、z 轴,

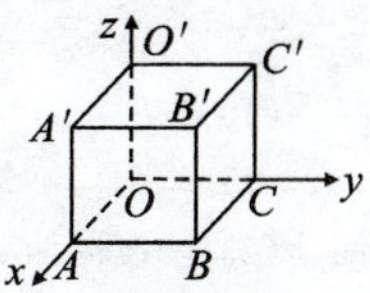

图 6-1-3

这时我们说建立了一个空间直角坐标系 $O-xyz$,点 O 叫做坐标原点,x 轴、y 轴、z 轴叫做坐标轴,通过每两个坐标轴的平面叫做坐标平面,分别称为 xOy 平面,yOz 平面,zOx 平面.

注意

(1)在空间直角坐标系中,三条坐标轴两两垂直,轴的方向通常这样选择:从 z 轴的正方向看,x 轴正半轴沿逆时针方向旋转 $90°$ 能与 y 轴的正半轴重合,让右手拇指指向 x 轴正方向,食指指向 y 轴正方向,如果中指指向 z 轴的正方向,那么称这个坐标系为右手直角坐标系. 一般情况下,建立的坐标系都是右手直角坐标系. 在平面上看 x、y、z 的正方向是逆时针旋转的.

(2)在平面上画空间直角坐标系 $O-xyz$ 时,一般使 $\angle xOy=135°$,$\angle yOz=90°$.

24. 空间直角坐标系中的坐标

(1)点 P 的 x 坐标:过 P 作一个平面平行于平面 yOz,这个平面与 x 轴的交点记为 P_x,它在 x 轴上的坐标为 x,数 x 叫做点 P 的横坐标.

(2)点 P 的 y 坐标:过 P 作一个平面平行于平面 xOz,这个平面与 y 轴的交点记为 P_y,它在 y 轴上的坐标为 y,数 y 叫做点 P 的纵坐标.

(3)点 P 的 z 坐标:过 P 作一个平面平行于平面 xOy,这个平面与 z 轴的交点记为 P_z,它在 z 轴上的坐标为 z,数 z 叫做点 P 的竖坐标.

空间中任意一点与三个实数的有序数组一一对应.

25. 点 P 在各坐标平面内的特点

(1)若 P 在 xOy 平面内,则 P 的坐标为 $(x,y,0)$.

(2)若 P 在 xOz 平面内,则 P 的坐标为 $(x,0,z)$.

(3)若 P 在 yOz 平面内,则 P 的坐标为 $(0,y,z)$.

26. 点 P 在坐标轴上的特点

(1)若点 P 在 x 轴上,则 P 的坐标为 $(x,0,0)$.

(2)若点 P 在 y 轴上,则 P 的坐标为 $(0,y,0)$.

(3)若点 P 在 z 轴上,则 P 的坐标为 $(0,0,z)$.

27. 空间两点间的距离公式

空间两点间的距离公式是平面上两点间的距离公式的推广,是空间向量模长公式的推广,如果知道几何体上任意两点的坐标,可以直接套用公式.

设 $P_1(x_1,y_1,z_1)$,$P_2(x_2,y_2,z_2)$,则

$d(P_1,P_2)=\sqrt{(x_2-x_1)^2+(y_2-y_1)^2+(z_2-z_1)^2}$,

特别地,$P(x,y,z)$ 到原点的距离 $d(O,P)=\sqrt{x^2+y^2+z^2}$.

题型分类与方法总结

题型 1 直线的倾斜角与斜率

已知 $\alpha(\alpha\neq 90°)$,则 $k=\tan\alpha$(相当于求 α 的正切值);已知 k,则依据 $\tan\alpha=k$ 且 $0\leqslant\alpha<180°$,求 α(相当于已知值求角).求斜率还有一种方法,已知直线上两点,根据 $k=\dfrac{y_2-y_1}{x_2-x_1}$ 求斜率.

例 1 已知 $\beta\in\mathbf{R}$,则直线 $x\sin\beta-\sqrt{3}y+1=0$ 的倾斜角 α 的取值范围是(　　).

A. $\left[0,\dfrac{\pi}{6}\right]$　　B. $\left[\dfrac{5\pi}{6},\pi\right)$

C. $\left[0,\dfrac{\pi}{6}\right]\cup\left[\dfrac{5\pi}{6},\pi\right]$　　D. $\left[\dfrac{\pi}{6},\dfrac{5\pi}{6}\right]$

解析 直线斜率 $k=\dfrac{\sin\beta}{\sqrt{3}}=\dfrac{\sqrt{3}}{3}\sin\beta$.

$\because -1\leqslant\sin\beta\leqslant 1$,$\therefore -\dfrac{\sqrt{3}}{3}\leqslant k\leqslant\dfrac{\sqrt{3}}{3}$.

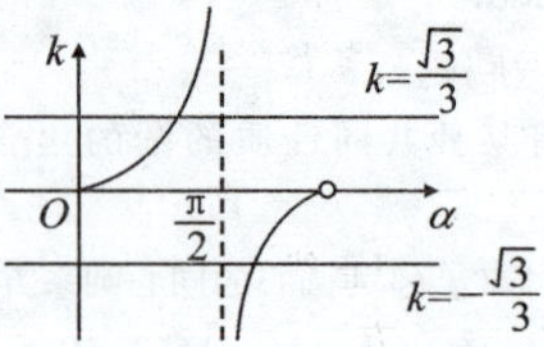

图 6-1-4

由图 6-1-4 可知,倾斜角 α 的范围是 $\left[0,\dfrac{\pi}{6}\right]\cup\left[\dfrac{5\pi}{6},\pi\right)$.

答案 C.

点拨 注意由倾斜角—斜率图象完成倾斜角和斜率的相互转化.

例 2 求过点 $P(2,1)$,$Q(m,2)$ 的直线 l 的斜率 k.

分析 当 $m=2$ 时,斜率 k 不存在;

当 $m\neq 2$ 时,$k=\dfrac{1-2}{2-m}=\dfrac{1}{m-2}$.

点拨 已知直线上两点 $A(x_1,y_1)$,$B(x_2,y_2)$,当 $x_1\neq x_2$ 时,$k=\dfrac{y_1-y_2}{x_1-x_2}$;当 $x_1=x_2$ 时,斜率 k 不存在.

题型 2 三点共线问题

两直线 AB、AC 的斜率相等⇒A、B、C 三点共线;反过来,A、B、C 三点共线,则直线 AB、AC 的斜率相等(斜率存在时),或斜率都不存在.

例 3 已知三点 $A(a,2)$,$B(5,1)$,$C(-4,2a)$在同一条直线上,则 $a=$______.

解析 由于 A、B、C 三点在同一条直线上,故直线 AB 与直线 AC 的斜率相等,即 $\dfrac{1-2}{5-a}=\dfrac{2a-2}{-4-a}$,解得 $a=2$ 或 $a=\dfrac{7}{2}$.

答案 2 或$\frac{7}{2}$.

题型3 合理选用直线方程

一般地,已知直线过一点,可选用点斜式,但要注意斜率是否存在;若已知直线的斜率或倾斜角,选用斜截式;若知截距相等或截距的比是常数或与坐标轴围成三角形等问题,可选用截距式,但应注意截距为0的情况.

例4 已知点M是直线$l:2x-y-4=0$与x轴的交点,把直线l绕点M逆时针旋转$45°$,得到的直线方程是(　　).

A. $3x+y-6=0$　　B. $3x-y+6=0$

C. $x+y-3=0$　　D. $x-3y-2=0$

解析 因为直线l的方程是$2x-y-4=0$,令$y=0$得$x=2$,即M点的坐标为$(2,0)$.

设l的倾斜角为α,则$\tan\alpha=2$.

$\because \alpha\in\left(0,\frac{\pi}{2}\right)$,则$\alpha+\frac{\pi}{4}\in(0,\pi)$,

$\therefore \tan(\alpha+45°)=\frac{\tan\alpha+\tan 45°}{1-\tan\alpha\cdot\tan 45°}=\frac{2+1}{1-2}=-3$.

$\therefore$所求直线方程为$y=-3(x-2)$,即$3x+y-6=0$.

答案 A.

例5 求满足下列条件的直线方程.

(1)经过点$P(3,-2)$且在两坐标轴上的截距相等;

(2)经过点$P(2,1)$且与x轴,y轴的正半轴相交于A、B两点,$\triangle AOB$的面积最小.

(1) **解** 设所求直线方程为$y+2=k(x-3)$.令$x=0,y=-3k-2$;令$y=0,x=\frac{2}{k}+3$.

由$-3k-2=\frac{2}{k}+3$,得$k=-1$或$k=-\frac{2}{3}$.

$\therefore$直线方程为$y+2=-(x-3)$或$y+2=-\frac{2}{3}(x-3)$,即$x+y-1=0$或$2x+3y=0$.

(2) **解法一** 设直线方程为$\frac{x}{a}+\frac{y}{b}=1$ $(a>0,b>0)$,$\therefore \frac{2}{a}+\frac{1}{b}=1$.

$\because \frac{2}{a}+\frac{1}{b}\geqslant 2\cdot\sqrt{\frac{2}{ab}}$,

$\therefore ab\geqslant 8$,$\therefore S_{\triangle AOB}=\frac{1}{2}ab\geqslant 4$,

当且仅当$\frac{2}{a}=\frac{1}{b}$时取得最小值.

$\therefore \begin{cases}a=4,\\ b=2.\end{cases}$

$\therefore$直线方程为$\frac{x}{4}+\frac{y}{2}=1$,即$x+2y-4=0$.

解法二 设直线方程为$y-1=k(x-2)$ $(k<0)$.

令$x=0$,$\therefore y=-2k+1$;

令$y=0$,$\therefore x=2-\frac{1}{k}$,

即$A\left(2-\frac{1}{k},0\right)$,$B(0,-2k+1)$.

$$\begin{aligned}\therefore S_{\triangle AOB}&=\frac{1}{2}|OA|\cdot|OB|\\&=\frac{1}{2}\left(2-\frac{1}{k}\right)(1-2k)\\&=\frac{1}{2}\left(4-\frac{1}{k}-4k\right)\\&=\frac{1}{2}\left[4+(-4k)+\frac{1}{-k}\right]\\&\geqslant\frac{1}{2}(4+2\sqrt{4})=4.\end{aligned}$$

当且仅当$-4k=-\frac{1}{k}$时取得最小值,解得$k=\pm\frac{1}{2}$,又$\because$直线经过x轴、y轴的正半轴,$\therefore k=-\frac{1}{2}$.即$k=-\frac{1}{2}$时,$\triangle AOB$的面积最小,此时直线方程为$x+2y-4=0$.

例6 已知两直线$a_1x+b_1y+1=0$和$a_2x+b_2y+1=0$的交点为$P(2,3)$,求过两点$Q_1(a_1,b_1)$,$Q_2(a_2,b_2)$的直线方程.

分析 利用点斜式或直线方程的概念进行解答.

解法一 ∵ $P(2,3)$在已知直线上，

∴ $\begin{cases}2a_1+3b_1+1=0,\\2a_2+3b_2+1=0.\end{cases}$

∴ $2(a_1-a_2)+3(b_1-b_2)=0.$

∴ $\frac{b_1-b_2}{a_1-a_2}=-\frac{2}{3}.$

故所求直线方程为 $y-b_1=-\frac{2}{3}(x-a_1)$. 即 $2x+3y-(2a_1+3b_1)=0$,

∴ $2x+3y+1=0.$

∴ 过Q_1、Q_2两点的直线方程为$2x+3y+1=0.$

解法二 ∵ 点P在已知直线上，

∴ $\begin{cases}2a_1+3b_1+1=0,\\2a_2+3b_2+1=0.\end{cases}$

可见$Q_1(a_1,b_1)$,$Q_2(a_2,b_2)$都满足方程$2x+3y+1=0.$

∴ 过Q_1、Q_2两点的直线方程为$2x+3y+1=0.$

点拨 解法二充分体现了“点在直线上，则点的坐标满足直线方程；反之，若点的坐标满足直线方程，则直线一定过这个点”. 此解法独特，简化了计算量.

题型4 两直线平行条件的应用

(1) $l_1:y=k_1x+b_1$, $l_2:y=k_2x+b_2$，则$l_1 /\!/ l_2 \Leftrightarrow k_1=k_2$且$b_1\neq b_2$.

(2) $l_1:x=x_1$, $l_2:x=x_2$，则$l_1 /\!/ l_2\Leftrightarrow x_1\neq x_2$.

(3) 不重合的两条直线l_1、l_2的倾斜角分别为α_1、α_2，则$l_1 /\!/ l_2\Leftrightarrow\alpha_1=\alpha_2$.

(4) $l_1:A_1x+B_1y+C_1=0$, $l_2:A_2x+B_2y+C_2=0$，则$l_1 /\!/ l_2\Leftrightarrow\frac{A_1}{A_2}=\frac{B_1}{B_2}\neq\frac{C_1}{C_2}$.

例7 (上海高考)已知$l_1:2x+my+1=0$与$l_2:y=3x-1$，若两条直线平行，则m的值为________.

解析 由两直线平行的条件可得$\frac{2}{3}=\frac{m}{-1}\neq\frac{1}{-1}\Rightarrow m=-\frac{2}{3}$.

答案 $-\frac{2}{3}$.

题型5 两直线垂直条件的应用

(1) $l_1:y=k_1x+b_1$, $l_2:y=k_2x+b_2$，则$l_1\perp l_2\Leftrightarrow k_1\cdot k_2=-1$.

(2) 若l_1的斜率不存在，则$l_1\perp l_2\Leftrightarrow l_2$的斜率为0.

(3) 两直线l_1、l_2的倾斜角分别是α_1、α_2，则$l_1\perp l_2\Leftrightarrow|\alpha_1-\alpha_2|=90°$.

(4) $l_1:A_1x+B_1y+C_1=0$, $l_2:A_2x+B_2y+C_2=0$，则$l_1\perp l_2\Leftrightarrow A_1A_2+B_1B_2=0$.

例8 已知点$A(1,-4)$，直线$l:2x+3y+5=0$.

(1) 求过点A且平行于l的直线方程；

(2) 求过点A且垂直于l的直线方程.

分析 根据平行、垂直的条件来求斜率即可求得直线的方程.

解 ∵ 已知直线l的斜率为$-\frac{2}{3}$，

∴ 平行于l的直线的斜率也是$-\frac{2}{3}$，

垂直于l的直线的斜率是$\frac{3}{2}$.

∴ 由点斜式方程，得

(1) 过点$A(1,-4)$且平行于l的直线方程为$y+4=-\frac{2}{3}(x-1)$，即$2x+3y+10=0$.

(2) 过点$A(1,-4)$且垂直于l的直线方程为$y+4=\frac{3}{2}(x-1)$，即$3x-2y-11=0$.

点拨 首先利用两直线平行和垂直求出斜率，然后利用点斜式求直线方程.

例9 若两条直线$l_1:2x-5y+20=0$, $l_2:mx-2y-10=0$与两坐标轴围成的四边形有外接圆，则m的值等于________.

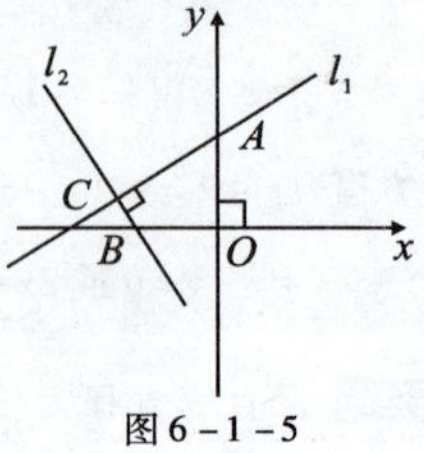

图6-1-5

解析 本题借助平面几何性质"对角互补的四边形有外接圆"来考查两直线垂直.

如图6-1-5,四边形 $AOBC$ 有外接圆,

$\therefore \angle AOB+\angle ACB=180°$,而 $\angle AOB=90°$,

$\therefore \angle ACB=90°$,即 $l_1\perp l_2$,$\therefore 2\times m+(-5)\times(-2)=0$,$\therefore m=-5$.

答案 -5.

题型6 两直线交点问题

若已知相交的两直线的方程,一般联立方程组即可求出交点坐标.

例10 过点 $P(3,0)$ 作直线 l,使它被两相交直线 $2x-y-2=0$ 和 $x+y+3=0$ 所截得的线段恰好被 P 点平分,求直线 l 的方程.

解法一 过点 $P(3,0)$ 且与 y 轴平行的直线为 $x=3$,此时它被两条已知直线所截得的线段不被 P 点平分,因此 $x=3$ 不为所求. 于是可设所求直线 l 的方程为 $y=k(x-3)$.

解方程组 $\begin{cases}y=k(x-3),\\2x-y-2=0,\end{cases}$

得交点 $A\left(\dfrac{3k-2}{k-2},\dfrac{4k}{k-2}\right)$;

解方程组 $\begin{cases}y=k(x-3),\\x+y+3=0,\end{cases}$

得交点 $B\left(\dfrac{3k-3}{k+1},\dfrac{-6k}{k+1}\right)$.

由中点坐标公式可得

$\dfrac{1}{2}\left(\dfrac{3k-2}{k-2}+\dfrac{3k-3}{k+1}\right)=3$,

且 $\dfrac{1}{2}\left(\dfrac{4k}{k-2}+\dfrac{-6k}{k+1}\right)=0$,

解得 $k=8$.

$\therefore$ 所求直线 l 的方程为 $y=8(x-3)$,即 $8x-y-24=0$.

解法二 设直线 l 与已知直线 $2x-y-2=0$ 的交点 A 的坐标为 (x_0,y_0),

由中点坐标公式求得直线 l 与已知直线 $x+y+3=0$ 的交点 B 的坐标为 $(6-x_0,-y_0)$.

由题意得方程组

$\begin{cases}2x_0-y_0-2=0,\\(6-x_0)+(-y_0)+3=0.\end{cases}$

解之得 $\begin{cases}x_0=\dfrac{11}{3},\\y_0=\dfrac{16}{3}.\end{cases}$

由两点式写出直线 l 的方程并整理得 $8x-y-24=0$.

解法三 设直线 l 与已知直线 $2x-y-2=0$ 的交点坐标为 (x_1,y_1),与已知直线 $x+y+3=0$ 的交点坐标为 (x_2,y_2).

则由已知条件得方程组

$$\begin{cases}2x_1-y_1-2=0, & ①\\x_2+y_2+3=0, & ②\\x_1+x_2=6, & ③\\y_1+y_2=0. & ④\end{cases}$$

②-①得 $x_2-2x_1+(y_1+y_2)+5=0$.

把④式代入上式得

$x_2-2x_1+5=0$. ⑤

由③⑤两式联立消去 x_2,解得 $x_1=\dfrac{11}{3}$. 将 $x_1=\dfrac{11}{3}$ 代入①,解得 $y_1=\dfrac{16}{3}$.

由两点式写出直线 l 的方程并整理得 $8x-y-24=0$.

点拨 在三种不同的解法中我们可以看出,解法一设了一个待定字母,其计算量较大;而解法三虽然设了四个待定字母,可四个方程却十分好列,不过解这个方程组时需要认真研究方程组中的数量关系,注意解法技巧. 解法二具有一般性,它是设交点坐标为参数.

题型7 直线系方程问题

(1)过两直线的交点的直线系方程:经过两直线 $l_1:A_1x+B_1y+C_1=0$,$l_2:A_2x+B_2y+C_2=0$ 交点的直线方程为 $A_1x+B_1y+C_1+\lambda(A_2x+B_2y+C_2)=0$,其中 λ 是待定系数. 在这个方程中,无论 λ 取什么实数,都得不到 $A_2x+B_2y+C_2=0$. 因此它不能表示直线 l_2.

(2)一般地,与直线 $Ax+By+C=0$ 平行的直线方程可设为 $Ax+By+\lambda=0$;与这条直线垂直的直线方程可设为 $Bx-Ay+\lambda=0$,只要根据已知条件,求出参数 λ 的值,即可求得直线方程,根据两直线平行、垂直的条件,过点 (x_0,y_0) 且与 $Ax+By+C=0$ 平行、垂直的直线方程还可直接设为:

$A(x-x_0)+B(y-y_0)=0$,

$B(x-x_0)-A(y-y_0)=0$.

例11 已知直线 $l:(2t-1)x-(t+3)y+(7t+7)=0$.

求证:不论 t 为何实数,直线 l 必过定点.

证明 将 l 的方程变形为

$t(2x-y+7)-(x+3y-7)=0$.

$\therefore \begin{cases}2x-y+7=0,\\x+3y-7=0,\end{cases}$ 解得 $\begin{cases}x=-2,\\y=3,\end{cases}$

$\therefore l$ 过定点 $P(-2,3)$.

例12 正方形的中心在原点,若它的一条边所在的直线方程为 $3x+4y-5=0$,求这个正方形的其他边所在的直线的方程.

分析 利用正方形的几何性质再结合直线的有关知识解题.

解 根据正方形的性质可设已知直线对边的直线方程为 $3x+4y+\lambda_1=0$,与已知直线邻边的直线方程为 $4x-3y+\lambda_2=0$.

由于正方形中心到四边距离相等,故 $d=\frac{|-5|}{\sqrt{3^2+4^2}}=\frac{|\lambda_1|}{\sqrt{3^2+4^2}}=\frac{|\lambda_2|}{\sqrt{3^2+4^2}}$,

$\therefore \lambda_1=5$($\lambda_1=-5$ 时与所给直线重合),$\lambda_2=\pm5$,

故所求的直线方程分别为 $3x+4y+5=0$,$4x-3y+5=0$,$4x-3y-5=0$.

题型8 距离问题

常见的距离有三类:①两点之间的距离;②点到直线的距离;③两平行线之间的距离.

这类问题的求解步骤为:

(1)根据条件画图.

(2)化直线方程为一般式.

(3)运用距离公式建立关系.

往往作图方法就是题目的求解方法,因此求解时应重视画图,特别是所求的曲线方程的图.

例13 已知边 a、b、c 是直角三角形的三边,且 c 为斜边,动点 $P(m,n)$ 是直线 $ax+by+2c=0$ 上的动点,则 m^2+n^2 的最小值为______.

解析 目标函数 $z=m^2+n^2$ 的几何意义是原点 O 与动点 P 的连线的距离的平方,由几何意义可知直线 $ax+by+2c=0$ 与 OP 垂直时,m^2+n^2 的值最小.

因为 a、b、c 是直角三角形三边,且 c 为斜边,则有 $a^2+b^2=c^2$.

又$\because d=\frac{|2c|}{\sqrt{a^2+b^2}}=\frac{|2c|}{\sqrt{c^2}}=2$.

$\therefore (m^2+n^2)_{\min}=d^2=4$.

答案 4.

例14 已知三条直线 $l_1:2x-y+a=0$ $(a>0)$,$l_2:-4x+2y+1=0$,$l_3:x+y-1=0$,且 l_1 与 l_2 的距离是 $\frac{7\sqrt{5}}{10}$.

(1)求 a 的值;

(2)能否找到一点 P 同时满足下列条件:

①P 点是第一象限的点;

②P 点到 l_1 的距离是 P 点到 l_2 的距离的 $\frac{1}{2}$;

③P 点到 l_1 的距离与 P 点到 l_3 的距离之比是 $\sqrt{2}:\sqrt{5}$,若能,求出 P 点坐标;若不能,说明理由.

解 (1)直线 $l_2:2x-y-\frac{1}{2}=0$,

$\therefore l_1$ 与 l_2 的距离 $d=\frac{\left|a-\left(-\frac{1}{2}\right)\right|}{\sqrt{2^2+(-1)^2}}=\frac{7\sqrt{5}}{10}$.

$\therefore \frac{\left|a+\frac{1}{2}\right|}{\sqrt{5}}=\frac{7\sqrt{5}}{10}$.

$\therefore \left|a+\frac{1}{2}\right|=\frac{7}{2}$.

$\because a>0,\therefore a=3$.

(2)假设存在点 P,设点 $P(x_0,y_0)$,若 P 点满足条件②,则 P 点在与 l_1、l_2 平行的直线 $l':2x-y+C=0$ 上,

且 $\frac{|C-3|}{\sqrt{5}}=\frac{1}{2}\cdot\frac{\left|C+\frac{1}{2}\right|}{\sqrt{5}}$,即 $C=\frac{13}{2}$,或 $C=\frac{11}{6}$,

$\therefore 2x_0-y_0+\frac{13}{2}=0$,或 $2x_0-y_0+\frac{11}{6}=0$.

若 P 点满足条件③,由点到直线的距离公式,有 $\frac{|2x_0-y_0+3|}{\sqrt{5}}=\frac{\sqrt{2}}{\sqrt{5}}\cdot\frac{|x_0+y_0-1|}{\sqrt{2}}$,

即 $|2x_0-y_0+3|=|x_0+y_0-1|$.

所以 $x_0-2y_0+4=0$,或 $3x_0+2=0$.

由于 P 在第一象限,所以 $3x_0+2=0$ 不可能.

联立方程 $2x_0-y_0+\frac{13}{2}=0$ 和 $x_0-2y_0+4=0$,解得 $\begin{cases}x_0=-3,\\ y_0=\frac{1}{2},\end{cases}$ 应舍去.

由 $\begin{cases}2x_0-y_0+\frac{11}{6}=0,\\ x_0-2y_0+4=0,\end{cases}$ 解得 $\begin{cases}x_0=\frac{1}{9},\\ y_0=\frac{37}{18}.\end{cases}$

所以 $P\left(\frac{1}{9},\frac{37}{18}\right)$ 即为同时满足三个条件的点.

题型9 对称问题

1. 中心对称

(1)若点 $M(x_1,y_1)$ 与 $N(x,y)$ 关于 $P(a,b)$ 对称,则由中点坐标公式得 $\begin{cases}x=2a-x_1,\\ y=2b-y_1.\end{cases}$

(2)求已知直线关于已知点对称的直线方程,其主要方法是:在已知直线上取两点,利用中点坐标公式求出它们关于已知点对称的两点坐标,再由两点式求出直线方程,或者求出一个对称点,再利用 $l_1 /\!/ l_2$,由点斜式得到所求直线方程.

例15 求与已知直线 $l_1:2x-3y+1=0$ 关于点 $A(1,2)$ 对称的直线 l_2 的方程.

解 设 l_2 的方程为 $2x-3y+c=0$. ①

设 l_1 与 y 轴的交点为 M,

对于 $l_1:2x-3y+1=0$,当 $x=0$ 时,$y=\frac{1}{3}$.

$\therefore M\left(0,\frac{1}{3}\right)\in l_1$,又已知 $A(1,2)$,设点 M 关于点 A 的对称点为 $M'(x_0,y_0)$,则

$1=\frac{x_0+0}{2}$,$2=\frac{y_0+\frac{1}{3}}{2}$.

$\therefore x_0=2,y_0=\frac{11}{3}$,$\therefore M'\left(2,\frac{11}{3}\right)\in l_2$.

$\therefore 2\times2-3\times\frac{11}{3}+c=0,\therefore c=7$.

故所求的 l_2 的方程为 $2x-3y+7=0$.

2. 轴对称

(1)若 $l:Ax+By+C=0$,$A(x_1,y_1)$ 关于直线 l 的对称点为 $A'(x_2,y_2)$,则有

$$\begin{cases}A\cdot\frac{x_1+x_2}{2}+B\cdot\frac{y_1+y_2}{2}+C=0,\\ \frac{y_2-y_1}{x_2-x_1}=\frac{B}{A}.\end{cases}$$

特别地,点 $A(x,y)$ 关于 x 轴,y 轴及直线 $x=y$ 的对称点分别为 $(x,-y)$,$(-x,y)$ 和 (y,x).

(2)求直线 $l:Ax+By+C=0$ 关于直线 $l_1:A_1x+B_1y+C_1=0$ 的对称直线 l' 的方程,其一般方法是:

在直线 l 上取一特殊点(也可以是任意一点),求出此点关于直线 l_1 的对称点.若 $l_1 /\!/ l$,利用点斜式完成所求;若 l_1 与 l 相交,则求出交点,利用两点式完成所求.

另外也可用以下方法进行求解

在所求直线 l' 上任取一点 (x,y),它关于 l_1 的对称点 (x_1,y_1) 一定在直线 l 上,于是可

由$\begin{cases}A_1\cdot\dfrac{x_1+x}{2}+B_1\cdot\dfrac{y_1+y}{2}+C_1=0,\\ \dfrac{y_1-y}{x_1-x}=\dfrac{B_1}{A_1}\end{cases}$

解出 x_1 与 y_1(分别用 x 与 y 来表示),将其代入 l 的方程即为所求.

例16 求直线 $l_1:2x+y-4=0$ 关于直线 $l:3x+4y-1=0$ 的对称直线 l_2 的方程.

分析 由平面几何知识可知,若 l_1、l_2 关于 l 对称,则应具有下列几何性质:①若点 A 在直线 l_1 上,则点 A 关于 l 的对称点 B 一定在 l_2 上;这时 $AB\perp l$,并且 AB 中点在 l 上;②l_1 以 l 为轴翻折,一定与 l_2 重合,利用这些性质,可以求得直线 l_2 的方程.

解法一 在直线 $l_1:2x+y-4=0$ 上取一点 $A(2,0)$. 设 A 关于 l 的对称点为 $B(x_0,y_0)$,则有

$$\begin{cases}3\cdot\dfrac{x_0+2}{2}+4\cdot\dfrac{y_0+0}{2}-1=0,\\ \dfrac{y_0-0}{x_0-2}=\dfrac{4}{3},\end{cases}\Rightarrow$$

$$\begin{cases}x_0=\dfrac{4}{5},\\ y_0=-\dfrac{8}{5}.\end{cases}$$

$$\therefore B\left(\frac{4}{5},-\frac{8}{5}\right).$$

又因 l_1 与 l 不平行,则必有交点,解 $\begin{cases}2x+y-4=0,\\3x+4y-1=0,\end{cases}$ 得 $\begin{cases}x=3,\\y=-2,\end{cases}$ 则 l_2 必过$(3,-2)$.

$\therefore$ 直线 l_2 的方程为 $\dfrac{y-(-2)}{-2-\left(-\dfrac{8}{5}\right)}=\dfrac{x-3}{3-\dfrac{4}{5}}$,即 $2x+11y+16=0$.

解法二 设 l_2 上的动点 $P(x,y)$ 关于 $l:3x+4y-1=0$ 的对称点为 $Q(x_0,y_0)$,则有

$$\begin{cases}3\cdot\dfrac{x+x_0}{2}+4\cdot\dfrac{y+y_0}{2}-1=0,\\ \dfrac{y-y_0}{x-x_0}=\dfrac{4}{3},\end{cases}$$

$$\Rightarrow\begin{cases}x_0=\dfrac{7x-24y+6}{25},\\ y_0=\dfrac{-24x-7y+8}{25}.\end{cases}$$

$\because Q(x_0,y_0)$ 在直线 $l_1:2x+y-4=0$ 上,

$\therefore 2\cdot\dfrac{7x-24y+6}{25}+\dfrac{-24x-7y+8}{25}-4=0.$

化简,得 $2x+11y+16=0$,即为所求 l_2 的方程.

解法三 设直线 l_2 上动点为 $P(x,y)$. 直线 l_1 上的动点 $Q(x_0,4-2x_0)$ 与 P 点关于 l 对称,则

$$\begin{cases}\dfrac{|3x+4y-1|}{5}=\dfrac{|3x_0+4(4-2x_0)|-1}{5},\\ \dfrac{y-(4-2x_0)}{x-x_0}=\dfrac{4}{3}.\end{cases}$$

消去 x_0,得 $2x+11y+16=0$,或 $2x+y-4=0$(舍).

即 l_2 的方程为 $2x+11y+16=0$.

点拨 轴对称问题中,主要研究一点关于某直线的对称点的问题,其根据为:(1)两点连线的中点在对称轴上;(2)两点的连线与对称轴垂直,由此建立方程组来解.

例17 已知 $A(-3,5)$,$B(2,15)$,试在直线 $l:x-y=0$ 上找一点 P,使 $|PA|+|PB|$ 最小,并求出最小值.

解 如图6-1-6,点 A 关于直线 $x-y=0$ 对称的点的坐标为 $A'(5,-3)$. 由图可知:

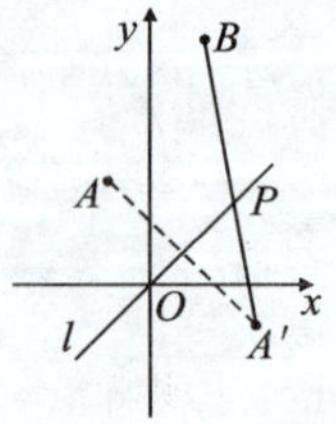

图6-1-6

$|PA|+|PB|=|PA'|+|PB|\geqslant|A'B|$,当且仅当 B、P、A' 三点共线时"="成立.

所以 $|PA|+|PB|$ 的最小值

$d=\sqrt{(5-2)^2+(-3-15)^2}=3\sqrt{37}$.

直线 $A'B$ 的方程为 $6x+y-27=0$,

与 $x-y=0$ 联立得 $\begin{cases}6x+y-27=0,\\x-y=0,\end{cases}$ 解得

$\begin{cases}x=\dfrac{27}{7},\\y=\dfrac{27}{7}.\end{cases}$ 即 $P\left(\dfrac{27}{7},\dfrac{27}{7}\right)$.

题型10 求圆的方程

选择圆的方程的依据是：若已知条件和圆心半径有关时，可取圆的标准方程；若已知条件涉及到过几个点时，常用圆的一般方程；若所求圆过两已知圆的交点时，则选用圆系方程 $C_1+\lambda C_2=0(\lambda\neq-1)$.

例18 按下列条件分别求出圆的方程：

(1)经过 $A(4,2)$、$B(-1,3)$ 两点，且在 x 轴、y 轴上的四个截距之和为2；

(2)圆心在直线 $y+4x=0$ 上，且与直线 l：$x+y-1=0$ 切于点 $P(3,-2)$.

分析 对于(1)，宜选圆的一般方程，建立关于待定系数 D、E、F 的方程组，利用 A、B 在圆上易得关于 D、E、F 的两个方程，第三个方程要从截距之和为2来寻求，该条件应用比较灵活，但用根与系数的关系可化繁为简；对于(2)，宜选圆的标准方程，根据题设条件容易构建 a、r 的方程组. 如果把切点 $P(3,-2)$ 视为点圆 C_0，则又可根据 $C_1+\lambda C_2=0$ 中 $\lambda=-1$ 获解.

(1) **解** 设所求圆的方程：

$x^2+y^2+Dx+Ey+F=0$.

$\because$ 圆分别过 A、B 两点，

$\therefore 4D+2E+F+20=0$, ①

$-D+3E+F+10=0$. ②

在所设圆的方程中，令 $y=0$，得

$x^2+Dx+F=0$，则圆在 x 轴上两截距之和为 $x_1+x_2=-D$. 同理，得圆在 y 轴上两截距之和为 $y_3+y_4=-E$.

依题意有 $-D-E=2$. ③

联立①②③，解得

$D=-2,E=0,F=-12$.

故所求圆的方程为 $x^2+y^2-2x-12=0$.

(2) **解法一** 圆心 (a,b) 在直线 $y=-4x$ 上，故设圆的方程为 $(x-a)^2+(y+4a)^2=r^2$. 因 $x+y-1=0$ 为其切线，则

$\dfrac{|a-4a-1|}{\sqrt{2}}=r$. ①

又点 $(3,-2)$ 在圆上，则

$(3-a)^2+(-2+4a)^2=r^2$. ②

由①②解得 $a=1,r=2\sqrt{2}$，则所求圆的方程为 $(x-1)^2+(y+4)^2=8$.

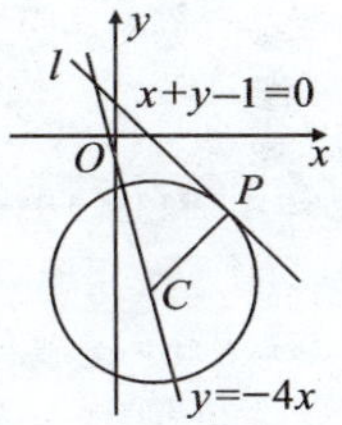

图6-1-7

解法二 如图6-1-7，设所求圆的圆心为 $C(x,y)$，$PC\perp$ 直线 l，则直线 PC：$y+2=x-3$，

解方程组 $\begin{cases}y+2=x-3,\\y=-4x.\end{cases}$ 得圆心 $C(1,-4)$.

又 $r=|PC|=\sqrt{(3-1)^2+(-2+4)^2}=2\sqrt{2}$，故所求圆的方程为 $(x-1)^2+(y+4)^2=8$.

题型11 直线和圆的位置关系

直线与圆的位置关系有相离、相交、相切三种，研究直线和圆的位置关系问题的途径主要有两个：一是圆心到直线的距离与圆半径进行比较；二是考查直线与圆的方程组成的方程组实数解的个数，需用到一元二次方程的判别式.

例19 已知 $ab\neq0$，点 $M(a,b)$ 是圆 $x^2+y^2=r^2$ 内一点，直线 m 是以点 M 为中点的弦所在的直线，直线 l 的方程是 $ax+by=r^2$，则下列结论正确的是(　　).

A. $m/\!/l$，且 l 与圆相交

B. $l\perp m$，且 l 与圆相切

C. $m/\!/l$，且 l 与圆相离

D. $l\perp m$，且 l 与圆相离

解析 直线 m 与圆的交点为 $A(x_1,y_1)$，$B(x_2,y_2)$，则 $x_1^2+y_1^2=r^2$，$x_2^2+y_2^2=r^2$，两式相减得 $(x_1-x_2)(x_1+x_2)+(y_1-y_2)(y_1+y_2)=0$，

因为 $k_{AB}=\frac{y_2-y_1}{x_2-x_1}=-\frac{x_1+x_2}{y_1+y_2}=-\frac{a}{b}$，$m$ 的方程为 $y-b=-\frac{a}{b}(x-a)$，即 $ax+by-a^2-b^2=0$，则 $m\parallel l$. 圆心 $(0,0)$ 到 l 的距离 $d=\frac{r^2}{\sqrt{a^2+b^2}}$，又 $M(a,b)$ 在圆内，$a^2+b^2<r^2$，$d>r$，l 与圆相离，故选 C.

答案 C.

例 20 已知圆 M：$(x+\cos\theta)^2+(y-\sin\theta)^2=1$，直线 l：$y=kx$，下面四个命题：

①对任意实数 k 和 θ，直线 l 和圆 M 相切；

②对任意实数 k 和 θ，直线 l 和圆 M 有公共点；

③对任意实数 θ，必存在实数 k，使得直线 l 和圆 M 相切；

④对任意实数 k，必存在实数 θ，使得直线 l 和圆 M 相切.

其中真命题的代号是________（写出所有真命题的代号）.

解析 圆 M：$(x+\cos\theta)^2+(y-\sin\theta)^2=1$ 和直线 l：$y=kx$ 都过定点 $O(0,0)$，所以直线 l 和圆 M 一定有交点 O. 而此时直线和圆有可能相交，有可能相切，故②正确，而①错误. 对于③，自动圆 M 上一点 O 一定能且只能做圆的一条切线，但切线斜率可能不存在，如 $\theta=\pi$ 时，圆 M 为 $(x-1)^2+y^2=1$，这时，切线为 y 轴，斜率 k 不存在，即③错. ④明显正确.

答案 ②、④.

题型 12 圆的切线问题

（1）求切线一般有三种方法：①设切点，用切线公式法（过圆 $x^2+y^2=r^2$ 上一点 $P(x_0,y_0)$ 的切线方程是 $x_0x+y_0y=r^2$；过圆 $(x-a)^2+(y-b)^2=r^2$ 上一点 $P(x_0,y_0)$ 的切线方程是 $(x_0-a)\cdot(x-a)+(y_0-b)(y-b)=r^2$）；②设切线斜率，用判别法（此法计算书写量大而繁杂，容易出错，一般不采用）；③设切线斜率，用圆心到切线距离等于圆半径法.

（2）处理切线问题常连接圆心与切点，目的是产生直角三角形，方便用勾股定理解题.

例 21 求经过点 $(1,-7)$ 与圆 $x^2+y^2=25$ 相切的切线方程.

解法一 设所求切线斜率为 k，

$\therefore$ 所求直线方程为 $y+7=k(x-1)$.

整理成一般式为 $kx-y-k-7=0$.

$\therefore \frac{|0-0-k-7|}{\sqrt{1+k^2}}=5$，化简为 $12k^2-7k-12=0$，

$\therefore k=\frac{4}{3}$ 或 $k=-\frac{3}{4}$.

$\therefore$ 切线方程 $4x-3y-25=0$，或 $3x+4y+25=0$.

解法二 设所求切线方程为 $x_0x+y_0y=25$，将坐标 $(1,-7)$ 代入后得 $x_0-7y_0=25$，

由 $\begin{cases}x_0-7y_0=25,\\x_0^2+y_0^2=25.\end{cases}$

解得 $\begin{cases}x_0=4,\\y_0=-3\end{cases}$ 或 $\begin{cases}x_0=-3,\\y_0=-4.\end{cases}$

故所求切线方程为 $4x-3y-25=0$，或 $3x+4y+25=0$.

例 22 （湖北高考）由直线 $y=x+1$ 上的一点向圆 $(x-3)^2+y^2=1$ 引切线，则切线长的最小值为（　　）.

A. 1　　B. $2\sqrt{2}$　　C. $\sqrt{7}$　　D. 3

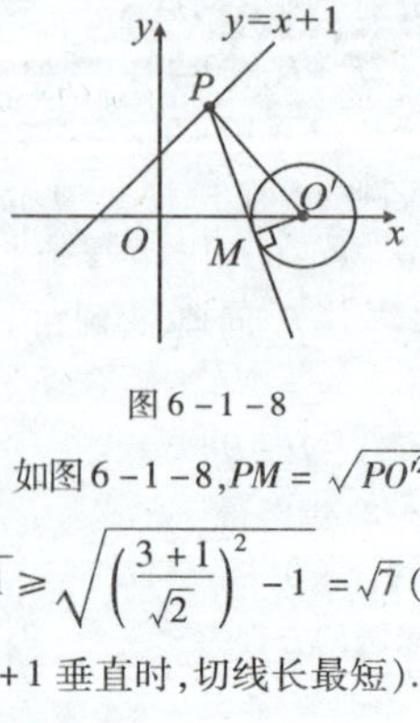

图 6－1－8

解析 如图 6－1－8，$PM=\sqrt{PO'^2-O'M^2}=\sqrt{PO'^2-1}\geqslant\sqrt{\left(\frac{3+1}{\sqrt{2}}\right)^2-1}=\sqrt{7}$（当 PO' 与直线 $y=x+1$ 垂直时，切线长最短）.

答案 C.

题型 13 圆和圆的位置关系

平面上两圆的位置关系有五种，可以从两圆的圆心距与两圆半径的数量关系来判断.

例 23 （全国高考）圆 $x^2+y^2-2x=0$ 和 $x^2+y^2+4y=0$ 的位置关系是（　　）.

A. 相离　　B. 外切

C. 相交　　D. 内切

解析 将圆方程化为标准方程得 $(x-1)^2+y^2=1$，$x^2+(y+2)^2=4$，可知 $r_1=1$，$r_2=2$，$d=\sqrt{1^2+2^2}=\sqrt{5}$. $\therefore r_2-r_1<d<r_1+r_2$，$\therefore$ 两圆相交.

答案 C.

题型 14 圆的公共弦问题

两圆相交时，有公共弦，要求公共弦所在直线方程，只需将两圆的方程相减，从而将二次方程（圆）转化为一次方程（直线）.

例 24 过圆 $x^2+y^2=4$ 外一点 $P(4,2)$ 作圆的切线，切点为 A、B，则 AB 所在直线方程为________.

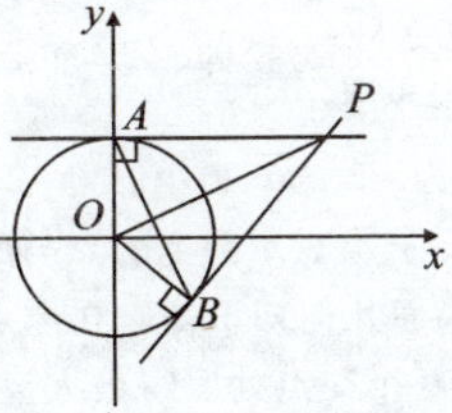

图 6－1－9

解析 如图 6－1－9，由圆的平面几何性质可知：$OA\perp PA$，$OB\perp PB$，$\therefore$ O、A、P、B 四点共圆，其中 OP 是四边形 $OAPB$ 外接圆的直径.

$\therefore AB$ 是两圆公共弦.

可求得外接圆方程是 $(x-2)^2+(y-1)^2=5$. 将两圆方程相减得 $l_{AB}:y+2x-2=0$.

答案 $2x+y-2=0$.

题型 15 和圆有关的对称问题

圆关于过圆心直线自身对称；圆关于直线的对称圆变化的是圆心，不变的是半径，其实质是点关于线对称.

例 25 已知点 $P(2,1)$ 在圆 $C:x^2+y^2+ax-2y+b=0$ 上，且点 P 关于直线 $x+y-1=0$ 的对称点也在圆 C 上，则圆 C 的圆心坐标为________，半径为________.

解析 由题设可知圆心 $\left(-\frac{a}{2},1\right)$ 在直线 $x+y-1=0$ 上，即 $-\frac{a}{2}+1-1=0$，得 $a=0$，$\therefore$ 圆心坐标为 $(0,1)$. 将 $P(2,1)$ 代入圆 C 的方程得 $b=-3$. $\therefore x^2+y^2-2y-3=0$. 化为标准方程得 $x^2+(y-1)^2=2^2$，则可知圆 C 的半径为 2.

答案 $(0,1)$，　2.

例 26 自点 $A(-3,3)$ 发出的光线 l 射到 x 轴上，被 x 轴反射，其反射光线所在直线与圆 $C:x^2+y^2-4x-4y+7=0$ 相切，求光线 l 所在直线的方程.

分析 l 过点 A，欲求其方程，需求斜率 k 或与 x 轴的交点 B.

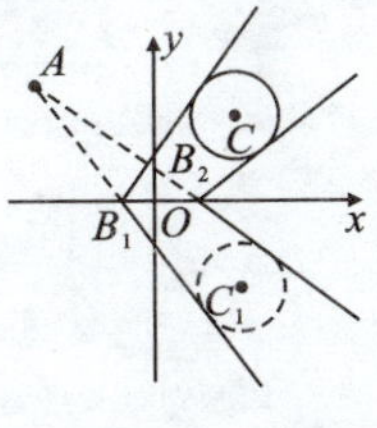

图 6－1－10

解法一 如图 6－1－10，设 l 和 x 轴交于点 $B(b,0)$，则 $k_{AB}=\frac{-3}{b+3}$，根据光的反射定律，反射光线的斜率 $k_{反}=\frac{3}{b+3}$.

$\therefore$ 反射光线所在直线的方程为 $y=\frac{3}{b+3}\cdot(x-b)$，即 $3x-(b+3)y-3b=0$.

$\because$ 已知圆 $x^2+y^2-4x-4y+7=0$ 化为标准方程为 $(x-2)^2+(y-2)^2=4+4-7$，故可知圆的圆心为 $C(2,2)$，半径为 1，

$\therefore \frac{|6-(b+3)\times2-3b|}{\sqrt{9+(b+3)^2}}=1$.

解得 $b_1=-\frac{3}{4}$，$b_2=1$.

$\therefore k_{AB}=-\frac{4}{3}$ 或 $k_{AB}=-\frac{3}{4}$.

$\therefore l$ 的方程为 $3x+4y-3=0$ 或 $4x+3y+3=0$.

解法二 已知圆 $C:x^2+y^2-4x-4y+7=0$ 关于 x 轴对称的圆为 $C_1:(x-2)^2+(y+2)^2=1$，其圆心 C_1 的坐标为 $(2,-2)$，半径为1，由光的反射定律知，入射光线所在直线方程与圆 C_1 相切.

设 l 的方程为 $y-3=k(x+3)$，则 $\frac{|5k+2+3|}{\sqrt{1^2+k^2}}=1$，即 $12k^2+25k+12=0$.

$\therefore k_1=-\frac{4}{3}$，$k_2=-\frac{3}{4}$.

则 l 的方程为 $4x+3y+3=0$ 或 $3x+4y-3=0$.

点拨 (1)在求切线方程时，多数使用点斜式，因此，必须先判定点与圆的位置关系. 点在圆上，有且只有一条切线；点在圆外时，这样的切线必有两条，在使用点斜式求切线方程时，如果只求出一条直线，必须要结合图形将 k 不存在的直线方程补上.

(2)圆关于直线的对称圆问题，处理方法如下：首先求出圆心关于直线的对称圆心，半径和原来的半径相同，即可写出所求圆方程.

题型16 与圆有关的最值问题

解直线与圆的最值问题主要有以下思路：

(1)代数法：利用平面几何中的有关公式，构造函数，把问题转化为函数的最值，然后根据函数最值的求法进行求解. 在转化过程中常用到向量的数量积、二次方程根与系数的关系、换元等知识和方法.

(2)几何法：找到所求式的几何意义，在坐标系中与圆建立联系，分析其与圆的位置变化情况，找到最大值、最小值的取值点.

例27 已知实数 x、y 满足 $x^2+y^2-4x+1=0$.

(1)求 $\frac{y}{x}$ 的最大值和最小值；

(2)求 $y-x$ 的最大值和最小值；

(3)求 x^2+y^2 的最大值和最小值.

分析 方程 $x^2+y^2-4x+1=0$ 化成标准方程为：$(x-2)^2+y^2=3$，可知圆心为 $(2,0)$，半径为 $\sqrt{3}$，$\frac{y}{x}$ 的几何意义是圆上一点与原点连线的斜率，$y-x$ 可看作直线 $y=x+b$ 在 y 轴上的截距，x^2+y^2 是圆上一点与原点距离的平方，可借助平面几何知识，利用数形结合求解.

解 (1)原方程可化为 $(x-2)^2+y^2=3$，表示以点 $(2,0)$ 为圆心，以 $\sqrt{3}$ 为半径的圆，设 $\frac{y}{x}=k$，即 $y=kx$. 当直线 $y=kx$ 与圆相切时，斜率 k 取最大值和最小值，此时 $\frac{|2k-0|}{\sqrt{k^2+1}}=\sqrt{3}$，解之得 $k=\pm\sqrt{3}$. 故 $\frac{y}{x}$ 的最大值为 $\sqrt{3}$，最小值为 $-\sqrt{3}$.

(2)设 $y-x=b$，即 $y=x+b$，当 $y=x+b$ 与圆相切时，纵截距 b 取得最大值和最小值，此时 $\frac{|2-0+b|}{\sqrt{2}}=\sqrt{3}$，即 $b=-2\pm\sqrt{6}$. 故 $y-x$ 的最大值为 $-2+\sqrt{6}$，最小值为 $-2-\sqrt{6}$.

(3)x^2+y^2 表示圆上的点与原点距离的平方，由平面几何知识知它在原点与圆心连线与圆的两个交点处取得最大值和最小值，又知圆心到原点的距离为2，

故 $(x^2+y^2)_{\max}=(2+\sqrt{3})^2=7+4\sqrt{3}$，

$(x^2+y^2)_{\min}=(2-\sqrt{3})^2=7-4\sqrt{3}$.

点拨 涉及与圆有关的最值，可借助图形性质，利用数形结合求解. 一般地：①形如 $u=\frac{y-b}{x-a}$ 的最值问题，可转化为动直线斜率的最值问题；②形如 $t=ax+by$ 的最值问题，可转化为动直线截距的最值问题；③形如 $m=(x-a)^2+(y-b)^2$ 的最值问题，可转化为两点间距离的最值问题等.

例28 求经过直线 $x=-2$ 与已知圆 $x^2+y^2+2x-4y-11=0$ 的交点的所有圆中，具有最小面积的圆的方程.

分析 过两定点的所有圆中，面积最小的圆是以这两点的连线为直径的圆，因此，只需求出交点便可确定所求圆的圆心和半径（如图 6-1-11）.

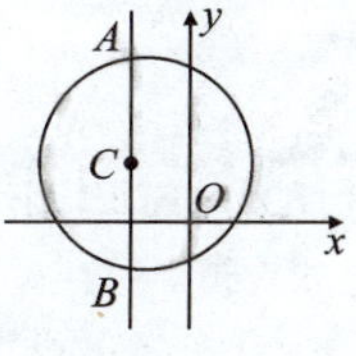

图 6-1-11

解法一 解方程组

$$\begin{cases}x=-2,\\x^2+y^2+2x-4y-11=0.\end{cases}$$

得两交点的坐标为 $A(-2,2+\sqrt{15})$，

$B(-2,2-\sqrt{15})$.

又因圆心 C 的坐标为 $(-2,2)$，

半径 $r=\frac{1}{2}\cdot|AB|=\frac{1}{2}|2+\sqrt{15}-(2-\sqrt{15})|=\sqrt{15}$.

因此，所求圆的方程为 $(x+2)^2+(y-2)^2=15$.

解法二 直线 $x=-2$ 与圆 $x^2+y^2+2x-4y-11=0$ 的交点 A、B 的横坐标都为 -2，从而圆心 C 的横坐标为 -2. 设 A、B 的纵坐标分别为 y_1、y_2. 把直线方程代入圆方程，整理得 $y^2-4y-11=0$.

则 $y_1+y_2=4, y_1y_2=-11$.

$\therefore$ 圆心 C 的纵坐标为 $\frac{y_1+y_2}{2}=2$.

半径 $r=\frac{1}{2}|y_2-y_1|$

$=\frac{1}{2}\cdot\sqrt{(y_1+y_2)^2-4y_1y_2}$

$=\frac{1}{2}\sqrt{4^2-4\times(-11)}=\sqrt{15}$.

因此，所求圆的方程为 $(x+2)^2+(y-2)^2=15$.

解法三 $\because$ 直线 $x+2=0$ 和圆 $x^2+y^2+2x-4y-11=0$ 相交，故可设过交点的圆方程为 $x^2+y^2+2x-4y-11+\lambda(x+2)=0$，即 $x^2+(\lambda+2)x+y^2-4y+2\lambda-11=0$，

$\therefore$ 半径 $r=\frac{1}{2}\sqrt{(\lambda+2)^2+16-4(2\lambda-11)}$

$=\frac{1}{2}\sqrt{(\lambda-2)^2+60}$. 要使圆面积最小，只需半径 r 最小，当 $\lambda=2$ 时，r 的最小值为 $\sqrt{15}$，因此，所求圆的方程为 $(x+2)^2+(y-2)^2=15$.

点拨 (1) 解法二设出了 y_1 和 y_2，但并没有分别求出 y_1 和 y_2，而是整体地求出 y_1+y_2 和 $|y_1-y_2|$. 这种“整体思想”，在许多情况下是十分有效的.

(2) 当已知圆过直线与圆、圆与圆的交点时，可采用圆系方程设圆，求出 λ 即可. 本题也可以设出圆的方程后，求出圆心坐标代入直线 $x+2=0$ 求 λ.

题型 17 确定空间中点的坐标

通过适当地建立空间直角坐标系，我们可以求出一般立体图形中空间有关点的坐标.

例29 四面体 $P-ABC$ 中，PA、PB、PC 两两垂直，$PA=PB=2$，$PC=1$，E 为 AB 的中点，建立空间直角坐标系并写出点 P、A、B、C、E 的坐标.

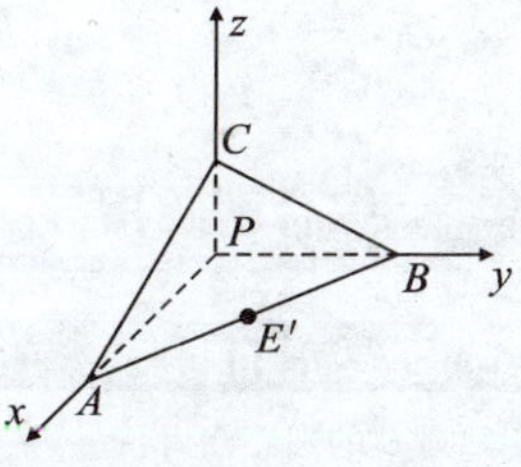

图 6-1-12

解 如图 6-1-12，建立空间直角坐标系，则 $P(0,0,0)$，$A(2,0,0)$，$B(0,2,0)$，$C(0,

0,1),$E(1,1,0)$.

点拨 充分利用现有垂直关系建立空间直角坐标系是解本题的关键.

题型18 几何体中有关距离的求解

空间两点的距离公式与平面上两点的距离公式类似，当我们将一个几何体放入一个空间坐标系中，只要能将图形中两点的坐标求出，就易求出这两点的距离.

例30 在棱长为1的正方体 $ABCD-A'B'C'D'$ 中，F 是 BD 的中点，G 在棱 CD 上，且 $CG=\frac{1}{4}CD$，E 为 $C'G$ 的中点，求 EF 的长.

解 建立如图6－1－13的空间直角坐标系，D 为坐标原点 O，据已知，得 $F\left(\frac{1}{2},\frac{1}{2},0\right)$，$C'(0,1,1)$，$C(0,1,0)$，$G\left(0,\frac{3}{4},0\right)$，则 $E\left(0,\frac{7}{8},\frac{1}{2}\right)$.

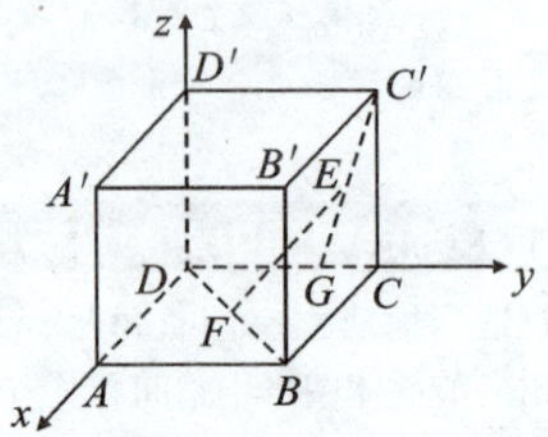

图6－1－13

$\therefore EF=\sqrt{\left(0-\frac{1}{2}\right)^2+\left(\frac{7}{8}-\frac{1}{2}\right)^2+\left(\frac{1}{2}-0\right)^2}=\frac{\sqrt{41}}{8}$.

综合解题指导

题型1 直线与圆的综合

例1 圆 C 的圆心在 $l_1:x-y-1=0$ 上，与 $l_2:4x+3y+14=0$ 相切，且截 $l_3:3x+4y+10=0$ 所得的弦长为6，求圆 C 的方程.

解 设圆心为 $C(a,b)$，半径为 r.

$\because C$ 在 l_1 上，$\therefore a-b-1=0$. ①

$\because$ 圆 C 与 l_2 相切，$\therefore \frac{|4a+3b+14|}{\sqrt{3^2+4^2}}=r$. ②

又圆 C 截 l_3 所得弦长为6，

$\therefore \left(\frac{|3a+4b+10|}{\sqrt{3^2+4^2}}\right)^2+\left(\frac{6}{2}\right)^2=r^2$. ③

由①得 $a=b+1$，代入②③得 $b=1$，$r=5$，$a=2$.

$\therefore$ 所求圆的方程为 $(x-2)^2+(y-1)^2=25$.

题型2 直线与数列的综合

例2 已知直线 $x-y+c_1=0$，$c_1=\sqrt{2}$，$x-y+c_2=0$，$x-y+c_3=0$，…，$x-y+c_n=0$（其中 $c_1<c_2<c_3<\cdots<c_n$），这些平行线中，每相邻两条直线之间的距离顺次为2,3,4,…,n.

(1)求 c_n；

(2)求 $x-y+c_n=0$ 与 x 轴、y 轴围成的图形的面积；

(3)求 $x-y+c_{n-1}=0$ 和 $x-y+c_n=0$ 与 x 轴、y 轴围成的图形的面积.

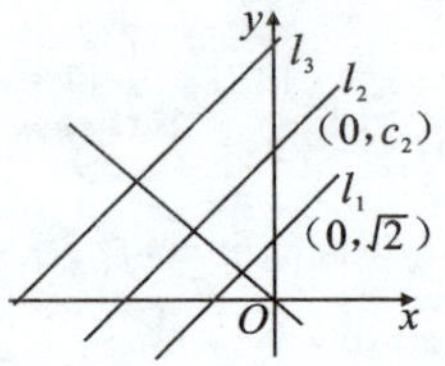

图6－1－14

解 (1)如图6－1－14，由条件知 l_1、l_2、l_3、…、l_n 是一组平行直线，且原点到 l_1 的距离为1，到 l_n 的距离为 $d_n=1+2+3+\cdots+n=\frac{n(n+1)}{2}$.

又$\because c_n=\sqrt{2}d_n$，$\therefore c_n=\frac{\sqrt{2}n(n+1)}{2}$.

(2)设直线 $l_n:x-y+c_n=0$ 交 x 轴于 M，交 y 轴于 N，则 $S_{\triangle MON}=\frac{1}{2}|OM||ON|=\frac{1}{2}(c_n)^2=\frac{1}{4}n^2(n+1)^2$.

(3)由条件知，所有围成的图形都是等腰

梯形，由(2)知 $S_n=\frac{1}{4}n^2(n+1)^2$，

$\therefore S_{n-1}=\frac{1}{4}(n-1)^2\cdot n^2$，

$\therefore S_n-S_{n-1}=\frac{1}{4}n^2(n+1)^2-\frac{1}{4}n^2(n-1)^2=n^3$，即所求面积为 n^3.

点拨 本题命题非常新颖，很巧妙地把直线和数列联系在一块.

题型3 直线和圆锥曲线的综合

例3 如图6-1-15，直线 $y=kx+b$ 与椭圆 $\frac{x^2}{4}+y^2=1$ 交于 A、B 两点，记 $\triangle AOB$ 的面积为 S.

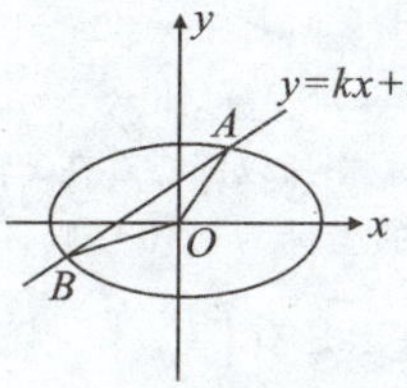

图6-1-15

(1)在 $k=0,0<b<1$ 的条件下，求 S 的最大值；

(2)当 $|AB|=2,S=1$ 时，求直线 AB 的方程.

解 (1)当 $k=0,0<b<1$ 时，直线方程为 $y=b$，设 $A(x_1,b),B(x_2,b)$.

把 $y=b$ 代入椭圆方程，得 $x^2=4(1-b^2)$.

解之，得 $x_1=2\sqrt{1-b^2}$，$x_2=-2\sqrt{1-b^2}$.

$\therefore |AB|=4\sqrt{1-b^2}$.

$\therefore S=\frac{1}{2}b|AB|=2b\sqrt{1-b^2}=2\sqrt{b^2(1-b^2)}\leqslant b^2+1-b^2=1$，当且仅当 $b^2=1-b^2$，即 $b=\frac{\sqrt{2}}{2}$时，S 取得最大值1.

(2)由方程组 $\begin{cases}y=kx+b,\\ \frac{x^2}{4}+y^2=1\end{cases}$ 消去 y，得

$\left(k^2+\frac{1}{4}\right)x^2+2kbx+b^2-1=0$，

$\therefore \Delta=4k^2b^2-4(b^2-1)\left(k^2+\frac{1}{4}\right)=4k^2-b^2+1.$ ①

设交点 $A(x_1,y_1),B(x_2,y_2)$，

$\therefore x_1+x_2=\frac{-2kb}{k^2+\frac{1}{4}}$，$x_1x_2=\frac{b^2-1}{k^2+\frac{1}{4}}$.

$\therefore |AB|=\sqrt{1+k^2}|x_1-x_2|$

$=\sqrt{1+k^2}\cdot\sqrt{\left(\frac{-2kb}{k^2+\frac{1}{4}}\right)^2-\frac{4(b^2-1)\left(k^2+\frac{1}{4}\right)}{\left(k^2+\frac{1}{4}\right)^2}}$

$=\sqrt{1+k^2}\cdot\frac{\sqrt{4k^2+b^2+1}}{k^2+\frac{1}{4}}=2.$ ②

设点 O 到 AB 的距离为 d. $\because |AB|=2,S=1$，

$\therefore d=\frac{|b|}{\sqrt{1+k^2}}=1$，$\therefore b^2=1+k^2$. ③

把③代入②，整理得 $k^4-k^2+\frac{1}{4}=0$.

$\therefore k^2=\frac{1}{2}$，代入③，得 $b^2=\frac{3}{2}$.

把 $k^2=\frac{1}{2},b^2=\frac{3}{2}$代入①得 $\Delta>1$.

$\therefore k=\pm\frac{\sqrt{2}}{2},b=\pm\frac{\sqrt{6}}{2}$为所求，

$\therefore$ 所求的直线方程 $y=\frac{\sqrt{2}}{2}x+\frac{\sqrt{6}}{2}$或 $y=\frac{\sqrt{2}}{2}x-\frac{\sqrt{6}}{2}$或 $y=-\frac{\sqrt{2}}{2}x+\frac{\sqrt{6}}{2}$或 $y=-\frac{\sqrt{2}}{2}x-\frac{\sqrt{6}}{2}$.

题型4 圆与线性规划的综合

例4 如果直线 $y=kx+1$ 与圆 $x^2+y^2+kx+my-4=0$ 交于 M、N 两点，且 M、N 关于直线 $x+y-1=0$ 对称，则不等式组 $\begin{cases}kx-y+1\geqslant 0,\\ kx-my\leqslant 0,\\ y\geqslant 0\end{cases}$ 表示的平面区域的面积是(　　).

A. $\frac{1}{2}$　B. $\frac{1}{4}$　C. 1　D. $\frac{1}{8}$

解析 ∵ 直线与圆交于 M、N 两点，且 M、N 关于 $x+y-1=0$ 对称，∴ $k=1$.

∵ 圆的标准方程为 $\left(x+\frac{k}{2}\right)^2+\left(y+\frac{m}{2}\right)^2=4+\frac{k^2+m^2}{4}$,

圆心 $\left(-\frac{k}{2},-\frac{m}{2}\right)$ 在 $x+y-1=0$ 上，

∴ $-\frac{k}{2}-\frac{m}{2}-1=0$. ∴ $m=-3$.

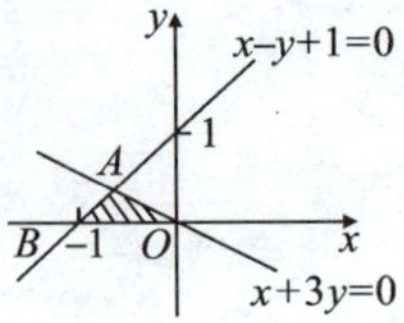

图 6－1－16

∴ $\begin{cases}x-y+1\geq 0,\\ x+3y\leq 0,\\ y\geq 0,\end{cases}$ 此不等式组表示的平面区域如图 6－1－16 中的阴影部分.

由 $\begin{cases}x+y+1=0,\\ x+3y=0\end{cases}$ 得 $A\left(-\frac{3}{4},\frac{1}{4}\right)$,

∴ $S_{\triangle AOB}=\frac{1}{2}\times 1\times\frac{1}{4}=\frac{1}{8}$.

答案 D.

题型 5 圆与平面向量的综合

例 5 已知正三角形 OAB 的三个顶点都在抛物线 $y^2=2x$ 上，其中 O 为坐标原点. 设圆 C 是 $\triangle OAB$ 的外接圆（点 C 为圆心）.

（1）求圆 C 的方程；

（2）设圆 M 的方程为 $(x-4-7\cos\theta)^2+(y-7\sin\theta)^2=1$，过圆上任意一点 P 分别作圆 C 的两条切线 PE、PF，切点为 E、F，求 $\overrightarrow{CE}\cdot\overrightarrow{CF}$ 的最大值和最小值.

（1）**解法一** 设 A、B 两点的坐标分别为 $\left(\frac{y_1^2}{2},y_1\right)$，$\left(\frac{y_2^2}{2},y_2\right)$. 由题设知

$$\sqrt{\left(\frac{y_1^2}{2}\right)^2+y_1^2}=\sqrt{\left(\frac{y_2^2}{2}\right)^2+y_2^2}$$
$$=\sqrt{\left(\frac{y_1^2}{2}-\frac{y_2^2}{2}\right)^2+(y_1-y_2)^2},$$

解得 $y_1^2=y_2^2=12$.

所以 $A(6,2\sqrt{3})$，$B(6,-2\sqrt{3})$ 或 $A(6,-2\sqrt{3})$，$B(6,2\sqrt{3})$.

设圆心 C 的坐标为 $(r,0)$，则 $r=\frac{2}{3}\times 6=4$，因此圆 C 的方程为 $(x-4)^2+y^2=16$.

解法二 设 A、B 两点的坐标分别为 (x_1,y_1)、(x_2,y_2)，由题设知 $x_1^2+y_1^2=x_2^2+y_2^2$.

又由 $y_1^2=2x_1$，$y_2^2=2x_2$，可得 $x_1^2+2x_1=x_2^2+2x_2$，即 $(x_1-x_2)(x_1+x_2+2)=0$.

由 $x_1>0$，$x_2>0$，可知 $x_1=x_2$，故 A、B 两点关于 x 轴对称，所以圆心 C 在 x 轴上.

设 C 点的坐标为 $(r,0)$，则 A 点坐标为 $\left(\frac{3}{2}r,\frac{\sqrt{3}}{2}r\right)$，于是有 $\left(\frac{\sqrt{3}}{2}r\right)^2=2\times\frac{3}{2}r$，解得 $r=4$.

所以圆 C 的方程为 $(x-4)^2+y^2=16$.

（2）**解** 设 $\angle ECF=2\alpha$，则

$\overrightarrow{CE}\cdot\overrightarrow{CF}=|\overrightarrow{CE}|\cdot|\overrightarrow{CF}|\cdot\cos 2\alpha$

$=16\cos 2\alpha=32\cos^2\alpha-16$.

在 Rt$\triangle PCE$ 中，$\cos\alpha=\frac{r}{|PC|}=\frac{4}{|PC|}$.

由圆的几何性质得

$|PC|\leq|MC|+1=7+1=8$,

$|PC|\geq|MC|-1=7-1=6$.

所以 $\frac{1}{2}\leq\cos\alpha\leq\frac{2}{3}$，由此可得

$-8\leq\overrightarrow{CE}\cdot\overrightarrow{CF}\leq-\frac{16}{9}$.

故 $\overrightarrow{CE}\cdot\overrightarrow{CF}$ 的最大值为 $-\frac{16}{9}$，最小值为 -8.

题型 6 圆与三角函数的综合

例 6 如图 6－1－17，已知直线 $y=ax+b(a\neq 0)$ 与圆 $x^2+y^2=1$.

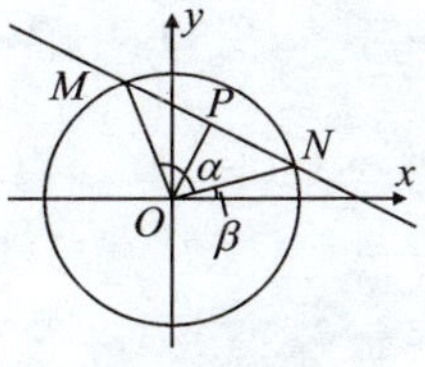

图 6－1－17

(1)当 a、b 满足什么条件时，直线与圆有两个交点；

(2)设这两个交点为 M、N，且 OM、ON(O 为坐标原点)与 x 轴成 α 角和 β 角，求证：$\cos(\alpha+\beta)=\frac{a^2-1}{a^2+1}$.

(1)解 ∵ 直线 $y=ax+b$ 与圆 $x^2+y^2=1$ 相交于不同的两点，∴ $d=\frac{|b|}{\sqrt{a^2+1}}\leqslant 1$，即 $a^2+1^2>b^2$，也就是 $a^2-b^2+1>0$.

(2)证明 取 MN 的中点为 P，连接 OP，则有 $\angle xOP=\beta+\frac{1}{2}(\alpha-\beta)=\frac{\alpha+\beta}{2}$.

又∵ $k_{MN}=a$，$k_{OP}=-\frac{1}{a}=\tan\frac{\alpha+\beta}{2}$.

$$\therefore\ \cos(\alpha+\beta)=\frac{1-\tan^2\frac{\alpha+\beta}{2}}{1+\tan^2\frac{\alpha+\beta}{2}}=\frac{1-\left(-\frac{1}{a}\right)^2}{1+\frac{1}{a^2}}=\frac{a^2-1}{a^2+1}.$$

题型7 圆与圆锥曲线的综合

例7 已知圆 F 过定点 $A(a,0)(a>0)$. 圆心 F 在抛物线 $C:y^2=2ax$ 上运动，MN 为圆 F 在 y 轴上截得的弦.

(1)试判断 MN 的长是否随圆心 F 的运动而变化？并证明你的结论；

(2)当 $|OA|$ 是 $|OM|$ 与 $|ON|$ 的等差中项时，抛物线 C 的准线与圆 F 有怎样的位置关系？并说明理由.

分析 本题的条件多，结论也较为分散，入手有困难. 可以构造出符合条件的图形，使之具体化，同时借助图形，可以充分运用图形的几何性质减少计算量.

解 (1)设圆心 $F(x_0,y_0)$，则 $y_0^2=2ax_0$.

圆 F 的半径 $R=|AF|=\sqrt{(x_0-a)^2+y_0^2}=\sqrt{x_0^2+a^2}$.

过 F 作 $FQ\perp y$ 轴于 Q，则 Q 是弦 MN 的中点，

∴ $|MN|=2|MQ|=2\sqrt{|FM|^2-|FQ|^2}=2\sqrt{R^2-x_0^2}=2\sqrt{x_0^2+a^2-x_0^2}=2a$ 为定值，不随圆心 F 的运动而变化.

(2)设 $M(0,y_1)$，$N(0,y_2)$，圆 F 的方程为 $(x-x_0)^2+(y-y_0)^2=x_0^2+a^2$，与直线 $x=0$ 联立，得：$y^2-2y_0y+y_0^2-a^2=0$，

∴ $|y_1-y_2|=\sqrt{(y_1+y_2)^2-4y_1y_2}=\sqrt{4y_0^2-4(y_0^2-a^2)}=2a$.

∵ $|OA|$ 是 $|OM|$ 与 $|ON|$ 的等差中项，

∴ $|OM|+|ON|=|y_1|+|y_2|=2|OA|=2a$，

又∵ $|MN|=|y_1-y_2|=2a$，

∴ $|y_1|+|y_2|=|y_1-y_2|$.

∴ $y_1y_2\leqslant 0$，即 $y_0^2-a^2\leqslant 0$，

∴ $2ax_0-a^2\leqslant 0$，即 $0<x_0\leqslant\frac{a}{2}$.

设圆心 F 到抛物线准线的距离为 d，则

$$d^2-R^2=\left(x_0+\frac{a}{2}\right)^2-(x_0^2+a^2)=a\left(x_0-\frac{3}{4}a\right)<0,$$

∴ $d<R$.

故抛物线的准线与圆 F 必相交.

题型8 圆和函数的综合

例8 (江苏高考)在平面直角坐标系 xOy 中，设二次函数 $f(x)=x^2+2x+b(x\in\mathbf{R})$ 的图象与两个坐标轴有三个交点，经过这三点的圆记为 C.

(1)求实数 b 的取值范围；

(2)求圆 C 的方程；

(3)问圆 C 是否经过定点(其坐标与 b 无关)?请证明你的结论.

解 (1)显然 $b\neq 0$,否则,二次函数 $f(x)=x^2+2x+b$ 的图象与两个坐标轴只有两个交点 $(0,0)$,$(-2,0)$,这与题设不符.

由 $b\neq 0$ 知,二次函数 $f(x)=x^2+2x+b$ 的图象与 y 轴有一个非原点的交点 $(0,b)$,故它与 x 轴必有两个交点,从而方程 $x^2+2x+b=0$ 有两个不相等的实数根.

因此方程的根的判别式 $4-4b>0$,即 $b<1$.

所以 b 的取值范围是 $(-\infty,0)\cup(0,1)$.

(2)由方程 $x^2+2x+b=0$,得

$x=-1\pm\sqrt{1-b}$.

于是二次函数 $f(x)=x^2+2x+b$ 的图象与坐标轴的交点是 $(-1-\sqrt{1-b},0)$,$(-1+\sqrt{1-b},0)$,$(0,b)$.

设圆 C 的方程为 $x^2+y^2+Dx+Ey+F=0$.

因圆 C 过上述三点,将它们的坐标分别代入圆 C 的方程,得

$$\begin{cases}(-1-\sqrt{1-b})^2+D(-1-\sqrt{1-b})+F=0,\\(-1+\sqrt{1-b})^2+D(-1+\sqrt{1-b})+F=0,\\b^2+Eb+F=0.\end{cases}$$

解上述方程组,因为 $b\neq 0$,得 $\begin{cases}D=2,\\E=-(b+1),\\F=b.\end{cases}$

所以,圆 C 的方程为 $x^2+y^2+2x-(b+1)y+b=0$.

(3)圆 C 过定点.证明如下:

假设圆 C 过定点 (x_0,y_0)(x_0、y_0 不依赖于 b),将该点的坐标代入圆 C 的方程,并变形为 $x_0^2+y_0^2+2x_0-y_0+b(1-y_0)=0$. $(*)$

为使 $(*)$ 式对有满足 $b<1(b\neq 0)$ 的 b 都成立,必须有 $1-y_0=0$,结合 $(*)$ 式得 $x_0^2+y_0^2+2x_0-y_0=0$.

解得 $\begin{cases}x_0=0,\\y_0=1\end{cases}$ 或 $\begin{cases}x_0=-2\\y_0=1.\end{cases}$

经检验知,点 $(0,1)$,$(-2,1)$ 均在圆 C 上.

因此,圆 C 过定点.

点拨 本题是通过曲线系证明过定点,其实质和交点直线系相同.

三年高考分析

本章是解析几何的基础,是高考重点考查的内容,单独考查时多以选择题和填空题的形式出现;间接考查则以直线与圆、椭圆、双曲线、抛物线等知识结合为主,多为中、高难度试题,往往作为把关题出现在高考试题中.

例1 (浙江高考)已知 $a>0$,若平面内三点 $A(1,-a)$,$B(2,a^2)$,$C(3,a^3)$ 共线,则 $a=$________.

解析 $\because A$、B、C 三点共线,$\therefore k_{AB}=k_{BC}$,

即 $\dfrac{a^2-(-a)}{2-1}=\dfrac{a^3-a^2}{3-2}$,$a^2+a=a^3-a^2$,

$a^2-2a-1=0.\because a>0,\therefore a=1+\sqrt{2}$.

答案 $1+\sqrt{2}$.

点拨 三点共线问题可转化为斜率相等来解决.

例2 (全国Ⅰ高考)设曲线 $y=\dfrac{x+1}{x-1}$ 在点 $(3,2)$ 处的切线与直线 $ax+y+1=0$ 垂直,则 $a=$(　　).

A. 2　　B. $\dfrac{1}{2}$　　C. $-\dfrac{1}{2}$　　D. -2

解析 $\because y'=\left(\dfrac{x+1}{x-1}\right)'=\dfrac{(x-1)-(x+1)}{(x-1)^2}$

$=\dfrac{-2}{(x-1)^2}$.

令 $x=3$ 得 $y'=\dfrac{-2}{(3-1)^2}=\dfrac{-2}{4}=-\dfrac{1}{2}$,

由题意知 $ax+y+1=0$ 的斜率为 $k=2$,

$\therefore a=-2$.

答案 D.

例3 （四川高考）已知直线 $l: x-y+4=0$ 与圆 $C:(x-1)^2+(y-1)^2=2$，则 C 上各点到 l 的距离的最小值为________.

解析 ∵ 圆 C 的方程为 $(x-1)^2+(y-1)^2=2$，∴ $C(1,1)$，点 C 到 l 的距离为 $\frac{|1-1+4|}{\sqrt{2}}=2\sqrt{2}$.

∴ 圆 C 上各点到 l 距离的最小值为 $2\sqrt{2}-\sqrt{2}=\sqrt{2}$.

答案 $\sqrt{2}$.

点拨 圆上各点与直线距离的最大（小）值问题应转化为圆心到直线的距离与半径之间的关系.

例4 （海南高考）已知圆 $C_1:(x+1)^2+(y-1)^2=1$，圆 C_2 与圆 C_1 关于直线 $x-y-1=0$ 对称，则圆 C_2 的方程为（　　）.

A. $(x+2)^2+(y-1)^2=1$

B. $(x-2)^2+(y+2)^2=1$

C. $(x+2)^2+(y+2)^2=1$

D. $(x-2)^2+(y-2)^2=1$

解析 圆心 $C_1(-1,1)$. 设点 $C_2(x,y)$ 是点 C_1 关于直线 $x-y-1=0$ 的对称点，则

$$\begin{cases}\frac{x-1}{2}-\frac{y+1}{2}-1=0,\\ \frac{y-1}{x+1}=-1.\end{cases}\text{解得}\begin{cases}x=2,\\ y=-2.\end{cases}$$

∴ 圆 C_2 的方程为 $(x-2)^2+(y+2)^2=1$.

答案 B.

点拨 求圆关于直线的对称圆只需求出圆心关于直线的对称点的坐标，半径不变.

例5 （江苏高考）在平面直角坐标系 xOy 中，设 $\triangle ABC$ 的顶点分别为 $A(0,a)$，$B(b,0)$，$C(c,0)$. 点 $P(0,p)$ 为线段 AO 上的一点（异于端点），这里 a、b、c、p 为非零常数. 设直线 BP、CP 分别与边 AC、AB 交于点 E、F. 某同学已正确求得直线 OE 的方程：$\left(\frac{1}{b}-\frac{1}{c}\right)x+\left(\frac{1}{p}-\frac{1}{a}\right)y=0$. 请你完成直线 OF 的方程：（________）$x+\left(\frac{1}{p}-\frac{1}{a}\right)y=0$.

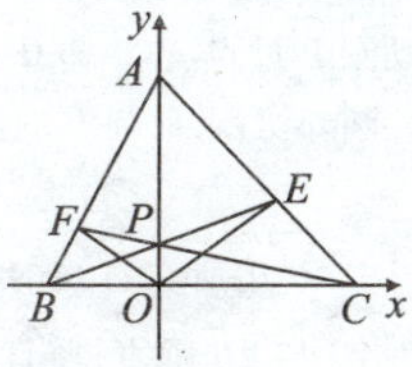

图 6－1－18

解析 画草图，如图 6－1－18，由对称性可猜想填 $\frac{1}{c}-\frac{1}{b}$. 事实上，由截距式可得直线 AB：$\frac{x}{b}+\frac{y}{a}=1$，直线 CP：$\frac{x}{c}+\frac{y}{p}=1$，两式相减得 $\left(\frac{1}{c}-\frac{1}{b}\right)x+\left(\frac{1}{p}-\frac{1}{a}\right)y=0$，显然直线 AB 与 CP 的交点 F 满足此方程，又原点 O 也满足此方程，故为所求直线 OF 的方程.

答案 $\frac{1}{c}-\frac{1}{b}$.

例6 （天津高考）若圆 $x^2+y^2=4$ 与圆 $x^2+y^2+2ay-6=0(a>0)$ 的公共弦的长为 $2\sqrt{3}$，则 $a=$________.

解析 $x^2+y^2+2ay=6$，$x^2+y^2=4$ 两式相减得 $y=\frac{1}{a}$. 联立 $\begin{cases}y=\frac{1}{a},\\ x^2+y^2=4,\end{cases}$ 消去 y 得 $x^2=\frac{4a^2-1}{a^2}(a>0)$.

$$\therefore 2\cdot\frac{\sqrt{4a^2-1}}{a}=2\sqrt{3}\text{，解得 }a=1.$$

答案 1.

点拨 本题解法独特，两圆方程相减后得交点所在直线方程，且交点所在直线平行于 x 轴，此时弦长问题转化为交点横坐标的差.

例7 （北京高考）矩形 $ABCD$ 的两条对角线相交于点 $M(2,0)$，AB 边所在直线的方程为 $x-3y-6=0$，点 $T(-1,1)$ 在 AD 边所在直线上.

(1)求 AD 边所在直线的方程；

(2)求矩形 $ABCD$ 外接圆的方程；

(3)若动圆 P 过点 $N(-2,0)$，且与矩形 $ABCD$ 的外接圆外切，求动圆 P 的圆心的轨迹方程.

解 (1)∵ AB 边所在直线的方程为 $x-3y-6=0$，且 AD 与 AB 垂直，∴ 直线 AD 的斜率为 -3.

又∵ 点 $T(-1,1)$ 在直线 AD 上，

∴ AD 边所在直线方程为 $y-1=-3(x+1)$，即 $3x+y+2=0$.

(2)由 $\begin{cases}x-3y-6=0,\\3x+y+2=0\end{cases}$ 解得点 A 的坐标为 $(0,-2)$.

∵ 矩形 $ABCD$ 两条对角线的交点为 $M(2,0)$，

∴ M 为矩形 $ABCD$ 外接圆的圆心.

又 $|AM|=\sqrt{(2-0)^2+(0+2)^2}=2\sqrt{2}$，从而矩形 $ABCD$ 外接圆的方程为 $(x-2)^2+y^2=8$.

(3)∵ 动圆 P 过点 N，∴ $|PN|$ 是该圆的半径. 又∵ 动圆 P 与圆 M 外切，

∴ $|PM|=|PN|+2\sqrt{2}$.

即 $|PM|-|PN|=2\sqrt{2}$，故点 P 的轨迹为以 M、N 为焦点，实轴长为 $2\sqrt{2}$ 的双曲线的左支. ∵ 实半轴长 $a=\sqrt{2}$，半焦距 $c=2$，∴ 虚半轴长 $b=\sqrt{c^2-a^2}=\sqrt{2}$.

从而动圆 P 的圆心轨迹方程为 $\frac{x^2}{2}-\frac{y^2}{2}=1$ $(x\leqslant-\sqrt{2})$.

例 8 (江苏高考)如图 6-1-19，在平面直角坐标系 xOy 中，已知圆 $C_1:(x+3)^2+(y-1)^2=4$ 和圆 $C_2:(x-4)^2+(y-5)^2=4$.

(1)若直线 l 过点 $A(4,0)$，且被圆 C_1 截得的弦长为 $2\sqrt{3}$，求直线 l 的方程；

(2)设 P 为平面上的点，满足：存在过点 P 的无穷多对互相垂直的直线 l_1 和 l_2，它们分别与圆 C_1 和圆 C_2 相交，且直线 l_1 被圆 C_1 截得的弦长与直线 l_2 被圆 C_2 截得的弦长相等，试求所有满足条件的点 P 的坐标.

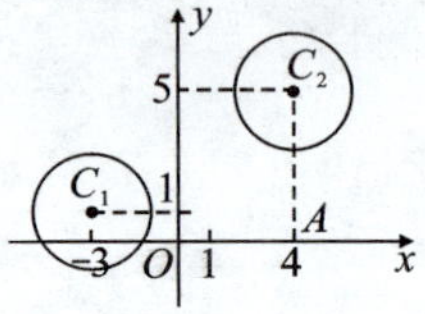

图 6-1-19

解 (1)由于直线 $x=4$ 与圆 C_1 不相交，所以直线 l 的斜率存在. 设直线 l 的方程为 $y=k(x-4)$，圆 C_1 的圆心到直线 l 的距离为 d.

∵ 直线 l 被圆 C_1 截得的弦长为 $2\sqrt{3}$，

∴ $d=\sqrt{2^2-(\sqrt{3})^2}=1$.

由点到直线的距离公式得 $d=\frac{|1-k(-3-4)|}{\sqrt{1+k^2}}$，从而 $k(24k+7)=0$.

解得 $k=0$ 或 $k=-\frac{7}{24}$，所以直线 l 的方程为 $y=0$ 或 $7x+24y-28=0$.

(2)设点 $P(a,b)$ 满足条件，不妨设 l_1 的方程为 $y-b=k(x-a)$，$k\neq0$，则直线 l_2 的方程为 $y-b=-\frac{1}{k}(x-a)$.

∵ 圆 C_1 和圆 C_2 的半径相等，且直线 l_1 被圆 C_1 截得的弦长与直线 l_2 被圆 C_2 截得的弦长相等，

∴ 圆 C_1 的圆心到直线 l_1 的距离和圆 C_2 的圆心到直线 l_2 的距离相等，即

$$\frac{|1-k(-3-a)-b|}{\sqrt{1+k^2}}=\frac{\left|5+\frac{1}{k}(4-a)-b\right|}{\sqrt{1+\frac{1}{k^2}}}.$$

整理得 $|1+3k+ak-b|=|5k+4-a-bk|$，从而 $1+3k+ak-b=5k+4-a-bk$ 或 $1+3k+ak-b=-5k-4+a+bk$，

即 $(a+b-2)k=b-a+3$ 或 $(a-b+$

8) $k=a+b-5$.

$\because k$ 的取值有无穷多个,

$\therefore \begin{cases} a+b-2=0, \\ b-a+3=0 \end{cases}$ 或 $\begin{cases} a-b+8=0, \\ a+b-5=0, \end{cases}$

解得 $\begin{cases} a=\dfrac{5}{2}, \\ b=-\dfrac{1}{2} \end{cases}$ 或 $\begin{cases} a=-\dfrac{3}{2}, \\ b=\dfrac{13}{2}. \end{cases}$

这样点 P 可能是点 $P_1\left(\dfrac{5}{2},-\dfrac{1}{2}\right)$ 或点 $P_2\left(-\dfrac{3}{2},\dfrac{13}{2}\right)$.

经检验点 P_1 和 P_2 都满足题目条件.

点拨 本小题主要考查直线与圆的方程、点到直线的距离公式等基础知识,考查数学运算求解能力、综合分析问题的能力.

数学思想

1. 数形结合思想

数形结合是一种十分重要的解题思想方法,直线和圆的方程将数(方程)与形(直线或圆)有机结合起来,因此,常用直线与圆的图形解决一些代数问题.

例1 已知点 $P(-1,2)$, $A(-2,-3)$, $B(3,0)$,经过点 P 的直线 l 与线段 AB 有公共点时,求 l 的斜率 k 的取值范围.

解 过点 P 作直线 l, l 绕着 P 由 PA 转到 PB 即可.

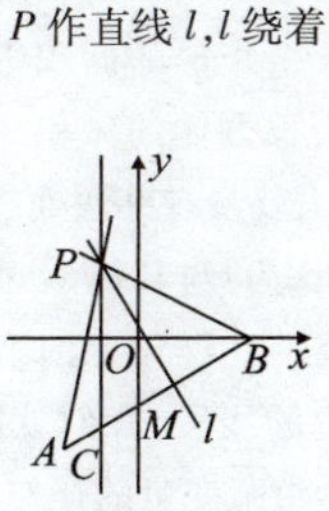

图 6-1-20

如图 6-1-20,直线 PA 的斜率 $k_{PA}=\dfrac{2-(-3)}{-1-(-2)}=5$,直线 PB 的斜率 $k_{PB}=\dfrac{0-2}{3-(-1)}=-\dfrac{1}{2}$.

当直线 l 绕着点 P 由 PA 旋转到与 y 轴平行的位置 PC 时,

它的斜率变化范围是 $[5,+\infty)$;

当直线 l 绕着点 P 由 PC 旋转到 PB 的位置时,

它的斜率变化范围是 $\left(-\infty,-\dfrac{1}{2}\right]$,

所以直线 l 的斜率的取值范围是 $\left(-\infty,-\dfrac{1}{2}\right]\cup[5,+\infty)$.

例2 若 $P(x,y)$ 在圆 $(x-3)^2+(y-\sqrt{3})^2=6$ 上运动,求 $\dfrac{y}{x}$ 的最大值.

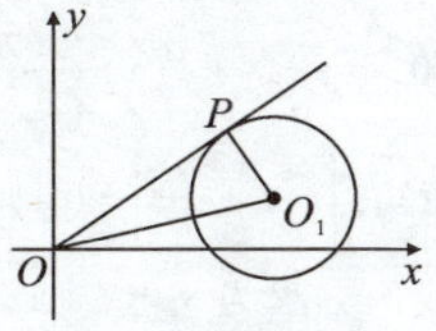

图 6-1-21

分析 $\dfrac{y}{x}$ 是直线 OP 的斜率(O 为原点).

解 如图 6-1-21,因为 $\dfrac{y}{x}$ 是直线 OP 的斜率(O 为原点).在圆 $(x-3)^2+(y-\sqrt{3})^2=6$ 上,当 P 点是由 O 点向圆作切线的切点时(如图 6-1-21), $\dfrac{y}{x}$ 为最大.

设直线 OP 的斜率为 k,直线 OP 的方程为 $y=kx$.

圆心 O_1 的坐标为 $(3,\sqrt{3})$,半径为 $\sqrt{6}$,圆心 O_1 到直线 OP 的距离等于 $\sqrt{6}$.可列出方程 $\dfrac{|\sqrt{3}-3k|}{\sqrt{1+k^2}}=\sqrt{6}$.

解得 $k_1=2+\sqrt{3}$, $k_2=\sqrt{3}-2$.

$\therefore \dfrac{y}{x}$ 的最大值是 $2+\sqrt{3}$.

2. 分类讨论思想

求直线方程或与直线方程有关的题,常

需要考虑斜率存在与不存在两种情况.

例3 过点 $P(-1,0)$、$Q(0,2)$ 分别作两条互相平行的直线，使它们在 x 轴上截距之差的绝对值为1，求这两条直线的方程.

分析 根据两直线斜率存在与不存在两种情况，分别写出两直线方程，由题意求得待定系数即可.

解 (1)当两条直线的斜率不存在时，两条直线的方程分别为 $x=-1$，$x=0$，它们在 x 轴上的截距之差的绝对值为1，符合题意.

(2)当直线的斜率存在时，设其斜率为 k，则两条直线的方程分别为 $y=k(x+1)$，$y-2=kx$.

令 $y=0$，得 $x=-1$ 与 $x=-\frac{2}{k}$.

由题意知，$\left|-1+\frac{2}{k}\right|=1$，即 $k=1$.

$\therefore$ 直线的方程为 $y=x+1$，$y=x+2$，即 $x-y+1=0$，$x-y+2=0$.

综合(1)(2)可知，适合题意的直线方程为 $x=-1$，$x=0$ 或 $x-y+1=0$，$x-y+2=0$.

3. 转化与化归思想

分析式子的几何意义，用数形结合的方法，可将代数问题化为几何问题.

例4 若 a、b 为正数，且 $a+b=1$.

求证：$(a+2)^2+(b+2)^2\geqslant\frac{25}{2}$.

分析 将 a、b 视为变量 x、y，则有方程 $x+y=1$ 和距离的平方 $(x+2)^2+(y+2)^2$.

证明 $\because a>0$，$b>0$ 且 $a+b=1$，

$\therefore$ 点 (a,b) 满足直线 $x+y-1=0$ 的方程.

设点 $M(-2,-2)$，则点 M 到直线的距离为 $d=\frac{|-2-2-1|}{\sqrt{2}}=\frac{5\sqrt{2}}{2}$. 由点到直线的距离的定义可知，点 M 到直线 $x+y-1=0$ 上的任一点的距离都不小于 $\frac{5\sqrt{2}}{2}$.

即有 $\sqrt{(x+2)^2+(y+2)^2}\geqslant\frac{5\sqrt{2}}{2}$.

$\therefore (x+2)^2+(y+2)^2\geqslant\frac{25}{2}$，

故有 $(a+2)^2+(b+2)^2\geqslant\frac{25}{2}$.

背景材料

几何学

《几何学》是法国数学家笛卡儿一生中所写的唯一的数学著作. 它是作为笛卡儿的名著《更好地指导推理和寻求科学真理的方法论》(或简称《方法论》)的三个附录之一，于1637年出版.

《几何学》在《方法论》中大约占100页，共分三卷，讨论的全是关于几何作图的问题. 笛卡儿在这本书中，将逻辑、代数和几何方法结合在一起，勾画了解析几何的方法. 他说："当我们想要解决任何一个问题时，给作图中要用到的线段拟一个名字，用最简洁的方法表示这些线段之间的关系，直到能找出两种方法来表示同一个量，这将构成一个方程." 在第一卷中，笛卡儿对代数式的几何作了解释，而且比希腊人更进一步. 对希腊人来说，一个变量相当于某线段的长度，两个变量的乘积相当于某个矩形的面积，三个变量的乘积相当于某个长方体的体积. 三个变量以上的乘积，希腊人就没有办法处理了. 笛卡儿不这么考虑，他认为：与其把 x^2 看作面积，不如把它看作比例式 $1:x=x:x^2$ 的第四项. 这样，只给定一个单位的线段，我们就能用给定线段的长度来表达一个变量的任何次幂与多个变量的乘积. 在这一部分中，笛卡儿把几何算术化成：如果在一个给定的轴上标出 x，在与该轴成固定角的另一直线上标出 y，就能做出其 x 的值和 y 值满足一定关系的点(见图6-

1－22).

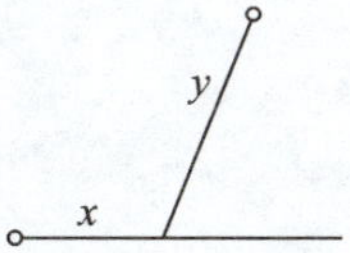

图 6－1－22

在第二卷中,笛卡儿根据代数方程的次数对几何曲线分了类:含 x 和 y 的一次和二次方程对应的曲线是第一类;三次和四次方程对应的曲线是第二类;五次和六次方程对应的曲线是第三类,等等.

《几何学》的第三卷又回到了作图问题上,并且涉及了高于二次方程的解法.

笛卡儿还在《几何学》中确立了用前几个字母代表已知数(如 a、b、c 等),用后几个字母代表未知量(如 x、y、z)的习惯用法.他还引进了我们现在所使用的指数表示法(a^2、a^3 等).在这本书里,还出现了待定系数法的最初使用.

尽管笛卡儿在这本书中对解析几何的基本思想作了阐述,但这种阐述远非系统和清楚明了.读者必须自己去从一大堆孤立的陈述中花费许多时间来想出这些方法.原书中共有 32 个图形,但是我们找不出一个明确地摆出了坐标轴的图.笛卡儿在写这本书的时候,有意地使用了十分含糊的笔法,让人读起来十分困难.他曾自吹说全欧洲几乎没有一个数学家能够读懂他的著作,他只是简略地指出作图法和证法,而把其余的细节都留给别人去考虑.他在一封信中,把他的工作比作建筑师的工作,即立下计划,指明什么是应该做的,而把手工操作留给木械与瓦工.他还说:"我没有做过任何漫不经心的删节,但我预见到:对那些自命为无所不知的人,我如果写得使他们能充分理解,他们将不失机会地说我写的都是他们已经知道的东西."后来,有人为这本书写了许多评注,才使得它易于理解.

尽管在《几何学》中,笛卡儿表达了方程与曲线相结合这一显著的思想,但他只把它作为解决作图问题的一个手段,笛卡儿对几何作图问题的过分强调,反而掩盖了曲线和方程的主要思想.不过瑕不掩瑜,笛卡儿所提出的方程与曲线的思想,最终被人们所逐渐接受,并且《几何学》也被认为是论述解析几何的一部经典之作.

第二章 圆锥曲线

知识网络

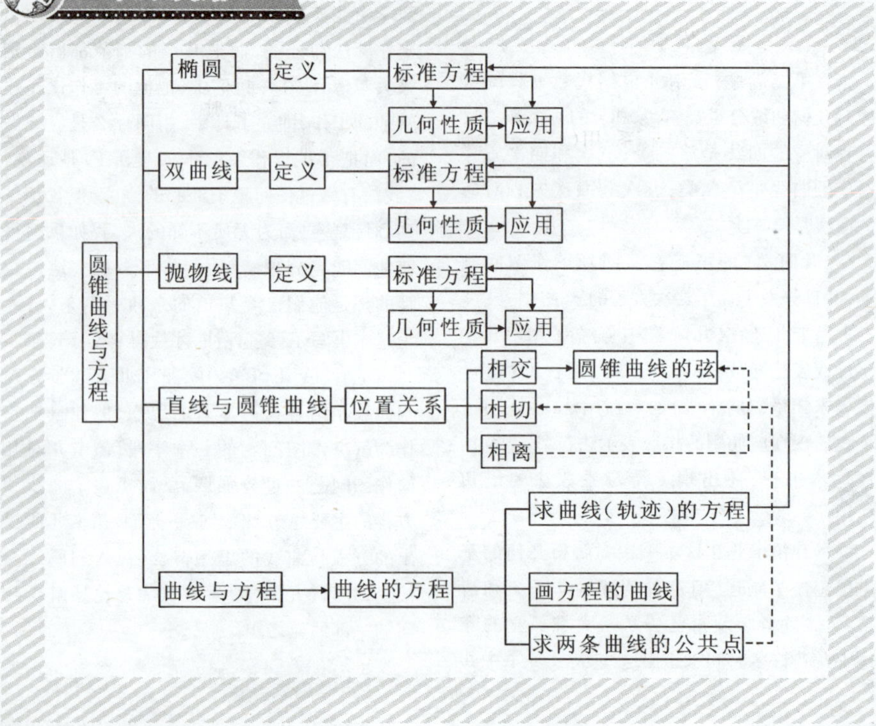

基础知识精析

1. 曲线的方程与方程的曲线

一般地,在直角坐标系中,如果某曲线 C(看作点的集合或适合某种条件的点的轨迹)上的点与一个二元方程 $f(x,y)=0$ 的实数解建立了如下的关系:

(1)曲线上的点的坐标都是这个方程的解;

(2)以这个方程的解为坐标的点都是曲线上的点.

那么,这个方程叫做曲线的方程;这条曲线叫做方程的曲线.

注意

(1)定义中的(1)阐明了曲线上没有坐标不满足方程的点,也就是说曲线上所有的点都符合这个条件而毫无例外(纯粹性).

(2)定义中的(2)阐明符合条件的所有点都在曲线上而毫无遗漏(完备性).

(3)定义的实质是平面曲线的点集 $\{M|P(M)\}$ 和方程 $f(x,y)=0$ 的解集 $\{(x,y)|f(x,y)=0\}$ 之间的一一对应关系.由曲线和方程的一一对应关系,既可以通过方程研究曲线的性质,又可以求出曲线的方程.

2. 坐标法

借助于坐标系,用坐标表示点,把曲线看成满足某种条件的点的集合或轨迹,用曲线上点的坐标(x,y)所满足的方程$f(x,y)=0$表示曲线,通过研究方程的性质间接地研究曲线的性质,这一研究几何问题的方法叫做坐标法.

3. 求曲线方程的步骤

(1)建立适当的坐标系,用(x,y)表示轨迹点M的坐标;

(2)写出适合条件P的点M的集合$\{M|P(M)\}$;

(3)用坐标表示条件$P(M)$,列出方程$f(x,y)=0$;

(4)化方程$f(x,y)=0$为最简形式;

(5)说明以化简后的方程的解为坐标的点都在曲线上.

注意

(1)建立直角坐标系,一般选取特殊点为原点,相互垂直的直线为坐标轴,合理建立坐标系,可使运算更方便.

(2)第二步可以省略,可根据条件直接找出含M点坐标(x,y)的关系式.

(3)在化简的过程中,注意运算的合理性与准确性,尽量避免"失解"或"增解".

(4)第五步的说明可以省略不写,如有特殊情况,可以适当说明,如某些点虽然其坐标满足方程,但不在曲线上,可以通过限定方程中x(或y)的取值予以剔除.

4. 椭圆的定义

(1)第一定义:平面内与两个定点F_1、F_2的距离的和等于常数(大于$|F_1F_2|$)的点的轨迹叫做椭圆,这两个定点叫做椭圆的焦点,两焦点间的距离叫做焦距.

(2)第二定义:平面内与一个定点F和一条定直线l的距离比是常数e,当$0<e<1$时的动点的轨迹是椭圆,定点F叫做椭圆的焦点,定直线l叫做焦点F相应的准线.根据椭圆的对称性,椭圆有两个焦点,两条准线.

注意

(1)在第一定义中,必须强调到两个定点距离之和(记作$2a$)大于$|F_1F_2|$(记作$2c$),否则轨迹不是椭圆.当$2a=2c$时,轨迹是线段F_1F_2;当$2a<2c$时,轨迹不存在.如果用M表示动点,那么$|MF_1|+|MF_2|=2a(a>c)$,是轨迹条件的代数描述方式.

(2)在第二个定义中,除强调$0<e<1$外,必须指出点F不在定直线l上,否则无轨迹;当已知椭圆的焦点和准线时,必须指出是否为相应焦点的准线,否则将不符合第二个定义中的条件,这一点在解有关问题时,要特别注意.若M为椭圆上任意一点,设M到F_1相应准线的距离为d_1,到F_2相应准线的距离为d_2,则$\frac{|MF_1|}{d_1}=\frac{|MF_2|}{d_2}=e$.

5. 椭圆的标准方程

焦点在x轴上,中心在原点的椭圆标准方程是$\frac{x^2}{a^2}+\frac{y^2}{b^2}=1(a>b>0)$;

焦点在y轴上,中心在原点的椭圆的标准方程是$\frac{x^2}{b^2}+\frac{y^2}{a^2}=1(a>b>0)$.

注意

(1)椭圆的焦点在x轴上$\Leftrightarrow$标准方程x^2项的分母大;椭圆的焦点在y轴上$\Leftrightarrow$标准方程中y^2项的分母大.

(2)学习标准方程,最基本的两个问题:其一,当指明标准位置的特征,并给定"特征值"(指a、b、c或其间的关系,由关系能定出其值)时,能迅速准确地写出方程;其二,当给定标准方程时,能根据方程的特征,准确地判断曲线的位置特征，并能得到 a、b、c 的值.

(3) 椭圆方程中参数 a、b、c 是椭圆所固有的，与坐标系的建立无关. $c^2=a^2-b^2$，必须牢固地掌握.

(4) 在方程 $Ax^2+By^2=C$ 中，只有 A、B、C 同号，才能表示椭圆方程，经化简可得椭圆方程为 $\frac{x^2}{\frac{C}{A}}+\frac{y^2}{\frac{C}{B}}=1$.

6. 椭圆的几何性质

以标准方程 $\frac{x^2}{a^2}+\frac{y^2}{b^2}=1$ 为例，其他方程可用同样的方法得到相应的结论.

(1) 范围：$|x|\leqslant a$，$|y|\leqslant b$；

(2) 对称性：对称轴方程为 $x=0$，$y=0$，对称中心为 $O(0,0)$；

(3) 顶点：顶点坐标为 $A_1(-a,0)$，$A_2(a,0)$，$B_1(0,-b)$，$B_2(0,b)$；

(4) 离心率：$e=\frac{c}{a}(0<e<1)$；

(5) 准线方程：$x=\pm\left|\frac{a^2}{c}\right|$.

7. 直线和椭圆的位置关系

直线和椭圆方程分别为 $f_1(x,y)=0$，$f_2(x,y)=0$，

由 $\begin{cases}f_1(x,y)=0, & ① \\ f_2(x,y)=0 & ②\end{cases}$

消去 y，得 $ax^2+bx+c=0$. ③

如果 $a\neq 0$，方程③的判别式为 Δ，那么

$\begin{cases}\Delta>0\Leftrightarrow \text{直线和椭圆相交，有两个公共点；} \\ \Delta=0\Leftrightarrow \text{直线和椭圆相切，有一个公共点；} \\ \Delta<0\Leftrightarrow \text{直线和椭圆相离，无公共点.}\end{cases}$

8. 椭圆的焦半径

点 $P(x_0,y_0)$ 为椭圆 $\frac{x^2}{a^2}+\frac{y^2}{b^2}=1(a>b>0)$ 上任一点，F_1、F_2 为椭圆的左、右焦点，称点 P 到两焦点的距离为焦半径，且 $|PF_1|=a+ex_0$，$|PF_2|=a-ex_0$.

注意

(1) 当焦点 F 在 x 轴上时，焦半径只与 P 点的横坐标有关，与 P 点纵坐标无关.

(2) 当焦点 F 在 y 轴上时，则焦半径只与 P 点的纵坐标有关.

9. 椭圆的焦点弦

当直线和椭圆相交时，截在椭圆内的线段(包括端点)叫做椭圆的弦——当弦过焦点时，称其为焦点弦.

在求焦点弦长时，注意焦半径公式的使用.

设弦 AB，$A(x_1,y_1)$，$B(x_2,y_2)$，若弦 AB 过焦点 F_1，则

$$\begin{aligned}|AB|&=|AF_1|+|BF_1|\\&=a+ex_1+a+ex_2\\&=2a+e(x_1+x_2).\end{aligned}$$

10. 双曲线的定义

(1) 第一定义：平面上，到两定点的距离之差的绝对值为正常数(小于两定点间距离)的动点轨迹叫做双曲线. 这两个定点叫做双曲线的焦点，两焦点间的距离叫做双曲线的焦距.

(2) 第二定义：平面上，到定点的距离与到定直线的距离之比为大于1的正常数的动点轨迹叫做双曲线.

注意

(1) 双曲线的定义用代数式表示为 $||MF_1|-|MF_2||=2a$，其中 $2a<|F_1F_2|$.

(2) 当 $|MF_1|-|MF_2|=2a$ 时，曲线仅表示焦点 F_2 所对应的双曲线的一支；当 $|MF_1|-|MF_2|=-2a$ 时，曲线仅表示焦点 F_1 所对应的双曲线的一支；当 $2a=|F_1F_2|$ 时，轨迹为分别以 F_1、F_2 为端点的两条射线；当 $2a>|F_1F_2|$ 时，动点轨迹不存在.

11. 双曲线的标准方程及其几何性质

		焦点在 x 轴上	焦点在 y 轴上
图形		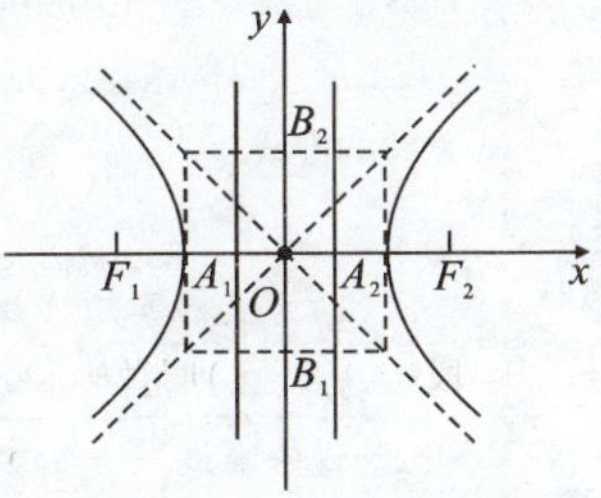	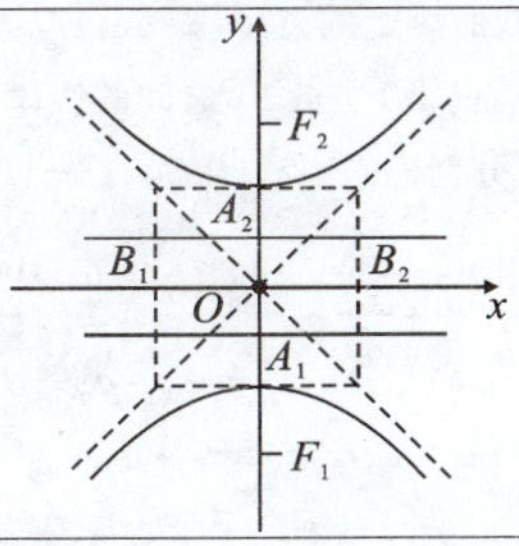
标准方程		$\frac{x^2}{a^2}-\frac{y^2}{b^2}=1$ $(a>0,b>0)$	$\frac{y^2}{a^2}-\frac{x^2}{b^2}=1$ $(a>0,b>0)$
几何性质	范围	$\|x\|\geqslant a$	$\|y\|\geqslant a$
	焦点	$F_1(-c,0)$、$F_2(c,0)$	$F_1(0,-c)$、$F_2(0,c)$
	顶点	$A_1(-a,0)$、$A_2(a,0)$	$A_1(0,-a)$、$A_2(0,a)$
	对称性	关于 x、y 轴对称，关于原点对称	
	实虚轴长	实轴长为 $2a$，虚轴长为 $2b$	
	离心率	$e=\frac{c}{a}$	$e=\frac{c}{a}$
	准线方程	$x=\pm\frac{a^2}{c}$	$y=\pm\frac{a^2}{c}$
	渐近线方程	$y=\pm\frac{b}{a}x$	$y=\pm\frac{a}{b}x$

注意

(1)双曲线两种标准方程的相同点是它们的参数 a、b、c 三者之间的关系是：$c>a>0$，$c>b>0$，且 $c^2=a^2+b^2$.

(2)判断双曲线焦点位置的方法：焦点在 x 轴上$\Leftrightarrow x^2$ 项的系数为正；焦点在 y 轴上$\Leftrightarrow y^2$ 项的系数为正.

(3)形如 $Ax^2+By^2=C$ 的方程，当 $A\cdot B<0$ 且 $C\neq0$ 时，就是双曲线，可化为 $\frac{x^2}{\frac{C}{A}}+\frac{y^2}{\frac{C}{B}}=1$.

12. 三种特殊的双曲线

(1)等轴双曲线：实轴和虚轴相等的双曲线叫做等轴双曲线.

等轴双曲线$\Leftrightarrow$离心率 $=\sqrt{2}\Leftrightarrow$两条渐近线垂直(位置关系).

(2)双曲线 $\frac{x^2}{a^2}-\frac{y^2}{b^2}=1(a>0,b>0)$ 的共轭双曲线的方程为 $\frac{y^2}{b^2}-\frac{x^2}{a^2}=1$，它们有共同的渐近线，其方程为 $y=\pm\frac{b}{a}x$，它们的离心率 e_1、e_2 满足的关系式为 $\frac{1}{e_1^2}+\frac{1}{e_2^2}=1$.

(3)共渐近线的双曲线系

与双曲线 $\frac{x^2}{a^2}-\frac{y^2}{b^2}=1(a>0,b>0)$ 有共同渐近线的双曲线方程为 $\frac{x^2}{a^2}-\frac{y^2}{b^2}=$

$k(k\neq 0)$.

13. 双曲线的焦半径

双曲线上的点 $P(x_0,y_0)$ 与左(下)焦点 F_1,或右(上)焦点 F_2 之间的线段长度称作焦半径,分别记作 $r_1=|PF_1|$,$r_2=|PF_2|$.

(1)$\dfrac{x^2}{a^2}-\dfrac{y^2}{b^2}=1(a>0,b>0)$,若 P 在右支上,$r_1=ex_0+a$,$r_2=ex_0-a$;若 P 在左支上,$r_1=-ex_0-a$,$r_2=-ex_0+a$.

(2)$\dfrac{y^2}{a^2}-\dfrac{x^2}{b^2}=1(a>0,b>0)$,若 P 在上支上,$r_1=ey_0+a$,$r_2=ey_0-a$;若 P 在下支上,$r_1=-ey_0-a$,$r_2=-ey_0+a$.

14. 抛物线的定义

平面内与一个定点 F 和一条定直线 l(点 F 不在直线 l 上)距离相等的点的轨迹叫做抛物线.定点叫做抛物线的焦点,定直线叫做抛物线的准线.

注意

(1)定义的实质可归结为"一动三定":一个动点,设为 M;一个定点 F;一条定直线 l(抛物线的准线);一个定值(即点 M 到点 F 的距离与它到定直线 l 的距离之比等于1).

(2)定点 F 不在定直线 l 上,否则动点 M 的轨迹就是过点 F 且垂直于直线 l 的一条直线.

15. 抛物线的标准方程、类型及几何性质

标准方程		$y^2=2px$ ($p>0$)	$y^2=-2px$ ($p>0$)	$x^2=2py$ ($p>0$)	$x^2=-2py$ ($p>0$)
图形		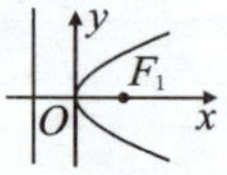	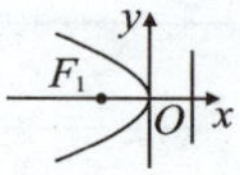	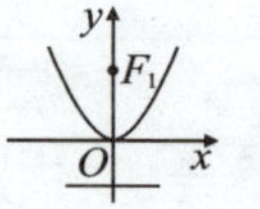	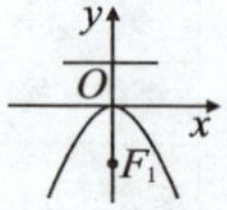
几何性质	焦点	$F\left(\dfrac{p}{2},0\right)$	$F\left(-\dfrac{p}{2},0\right)$	$F\left(0,\dfrac{p}{2}\right)$	$F\left(0,-\dfrac{p}{2}\right)$
	准线	$x=-\dfrac{p}{2}$	$x=\dfrac{p}{2}$	$y=-\dfrac{p}{2}$	$y=\dfrac{p}{2}$
	范围	$x\geqslant 0,y\in\mathbf{R}$	$x\leqslant 0,y\in\mathbf{R}$	$x\in\mathbf{R},y\geqslant 0$	$x\in\mathbf{R},y\leqslant 0$
	对称轴	x 轴		y 轴	
	顶点	$O(0,0)$			
	离心率	$e=1$			
	开口	向右	向左	向上	向下
	焦半径	$\|PF\|=\dfrac{p}{2}+x_1$	$\|PF\|=\dfrac{p}{2}-x_1$	$\|PF\|=\dfrac{p}{2}+y_1$	$\|PF\|=\dfrac{p}{2}-y_1$

16. 直线与抛物线的位置关系

设直线 $l:y=kx+m$,抛物线 $y^2=2px(p>0)$,将直线方程与抛物线方程联立整理成关于 x 的方程:$ax^2+bx+c=0$.

(1)若 $a\neq0$,

当 $\Delta>0$ 时,直线与抛物线相交,有两个交点;

当 $\Delta=0$ 时,直线与抛物线相切,有一个交点;

当 $\Delta<0$ 时,直线与抛物线相离,无交点.

(2)若 $a=0$,直线与抛物线有一个交点,此时直线平行于抛物线的对称轴或与对称轴重合,因此直线与抛物线有一个交点是直线与抛物线相切的必要不充分条件.

17. 抛物线的焦点弦

如图 6-2-1,AB 是抛物线 $y^2=2px(p>0)$ 过焦点 F 的一条弦,设 $A(x_1,y_1)$,$B(x_2,y_2)$,AB 的中点 $M(x_0,y_0)$,相应的准线为 l,有如下结论:

(1)以 AB 为直径的圆必与准线 l 相切;

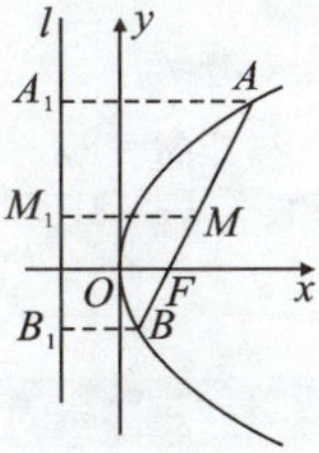

图 6-2-1

(2)$|AB|=2\left(x_0+\dfrac{p}{2}\right)$(焦点弦长与中点关系);

(3)$|AB|=x_1+x_2+p$;

(4)若直线 AB 的倾斜角为 α,则 $|AB|=\dfrac{2p}{\sin^2\alpha}$;

(5)A、B 两点横坐标之积、纵坐标之积为定值,即 $x_1\cdot x_2=\dfrac{p^2}{4}$,$y_1\cdot y_2=-p^2$.

题型分类与方法总结

题型 1 椭圆定义的应用

椭圆的两个定义,从不同角度反应了椭圆的特征,解题时需灵活运用.

一般地,如果遇到有动点到两定点距离的问题,应联想到椭圆的第一定义;如果遇到有动点到一个定点及定直线距离的问题应联想到椭圆的第二定义.

例 1 (重庆高考)已知 $A\left(-\dfrac{1}{2},0\right)$,$B$ 是圆 $F:\left(x-\dfrac{1}{2}\right)^2+y^2=4$($F$ 为圆心)上一动点,线段 AB 的垂直平分线交 BF 于 P,则动点 P 的轨迹方程为________.

解析 由题意 $|PA|=|PB|$,又$\because$ $|PF|+|PB|=2$,$\therefore$ $|PA|+|PF|=2$,即 P 到两定点 A、F 的距离之和为定值 2 且大于两定点 A、F 的距离 1,故其轨迹为椭圆,且 $a=1$,$c=\dfrac{1}{2}$,$b^2=\dfrac{3}{4}$,

$\therefore$ 方程为 $x^2+\dfrac{4}{3}y^2=1$.

答案 $x^2+\dfrac{4}{3}y^2=1$.

例 2 如图 6-2-2,已知点 $A(1,2)$ 在椭圆 $\dfrac{x^2}{16}+\dfrac{y^2}{12}=1$ 内部,F 的坐标为 $(2,0)$,在椭圆上求一点 P,使 $|PA|+2|PF|$ 最小.

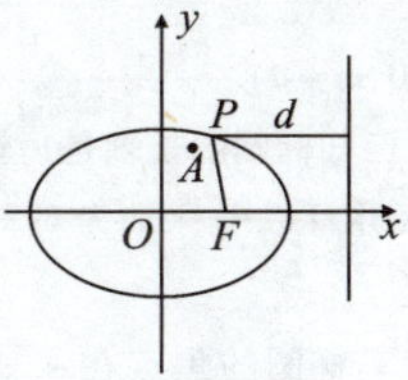

图 6-2-2

分析 直接求解比较困难,不妨将 $|PF|$ 转化为点 P 到准线的距离.

解 $\because$ $a^2=16$,$b^2=12$,$\therefore$ $c^2=4$,$c=2$.

$\therefore F$ 为椭圆的右焦点,并且离心率为 $e=\frac{c}{a}=\frac{1}{2}$. 设 P 到右准线的距离为 d,则 $|PF|=ed=\frac{1}{2}d$, $d=2|PF|$.

$\therefore |PA|+2|PF|=|PA|+d$.

由几何性质可知,当 P 点的纵坐标(横坐标大于零)与 A 点的纵坐标相同时,$|PA|+d$ 最小.

把 $y=2$ 代入 $\frac{x^2}{16}+\frac{y^2}{12}=1$ 得 $x=\frac{4\sqrt{6}}{3}$(负值舍去),即 $P\left(\frac{4\sqrt{6}}{3},2\right)$为所求.

点拨 本题所用的方法是转化法,即把点 P 到 F 的距离化为点 P 到准线的距离,这是椭圆第二定义的应用.

题型2 求椭圆的标准方程

(1)定义法.

(2)待定系数法:求椭圆的标准方程,要恰当地选择方程的形式,如果明确焦点在 x 轴上,那么设所求椭圆方程为 $\frac{x^2}{a^2}+\frac{y^2}{b^2}=1(a>b>0)$;如果明确焦点在 y 轴上,那么设所求的椭圆方程为 $\frac{y^2}{a^2}+\frac{x^2}{b^2}=1(a>b>0)$;如果不能确定焦点的位置,那么有两种方法来解决问题,一是分类讨论,全面考虑问题;二是设椭圆方程的一般式,即设方程为 $\frac{x^2}{m}+\frac{y^2}{n}=1$ $(m>0,n>0,m\neq n)$.

例3 已知椭圆的长轴是短轴的3倍,且过点(3,0),并且以坐标轴为对称轴,求椭圆的标准方程.

解法一 若椭圆的焦点在 x 轴上,设方程为 $\frac{x^2}{a^2}+\frac{y^2}{b^2}=1(a>b>0)$.

由题意 $\begin{cases}2a=3\cdot 2b,\\ \frac{9}{a^2}+\frac{0}{b^2}=1,\end{cases}$ 解得 $\begin{cases}a=3,\\ b=1.\end{cases}$

$\therefore$ 椭圆方程为 $\frac{x^2}{9}+y^2=1$;

若椭圆的焦点在 y 轴上,设方程为 $\frac{y^2}{a^2}+\frac{x^2}{b^2}=1(a>b>0)$.

由题意 $\begin{cases}2a=3\cdot 2b,\\ \frac{0}{a^2}+\frac{9}{b^2}=1,\end{cases}$ 解得 $\begin{cases}a=9,\\ b=3.\end{cases}$

$\therefore$ 椭圆方程为 $\frac{y^2}{81}+\frac{x^2}{9}=1$.

综上所述,椭圆方程为 $\frac{x^2}{9}+y^2=1$ 或 $\frac{y^2}{81}+\frac{x^2}{9}=1$.

解法二 设椭圆方程为 $\frac{x^2}{m}+\frac{y^2}{n}=1(m>0,n>0,m\neq n)$,则由题意得

$\begin{cases}\frac{9}{m}=1,\\ 2\sqrt{m}=3\cdot 2\sqrt{n},\end{cases}$

或 $\begin{cases}\frac{9}{m}=1,\\ 2\sqrt{n}=3\cdot 2\sqrt{m}.\end{cases}$

解得 $\begin{cases}m=9,\\ n=1,\end{cases}$ 或 $\begin{cases}m=9,\\ n=81.\end{cases}$

$\therefore$ 椭圆方程为 $\frac{x^2}{9}+y^2=1$ 或 $\frac{y^2}{81}+\frac{x^2}{9}=1$.

题型3 椭圆几何性质的有关问题

解决有关椭圆的问题一般首先应弄清椭圆的类型,而椭圆的类型又取决于焦点的位置,要掌握好椭圆的几何性质:范围、对称性、顶点、离心率.

例4 已知椭圆 $x^2+(m+3)y^2=m(m>0)$ 的离心率 $e=\frac{\sqrt{3}}{2}$,求 m 的值及椭圆的长轴和短轴的长、焦点坐标、顶点坐标.

分析 解决本题的关键是确定 m 的值,应先将椭圆方程化为标准形式,用 m 表示 a、b、c,再由 $e=\frac{\sqrt{3}}{2}$ 求出 m 的值.

解 椭圆方程可化为$\frac{x^2}{m}+\frac{y^2}{\frac{m}{m+3}}=1$,

$\because m-\frac{m}{m+3}=\frac{m(m+2)}{m+3}>0$,

$\therefore m>\frac{m}{m+3}$.

即$a^2=m,b^2=\frac{m}{m+3}$,

$c=\sqrt{a^2-b^2}=\sqrt{\frac{m(m+2)}{m+3}}$.

由$e=\frac{\sqrt{3}}{2}$得,$\sqrt{\frac{m+2}{m+3}}=\frac{\sqrt{3}}{2}$,$\therefore m=1$.

$\therefore$ 椭圆的标准方程为$x^2+\frac{y^2}{\frac{1}{4}}=1$,

$\therefore a=1,b=\frac{1}{2},c=\frac{\sqrt{3}}{2}$.

$\therefore$ 椭圆的长轴长为2,短轴长为1;两焦点坐标分别为$F_1\left(-\frac{\sqrt{3}}{2},0\right)$、$F_2\left(\frac{\sqrt{3}}{2},0\right)$;四个顶点坐标分别为$A_1(-1,0)$、$A_2(1,0)$,$B_1\left(0,-\frac{1}{2}\right)$、$B_2\left(0,\frac{1}{2}\right)$.

题型4 双曲线定义的应用

双曲线的两个定义,也从不同角度反应了双曲线的特征,解题时要灵活应用.

例5 (江西高考)P是双曲线$\frac{x^2}{9}-\frac{y^2}{16}=1$的右支上一点,$M$、$N$分别是圆$(x+5)^2+y^2=4$和$(x-5)^2+y^2=1$上的点,则$|PM|-|PN|$的最大值为(　　).

A. 6　　B. 7　　C. 8　　D. 9

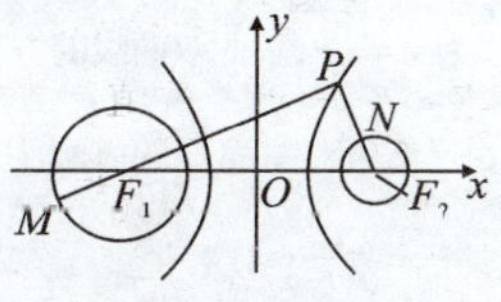

图6-2-3

解析 由双曲线与两圆方程可知双曲线的两焦点F_1、F_2分别为两圆圆心,如图6-2-3,由圆的几何性质可知:$|PM|\leqslant|PF_1|+2$,$|PN|\geqslant|PF_2|-1$.

$\therefore |PM|-|PN|\leqslant|PM|_{\max}-|PN|_{\min}$

$=(|PF_1|+2)-(|PF_2|-1)$

$=|PF_1|-|PF_2|+3$

$=2a+3$

$=9$.

答案 D.

点拨 无论点P在右支上如何运动,本题的目标函数一定能取得最大值9.

例6 已知双曲线$\frac{x^2}{a^2}-\frac{y^2}{b^2}=1$的左、右焦点分别为$F_1$、$F_2$,左准线为$l$,其左支上存在一点$P$,使得$|PF_1|$是$P$到$l$的距离$d$与$|PF_2|$的等比中项,求双曲线离心率的取值范围.

解 因在左支上存在P点,使$|PF_1|^2=|PF_2|\cdot d$. 由双曲线的第二定义知$\frac{|PF_1|}{d}=\frac{|PF_2|}{|PF_1|}=e$,即$|PF_2|=e|PF_1|$. ①

再由双曲线的第一定义,得$|PF_2|-|PF_1|=2a$. ②

由①②式,解得$|PF_1|=\frac{2a}{e-1}$,$|PF_2|=\frac{2ae}{e-1}$.

$\because$ 在$\triangle PF_1F_2$中有$|PF_1|+|PF_2|\geqslant 2c$,

$\therefore \frac{2a}{e-1}+\frac{2ae}{e-1}\geqslant 2c$. ③

$\because e=\frac{c}{a}$,$\therefore$ 由③式得$e^2-2e-1\leqslant 0$,解得$1-\sqrt{2}\leqslant e\leqslant 1+\sqrt{2}$.

$\because e>1$,$\therefore 1<e\leqslant 1+\sqrt{2}$.

题型5 求双曲线的标准方程

(1)定义法求双曲线的标准方程.

(2)待定系数法,根据题意判定焦点的位置(定型),从而设出标准方程的形式,并根据题中条件求出a^2、b^2的值(定量)即可. 要特别注意$a^2+b^2=c^2$的应用. 如果不知点所处的位置，即可分类，也可把双曲线方程设为$\frac{x^2}{m}+\frac{y^2}{n}=1(mn<0)$.

例7 求适合下列条件的双曲线的标准方程.

(1)焦点在y轴上，且过点$(3,-4\sqrt{2})$、$\left(\frac{9}{4},5\right)$;

(2)经过两点$(2\sqrt{7},3)$、$(-7,-6\sqrt{2})$.

分析 利用待定系数法求出双曲线的标准方程中的a、b即可，注意标准方程的形式.

解 (1)设所求双曲线方程为$\frac{y^2}{a^2}-\frac{x^2}{b^2}=1$.

$\because$点$(3,-4\sqrt{2})$、$\left(\frac{9}{4},5\right)$在双曲线上，

$\therefore$这两点的坐标满足所设方程，由此得

$\begin{cases}\frac{32}{a^2}-\frac{9}{b^2}=1,\\ \frac{25}{a^2}-\frac{81}{16b^2}=1.\end{cases}$ 令$m=\frac{1}{a^2}$，$n=\frac{1}{b^2}$，则方程组化为

$\begin{cases}32m-9n=1,\\ 25m-\frac{81n}{16}=1.\end{cases}$ 解方程组得$\begin{cases}m=\frac{1}{16},\\ n=\frac{1}{9}.\end{cases}$

$\therefore a^2=16, b^2=9$.

即所求双曲线方程为$\frac{y^2}{16}-\frac{x^2}{9}=1$.

(2)设双曲线方程为$mx^2-ny^2=1(mn>0)$，①

由过两点$(2\sqrt{7},3)$、$(-7,-6\sqrt{2})$，得

$\begin{cases}m(2\sqrt{7})^2-n\cdot 3^2=1,\\ m(-7)^2-n(-6\sqrt{2})^2=1.\end{cases}$

解得$\begin{cases}m=\frac{1}{25},\\ n=\frac{1}{75}.\end{cases}$

代入①，得所求双曲线方程为$\frac{x^2}{25}-\frac{y^2}{75}=1$.

点拨 本题都是利用待定系数求解，要注意(1)中解方程(方程组)的技巧——用换元的思想把分式方程化为整式方程；(2)在确定不了焦点在哪条坐标轴上时，还可考虑设标准方程的统一形式.

题型6 双曲线几何性质的有关问题

已知双曲线方程讨论双曲线性质时，应先将其化为标准方程，找准a、b，确定焦点位置，才能得出双曲线的几何性质.

例8 求双曲线$9x^2-16y^2+144=0$的实轴长、虚轴长、焦点坐标、顶点坐标、渐近线方程、离心率.

解 将原方程化为标准方程得$\frac{y^2}{9}-\frac{x^2}{16}=1$. $\therefore a=3, b=4$, $\therefore c^2=a^2+b^2=25, c=5$.

$\therefore$实轴长为$2a=6$，虚轴长为$2b=8$，

焦点坐标为$F_1(0,-5)$，$F_2(0,5)$，顶点坐标为$(0,3)$，$(0,-3)$，渐近线方程为$y=\pm\frac{3}{4}x$，离心率$e=\frac{c}{a}=\frac{5}{3}$.

题型7 双曲线渐近线的有关问题

(1)对于双曲线$\frac{x^2}{a^2}-\frac{y^2}{b^2}=1(a>0,b>0)$，把方程右边的“1”换成“0”，得双曲线的渐近线方程为$\frac{x^2}{a^2}-\frac{y^2}{b^2}=0$ $\left(\text{或}\frac{x}{a}\pm\frac{y}{b}=0\text{或}y=\pm\frac{b}{a}x\right)$.

(2)与双曲线$\frac{x^2}{a^2}-\frac{y^2}{b^2}=\pm1$有相同的渐近线的双曲线方程为$\frac{x^2}{a^2}-\frac{y^2}{b^2}=\lambda(\lambda\neq0)$.

例9 已知双曲线C的渐近线是$4x\pm3y=0$，一条准线为$y=\frac{16}{5}$，求此双曲线的方程.

解 由已知设双曲线C的方程为：$(4x)^2\pm(3y)^2=k$，即$\frac{x^2}{\frac{k}{16}}-\frac{y^2}{\frac{k}{9}}=1$.

$\because y=\frac{16}{5}$是一条准线，$\therefore$焦点在y轴上，$\therefore k$

<0 且 $a^2=\frac{|k|}{9}$,$c=\sqrt{\frac{|k|}{9}+\frac{|k|}{16}}=\frac{5\sqrt{|k|}}{12}$,

$$\therefore \frac{a^2}{c}=\frac{\frac{|k|}{9}}{\frac{5\sqrt{|k|}}{12}}=\frac{16}{5},\therefore k=144.$$

故双曲线的方程为$\frac{y^2}{16}-\frac{x^2}{9}=1$.

题型8 抛物线定义的应用

抛物线上一点到焦点的距离与它到准线的距离相等,因此这两种距离可以相互转化.

例10 设 P 是抛物线 $y^2=4(x-1)$ 上的一个动点,则点 P 到点(0,1)的距离与点 P 到 y 轴距离之和的最小值是________.

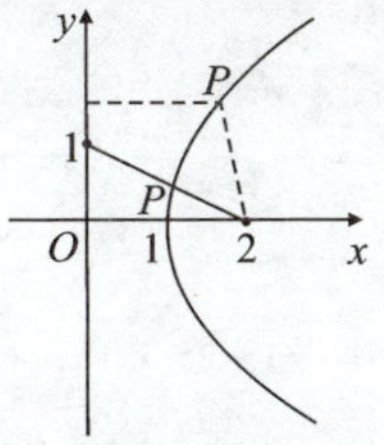

图6-2-4

解析 图6-2-4为 $y^2=4(x-1)$ 的图象,y 轴为准线,(2,0)为焦点,P 到 y 轴的距离与到焦点(2,0)的距离相等.

$\therefore P$ 为点(0,1)和点(2,0)连接的线段与抛物线的交点时,距离之和最小,最小为 $\sqrt{(2-0)^2+(0-1)^2}=\sqrt{5}$.

答案 $\sqrt{5}$.

点拨 解析几何中常通过定义法"化曲为直".

题型9 求抛物线的标准方程

(1)常用方法:

①直接法:直接利用题中已知条件确定焦参数 p.

②待定系数法:先设出抛物线的方程,再根据题中条件,确定焦参数 p.

③定义法:先判定所求点的轨迹符合抛物线的定义,进而求出方程.

求抛物线方程的主要步骤是先定位,即根据题中条件确定抛物线的焦点位置;后定量,即求出方程中 p 的值,从而求出方程.

(2)若已知对称轴在确定的某坐标轴上,则由条件可先将所求方程设为 $y^2=2px$,$y^2=-2px$,$x^2=2py$,$x^2=-2py(p>0)$,从而求解.

(3)对于已知焦点所在轴的抛物线的标准方程,在不知开口方向时,可将抛物线方程设为 $y^2=ax(a\neq0)$,此时焦点在 x 轴上;或 $x^2=ay(a\neq0)$,此时焦点在 y 轴上,再根据条件求 a. $a>0$,则开口向右(上);$a<0$,则开口向左(下).

例11 顶点在原点,对称轴与坐标轴重合的抛物线上有一点$(a,-3)$,它到焦点的距离为5,求抛物线的方程和 a 的值.

解 若焦点在 x 轴上,设抛物线的方程为:$y^2=mx(m\neq0)$,则焦点为$\left(\frac{m}{4},0\right)$,准线为 $x=-\frac{m}{4}$. 依题意有 $9=ma$,$\left|-\frac{m}{4}-a\right|=5$,

$$\therefore \begin{cases}m=2,\\ a=\frac{9}{2}\end{cases} 或 \begin{cases}m=-2,\\ a=-\frac{9}{2}\end{cases}$$

$$或 \begin{cases}m=18,\\ a=\frac{1}{2}\end{cases} 或 \begin{cases}m=-18,\\ a=-\frac{1}{2}.\end{cases}$$

故抛物线方程为 $y^2=2x$ 或 $y^2=-2x$ 或 $y^2=18x$ 或 $y^2=-18x$. 若焦点在 y 轴上,由点$(a,-3)$的特点知抛物线方程可设为 $x^2=-2px(p>0)$,则准线为 $y=\frac{p}{2}$,故有 $a^2=6p$,$\frac{p}{2}-(-3)=5$,故 $a=2\sqrt{6}$,$p=4$. $\therefore$ 抛物线方程为 $x^2=-8y$.

题型10 焦点三角形问题

椭圆或双曲线上 点与两焦点构成一个三角形,该三角形称为焦点三角形. 解决这个三角形问题需充分利用椭圆或双曲线的定义,三角形的三边关系及正、余弦定理.

例12 如图6-2-5，点 P 是椭圆 $\frac{y^2}{5}+\frac{x^2}{4}=1$ 上的一点，F_1 和 F_2 是焦点，且 $\angle F_1PF_2=30°$，求 $\triangle F_1PF_2$ 的面积.

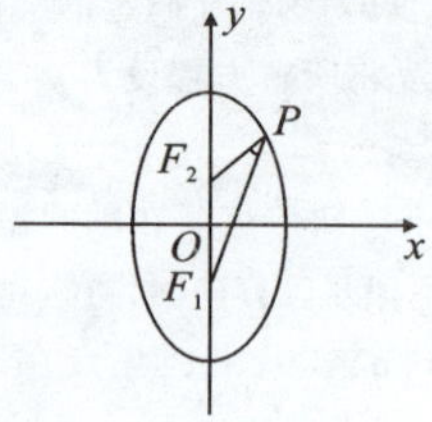

图6-2-5

解 在椭圆 $\frac{y^2}{5}+\frac{x^2}{4}=1$ 中，$a=\sqrt{5}$，$b=2$，

$\therefore c=\sqrt{a^2-b^2}=1$.

又 $\because$ 点 P 在椭圆上，

$\therefore |PF_1|+|PF_2|=2a=2\sqrt{5}$. ①

由余弦定理知 $|PF_1|^2+|PF_2|^2-2|PF_1|\cdot|PF_2|\cdot\cos 30°=|F_1F_2|^2=(2c)^2=4$. ②

①式两边平方得：$|PF_1|^2+|PF_2|^2+2|PF_1|\cdot|PF_2|=20$， ③

③-②得：$(2+\sqrt{3})|PF_1|\cdot|PF_2|=16$，

$\therefore |PF_1|\cdot|PF_2|=16(2-\sqrt{3})$，

$\therefore S_{\triangle PF_1F_2}=\frac{1}{2}|PF_1|\cdot|PF_2|\cdot\sin 30°=8-4\sqrt{3}$.

点拨 运用整体思想直接求出 $|PF_1|\cdot|PF_2|$，无需单独求，以减少运算量. 另外若条件中出现了椭圆上的点，则应考虑椭圆的定义.

题型11 弦长问题

直线与圆锥曲线(双曲线应是其中一支)有两个相异的公共点，此时直线被圆锥曲线截得的线段称为圆锥曲线的弦. 当直线的斜率存在时，设直线方程为 $y=kx+b$，两个交点分别为 $A(x_1,y_1)$，$B(x_2,y_2)$，则弦长 $d=\sqrt{1+k^2}\cdot|x_1-x_2|=\sqrt{1+\frac{1}{k^2}}|y_1-y_2|$ $(k\neq 0)$，这就是弦长公式. 在解决弦长问题时，要利用弦长公式，充分利用已知条件，由于弦是直线与圆锥曲线相交时才存在，还应注意 $\Delta>0$ 这一隐含条件的作用.

例13 设直线 $y=2x+b$ 与抛物线 $y^2=4x$ 交于 A、B 两点，已知弦 AB 长为 $3\sqrt{5}$，求 b 的值.

分析 利用弦长建立含 b 的方程求解.

解 由 $\begin{cases}y=2x+b,\\ y^2=4x\end{cases}$ 消去 y，得 $4x^2+4(b-1)x+b^2=0$. 由 $\Delta>0$，得 $b<\frac{1}{2}$.

设 $A(x_1,y_1)$，$B(x_2,y_2)$，则 $x_1+x_2=1-b$，$x_1x_2=\frac{b^2}{4}$.

$\therefore |x_1-x_2|=\sqrt{(x_1+x_2)^2-4x_1x_2}=\sqrt{1-2b}$.

$\because |AB|=\sqrt{1+2^2}\cdot|x_1-x_2|=\sqrt{5}\cdot\sqrt{1-2b}=3\sqrt{5}$，$\therefore 1-2b=9$，$\therefore b=-4$.

点拨 利用弦长公式解题时，经常用设而不求的技巧借助根与系数的关系整体代入.

题型12 弦的中点问题

解决弦的中点问题有两种方法：一是利用"待定系数法"结合根与系数的关系求出待定系数 k；二是用"设而不求"法，利用端点的曲线上坐标满足方程，作差构造出中点坐标和斜率关系. 点差法在解决有关弦中点，弦所在直线的斜率，弦中点与原点连线斜率问题时可以简化运算过程.

例14 $P(1,1)$ 为椭圆 $\frac{x^2}{4}+\frac{y^2}{2}=1$ 内一定点，经过 P 引一弦，使此弦在 $P(1,1)$ 点被平分，求此弦所在直线的方程.

解法一 易知此弦所在直线的斜率存在，所以设其方程为 $y-1=k(x-1)$，弦的两端点为 (x_1,y_1)，(x_2,y_2).

由$\begin{cases}y-1=k(x-1),\\ \frac{x^2}{4}+\frac{y^2}{2}=1\end{cases}$ 消去y得

$(2k^2+1)x^2-4k(k-1)x+2(k^2-2k-1)=0$,

$\therefore x_1+x_2=\frac{4k(k-1)}{2k^2+1}$.

又$\because x_1+x_2=2$, $\therefore \frac{4k(k-1)}{2k^2+1}=2$,

得$k=-\frac{1}{2}$.

故弦所在的直线方程为$y-1=-\frac{1}{2}(x-1)$,即$x+2y-3=0$.

解法二 由于此弦所在直线的斜率存在,所以设斜率为k,且设弦的两端点坐标为(x_1,y_1),(x_2,y_2),则$\frac{x_1^2}{4}+\frac{y_1^2}{2}=1$,$\frac{x_2^2}{4}+\frac{y_2^2}{2}=1$,两式相减得

$\frac{(x_1+x_2)(x_1-x_2)}{4}+\frac{(y_1+y_2)(y_1-y_2)}{2}=0$.

$\because x_1+x_2=2$, $y_1+y_2=2$,

$\therefore \frac{x_1-x_2}{2}+(y_1-y_2)=0$,

$\therefore k=\frac{y_1-y_2}{x_1-x_2}=-\frac{1}{2}$.

$\therefore$ 此弦所在直线方程为$y-1=-\frac{1}{2}(x-1)$,即$x+2y-3=0$.

例 15 设$A(x_1,y_1)$,$B(x_2,y_2)$两点在抛物线$y=2x^2$上,l是AB的垂直平分线.

问:当且仅当x_1+x_2取何值时,直线l经过抛物线的焦点F?证明你的结论.

解 $\because$ 抛物线$y=2x^2$,则$x^2=\frac{y}{2}$,

$\therefore P=\frac{1}{4}$, $\therefore$ 焦点为$F\left(0,\frac{1}{8}\right)$.

(1)直线l的斜率不存在时,显然有$x_1+x_2=0$;

(2)直线l的斜率存在时,设为k,截距为b,即直线l: $y=kx+b$. 由已知得

$\begin{cases}\frac{y_1+y_2}{2}=k\cdot\frac{x_1+x_2}{2}+b,\\ \frac{y_1-y_2}{x_1-x_2}=-\frac{1}{k}\end{cases}$

$\Rightarrow\begin{cases}\frac{2x_1^2+2x_2^2}{2}=k\cdot\frac{x_1+x_2}{2}+b,\\ \frac{2x_1^2-2x_2^2}{x_1-x_2}=-\frac{1}{k}\end{cases}$

$\Rightarrow\begin{cases}x_1^2+x_2^2=k\cdot\frac{x_1+x_2}{2}+b,\\ x_1+x_2=-\frac{1}{2k}\end{cases}$

$\Rightarrow x_1^2+x_2^2=-\frac{1}{4}+b\geqslant 0\Rightarrow b\geqslant\frac{1}{4}$.

即l的斜率存在时,不可能经过焦点$F\left(0,\frac{1}{8}\right)$.

所以当且仅当$x_1+x_2=0$时,直线l经过抛物线的焦点F.

点拨 *本题A、B所在直线斜率不一定存在,所以应分情况讨论.*

题型 13 对称问题

圆锥曲线中对称问题需结合已学对称等知识求解,注意整体代入的应用.

例 16 已知椭圆C: $\frac{x^2}{4}+\frac{y^2}{3}=1$,试确定$m$的取值范围,使得椭圆上有两个不同的点关于直线$y=4x+m$对称.

解法一 设$P(x_1,y_1)$,$Q(x_2,y_2)$是椭圆C上关于直线l: $y=4x+m$对称的两个点,则$k_{PQ}=-\frac{1}{4}$. 设PQ所在直线方程为$y=-\frac{x}{4}+b$.

由$\begin{cases}y=-\frac{x}{4}+b,\\ \frac{x^2}{4}+\frac{y^2}{3}=1\end{cases}$ 消去y,得

$13x^2-8bx+16b^2-48=0$.

$\therefore \Delta=(-8b)^2-4\cdot 13\cdot(16b^2-48)>0$.

解得 $b^2 < \frac{13}{4}$. ①

$x_1 + x_2 = \frac{8b}{13}, x_1x_2 = \frac{16b^2 - 48}{13}$.

设 PQ 中点为 $M(x,y)$,则有

$x = \frac{x_1 + x_2}{2} = \frac{4b}{13}, y = -\frac{1}{4} \cdot \frac{4b}{13} + b = \frac{12b}{13}$.

$\because$ 点 $M\left(\frac{4b}{13}, \frac{12b}{13}\right)$在直线 $y = 4x + m$ 上,

$\therefore \frac{12b}{13} = 4 \cdot \frac{4b}{13} + m. \therefore b = -\frac{13}{4}m$. ②

把②代入①,得:$\left(-\frac{13}{4}m\right)^2 < \frac{13}{4}$,

解得 $-\frac{2\sqrt{13}}{13} < m < \frac{2\sqrt{13}}{13}$.

解法二 设 $P(x_1,y_1)$,$Q(x_2,y_2)$是椭圆 C 上两点,$M(x,y)$是 PQ 的中点,

则有$\begin{cases}3x_1^2 + 4y_1^2 = 12,\\ 3x_2^2 + 4y_2^2 = 12.\end{cases}$两式相减得

$3(x_1 - x_2)(x_1 + x_2) + 4(y_1 - y_2)(y_1 + y_2) = 0$.

$\because x_1 \neq x_2, x_1 + x_2 = 2x, y_1 + y_2 = 2y$,

$\therefore \frac{3x}{4y} = -\frac{y_1 - y_2}{x_1 - x_2} = -k_{PQ}$.

$\because k_{PQ} = -\frac{1}{4}, \therefore y = 3x$.

由$\begin{cases}y = 3x,\\ y = 4x + m,\end{cases}$解得$\begin{cases}x = -m,\\ y = -3m.\end{cases}$

$\therefore M(-m, -3m)$.

$\because$ 点 M 应在椭圆 C 的内部,

$\therefore \frac{(-m)^2}{4} + \frac{(-3m)^2}{3} < 1$.

解得 $-\frac{2\sqrt{13}}{13} < m < \frac{2\sqrt{13}}{13}$.

点拨 本题提供的两种解法,是处理此类问题较典型的方法,要注意理解,灵活运用.

题型 14 圆锥曲线中的定点、定值问题

客观题中的定值问题常由特殊代替一般来确定答案;而主观题中的定值问题往往由特殊代替一般来确定解题目标.

定点与定值问题的一般处理方法是:

(1)从特殊入手,求出定点或定值,再证明这个点(值)与变量无关.

(2)直接推理计算,并在计算过程中消去变量,从而得到定点(定值).

例 17 过抛物线 $y = ax^2(a > 0)$的焦点 F 作一直线交抛物线于 P、Q 两点,若线段 PF 与 FQ 的长分别是 p、q,则$\frac{1}{p} + \frac{1}{q}$等于(　　).

A. $2a$　　B. $\frac{1}{2a}$　　C. $4a$　　D. $\frac{4}{a}$

解析 方法一:抛物线 $x^2 = \frac{1}{a}y$ 的焦点坐标为$\left(0, \frac{1}{4a}\right)$. 设直线方程为 $y = kx + \frac{1}{4a}$.

代入 $y = ax^2$,整理得 $4a^2x^2 - 4akx - 1 = 0$.

设 $P(x_1,y_1)$,$Q(x_2,y_2)$,

则 $x_1 + x_2 = \frac{k}{a}, x_1 \cdot x_2 = -\frac{1}{4a^2}$.

$\therefore y_1 + y_2 = k(x_1 + x_2) + \frac{1}{2a} = \frac{2k^2 + 1}{2a}$,

$y_1 \cdot y_2 = ax_1^2 \cdot a_2^2 = \frac{1}{16a^2}$.

由抛物线定义可知,

$|PF| = y_1 + \frac{1}{4a}, |QF| = y_2 + \frac{1}{4a}$.

$\therefore \frac{1}{p} + \frac{1}{q} = 4a\left(\frac{1}{1 + 4ay_1} + \frac{1}{1 + 4ay_2}\right)$

$= 4a \cdot \frac{4a(y_1 + y_2) + 2}{16a^2y_1y_2 + 4a(y_1 + y_2) + 1} = 4a$.

故选 C.

方法二:如图 6-2-6,取 $PQ /\!/ x$ 轴.

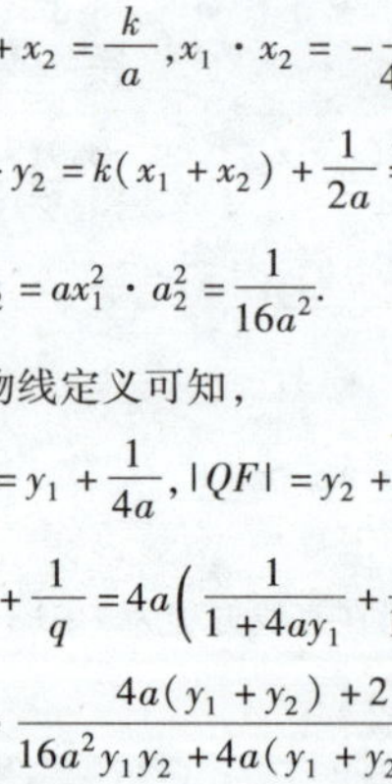

图 6-2-6

$\because F\left(0, \frac{1}{4a}\right)$,

$\therefore P\left(-\frac{1}{2a},\frac{1}{4a}\right),Q\left(\frac{1}{2a},\frac{1}{4a}\right),$

$\therefore p=q=\frac{1}{2a},\therefore \frac{1}{p}+\frac{1}{q}=2a+2a=4a.$

答案 C.

点拨 本题是客观题，可采用特殊值法，简单准确，如方法二.

例 18 设抛物线 $y^2=2px(p>0)$ 的焦点为 F，经过点 F 的直线交抛物线于 A、B 两点，点 C 在抛物线的准线上，且 $BC/\!/x$ 轴. 证明直线 AC 经过原点 O.

证法一 设 $AB:x=my+\frac{p}{2}$，代入 $y^2=2px$，得 $y^2-2pmy-p^2=0$.

由根与系数的关系，得 $y_Ay_B=-p^2$，

即 $y_B=\frac{p^2}{y_A}$.

$\because BC/\!/x$ 轴，且 C 在直线 $x=-\frac{p}{2}$ 上，

$\therefore C\left(-\frac{p}{2},y_B\right)$.

则 $k_{OC}=\frac{y_B}{-\frac{p}{2}}=\frac{2p}{y_A}=\frac{y_A}{x_A}=k_{OA}$.

故直线 AC 经过原点 O.

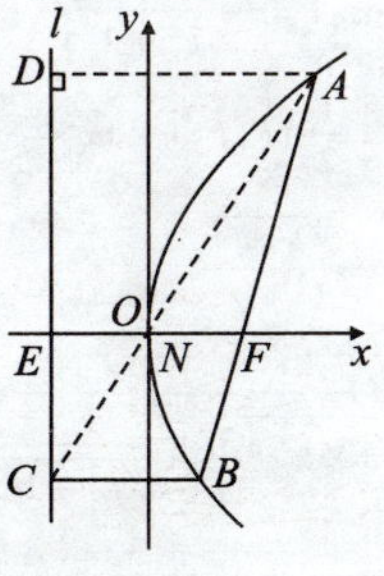

图 6－2－7

证法二 如图 6－2－7，记准线 l 与 x 轴的交点为 E，过 A 作 $AD\perp l$，垂足为 D，连接 AC 交 EF 于点 N.

则 $AD/\!/EF/\!/BC$，

则 $\frac{|EN|}{|AD|}=\frac{|CN|}{|AC|}=\frac{|BF|}{|AB|},\frac{|NF|}{|BC|}=\frac{|AF|}{|AB|}$.

$\because |AF|=|AD|,|BF|=|BC|$,

$\therefore |EN|=\frac{|AD|\cdot|BF|}{|AB|}=\frac{|AF|\cdot|BC|}{|AB|}=|NF|$，即 N 是 EF 的中点，从而点 N 与点 O 重合，故直线 AC 经过原点 O.

例 19 （重庆高考）已知抛物线、椭圆和双曲线都经过点 $M(1,2)$，它们在 x 轴上有共同焦点，椭圆和双曲线的对称轴是坐标轴，抛物线的顶点为坐标原点.

(1)求这三条曲线的方程；

(2)已知动直线 l 过点 $P(3,0)$，交抛物线于 A、B 两点，是否存在垂直于 x 轴的直线 l' 被以 AP 为直径的圆截得的弦长为定值？若存在，求出 l' 的方程；若不存在，说明理由.

分析 (1)由焦点在 x 轴上及过点 $M(1,2)$ 易知抛物线唯一且开口向右，可得抛物线方程，进而得出椭圆及双曲线的方程；(2)与圆知识相结合，注意特殊三角形的应用.

解 (1)设抛物线方程为 $y^2=2px(p>0)$，将 $M(1,2)$ 代入方程得 $p=2$.

$\therefore$ 抛物线方程为 $y^2=4x$.

由题意知椭圆、双曲线的焦点为 $F_1(-1,0)$，$F_2(1,0)$，

$\therefore c=1,c'=1$.

对于椭圆，$2a=|MF_1|+|MF_2|=\sqrt{(1+1)^2+2^2}+\sqrt{(1-1)^2+2^2}=2+2\sqrt{2}$，

$\therefore a=1+\sqrt{2}$，

$\therefore a^2=(1+\sqrt{2})^2=3+2\sqrt{2}$，

$\therefore b^2=a^2-c^2=2+2\sqrt{2}$，

$\therefore$ 椭圆方程为 $\frac{x^2}{3+2\sqrt{2}}+\frac{y^2}{2+2\sqrt{2}}=1$.

对于双曲线，$2a'=\left||MF_1|-MF_2|\right|=2\sqrt{2}-2$，

$\therefore a'=\sqrt{2}-1,\therefore a'^2=3-2\sqrt{2}$，

又 $\because c'=1,\therefore b'^2=c'^2-a'^2=2\sqrt{2}-2$，

$\therefore$ 双曲线方程为 $\frac{x^2}{3-2\sqrt{2}}-\frac{y^2}{2\sqrt{2}-2}=1$.

(2)设 AP 的中点为 C,l' 的方程为 $x=a$,以 AP 为直径的圆交 l' 于 D、E 两点,DE 中点为 H.

令 $A(x_1,y_1)$,则 $C\left(\frac{x_1+3}{2},\frac{y_1}{2}\right)$,

$\therefore |DC|=\frac{1}{2}|AP|=\frac{1}{2}\sqrt{(x_1-3)^2+y_1^2}$,

$|CH|=\left|\frac{x_1+3}{2}-a\right|=\frac{1}{2}|(x_1-2a)+3|$.

$\therefore |DH|^2=|DC|^2-|CH|^2$

$=\frac{1}{4}[(x_1-3)^2+y_1^2]-\frac{1}{4}[(x_1-2a)+3]^2=(a-2)x_1-a^2+3a$.

当 $a=2$ 时,$|DH|^2=4+6=2$ 为定值,

$\therefore |DE|=2|DH|=2\sqrt{2}$ 为定值,此时 l' 的方程为 $x=2$.

点拨 存在型问题的解决一般都先假设结论存在.

题型 15 与圆锥曲线有关的参数范围和最值问题

关于圆锥曲线的参数取值范围和最值问题实属一类问题,其解法是统一的,往往都是代数、三角形、平行等多方面知识的渗透与综合,求解策略与方法如下:

(1)平面几何法:主要是运用圆锥曲线的定义和平面几何知识求解.

(2)目标函数法:建立目标函数与圆锥曲线有关的最值问题,是常规方法,其关键是选取适当的变量建立目标函数,然后运用求函数最值的方法确定最值,同时要注意变量的范围.

(3)判别式法.

例 20 设椭圆 $\frac{x^2}{m+1}+y^2=1$ 的两个焦点是 $F_1(-c,0)$ 与 $F_2(c,0)(c>0)$,且椭圆上存在点 P 使得直线 PF_1 与直线 PF_2 垂直,求实数 m 的取值范围.

解 由题设知 $m>0$,$c=\sqrt{m}$.

设 $P(x_0,y_0)$,由 $PF_1\perp PF_2$,得 $\frac{y_0}{x_0+c}\cdot\frac{y_0}{x_0-c}=-1$,

化简得 $x_0^2+y_0^2=m$. ①

将①与 $\frac{x_0^2}{m+1}+y_0^2=1$ 联立,解得 $x_0^2=\frac{m^2-1}{m}$,由 $m>0$,$x_0^2=\frac{m^2-1}{m}\geqslant 0$,解得 $m\geqslant 1$.

例 21 已知 F_1、F_2 为椭圆 $x^2+\frac{y^2}{2}=1$ 的两个焦点,AB 是过 F_1 的一条动弦,求 $\triangle ABF_2$ 面积的最大值.

分析 $\triangle ABF_2$ 的面积是由直线 AB 的斜率 k 确定的,因此构建以 k 为自变量的目标函数,用代数的方法求得最大值.

解 由题意,$|F_1F_2|=2$.

设直线 AB 的方程为 $y=kx+1$.

代入椭圆方程 $2x^2+y^2=2$,得 $(k^2+2)x^2+2kx-1=0$.

则 $x_A+x_B=-\frac{2k}{k^2+2}$,$x_A\cdot x_B=-\frac{1}{k^2+2}$,

$\therefore |x_A-x_B|=\frac{\sqrt{8(k^2+1)}}{k^2+2}$.

$S_{\triangle ABF_2}=\frac{1}{2}|F_1F_2|\cdot|x_A-x_B|$

$=2\sqrt{2}\cdot\frac{\sqrt{k^2+1}}{k^2+2}$

$=2\sqrt{2}\cdot\frac{1}{\sqrt{k^2+1}+\frac{1}{\sqrt{k^2+1}}}\leqslant 2\sqrt{2}\times\frac{1}{2}$

$=\sqrt{2}$.

当 $\sqrt{k^2+1}=\frac{1}{\sqrt{k^2+1}}$,即 $k=0$ 时,$S_{\triangle ABF_2}$ 有最大面积为 $\sqrt{2}$.

题型 16 轨迹方程的求法

1. 直接法

如果动点满足几何条件(本身就是一些

几何量的等量关系或这些几何条件简单明了且易于表达)，那么我们只需把这种条件"翻译"成含 x、y 的等式就得到曲线的轨迹方程. 由于这种求轨迹方程的过程不需要其他步骤，也不需要特殊技巧，所以称之为直接法.

例22 如图 6-2-8，设动直线 l 垂直于 x 轴，且与椭圆 $x^2+2y^2=4$ 交于 A、B 两点，P 是 l 上满足 $\overrightarrow{PA}\cdot\overrightarrow{PB}=1$ 的点，求点 P 的轨迹方程.

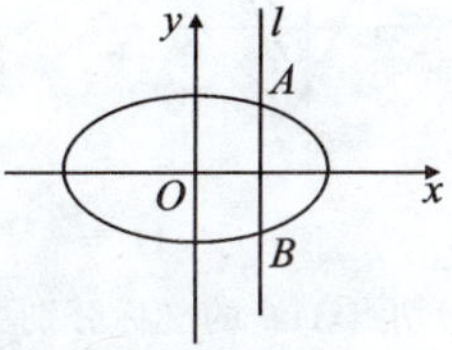

图 6-2-8

分析 设 P 点的坐标为 (x,y)，用直接法求得 P 点的轨迹方程，要注意 x 的范围.

解 设 P 点的坐标为 (x,y)，

则 $x^2+2y^2=4$，得 $2y^2=4-x^2$，

$\therefore y=\pm\sqrt{\dfrac{4-x^2}{2}}$，

$\therefore A$、B 两点坐标为 $\left(x,\sqrt{\dfrac{4-x^2}{2}}\right)$，$\left(x,-\sqrt{\dfrac{4-x^2}{2}}\right)$.

又 $\because \overrightarrow{PA}\cdot\overrightarrow{PB}=1$，$\therefore \left(0,\sqrt{\dfrac{4-x^2}{2}}-y\right)\cdot\left(0,-\sqrt{\dfrac{4-x^2}{2}}-y\right)=1$，

即 $y^2-\dfrac{4-x^2}{2}=1$，$\therefore \dfrac{x^2}{6}+\dfrac{y^2}{3}=1$.

又 $\because$ 直线 l 与椭圆相交于两点，

$\therefore -2<x<2$，

$\therefore$ 点 P 的轨迹方程为 $\dfrac{x^2}{6}+\dfrac{y^2}{3}=1(-2<x<2)$.

点拨 求动点轨迹时应注意它的完备性与纯粹性，化简过程破坏了方程的同解性，因此要注意补上遗漏的点或挖去多余的点."轨迹"与"轨迹方程"是两个不同的概念，前者要指出曲线的形状、位置、大小等特征，后者指方程(包括范围).

2. 定义法

利用定义法求曲线方程关键在于了解各种曲线轨迹的定义，以下给出了几种轨迹的定义：

(1)在平面内，到两定点的距离相等的点的轨迹是连接两定点的线段的垂直平分线.

(2)平面内到角两边距离相等的点的轨迹是这个角的平分线.

(3)平面内到定点的距离等于定长的点的轨迹是以定点为圆心，以定长为半径的圆.

(4)平面内到定点的距离与到定直线的距离之比等于常数的点的轨迹是圆锥曲线. 当常数大于 1 时，表示双曲线；当常数等于 1 时，表示抛物线；当常数大于 0 而小于 1 时，表示椭圆. 定点和定直线分别是圆锥曲线的焦点和相应的准线.

(5)平面内到定直线的距离等于某一定值的点的轨迹是与这条直线平行的两条直线.

例23 (山东高考)已知动圆过定点 $\left(\dfrac{p}{2},0\right)$，且与直线 $x=-\dfrac{p}{2}$ 相切，其中 $p>0$. 求动圆圆心 C 的轨迹的方程.

分析 根据圆锥曲线的定义可知动圆圆心 C 满足抛物线的定义.

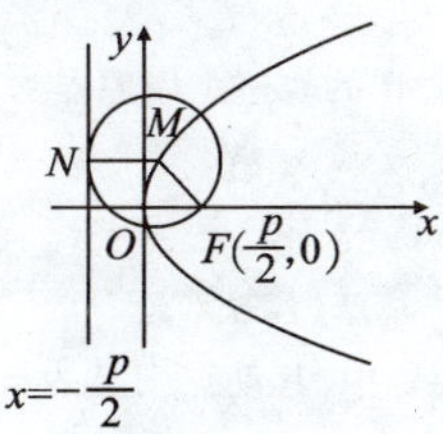

图 6-2-9

解 如图 6-2-9，设 M 为动圆圆心，点 $\left(\dfrac{p}{2},0\right)$ 记为 F，过点 M 作直线 $x=-\dfrac{p}{2}$ 的垂线，垂足为 N. 由题意知 $|MF|=|MN|$，即动点

M 到定点 F 与到直线 $x=-\frac{p}{2}$ 的距离相等，由抛物线的定义知，点 M 的轨迹为抛物线，其中 $F\left(\frac{p}{2},0\right)$ 为焦点，$x=-\frac{p}{2}$ 为准线，所以轨迹方程为 $y^2=2px(p>0)$.

例24 如图 6－2－10，点 P 是椭圆 $\frac{x^2}{a^2}+\frac{y^2}{b^2}=1(a>b>0)$ 上一点，自 F_2 向 $\angle F_1PF_2$ 的外角平分线作垂线，垂足为 M，则点 M 的轨迹是（　　）.

A. 圆　　B. 椭圆

C. 直线　　D. 抛物线

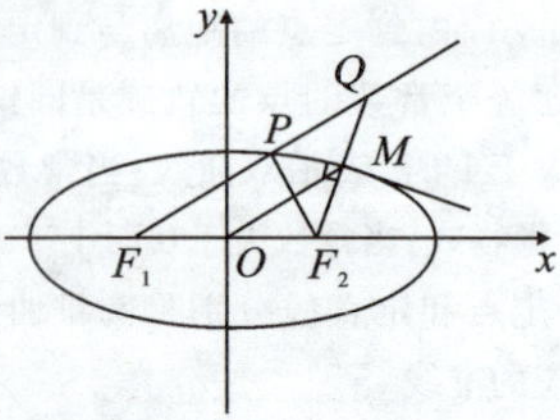

图 6－2－10

解析 延长 F_2M 交 F_1P 于 Q，则有 $|PQ|=|PF_2|$，且 $|F_2M|=|MQ|$.

又 $|PF_1|+|PF_2|=2a$（定值），

所以 $|PF_1|+|PQ|=|F_1Q|=2a$（定值）.

连接 OM，而 O 是 F_1F_2 中点，故 $OM \mathrel{\underline{\parallel}} \frac{1}{2}F_1Q=a$，

所以点 M 的轨迹是以原点为圆心，以 a 为半径的圆.

答案 A.

3. 相关点法（代换法）

有些问题中，其动点满足的条件不便用等式列出，但动点是随着另一动点（称之为相关点）而运动的，如果相关点所满足的条件是明显的或是可分析的，这时我们就可以用动点坐标表示相关点坐标，根据相关点坐标所满足的方程即可求得动点的轨迹方程，这种求轨迹的方法叫做相关点法或坐标代换法.

例25 （江西高考）如图 6－2－11，设抛物线 $C:y=x^2$ 的焦点为 F，动点 P 在直线 l：$x-y-2=0$ 上运动，过 P 作抛物线 C 的两条切线 PA、PB，且与抛物线 C 分别相切于 A、B 两点. 求 $\triangle APB$ 的重心 G 的轨迹方程.

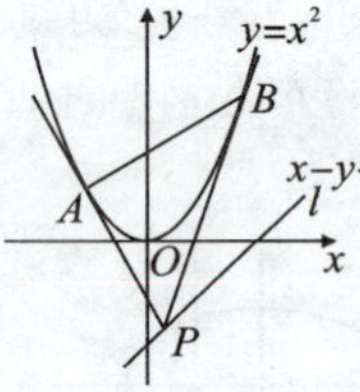

图 6－2－11

解 设切点 A、B 的坐标分别为 (x_1,x_1^2) 和 $(x_2,x_2^2)(x_1\neq x_2)$，

$\therefore$ 切线 AP 的方程为 $2x_1x-y-x_1^2=0$，

切线 BP 的方程为 $2x_2x-y-x_2^2=0$.

解得 P 的坐标为 $x_p=\frac{x_1+x_2}{2}$，$y_p=x_1x_2$.

$\therefore$ $\triangle APB$ 的重心 G 的坐标为

$$x_G=\frac{x_1+x_2+x_p}{3}=x_p,$$

$$y_G=\frac{y_1+y_2+y_p}{3}=\frac{x_1^2+x_2^2+x_1x_2}{3}$$

$$=\frac{(x_1+x_2)^2-x_1x_2}{3}=\frac{4x_p^2-y_p}{3},$$

$\therefore y_p=-3y_G+4x_G^2$.

由点 P 在直线 l 上运动，从而得到重心 G 的轨迹方程为 $x-(-3y+4x^2)-2=0$，即 $y=\frac{1}{3}(4x^2-x+2)$.

4. 参数法

有时求动点应满足的几何条件不易得出，也无明显的相关点，但却较易发现（或经分析可发现）这个动点的运动常常受到另一个变量（角度、斜率、比值、截距或时间等）的制约，或动点坐标 (x,y) 中的 x、y 分别随另一变量的变化而变化，我们可称这个变量为参

数，建立轨迹的参数方程，这种方法叫做参数法. 如果需要得到轨迹的普通方程，只要消去参数即可. 在选择参数时，选用的参变量应具有某种物理和几何的性质，如时间、速度、距离、角度，有向线段的数量、直线的斜率，点的横、纵坐标等，也可以没有具体的意义，选定参变量还要特别注意它的取值范围对动点的坐标取值范围的影响.

例26 设椭圆方程为 $x^2+\frac{y^2}{4}=1$，过点 $M(0,1)$ 的直线 l 交椭圆于 A、B 两点，O 是坐标原点，点 P 满足 $\overrightarrow{OP}=\frac{1}{2}(\overrightarrow{OA}+\overrightarrow{OB})$，点 N 的坐标为 $\left(\frac{1}{2},\frac{1}{2}\right)$，当 l 绕点 M 旋转时，求动点 P 的轨迹的方程.

解 直线 l 过点 $M(0,1)$，设其斜率为 k，则 l 的方程为 $y=kx+1$. 将 $y=kx+1$ 代入椭圆方程，化简，得

$$(4+k^2)x^2+2kx-3=0.$$

设 $A(x_1,y_1)$，$B(x_2,y_2)$，则

$$x_1+x_2=-\frac{2k}{4+k^2},y_1+y_2=\frac{8}{4+k^2}.$$

于是 $\overrightarrow{OP}=\frac{1}{2}(\overrightarrow{OA}+\overrightarrow{OB})$

$$=\left(\frac{x_1+x_2}{2},\frac{y_1+y_2}{2}\right)$$

$$=\left(\frac{-k}{4+k^2},\frac{4}{4+k^2}\right).$$

设点 P 的坐标为 (x,y)，则 $\begin{cases}x=\frac{-k}{4+k^2},\\ y=\frac{4}{4+k^2}.\end{cases}$

消去参数 k，得 $4x^2+y^2-y=0$.　　(＊)

若 k 不存在时，A、B 中点为坐标原点 $(0,0)$，也满足方程(＊)，所以点 P 的轨迹方程为 $4x^2+y^2-y=0$.

5. 交轨法

根据题设条件和圆的性质，若能确定动点同时在两条动曲线上，则可用求曲线交点的方法，确立动点的轨迹方程.

例27 已知圆 O 的半径为 R，AB 为直径，动弦 $MN\perp AB$，求直线 AN 与 BM 的交点 P 的轨迹方程.

解 取 AB 所在的直线为 x 轴，圆心 O 为坐标原点，建立坐标系. 设 $P(x,y)$，$\angle MOx=\theta$，其中 $\theta\in(0,\pi)\cup(\pi,2\pi)$，则 $A(-R,0)$，$B(R,0)$，$M(R\cos\theta,R\sin\theta,)$，$N(R\cos\theta,-R\sin\theta,)$，于是直线 AN 的方程为

$$y=\frac{-R\sin\theta}{R\cos\theta+R}(x+R),\qquad ①$$

直线 BM 的方程为 $y=\frac{R\sin\theta}{R\cos\theta-R}(x-R)$.　②

由①②消去参数 θ，得 $x^2-y^2=R^2$.

当 $\theta=0$ 或 $\theta=\pi$ 时，其交点分别是点 B、A，也满足题意，故所求轨迹方程为 $x^2-y^2=R^2$.

6. 点差法

若轨迹问题中涉及到中点弦问题，就可考虑点差法，只要通过代点作差，并以中点弦的斜率为桥梁，即可获得动点的轨迹方程.

例28 如图6－2－12，已知抛物线方程为 $y^2=4x$，过焦点 F 的直线交抛物线于 A、B 两点，求弦 AB 的中点 M 的轨迹方程.

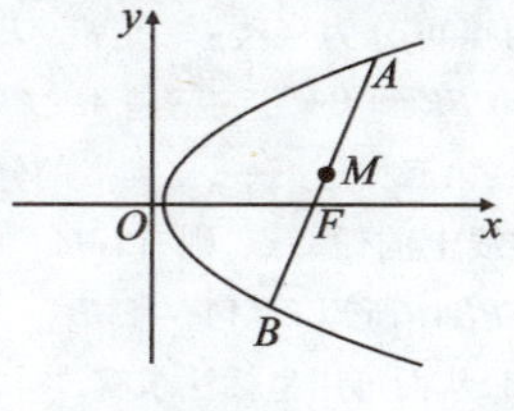

图6－2－12

解 设 $A(x_1,y_1)$，$B(x_2,y_2)$，$M(x,y)$，

则有 $\begin{cases}y_1^2=4x_1,\\ y_2^2=4x_2.\end{cases}$

两式相减得 $(y_1-y_2)(y_1+y_2)=4(x_1-x_2)$，

$$\therefore k_{AB}=\frac{y_1-y_2}{x_1-x_2}=\frac{4}{y_1+y_2}=\frac{4}{2y}=\frac{2}{y}$$

$$=\frac{y}{x-1}.$$

整理得 $y^2=2(x-1)$.

而当直线 AB 斜率不存在时,M 点坐标为 $(1,0)$,也符合上述方程,故 AB 中点 M 的轨迹方程为 $y^2=2(x-1)$.

点拨 有直线参与的问题往往要考虑斜率不存在的情形.

题型 17 圆锥曲线的实际应用

有些看似与双曲线无关的实际应用性问题,可以通过数学建模,把问题转化为双曲线问题求解.

例 29 某工程要挖一个横截面为半圆的柱形隧道,挖出的土只能沿道路 AP、BP 运到 P 处(如图 6-2-13),$PA=100$ m,$PB=150$ m,$\angle APB=60°$,试说明怎样运土才能最省工?

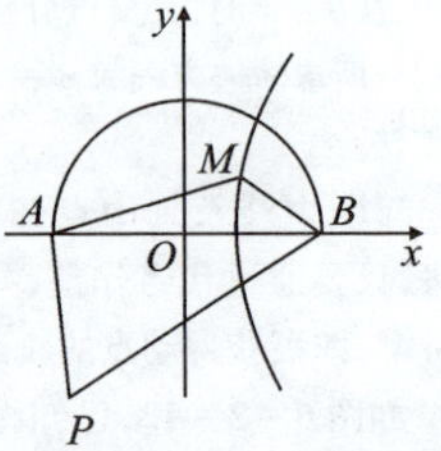

图 6-2-13

分析 首先将上述问题抽象为数学问题,半圆中的点可分为三类:一是沿 AP 到 P 较近,二是沿 BP 到 P 较近,三是 AP、BP 到 P 同样近.显然第三类是第一、二类点的分界点.设 M 是分界线上的任一点,则有 $|MA|+|PA|=|MB|+|PB|$.所以 $|MA|-|MB|=|PB|-|PA|=50$,从而可用坐标法求解.

解 设 M 是分界线上的点,则有 $|MA|+|PA|=|MB|+|PB|$,于是有 $|MA|-|MB|=|PB|-|PA|=150-100=50$.这说明这条分界线是以 A、B 为焦点的双曲线的右支.

在 $\triangle APB$ 中,由余弦定理得,

$|AB|^2=|AP|^2+|PB|^2-2|AP|\cdot|PB|\cdot\cos 60°=17\ 500$,

从而得 $a=25$,$c^2=\dfrac{|AB|^2}{4}=4\ 375$,$b^2=c^2-a^2=3\ 750$.

所以所求分界线方程为 $\dfrac{x^2}{625}-\dfrac{y^2}{3\ 750}=1$ $(25\leqslant x\leqslant 25\sqrt{7},y\geqslant 0)$.于是运土时,将此双曲线左侧的土沿 AP 运到 P 点,右侧的土沿 BP 运到 P 点最省工.

综合解题指导

题型 1 圆锥曲线与命题的综合

例 1 (江苏高考)如图 6-2-14,在平面直角坐标系 xOy 中,过 y 轴正方向上一点 $C(0,c)$ 任作一直线,与抛物线 $y=x^2$ 相交于 A、B 两点,一条垂直于 x 轴的直线,分别与线段 AB 和直线 $l:y=-c$ 交于点 P、Q.

(1)若 $\overrightarrow{OA}\cdot\overrightarrow{OB}=2$,求 c 的值;

(2)若 P 为段线 AB 的中点,求证:QA 为此抛物线的切线;

(3)试问(2)的逆命题是否成立?说明理由.

分析 (1)由题知直线 AB 斜率一定存在,否则与抛物线只有一个交点,由此可设出直线的斜截式方程,巧设出 A、B 坐标,由条件即可求出 c 的值;(2)由导数意义可求出 $y=x^2$,在 $x=a$ 处的斜率,与直线的斜率对比即可;(3)确定逆命题,由(2)的思路可证明.

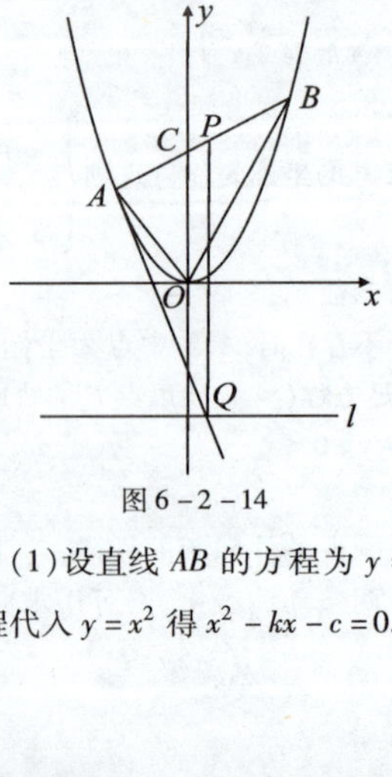

图 6-2-14

解 (1)设直线 AB 的方程为 $y=kx+c$,将该方程代入 $y=x^2$ 得 $x^2-kx-c=0$.

令 $A(a,a^2)$，$B(b,b^2)$，则 $ab=-c$.

因为 $\overrightarrow{OA}\cdot\overrightarrow{OB}=ab+a^2b^2=-c+c^2=2$，

解得 $c=2$ 或 $c=-1$（舍去）.

故 $c=2$.

(2)由题意知 $Q\left(\frac{a+b}{2},-c\right)$，直线 AQ 的斜率为 $k_{AQ}=\frac{a^2+c}{a-\frac{a+b}{2}}=\frac{a^2-ab}{\frac{a-b}{2}}=2a$.

又因为 $y=x^2$ 的导数为 $y'=2x$，所以点 A 处切线的斜率为 $2a$.

因此，AQ 为该抛物线的切线.

(3)(2)的逆命题成立，证明如下：

设 $Q(x_0,-c)$.

因为 AQ 为该抛物线的切线，所以 $k_{AQ}=2a$.

又因为直线 AQ 的斜率为 $k_{AQ}=\frac{a^2+c}{a-x_0}=\frac{a^2-ab}{a-x_0}$，所以$\frac{a^2-ab}{a-x_0}=2a$，

从而有 $2ax_0=a^2+ab$. 由 $a\neq0$，有 $x_0=\frac{a+b}{2}$.

故点 P 的横坐标为$\frac{a+b}{2}$，即 P 点是线段 AB 的中点.

题型2 圆锥曲线与函数的综合

例2 如图6-2-15，直线 $y=\frac{1}{2}x$ 与抛物线 $y=\frac{1}{8}x^2-4$ 交于 A、B 两点，线段 AB 的垂直平分线与直线 $y=-5$ 交于 Q 点.

(1)求点 Q 的坐标；

(2)当 P 为抛物线上位于线段 AB 下方（含 A、B）的动点时，求△OPQ 面积的最大值.

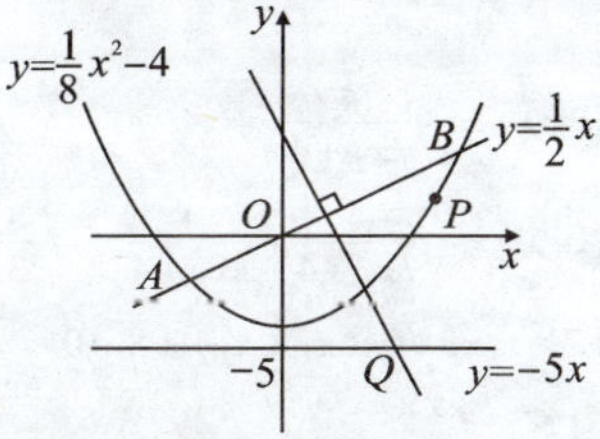

图6-2-15

分析 (1)先求交点 A、B 的坐标，再求 AB 的垂直平分线方程，最后求出 Q 点坐标；(2)将△OPQ 的面积表示成点 P 的坐标的函数.

解 (1)解方程组 $\begin{cases}y=\frac{1}{2}x,\\ y=\frac{1}{8}x^2-4\end{cases}$

得 $\begin{cases}x_1=-4,\\ y_1=-2\end{cases}$ 或 $\begin{cases}x_2=8,\\ y_2=4.\end{cases}$

$\therefore A(-4,-2)$，$B(8,4)$. 从而 AB 的中点为 $M(2,1)$.

$\therefore k_{AB}=\frac{1}{2}$，$\therefore$ 线段 AB 的垂直平分线方程为 $y-1=-2(x-2)$.

令 $y=-5$，得 $x=5$，$\therefore Q(5,-5)$.

(2)直线 OQ 的方程为 $x+y=0$.

设 $P\left(x,\frac{1}{8}x^2-4\right)$，

$\because$ 点 P 到直线 OQ 的距离

$$d=\frac{\left|x+\frac{1}{8}x^2-4\right|}{\sqrt{2}}=\frac{1}{8\sqrt{2}}|x^2+8x-32|,$$

$|OQ|=5\sqrt{2}$，

$\therefore S_{\triangle OPQ}=\frac{1}{2}|OQ|\cdot d=\frac{5}{16}|x^2+8x-32|$.

$\because P$ 为抛物线上位于线段 AB 下方的点，且 P 不在直线 OQ 上，

$\therefore -4\leqslant x<4\sqrt{3}-4$ 或 $4\sqrt{3}-4<x\leqslant8$.

$\because$ 函数 $y=x^2+8x-32$ 在区间$[-4,8]$上单调递增，

$\therefore$ 当 $x=8$ 时，△OPQ 的面积取到最大值30.

点拨 本题是解析几何与函数的综合考查，主要考查曲线的交点、点到直线的距离、函数最值问题等知识点，考查学生的运算能力.

题型3 圆锥曲线与向量的综合

例3 （山东高考）双曲线 C 与椭圆 $\frac{x^2}{8}+\frac{y^2}{4}=1$ 有相同的焦点，直线 $y=\sqrt{3}x$ 为 C

的一条渐近线.

(1)求双曲线 C 的方程;

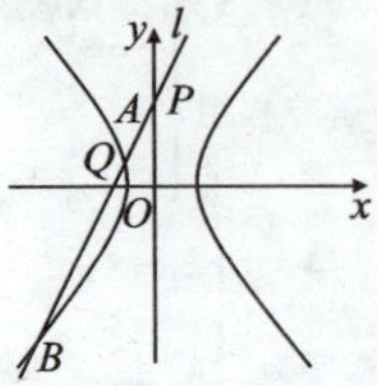

图 6-2-16

(2)如图 6-2-16,过点 $P(0,4)$ 的直线 l,交双曲线 C 于 A、B 两点,交 x 轴于 Q 点(Q 点与 C 的顶点不重合). 当 $\overrightarrow{PQ}=\lambda_1\overrightarrow{QA}=\lambda_2\overrightarrow{QB}$,且 $\lambda_1+\lambda_2=-\frac{8}{3}$ 时,求 Q 点的坐标.

分析 (1)先求出椭圆的焦点,根据渐近线方程可求双曲线方程;(2)先设出直线方程 $y-4=kx$,Q 点坐标用 k 表示,根据 $\lambda_1+\lambda_2=-\frac{8}{3}$ 找到等量关系,即可求 Q 点坐标.

(1)**解** 设双曲线方程为 $\frac{x^2}{a^2}-\frac{y^2}{b^2}=1$.

由椭圆 $\frac{x^2}{8}+\frac{y^2}{4}=1$ 求得两焦点为 $(-2,0)$,$(2,0)$.

$\therefore$ 对于双曲线 C:$c=2$. 又 $y=\sqrt{3}x$ 为双曲线 C 的一条渐近线,

$\therefore \frac{b}{a}=\sqrt{3}$,解得 $a^2=1$,$b^2=3$.

$\therefore$ 双曲线 C 的方程为 $x^2-\frac{y^2}{3}=1$.

(2)**解法一** 由题意知直线 l 的斜率 k 存在且不等于零.

设 l 的方程:$y=kx+4$,$A(x_1,y_1)$,$B(x_2,y_2)$,则 $Q\left(-\frac{4}{k},0\right)$.

$\because \overrightarrow{PQ}=\lambda_1\overrightarrow{QA}$,

$\therefore \left(-\frac{4}{k},-4\right)=\lambda_1\left(x_1+\frac{4}{k},y_1\right)$.

$\therefore \begin{cases}-\frac{4}{k}=\lambda_1\left(x_1+\frac{4}{k}\right),\\ -4=\lambda_1 y_1\end{cases}$

$\Rightarrow \begin{cases}x_1=-\frac{4}{k\lambda_1}-\frac{4}{k},\\ y_1=-\frac{4}{\lambda_1}.\end{cases}$

$\because A(x_1,y_1)$ 在双曲线 C 上,

$\therefore \frac{16}{k^2}\left(\frac{1+\lambda_1}{\lambda_1}\right)^2-\frac{16}{3\lambda_1^2}-1=0$.

$\therefore 16+32\lambda_1+16\lambda_1^2-\frac{16}{3}k^2-k^2\lambda_1^2=0$.

$\therefore (16-k^2)\lambda_1^2+32\lambda_1+16-\frac{16}{3}k^2=0$.

同理有 $(16-k^2)\lambda_2^2+32\lambda_2+16-\frac{16}{3}k^2=0$.

若 $16-k^2=0$,

则直线 l 过顶点,不合题意.

$\therefore 16-k^2\neq 0$.

$\therefore \lambda_1$、λ_2 是二次方程 $(16-k^2)x^2+32x+16-\frac{16}{3}k^2=0$ 的两根.

$\therefore \lambda_1+\lambda_2=\frac{32}{k^2-16}=-\frac{8}{3}$. $\therefore k^2=4$,

此时 $\Delta>0$,$\therefore k=\pm 2$.

$\therefore$ 所求 Q 的坐标为 $(2,0)$ 或 $(-2,0)$.

解法二 由题意知直线 l 的斜率 k 存在且不等于零. 设 l 的方程:$y=kx+4$,$A(x_1,y_1)$,$B(x_2,y_2)$,则 $Q\left(-\frac{4}{k},0\right)$.

$\because \overrightarrow{PQ}=\lambda_1\overrightarrow{QA}$,

$\therefore \left(-\frac{4}{k},-4\right)=\lambda_1\left(x_1+\frac{4}{k},y_1\right)$.

$\therefore \lambda_1=\frac{-\frac{4}{k}}{x_1+\frac{4}{k}}=-\frac{4}{kx_1+4}$.

同理 $\lambda_2=-\frac{4}{kx_2+4}$.

$\lambda_1+\lambda_2=-\frac{4}{kx_1+4}-\frac{4}{kx_2+4}=-\frac{8}{3}$.

即 $2k^2x_1x_2+5k(x_1+x_2)+8=0$. (*)

又 $\begin{cases}y=kx+4,\\ x^2-\frac{y^2}{3}=1,\end{cases}$

消去 y 得 $(3-k^2)x^2-8kx-19=0$.

当 $3-k^2=0$ 时，则直线 l 与双曲线的渐近线平行，不合题意，$\therefore 3-k^2\neq 0$. 由根与系数的关系有

$$\begin{cases}x_1+x_2=\dfrac{8k}{3-k^2},\\ x_1x_2=-\dfrac{19}{3-k^2},\end{cases}$$

代入(*)式得 $k^2=4$, $k=\pm 2$,

$\therefore$ 所求 Q 点的坐标为 $(2,0)$ 或 $(-2,0)$.

题型4 圆锥曲线与数列的综合

例4 设点 $A_n(x_n,0)$, $P_n(x_n,2^{n-1})$ 和抛物线 $C_n: y=x^2+a_nx+b_n(n\in\mathbf{N}^*)$，其中 $a_n=-2-4n-\dfrac{1}{2^{n-1}}$, x_n 由以下方法得到：

$x_1=1$，点 $P_2(x_2,2)$ 在抛物线 $C_1: y=x^2+a_1x+b_1$ 上，点 $A_1(x_1,0)$ 到 P_2 的距离是 A_1 到 C_1 上点的最短距离，…，点 $P_{n+1}(x_{n+1},2^n)$ 在抛物线 $C_n: y=x^2+a_nx+b_n$ 上，点 $A_n(x_n,0)$ 到 P_{n+1} 的距离是 A_n 到 C_n 上点的最短距离.

(1)求 x_2 及 C_1 的方程；

(2)证明 $\{x_n\}$ 是等差数列.

(1) **解** 由题意，得 $A_1(1,0)$, $C_1: y=x^2-7x+b_1$.

设点 $P(x,y)$ 是 C_1 上任意一点，

则 $|A_1P|=\sqrt{(x-1)^2+y^2}$

$=\sqrt{(x-1)^2+(x^2-7x+b_1)^2}$.

令 $f(x)=(x-1)^2+(x^2-7x+b_1)^2$,

则 $f'(x)=2(x-1)+2(x^2-7x+b_1)\cdot(2x-7)$.

由题意，得 $f'(x_2)=0$,

即 $2(x_2-1)+2(x_2^2-7x_2+b_1)(2x_2-7)=0$.

又$\because$ $P_2(x_2,2)$ 在 C_1 上，

$\therefore 2=x_2^2-7x_2+b_1$.

解得 $x_2=3$, $b_1=14$.

故 C_1 的方程为 $y=x^2-7x+14$.

(2) **证明** 设点 $P(x,y)$ 是 C_n 上任意一点，

则 $|A_nP|=\sqrt{(x-x_n)^2+y^2}$

$=\sqrt{(x-x_n)^2+(x^2+a_nx+b_n)^2}$.

令 $g(x)=(x-x_n)^2+(x^2+a_nx+b_n)^2$,

则 $g'(x)=2(x-x_n)+2(x^2+a_nx+b_n)\cdot(2x+a_n)$.

由题意，得 $g'(x_{n+1})=0$,

即 $2(x_{n+1}-x_n)+2(x_{n+1}^2+a_nx_{n+1}+b_n)\cdot(2x_{n+1}+a_n)=0$.

又$\because$ $2^n=x_{n+1}^2+a_nx_{n+1}+b_n$,

$\therefore (x_{n+1}-x_n)+2^n(2x_{n+1}+a_n)=0(n\geqslant 1)$,

即 $(1+2^{n+1})x_{n+1}-x_n+2^na_n=0$. (*)

下面用数学归纳法证明 $x_n=2n-1$.

①当 $n=1$ 时，$x_1=1$，等式成立.

②假设当 $n=k$ 时，等式成立，即 $x_k=2k-1$.

则当 $n=k+1$ 时，由(*)知 $(1+2^{k+1})x_{k+1}-x_k+2^ka_k=0$.

又$\because$ $a_k=-2-4k-\dfrac{1}{2^{k-1}}$,

$\therefore x_{k+1}=\dfrac{x_k-2^ka_k}{1+2^{k+1}}=2k+1$.

即当 $n=k+1$ 时，等式成立.

由①②知，等式对 $n\in\mathbf{N}^*$ 成立.

$\therefore \{x_n\}$ 是等差数列.

题型5 圆锥曲线与不等式的综合

例5 设直线 $l: y=k(x+1)$ 与椭圆 $x^2+3y^2=a^2(a>0)$ 相交于 A、B 两个不同的点，与 x 轴相交于点 C，记 O 为坐标原点.

(1)证明 $a^2>\dfrac{3k^2}{1+3k^2}$;

(2)若 $\overrightarrow{AC}=2\overrightarrow{CB}$，求 $\triangle AOB$ 面积最大时的椭圆方程.

分析 (1)将直线方程变形后代入椭圆方程中，由两个不同交点得到对应方程的 $\Delta>0$，由此可证明不等式；(2)列出 $\triangle AOB$ 面积关于 k 的表达式，并利用均值不等式得解.

(1) **证明** 依题意，直线 l 显然不平行于

坐标轴，$\therefore y=k(x+1)$ 可化为 $x=\frac{1}{k}y-1$，代入 $x^2+3y^2=a^2$，消去 x，得 $\left(\frac{1}{k^2}+3\right)y^2-\frac{2}{k}y+1-a^2=0$. ①

$\because$ 直线 l 与椭圆有两个不同的交点，

$\therefore \Delta=\frac{4}{k^2}-4\left(\frac{1}{k^2}+3\right)(1-a^2)>0$.

整理，得 $\left(\frac{1}{k^2}+3\right)a^2>3$，$\therefore a^2>\frac{3k^2}{1+3k^2}$.

(2) **解** 设 $A(x_1,y_1)$，$B(x_2,y_2)$，

由①得 $y_1+y_2=\frac{2k}{1+3k^2}$.

$\because \overrightarrow{AC}=2\overrightarrow{CB}$，$\therefore$ 将 $y_1=-2y_2$ 代入上式，得

$y_2=-\frac{2k}{1+3k^2}$.

$\therefore S_{\triangle AOB}=\frac{1}{2}|OC||y_1-y_2|$

$=\frac{3}{2}|y_2|=\frac{3|k|}{1+3k^2}\leqslant\frac{3|k|}{2\sqrt{3}|k|}=\frac{\sqrt{3}}{2}$，

当且仅当 $3k^2=1$，$k=\pm\frac{\sqrt{3}}{3}$ 时，等号成立.

$\therefore$ 把 $k=\frac{\sqrt{3}}{3}$，$y_2=-\frac{\sqrt{3}}{3}$ 及 $k=-\frac{\sqrt{3}}{3}$，$y_2=\frac{\sqrt{3}}{3}$ 分别代入①，得 $a^2=5$.

$\therefore \triangle AOB$ 面积取得最大值时的椭圆方程为 $x^2+3y^2=5$.

三年高考分析

圆锥曲线是解析几何的重点，也是高中数学的重要内容，是历年高考命题的热点. 纵观近几年的高考试题有如下特点：

1. 椭圆、双曲线、抛物线的概念、简单的几何性质，a、b、c、p 的几何意义和关系，以及椭圆、双曲线的离心率，属于基本要求，多以选择题、填空题形式出现，涉及两个以上的知识点在解答题中也有涉及(尤其是离心率).

2. 求轨迹方程、直线和圆锥曲线的位置关系、对称问题、最值问题、确定参数范围等问题涉及知识面较广(向量、三角、方程、函数)，要求综合运用知识的能力较高，多以把关题、压轴题的形式出现，起到拉开考生"档次"的作用，有助于选拔优秀生源，今后命题的趋势应稳定在近几年的难度上.

3. 解析几何部分的考查，在考查基础知识和基本技能的基础上，注重对数学思想方法和数学能力的考查，强调探究性、综合性、应用性，符合考生的实际，注重试题的层次性、合理调控综合程度，坚持多角度、多层次的考查.

例1 (山东高考)设双曲线 $\frac{x^2}{a^2}-\frac{y^2}{b^2}=1$ 的一条渐近线与抛物线 $y=x^2+1$ 只有一个公共点，则双曲线的离心率为(　　).

A. $\frac{5}{4}$　　B. 5　　C. $\frac{\sqrt{5}}{2}$　　D. $\sqrt{5}$

解析 不妨设双曲线 $\frac{x^2}{a^2}-\frac{y^2}{b^2}=1$ 的一条渐近线为 $y=\frac{b}{a}x$. 由方程组 $\begin{cases}y=\frac{b}{a}x,\\ y=x^2+1\end{cases}$ 消去 y，得 $x^2-\frac{b}{a}x+1=0$ 有唯一解，所以 $\Delta=\left(\frac{b}{a}\right)^2-4=0$，所以 $\frac{b}{a}=2$，$e=\frac{c}{a}=\frac{\sqrt{a^2+b^2}}{a}=\sqrt{1+\left(\frac{b}{a}\right)^2}=\sqrt{5}$，故选 D.

答案 D.

点拨 只有一个公共点，则所列方程组有唯一解，转化为一元二次方程利用根的判别式求解.

例2 (福建高考)过抛物线 $y^2=2px(p>0)$ 的焦点 F 作倾斜角为 45° 的直线交抛物线于 A、B 两点，若线段 AB 的长为 8，则 $p=$________.

解析 $\because F\left(\frac{p}{2},0\right)$，直线倾斜角为45°，

$\therefore$ 设 $AB: y=x-\frac{p}{2}$. 与 $y^2=2px$ 联立得 $x^2-3px+\frac{p^2}{4}=0$. $\therefore x_A+x_B=3p$. 由焦点弦公式 $|AB|=x_A+x_B+p=4p=8$，得 $p=2$.

答案 2.

例3 (海南高考)已知抛物线顶点在坐标原点，焦点为 $F(1,0)$，直线 l 与抛物线 C 相交于 A、B 两点. 若 AB 的中点为(2,2)，则直线 l 的方程为________.

解析 $\because$ 抛物线顶点在原点，焦点 $F(1,0)$，$\therefore$ 可设抛物线方程为 $y^2=2px(p>0)$，且有 $\frac{p}{2}=1$，$\therefore p=2$，$\therefore$ 抛物线方程为 $y^2=4x$.

设 $A(x_1,y_1)$，$B(x_2,y_2)$ $(x_1\neq x_2)$，则

$y_1^2=4x_1$，$y_2^2=4x_2$.

$\therefore (y_1-y_2)(y_1+y_2)=4(x_1-x_2)$，

$\therefore k=\frac{y_1-y_2}{x_1-x_2}=\frac{4}{y_1+y_2}$.

又$\because$ 弦 AB 的中点坐标为(2,2)，则 $y_1+y_2=2\times2=4$，

$\therefore k=1$. $\therefore$ 直线 AB 的方程为 $y-2=x-2$，即 $y=x$.

答案 $y=x$.

点拨 遇到相交弦问题时，常采用“设而不求”的方法，此题还应注意中点坐标的应用.

例4 (辽宁高考)已知椭圆 C 经过点 $A\left(1,\frac{3}{2}\right)$，两个焦点为$(-1,0)$，$(1,0)$.

(1)求椭圆 C 的方程；

(2)E、F 是椭圆 C 上的两个动点，如果直线 AE 的斜率与 AF 的斜率互为相反数，证明直线 EF 的斜率为定值，并求出这个定值.

解 (1)由题意，知 $c=1$，可设椭圆方程为 $\frac{x^2}{1+b^2}+\frac{y^2}{b^2}=1$.

因为 A 在椭圆上，所以 $\frac{1}{1+b^2}+\frac{9}{4b^2}=1$，解得 $b^2=3$，$b^2=-\frac{3}{4}$(舍去).

所以椭圆方程为 $\frac{x^2}{4}+\frac{y^2}{3}=1$.

(2)设直线 AE 的方程为 $y=k(x-1)+\frac{3}{2}$，代入 $\frac{x^2}{4}+\frac{y^2}{3}=1$，得 $(3+4k^2)x^2+4k(3-2k)x+4\left(\frac{3}{2}-k\right)^2-12=0$.

设 $E(x_E,y_E)$，$F(x_F,y_F)$，

因为点 $A\left(1,\frac{3}{2}\right)$ 在椭圆上，

所以 $x_E=\frac{4\left(\frac{3}{2}-k\right)^2-12}{3+4k^2}$，

$y_E=kx_E+\frac{3}{2}-k$.

又直线 AF 的斜率与 AE 的斜率互为相反数，在上式中以 $-k$ 代 k，

可得 $x_F=\frac{4\left(\frac{3}{2}+k\right)^2-12}{3+4k^2}$，

$y_F=-kx_F+\frac{3}{2}+k$.

所以直线 EF 的斜率 $k_{EF}=\frac{y_F-y_E}{x_F-x_E}=\frac{-k(x_E+x_F)+2k}{x_F-x_E}=\frac{1}{2}$.

即直线 EF 的斜率为定值，其值为 $\frac{1}{2}$.

点拨 本题考查了椭圆的标准方程和几何性质以及直线与椭圆的位置关系的知识，考查曲线和方程的关系等解析几何的基本思想方法.

例5 (全国高考)已知椭圆 $\frac{x^2}{3}+\frac{y^2}{2}=1$ 的左右焦点分别为 F_1、F_2，过 F_1 的直线交椭圆于 B、D 两点，过 F_2 的直线交椭圆于 A、C 两点，且 $AC\perp BD$，垂足为 P.

(1)设 P 点的坐标为 (x_0,y_0),证明 $\frac{x_0^2}{3}+\frac{y_0^2}{2}<1$;

(2)求四边形 $ABCD$ 面积的最小值.

(1) 证明 椭圆的半焦距 $c=\sqrt{3-2}=1$.

由 $AC\perp BD$ 知点 P 在以线段 F_1F_2 为直径的圆上,故 $x_0^2+y_0^2=1$,

所以 $\frac{x_0^2}{3}+\frac{y_0^2}{2}\leqslant\frac{x_0^2}{2}+\frac{y_0^2}{2}=\frac{1}{2}<1$.

(2) 解 当直线 BD 的斜率 k 存在且 $k\neq0$ 时,BD 的方程为 $y=k(x+1)$,

代入椭圆方程 $\frac{x^2}{3}+\frac{y^2}{2}=1$,并化简得

$(3k^2+2)x^2+6k^2x+3k^2-6=0$.

设 $B(x_1,y_1)$,$D(x_2,y_2)$,则

$x_1+x_2=-\frac{6k^2}{3k^2+2}$,$x_1\cdot x_2=\frac{3k^2-6}{3k^2+2}$.

$|BD|=\sqrt{1+k^2}\cdot|x_1-x_2|=\frac{4\sqrt{3}(k^2+1)}{3k^2+2}$.

$\because AC\perp BD$,$\therefore k_{AC}=-\frac{1}{k}$.

同理 $|AC|=\sqrt{1+\frac{1}{k^2}}\cdot|x_3-x_4|$

$=\frac{4\sqrt{3}(k^2+1)}{2k^2+3}$.

$\therefore S=\frac{1}{2}|AC||BD|$

$=\frac{24(k^2+1)^2}{(3k^2+2)(2k^2+3)}$.

设 $k^2+1=t$,则 $k^2=t-1(t>1)$.

$\therefore S=S(t)=\frac{24t^2}{(3t-1)(2t+1)}=\frac{24t^2}{6t^2+t-1}$

$=\frac{24}{6+\frac{1}{t}-\frac{1}{t^2}}=\frac{24}{-\left(\frac{1}{t}-\frac{1}{2}\right)^2+\frac{25}{4}}$.

又 $\because t>1$,$\therefore t\in(0,1)$,

$\therefore S_{\min}=\frac{24}{\frac{25}{4}}=\frac{96}{25}$.

当 $k=0$ 或 k 不存在时,$S=4>\frac{96}{25}$.

例6 (陕西高考)如图 6-2-17,已知抛物线 $C:y=2x^2$,直线 $y=kx+2$ 交 C 于 A、B 两点,M 是线段 AB 的中点,过 M 作 x 轴的垂线交抛物线 C 于点 N.

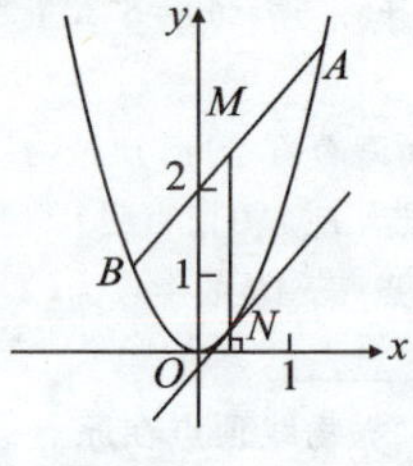

图 6-2-17

(1)证明抛物线 C 在点 N 处的切线与 AB 平行;

(2)是否存在实数 k 使 $\overrightarrow{NA}\cdot\overrightarrow{NB}=0$,若存在,求 k 的值;若不存在,说明理由.

(1) 证明 如图 6-2-17,设 $A(x_1,2x_1^2)$,$B(x_2,2x_2^2)$,把 $y=kx+2$ 代入 $y=2x^2$ 得 $2x^2-kx-2=0$.

由根与系数关系得 $x_1+x_2=\frac{k}{2}$,$x_1x_2=-1$,

$\therefore x_N=x_M=\frac{x_1+x_2}{2}=\frac{k}{4}$,

$\therefore N$ 点的坐标为 $\left(\frac{k}{4},\frac{k^2}{8}\right)$.

设抛物线在点 N 处的切线 l 的方程为 $y-\frac{k^2}{8}=m\left(x-\frac{k}{4}\right)$,

将 $y=2x^2$ 代入上式得 $2x^2-mx+\frac{mk}{4}-\frac{k^2}{8}=0$,

$\because$ 直线 l 与抛物线 C 相切,

$\therefore \Delta=m^2-8\left(\frac{mk}{4}-\frac{k^2}{8}\right)=m^2-2mk+k^2=(m-k)^2=0$,$\therefore m=k$. 即 $l/\!/AB$.

(2) 解 假设存在实数 k,使 $\overrightarrow{NA}\cdot\overrightarrow{NB}=0$,则 $NA\perp NB$. 又 $\because M$ 是 AB 的中点,

$\therefore |MN|=\frac{1}{2}|AB|$.

由(1)知 $y_M=\frac{1}{2}(y_1+y_2)=\frac{1}{2}(kx_1+2+kx_2+2)=\frac{1}{2}[k(x_1+x_2)+4]$

$=\frac{1}{2}\left(\frac{k^2}{2}+4\right)=\frac{k^2}{4}+2.$

$\because MN\perp x$ 轴,$\therefore |MN|=|y_M-y_N|=\frac{k^2}{4}+2-\frac{k^2}{8}=\frac{k^2+16}{8}.$

又 $|AB|=\sqrt{1+k^2}\cdot|x_1-x_2|$

$=\sqrt{1+k^2}\cdot\sqrt{(x_1+x_2)^2-4x_1x_2}$

$=\sqrt{1+k^2}\cdot\sqrt{\left(\frac{k}{2}\right)^2-4\times(-1)}$

$=\frac{1}{2}\sqrt{k^2+1}\cdot\sqrt{k^2+16}.$

$\therefore \frac{k^2+16}{8}=\frac{1}{4}\sqrt{k^2+1}\cdot\sqrt{k^2+16}$,解得 $k=\pm2$.

即存在 $k=\pm2$,使 $\overrightarrow{NA}\cdot\overrightarrow{NB}=0$.

例7 (浙江高考)如图6-2-18,已知椭圆 $C_1:\frac{y^2}{a^2}+\frac{x^2}{b^2}=1(a>b>0)$ 的右顶点为 $A(1,0)$,过 C_1 的焦点且垂直长轴的弦长为1.

(1)求椭圆 C_1 的方程;

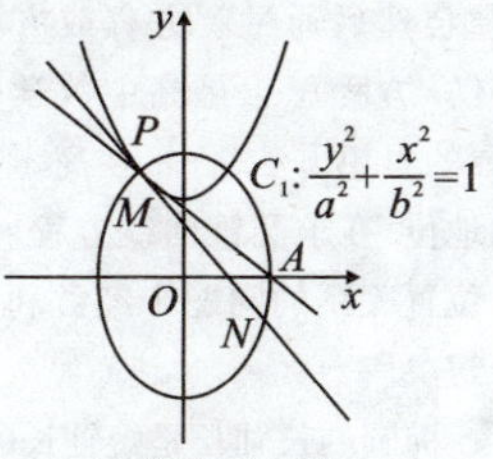

图6-2-18

(2)设点 P 在抛物线 $C_2:y=x^2+h(h\in\mathbf{R})$ 上,C_2 在点 P 处的切线与 C_1 交于点 M、N. 当线段 AP 的中点与 MN 的中点的横坐标相等时,求 h 的最小值.

解 (1)由题意,得 $\begin{cases}b=1,\\2\cdot\frac{b^2}{a}=1.\end{cases}$

从而 $\begin{cases}a=2,\\b=1.\end{cases}$ 因此所求的椭圆方程为

$\frac{y^2}{4}+x^2=1.$

(2)如图6-2-18,设 $M(x_1,y_1)$,$N(x_2,y_2)$,$P(t,t^2+h)$,

则抛物线 C_2 在点 P 处切线斜率为 $y'|_{x=t}=2t$,直线 MN 的方程为 $y=2tx-t^2+h$.

将上式代入椭圆 C_1 的方程中,得 $4x^2+(2tx-t^2+h)^2-4=0$,

即 $4(1+t^2)x^2-4t(t^2-h)x+(t^2-h)^2-4=0$. ①

因为直线 MN 与椭圆 C_1 有两个不同的交点,所以①式中的 $\Delta_1=16[-t^4+2(h+2)t^2-h^2+4]>0$. ②

设线段 MN 的中点的横坐标是 x_3,则

$x_3=\frac{x_1+x_2}{2}=\frac{t(t^2-h)}{2(1+t^2)}.$

设线段 PA 的中点的横坐标是 x_4,则

$x_4=\frac{t+1}{2}.$

由题意,得 $x_3=x_4$,

即 $t^2+(1+h)t+1=0$. ③

由③式中的 $\Delta_2=(1+h)^2-4\geqslant0$,得 $h\geqslant1$ 或 $h\leqslant-3$.

当 $h\leqslant-3$ 时,$h+2<0$,$4-h^2<0$,

则不等式②不成立,所以 $h\geqslant1$.

当 $h=1$ 时,代入方程③得 $t=-1$,

将 $h=1$,$t=-1$ 代入不等式②,检验成立.

所以,h 的最小值为1.

点拨 由于导数的介入,开口向上或向下的抛物线的切线问题逐步出现在高考题中,应引起足够重视.

例8 (陕西高考)已知双曲线 C 的方程为 $\frac{y^2}{a^2}-\frac{x^2}{b^2}=1(a>0,b>0)$,离心率 $e=\frac{\sqrt{5}}{2}$,

顶点到渐近线的距离为$\frac{2\sqrt{5}}{5}$.

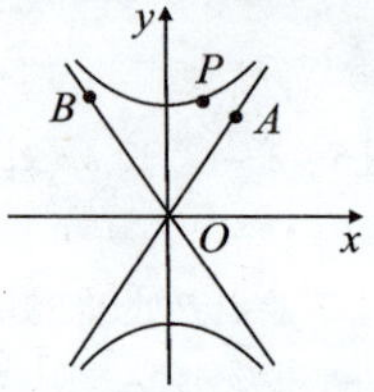

图 6-2-19

(1)求双曲线 C 的方程;

(2)如图 6-2-19,P 是双曲线 C 上一点,A、B 两点在双曲线 C 的两条渐近线上,且分别位于第一、二象限. 若 $\overrightarrow{AP}=\lambda\overrightarrow{PB}$,$\lambda\in\left[\frac{1}{3},2\right]$. 求$\triangle AOB$的面积的取值范围.

解 (1)由题意知,双曲线 C 的顶点$(0,a)$到渐近线 $ax-by=0$ 的距离为$\frac{2\sqrt{5}}{5}$,

$\therefore \frac{ab}{\sqrt{a^2+b^2}}=\frac{2\sqrt{5}}{5}$,即$\frac{ab}{c}=\frac{2\sqrt{5}}{5}$.

由$\begin{cases}\frac{ab}{c}=\frac{2\sqrt{5}}{5},\\ \frac{c}{a}=\frac{\sqrt{5}}{2},\\ a^2+b^2=c^2\end{cases}$ 得$\begin{cases}a=2,\\ b=1,\\ c=\sqrt{5}.\end{cases}$

$\therefore$ 双曲线 C 的方程为$\frac{y^2}{4}-x^2=1$.

(2)由(1)知双曲线 C 的两条渐近线方程为 $y=\pm 2x$. 设 $A(m,2m)$,$B(-n,2n)$,$m>0$,$n>0$,

由 $\overrightarrow{AP}=\lambda\overrightarrow{PB}$ 得 P 点坐标为$\left(\frac{m-\lambda n}{1+\lambda},\frac{2(m+\lambda n)}{1+\lambda}\right)$,

将 P 点坐标代入 $\frac{y^2}{4}-x^2=1$,化简得$mn=\frac{(1+\lambda)^2}{4\lambda}$.

设$\angle AOB=2\theta$,$\because \tan\left(\frac{\pi}{2}-\theta\right)=2$,

$\therefore \tan\theta=\frac{1}{2}$,$\sin 2\theta=\frac{4}{5}$.

又$\because |OA|=\sqrt{5}m$,$|OB|=\sqrt{5}n$,

$\therefore S_{\triangle AOB}=\frac{1}{2}|OA|\cdot|OB|\cdot\sin 2\theta=2mn$

$=\frac{1}{2}\left(\lambda+\frac{1}{\lambda}\right)+1$.

记$S(\lambda)=\frac{1}{2}\left(\lambda+\frac{1}{\lambda}\right)+1$,$\lambda\in\left[\frac{1}{3},2\right]$,

则$S'(\lambda)=\frac{1}{2}\left(1-\frac{1}{\lambda^2}\right)$.

由 $S'(\lambda)=0$ 得 $\lambda=1$.

又$\because S(1)=2$,$S\left(\frac{1}{3}\right)=\frac{8}{3}$,$S(2)=\frac{9}{4}$,

$\therefore$ 当 $\lambda=1$ 时,$\triangle AOB$ 的面积取得最小值 2,当 $\lambda=\frac{1}{3}$时,$\triangle AOB$ 的面积取得最大值$\frac{8}{3}$.

$\therefore\triangle AOB$ 面积的取值范围是$\left[2,\frac{8}{3}\right]$.

数学思想

1. 方程思想

方程思想是从分析问题数量关系入手,通过联想与类比、将问题中的条件转化为方程或方程组,然后通过解方程或方程组从而使问题获解. 方程思想是高中数学中的最基本、最重要的思想方法之一,在高考中占有非常重要的地位. 在求圆锥曲线方程、直线与圆锥曲线的位置关系的问题中经常利用方程或方程组来解决.

例 1 椭圆的长轴长是短轴长的 2 倍,且焦点在 x 轴上,又椭圆截直线 $y=x+2$ 所得线段长为$\frac{16}{5}\sqrt{2}$,求椭圆的标准方程.

解 设椭圆的标准方程为$\frac{x^2}{a^2}+\frac{y^2}{b^2}=1$ $(a>b>0)$,

由题设条件知 $a=2b$.

又椭圆与直线 $y=x+2$ 相交于 $A(x_1,$

y_1),$B(x_2,y_2)$,

由$\begin{cases}\dfrac{x^2}{4b^2}+\dfrac{y^2}{b^2}=1,\\ y=x+2\end{cases}$

得 $5x^2+16x+16-4b^2=0$.

此方程的两根 x_1、x_2 是两交点的横坐标,

所以 $x_1+x_2=-\dfrac{16}{5}$,$x_1x_2=\dfrac{16}{5}-\dfrac{4}{5}b^2$,

故$(x_1-x_2)^2=(x_1+x_2)^2-4x_1x_2$

$$=\frac{16^2}{5^2}-\frac{64}{5}+\frac{16}{5}b^2$$

$$=\frac{16}{5}\left(b^2-\frac{4}{5}\right).$$

$\because y_1=x_1+2, y_2=x_2+2$,

$\therefore y_1-y_2=x_1-x_2$.

$\therefore |AB|=\sqrt{(x_1-x_2)^2+(y_1-y_2)^2}$

$=\sqrt{2(x_1-x_2)^2}$.

$\therefore \sqrt{2\times\dfrac{16}{5}\left(b^2-\dfrac{4}{5}\right)}=\dfrac{16}{5}\sqrt{2}$,

故 $b^2=4$,$a^2=4b^2=16$.

因此椭圆的方程是$\dfrac{x^2}{16}+\dfrac{y^2}{4}=1$.

2. 函数思想

函数思想就是用运动和变化的观点,集合与对应的思想,去分析和研究数学问题中的数量关系,建立函数关系或构造函数,运用函数的图象和性质去分析、转化问题,使问题获得解决. 与圆锥曲线有关的问题中,各个数量在运动变化时,都是相互联系、相互制约的,它们之间构成函数关系,这类问题若用函数思想来分析,寻找解题思路,会得到很好的效果.

例2 点 A、B 分别是椭圆$\dfrac{x^2}{36}+\dfrac{y^2}{20}=1$长轴的左、右端点,点 F 是椭圆的右焦点,点 P 在椭圆上,且位于 x 轴上方,$PA\perp PF$.

(1)求点 P 的坐标;

(2)设 M 是椭圆长轴 AB 上的一点,M 到直线 AP 的距离等于$|MB|$,求椭圆上的点到点 M 的距离 d 的最小值.

解 (1)由已知可得点 $A(-6,0)$,点 $B(6,0)$,点 F 为$(4,0)$.

设点 $P(x,y)$,则 $k_{AP}\cdot k_{PF}=-1$.

由已知可得$\begin{cases}\dfrac{x^2}{36}+\dfrac{y^2}{20}=1,\\ \dfrac{y}{x+6}\cdot\dfrac{y}{x-4}=-1,\end{cases}$

消去 y 得 $2x^2+9x-18=0$,解得 $x=\dfrac{3}{2}$或 $x=-6$.

$\because$ 当 $x=-6$ 时,P 点与 A 点重合,不合题意舍去,$\therefore x=\dfrac{3}{2}$,于是 $y=\dfrac{5\sqrt{3}}{2}$.

$\therefore$ 点 P 的坐标是$\left(\dfrac{3}{2},\dfrac{5\sqrt{3}}{2}\right)$.

(2)易知直线 AP 的方程是 $x-\sqrt{3}y+6=0$.

设点 $M(m,0)$,

则 M 到直线 AP 的距离是$\dfrac{|m+6|}{2}$.

于是$\dfrac{|m+6|}{2}=|m-6|$.

又 $-6\leqslant m\leqslant 6$,解得 $m=2$.

椭圆上的点(x,y)到点 M 的距离的平方为 $d^2=(x-2)^2+y^2$

$$=x^2-4x+4+20-\frac{5}{9}x^2$$

$$=\frac{4}{9}\left(x-\frac{9}{2}\right)^2+15.$$

由于 $-6\leqslant x\leqslant 6$,所以当 $x=\dfrac{9}{2}$时,d 取得最小值 $\sqrt{15}$.

3. 分类讨论思想

分类讨论思想就是将整体问题化为部分问题来解决,它是逻辑划分思想在解数学问题中的具体运用. 运用分类讨论思想解决问题时必须保证分类科学、统一、不重、不漏,并力求简便,求圆锥曲线的方程时,若焦点所在轴的位置不确定,则需要讨论;对含有参数的

轨迹问题常需要对参数讨论.

例3 是否存在同时满足下列条件的双曲线,若存在,求出其方程;若不存在,说明理由.

①渐近线方程为 $x+2y=0$ 及 $x-2y=0$;

②点 $A(5,0)$ 到双曲线上动点 P 的距离的最小值为 $\sqrt{6}$.

解 假设存在同时满足题设的两个条件的双曲线.

①若双曲线焦点在 x 轴上,

$\because$ 渐近线方程为 $y=\pm\frac{1}{2}x$,

$\therefore$ 可设双曲线方程为 $\frac{x^2}{4b^2}-\frac{y^2}{b^2}=1$.

设动点 P 的坐标为 (x,y),

则 $|AP|=\sqrt{(x-5)^2+y^2}$

$=\sqrt{\frac{5}{4}(x-4)^2+5-b^2}$.

由条件②,若 $2b\leqslant4$,即 $x=4$ 时,$|AP|_{\min}=\sqrt{5-b^2}=\sqrt{6}$. 即 $b^2=-1$,无解.

若 $2b>4$,即 $x=2b$ 时,

$|AP|_{\min}=|2b-5|=\sqrt{6}$.

解得 $b=\frac{5+\sqrt{6}}{2}\left(b=\frac{5-\sqrt{6}}{2}\text{舍去}\right)$.

此时存在双曲线,其方程为 $\frac{x^2}{(5+\sqrt{6})^2}-\frac{y^2}{\left(\frac{5+\sqrt{6}}{2}\right)^2}=1$.

②若双曲线焦点在 y 轴上,

则可设双曲线方程为 $\frac{y^2}{b^2}-\frac{x^2}{4b^2}=1$.

故 $|AP|=\sqrt{\frac{5}{4}(x-4)^2+b^2+5}$.

$\because x\in\mathbf{R}$,$\therefore$ 当 $x=4$ 时,

$|AP|_{\min}=\sqrt{b^2+5}=\sqrt{6}$.

解得 $b^2=1$.

此时存在双曲线,其方程为 $y^2-\frac{x^2}{4}=1$.

点拨 存在型问题有其固有的解题思路:先假设存在,再由已知条件、已学知识予以推算论证,如能推得,且符合题意,则假设成立;否则,所要求的结果不存在.

4. 化归思想

所谓“化归”,就是转化和归结,在解决数学问题时,人们常将待解决的问题,通过某转化过程,归结为一个已解决或比较容易解决的问题去解,这就是“化归”思想. 一般来说,总是将复杂问题通过转化变为简单问题,将新奇难解的问题变换转化为熟悉易解的问题,从而求得原问题的解,在圆锥曲线中,无时无处不渗透着“化归”的思想.

例4 若抛物线 $C:y=ax^2-1(a\neq0)$ 总有不同的两点关于直线 $l:x+y=0$ 对称,试求实数 a 的取值范围.

解 设点 $A(x_1,y_1)$,$B(x_2,y_2)$ 是抛物线 C 上关于直线 l 对称的两点 $(x_1\neq x_2)$,

故可设 $l_{AB}:y=x+b$. 由 $\begin{cases}y=x+b,\\y=ax^2-1\end{cases}$

消去 y,得 $ax^2-x-(1+b)=0$. ①

由于 $x_1\neq x_2$,方程①有两个不相等的实数根,

$\therefore\Delta=1+4a(1+b)>0$.

又设 AB 的中点为 $M(x_0,y_0)$,则由①可得

$x_0=\frac{x_1+x_2}{2}=\frac{1}{2a}$,$y_0=x_0+b=\frac{1}{2a}+b$.

由点 M 在直线 l 上,可得 $\frac{1}{2a}+b+\frac{1}{2a}=0$.

可得 $b=-\frac{1}{a}$,代入②可得 $a>\frac{3}{4}$.

点拨 对称问题若直接计算会很复杂,而将问题进行合理转化,可便于运算且易于理解.

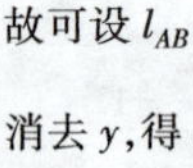

背景材料

我们周围的圆锥曲线

圆锥曲线的发现确实是一个伟大的发

现.在笛卡儿直角坐标系中,这些曲线的方程是二次方程,所以圆锥曲线又叫做二次曲线.

对于二次曲线的价值大概还没有人会估计得过高.在我们的实际生活中处处都有圆锥曲线.例如,我们的地球绕太阳运行的轨道是椭圆,太阳系的其他行星的运行轨道也都是椭圆.这个事实是由开普勒第一定律确定的.

这些行星之所以沿着椭圆轨道运动,是因为每一个行星在每一个瞬间都有不超过某一个值的速度.事实证明,假如这个速度过大了,运动就会沿着抛物线或双曲线轨道进行.相对于一个静止的物体,并按照万有引力定律受它吸引的物体运动,不可能有任何其他的轨道.因此,二次曲线实际上是以我们的宇宙为基础的.

又如,如果让抛物线绕其轴旋转,就得到一个叫做旋转抛物面的曲面.在抛物面的轴上,有一个具有美妙性质的焦点,任何一条通过该点的直线由抛物面上反射出来之后,在指向上都平行于该抛物面的轴.而这意味着如果把探照灯做成抛物面的形状,并且把灯泡放在焦点上,那么从抛物面上反射回来的所有光线就形成一束平行光束.这显然是一个很大的优点,因为这样一束光线在空间中,甚至于在离光源距离相当大的情况下,都很少扩散.当然,实际上我们得不到理想的平行光束,因为灯泡不是一个点,但对于实用的目的来说,只要接近于这样的光束就够了.天文望远镜上的反射镜也是利用抛物面的形状制作的.它的作用刚好和探照灯的作用相反:探照灯的反射镜把光线反射到空间,天文望远镜的反射面则把来自宇宙的光线聚焦到自己的焦点上.只要用放大镜瞄准这个焦点就行了,这样,我们就会得到聚焦到其光线的那个星球的信息,这比肉眼观察所能提供的信息要多得多.

那条不穿过双曲线的对称轴叫做双曲线的虚轴.如果使双曲线绕这条轴旋转,那么形成的曲面(这样的曲面称为单叶双曲面)也有许多实际用处.单叶双曲面是直纹曲面.上面有两组母线族,各组内母线彼此不相交,而与另一组母线永远相交.正是这种性质在技术中得到了应用.例如,用直立木杆造水塔,如果把这些杆垂直地放置,那就只能得到一个很不牢固的建筑物,它会因为非常小的负荷而损坏.如果立杆时,使他们构成一个单叶双曲面(就是两组母线族),并使它们的交点处连接在一起,就会得到一个非常轻巧而又非常坚固的建筑物.许多工厂或热电厂的冷却塔就是利用了这个原理.

在尝试解决古代名题的过程中,所发现的各种美妙曲线远不限于螺线、蚌线和圆锥曲线.可是,不管找到了多少美妙的曲线,他们还是解决不了古代名题.要知道,正像我们还记得的那样,要求不只是解出这些名题,而是除了直尺和圆规外,不准利用其他任何工具.而仅仅利用这两种工具能否解决其中任何一个问题呢?这个问题该如何回答呢?

如果这个答案存在的话,对这个问题给予肯定的问答,原则上显得比给予否定的回答更容易,只不过需要尝试才能找到这个答案.经过或多或少,连接不断地寻找,这种答案通常可以找到.

在答案不存在的情况下,事情则难办得多.这时,只停留在普通的几何直观上,几乎不可能得到所需要的答案.在这种情况下,可以对问题进行精确的代数分析,以便归结为完成某些代数方程问题的不可能,而证明解答这个问题的不可能性,就要求助于代数.

第三章 坐标系与参数方程

知识网络

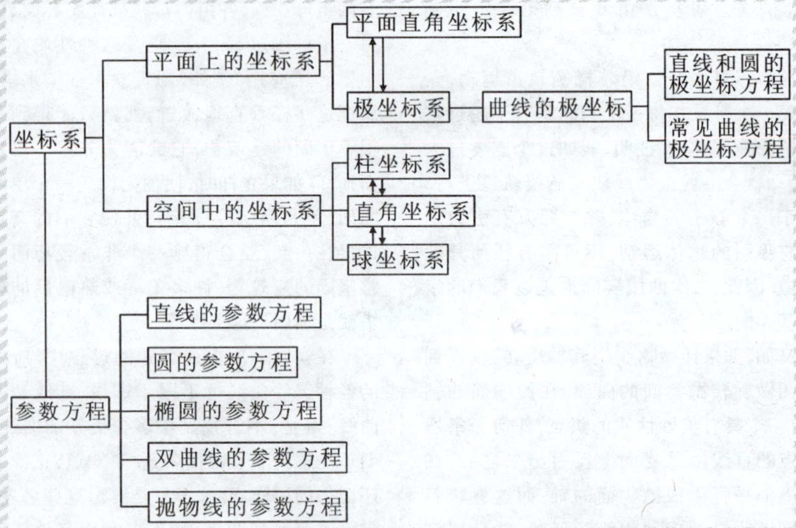

基础知识精析

1. 直角坐标系

(1)直线坐标系:在直线上,当取定一个点为原点,并确定了度量单位和直线的方向,就建立了数轴(即直线的坐标系). 它使直线上任意一点 P 都可以由唯一的实数 x 确定.

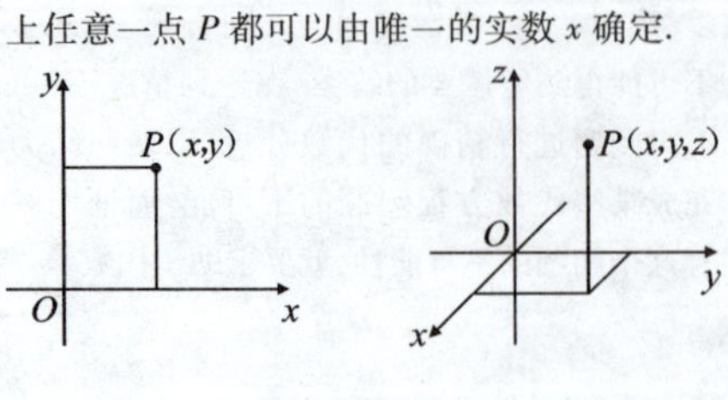

(1)　　(2)

图6－3－1

(2)平面直角坐标系:在平面上,当取定两条互相垂直的直线的交点为原点,并确定了度量单位和这两条直线的方向,就建立了平面直角坐标系. 它使平面上任意一点 P 都可以由唯一的有序实数对 (x,y) 确定(如图6－3－1(1)).

(3)空间直角坐标系:在空间中,选择两两垂直且交于一点的三条直线. 当取定这三条直线的交点作为原点,并确定了度量单位和这三条直线的方向,就建立了空间直角坐标系. 它使空间任意一点 P 都可以由唯一的三元有序实数组 (x, y, z) 确定(如图6－3－1(2)).

注意

(1)在数轴上,直线上所有点的集合与全体实数的集合建立一一对应;在平面直角坐标系中,平面上所有点的集合与全体有序实数对(x,y)的集合建立一一对应;在空间直角坐标系中,空间所有点的集合与全体由三个实数组成的有序实数组(x,y,z)的集合建立一一对应.

(2)确定点的位置就是求出这个点在设定的坐标系中的坐标.

2. 平面直角坐标系中的平移变换

在平面内,将图形F上所有点按照同一个方向,移动同样长度,称为图形F的平移.若以向量$\boldsymbol{a}$表示移动的方向和长度,我们也称图形F按向量$\boldsymbol{a}$平移.

在平面直角坐标系中,设图形F上任意一点P的坐标为(x,y),向量$\boldsymbol{a}=(h,k)$,平移后对应点为$P'(x',y')$,则$(x,y)+(h,k)=(x',y')$,或表示为$\begin{cases}x+h=x',\\y+k=y'.\end{cases}$

因此,在平面直角坐标系中,由$\begin{cases}x+h=x',\\y+k=y'\end{cases}$所确定的变换就是平移变换.

注意

平移变换仅改变图形的位置,不改变图形的形状和大小.

3. 平面直角坐标系中的伸缩变换

设点$P(x,y)$是平面直角坐标系中的任意一点,在变换φ:$\begin{cases}x'=\lambda x(\lambda>0),\\y'=\mu y(\mu>0)\end{cases}$的作用下,点$P(x,y)$对应到点$P'(x',y')$,称$\varphi$为平面直角坐标系中的坐标伸缩变换,简称伸缩变换.

注意

$P'(x',y')$是变换图形后的点的坐标,$P(x,y)$是变换前图形的点的坐标,要分清新旧,即注意点的对应性.

4. 极坐标系

在平面内取一点O,由点O引出一条射线OX,并确定一个长度单位和度量角度的正方向(通常取逆时针方向),这就构成一个极坐标系.定点O叫做极点,射线OX叫做极轴.

5. 极坐标系中点的确定

在极坐标系中,平面上任意一点P的位置可以由OP的长度ρ和从OX轴旋转到OP的角度θ来确定,(ρ,θ)叫做点P的极坐标,ρ叫做点P的极径,θ叫做点P的极角.极点的极坐标是$(0,\theta)$,其中θ可以取任何值.

在极坐标系中,与给定的极坐标(ρ,θ)相对应的点的位置是唯一确定的;反过来,同一个点的极坐标可以有无穷多个.如果一点的极坐标是$(\rho,\theta)(\rho\neq0)$,那么这一点也可以表示为$(\rho,\theta+2n\pi)$或$(-\rho,\theta+(2n+1)\pi)$(其中n为整数).如果规定$\rho>0,0\leqslant\theta<2\pi$,那么除极点外,平面内的点可用唯一的极坐标$(\rho,\theta)$表示,此时,极坐标与平面内的点之间就是一一对应的关系.

6. 极坐标和直角坐标的互化

设直角坐标系的原点为极点,x轴的正半轴为极轴,两种坐标系取相同的长度单位.如果P是平面内任意一点,它的直角坐标是(x,y),极坐标是(ρ,θ),则$x=\rho\cdot\cos\theta,y=\rho\cdot\sin\theta$,由此可得$\rho^2=x^2+y^2,\tan\theta=\dfrac{y}{x}(x\neq0)$.通常情况下,由$\tan\theta$确定$\theta$时,应根据点$P$所在象限取最小正角.

注意

极坐标与直角坐标互化的三个前提条件是:(1)极点与直角坐标系的原点重合;(2)极轴与直角坐标系横轴的正半轴重合;(3)两坐标系中的长度单位相同.由$\rho^2=x^2+y^2$求ρ时,ρ不取负值;由$\tan\theta=\dfrac{y}{x}(x\neq0)$确定$\theta$时,根据$(x,y)$所在象限取最小正角.当$x\neq0$时,$\theta$角才能由$\tan\theta=\dfrac{y}{x}$按上述方法确定.

当 $x=0$ 时，$\tan\theta$ 没有意义，这时又分三种情况. ①当 $x=0,y=0$ 时，θ 可取任何值；②当 $x=0,y>0$ 时，可取 $\theta=\frac{\pi}{2}$；③当 $x=0,y<0$ 时，可取 $\theta=\frac{3}{2}\pi$.

7. 曲线的极坐标方程

在极坐标系中，曲线可以用含有 ρ、θ 这两个变量的方程 $\varphi(\rho,\theta)=0$ 来表示. 如果曲线 C 上的点与一个二元方程 $\varphi(\rho,\theta)=0$ 建立了如下的关系：

(1)曲线 C 上的每个点的极坐标中至少有一组 (ρ,θ) 满足方程 $\varphi(\rho,\theta)=0$；

(2)极坐标满足方程 $\varphi(\rho,\theta)=0$ 的点都在曲线 C 上.

那么方程 $\varphi(\rho,\theta)=0$ 叫做曲线 C 的极坐标方程，曲线 C 叫做极坐标方程 $\varphi(\rho,\theta)=0$ 的曲线.

8. 求曲线的极坐标方程

求曲线的极坐标方程的方法和步骤，和求直角坐标方程的步骤类似，就是把曲线看作适合某种条件的点的集合或轨迹；将已知条件用曲线上点的极坐标 ρ、θ 的关系式 $f(\rho,\theta)=0$ 表示出来，就得到曲线的极坐标方程. 具体如下：

(1)建立适当的极坐标系，设 $P(\rho,\theta)$ 是曲线上任意一点；

(2)由曲线上的点所适合的条件，列出曲线上任意一点的极径 ρ 和极角 θ 之间的关系式；

(3)将列出的关系式进行整理、化简，得出曲线上的极坐标方程；

(4)证明所得方程就是曲线的极坐标方程，若方程的推导过程正确，化简过程都是同解变形，这一证明可省略.

9. 圆的极坐标方程

(1)圆心在极轴上且过极点的半径为 a 的圆的极坐标方程：$\rho=2a\cos\theta\left(0\leqslant\theta\leqslant\frac{\pi}{2}\right)$.

(2)圆心在极点，半径为 r 的圆的极坐标方程：$\rho=r(\theta\in\mathbf{R})$.

(3)圆心在点 $\left(a,\frac{\pi}{2}\right)$ 处且过极点的圆的极坐标方程：$\rho=2a\sin\theta(0\leqslant\theta\leqslant\pi)$.

(4)圆心在点 (a,α) 处，半径为 r 的圆的极坐标方程：$r^2=\rho^2+a^2-2a\rho\cos(\alpha-\theta)$.

10. 直线的极坐标方程

(1)过极点的直线的极坐标方程是：$\theta=\alpha(\rho\geqslant0)$ 和 $\theta=\pi+\alpha(\rho\geqslant0)$.

(2)过点 $A(a,0)(a>0)$ 且垂直于极轴的直线 l 的极坐标方程：$\rho\cos\theta=a$（直角坐标方程为 $x=a$）.

(3)过点 $A\left(a,\frac{\pi}{2}\right)$ 且平行于极轴所在直线的极坐标方程：$\rho\sin\theta=a$（直角坐标方程为 $y=a$）.

(4)过点 $A(a,0)$ 且与极轴成 β 角的直线的极坐标方程：$\rho=\frac{a\sin\beta}{\sin(\beta-\theta)}$.

(5)过点 (a,α)，倾斜角为 β 的直线的极坐标方程：$\rho=\frac{a\sin(\alpha-\beta)}{\sin(\theta-\beta)}$.

11. 圆锥曲线的统一极坐标方程

椭圆、双曲线、抛物线的统一极坐标方程是 $\rho=\frac{p}{1-e\cos\theta}$.

方程中的参数 e 确定了曲线的三种类型：$e<1$ 时为椭圆；$e=1$ 时为抛物线；$e>1$ 时为双曲线.

对抛物线而言，p 就是标准方程 $y^2=2px$ 中的 p；对椭圆和双曲线而言，$p=\frac{b^2}{a}$.

12. 柱坐标系

一般地，建立了空间直角坐标系 $Oxyz$ 后，设 P 为空间中任意一点，它在 Oxy 平面上的射影为 Q，用极坐标 $(\rho,\theta)(\rho\geqslant0,0\leqslant\theta<2\pi)$

表示点 Q 在平面 xOy 上的极坐标，这时点 P 的位置可以用有序数组 $(\rho,\theta,z)(z\in\mathbf{R})$ 表示，这样，我们建立了空间的点与有序数组 (ρ,θ,z) 之间的一种对应关系，把建立上述对应关系的坐标系叫柱坐标系，有序数组 (ρ,θ,z) 叫做点 P 的柱坐标，记作 $P(\rho,\theta,z)$，其中 $\rho\geqslant0,0\leqslant\theta\leqslant2\pi,z\in(-\infty,+\infty)$，柱坐标系又称半极坐标系，它是由平面极坐标系及空间直角坐标系中的一部分建立起来的.

设空间中一点 M 的直角坐标为 (x,y,z)，M 点在 xOy 坐标面上的投影点为 M_0，M_0 点在 xOy 平面上的极坐标为 (ρ,θ)，如图 6-3-2，则三个有序数 ρ、θ、z 构成的数组 (ρ,θ,z) 称为空间中点 M 的柱坐标. 在柱坐标系中，限定 $\rho\geqslant0,0\leqslant\theta<2\pi$，$z$ 为任意实数. 由此可见，柱坐标就是平面上的极坐标，加上与平面垂直的一个直角坐标. 因此，由平面上极坐标和直角坐标的变换公式容易得到空间直角坐标与柱坐标的变换公式

$$\begin{cases}x=\rho\cos\theta,\\y=\rho\sin\theta,\\z=z.\end{cases}$$

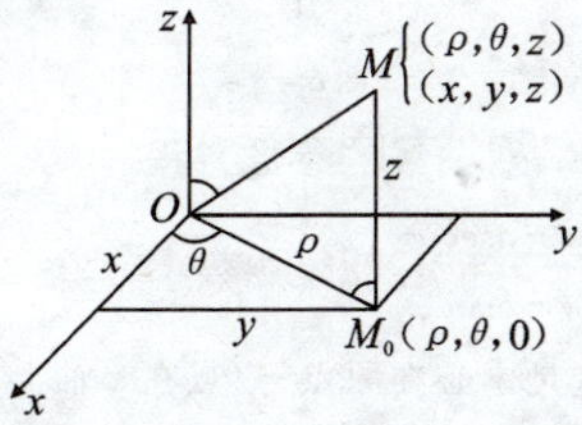

图 6-3-2

在极坐标中，方程 $\rho=\rho_0$（ρ_0 为不等于 0 的常数）表示圆心在极点，半径为 ρ_0 的圆，方程 $\theta=\theta_0$（θ_0 为常数）表示与极轴成 θ_0 角的射线. 而在空间的柱坐标系中，方程 $\rho=\rho_0$ 表示中心轴为 z，底半径为 ρ_0 的圆柱面，它是上述圆周沿 z 轴方向平行移动而成的. 方程 $\theta=\theta_0$ 表示与 zOx 坐标面成 θ_0 角的半平面. 方程 $z=z_0$ 表示平行于 xOy 坐标面的平面. 常把上述的圆柱面、半平面和平面称为柱坐标系的三族坐标面.

13. 球坐标系

一般地，如图 6-3-3 建立空间直角坐标系 $Oxyz$. 设 P 是空间中任意一点，连接 OP，记 $|OP|=r$，OP 与 Oz 轴正向所夹的角为 φ. 设 P 在 Oxy 平面上的射影为 Q，Ox 轴按逆时针方向转到 OQ 时所转过的最小正角为 θ. 这样点 P 的位置就可以用有序数组 (r,φ,θ) 表示. 这样，空间的点与有序数组 (r,φ,θ) 之间建立了一种对应关系. 把建立上述对应关系的坐标叫做球坐标系（或空间极坐标系），有序数组 (r,φ,θ) 叫做点 P 的球坐标，记做 $P(r,\varphi,\theta)$，其中 $r\geqslant0,0\leqslant\varphi\leqslant\pi,0\leqslant\theta<2\pi$.

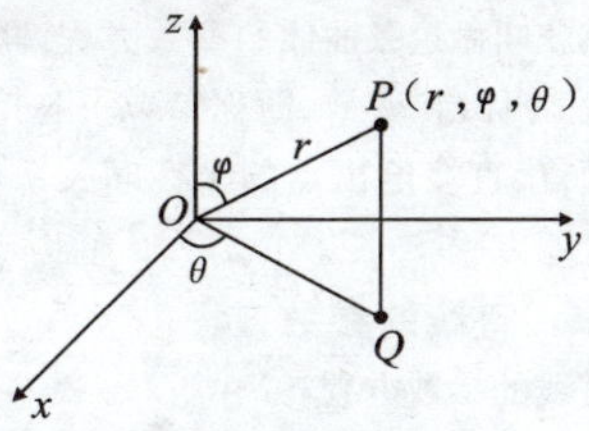

图 6-3-3

设空间中一点 M 的直角坐标为 (x,y,z)，点 M 在 xOy 坐标面上的投影点为 M_0，连接 OM 和 OM_0.

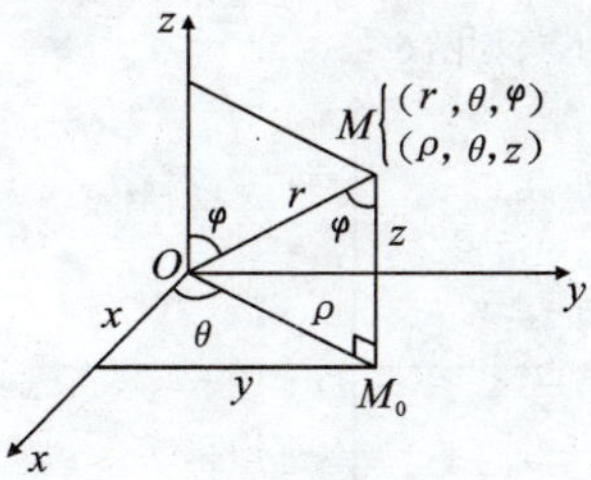

图 6-3-4

如图 6-3-4，设 z 轴的正向与向量 $\overrightarrow{OM}$ 的夹角为 φ，x 轴的正向与 $\overrightarrow{OM_0}$ 的夹角为 θ，M 点到原点 O 的距离为 r，则由三个数 r、θ、φ 构成的有序数组 (r,θ,φ) 称为空间中点 M 的球坐标. 若设投影点 M_0 在 xOy 平面上的极坐标为 (ρ,θ)，则极坐标 θ 就是上述的第二个球坐标 θ. 在球坐标中限定 $r\geqslant0,0\leqslant\theta\leqslant2\pi,0\leqslant\varphi\leqslant\pi$.

空间点 P 的直角坐标 (x,y,z) 与球坐标 (r,φ,θ) 之间的变换关系为：

$$\begin{cases}x=r\sin\varphi\cos\theta,\\ y=r\sin\varphi\sin\theta,\\ z=r\cos\varphi.\end{cases}$$

14. 参数方程

一般地，在平面直角坐标系中，如果曲线上任意一点的坐标 x、y 都是某个变量 t 的函数

$$\begin{cases}x=f(t),\\ y=g(t),\end{cases}①$$

并且对于 t 的每一个允许值，由方程组①所确定的点 $M(x,y)$ 都在这条曲线上，那么方程组①就叫做这条曲线的参数方程，联系 x、y 的变量 t 叫做参变数，简称参数. 相对于参数方程而言，直接给出点的坐标间关系的方程叫做普通方程.

15. 直线的参数方程

直线的参数方程

$$\begin{cases}x=x_0+t\cos\theta,\\ y=y_0+t\sin\theta.\end{cases}(t\text{ 为参数},x_0、y_0、\theta\text{ 为常数})$$

这里 $M_0(x_0,y_0)$ 是直线经过的定点，θ 是直线的倾斜角，$M(x,y)$ 是直线上与参数值 t 对应的点，如图 6－3－5.

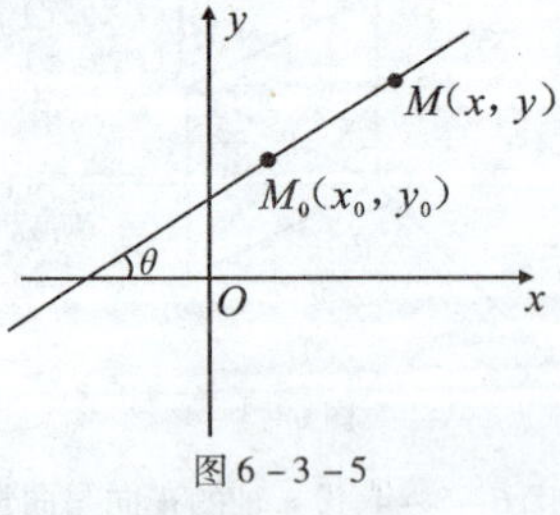

图 6－3－5

16. 圆的参数方程

$$\begin{cases}x=r\cos\theta,\\ y=r\sin\theta.\end{cases}(\theta\text{ 为参数})$$

这是圆心在原点 O，半径为 r 的圆的参数方程，其中参数 θ 的几何意义是 OM_0 绕点 O 逆时针旋转到 OM 的位置时，OM_0 转过的度数，如图 6－3－6.

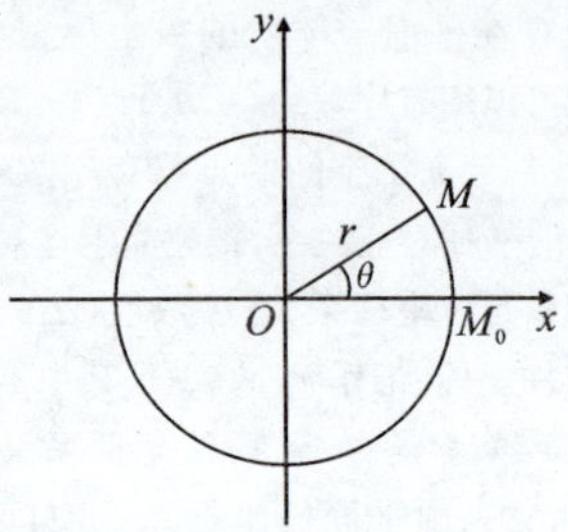

图 6－3－6

17. 椭圆的参数方程

$$\begin{cases}x=a\cos\varphi,\\ y=b\sin\varphi.\end{cases}(\varphi\text{ 为参数})$$

这是中心在原点 O，焦点在 x 轴上的椭圆的参数方程，通常规定参数 φ 的范围为 $\varphi\in[0,2\pi)$，如图 6－3－7.

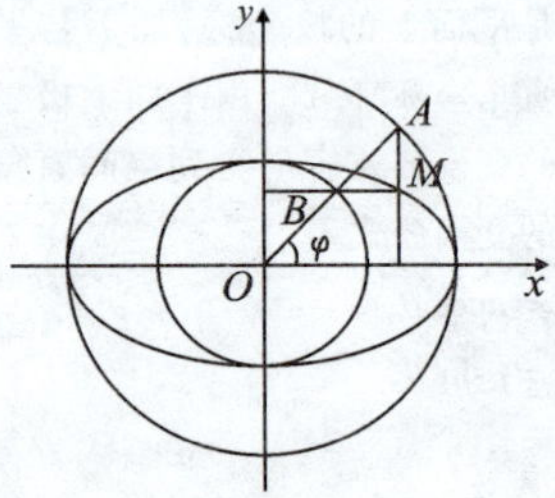

图 6－3－7

18. 双曲线的参数方程

$$\begin{cases}x=a\sec\varphi\\ y=b\tan\varphi.\end{cases}(\varphi\text{ 为参数})$$

这是中心在原点，焦点在 x 轴上的双曲线的参数方程，通常规定参数 φ 的范围为 $\varphi\in[0,2\pi)$，且 $\varphi\neq\frac{\pi}{2}$，$\varphi\neq\frac{3\pi}{2}$，如图 6－3－8.

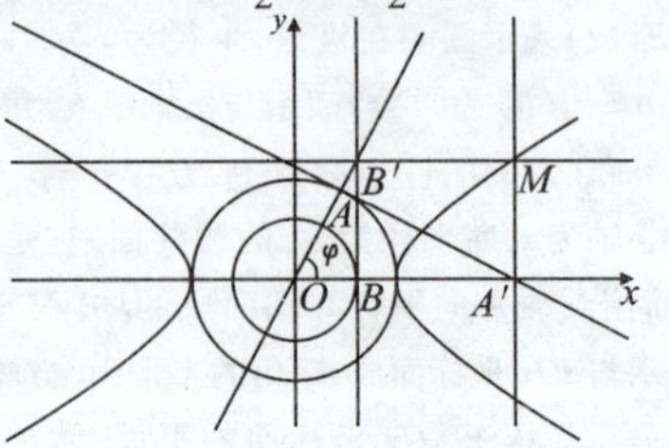

图 6－3－8

19. 抛物线的参数方程

$$\begin{cases}x=2pt^2,\\ y=2pt.\end{cases}(t\text{ 为参数})$$

当 $t=0$ 时，参数方程表示的点正好就是抛物线的顶点(0,0). 因此，当 $t\in(-\infty,+\infty)$ 时，参数方程表示抛物线 $y^2=2px$. 参数 t 表示抛物线上除顶点外的任意一点与原点连线的斜率的倒数，如图 6-3-9.

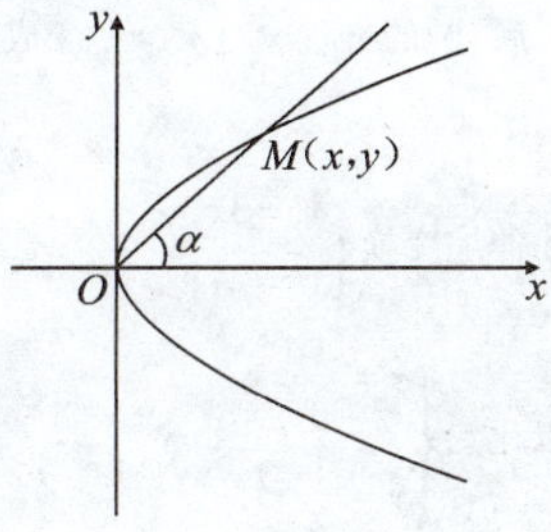

图 6-3-9

20. 渐开线

如图 6-3-10，设开始时绳子外端位于点 A，当外端展开到点 M 时，因为绳子所对圆心角 φ(单位是弧度)的一段弧 $\overset{\frown}{AB}$，展开后成为切线 BM，所以切线 BM 的长就是 $\overset{\frown}{AB}$ 的长，这是动点所满足的几何条件. 我们把画出的曲线叫做圆的渐开线，相应的定圆叫做渐开线的基圆.

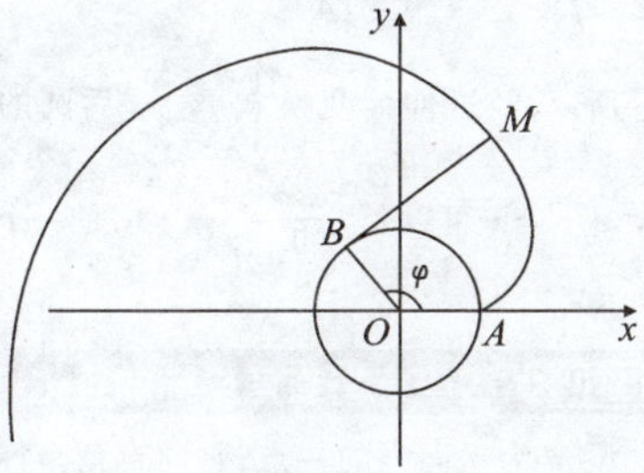

图 6-3-10

我们以基圆圆心 O 为原点，直线 OA 为 x 轴，建立平面直角坐标系. 设基圆的半径为 r，绳子外端 M 的坐标为 (x,y)，得圆的渐开线的参数方程：

$$\begin{cases}x=r(\cos\varphi+\sin\varphi),\\ y=r(\sin\varphi-\cos\varphi).\end{cases}(\varphi\text{ 是参数})$$

21. 摆线

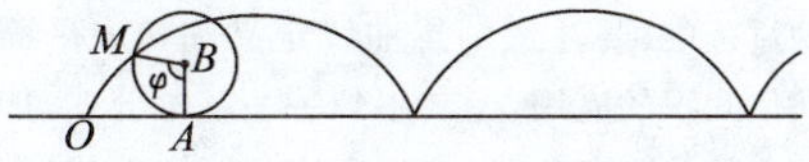

图 6-3-11

如图 6-3-11，假设 B 为圆心，圆周上的定点为 M，开始时位于 O 处. 圆在直线上滚动时，点 M 绕圆心作圆周运动，转过 φ(弧度)角后，圆与直线相切于 A，线段 OA 的长等于 $\overset{\frown}{MA}$ 的长，即 $OA=r\varphi$. 这就是圆周上的定点 M 在圆 B 沿直线滚动过程中满足的几何条件. 我们把点 M 的轨迹叫做平摆线，简称摆线，又叫旋轮线.

我们取定直线为 x 轴，定点 M 滚动时落在定直线上的一个位置为原点，建立直角坐标系，如图 6-3-12，设圆的半径为 r，则摆线的参数方程是

$$\begin{cases}x=r(\varphi-\sin\varphi),\\ y=r(1-\cos\varphi).\end{cases}(\varphi\text{ 是参数})$$

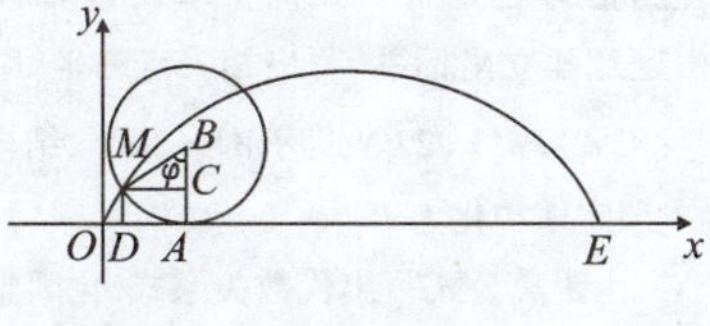

图 6-3-12

题型分类与方法总结

题型 1 建立坐标系求轨迹方程

建立坐标系应遵循以下规律：(1) 当题目中有两条互相垂直的直线，以这两条直线为坐标轴；(2) 当题目中有对称图形，以对称图形的对称轴为坐标轴；(3) 当题目中有已知长度的线段，以线段所在直线为对称轴，以端点或中点为原点.

直角坐标系建立完后，需仔细分析曲线

的特征，注意揭示隐含条件，抓住与曲线上任意点有关的等量关系或其所满足的几何条件，列出方程. 在将几何条件转化为代数方程的过程中，要注意圆锥曲线定义和初中平面几何知识的应用，还会用到一些基本公式，如两点间的距离公式、点到直线的距离公式、直线斜率公式等.

例1 （江苏高考）如图6－3－13，圆 O_1 与圆 O_2 的半径是1，$|O_1O_2|=4$，过动点 P 分别作圆 O_1、圆 O_2 的切线 PM、PN（M、N 分别为切点），使得 $PM=\sqrt{2}PN$，试建立适当的坐标系，并求动点 P 的轨迹方程.

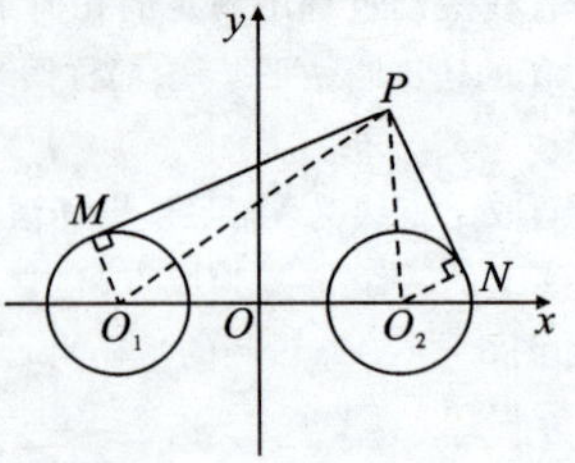

图6－3－13

分析 本题是解析几何中求轨迹方程问题，由题意建立坐标系，写出相关点的坐标，由几何关系式：$PM=\sqrt{2}PN$，即 $PM^2=2PN^2$，结合图形由勾股定理转化为 $PO_1^2-1=2(PO_2{}^2-1)$. 设 $P(x,y)$，由距离公式写出代数关系式，化简整理可得.

解 如图6－3－13，以直线 O_1O_2 为 x 轴，线段 O_1O_2 的垂直平分线为 y 轴，建立平面直角坐标系，则两圆心的坐标分别为 $O_1(-2,0)$，$O_2(2,0)$.

设 $P(x,y)$，则 $PM^2=PO_1^2-MO_1^2=(x+2)^2+y^2-1$.

同理，$PN^2=(x-2)^2+y^2-1$.

$\because PM=\sqrt{2}PN$，即 $(x+2)^2+y^2-1=2[(x-2)^2+y^2-1]$，

即 $x^2-12x+y^2+3=0$，即 $(x-6)^2+y^2=33$. 这就是动点 P 的轨迹方程.

题型2 伸缩变换问题

对于伸缩变换 $\begin{cases}x'=\lambda x(\lambda>0),\\ y'=uy(u>0),\end{cases}$ 只需将伸缩变换中的 x、y 分别用 x'、y' 表示，代入已知曲线方程，即可得到所求曲线的方程，通过整理，可判断其曲线的类型.

例2 在同一坐标系下经过伸缩变换 $\begin{cases}x'=3x,\\ y'=2y\end{cases}$ 后，圆的方程 $x^2+y^2=1$ 变成了什么曲线？

解 伸缩变换 $\begin{cases}x'=3x,\\ y'=2y,\end{cases}$

可以化为 $\begin{cases}x=\dfrac{1}{3}x',\\ y=\dfrac{1}{2}y',\end{cases}$

代入圆的方程 $x^2+y^2=1$ 得 $\left(\dfrac{1}{3}x'\right)^2+\left(\dfrac{1}{2}y'\right)^2=1$，即 $\dfrac{x'^2}{9}+\dfrac{y'^2}{4}=1$.

所以，经过伸缩变换 $\begin{cases}x'=3x,\\ y'=2y\end{cases}$ 后圆的方程 $x^2+y^2=1$ 可以变为 $\dfrac{x'^2}{9}+\dfrac{y'^2}{4}=1$，是一个椭圆方程.

题型3 极坐标与直角坐标的互化

设 M 为平面内的一点，它的直角坐标为 (x,y)，极坐标为 (ρ,θ)，它们之间的关系是：$x=\rho\cos\theta$，$y=\rho\sin\theta$，并且有 $\rho^2=x^2+y^2$，$\tan\theta=\dfrac{y}{x}(x\neq0)$. 利用这个关系，可以把极坐标化为直角坐标，也可以把直角坐标化为极坐标.

例3 将下面用极坐标表示的点用直角坐标来表示，用直角坐标表示的点，用极坐标来表示.

(1) $\left(5,\dfrac{2}{3}\pi\right)$； (2) $\left(2,-\dfrac{\pi}{3}\right)$；

(3) $(-2,-2\sqrt{3})$.

解 (1) $x=5\cos\frac{2}{3}\pi=5\times\left(-\frac{1}{2}\right)=-\frac{5}{2}$, $y=5\sin\frac{2}{3}\pi=5\times\frac{\sqrt{3}}{2}=\frac{5}{2}\sqrt{3}$,

所以点 $\left(5,\frac{2}{3}\pi\right)$ 的直角坐标为 $\left(-\frac{5}{2},\frac{5}{2}\sqrt{3}\right)$.

(2) $x=2\cos\left(-\frac{1}{3}\pi\right)=2\times\frac{1}{2}=1$,

$y=2\sin\left(-\frac{1}{3}\pi\right)=2\times\left(-\frac{\sqrt{3}}{2}\right)=-\sqrt{3}$,

所以点 $\left(2,-\frac{\pi}{3}\right)$ 的直角坐标为 $(1,-\sqrt{3})$.

(3) $\rho=\sqrt{(-2)^2+(-2\sqrt{3})^2}=4$, $\tan\theta=\frac{-2\sqrt{3}}{-2}=\sqrt{3}$, $\therefore\theta=\frac{4}{3}\pi$.

所以点 $(-2,2\sqrt{3})$ 的极坐标为 $\left(4,\frac{4}{3}\pi\right)$.

题型4 直角坐标方程与极坐标方程的互化

把极坐标方程化为直角坐标方程时，只需利用公式 $x=\rho\cos\theta$, $y=\rho\sin\theta$ 及 $\rho^2=x^2+y^2$ 代换即可.

例4 把下列极坐标方程化为直角坐标方程，并判断图形的形状.

(1) $\rho=2a\cos\theta(a>0)$；

(2) $\rho=9(\sin\theta+\cos\theta)$；

(3) $\rho=4$；

(4) $2\rho\cos\theta-3\rho\sin\theta=5$.

解 (1) $\rho=2a\cos\theta$，两边同时乘 ρ 得 $\rho^2=2a\rho\cos\theta$, $x=\rho\cos\theta$，即 $x^2+y^2=2ax$.

整理得 $x^2+y^2-2ax=0$，即 $(x-a)^2+y^2=a$.

是以 $(a,0)$ 为圆心以 a 为半径的圆.

(2) 两边同时乘 ρ 得 $\rho^2=9\rho(\sin\theta+\cos\theta)$，又 $x=\rho\cos\theta$, $y=\rho\sin\theta$，即 $x^2+y^2=9x+9y$，又可变形为 $\left(x-\frac{9}{2}\right)^2+\left(y-\frac{9}{2}\right)^2=\frac{81}{2}$，是以 $\left(\frac{9}{2},\frac{9}{2}\right)$ 为圆心，以 $\frac{9\sqrt{2}}{2}$ 为半径的圆.

(3) 将 $\rho=4$ 两边平方得 $\rho^2=16$，即 $x^2+y^2=16$. 是以原点为圆心，以4为半径的圆.

(4) $2\rho\cos\theta-3\rho\sin\theta=5$，即 $2x-3y=5$，是一条直线.

点拨 将极坐标方程化为直角坐标方程时，需注意必要的技巧，有的两边先同时乘 ρ，有的两边同时平方，有的可以直接代入公式 $\rho\cos\theta=x$, $\rho\sin\theta=y$. 做题时要注意分析题意，找出做题的最佳方法. 在判断方程所代表的曲线的形状时，我们先将其化为直角坐标方程再进行判断.

题型5 极坐标问题

对于极坐标问题，一般需要将其化为直角坐标下的普通方程再做处理.

例5 在极坐标系中，过点 $\left(2\sqrt{2},\frac{\pi}{4}\right)$ 作圆 $\rho=4\sin\theta$ 的切线，则切线的极坐标方程是________.

解析 将极坐标点 $\left(2\sqrt{2},\frac{\pi}{4}\right)$ 化成直角坐标点为 $(2,2)$，圆的极坐标方程化为 $x^2+(y-2)^2=4$，再通过数形结合，得知切线为 $x=2$，化成极坐标方程即为 $\rho\cos\theta=2$.

答案 $\rho\cos\theta=2$.

例6 在极坐标系中，圆 $\rho=2\cos\theta$ 的圆心的极坐标是______，它与方程 $\theta=\frac{\pi}{4}(\rho>0)$ 所表示的图形的交点的极坐标是________.

解析 $\rho=2\cos\theta\Rightarrow\rho^2=2\rho\cos\theta\Rightarrow x^2+y^2=2x(x>0)$，易求得圆心为 $(1,0)$，极坐标也为 $(1,0)$, $\theta=\frac{\pi}{4}$ 对应的直角坐标方程为: $y=x$，

易求得交点的极坐标为 $\left(\sqrt{2},\frac{\pi}{4}\right)$.

答案 $(1,0)$, $\left(\sqrt{2},\frac{\pi}{4}\right)$.

点拨 本题易忽略 $x>0$ 这一条件.

题型6 参数方程与普通方程的互化

参数方程化为普通方程，一般方程是消去参数，普通方程化为参数方程要熟记常见图形的参数方程. 互化过程中常用到三角公式，如 $\sin^2\theta+\cos^2\theta=1$，并特别注意参数的取值范围，它将决定曲线的范围.

例7 把普通方程 $xy=1$ 化为参数方程.

解 $\because \tan\theta\cdot\cot\theta=1\left(\theta\neq\frac{k}{2}\pi\right)$，设 $x=\tan\theta$，则有 $\begin{cases}x=\tan\theta,\\ y=\cot\theta.\end{cases}$

例8 指出参数方程 $\begin{cases}x=3+15\cos\theta,\\ y=2+15\sin\theta,\end{cases}$ $0\leqslant\theta\leqslant\pi$ 表示什么曲线？

解 将参数方程变形得

$\begin{cases}x-3=15\cos\theta,\\ y-2=15\sin\theta,\end{cases}$

平方后相加得 $(x-3)^2+(y-2)^2=15^2$.

由 $0\leqslant\theta\leqslant\pi$ 知这是一个半圆弧，在 x 轴上方且包括端点.

题型7 参数方程的应用

例9 直线 $\begin{cases}x=t\sin 40^\circ+3,\\ y=-t\cos 40^\circ\end{cases}$ (t 是参数)的倾斜角是(　　).

A. 40°　　B. 50°　　C. 130°　　D. 140°

解析 方法一：将方程变形可得

$\frac{y}{x-3}=\frac{-t\cos 40^\circ}{t\sin 40^\circ}=-\cot 40^\circ$，

即 $k=-\cot 40^\circ=-\tan 50^\circ=\tan 130^\circ$，

故直线 l 的倾斜角为 130°.

方法二：把已知方程变形为

$\begin{cases}x=3-t\cos(90^\circ+40^\circ),\\ y=-t\sin(90^\circ+40^\circ),\end{cases}$

令 $t'=-t$，则

$\begin{cases}x=3+t'\cos 130^\circ,\\ y=t'\sin 130^\circ,\end{cases}$

故直线的倾斜角为 130°.

点拨 方法一是把参数方程化为普通方程，简单易行；方法二是把已知方程化为标准参数方程，但要注意 t 的系数的符号要相同.

例10 实数 x、y 满足 $x^2+4y^2-4=0$，求 $x-y$ 的最大值和最小值.

解 椭圆 $\frac{x^2}{4}+y^2=1$ 化为参数形式：

$\begin{cases}x=\cos\alpha,\\ y=\sin\alpha.\end{cases}$ (α 为参数)

则 $b=x-y=2\cos\alpha-\sin\alpha$

$=\sqrt{5}\cos(\alpha+\varphi)\left(\varphi=\arctan\frac{1}{2}\right)$.

$\therefore (x-y)_{\max}=\sqrt{5}$，$(x-y)_{\min}=-\sqrt{5}$.

点拨 本题中参数方程的主要作用是消元，减少未知数的个数.

例11 在椭圆 $\frac{x^2}{25}+\frac{y^2}{16}=1$ 中有内接矩形，问内接矩形的最大面积是多少？

分析 找到内接矩形面积的表达式，再来求解.

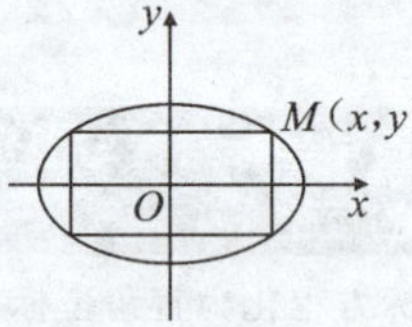

图 6－3－14

解 椭圆的参数方程为 $\begin{cases}x=5\cos t,\\ y=4\sin t.\end{cases}$

如图 6－3－14，设第一象限内椭圆上一点 $M(x,y)$，由椭圆的对称性，知内接矩形的面积为

$S=4xy=4\cdot 5\cos t\cdot 4\sin t=40\sin 2t$.

当 $t=\frac{\pi}{4}$ 时，面积 S 取得最大值 40，此时

$x=5\cos\frac{\pi}{4}=\frac{5}{2}\sqrt{2}$，$y=4\sin\frac{\pi}{4}=2\sqrt{2}$.

因此，矩形在第一象限的顶点为 $\left(\frac{5}{2}\sqrt{2},2\sqrt{2}\right)$，此时内接矩形的面积最大为 40.

点拨 利用参数方程将最值问题转化为三角函数的最值问题，可轻松得解.

综合解题指导

题型1 参数方程与直线的综合

例1 经过点 $M(2,1)$ 作直线 l，交椭圆 $\frac{x^2}{16}+\frac{y^2}{4}=1$ 于 A、B 两点. 如果点 M 恰好为线段 AB 的中点，求直线 l 的方程.

解 设过点 $M(2,1)$ 的直线 l 的参数方程为 $\begin{cases}x=2+t\cos\alpha,\\y=1+t\sin\alpha.\end{cases}$（$t$ 为参数）

代入椭圆方程，整理得

$(3\sin^2\alpha+1)t^2+4(\cos\alpha+2\sin\alpha)t-8=0$.

由 t 的几何意义知 $|MA|=|t_1|$，$|MB|=|t_2|$.

$\because$ 点 M 在椭圆内，这个方程必有两个实根，$\therefore t_1+t_2=-\frac{4(\cos\alpha+2\sin\alpha)}{1+3\sin^2\alpha}$.

$\because$ 点 M 为线段 AB 的中点，$\therefore \frac{t_1+t_2}{2}=0$，

即 $\cos\alpha+2\sin\alpha=0$.

于是直线 l 的斜率为 $k=\tan\alpha=-\frac{1}{2}$，

因此，直线 l 的方程是 $y-1=-\frac{1}{2}(x-2)$，即 $x+2y-4=0$.

题型2 参数方程与圆锥曲线的综合

例2 椭圆 $\frac{x^2}{16}+\frac{y^2}{4}=1$ 上有 P、Q 两点，O 为椭圆中心，OP、OQ 的斜率分别为 k_{OP}、k_{OQ} 且 $k_{OP}\cdot k_{OQ}=-\frac{1}{4}$.

(1)求 $|OP|^2+|OQ|^2$ 的值；

(2)求线段 PQ 中点的轨迹方程.

解 (1)设 $P(4\cos\theta_1,2\sin\theta_1)$，$Q(4\cos\theta_2,2\sin\theta_2)$.

$\because k_{OP}\cdot k_{OQ}=-\frac{1}{4}$，

$\therefore \frac{2\sin\theta_1}{4\cos\theta_1}\cdot\frac{2\sin\theta_2}{4\cos\theta_2}=-\frac{1}{4}$.

$\therefore 4\sin\theta_1\sin\theta_2+4\cos\theta_1\cos\theta_2=0$.

$\therefore \cos(\theta_1-\theta_2)=0$.

$\therefore \theta_1-\theta_2=k\pi+\frac{\pi}{2}(k\in\mathbf{Z})$.

$\therefore |OP|^2+|OQ|^2=16\cos^2\theta_1+4\sin^2\theta_1+16\cos^2\theta_2+4\sin^2\theta_2=20$.

即 $|OP|^2+|OQ|^2=20$.

(2)设 PQ 的中点为 (x,y)，

则 $\begin{cases}x=2(\cos\theta_1+\cos\theta_2),\\y=\sin\theta_1+\sin\theta_2,\end{cases}$

所以 $\frac{x^2}{4}+y^2=(\cos\theta_1+\cos\theta_2)^2+(\sin\theta_1+\sin\theta_2)^2=2+2\cos(\theta_1-\theta_2)=2$. 所以 PQ 中点的轨迹方程为 $\frac{x^2}{8}+\frac{y^2}{2}=1$.

点拨 解决与圆、椭圆、双曲线、抛物线上的点有关的问题时，常将这些点的坐标设成参数形式. 这样可以减少变量的个数，简化解题过程；又因为二次曲线的参数方程的参数多采用角（抛物线除外），根据三角函数的值域便于体现曲线的范围.

题型3 坐标系的实际应用

例3 舰 A 在舰 B 的正东方向，距离 6 km，舰 C 在舰 B 的北偏西 30°，距离 4 km，它们准备围捕海动物，某时刻 A 发现动物信号，4 s 后，B、C 同时发现这种信号，A 于是发射麻醉炮弹. 假设舰与动物都是静止的，动物信号的传播速度为 1 km/s. 空气阻力不计，求 A 炮击的方位角.

分析 B、C 到猎物距离相等，则动物在 BC 中垂线上，又由 $|PB|-|PA|=4$，得动物在双曲线上，故动物所在位置是 BC 中垂线与双曲线的交点.

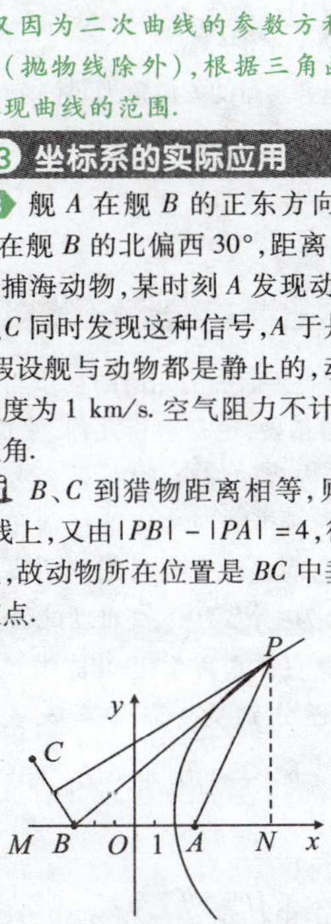

图 6－3－15

解 如图 6－3－15，以 BA 所在直线为 x 轴，BA 的中垂线为 y 轴建立直角坐标系，则

$B(-3,0)$，$A(3,0)$，$C(-5,2\sqrt{3})$.

设动物所在位置 $P(x,y)$，P 在 BC 中垂线上.

$\because k_{BC}=\dfrac{2\sqrt{3}}{-5+3}=-\sqrt{3}$，$BC$ 中点 $M(-4,\sqrt{3})$，

$\therefore BC$ 的中垂线方程为 $y-\sqrt{3}=\dfrac{\sqrt{3}}{3}(x+4)$，即 $y=\dfrac{\sqrt{3}}{3}(x+7)$. ①

$\because |PB|-|PA|=4<|AB|=6$，

$\therefore P$ 在双曲线 $\dfrac{x^2}{4}-\dfrac{y^2}{5}=1$ 的右支上. ②

由①②得 $P(8,5\sqrt{3})$，设 $\angle xAP=\alpha$，则 $\tan\alpha=\dfrac{|PA|}{|NA|}=\dfrac{5\sqrt{3}}{8-3}=\sqrt{3}$，$\therefore \alpha=60°$.

$\therefore$ 炮弹发射的方位角为北偏东 30°.

点拨 本题的关键在于建模，将动物位置抽象成两曲线的交点.

三年高考分析

本章是平面解析几何的初步与圆锥曲线的延续与拓展，也是解析几何、平面向量、三角函数等内容的综合应用，是高考重点考查的内容，单独考查时多以选择题和填空题的形式出现，间接考查则与圆锥曲线的普通方程相结合为主，多为中、高难度试题.

例1 （广东高考）已知曲线 C_1、C_2 的极坐标方程分别为 $\rho\cos\theta=3$，$\rho=4\cos\theta$ $\left(\rho\geqslant0,0\leqslant\theta<\dfrac{\pi}{2}\right)$，则曲线 C_1 与 C_2 的交点极坐标为________.

解析 由 $\begin{cases}\rho\cos\theta=3,\\ \rho=4\cos\theta\end{cases}$ $\left(\rho\geqslant0,0\leqslant\theta<\dfrac{\pi}{2}\right)$

解得 $\begin{cases}\rho=2\sqrt{3},\\ \theta=\dfrac{\pi}{6}.\end{cases}$

即两曲线的交点为 $\left(2\sqrt{3},\dfrac{\pi}{6}\right)$.

答案 $\left(2\sqrt{3},\dfrac{\pi}{6}\right)$.

点拨 同一个极坐标下两曲线的交点同平面直角坐标系内两曲线交点求法一样，联立方程组，解方程即可.

例2 （广东高考）在极坐标系中，直线 l 的方程为 $\rho\sin\theta=3$，则点 $\left(2,\dfrac{\pi}{6}\right)$ 到直线 l 的距离为________.

解析 $\because l$ 的方程为 $\rho\sin\theta=3$，$\therefore l$ 的普通方程为 $y=3$.

$\because$ 点 $\left(2,\dfrac{\pi}{6}\right)$ 的直角坐标为 $(\sqrt{3},1)$，

$\therefore$ 点 $\left(2,\dfrac{\pi}{6}\right)$ 到 l 的距离为 $3-1=2$.

答案 2.

点拨 对于距离问题，一般需要将方程转为普通方程，便于利用公式或作图求解.

例3 （北京高考）为了得到函数 $y=\lg\dfrac{x+3}{10}$ 的图象，只需把函数 $y=\lg x$ 的图象上所有的点（　　）.

A. 向左平移 3 个单位长度，再向上平移 1 个单位长度

B. 向右平移 3 个单位长度，再向上平移 1 个单位长度

C. 向左平移 3 个单位长度，再向下平移 1 个单位长度

D. 向右平移 3 个单位长度，再向下平移 1 个单位长度

解析 $\because y=\lg\dfrac{x+3}{10}=\lg(x+3)-1$，$\therefore$ 将 $y=\lg x$ 的图象上的点向左平移 3 个单位长度得到 $y=\lg(x+3)$ 的图象，再将 $y=\lg(x+3)$ 的图象上的点向下平移 1 个单位长度得到

$y=\lg(x+3)-1$ 的图象.

答案 C.

点拨 在 x 轴方向上的平移一般遵循"左加右减"的规律,在 y 轴方向上的平移一般遵循"上加下减"的规律.

例4 (辽宁高考)在直角坐标系 xOy 中,以 O 为极点,x 轴正半轴为极轴建立坐标系. 曲线 C 的极坐标方程为 $\rho\cos\left(\theta-\frac{\pi}{3}\right)=1$,$M$、$N$ 分别为 C 与 x 轴、y 轴的交点.

(1)写出 C 的直角坐标方程,并求 M、N 的极坐标;

(2)设 MN 的中点为 P,求直线 OP 的极坐标方程.

解 (1)由 $\rho\cos\left(\theta-\frac{\pi}{3}\right)=1$ 得

$\rho\left(\frac{1}{2}\cos\theta+\frac{\sqrt{3}}{2}\sin\theta\right)=1.$

从而 C 的直角坐标方程为 $\frac{1}{2}x+\frac{\sqrt{3}}{2}y=1$,

即 $x+\sqrt{3}y=2$.

当 $\theta=0$ 时,$\rho=2$,所以 $M(2,0)$.

当 $\theta=\frac{\pi}{2}$ 时,$\rho=\frac{2\sqrt{3}}{3}$,所以 $N\left(\frac{2\sqrt{3}}{3},\frac{\pi}{2}\right)$.

(2)M 点的直角坐标为(2,0),

N 点的直角坐标为 $\left(0,\frac{2\sqrt{3}}{3}\right)$,

所以 P 点的的直角坐标为 $\left(1,\frac{\sqrt{3}}{3}\right)$,所以 P 点的极坐标为 $\left(\frac{2\sqrt{3}}{3},\frac{\pi}{6}\right)$.

所以直线 OP 的极坐标方程为 $\theta=\frac{\pi}{6}$,$\rho\in(-\infty,+\infty)$.

点拨 本题考查了极坐标的基础知识以及由极坐标方程转化为直线方程.

例5 (海南高考)已知曲线 C_1:

$\begin{cases}x=-4+\cos t,\\y=3+\sin t\end{cases}$ (t 为参数),

曲线 C_2:$\begin{cases}x=8\cos\theta,\\y=3\sin\theta\end{cases}$ (θ 为参数).

(1)化 C_1、C_2 的方程为普通方程,并说明它们分别表示什么曲线;

(2)若 C_1 上的点 P 对应的参数为 $t=\frac{\pi}{2}$,Q 为 C_2 上的动点,求 PQ 的中点 M 到直线 l_3:$\begin{cases}x=3+2t,\\y=-2+t\end{cases}$ (t 为参数)的距离的最小值.

解 (1)C_1:$(x+4)^2+(y-3)^2=1$,C_2:$\frac{x^2}{64}+\frac{y^2}{9}=1$.

C_1 为圆心是$(-4,3)$,半径是 1 的圆,C_2 是中心在坐标原点,焦点在 x 轴上,长半轴长为 8,短半轴长为 3 的椭圆.

(2)当 $t=\frac{\pi}{2}$ 时,$P(-4,4)$,$Q(8\cos\theta,3\sin\theta)$,

故 $M\left(-2+4\cos\theta,2+\frac{3}{2}\sin\theta\right)$.

C_3 为直线 $x-2y-7=0$,M 到 C_3 的距离 $d=\frac{\sqrt{5}}{5}|4\cos\theta-3\sin\theta-13|$. 从而当 $\cos\theta=\frac{4}{5}$,$\sin\theta=-\frac{3}{5}$ 时,d 取得最小值 $\frac{8\sqrt{5}}{5}$.

点拨 本题考查了三种常见参数方程化为普通方程的方法,及点到直线距离公式的应用.

数学思想

1. 参数思想

参数方程主要是起消元作用,体现了参数思想.

例1 已知椭圆 $\frac{x^2}{24}+\frac{y^2}{16}=1$,直线 l:$\frac{x}{12}+\frac{y}{8}=1$. P 是 l 上一点,射线 OP 交椭圆于点 R,

又点 Q 在 OP 上，且满足 $|OQ|\cdot|OP|=|OR|^2$. 当点 P 在 l 上移动时，求点 Q 的轨迹方程.

分析 本题困难之处在于轨迹条件 $|OQ|\cdot|OP|=|OR|^2$ 的使用，由于涉及到从一点出发到三条共线线段之长，因此使用直线的参数方程较方便.

解 设 OP 的方程为 $\begin{cases}x=t\cos\theta,\\y=t\sin\theta,\end{cases}$

代入 l 的方程，得

$2t\cos\theta+3t\sin\theta=24$,

$\therefore |OP|=t_P=\dfrac{24}{2\cos\theta+3\sin\theta}$.

将 OP 的方程代入椭圆方程，得 $2t^2\cos^2\theta+3t^2\sin^2\theta=48$,

$\therefore |OR|^2=t_R^2=\dfrac{48}{2\cos^2\theta+3\sin^2\theta}$.

设 Q 点对应的参数值为 t，则 $t\cdot t_P=t_R^2$,

$\therefore t=\dfrac{t_R^2}{t_P}=\dfrac{2(2\cos\theta+3\sin\theta)}{2\cos^2\theta+3\sin^2\theta}$.

设 Q 点坐标为 (x,y)，则 x、y 不同时为零，且 $x=t\cos\theta, y=t\sin\theta$.

而 $2t\cos^2\theta+3t\sin^2\theta=4\cos\theta+6\sin\theta$,

$\therefore 2t^2\cos^2\theta+3t^2\sin^2\theta=4t\cos\theta+6t\sin\theta$,

$\therefore 2x^2+3y^2=4x+6y$.

配方，得点 Q 的轨迹方程 $\dfrac{(x-1)^2}{\frac{5}{2}}+\dfrac{(y-1)^2}{\frac{5}{3}}=1(x、y\neq0)$.

2. 化归思想

在处理解析几何问题时，化归为极坐标可以使问题简单化.

例2 已知极坐标平面上的一个圆 C，圆心为 $C(a,0)$，半径为 r，且 $a>r>0$.

(1)求圆 C 的极坐标方程；

(2)A 是圆 C 上的动点，以 OA 为边作等边 $\triangle OAP$，顶点 O、A、P 依次按逆时针方向排列，求 P 点轨迹的极坐标方程.

解 (1)圆 C 的直角坐标方程为 $(x-a)^2+y^2=r^2$，即 $x^2+y^2-2ax+a^2-r^2=0$.

化为极坐标方程，得

$\rho^2-2a\rho\cos\theta+a^2-r^2=0$.

(2)设 P 点坐标为 (ρ,θ)，由于 $\angle POA=\dfrac{\pi}{3}$，$\angle POX=\theta$，所以点 A 的坐标为 $\left(\rho,\theta-\dfrac{\pi}{3}\right)$.

于是 $\rho^2-2a\rho^2\cos\left(\theta-\dfrac{\pi}{3}\right)+a^2-r^2=0$.

显然，点 P 的极角 θ 的取值不是任意的.

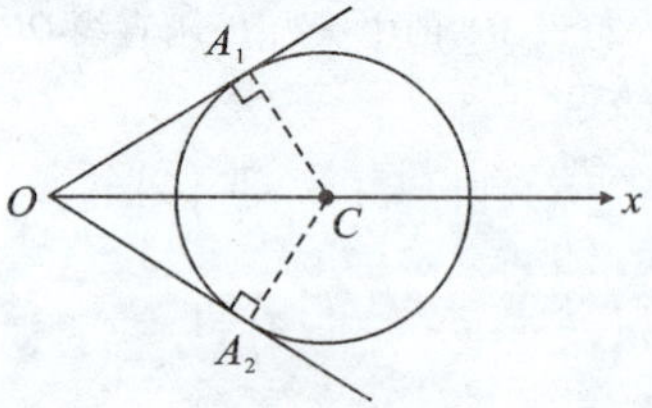

图 6-3-16

如图 6-3-16，当 OA_1 和圆 C 在上半圆相切时，$\theta_1=\dfrac{\pi}{3}+\arcsin\dfrac{r}{a}$. 这是 θ 可能取的最大值；当 OA_2 和圆 C 在下半圆相切时，$\theta_2=\dfrac{\pi}{3}-\arcsin\dfrac{r}{a}$，这是 θ 可能取的最小值. 因此，P 点轨迹方程为：$\rho^2-2a\rho\cos\left(\theta-\dfrac{\pi}{3}\right)+a^2-r^2=0$，其中 $\dfrac{\pi}{3}-\arcsin\dfrac{r}{a}\leqslant\theta\leqslant\dfrac{\pi}{3}+\arcsin\dfrac{r}{a}$.

背景材料

笛卡儿、费马与坐标方法

坐标方法的诞生与生产和科技的发展紧密相关. 十六世纪后，天文、力学、航海等都对几何提出了新要求. 比如，德国天文学家开普勒发现行星是绕着太阳沿椭圆轨道运行的，太阳处在这个椭圆的一个焦点上；意大利科学家伽利略发现投掷物体是沿着抛物线运动的……，因此，如何更加精确地刻画圆锥曲线，使圆锥曲线的性质得到定量化叙述，成为急需数学家解决的问题.

解析几何的基本思想就是在平面上引进"坐标"的概念，建立平面上的点和坐标之间的一一对应，从而建立曲线的方程，并通过方程研究曲线的性质. 尽管用坐标确定点的位置的基本思想古已有之（如地理中所用的"经线"和"纬线"），而且有先驱者曾经研究过这个问题，但解析几何的真正发明要归功于法国数学家笛卡儿和他的同胞费马.

笛卡儿（R. Descartes，1596－1650）是法国17世纪的哲学家、数学家，近代科学方法论的创始人，1637年，他发表了著名的《几何学》，这标志着解析几何的诞生. 在《几何学》中，笛卡儿引用"变量"这个概念，并建立平面的坐标系，他在解决作图问题时，把坐标平面上的"点"与作为坐标的有序"数对"对应起来，再把平面上的"曲线"与含有两个未知量的"方程"对应起来，最重要的是点与坐标的对应，流动的坐标就是变量，方程既表示已知量与未知量之间的关系，又确定了变量之间的关系. 所有这些都依赖于平面上坐标系的建立.

费马（P. d. Fermat，1601－1665）是17世纪上半叶最伟大的数学家之一. 以公元前3世纪古希腊几何学家阿波罗尼奥斯的工作为出发点，他在竭力恢复失传的阿波罗尼奥斯的著作《论平面轨迹》时发现，如果通过坐标系把代数用于几何，轨迹的研究就容易进行. 他所创建的坐标系比笛卡儿的坐标系更为明显，也更接近现代坐标系. 而笛卡儿的坐标系尽管并不像现在这样明确（例如，他甚至没有考虑坐标的负值，等等），但笛卡儿的方法更具一般性，适用范围也更加广泛.

费马从方程出发研究它的轨迹，笛卡儿则从轨迹开始建立它的方程，这正是解析几何中一个问题的正反两种提法，但各有侧重. 前者是从代数到几何，后者是从几何到代数. 笛卡儿和费马共同分享了创立解析几何的殊荣.

解析几何的创立引入一系列新的数学概念，特别是将变量引入数学，使数学进入了一个新的发展时期，即变量数学时期. 恩格斯对此曾作过评价："数学中的转折点是笛卡儿的变数，有了变数，运动进入了数学；有了变数，辩证法进入了数学；有了变数，微分和积分也就立刻成为必要的了."

1655年，英国数学家沃利斯首先有意识地引进负的纵、横坐标，改进了笛卡儿、费马的坐标系，得到了完整的圆锥曲线的方程，并用这些方程直接推导出圆锥曲线的几何性质，充分显示出坐标方法的巨大力量. 意大利数学家卡瓦列里最先使用极坐标来求阿基米德螺线下的面积. 英国物理学家、数学家牛顿第一个把极坐标看成是确定平面上点的位置的一种方法. 瑞士数学家伯努利于1691年最先发表了上述有关极坐标系的文章，所以一般人们都称伯努利为极坐标系的发明者.

坐标法的思想促使人们运用各种代数的方法解决几何问题. 这种方法具有一般性，它沟通了数学内部数与形、代数与几何两大学科之间的联系. 从此代数和几何互相汲取新鲜活力，得到迅速的发展，并且为近代数学的机械化证明提供了有力的工具.

第七篇　向量和立体几何

第一章　平面向量

知识网络

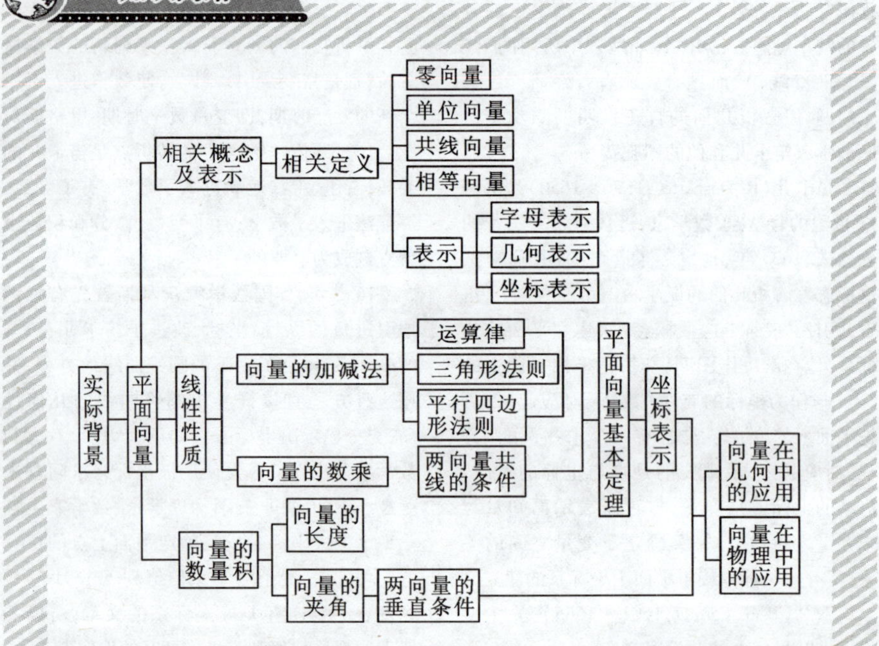

基础知识精析

1. 向量

既有大小,又有方向的量叫做向量.

注意

数量与向量的区别:数量只有大小,是一个代数量,可以进行代数运算及比较大小;向量既有大小又有方向,但不能像比较数量大小那样比较两个向量的大小.

2. 向量的模

向量 $\boldsymbol{a}$ 的大小叫做向量 $\boldsymbol{a}$ 的长度(或称模).记作$|\boldsymbol{a}|$.

注意

向量的模可以比较大小,但向量不可以比较大小.

3. 有向线段

(1)带有方向的线段叫做有向线段.

(2)以 A 为起点，B 为终点的有向线段记为$\overrightarrow{AB}$.

(3)规定线段 AB 的长度为有向线段$\overrightarrow{AB}$的长度，记为$|\overrightarrow{AB}|$.

(4)有向线段的三个要素：起点、方向、长度.

注意

表示有向线段时，起点写在终点的前面.

4. 向量的表示

(1)几何表示：向量可以用有向线段表示.有向线段的长度表示向量的大小，有向线段的方向表示向量的方向.

(2)字母表示：用黑体小字字母 $\boldsymbol{a}$、$\boldsymbol{b}$、$\boldsymbol{c}$…表示向量.

(3)坐标表示：在平面直角坐标系内，分别取与 x 轴、y 轴方向相同的两个向量 $\boldsymbol{i}$、$\boldsymbol{j}$ 作为基底，对于平面内的一个向量 $\boldsymbol{a}$，由平面向量基本定理知，有且只有一对实数 x、y，使得 $\boldsymbol{a}=x\boldsymbol{i}+y\boldsymbol{j}$，如图 7－1－1，这样，平面内的任一向量 $\boldsymbol{a}$ 都可由 x、y 唯一确定，我们把有序数对 (x,y) 叫做向量 $\boldsymbol{a}$ 的坐标，记作 $\boldsymbol{a}=(x,y)$，把 (x,y) 叫做向量 $\boldsymbol{a}$ 的坐标表示. 其中 $\boldsymbol{i}$、$\boldsymbol{j}$ 称为标准基底，也叫基本向量，显然 $\boldsymbol{i}=(1,0)$，$\boldsymbol{j}=(0,1)$，$\boldsymbol{0}=(0,0)$.

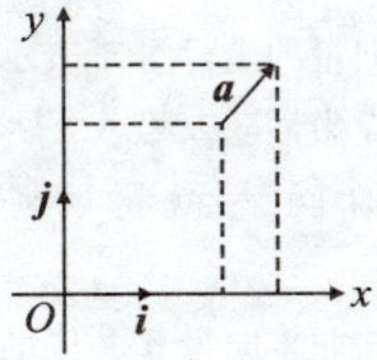

图 7－1－1

注意

(1)向量虽然可以用有向线段表示，但它与有向线段是有区别的，向量可以自由平行移动，也就是说当用有向线段来表示向量时，规定有向线段的始点是任意的，但始点不同，尽管大小和方向相同，也是不同的有向线段.

(2)平面向量的基本定理、共线定理同样适用于向量的坐标表示.

5. 零向量

长度为 0 的向量叫做零向量，记作 $\boldsymbol{0}$，其方向是任意的.

6. 单位向量

长度为 1 个单位的向量叫做单位向量.

7. 相等向量

长度相等且方向相同的向量叫做相等向量.

注意

两个向量相等当且仅当它们的模相等，且方向相同.

8. 平行向量

方向相同或相反的非零向量叫做平行向量，也叫做共线向量. 规定：$\boldsymbol{0}$ 与任一向量平行.

注意

向量平行与直线平行有区别：直线平行不包括共线(即重合)的情况，而向量平行则包括共线(重合)的情况.

9. 相反向量

与 $\boldsymbol{a}$ 长度相等，方向相反的向量，叫做 $\boldsymbol{a}$ 的相反向量，规定 $\boldsymbol{a}$ 的相反向量是 $-\boldsymbol{a}$，$\boldsymbol{0}$ 的相反向量是 $\boldsymbol{0}$.

10. 向量的加法

求两个向量和的运算叫做向量的加法.

注意

(1)两个向量的和仍是一个向量.

(2)$\boldsymbol{a}+\boldsymbol{0}=\boldsymbol{0}+\boldsymbol{a}=\boldsymbol{a}$.

11. 向量的加法法则

如图 7－1－2，①三角形法则；②平行四边形法则.

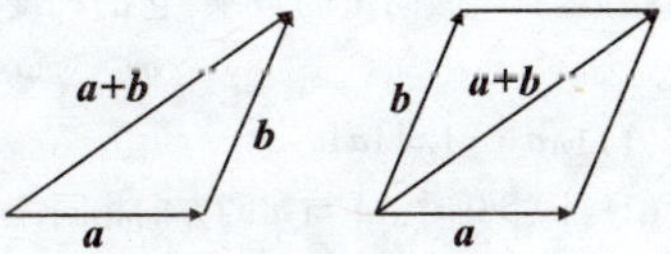

图 7－1－2

注意

两向量加法的三角形法则适用于任何向量，而向量加法的平行四边形法则只适用于两不共线向量.

12. 向量加法的运算律

(1)交换律：$\boldsymbol{a}+\boldsymbol{b}=\boldsymbol{b}+\boldsymbol{a}$.

(2)结合律：$(\boldsymbol{a}+\boldsymbol{b})+\boldsymbol{c}=\boldsymbol{a}+(\boldsymbol{b}+\boldsymbol{c})$.

注意

该运算律对多个向量也成立.

13. 向量加法的坐标运算

设 $\boldsymbol{a}=(x_1,y_1)$，$\boldsymbol{b}=(x_2,y_2)$，则 $\boldsymbol{a}+\boldsymbol{b}=(x_1+x_2,y_1+y_2)$.

14. 向量的减法

向量 $\boldsymbol{a}$ 加上向量 $\boldsymbol{b}$ 的相反向量叫做 $\boldsymbol{a}$ 与 $\boldsymbol{b}$ 的差，记作：$\boldsymbol{a}-\boldsymbol{b}=\boldsymbol{a}+(-\boldsymbol{b})$. 求两个向量差的运算，叫做向量的减法. 向量减法的实质是向量加法的逆运算.

15. 向量减法法则

三角形法则：$\boldsymbol{a}-\boldsymbol{b}$ 可以表示为从 $\boldsymbol{b}$ 的终点指向 $\boldsymbol{a}$ 的终点的向量($\boldsymbol{a}$、$\boldsymbol{b}$ 有共同起点)，如图 7－1－3.

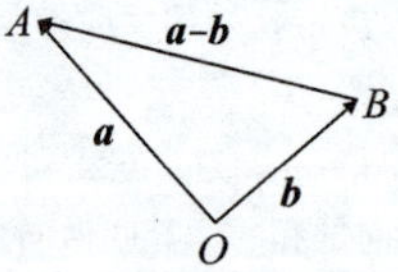

图 7－1－3

16. 向量减法的坐标运算

设 $\boldsymbol{a}=(x_1,y_1)$，$\boldsymbol{b}=(x_2,y_2)$，则 $\boldsymbol{a}-\boldsymbol{b}=(x_1-x_2,y_1-y_2)$.

17. 向量的数乘

实数 λ 与向量 $\boldsymbol{a}$ 的积是一个向量，记作 $\lambda\boldsymbol{a}$，这种运算叫做向量的数乘. 它的长度与方向规定如下：

(1) $|\lambda\boldsymbol{a}|=|\lambda||\boldsymbol{a}|$.

(2)当 $\lambda>0$ 时，$\lambda\boldsymbol{a}$ 与 $\boldsymbol{a}$ 的方向相同；当 $\lambda<0$ 时，$\lambda\boldsymbol{a}$ 与 $\boldsymbol{a}$ 的方向相反；当 $\lambda=0$ 时，$\lambda\boldsymbol{a}=\boldsymbol{0}$.

注意

实数与向量可以求积，但是不能进行加减运算，比如 $\lambda+\boldsymbol{a}$，$\lambda-\boldsymbol{a}$ 无法运算.

18. 数乘向量的几何意义

数乘向量的几何意义就是把向量 $\boldsymbol{a}$ 沿 $\boldsymbol{a}$ 的方向或 $\boldsymbol{a}$ 的反方向放大或缩短.

19. 数乘向量的运算律

设 λ、μ 为实数，则 $(\lambda+\mu)\boldsymbol{a}=\lambda\boldsymbol{a}+\mu\boldsymbol{a}$；$\lambda(\mu\boldsymbol{a})=(\lambda\mu)\boldsymbol{a}$；$\lambda(\boldsymbol{a}+\boldsymbol{b})=\lambda\boldsymbol{a}+\lambda\boldsymbol{b}$.

20. 数乘向量的坐标运算

设 $\boldsymbol{a}=(x_1,y_1)$，则 $\lambda\boldsymbol{a}=\lambda(x_1,y_1)=(\lambda x_1,\lambda y_1)$.

即实数与向量的积的坐标等于用这个实数乘原来向量的相应坐标.

21. 向量的线性运算

向量的加、减、数乘运算统称为向量的线性运算.

对于任意向量 $\boldsymbol{a}$、$\boldsymbol{b}$，以及任意实数 λ、μ_1、μ_2 恒有 $\lambda(\mu_1\boldsymbol{a}+\mu_2\boldsymbol{b})=\lambda\mu_1\boldsymbol{a}+\lambda\mu_2\boldsymbol{b}$.

22. 向量$\overrightarrow{AB}$的坐标

设 $A(x_A,y_A)$，$B(x_B,y_B)$，则有 $\overrightarrow{AB}=(x_B-x_A,y_B-y_A)$.

即一个向量的坐标等于表示此向量的有向线段的终点坐标减去起点坐标.

23. 一个向量与非零向量共线的充要条件

向量 $\boldsymbol{b}$ 与非零向量 $\boldsymbol{a}$ 共线的充要条件是有且只有一个实数 λ，使得 $\boldsymbol{b}=\lambda\boldsymbol{a}$.

24. 两向量平行的充要条件的坐标表示

(1)设 $\boldsymbol{a}=(x_1,y_1)$，$\boldsymbol{b}=(x_2,y_2)$，则 $\boldsymbol{a}/\!/\boldsymbol{b}\Leftrightarrow x_1y_2-x_2y_1=0$.

(2)设 $\boldsymbol{a}=(x_1,y_1)$，$\boldsymbol{b}=(x_2,y_2)$，$\boldsymbol{b}$ 不平行于坐标轴，即 $x_2\neq0$，$y_2\neq0$，则 $\boldsymbol{a}/\!/\boldsymbol{b}\Leftrightarrow\dfrac{x_1}{x_2}=\dfrac{y_1}{y_2}$. 即两个向量平行的条件是相应坐标成比例.

25. 平面向量的基底

我们把同一平面内不共线的向量 $\boldsymbol{e}_1$、$\boldsymbol{e}_2$ 叫做表示这一平面内所有向量的一组基底.

注意

两个向量可以作为基底必须满足两个向量不共线,也就意味着这两个向量都不能为零向量,即作为基底的向量是非零向量.

26. 平面向量基本定理

如果 $\boldsymbol{e}_1$、$\boldsymbol{e}_2$ 是同一平面内的两个不共线向量,那么对于这一平面内的任意向量 $\boldsymbol{a}$,有且只有一对实数 λ_1、λ_2,使 $\boldsymbol{a}=\lambda_1\boldsymbol{e}_1+\lambda_2\boldsymbol{e}_2$.

注意

(1)如果一组基底定了,那么这组基底所在平面内的任何一个向量都可以被这组基底唯一表示,也就是说,有且只有一对实数,使得该向量被这组基底表示.

(2)同一向量被不同基底向量表示的形式相同,都是这组基底的线性表示,但是系数随基底的改变而发生变化,因此,其系数并不唯一.

27. 两向量的夹角

已知两个非零向量 $\boldsymbol{a}$ 和 $\boldsymbol{b}$,作 $\overrightarrow{OA}=\boldsymbol{a}$,$\overrightarrow{OB}=\boldsymbol{b}$,则 $\angle AOB=\theta(0°\leqslant\theta\leqslant180°)$ 叫做 $\boldsymbol{a}$ 与 $\boldsymbol{b}$ 的夹角.

注意

(1)规定零向量与任一向量平行,不谈零向量与任一向量的夹角.

(2)向量 $\boldsymbol{a}$ 与 $\boldsymbol{b}$ 的夹角范围是 $0°\leqslant\theta\leqslant180°$. 当 $\theta=0°$ 时,$\boldsymbol{a}$ 与 $\boldsymbol{b}$ 同向;当 $\theta=180°$ 时,$\boldsymbol{a}$ 与 $\boldsymbol{b}$ 反向.

28. 两向量的垂直

如果 $\boldsymbol{a}$ 与 $\boldsymbol{b}$ 的夹角为 $90°$,我们说 $\boldsymbol{a}$ 与 $\boldsymbol{b}$ 垂直,记作 $\boldsymbol{a}\perp\boldsymbol{b}$.

29. 向量的分解

一个平面向量 $\boldsymbol{a}$ 用一组基底 $\boldsymbol{e}_1$、$\boldsymbol{e}_2$ 表示成 $\boldsymbol{a}=\lambda_1\boldsymbol{e}_1+\lambda_2\boldsymbol{e}_2$($\lambda_1$、$\lambda_2\in\mathbf{R}$)的形式,我们称它为向量分解.

30. 平面向量的正交分解

把一个向量分解为两个互相垂直的向量,叫做向量的正交分解.

31. 投影

设 θ 是非零向量 $\boldsymbol{a}$ 与 $\boldsymbol{b}$ 的夹角,则 $|\boldsymbol{a}|\cdot\cos\theta$($|\boldsymbol{b}|\cos\theta$)叫做向量 $\boldsymbol{a}$ 在 $\boldsymbol{b}$ 方向上($\boldsymbol{b}$ 在 $\boldsymbol{a}$ 方向上)的投影.

注意

$\boldsymbol{b}$ 在 $\boldsymbol{a}$ 方向上的投影是一个实数,而不是向量,当 $0°\leqslant\theta<90°$ 时,它是正数;当 $90°<\theta\leqslant180°$,它是负数;当 $\theta=90°$ 时,投影为 0.

32. 平面向量的数量积

已知两个非零向量 $\boldsymbol{a}$ 和 $\boldsymbol{b}$,它们的夹角为 θ,则数量 $|\boldsymbol{a}||\boldsymbol{b}|\cos\theta$ 叫做 $\boldsymbol{a}$ 与 $\boldsymbol{b}$ 的数量积(或内积),记作 $\boldsymbol{a}\cdot\boldsymbol{b}$,即 $\boldsymbol{a}\cdot\boldsymbol{b}=|\boldsymbol{a}||\boldsymbol{b}|\cos\theta$ $(0\leqslant\theta\leqslant\pi)$.

规定:零向量与任一向量的数量积为 0.

即 $\mathbf{0}\cdot\boldsymbol{a}=0$.

注意

(1)两个向量的数量积是一个数量,而不是向量,它的值为两个向量的模与两向量夹角的余弦值的乘积,结果可正,可负,可为零,其符号由夹角的余弦值确定.

(2)两向量 $\boldsymbol{a}$、$\boldsymbol{b}$ 的数量积 $\boldsymbol{a}\cdot\boldsymbol{b}$ 与代数中 a、b 的乘积写法不同,不能漏掉其中的“·”.

33. 数量积的几何意义

数量积 $\boldsymbol{a}\cdot\boldsymbol{b}$ 等于 $\boldsymbol{a}$ 的长度 $|\boldsymbol{a}|$ 与 $\boldsymbol{b}$ 在 $\boldsymbol{a}$ 方向上的投影 $|\boldsymbol{b}|\cos\theta$ 的乘积.

34. 向量数量积的运算律

(1)$\boldsymbol{a}\cdot\boldsymbol{b}=\boldsymbol{b}\cdot\boldsymbol{a}$(交换律);

(2)$(\lambda\boldsymbol{a})\cdot\boldsymbol{b}=\lambda(\boldsymbol{a}\cdot\boldsymbol{b})=\boldsymbol{a}\cdot(\lambda\boldsymbol{b})$(数乘结合律);

(3)$(\boldsymbol{a}+\boldsymbol{b})\cdot\boldsymbol{c}=\boldsymbol{a}\cdot\boldsymbol{c}+\boldsymbol{b}\cdot\boldsymbol{c}$(分配律).

35. 向量数量积的坐标运算

设 $\boldsymbol{a}=(x_1,y_1)$,$\boldsymbol{b}=(x_2,y_2)$,则 $\boldsymbol{a}\cdot\boldsymbol{b}=$

$x_1x_2+y_1y_2$.

36. 数量积的重要性质

设 $\boldsymbol{a}$、$\boldsymbol{b}$ 都是非零向量，$\boldsymbol{e}$ 是单位向量，θ 是 $\boldsymbol{a}$ 与 $\boldsymbol{b}$ 的夹角，则有

(1)$\boldsymbol{e}\cdot\boldsymbol{a}=\boldsymbol{a}\cdot\boldsymbol{e}=|\boldsymbol{a}|\cdot\cos\theta$(因为$|\boldsymbol{e}|=1$).

(2)$\boldsymbol{a}\perp\boldsymbol{b}\Leftrightarrow\boldsymbol{a}\cdot\boldsymbol{b}=0$(因为$\theta=90°,\cos\theta=0$).

(3)当 $\boldsymbol{a}$ 与 $\boldsymbol{b}$ 同向时，$\boldsymbol{a}\cdot\boldsymbol{b}=|\boldsymbol{a}|\cdot|\boldsymbol{b}|$($\theta=0°,\cos\theta=1$).

当 $\boldsymbol{a}$ 与 $\boldsymbol{b}$ 反向时，$\boldsymbol{a}\cdot\boldsymbol{b}=-|\boldsymbol{a}|\cdot|\boldsymbol{b}|$($\theta=180°,\cos\theta=-1$)，即 $\boldsymbol{a}/\!/\boldsymbol{b}$ 的另一个充要条件是$|\boldsymbol{a}\cdot\boldsymbol{b}|=|\boldsymbol{a}|\cdot|\boldsymbol{b}|$.

特别地，$\boldsymbol{a}\cdot\boldsymbol{a}=\boldsymbol{a}^2=|\boldsymbol{a}|^2$，或 $|\boldsymbol{a}|=\sqrt{\boldsymbol{a}\cdot\boldsymbol{a}}=\sqrt{\boldsymbol{a}^2}=\sqrt{x^2+y^2}$.

如果表示向量 $\boldsymbol{a}$ 的有向线段的起点和终点的坐标分别为(x_1,y_1)、(x_2,y_2)，则 $|\boldsymbol{a}|=\sqrt{(x_1-x_2)^2+(y_1-y_2)^2}$.

(4)$\cos\theta=\dfrac{\boldsymbol{a}\cdot\boldsymbol{b}}{|\boldsymbol{a}||\boldsymbol{b}|}$.

(5)$|\boldsymbol{a}\cdot\boldsymbol{b}|\leqslant|\boldsymbol{a}||\boldsymbol{b}|$(因为$|\cos\theta|\leqslant1$).

注意

(1)$\boldsymbol{a}=\boldsymbol{0}$ 且 $\boldsymbol{b}=\boldsymbol{0}$ 是 $\boldsymbol{a}\cdot\boldsymbol{b}=0$ 的充分而不必要条件.

(2)数量积不适合乘法结合律和消去律.

37. 两个向量垂直的充要条件的坐标表示

设 $\boldsymbol{a}=(x_1,y_1)$，$\boldsymbol{b}=(x_1,y_2)$，则 $\boldsymbol{a}\perp\boldsymbol{b}\Leftrightarrow x_1x_2+y_1y_2=0$.

38. 平面向量模的坐标表示

已知向量 $\boldsymbol{a}=(x,y)$，则$|\boldsymbol{a}|^2=x^2+y^2$，或$|\boldsymbol{a}|=\sqrt{x^2+y^2}$.

39. 平面向量夹角的坐标表示

已知非零向量 $\boldsymbol{a}=(x_1,y_1)$，$\boldsymbol{b}=(x_2,y_2)$，且 θ 为 $\boldsymbol{a}$ 与 $\boldsymbol{b}$ 的夹角，则 $\cos\theta=\dfrac{\boldsymbol{a}\cdot\boldsymbol{b}}{|\boldsymbol{a}||\boldsymbol{b}|}=\dfrac{x_1x_2+y_1y_2}{\sqrt{x_1^2+y_1^2}\cdot\sqrt{x_2^2+y_2^2}}$.

题型分类与方法总结

题型1 向量的有关概念

准确理解平面向量的有关概念，掌握否定命题的方法，如举反例等，注意零向量的特殊性.

例1 判断下列各命题是否正确，并说明理由：

(1)零向量没有方向；

(2)若$|\boldsymbol{a}|=|\boldsymbol{b}|$，则 $\boldsymbol{a}=\boldsymbol{b}$；

(3)单位向量都相等；

(4)两相等向量若起点相同，则终点也相同；

(5)若 $\boldsymbol{a}=\boldsymbol{b}$，$\boldsymbol{b}=\boldsymbol{c}$，则 $\boldsymbol{a}=\boldsymbol{c}$；

(6)若 $\boldsymbol{a}/\!/\boldsymbol{b}$，$\boldsymbol{b}/\!/\boldsymbol{c}$，则 $\boldsymbol{a}/\!/\boldsymbol{c}$；

(7)若四边形 $ABCD$ 是平行四边形，则$\overrightarrow{AB}=\overrightarrow{DC}$，$\overrightarrow{BC}=\overrightarrow{DA}$.

分析 依据向量有关概念逐一进行判断.

解 (1)不正确. 零向量不是没有方向，而是方向任意.

(2)不正确. $|\boldsymbol{a}|=|\boldsymbol{b}|$只是说明这两个向量的模相等，但其方向未必相同.

(3)不正确. 单位向量只是模均为单位长度1，而对方向没有要求.

(4)正确. 因为两相等向量的模相等，方向相同，故当它们的起点相同时，则终点必重合.

(5)正确. $\because\boldsymbol{a}=\boldsymbol{b}$，$\therefore\boldsymbol{a}$ 与 $\boldsymbol{b}$ 的方向相同，长度相等，同理 $\boldsymbol{b}$ 与 $\boldsymbol{c}$ 的方向相同，长度相等，故 $\boldsymbol{a}$ 与 $\boldsymbol{c}$ 的方向相同，长度相等，即 $\boldsymbol{a}=\boldsymbol{c}$.

(6)不正确. 若 $\boldsymbol{b}=\boldsymbol{0}$，则对两不共线的向量 $\boldsymbol{a}$ 与 $\boldsymbol{c}$，也有 $\boldsymbol{a}/\!/\boldsymbol{0}$，$\boldsymbol{0}/\!/\boldsymbol{c}$，但 $\boldsymbol{a}$ 与 $\boldsymbol{c}$ 不平行.

(7)不正确. 如图 7－1－4，显然有$\overrightarrow{AB}=\overrightarrow{DC}$，但$\overrightarrow{BC}\neq\overrightarrow{DA}$.

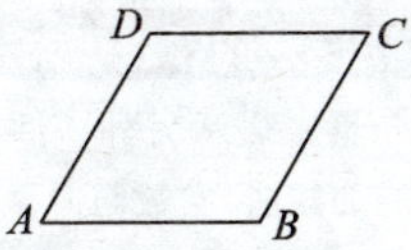

图 7-1-4

点拨 (1)求解向量的问题时不可忽视向量的大小与方向.

(2)求解向量的平行问题时，不可忽略零向量的大小为零，方向任意；零向量与任一向量平行；所有的零向量相等.

例2 已知 λ、$n\in\mathbf{R}$，则在以下各命题中，正确的命题个数为(　　).

①$\lambda<0$，$\boldsymbol{a}\neq\mathbf{0}$，$\lambda\boldsymbol{a}$ 与 $\boldsymbol{a}$ 的方向一定相反；

②$\lambda>0$，$\boldsymbol{a}\neq\mathbf{0}$，$\lambda\boldsymbol{a}$ 与 $\boldsymbol{a}$ 的方向一定相同；

③$\lambda\neq0$，$\boldsymbol{a}\neq\mathbf{0}$，$\lambda\boldsymbol{a}$ 与 $\boldsymbol{a}$ 是共线向量；

④当 $\lambda n>0$，$\boldsymbol{a}\neq\mathbf{0}$ 时，$\lambda\boldsymbol{a}$ 与 $n\boldsymbol{a}$ 的方向一定相同；

⑤当 $\lambda n<0$，$\boldsymbol{a}\neq\mathbf{0}$ 时，$\lambda\boldsymbol{a}$ 与 $n\boldsymbol{a}$ 的方向一定相反.

A. 2　　B. 3　　C. 4　　D. 5

解析 根据实数 λ 与向量 $\boldsymbol{a}$ 的积 $\lambda\boldsymbol{a}$ 的方向规定，易知①②③均是正确的；对于命题④，由 $\lambda n>0$ 可知 λ、n 同为正或同为负，即 λ 与 n 同号，所以 $\lambda\boldsymbol{a}$ 和 $n\boldsymbol{a}$ 或者都与 $\boldsymbol{a}$ 同向，或者都与 $\boldsymbol{a}$ 反向，所以 $\lambda\boldsymbol{a}$ 和 $n\boldsymbol{a}$ 是同向的，故④是正确的；对于⑤，由 $\lambda n<0$ 知，λ 与 n 异号，所以 $\lambda\boldsymbol{a}$ 和 $n\boldsymbol{a}$ 这两个向量中，一个与 $\boldsymbol{a}$ 同向，另一个与 $\boldsymbol{a}$ 反向，所以 $\lambda\boldsymbol{a}$ 和 $n\boldsymbol{a}$ 是反向的，故⑤也是正确的，综上所述，选 D.

答案 D.

题型2 向量的线性运算

正确运用向量的加、减法则及运算律，可类似于实数的运算进行.

例3 化简：$\frac{2}{3}\left[(4\boldsymbol{a}-3\boldsymbol{b})+\frac{1}{3}\boldsymbol{b}-\frac{1}{4}(6\boldsymbol{a}-7\boldsymbol{a})\right]$.

解 原式 $=\frac{2}{3}\left[(4\boldsymbol{a}-3\boldsymbol{b})+\frac{1}{3}\boldsymbol{b}-\frac{3}{2}\boldsymbol{a}+\frac{7}{4}\boldsymbol{b}\right]$

$=\frac{2}{3}\left[\left(4-\frac{3}{2}\right)\boldsymbol{a}+\left(-3+\frac{1}{3}+\frac{7}{4}\right)\boldsymbol{b}\right]$

$=\frac{2}{3}\left(\frac{5}{2}\boldsymbol{a}-\frac{11}{12}\boldsymbol{b}\right)$

$=\frac{5}{3}\boldsymbol{a}-\frac{11}{18}\boldsymbol{b}$.

点拨 类比实数中多项式的运算进行化简，注意寻找“同类项”进行合并.

题型3 向量的坐标运算

向量的坐标表示实际上就是向量的代数表示，引入坐标表示后，向量的运算完全转化为代数的运算，达到了数与形的统一.

例4 平面内给定三个向量 $\boldsymbol{a}=(3,2)$，$\boldsymbol{b}=(-1,2)$，$\boldsymbol{c}=(4,1)$.

(1)求 $3\boldsymbol{a}+\boldsymbol{b}-2\boldsymbol{c}$；

(2)求满足 $\boldsymbol{a}=m\boldsymbol{b}+n\boldsymbol{c}$ 的实数 m、n；

(3)若 $(\boldsymbol{a}+k\boldsymbol{c})\parallel(2\boldsymbol{b}-\boldsymbol{a})$，求实数 k；

(4)设 $\boldsymbol{d}=(x,y)$ 满足 $(\boldsymbol{d}-\boldsymbol{c})\parallel(\boldsymbol{a}+\boldsymbol{b})$ 且 $|\boldsymbol{d}-\boldsymbol{c}|=1$，求 $\boldsymbol{d}$.

分析 (1)直接代入坐标计算；(2)利用相等向量的定义，确定关于 m、n 的方程组；(3)(4)涉及到共线向量定理的坐标表示下充要条件的应用.

解 (1)$3\boldsymbol{a}+\boldsymbol{b}-2\boldsymbol{c}=3(3,2)+(-1,2)-2(4,1)=(9,6)+(-1,2)-(8,2)=(9-1-8,6+2-2)=(0,6)$.

(2)$\because\ \boldsymbol{a}=m\boldsymbol{b}+n\boldsymbol{c}$，

$\therefore\ (3,2)=m(-1,2)+n(4,1)=(-m+4n,2m+n)$.

$\therefore\ \begin{cases}-m+4n=3,\\2m+n=2.\end{cases}$ 解之，得 $\begin{cases}m=\frac{5}{9},\\n=\frac{8}{9}.\end{cases}$

(3)$\because\ (\boldsymbol{a}+k\boldsymbol{c})\parallel(2\boldsymbol{b}-\boldsymbol{a})$，

$\boldsymbol{a}+k\boldsymbol{c}=(3+4k,2+k)$，$2\boldsymbol{b}-\boldsymbol{a}=(-5,2)$，

$\therefore\ 2\times(3+4k)-(-5)\times(2+k)=0$.

$\therefore k=-\frac{16}{13}$.

(4) $\because \boldsymbol{d}-\boldsymbol{c}=(x-4,y-1)$, $\boldsymbol{a}+\boldsymbol{b}=(2,4)$,

$(\boldsymbol{d}-\boldsymbol{c})\parallel(\boldsymbol{a}+\boldsymbol{b})$ 且 $|\boldsymbol{d}-\boldsymbol{c}|=1$,

$\therefore \begin{cases}4(x-4)-2(y-1)=0,\\(x-4)^2+(y-1)^2=1.\end{cases}$

解之,得 $\begin{cases}x=4+\frac{\sqrt{5}}{5},\\y=1+\frac{2\sqrt{5}}{5}\end{cases}$ 或 $\begin{cases}x=4-\frac{\sqrt{5}}{5},\\y=1-\frac{2\sqrt{5}}{5}.\end{cases}$

$\therefore \boldsymbol{d}=\left(\frac{20+\sqrt{5}}{5},\frac{5+2\sqrt{5}}{5}\right)$,或 $\boldsymbol{d}=\left(\frac{20-\sqrt{5}}{5},\frac{5-2\sqrt{5}}{5}\right)$.

点拨 熟悉向量的线性运算,直接用坐标运算求解,注意方程组观点在解题过程中的应用.

例5 已知 $A(-2,4)$,$B(3,-1)$,$C(-3,-4)$,且 $\overrightarrow{CM}=3\overrightarrow{CA}$,$\overrightarrow{CN}=2\overrightarrow{CB}$,求 M、N 及 $\overrightarrow{MN}$ 的坐标.

分析 由 A、B、C 三点坐标易求得 $\overrightarrow{CA}$、$\overrightarrow{CB}$ 的坐标,再根据向量坐标的定义就可以求出 M、N 的坐标.

解 $\because A(-2,4)$,$B(3,-1)$,$C(-3,-4)$,

$\therefore \overrightarrow{CA}=(1,8)$,$\overrightarrow{CB}=(6,3)$.

$\therefore \overrightarrow{CM}=3\overrightarrow{CA}=(3,24)$,$\overrightarrow{CN}=2\overrightarrow{CB}=(12,6)$.

设 $M(x,y)$,则 $\overrightarrow{CM}=(x+3,y+4)=(3,24)$,

$\therefore \begin{cases}x+3=3,\\y+4=24,\end{cases}$ $\therefore \begin{cases}x=0,\\y=20.\end{cases}$ $\therefore M(0,20)$,

同理可求 $N(9,2)$,因此 $\overrightarrow{MN}=(9,-18)$.

$\therefore M(0,20)$,$N(9,2)$,$\overrightarrow{MN}=(9,-18)$.

点拨 向量的坐标只与起点、终点、相对位置有关,三者中给出任意两个,可求第三个. 在求解时,应将向量坐标看做一"整体",运用方程的思想求解.

题型4 用已知向量表示未知向量

用已知向量来表示另外一些向量时,除了利用向量的加减法,实数与向量相乘外,还应充分利用平面几何的一些定理.

例6 如图7-1-5,四边形 $OADB$ 是以向量 $\overrightarrow{OA}=\boldsymbol{a}$,$\overrightarrow{OB}=\boldsymbol{b}$ 为边的平行四边形. 又 $\overrightarrow{BM}=\frac{1}{3}\overrightarrow{BC}$,$\overrightarrow{CN}=\frac{1}{3}\overrightarrow{CD}$,试用 $\boldsymbol{a}$、$\boldsymbol{b}$ 表示 $\overrightarrow{OM}$、$\overrightarrow{ON}$、$\overrightarrow{MN}$.

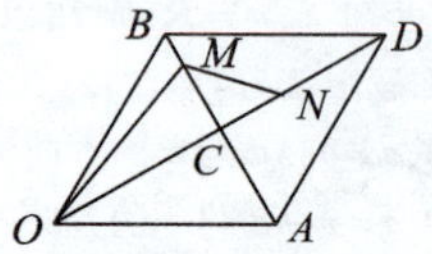

图7-1-5

分析 充分利用平面几何的一些结论,寻求 $\overrightarrow{OM}$、$\overrightarrow{ON}$、$\overrightarrow{MN}$ 与 $\boldsymbol{a}$、$\boldsymbol{b}$ 的关系.

解 $\overrightarrow{BM}=\frac{1}{3}\overrightarrow{BC}=\frac{1}{6}\overrightarrow{BA}=\frac{1}{6}(\overrightarrow{BO}+\overrightarrow{OA})=\frac{1}{6}(\overrightarrow{OA}-\overrightarrow{OB})=\frac{1}{6}(\boldsymbol{a}-\boldsymbol{b})$.

$\therefore \overrightarrow{OM}=\overrightarrow{OB}+\overrightarrow{BM}=\boldsymbol{b}+\frac{1}{6}\boldsymbol{a}-\frac{1}{6}\boldsymbol{b}=\frac{1}{6}\boldsymbol{a}+\frac{5}{6}\boldsymbol{b}$. $\overrightarrow{CN}=\frac{1}{3}\overrightarrow{CD}=\frac{1}{6}\overrightarrow{OD}$,

$\therefore \overrightarrow{ON}=\overrightarrow{OC}+\overrightarrow{CN}=\frac{1}{2}\overrightarrow{OD}+\frac{1}{6}\overrightarrow{OD}=\frac{2}{3}\overrightarrow{OD}=\frac{2}{3}(\overrightarrow{OA}+\overrightarrow{OB})=\frac{2}{3}(\boldsymbol{a}+\boldsymbol{b})$,

$\overrightarrow{MN}=\overrightarrow{ON}-\overrightarrow{OM}=\frac{2}{3}(\boldsymbol{a}+\boldsymbol{b})-\frac{1}{6}\boldsymbol{a}-\frac{5}{6}\boldsymbol{b}=\frac{1}{2}\boldsymbol{a}-\frac{1}{6}\boldsymbol{b}$.

点拨 本题实质是将所求向量尽可能转化到三角形中,从而运用向量加、减法运算及数乘运算求解.

例7 已知 $A(1,-2)$,$B(2,1)$,$C(3,2)$ 和 $D(-2,3)$,以 $\overrightarrow{AB}$、$\overrightarrow{AC}$ 为一组基底来表示 $\overrightarrow{AD}+\overrightarrow{BD}+\overrightarrow{CD}$.

分析 首先由点 A、B、C 的坐标求得向量

$\overrightarrow{AB}$、$\overrightarrow{AC}$、$\overrightarrow{AD}$、$\overrightarrow{BD}$、$\overrightarrow{CD}$的坐标，然后根据平面向量基本定理得到等式$\overrightarrow{AD}+\overrightarrow{BD}+\overrightarrow{CD}=m\cdot\overrightarrow{AB}+n\cdot\overrightarrow{AC}$，再列出关于 m、n 的方程组，进而解方程组求出所表示的系数.

解 $\overrightarrow{AB}=(1,3)$，$\overrightarrow{AC}=(2,4)$，

$\overrightarrow{AD}=(-3,5)$，

$\overrightarrow{BD}=(-4,2)$，$\overrightarrow{CD}=(-5,1)$，

$\therefore \overrightarrow{AD}+\overrightarrow{BD}+\overrightarrow{CD}=(-3,5)+(-4,2)+(-5,1)=(-12,8)$.

根据平面向量基本定理，一定存在实数 m、n，使得

$\overrightarrow{AD}+\overrightarrow{BD}+\overrightarrow{CD}=m\cdot\overrightarrow{AB}+n\cdot\overrightarrow{AC}$，

$\therefore (-12,8)=m(1,3)+n(2,4)$，

也就是$(-12,8)=(m+2n,3m+4n)$，

可得$\begin{cases}m+2n=-12,\\3m+4n=8.\end{cases}$

解得$\begin{cases}m=32,\\n=-22.\end{cases}$

所以$\overrightarrow{AD}+\overrightarrow{BD}+\overrightarrow{CD}=32\overrightarrow{AB}-22\overrightarrow{AC}$.

点拨 引入参数，巧用方程思想，顺利解决问题.

题型5 向量模的问题

求向量模的途径有两种：(1) $|\boldsymbol{a}|=\sqrt{\boldsymbol{a}^2}$；(2)若 $\boldsymbol{a}=(x,y)$，则 $|\boldsymbol{a}|=\sqrt{x^2+y^2}$.

例8 设$|\boldsymbol{a}|=|\boldsymbol{b}|=1$，$|3\boldsymbol{a}-2\boldsymbol{b}|=3$，求$|3\boldsymbol{a}+\boldsymbol{b}|$的值.

分析 从向量模的几何意义及坐标法两方面入手.

解法一 $\because |3\boldsymbol{a}-2\boldsymbol{b}|=3$，

$\therefore 9\boldsymbol{a}^2-12\boldsymbol{a}\cdot\boldsymbol{b}+4\boldsymbol{b}^2=9$.

又$\because |\boldsymbol{a}|=|\boldsymbol{b}|=1$，$\therefore \boldsymbol{a}\cdot\boldsymbol{b}=\frac{1}{3}$，

故$|3\boldsymbol{a}+\boldsymbol{b}|=\sqrt{(3\boldsymbol{a}+\boldsymbol{b})^2}=\sqrt{9\boldsymbol{a}^2+6\boldsymbol{a}\cdot\boldsymbol{b}+\boldsymbol{b}^2}=\sqrt{9+6\times\frac{1}{3}+1}=2\sqrt{3}$.

解法二 设 $\boldsymbol{a}=(x_1,y_1)$，$\boldsymbol{b}=(x_2,y_2)$.

$\because |\boldsymbol{a}|=|\boldsymbol{b}|=1$，$\therefore x_1^2+y_1^2=x_2^2+y_2^2=1$.

$\because 3\boldsymbol{a}-2\boldsymbol{b}=(3x_1-2x_2,3y_1-2y_2)$，$|3\boldsymbol{a}-2\boldsymbol{b}|=\sqrt{(3x_1-2x_2)^2+(3y_1-2y_2)^2}=3$，

$\therefore x_1x_2+y_1y_2=\frac{1}{3}$.

$\therefore |3\boldsymbol{a}+\boldsymbol{b}|$

$=\sqrt{(3x_1+x_2)^2+(3y_1+y_2)^2}$

$=\sqrt{9x_1^2+9y_1^2+x_2^2+y_2^2+6(x_1x_2+y_1y_2)}$

$=\sqrt{9+1+6\times\frac{1}{3}}=2\sqrt{3}$.

点拨 解法一运用了将模平方的方法，并且利用了整体代换；解法二运用了向量的坐标法，显得较繁琐，但是解题过程中，若能根据$|\boldsymbol{a}|=|\boldsymbol{b}|=1$，设 $\boldsymbol{a}=(\cos\alpha,\sin\alpha)$，$\boldsymbol{b}=(\cos\beta,\sin\beta)$，可简化解题过程.

题型6 求向量的数量积

(1)计算数量积的关键是正确确定两向量的夹角，条件是两向量的始点必须重合，否则可通过平移，使两向量符合以上条件或者利用向量分解向已知条件靠拢.

(2)利用平面向量数量积的坐标表示求数量积可避开夹角.

例9 如图7-1-6，在△ABC 中，$\angle BAC=120°$，$AB=2$，$AC=1$，D 是 BC 上一点，$DC=2DB$，则$\overrightarrow{AD}\cdot\overrightarrow{BC}=$________.

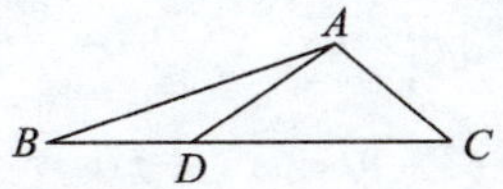

图7-1-6

解析 $|\overrightarrow{AB}|=2$，$|\overrightarrow{AC}|=1$，$\overrightarrow{AB}$与$\overrightarrow{AC}$的夹角为$\angle BAC=120°$，故计算$\overrightarrow{AD}\cdot\overrightarrow{BC}$时，应该考虑向量分解.

$\overrightarrow{AD}=\overrightarrow{AB}+\overrightarrow{BD}=\overrightarrow{AB}+\frac{1}{3}\overrightarrow{BC}=\overrightarrow{AB}+\frac{1}{3}(\overrightarrow{AC}-\overrightarrow{AB})=\frac{2}{3}\overrightarrow{AB}+\frac{1}{3}\overrightarrow{AC}$，

又∵ $\overrightarrow{BC}=\overrightarrow{AC}-\overrightarrow{AB}$，$|\overrightarrow{AC}|^2=1$，$|\overrightarrow{AB}|^2=4$，

∴ $\overrightarrow{AB}\cdot\overrightarrow{AC}=2\times1\times\cos120°=-1$.

∴ $\overrightarrow{AD}\cdot\overrightarrow{BC}=\left(\frac{2}{3}\overrightarrow{AB}+\frac{1}{3}\overrightarrow{AC}\right)(\overrightarrow{AC}-\overrightarrow{AB})$

$=-\frac{2}{3}\overrightarrow{AB}^2+\frac{1}{3}\overrightarrow{AC}^2+\frac{1}{3}\overrightarrow{AB}\cdot\overrightarrow{AC}$

$=-\frac{2}{3}\times4+\frac{1}{3}+\frac{1}{3}\times(-1)$

$=-\frac{8}{3}$.

答案 $-\frac{8}{3}$.

点拨 本题实质是通过向量分解计算数量积.

例 10 如图 7－1－7，在 Rt△ABC 中，$\angle BAC=90°$，已知 $BC=a$，若长为 $2a$ 的线段 PQ 以点 A 为中点，问 $\overrightarrow{PQ}$ 与 $\overrightarrow{BC}$ 的夹角 θ 为何值时，$\overrightarrow{BP}\cdot\overrightarrow{CQ}$ 的值最大？并求出这个最大值.

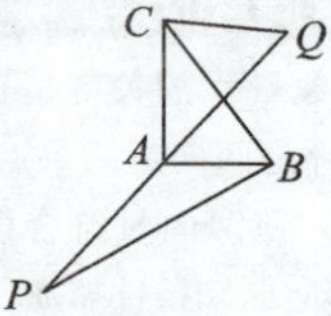

图 7－1－7

分析 方法一：将 $\overrightarrow{BP}$、$\overrightarrow{CQ}$ 用 $\overrightarrow{BA}$、$\overrightarrow{CA}$、$\overrightarrow{PQ}$ 表示出来，然后再作数量积. 方法二：注意到题目所给的特殊条件，考虑建立平面直角坐标系.

解法一 $\overrightarrow{BP}=\overrightarrow{BA}+\overrightarrow{AP}=\overrightarrow{BA}-\frac{1}{2}\overrightarrow{PQ}$，

$\overrightarrow{CQ}=\overrightarrow{CA}+\overrightarrow{AQ}=\overrightarrow{CA}+\frac{1}{2}\overrightarrow{PQ}$，

则 $\overrightarrow{BP}\cdot\overrightarrow{CQ}=\left(\overrightarrow{BA}-\frac{1}{2}\overrightarrow{PQ}\right)\cdot\left(\overrightarrow{CA}+\frac{1}{2}\overrightarrow{PQ}\right)=\overrightarrow{BA}\cdot\overrightarrow{CA}-\frac{1}{2}\overrightarrow{PQ}\cdot\overrightarrow{CA}+\frac{1}{2}\overrightarrow{PQ}\cdot\overrightarrow{BA}-\frac{1}{4}|\overrightarrow{PQ}|^2=-\frac{1}{2}\overrightarrow{PQ}\cdot(\overrightarrow{CA}+\overrightarrow{AB})-a^2=-\frac{1}{2}\overrightarrow{PQ}\cdot\overrightarrow{CB}-a^2=\frac{1}{2}\overrightarrow{PQ}\cdot\overrightarrow{BC}-a^2=a^2\cos\theta-a^2$.

∴ 当 $\cos\theta=1$ 时，$\overrightarrow{BP}\cdot\overrightarrow{CQ}$ 有最大值 0，即当 $\theta=0°$（即 $\overrightarrow{PQ}$ 与 $\overrightarrow{BC}$ 的方向相同）时，$\overrightarrow{BP}\cdot\overrightarrow{CQ}$ 最大，最大值为 0.

解法二 以直角顶点 A 为坐标原点，两直角边所在直线为坐标轴建立平面直角坐标系.

设 $B(b,0)$，$C(0,c)$，则有 $b^2+c^2=a^2$.

设 P 点坐标为 (x,y)，则 Q 点坐标为 $(-x,-y)$，$x^2+y^2=a^2$.

则 $\overrightarrow{BP}=(x-b,y)$，$\overrightarrow{CQ}=(-x,-y-c)$，

$\overrightarrow{BP}\cdot\overrightarrow{CQ}=(x-b)(-x)+y(-y-c)=-(x^2+y^2)+(bx-cy)$.

$\overrightarrow{BC}=(-b,c)$，$\overrightarrow{PQ}=(-2x,-2y)$.

而 $\overrightarrow{BC}\cdot\overrightarrow{PQ}=2a^2\cos\theta=2bx-2cy$，

∴ $\overrightarrow{BP}\cdot\overrightarrow{CQ}=a^2\cos\theta-a^2$.

∴ 当 $\cos\theta=1$ 时，$\overrightarrow{BP}\cdot\overrightarrow{CQ}$ 有最大值 0，即当 $\theta=0°$（即 $\overrightarrow{PQ}$ 与 $\overrightarrow{BC}$ 的方向相同）时，$\overrightarrow{BP}\cdot\overrightarrow{CQ}$ 最大，最大值为 0.

题型 7 向量的夹角问题

处理向量夹角问题有三种常见途径：(1) 向量夹角公式；(2) 平面几何性质；(3) 向量的数量积公式.

例 11 已知 $\boldsymbol{a}$、$\boldsymbol{b}$ 是两个非零向量，同时满足 $|\boldsymbol{a}|=|\boldsymbol{b}|=|\boldsymbol{a}-\boldsymbol{b}|$，求 $\boldsymbol{a}$ 与 $\boldsymbol{a}+\boldsymbol{b}$ 的夹角.

分析 设出 $\boldsymbol{a}$ 与 $\boldsymbol{b}$ 的坐标，利用向量的夹角公式求解，也可直接利用向量数量积的性质或由向量的几何意义求解.

解法一 根据 $|\boldsymbol{a}|=|\boldsymbol{b}|$，有 $|\boldsymbol{a}|^2=|\boldsymbol{b}|^2$.

又由 $|\boldsymbol{b}|=|\boldsymbol{a}-\boldsymbol{b}|$，

得 $|\boldsymbol{b}|^2=|\boldsymbol{a}|^2-2\boldsymbol{a}\cdot\boldsymbol{b}+|\boldsymbol{b}|^2$，

∴ $\boldsymbol{a}\cdot\boldsymbol{b}=\frac{1}{2}|\boldsymbol{a}|^2$.

而 $|\boldsymbol{a}+\boldsymbol{b}|^2=|\boldsymbol{a}|^2+2\boldsymbol{a}\cdot\boldsymbol{b}+|\boldsymbol{b}|^2=3|\boldsymbol{a}|^2$，

∴ $|\boldsymbol{a}+\boldsymbol{b}|=\sqrt{3}|\boldsymbol{a}|$.

设 $\boldsymbol{a}$ 与 $\boldsymbol{a}+\boldsymbol{b}$ 的夹角为 θ，则有

$$\cos\theta=\frac{\boldsymbol{a}\cdot(\boldsymbol{a}+\boldsymbol{b})}{|\boldsymbol{a}|\cdot|\boldsymbol{a}+\boldsymbol{b}|}=\frac{|\boldsymbol{a}^2|+\frac{1}{2}|\boldsymbol{a}|^2}{|\boldsymbol{a}|\cdot\sqrt{3}|\boldsymbol{a}|}=\frac{\sqrt{3}}{2},$$

$\therefore \theta=30°$.

解法二 设向量 $\boldsymbol{a}=(x_1,y_1),\boldsymbol{b}=(x_2,y_2)$.

$\because |\boldsymbol{a}|=|\boldsymbol{b}|,\therefore x_1^2+y_1^2=x_2^2+y_2^2$.

由 $|\boldsymbol{b}|=|\boldsymbol{a}-\boldsymbol{b}|$,得

$x_1x_2+y_1y_2=\frac{1}{2}(x_1^2+y_1^2)$,即 $\boldsymbol{a}\cdot\boldsymbol{b}=\frac{1}{2}(x_1^2+y_1^2)$.

由 $|\boldsymbol{a}+\boldsymbol{b}|^2=2(x_1^2+y_1^2)+2\times\frac{1}{2}(x_1^2+y_1^2)=3(x_1^2+y_1^2)$,

得 $|\boldsymbol{a}+\boldsymbol{b}|=\sqrt{3}\cdot\sqrt{x_1^2+y_1^2}$.

设 $\boldsymbol{a}$ 与 $\boldsymbol{a}+\boldsymbol{b}$ 的夹角为 θ,则

$$\cos\theta=\frac{\boldsymbol{a}\cdot(\boldsymbol{a}+\boldsymbol{b})}{|\boldsymbol{a}|\cdot|\boldsymbol{a}+\boldsymbol{b}|}=\frac{(x_1^2+y_1^2)+\frac{1}{2}(x_1^2+y_1^2)}{\sqrt{x_1^2+y_1^2}\cdot\sqrt{3}\cdot\sqrt{x_1^2+y_1^2}}=\frac{\frac{3}{2}(x_1^2+y_1^2)}{\sqrt{3}(x_1^2+y_1^2)}=\frac{\sqrt{3}}{2}.$$

$\therefore \theta=30°$.

解法三 在平面内任取一点 O,设 $\overrightarrow{OA}=\boldsymbol{a}$, $\overrightarrow{OB}=\boldsymbol{b}$,则 $\boldsymbol{a}-\boldsymbol{b}=\overrightarrow{BA}$. 而 $|\boldsymbol{a}|=|\boldsymbol{b}|=|\boldsymbol{a}-\boldsymbol{b}|$,

$\therefore \triangle AOB$ 是等边三角形,以 OA、OB 为邻边作平行四边形 $OACB$,如图 7-1-8,则 $\boldsymbol{a}+\boldsymbol{b}=\overrightarrow{OC}$.

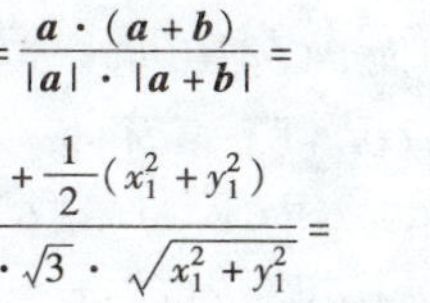

图 7-1-8

又在▱$OACB$ 中,$OA=OB$,

$\therefore$ 平行四边形 $OACB$ 为菱形,

$\therefore OC$ 平分内角 $\angle AOB$,

$\therefore \angle AOC=30°$,即 $\boldsymbol{a}$ 与 $\boldsymbol{a}+\boldsymbol{b}$ 所成的角为 $30°$.

点拨 三种解法本质上具有一致性,其不同主要基于平面向量的表示上的差异.

题型 8 平面向量共线的判断与证明

(1)运用平面向量基本定理时,准确用基底表示向量是关键.

(2)灵活运用向量共线的坐标表达式:$\boldsymbol{a}=(x_1,y_1)$ 与 $\boldsymbol{b}=(x_2,y_2)$ 共线 $\Leftrightarrow x_1y_2-x_2y_1=0$.

(3)对于坐标平面内的三点 A、B、C 共线问题,先求每两点对应的向量,然后再按两向量共线进行判断,注意说明两向量有公共点.

例 12 已知 $\boldsymbol{a}=(1,2),\boldsymbol{b}=(-3,2)$,当 k 为何值时,$k\boldsymbol{a}+\boldsymbol{b}$ 与 $\boldsymbol{a}-3\boldsymbol{b}$ 平行?平行时它们是同向还是反向?

分析 由 $\boldsymbol{a}$、$\boldsymbol{b}$ 用坐标表示向量 $k\boldsymbol{a}+\boldsymbol{b}$ 和 $\boldsymbol{a}-3\boldsymbol{b}$,利用向量共线的条件得 k 的关系式求 k;由两向量的关系 $k\boldsymbol{a}+\boldsymbol{b}=\lambda(\boldsymbol{a}-3\boldsymbol{b})$ 中 λ 的符号确定它们是同向还是反向.

解 $\because k\boldsymbol{a}+\boldsymbol{b}=k(1,2)+(-3,2)=(k-3,2k+2)$,

$\boldsymbol{a}-3\boldsymbol{b}=(1,2)-3(-3,2)=(10,-4)$,

$\because k\boldsymbol{a}+\boldsymbol{b}$ 与 $\boldsymbol{a}-3\boldsymbol{b}$ 平行,

$\therefore (k-3)\cdot(-4)-10(2k+2)=0$,解得 $k=-\frac{1}{3}$.

故当 $k=-\frac{1}{3}$ 时,$k\boldsymbol{a}+\boldsymbol{b}$ 与 $\boldsymbol{a}-3\boldsymbol{b}$ 平行.

此时 $k\boldsymbol{a}+\boldsymbol{b}=-\frac{1}{3}\boldsymbol{a}+\boldsymbol{b}=-\frac{1}{3}(\boldsymbol{a}-3\boldsymbol{b})$,

$\therefore k\boldsymbol{a}+\boldsymbol{b}$ 与 $\boldsymbol{a}-3\boldsymbol{b}$ 的方向相反.

点拨 可用两向量平行的充要条件将问题转化为关于 k 的方程求解.

例 13 已知非零向量 $\boldsymbol{e}_1$ 和 $\boldsymbol{e}_2$ 不共线.

(1)如果 $\overrightarrow{AB}=\boldsymbol{e}_1+\boldsymbol{e}_2,\overrightarrow{BC}=2\boldsymbol{e}_1+8\boldsymbol{e}_2,\overrightarrow{CD}=3(\boldsymbol{e}_1-\boldsymbol{e}_2)$,求证:$A$、$B$、$D$ 三点共线;

(2)欲使 $k\boldsymbol{e}_1+\boldsymbol{e}_2$ 和 $\boldsymbol{e}_1+k\boldsymbol{e}_2$ 共线,试确定实数 k 的值.

分析 对于(1)，欲证明 A、B、D 三点共线，只需证明存在实数 λ，使 $\overrightarrow{BD}=\lambda\overrightarrow{AB}$ 即可；对于(2)，若 $k\boldsymbol{e}_1+\boldsymbol{e}_2$ 与 $\boldsymbol{e}_1+k\boldsymbol{e}_2$ 共线，则一定存在 λ，使 $k\boldsymbol{e}_1+\boldsymbol{e}_2=\lambda(\boldsymbol{e}_1+k\boldsymbol{e}_2)$.

(1) **证明** $\because \overrightarrow{AB}=\boldsymbol{e}_1+\boldsymbol{e}_2$，

$\overrightarrow{BD}=\overrightarrow{BC}+\overrightarrow{CD}=2\boldsymbol{e}_1+8\boldsymbol{e}_2+3\boldsymbol{e}_1-3\boldsymbol{e}_2=5\boldsymbol{e}_1+5\boldsymbol{e}_2=5(\boldsymbol{e}_1+\boldsymbol{e}_2)=5\overrightarrow{AB}$，

$\therefore \overrightarrow{AB}$、$\overrightarrow{BD}$ 共线.

又 $\because$ 它们有公共点 B，

$\therefore A$、B、D 三点共线.

(2) **解** $\because k\boldsymbol{e}_1+\boldsymbol{e}_2$ 与 $\boldsymbol{e}_1+k\boldsymbol{e}_2$ 共线，

$\therefore$ 存在 λ 使 $k\boldsymbol{e}_1+\boldsymbol{e}_2=\lambda(\boldsymbol{e}_1+k\boldsymbol{e}_2)$，

则 $(k-\lambda)\boldsymbol{e}_1=(\lambda k-1)\boldsymbol{e}_2$.

$\because \boldsymbol{e}_1$ 与 $\boldsymbol{e}_2$ 不共线，

$\therefore$ 只能有 $\begin{cases}k-\lambda=0,\\ \lambda k-1=0,\end{cases}$ 解得 $k=\pm1$.

点拨 解答这类题目的关键是应用向量共线的条件，要注意两向量共线和三点共线的联系. 在本例的(1)中向量共线并不能等同于两向量一定在同一直线上，还需确定有一个公共点.

例 14 求证：向量 $\overrightarrow{OA}$、$\overrightarrow{OB}$、$\overrightarrow{OC}$ 的终点 A、B、C 共线的充要条件是存在实数 λ、μ，使得 $\overrightarrow{OC}=\lambda\overrightarrow{OA}+\mu\overrightarrow{OB}$，其中 $\lambda+\mu=1$.

证明 如图 7－1－9，必要性：若 $\overrightarrow{OA}$、$\overrightarrow{OB}$、$\overrightarrow{OC}$ 的终点 A、B、C 共线，则 $\overrightarrow{AB}\parallel\overrightarrow{BC}$，故存在实数 m，使得 $\overrightarrow{BC}=m\overrightarrow{AB}$.

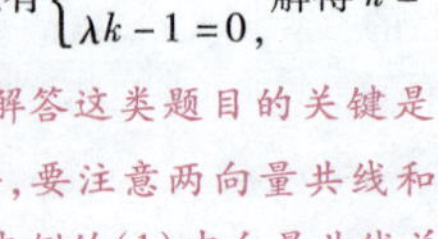

图 7－1－9

又 $\overrightarrow{BC}=\overrightarrow{OC}-\overrightarrow{OB}$，$\overrightarrow{AB}=\overrightarrow{OB}-\overrightarrow{OA}$，

故 $\overrightarrow{OC}-\overrightarrow{OB}=m(\overrightarrow{OB}-\overrightarrow{OA})$，

$\overrightarrow{OC}=-m\overrightarrow{OA}+(1+m)\overrightarrow{OB}$.

令 $\lambda=-m$，$\mu=1+m$，则存在实数 λ、μ 且 $\lambda+\mu=1$，使得 $\overrightarrow{OC}=\lambda\overrightarrow{OA}+\mu\overrightarrow{OB}$.

充分性：若 $\overrightarrow{OC}=\lambda\overrightarrow{OA}+\mu\overrightarrow{OB}$，其中 $\lambda+\mu=1$，则 $\mu=1-\lambda$，$\overrightarrow{OC}=\lambda\overrightarrow{OA}+(1-\lambda)\overrightarrow{OB}$.

从而有 $\overrightarrow{OC}-\overrightarrow{OB}=\lambda(\overrightarrow{OA}-\overrightarrow{OB})$，

即 $\overrightarrow{BC}=\lambda\overrightarrow{BA}$. 又 B 点为公共点，

所以 A、B、C 三点共线，

即向量 $\overrightarrow{OA}$、$\overrightarrow{OB}$、$\overrightarrow{OC}$ 的终点在一条直线上.

点拨 本题的结论在证明点共线时常常使用.

题型 9 向量中的四心问题

(1) 设 O 是 $\triangle ABC$ 所在平面内一点，则 O 为 $\triangle ABC$ 外心的充要条件是 $|\overrightarrow{OA}|=|\overrightarrow{OB}|=|\overrightarrow{OC}|$，也等价于 $(\overrightarrow{OA}+\overrightarrow{OB})\cdot\overrightarrow{AB}=(\overrightarrow{OB}+\overrightarrow{OC})\cdot\overrightarrow{BC}=(\overrightarrow{OC}+\overrightarrow{OA})\cdot\overrightarrow{CA}=0$.

(2) 设 G 是 $\triangle ABC$ 内一点，则 G 是 $\triangle ABC$ 重心的充要条件是 $\overrightarrow{GA}+\overrightarrow{GB}+\overrightarrow{GC}=0$，等价于 $3\overrightarrow{PG}=\overrightarrow{PA}+\overrightarrow{PB}+\overrightarrow{PC}$ (其中 P 为平面上任意一点).

(3) 设 H 是 $\triangle ABC$ 所在平面内一点，则 H 是 $\triangle ABC$ 垂心的充要条件是 $\overrightarrow{HA}\cdot\overrightarrow{HB}=\overrightarrow{HB}\cdot\overrightarrow{HC}=\overrightarrow{HC}\cdot\overrightarrow{HA}$.

(4) 设 P 是 $\triangle ABC$ 所在平面内任意一点，I 是 $\triangle ABC$ 内一点，则 I 为 $\triangle ABC$ 内心的充要条件是 $\overrightarrow{PI}=\dfrac{a\overrightarrow{PA}+b\overrightarrow{PB}+c\overrightarrow{PC}}{a+b+c}$ (其中 a、b、c 是 $\triangle ABC$ 三内角 A、B、C 所对的边).

例 15 O 为平面内一点，A、B、C 是平面上不共线的三点，动点 P 满足 $\overrightarrow{OP}=\overrightarrow{OA}+\lambda\left(\dfrac{\overrightarrow{AB}}{|\overrightarrow{AB}|}+\dfrac{\overrightarrow{AC}}{|\overrightarrow{AC}|}\right)$，$\lambda\in(0,+\infty)$，则动点 P 的轨迹一定通过 $\triangle ABC$ 的(　　).

A. 重心　　B. 垂心

C. 外心　　D. 内心

解析 $\overrightarrow{OP}=\overrightarrow{OA}+\lambda\left(\dfrac{\overrightarrow{AB}}{|\overrightarrow{AB}|}+\dfrac{\overrightarrow{AC}}{|\overrightarrow{AC}|}\right)$可化为$\overrightarrow{AP}=\lambda(\boldsymbol{e}_1+\boldsymbol{e}_2)$，其中 $\boldsymbol{e}_1$、$\boldsymbol{e}_2$ 为$\overrightarrow{AB}$、$\overrightarrow{AC}$上的单位向量，

$\therefore \overrightarrow{AP}$与以 $\boldsymbol{e}_1$、$\boldsymbol{e}_2$ 为邻边的菱形的对角线共线，即点 P 在$\angle A$ 的平分线上.

$\therefore$ 动点 P 的轨迹一定通过 $\triangle ABC$ 的内心.

答案 D.

例16 已知 P 是$\triangle ABC$ 所在平面上的一点，若 $a\overrightarrow{PA}+b\overrightarrow{PB}+c\overrightarrow{PC}=0$，则 P 是$\triangle ABC$ 的(　　).

A. 外心　B. 内心　C. 重心　D. 垂心

解析 构建如图7－1－10的直角非等腰三角形，则 $a=5,b=4,c=3$，设 $P(x,y)$，

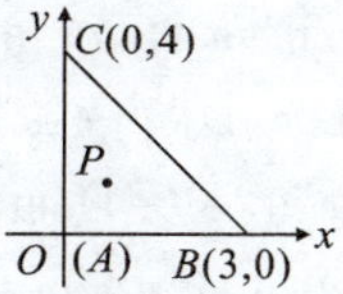

图 7－1－10

$\therefore a\overrightarrow{PA}+b\overrightarrow{PB}+c\overrightarrow{PC}=5(-x,-y)+4(3-x,-y)+3(-x,4-y)=0$，

$\therefore\begin{cases}5x+4x+3x-12=0,\\5y+4y+3y-12=0.\end{cases}$解得$\begin{cases}x=1,\\y=1.\end{cases}$

$\therefore P(1,1)$，对比各选项可知 P 是$\triangle ABC$ 的内心.

答案 B.

点拨 构建特殊情形，然后用坐标化解是处理向量问题基本的方法.

题型10 平面向量解几何问题

(1)用向量表示问题中涉及的几何元素，将平面几何问题转化为向量问题.

(2)通过向量运算，研究几何元素之间的关系.

(3)把运算结果"翻译"成几何关系.

例17 如图 7－1－11，O 是$\triangle ABC$ 的外心，E 为三角形内一点，满足$\overrightarrow{OE}=\overrightarrow{OA}+\overrightarrow{OB}+\overrightarrow{OC}$. 求证：$\overrightarrow{AE}\perp\overrightarrow{BC}$.

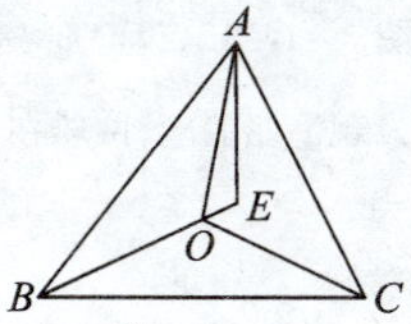

图 7－1－11

分析 要证$\overrightarrow{AE}\perp\overrightarrow{BC}$，即证$\overrightarrow{AE}\cdot\overrightarrow{BC}=0$，选取基底$\overrightarrow{OB}$、$\overrightarrow{OC}$，将$\overrightarrow{AE}$、$\overrightarrow{BC}$表示出来即可.

证明 $\because \overrightarrow{BC}=\overrightarrow{OC}-\overrightarrow{OB}$，

$\overrightarrow{AE}=\overrightarrow{OE}-\overrightarrow{OA}=(\overrightarrow{OA}+\overrightarrow{OB}+\overrightarrow{OC})-\overrightarrow{OA}=\overrightarrow{OB}+\overrightarrow{OC}$，

$\therefore \overrightarrow{AE}\cdot\overrightarrow{BC}=(\overrightarrow{OC}-\overrightarrow{OB})\cdot(\overrightarrow{OC}+\overrightarrow{OB})=|\overrightarrow{OC}|^2-|\overrightarrow{OB}|^2$.

$\because O$ 为外心，

$\therefore |\overrightarrow{OC}|=|\overrightarrow{OB}|$.

即$\overrightarrow{AE}\cdot\overrightarrow{BC}=0$，故$\overrightarrow{AE}\perp\overrightarrow{BC}$.

点拨 本题选取合理的基底是关键，当交点是三角形的外心，常考虑选取从该点出发的两个向量为基底.

题型11 向量在物理学中的应用

(1)解速度、位移问题常用的力的合成、分解其实就是向量的加减法.

(2)力做功实质是力在物体前进方向上的分力与物体位移的乘积，其实质就是向量的数量积.

例18 一只渔船在航行中遇险，发出求救警报，在遇险地西南方向 10 n mile 处有一只货船收到警报立即侦察，发现遇险渔船沿南偏东 75°，以 9 n mile/h 的速度向前航行，货船以 21 n mile/h 的速度前往营救，并在最短时间内与渔船靠近，求货船的位移.

分析 货船的位移,就是货船与渔船相遇时所经过的路程和方向,可将问题转化为求向量的模和夹角.

解 如图7－1－12,设渔船在A处遇险,货船在B处发现渔船遇险,两船在C处相遇,所经时间为t h.

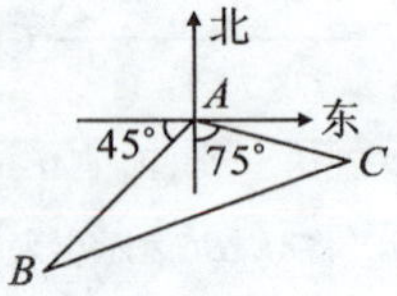

图7－1－12

由已知$\angle BAC=45°+75°=120°$,

$|\overrightarrow{AB}|=10,|\overrightarrow{AC}|=9t,|\overrightarrow{BC}|=21t$.

$\because \overrightarrow{BC}=\overrightarrow{AC}-\overrightarrow{AB},\therefore \overrightarrow{BC}^2=(\overrightarrow{AC}-\overrightarrow{AB})^2$,

即$\overrightarrow{BC}^2=\overrightarrow{AC}^2-2\overrightarrow{AC}\cdot\overrightarrow{AB}+\overrightarrow{AB}^2$.

$\therefore (21t)^2=(9t)^2-2\times 9t\times 10\times\cos 120°+100$.

化简得$36t^2-9t-10=0$,即$(3t-2)(12t+5)=0$.

$\because t>0,\therefore t=\frac{2}{3}$.

$\therefore |\overrightarrow{BC}|=\frac{2}{3}\times 21=14$,

$|\overrightarrow{AC}|=\frac{2}{3}\times 9=6$.

又$\because \overrightarrow{AC}=\overrightarrow{BC}-\overrightarrow{BA},\therefore \overrightarrow{AC}^2=(\overrightarrow{BC}-\overrightarrow{BA})^2$,

即$\overrightarrow{AC}^2=\overrightarrow{BC}^2-2\overrightarrow{BC}\cdot\overrightarrow{BA}+\overrightarrow{BA}^2$.

$\therefore 36=196-2\times 14\times 10\times\cos\angle ABC+100$.

解得$\cos\angle ABC=\frac{13}{14},\therefore \angle ABC\approx 21°47'$.

答:货船的位移是北偏东$66°47'$,距离为14 n mile.

点拨 解答过程中,考虑到$\overrightarrow{AB}$、$\overrightarrow{BC}$、$\overrightarrow{AC}$的长度及它们之间的夹角,运用向量加法、数量积的运算是关键的一步.

综合解题指导

题型1 平面向量与函数的综合题

例1 如图7－1－13,已知正比例函数$y=x$的图象l与直线g平行,$A\left(0,-\frac{\sqrt{2}}{2}\right)$、$B(x,y)$是直线$g$上的两点,求:

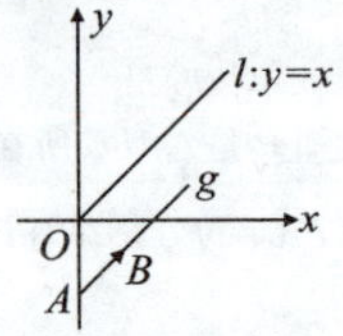

图7－1－13

(1)x、y为何值时,$\overrightarrow{AB}=\mathbf{0}$;

(2)x、y为何值时,$\overrightarrow{AB}$为单位向量.

分析 (1)$\overrightarrow{AB}=\mathbf{0}\Leftrightarrow|\overrightarrow{AB}|=0$,须使$A$与$B$两点重合;(2)$\overrightarrow{AB}$为单位向量$\Leftrightarrow|\overrightarrow{AB}|=1$.

解 (1)如图7－1－14,由已知点$B(x,y)$是直线g上的动点,要使$\overrightarrow{AB}=\mathbf{0}$,必须使点$B(x,y)$与点$A\left(0,-\frac{\sqrt{2}}{2}\right)$重合,

于是$\begin{cases}x=0,\\ y=-\frac{\sqrt{2}}{2}\end{cases}$,即当$x=0,y=-\frac{\sqrt{2}}{2}$时,$\overrightarrow{AB}=\mathbf{0}$.

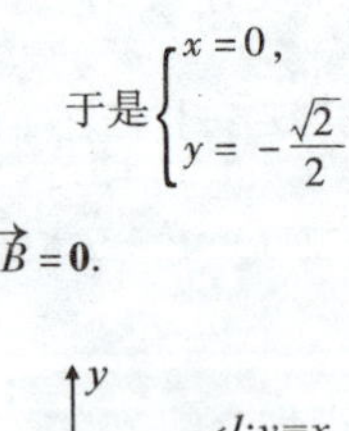

图7－1－14

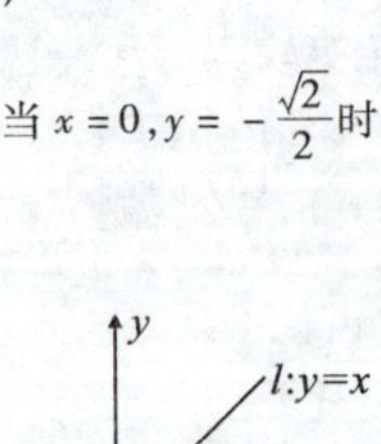

图7－1－15

(2)如图7－1－15,要使$\overrightarrow{AB}$为单位向量,必须使$|\overrightarrow{AB}|=1$.

由已知,得$l/\!/g$,且$A\left(0,-\frac{\sqrt{2}}{2}\right)$.

设 B_1 为直线 g 与 x 轴的交点,得

$B_1\left(\frac{\sqrt{2}}{2},0\right)$.

在 Rt $\triangle AOB_1$ 中,有 $|\overrightarrow{AB_1}|^2=|\overrightarrow{OA}|^2+|\overrightarrow{OB_1}|^2=\left(\frac{\sqrt{2}}{2}\right)^2+\left(\frac{\sqrt{2}}{2}\right)^2=1$,即 $|\overrightarrow{AB_1}|=1$.

故向量 $\overrightarrow{AB_1}$ 是单位向量.

易知,当 B_2 点的坐标是 $\left(-\frac{\sqrt{2}}{2},-\sqrt{2}\right)$ 时,向量 $\overrightarrow{AB_2}$ 也是单位向量.

综上,当 $x=\frac{\sqrt{2}}{2},y=0$ 或 $x=-\frac{\sqrt{2}}{2},y=-\sqrt{2}$ 时,向量 $\overrightarrow{AB}$ 是单位向量.

点拨 使 $\overrightarrow{AB}$ 为单位向量,应从直线 g 上 A 点的两侧考虑,不可忽视向量 $\overrightarrow{AB_2}$ 是单位向量的情况.

题型2 向量与三角函数的综合题

例2 已知向量 $\boldsymbol{m}=(\cos\theta,\sin\theta)$ 和 $\boldsymbol{n}=(\sqrt{2}-\sin\theta,\cos\theta)$,$\theta\in(\pi,2\pi)$,且 $|\boldsymbol{m}+\boldsymbol{n}|=\frac{8\sqrt{2}}{5}$,求 $\cos\left(\frac{\theta}{2}+\frac{\pi}{8}\right)$ 的值.

解法一 $\boldsymbol{m}+\boldsymbol{n}=(\cos\theta-\sin\theta+\sqrt{2},\cos\theta+\sin\theta)$,

$|\boldsymbol{m}+\boldsymbol{n}|$

$=\sqrt{(\cos\theta-\sin\theta+\sqrt{2})^2+(\cos\theta+\sin\theta)^2}$

$=\sqrt{4+2\sqrt{2}(\cos\theta-\sin\theta)}$

$=\sqrt{4+4\cos\left(\theta+\frac{\pi}{4}\right)}$

$=2\sqrt{1+\cos\left(\theta+\frac{\pi}{4}\right)}$.

由已知 $|\boldsymbol{m}+\boldsymbol{n}|=\frac{8\sqrt{2}}{5}$,

得 $\cos\left(\theta+\frac{\pi}{4}\right)=\frac{7}{25}$.

又 $\because \cos\left(\theta+\frac{\pi}{4}\right)=2\cos^2\left(\frac{\theta}{2}+\frac{\pi}{8}\right)-1$,

$\therefore \cos^2\left(\frac{\theta}{2}+\frac{\pi}{8}\right)=\frac{16}{25}$.

$\because \pi<\theta<2\pi$,

$\therefore \frac{5\pi}{8}<\frac{\theta}{2}+\frac{\pi}{8}<\frac{9\pi}{8}$.

$\therefore \cos\left(\frac{\theta}{2}+\frac{\pi}{8}\right)<0$.

$\therefore \cos\left(\frac{\theta}{2}+\frac{\pi}{8}\right)=-\frac{4}{5}$.

解法二 $|\boldsymbol{m}+\boldsymbol{n}|^2=(\boldsymbol{m}+\boldsymbol{n})^2=\boldsymbol{m}^2+2\boldsymbol{m}\cdot\boldsymbol{n}+\boldsymbol{n}^2=|\boldsymbol{m}|^2+|\boldsymbol{n}|^2+2\boldsymbol{m}\cdot\boldsymbol{n}=(\sqrt{\cos^2\theta+\sin^2\theta})^2+(\sqrt{(\sqrt{2}-\sin\theta)^2+\cos^2\theta})^2+2[\cos\theta(\sqrt{2}-\sin\theta)+\sin\theta\cos\theta]$

$=4+2\sqrt{2}(\cos\theta-\sin\theta)=4\left[1+\cos\left(\theta+\frac{\pi}{4}\right)\right]=8\cos^2\left(\frac{\theta}{2}+\frac{\pi}{8}\right)$.

由已知 $|\boldsymbol{m}+\boldsymbol{n}|=\frac{8\sqrt{2}}{5}$,

得 $\left|\cos\left(\frac{\theta}{2}+\frac{\pi}{8}\right)\right|=\frac{4}{5}$.

$\because \pi<\theta<2\pi$,$\therefore \frac{5\pi}{8}<\frac{\theta}{2}+\frac{\pi}{8}<\frac{9\pi}{8}$.

$\therefore \cos\left(\frac{\theta}{2}+\frac{\pi}{8}\right)<0$,

$\therefore \cos\left(\frac{\theta}{2}+\frac{\pi}{8}\right)=-\frac{4}{5}$.

题型3 向量与平面几何的综合题

例3 设 AC 是▱$ABCD$ 的长对角线,CE、CF 为从 C 到 AB、AD 的垂线,垂足分别为 E、F,如图 7-1-16,试用向量的方法证明:$AB\cdot AE+AD\cdot AF=AC^2$.

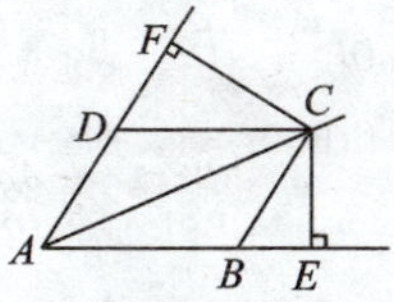

图 7-1-16

分析 由向量的数量积的定义可知:两向量 $\boldsymbol{a}$、$\boldsymbol{b}$ 的数量积 $\boldsymbol{a}\cdot\boldsymbol{b}=|\boldsymbol{a}||\boldsymbol{b}|\cos\theta$,它可以看成 $|\boldsymbol{a}|$ 与 $\boldsymbol{b}$ 在 $\boldsymbol{a}$ 的方向上的投影 $|\boldsymbol{b}|\cos\theta$ 的积.

证明 在 Rt$\triangle AEC$ 中，$|\overrightarrow{AE}|=|\overrightarrow{AC}|\cdot\cos\angle BAC$，在 Rt$\triangle AFC$ 中，$|\overrightarrow{AF}|=|\overrightarrow{AC}|\cdot\cos\angle DAC$，

$\therefore |\overrightarrow{AB}|\cdot|\overrightarrow{AE}|=|\overrightarrow{AB}|\cdot|\overrightarrow{AC}|\cdot\cos\angle BAC=\overrightarrow{AB}\cdot\overrightarrow{AC}$，

$|\overrightarrow{AD}|\cdot|\overrightarrow{AF}|=|\overrightarrow{AD}|\cdot|\overrightarrow{AC}|\cos\angle DAC=\overrightarrow{AD}\cdot\overrightarrow{AC}$，

$\therefore |\overrightarrow{AB}|\cdot|\overrightarrow{AE}|+|\overrightarrow{AD}|\cdot|\overrightarrow{AF}|=\overrightarrow{AB}\cdot\overrightarrow{AC}+\overrightarrow{AD}\cdot\overrightarrow{AC}=(\overrightarrow{AB}+\overrightarrow{AD})\cdot\overrightarrow{AC}$.

又$\because$ 在$\square ABCD$ 中，$\overrightarrow{AB}+\overrightarrow{AD}=\overrightarrow{AC}$，

$\therefore$ 原等式左边 $=(\overrightarrow{AB}+\overrightarrow{AD})\cdot\overrightarrow{AC}=\overrightarrow{AC}\cdot\overrightarrow{AC}=|\overrightarrow{AC}|^2=$ 右边.

点拨 证明本题的关键是把 $AB\cdot AE+AD\cdot AF=AC^2$ 转化为$\overrightarrow{AB}\cdot\overrightarrow{AC}+\overrightarrow{AD}\cdot\overrightarrow{AC}=\overrightarrow{AC}^2$，从而采用向量方法证明.

例 4 已知向量$\overrightarrow{OP_1}$、$\overrightarrow{OP_2}$、$\overrightarrow{OP_3}$满足条件$\overrightarrow{OP_1}+\overrightarrow{OP_2}+\overrightarrow{OP_3}=\mathbf{0}$，$|\overrightarrow{OP_1}|=|\overrightarrow{OP_2}|=|\overrightarrow{OP_3}|=1$，求证：$\triangle P_1P_2P_3$ 是等边三角形.

分析 由条件得：(1) 向量$\overrightarrow{OP_1}$、$\overrightarrow{OP_2}$、$\overrightarrow{OP_3}$均为单位向量：且任意两个向量的和与另一个向量是相反向量；(2) O 是$\triangle P_1P_2P_3$ 的外心；(3) 向量$\overrightarrow{OP_1}$、$\overrightarrow{OP_2}$、$\overrightarrow{OP_3}$的两两夹角都相等；(4) 向量$\overrightarrow{OP_1}$、$\overrightarrow{OP_2}$、$\overrightarrow{OP_3}$的大小均相等. 可从数量积入手，求向量的夹角.

解 $\because \overrightarrow{OP_1}+\overrightarrow{OP_2}+\overrightarrow{OP_3}=\mathbf{0}$，

$\therefore \overrightarrow{OP_1}+\overrightarrow{OP_2}=-\overrightarrow{OP_3}$.

$\therefore (\overrightarrow{OP_1}+\overrightarrow{OP_2})^2=(-\overrightarrow{OP_3})^2$.

$\therefore |\overrightarrow{OP_1}|^2+|\overrightarrow{OP_2}|^2+2\overrightarrow{OP_1}\cdot\overrightarrow{OP_2}=|\overrightarrow{OP_3}|^2$.

$\therefore \overrightarrow{OP_1}\cdot\overrightarrow{OP_2}=-\dfrac{1}{2}$.

$\therefore \cos\angle P_1OP_2=\dfrac{\overrightarrow{OP_1}\cdot\overrightarrow{OP_2}}{|\overrightarrow{OP_1}||\overrightarrow{OP_2}|}=-\dfrac{1}{2}$.

$\therefore \angle P_1OP_2=120°$.

同理可得：$\angle P_1OP_3=\angle P_2OP_3=120°$.

即$\overrightarrow{OP_1}$、$\overrightarrow{OP_2}$、$\overrightarrow{OP_3}$中任意两个向量的夹角为 $120°$. 又$\because |\overrightarrow{OP_1}|=|\overrightarrow{OP_2}|=|\overrightarrow{OP_3}|$，

$\therefore |\overrightarrow{P_1P_2}|=|\overrightarrow{P_2P_3}|=|\overrightarrow{P_3P_1}|$. 故$\triangle P_1P_2P_3$ 是正三角形.

点拨 本题的切入点是由$\overrightarrow{OP_1}+\overrightarrow{OP_2}+\overrightarrow{OP_3}=\mathbf{0}$ 先移项，后平方，创造出利用数量积定义公式的条件.

题型 4 向量与数列的综合题

例 5 在平面直角坐标系中，已知三个点列$\{A_n\}$、$\{B_n\}$、$\{C_n\}$，其中 $A_n(n,a_n)$，$B_n(n,b_n)$，$C_n(n-1,0)$ 满足向量$\overrightarrow{A_nA_{n+1}}$与$\overrightarrow{B_nC_n}$共线，且 $b_{n+1}-b_n=6$，$a_1=a$，$b_1=-a$.

(1) 试用 a 与 n 表示 $a_n(n\geqslant 2)$；

(2) 若 a_6 与 a_7 两项至少有一项是 a_n 的最小值，试求 a 的取值范围.

解 (1) $\overrightarrow{A_nA_{n+1}}=(1,a_{n+1}-a_n)$，

$\overrightarrow{B_nC_n}=(-1,-b_n)$，

$\because$ 向量$\overrightarrow{A_nA_{n+1}}$与$\overrightarrow{B_nC_n}$共线，

$\therefore \dfrac{a_{n+1}-a_n}{-b_n}=\dfrac{1}{-1}=-1(b_n\neq 0)$.

$\therefore a_{n+1}-a_n=b_n$，

又$\because b_{n+1}-b_n=6$，

$\therefore b_n=-a+6(n-1)$，

$\therefore a_n=a_1+(a_2-a_1)+(a_3-a_2)+\cdots+(a_n-a_{n-1})=a_1+b_1+b_2+\cdots+b_{n-1}=a+(-a)(n-1)+\dfrac{(n-1)(n-2)}{2}\times 6=a+3(n-1)(n-2)-a(n-1)=3n^2-(9+a)n+6+2a(n\geqslant 2)$.

(2) $\because$ 二次函数 $f(x)=3x^2-(9+a)x+6+2a$ 是开口向上，对称轴为 $x=\dfrac{a+9}{6}$的抛物线. 又在 a_6 与 a_7 两项中至少有一项是数列$\{a_n\}$的最小项，故对称轴 $x=\dfrac{a+9}{6}$在$\left[\dfrac{11}{2},\dfrac{15}{2}\right]$内，

即$\frac{11}{2}\leqslant\frac{a+9}{6}\leqslant\frac{15}{2}$,解得$24\leqslant a\leqslant36$.

三年高考分析

本章内容在高考中考查的热点有两个方面:一是对向量的基本概念、基本运算的考查;二是突出考查向量的工具作用,即运用向量知识解决解析几何、立体几何、三角函数、代数中的综合问题.

分析近几年的高考试题对本章内容的考查有如下趋势:(1)考查向量的基本运算、向量平行或垂直的充要条件,难度不大,多以选择题、填空题的形式出现,(2)用向量做"包装",作为载体,对其他知识综合考查,此类问题多以解答题形式出现,综合性较强,但向量只是起工具作用,其应用难度并不大.

例1 (山东理高考)如图7－1－17,设P是$\triangle ABC$所在平面内的一点,$\overrightarrow{BC}+\overrightarrow{BA}=2\overrightarrow{BP}$,则( ).

A. $\overrightarrow{PA}+\overrightarrow{PB}=\mathbf{0}$

B. $\overrightarrow{PC}+\overrightarrow{PA}=\mathbf{0}$

C. $\overrightarrow{PB}+\overrightarrow{PC}=\mathbf{0}$

D. $\overrightarrow{PA}+\overrightarrow{PB}+\overrightarrow{PC}=\mathbf{0}$

解析 因为$\overrightarrow{BC}+\overrightarrow{BA}=2\overrightarrow{BP}$,所以点$P$为线段$AC$的中点,故选B.

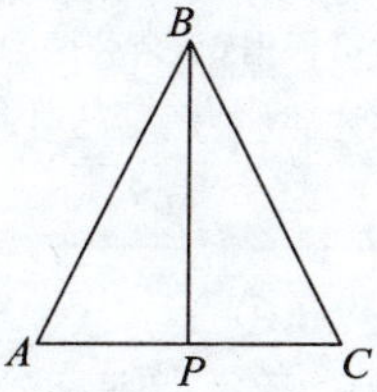

图7－1－17

答案 B.

点拨 本题考查了向量的加法运算和平行四边形法则,借助图形可方便解答.

例2 (海南高考)已知$\boldsymbol{a}=(-3,2)$,$\boldsymbol{b}=(-1,0)$,向量$\lambda\boldsymbol{a}+\boldsymbol{b}$与$\boldsymbol{a}-2\boldsymbol{b}$垂直,则实数$\lambda$的值为( ).

A. $-\frac{1}{7}$ B. $\frac{1}{7}$

C. $-\frac{1}{6}$ D. $\frac{1}{6}$

解析 $\because\boldsymbol{a}=(-3,2),\boldsymbol{b}=(-1,0)$,$\therefore\lambda\boldsymbol{a}+\boldsymbol{b}=(-3\lambda-1,2\lambda)$,$\boldsymbol{a}-2\boldsymbol{b}=(-3,2)-2(-1,0)=(-1,2)$. 由$(\lambda\boldsymbol{a}+\boldsymbol{b})\perp(\boldsymbol{a}-2\boldsymbol{b})$,知$4\lambda+3\lambda+1=0$. $\therefore\lambda=-\frac{1}{7}$.

答案 A.

例3 (浙江高考)已知$\boldsymbol{a}$、$\boldsymbol{b}$是平面内两个互相垂直的单位向量. 若向量$\boldsymbol{c}$满足$(\boldsymbol{a}-\boldsymbol{c})\cdot(\boldsymbol{b}-\boldsymbol{c})=0$,则$|\boldsymbol{c}|$的最大值是________.

解析 设$\overrightarrow{OA}=\boldsymbol{a}$,$\overrightarrow{OB}=\boldsymbol{b}$,则$\overrightarrow{OA}\perp\overrightarrow{OB}$,

且$|\overrightarrow{OA}|=|\overrightarrow{OB}|=1$,设$\overrightarrow{OC}=\boldsymbol{c}$.

如图7－1－18,

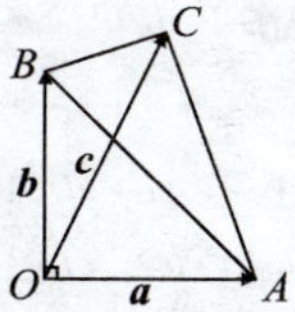

图7－1－18

$\boldsymbol{a}-\boldsymbol{c}=\overrightarrow{CA}$,$\boldsymbol{b}-\boldsymbol{c}=\overrightarrow{CB}$.

由题设可知$\overrightarrow{CA}\perp\overrightarrow{CB}$,

$\therefore O$、A、C、B四点共圆,

其中AB是直径,OC是弦,

由平面几何性质可知:

$|\boldsymbol{c}|=|\overrightarrow{OC}|\leqslant|\overrightarrow{AB}|=\sqrt{2}$.

答案 $\sqrt{2}$.

例4 (重庆高考)如图7－1－19,在四边形$ABCD$中,$|\overrightarrow{AB}|+|\overrightarrow{BD}|+|\overrightarrow{DC}|=4$,$|\overrightarrow{AB}|\cdot|\overrightarrow{BD}|+|\overrightarrow{BD}|\cdot|\overrightarrow{DC}|=4$,$\overrightarrow{AB}\cdot\overrightarrow{BD}=\overrightarrow{BD}\cdot\overrightarrow{DC}=0$,则$(\overrightarrow{AB}+\overrightarrow{DC})\cdot\overrightarrow{AC}$的值为( ).

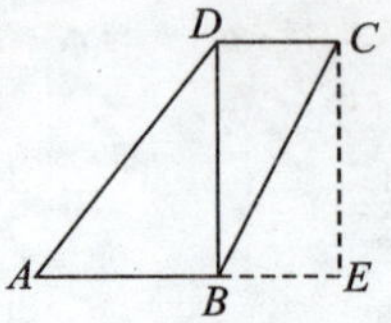

图 7-1-19

A. 2　　B. $2\sqrt{2}$　　C. 4　　D. $4\sqrt{2}$

解析 这是一道几何味极浓的向量问题，条件虽然比较多，但集中反映了两个方面，一是由$\overrightarrow{AB}\cdot\overrightarrow{BD}=\overrightarrow{BD}\cdot\overrightarrow{DC}=0$，确定四边形 $ABCD$ 的形状(梯形)；二是由$|\overrightarrow{AB}|+|\overrightarrow{BD}|+|\overrightarrow{DC}|=4$和$|\overrightarrow{AB}|\cdot|\overrightarrow{BD}|+|\overrightarrow{BD}|\cdot|\overrightarrow{DC}|=4$确定图形的大小. 本题的实质是给出了两底和一定且高也一定的一个梯形. 因此，要求$(\overrightarrow{AB}+\overrightarrow{DC})\cdot\overrightarrow{AC}$的值，自然想到需要将 AB 和 DC 平移到同一条直线上来.

过点 C 作 $CE\perp$直线 AB，垂足为 E.

$\because \overrightarrow{AB}\cdot\overrightarrow{BD}=\overrightarrow{BD}\cdot\overrightarrow{DC}=0$,

$\therefore \overrightarrow{AB}\perp\overrightarrow{BD}, \overrightarrow{DC}\perp\overrightarrow{BD}$.

$\therefore \overrightarrow{BE}=\overrightarrow{DC}, \overrightarrow{EC}=\overrightarrow{BD}$.

由$\begin{cases}|\overrightarrow{BD}|+(|\overrightarrow{AB}|+|\overrightarrow{DC}|)=4,\\|\overrightarrow{BD}|\cdot(|\overrightarrow{AB}|+|\overrightarrow{DC}|)=4,\end{cases}$得

$\begin{cases}|\overrightarrow{BD}|=2,\\|\overrightarrow{AB}|+|\overrightarrow{DC}|=2.\end{cases}$

$\therefore |\overrightarrow{AE}|=|\overrightarrow{AB}|+|\overrightarrow{BE}|=|\overrightarrow{AB}|+|\overrightarrow{DC}|=2$.

故$(\overrightarrow{AB}+\overrightarrow{DC})\cdot\overrightarrow{AC}=\overrightarrow{AE}\cdot\overrightarrow{AC}=|\overrightarrow{AE}|^2=4$.

答案 C.

例 5 (天津高考)在四边形 $ABCD$ 中，$\overrightarrow{AB}=\overrightarrow{DC}=(1,1)$，$\frac{1}{|\overrightarrow{BA}|}\overrightarrow{BA}+\frac{1}{|\overrightarrow{BC}|}\overrightarrow{BC}=\frac{\sqrt{3}}{|\overrightarrow{BD}|}\cdot\overrightarrow{BD}$，则四边形 $ABCD$ 的面积为________.

解析 由$|\overrightarrow{AB}|=|\overrightarrow{DC}|$，$\frac{\overrightarrow{BA}}{|\overrightarrow{BA}|}+\frac{\overrightarrow{BC}}{|\overrightarrow{BC}|}=\frac{\sqrt{3}\ \overrightarrow{BD}}{|\overrightarrow{BD}|}$可知四边形 $ABCD$ 为菱形，则有$|\overrightarrow{AB}|=|\overrightarrow{DC}|=\sqrt{2}$，

$\left|\frac{\overrightarrow{BA}}{|\overrightarrow{BA}|}+\frac{\overrightarrow{BC}}{|\overrightarrow{BC}|}\right|=\left|\frac{\sqrt{3}\ \overrightarrow{BD}}{|\overrightarrow{BD}|}\right|$,

即$\left|\frac{\overrightarrow{BA}}{|\overrightarrow{BA}|}+\frac{\overrightarrow{BC}}{|\overrightarrow{BC}|}\right|=\sqrt{3}$，两边平方，得

$1+2\frac{\overrightarrow{BA}}{|\overrightarrow{BA}|}\cdot\frac{\overrightarrow{BC}}{|\overrightarrow{BC}|}+1=3$,

$\frac{\overrightarrow{BA}\cdot\overrightarrow{BC}}{|\overrightarrow{BA}|\cdot|\overrightarrow{BC}|}=\frac{1}{2}$.

所以$\frac{|\overrightarrow{BA}||\overrightarrow{BC}|\cos\langle\overrightarrow{BA},\overrightarrow{BC}\rangle}{|\overrightarrow{BA}||\overrightarrow{BC}|}=\frac{1}{2}$,

所以$\cos\langle\overrightarrow{BA},\overrightarrow{BC}\rangle=60°$.

$S=|\overrightarrow{AB}||\overrightarrow{BC}|\sin 60°=\sqrt{2}\times\sqrt{2}\times\frac{\sqrt{3}}{2}=\sqrt{3}$.

答案 $\sqrt{3}$.

例 6 (天津高考)设两个向量 $\boldsymbol{a}=(\lambda+2,\lambda^2-\cos^2\alpha)$和 $\boldsymbol{b}=\left(m,\frac{m}{2}+\sin\alpha\right)$，其中 λ、m、α 为实数，若 $\boldsymbol{a}=2\boldsymbol{b}$，则$\frac{\lambda}{m}$的取值范围是(　　).

A. $[-6,1]$　　B. $[4,8]$

C. $(-\infty,1]$　　D. $[-1,6]$

解析 由 $\boldsymbol{a}=2\boldsymbol{b}$ 不难建立变量 λ、m、α 之间的等量关系，然后通过消元可将$\frac{\lambda}{m}$表示为关于 m(或 λ)的函数. 而变量 m(或 λ)是由 α 控制的，因此可根据正、余弦函数的有界性建立关于 m(或 λ)的不等式，从而确定 m(或 λ)的取值范围.

由 $\boldsymbol{a}=2\boldsymbol{b}$，得

$\begin{cases}\lambda+2=2m, ①\\\lambda^2-\cos^2\alpha=m+2\sin\alpha. ②\end{cases}$

由②得 $\lambda^2-m=\cos^2\alpha+2\sin\alpha=2-(\sin\alpha-1)^2$.

$\therefore -2\leqslant\lambda^2-m\leqslant2$.

由①得 $\lambda=2m-2$，代入上式得$\frac{1}{4}\leqslant m\leqslant2$,

$\therefore \frac{\lambda}{m}=\frac{2m-2}{m}=2-\frac{2}{m}\in[-6,1]$.

答案 A.

例7 （陕西高考）如图7-1-20，平面内有三个向量$\overrightarrow{OA}$、$\overrightarrow{OB}$、$\overrightarrow{OC}$，其中$\overrightarrow{OA}$与$\overrightarrow{OB}$的夹角为120°，$\overrightarrow{OA}$与$\overrightarrow{OC}$的夹角为30°，且$|\overrightarrow{OA}|=|\overrightarrow{OB}|=1$，$|\overrightarrow{OC}|=2\sqrt{3}$，若$\overrightarrow{OC}=\lambda\overrightarrow{OA}+N\overrightarrow{OB}$（$\lambda$、$N\in\mathbf{R}$），则$\lambda+N$的值为________.

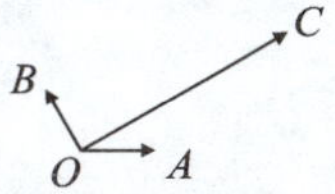

图7-1-20

解析 方法一：由$|\overrightarrow{OA}|=|\overrightarrow{OB}|=1$，$|\overrightarrow{OC}|=2\sqrt{3}$，$\angle AOB=120°$，$\angle AOC=30°$，则$\angle BOC=90°$，$\overrightarrow{OA}\cdot\overrightarrow{OB}=-\frac{1}{2}$，$\overrightarrow{OA}\cdot\overrightarrow{OC}=3$，$\overrightarrow{OB}\cdot\overrightarrow{OC}=0$.

$\because \overrightarrow{OC}=\lambda\overrightarrow{OA}+N\overrightarrow{OB}$，

$\therefore \overrightarrow{OA}\cdot\overrightarrow{OC}=\lambda|\overrightarrow{OA}|^2+N\overrightarrow{OA}\cdot\overrightarrow{OB}$，$\overrightarrow{OB}\cdot\overrightarrow{OC}=\lambda\overrightarrow{OA}\cdot\overrightarrow{OB}+N|\overrightarrow{OB}|^2$，

即$\begin{cases}3=\lambda-\frac{1}{2}N,\\0=-\frac{1}{2}\lambda+N.\end{cases}$

两式相加得$\frac{1}{2}\lambda+\frac{1}{2}N=3$，即$\lambda+N=6$.

方法二：根据向量加法的平行四边形法则，过点C分别作$\overrightarrow{OA}$、$\overrightarrow{OB}$的平行线，交$\overrightarrow{OB}$于B'，交$\overrightarrow{OA}$于A'，如图7-1-21，则$\overrightarrow{OA'}=\lambda\overrightarrow{OA}$，$\overrightarrow{OB'}=N\overrightarrow{OB}$，

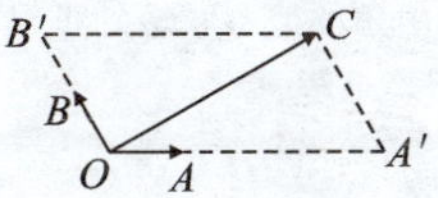

图7-1-21

在$\triangle A'OC$中，$\angle A'OC=30°$，$\angle OCA'=90°$，则$|\overrightarrow{OA'}|=\frac{|\overrightarrow{OC}|}{\cos 30°}=4$，

在$\triangle B'OC$中，$|\overrightarrow{OB'}|=|\overrightarrow{A'C}|=\frac{1}{2}|\overrightarrow{OA'}|=2$，

即$\lambda=4$，$N=2$，故$\lambda+N=6$.

方法三：建立直角坐标系如图7-1-22，

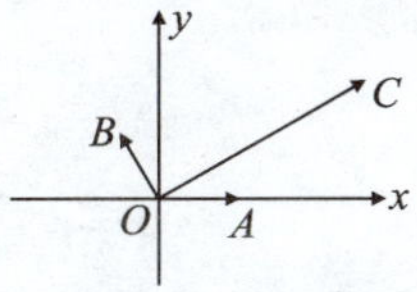

图7-1-22

$\because \angle AOC=30°$，$\angle AOB=120°$，$|\overrightarrow{OA}|=|\overrightarrow{OB}|=1$，$|\overrightarrow{OC}|=2\sqrt{3}$，$\therefore \overrightarrow{OA}=(1,0)$，$\overrightarrow{OB}=\left(-\frac{1}{2},\frac{\sqrt{3}}{2}\right)$，$\overrightarrow{OC}=(3,\sqrt{3})$.

$\because \overrightarrow{OC}=\lambda\overrightarrow{OA}+N\overrightarrow{OB}$，

$\therefore \begin{cases}3=\lambda-\frac{1}{2}N,\\\sqrt{3}=0+\frac{\sqrt{3}}{2}N,\end{cases}$ 解得$\begin{cases}\lambda=4,\\N=2.\end{cases}$

故$\lambda+N=6$.

答案 6.

例8 （江苏高考）设向量$\boldsymbol{a}=(4\cos\alpha,\sin\alpha)$，$\boldsymbol{b}=(\sin\beta,4\cos\beta)$，$\boldsymbol{c}=(\cos\beta,-4\sin\beta)$.

（1）若$\boldsymbol{a}$与$\boldsymbol{b}-2\boldsymbol{c}$垂直，求$\tan(\alpha+\beta)$的值；

（2）求$|\boldsymbol{b}+\boldsymbol{c}|$的最大值；

（3）若$\tan\alpha\tan\beta=16$，求证：$\boldsymbol{a}/\!/\boldsymbol{b}$.

（1）**解** $\because \boldsymbol{a}$与$\boldsymbol{b}-2\boldsymbol{c}$垂直，

$\therefore \boldsymbol{a}\cdot(\boldsymbol{b}-2\boldsymbol{c})=4\cos\alpha\sin\beta-8\cos\alpha\cos\beta+4\sin\alpha\cos\beta+8\sin\alpha\sin\beta$

$=4\sin(\alpha+\beta)-8\cos(\alpha+\beta)=0$.

$\therefore \tan(\alpha+\beta)=2$.

（2）**解** $\boldsymbol{b}+\boldsymbol{c}=(\sin\beta+\cos\beta,4\cos\beta-4\sin\beta)$，得$|\boldsymbol{b}+\boldsymbol{c}|$

$=\sqrt{(\sin\beta+\cos\beta)^2+(4\cos\beta-4\sin\beta)^2}$

$=\sqrt{17-15\sin 2\beta}\leqslant 4\sqrt{2}$.

又当$\beta=-\frac{\pi}{4}$时，等号成立，

$\therefore |\boldsymbol{b}+\boldsymbol{c}|$的最大值为$4\sqrt{2}$.

（3）**证明** 由$\tan\alpha\tan\beta=16$得

$\frac{\sin\alpha}{\cos\alpha}\cdot\frac{\sin\beta}{\cos\beta}=16$，

则有$\frac{4\cos\alpha}{\sin\beta}=\frac{\sin\alpha}{4\cos\beta}$,

$\therefore \boldsymbol{a}//\boldsymbol{b}$.

数学思想

1. 函数与方程思想

平面向量的坐标运算使平面向量问题代数化，而向量与代数中的函数最值等问题，即是通过向量的数量积的坐标运算联系起来的，体现了函数与方程的思想.

例1 已知 $\boldsymbol{a}=(\sqrt{3},-1)$，$\boldsymbol{b}=\left(\frac{1}{2},\frac{\sqrt{3}}{2}\right)$，且存在实数$k$和$t$，使得$\boldsymbol{x}=\boldsymbol{a}+(t^2-3)\boldsymbol{b}$，$\boldsymbol{y}=-k\boldsymbol{a}+t\boldsymbol{b}$，且$\boldsymbol{x}\perp\boldsymbol{y}$，试求$\frac{k+t^2}{t}$的最小值.

解 $\because \boldsymbol{a}=(\sqrt{3},-1)$，$\boldsymbol{b}=\left(\frac{1}{2},\frac{\sqrt{3}}{2}\right)$,

$\therefore |\boldsymbol{a}|=\sqrt{(\sqrt{3})^2+(-1)^2}=2$,

$|\boldsymbol{b}|=\sqrt{\left(\frac{1}{2}\right)^2+\left(\frac{\sqrt{3}}{2}\right)^2}=1$.

$\because \boldsymbol{a}\cdot\boldsymbol{b}=\sqrt{3}\times\frac{1}{2}+(-1)\times\frac{\sqrt{3}}{2}=0$，故有$\boldsymbol{a}\perp\boldsymbol{b}$.

由$\boldsymbol{x}\perp\boldsymbol{y}$，得$[\boldsymbol{a}+(t^2-3)\boldsymbol{b}]\cdot(-k\boldsymbol{a}+t\boldsymbol{b})=0$,

即$-k\boldsymbol{a}^2+(t^3-3t)\boldsymbol{b}^2+(t-kt^2+3k)\boldsymbol{a}\cdot\boldsymbol{b}=0$,

$\therefore -k|\boldsymbol{a}|^2+(t^3-3t)|\boldsymbol{b}|^2=0$.

将$|\boldsymbol{a}|=2$，$|\boldsymbol{b}|=1$代入上式得$-4k+t^3-3t=0$,

$\therefore k=\frac{t^3-3t}{4}$,

$\therefore \frac{k+t^2}{t}=\frac{1}{4}(t^2+4t-3)=\frac{1}{4}(t+2)^2-\frac{7}{4}$,

故当$t=-2$时，$\frac{k+t^2}{t}$有最小值$-\frac{7}{4}$.

2. 数形结合思想

向量本身既具有大小又具有方向，可以用几何法表示，而向量的坐标运算又把向量与数对相联系. 因此向量就成为了数形结合的桥梁，在处理两直线平行、垂直的几何问题时，不仅可通过向量的坐标运算这种代数手段证明，还可利用向量的数量积求解线段的长度、角度问题.

例2 已知向量$\overrightarrow{OB}=(2,0)$，$\overrightarrow{OC}=(2,2)$，$\overrightarrow{CA}=(\sqrt{2}\cos\alpha,\sqrt{2}\sin\alpha)$，则$\overrightarrow{OA}$与$\overrightarrow{OB}$的夹角的范围是(　　).

A. $\left[0,\frac{\pi}{4}\right]$　　B. $\left[\frac{\pi}{4},\frac{5\pi}{12}\right]$

C. $\left[\frac{\pi}{12},\frac{5\pi}{12}\right]$　　D. $\left[\frac{5\pi}{12},\frac{\pi}{2}\right]$

解析 由题设可知$B(2,0)$，$C(2,2)$，点A的轨迹是以$C(2,2)$为圆心，以$\sqrt{2}$为半径的圆，由图 7-1-23 可知$\angle A_1OB=\frac{\pi}{4}-\frac{\pi}{6}=\frac{\pi}{12}$，$\angle A_2OB=\frac{\pi}{4}+\frac{\pi}{6}=\frac{5\pi}{12}$.

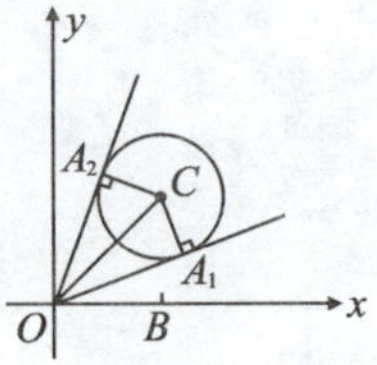

图 7-1-23

答案 C.

点拨 数形结合思想可以避免复杂的代数运算，起到化繁为简的作用.

例3 求$\cos\frac{2\pi}{7}+\cos\frac{4\pi}{7}+\cos\frac{6\pi}{7}$的值.

分析 由角的关系联想到正七边形，然后利用向量相等求解.

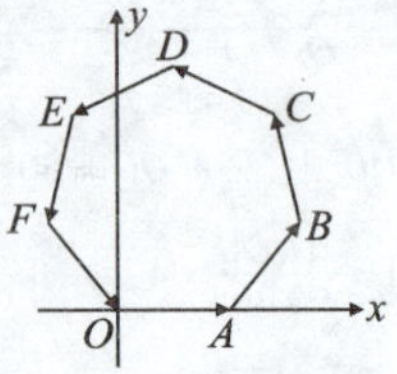

图 7-1-24

解 如图 7-1-24，将边长为 1 的正七

边形 $ABCDEFO$ 放入直角坐标系中，

则$\overrightarrow{OA}=(1,0)$，$\overrightarrow{AB}=\left(\cos\frac{2\pi}{7},\sin\frac{2\pi}{7}\right)$，$\overrightarrow{BC}=\left(\cos\frac{4\pi}{7},\sin\frac{4\pi}{7}\right)$，$\overrightarrow{CD}=\left(\cos\frac{6\pi}{7},\sin\frac{6\pi}{7}\right)$，$\overrightarrow{DE}=\left(\cos\frac{8\pi}{7},\sin\frac{8\pi}{7}\right)$，$\overrightarrow{EF}=\left(\cos\frac{10\pi}{7},\sin\frac{10\pi}{7}\right)$，$\overrightarrow{FO}=\left(\cos\frac{12\pi}{7},\sin\frac{12\pi}{7}\right)$.

$\because \overrightarrow{OA}+\overrightarrow{AB}+\overrightarrow{BC}+\overrightarrow{CD}+\overrightarrow{DE}+\overrightarrow{EF}+\overrightarrow{FO}=\mathbf{0}$，

$\therefore$ 这些向量的横坐标和为0，

即 $1+\cos\frac{2\pi}{7}+\cos\frac{4\pi}{7}+\cos\frac{6\pi}{7}+\cos\frac{8\pi}{7}+\cos\frac{10\pi}{7}+\cos\frac{12\pi}{7}=0$. (*)

又$\because \cos\frac{8\pi}{7}=\cos\frac{6\pi}{7}$，$\cos\frac{10\pi}{7}=\cos\frac{4\pi}{7}$，$\cos\frac{12\pi}{7}=\cos\frac{2\pi}{7}$，

$\therefore$ (*)式可化为

$1+2\left(\cos\frac{2\pi}{7}+\cos\frac{4\pi}{7}+\cos\frac{6\pi}{7}\right)=0$，

$\therefore \cos\frac{2\pi}{7}+\cos\frac{4\pi}{7}+\cos\frac{6\pi}{7}=-\frac{1}{2}$.

点拨 本题的计算利用平面向量的多边形法则使问题简单化.

3. 分类讨论思想

在解题时，常由于满足条件的变量可取不同数值而引起分类.

例4 在直角坐标系 xOy 中，$\boldsymbol{i}$、$\boldsymbol{j}$ 分别是与 x、y 轴正方向相同的单位向量，若在Rt$\triangle ABC$中，$\overrightarrow{AB}=2\boldsymbol{i}+\boldsymbol{j}$，$\overrightarrow{AC}=3\boldsymbol{i}+k\boldsymbol{j}$，则 k 的可能值个数是(　　).

A. 1　　B. 2　　C. 3　　D. 4

解析 由于直角顶点不确定，从而需要分类讨论.

(1)当 A 是直角顶点时，$\overrightarrow{AB}\cdot\overrightarrow{AC}=(2,1)\cdot(3,k)=2\times3+k=6+k=0$，即 $k=-6$；

(2)当 B 是直角顶点时，$\overrightarrow{BA}\cdot\overrightarrow{BC}=(-2,-1)\cdot(1,k-1)=-2-k+1=0$，即 $k=-1$；

(3)当 C 是直角顶点时，$\overrightarrow{CA}\cdot\overrightarrow{CB}=(-3,-k)\cdot(-1,1-k)=3+k^2-k=0$.

而此时 $\Delta=1-12<0$，$\therefore$ 方程无解.

综上，k 的可能取值共有2个.

答案 B.

4. 化归转化思想

解决问题时，常需结合向量的运算及向量的特征，将一些条件进行适当转化，使之方便求解，这种先转化后求解的思想方法为化归转化思想.

例5 已知平面上三个向量 $\boldsymbol{a}$、$\boldsymbol{b}$、$\boldsymbol{c}$ 的模均为1，它们相互之间的夹角均为120°.

(1)求证：$(\boldsymbol{a}-\boldsymbol{b})\perp\boldsymbol{c}$；

(2)$|k\boldsymbol{a}+\boldsymbol{b}+\boldsymbol{c}|>1$ $(k\in\mathbf{R})$，求 k 的取值范围.

分析 正确理解平面向量 $\boldsymbol{a}$、$\boldsymbol{b}$、$\boldsymbol{c}$ 的相互夹角为120°的含义是解决本题的突破口.

(1) **证明** $\because (\boldsymbol{a}-\boldsymbol{b})\cdot\boldsymbol{c}=\boldsymbol{a}\cdot\boldsymbol{c}-\boldsymbol{b}\cdot\boldsymbol{c}=|\boldsymbol{a}||\boldsymbol{c}|\cos120°-|\boldsymbol{b}||\boldsymbol{c}|\cos120°=0$，

$\therefore (\boldsymbol{a}-\boldsymbol{b})\perp\boldsymbol{c}$.

(2) **解** $\because |k\boldsymbol{a}+\boldsymbol{b}+\boldsymbol{c}|>1$，

$\therefore |k\boldsymbol{a}+\boldsymbol{b}+\boldsymbol{c}|^2>1$，

$\therefore k^2\boldsymbol{a}^2+\boldsymbol{b}^2+\boldsymbol{c}^2+2k\boldsymbol{a}\cdot\boldsymbol{b}+2k\boldsymbol{a}\cdot\boldsymbol{c}+2\boldsymbol{b}\cdot\boldsymbol{c}>1$，

$\because |\boldsymbol{a}|=|\boldsymbol{b}|=|\boldsymbol{c}|=1$，且它们相互之间的夹角为120°，

$\therefore \boldsymbol{a}^2=\boldsymbol{b}^2=\boldsymbol{c}^2=1$，$\boldsymbol{a}\cdot\boldsymbol{b}=\boldsymbol{b}\cdot\boldsymbol{c}=\boldsymbol{c}\cdot\boldsymbol{a}=-\frac{1}{2}$，

$\therefore k^2+1+2k(\boldsymbol{a}\cdot\boldsymbol{b}+\boldsymbol{a}\cdot\boldsymbol{c})+2\boldsymbol{b}\cdot\boldsymbol{c}>0$.

即 $k^2-2k>0$，$k>2$ 或 $k<0$，

即 k 的取值范围是 $(-\infty,0)\cup(2,+\infty)$.

点拨 本题把有关向量不等式转化为实数不等式求解.

背景材料

向量的发展与应用

向量又称为矢量，最初被应用于物理学，很多物理量，如力、速度、位移以及加速度等都是向量. 大约在公元前 350 年古希腊著名学者亚里士多德就知道了力可以表示成向量，两个力的组合作用可用著名的平行四边形法则得到. “向量”一词来自力学和解析几何中的有向线段. 最先使用有向线段表示向量的是英国科学家牛顿.

课本上讨论的向量是一种带几何性质的量. 除零向量外，总可以画出箭头表示方向. 但是在高等数学中还有更广泛的向量. 例如，把所有实系数多项式的全体看成一个多项式空间，这里的多项式都可看成一个向量. 在这种情况下，要找出始点和终点以及画出箭头表示方向是办不到的. 这种空间中的向量比几何中的向量要广泛得多，可以是任意数学对象或物理对象. 这样，就可以把线性代数方法应用到广阔的自然科学领域中去了. 因此，向量空间的概念，已成为数学中最基本的概念和线性代数的中心内容，它的理论和方法在自然科学的各领域中得到了广泛的应用. 而向量及其线性运算也为“向量空间”这一抽象的概念提供了一个具体的模型.

从数学发展史来看，历史上很长一段时间，空间的向量结构并未被数学家们所认识，直到 19 世纪末 20 世纪初，人们才把空间的性质与向量联系起来，使向量成为具有一套优良运算通性的数学体系.

向量能够进入数学领域并得到发展，首先应从复数的几何表示谈起. 18 世纪末期，挪威测量学家维塞尔首次利用坐标平面上的点来表示复数 $a+bi$，并利用具有几何意义的复数运算定义向量的运算. 把坐标平面上的点用向量表示出来，并把向量的几何表示用于研究几何问题与三角问题. 人们逐步接受了复数，也学会了利用复数来表示和研究平面中的向量，向量就这样平静地进入了数学领域.

但复数的利用是受限制的，因为它仅能用于表示平面，若有不在同一平面上的力作用于同一物体，则需要寻找所谓三维“复数”以及相应的运算体系. 19 世纪中期，英国数学家汉密尔顿发明了四元数(包括数量部分和向量部分)，以代表空间的向量. 他的工作为向量代数和向量分析的建立奠定了基础. 随后，电磁理论的发现者英国的数学物理学家麦克斯韦尔把四元数的数量部分和向量部分分别处理，从而创造了大量的向量分析.

三维向量分析的开创，以及同四元数的正式分裂，是英国的居伯斯和海维塞德于 19 世纪 80 年代各自独立完成的. 他们提出，一个向量不过是四元数的向量部分，但不独立于任何四元数. 他们引进了两种类型的乘法，即数量积和向量积，并把向量代数推广到变向量的向量微积分. 从此，向量的方法被引进到分析和解析几何中来，并逐步完善，成为了一套优良的数学工具.

第二章 空间几何体

知识网络

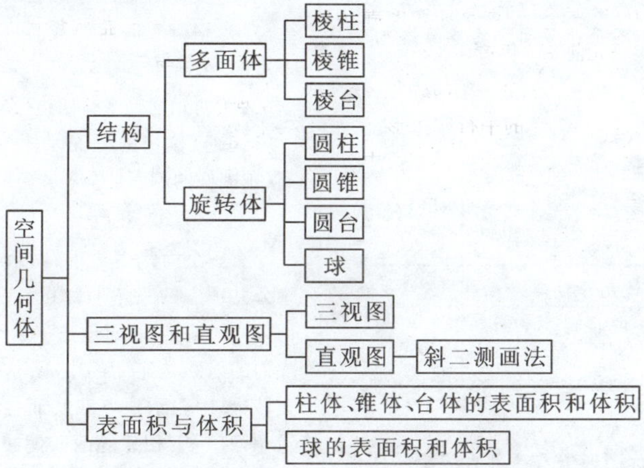

基础知识精析

1. 空间几何体

如果我们只考虑物体占有空间部分的形状和大小,而不考虑其他因素,那么这个空间部分叫做一个几何体.

2. 多面体

一般地,我们把由若干个平面多边形所围成的几何体叫做多面体. 围成多面体的各个多边形叫做多面体的面;相邻两个面的公共边叫做多面体的棱;棱与棱的公共点叫做多面体的顶点.

注意

多面体的面数至少是4,按照它的面数分别称为四面体、五面体……

3. 凸多面体

把一个多面体的任何一个面伸展为平面,如果所有其他各面都位于这个平面的同侧,这样的多面体叫做凸多面体.

4. 正多面体

一个凸多面体,如果每个面都是互相全等的正多边形,并且各二面角彼此都相等,那么这个凸多面体叫做正多面体.

正多面体一共只有正四面体、正六面体、正八面体、正十二面体和正二十面体五种. 它们的顶点数、面数及棱数见下表:

正多面体	顶点数(V)	面数(F)	棱数(E)
正四面体	4	4	6
正六面体	8	6	12
正八面体	6	8	12
正十二面体	20	12	30
正二十面体	12	20	30

5. 简单多面体

表面能经过变形为球面的多面体,叫做简单多面体.

注意

棱柱、棱锥、正多面体等一切凸多面体都是简单多面体.需要注意的是凸多面体都是简单多面体,但不是凸多面体的多面体也可能是简单多面体.

6. 欧拉公式

如果简单多面体的顶点数为V,面数为F,棱数为E,则$V+F-E=2$,这个式子叫做欧拉公式.

注意

欧拉公式适用于简单多面体,当然也适用于正多面体.但非简单多面体不适用欧拉公式.

7. 旋转体

由一个平面图形绕着一条直线旋转所形成的曲面围成的几何体称为旋转体.这条直线叫做旋转体的轴.

8. 棱柱、直棱柱、斜棱柱、正棱柱和平行六面体

有两个面互相平行,其余各面都是四边形,并且每相邻两个四边形的公共边都互相平行,这些面围成的几何体叫做棱柱.侧棱垂直于底面的棱柱叫做直棱柱,否则叫斜棱柱.底面是正多边形的直棱柱叫做正棱柱.用表示底面各顶点的字母或对角线字母表示棱柱.

底面是平行四边形的棱柱叫做平行六面体.侧棱与底面垂直的平行六面体叫做直平行四面体.底面是矩形的直平行六面体是长方体.棱长都相等的长方体是正方体.

9. 棱柱的分类

(1)按底面边数可分为:三棱柱、四棱柱等.

(2)按侧棱与底面是否垂直分为:直棱柱、斜棱柱.其中直棱柱按底面是不是正多边形分为:正棱柱和其他棱柱.

10. 棱柱的特征

(1)棱柱的侧棱平行且相等.

(2)棱柱的两个底面平行并且是全等的多边形.

(3)棱柱的侧面是平行四边形.

(4)平行于底面的截面是与底面全等的多边形.

(5)对角面是平行四边形.

(6)直棱柱的侧面是矩形,侧棱长等于高,正棱柱的侧面是全等的矩形.

11. 棱锥、正棱锥

有一个面是多边形,其余各面都是有一个公共顶点的三角形,由这些面所围成的几何体叫做棱锥.底面是正多边形,并且顶点在底面的射影是底面的中心,这样的棱锥叫做正棱锥.用表示顶点和底面各顶点的字母或对角面(过不相邻的两条侧棱的截面叫做对角面)表示棱锥.

注意

“有一个面是多边形,其余各面都是三角形”的几何体未必是棱锥.

12. 棱锥的特征

(1)如果棱锥被平行于底面的平面所截,那么所得的截面与底面相似,截面面积与底面面积的比等于顶点到截面距离与棱锥高的平方比.

(2)正棱锥各侧棱相等,各侧面都是全等的等腰三角形,各等腰三角形底边上的高相等.

(3)正棱锥的高、斜高及斜高在底面内的射影组成一个直角三角形;正棱锥的高、侧棱及侧棱在底面内的射影也组成一个直角三角形.

13. 棱台、正棱台

用一个平行于棱锥底面的平面去截棱锥,底面和截面之间的部分叫做棱台.原棱锥

的底面和截面分别叫做棱台的下底面和上底面,棱台也有侧面、侧棱、顶点. 由正棱锥截得的棱台叫做正棱台. 棱台一般用各顶点的字母表示. 也可用一条体对角线端点的字母表示.

14. 棱台的特征

(1)上底面与下底面是互相平行的相似多边形.

(2)侧面是梯形,且相邻两个面的交线(侧棱)延长后交于一点.

(3)正棱台各侧棱相等,侧面是全等的等腰梯形,斜高相等.

(4)正棱台的两底面中心的连线、相应的边心距和斜高组成一个直角梯形;两底面中心的连线、侧棱和两底面的半径也组成一个直角梯形.

注意

判断一个台体是否为棱台,就看此台体能否还原成一个棱锥,即各侧棱延长后能否相交于一点.

15. 圆柱

以矩形的一边所在直线为旋转轴,由其余三边旋转所形成的曲面所围成的几何体叫做圆柱. 旋转轴叫做圆柱的轴;垂直于轴的边旋转而成的圆面叫做圆柱的底面;平行于轴的边旋转而成的曲面叫做圆柱的侧面;无论旋转到什么位置,不垂直于轴的边都叫做侧面的母线. 圆柱用表示它的轴的字母表示.

16. 圆柱的特征

(1)与圆柱的底面平行的截面是圆.

(2)与轴平行的截面是矩形.

(3)与轴斜交的截面,如果不与两底面相交,交线是椭圆.

(4)圆柱的侧面展开图为矩形.

17. 圆锥

以直角三角形的一条直角边所在直线为旋转轴,其余两边旋转形成的曲面所围成的几何体叫做圆锥. 与圆柱类似,圆锥也有轴、底面、侧面和母线. 圆锥用表示轴的字母表示.

18. 圆锥的特征

(1)圆锥的母线相等且交于顶点.

(2)圆锥的轴截面是全等的等腰三角形.

(3)圆锥的侧面展开图为扇形.

19. 圆台

用平行于圆锥底面的平面去截圆锥,底面与截面之间的部分叫做圆台.

圆台也有轴、底面、侧面和母线,一般用表示轴的字母表示.

圆台的母线长相等且延长后交于一点,圆台的轴截面是全等的等腰梯形.

注意

圆台也可以看作是由直角梯形绕其垂直于底边的腰旋转而成的.

20. 圆台的特征

圆台的轴截面是等腰梯形. 侧面展开图的形状是扇环形,可补成扇形完成各种计算.

圆台的上、下底面圆的半径、高、母线组成一个直角梯形,延长高与母线交于一点,组成两相似直角三角形,这是计算圆台的各种问题的主要途径.

21. 柱体、锥体和台体的关系

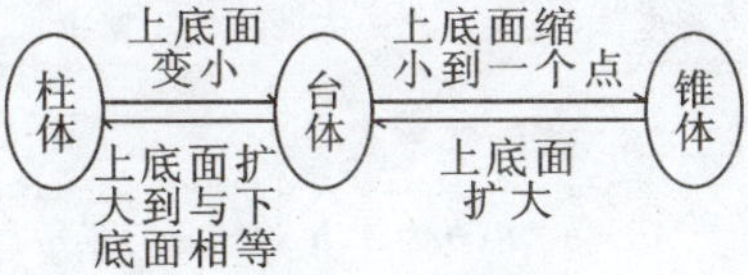

注意

圆柱和棱柱统称柱体;棱锥和圆锥统称锥体;棱台和圆台统称台体.

22. 球、球面

半圆以它的直径为旋转轴,旋转一周所形成的曲面叫做球面.

球面所围成的几何体叫做球体,简称球. 形成球的半圆的圆心叫做球心. 连接球心和球面上任意一点的线段叫球的半径,连接球面上两点并且通过球心的线段叫球的直径.用表示球心的字母表示球.

注意

(1)球面也可看作空间中一个定点的距离等于定长的点的集合.

(2)球面仅仅指球的表面,而球体不仅包括球的表面,同时还包括球面所包围的空间.

23. 球的性质

(1)球心和截面圆心的连线垂直于截面.

(2)球心到截面的距离 d 与球的半径 R 及截面半径 r 有如下关系:$r=\sqrt{R^2-d^2}$.

24. 球的大圆、小圆

球面被经过球心的平面截得的圆叫做球的大圆;被不经过球心的平面截得的圆叫做球的小圆.

25. 球面距离

在球面上,两点之间的最短距离,就是经过这两点的大圆在这两点之间的一段劣弧的长度,这个弧长叫做两点的球面距离.

注意

球面上两点间的球面距离,必须是在球的过此两点的大圆中求此两点的对应的劣弧的长度,不能在过此两点的球的小圆中求.

26. 球面距离公式

$\overset{\frown}{AB}=\theta\cdot R$($\theta$ 为 A、B 对球心的张角,R 为球半径).

27. 球的表面积与体积

$S_{球}=4\pi R^2$,$V_{球}=\frac{4}{3}\pi R^3$(R 是球的半径).

28. 柱体的表面积和体积

(1)表面积:柱体的表面积是侧面面积与上、下底面面积之和. 棱柱的侧面展开图是平行四边形,上、下底面不变,因此只要计算出侧面面积,其表面积可求,圆柱的侧面展开图是矩形,上、下底面不变.

设柱体的底面周长为 c,高为 l,则侧面积为 $S_{侧}=c\cdot l$,故 $S_{表面积}=S_{侧}+2S_{底}$.

(2)体积:柱体的体积公式 $V=Sh$,其中 S 为底面积,h 为柱体的高.

29. 锥体的表面积和体积

(1)表面积:一个棱锥的侧面展开图是由若干个三角形拼成的,因此侧面积为各个三角形面积之和,一个圆锥的侧面展开图为扇形,利用扇形面积公式可求侧面积,所以它们的表面积公式为:$S_{表面积}=S_{侧}+S_{底}$.

(2)体积:锥体的体积公式 $V=\frac{1}{3}Sh$,其中 S 为底面积,h 为锥体的高.

30. 台体的表面积和体积

(1)表面积:一个棱台的侧面展开图为若干个梯形拼接而成,因此侧面积为各个梯形的面积之和,而圆台的侧面展开图为扇环,其侧面积可由大扇形的面积减去小扇形的面积而得到,所以它们的表面积公式为:$S_{表面积}=S_{侧}+S_{上底}+S_{下底}$.

(2)体积:台体的体积公式 $V=\frac{1}{3}(S+\sqrt{SS'}+S')h$,其中 S 为台体的上底面面积,S' 为台体的下底面面积,h 为台体的高.

31. 投影、投影线和投影面

由于光的照射,在不透明物体后面的屏幕上可以留下这个物体的影子,这种现象叫做投影. 其中的光线叫做投影线,屏幕叫做投影面.

注意

在立体几何中,投影是光线(投影线)通过物体向选定的面(投影面)投射,并在该面上得到图形的一种方法.

32. 中心投影

我们把光由一点向外散射形成的投影叫做中心投影,中心投影的投射线交于一点. 它的实质是一个点,光源把一个图形射到一个平面上，这个图形的影子，就是它在这个平面上的中心投影.

33. 平行投影

把一束平行光线照射下形成的投影叫做平行投影. 其中投影线与投影面垂直时的平行投影叫做正投影，否则叫做斜投影.

34. 平行投影的性质

(1)平行投影的投影线互相平行.

(2)直线或线段的平行投影仍是直线或线段.

(3)平行直线的平行投影是平行(或重合)的直线.

(4)平行于投影面的线段，它的投影与这条线段平行且相等.

(5)与投影面平行的平面图形，它的投影与这个图形全等.

注意

(1)平行投影与中心投影的区别在于：平行投影的投影线互相平行，而中心投影的投影线交于一点.

(2)中心投影主要用于绘图，而平行投影主要用于工程制图，且在作平行投影时，必须给出投影线的方向.

35. 视图、三视图

将物体按正投影法向投影面投射时所得到的投影图，称为视图.

光线自物体的正前方向投射所得的正投影称为主视图；自上而下的正投影称为俯视图；自左而右的正投影称为左视图，用这三种视图刻画空间物体的结构，三种视图合称为三视图.

36. 三视图的画法

主视图与俯视图长对正；主视图与左视图高平齐；左视图与俯视图宽相等. 即"长对正、高平齐、宽相等".

三视图的排列规则：俯视图放在主视图的下面，长度和主视图一样，左视图放在主视图的右面，高度和主视图一致，宽度与俯视图一致.

注意

(1)同一物体放置的方向不同，所画的三视图可能不同.

(2)在三视图中，分界线和可见轮廓线都用实线画出，不可见轮廓线用虚线画出.

(3)对于简单组合体，应先观察它是由哪几个基本几何体组成的，特别注意它们的交线位置.

37. 直观图与斜二测画法

用来表示空间图形的平面图形，叫做空间图形的直观图.

斜二测画法是一种较为简单的画直观图的方法. 其规则是：

(1)在已知图形所在的空间取水平平面，作互相垂直的轴 Ox、Oy，再作 Oz 轴，使 $\angle xOz=90°$，且 $\angle yOz=90°$.

(2)画直观图时，把 Ox、Oy、Oz 画成对应的轴 $O'x'$、$O'y'$、$O'z'$，使 $\angle x'O'y'=45°$(或 $135°$)，$\angle x'O'z'=90°$，$x'O'y'$ 所确定的平面表示水平平面.

(3)已知图形中平行于 x 轴、y 轴、z 轴的线段，在直观图中分别画成平行于 x'轴、y'轴、z'轴的线段，并使它们和所画坐标轴的位置关系与已知图形中的相应线段和原坐标轴的位置关系相同.

(4)已知图形中平行于 x 轴、z 轴的线段，在直观图中保持原长度不变，平行于 y 轴的线段，长度为原来的一半.

(5)画图完成后，擦去作为辅助线的坐标轴，就得到了空间图形的直观图.

38. 祖暅原理

夹在两个平行平面间的两个几何体，被平行于这两个平面的任意平面所截，如果截得的两个截面的面积总相等，那么这两个几何体的体积相等.

题型分类与方法总结

题型1 多面体的概念

解决本章概念性问题,应熟悉棱柱、棱锥、棱台、圆柱、圆锥、圆台等各种概念,了解一些内在联系,把握各类几何体的性质特征.

例1 下列命题中正确的是(　　).

A. 有两个面平行,其余各面都是四边形的几何体叫棱柱

B. 有两个面平行,其余各面都是平行四边形的几何体叫棱柱

C. 有一个面是多边形,其余各面都是三角形的几何体叫棱锥

D. 棱台各侧棱的延长线交于一点

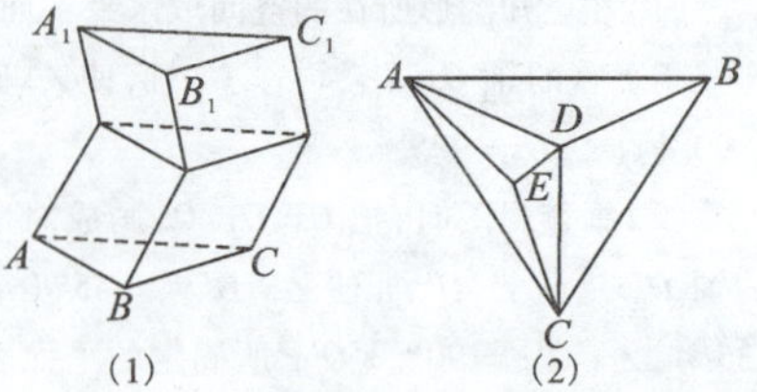

图 7-2-1

解析 如图 7-2-1(1),面 ABC ∥ 面 $A_1B_1C_1$,但图中的几何体每相邻两个四边形的公共边并不都互相平行,故不是棱柱,A、B 都不正确. 棱锥是有一个面是多边形,其余各面都是有一个公共顶点的三角形,即必须有一个公共顶点. 如图 7-2-1(2),每个面都是三角形,但形成的几何体不是棱锥. C 不正确. 棱台是用一个平行于底面的平面去截棱锥得到的,其各侧棱的延长线必交于一点,故 D 正确.

答案 D.

例2 以下命题:

①以直角三角形的一边为轴旋转一周所得的旋转体是圆锥;

②以直角梯形的一腰为轴旋转一周所得的旋转体是圆台;

③圆柱、圆锥、圆台的底面都是圆;

④一个平面截圆锥,得到一个圆锥和一个圆台.

其中正确命题的个数为(　　).

A. 0　　B. 1　　C. 2　　D. 3

解析 ①以直角三角形的一条直角边为轴旋转一周才可得到圆锥;②以直角梯形垂直于底边的一腰为轴旋转一周才可得到圆台;③它们的底面为圆面;④用平行于圆锥底面的平面截圆锥才可得到一个圆锥和一个圆台.

答案 A.

题型2 多面体基本量的计算

正棱台两底面中心的连线,相应的边长距离和斜高组成一个直角梯形,两底面中心连线,侧棱与两底面相应半径组成一个直角梯形,棱柱相应为矩形,棱锥相应为直角三角形. 圆台两底面中心连线,相应底面半径、母线组成直角梯形,圆柱相应为矩形,圆锥相应为直角三角形,这些特征图形在解题中经常用到,要能够迅速、准确地画出.

例3 如图7-2-2,正四棱台的高是17 cm,两底面边长分别为4 cm和16 cm,求棱台的侧棱长和斜高.

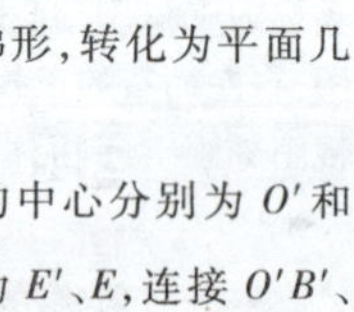

图 7-2-2

分析 找到已知条件和正棱台的特征直角梯形,转化为平面几何知识求解.

解 设棱台两底面的中心分别为 O' 和 O,$B'C'$、BC 的中点分别为 E'、E,连接 $O'B'$、$O'E'$、$O'O$、OE、OB、EE',

则四边形 $O'E'EO$、$OBB'O'$均为直角梯形.

在正方形 $ABCD$ 中,$BC=16$ cm,

则 $OB=8\sqrt{2}$ cm,$OE=8$ cm.

在正方形 $A'B'C'D'$中,$B'C'=4$ cm,

则 $O'B'=2\sqrt{2}$ cm，$O'E'=2$ cm.

在直角梯形 $O'OBB'$ 中，

$BB'=\sqrt{OO'^2+(OB-O'B')^2}=19$(cm)；

在直角梯形 $O'OEE'$ 中，

$EE'=\sqrt{OO'^2+(OE-O'E')^2}=5\sqrt{13}$(cm).

∴ 这个棱台的侧棱长为 19 cm，斜高为 $5\sqrt{13}$ cm.

例4 已知圆锥的底面半径为 r，高为 h，正方体 $ABCD-A_1B_1C_1D_1$ 内接于圆锥，求这个正方体的棱长.

分析 由于正方体中只有唯一基本量——棱长，建立相关方程之后便可求解. 要建立方程就要和圆锥的基本量建立联系，这样就需要借助于轴截面来发现这种联系，从而使问题得解.

解 过内接正方体的一组对棱作圆的轴截面，如图 7－2－3.

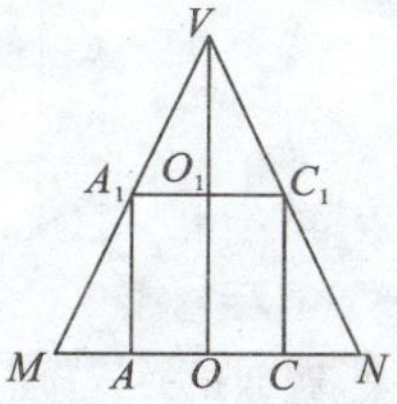

图 7－2－3

设圆锥内接正方体的棱长为 x，则在轴截面中，正方体的对角面 A_1ACC_1 的一组邻边的长分别为 x 和 $\sqrt{2}x$.

∵ $\triangle VA_1C_1\backsim\triangle VMN$，∴ $\dfrac{\sqrt{2}x}{2r}=\dfrac{h-x}{h}$，

∴ $\sqrt{2}hx=2rh-2rx$.

∴ $x=\dfrac{2rh}{2r+2\sqrt{h}}$，即圆锥内接正方体的棱长为 $\dfrac{2rh}{2r+\sqrt{2}h}$.

题型 3 三视图与几何体

1. 由实物图到三视图

若相邻两物体的表面相交，表面的交线是它们的原分界线，在三视图中，分界线和可见轮廓线都用实线画出，不可见轮廓线用虚线画出.

例5 （广东高考）若将正三棱柱截去三个角（如图 7－2－4(1)，A、B、C 分别是 $\triangle GHI$ 三边的中点）得到的几何体如图 7－2－4(2)，则该几何体按图 7－2－4(2) 所示方向的左视图为选项中的（　　）.

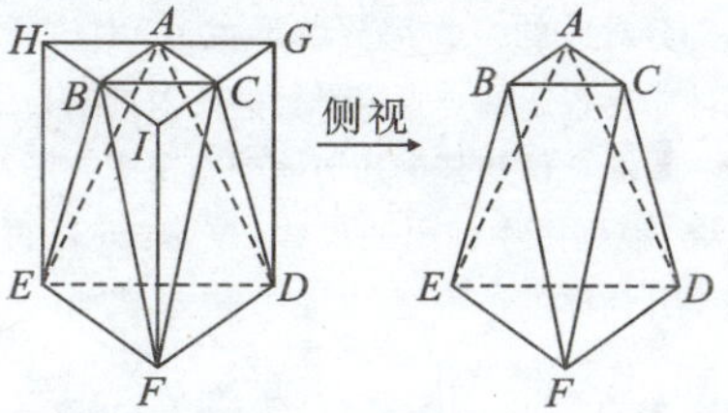

(1)　　(2)

图 7－2－4

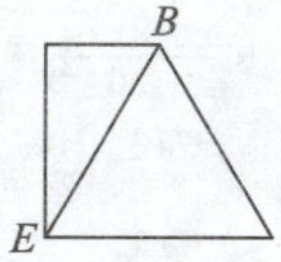

A

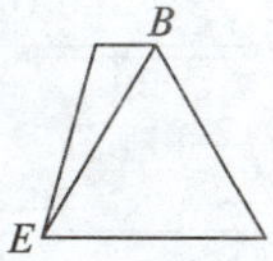

B

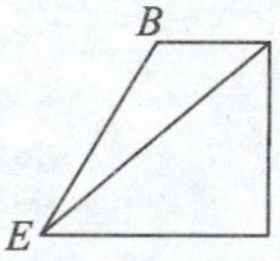

C

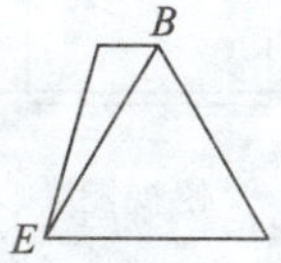

D

解析 如图 7－2－5，将图 7－2－4(1) 镶嵌在一个相应的长方体中，以长方体的右侧面为投影面，点 A、B、E、F 的投影点分别为 A'、B'、D、F'，所以图 7－2－4(2) 的左视图为直角梯形，故选 A.

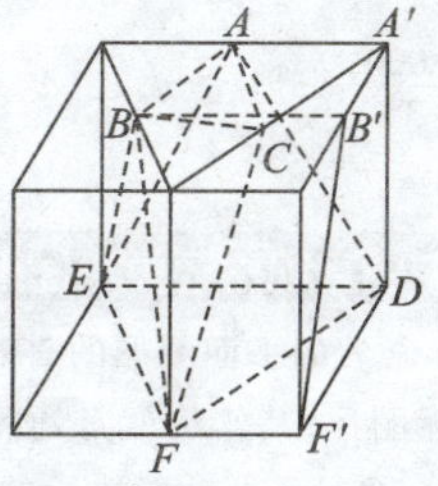

图 7－2－5

答案 A

点拨 本题以长方体为载体，由左视图的定义求解.

2. 由视图到几何体

由三视图想象几何体时也要根据“长对正、高平齐、宽相等”的基本特征，想象视图中每部分对应的实物部分的形象. 特别注意几何体中与投影面垂直或平行的线及面的位置.

例6 已知某个几何体的三视图如图7－2－6，根据图中标出的尺寸(单位:cm)，可得这个几何体的体积是(　　).

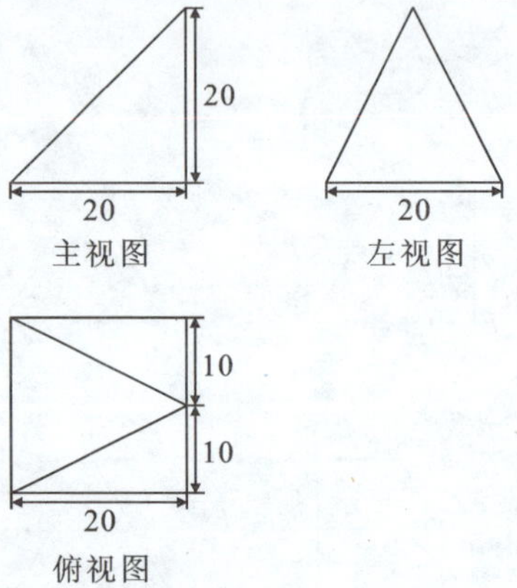

图 7－2－6

A. $\frac{4\ 000}{3}$ cm^3　　B. $\frac{8\ 000}{3}$ cm^3

C. 200 cm^3　　D. 4 000 cm^3

解析 由主视图、左视图、俯视图可知此几何体为一个四棱锥. 底面是边长为 20 cm 的正方形，高为 20 cm，所以其体积为$\frac{1}{3}\times 20\times 20\times 20=\frac{8\ 000}{3}$(cm^3)，故选 B.

答案 B.

题型4 由直观图还原原图形

将水平放置的平面图形的直观图还原成原来的实际图形，其作法就是逆用斜二测画法，也就是使平行于 x 轴的线段的长度不变，而平行于 y 轴的线段长度变为原来的 2 倍.

例7 如图 7－2－7，矩形 $O'A'B'C'$ 是水平放置的一个平面图形的直观图，其中 $O'A'=6$ cm，$O'C'=2$ cm，则原图形是(　　).

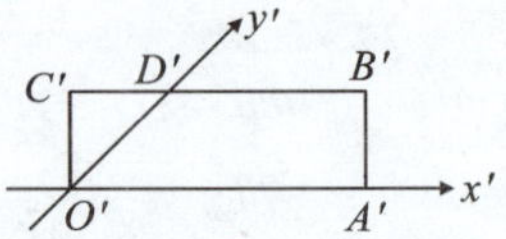

图 7－2－7

A. 正方形　　B. 矩形

C. 菱形　　D. 一般的平行四边形

解析 将直观图还原得▱$OABC$(如图 7－2－8). ∵ $O'D'=\sqrt{2}O'C'=2\sqrt{2}$(cm)，$OD=2O'D'=4\sqrt{2}$(cm)，$C'D'=O'C'=2$(cm)，∴ $CD=2$ cm，$OC=\sqrt{CD^2+OD^2}=\sqrt{2^2+(4\sqrt{2})^2}=6$(cm)，$OA=O'A'=6$ cm $=OC$，故原图形为菱形.

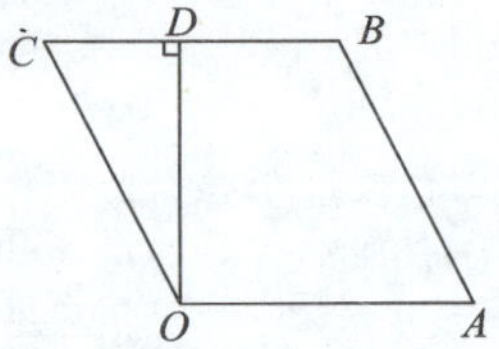

图 7－2－8

答案 C.

题型5 与直观图有关的计算

求直观图面积的关键是依据斜二测画法，求出相应的直观图的底边和高，也就是在原来实际图形中的高线，在直观图中变为与水平直线成 45° 角且长度为原来的一半的线段，由此即可求出相应的高线. 实际上直观图的面积是原图形面积的$\frac{\sqrt{2}}{4}$.

例8 已知等边三角形 ABC 的边长为 a，那么 $\triangle ABC$ 的平面直观图 $\triangle A'B'C'$ 的面积为(　　).

A. $\frac{\sqrt{3}}{4}a^2$　　B. $\frac{\sqrt{3}}{8}a^2$

C. $\frac{\sqrt{6}}{8}a^2$　　D. $\frac{\sqrt{6}}{16}a^2$

解析 先根据题意画出直观图，然后根据直观图 $\triangle A'B'C'$ 的边长及夹角求解. 如图 7－2－9(1)(2)分别为 $\triangle ABC$ 的实际图形和直观图.

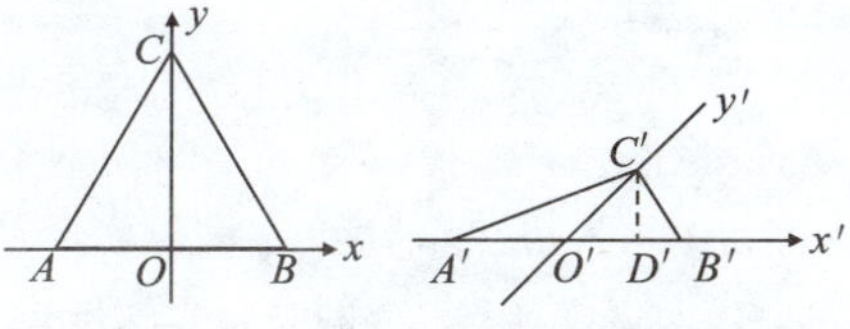

(1)　　(2)

图 7－2－9

由图(2)可知，$A'B'=AB=a$，$O'C'=\frac{1}{2}OC=\frac{\sqrt{3}}{4}a$. 在图(2)中作 $C'D'\perp A'B'$ 于点 D'，则有 $C'D'=\frac{\sqrt{2}}{2}O'C'=\frac{\sqrt{6}}{8}a$. $\therefore S_{\triangle A'B'C'}=\frac{1}{2}A'B'\cdot C'D'=\frac{1}{2}\times a\times\frac{\sqrt{6}}{8}a=\frac{\sqrt{6}}{16}a^2$.

答案 D.

题型 6 求空间几何体的侧面积和表面积

(1)棱锥、棱台的面积问题中，经常涉及侧棱、高、斜高、边心距和底面外接圆半径五个量之间的关系.

(2)因为轴截面联系着母线、底面半径、高等元素，因此处理好轴截面中的边角关系是求旋转体侧面积的关键. 另外注意对于圆台问题，可"还台为锥".

(3)求组合体的侧面积，需看此组合体是由哪几个简单几何体组合而成的，怎样组合的，然后根据组合情况求其侧面积.

例 9 五棱台的上、下底面均是正五边形，边长分别是 8 cm 和 18 cm，侧面是全等的等腰梯形，侧棱长是 13 cm，求它的侧面积.

分析 五棱台的上、下底面均是正五边形，各个侧面又是全等的等腰梯形，只要求出一个梯形的面积，便可求出该棱台的侧面积.

解 图 7－2－10 是五棱台的一个侧面，它是一个上底长、下底长分别为 8 cm 和 18 cm，腰长为 13 cm 的等腰梯形，由点 A 向 BC 作垂线，设垂足为 E，由点 D 向 BC 作垂线，设垂足为 F，易知 $BE=CF$.

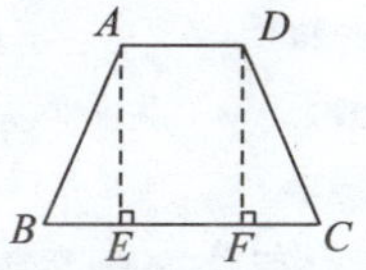

图 7－2－10

$\because BE+EF+FC=2BF-AD=BC$，

$\therefore BF=\frac{BC+AD}{2}=\frac{18+8}{2}=13(\text{cm})$.

$\therefore BE=BF-AD=13-8=5(\text{cm})$.

又 $\because AB=13$ cm，$\therefore AE=12$ cm.

$\therefore S_{四边形ABCD}=\frac{1}{2}(AD+BC)\cdot AE=\frac{1}{2}(8+18)\times 12=156(\text{cm}^2)$.

$\therefore S_{正棱台侧}=5\times 156=780(\text{cm}^2)$.

例 10 已知梯形 $ABCD$ 中，$AD\parallel BC$，$\angle ABC=90°$，$AD=a$，$BC=2a$，$\angle DCB=60°$，在平面 $ABCD$ 内，过点 C 作 $l\perp CB$，以 l 为轴将梯形 $ABCD$ 旋转一周，求旋转体的侧面积和表面积.

分析 旋转后得到一个挖去一个圆锥的圆柱.

解 如图 7－2－11，该几何体是由一个圆柱减去一个圆锥构成的.

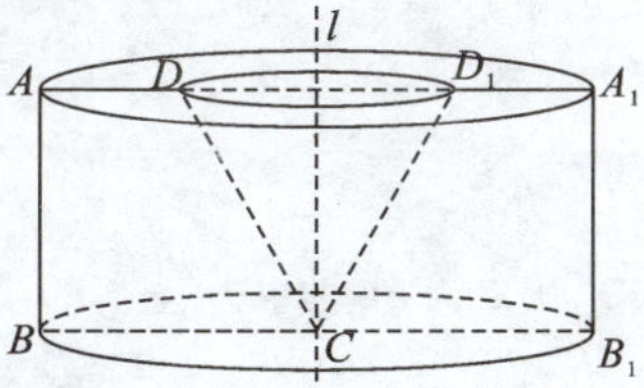

图 7－2－11

在直角梯形 $ABCD$ 中，$AD=a$，$BC=2a$，

$AB=(2a-a)\cdot\tan 60°=\sqrt{3}a$，

$DC=\frac{2a-a}{\cos 60°}=2a$.

$\frac{DD_1}{2}=BC-AD=a$.

$S_{侧}=S_{圆柱侧}+S_{圆锥侧}=2\pi\cdot 2a\cdot\sqrt{3}a+\pi\cdot a\cdot 2a=2(2\sqrt{3}+1)\pi a^2$.

$S_{上底}=\pi[(2a)^2-a^2]=3\pi a^2$,

$S_{下底}=\pi(2a)^2=4\pi a^2=4\pi a^2$

$\therefore S_{表}=2(2\sqrt{3}+1)\pi a^2+3\pi a^2+4\pi a^2=4\sqrt{3}\pi a^2+9\pi a^2$.

题型7 空间几何体体积的求法

1. 常见规则几何体的求法

棱柱、圆柱的体积等于它的底面积 S 和高 h 的积,即 $V=Sh$;底面半径是 r,高是 h 的圆柱体的体积的计算公式是 $V=\pi r^2 h$;锥体的体积是 $V=\frac{1}{3}Sh$,特别地,圆锥的体积是 $V=\frac{1}{3}\pi r^2 h$. 组合体的体积可用两个锥体体积的差来计算.

例11 一个正三棱锥的底面边长为6,侧棱长为$\sqrt{15}$,那么这个三棱锥的体积是______.

分析 求三棱锥的体积时需确定其底面和高. 由于已知正三棱锥的底面边长,可确定正三棱锥的底面面积,这样可容易求出其体积.

解 如图7-2-12,正三棱锥 $S-ABC$. 设 H 为 $\triangle ABC$ 的中心,连接 SH,则 SH 的长即为该正三棱锥的高.

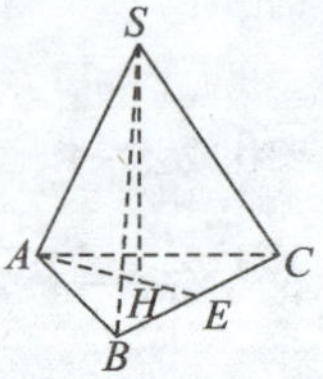

图7-2-12

连接 AH,延长后交 BC 于 E,则 E 为 BC 的中点,且 $AH\perp BC$. 由于 $\triangle ABC$ 是边长为6的等边三角形,

$\therefore AE=\frac{\sqrt{3}}{2}\times 6=3\sqrt{3}$.

$\therefore AH=\frac{2}{3}AE=2\sqrt{3}$.

在 $\text{Rt}\triangle SHA$ 中,$SA=\sqrt{15}$,$AH=2\sqrt{3}$,

$\therefore SH=\sqrt{SA^2-AH^2}=\sqrt{15-12}=\sqrt{3}$.

在 $\triangle ABC$ 中,$S_{\triangle ABC}=\frac{1}{2}BC\cdot AE=\frac{1}{2}\times 6\times 3\sqrt{3}=9\sqrt{3}$.

$\therefore V_{S-ABC}=\frac{1}{3}\times 9\sqrt{3}\times\sqrt{3}=9$.

点拨 在正棱锥的有关计算中,像 $\text{Rt}\triangle SHA$、$\text{Rt}\triangle SHE$、$\text{Rt}\triangle SEB$ 等是非常有用的,它们联系了正三棱锥的侧棱长、底面边长、高、底面等边三角形的外接圆半径、内切圆半径等.

2. 分割求和法

把不规则的图形分割成规则的图形,然后进行体积求和.

例12 如图7-2-13,在多面体 $EF-ABCD$ 中,已知面 $ABCD$ 是边长为3的正方形,$EF\parallel AB$,$EF=\frac{3}{2}$,EF 与面 AC 的距离为2,则该多面体的体积为( ).

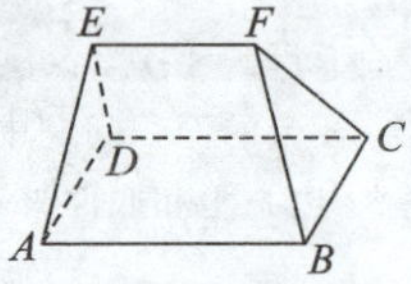

图7-2-13

A. $\frac{9}{2}$　B. 5　C. 6　D. $\frac{15}{2}$

解析 该多面体是不规则几何体,不易直接求体积,将其分割转化为锥体的体积.

方法一:如图7-2-14,连接 EB、EC.

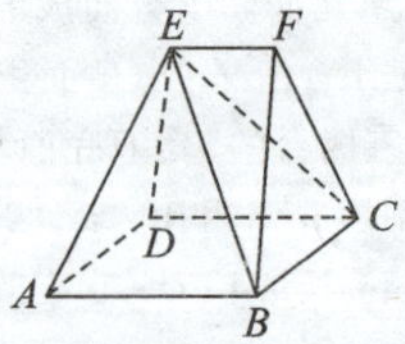

图7-2-14

四棱锥 $E-ABCD$ 的体积

$V_{E-ABCD}=\frac{1}{3}\times 3^2\times 2=6$.

$\because AB=2EF$,$EF\parallel AB$,

$\therefore S_{\triangle EAB}=2S_{\triangle BEF}$.

$\therefore V_{F-EBC}=V_{C-EFB}=\frac{1}{2}V_{C-ABE}=$

$\frac{1}{2}V_{E-ABC}=\frac{1}{2}\times\frac{1}{2}V_{E-ABCD}=\frac{3}{2}$.

$\therefore V=V_{E-ABCD}+V_{F-EBC}=6+\frac{3}{2}=\frac{15}{2}$.

方法二:如图 7－2－15,设 G、H 分别为 AB、DC 的中点,则 $EG\parallel FB$, $EH\parallel FC$, $GH\parallel BC$,得棱柱 $EGH-FBC$,由题意得,

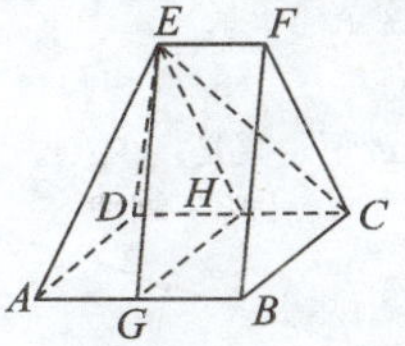

图 7－2－15

$V_{E-AGHD}=\frac{1}{3}S_{四边形AGHD}\times 2=\frac{1}{3}\times 3\times 3\times\frac{1}{2}\times 2=3$.

$V_{EGH-FBC}=3V_{B-EGH}=3V_{E-BGH}=3\times\frac{1}{2}V_{E-GBCH}=\frac{3}{2}V_{E-AGHD}=\frac{3}{2}\times 3=\frac{9}{2}$.

$V=V_{E-AGHD}+V_{EGH-FBC}=3+\frac{9}{2}=\frac{15}{2}$.

方法三:由方法一知 $V_{E-ABCD}=6$,故多面体的体积大于6. 四个选项只有 D 适合,因此选 D.

答案 D.

3. 补形法

把不规则形体补成规则形体,不熟悉形体补成熟悉形体,便于计算其体积.

例 13 在四面体 $ABCD$ 中,$AB=CD=5$, $BC=AD=\sqrt{41}$, $BD=AC=\sqrt{34}$,求这个四面体的体积.

分析 本题中四面体 $ABCD$ 的底面面积可求得,但高的位置不易求得,故用公式法有困难,注意到四面体 $ABCD$ 的相对棱长相等,联想长方体相对表面的对角线相等这一性质,故将这个四面体补成长方体.

解 如图 7－2－16,将四面体 $ABCD$ 补成长方体,设长方体的长、宽、高分别是 x、y、z,则有

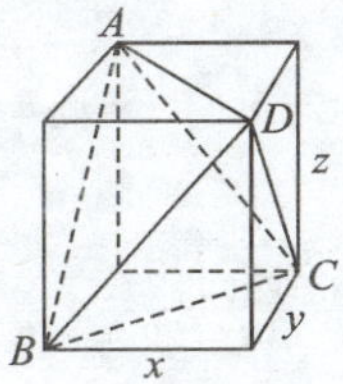

图 7－2－16

$$\begin{cases}x^2+y^2=41, & ①\\ y^2+z^2=25, & ②\\ z^2+x^2=34, & ③\end{cases}$$

由①＋②＋③得

$2(x^2+y^2+z^2)=100$,

即 $x^2+y^2+z^2=50$. ④

④分别减去①②③可得

$x=5$, $y=4$, $z=3$,

$\therefore V_{A-BCD}=V_{长方体}-4\times\left(\frac{1}{3}\times\frac{1}{2}xyz\right)=\frac{1}{3}xyz=20$.

$\therefore$ 这个四面体的体积为 20.

点拨 只有当相对棱相等的四面体各个面是锐角三角形时,才能补成长方体,否则只能补成平行六面体.

4. 等积法

等积法也称等积变形或等积转换法,它是通过选择合适的底面来求体积的一种方法.

例 14 如图 7－2－17,在棱台 $A_1B_1C_1-ABC$ 中,$V_{B-A_1B_1C_1}=4\ cm^3$, $V_{C_1-ABC}=16\ cm^3$,求此棱台的体积.

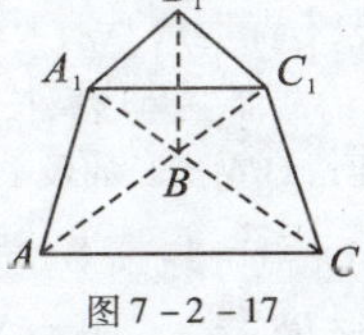

图 7－2－17

解 设 $S_{\triangle A_1B_1C_1}=S_1$, $S_{\triangle ABC}=S_2$,棱台的高为 h.

$V_{B-A_1B_1C_1}=\frac{1}{3}S_1h=4\Rightarrow S_1h=12.$ ①

$V_{C_1-ABC}=\frac{1}{3}S_2h=16\Rightarrow S_2h=48.$ ②

由①②得，

$\frac{S_1}{S_2}=\frac{1}{4}\Rightarrow\frac{A_1B_1}{AB}=\frac{1}{2}.$

又∵三棱锥 $C_1-A_1B_1B$ 与三棱锥 C_1-A_1AB 等高，而 $S_{\triangle A_1AB}=2S_{\triangle A_1B_1B}$，

$\therefore V_{C_1-A_1AB}=2V_{C_1-A_1B_1B}=8(\text{cm}^3).$

$\therefore V_{棱台A_1B_1C_1-ABC}=4+8+16=28(\text{cm}^3).$

题型8 几何体表面两点间的最短距离问题

对于几何体表面上两点间距离的最小值，常用展开图，即“化折为直”的方法转化为平面问题来处理.

例15 如图7-2-18(1)，正三棱锥 $S-ABC$ 的侧棱长为1，$\angle ASB=45°$，M 和 N 分别是棱 SB 和 SC 上的点，求 $\triangle AMN$ 的周长的最小值.

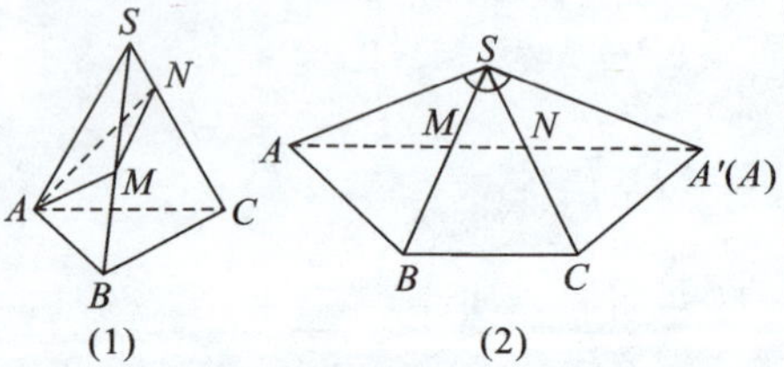

图7-2-18

分析 将正三棱锥沿侧棱 SA 剪开，然后将其侧面展开在一个平面上，如图7-2-18(2). 连接 AA'，设 AA' 交 SB 于 M，交 SC 于 N. 显然 $\triangle AMN$ 的周长 $l=AM+MN+NA'\geqslant AA'$，也就是说当 AM、MN、$NA(NA')$ 在一条直线上时，对应的截面三角形周长最短，则 AA' 的长就是截面 $\triangle AMN$ 周长的最小值.

解 ∵ $SA=SA'=1$，

$\angle ASB=\angle BSC=\angle CSA'=45°$，

$\therefore \angle ASA'=135°$，

$\therefore AA'=\sqrt{SA^2+SA'^2-2SA\cdot SA'\cos 135°}$

$=\sqrt{2+\sqrt{2}}.$

$\therefore \triangle AMN$ 周长的最小值为 $\sqrt{2+\sqrt{2}}.$

例16 一个圆台上底面半径为5 cm，下底面半径为10 cm，母线 AB 为20 cm，从 AB 中点 M 拉一条绳子，围绕圆台侧面转到 B 点(如图7-2-19).

(1)问这条绳子最短是多少?

(2)这条绳子上的点和圆台上底圆周上的点之间的最短距离是多少?

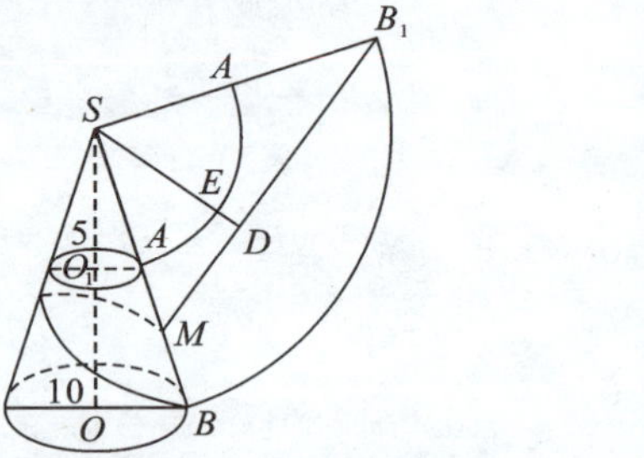

图7-2-19

分析 将圆台恢复成一个圆锥，并设圆锥的顶点为 S(如图7-2-19). 沿母线 SB 剪开，并将其侧面展开在同一个平面，则绳子的最短长度就是线段 MB_1 的长，绳子上的点和圆台上底圆周上的点之间的最短距离就是线段 DE 的长.

解 (1)∵ $\frac{R-r}{l}\cdot 2\pi=\frac{10-5}{20}\cdot 2\pi=\frac{\pi}{2}$，

$\therefore \angle BSB_1=\frac{\pi}{2}.$

又∵ $\triangle SAO_1\backsim\triangle SBO$，

$\therefore SA:SB=AO_1:BO=1:2.$

$\therefore A$ 为 SB 的中点. $\therefore SA=AB=20.$

$\therefore SB_1=SB=40.$

又∵ $AM=MB$，$\therefore SM=30.$

$\therefore MB_1=\sqrt{30^2+40^2}=50(\text{cm})$，

即这条绳子最短为50 cm.

(2)作 $SD\perp B_1M$，由直角三角形相似得 $SM^2=MD\cdot MB_1$，

$\therefore MD=\frac{30^2}{50}=18(\text{cm}).$

$\therefore DB_1=32$ cm.

$\therefore SD^2=MD\cdot DB_1=18\times32=2\times9\times2\times16.$

$\therefore SD=24$ cm.

$\therefore DE=SD-SE=24-20=4$(cm)，

即绳子上的点和圆台上底面圆周上的点的最短距离为 4 cm.

点拨 这里涉及到两种最短距离的概念，一种是曲面内两点间的最短距离，一种是曲面内两条曲线间的最短距离.

题型 9 球的截面圆及其应用

(1)解此类问题关键是寻找球的半径、截面圆的半径及球心到截面圆的距离三者构成的直角三角形这一常用图形.

(2)对于球的两个平行截面圆问题应注意是在球心的同侧还是异侧.

(3)往往作出大圆，从而化球为圆.

例 17 已知半径为 10 的球的两个平行截面的周长分别是 12π 和 16π，求这两个截面间的距离.

解 如图 7－2－20. 设球的大圆为圆 O，C、D 为两截面圆心，AB 为经过 C、O、D 的直径且两圆半径分别是 6 和 8. 当两截面在球心同侧时，如图 7－2－20(1).

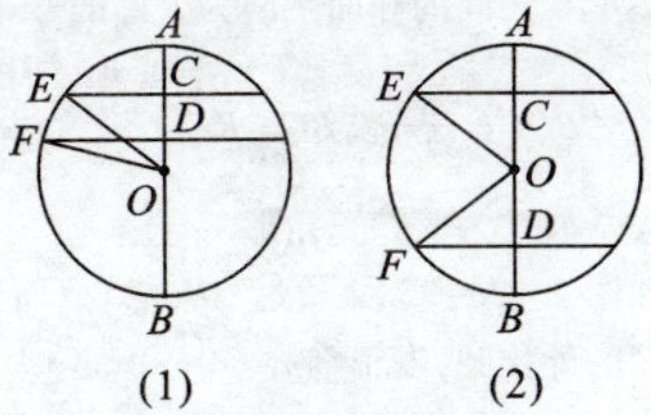

图 7－2－20

则 $CD=OC-OD=\sqrt{OE^2-EC^2}-\sqrt{OF^2-DF^2}=2.$

当两截面在球心两侧时，如图 7－2－20(2).

则 $CD=OC+OD=\sqrt{OE^2-EC^2}+\sqrt{OF^2-DF^2}=14.$

点拨 本题实质上是利用球的截面，化空间问题为平面问题.

题型 10 球面距离问题

(1)设球面上两点间的球心角为 α(弧度)，球半径为 R，则球面上两点间的距离为 $|\alpha|\cdot R$，所以计算球面距离关键是确定球心角.

(2)由球面距离可得球面上两点所对应的大圆的圆心角.

例 18 A、B、C 是半径为 R 的球表面上的三点，若 A 与 B，A 与 C，B 与 C 的球面距离都为 $\frac{\pi}{2}R$，求：(1) $\angle AOB$ 的大小；(2) 球心 O 到截面 ABC 的距离.

分析 利用 A、B、C 三点中两两的球面距离相等，可得 OA、OB、OC 两两所成的角相等，再利用所得结论，求出 $\triangle ABC$ 的边长，从而得到球心 O 与截面 ABC 的距离.

解 (1)∵ 点 A 与 B 的球面距离为 $\frac{\pi}{2}R$，且球的半径为 R，∴ 可得 $\angle AOB=\frac{\pi}{2}$.

(2)同理可得 $\angle AOC=\angle BOC=\frac{\pi}{2}$，

$\therefore \triangle ABC$ 是边长为 $\sqrt{2}R$ 的等边三角形.

如图 7－2－21，取 $\triangle ABC$ 的中心 M，连接 OM，则易得 $AM=\frac{\sqrt{6}}{3}R$.

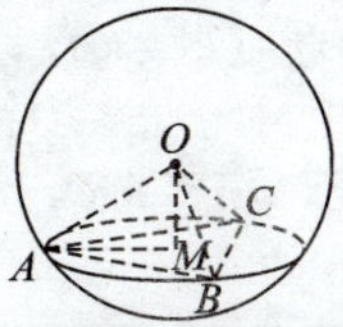

图 7－2－21

$\therefore OM=\sqrt{OA^2-AM^2}=\frac{\sqrt{3}}{3}R$，

即球心 O 到平面 ABC 的距离为 $\frac{\sqrt{3}}{3}R$.

点拨 求球心到截面的距离，即求球心与截面圆连心线的长度.

题型11 与球有关的表面积、体积

充分利用轴截面，将立体图形转化为平面几何问题，从而利用公式求解.

例19 在球内有相距为9 cm的两个平行截面，面积分别是$49\pi\ cm^2$和$400\pi\ cm^2$，且截面位于球心同一侧，求球的表面积.

分析 求球的表面积或体积只需要求出球的半径，要求半径就得建立关于半径的方程，建立方程的等量关系.

解法一 设过球心O的平面截球得$\odot O$，如图7-2-22，则$\odot O$为球的大圆，该平面截两平行截面的交线为AB、CD，则AB、CD分别为两平行截面圆的直径，O_1、O_2分别为两截面圆的圆心. 连接OA、OC，设球半径为R cm，则$OA=OC=R$ cm.

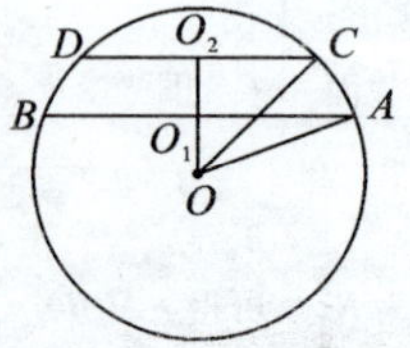

图7-2-22

$\because \pi\cdot O_2C^2=49\pi,\pi\cdot O_1A^2=400\pi$，

$\therefore O_2C=7$ cm，$O_1A=20$ cm.

$\because OO_2=\sqrt{OC^2-O_2C^2}=\sqrt{R^2-49}$，

$OO_1=\sqrt{R^2-400}$，$O_1O_2=OO_2-OO_1$，

即$\sqrt{R^2-49}-\sqrt{R^2-400}=9$. ①

$\because (R^2-49)-(R^2-400)=351$. ②

②÷①，得

$\sqrt{R^2-49}+\sqrt{R^2-400}=39$. ③

①+③，得

$2\sqrt{R^2-49}=48$，$\sqrt{R^2-49}=24$，

$\therefore R^2=576+49=625$，所以$R=25$.

$\therefore$ 球的表面积$=4\pi R^2=2\ 500\pi(cm^2)$.

解法二 如图7-2-22，设$OO_1=x$ cm，球半径为R cm，则

$R^2-49=(9+x)^2$， ①

$R^2-400=x^2$. ②

①-②得$(9+x)^2-x^2=351$，$18x=270$.

$\therefore x=15$，$R^2=400+x^2=625$，$R=25$.

$\therefore$ 球的表面积$=4\pi R^2=2\ 500\pi(cm^2)$.

例20 球面上有三点A、B、C，点A与点B，点A与点C之间的球面距离是大圆周长的$\frac{1}{4}$，点B与点C之间的球面距离是大圆周长的$\frac{1}{6}$，且球心到截面ABC的距离是$\frac{\sqrt{21}}{7}$，求球的体积.

解 如图7-2-23(1). 设球心为O，球半径为R.

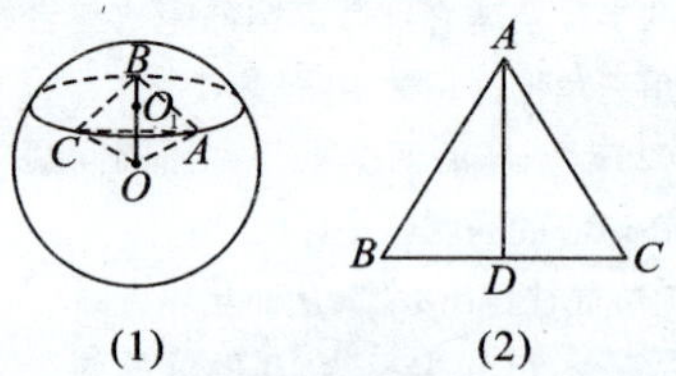

图7-2-23

$\because A$、B两点的球面距离是大圆的$\frac{1}{4}$，

$\therefore \angle AOB=\frac{\pi}{2}$. $\therefore AB=\sqrt{2}R$.

同理$\angle AOC=\frac{\pi}{2}$，$AC=\sqrt{2}R$，

$\because B$、C之间的球面距离为大圆的$\frac{1}{6}$，

$\therefore \angle BOC=\frac{\pi}{3}$. $\therefore BC=R$.

$\therefore \triangle ABC$为等腰三角形.

如图7-2-23(2)，过ABC的截面圆为$\triangle ABC$的外接圆，设半径r.

$\because AB=\sqrt{2}R$，$BD=\frac{R}{2}$，$\therefore AD=\frac{\sqrt{7}}{2}R$.

$\therefore \sin\angle ABD=\frac{\sqrt{14}}{4}$.

由正弦定理$\frac{AC}{\sin\angle ABD}=2r$，

得$\frac{\sqrt{2}R}{\frac{\sqrt{14}}{4}}=2r$，$\therefore r=\frac{2}{\sqrt{7}}R$.

$\therefore R^2=\left(\frac{\sqrt{21}}{7}\right)^2+\left(\frac{2}{\sqrt{7}}R\right)^2.\therefore R=1.$

$\therefore$ 球的体积 $V=\frac{4}{3}\pi R^3=\frac{4}{3}\pi.$

题型 12 多面体与球的接切问题

所谓接切问题，是指一个几何体切于其他几何体或其他几何体内接于这个几何体的两种情形，求解这类问题的关键是借助于空间图形或轴截面图形，建立两个几何体的基本量之间的关系，从而由已知量求出未知量.

例 21 球与圆台的上、下底面及侧面都相切，且球面面积与圆台侧面面积之比为3∶4，则球的体积与圆台体积之比是(　　).

A. 6∶13　　B. 5∶14

C. 3∶4　　D. 7∶15

解析 如图7-2-24，作圆台的轴截面等腰梯形$ABCD$，设球的半径为R，圆台的上、下底面半径分别为r_1、r_2，由平面几何性质，圆台的高为$2R$，母线长为r_1+r_2. $\because \angle AOB=90°$，$OE\perp AB$(E为切点)，$\therefore R^2=OE^2=AE\cdot BE=r_1r_2$.

由$\frac{S_{球}}{S_{圆台侧}}=\frac{4\pi R^2}{\pi(r_1+r_2)^2}=\frac{3}{4}$，得$(r_1+r_2)^2=\frac{16}{3}R^2$. $\therefore \frac{V_{球}}{V_{圆台}}=\frac{\frac{4}{3}\pi R^3}{\frac{1}{3}\pi(r_1^2+r_1r_2+r_2^2)\cdot 2R}=\frac{2R^2}{(r_1+r_2)^2-r_1\cdot r_2}=\frac{2R^2}{\frac{16}{3}R^2-R^2}=\frac{6}{13}.$

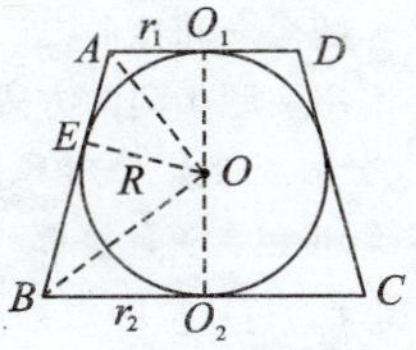

图 7-2-24

答案 A.

点拨 本题解答中使用了射影定理和切线性质定理.

例 22 在矩形$ABCD$中，$AB=4$，$BC=3$，沿AC将矩形$ABCD$折成一个直二面角$B-AC-D$，则四面体$ABCD$的外接球的体积为____.

解析 如图7-2-25，折叠前后$\triangle ADC$和$\triangle ABC$保持直角三角形不变. 取AC的中点O，则有$OB=OA=OC=OD$，所以四面体$ABCD$外接球的半径$R=\frac{1}{2}AC=\frac{5}{2}$，$\therefore V=\frac{4}{3}\pi R^3=\frac{4\pi}{3}\times\frac{125}{8}=\frac{125}{6}\pi.$

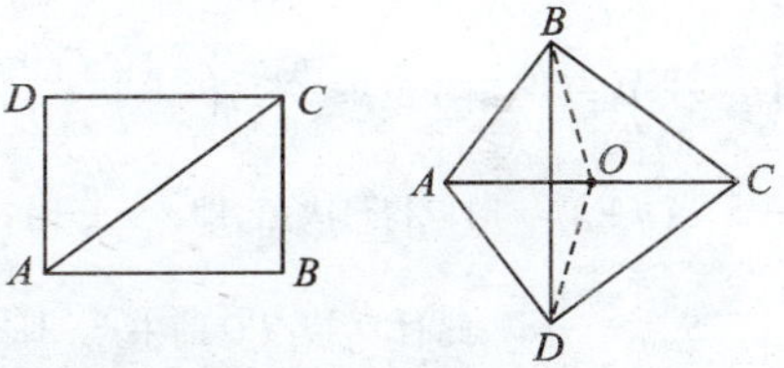

图 7-2-25

答案 $\frac{125}{6}\pi$.

点拨 注意球定义的应用.

综合解题指导

题型 1 最值问题(与函数综合)

例 1 如图7-2-26，一个正三棱锥$P-ABC$的底面边长为a，高为h，一个内接直三棱柱$A_1B_1C_1-A_0B_0C_0$的顶点A_1、B_1、C_1分别在三棱锥的三条侧棱上，A_0、B_0、C_0在底面ABC上，试求当三棱柱侧面积最大时，三棱柱上底面$A_1B_1C_1$的位置.

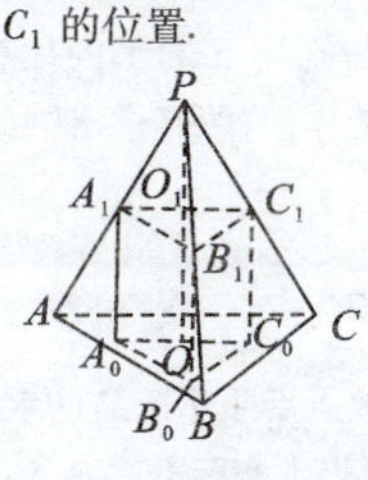

图 7-2-26

分析 将三棱柱的侧面积表示成某个变量后求最值.

解 因为截面$A_1B_1C_1$∥底面ABC，

所以$\triangle A_1B_1C_1$为正三角形，

则三棱柱$A_1B_1C_1-A_0B_0C_0$为正三棱柱，

设PO交截面$A_1B_1C_1$于O_1，则$\frac{A_1B_1}{AB}=\frac{PO_1}{PO}$.

令$A_1B_1=x,PO=h$，则$PO_1=\frac{h}{a}x$.

所以$O_1O=h-PO_1=h-\frac{h}{a}x=h\left(1-\frac{x}{a}\right)$，所求三棱柱的侧面积为$S=3x\cdot\left(1-\frac{x}{a}\right)h=\frac{3h}{a}(a-x)\cdot x\leqslant\frac{3h}{a}\cdot\left(\frac{a-x+x}{2}\right)^2$.

当$a-x=x$时取得最大值，即$x=\frac{a}{2}$时，

$S_{\max}=\frac{3}{4}ah$，此时O_1为PO的中点，即当PO被三棱柱的上底面$A_1B_1C_1$平分时，三棱柱侧面积最大.

点拨 解决几何体的侧面积或体积的最值问题，应联想到函数中求最值的方法，对于与几何体有关的代数恒等变形问题，可以采用特殊图形法或特值代入法得到启示，然后再进行论证.

题型 2 空间几何体的实际应用

例 2 一个圆柱形的玻璃瓶的内半径是 3 cm，瓶里所装的水深为 8 cm，将一个钢球完全浸入水中，瓶中水的高度上升到 8.5 cm，求钢球的半径.

分析 由于钢的密度大于水的密度，可知钢球的体积与它排开的水的体积相等，通过求升高的水的体积，便可求出钢球的半径.

解 如图 7-2-27，设钢球的半径为R，得钢球的体积为$V_{球}=\frac{4}{3}\pi R^3$.

钢球被放入后瓶里所装的水由 8 cm 上升到 8.5 cm，可得水实际升高 0.5 cm.

$\therefore$升高的水的体积$V_{水}=\pi r^2\times h=\pi\times 3^2\times 0.5=4.5\pi$.

$\because V_{球}=V_{水}$，$\therefore\frac{4}{3}\pi R^3=4.5\pi$，$\therefore R^3=\frac{4.5\times 3}{4}=\frac{27}{8}$，$\therefore R=\frac{3}{2}=1.5(\text{cm})$.

即钢球的半径为 1.5 cm.

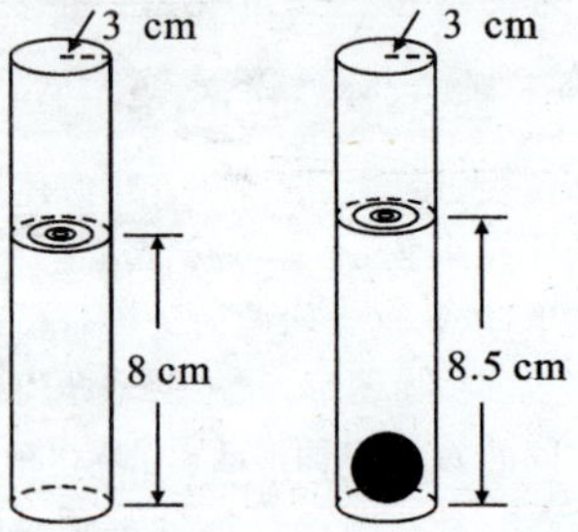

图 7-2-27

三年高考分析

本章内容作为立体几何的基础章节，在高考中无论在题型、题量、难度等方面都比较稳定，反映在考题上有以下特点：

1. 用选择题、填空题考查几何体的基本性质和求积公式，分以下几类：

(1)与多面体和球的面积、体积有关的计算问题；

(2)与多面体和球中某些元素有关的计算问题；

(3)考查多面体和球中的某些概念.

此类题难度都不大，其中计算题多为考查概念的题.

2. 用解答题综合考查空间线面间的位置关系和几何体的概念和性质，近几年立体几何解答题多采用一题多问的方式，这样既降低了起点，又分散了难点，试题既包含了一定量的证明步骤，也包含了计算部分，能较全面地考查逻辑推理能力、空间想象能力和运算能力，预计这种命题的特点还将保持下去.

例 1 (辽宁高考)设某几何体的三视图如图 7-2-28(尺寸的单位为 m). 则该几何体的体积为________m^3.

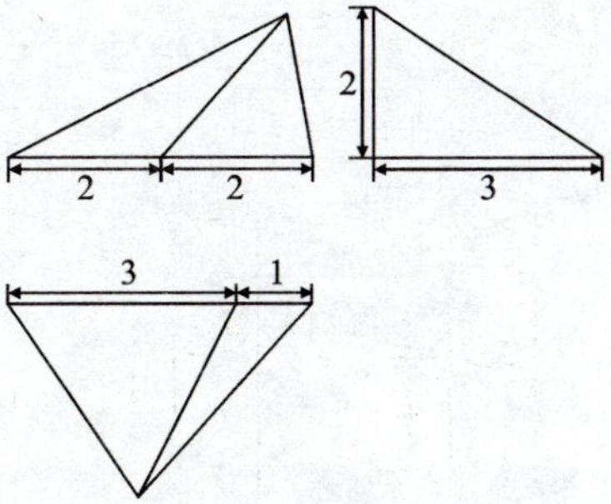

图 7－2－28

解析 由三视图可知，该几何体为三棱锥(如图 7－2－29)，$AC=4$，$SO=2$，$BD=3$，

$\therefore V_{S-ABC}=\frac{1}{3}\times\frac{1}{2}\times4\times3\times2=4.$

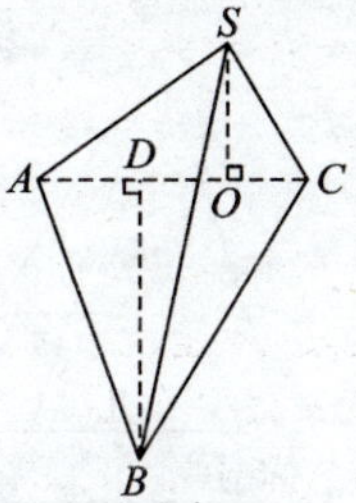

图 7－2－29

答案 4.

点拨 解决此题的关键在于能够由三视图得到原几何体的形状.

例 2 (海南高考)一个棱锥的三视图如图 7－2－30，则该棱锥的全面积(单位：cm^3)为(　　).

A. $48+12\sqrt{2}$　　B. $48+24\sqrt{2}$

C. $36+12\sqrt{2}$　　D. $36+24\sqrt{2}$

解析 该几何体是一个底面为直角三角形的三棱锥，如图 7－2－31，$SE=5$，$SD=4$，$AC=6\sqrt{2}$，$AB=BC=6$，

$\therefore S_{全}=S_{\triangle ABC}+2S_{\triangle SAB}+S_{\triangle ASC}$

$=\frac{1}{2}\times6\times6+2\times\frac{1}{2}\times5\times6+\frac{1}{2}\times6\sqrt{2}\times4=48+12\sqrt{2}.$

答案 A.

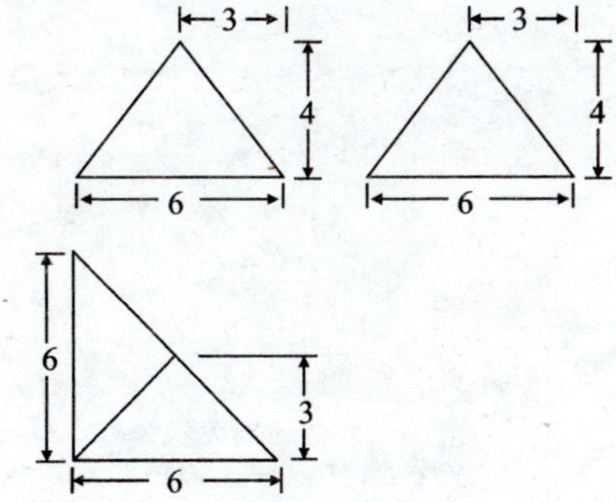

图 7－2－30

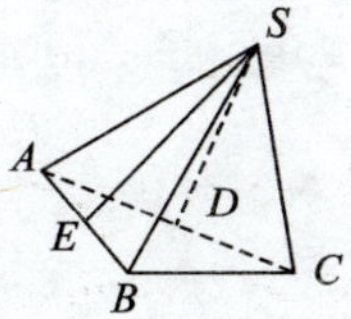

图 7－2－31

例 3 (辽宁高考)若一个底面边长为 $\frac{\sqrt{6}}{2}$，侧棱长为$\sqrt{6}$的正六棱柱的所有顶点都在一个球的面上，则此球的体积为________.

解析 如图 7－2－32，$O'B=AB=\frac{\sqrt{6}}{2}$，

$O'O=\frac{1}{2}AA'=\frac{\sqrt{6}}{2}$，$\therefore OB=\sqrt{O'B^2+O'O^2}=\sqrt{3}$. $\therefore V_{球}=\frac{4}{3}\pi OB^3=4\sqrt{3}\pi$.

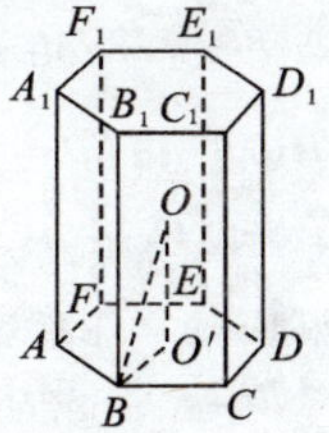

图 7－2－32

答案 $4\sqrt{3}\pi$.

例 4 (陕西高考)如图 7－2－33，球 O 的半径为 2，圆 O_1 是一小圆，$OO_1=\sqrt{2}$，A、B 是圆 O_1 上两点，若 A、B 两点间的球面距离为 $\frac{2\pi}{3}$，则$\angle AO_1B=$________.

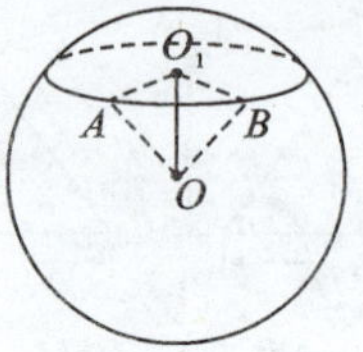

图 7－2－33

解析 $\angle AOB=\frac{l}{r}=\frac{\frac{2}{3}\pi}{2}=\frac{\pi}{3}$，则有 $AB=r=2$. 连接 OA，$O_1A=\sqrt{OA^2-O_1O^2}=\sqrt{2^2-(\sqrt{2})^2}=\sqrt{2}$，$O_1B=O_1A=\sqrt{2}$，故有 $O_1B^2+O_1A^2=AB^2$，所以 $\angle AO_1B=\frac{\pi}{2}$.

答案 $\frac{\pi}{2}$.

例5 （浙江高考）如图 7－2－34，已知球 O 的面上四点 A、B、C、D，$DA\perp$平面 ABC，$AB\perp BC$，$DA=AB=BC=\sqrt{3}$，则球 O 的体积等于________.

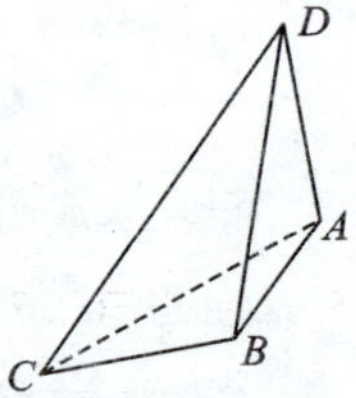

图 7－2－34

解析 方法一：由题设可知 $\triangle DAC$ 和 $\triangle DBC$ 都是直角三角形，且有公共斜边 DC，所以 DC 边的中点就是三棱锥 $D-ABC$ 的外接球的球心（到 D、A、B、C 四点距离相等）. 所以 $R=\frac{1}{2}CD$. 在 $\mathrm{Rt}\triangle ABC$ 中，得 $AC=\sqrt{AB^2+BC^2}=\sqrt{6}$，在 $\mathrm{Rt}\triangle DAC$ 中，得 $CD=\sqrt{AD^2+AC^2}=3$. 所以 $R=\frac{3}{2}$，所以 $V=\frac{4}{3}\pi R^3=\frac{9}{2}\pi$.

方法二：根据已知条件将这三棱锥补成一个正方体（如图 7－2－35）. 则球 O 的直径恰好是该正方体的体对角线 CD，即 $2R=CD=\sqrt{BC^2+AB^2+DA^2}=3$，所以 $R=\frac{3}{2}$. 故 $V_{球}=\frac{4}{3}\pi R^3=\frac{4}{3}\pi\left(\frac{3}{2}\right)^3=\frac{9}{2}\pi$.

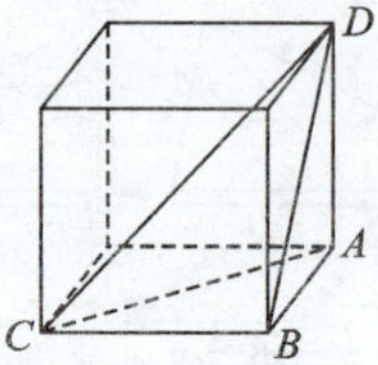

图 7－2－35

答案 $\frac{9\pi}{2}$.

例6 （广东高考）某高速公路收费站入口处的安全标识墩如图 7－2－36. 墩的上半部分是正四棱锥 $P-EFGH$，下半部分是长方体 $ABCD-EFGH$. 图 7－2－37、图 7－2－38 分别是该标识墩的正（主）视图和俯视图.

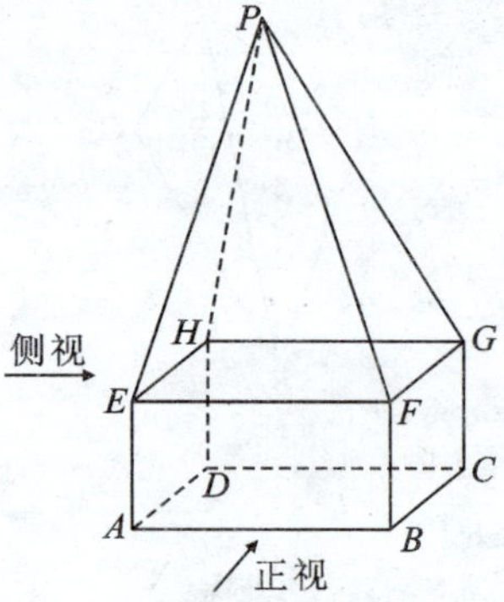

图 7－2－36

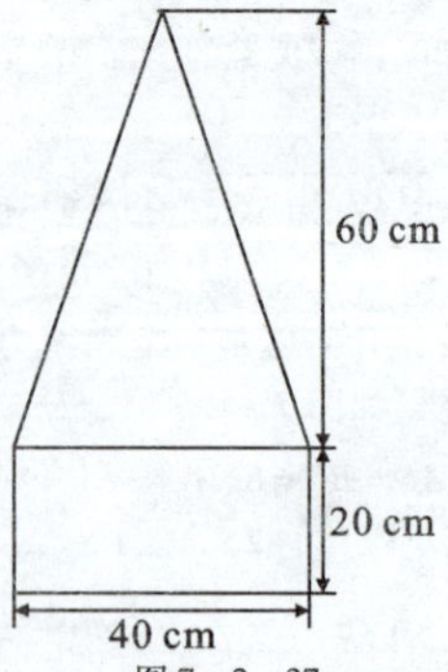

图 7－2－37

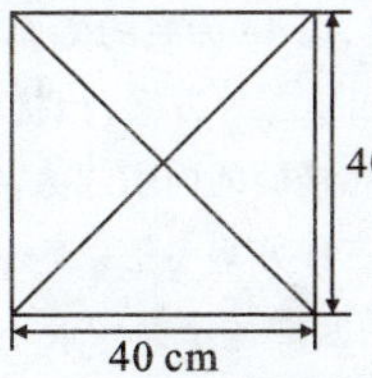

图 7－2－38

(1)请画出该安全标识墩的侧(左)视图；

(2)求该安全标识墩的体积；

(3)证明：直线 $BD\perp$ 平面 PEG.

(1) **解** 侧视图同正视图(略).

(2) **解** 该安全标识墩的体积为 $V=V_{P-EFGH}+V_{ABCD-EFGH}=\frac{1}{3}\times40^2\times60+40^2\times20$

$=32\ 000+32\ 000=64\ 000(\text{cm}^3)$.

(3) **证明** 如图 7－2－39，连接 EG、HF 及 BD，EG 与 HF 相交于点 O，连接 PO，由正四棱锥的性质可知，$PO\perp$ 平面 $EFGH$，$\therefore PO\perp HF$.

又$\because EG\perp HF$，$\therefore HF\perp$ 平面 PEG.

又$\because BD/\!/HF$，$\therefore BD\perp$ 平面 PEG.

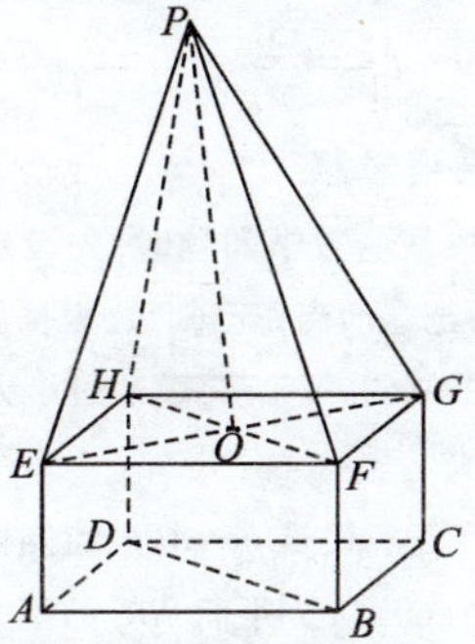

图 7－2－39

数学思想

1. 函数思想

在解题过程中把变量之间的联系用函数关系反映出来，便形成了函数思想.

例1 四面体有五条棱长为 2，当第六条棱长为多少时，四面体的体积最大，并求其最大值.

分析 如图 7－2－40，由 $AB=BC=AC=CD=BD=2$，可取 BC 中点 E，连接 AE、DE，则 $BC\perp$ 平面 ADE，所以平面 AED 把四面体 $ABCD$ 分成四面体 $BADE$ 和四面体 $CADE$，因而 $V_{A-BCD}=V_{B-ADE}+V_{C-ADE}$.

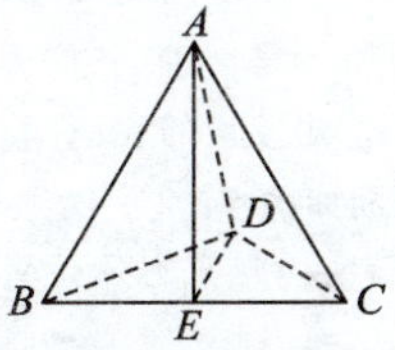

图 7－2－40

解 取 BC 中点 E，连接 AE、DE，所以有 $DE\perp BC$，$AE\perp BC$，则 $BC\perp$ 平面 ADE.

设 $AD=x$，$S_{\triangle ADE}=\frac{1}{2}x\sqrt{3-\frac{x^2}{4}}$，

$\therefore V_{A-BCD}=V_{B-ADE}+V_{C-ADE}=\frac{1}{3}\cdot BE\cdot S_{\triangle ADE}+\frac{1}{3}EC\cdot S_{\triangle ADE}=\frac{1}{3}\cdot BC\cdot S_{\triangle ADE}=\frac{1}{3}\sqrt{3x^2-\frac{x^4}{4}}$.

当 $x^2=-\frac{3}{2\left(-\frac{1}{4}\right)}=6$，即 $x=\sqrt{6}$ 时，

$V_{\max}=\frac{1}{3}\sqrt{3\times6-\frac{36}{4}}=1$.

点拨 把体积表达成函数形式，通过函数的最值讨论求出体积的最值，这种方法是在求最值问题经常应用的一种简捷途径.

2. 转化思想

解决空间几何体问题的一个基本思想就是空间问题平面化.

例2 两个相同的正四棱锥组成如图 7－2－41(1)的几何体，可放入图 7－2－41(2)的棱长为 1 的正方体内，使正四棱锥的底面 $ABCD$ 与正方体的某一个面平行，且各顶点均在正方体的面上，则这样的几何体的体积的可能值有(　　).

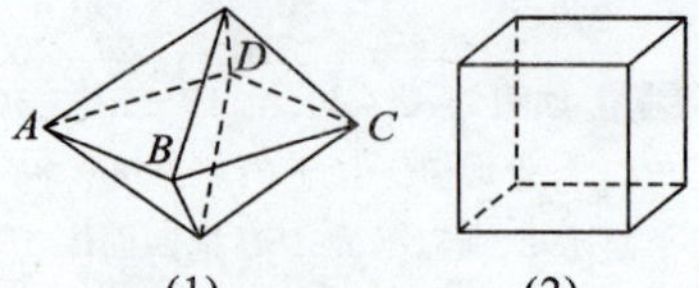

图 7－2－41

A. 1 个　　B. 2 个

C. 3 个　　D. 无穷多个

解析 用正四棱锥的底面所在平面将正方体切开，截面如图 7－2－42. 可见，正方体某个平行截面的内接正方形位置不确定，其面积也不可能确定，故 $V=\frac{1}{3}\cdot S\cdot h\times 2$ 不确定. 故选 D.

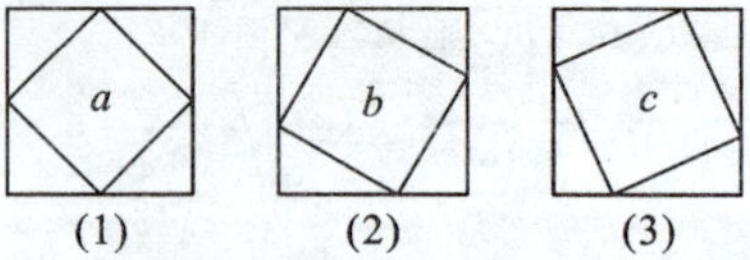

图 7－2－42

答案 D.

点拨 本题将几何体的体积问题转化成了平面图形的面积问题，通过面积的不唯一确定了体积的不唯一.

3. 分类讨论思想

当所给对象不能统一研究时，需要分类讨论，最终综合各类结果得到整个问题的解答.

例 3 如图 7－2－43，有两个相同的直三棱柱，高为 $\frac{2}{a}$，底面三角形的三边长分别为 $3a$、$4a$、$5a(a>0)$. 用它们拼成一个三棱柱或四棱柱，在所有可能的情形中，全面积最小的是一个四棱柱，则 a 的取值范围是________.

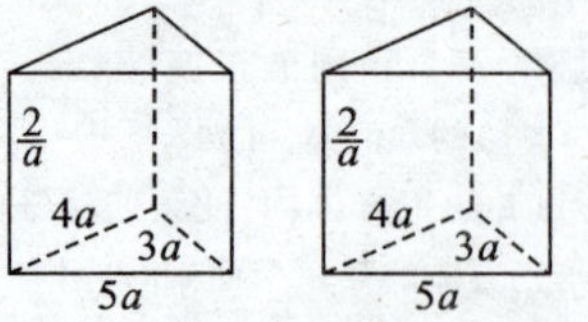

图 7－2－43

解析 若拼成一个四棱柱，可能有把以 $3a$ 为底的侧面相接，以 $4a$ 为底的侧面相接和以 $5a$ 为底的侧面相接三种方案，相接的面积不在全面积中，故相接面的面积越大，得到的全面积越小. 上述三种方案中把以 $5a$ 为底的侧面相接时得到的四棱柱全面积最小，为 $S_1=4a\times 3a\times 2+\frac{2\times 2}{a}(4a+3a)=24a^2+28$；若接成一个三棱柱，可以把底面相接，也可以把以 $3a$ 为底的侧面或以 $4a$ 为底的侧面相接，此时只要把一个三棱柱转 180°，使直角边连成一条线即可，上述三种方案中，后两种的全面积一定比四棱锥的最小全面积要大，所以若使全面积最小为四棱柱，只需底面相接的三棱柱全面积大于 S_1，即 $S_1<S_2=\frac{1}{2}\times 2\times 3a\times 4a+2\times\frac{2}{a}(3a+4a+5a)$，即 $24a^2+28<12a^2+48$，解得 $0<a<\frac{\sqrt{15}}{3}$.

答案 $0<a<\frac{\sqrt{15}}{3}$.

4. 方程思想

在解决某些数学问题时，先设定一些未知数，然后把它们当作已知数，根据题设本身各量之间的制约，列出等式. 通过解方程(组)使问题解决.

例 4 正三棱锥 $S-ABC$ 的侧棱与底面所成的角为 60°，A 到平面 SBC 的距离为 3，求此三棱锥的体积.

分析 为求体积，需先求出底面积和高，因此可设底面边长及高两个未知数，根据已知条件构建方程求解.

解 如图 7－2－44，设底面边长为 a，底面中心为 O，高 SO 为 h，BC 中点为 D. 作 $AE\perp SD$ 于 E，则 AE 长即为 A 点到平面 SBC 的距离，$AE=3$.

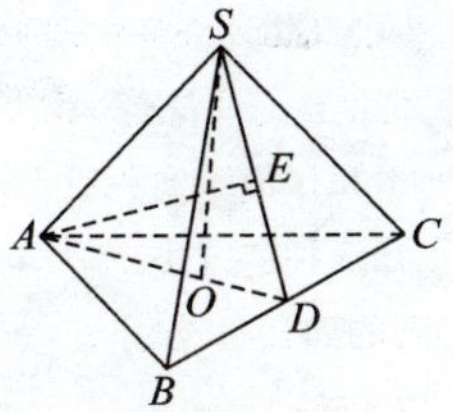

图 7－2－44

$\because AO=\frac{\sqrt{3}}{3}a$，$\angle SAO=60°$，

$\therefore h=\frac{\sqrt{3}}{3}a\tan 60°=a$.　①

$AD=\frac{\sqrt{3}}{2}a$，$SD=\sqrt{SO^2+OD^2}=\sqrt{h^2+\left(\frac{\sqrt{3}}{6}a\right)^2}$.

由△SAD 的面积得 $AE\cdot SD=AD\cdot SO$，

即 $3\sqrt{h^2+\left(\frac{\sqrt{3}}{6}a\right)^2}=\frac{\sqrt{3}}{2}ah$，

整理，得 $a^2+12h^2=a^2h^2$.　②

由①②可解得 $a=h=\sqrt{13}$.

$\therefore V_{三棱锥S-ABC}=\frac{1}{3}\cdot\frac{\sqrt{3}}{4}a^2\cdot h=\frac{13\sqrt{39}}{12}$.

背景材料

高明的建筑师——蜜蜂

法国数学家傅立叶有句流传至今的名言：对自然的深入研究是数学发现的最富饶的源泉. 黄金比是自然美的反映，蜂房问题也是极有趣的例子. 蜂房的结构不仅有条理、有对称性，而且最省材料，这种"最省"实际上是极值问题. 历史上不少学者都注意到蜂房的奇妙结构. 蜂房上有许多巢，取一个巢来看，它是正六角形的柱体，其上底是由三个全等的菱形组成（如图 7－2－45）. 早在公元 300 年前后，亚历山大的巴普士就研究过蜂房的形状，他认为六棱柱的蜂巢的结构是最经济的结构. 开普勒曾说过这种充满空间的对称的蜂房的角应该和菱形十二面体（各个面都是菱形的十二面体）的解一样. 18 世纪法国天文学家马拉尔弟经过实际测量后指出蜂巢顶部菱形的两角分别是 109°28′和 70°32′. 法国自然哲学家列俄木作出一猜想，他认为用这样的角度来建造蜂房，在相同的容积下最节省材料. 于是他请教瑞士数学家克尼希，克尼希证实了列俄木的猜想. 但他通过数值计算推得：根据蜂房的结构法要使表面积最省料，其上底中菱形的两个角应为 109°26′和 70°34′，和马拉尔弟实际测量的数值有 2′之差！当时人们认为：蜜蜂毕竟不懂科学，它们解决这样一个复杂的极值问题只有 2′的误差，是不足为奇的. 可是事情还没有完结. 后来，在调查一艘轮船失事原因的过程中，发现船上使用的对数表有错误，而当时数学家克尼希进行蜂房计算时，所使用的也是同类对数表. 于是人们又开始怀疑克尼希计算数据的准确性. 1743 年，美国数学家马克劳林重新从理论上研究蜂巢中的极值问题，得到更惊人的结果. 他完全用初等数学方法得到菱形的钝角是 109°28′16″，锐角是 70°31′44″，与实际测量的值一致. 这 2′之差，不是蜜蜂不准，而是数学家克尼希算错了，他所用的对数表印错了.

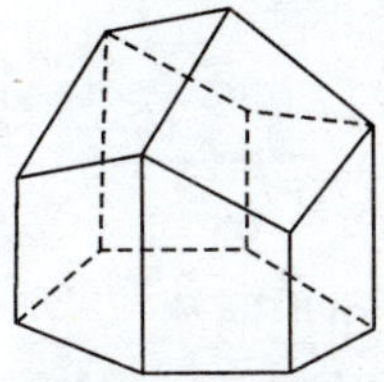
图 7－2－45

马克思说得好："蜜蜂建筑蜂房的本领使人间许多建筑师感到惭愧. 但是，最蹩脚的建筑师从一开始就比最灵巧的蜜蜂高明的地方，是他在用'蜂蜡'建筑'蜂房'以前，已经在自己的头脑中把它建成了."

生物现象常常给人们很大启发，数学美是自然美的客观反映.

第三章 点、直线、平面之间的位置关系

知识网络

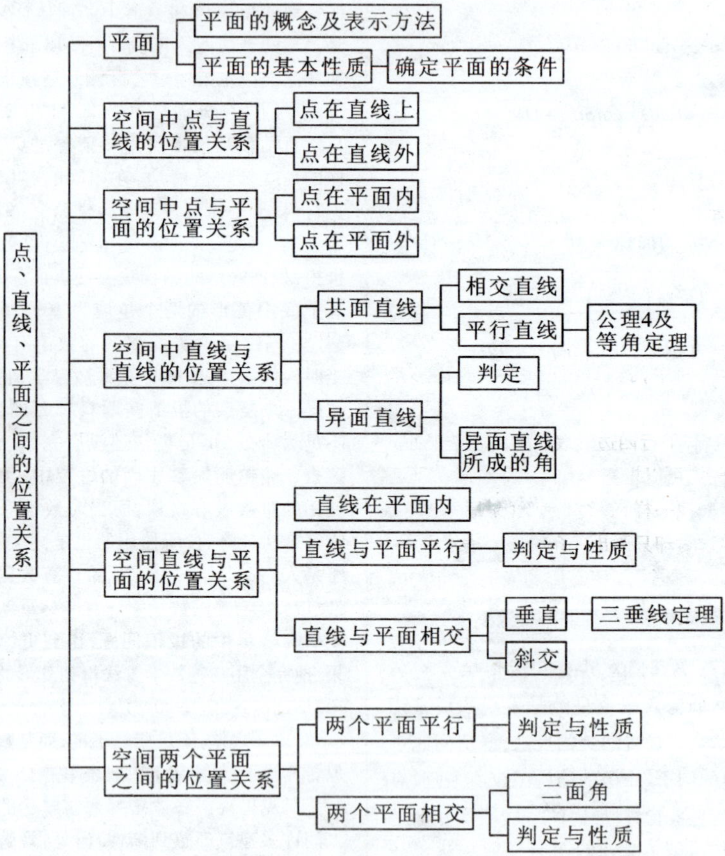

基础知识精析

1. 平面

平面是一个不加定义、只需理解的原始概念. 从运动的观点看，平面可以看成是空间点的轨迹或集合.

注意

(1)立体几何中的平面与日常生活中见到的平面有区别. 后者比较平，且有限，而前者是理想的，绝对的平且无限延展. 以后在立体几何中所说的平面都是指后一种.

(2)立体几何中的平面与平面几何中的平面图形有区别. 平面图形如三角形、正方形等，它们有大小之分；而平面无大小、无厚薄之分，无所谓的面积，类似我们以前学的直线，可以无限延伸，是不可度量的.

2. 平面的画法

立体几何中，我们通常画平行四边形来表示平面.

(1)画的平行四边形表示的是整个平面.

需要时，可以把它延展开来. 如同在平面几何中画直线一样，直线是可以无限延伸的，但在画直线时却只画出一条线段来表示.

(2)加“通常”二字是因为有时根据需要也可用其他平面图形表示，如三角形、矩形等.

(3)画表示平面的平行四边形时，通常把它的锐角画成45°，横边画成是邻边的两倍.

(4)两个相交平面的画法. 当一个平面的一部分被另一个平面遮住时，应该把被遮住部分的线段画成虚线或者不画，以增强立体感.

注意

在平面几何中，凡是引入的辅助线都画成虚线；而在立体几何中却不然，凡是被平面遮住的线，都画成虚线；凡是不被遮住的线都画成实线(无论是题中原有的，还是后引的辅助线).

3. 平面的表示方法

(1)用一个小写的希腊字母表示，如平面 α、平面 β、平面 γ 等.

(2)用多边形的一条对角线的两个端点字母表示，如平面 AC、平面 BD.

(3)用表示多边形各顶点的字母表示，如平面 ABC、平面 $A_1B_1C_1D_1$.

4. 集合符号在立体几何中的应用

以点作为元素，直线和平面都是由点构成的集合. 几何中许多符号的规定都是源于将图形视为点集.

例如：点 A 在平面 α 内，记作 $A\in\alpha$；点 A 不在 α 内，记作 $A\notin\alpha$. 直线 l 在 α 内记作 $l\subset\alpha$；直线 l 不在 α 内，记作 $l\not\subset\alpha$.

5. 平面的基本性质

名称	图形	文字语言	符号语言
公理1	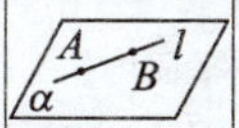	如果一条直线上的两点在一个平面内，那么这条直线在此平面内	$\left.\begin{matrix}A\in l\\B\in l\\A\in\alpha\\B\in\alpha\end{matrix}\right\}\Rightarrow l\subset\alpha$
公理2	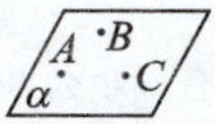	经过不在同一直线上的三点，有且只有一个平面	A、B、C 三点不共线 $\Rightarrow$ 有且只有一个平面 α，使 $A\in\alpha$，$B\in\alpha$，$C\in\alpha$
公理2的推论 推论1	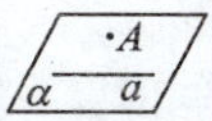	经过一条直线和这条直线外一点，有且只有一个平面	若点 $A\notin$ 直线 a，则点 A 和 a 确定一个平面 α

续表

名称	图形	文字语言	符号语言
公理2的推论 推论2	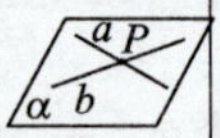	两条相交直线确定一个平面	若 $a\cap b=P$,则 a 和 b 确定一个平面
公理2的推论 推论3	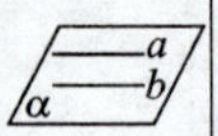	两条平行直线确定一个平面	$a/\!/b\Rightarrow$有且只有一个平面α,使$a\subset\alpha,b\subset\alpha$
公理3	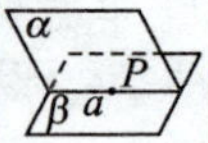	如果两个平面有一个公共点,那么它们还有其他的公共点,且所有这些公共点的集合是一条过这个公共点的直线	若 $P\in\alpha$,$P\in\beta$,则 $\alpha\cap\beta=a$,且 $P\in a$

公理及推论的作用:

公理1:(1)可判定直线是否在平面内;

(2)可判定点是否在平面内;

(3)可用直线检验平面.

公理2:(1)可确定平面;(2)可用其证明点、线共面问题.

平面基本性质的三个推论,是判定点线共面和确定平面的重要依据.

公理3:(1)它是判定两个平面是否相交的依据,即只要两个平面有一个公共点,就可以判定这两个平面必相交于过该点的一条直线;

(2)它可以判定点在直线上,即若点是某两个平面的公共点且线是这两个平面的公共交线,则该点在交线上.

6. 空间中点与直线的位置关系

(1)点在直线上,如点 A 在直线 l 上,记作 $A\in l$.

(2)点在直线外,如点 A 在直线外,记作$A\notin l$.

7. 空间中点与平面的位置关系

(1)点在平面内,如点 A 在平面 α 内,记作 $A\in\alpha$.

(2)点在平面外,如点 A 在平面 α 外,记作 $A\notin\alpha$.

8. 平行公理(公理4)

平行于同一条直线的两条直线互相平行.

其符号语言:$a/\!/b,c/\!/b\Rightarrow a/\!/c$.

图形表示如图 7-3-1:

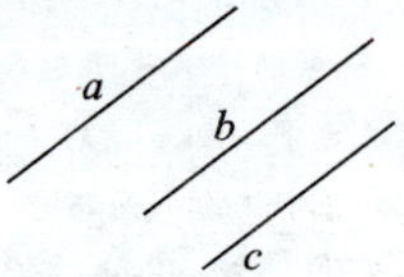

图 7-3-1

注意

该性质通常叫做空间平行线的传递性,是判定空间两直线平行的方法之一.

9. 等角定理

定理:如果一个角的两边与另一个角的两边分别对应平行,并且方向相同,那么这两个角相等.

推论1:如果两条相交直线和另两条相交直线分别平行,那么这两组直线所成的锐角(或直角)相等.

推论2:空间中,如果两个角的两条边分别平行,那么这两个角相等或互补.

注意

事实上,如果一个角的两边和另一个角的两边分别平行,且方向都相反,那么这两个角也相等;当方向一同一反时,这两个角互补.

10. 异面直线

不同在任何一个平面内的两条直线叫做异面直线.

注意

(1)“不同在任何一个平面内”，指这两条直线永不具备确定平面的条件，因此，异面直线既不相交，也不平行.

(2)“不同在任何一个平面内”与“分别在两个平面内”截然不同，分别在两个平面内的两条直线可能是相交直线、平行直线或异面直线.

11. 异面直线的画法

画异面直线时，为了充分显示出它们既不平行又不相交，也不共面的特点，常常需要以辅助平面作为衬托，以加强直观性，如图 7－3－2.

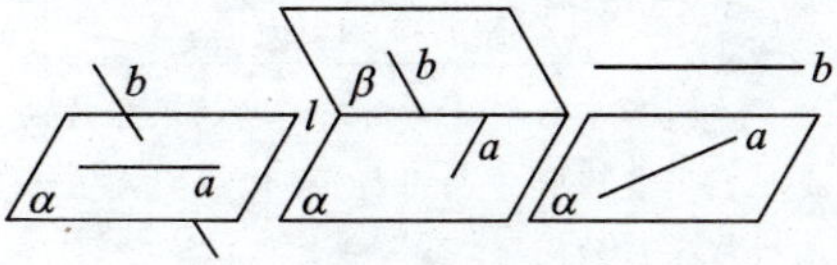

图 7－3－2

12. 两条异面直线所成的角

已知两条异面直线 a、b，经过空间任一点 O 作直线 $a' \parallel a$，$b' \parallel b$，我们把 a' 与 b' 所成的锐角(或直角)叫做异面直线 a 与 b 所成的角(或夹角)，其范围为 $\left(0, \frac{\pi}{2}\right]$.

注意

(1)该定义属于构造定义.

(2)过空间任一点，引两条直线分别平行于两条异面直线，它们所成的锐角(或直角)都是相等的，而与所取点的位置无关.

13. 两条异面直线垂直

如果两条异面直线所成的角是直角，那么我们就说这两条直线互相垂直，两条互相垂直的异面直线 a、b，记作 $a \perp b$.

注意

两条异面直线互相垂直一定没有垂足.

14. 异面直线的判定定理

过平面外一点与平面内一点的直线，和平面内不经过该点的直线是异面直线.

15. 空间两条直线的位置关系

空间两条直线的位置关系有且只有三种：

- 共面直线
  - 相交直线：有且只有一个公共点；
  - 平行直线：同一平面内，没有公共点；
- 异面直线：不同在任何一个平面内，没有公共点.

16. 点到平面的距离、点在平面上的射影

从平面外一点引这个平面的垂线，这个点和垂足间的距离叫做这个点到这个平面的距离. 其中垂足叫做这点在这个平面内的射影. 这个点与垂足间的线段叫做这点到这个平面的垂线段.

17. 平面的斜线

一条直线和一个平面相交，但不和这个平面垂直，这条直线就叫做这个平面的斜线. 斜线和平面的交点叫做斜足. 斜线上一点与斜足间的线段叫做这点到这个平面的斜线段.

18. 斜线在平面内的射影

(1)过斜线上斜足以外的一点向平面引垂线，过垂足和斜足的直线叫做斜线在这个平面内的射影. 垂足与斜足间的线段叫做这点到平面的斜线段在这个平面内的射影.

(2)两条结论

结论 1：斜线上任一点在平面内的射影一定在该斜线的射影上.

结论 2：当直线和平面平行的时候，直线在平面内的射影是一条和该直线平行的直线.

当直线和平面斜交的时候，斜线在平面内的射影是由直线上每一点在平面内的射影所组成的一条直线.

19. 三垂线定理及其逆定理

三垂线定理：在平面内的一条直线，如果

和这个平面的一条斜线的射影垂直，那么它也和这条斜线垂直.

三垂线定理的逆定理：在平面内的一条直线，如果和这个平面的一条斜线垂直，那么它也和这条斜线的射影垂直.

三垂线定理及其逆定理主要用于：

(1) 立体几何的证明问题，如线线垂直，线面垂直，面面垂直；

(2) 立体几何的计算问题，如求空间一点到平面内某一直线的距离，求两平行直线间的距离，求两条异面直线所成的角等；

(3) 二面角问题，主要是构成二面角的平面角.

注意

(1) 三垂线定理及其逆定理的应用问题，要抓住"一个面""四条线".

所谓"一个面"：就是要确定一个垂面，使三条垂线共处于垂面之上.

所谓"四条线"：就是垂线、斜线、射影以及平面内的第四条线. 应用时一般可按下面的程序操作：确定垂面、抓准斜线、作出垂线、连接射影，寻第四条线.

(2) 两个定理的区别：

①从两个定理的条件和结论上区分，三垂线定理是"线与射影垂直⇒线与斜线垂直"，逆定理相反.

②从两个定理的作用上区分，三垂线定理解决"共面直线垂直⇒异面直线垂直"，逆定理相反.

20. 空间直线与平面的位置关系

(1) 直线在平面内——有无数个公共点；

(2) 直线和平面相交——有且只有一个公共点；

(3) 直线和平面平行——没有公共点.

直线和平面相交或平行，统称直线在平面外.

21. 直线与平面所成的角

平面的一条斜线和它在平面内的射影所成的锐角，叫做这条直线和这个平面所成的角.

特别地：如果一条直线垂直于平面，我们说它们所成的角为直角. 一条直线和平面平行或在平面内，我们说它们所成的角是0°角.

22. 直线和平面平行的判定定理

如果平面外的一条直线和这个平面内的一条直线平行，那么这条直线和这个平面平行. 即

$$\left.\begin{array}{l}\text{直线 } a \not\subset \text{平面 } \alpha \\ \text{直线 } b \subset \text{平面 } \alpha \\ \text{直线 } a /\!/ \text{直线 } b\end{array}\right\} \Rightarrow \text{直线 } a /\!/ \text{平面 } \alpha.$$

注意

直线和平面平行的判定定理的思维方法是把判定直线和平面平行，转化成判定直线与直线平行的问题.

23. 直线和平面平行的性质定理

如果一条直线和一个平面平行，经过这条直线的平面和这个平面相交，那么这条直线就和交线平行，即

$$\left.\begin{array}{l}\text{直线 } a /\!/ \text{平面 } \alpha \\ \text{直线 } a \subset \text{平面 } \beta \\ \text{平面 } \alpha \cap \text{平面 } \beta = b\end{array}\right\} \Rightarrow a /\!/ b.$$

注意

从直线和平面平行的性质定理，可以得到下面的认识：

(1) 如果直线和平面平行，则此直线与平面内无数条直线平行，并且这无数条直线彼此平行. 这说明直线和平面平行时，此直线并不能和平面内所有直线都平行.

(2) 直线 $a /\!/$ 平面 α 时，直线 a 和平面 α 内的直线存在两种可能的位置关系：平行或异面.

(3) 直线和平面平行的性质定理，也是两条直线平行的判定定理.

24. 直线和平面垂直

如果一条直线 l 和平面 α 内的任意一条直线都垂直，则称直线 l 与平面 α 互相垂直，记作 $l\perp\alpha$，直线 l 叫做平面 α 的垂线，平面 α 叫做直线 l 的垂面.

注意

(1)“任意一条直线”与“所有直线”是同义词，但与“无数条直线”不同，定义的实质就是直线与平面内的所有直线都垂直.

(2)直线和平面垂直是直线和平面相交的一种特殊形式.

(3)由定义可知“若线面垂直，则线线垂直”，这是我们判定两条直线垂直经常使用的一种方法.

(4)经过一点，有且只有一条直线与已知平面垂直；经过一点，有且只有一个平面和已知直线垂直.

25. 直线和平面垂直的判定

(1)判定定理：如果一条直线和一个平面内的两条相交直线都垂直，那么这条直线垂直于这个平面. 即

$$\left.\begin{aligned}&\text{直线 } a\subset\text{平面 }\alpha\\&\text{直线 } b\subset\text{平面 }\alpha\\&\text{直线 } a\cap\text{直线 } b\neq\varnothing\\&\text{直线 } l\perp a,\text{直线 } l\perp b\end{aligned}\right\}\Rightarrow\text{直线 } l\perp\text{平面 }\alpha.$$

(2)如果两条平行线中的一条垂直于一个平面，那么另一条直线也垂直于这个平面. 即

直线 a // 直线 b，$a\perp$ 平面 $\alpha\Rightarrow b\perp$ 平面 α.

注意

(1)条件中“相交”，“两条”至关重要，而 a、b 与直线 l 是否相交，则无关紧要.

(2)直线和平面垂直的判定定理也是证明直线和直线垂直的一种方法，即要证明直线 $l\perp$ 直线 c，只需证明直线 l 垂直于直线 c 所在平面的任意两条相交直线即可.

26. 直线和平面垂直的性质定理

如果两条直线同垂直于一个平面，那么这两条直线平行. 即

若直线 $a\perp$ 平面 α，直线 $b\perp$ 平面 α，则 a // b.

27. 空间平面与平面之间的位置关系

(1)两个平面平行——没有公共点；

(2)两个平面相交——有一条公共直线.

28. 半平面、二面角

(1)平面内的一条直线，把这个平面分成两部分，其中的每一部分都叫做半平面.

(2)从一条直线出发的两个半平面所组成的图形叫做二面角. 这条直线叫做二面角的棱，这两个半平面叫做二面角的面. 如图 7-3-3，l 为棱，α、β 为面，二面角记为 $\alpha-l-\beta$.

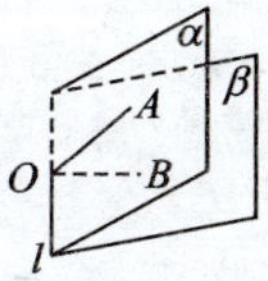

图 7-3-3

29. 二面角的大小

以二面角的棱上任意一点为端点，在两个面内分别作垂直于棱的两条射线，这两条射线所成的角，叫做二面角的平面角. 如图 7-3-3，$OA\perp l$，$OB\perp l$，则 $\angle AOB$ 即为二面角 $\alpha-l-\beta$ 的平面角.

二面角的大小，可以用它的平面角来度量，二面角的平面角是多少度，就说这个二面角是多少度.

设二面角大小为 θ，则 $0°<\theta\leqslant180°$. 当二面角的两个面合成一个平面时，规定二面角的大小为 $180°$.

若一个二面角的平面角是直角，就说这个二面角为直二面角.

30. 两个平面垂直

(1)定义：一般地，两个平面相交，如果它们所成的二面角是直二面角，就说这两个平面相互垂直. 平面 α 和 β 垂直，记作 $\alpha\perp\beta$.

(2)画法：两个互相垂直的平面，画成如图7-3-4那样，把直立平面的竖边画成和水平平面的横边垂直.

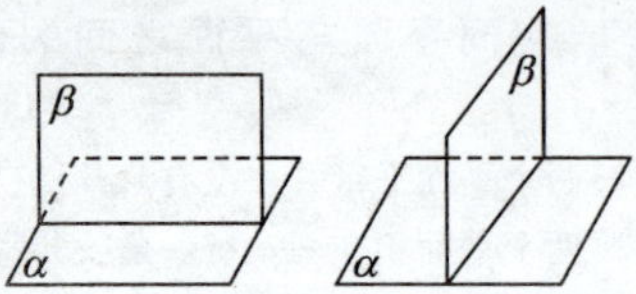

图7-3-4

31. 两个平面垂直的判定定理

如果一个平面经过另一个平面的一条垂线，那么这两个平面垂直. 用符号表示为

$$\left.\begin{array}{l}\text{直线 } l\perp \text{平面 } \alpha\\ l\subset \text{平面 } \beta\end{array}\right\}\Rightarrow \alpha\perp\beta.$$

注意

(1)也可以利用两个平面垂直的定义判定两个平面垂直.

(2)两平面垂直判定定理的特征：线面垂直⇒面面垂直.

32. 两个平面垂直的性质

(1)性质定理：如果两个平面垂直，那么一个平面内垂直于它们的交线的直线垂直于另一个平面. 即

$$\left.\begin{array}{l}\text{平面 } \alpha\perp \text{平面 } \beta\\ \alpha\cap\beta=a\\ b\subset\alpha, b\perp a\end{array}\right\}\Rightarrow b\perp\beta.$$

(2)如果两个平面垂直，那么经过第一个平面内的一点垂直于第二个平面的直线在第一个平面内，即

$$\left.\begin{array}{l}\text{平面 } \alpha\perp \text{平面 } \beta\\ A\in\alpha, A\in l, l\perp\beta\end{array}\right\}\Rightarrow l\subset\alpha.$$

(3)如果两个相交平面都垂直于第三个平面，那么它们的交线垂直于第三个平面，即

$$\left.\begin{array}{l}\text{平面 } \alpha\cap \text{平面 } \beta=l,\\ \text{平面 } \alpha\perp \text{平面 } \gamma, \text{平面 } \beta\perp \text{平面 } \gamma\end{array}\right\}\Rightarrow l\perp\gamma.$$

33. 两平面平行的判定定理

如果一个平面内有两条相交直线都平行于另一个平面，那么这两个平面平行.

判定两个平面平行，也可以使用下述判定定理：垂直于同一条直线的两个平面平行.

注意

利用判定定理证明两个平面平行，必须具备：①有两条直线平行于另一个平面；②这两条直线必相交.

34. 两个平面平行的性质

(1)性质定理：如果两个平面平行，那么其中一个平面内的直线必平行于另一个平面. 即 $\alpha /\!/ \beta, a\subset\beta\Rightarrow b /\!/ \alpha$.

(2)如果两个平行平面同时与第三个平面相交，那么它们的交线平行.

(3)如果一条直线垂直于两个平行平面中的一个平面，那么它也垂直于另一个平面.

(4)夹在两个平行平面间的平行线段相等.

(5)经过平面外一点有且只有一个平面与已知平面平行.

题型分类与方法总结

题型1 平面的确定问题

公理2及其三个推论是确定平面的依据. 确定平面时应考虑确定平面的点或线出现的所有可能位置，不能只想到一种位置或某些特殊的位置.

例1 在空间内，可以确定一个平面的条件是(　　).

A. 两两相交的三条直线

B. 三条直线，其中的一条与另外两条直线分别相交

C. 三个点

D. 三条直线，它们两两相交，但不交于同一点

E. 两条直线

解析 A中两两相交的三条直线，它们可能交于同一个点，也可能不交于同一个点，若

交于同一个点，则三条直线不一定在同一个平面内，故排除 A；

B 中的另外两条直线可能共面，也可能不共面，当另外两条直线不共面时，则三条直线不能确定一个平面，故排除 B；

对于 C 来说，三个点的位置可能不在同一直线上，也可能在同一直线上，只有前者才能确定一个平面，因此，排除 C；

条件 E 中的两条直线可能共面，也可能不共面，因此，也排除 E；

只有条件 D 中的三条直线，它们两两相交且不交于同一点，因而其三个交点不在同一直线上，由公理 3 知其确定一个平面.

答案 D.

例 2 已知直线 a 和 b 都与直线 l 垂直相交，问这三条直线可以确定几个平面？

分析 可以从其中两条直线 a 和 b 的位置关系上去分类考虑.

解 (1)当 $a/\!/b$ 时，如图 7－3－5(1)，直线 a、b、l 只确定一个平面；

(2)当 a 与 b 相交时，a、b、l 三条直线交于一点，因为 $a\perp l$，$b\perp l$，所以直线 a 与 b，直线 a 与 l，直线 b 与 l 分别可以确定一个平面，如图 7－3－5(2)，它们可以确定三个平面；

(3)当直线 a 与 l 既不平行，也不相交时，如图 7－3－5(3)，这时直线 a 与 b，直线 b 与 l 分别可确定一个平面，它们可以确定两个平面.

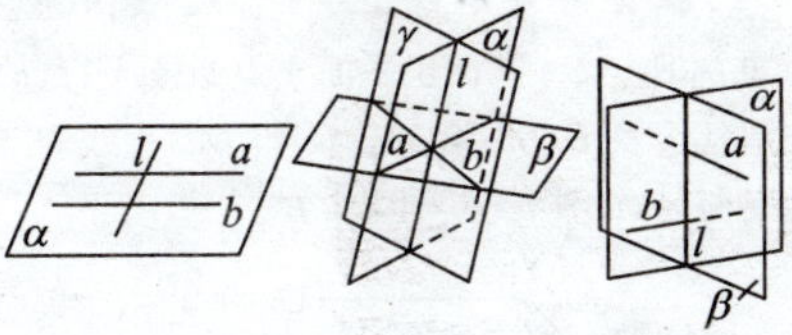

(1)　(2)　(3)

图 7－3－5

点拨 全面考虑每一种可能情况，做到无遗漏.

题型 2 异面直线的判定

证明两条直线异面的方法有两种：

(1)用定义证明(即定义法)：此时需借助反证法，在用反证法证明时，常用两种假设方法：一种是直接假设 a 与 b 共面；另一种是假设 $a/\!/b$ 或 $a\cap b=P$.

(2)用定理证明(即定理法)：必须阐述出定理满足的条件：$a\subset\alpha$，$A\notin\alpha$，$B\in\alpha$，$B\notin a$，推出直线 a 和直线 AB 是异面直线.

例 3 如图 7－3－6，已知直线 a、b、c 不共面且都经过同一点 O，M、P 是直线 a 上的两点，N 是直线 b 上的一点，Q 是直线 c 上的一点. 求证：MN 和 PQ 是异面直线.

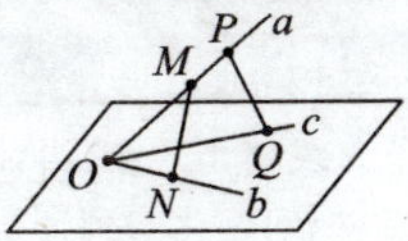

图 7－3－6

证法一 (反证法)假设 MN 和 PQ 在同一个平面 β 内，则 $a\subset\beta$，于是 $O\in\beta$.

故 $b\subset\beta$，$c\subset\beta$.

从而 a、b、c 共面.

这与已知 a、b、c 不共面矛盾，故 MN 和 PQ 是异面直线.

证法二 (定理法)因为 O、P、Q 不共线，所以 O、P、Q 确定一个平面 α.

MN 是过平面 α 内一点 M 和平面 α 外一点 N 的直线，它与平面内不过 M 的直线 PQ 是异面直线.

题型 3 点共线的证明

证明多点共线，通常过其中两点作一直线，然后证明其他的点在这条直线上，或者根据已知条件设法证明这些点在两个相交平面内，然后根据公理 3 即可得这些点在两个平面的交线上.

例 4 如图 7－3－7，已知 $\triangle ABC$ 在平面 α 外，$AB\cap\alpha=P$，$AC\cap\alpha=Q$，$BC\cap\alpha=R$. 求证：P、Q、R 三点共线.

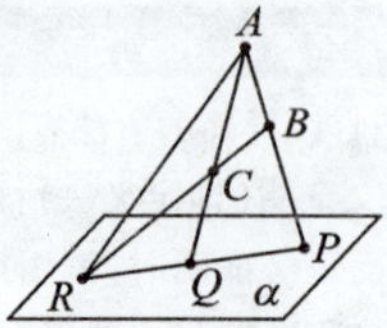

图 7-3-7

证明 $\because AB\cap\alpha=P, AB\subset$平面$ABC$,

$\therefore P\in$平面$ABC, P\in\alpha$.

$\therefore P$在平面ABC与α的交线上.

同理可证:Q、R也在平面ABC与α的交线上.

$\therefore P$、Q、R三点共线.

点拨 要证明点在相交平面的交线上,必须同时证明此点分别在两个平面内.

题型4 三线共点的证明

先证两条直线交于一点,再证明第三条直线经过该点,把问题化归到证明点在直线上的问题. 证明三线共点的依据是公理3.

例5 如图7-3-8,已知空间四边形$ABCD$中,E、H分别是边AB、AD的中点,F、G分别是边BC、CD上的点,且$\frac{CF}{CB}=\frac{CG}{CD}=\frac{2}{3}$. 求证:三条直线$EF$、$GH$、$AC$交于一点.

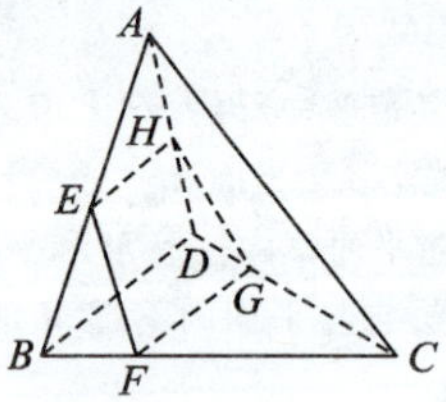

图 7-3-8

分析 要证明三条直线交于一点,可证其中两条直线有交点,且该交点在第三条直线上.

证明 $\because \frac{AE}{EB}=\frac{AH}{HD}=1$,

$\therefore EH \underline{\underline{\parallel}} \frac{1}{2}BD$,

而$\frac{CF}{CB}=\frac{CG}{CD}=\frac{2}{3}$,

$\therefore \frac{FG}{BD}=\frac{2}{3}$且$FG\parallel BD$.

$\therefore$四边形$EFGH$为梯形,

$\therefore$两腰EF、GH必相交于一点P.

$\because P\in$直线EF,$EF\subset$平面ABC,

$\therefore P\in$平面ABC.

同理$P\in$平面ADC,

$\therefore P$在平面ABC和平面ADC的交线AC上.

故EF、GH、AC三直线交于一点.

题型5 点线共面的证明

点共面:可先取三点(不共线的三点)确定一个平面,再证明其余各点都在这个平面内.

线共面:可先取两条(相交或平行)直线确定一个平面,再证明其余直线均在这个平面内.

1. 纳入平面法,即"落入法"

先确定一个平面,再证有关点、线在此平面内.

例6 如图7-3-9,在正方体$ABCD-A_1B_1C_1D_1$中,点E、F分别是棱AA_1、CC_1的中点,求证:D_1、E、F、B共面.

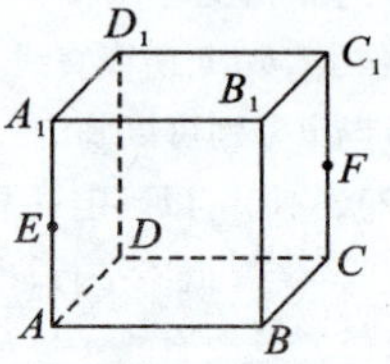

图 7-3-9

证明 $\because D_1$、E、F三点不共线,

$\therefore D_1$、E、F三点确定一平面α. 又由题意可知D_1E与DA共面于平面A_1D且不平行,故分别延长D_1E、DA相交于G,则$G\in$直线$D_1E\subset$平面α,如图7-3-10. $\therefore G\in\alpha$.

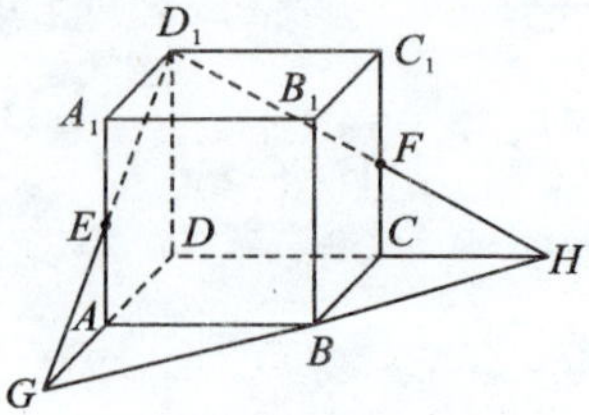

图 7-3-10

同理,设直线 D_1F 与 DC 的延长线交于点 H,则 $H\in$ 平面 α.

又∵点 G、B、H 均属于平面 AC,且由题设条件知 E 为 AA_1 的中点且 $AE\parallel DD_1$,从而 $AG=AD=AB$,

∴ $\triangle AGB$ 为等腰直角三角形.

又 $\angle ABG=45°$,同理 $\angle CBH=45°$.

又 $\angle ABC=90°$,从而点 G、B、H 共线.

又 $GH\subset$ 平面 α,从而点 $B\in\alpha$.

∴点 D_1、E、F、B 四点共面.

2. 辅助平面法,即"重合法"

先证明有关的点、线确定平面 α,再证明其余元素确定平面 β,最后证明平面 α、β 重合.

例7 如图7-3-11,已知直线 $a\parallel b\parallel c$,直线 d 与 a、b、c 分别交于 A、B、C 三点. 求证:a、b、c、d 四线共面.

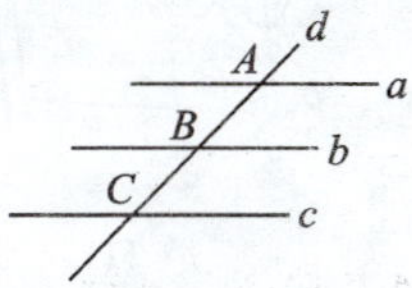

图7-3-11

证明 ∵ $a\parallel b$,

∴由 a、b 可确定一个平面,设为 α,而 $A\in a$,$a\subset\alpha$,故 $A\in\alpha$,同理 $B\in\alpha$,故直线 $AB\subset\alpha$,即 $d\subset\alpha$.

又 $b\parallel c$,故由 b、c 可确定一个平面,设为 β,而 $B\in\beta$,$C\in\beta$,故直线 $BC\subset\beta$,即 $d\subset\beta$.

这样,相交直线 b、d 既在平面 α 内,又在平面 β 内,从而 α 与 β 必重合.

所以 a、b、c、d 四线共面.

3. 反证法

例8 如图7-3-12,已知 l 不在 α 内,A、B、$C\cdots\in l$,$AA_1\perp\alpha$,$BB_1\perp\alpha$,$CC_1\perp\alpha$,….

求证:AA_1、BB_1、CC_1、…共面.

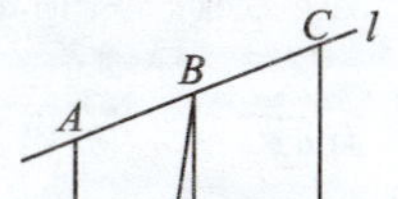

图7-3-12

证明 ∵ $AA_1\perp\alpha$,$CC_1\perp\alpha$,

∴ $AA_1\parallel CC_1$.

∴ AA_1 与 CC_1 确定平面 β,且 $\beta\perp\alpha$ 于 A_1C_1.

假设 BB_1 不在 β 内,在 β 内作 $BB'\perp A_1C_1$(如图7-3-12),

∴ $BB'\perp\alpha$.

已知 $BB_1\perp\alpha$,与过一点引面的垂线,有且只有一条矛盾.

∴ BB_1 不在 β 内是不可能的.

∴ $BB_1\subset\beta$.

∴ AA_1、BB_1、CC_1、…共面.

题型6 点、线、面位置关系的判断

1. 线线关系

例9 已知三条直线 a、b、c,a 与 b 异面,b 与 c 异面,那么 a 与 c 有怎样的位置关系?并画图说明.

分析 可在直线与直线的三种位置关系中逐一排查. 先作图,再判断位置关系.

解 直线 a 与 c 的位置关系有三种情况,如图7-3-13.

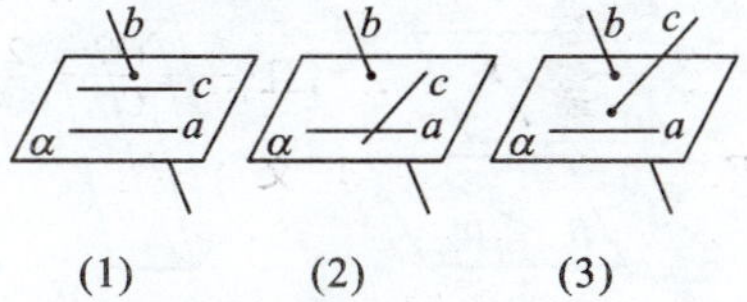

图7-3-13

直线 a 与 c 可能平行,如图(1);可能相交,如图(2);可能异面,如图(3).

点拨 由于位置不确定,所以可以依照直线的位置关系的三种情况逐一分析可得.

2. 线面、面面关系

例10 给出下列四个命题:

①若直线在平面外,则这条直线与平面没有公共点;

②若直线与一个平面平行,则这条直线与平面内的任何一条直线都平行;

③若直线 a 与平面 α 内的一条直线平行,则直线 a 与平面 α 也平行;

④若两个平面有无数个公共点,则这两

个平面是相交或重合的.

其中正确命题的个数是(　　).

A. 0　　B. 1

C. 2　　D. 3

解析 从直线与平面,平面与平面的位置关系入手.

直线在平面外包含直线与平面相交,①错;

$a/\!/\alpha$,则 a 与 α 内的直线平行或异面,②错;

a 有可能在平面 α 内,③错;

两平面有无数个公共点,可能重合或相交,④对.

答案 B.

例11 如果在两个平面内分别有一条直线,这两条直线互相平行,那么这两个平面的位置关系是(　　).

A. 平行　　B. 相交

C. 平行或相交　　D. 垂直相交

解析 可根据题意作图来判断.

如图7－3－14中的甲、乙分别为两个平面平行、相交的情形.

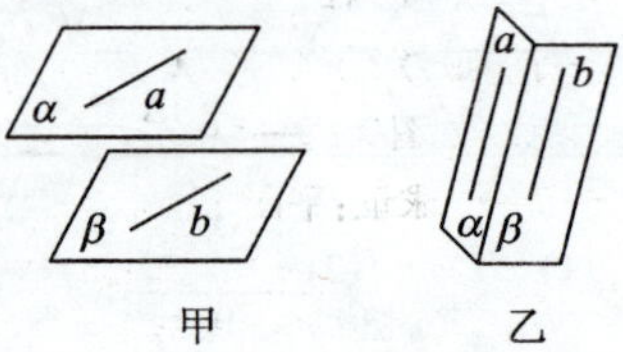

图7－3－14

答案 C.

题型7 线线平行的证明

(1)利用线线平行定义:证共面且无公共点.

(2)利用三线平行公理(公理4):证两线同时平行于第三条直线.

(3)利用线面平行的性质定理:把证线线平行转化为证线面平行.

(4)利用线面垂直的性质定理:把证线线平行转化为线面垂直.

(5)利用面面平行的性质定理:把证线线平行转化为证面面平行.

例12 如果一条直线和两个相交平面平行,那么这条直线就和它们的交线平行.

已知:直线 a,$a/\!/\alpha$,$a/\!/\beta$,且 $\alpha\cap\beta=b$.

求证:$a/\!/b$.

证法一 如图7－3－15(1),平面 α 和平面 β 交于 b,在 b 上任取一点 A,设过 a、A 的平面与平面 α 相交于直线 b'.

$\because a/\!/\alpha$,$\therefore b'/\!/a$.

设过 a、A 的平面与 β 相交于直线 b''.

$\because a/\!/\beta$,$\therefore b''/\!/a$,

$\therefore b'$ 和 b'' 都过点 A 且和 a 平行.

$\therefore b'$ 和 b'' 重合,重合后的直线既在 α 内又在 β 内,因而即为交线 b,故 $a/\!/b$.

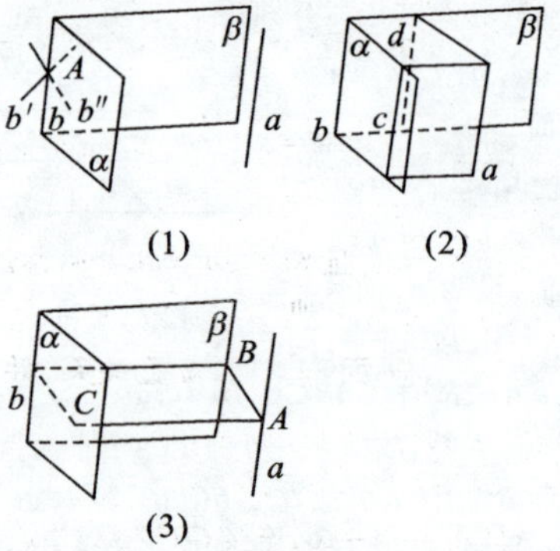

图7－3－15

证法二 如图7－3－15(2),设过 a 的两个平面分别与平面 α、β 相交于直线 c、d.

$\because a/\!/\alpha$,$a/\!/\beta$,

$\therefore a/\!/c$,$a/\!/d$.

$\therefore c/\!/d$.

$\therefore c/\!/\beta$,且 b 为过 c 的平面 α 与平面 β 的交线,

$\therefore c/\!/b$. 而 $a/\!/c$,$\therefore a/\!/b$.

证法三 如图7－3－15(3),在 a 上任取一点 A,作 $AB\perp\beta$ 于 B,$AC\perp\alpha$ 于 C.

$\because a/\!/\alpha$,$\alpha/\!/\beta$,

$\therefore a\perp AC$,$a\perp AB$.

设 AB、AC 确定平面 γ,

$\therefore a\perp\gamma$.

又$\because b\perp AB, b\perp AC$,

$\therefore b\perp\gamma$, $\therefore a/\!/b$.

证法四 设$\alpha\cap\beta=b$，且b不平行于a，在b上任取一点A，过A、a确定平面γ，则γ与α交于b'，γ与β交于b''，且$b'/\!/a$，$b''/\!/a$，与过线外一点作直线的平行线是唯一的矛盾.

$\therefore b'$与b''重合，则b'与b''必重合于b,

$\therefore a/\!/b$.

题型8 判定直线与平面平行

(1)利用定义:证线面无公共点.

(2)利用线面平行的判定定理:线线平行转化为线面平行，使用定理时，所找到的两条直线，一条应在平面内，一条应在平面外.

(3)利用面面平行的性质:线面平行转化为面面平行.

其中最常用的是线面平行的判定定理.

例13 已知点S是等边三角形ABC所在平面外的一点，且$SA=SB=SC$，SG为$\triangle SAB$上的高，D、E、F分别是AC、BC、SC的中点，试判断SG与平面DEF的位置关系，并给予证明.

解法一 $SG/\!/$平面DEF.

如图7－3－16，连接GC交DE于点H，连接FH.

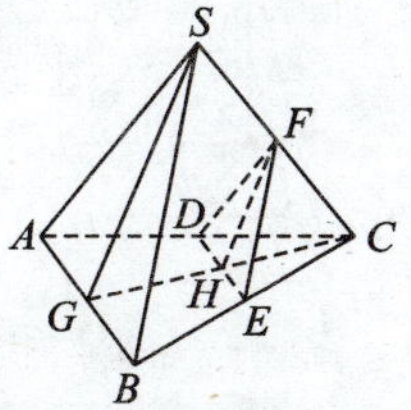

图7－3－16

$\because DE$是$\triangle ABC$的中位线,

$\therefore DE/\!/AB$.

在$\triangle ACG$中，D是AC的中点，且$DH/\!/AG$,

$\therefore H$为CG的中点.

$\therefore FH$是$\triangle SCG$的中位线，$\therefore FH/\!/SG$.

又$\because SG\not\subset$平面DEF，$FH\subset$平面DEF,

$\therefore SG/\!/$平面DEF.

解法二 $SG/\!/$平面DEF.

$\because EF$为$\triangle SBC$的中位线,

$\therefore EF/\!/SB$.

$\because EF\not\subset$平面SAB，$SB\subset$平面SAB,

$\therefore EF/\!/$平面SAB.

同理:$DF/\!/$平面SAB，$EF\cap DF=F$,

$\therefore$平面$SAB/\!/$平面DEF.

又$\because SG\subset$平面SAB,

$\therefore SG/\!/$平面DEF.

题型9 判定平面与平面平行

(1)根据平面与平面平行的定义(常用反证法).

(2)根据平面与平面平行的判定定理(五个条件，一个结论，缺一不可).

(3)垂直于同一条直线的两个平面平行.

(4)两个平面同时平行于第三个平面，那么这两个平面平行(平行的传递性).

(5)一个平面内的两条相交直线分别平行于另一个平面内的两条直线，那么这两个平面平行(判定定理的推论).

例14 如图7－3－17，在正方体$ABCD-A_1B_1C_1D_1$中，求证:平面$AB_1D_1/\!/$平面C_1BD.

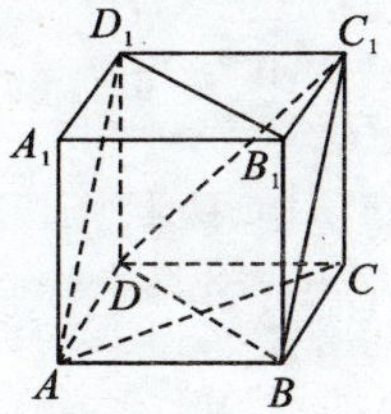

图7－3－17

证明 连接AC.

$\because$正方体$ABCD-A_1B_1C_1D_1$,

$\therefore AC\perp BD$.

$\because AA_1\perp$面$ABCD$,

$\therefore A_1A\perp BD$.

又$\because AC\cap AA_1=A$，$\therefore BD\perp$面A_1ACC_1.

又$\because A_1C\subset$面A_1ACC_1,

$\therefore A_1C\perp BD$.

同理可证 $A_1C\perp BC_1$,

于是得 $A_1C\perp$ 面 C_1BD.

同理可证 $A_1C\perp$ 面 AB_1D_1.

$\therefore$ 面 $AB_1D_1\parallel$ 面 C_1BD.

例15 如图 7－3－18,空间六边形 $ABCC_1D_1A_1$ 的六个顶点中没有任何五点共面,每相邻的两边互相垂直,边长均为 a,且 $BC\parallel A_1D_1$,$AA_1\parallel CC_1$.

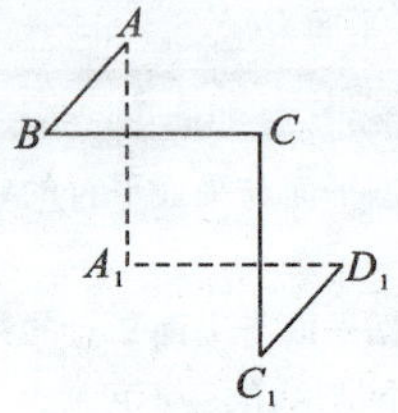

图 7－3－18

求证:平面 $A_1BC_1\parallel$ 平面 ACD_1.

证明 如图 7－3－19,连接 AC、A_1C_1,

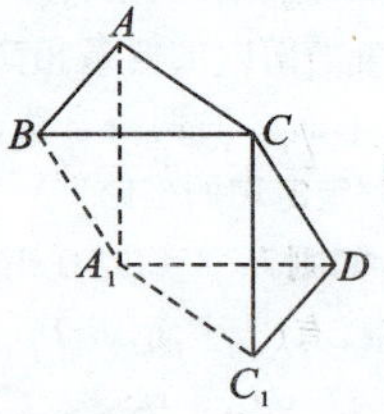

图 7－3－19

$\because AA_1 \mathrel{\underline{\parallel}} CC_1$,

$\therefore$ 四边形 AA_1C_1C 是平行四边形,

$\therefore A_1C_1\parallel AC$. $\therefore A_1C_1\parallel$ 平面 ACD_1.

连接 A_1B、CD_1.

$\because BC \mathrel{\underline{\parallel}} A_1D_1$,

$\therefore$ 四边形 BA_1D_1C 是平行四边形,

$\therefore BA_1\parallel CD_1$.

$\therefore BA_1\parallel$ 平面 ACD_1.

又 $\because A_1C_1\cap BA_1=A_1$,

$A_1C_1\subset$ 平面 A_1BC_1,

$BA_1\subset$ 平面 A_1BC_1,

$\therefore$ 平面 $A_1BC_1\parallel$ 平面 ACD_1.

点拨 利用面面平行的判定定理时,需把握住三个条件:(1) $a\subset\alpha$, $b\subset\alpha$;(2) $a\cap b=A$;(3) $a\parallel\beta$, $b\parallel\beta$,才有结论 $\alpha\parallel\beta$.

题型 10 空间平行关系的相互转化

线线、线面、面面平行关系是相互联系的,如图 7－3－20.

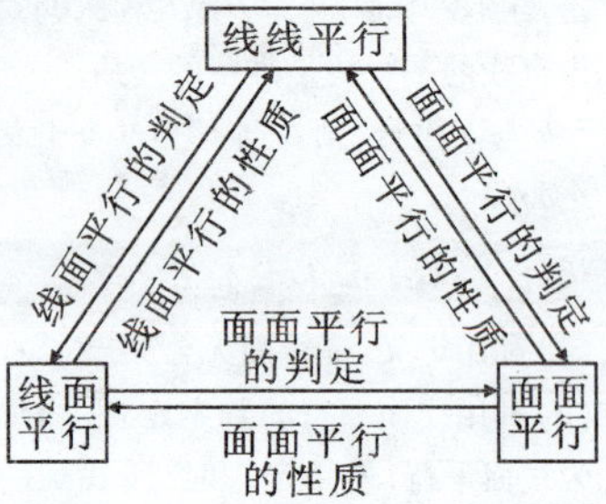

图 7－3－20

例16 如图 7－3－21,四边形 $ABCD$ 和四边形 ABC_1D_1 是不共面的两个正方形,$BE=C_1F$,且 $E\in BD$, $F\in AC_1$,求证:$EF\parallel$ 平面 AD_1D.

分析 证线面平行,常转化为证线线平行. 由于图中没有与 EF 平行的直线,故需作辅助线(面),在平面 AD_1D 内作出一条直线与 EF 平行;或证含 EF 的平面与平面 ADD_1 平行,即转化为证面面平行. 若图中也没有这样的平面,也需要通过作辅助线(面)去解决.

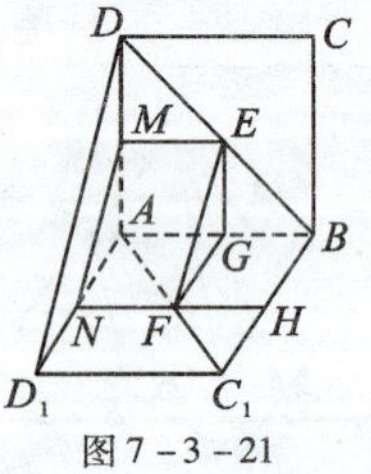

图 7－3－21

证明 作 $EG\parallel AD$ 交 AB 于 G.

由 $EG\not\subset$ 平面 ADD_1,$AD\subset$ 平面 ADD_1,知 $EG\parallel$ 平面 ADD_1,连接 GF,易证 $GF\parallel$ 平面 ADD_1.

作 $FH\parallel AB$,交 BC_1 于 H,可知在 $\triangle GBE$ 和 $\triangle HC_1F$ 中,$\angle EGB=\angle FHC_1$,$\angle EBG=\angle HC_1F=45°$,$BE=C_1F$,

故$\triangle GBE \cong \triangle HC_1F$，所以 $FH = GB$.

又知 $FH /\!/ GB$，

故四边形 $BGFH$ 是平行四边形.

所以 $FG /\!/ BC_1$.

而 $BC_1 /\!/ AD_1$，从而 $FG /\!/ AD_1$.

又 $FG \not\subset$ 平面 ADD_1，$AD_1 \subset$ 平面 ADD_1，所以 $FG /\!/$ 平面 ADD_1.

已证 $GE /\!/$ 平面 ADD_1，FG 与 GE 相交，且都在平面 EFG 内.

故平面 $EFG /\!/$ 平面 ADD_1.

又 $EF \subset$ 平面 EFG，故 $EF /\!/$ 平面 ADD_1.

例 17 如图 7－3－22，P 为▱$ABCD$ 所在平面外一点，M、Q 分别是 AB、DC 的中点，平面 $PAD \cap$ 平面 $PBC = l$.

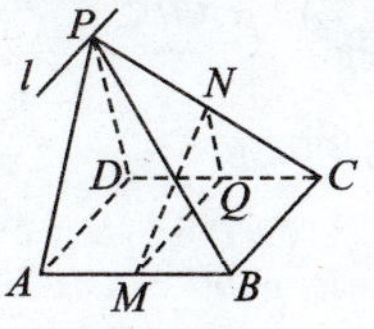

图 7－3－22

(1)求证：$BC /\!/ l$；

(2)MN 与平面 PAD 是否平行？试证明你的结论.

分析 (1)利用 $BC /\!/$ 平面 PAD 证明 $BC /\!/ l$；(2)证明线面平行，可构造面面平行，运用面面平行的性质得线面平行.

(1)**证明** ∵ 四边形 $ABCD$ 为平行四边形，∴ $BC /\!/ AD$.

∵ $BC \not\subset$ 平面 PAD，$AD \subset$ 平面 PAD，

∴ $BC /\!/$ 平面 APD.

∵ $BC \subset$ 平面 PBC，平面 $PBC \cap$ 平面 $PAD = l$，

∴ $BC /\!/ l$.

(2)**解** $MN /\!/$ 平面 PAD. 证明如下：

取 DC 的中点 Q，连接 MQ、NQ.

∵ M、N、Q 分别是 AB、PC、DC 的中点，

∴ $NQ /\!/ PD$.

∵ $NQ \not\subset$ 平面 PAD，$PD \subset$ 平面 PAD，

∴ $NQ /\!/$ 平面 PAD.

同理可证 $MQ /\!/$ 平面 PAD.

∵ $NQ \cap MQ = Q$，

∴ 平面 $PAD /\!/$ 平面 MNQ.

∵ $MN \subset$ 平面 MNQ，

∴ $MN /\!/$ 平面 PAD.

点拨 证明线线平行，一般考虑线面平行的性质定理；证明线面平行，这里出现了中点，考虑中位线的性质，可构造面面平行，再利用面面平行的性质定理证明.

题型 11 线线垂直的判定

(1)利用线面垂直的定义，即 $a \perp \alpha, b \subset \alpha \Rightarrow a \perp b$.

(2)空间两条直线的垂直关系有两种：①当两条直线在同一平面内时，为共面直线，对此类垂直关系的判定，可以用平面几何的方法；②当两直线为异面直线时，异面直线成直角时，两条异面直线互相垂直.

(3)利用三垂线定理及其逆定理.

例 18 如图 7－3－23，在正四棱锥 $P-ABCD$ 中，$PA = \frac{\sqrt{3}}{2}AB$，$E$ 是 AB 的中点，G 是 $\triangle PCD$ 的重心，则在平面 PCD 内过 G 点且与 PE 垂直的直线有(　　).

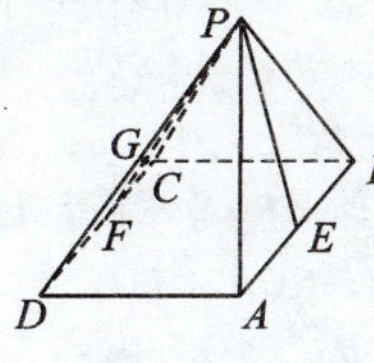

图 7－3－23

A. 0 条　　B. 1 条

C. 2 条　　D. 无数条

解析 连接 PG，并延长交 CD 于点 F，则 F 为 CD 的中点，且 $PF \perp CD$，$CD \perp FE$，∴ $CD \perp$ 平面 PFE，∴ $CD \perp PE$.

设 $AB = 1$，则 $PA = \frac{\sqrt{3}}{2}$，∴ $PF = PE = \sqrt{PA^2 - AE^2} = \frac{\sqrt{2}}{2}$，$EF = 1$，

$\therefore PE\perp PF$，又$\because CD\cap PF=F$，$\therefore PE\perp$平面PCD.

又$\because G\in$平面PCD，$\therefore$在平面PCD内过G点且与PE垂直的直线有无数条.

答案 D.

例 19 已知：$\alpha\cap\beta=AB$，$PQ\perp\alpha$于Q，$PO\perp\beta$于O，$OR\perp\alpha$于R，求证：$QR\perp AB$.

分析 由已知想性质，知线面垂直，可推出线线垂直或线线平行.

证法一 如图 7-3-24，

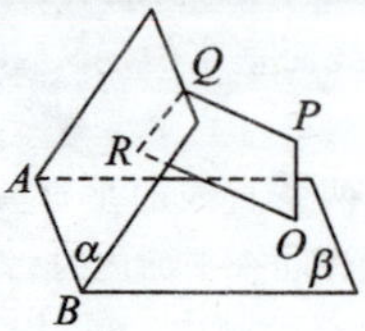

图 7-3-24

$\because \alpha\cap\beta=AB$，$PO\perp\beta$，

$\therefore PO\perp AB$.

又$\because PQ\perp\alpha$，

$\therefore PQ\perp AB$.

$\therefore AB\perp$平面POQ.

又$\because OR\perp\alpha$，

$\therefore PQ/\!/OR$.

$\therefore PQ$与OR确定平面PR（即平面$RQPO$）.

$\because QR\subset$面PR，$\therefore AB\perp QR$.

证法二 $\because PQ\perp\alpha$，$OR\perp\alpha$，

$\therefore RQ$是直线PO在平面α上的射影.

$\because PO\perp\beta$，$AB\subset\beta$，$\therefore PO\perp AB$，$AB\subset\alpha$.

$\therefore QR\perp AB$.

题型 12 线面垂直的判定

(1)利用线面垂直定义：证一直线垂直于平面内任一直线，这直线垂直于该平面.

(2)用线面垂直判定定理：证一直线与平面内两相交直线都垂直，这直线与平面垂直.

(3)用线面垂直性质：两平行线中有一条垂直于平面，则另一条也必垂直于这个平面.

(4)用面面平行性质定理：两平面垂直，在一个面内垂直于交线的直线必垂直于另一平面.

(5)用面面垂直性质定理：一直线垂直于两平行平面之一，则必垂直于另一平面.

(6)用面面垂直性质：两相交平面同时垂直于第三个平面，那么两平面的交线垂直于第三个平面.

例 20 已知平面α、β相交于CD，P为两平面外一点，$PA\perp\alpha$于A，$PB\perp\beta$于B（如图 7-3-25），求证：$CD\perp$平面PAB.

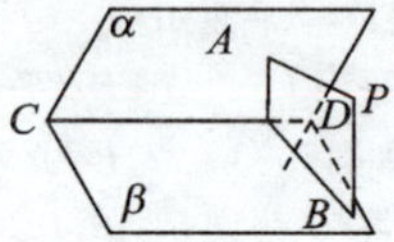

图 7-3-25

证法一 $\because PA\perp\alpha$，$CD\subset\alpha$，

$\therefore PA\perp CD$.

$\because PB\perp\beta$，$CD\subset\beta$.

$\therefore PB\perp CD$.

$\therefore CD\perp$平面PAB.

证法二 $\because PA\perp\alpha$，$PA\subset$平面PAB，

$\therefore$平面$PAB\perp\alpha$.

$\because PB\perp\beta$，$PB\subset$平面PAB，

$\therefore$平面$PAB\perp\beta$，而$\alpha\cap\beta=CD$，

$\therefore CD\perp$平面PAB.

例 21 如图 7-3-26，已知平行六面体$ABCD-A_1B_1C_1D_1$的底面$ABCD$是菱形，且$\angle C_1CB=\angle C_1CD=\angle BCD=60°$.

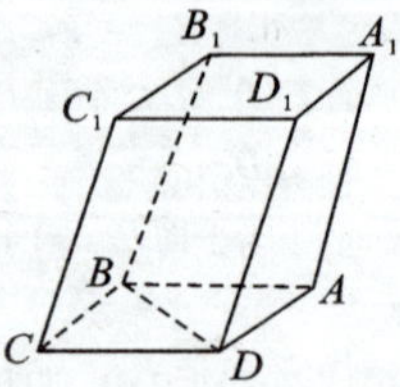

图 7-3-26

(1)证明：$C_1C\perp BD$；

(2)当$\dfrac{CD}{CC_1}$的值为多少时，能使$A_1C\perp$平面C_1BD？请给出证明.

(1)**证明** 如图7-3-27,连接A_1C、AC,AC和BD交于O,连接C_1O.

∵ 四边形$ABCD$是菱形,

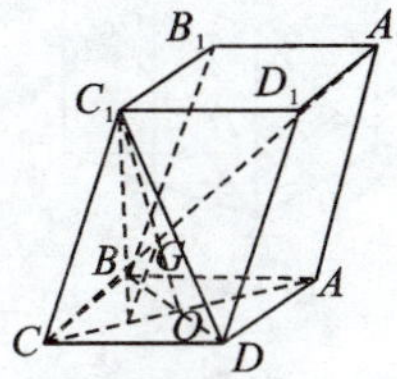

图7-3-27

$\therefore AC\perp BD, BC=CD$.

又∵ $\angle BCC_1=\angle DCC_1$,$C_1C=C_1C$,

$\therefore \triangle C_1BC\cong\triangle C_1DC$. $\therefore C_1B=C_1D$.

∵ $DO=OB$,

$\therefore C_1O\perp BD$.

而$AC\perp BD$,$AC\cap C_1O=O$,

$\therefore BD\perp$平面AC_1C.

又∵ $C_1C\subset$平面AC_1C,

$\therefore C_1C\perp BD$.

(2)**解** 当$\dfrac{CD}{CC_1}=1$时,能使$A_1C\perp$平面C_1BD.

证明:∵ $\dfrac{CD}{CC_1}=1$,

$\therefore BC=CD=C_1C$.

又$\angle BCD=\angle C_1CB=\angle C_1CD$,

由此可推得$BD=C_1B=C_1D$.

∴ 三棱锥$C-C_1BD$是正三棱锥.

设A_1C与C_1O相交于G.

∵ $A_1C_1/\!/AC$,且$A_1C_1:OC=2:1$,

$\therefore C_1G:GO=2:1$.

又∵ C_1O是等边三角形C_1BD的BD边上的高和中线,

∴ 点G是等边三角形C_1BD的重心.

$\therefore CG\perp$平面C_1BD,即$A_1C\perp$平面C_1BD.

题型13 面面垂直的判定

(1)利用定义:转证两平面构成的二面角的平面角是90°.

(2)判定定理:一个平面过另一个平面的垂线,这两个平面互相垂直.

例22 在正方体$ABCD-A_1B_1C_1D_1$中,E是CC_1的中点,求证:平面$BDE\perp$平面A_1BD.

证明 如图7-3-28,连接AC交BD于O,连接A_1O、OE.

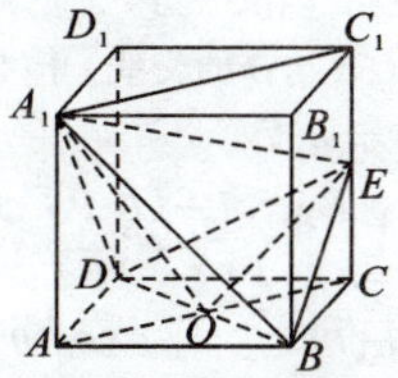

图7-3-28

在正方体$ABCD-A_1B_1C_1D_1$中,

∵ $BD\subset$平面$ABCD$,$AA_1\perp$平面$ABCD$,

$\therefore AA_1\perp BD$.

又∵ $BD\perp AC$,$AC\cap AA_1=A$,

$\therefore BD\perp$平面AA_1O,$\therefore BD\perp A_1O$.

连接A_1C_1、A_1E.

设正方体棱长为a,在$Rt\triangle A_1AO$、$Rt\triangle ECO$、$Rt\triangle A_1C_1E$中,

$A_1O=\dfrac{\sqrt{6}}{2}a$,$EO=\dfrac{\sqrt{3}}{2}a$,$A_1E=\dfrac{3}{2}a$.

在$\triangle A_1OE$中,$A_1O^2+OE^2=A_1E^2$.

$\therefore A_1O\perp OE$.

而$A_1O\perp DB$,$DB\cap OE=O$,

$\therefore A_1O\perp$平面DEB.

又∵ $A_1O\subset$平面A_1DB,

∴ 平面$A_1DB\perp$平面BDE.

题型14 空间中垂直关系的相互转化

空间中垂直关系的相互转化如图7-3-29.

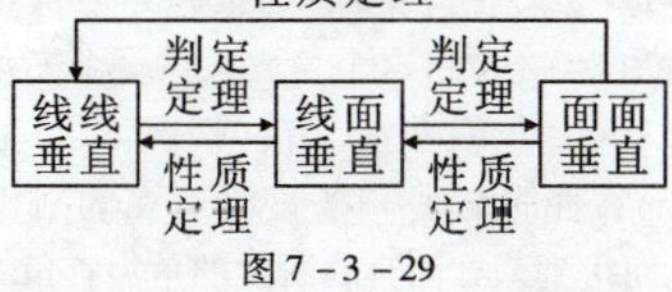

图7-3-29

例23 如图7-3-30,已知平面$\alpha\perp$平面β,平面$\alpha\perp$平面γ,且$\beta\cap\gamma=a$,求证:$a\perp\alpha$.

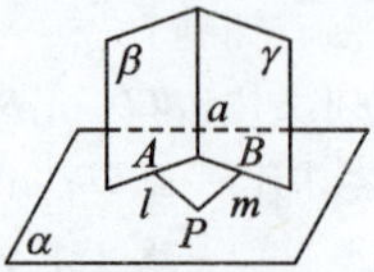

图 7-3-30

证法一 在 α 内取一点 P.

作 $PA\perp l$(α 与 β 的交线)于 A,$PB\perp m$(α 与 γ 的交线)于 B.

$\because \alpha\perp\beta,\alpha\perp\gamma,\therefore PA\perp\beta,PB\perp\gamma$.

又 $\beta\cap\gamma=a,\therefore PA\perp a,PB\perp a$.

又 $PA\subset\alpha,PB\subset\alpha$,且 $PA\cap PB=P$,

$\therefore a\perp\alpha$.

证法二 在 a 上任取一点 Q,作 $QC\perp\alpha$ 于 C,

$\because \beta\cap\gamma=a,\therefore Q\in\beta$.

又 $\beta\perp\alpha,\therefore QC\subset\beta$.

同理可证 $QC\subset\gamma$.

$\therefore QC$ 为 β 与 γ 的交线 a.

$\therefore a\perp\alpha$.

证法三 在 a 上取点 R,在 β 内作 RD 垂直于 α、β 的交线 l 于 D,

$\therefore RD\perp\alpha$. 同法在 γ 内,作 RE 垂直于 α,交 α 与 γ 的交线 m 于 E,则 $RE\perp\alpha$,过平面外一点,作这个平面的垂线是唯一的.

$\therefore RD$、RE 重合,则它既在 β 内,又在 γ 内.

$\therefore a\perp\alpha$.

题型 15 求异面直线所成的角

异面直线所成的角的范围是 $\left(0,\dfrac{\pi}{2}\right]$,所以在求解过程中要注意化归.

求异面直线所成的角的方法主要是平移法,即(1)选择适当的点平移异面直线中的一条或两条成为相交直线. 这里的点通常选特殊位置的点. (2)将这个角放入某一个三角形中. (3)解三角形. 另外,有些情况下,可通过判断一条直线与另一条直线所在的平面垂直,从而得到两异面直线所成的角为直角.

例 24 如图 7-3-31,在正三棱柱 $ABC-A_1B_1C_1$(底面为等边三角形,且侧棱垂直于底面)中,若 $AB=\sqrt{2}BB_1$,则 AB_1 与 C_1B 所成的角的大小为(　　).

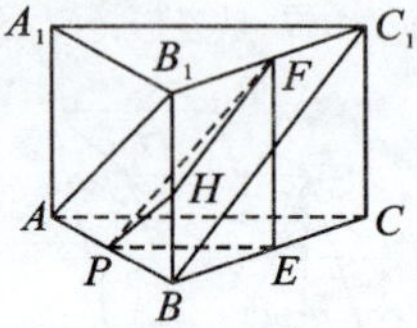

图 7-3-31

A. 60°　　B. 90°

C. 105°　　D. 75°

解析 如图 7-3-31,设 AB、BB_1、B_1C_1 的中点依次为 P、H、F,连接 PH、HF,显然有 $PH \mathrel{\underline{\underline{/\!/}}} \dfrac{1}{2}AB_1$,$HF \mathrel{\underline{\underline{/\!/}}} \dfrac{1}{2}C_1B$,则 $\angle PHF$ 即为异面直线 AB_1 与 C_1B 所成的角.

连接 PF,并设 $BB_1=1$,则正三棱柱底面边长为$\sqrt{2}$,不难求得 $PH=HF=\dfrac{\sqrt{3}}{2}$.

取 BC 的中点 E,连接 PE、EF,易知$\triangle PEF$ 是直角三角形. 在 Rt$\triangle PEF$ 中,$PF^2=\dfrac{3}{2}$,显然有 $PH^2+HF^2=PF^2$,故 $\angle PHF=90°$,故选 B.

答案 B.

题型 16 求直线 l 与平面 α 的夹角

(1)若 $l\perp\alpha$,则 l 与 α 的夹角为 90°.

(2)若 $l/\!/\alpha$ 或 $l\subset\alpha$,则 l 与 α 的夹角为 0°.

(3)若 l 是 α 的斜线,则 l 与它在 α 内射影的夹角叫做 l 和 α 所成的锐角(或 l 和 α 的夹角).

(4)若已知 α 的斜线 l 与 α 所成角为 θ,l 与 α 内的另一条直线所成角为 β,则 $\theta\leqslant\beta$.

求线面角的方法(公式法):如图 7-3-32,OA 是平面 α 的斜线,OB 是 OA 在 α 内的射影,$OM\subset\alpha$,$\angle AOB=\theta$,$\angle AOM=\theta_1$,$\angle BOM=\theta_2$,则 $\cos\theta_1=\cos\theta\cdot\cos\theta_2$.

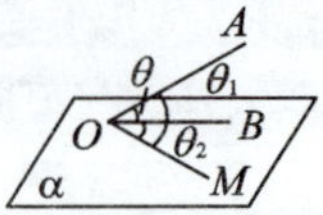

图 7-3-32

例25 （福建高考）如图7－3－33，在长方体 $ABCD-A_1B_1C_1D_1$ 中，$AB=BC=2$，$AA_1=1$，则 BC_1 与平面 BB_1D_1D 所成角的正弦值为（　　）.

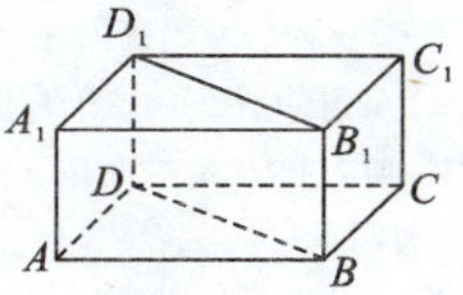

图7－3－33

A. $\frac{\sqrt{6}}{3}$　　B. $\frac{2\sqrt{5}}{5}$

C. $\frac{\sqrt{15}}{5}$　　D. $\frac{\sqrt{10}}{5}$

解析 如图7－3－34，取 B_1D_1 的中点 M，连接 C_1M、BM、BC_1.

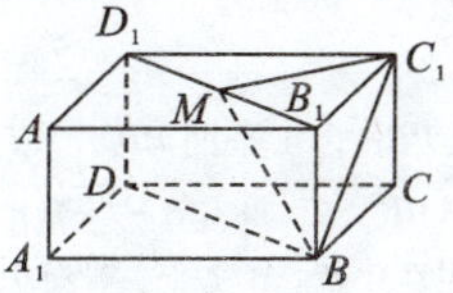

图7－3－34

$\because BB_1\perp$ 平面 $A_1B_1C_1D_1$，

$\therefore$ 平面 $BB_1D_1D\perp$ 平面 $A_1B_1C_1D_1$.

又 $C_1D_1=C_1B_1=2$，$\therefore C_1M\perp B_1D_1$.

$\therefore C_1M\perp$ 平面 BB_1D_1D.

$\therefore\angle C_1BM$ 是直线 BC_1 与平面 BB_1D_1D 所成的角.

在 $Rt\triangle C_1MB$ 中，$C_1M=\sqrt{2}$，$BC_1=\sqrt{5}$，

$\therefore\sin\angle C_1BM=\frac{\sqrt{2}}{\sqrt{5}}=\frac{\sqrt{10}}{5}$.

答案 D.

点拨 本题关键是由面面垂直的性质定理确定垂足 M 的位置.

例26 （山东高考）如图7－3－35，已知正三棱柱 $ABC-A_1B_1C_1$ 的所有棱长都相等，D 是 A_1C_1 的中点，则直线 AD 与平面 B_1DC 所成角的正弦值为________.

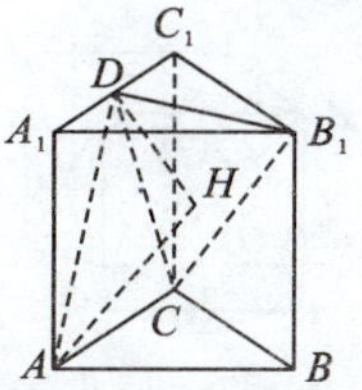

图7－3－35

解析 作 $AH\perp$ 平面 B_1DC，H 为垂足，设 $AH=h$，$AB=1$，

则 $V_{A-B_1DC}=\frac{1}{3}\times\frac{1}{2}\times\frac{\sqrt{3}}{2}\times\frac{\sqrt{5}}{2}\times h$，

$V_{B_1-ADC}=\frac{1}{3}\times\frac{1}{2}\times1\times1\times\frac{\sqrt{3}}{2}$.

由 $V_{A-B_1DC}=V_{B_1-ACD}$，得

$h=\frac{2\sqrt{5}}{5}$.

连接 DH、AD，则 $\angle ADH$ 是直线 AD 与平面 B_1DC 所成的角，$\therefore\sin\angle ADH=\frac{AH}{AD}=\frac{\frac{2\sqrt{5}}{5}}{\frac{\sqrt{5}}{2}}=\frac{4}{5}$.

答案 $\frac{4}{5}$.

点拨 利用等体积法求出垂线段 AH 的长，关键是合理更换锥体的顶点.

题型17 求二面角

1. 定义法

利用二面角的定义，在二面角的棱上找一点，分别在二面角的两个半平面内作棱的垂线，则这两条射线所成角的大小即为二面角的平面角的大小.

例27 如图7－3－36，已知 $ABCO-A_1B_1C_1O_1$ 为长方体，$OA=OC=2$，$OO_1=4$，D 为 BC_1 与 B_1C 的交点，E 为 A_1C_1 与 B_1O_1 的交点，求二面角 $D-A_1C_1-A$ 的平面角大小.

解 连接 A_1B、BE.

$\because ABCO-A_1B_1C_1O_1$ 为长方体，$OA=OC$，

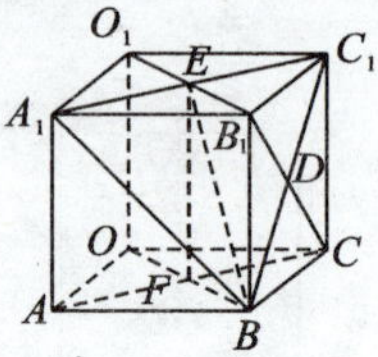

图 7-3-36

$\therefore A_1B=BC_1$.

又$\because E$为A_1C_1的中点，$\therefore BE\perp A_1C_1$.

连接AC、BO交于F点，连接EF.

$\therefore EF/\!/A_1A$，$\therefore EF\perp A_1C_1$.

$\therefore \angle FEB$为二面角$D-A_1C_1-A$的平面角.

在$\mathrm{Rt}\triangle EFB$中，$BF=\frac{1}{2}BO=\frac{1}{2}\cdot 2\sqrt{2}=\sqrt{2}$，$EF=4$，

$\therefore \tan\angle FEB=\frac{BF}{EF}=\frac{\sqrt{2}}{4}$，

$\therefore \angle FEB=\arctan\frac{\sqrt{2}}{4}$.

即二面角$D-A_1C_1-A$的大小为$\arctan\frac{\sqrt{2}}{4}$.

例 28 如图 7-3-37，P是$\triangle ABC$所在平面外一点，若$\triangle ABC$与$\triangle PBC$都是边长为 2 的正三角形，$PA=\sqrt{6}$，则二面角$P-BC-A$的大小是________.

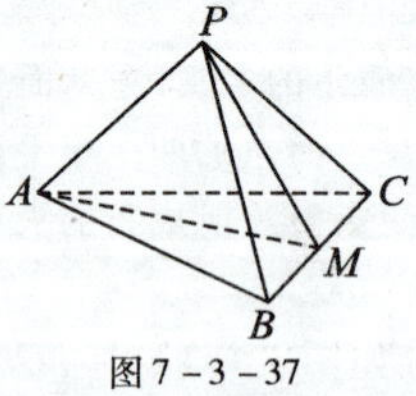

图 7-3-37

解析 $\triangle ABC$与$\triangle PBC$是有公共边的等边三角形，处理此类模型作二面角的途径是取公共底边的中点，连顶点与底边中点，即得二面角的平面角. 取BC边的中点M，连接PM、AM，由已知可知$\angle PMA$是二面角$P-BC-A$的平面角.

$\because PM=AM=\sqrt{3}$，$PA=\sqrt{6}$，

$\therefore \angle PMA=90°$，

即二面角$P-BC-A$的大小是$90°$.

答案 $90°$.

2. 垂面法

如图 7-3-38，点P在两半平面α、β之间时，作$PA\perp\alpha$于A，$PB\perp\beta$于B，作$AM\perp l$于M，连接BM，则$\angle AMB$是二面角$\alpha-l-\beta$的平面角.

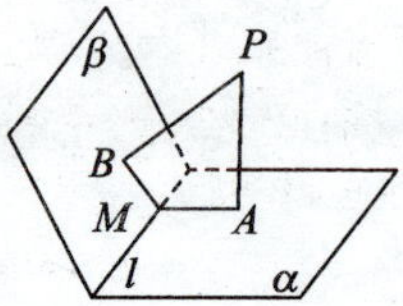

图 7-3-38

证明如下：$\left.\begin{matrix}PA\perp l\\AM\perp l\end{matrix}\right\}\Rightarrow l\perp$平面$PAM$，

$\therefore l\perp PM$.

又$l\perp PB$. $\therefore l\perp$平面PBM. $\therefore l\perp BM$.

$\therefore \angle AMB$是二面角$\alpha-l-\beta$的平面角.

另外，要注意：事实上，平面PAM与平面PBM重合，即P、A、B、M四点共面，且$\angle AMB$与$\angle APB$互补.

例 29 如图 7-3-39，设P是$60°$的二面角$\alpha-l-\beta$内一点，$PA\perp$平面α，$PB\perp$平面β，A、B分别为垂足，若$PA=4$，$PB=2$，则AB的长是(　　).

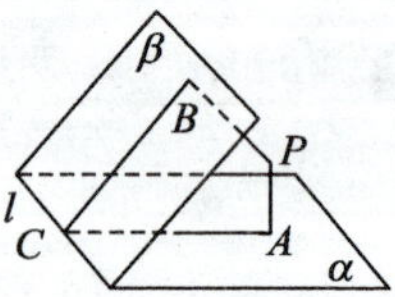

图 7-3-39

A. $2\sqrt{3}$　　B. $2\sqrt{5}$

C. $2\sqrt{7}$　　D. $4\sqrt{2}$

解析 过A作$AC\perp l$于点C，连接BC，则$\angle ACB$即为二面角$\alpha-l-\beta$的平面角，即$\angle ACB=60°$，$\therefore \angle APB=120°$，由余弦定理知$AB=2\sqrt{7}$.

答案 C.

题型18 常见距离问题

一个图形内任一点与另一个图形内任一点的距离中的最小值,叫做两图形的距离.

空间中常见的距离有两点间距离、点线距离、点面距离、线面距离及面面距离.

1. 两点之间的距离

两点之间的距离可以借助平面几何性质来解,也可以利用向量模求解.

例30 如图7-3-40,在矩形$ABCD$中,$AB=4$,$AD=3$. 沿对角线AC折叠,使面ABC与面ADC垂直,求B、D间的距离.

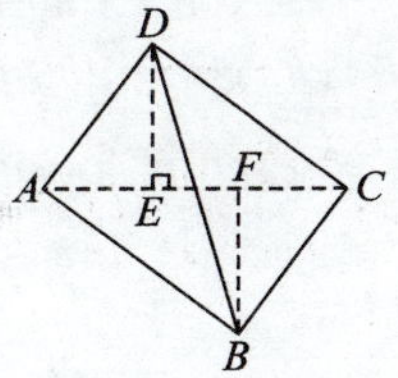

图7-3-40

解 过D和B分别作$DE\perp AC$于E,$BF\perp AC$于F.

由已知条件可知$AC=5$.

$\therefore DE=\frac{3\times 4}{5}=\frac{12}{5}$,$BF=\frac{3\times 4}{5}=\frac{12}{5}$.

由$\mathrm{Rt}\triangle ADE\backsim \mathrm{Rt}\triangle ACD$,得$\frac{AE}{AD}=\frac{AD}{AC}$,

$\therefore AE=\frac{AD^2}{AC}=\frac{9}{5}=CF$,

$\therefore EF=5-2\times\frac{9}{5}=\frac{7}{5}$.

$\because \overrightarrow{DB}=\overrightarrow{DE}+\overrightarrow{EF}+\overrightarrow{FB}$,

$\therefore |\overrightarrow{DB}|^2=(\overrightarrow{DE}+\overrightarrow{EF}+\overrightarrow{FB})^2=\overrightarrow{DE}^2+\overrightarrow{EF}^2+\overrightarrow{FB}^2+2\overrightarrow{DE}\cdot\overrightarrow{EF}+2\overrightarrow{DE}\cdot\overrightarrow{FB}+2\overrightarrow{EF}\cdot\overrightarrow{FB}$.

$\because$ 面$ADC\perp$面ABC,而$DE\perp AC$,

$\therefore DE\perp$面ABC,

$\therefore DE\perp BF$,即$\overrightarrow{DE}\perp\overrightarrow{FB}$,

$\therefore |\overrightarrow{DB}|^2=\overrightarrow{DE}^2+\overrightarrow{EF}^2+\overrightarrow{FB}^2=\frac{144}{25}+\frac{49}{25}+\frac{144}{25}=\frac{337}{25}$,

$\therefore |\overrightarrow{DB}|=\frac{\sqrt{337}}{5}$.

故B、D间的距离是$\frac{\sqrt{337}}{5}$.

例31 如图7-3-41,已知三个平面α、β、γ两两垂直,交线分别为BA、BC、BD,空间一点P到α、β、γ的距离分别为3、4、5,求P到B的距离.

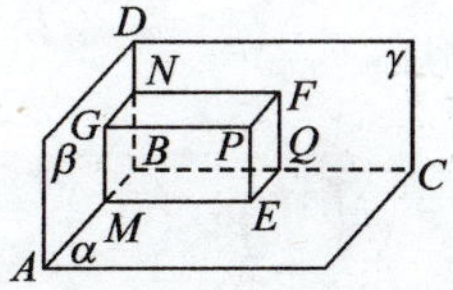

图7-3-41

解 作PE、PG、PF分别垂直于α、β、γ,垂足分别为E、G、F,则$PE=3$,$PG=4$,$PF=5$.

设平面PEG交AB于M,平面PGF交BD于N,平面PEF交BC于Q,则易证几何体$GPFN-MEQB$为长方体,PB的长即为其对角线长,

$\therefore PB=\sqrt{3^2+4^2+5^2}=5\sqrt{2}$.

点拨 当空间有多个元素,它们之间的关系不很直接,可考虑建立模型,模型往往是我们很熟悉的正方体、长方体、正四面体等.

2. 点线距离

在平面中,常通过等面积法求点线距离,在空间中,常通过三垂线定理(或逆定理)求点线距离.

例32 如图7-3-42,在三棱锥$P-ABC$中,$\angle ABC=\angle PBC=90°$,$\triangle PAB$是边长为1的正三角形,若$BC=1$,$M$是$PC$的中点,则点$M$到直线$AB$的距离是________.

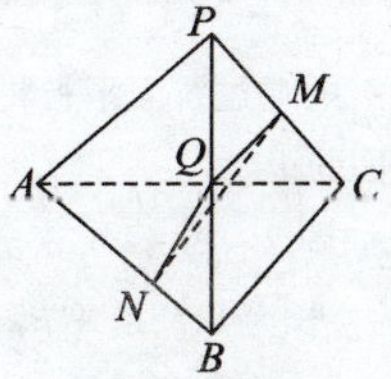

图7-3-42

解析 $\because AB\perp BC, PB\perp BC, \therefore BC\perp$ 平面 PAB.

取 PB 中点 Q，连接 MQ，则 $MQ \underline{\underline{/\!/}} \frac{1}{2}BC$，

$\therefore MQ\perp$ 平面 PAB，$\therefore$ 点 M 到平面 PAB 的距离为 $MQ=\frac{1}{2}$.

作 $QN\perp AB$ 于 N，连接 MN，则 $MN\perp AB$.

$QN=QB\cdot\sin 60°=\frac{\sqrt{3}}{4}$，

$\therefore MN=\sqrt{\left(\frac{\sqrt{3}}{4}\right)^2+\left(\frac{1}{2}\right)^2}=\frac{\sqrt{7}}{4}$.

答案 $\frac{\sqrt{7}}{4}$.

3. 点面距离

(1)直接法：直接过点作面的垂线，求垂线段的长，通常借助于某个直角三角形求解.

例33 已知二面角 $\alpha-a-\beta$ 为 $60°$，α 内一点 A 到棱 a 的距离为 $2\sqrt{3}$，求 A 到 β 的距离.

解 如图7－3－43，设 A 在 β 内的射影为 H，则 AH 的长即 A 到 β 的距离. 在 β 内作 $HB\perp a$ 于 B，连接 AB，由三垂线定理得 $AB\perp a$，

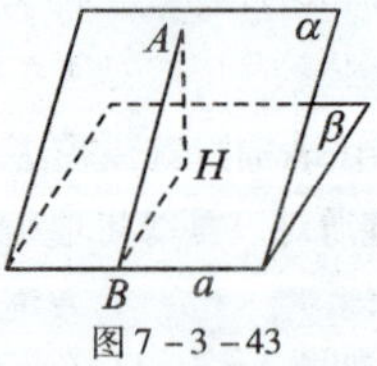

图7－3－43

$\therefore AB=2\sqrt{3}, \angle ABH=60°$.

在 $\mathrm{Rt}\triangle ABH$ 中得

$AH=AB\sin 60°=2\sqrt{3}\times\frac{\sqrt{3}}{2}=3$.

(2)转移法：通过线面平行将其转化为另一点到该平面的距离.

例34 如图7－3－44，正方体 $ABCD-A_1B_1C_1D_1$ 的棱长为1，E 是 A_1B_1 的中点，则 E 到平面 ABC_1D_1 的距离为(　　).

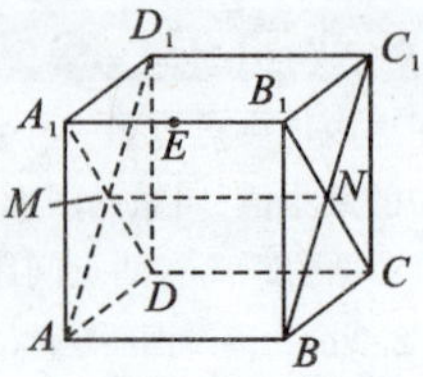

图7－3－44

A. $\frac{\sqrt{3}}{2}$　　B. $\frac{\sqrt{2}}{2}$

C. $\frac{1}{2}$　　D. $\frac{\sqrt{3}}{3}$

解析 作正方体的对角面 A_1DCB_1 交对角面 ABC_1D_1 于 MN. $\because E\in A_1B_1, A_1B_1/\!/$ 平面 ABC_1D_1，$\therefore E$ 与 B_1 到平面 ABC_1D_1 的距离相等. 而 $B_1N\perp$ 平面 ABC_1D_1 于 N，$B_1N=\frac{\sqrt{2}}{2}$，故所求距离等于 $\frac{\sqrt{2}}{2}$.

答案 B.

点拨 点面距→线面距→点面距，这种转化起到了化生为熟，化难为易的效果.

③体积法：利用三棱锥的特征转换位置求解.

例35 如图7－3－45，四棱锥 $P-ABCD$ 的底面 $ABCD$ 是边长为2的菱形，$\angle BAD=60°$，$PA=PC=\sqrt{6}$，且 $PB=PD$. 求点 B 到平面 PAD 的距离.

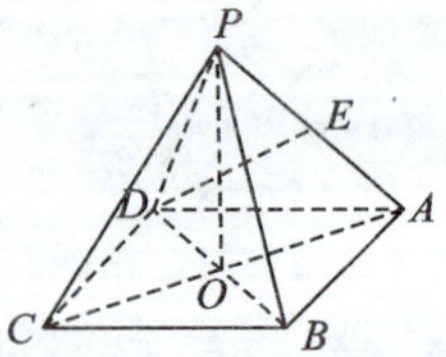

图7－3－45

解 如图7－3－45，B 点与平面 PAD 的距离等于三棱锥 $B-PAD$ 的高 h.

$AC\cap BD=O$，连接 PO.

$\because PA=PC, \therefore PO\perp AC$.

又 $\because PB=PD, \therefore PO\perp BD, \therefore PO\perp$ 底面 $ABCD$. 易得 $PO=\sqrt{3}, PD=PB=2$.

在$\triangle PAD$中,$PD=AD=2$,$PA=\sqrt{6}$,作$DE\perp AB$,则有$DE=\sqrt{2^2-\left(\frac{\sqrt{6}}{2}\right)^2}=\frac{\sqrt{10}}{2}$.

$\therefore S_{\triangle PAD}=\frac{1}{2}DE\cdot PA=\frac{\sqrt{15}}{2}$,

而$S_{\triangle ABD}=\frac{1}{2}\times 2\times 2\times\sin 60°=\sqrt{3}$,

由$V_{B-PAD}=V_{P-ABD}$,

得$\frac{1}{3}h\times\frac{\sqrt{15}}{2}=\frac{1}{3}\times\sqrt{3}\times\sqrt{3}$,

得$h=\frac{2\sqrt{15}}{5}$.

$\therefore B$到平面PAD的距离为$\frac{2\sqrt{15}}{5}$.

4. 线面距离

求解直线到平面的距离时其关键是将其转化为点面间的距离,进而转化为点线距离,通过平面几何知识解决问题.

例36 如图7-3-46,已知在长方体$ABCD-A_1B_1C_1D_1$中,棱$AA_1=5$,$AB=12$,求直线B_1C_1和平面A_1BCD_1的距离.

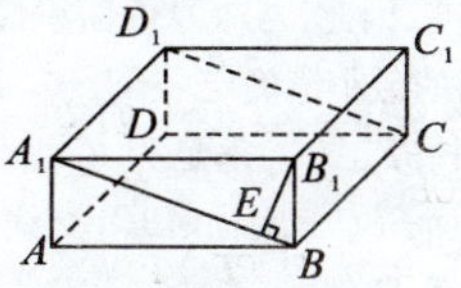

图7-3-46

解 $\because B_1C_1/\!/BC$,$B_1C_1\not\subset$平面A_1BCD_1,

$\therefore B_1C_1/\!/$平面A_1BCD_1.

$\therefore$点B_1到平面A_1BCD_1的距离即为B_1C_1到平面A_1BCD_1的距离.

过点B_1作$B_1E\perp A_1B$于E.

$\because BC\perp$平面A_1ABB_1,$\therefore BC\perp B_1E$.

又$BC\cap A_1B=B$,

$\therefore B_1E\perp$平面A_1BCD_1,即线段B_1E的长即为所求.

在$\mathrm{Rt}\triangle A_1B_1B$中,$B_1E=\frac{A_1B_1\cdot BB_1}{A_1B}=\frac{5\times 12}{\sqrt{5^2+12^2}}=\frac{60}{13}$.

$\therefore$直线B_1C_1到平面A_1BCD_1的距离为$\frac{60}{13}$.

题型19 折叠问题

(1)分别画出平面图形和翻折后的立体图;

(2)弄清在翻折过程中,哪些量不变,哪些量发生了变化;

(3)根据未变的量和已知的条件求出需求的量.

例37 如图7-3-47,已知正方形$ABCD$,E、F分别是边AB、CD的中点,$\triangle ADE$沿DE折起,如图7-3-48,记二面角$A-DE-C$的大小为$\theta(0<\theta<\pi)$.

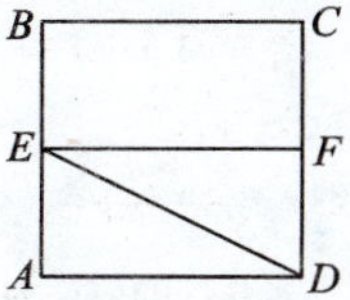

图7-3-47

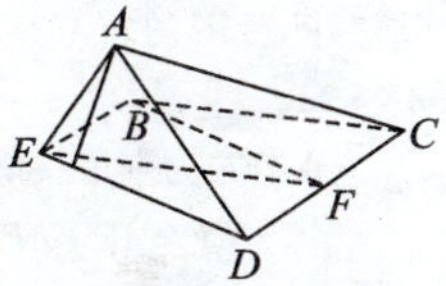

图7-3-48

(1)证明:$BF/\!/$平面ADE;

(2)若$\triangle ACD$为等边三角形,试判断点A在平面$BCDE$内的射影G是否在直线EF上,证明你的结论,并求角θ的余弦值.

(1)证明 $\because E$、F分别是正方形$ABCD$的边AB、CD的中点,

$\therefore EB\mathop{/\!/}\limits_{=}FD$,

$\therefore$四边形$EBFD$是平行四边形,

$\therefore BF\mathop{/\!/}\limits_{=}ED$.

又$\because BF\not\subset$面ADE,$ED\subset$面ADE,

$\therefore BF/\!/$平面ADE.

(2)解 点A在平面$BCDE$内的射影G在直线EF上.

如图7-3-49,过点A作$AG\perp$平面$BCDE$,垂足为G,连接GC、GD.

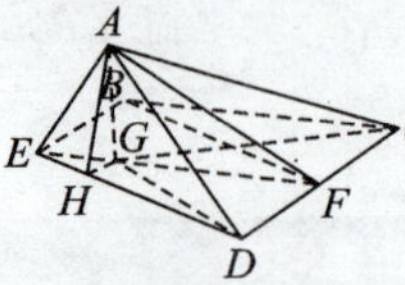

图 7－3－49

$\because \triangle ACD$ 为等边三角形，

$\therefore AC=AD, \therefore GC=GD$，

$\therefore G$ 在 CD 的垂直平分线上.

又$\because EF$ 是 CD 的垂直平分线，

$\therefore$ 点 A 在平面 $BCDE$ 内的射影 G 在直线 EF 上.

过 G 作 $GH \perp ED$，垂足为 H，连接 AH，则 $AH \perp DE$.

$\therefore \angle AHG$ 是二面角 $A-DE-C$ 的平面角，即 $\angle AHG=\theta$.

设原正方形 $ABCD$ 的边长为 $2a$，连接 AF.

在折后图的 $\triangle AEF$ 中 $AF=\sqrt{3}a$，$EF=2AE=2a$，

$\therefore \triangle AEF$ 为直角三角形，

$\therefore AG \cdot EF=AE \cdot AF$，

$\therefore AG=\dfrac{\sqrt{3}}{2}a$.

在 $\mathrm{Rt}\triangle ADE$ 中，$AH \cdot DE=AD \cdot AE$，

$\therefore AH=\dfrac{2a}{\sqrt{5}}, \therefore GH=\dfrac{a}{2\sqrt{5}}$，

$\therefore \cos\theta=\dfrac{GH}{AH}=\dfrac{1}{4}$.

综合解题指导

题型1 立体几何与排列组合的综合

例1 过三棱柱任意两个顶点的直线共有 15 条，其中异面直线有(　　).

A. 18 对　　B. 24 对

C. 30 对　　D. 36 对

解析 三棱锥中共有 3 对异面直线(对棱)，而三棱锥的构成需要 4 个不共面的点.如图 7－3－50，从三棱柱的 6 个顶点中，选取 4 个不共面的点，共有(C_6^4-3)种选取方法，故共有$(C_6^4-3)\times 3=36$ 对异面直线.

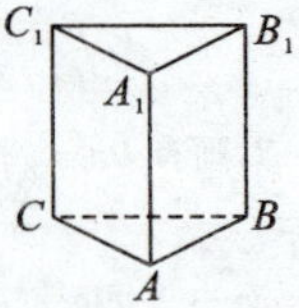

图 7－3－50

答案 D.

题型2 立体几何与函数的综合

例2 如图 7－3－51，已知三棱锥 $S-ABC$ 的底面是边长为 $4\sqrt{2}$ cm 的等边三角形，棱 $SC \perp$ 底面 ABC，其长为 2 cm，D、E 分别是 AB、BC 的中点，若点 P 在 SE 上移动，求 $\triangle PCD$ 面积的最小值.

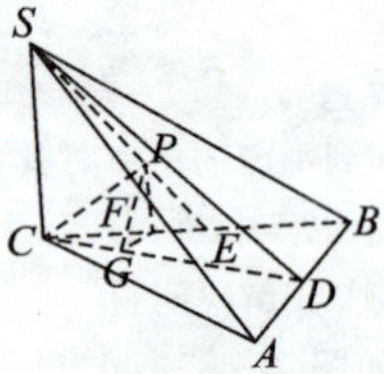

图 7－3－51

解 当 P 在 SE 上移动时，$\triangle PCD$ 的底边 CD 保持不变，因此，$\triangle PCD$ 的面积最小值由 P 到 CD 距离的最小值确定.

过 P 作 $PF \perp BC$，垂足为 F，由 $SC \perp$ 底面 ABC 知，平面 $SBC \perp$ 底面 ABC，交线是 BC，所以 $PF \perp$ 底面 ABC.

过 F 作 $FG \perp CD$ 于 G，连接 PG. 由 $PF \perp$ 底面 ABC 得 $PF \perp CD$，$\therefore CD \perp$ 面 PFG. $\therefore PG \perp CD$，因此 PG 的最小值即 P 到 CD 距离的最小值.

不妨设 $PF=x, x\in(0,2)$.

由 $\triangle PEF \backsim \triangle SEC$，得 $\dfrac{x}{SC}=\dfrac{EF}{EC}$，

从而有 $EF=\dfrac{EC}{SC}\cdot x$，即 $EF=\sqrt{2}x$.

故 $CF=2\sqrt{2}-\sqrt{2}x$，

$GF=CF\sin 30^\circ=\sqrt{2}-\dfrac{\sqrt{2}}{2}x$.

由此得函数关系式：$PG^2=PF^2+GF^2=x^2+\left(\sqrt{2}-\dfrac{\sqrt{2}}{2}x\right)^2=\dfrac{3}{2}\left(x-\dfrac{2}{3}\right)^2+\dfrac{4}{3}$，

因此当 $x=\frac{2}{3}$ 时，$PG_{\min}=\frac{2\sqrt{3}}{3}$.

所以△PCD 面积的最小值 $S_{\triangle PCD}=\frac{1}{2}CD\cdot$

$PG_{\min}=\frac{1}{2}\times\frac{\sqrt{3}}{2}\times 4\sqrt{2}\times\frac{2}{3}\sqrt{3}=2\sqrt{2}(\mathrm{cm}^2)$.

题型3 立体几何与三角函数的综合

例3 如图 7-3-52，在棱长为 1 的正方体 $ABCD-A_1B_1C_1D_1$ 中，P 是线段 AC 上的一点，过 P、A_1、B_1 三点作平面与底面所成的二面角为 α，过 P、B、C_1 三点作平面与底面所成的二面角为 β，求 $\alpha+\beta$ 取最小值时点 P 的位置.

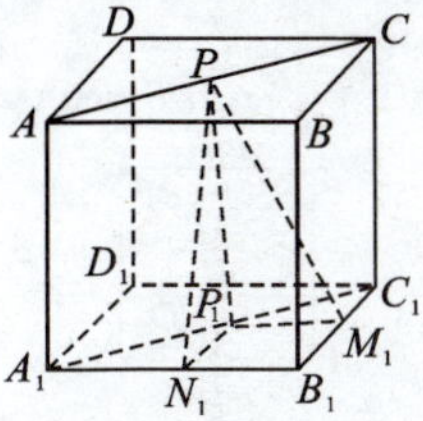

图 7-3-52

解 欲求 $\alpha+\beta$ 的最值. 可先考虑 $\tan(\alpha+\beta)$ 的最值，在面 AA_1C_1C 内作 $PP_1\perp A_1C_1$ 于 P_1，自 P_1 作 $P_1N_1\perp A_1B_1$ 于 N_1，连接 PN_1.

$\because$ 面 $AA_1C_1C\perp$ 面 $A_1B_1C_1D_1$，

$\therefore PP_1\perp$ 面 $A_1B_1C_1D_1$.

$\therefore PP_1\perp A_1B_1$. $\therefore A_1B_1\perp$ 平面 PP_1N.

$\therefore PN_1\perp A_1B_1$，因此 $\angle PN_1P_1$ 为面 PA_1B_1 与底面所成二面角的平面角，即 $\angle PN_1P_1=\alpha$.

设 $A_1P_1=x$，则有 $P_1N_1=\frac{\sqrt{2}}{2}x$，

从而 $\tan\alpha=\frac{\sqrt{2}}{x}$.

同理可得 $\tan\beta=\frac{\sqrt{2}}{\sqrt{2}-x}$.

$\therefore \tan(\alpha+\beta)=\frac{\tan\alpha+\tan\beta}{1-\tan\alpha\tan\beta}$

$=\frac{2}{-x^2+\sqrt{2}x-2}$.

$\because \frac{\pi}{4}<\alpha<\frac{\pi}{2}, \frac{\pi}{4}<\beta<\frac{\pi}{2}$,

$\therefore \frac{\pi}{2}<\alpha+\beta<\pi$，而 $\tan(\alpha+\beta)$ 在 $\left(\frac{\pi}{2},\pi\right)$ 内是增函数，因此当 $-x^2+\sqrt{2}x-2$ 取最大值，即 $x=\frac{\sqrt{2}}{2}$ 时，$\tan(\alpha+\beta)$ 取最小值，从而 $\alpha+\beta$ 取最小值，故此时点 P 的位置应在 AC 的中点处.

题型4 立体几何与不等式的综合

例4 如图 7-3-53，在四面体 $ABCD$ 中，截面 $EFGH$ 平行于对棱 AB 和 CD，试问截面在什么位置时，其截面面积最大.

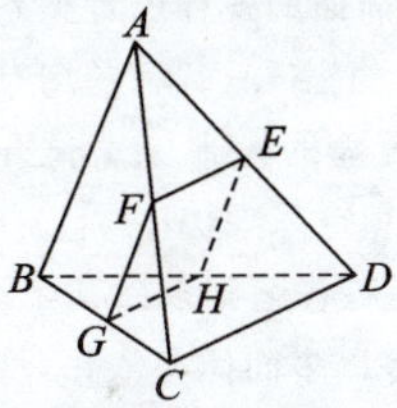

图 7-3-53

分析 利用线面平行的性质，可以判定截面形状，再建立面积函数求最值.

解 $\because AB/\!/$ 平面 $EFGH$，平面 $EFGH$ 与平面 ABC 和平面 ABD 分别交于 FG、EH，

$\therefore AB/\!/FG, AB/\!/EH$.

$\therefore FG/\!/EH$，同理可证 $EF/\!/GH$.

$\therefore$ 截面 $EFGH$ 是平行四边形.

设 $AB=a, CD=b, \angle FGH=\alpha$（$\alpha$ 即为异面直线 AB 和 CD 所成的角或其补角）.

设 $FG=x, GH=y$，由平面几何知识可得 $\frac{x}{a}=\frac{CG}{BC}, \frac{y}{b}=\frac{BG}{BC}$,

两式相加，得 $\frac{x}{a}+\frac{y}{b}=1$,

即 $y=\frac{b}{a}\times(a-x)$.

$\therefore S_{\square EFGH}=FG\cdot GH\cdot\sin\alpha=x\cdot\frac{b}{a}\cdot$

$(a-x)\cdot\sin\alpha=\frac{b\sin\alpha}{a}x(a-x)$.

$\because x>0, a-x>0$ 且 $x+(a-x)=a$ 为定值,

$\therefore$ 当且仅当 $x=a-x$ 时,$\frac{b\sin\alpha}{a}x(a-x)=\frac{ab\sin\alpha}{4}$,此时 $x=\frac{a}{2}$.

即当截面 $EFGH$ 的顶点 E、F、G、H 为棱 AD、AC、BC、BD 的中点时,其截面面积最大.

三年高考分析

本章内容是高考的重点之一,侧重于对线线、线面、面面的各种位置关系的考查,基本上选择题、填空题、解答题均有体现. 但近几年在传统题型的基础上,尝试开发了"多选填空""构造填空"等题型,并且这种题型正在不断完善,而解答题则多以几个小题形式出现,此类题多以多面体为依托,将证明、计算相结合考查.

例1 (广东高考)给定下列四个命题:

①若一个平面内的两条直线与另一个平面都平行,那么这两个平面相互平行;

②若一个平面经过另一个平面的垂线,则这两个平面相互垂直;

③垂直于同一直线的两条直线相互平行;

④若两个平面垂直,则一个平面内与它们的交线不垂直的直线与另一个平面也不垂直. 其中,为真命题的是(　　).

A. ①和②　　B. ②和③

C. ③和④　　D. ②和④

解析 当两个平面相交时,一个平面内的两条直线可以平行于另一个平面,故①不对;由平面与平面垂直的判定可知②正确;空间中垂直于同一条直线的两条直线可以相交也可以异面,故③不对;若两个平面垂直,只有在一个平面内与它们的交线垂直的直线才与另一个平面垂直,故④正确.

答案 D.

例2 (浙江高考)在三棱柱 $ABC-A_1B_1C_1$ 中,各棱长相等,侧棱垂直于底面,点 D 是侧面 BB_1C_1C 的中心,则 AD 与平面 BB_1C_1C 所成角的大小是(　　).

A. 30°　　B. 45°

C. 60°　　D. 90°

解析 如图 7-3-54,取 BC 中点 E,连接 AE,则 $AE\perp BC$. 因为侧棱垂直于底面,所以 $B_1B\perp AE$. 所以 $AE\perp$ 平面 BB_1C_1C. 故 $\angle ADE$ 为直线 AD 与平面 BB_1C_1C 所成的角. 设各棱长为 a,则 $AE=\frac{\sqrt{3}}{2}$,$DE=\frac{1}{2}$. 所以 $\tan\angle ADE=\sqrt{3}$. 所以 $\angle ADE=60°$.

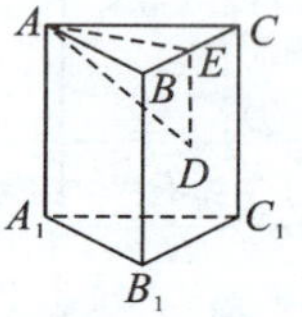

图 7-3-54

答案 C.

例3 (全国卷Ⅰ文高考)已知菱形 $ABCD$ 中,$AB=2$,$\angle A=120°$,沿对角线 BD 将 $\triangle ABD$ 折起,使二面角 $A-BD-C$ 为 120°,则点 A 到 $\triangle BCD$ 所在平面的距离等于______.

解析 如图 7-3-55,取 BD 中点 E,连接 AE、CE.

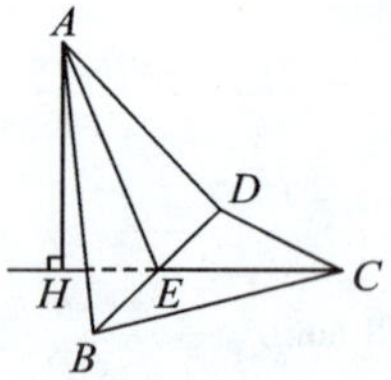

图 7-3-55

$\because\triangle ABD$、$\triangle BCD$ 均为等腰三角形,

$\therefore AE\perp BD$,$CE\perp BD$,

$\therefore BD\perp$ 平面 AEC.

$\therefore \angle AEC$ 为二面角 $A-BD-C$ 的平面角，

$\therefore \angle AEC=120°$.

在平面 AEC 内过 A 作 CE 的垂线 AH，垂足为 H，则 H 在 CE 的延长线上.

$\because BD\perp$ 平面 AEC，

$\therefore BD\perp AH$.

又 $AH\perp CE$，$\therefore AH\perp$ 平面 BCD.

$\because \angle BAD=120°$，$\therefore \angle BAE=60°$，

$\therefore \cos\angle BAE=\frac{AE}{AB}$，$\therefore AE=1$.

又 $\angle AEH=60°$，$\therefore AH=\frac{\sqrt{3}}{2}$.

答案 $\frac{\sqrt{3}}{2}$.

例4 （江苏高考）如图 7-3-56，在直三棱柱 $ABC-A_1B_1C_1$ 中，E、F 分别是 A_1B、A_1C 的中点，点 D 在 B_1C_1 上，$A_1D\perp B_1C_1$.

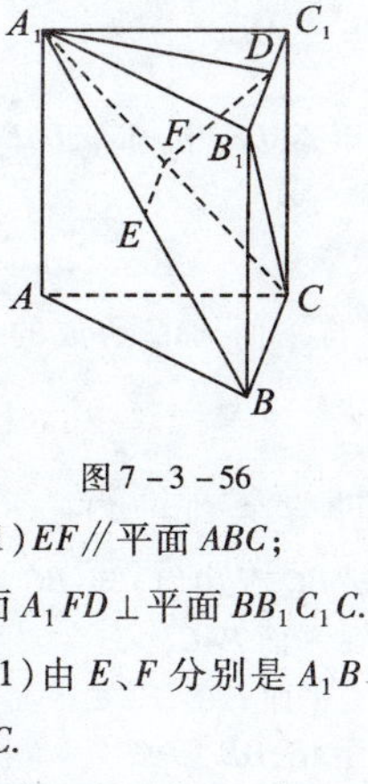

图 7-3-56

求证：(1) $EF/\!/$平面 ABC；

(2) 平面 $A_1FD\perp$ 平面 BB_1C_1C.

证明 (1)由 E、F 分别是 A_1B、A_1C 的中点知 $EF/\!/BC$.

$\because EF\not\subset$ 平面 ABC，$BC\subset$ 平面 ABC，

$\therefore EF/\!/$平面 ABC.

(2)由三棱柱 $ABC-A_1B_1C_1$ 为直三棱柱知 $CC_1\perp$ 平面 $A_1B_1C_1$.

又 $A_1D\subset$ 平面 $A_1B_1C_1$，故 $CC_1\perp A_1D$.

又 $\because A_1D\perp B_1C_1$，$CC_1\cap B_1C_1=C_1$，$CC_1$、$B_1C_1\subset$ 平面 BB_1C_1C，故 $A_1D\perp$ 平面 BB_1C_1C.

又 $A_1D\subset$ 平面 A_1FD，

$\therefore$ 平面 $A_1FD\perp$ 平面 BB_1C_1C.

例5 （山东高考）如图 7-3-57，已知四棱锥 $P-ABCD$，底面 $ABCD$ 为菱形，$PA\perp$ 平面 $ABCD$，$\angle ABC=60°$，E、F 分别是 BC、PC 的中点.

(1)证明：$AE\perp PD$；

(2)若 H 为 PD 上的动点，EH 与平面 PAD 所成最大角的正切值为 $\frac{\sqrt{6}}{2}$，求二面角 $E-AF-C$ 的余弦值.

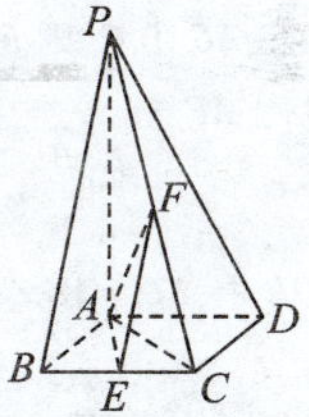

图 7-3-57

(1) 证明 由四边形 $ABCD$ 为菱形，$\angle ABC=60°$，可得 $\triangle ABC$ 为正三角形.

$\because E$ 为 BC 的中点，$\therefore AE\perp BC$.

又 $BC/\!/AD$，$\therefore AE\perp AD$.

$\because PA\perp$ 平面 $ABCD$，$AE\subset$ 平面 $ABCD$，

$\therefore PA\perp AE$.

有 $PA\subset$ 平面 PAD，$AD\subset$ 平面 PAD，

$PA\cap AD=A$，

$\therefore AE\perp$ 平面 PAD.

又 $PD\subset$ 平面 PAD，$\therefore AE\perp PD$.

(2) 解 如图 7-3-58，设 $AB=2$，H 为 PD 上任意一点，连接 AH、EH.

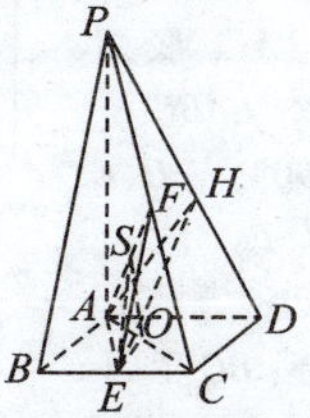

图 7-3-58

由(1)知 $AE\perp$ 平面 PAD，

则$\angle EHA$为EH与平面PAD所成的角.

在$Rt\triangle EAH$中,$AE=\sqrt{3}$,

所以当AH最短时,$\angle EHA$最大,

即当$AH\perp PD$时,$\angle EHA$最大.

此时$\tan\angle EHA=\dfrac{AE}{AH}=\dfrac{\sqrt{3}}{AH}=\dfrac{\sqrt{6}}{2}$,

因此$AH=\sqrt{2}$.

又$AD=2$,$\therefore\angle ADH=45°$,$\therefore PA=2$.

$\because PA\perp$平面$ABCD$,$PA\subset$平面PAC.

所以平面$PAC\perp$平面$ABCD$.

过E作$EO\perp AC$于O,则$EO\perp$平面PAC,

过O作$OS\perp AF$于S,连接ES,则$\angle ESO$为二面角$E-AF-C$的平面角.

在$Rt\triangle AOE$中,$EO=AE\cdot\sin 30°=\dfrac{\sqrt{3}}{2}$,

$AO=AE\cdot\cos 30°=\dfrac{3}{2}$.

又F是PC的中点,在$Rt\triangle ASO$中,

$\therefore SO=AO\cdot\sin 45°=\dfrac{3\sqrt{2}}{4}$.

$\therefore SE=\sqrt{EO^2+SO^2}=\sqrt{\dfrac{3}{4}+\dfrac{9}{8}}=\dfrac{\sqrt{30}}{4}$.

$\therefore$在$Rt\triangle ESO$中,$\cos\angle ESO=\dfrac{SO}{SE}=\dfrac{\frac{3\sqrt{2}}{4}}{\frac{\sqrt{30}}{4}}=\dfrac{\sqrt{15}}{5}$,

即所求二面角的余弦值为$\dfrac{\sqrt{15}}{5}$.

例6 (北京高考)如图7-3-59,在三棱锥$P-ABC$中,$PA\perp$底面ABC,$PA=AB$,$\angle ABC=60°$,$\angle BCA=90°$,点D、E分别在棱PB、PC上,且$DE/\!/BC$.

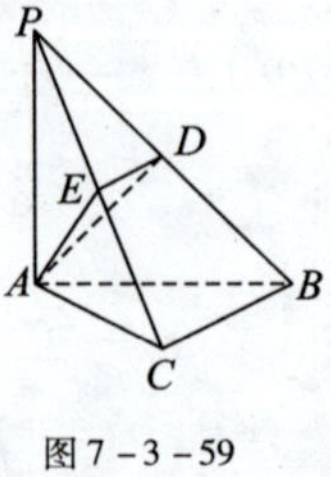

图7-3-59

(1)求证:$BC\perp$平面PAC;

(2)当D为PB的中点时,求AD与平面PAC所成的角的大小;

(3)是否存在点E使得二面角$A-DE-P$为直二面角?并说明理由.

(1)**证明** $\because PA\perp$底面ABC,$\therefore PA\perp BC$.

又$\angle BCA=90°$,$\therefore AC\perp BC$.

$\therefore BC\perp$平面PAC.

(2)**解** $\because D$为PB的中点,$DE/\!/BC$,

$\therefore DE=\dfrac{1}{2}BC$.

又由(1)知,$BC\perp$平面PAC,

$\therefore DE\perp$平面PAC,垂足为点E.

$\therefore\angle DAE$是AD与平面PAC所成的角.

$\because PA\perp$底面ABC,$\therefore PA\perp AB$.

又$PA=AB$,

$\therefore\triangle ABP$为等腰直角三角形,

$\therefore AD=\dfrac{\sqrt{2}}{2}AB$.

在$Rt\triangle ABC$中,$\angle ABC=60°$,

$\therefore BC=\dfrac{1}{2}AB$.

$\therefore$在$Rt\triangle ADE$中,$\sin\angle DAE=\dfrac{DE}{AD}=\dfrac{BC}{2AD}=\dfrac{\sqrt{2}}{4}$.

$\therefore AD$与平面PAC所成的角的大小为$\arcsin\dfrac{\sqrt{2}}{4}$.

(3)**解** 存在.理由如下:

$\because DE/\!/BC$,又由(1)知,$BC\perp$平面PAC,

$\therefore DE\perp$平面PAC,

$\because AE\subset$平面PAC,$PE\subset$平面PAC,

$\therefore DE\perp AE$,$DE\perp PE$.

$\therefore\angle AEP$为二面角$A-DE-P$的平面角.

$\because PA\perp$底面ABC,

$\therefore PA\perp AC$,$\therefore\angle PAC=90°$.

当$AE\perp PC$时,

$\angle AEP=90°$.

故存在点E使得二面角$A-DE-P$是直二面角.

点拨 本题主要考查直线与平面所成角及二面角的作法和求法,解题的关键是找到

所求的角及二面角的平面角，再解三角形.

例7 （广东高考）如图 7-3-60，四棱锥 $P-ABCD$ 的底面 $ABCD$ 是半径为 R 的圆的内接四边形，其中 BD 是圆的直径，$\angle ABD=60°$，$\angle BDC=45°$，PD 垂直于底面 $ABCD$，$PD=2\sqrt{2}R$，E、F 分别是 PB、CD 上的点，且 $\frac{PE}{EB}=\frac{DF}{FC}$，过点 E 作 BC 的平行线交 PC 于 G.

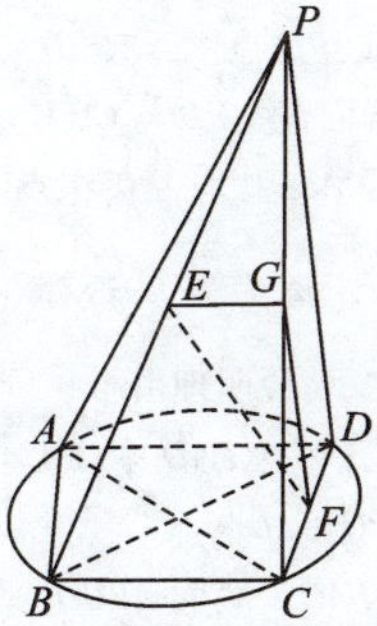

图 7-3-60

（1）求 BD 与平面 ABP 所成角 θ 的正弦值；

（2）证明：$\triangle EFG$ 是直角三角形；

（3）当 $\frac{PE}{EB}=\frac{1}{2}$ 时，求 $\triangle EFG$ 的面积.

（1）解 在 $Rt\triangle BAD$ 中，$\because \angle ABD=60°$，

$\therefore AB=R, AD=\sqrt{3}R$.

而 $PD\perp$ 底面 $ABCD$，$\therefore PD\perp AD$，$PD\perp BD$，

$$\therefore PA=\sqrt{PD^2+AD^2}=\sqrt{(2\sqrt{2}R)^2+(\sqrt{3}R)^2}=\sqrt{11}R,$$

$$PB=\sqrt{PD^2+BD^2}=\sqrt{(2\sqrt{2}R)^2+(2R)^2}=2\sqrt{3}R.$$

在 $\triangle PAB$ 中，$PA^2+AB^2=PB^2$，

即 $\triangle PAB$ 为以 $\angle PAB$ 为直角的直角三角形.

设点 D 到面 PAB 的距离为 h，由 $V_{P-ABD}=V_{D-PAB}$，有 $AB\cdot AD\cdot PD=PA\cdot AB\cdot h$，

$$\therefore h=\frac{AD\cdot PD}{PA}=\frac{\sqrt{3}R\cdot 2\sqrt{2}R}{\sqrt{11}R}=\frac{2\sqrt{66}}{11}R,$$

$$\therefore \sin\theta=\frac{h}{BD}=\frac{\sqrt{66}}{11}.$$

（2）证明 $\because EG/\!/BC$，$\therefore \frac{PE}{EB}=\frac{PG}{GC}$.

而 $\frac{PE}{EB}=\frac{DF}{FC}$，即 $\frac{PG}{GC}=\frac{DF}{DC}$，

$\therefore GF/\!/PD$，$\therefore GF\perp BC$，

$\therefore GF\perp EG$，$\triangle EFG$ 是直角三角形.

（3）解 $\frac{PE}{EB}=\frac{1}{2}$ 时，$\frac{EG}{BC}=\frac{PE}{PB}=\frac{1}{3}$，$\frac{GF}{PD}=\frac{CF}{CD}=\frac{2}{3}$，

即 $EG=\frac{1}{3}BC=\frac{1}{3}\times 2R\times\cos 45°=\frac{\sqrt{2}}{3}R$，

$$GF=\frac{2}{3}PD=\frac{2}{3}\times 2\sqrt{2}R=\frac{4\sqrt{2}}{3}R.$$

$$\therefore S_{\triangle EFG}=\frac{1}{2}EG\cdot GF=\frac{1}{2}\times\frac{\sqrt{2}}{3}R\times\frac{4\sqrt{2}}{3}R=\frac{4}{9}R^2.$$

例8 （辽宁高考）如图 7-3-61，在棱长为 1 的正方体 $ABCD-A'B'C'D'$ 中，$AP=BQ=b(0<b<1)$，截面 $PQEF/\!/A'D$，截面 $PQGH/\!/A'D$.

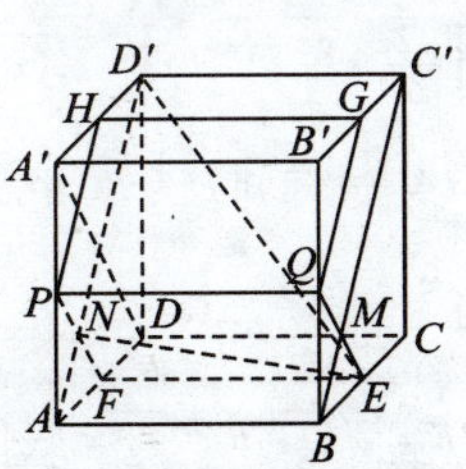

图 7-3-61

（1）证明：平面 $PQEF$ 和平面 $PQGH$ 互相垂直；

（2）证明：截面 $PQEF$ 和截面 $PQGH$ 面积之和是定值，并求出这个值；

（3）若 $D'E$ 与平面 $PQEF$ 所成的角为

$45°$,求 $D'E$ 与平面 $PQGH$ 所成角的正弦值.

(1)证明 在正方体中,$AD' \perp A'D$,$AD' \perp AB$. 又由已知可得 $PF /\!/ A'D$,$PH /\!/ AD'$,$PQ /\!/ AB$,$\therefore PH \perp PF$,$PH \perp PQ$,$\therefore PH \perp$ 平面 $PQEF$.

又$\because PH \subset$ 平面 $PQGH$,

$\therefore$ 平面 $PQEF$ 和平面 $PQGH$ 互相垂直.

(2)证明 由(1)知 $PF = \sqrt{2}AP$,$PH = \sqrt{2}PA'$,又截面 $PQEF$ 和截面 $PQGH$ 都是矩形,且$PQ = 1$,所以截面 $PQEF$ 和截面 $PQGH$ 面积之和是$(\sqrt{2}AP + \sqrt{2}PA') \times PQ = \sqrt{2}$,是定值.

(3)解 如图 7-3-61,连接 BC' 交 EQ 于点 M.

$\because PH /\!/ AD'$,$PQ /\!/ AB$,$\therefore$ 平面 $ABC'D'$ 和平面 $PQGH$ 互相平行,

$\therefore D'E$ 与平面 $PQGH$ 所成角,与 $D'E$ 与平面 $ABC'D'$所成角相等.

与(1)同理可证 $EQ \perp$ 平面 $PQGH$,可知 $EM \perp$ 平面 $ABC'D'$,因此 EM 与 $D'E$ 的比值就是所求的正弦值.

设AD'交 PF 于 N,连接 EN,由 $FD = 1 - b$ 知 $D'E = \sqrt{(1-b)^2 + 2}$,$ND' = \frac{\sqrt{2}}{2} + \frac{\sqrt{2}}{2}(1-b)$.

$\because AD' \perp$ 平面 $PQEF$,又已知 $D'E$ 与平面 $PQEF$ 成$45°$角,

$\therefore D'E = \sqrt{2}ND'$,

即$\sqrt{2}\left[\frac{\sqrt{2}}{2} + \frac{\sqrt{2}}{2}(1-b)\right] = \sqrt{(1-b)^2 + 2}$.

解得 $b = \frac{1}{2}$,可知 E 为 BC 中点.

$\therefore EM = \frac{\sqrt{2}}{4}$.

又 $D'E = \sqrt{(1-b)^2 + 2} = \frac{3}{2}$,

故 $D'E$ 与平面 $PQGH$ 所成角的正弦值为 $\frac{EM}{D'E} = \frac{\sqrt{2}}{6}$.

例9 (福建高考)如图 7-3-62,在四棱锥 $P-ABCD$ 中,侧面 $PAD \perp$ 底面 $ABCD$,侧棱 $PA = PD = \sqrt{2}$,底面 $ABCD$ 为直角梯形,其中 $BC /\!/ AD$,$AB \perp AD$,$AD = 2AB = 2BC = 2$,O 为 AD 的中点.

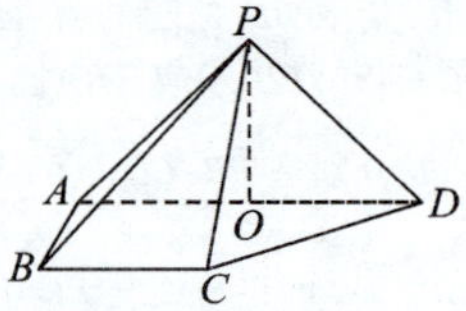

图 7-3-62

(1)求证:$PO \perp$ 平面 $ABCD$;

(2)求异面直线 PB 与 CD 所成角的大小.

(3)线段 AD 上是否存在点 Q,使得它到平面 PCD 的距离为$\frac{\sqrt{3}}{2}$? 若存在,求出$\frac{AQ}{QD}$的值;若不存在,请说明理由.

(1)证明 在$\triangle PAD$ 中,$PA = PD$,O 为 AD 中点,所以 $PO \perp AD$.

又侧面 $PAD \perp$ 底面 $ABCD$,平面 $PAD \cap$ 平面 $ABCD = AD$,$PO \subset$ 平面 PAD,所以 $PO \perp$ 平面 $ABCD$.

(2)解 连接 BO,如图 7-3-63,在直角梯形 $ABCD$ 中,$BC /\!/ AD$,$AD = 2AB = 2BC$,且 $OD = BC$,

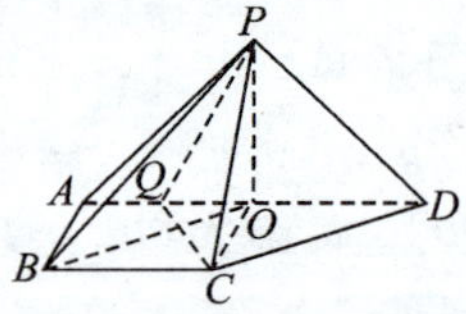

图 7-3-63

$\therefore$ 四边形 $OBCD$ 是平行四边形,

$\therefore OB /\!/ DC$.

由(1)知,$PO \perp OB$,$\angle PBO$ 为锐角,

$\therefore \angle PBO$ 是异面直线 PB 与 CD 所成的角.

$\because AD = 2AB = 2BC = 2$,

$\therefore$ 在 $\mathrm{Rt}\triangle AOB$ 中,$AB = 1$,$AO = 1$,

$\therefore OB = \sqrt{2}$,

在 $\mathrm{Rt}\triangle POA$ 中,$\because AP = \sqrt{2}$,$AO = 1$,

$\therefore OP = 1$.

在 $\mathrm{Rt}\triangle PBO$ 中,

$\tan\angle PBO=\frac{PO}{BO}=\frac{1}{\sqrt{2}}=\frac{\sqrt{2}}{2}$，$\angle PBO=\arctan\frac{\sqrt{2}}{2}$.

所以异面直线 PB 与 CD 所成的角是 $\arctan\frac{\sqrt{2}}{2}$.

(3) **解** 假设线段 AD 上存在点 Q，使得它到平面 PCD 的距离为$\frac{\sqrt{3}}{2}$，如图 7－3－63，连接 PQ、QC、OC.

设 $QD=x$，则 $S_{\triangle DQC}=\frac{1}{2}x$.

由(2)得 $CD=OB=\sqrt{2}$.

在 $\mathrm{Rt}\triangle POC$ 中，$PC=\sqrt{OC^2+OP^2}=\sqrt{2}$，

$\therefore PC=CD=DP$，

$\therefore S_{\triangle PCD}=\frac{\sqrt{3}}{4}\cdot(\sqrt{2})^2=\frac{\sqrt{3}}{2}$.

由 $V_{P-DQC}=V_{Q-PCD}$，得$\frac{1}{3}\times\frac{1}{2}x\times1=\frac{1}{3}\times\frac{\sqrt{3}}{2}\times\frac{\sqrt{3}}{2}$，解得 $x=\frac{3}{2}<2$.

所以存在点 Q 满足题意，此时$\frac{AQ}{QD}=\frac{1}{3}$.

数学思想

1. 分类讨论思想

求类似确定平面的个数、交点的个数、交线的条数等问题时，都应对相应的点、线、面的位置关系进行分类讨论，而且要做到不重不漏.

例 1 不共面的 4 个定点到平面 α 的距离都相等，这样的平面 α 共有(　　).

A. 3 个　　B. 4 个

C. 6 个　　D. 7 个

解析 把不共面的 4 个定点看成四面体的 4 个顶点，平面 α 可以分成两类：

第一类：如图 7－3－64(1)，4 个定点分布在 α 的一侧一个，另一侧三个，此类中的 α 共有 4 个.

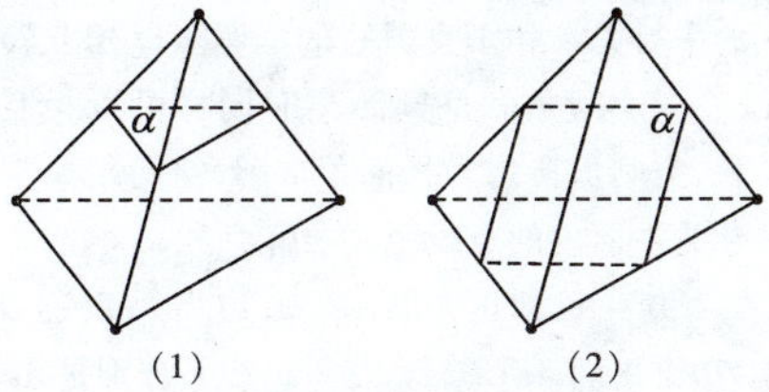

图 7－3－64

第二类：如图 7－3－64(2)，4 个定点分布在 α 的两侧各 2 个，此类中的 α 共有 3 个.

综上，这样的平面 α 共有 $4+3=7$(个).

答案 D.

2. 函数与方程思想

运用数学语言将问题中的条件转化为数学模型(方程、不等式等)，然后通过解方程(组)或不等式(组)使问题得以解决.

例 2 过平面 α 外一点 A 引平面 α 的垂线段 AO，斜线段 AB、AC，已知 $BO=10$，$CO=7$，且 AO、AC、AB 成等差数列，求点 A 到平面 α 的距离.

解 如图 7－3－65，点 A 到平面 α 的距离即为 AO，设 $AO=x$.

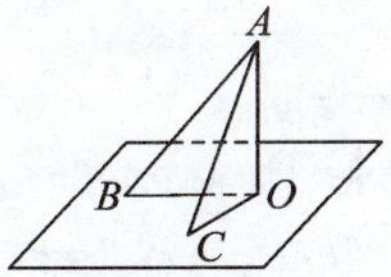

图 7－3－65

在 $\mathrm{Rt}\triangle ABO$ 中，$AB=\sqrt{x^2+100}$；

在 $\mathrm{Rt}\triangle ACO$ 中，$AC=\sqrt{x^2+49}$.

由 AO、AC、AB 成等差数列得

$x+\sqrt{x^2+100}=2\sqrt{x^2+49}$，

解得 $x=24$.

即点 A 到平面 α 的距离为 24.

点拨 本题不易直接求出 AO 的值，而是先设出 $AO=x$，利用 AO 及已知条件列出关于 x 的方程，通过解方程求出 AO 的值.

3. 转化与化归思想

立体几何中的线与线、线与面、面与面之间的平行关系和垂直关系的证明可以相互转化.在求空间角和空间距离时同样可以相互转化,空间角转化为平面角求解,空间距离常转化为平面内的点线距离求解.

例3 已知正方形 $ABCD$,边长为1,过 D 作 $PD\perp$ 平面 $ABCD$,且 $PD=1$,E、F 分别是 AB 和 BC 的中点.

(1)求 D 点到平面 PEF 的距离;

(2)求直线 AC 到平面 PEF 的距离.

(1) **解法一** 如图7-3-66,$\because PD\perp$ 平面 $ABCD$,$EF\subset$ 平面 $ABCD$,$\therefore PD\perp EF$.

$\because$ 四边形 $ABCD$ 是正方形,

$\therefore AC\perp BD$.

$\because E$、F 为 AB、BC 的中点,

$\therefore EF/\!/AC$,$\therefore EF\perp BD$.

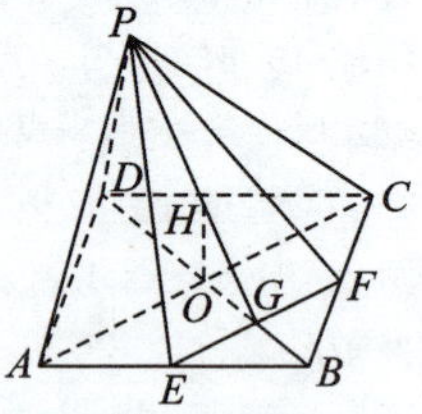

图7-3-66

$\therefore EF\perp$ 平面 PDB.

$\therefore$ 平面 $PEF\perp$ 平面 PDB.

又平面 $PEF\cap$ 平面 $PDB=PG$,

$\therefore D$ 点到平面 PEF 的距离就是 D 到 PG 的距离 h.

在 $\mathrm{Rt}\triangle PDG$ 中,$h=\dfrac{PD\cdot DG}{PG}$,

而 $PD=1$,$DG=\dfrac{3\sqrt{2}}{4}$,$PG=\sqrt{1+\dfrac{18}{16}}=\dfrac{\sqrt{34}}{4}$,

$$\therefore h=\frac{1\times\frac{3\sqrt{2}}{4}}{\frac{\sqrt{34}}{4}}=\frac{3\sqrt{17}}{17}.$$

即 D 点到平面 PEF 的距离为 $\dfrac{3\sqrt{17}}{17}$.

解法二 $\because V_{D-PEF}=V_{P-DEF}$,

即 $\dfrac{1}{3}S_{\triangle PEF}\cdot h=\dfrac{1}{3}S_{\triangle DEF}\cdot PD$,

$$\therefore h=\frac{S_{\triangle DEF}\cdot PD}{S_{\triangle PEF}}=\frac{\left(\frac{1}{2}\times\frac{\sqrt{2}}{2}\times\frac{3\sqrt{2}}{4}\right)\times 1}{\frac{1}{2}\times\frac{\sqrt{2}}{2}\times\frac{\sqrt{34}}{4}}=\frac{3\sqrt{17}}{17}.$$

$\therefore D$ 点到平面 PEF 的距离是 $\dfrac{3\sqrt{17}}{17}$.

(2) **解** 连接 AC 交 BD 于 O,则 O 到平面 PEF 的距离即为所求.

$\because$ 平面 $PDG\perp$ 平面 PEF,

$\therefore O$ 到 PG 的距离就是 O 到平面 PEF 的距离.

在 $\mathrm{Rt}\triangle PDG$ 中,作 $OH\perp PG$ 交 PG 于 H.

$\because \triangle PDG\backsim\triangle OHG$,

$\therefore \dfrac{PD}{OH}=\dfrac{PG}{OG}$.

$\because PD=1$,$OG=\dfrac{\sqrt{2}}{4}$.

$$\therefore OH=\frac{1\times\frac{\sqrt{2}}{4}}{\frac{\sqrt{34}}{4}}=\sqrt{\frac{1}{17}}=\frac{\sqrt{17}}{17}.$$

$\therefore$ 直线 AC 到平面 PEF 的距离为 $\dfrac{\sqrt{17}}{17}$.

背景材料

《几何原本》与公理化方法

古希腊最为重要的数学著作《几何原本》是由古希腊数学家欧几里得(Euclid,公元前330-前275)编著,大约在公元前300年左右完成的.欧几里得将公元前7世纪以来希腊几何学家积累起来的丰富成果整理、收集起来,

并且加以系统化. 他从少数已被经验反复验证的公理出发,运用逻辑推理以及数学运算方法演绎出一系列定理与推论,写成了十三卷在数学发展史上具有极其深远影响的数学巨著——《几何原本》,使几何学成为一门独立的、演绎的科学.

欧几里得的《几何原本》是一部划时代的著作,其伟大的历史意义是它在人类数学史上第一次给出了公理化的数学体系. 过去所积累下来的数学知识,是零碎的、片断的. 欧几里得借助逻辑方法,把这些知识组织起来,加以分类、比较,揭示出彼此间的内在联系,整理在一个严密的系统之中.《几何原本》体现了这种理性精神,它对整个数学的发展产生了深远的影响. 正因为如此,《几何原本》得以跨越地域、民族、语言、时间的一切障碍传播到了整个世界. 公理化方法作为一种理论形式为人们普遍接受. 人们在已普遍建立了这样的认识,所有的数学理论,都必须按照数学的定义、公理与三段论的逻辑论证来组织.《几何原本》为数学发展树起一面旗帜,并成为理性思维的象征.

什么是公理化方法呢?

数学公理化方法,就是从尽可能少的原始概念(基本概念)和尽可能少的一组不加证明的原始命题(公理、公设)出发,应用严格的逻辑推理,推导出其余的命题,使某一数学分支成为演绎系统的一种方法.

基本概念是一些不加定义的原始概念,它们必须是真正基本的,无法用更原始、更基本的概念去定义的. 如中学数学中的点、直线、平面、集合等概念都是基本概念.

公理是对基本概念间的相互关系和基本性质所作的一种阐述和规定. 如"过两点有且只有一条直线""经过不在同一条直线上的三点,有且只有一个平面"等都是作为公理的命题.

公理化方法主要有以下三个作用:

(1)概括整理数学知识:《几何原本》就是欧几里得用公理化的方法把零散的几何知识归为一体,树立了以公理化方法研究数学的典范.

(2)促进新理论的创立. 由于公理化方法把数学分支的基础分析得十分清楚,结构严谨有序,这就有利于比较数学各分支实质上的异同,从而推动和促进数学新理论的产生,促进数学基础的研究与探索. 例如,非欧几何就是在研究和应用公理化的过程中产生的.

(3)对其他学科有示范的作用. 由于数学公理化方法表述数学理论的简捷性、条理性,以及结构的和谐性,为其他科学理论的表述起了示范作用. 其他科学纷纷效法,建立了自己的公理化系统.

第四章 空间向量与立体几何

知识网络

- 空间向量与立体几何
  - 空间向量及其运算
    - 空间向量的加减运算
    - 空间向量的数乘运算
    - 空间向量的数量积运算
    - 空间向量的坐标运算
    - 空间向量的正交分解及坐标表示
      - 共线向量定理
      - 共面向量定理
      - 空间向量基本定理
      - 平行与垂直的条件
      - 向量夹角与距离
  - 立体几何中的向量方法
    - 直线的方向向量与平面的法向量
    - 用空间向量证平行与垂直问题
    - 求空间角
    - 求空间距离

基础知识精析

1. 空间向量及向量的模

在空间,我们把既有大小又有方向的量叫做空间向量,记为 $\boldsymbol{a}$. 向量的大小叫做向量的长度或模. 与平面向量一样,空间向量也用有向线段表示,有向线段的长度表示向量的模,若向量 $\boldsymbol{a}$ 的起点是 A,终点是 B,则向量 $\boldsymbol{a}$ 的模记为 $|\boldsymbol{a}|$ 或 $|\overrightarrow{AB}|$.

注意

空间向量与平面向量的概念有许多相同之处(如两个向量不能比较大小),要注意类比.

2. 零向量、单位向量

起点与终点重合的向量叫做零向量,记为 $\mathbf{0}$. 模为 1 的向量称为单位向量.

注意

零向量 $\boldsymbol{a}=\mathbf{0} \Leftrightarrow |\boldsymbol{a}|=0$;$\boldsymbol{a}$ 为单位向量 $\Leftrightarrow |\boldsymbol{a}|=1$.

3. 相等向量、相反向量

方向相同且模相等的向量称为相等向量，因此在空间中同向且等长的有向线段表示同一向量或相等向量. 与向量 $\boldsymbol{a}$ 长度相等而方向相反的向量，叫做 $\boldsymbol{a}$ 的相反向量，记为 $-\boldsymbol{a}$.

注意

相等向量：大小相等、方向相同，两者缺一不可.

4. 空间向量的加减运算

(1)运算法则：空间中任意两个向量都可以平移到同一平面内，成为同一平面内的两个向量. 它们的加减法运算类似于平面向量的加减法. 空间向量的加减法满足三角形法则和平行四边形法则. 如图 7-4-1.

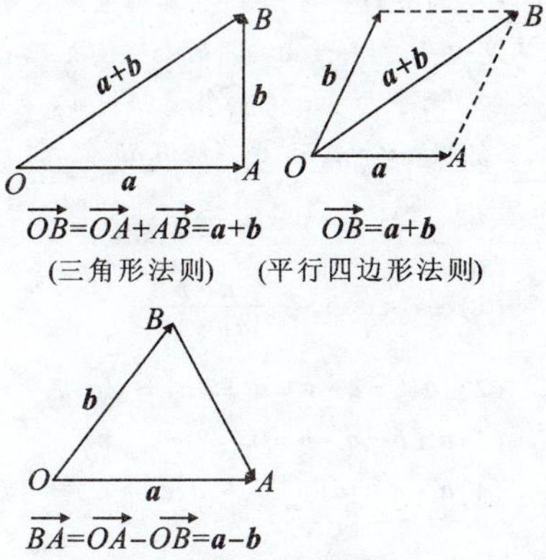

图 7-4-1

(2)运算律：交换律：$\boldsymbol{a}+\boldsymbol{b}=\boldsymbol{b}+\boldsymbol{a}$；

结合律：$(\boldsymbol{a}+\boldsymbol{b})+\boldsymbol{c}=\boldsymbol{a}+(\boldsymbol{b}+\boldsymbol{c})$.

5. 空间向量的数乘运算

(1)定义：实数 λ 与空间向量 $\boldsymbol{a}$ 的乘积 $\lambda\boldsymbol{a}$ 仍是一个向量，称为向量的数乘运算. 当 $\lambda>0$ 时，$\lambda\boldsymbol{a}$ 与 $\boldsymbol{a}$ 方向相同；当 $\lambda<0$ 时，$\lambda\boldsymbol{a}$ 与 $\boldsymbol{a}$ 方向相反；当 $\lambda=0$ 时，$\lambda\boldsymbol{a}=\boldsymbol{0}$. $\lambda\boldsymbol{a}$ 的长度是 $\boldsymbol{a}$ 的长度的 $|\lambda|$ 倍，如图 7-4-2.

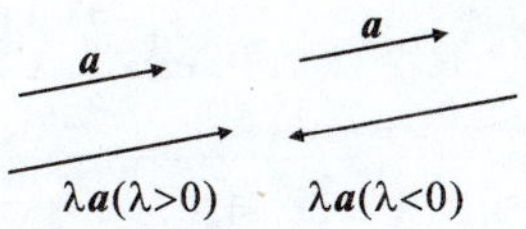

图 7-4-2

(2)运算律：

分配律：$\lambda(\boldsymbol{a}+\boldsymbol{b})=\lambda\boldsymbol{a}+\lambda\boldsymbol{b}$；

结合律：$\lambda(\mu\boldsymbol{a})=(\lambda\mu)\boldsymbol{a}$.

6. 共线向量

如果表示空间向量的有向线段所在的直线平行或重合，则这些向量叫做共线向量或平行向量. $\boldsymbol{a}$ 平行于 $\boldsymbol{b}$，记作 $\boldsymbol{a}/\!/\boldsymbol{b}$.

注意

(1)共线向量的方向相同或相反.

(2)零向量与任何向量共线.

(3)若 $\boldsymbol{a}$、$\boldsymbol{b}$ 共线，则 $\boldsymbol{a}$、$\boldsymbol{b}$ 所在直线既可能是同一直线也可能是平行直线.

7. 共线向量定理

共线向量定理：类似于平面向量共线的充要条件，对空间任意两个向量 $\boldsymbol{a}$、$\boldsymbol{b}(\boldsymbol{b}\neq\boldsymbol{0})$，$\boldsymbol{a}/\!/\boldsymbol{b}$ 的充要条件是存在实数 λ，使 $\boldsymbol{a}=\lambda\boldsymbol{b}$.

注意

定理中的 $\boldsymbol{b}\neq\boldsymbol{0}$ 不可丢掉，否则实数 λ 就不唯一.

8. 空间直线的向量表示

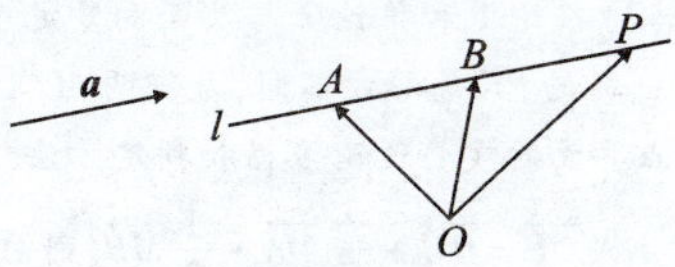

图 7-4-3

如图 7-4-3，l 为经过已知点 A 且平行于已知非零向量 $\boldsymbol{a}$ 的直线，对空间任意一点 O，点 P 在直线 l 上 $\Leftrightarrow$ 存在实数 λ 使 $\overrightarrow{OP}=\overrightarrow{OA}+\lambda\boldsymbol{a}$①，其中向量 $\boldsymbol{a}$ 叫做直线 l 的方向向量. 若在 l 上取 $\overrightarrow{AB}=\boldsymbol{a}$，则①可化为 $\overrightarrow{OP}=\overrightarrow{OA}+\lambda\overrightarrow{AB}=(1-\lambda)\overrightarrow{OA}+\lambda\overrightarrow{OB}$②. ①和②都称为空间直线的向量表示式. 当 $\lambda=\frac{1}{2}$ 时，$\overrightarrow{OP}=\frac{1}{2}(\overrightarrow{OA}+$

$\overrightarrow{OB}$)称它为线段 AB 的中点公式.

注意

(1)由上可知,空间任意直线由空间一点及直线的方向向量唯一确定.

(2)利用向量之间的关系可判断空间任意三点是否共线.

9. 共面向量及共面向量定理

(1)共面向量的定义:通常把平行于同一平面的向量叫做共面向量.

(2)共面向量定理:如果两个向量 $\boldsymbol{a}$、$\boldsymbol{b}$ 不共线,那么向量 $\boldsymbol{p}$ 与向量 $\boldsymbol{a}$、$\boldsymbol{b}$ 共面⇔存在唯一的一对实数 x、y,使得 $\boldsymbol{p}=x\boldsymbol{a}+y\boldsymbol{b}$.

推论 1:空间一点 P 位于平面 MAB 内⇔存在唯一的一对实数 x、y,使 $\overrightarrow{MP}=x\overrightarrow{MA}+y\overrightarrow{MB}$,或对空间一点 O,有 $\overrightarrow{OP}=\overrightarrow{OM}+x\overrightarrow{MA}+y\overrightarrow{MB}$.

推论 2:空间一点 P 位于平面 ABM 内⇔存在实数 x、y、z,对空间任一点 O,有 $\overrightarrow{OP}=x\overrightarrow{OA}+y\overrightarrow{OB}+z\overrightarrow{OM}$,其中 $x+y+z=1$.

注意

(1)当 $\boldsymbol{p}$、$\boldsymbol{a}$、$\boldsymbol{b}$ 都是非零向量时,共面向量定理实际上也是 $\boldsymbol{p}$、$\boldsymbol{a}$、$\boldsymbol{b}$ 所在三条直线共面的充要条件.

(2)推论 1 和推论 2 与共面向量定理实质是一样的,只是形式不同,是证明 M、A、B、P 四点共面的重要理论依据和判定方法.如:点 P 满足 $\overrightarrow{OP}=\overrightarrow{OM}+\frac{1}{2}\overrightarrow{MA}+\frac{1}{2}\overrightarrow{MB}$,则由推论 1 可知点 P 在平面 MAB 内.

10. 空间向量的夹角

已知两个非零向量 $\boldsymbol{a}$、$\boldsymbol{b}$,在空间任取一点 O,作 $\overrightarrow{OA}=\boldsymbol{a}$,$\overrightarrow{OB}=\boldsymbol{b}$,则 $\angle AOB$ 叫做向量 $\boldsymbol{a}$ 与 $\boldsymbol{b}$ 的夹角,记作 $\langle\boldsymbol{a},\boldsymbol{b}\rangle$.且规定 $0\leqslant\langle\boldsymbol{a},\boldsymbol{b}\rangle\leqslant\pi$.当 $\langle\boldsymbol{a},\boldsymbol{b}\rangle=\frac{\pi}{2}$ 时,则称 $\boldsymbol{a}\perp\boldsymbol{b}$.

注意

(1)两个向量的夹角是唯一确定的,且 $\langle\boldsymbol{a},\boldsymbol{b}\rangle=\langle\boldsymbol{b},\boldsymbol{a}\rangle$.

(2)由定义知,两个非零向量才有夹角,而零向量与其他向量之间不定义夹角.当两非零向量同向共线时夹角为 0;反向共线时夹角为 π.特别地 $\langle\boldsymbol{a},\boldsymbol{a}\rangle=0$,$\langle\boldsymbol{a},-\boldsymbol{a}\rangle=\pi$.

(3) $\langle-\boldsymbol{a},\boldsymbol{b}\rangle=\langle\boldsymbol{a},-\boldsymbol{b}\rangle=\pi-\langle\boldsymbol{a},\boldsymbol{b}\rangle$.

11. 两个向量的数量积

已知空间两向量 $\boldsymbol{a}$、$\boldsymbol{b}$,则 $|\boldsymbol{a}|\cdot|\boldsymbol{b}|\cdot\cos\langle\boldsymbol{a},\boldsymbol{b}\rangle$ 叫做向量 $\boldsymbol{a}$、$\boldsymbol{b}$ 的数量积,记作 $\boldsymbol{a}\cdot\boldsymbol{b}$,即 $\boldsymbol{a}\cdot\boldsymbol{b}=|\boldsymbol{a}||\boldsymbol{b}|\cos\langle\boldsymbol{a},\boldsymbol{b}\rangle$.其中 $\langle\boldsymbol{a},\boldsymbol{b}\rangle$ 是 $\boldsymbol{a}$ 与 $\boldsymbol{b}$(共起点)的夹角.

注意

(1)规定:零向量与任一向量的数量积为 0,即 $\boldsymbol{a}\cdot\boldsymbol{0}=0$.

(2)两个向量的数量积,其结果是数量,而不是向量,其符号由夹角的余弦值决定.

(3)两个向量 $\boldsymbol{a}$、$\boldsymbol{b}$ 的数量积用 $\boldsymbol{a}\cdot\boldsymbol{b}$ 表示,不能用 $\boldsymbol{a}\times\boldsymbol{b}$ 表示,也不能用 $\boldsymbol{ab}$ 表示.

12. 空间向量数量积的性质

(1) $\cos\langle\boldsymbol{a},\boldsymbol{b}\rangle=\dfrac{\boldsymbol{a}\cdot\boldsymbol{b}}{|\boldsymbol{a}|\cdot|\boldsymbol{b}|}$;

(2) $|\boldsymbol{a}|^2=\boldsymbol{a}\cdot\boldsymbol{a}=\boldsymbol{a}^2\Rightarrow|\boldsymbol{a}|=\sqrt{\boldsymbol{a}^2}$,

(3) $\boldsymbol{a}\perp\boldsymbol{b}\Leftrightarrow\boldsymbol{a}\cdot\boldsymbol{b}=0$.

(4) $\boldsymbol{a}\cdot\boldsymbol{e}=|\boldsymbol{a}|\cdot\cos\langle\boldsymbol{a},\boldsymbol{e}\rangle$($\boldsymbol{e}$ 为单位向量).

13. 空间向量数量积的运算律

已知空间向量 $\boldsymbol{a}$、$\boldsymbol{b}$、$\boldsymbol{c}$ 及实数 λ,则

(1)空间向量的数量积满足如下的运算律:

①$(\lambda\boldsymbol{a})\cdot\boldsymbol{b}=\lambda(\boldsymbol{a}\cdot\boldsymbol{b})$;

②$\boldsymbol{a}\cdot\boldsymbol{b}=\boldsymbol{b}\cdot\boldsymbol{a}$(交换律);

③$\boldsymbol{a}\cdot(\boldsymbol{b}+\boldsymbol{c})=\boldsymbol{a}\cdot\boldsymbol{b}+\boldsymbol{a}\cdot\boldsymbol{c}$(分配律).

(2)空间向量的数量积满足如下乘法公式:

①$(\boldsymbol{a}+\boldsymbol{b})\cdot(\boldsymbol{a}-\boldsymbol{b})=\boldsymbol{a}^2-\boldsymbol{b}^2=|\boldsymbol{a}|^2-|\boldsymbol{b}|^2$;

②$(\boldsymbol{a}+\boldsymbol{b})^2=|\boldsymbol{a}|^2+2\boldsymbol{a}\cdot\boldsymbol{b}+|\boldsymbol{b}|^2$;

③$(\boldsymbol{a}-\boldsymbol{b})^2=|\boldsymbol{a}|^2-2\boldsymbol{a}\cdot\boldsymbol{b}+|\boldsymbol{b}|^2$;

④$|\boldsymbol{a}-\boldsymbol{b}|^2+|\boldsymbol{a}+\boldsymbol{b}|^2=2|\boldsymbol{a}|^2+2|\boldsymbol{b}|^2$.

注意

(1)空间向量的数量积不能约分.

(2)空间向量的数量积没有除法.

(3)空间向量的数量积不满足结合律.

14. 空间向量基本定理及其推论

如果三个向量$\boldsymbol{a}$、$\boldsymbol{b}$、$\boldsymbol{c}$不共面,那么对空间任一向量$\boldsymbol{p}$,存在一个唯一的有序实数组x、y、z,使得$\boldsymbol{p}=x\boldsymbol{a}+y\boldsymbol{b}+z\boldsymbol{c}$. 如果三个向量$\boldsymbol{a}$、$\boldsymbol{b}$、$\boldsymbol{c}$不共面,那么所有空间向量组成的集合就是$\{\boldsymbol{p}|\boldsymbol{p}=x\boldsymbol{a}+y\boldsymbol{b}+z\boldsymbol{c},x、y、z\in\mathbf{R}\}$,这个集合可以看成由向量$\boldsymbol{a}$、$\boldsymbol{b}$、$\boldsymbol{c}$生成的,故把$\{\boldsymbol{a},\boldsymbol{b},\boldsymbol{c}\}$叫做空间的一个基底,$\boldsymbol{a}$、$\boldsymbol{b}$、$\boldsymbol{c}$为基向量.

推论:设O、A、B、C是不共面的四点,则对空间任意一点P,都存在唯一的三个有序实数x、y、z,使$\overrightarrow{OP}=x\overrightarrow{OA}+y\overrightarrow{OB}+z\overrightarrow{OC}$,特别地若$x+y+z=1$,则必有$P$、$A$、$B$、$C$四点共面.

注意

注意:(1)空间任意三个不共面向量都可以作为空间向量的一个基底,因此空间的基底可以有无穷多个.

(2)空间的基底是不共面向量,故都不是$\mathbf{0}$.

(3)一个基底是不共面的三个向量构成的一个向量组,一个基向量是指基底中的某一个向量.

15. 单位正交基底

如果空间的一个基底的三个基向量互相垂直,且长都为1,则这个基底叫做单位正交基底,常用$\{\boldsymbol{i},\boldsymbol{j},\boldsymbol{k}\}$表示.

16. 空间直角坐标系

(1)在空间选定一点O和一个单位正交基底$\{\boldsymbol{i},\boldsymbol{j},\boldsymbol{k}\}$,如图7-4-4. 以点$O$为原点,分别以$\boldsymbol{i}$、$\boldsymbol{j}$、$\boldsymbol{k}$的方向为正方向建立三条数轴:$x$轴,$y$轴,$z$轴,它们都叫做坐标轴. $Oxyz$为空间直角坐标系,O为原点,向量$\boldsymbol{i}$、$\boldsymbol{j}$、$\boldsymbol{k}$为坐标向量,通过每两个坐标轴的平面叫做坐标平面,作空间直角坐标系$Oxyz$时,一般使$\angle xOy=135°$,$\angle yOz=90°$.

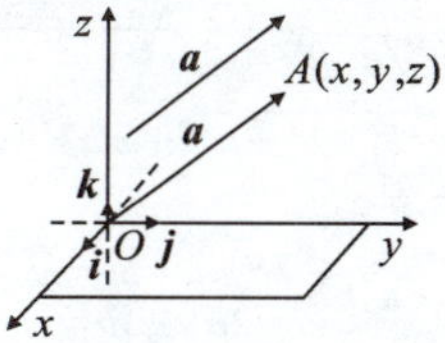

图7-4-4

右手系是指右手的大拇指、食指与中指尽可能伸展成两两垂直状态,拇指方向表示Ox轴正向,食指方向表示Oy轴正向,中指方向表示Oz轴正向,空间直角坐标系将空间分成八个卦限.

(2)空间向量的坐标表示.

给定一个空间直角坐标系和向量$\boldsymbol{a}$,且设$\boldsymbol{i}$、$\boldsymbol{j}$、$\boldsymbol{k}$为坐标向量,由空间向量基本定理知,存在唯一的有序实数组(a_1,a_2,a_3),使得

$\boldsymbol{a}=a_1\boldsymbol{i}+a_2\boldsymbol{j}+a_3\boldsymbol{k}$,

则有序实数组(a_1,a_2,a_3)叫做$\boldsymbol{a}$在空间直角坐标系$Oxyz$中,即在单位正交基底$\boldsymbol{i}$、$\boldsymbol{j}$、$\boldsymbol{k}$的坐标,记作$\boldsymbol{a}=(a_1,a_2,a_3)$. 设$A$是空间任一点,$\overrightarrow{OA}=x\boldsymbol{i}+y\boldsymbol{j}+z\boldsymbol{k}$,则$(x,y,z)$称为点$A$的空间直角坐标.

注意

写空间某点的坐标时,三个坐标之间的顺序不可颠倒.

17. 空间向量的坐标运算

(1)设$\boldsymbol{a}=(a_1,a_2,a_3)$,$\boldsymbol{b}=(b_1,b_2,b_3)$,则

$\boldsymbol{a}+\boldsymbol{b}=(a_1+b_1,a_2+b_2,a_3+b_3)$;

$\boldsymbol{a}-\boldsymbol{b}=(a_1-b_1,a_2-b_2,a_3-b_3)$;

$\boldsymbol{a}\cdot\boldsymbol{b}=a_1b_1+a_2b_2+a_3b_3$;

$\lambda\boldsymbol{a}=(\lambda a_1,\lambda a_2,\lambda a_3)$;

$\boldsymbol{a}/\!/\boldsymbol{b}(\boldsymbol{b}\neq\mathbf{0})\Leftrightarrow a_1=\lambda b_1,a_2=\lambda b_2,a_3=\lambda b_3(\lambda\in\mathbf{R})$或$\dfrac{a_1}{b_1}=\dfrac{a_2}{b_2}=\dfrac{a_3}{b_3}$;

$\boldsymbol{a}\perp\boldsymbol{b}\Leftrightarrow a_1b_1+a_2b_2+a_3b_3=0$.

(2)设$A(x_1,y_1,z_1)$,$B(x_2,y_2,z_2)$,

则$\overrightarrow{AB}=\overrightarrow{OB}-\overrightarrow{OA}=(x_2,y_2,z_2)-(x_1,y_1,$

$z_1)=(x_2-x_1,y_2-y_1,z_2-z_1)$.

(3) 设 $\boldsymbol{a}=(a_1,a_2,a_3)$，$\boldsymbol{b}=(b_1,b_2,b_3)$，则

$|\boldsymbol{a}|=\sqrt{\boldsymbol{a}\cdot\boldsymbol{a}}=\sqrt{a_1^2+a_2^2+a_3^2}$，$|\boldsymbol{b}|=\sqrt{\boldsymbol{b}\cdot\boldsymbol{b}}=\sqrt{b_1^2+b_2^2+b_3^2}$，$\boldsymbol{a}\cdot\boldsymbol{b}=|\boldsymbol{a}|\cdot|\boldsymbol{b}|\cdot\cos<\boldsymbol{a},\boldsymbol{b}>$，

$$\therefore \cos<\boldsymbol{a},\boldsymbol{b}>=\frac{\boldsymbol{a}\cdot\boldsymbol{b}}{|\boldsymbol{a}|\cdot|\boldsymbol{b}|}=\frac{a_1b_1+a_2b_2+a_3b_3}{\sqrt{a_1^2+a_2^2+a_3^2}\cdot\sqrt{b_1^2+b_2^2+b_3^2}}.$$

(4) 设 $A(x_1,y_1,z_1)$，$B(x_1,y_2,z_2)$，则

$$|\overrightarrow{AB}|=\sqrt{(x_2-x_1)^2+(y_2-y_1)^2+(z_2-z_1)^2}.$$

(5) 设 $P_1(x_1,y_1,z_1)$ 和 $P_2(x_2,y_2,z_2)$ 是不同的两点，若 $\overrightarrow{P_1P}=\lambda\overrightarrow{PP_2}$（$\lambda\in\mathbf{R}$ 且 $\lambda\neq-1$），则 P 点的坐标为 $\left(\frac{x_1+\lambda x_2}{1+\lambda},\frac{y_1+\lambda y_2}{1+\lambda},\frac{z_1+\lambda z_2}{1+\lambda}\right)$. 我们称 P 点是分有向线段 $\overrightarrow{P_1P_2}$ 定比为 λ 的点，并称 $x=\frac{x_1+\lambda x_2}{1+\lambda}$，$y=\frac{y_1+\lambda y_2}{1+\lambda}$，$z=\frac{z_1+\lambda z_2}{1+\lambda}$ 为空间定比分点公式.

当 $\lambda=1$ 时，P 点为线段 P_1P_2 的中点，这时 P 点的坐标为 $\left(\frac{x_1+x_2}{2},\frac{y_1+y_2}{2},\frac{z_1+z_2}{2}\right)$，这就是中点坐标公式.

用空间定比分点公式可得 $\triangle ABC$ 的重心 G 的坐标为

$$\left(\frac{x_A+x_B+x_C}{3},\frac{y_A+y_B+y_C}{3},\frac{z_A+z_B+z_C}{3}\right).$$

其中 $A(x_A,y_A,z_A)$，$B(x_B,y_B,z_B)$，$C(x_C,y_C,z_C)$.

18. 空间中点、直线、面的位置关系

(1) 在空间，任取一点 O 为基点，那么空间任一点 P 的位置可由向量 $\overrightarrow{OP}$ 来表示，把向量 $\overrightarrow{OP}$ 叫做点 P 的位置向量. 如图 7-4-5(1).

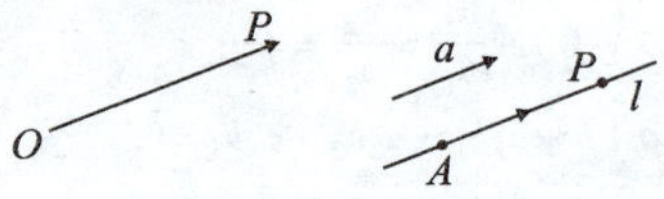

图 7-4-5

(2) 空间任一直线 l 的位置可以由 l 上一个定点 A 以及一个定方向确定. 如图 7-4-5(2)，点 A 是直线 l 上一点，向量 $\boldsymbol{a}$ 表示直线 l 的方向向量，则对于直线 l 上的任一点 P，有 $\overrightarrow{AP}=t\cdot\boldsymbol{a}$，这样点 A 和向量 $\boldsymbol{a}$，不仅可以确定直线 l 的位置，还可具体表示出 l 上的任意点.

(3) 空间中平面 α 的位置可以由 α 内两条相交直线来确定. 如图 7-4-6，设这两条直线相交于点 O，它们的方向向量分别为 $\boldsymbol{a}$ 和 $\boldsymbol{b}$，P 为平面 α 内任意一点，由平面向量基本定理可知，存在实数对 x、y，使得 $\overrightarrow{OP}=x\boldsymbol{a}+y\boldsymbol{b}$. 这样点 O 与向量 $\boldsymbol{a}$、$\boldsymbol{b}$ 就确定了平面 α 的位置.

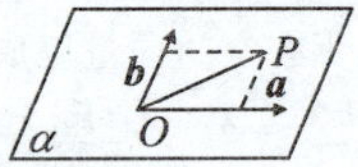

图 7-4-6

注意

(1) 任意一点 P 的位置向量与基点 O 的选择无关，倘若把基点全部选在原点，则点 P 与位置向量一一对应.

(2) 一条直线有两个方向上的向量，且各有无数多个.

(3) 确定平面的两个向量不能共线.

19. 平面的法向量

已知平面 α，直线 $l\perp\alpha$，取 l 的方向向量 $\boldsymbol{a}$，则 $\boldsymbol{a}\perp\alpha$，则称 $\boldsymbol{a}$ 为平面 α 的法向量.

注意

一个平面的法向量有两种方向，且各有无数多个.

20. 空间向量的应用

(1) 求异面直线所成的角

设异面直线 AB 和 CD 的方向向量分别为 $\overrightarrow{AB}$、$\overrightarrow{CD}$，两直线所成的角设为 θ 则有 $\cos\theta=\frac{\overrightarrow{AB}\cdot\overrightarrow{CD}}{|\overrightarrow{AB}||\overrightarrow{CD}|}$.

注意

异面直线所成角的范围为 $(0°,90°]$.

(2)证直线和平面平行

要证直线 AB 和平面 α 平行，一种方法是看平面 α 上是否有和向量 $\overrightarrow{AB}$ 共线的向量，若 CD 在平面 α 内，且有 $\overrightarrow{CD}/\!/\overrightarrow{AB}$，只需直线 AB 不在平面 α 内，即可判定 $AB/\!/\alpha$.

第二种方法是求出平面 α 的法向量 $\boldsymbol{n}$，如果 $\overrightarrow{AB}\cdot\boldsymbol{n}=0$，即 $\overrightarrow{AB}\perp\boldsymbol{n}$，那么即可判定 $AB/\!/\alpha$（如图 7－4－7）.

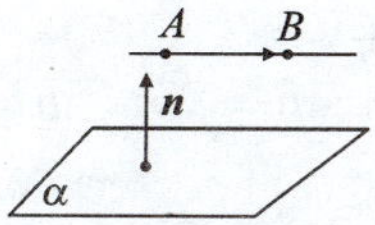

图 7－4－7

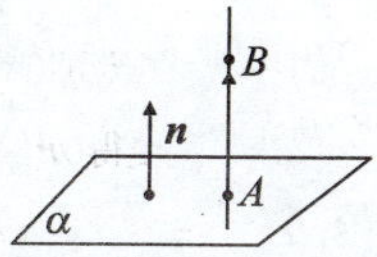

图 7－4－8

(3)证直线和平面垂直

要证直线 AB 和平面 α 垂直，只须求出平面 α 的法向量 $\boldsymbol{n}$，然后判定 $\overrightarrow{AB}$ 是否等于 $\lambda\boldsymbol{n}$，即它们是否共线，若共线，则可说明 $\overrightarrow{AB}\perp\alpha$（如图 7－4－8）.

(4)证面面平行

要证平面 $\alpha/\!/$ 平面 β，求出两平面的法向量 $\boldsymbol{m}$、$\boldsymbol{n}$，若 $\boldsymbol{m}=\lambda\boldsymbol{n}$，则 $\alpha/\!/\beta$（如图 7－4－9）.

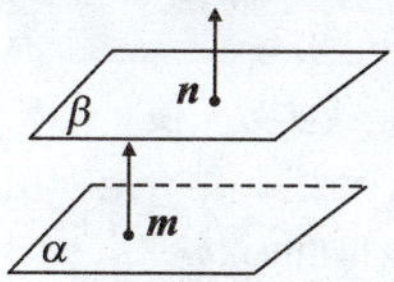

图 7－4－9

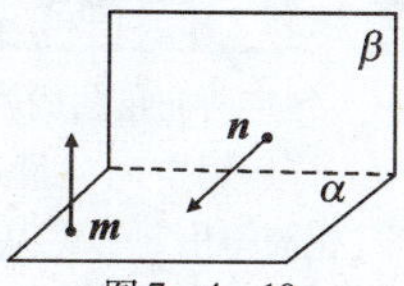

图 7－4－10

(5)证面面垂直

要证平面 $\alpha\perp$ 平面 β，求出两平面的法向量 $\boldsymbol{m}$、$\boldsymbol{n}$，若 $\boldsymbol{m}\cdot\boldsymbol{n}=0$，则 $\alpha\perp\beta$（如图 7－4－10）.

(6)求斜线与平面所成的角

求斜线 AB 与平面 α 所成的角，先求出平面 α 的法向量 $\boldsymbol{n}$，设线面角为 θ，则有

$$\sin\theta=|\cos\langle\overrightarrow{AB},\boldsymbol{n}\rangle|=\frac{|\overrightarrow{AB}\cdot\boldsymbol{n}|}{|\overrightarrow{AB}|\cdot|\boldsymbol{n}|}$$

注意平面的法向量 $\boldsymbol{n}$ 与 $\overrightarrow{AB}$ 所成的角 $\langle\overrightarrow{AB},\boldsymbol{n}\rangle$ 与线面角 θ 之间的关系是 $\langle\overrightarrow{AB},\boldsymbol{n}\rangle+\theta=90°$ 或者是 $\langle\overrightarrow{AB},\boldsymbol{n}\rangle-90°=\theta$（如图 7－4－11），不论是哪种情况，两向量夹角的余弦的绝对值总是线面角的正弦（线面角的范围是 $[0°,90°]$）.

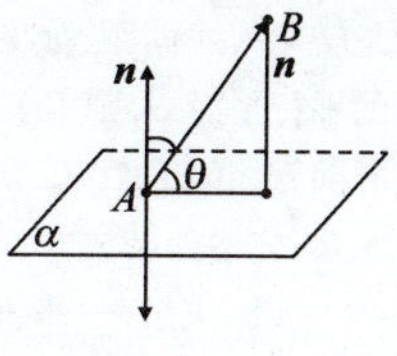

图 7－4－11

(7)求二面角的平面角

求二面角 $\alpha-l-\beta$ 的平面角，只需要求出两个半平面的法向量 $\boldsymbol{m}$、$\boldsymbol{n}$，则有 $\cos\langle\boldsymbol{m},\boldsymbol{n}\rangle=\dfrac{\boldsymbol{m}\cdot\boldsymbol{n}}{|\boldsymbol{m}||\boldsymbol{n}|}$.

设 $\alpha-l-\beta$ 的平面角为 θ，则 θ 与 $\langle\boldsymbol{m},\boldsymbol{n}\rangle$ 的关系是相等或互补. 至于具体到一个题目中它们是相等还是互补，取决于法向量 $\boldsymbol{m}$、$\boldsymbol{n}$ 的方向，一种相对准确的判定方式如图 7－4－12：

当 α、β 两个平面处于重合时，让其法向量方向一致，则当 α 绕交线旋转时，其法向量 $\boldsymbol{n}$ 随之一起旋转，此时不论二面角是多大，$\langle\boldsymbol{m},\boldsymbol{n}\rangle$ 总与之相等.

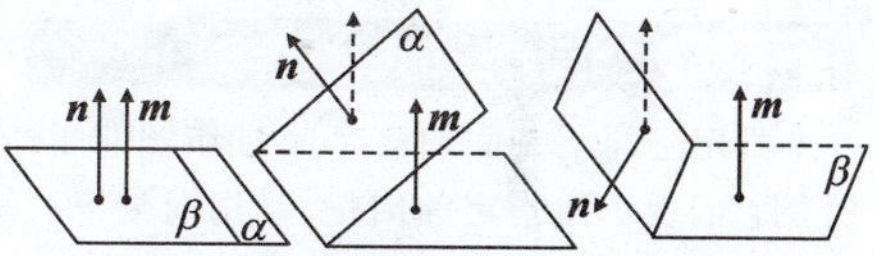

图 7－4－12

(8)求点面距及线面距

点面距与线面距总是可以相互转化的. 如图 7－4－13，求直线 BC 到平面 α 的距离 d，也就是求点 B 到平面 α 的距离，它是在求斜线段 AB 与平面 α 所成的线面角的基础上进行的，利用(6)中的方法求出了 $\sin\theta$，即得 $d=|\overrightarrow{AB}|\sin\theta$.

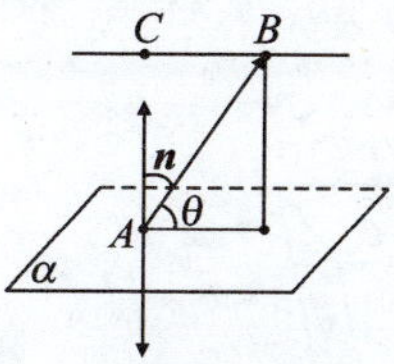

图 7－4－13

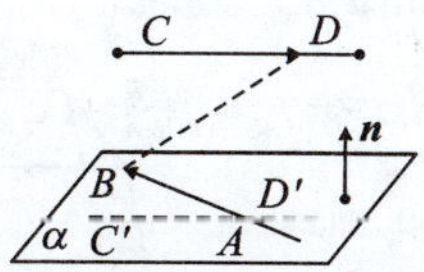

图 7－4－14

(9)求异面直线间的距离

两异面直线 AB 与 CD 之间的距离最终也

是转化为线面距，如图 7－4－14，过 AB 作 CD 的平行平面 α，则 CD 到平面 α 的距离即为两异面直线间的距离. 进一步可转化为点面距来求解，方法如(8).

实际求解时，平面 α 是不用作出的，因为只要向量 $\overrightarrow{AB}$、$\overrightarrow{CD}$ 能够表示出来，则平面 α 的法向量 $\boldsymbol{n}$ 可通过 $\boldsymbol{n}\cdot\overrightarrow{AB}=0$，$\boldsymbol{n}\cdot\overrightarrow{CD}=0$ 解出，$\boldsymbol{n}$ 也可理解为两异面直线公垂线的方向向量. 知道了 $\boldsymbol{n}$，在两异面直线上分别选一点构成线段，即平面 α 的斜线段（如 BD），它与平面 α 的线面角的正弦为 $|\cos\langle\overrightarrow{BD},\boldsymbol{n}\rangle|=\dfrac{|\overrightarrow{BD}\cdot\boldsymbol{n}|}{|\overrightarrow{BD}||\boldsymbol{n}|}$，所以两直线间的距离为

$$d=|\overrightarrow{BD}||\cos\langle\overrightarrow{BD},\boldsymbol{n}\rangle|=\frac{|\overrightarrow{BD}\cdot\boldsymbol{n}|}{|\boldsymbol{n}|}.$$

题型分类与方法总结

题型1 空间向量的线性运算

选定空间不共面的三个向量作基向量，并用它们表示出指定的向量，是用向量解决立体几何问题的基本要求. 解题时应结合已知和所求观察图形，联想相关的运算法则和公式等，就近表示所需向量，再对照目标，将不符合目标要求的向量作新的调整，如此反复，直到所有向量都符合目标要求.

例1 如图 7－4－15，平行六面体 $A_1B_1C_1D_1-ABCD$，M 分 $\overrightarrow{AC}$ 成的比为 $\frac{1}{2}$，N 分 $\overrightarrow{A_1D}$ 成的比为 2，设 $\overrightarrow{AB}=\boldsymbol{a}$，$\overrightarrow{AD}=\boldsymbol{b}$，$\overrightarrow{AA_1}=\boldsymbol{c}$，试用 $\boldsymbol{a}$、$\boldsymbol{b}$、$\boldsymbol{c}$ 表示 $\overrightarrow{MN}$.

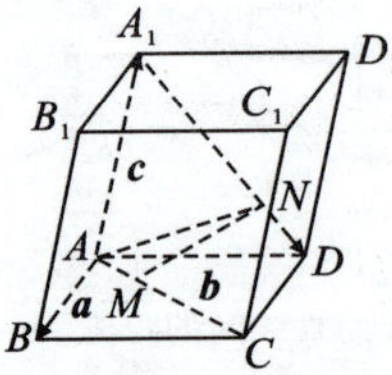

图 7－4－15

分析 要用 $\boldsymbol{a}$、$\boldsymbol{b}$、$\boldsymbol{c}$ 表示 $\overrightarrow{MN}$，只需结合图形，充分运用空间向量的加法和数乘运算律即可.

解 如图 7－4－15，连接 AN，则 $\overrightarrow{MN}=\overrightarrow{MA}+\overrightarrow{AN}$，由已知四边形 $ABCD$ 是平行四边形，

故 $\overrightarrow{AC}=\overrightarrow{AB}+\overrightarrow{AD}=\boldsymbol{a}+\boldsymbol{b}$，

所以 $\overrightarrow{MA}=-\frac{1}{3}\overrightarrow{AC}=-\frac{1}{3}(\boldsymbol{a}+\boldsymbol{b})$.

由已知，N 分 $\overrightarrow{A_1D}$ 成的比为 2，

故 $\overrightarrow{AN}=\overrightarrow{AD}+\overrightarrow{DN}=\overrightarrow{AD}-\overrightarrow{ND}=\overrightarrow{AD}-\frac{1}{3}\overrightarrow{A_1D}$，

因为 $\overrightarrow{A_1D}=\overrightarrow{A_1A}+\overrightarrow{AD}=-\boldsymbol{c}+\boldsymbol{b}$，

所以 $\overrightarrow{AN}=\frac{1}{3}(\boldsymbol{c}+2\boldsymbol{b})$.

于是 $\overrightarrow{MN}=\overrightarrow{MA}+\overrightarrow{AN}=-\frac{1}{3}(\boldsymbol{a}+\boldsymbol{b})+\frac{1}{3}(\boldsymbol{c}+2\boldsymbol{b})=\frac{1}{3}(-\boldsymbol{a}+\boldsymbol{b}+\boldsymbol{c})$.

点拨 用已知向量表示未知向量，一定要结合图形，以图形为指导是解题的关键.

题型2 共线向量的证明

判定两向量共线就是找实数 x 使 $\boldsymbol{a}=x\boldsymbol{b}$，要充分运用空间向量运算法则，结合空间图形，化简得出 $\boldsymbol{a}=x\boldsymbol{b}$，从而得出 $\boldsymbol{a}/\!/\boldsymbol{b}$.

例2 如图 7－4－16，四边形 $ABCD$、$ABEF$ 都是平行四边形，且不共面，M、N 分别是 AC、BF 的中点. 则 $\overrightarrow{CE}$ 与 $\overrightarrow{MN}$ 是否共线？

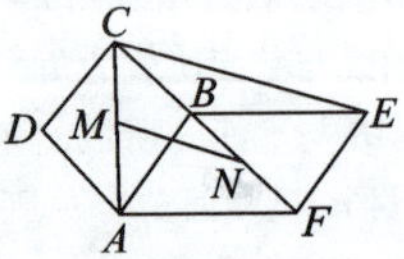

图 7－4－16

分析 要判断 $\overrightarrow{CE}$ 与 $\overrightarrow{MN}$ 是否共线，就是看是否存在实数 x 使得 $\overrightarrow{CE}=x\,\overrightarrow{MN}$.

解 ∵ M、N 分别是 AC、BF 的中点，而四边形 $ABCD$、$ABEF$ 都是平行四边形，

$\therefore \overrightarrow{MN}=\overrightarrow{MA}+\overrightarrow{AF}+\overrightarrow{FN}=\frac{1}{2}\overrightarrow{CA}+\overrightarrow{AF}+\frac{1}{2}\overrightarrow{FB}$.

又$\because \overrightarrow{MN}=\overrightarrow{MC}+\overrightarrow{CE}+\overrightarrow{EB}+\overrightarrow{BN}=-\frac{1}{2}\overrightarrow{CA}+\overrightarrow{CE}-\overrightarrow{AF}-\frac{1}{2}\overrightarrow{FB}$,

$\therefore \frac{1}{2}\overrightarrow{CA}+\overrightarrow{AF}+\frac{1}{2}\overrightarrow{FB}=-\frac{1}{2}\overrightarrow{CA}+\overrightarrow{CE}-\overrightarrow{AF}-\frac{1}{2}\overrightarrow{FB}$.

$\therefore \overrightarrow{CE}=\overrightarrow{CA}+2\overrightarrow{AF}+\overrightarrow{FB}=2(\overrightarrow{MA}+\overrightarrow{AF}+\overrightarrow{FN})$,即$\overrightarrow{CE}=2\overrightarrow{MN}$.

$\therefore \overrightarrow{CE}/\!/\overrightarrow{MN}$,即$\overrightarrow{CE}$与$\overrightarrow{MN}$共线.

题型3 共面问题的证明

点共面可以转化为向量共面问题

例3 已知A、B、C三点不共线,对平面ABC外的任一点O,若点M满足$\overrightarrow{OM}=\frac{1}{3}\overrightarrow{OA}+\frac{1}{3}\overrightarrow{OB}+\frac{1}{3}\overrightarrow{OC}$.

(1)判断$\overrightarrow{MA}$、$\overrightarrow{MB}$、$\overrightarrow{MC}$三个向量是否共面;

(2)判断点M是否在平面ABC内.

分析 要证明三个向量$\overrightarrow{MA}$、$\overrightarrow{MB}$、$\overrightarrow{MC}$共面,只需证明存在两个实数x、y,使$\overrightarrow{MA}=x\overrightarrow{MB}+y\overrightarrow{MC}$,证明了三个向量$\overrightarrow{MA}$、$\overrightarrow{MB}$、$\overrightarrow{MC}$共面后,点$M$就在平面$ABC$内(如图7-4-17).

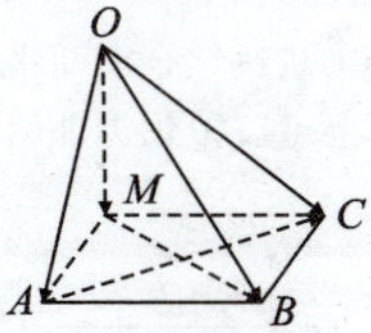

图7-4-17

解 (1)由已知,得$\overrightarrow{OA}+\overrightarrow{OB}+\overrightarrow{OC}=3\overrightarrow{OM}$,$\therefore \overrightarrow{OA}-\overrightarrow{OM}=(\overrightarrow{OM}-\overrightarrow{OB})+(\overrightarrow{OM}-\overrightarrow{OC})$.

$\therefore \overrightarrow{MA}=\overrightarrow{BM}+\overrightarrow{CM}=-\overrightarrow{MB}-\overrightarrow{MC}$.

$\therefore$ 向量$\overrightarrow{MA}$、$\overrightarrow{MB}$、$\overrightarrow{MC}$共面.

(2)由(1)知向量$\overrightarrow{MA}$、$\overrightarrow{MB}$、$\overrightarrow{MC}$共面,三个向量的基线又过同一点M,$\therefore$ 四点M、A、B、C共面,即点M在平面ABC内.

点拨 通过此题可得结论:空间一点M位于平面ABC内的充要条件是存在实数对x、y,使$\overrightarrow{MA}=x\overrightarrow{MB}+y\overrightarrow{MC}$.

题型4 平面法向量的求法

(1)几何体中已经给出了有向线段,只需证明线面垂直.

(2)几何体中没有具体的直线,此时采用待定系数法求解平面的法向量,步骤如下:

①建立适当的坐标系;

②设平面的法向量为$\boldsymbol{n}=(x,y,z)$;

③求出平面内两个不共线向量的坐标$\boldsymbol{a}=(a_1,b_1,c_1)$,$\boldsymbol{b}=(a_2,b_2,c_2)$;

④根据法向量定义建立方程组

$$\begin{cases}\boldsymbol{a}\cdot\boldsymbol{n}=0,\\ \boldsymbol{b}\cdot\boldsymbol{n}=0;\end{cases}$$

⑤解方程组,取其中一解,即得法向量.

例4 已知$\overrightarrow{AB}=(2,2,1)$,$\overrightarrow{AC}=(4,5,3)$,求平面$ABC$的单位法向量.

分析 单位法向量就是模为1的一个法向量,可先求出法向量,再除以该向量的模即可.

解 设平面ABC的法向量$\boldsymbol{n}=(x,y,1)$,则$\boldsymbol{n}\perp\overrightarrow{AB}$且$\boldsymbol{n}\perp\overrightarrow{AC}$,即$\boldsymbol{n}\cdot\overrightarrow{AB}=0$且$\boldsymbol{n}\cdot\overrightarrow{AC}=0$,即

$$\begin{cases}2x+2y+1=0,\\ 4x+5y+3=0,\end{cases}\text{解得}\begin{cases}x=\frac{1}{2},\\ y=-1.\end{cases}$$

$\therefore \boldsymbol{n}=\left(\frac{1}{2},-1,1\right)$. 又$|\boldsymbol{n}|=\frac{3}{2}$,$\therefore$ 平面ABC的单位法向量$\boldsymbol{n}_0=\pm\frac{\boldsymbol{n}}{|\boldsymbol{n}|}=\pm\left(\frac{1}{3},-\frac{2}{3},\frac{2}{3}\right)$.

点拨 由于法向量没规定长度，仅规定方向，所以有一个自由度，可把 $\boldsymbol{n}$ 的某个坐标设为1，再求另两个坐标. 平面法向量是垂直于平面的向量，故法向量的相反向量也是法向量，所以本题的单位法向量应有两解.

题型5 用向量的方法证明线面平行

证 $l /\!/ \alpha$ 可以有三种途径：(1)在平面 α 内找一向量与 l 的方向向量 $\boldsymbol{a}$ 共线；(2)说明 $\boldsymbol{a}$ 能用平面 α 内的两不共线向量表示；(3)证明 $\boldsymbol{a}$ 与平面 α 的法向量垂直.

例5 如图7－4－18，在正方体 $ABCD-A_1B_1C_1D_1$ 中，O 是 B_1D_1 的中点，求证：$B_1C /\!/$ 平面 ODC_1.

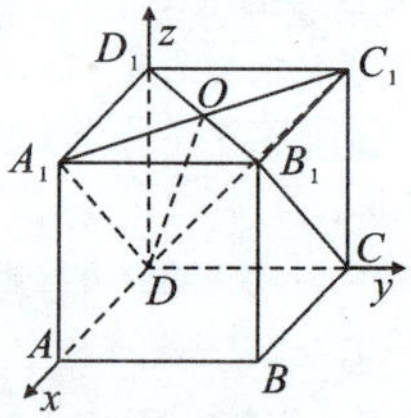

图7－4－18

分析 思路一：转化为线线平行；

思路二：利用共面向量定理；

思路三：利用直线的方向向量和平面法向量.

证法一 $\because \overrightarrow{B_1C}=\overrightarrow{A_1D}, B_1 \notin A_1D$,

$\therefore B_1C /\!/ A_1D$.

又 $A_1D \subset$ 面 ODC_1,

$\therefore B_1C /\!/$ 面 ODC_1.

证法二 $\because \overrightarrow{B_1C}=\overrightarrow{B_1C_1}+\overrightarrow{B_1B}$

$=\overrightarrow{B_1O}+\overrightarrow{OC_1}+\overrightarrow{D_1O}+\overrightarrow{OD}$

$=\overrightarrow{OC_1}+\overrightarrow{OD}$.

$\therefore \overrightarrow{B_1C}$、$\overrightarrow{OC_1}$、$\overrightarrow{OD}$共面.

又 $B_1C \not\subset$ 面 ODC_1,

$\therefore B_1C /\!/$ 面 ODC_1.

证法三 建系如图7－4－18，设正方体的棱长为1，则可得 $B_1(1,1,1)$，$C(0,1,0)$，$O\left(\frac{1}{2},\frac{1}{2},1\right)$，$C_1(0,1,1)$，

$\therefore \overrightarrow{B_1C}=(-1,0,-1)$，$\overrightarrow{OD}=\left(-\frac{1}{2},-\frac{1}{2},-1\right)$，$\overrightarrow{OC_1}=\left(-\frac{1}{2},\frac{1}{2},0\right)$.

设平面 ODC_1 的法向量为 $\boldsymbol{n}=(x_0,y_0,z_0)$，

则 $\begin{cases}\boldsymbol{n}\cdot\overrightarrow{OD}=0,\\ \boldsymbol{n}\cdot\overrightarrow{OC_1}=0,\end{cases}$ 即

$\begin{cases}-\frac{1}{2}x_0-\frac{1}{2}y_0-z_0=0, ①\\ -\frac{1}{2}x_0+\frac{1}{2}y_0=0, ②\end{cases}$

令 $x_0=1$，得 $y_0=1$，$z_0=-1$，

$\therefore \boldsymbol{n}=(1,1,-1)$.

又 $\overrightarrow{B_1C}\cdot\boldsymbol{n}=-1\times1+0\times1+(-1)\times(-1)=0$，

$\therefore \overrightarrow{B_1C}\perp\boldsymbol{n}$，即 $B_1C /\!/$ 平面 ODC_1.

点拨 在证法二中还可以根据情况选择不同的向量来表示 $\overrightarrow{B_1C}$.

题型6 用向量证明面面平行问题

用向量法证面面平行有两种途径：(1)在同一平面内找两个不共线的向量，分别与另一平面内两个不共线的向量平行；(2)证明两平面的法向量相互平行.

例6 已知正方体 $ABCD-A_1B_1C_1D_1$ 的棱长为4，M、N、E、F 分别是棱 A_1D_1、A_1B_1、D_1C_1、B_1C_1 的中点. 求证：平面 $AMN /\!/$ 平面 $EFBD$.

分析 用向量法结合面面平行的判定定理进行证明，也可以转化为证明两个平面法向量互相平行.

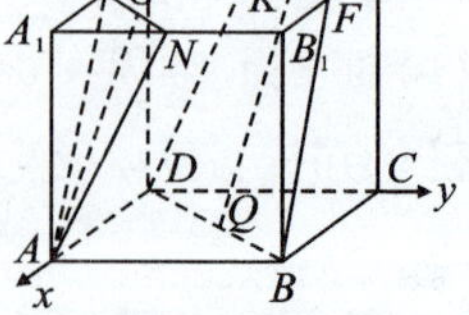

图7－4－19

证法一 如图7-4-19,建立空间直角坐标系,则$A(4,0,0)$,$M(2,0,4)$,$N(4,2,4)$,$D(0,0,0)$,$B(4,4,0)$,$E(0,2,4)$,$F(2,4,4)$.

取MN的中点G,EF的中点K,BD的中点Q,连接AG、QK,

则$G(3,1,4)$,$K(1,3,4)$,$Q(2,2,0)$,

$\therefore \overrightarrow{MN}=(2,2,0)$,$\overrightarrow{EF}=(2,2,0)$,

$\overrightarrow{AG}=(-1,1,4)$,$\overrightarrow{QK}=(-1,1,4)$.

于是$\overrightarrow{MN}=\overrightarrow{EF}$,$\overrightarrow{AG}=\overrightarrow{QK}$,

$\therefore MN /\!/ EF$,$AG /\!/ QK$.

$\therefore$ 平面$AMN /\!/$平面$EFBD$.

证法二 由证法一可知$A(4,0,0)$,$M(2,0,4)$,$N(4,2,4)$,$B(4,4,0)$,$E(0,2,4)$,$F(2,4,4)$,则$\overrightarrow{AM}=(-2,0,4)$,$\overrightarrow{AN}=(0,2,4)$,$\overrightarrow{BE}=(-4,-2,4)$,$\overrightarrow{BF}=(-2,0,4)$.

设平面AMN、平面$BDEF$的法向量分别为$\boldsymbol{n}_1=(x_1,y_1,z_1)$,$\boldsymbol{n}_2=(x_2,y_2,z_2)$,则有$\boldsymbol{n}_1\cdot\overrightarrow{AM}=0$,$\boldsymbol{n}_1\cdot\overrightarrow{AN}=0$和$\boldsymbol{n}_2\cdot\overrightarrow{BE}=0$,$\boldsymbol{n}_2\cdot\overrightarrow{BF}=0$.

即$\begin{cases}-2x_1+4z_1=0,\\2y_1+4z_1=0\end{cases}$和$\begin{cases}-4x_2-2y_2+4z_2=0,\\-2x_2+4z_2=0.\end{cases}$

令$z_1=1$,得$x_1=2$,$y_1=-2$,

$\therefore \boldsymbol{n}_1=(2,-2,1)$.

令$z_2=1$,得$x_2=2$,$y_2=-2$,

$\therefore \boldsymbol{n}_2=(2,-2,1)$.

$\therefore \boldsymbol{n}_1 /\!/ \boldsymbol{n}_2$. $\therefore$ 平面$AMN /\!/$平面$EFBD$.

题型7 用向量证明线面垂直问题

用向量法证明线面垂直有三种途径:(1)选基底,将相关向量用基底表示出来,然后利用向量的计算证明;(2)建立空间直角坐标系,利用向量,并将向量的运算转化为坐标运算,从而证明;(3)借助直线的方向向量平行于平面的法向量证明.

例7 如图7-4-20,在正方体$ABCD-A_1B_1C_1D_1$中,E、F分别是BB_1、D_1B_1的中点.

求证:$EF\perp$平面B_1AC.

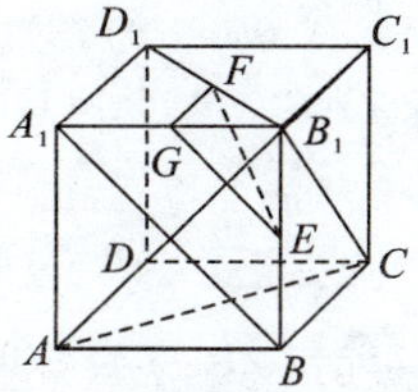

图7-4-20

分析 转化为线线垂直或利用直线的方向向量与平面的法向量平行求证.

证法一 设$\overrightarrow{AB}=\boldsymbol{a}$,$\overrightarrow{AD}=\boldsymbol{c}$,$\overrightarrow{AA_1}=\boldsymbol{b}$,则

$\overrightarrow{EF}=\overrightarrow{EB_1}+\overrightarrow{B_1F}$

$=\dfrac{1}{2}(\overrightarrow{BB_1}+\overrightarrow{B_1D_1})$

$=\dfrac{1}{2}(\overrightarrow{AA_1}+\overrightarrow{BD})$

$=\dfrac{1}{2}(\overrightarrow{AA_1}+\overrightarrow{BA}+\overrightarrow{AD})$

$=\dfrac{1}{2}(-\boldsymbol{a}+\boldsymbol{b}+\boldsymbol{c})$.

$\because \overrightarrow{AB_1}=\overrightarrow{AB}+\overrightarrow{AA_1}=\boldsymbol{a}+\boldsymbol{b}$,

$\therefore \overrightarrow{EF}\cdot\overrightarrow{AB_1}=\dfrac{1}{2}(-\boldsymbol{a}+\boldsymbol{b}+\boldsymbol{c})\cdot(\boldsymbol{a}+\boldsymbol{b})$

$=\dfrac{1}{2}(\boldsymbol{b}^2-\boldsymbol{a}^2+\boldsymbol{c}\cdot\boldsymbol{a}+\boldsymbol{c}\cdot\boldsymbol{b})$

$=\dfrac{1}{2}(|\boldsymbol{b}|^2-|\boldsymbol{a}|^2+0+0)=0$.

$\therefore \overrightarrow{EF}\perp\overrightarrow{AB_1}$,即$EF\perp AB_1$.

同理,$EF\perp B_1C$.

又$AB_1\cap B_1C=B_1$,

$\therefore EF\perp$平面B_1AC.

证法二 设正方体的棱长为2,建立如图7-4-21的直角坐标系,

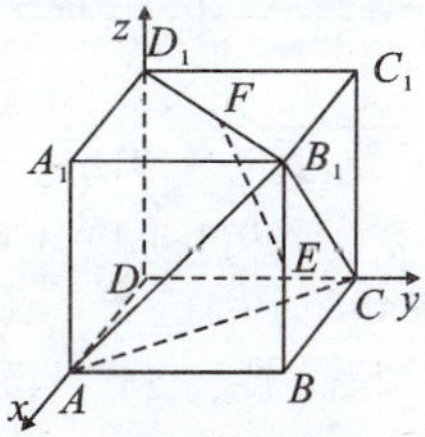

图7-4-21

则 $A(2,0,0)$，$C(0,2,0)$，

$B_1(2,2,2)$，$E(2,2,1)$，$F(1,1,2)$.

$\therefore \overrightarrow{EF}=(-1,-1,1)$.

$\overrightarrow{AB_1}=(0,2,2)$，$\overrightarrow{AC}=(-2,2,0)$.

$\therefore \overrightarrow{EF}\cdot\overrightarrow{AB_1}=(-1,-1,1)\cdot(0,2,2)=0$,

$\overrightarrow{EF}\cdot\overrightarrow{AC}=(-1,-1,1)\cdot(-2,2,0)=0$.

$\therefore EF\perp AB_1$，$EF\perp AC$. 又 $AB_1\cap AC=A$，

$\therefore EF\perp$ 平面 B_1AC.

题型8 用向量证明面面垂直问题

用向量证明面面垂直的途径主要是证明两个平面的法向量互相垂直.

例8 如图 7-4-22，在四棱锥 $E-ABCD$ 中，$AB\perp$ 平面 BCE，$CD\perp$ 平面 BCE，$AB=BC=CE=2CD=2$，$\angle BCE=120°$.

求证：平面 $ADE\perp$ 平面 ABE.

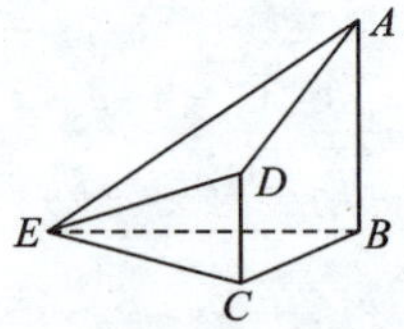

图 7-4-22

证明 取 BE 的中点 O，连接 OC.

$\because BC=CE$，$\therefore OC\perp BE$.

以 O 为原点建立空间直角坐标系 $Oxyz$，如图 7-4-23，

则由已知条件有 $C(1,0,0)$，$B(0,\sqrt{3},0)$，

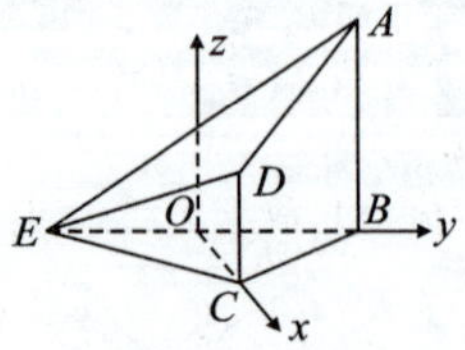

图 7-4-23

$E(0,-\sqrt{3},0)$，$D(1,0,1)$，$A(0,\sqrt{3},2)$.

设平面 ADE 的法向量为 $\boldsymbol{n}=(a,b,c)$，

则由 $\boldsymbol{n}\cdot\overrightarrow{EA}=(a,b,c)\cdot(0,2\sqrt{3},2)=2\sqrt{3}b+2c=0$ 及 $\boldsymbol{n}\cdot\overrightarrow{DA}=(a,b,c)\cdot(-1,\sqrt{3},1)=-a+\sqrt{3}b+c=0$.

可取 $\boldsymbol{n}=(0,1,-\sqrt{3})$.

又 $AB\perp$ 平面 BCE，$\therefore AB\perp OC$，

$\therefore OC\perp$ 平面 ABE，

$\therefore$ 平面 ABE 的法向量可取为 $\boldsymbol{m}=(1,0,0)$.

$\therefore \boldsymbol{n}\cdot\boldsymbol{m}=(0,1,-\sqrt{3})\cdot(1,0,0)=0$,

$\therefore \boldsymbol{n}\perp\boldsymbol{m}$，$\therefore$ 平面 $ADE\perp$ 平面 ABE.

题型9 用向量的方法求空间的角

(1)两条异面直线所成的角：可通过这两条直线的方向向量的夹角来求，但二者不完全相等. 当两个方向向量的夹角是钝角时，应取其补角作为两异面直线所成的角.

(2)直线与平面所成的角：一般求斜线的方向向量与平面法向量的夹角(取锐角)，此时线面角与两向量的夹角并不相等，而是互余.

(3)二面角：一种途径是求两个面与交线 l 垂直的异面直线的方向向量的夹角；另一种途径是求两个面的法向量的夹角(或其补角).

例9 如图 7-4-24，在棱长为 a 的正方体 $ABCD-A_1B_1C_1D_1$ 中，E 是 BC 的中点，平面 B_1ED 交 A_1D_1 于 F.

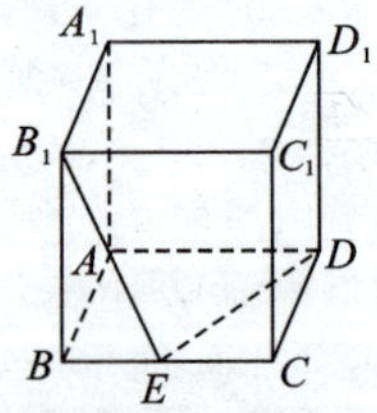

图 7-4-24

(1)指出 F 在 A_1D_1 上的位置，并说明理由；

(2)求直线 A_1C 与 DE 所成角的余弦值；

(3)求直线 AD 与平面 B_1ED 所成角的余弦值.

分析 (1)由题知 $B_1E/\!/DF$，可用向量法求出 F 点坐标或用四边形 DEB_1F 是平行四边形求 F 点位置，(2)题与(3)题可考虑用向量法.

解 (1)建立如图 7-4-25 的空间直角坐标系.

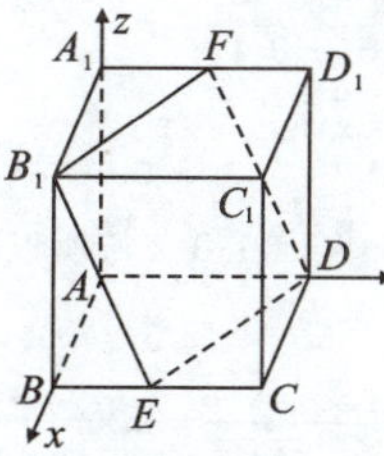

图 7－4－25

则 $D(0,a,0)$，$E\left(a,\frac{a}{2},0\right)$，$B_1(a,0,a)$.

由正方体的性质，则 $B_1F/\!/ED$，$B_1E/\!/FD$.

∴ 四边形 DEB_1F 为平行四边形.

设 $F(0,y,a)$，则

$\overrightarrow{FD}=(0,a-y,-a)$，$\overrightarrow{B_1E}=\left(0,\frac{a}{2},-a\right)$.

由$\overrightarrow{FD}=\overrightarrow{B_1E}$，得 $a-y=\frac{a}{2}$，即 $y=\frac{a}{2}$.

∴ F 为 A_1D_1 的中点.

(2)由(1)知 $A_1(0,0,a)$，$C(a,a,0)$，

∴ $\overrightarrow{A_1C}=(a,a,-a)$，$\overrightarrow{DE}=\left(a,-\frac{a}{2},0\right)$，

$$\therefore \cos<\overrightarrow{A_1C},\overrightarrow{DE}>=\frac{a^2-\frac{1}{2}a^2}{\sqrt{3}a\cdot\frac{\sqrt{5}}{2}a}$$

$$=\frac{1}{\sqrt{15}}=\frac{\sqrt{15}}{15}.$$

∴ A_1C 与 DE 所成角的余弦值为$\frac{\sqrt{15}}{15}$.

(3)设平面 B_1ED 的法向量为 $\boldsymbol{n}=(x,y,z)$，AD 与平面 B_1ED 所成的角为 θ.

则由 $\boldsymbol{n}\perp\overrightarrow{B_1E}$，$\boldsymbol{n}\perp\overrightarrow{DE}$，

得$\begin{cases}\frac{a}{2}y-az=0,\\ ax-\frac{a}{2}y=0.\end{cases}\Rightarrow\begin{cases}y=2z\\ y=2x\end{cases}\Rightarrow\boldsymbol{n}=(x,2x,x)$.

取 $x=1$，得 $\boldsymbol{n}=(1,2,1)$，

又$\overrightarrow{AD}=(0,a,0)$，

$$\therefore \cos<\boldsymbol{n},\overrightarrow{AD}>=\frac{2a}{\sqrt{6}a}=\frac{\sqrt{6}}{3},$$

$$\therefore \cos\theta=\sin<\boldsymbol{n},\overrightarrow{AD}>=\frac{\sqrt{3}}{3}.$$

故 AD 与面 B_1ED 所成角的余弦值为$\frac{\sqrt{3}}{3}$.

例 10 （重庆中考）如图 7－4－26，在四棱锥 $P-ABCD$ 中，底面 $ABCD$ 为矩形，$PD\perp$ 底面 $ABCD$，E 是 AB 上一点，$PE\perp EC$. 已知 $PD=\sqrt{2}$，$CD=2$，$AE=\frac{1}{2}$. 求：

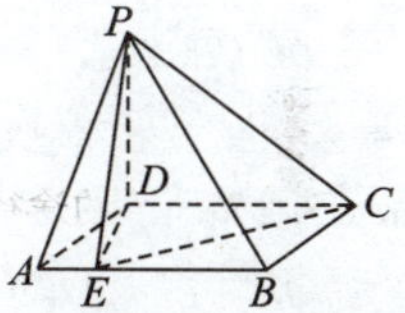

图 7－4－26

(1)异面直线 PD 与 EC 的距离；

(2)二面角 $E-PC-D$ 的大小.

解 (1)以 D 为原点，$\overrightarrow{DA}$、$\overrightarrow{DC}$、$\overrightarrow{DP}$分别为 x 轴、y 轴、z 轴正方向建立空间直角坐标系.

由已知可得 $D(0,0,0)$，$P(0,0,\sqrt{2})$，$C(0,2,0)$.

设 A 为 $(x,0,0)(x>0)$，则 B 为 $(x,2,0)$，E 为 $\left(x,\frac{1}{2},0\right)$，$\overrightarrow{PE}=\left(x,\frac{1}{2},-\sqrt{2}\right)$，$\overrightarrow{CE}=\left(x,-\frac{3}{2},0\right)$.

由 $PE\perp CE$，得$\overrightarrow{PE}\cdot\overrightarrow{CE}=0$，

即 $x^2-\frac{3}{4}=0$，故 $x=\frac{\sqrt{3}}{2}$.

$\therefore \overrightarrow{DE}\cdot\overrightarrow{CE}=\left(\frac{\sqrt{3}}{2},\frac{1}{2},0\right)\cdot\left(\frac{\sqrt{3}}{2},-\frac{3}{2},0\right)=0$，∴ $DE\perp CE$.

又 $PD\perp DE$，故 DE 是异面直线 PD 与 CE 的公垂线.

易得$DE=1$，故异面直线 PD、CE 的距离为 1.

(2)作 $DG\perp PC$，可设 $G(0,y,z)$.

由$\overrightarrow{DG}\cdot\overrightarrow{PC}=0$，得

$(0,y,z)\cdot(0,2,-\sqrt{2})=0$，即 $z=\sqrt{2}y$.

故可取$\overrightarrow{DG}=(0,1,\sqrt{2})$.

作 $EF\perp PC$ 于 F，设 $F(0,m,n)$，

则$\overrightarrow{EF}=\left(-\frac{\sqrt{3}}{2},m-\frac{1}{2},n\right)$.

由$\overrightarrow{EF}\cdot\overrightarrow{PC}=0$，得$\left(-\frac{\sqrt{3}}{2},m-\frac{1}{2},n\right)\cdot(0,2,-\sqrt{2})=0$，即$2m-1-\sqrt{2}n=0$.

又由 F 在 PC 上，得$n=-\frac{\sqrt{2}}{2}m+\sqrt{2}$.

故$m=1,n=\frac{\sqrt{2}}{2}$，$\overrightarrow{EF}=\left(-\frac{\sqrt{3}}{2},\frac{1}{2},\frac{\sqrt{2}}{2}\right)$.

因$\overrightarrow{EF}\perp\overrightarrow{PC}$，$\overrightarrow{DG}\perp\overrightarrow{PC}$，

故二面角 $E-PC-D$ 的平面角 θ 的大小为向量$\overrightarrow{EF}$与$\overrightarrow{DG}$的夹角.

故$\cos\theta=\frac{\overrightarrow{DG}\cdot\overrightarrow{EF}}{|\overrightarrow{DG}|\cdot|\overrightarrow{EF}|}=\frac{\sqrt{2}}{2}$，$\theta=\frac{\pi}{4}$.

故二面角 $E-PC-D$ 的大小为$\frac{\pi}{4}$.

题型 10 用向量法求空间的有关距离问题

1. 点到面的距离

①求出该平面的一个法向量；②找出从该点出发的平面的任一条斜线段对应的向量；③求出法向量与斜线段向量的数量积的绝对值再除以法向量的模即可.

例 11 如图 7-4-27，四边形 $ABCD$ 是直角梯形，$\angle ABC=90°$，$SA\perp$ 面 $ABCD$，$SA=AB=BC=1$，$AD=\frac{1}{2}$.

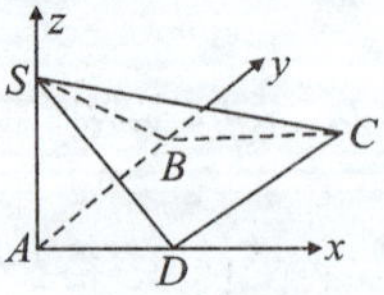

图 7-4-27

(1)求 SC 与平面 $ABCD$ 所成角的大小；

(2)求点 A 到平面 SDC 的距离.

解 建立空间直角坐标系，点 A 作为坐标原点，分别沿向量$\overrightarrow{AD}$、$\overrightarrow{AB}$、$\overrightarrow{AS}$的方向为 x 轴、y 轴、z 轴的正方向，则 $B(0,1,0)$，$C(1,1,0)$，$D\left(\frac{1}{2},0,0\right)$，$S(0,0,1)$.

(1)因为$\overrightarrow{CS}=(-1,-1,1)$，且平面 $ABCD$ 的法向量$\overrightarrow{AS}=(0,0,1)$，所以 SC 与平面 $ABCD$ 所成的角为

$$\arcsin\frac{|\overrightarrow{CS}\cdot\overrightarrow{AS}|}{|\overrightarrow{CS}|\cdot|\overrightarrow{AS}|}=\arcsin\frac{\sqrt{3}}{3}.$$

(2)设平面 SCD 的法向量 $\boldsymbol{n}=(1,\lambda,\mu)$，

则 $\boldsymbol{n}\cdot\overrightarrow{SD}=(1,\lambda,\mu)\cdot\left(\frac{1}{2},0,-1\right)=\frac{1}{2}-\mu=0$，所以$\mu=\frac{1}{2}$.

同理，$\boldsymbol{n}\cdot\overrightarrow{CD}=0$，解得$\lambda=-\frac{1}{2}$.

即$\boldsymbol{n}=\left(1,\frac{1}{2},-\frac{1}{2}\right)$.

所以点 A 到平面 SDC 的距离为

$$\frac{|\overrightarrow{DA}\cdot\boldsymbol{n}|}{|\boldsymbol{n}|}=\frac{\left|\left(\frac{1}{2},0,0\right)\cdot\left(1,\frac{1}{2},-\frac{1}{2}\right)\right|}{\sqrt{1+\frac{1}{4}+\frac{1}{4}}}=\frac{\sqrt{6}}{6}.$$

2. 异面直线的距离

①先求两异面直线的一个公垂线方向向量；②求两异面直线上两点的连接线段在公垂线方向向量上的射影长.

例 12 如图 7-4-28，在长方体 $ABCD-A_1B_1C_1D_1$ 中，$AB=4$，$AD=3$，$AA_1=2$，M、N 分别为 DC、BB_1 的中点，求异面直线 MN 与 A_1B 的距离.

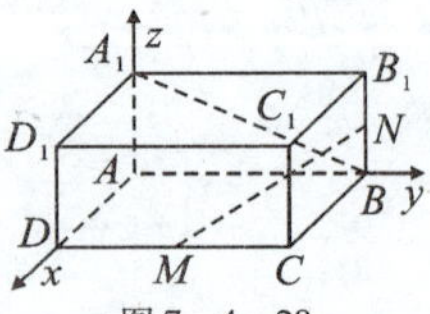

图 7-4-28

解 以 A 为原点，以$\overrightarrow{AD}$、$\overrightarrow{AB}$、$\overrightarrow{AA_1}$为 x 轴，y 轴，z 轴正方向建立空间直角坐标系，

则 $A_1(0,0,2)$，$B(0,4,0)$，$M(3,2,0)$，

$N(0,4,1)$，

即$\overrightarrow{MN}=(-3,2,1)$，$\overrightarrow{A_1B}=(0,4,-2)$.

设MN、A_1B公垂线的方向向量为$\boldsymbol{n}=(x,y,z)$，

则有$\begin{cases}\boldsymbol{n}\cdot\overrightarrow{MN}=0,\\ \boldsymbol{n}\cdot\overrightarrow{A_1B}=0,\end{cases}$即$\begin{cases}-3x+2y+z=0,\\ 4y-2z=0.\end{cases}$

令$y=1$，则$z=2$，$x=\dfrac{4}{3}$，

即$\boldsymbol{n}=\left(\dfrac{4}{3},1,2\right)$，$|\boldsymbol{n}|=\dfrac{\sqrt{61}}{3}$.

所以$\overrightarrow{MA_1}=(-3,-2,2)$在$\boldsymbol{n}$上的射影的长度为

$$d=\frac{|\overrightarrow{MA_1}\cdot\boldsymbol{n}|}{|\boldsymbol{n}|}=$$

$$\frac{3\left|(-3,-2,2)\cdot\left(\frac{4}{3},1,2\right)\right|}{\sqrt{61}}=\frac{6\sqrt{61}}{61}.$$

即异面直线MN与A_1B的距离为$\dfrac{6\sqrt{61}}{61}$.

题型11 利用向量法求解探索性问题

在解题过程中，往往把“是否存在”问题，转化为“点的坐标是否有解，是否有规定范围的解”等.

1. 探索线面垂直

例13 如图7－4－29，已知四棱锥$P-ABCD$的底面$ABCD$为等腰梯形，$AB\parallel CD$，$AC\perp BD$，AC与BD相交于点O，且顶点P在底面上的射影恰为O点，又$BO=2$，$PO=\sqrt{2}$，$PB\perp PD$.

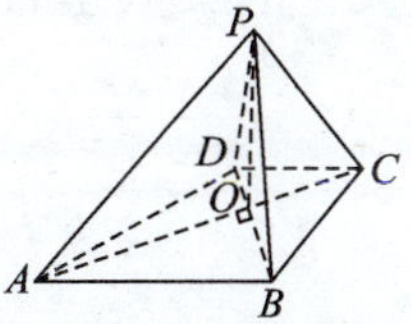

图7－4－29

(1)求异面直线PD与BC所成角的余弦值；

(2)求二面角$P-AB-C$的大小；

(3)设点M在棱PC上，且$\dfrac{PM}{MC}=\lambda$，问λ为何值时，$PC\perp$平面BMD.

解 因为$PO\perp$平面$ABCD$，所以$PO\perp BD$.

又$PB\perp PD$，$BO=2$，$PO=\sqrt{2}$，由平面几何知识得$OD=OC=1$，$BO=AO=2$.

以O为原点，$\overrightarrow{OA}$、$\overrightarrow{OB}$、$\overrightarrow{OP}$分别为x轴，y轴，z轴正方向建立如图7－4－30的空间直角坐标系.

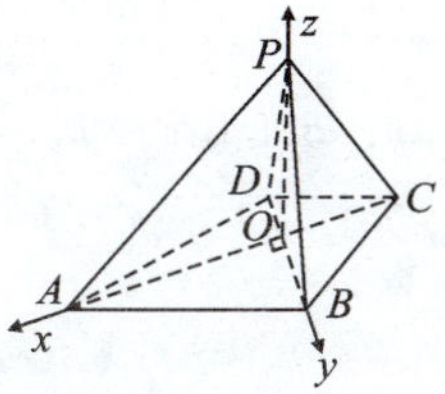

图7－4－30

则各点坐标为$O(0,0,0)$，$A(2,0,0)$，$B(0,2,0)$，$C(-1,0,0)$，$D(0,-1,0)$，$P(0,0,\sqrt{2})$.

(1)因为$\overrightarrow{PD}=(0,-1,-\sqrt{2})$，$\overrightarrow{BC}=(-1,-2,0)$，

所以$|\overrightarrow{PD}|=\sqrt{3}$，$|\overrightarrow{BC}|=\sqrt{5}$，$\overrightarrow{PD}\cdot\overrightarrow{BC}=2$.

故$\cos\langle\overrightarrow{PD},\overrightarrow{BC}\rangle=\dfrac{\overrightarrow{PD}\cdot\overrightarrow{BC}}{|\overrightarrow{PD}||\overrightarrow{BC}|}=\dfrac{2\sqrt{15}}{15}$.

所以直线PD与BC所成角的余弦值为$\dfrac{2\sqrt{15}}{15}$.

(2)设平面PAB的一个法向量为$\boldsymbol{n}=(x,y,z)$，

由于$\overrightarrow{AB}=(-2,2,0)$，$\overrightarrow{AP}=(-2,0,\sqrt{2})$，

$\begin{cases}\boldsymbol{n}\cdot\overrightarrow{AB}=0,\\ \boldsymbol{n}\cdot\overrightarrow{AP}=0,\end{cases}$得$\begin{cases}x=y,\\ z=\sqrt{2}x.\end{cases}$

取$\boldsymbol{n}=(1,1,\sqrt{2})$.

又平面$ABCD$的一个法向量$\boldsymbol{m}=(0,0,\sqrt{2})$.

所以$\cos\langle\boldsymbol{m},\boldsymbol{n}\rangle=\dfrac{\boldsymbol{m}\cdot\boldsymbol{n}}{|\boldsymbol{m}|\cdot|\boldsymbol{n}|}=\dfrac{\sqrt{2}}{2}$.

又二面角$P-AB-C$为锐角，

故所求二面角$P-AB-C$的大小为45°.

(3) 设 $M(x_0,0,z_0)$，由于 P、M、C 三点共线，

故 $z_0=\sqrt{2}x_0+\sqrt{2}$.

因为 $PC\perp$ 平面 BMD，所以 $OM\perp PC$.

故 $(-1,0,-\sqrt{2})\cdot(x_0,0,z_0)=0$，

即 $x_0+\sqrt{2}z_0=0$.

由①②知 $x_0=-\dfrac{2}{3}$，$z_0=\dfrac{\sqrt{2}}{3}$.

所以 $M\left(-\dfrac{2}{3},0,\dfrac{\sqrt{2}}{3}\right)$，故 $\lambda=\dfrac{PM}{MC}=2$，

即 $\lambda=2$ 时，$PC\perp$ 平面 BMD.

点拨 直线和平面垂直，等价于直线对应的某一向量和平面的法向量平行；直线和平面平行，等价于直线对应的某一向量和平面的法向量垂直（直线在平面外）.

2. 探索线面角

例 14 在三棱锥 $A-BCD$ 中，侧面 ABD，ACD 是全等的直角三角形，AD 是公共的斜边，且 $AD=\sqrt{3}$，$BD=CD=1$，另一个侧面 ABC 是正三角形.

(1) 求证：$AD\perp BC$；

(2) 求二面角 $B-AC-D$ 的大小；

(3) 在直线 AC 上是否存在一点 E，使 ED 与面 BCD 成 $30°$ 角？若存在，确定点 E 的位置；若不存在，请说明理由.

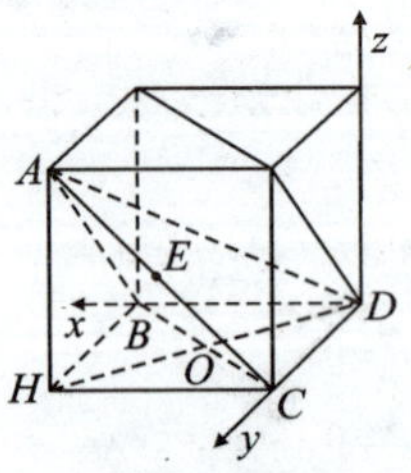

图 7-4-31

(1) **证明** 作 $AH\perp$ 面 BCD 于 H，连接 BH、CH、DH，则四边形 $BHCD$ 是正方形，且 $AH=1$. 以 D 为原点，以 $\overrightarrow{DB}$、$\overrightarrow{DC}$ 为 x 轴、y 轴正方向建立空间直角坐标系，如图 7-4-31.

则 $B(1,0,0)$，$C(0,1,0)$，$A(1,1,1)$.

$\overrightarrow{BC}=(-1,1,0)$，$\overrightarrow{DA}=(1,1,1)$，所以 $\overrightarrow{BC}\cdot\overrightarrow{DA}=0$，则 $BC\perp AD$.

(2) **解** 设平面 ABC 的法向量为 $\boldsymbol{n}_1=(x,y,z)$，

则由 $\boldsymbol{n}_1\perp\overrightarrow{BC}$ 知 $\boldsymbol{n}_1\cdot\overrightarrow{BC}=-x+y=0$.

同理，由 $\boldsymbol{n}_1\perp\overrightarrow{CA}$ 知 $\boldsymbol{n}_1\cdot\overrightarrow{CA}=x+z=0$.

可取 $\boldsymbol{n}_1=(1,1,-1)$.

同理，可求得平面 ACD 的一个法向量为 $\boldsymbol{n}_2=(1,0,-1)$.

由图示可以看出，二面角 $B-AC-D$ 的大小应等于 $<\boldsymbol{n}_1\cdot\boldsymbol{n}_2>$，则 $\cos<\boldsymbol{n}_1,\boldsymbol{n}_2>=\dfrac{\boldsymbol{n}_1\cdot\boldsymbol{n}_2}{|\boldsymbol{n}_1||\boldsymbol{n}_2|}=\dfrac{1+0+1}{\sqrt{3}\cdot\sqrt{2}}=\dfrac{\sqrt{6}}{3}$.

即所求二面角的大小是 $\arccos\dfrac{\sqrt{6}}{3}$.

(3) **解** 设 $E(x,y,z)$ 是线段 AC 上一点，则 $x=z>0$，$y=1$，平面 BCD 的一个法向量为 $\boldsymbol{n}=(0,0,1)$，$\overrightarrow{DE}=(x,1,x)$.

要使 ED 与面 BCD 成 $30°$ 角，则 $\overrightarrow{DE}$ 与 $\boldsymbol{n}$ 的夹角为 $60°$，

故 $\cos<\overrightarrow{DE},\boldsymbol{n}>=\dfrac{\overrightarrow{DE}\cdot\boldsymbol{n}}{|\overrightarrow{DE}||\boldsymbol{n}|}=\dfrac{x}{\sqrt{1+2x^2}}=\dfrac{1}{2}$.

则 $2x=\sqrt{1+2x^2}$，解得 $x=\dfrac{\sqrt{2}}{2}$.

则 $CE=\sqrt{2}x=1$.

故线段 AC 上存在 E 点，且 $CE=1$ 时，ED 与面 BCD 成 $30°$ 角.

点拨 探索型问题属于开放题型，在解答此类问题时，要恰当地设出要探索的问题的条件，或要用分析法的形式写出作题过程.

3. 探索二面角

例 15 如图 7-4-32，在长方形 $ABCD-A_1B_1C_1D_1$ 中，$AD=AA_1=1$，$AB=2$，点 E 在棱 AB 上移动.

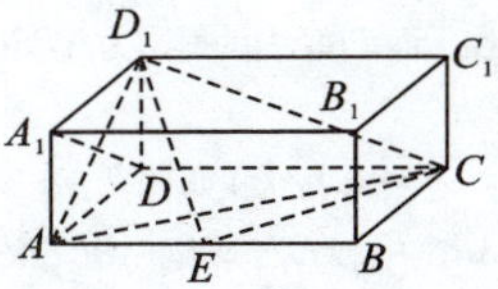

图 7－4－32

(1)求证：$D_1E\perp A_1D$；

(2)当 E 为 AB 的中点时，求点 E 到面 ACD_1 的距离；

(3)AE 等于何值时，二面角 D_1-EC-D 的大小为$\frac{\pi}{4}$？

解 建立空间直角坐标系，令 D 为坐标原点，$\overrightarrow{DA}$、$\overrightarrow{DC}$、$\overrightarrow{DD_1}$分别为 x 轴、y 轴、z 轴正方向. 设$AE=x$，则 $A_1(1,0,1)$、$D_1(0,0,1)$、$E(1,x,0)A(1,0,0)$、$C(0,2,0)$.

(1)证明：$\because \overrightarrow{DA_1}\cdot\overrightarrow{D_1E}=(1,0,1)\cdot(1,x,-1)=0$，

$\therefore \overrightarrow{DA_1}\perp\overrightarrow{D_1E}$，即 $DA_1\perp D_1E$.

(2)$\because E$ 为 AB 的中点，$\therefore E(1,1,0)$.

从而$\overrightarrow{D_1E}=(1,1,-1)$，$\overrightarrow{AC}=(-1,2,0)$，$\overrightarrow{AD_1}=(-1,0,1)$.

设平面 ACD_1 的法向量 $\boldsymbol{n}=(a,b,c)$，

则有$\begin{cases}\boldsymbol{n}\cdot\overrightarrow{AC}=0,\\ \boldsymbol{n}\cdot\overrightarrow{AD_1}=0,\end{cases}$ 即$\begin{cases}-a+2b=0,\\ -a+c=0,\end{cases}$

解得$\begin{cases}a=2b,\\ a=c.\end{cases}$

令 $b=1$，则 $\boldsymbol{n}=(2,1,2)$. $\therefore$ 点 E 到平面 AD_1C 的距离为 $h=\frac{|\overrightarrow{D_1E}\cdot\boldsymbol{n}|}{|\boldsymbol{n}|}=\frac{2+1-2}{3}=\frac{1}{3}$.

(3)设平面 D_1EC 的法向量 $\boldsymbol{n}=(a_1,b_1,c_1)$.

$\therefore \overrightarrow{CE}=(1,x-2,0)$，$\overrightarrow{D_1C}=(0,2,-1)$，$\overrightarrow{DD_1}=(0,0,1)$.

由$\begin{cases}\boldsymbol{n}\cdot\overrightarrow{D_1C}=0,\\ \boldsymbol{n}\cdot\overrightarrow{CE}=0\end{cases}\Rightarrow\begin{cases}2b_1-b_1=0,\\ a_1+b_1(x-2)=0.\end{cases}$

令 $b_1=1$，$\therefore c_1=2$，$a_1=2-x$.

$\therefore \boldsymbol{n}=(2-x,1,2)$.

依题意得 $\cos\frac{\pi}{4}=\frac{|\boldsymbol{n}\cdot\overrightarrow{DD_1}|}{|\boldsymbol{n}|\cdot|\overrightarrow{DD_1}|}=\frac{\sqrt{2}}{2}\Rightarrow$

$\frac{2}{\sqrt{(x-2)^2+5}}=\frac{\sqrt{2}}{2}$，$\therefore x_1=2+\sqrt{3}$（不合题意，舍去），$x_2=2-\sqrt{3}$.

$\therefore AE=2-\sqrt{3}$时，二面角 D_1-EC-D 的大小为$\frac{\pi}{4}$.

4. 探索点的位置

例 16 如图 7－4－33，在三棱锥 $P-ABC$ 中，$AB\perp BC$，$AB=BC=kPA$，点 O、D 分别是 AC、PC 的中点，$OP\perp$底面 ABC.

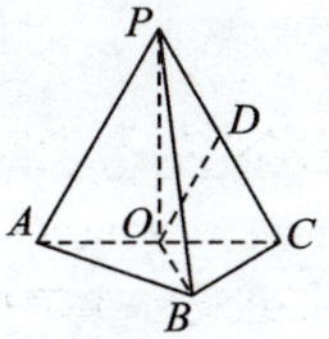

图 7－4－33

(1)求证：OD∥平面 PAB；

(2)当 $k=\frac{1}{2}$时，求直线 PA 与平面 PBC 所成角的大小；

(3)当 k 取何值时，O 在平面 PBC 内的射影恰好为$\triangle PBC$ 的重心？

解 $\because OP\perp$平面 ABC，$OA=OC$，$AB=BC$，

$\therefore OA\perp OB$，$OA\perp OP$，$OB\perp OP$.

以 O 为原点，射线 OP 为非负 z 轴，建立空间直角坐标系 $Oxyz$，如图 7－4－34.

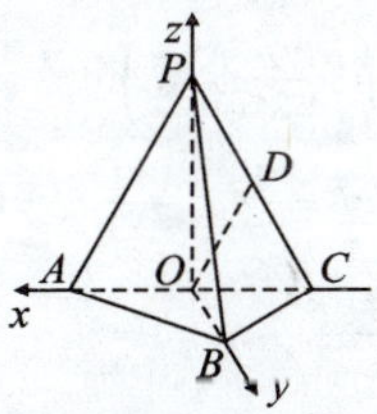

图 7－4－34

设 $AB=a$，则 $A\left(\frac{\sqrt{2}}{2}a,0,0\right)$，

$B\left(0,\frac{\sqrt{2}}{2}a,0\right),C\left(-\frac{\sqrt{2}}{2}a,0,0\right)$.

设 $OP=h$,则 $P(0,0,h)$.

(1)证明:$\because$ D 为 PC 的中点,

$\therefore \overrightarrow{OD}=\left(-\frac{\sqrt{2}}{4}a,0,\frac{1}{2}h\right)$.

又$\overrightarrow{PA}=\left(\frac{\sqrt{2}}{2}a,0,-h\right)$,$\therefore \overrightarrow{OD}=-\frac{1}{2}\overrightarrow{PA}$.

$\therefore \overrightarrow{OD}/\!/\overrightarrow{PA}$. $\therefore OD/\!/$平面 PAB.

(2)$\because k=\frac{1}{2}$,即 $PA=2a$,$\therefore h=\sqrt{\frac{7}{2}}a$.

$\therefore \overrightarrow{PA}=\left(\frac{\sqrt{2}}{2}a,0,-\sqrt{\frac{7}{2}}a\right)$,

可求得平面 PBC 的法向量 $\boldsymbol{n}=\left(1,-1,-\sqrt{\frac{1}{7}}\right)$,

$\therefore \cos<\overrightarrow{PA},\boldsymbol{n}>=\frac{\overrightarrow{PA}\cdot\boldsymbol{n}}{|\overrightarrow{PA}|\cdot|\boldsymbol{n}|}=\frac{\sqrt{210}}{30}$.

设 PA 与平面 PBC 所成的角为 θ,

则 $\sin\theta=|\cos<\overrightarrow{PA},\boldsymbol{n}>|=\frac{\sqrt{210}}{30}$,

$\therefore$ PA 与平面 PBC 所成的角为$\arcsin\frac{\sqrt{210}}{30}$.

(3)设 $\triangle PBC$ 的重心为 G,则 $G\left(-\frac{\sqrt{2}}{6}a,\frac{\sqrt{2}}{6}a,\frac{1}{3}h\right)$,

$\therefore \overrightarrow{OG}=\left(-\frac{\sqrt{2}}{6}a,\frac{\sqrt{2}}{6}a,\frac{1}{3}h\right)$.

$\because OG\perp$平面 PBC,$\therefore \overrightarrow{OG}\perp\overrightarrow{PB}$,

又$\overrightarrow{PB}=\left(0,\frac{\sqrt{2}}{2}a,-h\right)$,

$\therefore \overrightarrow{OG}\cdot\overrightarrow{PB}=\frac{1}{6}a^2-\frac{1}{3}h^2=0$.

$\therefore h=\frac{\sqrt{2}}{2}a$.

$\therefore PA=\sqrt{OA^2+h^2}=a$,即 $k=1$.

反之,当 $k=1$ 时,三棱锥 $O-PBC$ 为正三棱锥,

$\therefore$ O 在平面 PBC 内的射影为$\triangle PBC$ 的重心.

5. 探索范围问题

例 17 (湖北高考)如图 7-4-35,在三棱锥 $V-ABC$ 中,$VC\perp$底面 ABC,$AC\perp BC$,D 是 AB 的中点,且 $AC=BC=a$,$\angle VDC=\theta\left(0<\theta<\frac{\pi}{2}\right)$.

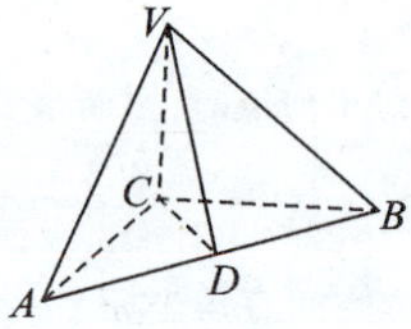

图 7-4-35

(1)求证:平面 $VAB\perp$平面 VCD;

(2)当角 θ 变化时,求直线 BC 与平面 VAB 所成的角的取值范围.

解 以 C 为坐标原点$\overrightarrow{CA}$、$\overrightarrow{CB}$、$\overrightarrow{CV}$分别为 x 轴、y 轴、z 轴正方向,建立如图 7-4-36 的空间直角坐标系,则有 $C(0,0,0)$,$A(a,0,0)$,$B(0,a,0)$,$D\left(\frac{a}{2},\frac{a}{2},0\right)$,

设 $V(0,0,t)(t>0)$.

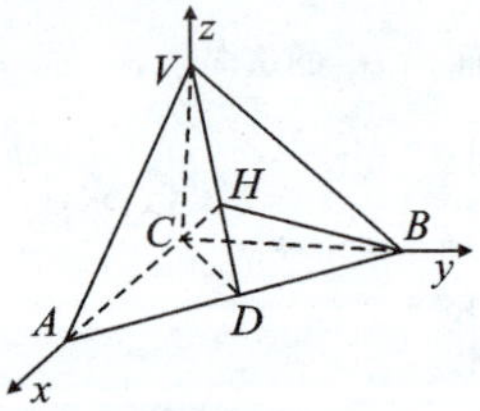

图 7-4-36

(1)证明:由题知$\overrightarrow{CV}=(0,0,t)$,$\overrightarrow{CD}=\left(\frac{a}{2},\frac{a}{2},0\right)$,$\overrightarrow{AB}=(-a,a,0)$.

$\overrightarrow{AB}\cdot\overrightarrow{CV}=(-a,a,0)\cdot(0,0,t)=0$,

$\therefore AB\perp CV$.

$\because$ $\overrightarrow{AB}\cdot\overrightarrow{CD}=(-a,a,0)\cdot\left(\frac{a}{2},\frac{a}{2},0\right)=0$,

$\therefore AB\perp CD$. 又 $CV\cap CD=C$,

$\therefore AB\perp$平面 VCD. 又 $AB\subset$平面 VAB,

$\therefore$ 平面 $VAB \perp$ 平面 VCD.

(2)设直线 BC 与平面 VAB 所成的角为 φ,设 $\boldsymbol{n}=(x,y,z)$ 是平面 VAB 的一个非零法向量,则

$$\begin{cases}\boldsymbol{n}\cdot\overrightarrow{AB}=0,\\ \boldsymbol{n}\cdot\overrightarrow{AV}=0,\end{cases}$$

取 $z=a$,得 $x=y=t$,

可取 $\boldsymbol{n}=(t,t,a)$,又 $\overrightarrow{CB}=(0,a,0)$,

于是 $\sin\varphi=\left|\dfrac{\boldsymbol{n}\cdot\overrightarrow{CB}}{|\boldsymbol{n}|\cdot|\overrightarrow{CB}|}\right|=$

$$\frac{|ta|}{|a|\cdot\sqrt{t^2+t^2+a^2}}=\frac{t}{\sqrt{2t^2+a^2}}=\frac{1}{\sqrt{2+\left(\dfrac{a}{t}\right)^2}},$$

$\because t\in(0,+\infty)$,$\sin\varphi$ 关于 t 递增,

$\therefore 0<\sin\varphi<\dfrac{1}{\sqrt{2}}$. $\therefore \varphi\in\left(0,\dfrac{\pi}{4}\right)$,

即直线 BC 和平面 VAB 所成角的取值范围为 $\left(0,\dfrac{\pi}{4}\right)$.

综合解题指导

题型 1 空间向量与代数的综合

例 1 已知:$a^2+b^2+c^2=1$,$x^2+y^2+z^2=1$,其中 a、b、c、x、y、z 均为实数,求证:$-1\leqslant ax+by+cz\leqslant 1$.

证明 构造向量 $\boldsymbol{\alpha}=(a,b,c)$,$\boldsymbol{\beta}=(x,y,z)$,

则由题设知:$|\boldsymbol{\alpha}|^2=1$,$|\boldsymbol{\beta}|^2=1$,

$\therefore |\boldsymbol{\alpha}|=1$,$|\boldsymbol{\beta}|=1$.

设 $\boldsymbol{\alpha}$、$\boldsymbol{\beta}$ 的夹角为 θ,则 $\theta\in[0,\pi]$,

$\therefore \cos\theta=\dfrac{\boldsymbol{\alpha}\cdot\boldsymbol{\beta}}{|\boldsymbol{\alpha}|\cdot|\boldsymbol{\beta}|}=\boldsymbol{\alpha}\cdot\boldsymbol{\beta}=ax+by+cz$.

又 $\because -1\leqslant\cos\theta\leqslant 1$,$\therefore -1\leqslant ax+by+cz\leqslant 1$.

题型 2 空间向量与函数的综合

例 2 设 a、b、$c\in\mathbf{R}^+$,求函数 $y=\sqrt{x^2+a^2}+\sqrt{(c-x)^2+b^2}$ 的最小值.

解 构造向量 $\boldsymbol{m}=(x,a)$,$\boldsymbol{n}=(c-x,b)$,

所以 $\boldsymbol{m}+\boldsymbol{n}=(c,a+b)$.

由于 $|\boldsymbol{m}|+|\boldsymbol{n}|\geqslant|\boldsymbol{m}+\boldsymbol{n}|$,

而 $|\boldsymbol{m}+\boldsymbol{n}|=\sqrt{c^2+(a+b)^2}$,

所以 $y=\sqrt{x^2+a^2}+\sqrt{(c-x)^2+b^2}=|\boldsymbol{m}|+|\boldsymbol{n}|\geqslant|\boldsymbol{m}+\boldsymbol{n}|=\sqrt{c^2+(a+b)^2}$,

即 $y_{\min}=\sqrt{c^2+(a+b)^2}$.

三年高考分析

空间向量与立体几何的考查多以解答题的形式出现. 考查立体几何的综合问题,立体几何的解答题一般作为中档题出现,空间向量在立体几何中的应用包括:利用空间向量证明线面的平行与垂直等位置关系,求空间角及利用空间向量解决立体几何中的探索性问题等. 高考中主要以解答题形式对上述各种问题进行综合考查.

例 1 (全国卷Ⅰ理高考)已知三棱柱 $ABC-A_1B_1C_1$ 的侧棱与底面边长都相等,A_1 在底面 ABC 上的射影为 BC 的中点,则异面直线 AB 与 CC_1 所成的角的余弦值为(　　).

A. $\dfrac{\sqrt{3}}{4}$　B. $\dfrac{\sqrt{4}}{4}$　C. $\dfrac{\sqrt{7}}{4}$　D. $\dfrac{3}{4}$

解析 如图 7-4-37,建立空间直角坐标系,设棱柱的侧棱及底面边长为 1. 因为 $A_1D\perp$ 平面 ABC,$AD\perp BC$,

由 $AD=\dfrac{\sqrt{3}}{2}$,$AA_1=1$ 知 $A_1D=\dfrac{1}{2}$.

故 $A_1\left(0,0,\dfrac{1}{2}\right)$. 又 $A\left(\dfrac{\sqrt{3}}{2},0,0\right)$,$B\left(0,-\dfrac{1}{2},0\right)$,

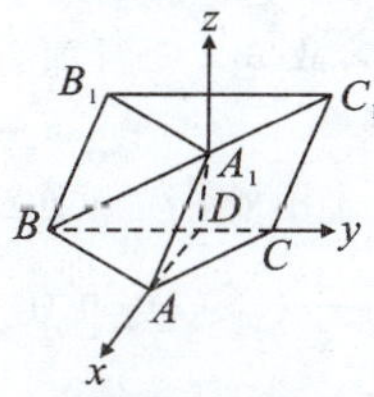

图 7-4-37

$\therefore \overrightarrow{AA_1}=\left(-\frac{\sqrt{3}}{2},0,\frac{1}{2}\right)$,

$\overrightarrow{AB}=\left(-\frac{\sqrt{3}}{2},-\frac{1}{2},0\right)$,

$\therefore \cos<\overrightarrow{CC_1},\overrightarrow{AB}>=\cos<\overrightarrow{AA_1},\overrightarrow{AB}>=\frac{3}{4}$.

答案 D.

例2 (重庆高考)如图7-4-38,在直三棱柱 $ABC-A_1B_1C_1$ 中,$\angle ABC=90°$,$AB=1$,$BC=\frac{3}{2}$,$AA_1=2$. 点 D 在棱 BB_1 上,$BD=\frac{1}{3}BB_1$,$B_1E\perp A_1D$,垂足为 E. 求:

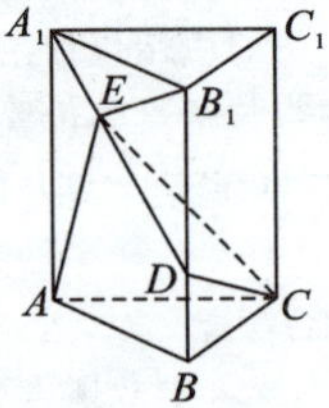

图7-4-38

(1)异面直线 A_1D 与 B_1C_1 的距离;

(2)四棱锥 $C-ABDE$ 的体积.

解 (1)如图7-4-39,以 B 点为坐标原点 O 建立空间直角坐标系 $Oxyz$,则 $A(0,1,0)$,$A_1(0,1,2)$,$B(0,0,0)$,$B_1(0,0,2)$,$C_1\left(\frac{3}{2},0,2\right)$,$D\left(0,0,\frac{2}{3}\right)$. 因此 $\overrightarrow{AA_1}=(0,0,2)$,$\overrightarrow{AB}=(0,-1,0)$,$\overrightarrow{B_1C_1}=\left(\frac{3}{2},0,0\right)$,$\overrightarrow{A_1D}=\left(0,-1,-\frac{4}{3}\right)$.

设 $E(0,y_0,z_0)$,则 $\overrightarrow{B_1E}=(0,y_0,z_0-2)$,因此 $\overrightarrow{B_1E}\cdot\overrightarrow{B_1C_1}=0$,从而 $B_1C_1\perp B_1E$. 又由题设 $B_1E\perp A_1D$,故 B_1E 是异面直线 B_1C_1 与 A_1D 的公垂线.

因 $B_1E\perp A_1D$,即 $\overrightarrow{B_1E}\cdot\overrightarrow{A_1D}=0$,

从而 $y_0+\frac{4}{3}(z_0-2)=0$,①

又由 $\overrightarrow{A_1E}=(0,y_0-1,z_0-2)$,且 $\overrightarrow{A_1E}\parallel\overrightarrow{A_1D}$,得 $\frac{y_0-1}{-1}=\frac{z_0-2}{-\frac{4}{3}}$. ②

联立①②,解得 $y_0=\frac{16}{25}$,$z_0=\frac{38}{25}$,即 $E\left(0,\frac{16}{25},\frac{38}{25}\right)$,$\overrightarrow{B_1E}=\left(0,\frac{16}{25},-\frac{12}{25}\right)$.

所以 $|\overrightarrow{B_1E}|=\sqrt{\left(\frac{16}{25}\right)^2+\left(\frac{12}{25}\right)^2}=\frac{4}{5}$.

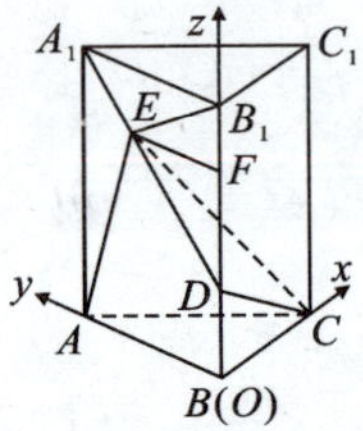

图7-4-39

(2)因为 $BC\perp AB$,$BC\perp DB$,故 $BC\perp$ 面 $ABDE$,即 BC 为四棱锥 $C-ABDE$ 的高.

因为 $S_{ABDE}=S_{\triangle ABE}+S_{\triangle BDE}$,$|\overrightarrow{AB}|=1$,$|\overrightarrow{BD}|=\frac{2}{3}$,

而 $S_{\triangle ABE}=\frac{1}{2}|\overrightarrow{AB}|\cdot z_0=\frac{1}{2}\times1\times\frac{38}{25}=\frac{19}{25}$,

$S_{\triangle BDE}=\frac{1}{2}\times|\overrightarrow{BD}|\cdot y_0=\frac{1}{2}\times\frac{2}{3}\times\frac{16}{25}=\frac{16}{75}$,

故 $S_{ABDE}=\frac{19}{25}+\frac{16}{75}=\frac{73}{75}$.

所以 $V_{C-ABDE}=\frac{1}{3}\times S_{ABDE}\cdot|\overrightarrow{BC}|=\frac{1}{3}\times\frac{73}{75}\times\frac{3}{2}=\frac{73}{150}$.

例3 (江西高考)如图7-4-40,正三棱锥 $O-ABC$ 的三条侧棱 OA、OB、OC 两两垂直,且长度均为2,E、F 分别是 AB、AC 的中点,H 是 EF 的中点,过 EF 的一个平面与侧棱 OA、OB、OC 或其延长线分别相交于 A_1、B_1、C_1,已知 $OA_1=\frac{3}{2}$.

(1)求证:$B_1C_1\perp$ 平面 OAH;

(2)求二面角 $O-A_1B_1-C_1$ 的大小.

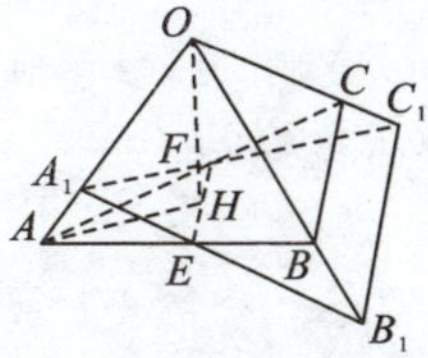

图 7－4－40

(1)证明 如图 7－4－41,以 $\overrightarrow{OB}$、$\overrightarrow{OA}$、$\overrightarrow{OC}$ 分别为 x 轴、y 轴、z 轴正方向建立空间直角坐标系 $Oxyz$,则 $A(0,2,0)$,$B(2,0,0)$,$C(0,0,2)$,$E(1,1,0)$,$F(0,1,1)$,$H\left(\frac{1}{2},1,\frac{1}{2}\right)$.

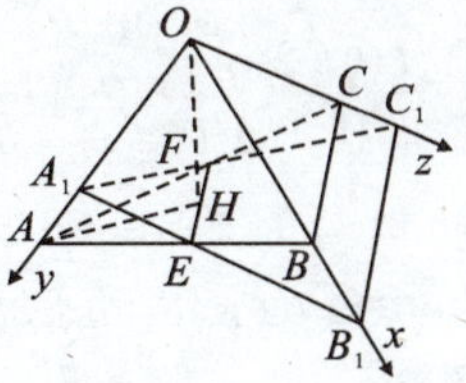

图 7－4－41

所以 $\overrightarrow{AH}=\left(\frac{1}{2},-1,\frac{1}{2}\right)$,$\overrightarrow{OH}=\left(\frac{1}{2},1,\frac{1}{2}\right)$,$\overrightarrow{BC}=(-2,0,2)$,

所以$\overrightarrow{AH}\cdot\overrightarrow{BC}=0$,$\overrightarrow{OH}\cdot\overrightarrow{BC}=0$.

从而有 $BC\perp$平面 OAH. 由 $EF\parallel BC$,即 $B_1C_1\parallel BC$,即 $B_1C_1\perp$平面 OAH.

(2)解 由(1)知有 $A_1\left(0,\frac{3}{2},0\right)$,

设 $B_1(x,0,0)$,则$\overrightarrow{A_1E}=\left(1,-\frac{1}{2},0\right)$,$\overrightarrow{EB_1}=(x-1,-1,0)$.

因为$\overrightarrow{A_1E}$与$\overrightarrow{EB_1}$共线,所以存在 λ 使$\overrightarrow{A_1E}=\lambda\overrightarrow{EB_1}$,

即$\begin{cases}\lambda(x+1)=1,\\-\lambda=-\frac{1}{2}\end{cases}\Rightarrow x=3$,所以有 $B_1(3,0,0)$. 同理有 $C_1(0,0,3)$,所以 $\overrightarrow{A_1B_1}=\left(3,-\frac{3}{2},0\right)$,$\overrightarrow{A_1C_1}=\left(0,-\frac{3}{2},3\right)$.

设 $\boldsymbol{n}_1=(x_1,y_1,z_1)$是平面 $A_1B_1C_1$ 的一个法向量,则有$\begin{cases}\overrightarrow{A_1B_1}\cdot\boldsymbol{n}_1=0,\\\overrightarrow{A_1C_1}\cdot\boldsymbol{n}_1=0,\end{cases}$即$\begin{cases}3x_1-\frac{3}{2}y_1=0,\\-\frac{3}{2}y_1+3z_1=0.\end{cases}$

令 $y_1=2$ 得 $x_1=z_1=1$,所以 $\boldsymbol{n}_1=(1,2,1)$.

又 $\boldsymbol{n}_2=(0,0,1)$是平面 OA_1B_1 的一个法向量,

所以 $\cos<\boldsymbol{n}_1,\boldsymbol{n}_2>=\frac{\boldsymbol{n}_1\cdot\boldsymbol{n}_2}{|\boldsymbol{n}_1|\cdot|\boldsymbol{n}_2|}=\frac{1}{\sqrt{6}}=\frac{\sqrt{6}}{6}$.

由图可知二面角大小为 $\arccos\frac{\sqrt{6}}{6}$.

例 4 (全国卷Ⅰ高考)如图 7－4－42,在四棱锥 $A-BCDE$ 中,底面 $BCDE$ 为矩形,侧面 $ABC\perp$底面 $BCDE$,$BC=2$,$CD=\sqrt{2}$,$AB=AC$.

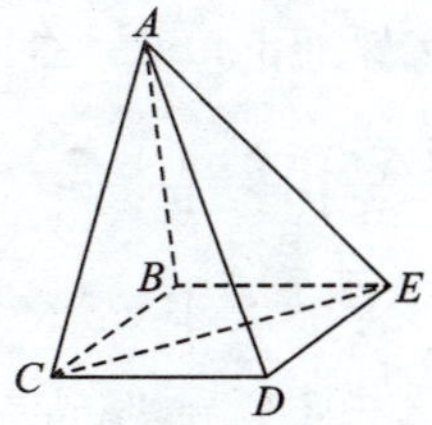

图 7－4－42

(1)求证:$AD\perp CE$;

(2)设 CE 与平面 ABE 所成的角为 45°,求二面角 $C-AD-E$ 的大小.

(1)解 作 $AO\perp BC$,垂足为 O,则 $AO\perp$底面 $BCDE$,且 O 为 BC 的中点.

以 O 为坐标原点,射线 OC 为 x 轴正向,建立如图 7－4－43 的直角坐标系 $Oxyz$.

设 $A(0,0,t)$,由已知有

$C(1,0,0)$,$D(1,\sqrt{2},0)$,$E(-1,\sqrt{2},0)$.

则$\overrightarrow{CE}=(-2,\sqrt{2},0)$,$\overrightarrow{AD}=(1,\sqrt{2},-t)$.

所以$\overrightarrow{CE}\cdot\overrightarrow{AD}=0$,所以 $AD\perp CE$.

(2)证明 如图 7－4－43,作 $CF\perp AB$,垂足为 F,连接 EF.

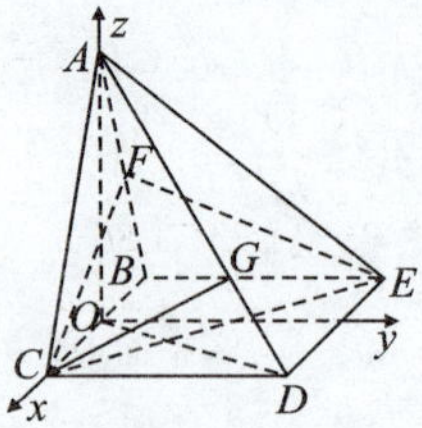

图 7-4-43

设 $F(x,0,z)$，则有 $\overrightarrow{CF}=(x-1,0,z)$，

$\overrightarrow{BE}=(0,\sqrt{2},0)$，所以 $\overrightarrow{CF}\cdot\overrightarrow{BE}=0$，

故 $CF\perp BE$. 又 $AB\cap BE=B$，所以 $CF\perp$ 平面 ABE，$\angle CEF$ 是 CE 与平面 ABE 所成的角.

所以 $\angle CEF=45°$.

由 $CE=\sqrt{6}$，得 $CF=EF=\sqrt{3}$.

又 $CB=2$，所以 $\angle FBC=60°$，$\triangle ABC$ 为等边三角形，因此 $A(0,0,\sqrt{3})$.

作 $CG\perp AD$，垂足为 G，连接 GE，在 $\mathrm{Rt}\triangle ACD$ 中，求得 $|AG|=\frac{2}{3}|AD|$，故

$G\left(\frac{2}{3},\frac{2\sqrt{2}}{3},\frac{\sqrt{3}}{3}\right)$，$\overrightarrow{GC}=\left(\frac{1}{3},-\frac{2\sqrt{2}}{3},-\frac{\sqrt{3}}{3}\right)$，

$\overrightarrow{CE}=\left(-\frac{5}{3},\frac{\sqrt{2}}{3},-\frac{\sqrt{3}}{3}\right)$.

又 $\overrightarrow{AD}=(1,\sqrt{2},-\sqrt{3})$，所以 $\overrightarrow{GC}\cdot\overrightarrow{AD}=0$，$\overrightarrow{GE}\cdot\overrightarrow{AD}=0$，所以 $\overrightarrow{GC}$ 与 $\overrightarrow{GE}$ 的夹角等于二面角 $C-AD-E$ 的平面角.

由 $\cos<\overrightarrow{GC},\overrightarrow{GE}>=\frac{\overrightarrow{GC}\cdot\overrightarrow{GE}}{|\overrightarrow{GC}|\cdot|\overrightarrow{GE}|}=-\frac{\sqrt{10}}{10}$，知二面角 $C-AD-E$ 的大小为 $\arccos\left(-\frac{\sqrt{10}}{10}\right)$.

例5 （浙江高考）如图 7-4-44，矩形 $ABCD$ 和梯形 $BEFC$ 所在平面互相垂直，$BE/\!/CF$，$\angle BCF=\angle CEF=90°$，$AD=\sqrt{3}$，$EF=2$.

（1）求证：$AE/\!/$ 平面 DCF；

（2）当 AB 的长为何值时，二面角 $A-EF-C$ 的大小为 $60°$？

解 如图 7-4-44，以点 C 为坐标原点，以 $\overrightarrow{CB}$、$\overrightarrow{CF}$ 和 $\overrightarrow{CD}$ 分别作为 x 轴、y 轴和 z 轴正方向，建立空间直角坐标系 $Cxyz$.

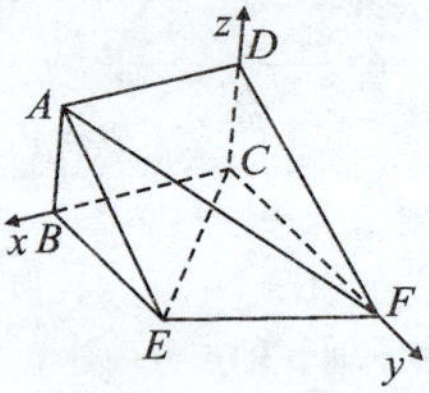

图 7-4-44

设 $AB=a$，$BE=b$，$CF=c$，

则 $C(0,0,0)$，$A(\sqrt{3},0,a)$，$B(\sqrt{3},0,0)$，$E(\sqrt{3},b,0)$，$F(0,c,0)$.

（1）证明：$\overrightarrow{AE}=(0,b,-a)$，$\overrightarrow{CB}=(\sqrt{3},0,0)$，$\overrightarrow{BE}=(0,b,0)$，所以 $\overrightarrow{CB}\cdot\overrightarrow{AE}=0$，$\overrightarrow{CB}\cdot\overrightarrow{BE}=0$，从而 $CB\perp AE$，$CB\perp BE$，所以 $CB\perp$ 平面 ABE.

因为 $CB\perp$ 平面 DCF，所以平面 $ABE/\!/$ 平面 DCF. 故 $AE/\!/$ 平面 DCF.

（2）因为 $\overrightarrow{EF}=(-\sqrt{3},c-b,0)$，$\overrightarrow{CE}=(\sqrt{3},b,0)$，且 $\overrightarrow{EF}\cdot\overrightarrow{CB}=0$，$|\overrightarrow{EF}|=2$，

所以 $\begin{cases}-3+b(c-b)=0,\\ \sqrt{3+(c-b)^2}=2.\end{cases}$

解得 $b=3$，$c=4$.

所以 $E(\sqrt{3},3,0)$，$F(0,4,0)$.

设 $\boldsymbol{n}=(1,y,z)$ 为平面 AEF 的一个法向量，

则 $\boldsymbol{n}\cdot\overrightarrow{AE}=0$，$\boldsymbol{n}\cdot\overrightarrow{EF}=0$，

解得 $\boldsymbol{n}=\left(1,\sqrt{3},\frac{3\sqrt{3}}{a}\right)$.

又因为 $BA\perp$ 平面 $BEFC$，且 $\overrightarrow{BA}=(0,0,a)$，所以当二面角 $A-EF-C$ 为 $60°$ 时，

$|\cos<\boldsymbol{n},\overrightarrow{BA}>|=\frac{|\overrightarrow{BA}\cdot\boldsymbol{n}|}{|\overrightarrow{BA}|\cdot|\boldsymbol{n}|}$

$=\frac{3\sqrt{3}a}{a\sqrt{4a^2+27}}=\frac{1}{2}$，

解得 $a=\dfrac{9}{2}$.

所以当 AB 长为 $\dfrac{9}{2}$ 时，二面角 $A-EF-C$ 的大小为 $60°$.

例6 (海南理高考)如图 7－4－45，四棱锥 $S-ABCD$ 的底面是正方形，每条侧棱的长都是底面边长的 $\sqrt{2}$ 倍，P 为侧棱 SD 上的点.

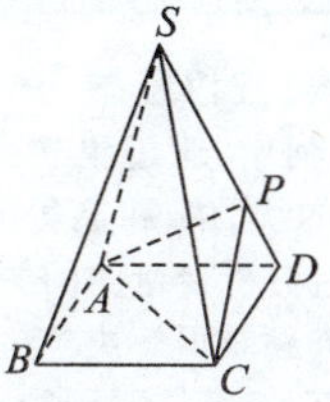

图 7－4－45

(1)求证：$AC\perp SD$；

(2)若 $SD\perp$ 平面 PAC，求二面角 $P-AC-D$ 的大小；

(3)在(2)的条件下，侧棱 SC 上是否存在一点 E，使得 $BE/\!/$ 平面 PAC. 若存在，求 $SE:EC$ 的值；若不存在，试说明理由.

(1) **证明** 连接 BD，设 AC 交 BD 于 O，由题意知 $SO\perp$ 平面 $ABCD$. 以 O 为坐标原点，$\overrightarrow{OB}$、$\overrightarrow{OC}$、$\overrightarrow{OS}$ 分别为 x 轴、y 轴、z 轴正方向，建立空间直角坐标系 $Oxyz$，如图 7－4－46.

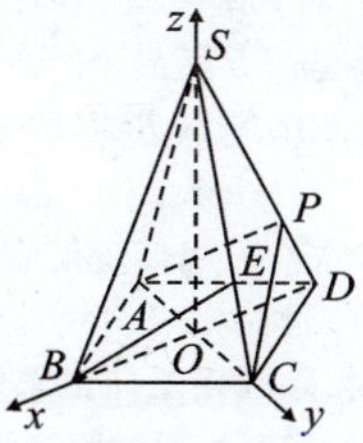

图 7－4－46

设底面边长为 a，则高 $SO=\dfrac{\sqrt{6}}{2}a$.

于是 $S\left(0,0,\dfrac{\sqrt{6}}{2}a\right)$，$D\left(-\dfrac{\sqrt{2}}{2}a,0,0\right)$，

$C\left(0,\dfrac{\sqrt{2}}{2}a,0\right)$，$B\left(\dfrac{\sqrt{2}}{2}a,0,0\right)$，$\overrightarrow{OC}=\left(0,\dfrac{\sqrt{2}}{2}a,0\right)$，$\overrightarrow{SD}=\left(-\dfrac{\sqrt{2}}{2}a,0,-\dfrac{\sqrt{6}}{2}a\right)$，

$\therefore \overrightarrow{OC}\cdot\overrightarrow{SD}=0$.

故 $OC\perp SD$. 从而 $AC\perp SD$.

(2) **解** 由题意知，平面 PAC 的一个法向量 $\overrightarrow{DS}=\left(\dfrac{\sqrt{2}}{2}a,0,\dfrac{\sqrt{6}}{2}a\right)$，平面 DAC 的一个法向量 $\overrightarrow{OS}=\left(0,0,\dfrac{\sqrt{6}}{2}a\right)$. 设所求二面角为 θ，则

$$\cos\theta=\frac{\overrightarrow{OS}\cdot\overrightarrow{DS}}{|\overrightarrow{OS}|\cdot|\overrightarrow{DS}|}=\frac{\sqrt{3}}{2},$$

故所求二面角 $P-AC-D$ 的大小为 $30°$.

(3) **解** 在棱 SC 上存在一点 E 使 $BE/\!/$ 平面 PAC.

由(2)知 $\overrightarrow{DS}$ 是平面 PAC 的一个法向量，

且 $\overrightarrow{DS}=\left(\dfrac{\sqrt{2}}{2}a,0,\dfrac{\sqrt{6}}{2}a\right)$，

$\overrightarrow{CS}=\left(0,-\dfrac{\sqrt{2}}{2}a,\dfrac{\sqrt{6}}{2}a\right)$，

$\overrightarrow{BC}=\left(-\dfrac{\sqrt{2}}{2}a,\dfrac{\sqrt{2}}{2}a,0\right)$. 设 $\overrightarrow{CE}=t\overrightarrow{CS}$，

则 $\overrightarrow{BE}=\overrightarrow{BC}+\overrightarrow{CE}=\overrightarrow{BC}+t\overrightarrow{CS}$

$=\left(-\dfrac{\sqrt{2}}{2}a,\dfrac{\sqrt{2}}{2}a(1-t),\dfrac{\sqrt{6}}{2}at\right)$.

而 $\overrightarrow{BE}\cdot\overrightarrow{DS}=0\Leftrightarrow t=\dfrac{1}{3}$，

即当 $SE:EC=2:1$ 时，$\overrightarrow{BE}\perp\overrightarrow{DS}$.

而 BE 不在平面 PAC 内，故 $BE/\!/$ 平面 PAC.

例7 (福建理高考)如图 7－4－47，四边形 $ABCD$ 是边长为 1 的正方形，$MD\perp$ 平面 $ABCD$，$NB\perp$ 平面 $ABCD$，且 $MD=NB=1$，E 为 BC 的中点.

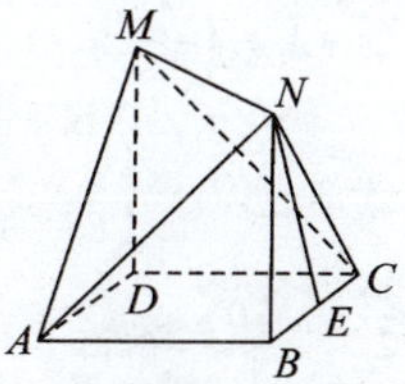

图 7－4－47

(1)求异面直线 NE 与 AM 所成角的余弦值;

(2)在线段 AN 上是否存在点 S,使得 $ES\perp$ 平面 AMN?若存在,求线段 AS 的长;若不存在,请说明理由.

解 (1)如图7-4-48,以 D 为坐标原点,$\overrightarrow{DA}$、$\overrightarrow{DC}$、$\overrightarrow{DM}$分别为 x 轴、y 轴、z 轴正方向,建立空间直角坐标系 $Dxyz$.

依题意得 $D(0,0,0)$,$A(1,0,0)$,$M(0,0,1)$,$C(0,1,0)$,$B(1,1,0)$,$N(1,1,1)$,$E\left(\frac{1}{2},1,0\right)$.

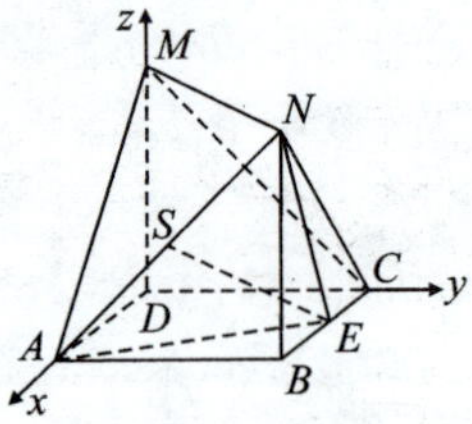

图7-4-48

$\therefore \overrightarrow{NE}=\left(-\frac{1}{2},0,-1\right)$,$\overrightarrow{AM}=(-1,0,1)$.

$\because \cos<\overrightarrow{NE},\overrightarrow{AM}>=\frac{\overrightarrow{NE}\cdot\overrightarrow{AM}}{|\overrightarrow{NE}|\cdot|\overrightarrow{AM}|}=\frac{-\frac{1}{2}}{\frac{\sqrt{5}}{2}\times\sqrt{2}}=-\frac{\sqrt{10}}{10}$,

$\therefore$ 异面直线 NE 与 AM 所成角的余弦值为 $-\frac{\sqrt{10}}{10}$.

(2)假设在线段 AN 上存在点 S,使得 $ES\perp$ 平面 AMN.

$\because \overrightarrow{AN}=(0,1,1)$,设 $\overrightarrow{AS}=\lambda\overrightarrow{AN}=(0,\lambda,\lambda)$,

又 $\overrightarrow{EA}=\left(\frac{1}{2},-1,0\right)$,

$\therefore \overrightarrow{ES}=\overrightarrow{EA}+\overrightarrow{AS}=\left(\frac{1}{2},\lambda-1,\lambda\right)$.

由 $ES\perp$ 平面 AMN,得 $\begin{cases}\overrightarrow{ES}\cdot\overrightarrow{AM}=0,\\ \overrightarrow{ES}\cdot\overrightarrow{AN}=0,\end{cases}$

即 $\begin{cases}-\frac{1}{2}+\lambda=0,\\ (\lambda-1)+\lambda=0.\end{cases}$ 解得 $\lambda=\frac{1}{2}$.

此时 $\overrightarrow{AS}=\left(0,\frac{1}{2},\frac{1}{2}\right)$,$|\overrightarrow{AS}|=\frac{\sqrt{2}}{2}$.

经检验,当 $AS=\frac{\sqrt{2}}{2}$ 时,$ES\perp$ 平面 AMN.

故线段 AN 上存在点 S,使得 $ES\perp$ 平面 AMN,此时 $AS=\frac{\sqrt{2}}{2}$.

数学思想

1. 函数与方程思想

在立体几何中,通过建立空间直角坐标系,把空间中的线、角、距离等问题用数加以表示,然后通过分析变量间的关系,建立方程或方程组,使问题获得解决.有关线段、角、面积、体积的计算,经常需要用构造方程或建立函数表达式的方法加以解决.

例1 如图7-4-49,已知四棱锥 $P-ABCD$ 的底面为直角梯形,$AB/\!/CD$,$\angle DAB=90°$,$PA\perp$ 底面 $ABCD$,且 $PA=AD=DC=\frac{1}{2}AB=1$,M 是 PB 的中点.

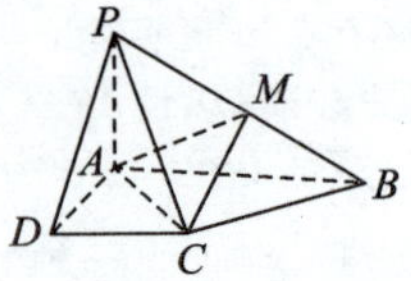

图7-4-49

(1)求证:面 $PAD\perp$ 面 PCD;

(2)求 AC 与 PB 所成角的余弦值;

(3)求面 AMC 与面 BMC 所成二面角的余弦值.

分析 本题若采用传统综合法思维难度较大,而采用向量法则可降低难度.第(3)小题求二面角时,除利用法向量求解外,也可利用已知条件设未知量,通过解方程来解决.

解 因为 $PA\perp AD$,$PA\perp AB$,$AD\perp AB$,所以以 A 为坐标原点,$\overrightarrow{AD}$、$\overrightarrow{AB}$、$\overrightarrow{AP}$为 x 轴、y 轴、z 轴正向,建立如图7-4-50的空间直角坐标系,则各点坐标为 $A(0,0,0)$,$B(0,2,0)$,$C(1,1,0)$,$D(1,0,0)$,$P(0,0,1)$,$M\left(0,1,\frac{1}{2}\right)$.

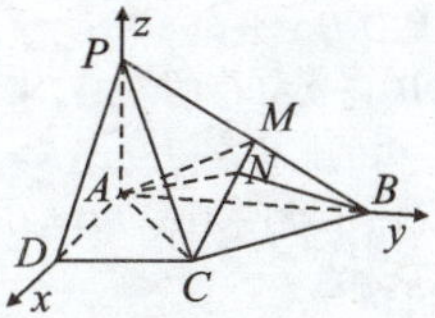

图 7－4－50

(1)证明：因为 $PA\perp$ 平面 $ABCD$，

所以 $PA\perp DC$.

又由题设知 $AD\perp DC$，

且 AP 与 AD 是平面 PAD 内的两条相交直线，

由此得 $DC\perp$ 面 PAD. 又 DC 在面 PCD 内，

故面 $PAD\perp$ 面 PCD.

(2)因为 $\overrightarrow{AC}=(1,1,0)$，$\overrightarrow{PB}=(0,2,-1)$，

故 $|\overrightarrow{AC}|=\sqrt{2}$，$|\overrightarrow{PB}|=\sqrt{5}$，$\overrightarrow{AC}\cdot\overrightarrow{PB}=2$，

所以 $\cos<\overrightarrow{AC},\overrightarrow{PB}>=\dfrac{\overrightarrow{AC}\cdot\overrightarrow{PB}}{|\overrightarrow{AC}|\cdot|\overrightarrow{PB}|}=\dfrac{\sqrt{10}}{5}$.

所以 AC 与 PB 所成角的余弦值为 $\dfrac{\sqrt{10}}{5}$.

(3)在 MC 上取一点 $N(x,y,z)$，则存在 $\lambda\in\mathbf{R}$，使 $\overrightarrow{NC}=\lambda\overrightarrow{MC}$，

因为 $\overrightarrow{NC}=(1-x,1-y,-z)$，

$\overrightarrow{MC}=\left(1,0,-\dfrac{1}{2}\right)$，

所以 $x=1-\lambda$，$y=1$，$z=\dfrac{1}{2}\lambda$.

要使 $AN\perp MC$，只需 $\overrightarrow{AN}\cdot\overrightarrow{MC}=0$，

即 $x-\dfrac{1}{2}z=0$，$1-\lambda-\dfrac{1}{4}\lambda=0$，

解得 $\lambda=\dfrac{4}{5}$.

由此可知当 $\lambda=\dfrac{4}{5}$，N 点坐标为 $\left(\dfrac{1}{5},1,\dfrac{2}{5}\right)$ 时，$\overrightarrow{AN}\cdot\overrightarrow{MC}=0$.

此时，$\overrightarrow{AN}=\left(\dfrac{1}{5},1,\dfrac{2}{5}\right)$，$\overrightarrow{BN}=\left(\dfrac{1}{5},-1,\dfrac{2}{5}\right)$，所以 $\overrightarrow{BN}\cdot\overrightarrow{MC}=0$.

由 $\overrightarrow{AN}\cdot\overrightarrow{MC}=0$，$\overrightarrow{BN}\cdot\overrightarrow{MC}=0$，

则有 $AN\perp MC$，$BN\perp MC$.

所以 $\angle ANB$ 为所求二面角的平面角.

因为 $|\overrightarrow{AN}|=\dfrac{\sqrt{30}}{5}$，$|\overrightarrow{BN}|=\dfrac{\sqrt{30}}{5}$，

$\overrightarrow{AN}\cdot\overrightarrow{BN}=-\dfrac{4}{5}$.

所以 $\cos<\overrightarrow{AN},\overrightarrow{BN}>=\dfrac{\overrightarrow{AN}\cdot\overrightarrow{BN}}{|\overrightarrow{AN}|\cdot|\overrightarrow{BN}|}=-\dfrac{2}{3}$.

故所求二面角的余弦值为 $-\dfrac{2}{3}$.

例 2 如图 7－4－51，正方形 $ABCD$、$ABEF$ 的边长都是 1，且平面 $ABCD\perp$ 平面 $ABEF$，点 $M\in AC$，$N\in BF$，$CM=BN=a(0<a<\sqrt{2})$.

(1)求 MN 的长；

(2)当 a 为何值时，MN 的长最小？

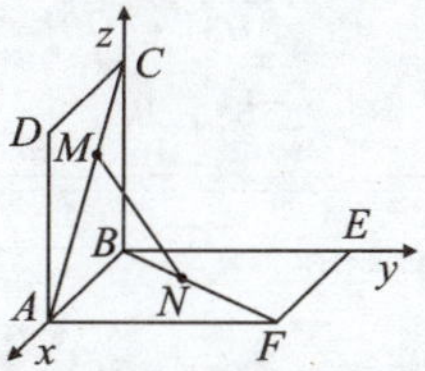

图 7－4－51

(3)当 MN 的长最小时，求二面角 $A-MN-B$ 的大小.

解 (1)如图 7－4－51，以 B 为坐标原点，$\overrightarrow{BA}$、$\overrightarrow{BE}$、$\overrightarrow{BC}$ 为 x 轴、y 轴、z 轴正向建立空间直角坐标系，由题设得 $A(1,0,0)$、$C(0,0,1)$、$F(1,1,0)$.

$\because CM=BN=a$，

$\therefore M\left(\dfrac{a}{\sqrt{2}},0,1-\dfrac{\sqrt{2}}{2}a\right)$、$N\left(\dfrac{a}{\sqrt{2}},\dfrac{a}{\sqrt{2}},0\right)$，

$\therefore |\overrightarrow{MN}|=$

$$\sqrt{\left(\dfrac{a}{\sqrt{2}}-\dfrac{a}{\sqrt{2}}\right)^2+\left(\dfrac{a}{\sqrt{2}}\right)^2+\left(1-\dfrac{\sqrt{2}}{2}a\right)^2}$$

$=\sqrt{a^2-\sqrt{2}a+1}\ (0<a<\sqrt{2})$.

(2)由 $|\overrightarrow{MN}|=\sqrt{\left(a-\dfrac{\sqrt{2}}{2}\right)^2+\dfrac{1}{2}}\ (0<a<\sqrt{2})$ 知，当 $a=\dfrac{\sqrt{2}}{2}$ 时，$|\overrightarrow{MN}|$ 取最小值 $\dfrac{\sqrt{2}}{2}$，

这时 M、N 分别是 AC、BF 的中点.

(3)$\because M$、N 分别是 AC、BF 的中点，

$\therefore AM=AN, BM=BN$，且 $M\left(\frac{1}{2},0,\frac{1}{2}\right)$、$N\left(\frac{1}{2},\frac{1}{2},0\right)$. 设 MN 的中点为 O，

则 $O\left(\frac{1}{2},\frac{1}{4},\frac{1}{4}\right)$，且 $OA\perp MN$，$OB\perp MN$，$\therefore \angle AOB$ 为二面角 $A-MN-B$ 的平面角.

$\because \overrightarrow{OA}=\left(\frac{1}{2},-\frac{1}{4},-\frac{1}{4}\right)$，

$\overrightarrow{OB}=\left(-\frac{1}{2},-\frac{1}{4},-\frac{1}{4}\right)$.

$$\therefore \cos\angle AOB=\frac{\overrightarrow{OA}\cdot\overrightarrow{OB}}{|\overrightarrow{OA}|\cdot|\overrightarrow{OB}|}$$

$$=\frac{-\frac{1}{4}+\frac{1}{16}+\frac{1}{16}}{\sqrt{\frac{1}{4}+\frac{1}{16}+\frac{1}{16}}\cdot\sqrt{\frac{1}{4}+\frac{1}{16}+\frac{1}{16}}}$$

$$=\frac{-\frac{1}{8}}{\frac{3}{8}}$$

$$=-\frac{1}{3},$$

$\therefore$ 二面角 $A-MN-B$ 的大小为 $\pi-\arccos\frac{1}{3}$.

2. 转化与化归思想

将几何问题化归为向量问题，然后利用向量的性质进行运算和论证，再将结果转化为几何问题. 这种“从几何到向量，再从向量到几何”的思想方法，在本章尤为重要.

例3 如图 7－4－52，已知 $\triangle ADB$ 和 $\triangle ADC$ 都是以 D 为直角顶点的直角三角形，且 $AD=BD=CD$，$\angle BAC=60°$.

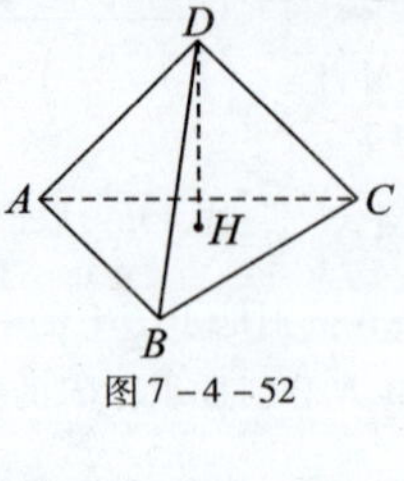

图 7－4－52

(1) 求证：$BD\perp$ 平面 ADC；

(2) 若 H 是 $\triangle ABC$ 的垂心，求证：H 是 D 在平面 ABC 内的射影.

证明 (1) 不妨设 $AD=BD=CD=1$，

则 $AB=AC=\sqrt{2}$.

$\overrightarrow{BD}\cdot\overrightarrow{AC}=(\overrightarrow{AD}-\overrightarrow{AB})\cdot\overrightarrow{AC}=\overrightarrow{AD}\cdot\overrightarrow{AC}-\overrightarrow{AB}\cdot\overrightarrow{AC}$.

由于 $\overrightarrow{AD}\cdot\overrightarrow{AC}=\overrightarrow{AD}\cdot(\overrightarrow{AD}+\overrightarrow{DC})=\overrightarrow{AD}\cdot\overrightarrow{AD}=1$，及 $\overrightarrow{AB}\cdot\overrightarrow{AC}=|\overrightarrow{AB}||\overrightarrow{AC}|\cos 60°=\sqrt{2}\times\sqrt{2}\times\frac{1}{2}=1$，

$\therefore \overrightarrow{BD}\cdot\overrightarrow{AC}=0$，即 $BD\perp AC$.

而已知 $BD\perp AD$，且 $AD\cap AC=A$，

$\therefore BD\perp$ 平面 ADC.

(2) $\overrightarrow{DH}\cdot\overrightarrow{BC}=(\overrightarrow{DA}+\overrightarrow{AH})\cdot\overrightarrow{BC}$

$=\overrightarrow{DA}\cdot\overrightarrow{BC}$

$=\overrightarrow{AD}\cdot\overrightarrow{CB}$

$=\overrightarrow{AD}\cdot(\overrightarrow{AB}-\overrightarrow{AC})$

$=\overrightarrow{AD}\cdot\overrightarrow{AB}-\overrightarrow{AD}\cdot\overrightarrow{AC}$

$=1\times\sqrt{2}\times\cos 45°-1\times\sqrt{2}\times\cos 45°=0$，

故 $DH\perp BC$.

又 $\because \overrightarrow{DH}\cdot\overrightarrow{AC}=(\overrightarrow{BH}-\overrightarrow{BD})\cdot\overrightarrow{AC}=\overrightarrow{BH}\cdot\overrightarrow{AC}-\overrightarrow{BD}\cdot\overrightarrow{AC}=0$，故 $DH\perp AC$，从而 $DH\perp$ 平面 ABC. 即 H 是 D 在平面 ABC 上的射影.

例4 P 是二面角 $\alpha-AB-\beta$ 棱上的一点，分别在 α、β 平面上引射线 PM、PN，如果 $\angle BPM=\angle BPN=45°$，$\angle MPN=60°$，那么二面角 $\alpha-AB-\beta$ 的大小为（　　）.

A. 60°　　B. 70°　　C. 80°　　D. 90°

解析 如图 7－4－53，设 $PM=a$，$PN=b$，作 $ME\perp AB$，垂足为 E，$NF\perp AB$，垂足为 F，则因 $\angle EPM=\angle FPN=45°$，故 $PE=\frac{a}{\sqrt{2}}$，$PF=\frac{b}{\sqrt{2}}$.

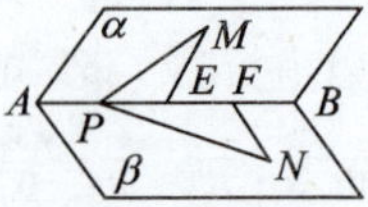

图 7－4－53

于是 $\overrightarrow{EM}\cdot\overrightarrow{FN}$

$=(\overrightarrow{PM}-\overrightarrow{PE})\cdot(\overrightarrow{PN}-\overrightarrow{PF})$

$=\overrightarrow{PM}\cdot\overrightarrow{PN}-\overrightarrow{PM}\cdot\overrightarrow{PF}-\overrightarrow{PE}\cdot\overrightarrow{PN}+\overrightarrow{PE}\cdot\overrightarrow{PF}$

$=ab\cos 60°-a\cdot\frac{b}{\sqrt{2}}\cos 45°-\frac{a}{\sqrt{2}}\cdot b\cos 45°+\frac{a}{\sqrt{2}}\cdot\frac{b}{\sqrt{2}}$

$=\frac{ab}{2}-\frac{ab}{2}-\frac{ab}{2}+\frac{ab}{2}=0.$

因为 EM、FN 分别是 α、β 内的两条与棱 AB 垂直的直线，所以 $\overrightarrow{EM}$ 与 $\overrightarrow{FN}$ 之间的夹角等于欲求二面角的大小，所以 $\alpha-AB-\beta$ 的大小为 90°. 故选 D.

答案 D.

3. 分类讨论思想

立体几何中的分类讨论主要是指对角的大小，点的位置等的讨论.

例5 已知两条异面直线 a、b 的距离为 1，所成的角为 60°且 $M\in a$，$N\in b$，AB 为公垂线，且 $A\in a$，$B\in b$，$MA=NB=10$，求 M、N 之间的距离.

解法一 如图 7－4－54，过 b 作面 $\alpha/\!/a$，过 a 与 AB 作面 β，$\beta\cap\alpha=l$，过 M 作 $MP\perp l$，连接 NP.

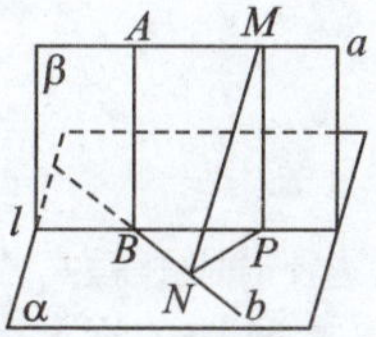

图 7－4－54

则 $a/\!/l$.

又 AB 为公垂线，$\therefore AB\perp l$，$MP\underline{/\!/}AB$，

$\therefore AB\perp$ 面 α，$MP\perp$ 面 α.

当 $\angle PBN$ 为锐角时，$\angle PBN=60°$，

$\therefore PN^2=BP^2+BN^2-2BP\cdot BN\cos 60°$

$=10^2+10^2-2\cdot 10\cdot 10\cdot\cos 60°$，

$\therefore MN=\sqrt{MP^2+PN^2}$

$=\sqrt{1^2+10^2+10^2-2\times 10\times 10\times\cos 60°}$

$=\sqrt{101}$.

当 $\angle PBN$ 为钝角（即 N 在 B 的另一侧），同理可求，$MN=\sqrt{301}$.

解法二 由解法一知 $\angle PBN$ 或其补角即为异面直线所成的角，

即 $\angle PBN=60°$ 或 120°，由图 7－4－54 知，

$|\overrightarrow{MN}|^2=(\overrightarrow{MA}+\overrightarrow{AB}+\overrightarrow{BN})^2$

$=|\overrightarrow{MA}|^2+|\overrightarrow{AB}|^2+|\overrightarrow{BN}|^2+2\overrightarrow{MA}\cdot\overrightarrow{AB}+2\overrightarrow{AB}\cdot\overrightarrow{BN}+2\overrightarrow{MA}\cdot\overrightarrow{BN}$

$=10^2+1^2+10^2+0+0+2\overrightarrow{MA}\cdot\overrightarrow{BN}$

$=201+2\times 10\times 10\cdot\cos\langle\overrightarrow{MA},\overrightarrow{BN}\rangle$.

当 $\angle PBN=60°$ 时，

上式 $=201+2\times 10\times 10\times\cos 120°=101$；

当 $\angle PBN=120°$ 时，

上式 $=201+2\times 10\times 10\times\cos 60°=301$.

$\therefore MN=\sqrt{101}$ 或 $\sqrt{301}$.

4. 数形结合思想

向量具有数形兼备的特点，因此，它能将几何中的"形"和代数中的"数"有机地结合在一起.

例6 如图 7－4－55，在平行六面体 $ABCD-A_1B_1C_1D_1$ 中，M 为 AC 和 BD 的交点，若 $\overrightarrow{A_1B_1}=\boldsymbol{a}$，$\overrightarrow{A_1D_1}=\boldsymbol{b}$，$\overrightarrow{A_1A}=\boldsymbol{c}$，则下列式子中与 $\overrightarrow{B_1M}$ 相等的是（　　）.

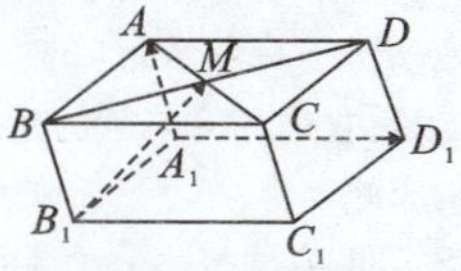

图 7－4－55

A. $-\frac{1}{2}\boldsymbol{a}+\frac{1}{2}\boldsymbol{b}+\boldsymbol{c}$

B. $\frac{1}{2}\boldsymbol{a}+\frac{1}{2}\boldsymbol{b}+\boldsymbol{c}$

C. $\frac{1}{2}\boldsymbol{a}-\frac{1}{2}\boldsymbol{b}+\boldsymbol{c}$

D. $-\frac{1}{2}\boldsymbol{a}-\frac{1}{2}\boldsymbol{b}+\boldsymbol{c}$

解析 $\overrightarrow{B_1M}=\overrightarrow{B_1B}+\overrightarrow{BM}$

$=\overrightarrow{B_1B}+\frac{1}{2}(\overrightarrow{BA}+\overrightarrow{BC})$

$=\overrightarrow{A_1A}-\frac{1}{2}\overrightarrow{A_1B_1}+\frac{1}{2}\overrightarrow{A_1D_1}$

$=\boldsymbol{c}-\frac{1}{2}\boldsymbol{a}+\frac{1}{2}\boldsymbol{b}$. 故选 A.

答案 A.

背景材料

向量概念的推广及应用

我们知道，在平面内建立坐标系后，坐标平面内的任意一个向量都可以用二元有序实数对(a_1,a_2)表示. 平面向量又称为二维向量. 在学习空间向量时，给定空间一个正交基底，任意一个空间向量可用三元有序实数组(a_1,a_2,a_3)来表示，空间向量又称为三维向量. 二维向量、三维向量统称为几何向量.

在实际问题中，经常会遇到一些需要用更多的实数来表示的量. 比如：期末进行了五门学科的考试，每个学生可用顺序排列的五科成绩来表示；在汽车生产线上，对装配好的汽车进行制动距离、最高车速、每 100 千米油耗、滑行距离、噪声、废气排放量六项指标的测试，那么每辆新车质量可用六元有序实数组$(a_1,a_2,a_3,a_4,a_5,a_6)$来表示.

一般地，n元有序实数组$(a_1,a_2,\cdots,a_n)$称为n维向量，它是几何向量的推广，n维向量的全体构成的集合，赋予相应的结构后，叫做n维欧氏空间. 它的每一个元素可看成n维向量空间的一点.

类似二维向量，对于n维向量，也可以定义两个向量的加法运算、减法运算、数乘运算、两个向量的数量积、向量的长度（模）、两点间的"距离"等.

设$\boldsymbol{a}=(a_1,a_2,\cdots,a_n)$，$\boldsymbol{b}=(b_1,b_2,\cdots,b_n)$，则

$\boldsymbol{a}\pm\boldsymbol{b}=(a_1,a_2,\cdots,a_n)\pm(b_1,b_2,\cdots,b_n)=(a_1\pm b_1,a_2\pm b_2,\cdots,a_n\pm b_n)$；

$\lambda\boldsymbol{a}=\lambda(a_1,a_2,\cdots,a_n)=(\lambda a_1,\lambda a_2,\cdots,\lambda a_n)$，$\lambda\in\mathbf{R}$；

$\boldsymbol{a}\cdot\boldsymbol{b}=(a_1,a_2,\cdots,a_n)\cdot(b_1,b_2,\cdots,b_n)=a_1b_1+a_2b_2+\cdots+a_nb_n$；

$|\boldsymbol{a}|=\sqrt{a_1^2+a_2^2+\cdots+a_n^2}$；

n维向量空间中两点$A(a_1,a_2,\cdots,a_n)$，$B(b_1,b_2,\cdots,b_n)$间的距离

$$d_{AB}=\sqrt{(b_1-a_1)^2+(b_2-a_2)^2+\cdots+(b_n-a_n)^2}.$$

利用向量的运算可以解决许多实际问题.

例如：为了研究某种商品的销售量是否随季节的变化出现规律性的变化，采集了 5 年内这种商品每月销售量的数据. 每年此商品的销售量可用 12 个月的销售量所形成的 12 维向量表示. 不妨设 5 年的销售向量分别为

$\boldsymbol{a}=(a_1,a_2,\cdots,a_{12})$，

$\boldsymbol{b}=(b_1,b_2,\cdots,b_{12})$，

$\boldsymbol{c}=(c_1,c_2,\cdots,c_{12})$，

$\boldsymbol{d}=(d_1,d_2,\cdots,d_{12})$，

$\boldsymbol{e}=(e_1,e_2,\cdots,e_{12})$.

计算这 5 年的月平均销售向量：$\frac{1}{5}(\boldsymbol{a}+\boldsymbol{b}+\boldsymbol{c}+\boldsymbol{d}+\boldsymbol{e})$，观察这个向量的 12 个分量，就可看出这 5 年内月平均销售量是否与季节的变化有关.

由上例可以看出，由有序实数组构成的向量比几何向量的应用更加广泛. 在日常生活和科学研究中，有许多量都可由有序实数组构成的向量来表示，并可用向量理论研究这些量的性质.

第八篇　推理与证明

第一章　推理与证明

知识网络

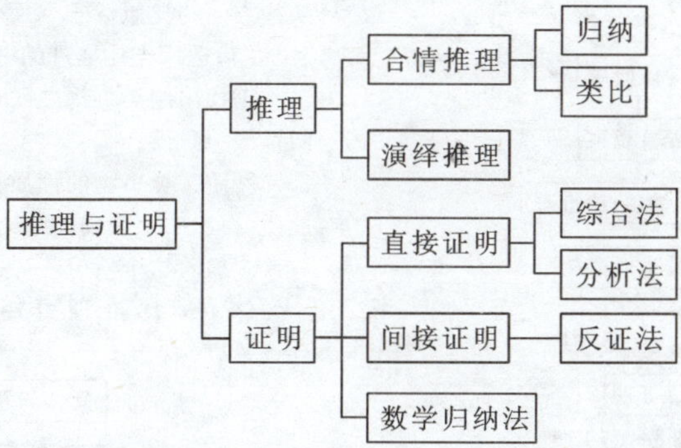

基础知识精析

1. 推理

(1)概念:根据一个或几个已知的判断得到一个新的判断的思维过程就叫推理,推理是人们思维活动的过程.

(2)分类:推理一般分为合情推理和演绎推理两种.

(3)结构:推理一般由两部分组成,一部分是已知的事实(或假设),叫做前提;一部分是由已知推出的判断,叫做结论. 推理的一般形式为:前提⇒结论.

注意

推理也可以看作是连接词将前提和结论连结起来的一个逻辑连接,常用的连接词有"因为……所以……""如果……那么……""根据……可知……"等形式.

2. 归纳推理

(1)定义:

由某类事物的部分对象具有某些特征,推出该类事物的全部对象都具有这些特征的推理,或者由个别事实概括出一般结论的推理,叫做归纳推理(简称为归纳).

简言之,归纳推理是由部分到整体、由个别到一般的推理.

(2)特点:

①归纳是依据特殊现象推断一般现象,因而,由归纳所得的结论超越了前提所包容的范围;

②归纳是依据若干已知的、没有穷尽的现象推断尚属未知的现象,因而结论具有猜测的性质;

③归纳的前提是特殊的情况,所以归纳是立足于观察、经验或实验的基础上的.

由归纳推理所得的结论虽然未必是可靠的,但它是由特殊到一般,由具体到抽象的认识,对于科学的发现却是十分有用的.

(3)归纳推理可用框图表示,如图8-1-1.

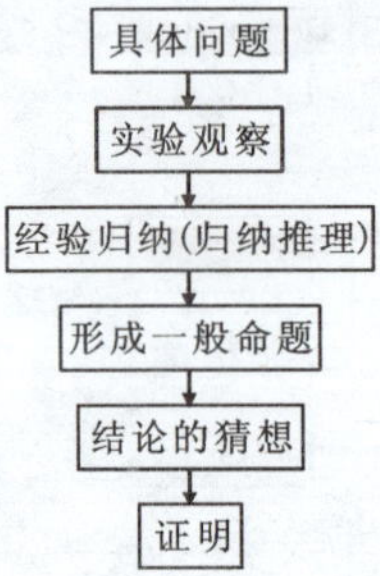

图8-1-1

注意

在归纳推理中,前提和结论之间的联系不是必然的,而是或然的,在前提为真的情况下,结论未必真.

3. 类比推理

(1)定义:

由两类对象具有某些类似特征和其中一类对象的某些已知特征,推出另一类对象也具有这些特征的推理称为类比推理.简而言之,类比推理是由特殊到特殊的推理.

(2)特点:

①类比推理是从特殊到特殊的推理.也就是说,类比是根据两个不同对象在某些方面的相似之处,推测出这两个对象在其他方面也可能有相似之处.类比是一种相似,即类比的对象在某些部分或关系上的相似;

②类比推理是从人们已经掌握了的事物的特征,推测正在被研究中的事物的特征,所以类比推理的结果具有猜测性,不一定可靠;

③类比推理以旧的知识作为基础,推测新的结果,具有发现的功能.类比在数学发现中有重要作用,例如,通过空间与平面、向量与数、无限与有限、不等与相等的类比,可以从熟悉的知识(平面、数、有限、相等)中得到启发,发现可以研究的问题及其研究方法;

④由于类比推理的前提是两类对象之间具有某些可以清楚定义的类似特征,所以进行类比推理的关键是明确地指出两类对象在某些方面的类似特征.

(3)运用类比推理的一般步骤:

①找出两类事物之间可以确切表述的相似性或一致性;

②用一类事物的性质推测另一类事物的性质,得出一个明确的结论;

③检验这个猜想.

(4)类比推理可用框图表示,如图8-1-2.

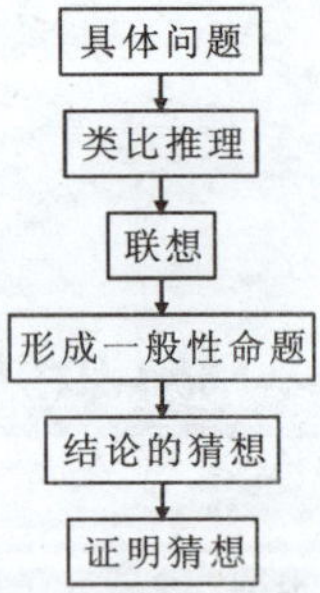

图8-1-2

注意

(1)如果类比的两类事物的相似性越多,相似的性质与推测的性质之间越相关,那么类比得出的结论就越可靠.

(2)类比的结论具有偶然性,既可能真,也可能假.

4. 合情推理

(1)定义:

归纳推理和类比推理,都是根据已有的事实,经过观察、分析、比较、联想,再进行归纳、类比,然后提出猜想的推理,我们把这两种推理统称为合情推理,即合情推理是指“合乎情理”的推理. 如:律师对案情的论证分析就是合情推理.

(2)合情推理的推理过程如图 8-1-3.

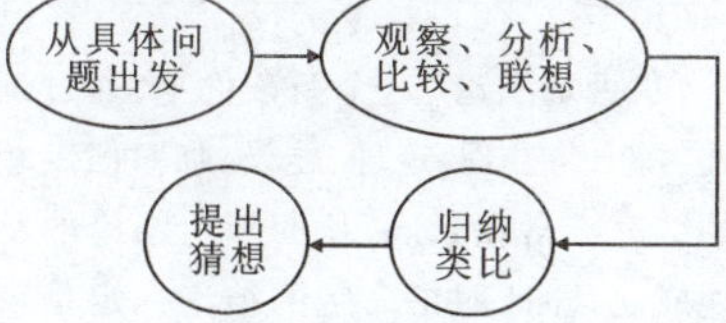

图 8-1-3

(3)特点:

由合情推理的过程可以看出,合情推理的结论往往超越了前提所包容的范围,带有猜想的成分,因此推理所得的结论未必正确;但是,合情推理具有猜测和发现结论、探索和提供证明的思路和方向的作用.

5. 演绎推理

从一般性的原理出发,推出某个特殊情况下的结论,我们把这种推理称为演绎推理. 演绎推理又称为逻辑推理,它是必真推理,是从一般到特殊的推理,只要前提条件正确,推理过程准确无误,结论必然正确. 数学中的证明主要是通过演绎推理来进行的.

6. 三段论

(1)“三段论”包含三个判断,其中第一段称为“大前提”,第二段称为“小前提”,第三段称为“结论”.

(2)“三段论”是演绎推理的一般模式,它包括:

①大前提——已知的一般原理;

②小前提——所研究的特殊情况;

③结论——根据一般原理,对特殊情况做出的判断.

(3)三段论推理的依据:用集合的观点来讲,就是:若集合 M 的所有元素都具有性质 P,集合 S 是 M 的子集,则集合 S 中的所有元素也都具有性质 P.

7. 合情推理与演绎推理的区别

归纳和类比是常用的合情推理. 从推理形式上看,归纳是由部分到整体、个别到一般的推理,类比是由特殊到特殊的推理;而演绎推理是由一般到特殊的推理. 从推理所得的结论来看,合情推理的结论不一定正确,有待进一步证明;演绎推理在前提和推理形式都正确的前提下,得到的结论一定正确.

8. 证明

证明由论题,论据和论证三部分组成,论题是要判断真实性的命题;论据是证明中确立论题真假所依据的判断,可作为论据的有题设、定义、定理、公理等;论证则是把论题和论据联系起来的一系列推理,也就是证明过程中采用的推理形式.

9. 直接证明

从命题的条件出发,根据已知的定义、定理、公理直接推断结论真实性的证明方式,其主要证明方法有综合法和分析法. 综合和分析是紧密联系,不可分割的,在解答数学题时,一般是先进行分析,寻找解题途径,再用综合法写出解题过程,当论题较为复杂时,常常联合运用分析法和综合法,分别从题设和结论出发,寻找解题途径,而后加以整理并用综合法写出解题过程.

10. 综合法

(1)定义:从题设的已知条件出发,运用一系列有关已确定真实性的命题(如定义、定理、公理等)作为推理的依据,逐步推演而得到要证明的结论,这种证明方法叫做综合法.

(2)用综合法证明数学命题的一般步骤:

①从已知条件出发,推出证明结论所需要的条件;

②由结论所需要的条件,再推出结论.

注意

(1)综合法的推理方向是由已知到求证,表现为由因导果.

(2)综合法证题的形式为:p_0(已知)$\Rightarrow p_1\Rightarrow p_2\Rightarrow\cdots\Rightarrow p_{n-1}\Rightarrow p_n$(结论).

(3)综合法的特点是:从"已知"看"可知",逐步推向"未知",其逐步推理,实际上是寻找它的必要条件.

11. 分析法

(1)定义:从待证的结论出发,运用一系列有关已确定真实性的命题(如定义、定理、公理)等,一步步寻求结论成立的充分条件,最后达到题设的已知条件或已被证明的事实,这种证明方法叫做分析法.

(2)用分析法证明数学命题的一般步骤:

①从待证的结论出发,寻求结论成立的充分条件;

②由这个充分条件,再寻求它成立的充分条件,最后达到题设的已知条件或已被证明的事实.

注意

(1)分析法的推理方向是由结论到已知,表现为执果索因.

(2)分析法证题的形式为p_n(结论)$\Rightarrow p_{n-1}\Rightarrow\cdots\Rightarrow p_2\Rightarrow p_1\Rightarrow p_0$(已知).

(3)分析法的特点是:从"未知"看"需知",逐步靠拢"已知",其逐步推理,实际上是要寻找它的充分条件.

(4)使用分析法,表述必须规范,要严格按照"要证明……,只需证明……,即证……"的写法,因为这不仅是一种格式,而且表明"后一步的成立能保证前一步也成立".

12. 间接证明

不直接证明论题,而是通过证明其反论题的虚假性,或者通过证明论题的等价命题,来确立论题正确性的证明方式,叫做间接证明,其主要方法是反证法.反证法也叫归谬法,其推证过程就是推出矛盾的过程.

13. 反证法

(1)定义:假设结论的反面成立,在已知条件和"否定结论"这个新条件下,通过逻辑推理,得出与公理、定理、题设、临时假定相矛盾的结论或自相矛盾,从而断定结论的反面不能成立,即证明了命题的结论一定是正确的,这样的证明方法叫做反证法.

(2)应用反证法证明数学命题,一般有下面几个步骤:

①分清命题"$p\rightarrow q$"的条件和结论;

②作出与命题结论q相矛盾的假设$\neg q$;

③由p和$\neg q$出发,应用正确的推理方法,推出矛盾结果;

④断定产生矛盾结果的原因在于开始所做的假设$\neg q$不真,于是原结论q成立,从而间接地证明了命题$p\rightarrow q$为真.

注意

所说的矛盾结果,通常是指推出的结果与已知公理、已知定义、已知定理或已知条件矛盾,与临时假设矛盾以及自相矛盾等各种情况.

(3)宜用反证法证明的题型有:

①一些基本命题、基本定理;②易导出与已知矛盾的命题;③"否定性"命题;④"唯一性"命题;⑤"必然性"命题;⑥"至多""至少"类命题;⑦涉及"无限"结论的命题等.

14. 归纳法及其分类

数学推理中,常用的方法是演绎法和归纳法,归纳法又可分为完全归纳法(枚举法)和不完全归纳法.完全归纳法所得出的结论是完全可靠的,因为它考察了问题涉及的所有对象,不完全归纳法得出的结论不一定可靠,因为它只考察了某件事情的部分对象.但它是一种重要的思考问题的方法,是研究数学的一把钥匙，是发现数学规律的一种重要手段. 用不完全归纳法发现规律，再用数学归纳法证明是解决问题的一种重要途径.

完全归纳法是一种在研究了事物的所有(有限种)特殊情况后得出一般结论的推理方法，又叫枚举法. 与不完全归纳法不同，用完全归纳法得出的结论是可靠的，通常在事物包括的特殊情况不多时，采用完全归纳法.

15. 数学归纳法

证明一个与正整数 n 有关的命题，可按下列步骤进行：

(1)(归纳奠基)证明当 n 取第一个值 n_0(例如 $n_0=1$ 或 2)时，命题成立；

(2)(归纳递推)假设 $n=k(k\geqslant n_0, k\in \mathbf{N}_+)$时命题成立，证明当 $n=k+1$ 时命题也成立.

只要完成这两个步骤就可以断定命题对从 n_0 开始的所有正整数 n 都成立.

上述证明方法叫数学归纳法.

注意

数学归纳法属演绎推理，利用数学归纳法得出的与正整数 n 有关的命题都是正确的.

题型分类与方法总结

题型 1 类比推理的应用

(1)类比定义：关键弄清两个概念的相似性和相异性以及运用新概念的准确性.

(2)类比性质(定理)：理解已知性质(定理)的内涵，应用环境及使用方法，通过研究已知性质(定理)，刻画新性质(定理)的"面貌".

(3)类比方法(公式)：从解题方法(或公式)中，获得使用方法(或公式)的启示，或推导方法(或公式)的手段，从而解决新问题.

例 1 在 Rt△ABC 中，若 $CA\perp CB$，斜边 AB 上的高为 h_1，则有 $\frac{1}{h_1^2}=\frac{1}{CA^2}+\frac{1}{CB^2}$. 类比此性质，在四面体 $P-ABC$ 中，若 PA、PB、PC 两两垂直，底面 ABC 上的高为 h，则得到的正确结论为____________.

解析 猜想出结论为 $\frac{1}{h^2}=\frac{1}{PA^2}+\frac{1}{PB^2}+\frac{1}{PC^2}$，以下给出证明：

如图 8-1-4，在四面体 $P-ABC$ 中，作 $PO\perp$ 底面 ABC，

则 $OP=h$，连接 AO 并延长交 BC 于 D，连接 PD.

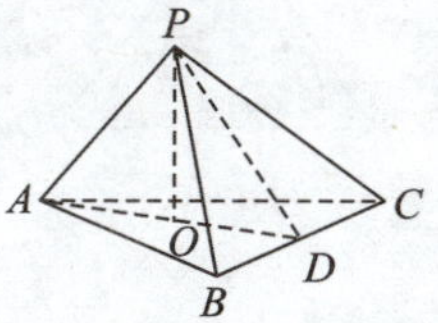

图 8-1-4

$\because PA\perp PB, PA\perp PC, PB\cap PC=P$,

$\therefore PA\perp$ 平面 PBC.

又 $\because PD\subset$ 面 PBC,

$\therefore PA\perp PD$.

$\therefore \frac{1}{PO^2}=\frac{1}{PA^2}+\frac{1}{PD^2}$.

又 $\because PA\perp BC, PO\perp BC$,

$\therefore BC\perp$ 平面 PAD,

$\therefore BC\perp PD$，又 $\because PB\perp PC$,

$\therefore \frac{1}{PD^2}=\frac{1}{PB^2}+\frac{1}{PC^2}$.

$\therefore \frac{1}{PO^2}=\frac{1}{PA^2}+\frac{1}{PB^2}+\frac{1}{PC^2}$.

答案 $\frac{1}{h^2}=\frac{1}{PA^2}+\frac{1}{PB^2}+\frac{1}{PC^2}$.

例 2 已知 O 是△ABC 内任意一点，连接 AO、BO、CO 并延长交对边于 A'、B'、C'，则 $\frac{OA'}{AA'}+\frac{OB'}{BB'}+\frac{OC'}{CC'}=1$，这是一道平面几何题，

其证明常采用"面积法"：

$$\frac{OA'}{AA'}+\frac{OB'}{BB'}+\frac{OC'}{CC'}=\frac{S_{\triangle OBC}}{S_{\triangle ABC}}+\frac{S_{\triangle OCA}}{S_{\triangle ABC}}+\frac{S_{\triangle OAB}}{S_{\triangle ABC}}$$

$=\frac{S_{\triangle ABC}}{S_{\triangle ABC}}=1.$

请运用类比思想，对于空间中的四面体 $V-BCD$，存在什么类似的结论？并用“体积法”证明.

分析 将边长扩展为面积，将面积扩展为体积，得到一个类似的结论和证法.

解 如图 8－1－5，在四面体 $V-BCD$ 内，任取一点 O，连接 VO、BO、CO、DO，并延长分别交四个面于点 V'、B'、C'、D'，

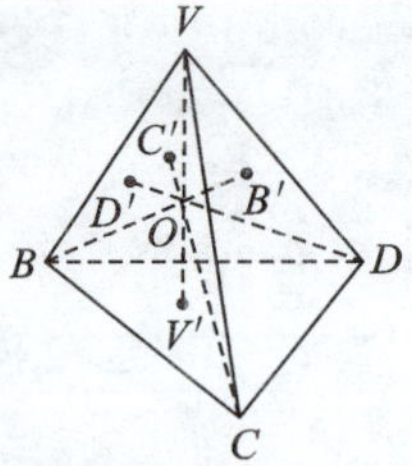

图 8－1－5

则类比关系为 $\frac{OV'}{VV'}+\frac{OB'}{BB'}+\frac{OC'}{CC'}+\frac{OD'}{DD'}=1.$

类比平面几何中的“面积法”，可用“体积法”来证明如下：

在四面体 $O-BCD$ 与 $V-BCD$ 中，

$\because \frac{V_{O-BCD}}{V_{V-BCD}}=\frac{\frac{1}{3}\cdot S_{\triangle BCD}\cdot h'}{\frac{1}{3}\cdot S_{\triangle BCD}\cdot h}=\frac{OV'}{VV'}$（其中 h'、h 为两个四面体的高）.

同理：$\frac{V_{O-VCD}}{V_{B-VCD}}=\frac{OB'}{BB'}$，$\frac{V_{O-VBD}}{V_{C-VBD}}=\frac{OC'}{CC'}$，$\frac{V_{O-VBC}}{V_{D-VBC}}=\frac{OD'}{DD'}$.

$\therefore \frac{OV'}{VV'}+\frac{OB'}{BB'}+\frac{OC'}{CC'}+\frac{OD'}{DD'}$

$=\frac{V_{O-BCD}}{V_{V-BCD}}+\frac{V_{O-VCD}}{V_{B-VCD}}+\frac{V_{O-VBD}}{V_{C-VBD}}+\frac{V_{O-VBC}}{V_{D-VBC}}$

$=\frac{V_{V-BCD}}{V_{V-BCD}}=1.$

点拨 考虑到用“面积法”证明结论时把 O 点与三角形的三个顶点连接，把三角形分成三个三角形，利用面积相等来证明相应结论，类比知在证明四面体中类似结论时，可考虑利用体积相等的方法证明相应结论.

题型2 归纳推理的应用

(1)通过观察特例发现某些共性求一般规律；(2)把这种共性推广为一般性命题（猜想）；(3)对所提出的一般性命题进行检验.

例3 如图 8－1－6，设有双曲线 $\frac{x^2}{4}-\frac{y^2}{9}=1$，$F_1$、$F_2$ 是其两个焦点，点 M 在双曲线上.

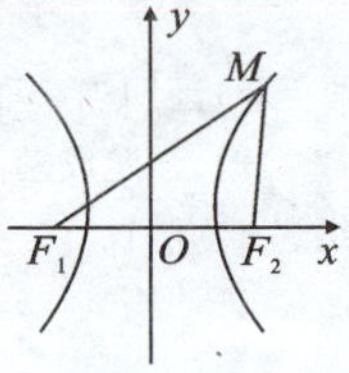

图 8－1－6

(1)若 $\angle F_1MF_2=90°$，求 $\triangle F_1MF_2$ 的面积；

(2)若 $\angle F_1MF_2=120°$，$\triangle F_1MF_2$ 的面积是多少？若 $\angle F_1MF_2=60°$，$\triangle F_1MF_2$ 的面积又是多少？

(3)观察以上计算结果，你能看出随 $\angle F_1MF_2$ 的变化，$\triangle F_1MF_2$ 的面积将怎样变化吗？试证明你的结论.

解 (1)由双曲线方程知 $a=2$，$b=3$，$c=\sqrt{13}$.

设 $|MF_1|=r_1$，$|MF_2|=r_2(r_1>r_2)$，

由双曲线定义，有 $r_1-r_2=2a=4$，

两边平方，得 $r_1^2+r_2^2-2r_1r_2=16$，

即 $|F_1F_2|^2-4S_{\triangle F_1MF_2}=16$，

也即 $52-16=4S_{\triangle F_1MF_2}$，从而求得 $S_{\triangle F_1MF_2}=9$.

(2)若 $\angle F_1MF_2=120°$，在 $\triangle MF_1F_2$ 中，

由余弦定理，得 $|F_1F_2|^2=r_1^2+r_2^2-2r_1r_2\cos 120°$，

$|F_1F_2|^2=(r_1-r_2)^2+3r_1r_2$，

$\therefore r_1r_2=12$，

求得 $S_{\triangle F_1MF_2}=\frac{1}{2}r_1r_2\sin 120°=3\sqrt{3}$，

同理可求得若 $\angle F_1MF_2=60°$，$S_{\triangle F_1MF_2}=9\sqrt{3}$.

(3)由以上结果猜想，随着 $\angle F_1MF_2$ 的增大，$\triangle F_1MF_2$ 的面积将减小.

令 $\angle F_1MF_2=\theta$，则 $S_{\triangle F_1MF_2}=\frac{1}{2}r_1r_2\sin\theta$.

由双曲线定义及余弦定理，有

$$\begin{cases}(r_1-r_2)^2=4a^2, ①\\ r_1^2+r_2^2-2r_1r_2\cos\theta=4c^2. ②\end{cases}$$

② - ①，得 $r_1r_2=\frac{4c^2-4a^2}{2(1-\cos\theta)}$.

$\therefore S_{\triangle F_1MF_2}=\frac{(c^2-a^2)\sin\theta}{1-\cos\theta}=b^2\cot\frac{\theta}{2}$.

$\because 0<\theta<\pi$，

$\therefore 0<\frac{\theta}{2}<\frac{\pi}{2}$，

$\because$ 在 $\left(0,\frac{\pi}{2}\right)$ 内，$\cot\frac{\theta}{2}$ 是减函数，

$\therefore$ 当 θ 增大时，$S_{\triangle F_1MF_2}=b^2\cot\frac{\theta}{2}$ 减小.

题型3 直接证明法

1. 综合法证明

使用综合法时，要保证所有定理、公式、性质的正确性，更应注意应用已知条件.

例4 求证：$\frac{1}{\log_5 19}+\frac{2}{\log_3 19}+\frac{3}{\log_2 19}<2$.

证明 $\because \log_a b=\frac{1}{\log_b a}$，

$\therefore$ 左边 $=\log_{19}5+2\log_{19}3+3\log_{19}2$

$=\log_{19}5+\log_{19}3^2+\log_{19}2^3$

$=\log_{19}(5\times 3^2\times 2^3)$

$=\log_{19}360$.

$\because \log_{19}360<\log_{19}361=2$，

$\therefore \frac{1}{\log_5 19}+\frac{2}{\log_3 19}+\frac{3}{\log_2 19}<2$.

点拨 这个证明就是从已知条件出发，进行简单的运算和推理，得到要证明的结论. 其中要用到一些已经证明的命题.

2. 分析法证明

分析法是从求证走向已知，注意到步步可逆推. 在书写时，要注意分析法的正确书写格式.

例5 已知函数 $f(x)=\tan x$，$x\in\left(0,\frac{\pi}{2}\right)$，若 $x_1,x_2\in\left(0,\frac{\pi}{2}\right)$，且 $x_1\neq x_2$.

求证：$\frac{1}{2}[f(x_1)+f(x_2)]>f\left(\frac{x_1+x_2}{2}\right)$.

证明 欲证 $\frac{1}{2}[f(x_1)+f(x_2)]>f\left(\frac{x_1+x_2}{2}\right)$，

即证明 $\frac{1}{2}(\tan x_1+\tan x_2)>\tan\frac{x_1+x_2}{2}$，

只需证明 $\frac{1}{2}\left(\frac{\sin x_1}{\cos x_1}+\frac{\sin x_2}{\cos x_2}\right)>\tan\frac{x_1+x_2}{2}$.

只需证明 $\frac{\sin(x_1+x_2)}{2\cos x_1\cos x_2}>\frac{\sin(x_1+x_2)}{1+\cos(x_1+x_2)}$.

由于 x_1、$x_2\in\left(0,\frac{\pi}{2}\right)$，故 $x_1+x_2\in(0,\pi)$.

$\therefore \cos x_1\cos x_2>0$，$\sin(x_1+x_2)>0$，$1+\cos(x_1+x_2)>0$.

故只需证明 $1+\cos(x_1+x_2)>2\cos x_1\cdot\cos x_2$，

即证 $1+\cos x_1\cos x_2-\sin x_1\sin x_2>2\cos x_1\cos x_2$.

即证 $\cos(x_1-x_2)<1$.

这里 x_1、$x_2\in\left(0,\frac{\pi}{2}\right)$，$x_1\neq x_2$，上式是显然成立的.

因此，原式成立，即

$\frac{1}{2}[f(x_1)+f(x_2)]>f\left(\frac{x_1+x_2}{2}\right)$.

3. 分析综合法

分析法与综合法相辅相成，对较复杂问题，常常先从结论进行分析，寻求结论与条件之间的关系，找到解决问题的思路，再运用综合法证明，写出证题过程，或者证明时将两种方法交叉使用.

例6 设 a、b、c 均为大于1的正数，且 $ab=10$，求证：$\log_a c+\log_b c\geqslant 4\lg c$.

分析 通过换底公式对所证不等式进行变形、化简，由基本不等式及 $\lg a+\lg b=\lg ab=1$ 即可得证.

证明 由于 $a>1,b>1$，故要证 $\log_a c+\log_b c\geqslant 4\lg c$，只需证 $\frac{\lg c}{\lg a}+\frac{\lg c}{\lg b}\geqslant 4\lg c$.

又因为 $c>1$，故 $\lg c>0$，所以只需证 $\frac{\lg a+\lg b}{\lg a\cdot\lg b}\geqslant 4$.

因为 $ab=10$，故 $\lg a+\lg b=1$，即只需证 $\frac{1}{\lg a\cdot\lg b}\geqslant 4$.（*）

由于 $a>1,b>1$，故 $\lg a>0,\lg b>0$.

所以 $0<\lg a\cdot\lg b\leqslant\left(\frac{\lg a+\lg b}{2}\right)^2=\left(\frac{1}{2}\right)^2=\frac{1}{4}$，即（*）式成立，

所以原不等式成立.

点拨 分析法与综合法是对立统一的两个方面，前者“执果索因”利于思考，后者“由因导果”利于表达，因此对于较复杂的数学问题，通常用分析法探索证题途径，然后用综合法加以证明.

题型4 间接证明法

间接证明的主要途径是指反证法. 用反证法解题第一步要注意正确的反设. 正确的反设必须思考原命题结论的方方面面，不要遗漏.

例7 若 x、y、$z\in\left(0,\frac{\pi}{2}\right)$ 且满足下列等式：$\sin(\cos x)=x$，$\cos y=y$，$\cos(\sin z)=z$，试将 x、y、z 按由小到大的顺序排列.

分析 本题 x、y、z 的大小关系没有确定，且由题设条件推得的结论较少，很难用直接法证明，考虑用反证法. 现添加假设条件 $x\geqslant y$，$y\geqslant z$ 作为推理依据.

解 假设 $x\geqslant y$，因为余弦函数在 $\left(0,\frac{\pi}{2}\right)$ 上单调递减，

所以 $0<\cos x\leqslant\cos y=y<\frac{\pi}{2}$.

于是 $x=\sin(\cos x)<\cos x\leqslant\cos y=y$，与 $x\geqslant y$ 相矛盾，所以 $x<y$；

又假设 $y\geqslant z$，因为正弦函数在 $\left(0,\frac{\pi}{2}\right)$ 上单调递增，

所以 $0<\sin z<z\leqslant y<\frac{\pi}{2}$，

于是 $z=\cos(\sin z)>\cos y=y$，与 $y\geqslant z$ 相矛盾. 所以 $y<z$.

综上可知，$x<y<z$.

题型5 数学归纳法

数学归纳法的两个步骤缺一不可，前者是基础，后者是逆推的依据. 用数学归纳法证明命题的过程中，在把 $n=k$ 的问题转化为 $n=k+1$ 的问题时，比较、分析、综合等方法仍然是常用方法.

1. 证明代数恒等式问题

用数学归纳法证明与正整数有关的一些等式命题，关键在于“先看项”，弄清等式两边的构成规律，等式的两边各有多少项，项的多少与 n 的取值是否有关，由 $n=k$ 到 $n=k+1$ 时，等式两边会增加多少项，增加怎样的项（或减少了多少项，减少了怎样的项），有时要将 $n=k$ 和 $n=k+1$ 时的式子进行比较，才能推准确.

例8 求证：$1-\frac{1}{2}+\frac{1}{3}-\frac{1}{4}+\cdots+\frac{1}{2n-1}-\frac{1}{2n}=\frac{1}{n+1}+\frac{1}{n+2}+\cdots+\frac{1}{2n}$.

分析 待证等式的左边共 $2n$ 项，右边共 n

项，$f(k)$与$f(k+1)$相比左边增两项，右边增一项，而且左、右两边的首项不同，因此由“$n=k$”到“$n=k+1$”时要注意项的合并.

证明 (1)当$n=1$时，左边$=1-\frac{1}{2}=\frac{1}{2}$，右边$=\frac{1}{2}$，命题成立.

(2)假设当$n=k(k\in N_+)$时命题成立，即

$$1-\frac{1}{2}+\frac{1}{3}-\frac{1}{4}+\cdots+\frac{1}{2k-1}-\frac{1}{2k}=\frac{1}{k+1}+\frac{1}{k+2}+\cdots+\frac{1}{2k},$$

那么当$n=k+1$时，左边$=1-\frac{1}{2}+\frac{1}{3}-\frac{1}{4}+\cdots+\frac{1}{2k-1}-\frac{1}{2k}+\frac{1}{2k+1}-\frac{1}{2k+2}=\frac{1}{k+1}+\frac{1}{k+2}+\cdots+\frac{1}{2k}+\frac{1}{2k+1}-\frac{1}{2k+2}=\frac{1}{k+2}+\frac{1}{k+3}+\cdots+\frac{1}{2k+1}+\frac{1}{2k+2}=$右边.

上式表明当$n=k+1$时命题也成立.

由(1)(2)知，命题对一切正整数n均成立.

2. 证明不等式问题

用数学归纳法证明不等式，推导$n=k+1$时，证明不等式的常用方法，如比较法、分析法、综合法及放缩法等，均要灵活选用.

例9 若不等式$\frac{1}{n+1}+\frac{1}{n+2}+\frac{1}{n+3}+\cdots+\frac{1}{3n+1}>\frac{a}{24}$对一切正整数$n$都成立，求正整数$a$的最大值，并证明你的结论.

分析 从特例入手，探求正整数a的最大值，然后用数学归纳法证明.

解 取$n=1$，$\frac{1}{1+1}+\frac{1}{1+2}+\frac{1}{3\times1+1}=\frac{26}{24}$.

令$\frac{26}{24}>\frac{a}{24}$，得$a<26$，而$a\in \mathbf{N}_+$，

所以取$a=25$，下面用数学归纳法证明：

$$\frac{1}{n+1}+\frac{1}{n+2}+\cdots+\frac{1}{3n+1}>\frac{25}{24}.$$

(1)$n=1$时，已证结论正确.

(2)假设$n=k(k\in \mathbf{N}_+)$时，

$\frac{1}{k+1}+\frac{1}{k+2}+\cdots+\frac{1}{3k+1}>\frac{25}{24}$成立，

则当$n=k+1$时，有

$$\frac{1}{(k+1)+1}+\frac{1}{(k+1)+2}+\cdots+\frac{1}{3k+1}+\frac{1}{3k+2}+\frac{1}{3k+3}+\frac{1}{3(k+1)+1}=\left(\frac{1}{k+1}+\frac{1}{k+2}+\cdots+\frac{1}{3k+1}\right)+\left(\frac{1}{3k+2}+\frac{1}{3k+3}+\frac{1}{3k+4}-\frac{1}{k+1}\right)>\frac{25}{24}+\left[\frac{1}{3k+2}+\frac{1}{3k+4}-\frac{2}{3(k+1)}\right],$$

因为$\frac{1}{3k+2}+\frac{1}{3k+4}=\frac{6(k+1)}{9k^2+18k+8}>\frac{2}{3(k+1)}$，

所以$\frac{1}{3k+2}+\frac{1}{3k+4}-\frac{2}{3(k+1)}>0$，

所以$\frac{1}{(k+1)+1}+\frac{1}{(k+1)+2}+\cdots+\frac{1}{3(k+1)+1}>\frac{25}{24}$，

即$n=k+1$时，结论也成立，

由(1)(2)可知，对一切$n\in \mathbf{N}_+$，

都有$\frac{1}{n+1}+\frac{1}{n+2}+\cdots+\frac{1}{3n+1}>\frac{25}{24}$.

故a的最大值为25.

3. 证明整除性问题

证明整除性问题的关键是“凑项”，一般采用增项、减项、拆项和因式分解等手段，凑出$n=k$时的情形，从而利用归纳假设使问题获证.

例10 求证：$a^{n+1}+(a+1)^{2n-1}$能被a^2+a+1整除，$n\in \mathbf{N}_+$.

分析 对于多项式A、B，如果$A=BC$，C也是多项式，那么A能被B整除，若A与B均能被C整除，则$A+B$、$A-B$也能被C整除.

证明 (1)当$n=1$时，$a^{1+1}+(a+

$1)^{2\times1-1}=a^2+a+1$,命题显然成立.

(2)假设 $n=k(k\in \mathrm{N}_+)$ 时,$a^{k+1}+(a+1)^{2k-1}$ 能被 a^2+a+1 整除,则当 $n=k+1$ 时,

$a^{k+2}+(a+1)^{2k+1}=a\cdot a^{k+1}+(a+1)^2\cdot(a+1)^{2k-1}$

$=a[a^{k+1}+(a+1)^{2k-1}]+(a+1)^2(a+1)^{2k-1}-a(a+1)^{2k-1}$

$=a[a^{k+1}+(a+1)^{2k-1}]+(a^2+a+1)\cdot(a+1)^{2k-1}$.

由归纳假设,上式中的两项均能被 a^2+a+1 整除,

故当 $n=k+1$ 时命题成立.

由(1)(2)知,对一切 $n\in\mathbf{N}_+$,命题均成立.

点拨 在推证"$n=k+1$"时,为了凑出归纳假设,采用了"加零分项"的技巧即 $0=a(a+1)^{2k-1}-a(a+1)^{2k-1}$.

4. 证明几何问题

用数学归纳法证明几何问题的关键是"找项",即几何元素从 k 个变成 $k+1$ 个时,所证的几何量将增加多少,这需用到几何知识或借助于几何图形来分析,也可将 $n=k+1$ 和 $n=k$ 分别代入所证的式子,然后作差,即可求出增加量,这也是用数学归纳法证明几何命题的一大技巧.

例 11 证明凸 n 边形的对角线的条数 $f(n)=\frac{1}{2}n(n-3)(n\geqslant4)$.

证明 (1)当 $n=4$ 时,$f(4)=\frac{1}{2}\times4\times(4-3)=2$.

四边形有两条对角线,命题成立.

(2)假设当 $n=k(k\geqslant4,k\in\mathrm{N}_+)$ 时命题成立,

即凸 k 边形的对角线条数 $f(k)=\frac{1}{2}k(k-3)$.

当 $n=k+1$,

凸 $k+1$ 边形是在 k 边形基础上增加了一边,增加了一个顶点 A_{k+1},

增加的对角线条数是顶点 A_{k+1} 与不相邻顶点连线再加上原 k 边形的一边 AA_k,

增加的对角线的条数是 $(k+1-3)+1=k-1$,

$f(k+1)=\frac{1}{2}k(k-3)+k-1$

$=\frac{1}{2}(k^2-k-2)$

$=\frac{1}{2}(k+1)(k-2)=\frac{1}{2}(k+1)[(k+1)-3]$.

故当 $n=k+1$ 时,命题成立.

故(1)(2)可知,对一切 $n\geqslant4,n\in\mathbf{N}_+$ 命题均成立.

题型 6 归纳—猜想—证明

在中学方面,这方面的题型主要有以下几个方面:

①已知数列的递推公式,求通项公式前 n 项和;

②由一些恒等式、不等式改编的一些探究性问题,求使命题成立的参数值是否存在;

③给出一些简单的命题($n=1,2,3,\cdots$),猜想并证明对任意自然 n 都成立的一般性命题.

解题一般分三步进行:

(1)验证 $P(1)$、$P(2)$、$P(3)$、$P(4)\cdots$;

(2)提出猜想;

(3)用数学归纳法证明.

例 12 已知数列 $\{a_n\}$ 的第一项 $a_1=5$ 且 $S_{n-1}=a_n(n\geqslant2,n\in\mathbf{N}^*)$,

(1)求 a_2,a_3,a_4,并由此猜想 a_n 的表达式;

(2)用数学归纳法证明 $\{a_n\}$ 的通项公式.

(1)**解** $a_2=S_1=a_1=5$,

$a_3=S_2=a_1+a_2=10$,

$a_4=S_3=a_1+a_2+a_3=5+5+10=20$,

猜想 $a_n=5\times2^{n-2}(n\geqslant2,n\in\mathbf{N}^*)$.

(2)**证明** ①当 $n=2$ 时,$a_2=5\times2^{2-2}=5$,猜想成立.

②假设当 $n=k$ 时($k\geqslant 2,k\in\mathbf{N}^*$)成立，即 $a_k=5\times 2^{k-2}$，

当 $n=k+1$ 时，由已知条件和假设有

$a_{k+1}=S_k=a_1+a_2+\cdots+a_k=5+5+10+\cdots+5\times 2^{k-2}$

$=5+\dfrac{5(1-2^{k-1})}{1-2}=5\times 2^{k-1}$.

故 $n=k+1$ 时猜想也成立.

由①②可知，对 $n\geqslant 2,n\in\mathbf{N}^*$ 有 $a_n=5\times 2^{n-2}$.

所以数列 $\{a_n\}$ 的通项公式为

$$a_n=\begin{cases}5(n=1),\\5\times 2^{n-2}(n\geqslant 2).\end{cases}$$

例 13 设 $a_n=1+\dfrac{1}{2}+\dfrac{1}{3}+\cdots+\dfrac{1}{n}(n\in\mathbf{N}^*)$，是否存在 n 的整式 $q(n)$，使得等式 $a_1+a_2+\cdots+a_{n-1}=q(n)\cdot(a_n-1)$ 对于大于 1 的一切自然数 n 都成立？证明你的结论.

分析 本题可采用由特殊到一般的方法，先取 $n=2,3,4$ 等观察 $q(n)$ 与 n 的关系，然后用数学归纳法证明.

解 假设 $q(n)$ 存在，

当 $n=2$ 时，由 $a_1=q(2)(a_2-1)$，即

$1=q(2)\left(1+\dfrac{1}{2}-1\right)$得$q(2)=2$.

当 $n=3$ 时，由 $a_1+a_2=q(3)(a_3-1)$，即 $1+\left(1+\dfrac{1}{2}\right)=q(3)\left(1+\dfrac{1}{2}+\dfrac{1}{3}-1\right)$，得 $q(3)=3$.

当 $n=4$ 时，由 $a_1+a_2+a_3=q(4)(a_4-1)$，即

$1+\left(1+\dfrac{1}{2}\right)+\left(1+\dfrac{1}{2}+\dfrac{1}{3}\right)=q(4)\cdot\left(1+\dfrac{1}{2}+\dfrac{1}{3}+\dfrac{1}{4}-1\right)$.

得 $q(4)=4$. 由此猜想 $q(n)=n(n\geqslant 2,n\in\mathbf{N}^*)$.

下面用数学归纳法证明：

当 $n\geqslant 2,n\in\mathbf{N}^*$ 时，等式 $a_1+a_2+a_3+\cdots+a_{n-1}=n(a_n-1)$ 成立.

(1) 当 $n=2$ 时，$a_1=1$，$2(a_2-1)=2\times\dfrac{1}{2}=1$，结论成立.

(2) 假设当 $n=k(k\geqslant 2,k\in\mathbf{N}^*)$ 时结论成立，

即 $a_1+a_2+a_3+\cdots+a_{k-1}=k(a_k-1)$.

则当 $n=k+1$ 时，

$a_1+a_2+\cdots+a_{k-1}+a_k$

$=k(a_k-1)+a_k=(k+1)a_k-k$

$=(k+1)a_k-(k+1)+1=(k+1)\left(a_k+\dfrac{1}{k+1}-1\right)$

$=(k+1)(a_{k+1}-1)$.

所以当 $n=k+1$ 时，结论也成立.

由(1)(2)可知，对于大于 1 的一切自然数 n，都存在 $q(n)=n$，使等式 $a_1+a_2+\cdots+a_{n-1}=q(n)(a_n-1)$ 成立.

综合解题指导

题型 1 类比与解析几何的综合题

例 1 设 F_1、F_2 是椭圆 $\dfrac{x^2}{a^2}+\dfrac{y^2}{b^2}=1$ 的左、右焦点，Q 是椭圆上的一动点，过 F_1 作 $\angle F_1QF_2$ 的外角的平分线的垂线 F_1M，求垂足 M 的轨迹方程.

类比椭圆，你能在双曲线 $\dfrac{x^2}{a^2}-\dfrac{y^2}{b^2}=1$ 中找到类似的规律吗？

解 对于椭圆 $\dfrac{x^2}{a^2}+\dfrac{y^2}{b^2}=1$，如图 8-1-7，延长 F_1M，交 F_2Q 的延长线于 T，易得 $|QF_1|=|QT|$，

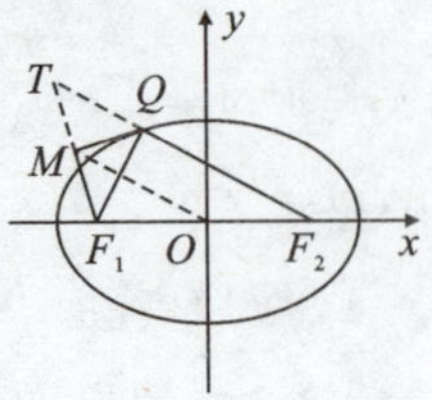

图 8-1-7

所以 $|TF_2|=|QF_1|+|QF_2|=2a$，连接 OM，OM 即为 $\triangle F_1F_2T$ 的中位线，故 $|OM|=a$，则点 M 的轨迹方程为 $x^2+y^2=a^2$.

对于双曲线 $\frac{x^2}{a^2}-\frac{y^2}{b^2}=1$，注意其定义与椭圆定义的相同点和不同点. 题目应为：

设 F_1、F_2 是双曲线 $\frac{x^2}{a^2}-\frac{y^2}{b^2}=1$ 的左、右焦点，Q 是双曲线上的一动点，过 F_1 作 $\angle F_1QF_2$ 的平分线的垂线 F_1M，求垂足 M 的轨迹方程.

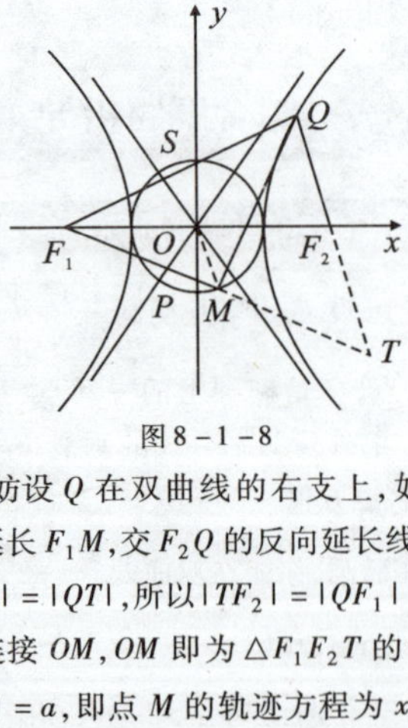

图 8-1-8

不妨设 Q 在双曲线的右支上，如图 8-1-8，延长 F_1M，交 F_2Q 的反向延长线于 T，易得 $|QF_1|=|QT|$，所以 $|TF_2|=|QF_1|-|QF_2|=2a$，连接 OM，OM 即为 $\triangle F_1F_2T$ 的中位线，故 $|OM|=a$，即点 M 的轨迹方程为 $x^2+y^2=a^2$，但是应该剔除圆 $x^2+y^2=a^2$ 与渐近线在 x 轴左侧的交点 S、P，可以用反证法证明.

当 Q 在双曲线的左支上时，同理可证.

故点 M 的轨迹方程为

$$x^2+y^2=a^2\left(x\neq-\frac{a^2}{\sqrt{a^2+b^2}}\right).$$

点拨 这是轨迹方程的类比，类比两种轨迹方程的相同点和不同点，其不同点是：椭圆是向 $\angle F_1QF_2$ 的外角平分线引垂线，而双曲线是向 $\angle F_1QF_2$ 的平分线引垂线. 其相同是：轨迹方程都为 $x^2+y^2=a^2$. 但是，在双曲线中求得的轨迹应该剔除圆 $x^2+y^2=a^2$ 与渐近线的交点.

题型 2 归纳与三角函数的综合题

例 2 观察两个等式：

$\sin^2 20°+\sin^2 40°+\sin 20°\cdot\sin 40°=\frac{3}{4}$，

$\sin^2 28°+\sin^2 32°+\sin 28°\cdot\sin 32°=\frac{3}{4}$，试归纳出一般结论.

解 注意到 $20°+40°=60°$，$28°+32°=60°$，$\cos 60°=\frac{1}{2}$，$\sin 60°=\frac{\sqrt{3}}{2}$，

∴ 上述两个等式可以写为：

$\sin^2 20°+\sin^2 40°+2\sin 20°\cdot\sin 40°\cdot\cos 60°=\frac{3}{4}=\sin^2 60°$，①

$\sin^2 28°+\sin^2 32°+2\sin 28°\cdot\sin 32°\cdot\cos 60°=\frac{3}{4}=\sin^2 60°$. ②

由此猜想有一般结论：若 $\alpha+\beta=\gamma$，则

$\sin^2\alpha+\sin^2\beta+2\sin\alpha\cdot\sin\beta\cdot\cos\gamma=\sin^2\gamma$.

下面给出证明：

$\sin^2\alpha+\sin^2\beta+2\sin\alpha\cdot\sin\beta\cdot\cos\gamma$

$=\frac{1}{2}(1-\cos 2\alpha)+\frac{1}{2}(1-\cos 2\beta)-[\cos(\alpha+\beta)-\cos(\alpha-\beta)]\cos\gamma$

$=1-\cos(\alpha+\beta)\cdot\cos(\alpha-\beta)-\cos^2\gamma+\cos(\alpha-\beta)\cos\gamma=\sin^2\gamma$.

再注意到等式①②类似余弦定理的模式，试用余弦定理给以证明：

在 $\triangle ABC$ 中，$\angle A$、$\angle B$、$\angle C$ 的对边分别是 a、b、c，由余弦定理有

$a^2=b^2+c^2-2bc\cdot\cos A$.

又由正弦定理有 $a=2R\sin A,b=2R\sin B,c=2R\sin C$,将其代入上式,整理后即有

$\sin^2 B+\sin^2 C-2\sin B\cdot\sin C\cdot\cos A=\sin^2 A$.

由此归纳到一般结论:

(1)若 $\alpha+\beta=\gamma$,则有

$\sin^2\alpha+\sin^2\beta+2\sin\alpha\cdot\sin\beta\cdot\cos\gamma=\sin^2\gamma$.

(2)若 $\alpha+\beta+\gamma=180°$,则有

$\sin^2\alpha+\sin^2\beta-2\sin\alpha\cdot\sin\beta\cdot\cos\gamma=\sin^2\gamma$.

事实上(2)是(1)的推论.

点拨 注意到所给条件的两个角度之和为 $60°$,把所给的两个关系式进行改写.因为 $2\cos 60°=1$,对两个角度的正弦之积,整体乘以 $2\cos 60°$,由此猜想一般结论,再进行论证.注意到其结论类似余弦定理的模式,用正、余弦定理证明后即可得到结论的推论.

题型3 类比与立体几何的综合题

例3 如图8-1-9,点 P 为斜三棱柱 $ABC-A_1B_1C_1$ 的侧棱 BB_1 上一点,$PM\perp BB_1$ 交 AA_1 于点 M,$PN\perp BB_1$ 交 CC_1 于点 N.

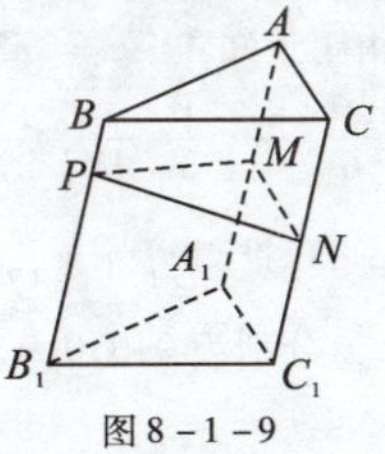

图8-1-9

(1)求证:$CC_1\perp MN$;

(2)在任意 $\triangle DEF$ 中有余弦定理:$DE^2=DF^2+EF^2-2DF\cdot EF\cos\angle DFE$.拓展到空间,类比三角形的余弦定理,写出斜三棱柱的三个侧面面积与其中两个侧面所成的二面角之间的关系式,并予以证明.

证明 (1)$\because PM\perp BB_1,PN\perp BB_1$,

$\therefore BB_1\perp$平面 PMN.

$\therefore BB_1\perp MN$.

又$\because CC_1/\!/BB_1$,

$\therefore CC_1\perp MN$.

(2)在斜三棱柱 $ABC-A_1B_1C_1$ 中,有

$S^2_{四边形ABB_1A_1}=S^2_{四边形BCC_1B_1}+S^2_{四边形ACC_1A_1}-2S_{四边形BCC_1B_1}S_{四边形ACC_1A_1}\cos\alpha$,

其中 α 为平面 CC_1B_1B 与平面 CC_1A_1A 所组成的二面角.

$\because CC_1\perp$平面 PMN,

$\therefore$ 上述的二面角的平面角为 $\angle MNP$.

在 $\triangle PMN$ 中,

$PM^2=PN^2+MN^2-2PN\cdot MN\cdot\cos\angle MNP$,

两边同乘 CC_1^2,得

$PM^2\cdot CC_1^2=PN^2\cdot CC_1^2+MN^2\cdot CC_1^2-2(PN\cdot CC_1)\cdot(MN\cdot CC_1)\cos\angle MNP$.

由于 $S_{四边形BCC_1B_1}=PN\cdot CC_1$,

$S_{四边形ACC_1A_1}=MN\cdot CC_1$,

$S_{四边形ABB_1A_1}=PM\cdot BB_1=PM\cdot CC_1$,

$\therefore S^2_{四边形ABB_1A_1}=S^2_{四边形BCC_1B_1}+S^2_{四边形ACC_1A_1}-2S_{四边形BCC_1B_1}\cdot S_{四边形ACC_1A_1}\cdot\cos\alpha$.

点拨 利用类比推理的关键要找准类比对象,分析可比交点,否则类比将成为"乱比".本题中考虑到三个侧面的面积需要作出三个侧面的高,由已知条件可得 $\triangle PMN$ 为三棱柱的直截面,选取三棱柱的直截面三角形作类比对象.

题型4 归纳与平面的综合题

例4 一个平面用 n 条直线去划分,最多能被分成几块?

分析 先根据 n 所取的特殊值把平面分成的块数一一列举出来,寻找所分成的块数与直线的条数 n 的关系,猜想出通项公式.挖掘$(n-1)$条直线把平面分成 a_{n-1} 块,与增加第 n 条直线后增加的平面块数之间的关系.

解 只有当这些直线互不平行并且没有两条以上的直线交于同一点时,才能使分成

的块数最多. 先假定这两个条件都满足,用 a_n 表示由 n 条直线划分平面所产生的块数.

设 $(n-1)$ 条直线把平面分为 a_{n-1} 块,现在我们再添加第 n 条直线,它与前面 $(n-1)$ 条直线相交可得到 $(n-1)$ 个交点,这 $(n-1)$ 个交点将第 n 条直线分成 n 段,每段将其穿过的平面一分为二,这样就比原来多增加了 n 块,于是得到递推公式

$a_n=a_{n-1}+n.$

在上式中分别令 $n=1,2,\cdots,n$ 得到 n 个等式

$a_1=1+1,$

$a_2=a_1+2,$

…

$a_n=a_{n-1}+n.$

把它们加起来,得到

$$a_n=1+(1+2+\cdots+n)=1+\frac{n(n+1)}{2}=\frac{n^2+n+2}{2}.$$

因此,一个平面用 n 条直线去划分,最多被分为 $\frac{n^2+n+2}{2}$ 块.

点拨 归纳推理需要考察部分对象的情形,由此可归纳猜想出一般规律.

三年高考分析

本章在高考中主要考查合情推理、演绎推理的概念、形式和应用. 新的命题趋势将是开放、探索、研究性命题,选择题、填空题和解答题都有可能涉及. 数学归纳法是一种重要的方法,单独命题的可能性不大,多为解答题的某一步.

例 1 (江苏高考)在平面上,若两个正三角形的边长比为 1∶2,则它们的面积比为 1∶4,类似地,在空间中,若两个正四面体的棱长比为 1∶2,则它们的体积比为______.

解析 ∵ 两个正三角形是相似的三角形,∴ 它们的面积之比是相似比的平方. 同理,两个正四面体是两个相似几何体,体积之比为相似比的立方,所以它们的体积比为 1∶8.

答案 1∶8.

点拨 本题考查类比推理,注意推理的合理性.

例 2 (湖北高考)观察下列等式:

$$\sum_{i=1}^{n} i=\frac{1}{2}n^2+\frac{1}{2}n,$$

$$\sum_{i=1}^{n} i^2=\frac{1}{3}n^3+\frac{1}{2}n^2+\frac{1}{6}n,$$

$$\sum_{i=1}^{n} i^3=\frac{1}{4}n^4+\frac{1}{2}n^3+\frac{1}{4}n^2,$$

$$\sum_{i=1}^{n} i^4=\frac{1}{5}n^5+\frac{1}{2}n^4+\frac{1}{3}n^3-\frac{1}{30}n,$$

$$\sum_{i=1}^{n} i^5=\frac{1}{6}n^6+\frac{1}{2}n^5+\frac{5}{12}n^4-\frac{1}{12}n^2,$$

$$\sum_{i=1}^{n} i^6=\frac{1}{7}n^7+\frac{1}{2}n^6+\frac{1}{2}n^5-\frac{1}{6}n^3+\frac{1}{42}n,$$

…

$$\sum_{i=1}^{n} i^k=a_{k+1}n^{k+1}+a_kn^k+a_{k-1}n^{k-1}+a_{k-2}\cdot n^{k-2}+\cdots+a_1n+a_0,$$

可以推测,当 $k\geqslant 2(k\in\mathbf{N}^*)$ 时,$a_{k+1}=\frac{1}{k+1}$,$a_k=\frac{1}{2}$,$a_{k-1}=$______,$a_{k-2}=$______.

解析 由题意知,当 $k=2,3,4,5,6$ 时,a_{k-1} 分别为 $\frac{1}{6},\frac{1}{4},\frac{1}{3},\frac{5}{12},\frac{1}{2}$,即 $\frac{2}{12},\frac{3}{12},\frac{4}{12},\frac{5}{12},\frac{6}{12}$,可以推测 $a_{k-1}=\frac{k}{12}$. 当 $k=2,3,4,5,6$ 时,a_{k-2} 分别为 0,0,0,0,0,可以推测 $a_{k-2}=0$.

答案 $\frac{k}{12}$,0.

例 3 (山东高考)定义在 $\mathbf{R}$ 上的函数 $f(x)$ 满足

$$f(x)=\begin{cases}\log_2(1-x), & x\leqslant 0,\\ f(x-1)-f(x-2), & x>0,\end{cases}$$

则 $f(2\,009)$ 的值为(　　).

A. −1　　B. 0　　C. 1　　D. 2

解析 当 $x>0$ 时,∵ $f(x)=f(x-1)-f(x-2)$,∴ $f(x+1)=f(x)-f(x-1)$. ∴ $f(x+1)=$

$-f(x-2)$，即$f(x+3)=-f(x)$.

$\therefore f(x+6)=f(x)$，即当$x>0$时，函数$f(x)$的周期是6.

又$\because f(2\,009)=f(334\times6+5)=f(5)$，

$\therefore$ 由已知得$f(-1)=\log_2 2=1$，$f(0)=0$，$f(1)=f(0)-f(-1)=-1$，

$f(2)=f(1)-f(0)=-1$，

$f(3)=f(2)-f(1)=-1-(-1)=0$，

$f(4)=f(3)-f(2)=0-(-1)=1$，

$f(5)=f(4)-f(3)=1$.

答案 C.

例4 （浙江高考）观察下列等式：

$C_5^1+C_5^5=2^3-2$，

$C_9^1+C_9^5+C_9^9=2^7+2^3$，

$C_{13}^1+C_{13}^5+C_{13}^9+C_{13}^{13}=2^{11}-2^5$，

$C_{17}^1+C_{17}^5+C_{17}^9+C_{17}^{13}+C_{17}^{17}=2^{15}+2^7$，

…

由以上等式推测到一个一般的结论：

对于$n\in\mathbf{N}^*$，$C_{4n+1}^1+C_{4n+1}^5+C_{4n+1}^9+\cdots+C_{4n+1}^{4n+1}=$________.

解析 由已知四个等式可知构成该式的组合数的下标为$4n+1$的形式，且最后一个式子为C_{4n+1}^{4n+1}，而等式的右边第一个式子为2^{4n-1}的形式.当组合数有偶数个时右边第二个式子是负值.所给各式的构成形式可依次表示如下：

$C_5^1+C_5^{4\times1+1}=2^{4\times1-1}-2^1$，

$C_9^1+C_9^5+C_9^{4\times2+1}=2^{4\times2-1}+2^{2\times2-1}$，

$C_{13}^1+C_{13}^5+C_{13}^9+C_{13}^{4\times3+1}=2^{4\times3-1}-2^{2\times3-1}$，

$C_{17}^1+C_{17}^5+C_{17}^9+C_{17}^{13}+C_{17}^{4\times4+1}=2^{4\times4-1}+2^{2\times4-1}$，

故$C_{4n+1}^1+C_{4n+1}^5+C_{4n+1}^9+\cdots+C_{4n+1}^{4n+1}=2^{4n-1}+(-1)^n\cdot2^{2n-1}$.

答案 $2^{4n-1}+(-1)^n\cdot2^{2n-1}$.

点拨 求解本题的关键是根据所给的特殊情况，寻找一般规律.

例5 （重庆高考）已知各项均为正数的数列$\{a_n\}$的前n项和S_n满足$S_1>1$，且$6S_n=(a_n+1)\cdot(a_n+2)$，$n\in\mathbf{N}^*$.

（1）求$\{a_n\}$的通项公式；

（2）设数列$\{b_n\}$满足$a_n(2^{b_n}-1)=1$，并记T_n为$\{b_n\}$的前n项和，求证：$3T_n+1>\log_2(a_n+3)$，$n\in\mathbf{N}^*$.

（1）**解** 由$a_1=S_1=\frac{1}{6}(a_1+1)(a_1+2)$，解得$a_1=1$或$a_1=2$.由假设$a_1=S_1>1$，因此$a_1=2$.

又由$a_{n+1}=S_{n+1}-S_n=\frac{1}{6}(a_{n+1}+1)\cdot(a_{n+1}+2)-\frac{1}{6}(a_n+1)(a_n+2)$，

得$(a_{n+1}+a_n)(a_{n+1}-a_n-3)=0$，

即$a_{n+1}-a_n-3=0$或$a_{n+1}=-a_n$.

因为$a_n>0$，故$a_{n+1}=-a_n$不成立，舍去.

因此$a_{n+1}-a_n=3$.

从而$\{a_n\}$是公差为3，首项为2的等差数列，故$\{a_n\}$的通项为$a_n=3n-1$.

（2）**证法一** 由$a_n(2^{b_n}-1)=1$可得

$b_n=\log_2\left(1+\frac{1}{a_n}\right)=\log_2\frac{3n}{3n-1}$.

从而$T_n=b_1+b_2+\cdots+b_n=\log_2\left(\frac{3}{2}\times\frac{6}{5}\times\cdots\times\frac{3n}{3n-1}\right)$.

因此$3T_n+1-\log_2(a_n+3)=\log_2\left[\left(\frac{3}{2}\times\frac{6}{5}\times\cdots\times\frac{3n}{3n-1}\right)^3\times\frac{2}{3n+2}\right]$.

令$f(n)=\left(\frac{3}{2}\times\frac{6}{5}\times\cdots\times\frac{3n}{3n-1}\right)^3\cdot\frac{2}{3n+2}$，则

$\frac{f(n+1)}{f(n)}=\frac{3n+2}{3n+5}\cdot\left(\frac{3n+3}{3n+2}\right)^3=\frac{(3n+3)^3}{(3n+5)(3n+2)^2}$.

因为$(3n+3)^3-(3n+5)(3n+2)^2=9n+7>0$，

故$f(n+1)>f(n)$.

特别地$f(n)\geqslant f(1)=\frac{27}{20}>1$.

从而$3T_n+1-\log_2(a_n+3)=\log_2 f(n)>0$，

即$3T_n+1>\log_2(a_n+3)$.

证法二 同证法一求得b_n及T_n.

由二项式定理知，当 $c>0$ 时，不等式 $(1+c)^3>1+3c$ 成立，由此不等式有

$$3T_n+1=\log_2\left[2\left(1+\frac{1}{2}\right)^3\left(1+\frac{1}{5}\right)^3\cdot\cdots\cdot\left(1+\frac{1}{3n-1}\right)^3\right]>\log_2\left(2\times\frac{5}{2}\times\frac{8}{5}\times\cdots\times\frac{3n+2}{3n-1}\right)=\log_2(3n+2)=\log_2(a_n+3).$$

证法三 同证法一求得 b_n 及 T_n.

令 $A_n=\frac{3}{2}\times\frac{6}{5}\times\cdots\times\frac{3n}{3n-1}$，$B_n=\frac{4}{3}\times\frac{7}{6}\times\cdots\times\frac{3n+1}{3n}$，$C_n=\frac{5}{4}\times\frac{8}{7}\times\cdots\times\frac{3n+2}{3n+1}$.

因为 $\frac{3n}{3n-1}>\frac{3n+1}{3n}>\frac{3n+2}{3n+1}$，因此 $A_n^3>A_nB_nC_n=\frac{3n+2}{2}$. 从而 $3T_n+1=$

$$\log_2\left[2\left(\frac{3}{2}\times\frac{6}{5}\times\cdots\times\frac{3n}{3n-1}\right)^3\right]=\log_2 2A_n^3>\log_2(2A_nB_nC_n)=\log_2(3n+2)=\log_2(a_n+3).$$

证法四 同证法一求得 b_n 及 T_n.

下面用数学归纳法证明：$3T_n+1>\log_2(a_n+3)$.

当 $n=1$ 时，$3T_1+1=\log_2\frac{27}{4}$，$\log_2(a_1+3)=\log_2 5$，

因此 $3T_1+1>\log_2(a_1+3)$，结论成立.

假设结论当 $n=k$ 时成立，即 $3T_k+1>\log_2(a_k+3)$，

则当 $n=k+1$ 时，

$$3T_{k+1}+1-\log_2(a_{k+1}+3)=3T_k+1+3b_{k+1}-\log_2(a_{k+1}+3)>\log_2(a_k+3)-\log_2(a_{k+1}+3)+3b_{k+1}$$

$$=\log_2\frac{(3k+3)^3}{(3k+5)(3k+2)^2}.$$

因为 $(3k+3)^3-(3k+5)(3k+2)^2=9k+7>0$，故

$$\log_2\frac{(3k+3)^3}{(3k+5)(3k+2)^2}>0.$$

从而 $3T_{k+1}+1>\log_2(a_{k+1}+3)$. 这就是说，当 $n=k+1$ 时结论也成立.

综上所述，$3T_n+1>\log_2(a_n+3)$ 对任何 $n\in\mathbf{N}^*$ 均成立.

例6 （浙江高考）已知数列 $\{a_n\}$，$a_n\geqslant 0$，$a_1=0$，$a_{n+1}^2+a_{n+1}-1=a_n^2(n\in\mathbf{N}^*)$. 记：$S_n=a_1+a_2+\cdots+a_n$，$T_n=\frac{1}{1+a_1}+\frac{1}{(1+a_1)(1+a_2)}+\cdots+\frac{1}{(1+a_1)(1+a_2)\cdot\cdots\cdot(1+a_n)}$.

求证：当 $n\in\mathbf{N}^*$ 时，

(1) $a_n<a_{n+1}$；

(2) $S_n>n-2$；

(3) $T_n<3$.

证明 (1)用数学归纳法证明，

①当 $n=1$ 时，因为 a_2 是方程 $x^2+x-1=0$ 的正根，所以 $a_1<a_2$.

②假设当 $n=k(k\in\mathbf{N}^*)$ 时，$a_k<a_{k+1}$.

因为 $a_{k+1}^2-a_k^2=(a_{k+2}^2+a_{k+2}-1)-(a_{k+1}^2+a_{k+1}-1)$

$=(a_{k+2}-a_{k+1})(a_{k+2}+a_{k+1}+1)>0$，

所以 $a_{k+1}<a_{k+2}$.

即当 $n=k+1$ 时，$a_n<a_{n+1}$ 也成立.

根据①和②，可知 $a_n<a_{n+1}$ 对任何 $n\in\mathbf{N}^*$ 都成立.

(2)由 $a_{k+1}^2+a_{k+1}-1=a_k^2$，$k=1,2,\cdots,n-1(n\geqslant 2)$，

得 $a_n^2+(a_2+a_3+\cdots+a_n)-(n-1)=a_1^2$.

因为 $a_1=0$，所以 $S_n=n-1-a_n^2$.

由 $a_n<a_{n+1}$ 及 $a_{n+1}=1+a_n^2-a_{n+1}^2<1$ 得 $a_n<1$，

所以 $S_n>n-2$.

(3)由 $a_{k+1}^2+a_{k+1}=1+a_k^2\geqslant 2a_k$，得

$$\frac{1}{1+a_{k+1}}\leqslant\frac{a_{k+1}}{2a_k}(k=2,3,\cdots,n-1,n\geqslant 3),$$

所以 $\frac{1}{(1+a_3)(1+a_4)\cdot\cdots\cdot(1+a_n)}\leqslant\frac{a_n}{2^{n-2}a_2}(n\geqslant 3)$，

于是 $\frac{1}{(1+a_1)(1+a_2)\cdot\cdots\cdot(1+a_n)}\leqslant\frac{a_n}{2^{n-2}(a_2^2+a_2)}=\frac{a_n}{2^{n-2}}<\frac{1}{2^{n-2}}(n\geqslant 3)$.

故当 $n\geqslant 3$ 时，$T_n<1+1+\frac{1}{2}+\cdots+\frac{1}{2^{n-2}}<3.$

又因为 $T_1<T_2<T_3$，所以 $T_n<3.$

数学思想

转化与化归思想

(1)本章中合情推理与演绎推理体现的是一般与特殊的转化；数学归纳法体现的是一般与特殊、有限与无限的转化；反证法体现的是对立与统一的转化.

例1 已知 $x>0$，从不等式 $x+\frac{1}{x}\geqslant 2$ 和 $x+\frac{4}{x^2}=\frac{x}{2}+\frac{x}{2}+\frac{4}{x^2}\geqslant 3$ 启发我们推广后的一个结论是__________.

解析 由 $x+\frac{1}{x}\geqslant 2\sqrt{x\cdot\frac{1}{x}}=2$；

$x+\frac{4}{x^2}=\frac{x}{2}+\frac{x}{2}+\frac{4}{x^2}\geqslant$

$3\sqrt[3]{\frac{x}{2}\cdot\frac{x}{2}\cdot\frac{4}{x^2}}=3$；

$x+\frac{3^3}{x^3}=\frac{x}{3}+\frac{x}{3}+\frac{x}{3}+\frac{3^3}{x^3}\geqslant 4$；

…

归纳猜想：$x+\frac{n^n}{x^n}\geqslant n+1.$

答案 $x+\frac{n^n}{x^n}\geqslant n+1.$

例2 在平面上，我们如果用一条直线去截下正方形的一个角，那么截下的一个直角三角形，按图所标边长，由勾股定理有：$c^2=a^2+b^2$. 设想正方形换成正方体，把截线换成如图 8－1－10 的截面，这时从正方体上截下三条侧棱两两垂直的三棱锥 $O-LMN$，如果用 S_1、S_2、S_3 表示三个侧面面积，S_4 表示截面面积，那么你类比得到的结论是__________.

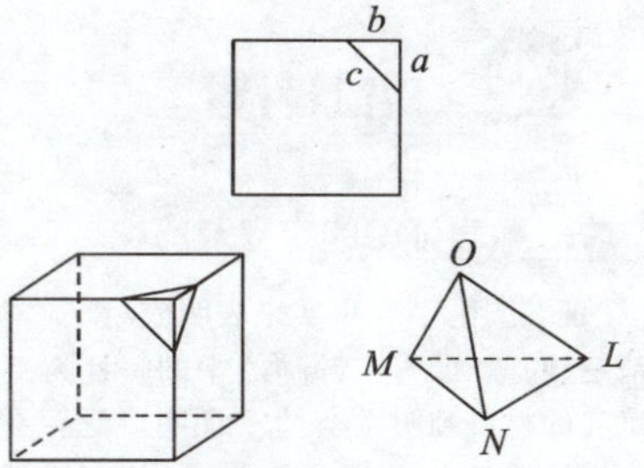

图 8－1－10

解析 在进行类比推理时，应该注意平面图形中的点、线分别与空间图形中的线、面类比；平面图形的长度、面积分别与空间图形中的面积、体积类比，结论易得.

答案 $S_1^2+S_2^2+S_3^2=S_4^2.$

点拨 *归纳推理是从特殊到一般，从部分到整体的推理；类比推理是从特殊到特殊的推理，推理的结果未必正确，体现的是一般与特殊的相互转化.*

(2)在进行有关推理与证明时，当所研究的问题不好证明或说理时，常将其转化为另一命题，使问题明朗、简单，如反证法，分析法都适运用于该思想.

例3 证明：方程 $2^x=3$ 有且只有一个根.

分析 本题为唯一性问题，可用反证法证明.

证明 $\because 2^x=3$，$\therefore x=\log_2^3$ 是方程的一个根.

假设方程 $2^x=3$ 有两个根 b_1、b_2（$b_1\neq b_2$），

则 $2^{b_1}=3$，$2^{b_2}=3$，$\therefore 2^{b_1-b_2}=1.$

若 $b_1-b_2>0$，则 $2^{b_1-b_2}>1$，这与 $2^{b_1-b_2}=1$ 矛盾.

若 $b_1-b_2<0$，则 $2^{b_1-b_2}<1$，这也与 $2^{b_1-b_2}=1$ 矛盾.

$\therefore b_1-b_2=0$，则 $b_1=b_2$ 这与 $b_1\neq b_2$ 矛盾，故 $2^x=3$ 有且只有一个根.

背景材料

1. 数学证明的定义及历史

“证”指用人物、事实来表明或断定.“明”指清楚、明白.证明在《辞海》中的解释为:“根据确实的材料判明真实性.”证明广泛存在于人类生活的各个领域.历史学家用“二重证据法”,即地下实物资料和历史文献资料相互印证的方式,对历史事实加以判断;法官要利用人证、物证进行判案;自然科学家通过观察、试验等方式论证科学假说的真伪.

数学证明指以一些真实性的已确定了的命题为前提来确定某一命题的真实性的思维过程.具体地说,数学证明是以一些基本概念、基本公理为基础,从题设(已知条件)出发,按照一定的逻辑规则和方法,经过一步步的演绎推理,最后得出结论的过程.由于任何已被判定的命题的真实性都是相对的,而不是绝对的,因而数学证明也不是绝对的而是相对的.

事实上,数学证明并无公认一致的严格定义.随着数学学科的发展,数学证明方式、方法和手段的丰富,数学证明的内涵也在不断发生变化.不同的人对数学证明的理解也大不相同,即便是数学家之间,对数学证明的看法也常常是大相径庭的.

德国数学家克莱因(Klein)强调了数学证明在数学中的作用.他认为数学基本上是一种自我证明的科学,将数学与证明几乎画上等号.雷德(Reid)和托马斯(Thomas)则更进一步,他们认为对于其他科学,如果也能像数学那样严格地进行推理和证明,则必将最终发现许多看上去可能的事是不可能的.英国数学家哈代(Hardy)则认为:“严格说起来根本没有所谓数学证明……归根到底我们只是指出一些要点……李特伍德和我都把证明称之为废话,它是打动某些人而编造的一堆华丽辞藻,是讲演时来演示的图片,是激发小学生想象力的工具.”

无论是克莱因对数学证明的推崇备至,还是哈代将数学证明贬低为只是“指指点点”,这种对数学证明理解上的差异与数学家本人的经历以及数学证明的历史密切相关.

西方公认的数学证明始于公元前6世纪的古希腊,爱奥尼亚(Ionia)学派的泰勒斯(Thales)证明了几条诸如直径分圆、对顶角相等之类的定理,开创了数学证明的先河.到了公元4世纪,欧几里德的划时代著作《几何原本》问世,它从一些基本的定义和公理出发,演绎推理出了400多条定理,奠定了数学证明的基本模式.当时的数学家不仅发展了直接证明的演绎推理手法,而且可以熟练地使用反证法,并渐渐形成分析与综合的思维方式.到了17世纪,法国数学家笛卡儿(Descartes)详细阐述了分析与综合、逻辑推导与直观思维在数学证明中的相互作用.直到20世纪前半页,“证明”这个概念还意味着那些极为精致的分析方法,特别是还有所谓的“构造性”证明的概念.但是计算机的出现从根本上改变了证明概念本身.计算机证明的第一次成功运用,是在1976年对四色定理的证明,从此也揭开了人们对计算机证明争论的历史.关于机器证明的争论持续至今,仍无定论.数学证明的历史沿革表明:不存在独立于时代的证明标准,数学证明必然随着时代和数学学科本身的变化而变化.

当然,其他文化中也不是没有产生过证明的思想.例如,中国古代典籍《韩非子》中有一则关于“棘刺母猴”的记载,其中燕王的铁匠关于“诸微物必以削削之,而所削必大于削.今棘刺之端不容削锋,难以治棘刺之端”的分析就体现了反证法的思想.而郭书春先生关于“刘徽注《九章算术》主要是演绎论证即真正的数学证明”的论断进一步说明,数学证明不仅在中国古代数学中存在,而且绽放异彩.当然中国古代数学中的证明与西方数学证明由于话语体系的不同,在表达形式上存在很大的差异.但是,它们的许多内在思想却是异曲同工、不谋而合的.总之,数学证明内涵的演化不仅具有文化性,而且具有时代性.

第二章 几何证明选讲

知识网络

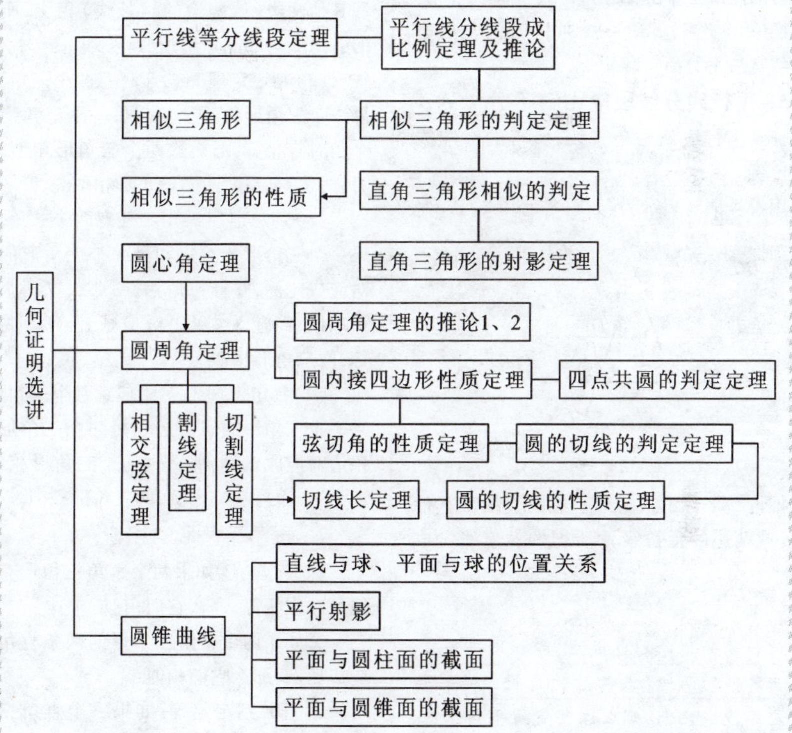

基础知识精析

1. 平行线等分线段定理

如果一组平行线在一条直线上截得的线段相等，那么这组平行线在其他直线上截得的线段也相等.

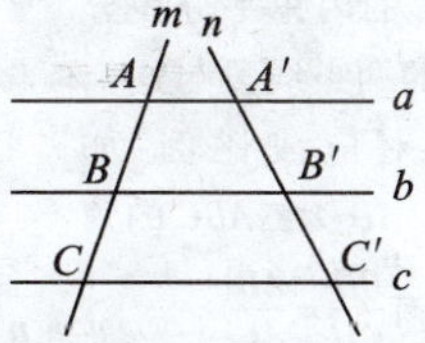

图 8－2－1

用符号语言表述是：已知 $a /\!/ b /\!/ c$，直线 m、n 分别与 a、b、c 交于点 A、B、C 和 A'、B'、C'（如

图 8－2－1)，如果 $AB=BC$，那么 $A'B'=B'C'$.

注意

被截线段不一定平行.

2. 平行线等分线段定理的推论

推论 1　经过三角形一边的中点与另一边平行的直线必平分第三边.

推论 2　经过梯形一腰的中点，且与底边平行的直线平分另一腰.

3. 平行线分线段成比例定理

三条平行线截两条直线，所得的对应线段成比例.

用符号语言表示为：如图 8－2－2，若 $a/\!/b/\!/c$，则 $\frac{AB}{BC}=\frac{DE}{EF}$.

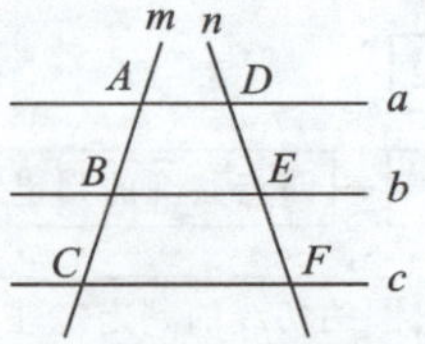

图 8－2－2

推论　平行于三角形一边的直线截其他两边(或两边的延长线)，所得的对应线段成比例.

注意

此推论的逆命题也成立，即如果一条直线截三角形的两边(或两边的延长线)所得的对应线段成比例，那么这条直线平行于三角形的第三边.

4. 三角形内角平分线定理

三角形的内角平分线分对边所得的两条线段与这个角的两边对应成比例. 如图 8－2－3，AD 为 $\triangle ABC$ 的角平分线，则有 $\frac{BD}{CD}=\frac{AB}{AC}$.

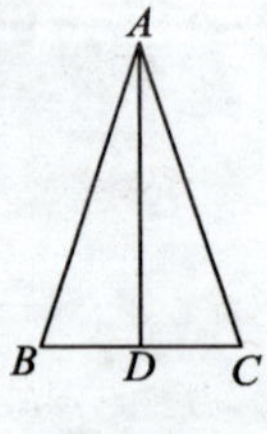

图 8－2－3

5. 相似三角形

对应角相等，对应边成比例的两个三角形叫做相似三角形. 相似三角形对应边的比值叫做相似比(或相似系数).

6. 三角形相似的判定

(1) 预备定理：平行于三角形一边的直线和其他两边(或两边的延长线)相交，所构成的三角形与原三角形相似.

(2) 判定定理 1：对于任意两个三角形，如果一个三角形的两个角与另一个三角形的两个角对应相等，那么这两个三角形相似. 简述为：两角对应相等，两三角形相似.

(3) 判定定理 2：对于任意两个三角形，如果一个三角形的两边和另一个三角形的两边对应成比例，并且夹角相等，那么这两个三角形相似. 简述为：两边对应成比例且夹角相等，两三角形相似.

(4) 判定定理 3：对于任意两个三角形，如果一个三角形的三条边和另一个三角形的三条边对应成比例，那么这两个三角形相似. 简述为：三边对应成比例，两三角形相似.

7. 直角三角形的相似

(1) 定理：①如果两个直角三角形有一个锐角对应相等，那么它们相似.

②如果两个直角三角形的两条直角边对应成比例，那么它们相似.

(2) HL 判定定理：如果一个直角三角形的斜边和一条直角边与另一个直角三角形的斜边和一条直角边对应成比例，那么这两个直角三角形相似.

8. 相似三角形的性质定理

(1) 相似三角形对应高的比、对应中线的比和对应角平分线的比都等于相似比；

(2) 相似三角形周长的比等于相似比；

(3) 相似三角形面积的比等于相似比的平方.

(4) 相似三角形外接圆的直径比、周长比等于相似比，外接圆的面积比等于相似比的平方.

(5)相似三角形内切圆的直径比、周长比等于相似比,内切圆的面积比等于相似比的平方.

9. 射影的相关概念

从一点向一直线所引垂线的垂足,叫做这个点在这条直线上的正射影.如果点 A 是直线 MN 上的点,那么 A 在 MN 上的正射影就是它本身.一条线段在直线上的正射影,是指线段的两个端点在这条直线上的正射影间的线段.点和线段的正射影简称为射影.

10. 直角三角形的射影定理

直角三角形斜边上的高是两直角边在斜边上射影的比例中项;两直角边分别是它们在斜边上射影与斜边的比例中项.

注意

直角三角形的射影定理有两个条件:一是直角三角形;二是斜边上的高.

11. 圆心角定理

圆心角的度数等于它所对弧的度数.

注意

圆心角一般指劣弧所对的角.

12. 圆周角定理

圆上同一条弧所对的圆周角等于它所对的圆心角的一半.

推论1:同弧或等弧所对的圆周角相等;同圆或等圆中,相等的圆周角所对的弧也相等.

推论2:半圆(或直径)所对的圆周角是直角;90°的圆周角所对的弦是直径.

注意

推论1中,"同弧或等弧"改为"同弦或等弦"则结论就不一定成立,因为一条弦所对的圆周角有两种可能,在一般情况下是不相等的.

13. 圆内接四边形的性质定理

定理1:圆内接四边形的对角互补.

定理2:圆内接四边形的外角等于它的内角的对角.

14. 圆内接四边形判定定理

如果一个四边形的对角互补,那么这个四边形的四个顶点共圆.

推论:如果四边形的一个外角等于它的内角的对角,那么这个四边形的四个顶点共圆.

15. 圆的切线的性质定理

圆的切线垂直于经过切点的半径.

推论1:经过圆心且垂直于切线的直线一定经过切点.

推论2:经过切点且垂直于切线的直线必经过圆心.

16. 圆的切线的判定定理

经过半径的外端并且垂直于这条半径的直线是圆的切线.

17. 弦切角

(1)定义:顶点在圆上,一边和圆相交,另一边和圆相切的角叫做弦切角.

(2)特点:①顶点在圆周上;②一边与圆相交;③一边与圆相切.

(3)分类:①圆心在角的外部;②圆心在角的一边上;③圆心在角的内部.

18. 弦切角定理

弦切角等于它所夹的弧所对的圆周角.

19. 相交弦定理

圆内的两条相交弦,被交点分成的两条线段长的积相等.

20. 割线定理

从圆外一点引圆的两条割线,这一点到每条割线与圆的交点的两条线段长的积相等.

21. 切割线定理

从圆外一点引圆的切线和割线,切线长是这点到割线与圆交点的两条线段长的比例中项.

22. 切线长

设P为圆外一点，过P的圆的切线的切点为A，称PA为P点到圆的切线长.

23. 切线长定理

从圆外一点引圆的两条切线，它们的切线长相等，圆心和这一点的连线平分两条切线的夹角.

24. 圆幂定理

相交弦定理、割线定理、切割线定理和切线长定理统称为圆幂定理.

25. 直线与球的位置关系

直线与球的位置关系有以下几种：相离、相切、相交. 这些位置关系也可以由球心到直线的距离OH与球的半径R的大小关系来确定.

当$OH>R$时，直线与球相离，直线与球没有公共点；

当$OH=R$时，直线与球相切，直线与球只有一个公共点，称这个点为切点；

当$OH<R$时，直线与球相交，直线与球有两个公共点.

从球外一点作球的切线，可以作无数条，它们的切线长相等，所有的切点组成一个圆.

26. 平面与球的关系

平面与球的位置关系有以下几种：相离、相切、相交. 这些位置关系也可以由球心到平面的距离OH与球的半径R的大小关系来确定.

一个平面与球面相交，所得的交线是一个圆，且圆心与球心的连线垂直于这一平面.

27. 正射影

给定一个平面α，从一点A作平面α的垂线，垂足为点A'，称点A'为点A在平面α上的正射影. 一个图形上各点在平面α上的正射影所组成的图形，称为这个图形在平面α上的正射影.

28. 平行投影

如图8－2－4，直线l与平面α相交，称直线l的方向为投影方向. 过点A作平行于l的直线（称为投影线）必交于α于一点A'，称点A'为A沿l的方向在平面α上的平行投影. 一个图形上各点在平面α上的平行投影所组成的图形，叫做这个图形的平行投影.

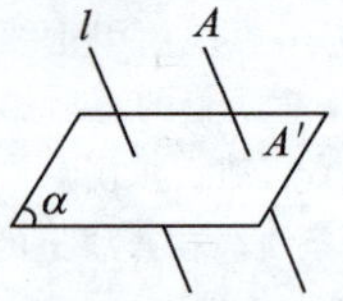

图8－2－4

注意

两条相交直线的平行投影不一定是相交直线，有可能为两条相交直线或一条直线.

29. 圆柱面

一般地，对空间中任一条平面曲线C，过C上一点引一条直线l，l沿C作平行移动所形成的轨迹称为柱面. 曲线C称为柱面的准线，l称为柱面的母线. 当曲线C为圆时，形成的柱面即为圆柱面，此时，圆C称为圆柱面的准线，l称为圆柱面的母线. 当l垂直于圆所在的平面时，所得柱面为正圆柱面.

30. 平面与正圆柱面的截线

定理：正圆柱形物体的斜截口是椭圆.

31. 圆锥面

一般地，对空间中任一条平面曲线C以及不与C共面的一定点P，过P点及C上的一点引一条直线l，l沿着C移动所形成的轨迹称为锥面. 曲线C称为锥面的准线，l称为锥面的母线. 当曲线C为圆时，形成的锥面即为圆锥面，此时，圆C称为圆锥面的准线，l称为圆锥面的母线. 特别地，当圆锥的顶点在底面的射影是底面圆心时，所得圆锥面为正圆锥面.

32. 圆锥面的性质

(1)正圆锥面的轴线和每一母线的夹角相等.

(2)如果一平面平行于准线所在的平面，

则截圆锥面所得的截线是圆.

33. 平面与正圆锥面的截线

定理:在空间中,取直线 l 为轴,直线 l' 与 l 相交于 O 点,夹角为 α,l' 围绕 l 旋转得到以 O 为顶点,l' 为母线的圆锥面. 任取平面 π,若它与轴 l 的交角为 β(当 π 与 l 平行时,记 $\beta=0$),则

(1)$\beta>\alpha$,平面 π 与圆锥的交线为椭圆;

(2)$\beta=\alpha$,平面 π 与圆锥的交线为抛物线;

(3)$\beta<\alpha$,平面 π 与圆锥的交线为双曲线.

题型分类与方法总结

题型 1 比例问题

若遇到比例连等式时,可设比例系数为 k 来求解,这种方法简称为"设 k 法".

例 1 若 $\dfrac{x}{4}=\dfrac{y}{5}=\dfrac{z}{6}$,则 $\dfrac{x+2y-z}{2x+y+z}=$ ________.

解析 设 $\dfrac{x}{4}=\dfrac{y}{5}=\dfrac{z}{6}=k$,则 $x=4k,y=5k,z=6k$.

$\therefore \dfrac{x+2y-z}{2x+y+z}=\dfrac{4k+10k-6k}{8k+5k+6k}=\dfrac{8}{19}$.

答案 $\dfrac{8}{19}$.

例 2 已知 $x:y=2:3,y:z=4:5,x+y-z=5$,求 x、y、z.

分析 方法一:用方程来解,由已知的三个条件,可构造一个三元一次方程组;方法二:可以转化为 $x:y:z$ 的形式,然后用"设 k 法"求解.

解法一 $\because x:y=2:3,\therefore x=\dfrac{2}{3}y$.

同理 $z=\dfrac{5}{4}y$.

代入方程 $x+y-z=5$,得 $\dfrac{2}{3}y+y-\dfrac{5}{4}y=5$.

解得 $y=12$.

$\therefore x=\dfrac{2}{3}\times12=8,z=\dfrac{5}{4}\times12=15$.

解法二 $x:y=2:3=8:12,y:z=4:5=12:15,\therefore x:y:z=8:12:15$.

设 $x=8k,y=12k,z=15k$,代入方程 $x+y-z=5$,得 $8k+12k-15k=5,k=1.\therefore x=8,y=12,z=15$.

题型 2 线段比例式问题

1. 基本图形法

常见的图形分为"A"型,"X"型,"射影"型. 对复杂的平面几何图形,必需先仔细审题,看图弄清"A"型或是"射影"型,由此得出相关线段的比例式.

例 3 如图 8-2-5,已知在▱$ABCD$ 中,延长 AB 到 E,使 $BE=\dfrac{1}{2}AB$,连接 ED 交 BC、AC 于 F、G. 求 $EF:FG:GD$ 的值.

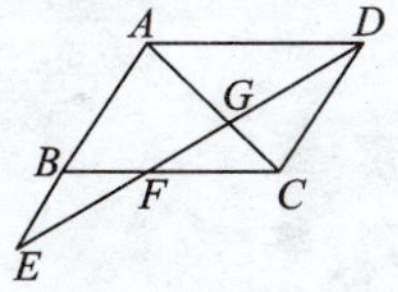

图 8-2-5

分析 寻找"A 型"与"X 型"图示,以便找到所需要的比例式.

解 $\because$ 四边形 $ABCD$ 是平行四边形,$\therefore AD/\!/BC$.

$\because BE=\dfrac{1}{2}AB,\therefore \dfrac{EF}{ED}=\dfrac{BE}{AE}=\dfrac{1}{3}=\dfrac{BF}{AD}$.

设 $EF=k,ED=3k,\therefore FD=2k$.

$\because BC/\!/AD,\therefore \dfrac{FG}{GD}=\dfrac{FC}{AD}=\dfrac{2}{3}$.

$\therefore \dfrac{FG}{FD}=\dfrac{2}{5}.\therefore FG=\dfrac{4}{5}k,GD=\dfrac{6}{5}k$,

$\therefore EF:FG:GD=k:\dfrac{4}{5}k:\dfrac{6}{5}k$,

即 $EF:FG:GD=5:4:6$.

例 4 如图 8-2-6,已知 D 为△ABC 中 AC 边的中点,$AE/\!/BC$,ED 交 AB 于 G,交 BC

的延长线于 F，若 $BG:GA=3:1$，$BC=8$，求 AE 的长.

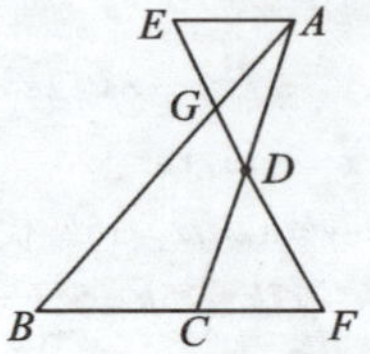

图 8－2－6

分析 常用比例的方法结合方程来求未知线段.

解 $\because AE /\!/ BC$，D 为 AC 的中点，

$\therefore AE=CF$.

设 $AE=x$，$\because AE /\!/ BC$，$\therefore \dfrac{AE}{BF}=\dfrac{AG}{BG}=\dfrac{1}{3}$.

又 $\because BC=8$，$\therefore \dfrac{x}{x+8}=\dfrac{1}{3}$，$3x=x+8$，

$\therefore x=4$. $\therefore AE=4$.

例5 如图 8－2－7，已知在 $\triangle ABC$ 中，$\angle ABC=90°$，AD 平分 $\angle BAC$ 交 BC 于 D，求证：$\dfrac{AB^2}{AD^2}=\dfrac{BC}{2CD}$.

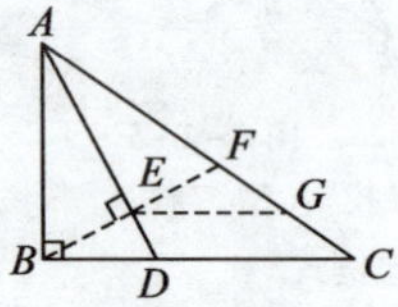

图 8－2－7

分析 要证结论中有 AB^2，而 AB 在 $\text{Rt}\triangle ABD$ 中，且为直角边，故想到构造"射影"型图形.

解 过 B 作 $BF\perp AD$ 于 E，交 AC 于 F，

过 E 作 $EG /\!/ BC$ 交 AC 于 G.

由直角三角形的射影定理知

$AB^2=AE\cdot AD$.

$\because \angle BAD=\angle DAC$，$AE=AE$，$\angle AEB=\angle AEF=90°$，$\therefore BE=FE$.

$\because EG /\!/ BC$，$\therefore G$ 为 CF 的中点，

$\therefore EG=\dfrac{1}{2}BC$.

$\because EG /\!/ BC$，$\therefore \dfrac{AE}{AD}=\dfrac{EG}{CD}$.

$\therefore \dfrac{\frac{AB^2}{AD}}{AD}=\dfrac{\frac{1}{2}BC}{CD}$，故 $\dfrac{AB^2}{AD^2}=\dfrac{BC}{2CD}$.

点拨 一般在直角三角形中，常通过作斜边上的高构造"射影"型图形.

2. 借助中间量转化法

例6 如图 8－2－8，在四边形 $ABCD$ 中，AC、BD 交于 O，过 O 作 AB 的平行线，与 AD、BC 分别交于 E、F，与 CD 的延长线交于 K. 求证：$KO^2=KE\cdot KF$.

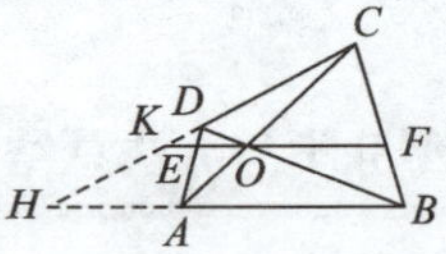

图 8－2－8

分析 KO、KE、KF 在一条直线上，要证明 $KO^2=KE\cdot KF$，即要证 $\dfrac{KO}{KE}=\dfrac{KF}{KO}$，显然要寻找中间比. 若延长 CK、BA，设它们交于 H，则图形中出现比例线段的两个基本图形，这就不难将 $\dfrac{KO}{KE}$、$\dfrac{KF}{KO}$ 进行转换而找到中间比.

证明 延长 CK、BA，设它们交于 H.

$\because KO /\!/ HB$，$\therefore \dfrac{KO}{HB}=\dfrac{DK}{DH}$，$\dfrac{KE}{HA}=\dfrac{DK}{DH}$.

$\therefore \dfrac{KO}{HB}=\dfrac{KE}{HA}$，即 $\dfrac{KO}{KE}=\dfrac{HB}{HA}$.

$\because KF /\!/ HB$，同理可得 $\dfrac{KF}{KO}=\dfrac{HB}{HA}$.

$\therefore \dfrac{KO}{KE}=\dfrac{KF}{KO}$，即 $KO^2=KE\cdot KF$.

题型3 相似三角形的判定

判定两个三角形相似的方法主要有：(1)定义法；(2)平行法(预备定理)；(3)判定定理1；(4)判定定理2；(5)判定定理3；(6)判定直角三角形相似的方法除上述外还有直角三角形相似的判定定理.

当已知有一角相等时，可选择定理1或2；

当已知有两边对应成比例时，可选择定理2或定理3；

当判定直角三角形相似时，首先看是否可以用判定直角三角形的方法来判定. 如不能再考虑用判定一般三角形相似的方法来判定.

例7 如图8-2-9，BD、CE是$\triangle ABC$的高. 求证：$\triangle ADE\backsim\triangle ABC$.

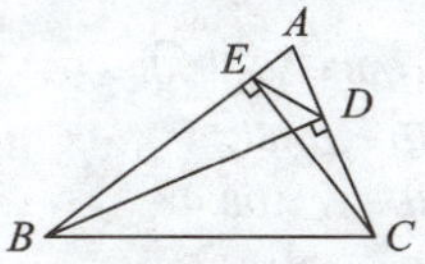

图8-2-9

分析 要证$\triangle ADE\backsim\triangle ABC$，由公共角$\angle A$想到利用判定定理1及判定定理2，而根据题设，再证一组角相等很困难. 故可证夹$\angle A$的两边成比例，而题设中$\triangle ABD$与$\triangle ACE$的相似是显然的.

证明 $\because BD$、CE是$\triangle ABC$的高，

$\therefore \angle AEC=\angle ADB=90°$.

又$\because \angle A=\angle A$，$\therefore \triangle AEC\backsim\triangle ADB$.

$\therefore \frac{AE}{AD}=\frac{AC}{AB}$，即$\frac{AD}{AB}=\frac{AE}{AC}$.

$\because \angle A=\angle A$，$\therefore \triangle ADE\backsim\triangle ABC$.

题型4 相似三角形性质的应用

(1)计算周长，边长；(2)证明线段成比例、角相等等，常结合方程思想进行.

例8 如图8-2-10，在$\triangle ABC$和$\triangle DBE$中，$\frac{AB}{DB}=\frac{BC}{BE}=\frac{AC}{DE}=\frac{5}{3}$. 若$\triangle ABC$与$\triangle DBE$的周长之差为10 cm，则$\triangle ABC$的周长为________；若$\triangle ABC$与$\triangle DBE$的面积之和为170 cm^2，则$\triangle DBE$的面积为________.

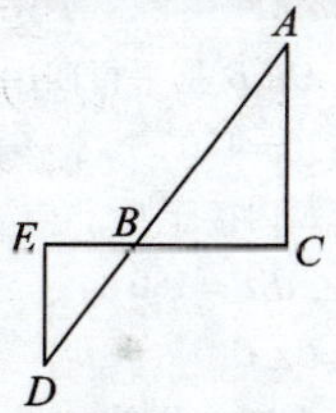

图8-2-10

解析 $\because \frac{AB}{DB}=\frac{BC}{BE}=\frac{AC}{DE}=\frac{5}{3}$，

$\therefore \triangle ABC\backsim\triangle DBE$.

设$\triangle ABC$的周长为l，$\triangle DBE$的周长为l'

则有$\frac{l}{l'}=\frac{5}{3}$.

$\therefore c'=\frac{3}{5}c$，$c-c'=\frac{2c}{5}=10$ cm，

$\therefore c=25(\text{cm})$.

$\because \frac{S_{\triangle ABC}}{S_{\triangle DBE}}=\frac{AB^2}{DB^2}=\frac{25}{9}$，

$\therefore S_{\triangle ABC}=\frac{25}{9}S_{\triangle DBE}$.

$\because S_{\triangle ABC}+S_{\triangle DBE}=170\ \text{cm}^2$，

即$\left(\frac{25}{9}+1\right)\cdot S_{\triangle DBE}=170$，

$\therefore S_{\triangle DBE}=45(\text{cm}^2)$.

答案 25 cm，45 cm^2.

题型5 射影定理的应用

由射影定理可得三角形相似，可求相似比，三角形边长等. 射影定理中有三个等式，根据题目需要选择使用.

例9 在$\triangle ABC$中，$\angle ACB=90°$，$CD\perp AB$于点D，$AD:BD=2:3$，则$\triangle ACD$与$\triangle CBD$的相似比为(　　).

A. 2∶3　　B. 4∶9

C. $\sqrt{6}:3$　　D. 不确定

解析 如图8-2-11，在Rt$\triangle ACB$中，$CD\perp AB$，由射影定理得

$CD^2=AD\cdot BD$，即$\frac{CD}{AD}=\frac{BD}{CD}$.

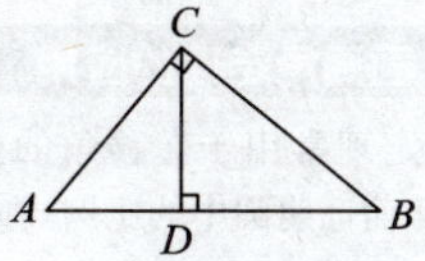

图8-2-11

又$\because \angle ADC=\angle BDC=90°$，

$\therefore \triangle ACD\backsim\triangle CBD$.

又$\because AD:BD=2:3$，

令$AD=2x$，$BD=3x(x>0)$，

$\therefore CD^2=6x^2$，$\therefore CD=\sqrt{6}x$.

易知$\triangle ACD$与$\triangle CBD$的相似比为$\frac{AD}{CD}=\frac{2x}{\sqrt{6}x}=\frac{\sqrt{6}}{3}$，即相似比为$\sqrt{6}:3$.

答案 C.

例10 如图8－2－12，在$\triangle ABC$中，$CD\perp AB$于D，$DE\perp AC$于E，$DF\perp BC$于F，求证：$\triangle CEF\backsim\triangle CBA$.

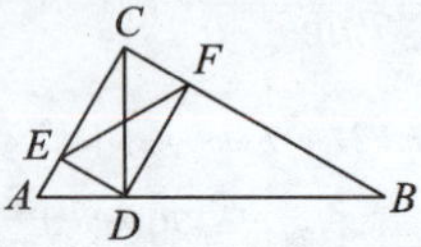

图8－2－12

分析 要证明$\triangle CEF\backsim\triangle CBA$，题设已具备了$\angle BCA=\angle ECF$，因此，考虑证明$\angle BCA$与$\angle ECF$的夹边成比例，即$\frac{CE}{CB}=\frac{CF}{CA}$，即证$CE\cdot CA=CF\cdot CB$. 再从已知出发考虑问题，在$\mathrm{Rt}\triangle ADC$中，$DE\perp AC$，根据射影定理能推出$CD^2=CE\cdot CA$，同理可得$CD^2=CF\cdot CB$，这样，$CE\cdot CA=CF\cdot CB$就能得证.

证明 $\because\triangle ADC$是直角三角形，$DE\perp AC$，

$\therefore CD^2=CE\cdot CA$.

同理可得$CD^2=CF\cdot CB$.

$\therefore CE\cdot CA=CF\cdot CB$，即$\frac{CE}{CB}=\frac{CF}{CA}$.

又$\because\angle ECF=\angle BCA$，$\therefore\triangle CEF\backsim\triangle CBA$.

点拨 当题目中缺少角相等时，应考虑利用相等的角的两边对应成比例，即及时转换解题思路.

题型6 圆周角定理的应用

圆周角定理常用于转移角的位置，产生相似关系，从而证明圆中的比例式或等积式.

例11 如图8－2－13，已知在$\odot O$中，$AB=AC$，D是BC延长线上的一点，AD交$\odot O$于E. 求证：$AB^2=AD\cdot AE$.

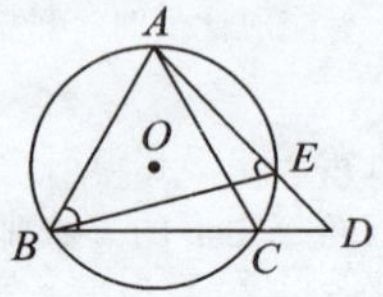

图8－2－13

分析 将欲证的乘积式写成比例式，找到应该证明相似的三角形，利用等弧所对的圆周角相等的概念证明.

证明 $\because AB=AC$，$\therefore\overset{\frown}{AB}=\overset{\frown}{AC}$.

$\therefore\angle ABD=\angle AEB$.

在$\triangle ABE$与$\triangle ADB$中，

$\begin{cases}\angle BAE=\angle DAB,\\ \angle AEB=\angle ABD,\end{cases}$

$\therefore\triangle ABE\backsim\triangle ADB$.

$\therefore\frac{AB}{AD}=\frac{AE}{AB}$，即$AB^2=AD\cdot AE$.

题型7 圆内接四边形问题

(1)由圆内接四边形可得该四边形对角互补，外角等于它的内角的对角（简称内对角）.

(2)要判定四点共圆，首先要把这四个点连接成四边形，然后说明其对角互补或外角等于它的内对角.

例12 如图8－2－14，四边形$ABCD$为平行四边形，过点A和B的圆与AD、BC分别交于E、F. 求证：C、D、E、F四点共圆.

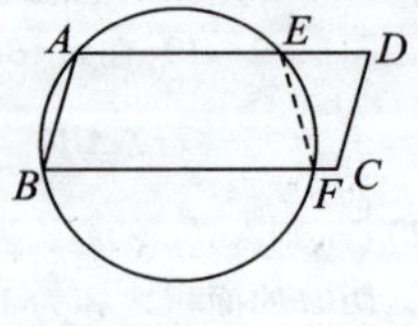

图8－2－14

证明 连接EF.

$\because$四边形$ABCD$是平行四边形，

$\therefore\angle B+\angle C=180°$.

$\because A$、B、F、E内接于圆，

$\therefore\angle B+\angle AEF=180°$.

$\therefore\angle AEF=\angle C$.

$\therefore C$、D、E、F四点共圆.

例13 如图8-2-15,在半径为1的⊙O中,引两条互相垂直的直径AE和BF,在$\overset{\frown}{EF}$上取一点C,弦AC交BF于P,弦CB交AE于Q. 求证:四边形$APQB$的面积是1.

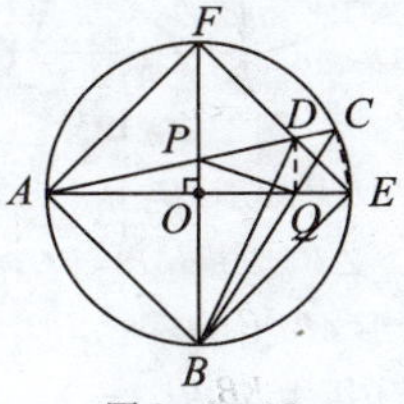

图8-2-15

分析 由已知条件可以证明四边形$ABEF$是正方形,且边长为$\sqrt{2}$,则正方形面积为2. 而$\triangle ABD$的面积为正方形面积的一半,所以,只需证明$S_{四边形APQB}=S_{\triangle ABD}$,即证$S_{\triangle BPD}=S_{\triangle BPQ}$,即证$DQ\parallel PB$. 因为$BP\perp AE$,所以,只需证$DQ\perp AE$.

证明 ∵ AE、BF为互相垂直的两条直径,垂足O为圆心,

∴ AE、BF互相垂直、平分且相等,

∴ 四边形$ABEF$是正方形.

∴ $\angle ACB=\angle AEF=45°$,即$\angle DCQ=\angle QED$.

∴ D、Q、E、C四点共圆.

连接CE、DQ,则$\angle DCE+\angle DQE=180°$.

∵ AE为⊙O的直径,

∴ $\angle DCE=90°$,$\angle DQE=90°$.

∵ $\angle FOE=90°$,进而$DQ\parallel BF$,

∴ $S_{\triangle BPQ}=S_{\triangle BPD}$,

∴ $S_{\triangle ABP}+S_{\triangle BPQ}=S_{\triangle ABP}+S_{\triangle BPD}$,即$S_{四边形ABQP}=S_{\triangle ABD}$.

∵ ⊙O的半径为1,∴ 正方形$ABEF$的边长为$\sqrt{2}$,即$AB=AF=\sqrt{2}$.

∴ $S_{四边形ABQP}=S_{\triangle ABD}=\dfrac{1}{2}AB\cdot AF=1$.

题型8 弦切角问题

此类问题一般要注意弦切角在角的转换中的作用.

例14 如图8-2-16,EB、EC是⊙O的两条切线,B、C是切点,A、D是⊙O上两点,若$\angle E=46°$,$\angle DCF=32°$,则$\angle BAD$的度数是________.

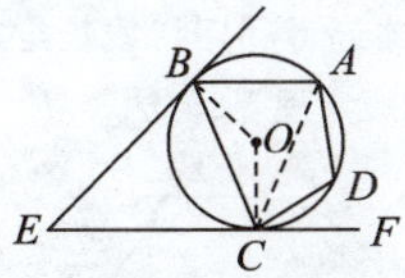

图8-2-16

解析 连接OB、OC、AC,根据弦切角定理,可得$\angle DCF=\angle CAD$,$\angle EBC=\angle BAC$.

∴ $\angle BAD=\angle BAC+\angle CAD=\angle EBC+\angle DCF=\dfrac{1}{2}(180°-\angle E)+\angle DCF=67°+32°=99°$.

答案 99°.

题型9 与圆有关的线段问题

在应用中,见圆中有两条弦相交可想到相交弦定理;见到切线与一条割线可想到切割线定理;若有两条切线相交则想到切线定理,并熟悉此时图形中存在着一个以交点和圆心连线为对称轴的轴对称图形.

例15 如图8-2-17,PA与⊙O相切于A,PCB为⊙O的割线,并且不过圆心O. 已知$\angle BPA=30°$,$PA=2\sqrt{3}$,$PC=1$,则⊙O的半径等于________.

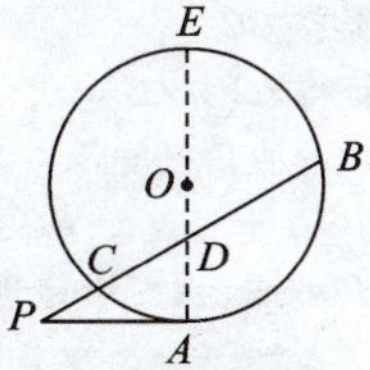

图8-2-17

解析 由圆的性质可知$PA^2=PC\cdot PB$,∴ $PB=12$,连接OA并反向延长交圆于点E,在Rt$\triangle APD$中,可求得$PD=4$,$DA=2$,故$CD=3$,$DB=8$. 设圆的半径为R,由于$ED\cdot DA=CD\cdot DB$,∴ $(2R-2)\times2=3\times8$,解得$R=7$.

答案 7.

例16 如图8-2-18，已知AB是$\odot O$的直径，C为圆上任意一点，过C的切线分别与过A、B两点的切线交于P、Q.

求证：$AB^2=4AP\cdot BQ$.

分析 本题可利用切线长定理以及相似三角形或勾股定理等，证法较多.

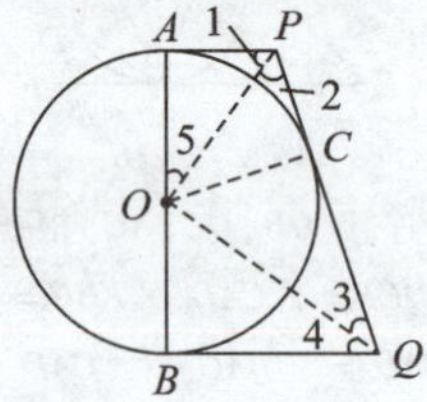

图8-2-18

证法一 连接OP、OQ，如图8-2-18.

$\because AP$、PQ、BQ为$\odot O$的切线，

$\therefore \angle 1=\angle 2$，$\angle 3=\angle 4$.

$\because AP$、BQ为$\odot O$的切线，AB为直径，

$\therefore AB\perp AP$，$AB\perp BQ$.

$\therefore AP/\!/BQ$.

$\therefore \angle A=\angle B=90°$，

$\angle 1+\angle 2+\angle 3+\angle 4=180°$.

$\therefore \angle 1+\angle 4=\angle 2+\angle 3=90°$.

$\because \angle 1+\angle 5=90°$，$\therefore \angle 4=\angle 5$.

$\therefore \triangle AOP\backsim\triangle BQO$.

$\therefore \dfrac{AO}{BQ}=\dfrac{AP}{OB}$.

$\because AB=2AO=2OB$. $\therefore AB^2=4AP\cdot BQ$.

证法二 连接OC.

同上可证得$\angle 2+\angle 3=90°$.

$\therefore \triangle PQO$是直角三角形.

$\because PQ$切$\odot O$于C点，$\therefore OC\perp PQ$.

在$Rt\triangle PQO$中，由射影定理可得$OC^2=PC\cdot CQ$，

利用切线长定理，有$PC=PA$，$BQ=QC$.

$\therefore OC^2=AP\cdot BQ$.

$\because AB=2OC$，$\therefore AB^2=4AP\cdot BQ$.

证法三 如图8-2-19，过P作BQ的垂线PD，垂足为D.

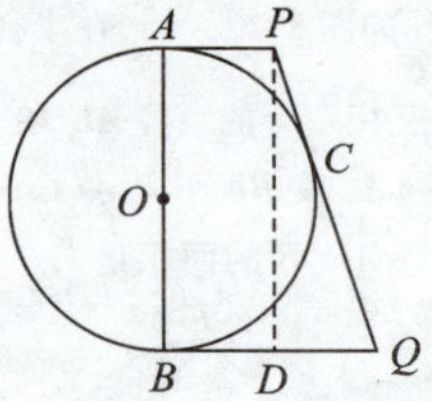

图8-2-19

$\because AP$、BQ、PQ切$\odot O$于A、B、C，

$\therefore \angle A=\angle B=90°$，$AP=PC$，$CQ=BQ$.

$\therefore$四边形$ABDP$为矩形，$PQ=AP+BQ$.

$\therefore AP=BD$，$AB=PD$.

在$Rt\triangle PQD$中，利用勾股定理得：

$PQ^2=PD^2+QD^2$，

$\therefore (AP+BQ)^2=AB^2+(BQ-AP)^2$.

$\therefore 4AP\cdot BQ=AB^2$.

点拨 见切线，连切点与圆心；见圆外一点所作的两条切线时，连接此点与圆心的连线，以及切点与圆心的连线等.

题型10 几何图形在平面上的射影

例17 若$Rt\triangle ABC$的斜边BC在平面α内，则$\triangle ABC$的两条直角边在平面α内的射影与斜边组成的图形只能是(   ).

A. 一条线段

B. 一个锐角三角形

C. 一个钝角三角形

D. 一条线段或一个钝角三角形

解析 (1)当顶点A在平面α上的射影A'在BC所在直线上时，两条直角边在平面α上的射影是一条线段，与斜边组成的图形是线段，如图8-2-20(1).

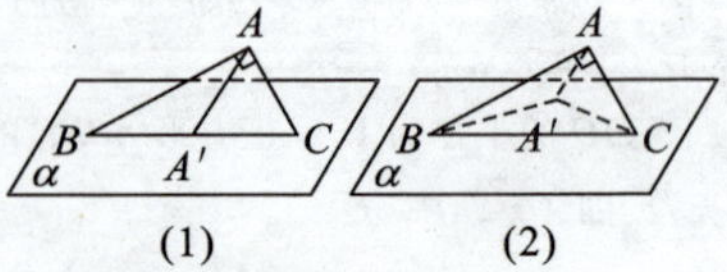

图8-2-20

(2)当顶点A在平面α上的射影A'不在BC所在的直线上时，

$\because AA'\perp\alpha$，$\therefore AA'\perp A'B$，$AA'\perp A'C$.

$\therefore A'B<AB$，$A'C<AC$.

在 $\mathrm{Rt}\triangle ABC$ 中，$AB^2+AC^2=BC^2$，

$\therefore BC^2>A'B^2+A'C^2$.

$\therefore A'B^2+A'C^2-BC^2<0$.

$\therefore \angle BA'C$ 为钝角. $\therefore \triangle A'BC$ 为钝角三角形，如图 8-2-20(2).

答案 D.

综合解题指导

题型 1 几何证明与数列的综合

例 1 已知 $\triangle ABC$ 的内角 A、B、C 所对的边 a、b、c 成等差数列，且 $a>b>c$，$A-C=90°$.

求证：$a:b:c=(\sqrt{7}+1):\sqrt{7}:(\sqrt{7}-1)$.

证明 以“$A-C=90°$”作为切入点，如图 8-2-21，在 $\triangle ABC$ 中，作 $AD\perp AC$，交 BC 于 D，由已知得 $\angle C=\angle BAD$，所以 $\triangle DBA\backsim\triangle ABC$，则 $\frac{c}{a}=\frac{DB}{c}=\frac{AD}{b}$，$AD=\frac{bc}{a}$，$BD=\frac{c^2}{a}$.

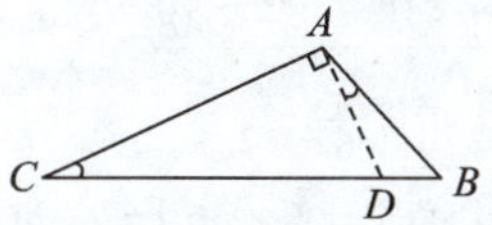

图 8-2-21

再结合勾股定理与条件“$a+c=2b$”可得

$(a+c)^2(a-c)^2=b^2(a^2+c^2)$.

展开得 $3a^2-8ac+3c^2=0$，

即 $3\cdot\left(\frac{a}{c}\right)^2-8\cdot\frac{a}{c}+3=0$.

$\therefore \frac{a}{c}=\frac{8\pm\sqrt{28}}{2\times3}=\frac{4\pm\sqrt{7}}{3}$.

又 $\because a>c$，$\therefore \frac{a}{c}=\frac{4+\sqrt{7}}{3}=\frac{\sqrt{7}+1}{\sqrt{7}-1}$，

设 $c=\sqrt{7}-1$，则 $a=\sqrt{7}+1$，

$\therefore b=\sqrt{7}$，

$\therefore a:b:c=(\sqrt{7}+1):\sqrt{7}:(\sqrt{7}-1)$.

题型 2 几何证明与向量的综合

例 2 如图 8-2-22，在 $\triangle ABC$ 中，点 O 是 BC 的中点，过点 O 的直线分别交直线 AB、AC 于不同的两点 M、N，若 $\overrightarrow{AB}=m\overrightarrow{AM}$，$\overrightarrow{AC}=n\overrightarrow{AN}$，则 $m+n$ 的值为______.

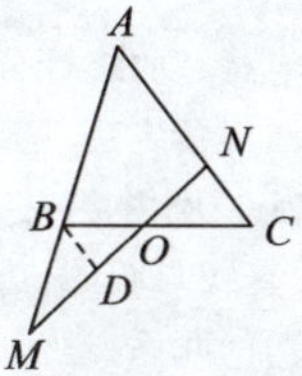

图 8-2-22

解析 如图 8-2-22，作 $BD/\!/AC$，

则 $BD=NC$，且 $\frac{BD}{AN}=\frac{BM}{AM}$.

$\because \frac{BD}{AN}=\frac{NC}{AN}=\frac{AC-AN}{AN}=\frac{AC}{AN}-1=\frac{|\overrightarrow{AC}|}{|\overrightarrow{AN}|}-1=n-1$.

又 $\because \frac{BM}{AM}=\frac{AM-AB}{AM}=1-\frac{AB}{AM}=1-\frac{|\overrightarrow{AB}|}{|\overrightarrow{AM}|}=1-m$，$\therefore n-1=1-m$，$m+n=2$.

答案 2.

例 3 $\triangle ABC$ 的外接圆的圆心为 O，两条边上的高的交点为 H，若 $\overrightarrow{OH}=m(\overrightarrow{OA}+\overrightarrow{OB}+\overrightarrow{OC})$ 恒成立，则实数 $m=$______.

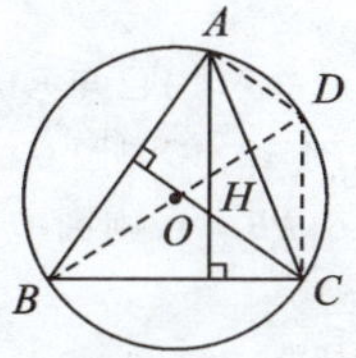

图 8-2-23

解析 如图 8-2-23，$\odot O$ 为 $\triangle ABC$ 的外接圆，连接 BO 并延长交 $\odot O$ 于 D，连接 AD、CD，则 BD 为 $\odot O$ 的直径，$\angle BCD=\angle BAD=90°$. $\therefore AH/\!/CD$，$CH/\!/AD$.

$\therefore$ 四边形 $AHCD$ 为平行四边形.

$\therefore \overrightarrow{AH}=\overrightarrow{DC}$. 又 $\because \overrightarrow{DC}=\overrightarrow{OC}-\overrightarrow{OD}=\overrightarrow{OC}-(-\overrightarrow{OB})=\overrightarrow{OC}+\overrightarrow{OB}$，$\therefore \overrightarrow{AH}=\overrightarrow{OC}+\overrightarrow{OB}$.

$\therefore \overrightarrow{OH}=\overrightarrow{OA}+\overrightarrow{AH}=\overrightarrow{OA}+\overrightarrow{OB}+\overrightarrow{OC}$.

答案 1.

三年高考分析

通过近几年高考的统计分析，可以看出本章主要考查圆周角定理、圆的切线的判定定理与性质定理，及圆内接四边形的性质.

其中，有关直线与圆的位置关系与圆的有关知识有密切的联系，逐步会成为高考的重点. 对相似三角形、射影定理的综合考查，出现在选择题或填空题中，难度为中、低档题.

例1 （广东理高考）如图 8－2－24，点 A、B、C 是圆 O 上的一点，且 $AB=4$，$\angle ACB=45°$，则圆 O 的面积等于______.

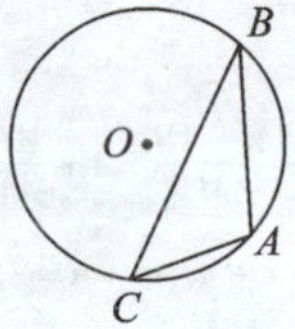

图 8－2－24

解析 $\because 2R=\dfrac{4}{\sin 45°}=4\sqrt{2}$，$\therefore R=2\sqrt{2}$.

$\therefore S=\pi R^2=8\pi$.

答案 8π.

例2 （广东高考）已知 PA 是圆 O 的切线，切点为 A，$PA=2$，AC 是圆 O 的直径，PC 与圆 O 交于点 B，$PB=1$，则圆 O 的半径 $R=$______.

解析 方法一：如图 8－2－25，依题意知 $AO\perp PA$，$AB\perp PC$，

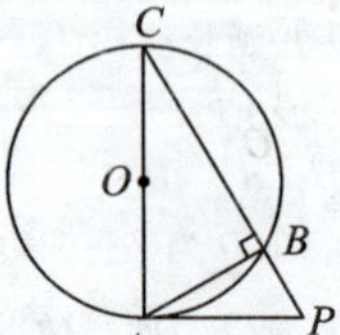

图 8－2－25

$PA=2$，$PB=1$，$\therefore \angle APB=60°$，

$\therefore 2OA=2R=2\tan 60°=2\sqrt{3}$.

$\therefore R=\sqrt{3}$.

方法二：依题意知 $\triangle PBA\backsim\triangle PAC$，

$\therefore \dfrac{PB}{AB}=\dfrac{PA}{AC}$.

$\therefore AC=\dfrac{PA\cdot AB}{PB}=\dfrac{2\times\sqrt{2^2-1^2}}{1}=2\sqrt{3}$.

$\therefore R=\dfrac{AC}{2}=\sqrt{3}$.

答案 $\sqrt{3}$.

例3 （广东高考）如图 8－2－26，圆 O 的直径 $AB=6$，C 为圆周上一点，$BC=3$. 过 C 作圆的切线 l，过 A 作 l 的垂线 AD，垂足为 D，则 $\angle DAC=$______.

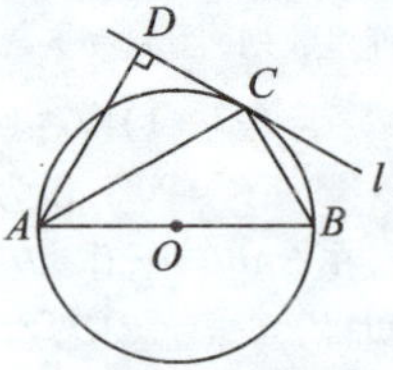

图 8－2－26

解析 $\because \sin\angle CAB=\dfrac{BC}{AB}=\dfrac{1}{2}$，

$\therefore \angle CAB=\dfrac{\pi}{6}$.

由弦切角定理得 $\angle ACD=\angle ABC$，$AD\perp l$，

$\therefore \angle DAC=\angle CAB=\dfrac{\pi}{6}$.

答案 $\dfrac{\pi}{6}$.

例4 （江苏高考）如图 8－2－27，在四边形 $ABCD$ 中，$\triangle ABC\cong\triangle BAD$，求证：$AB/\!/CD$.

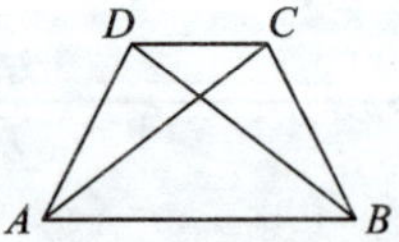

图 8－2－27

证明 由 $\triangle ABC\cong\triangle BAD$ 得 $\angle ACB=\angle BDA$，故 A、B、C、D 四点共圆.

从而 $\angle CAB=\angle CDB$.

再由 $\triangle ABC\cong\triangle BAD$ 得 $\angle CAB=\angle DBA$.

因此 $\angle DBA=\angle CDB$，所以 $AB/\!/CD$.

例5 （海南宁夏理高考）如图8－2－28，已知$\triangle ABC$的两条角平分线AD和CE相交于H，$\angle B=60^\circ$，F在AC上，且$AE=AF$.

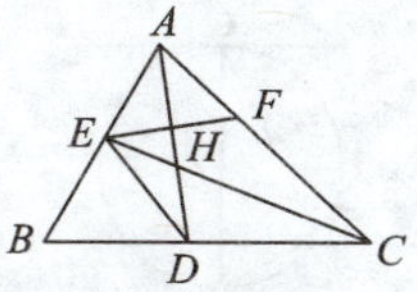

图8－2－28

（1）求证：B、D、H、E四点共圆；

（2）求证：CE平分$\angle DEF$.

证明 （1）在$\triangle ABC$中，$\because \angle ABC=60^\circ$，

$\therefore \angle BAC+\angle BCA=120^\circ$.

$\because AD$、CE是角平分线，

$\therefore \angle HAC+\angle HCA=60^\circ$，

故$\angle AHC=120^\circ$.

于是$\angle EHD=\angle AHC=120^\circ$.

$\because \angle EBD+\angle EHD=180^\circ$，

$\therefore B$、D、H、E四点共圆.

（2）如图8－2－29，连接BH，则BH为$\angle ABC$的平分线，得$\angle HBD=30^\circ$.

由（1）知B、D、H、E四点共圆，$\therefore \angle CED=\angle HBD=30^\circ$.

又$\because \angle AHE=\angle EBD=60^\circ$，由已知可得$EF\perp AD$，$\therefore \angle CEF=30^\circ$. $\therefore \angle CEF=\angle CED$，$\therefore CE$平分$\angle DEF$.

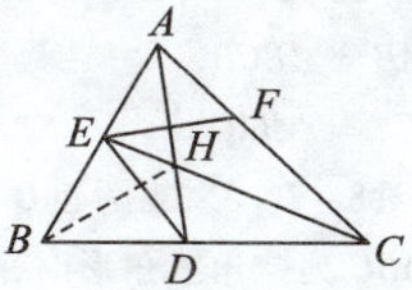

图8－2－29

例6 （辽宁高考）如图8－1－30，已知$\triangle ABC$，$AB=AC$，D是$\triangle ABC$外接圆劣弧$\overset{\frown}{AC}$上的点（不与点A、C重合），延长BD至E.

（1）求证：AD的延长线平分$\angle CDE$；

（2）若$\angle BAC=30^\circ$，$\triangle ABC$中BC边上的高为$2+\sqrt{3}$，求$\triangle ABC$外接圆的面积.

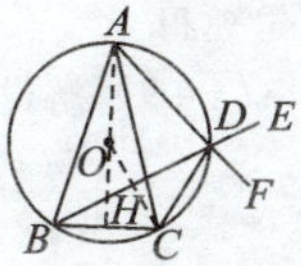

图8－2－30

（1）**证明** 如图8－1－30，设F为AD延长线上的一点，$\because A$、B、C、D四点共圆，

$\therefore \angle CDF=\angle ABC$.

又$\because AB=AC$，$\therefore \angle ABC=\angle ACB$，

且$\angle ADB=\angle ACB$，

$\therefore \angle ADB=\angle CDF$.

$\therefore \angle EDF=\angle ADB$，

$\therefore \angle EDF=\angle CDF$.

即AD的延长线平分$\angle CDE$.

（2）**解** 设O为外接圆圆心，连接AO交BC于H，则$AH\perp BC$. 连接OC，由题意$\angle OAC=\angle OCA=15^\circ$，$\angle ACB=75^\circ$，

$\therefore \angle OCH=60^\circ$.

设圆半径为r，则$r+\frac{\sqrt{3}}{2}r=2+\sqrt{3}$，得$r=2$，故外接圆面积为$4\pi$.

数学思想

1. 方程思想

例1 如图8－2－31，PT切$\odot O$于点T，PA交$\odot O$于A、B两点且与直径CT交于点D，若$CD=2$，$AD=3$，$BD=6$，则$PB=$________.

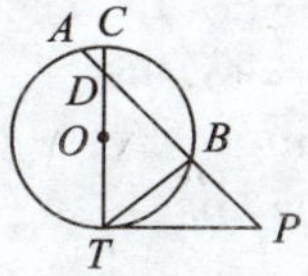

图8－2－31

解析 由已知和相交弦定理可得$AD\cdot DB=CD\cdot DT$，所以$TD=\frac{1}{2}\times 3\times 6=9$.

又设$PB=x$，则在$\text{Rt}\triangle PDT$中，有$PT^2=(x+6)^2-9^2$.

由相交弦定理得 $PT^2=x(x+9)$，所以 $(x+6)^2-9^2=x(x+9)$，解得 $x=15$，即 $PB=15$.

答案 15.

例2 如图 8-2-32，已知$\odot O_1$与$\odot O_2$相交于 A、B 两点，过点 A 作$\odot O_1$的切线交$\odot O_2$于点 C，过点 B 作两圆的割线，分别交$\odot O_1$、$\odot O_2$于点 D、E，DE 与 AC 相交于点 P.

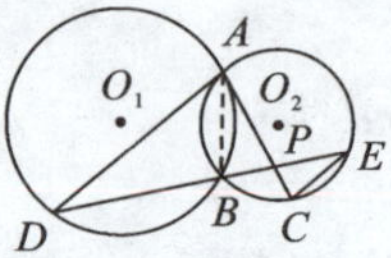

图 8-2-32

(1)求证：$AD/\!/EC$；

(2)若 AD 是$\odot O_2$的切线，且 $PA=6$，$PC=2$，$BD=9$，求 AD 的长.

(1) 证明 连接 AB.

$\because AC$ 是$\odot O_1$的切线，

$\therefore \angle BAC=\angle D$.

又$\because \angle BAC=\angle E$，

$\therefore \angle D=\angle E$，

$\therefore AD/\!/EC$.

(2) 解 设 $BP=x$，$PE=y$，

$\because PA=6$，$PC=2$，

$\therefore xy=12$. ①

$\because AD/\!/EC$，

$\therefore \dfrac{DP}{PE}=\dfrac{AP}{PC}$，$\therefore \dfrac{9+x}{y}=\dfrac{6}{2}$. ②

由①②可得 $\begin{cases}x=3,\\y=4,\end{cases}$ 或 $\begin{cases}x=-12,\\y=-1.\end{cases}$（舍去）

$\therefore DE=9+x+y=16$.

$\because AD$ 是$\odot O_2$的切线，

$\therefore AD^2=DB\cdot DE=9\times16$，

$\therefore AD=12$.

2. 分类讨论思想

有些图形位置特征不确定，往往需要运用分类讨论思想.

例3 已知$\triangle ABC$是$\odot O$的内接三角形，CE 是$\odot O$的切线，

求证：$\angle BCE=\angle A$.

证明 (1)如图 8-2-33，当圆心 O 在$\triangle ABC$的 BC 上，即$\triangle ABC$是直角三角形时.

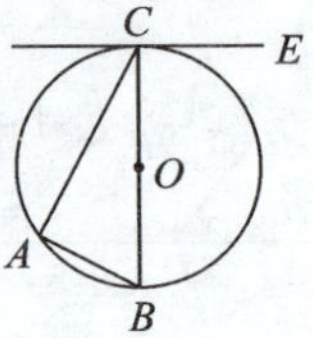

图 8-2-33

$\because CE$ 是切线，

$\therefore \angle BCE=90°$.

又$\because \angle A$ 是半圆上的圆周角，

$\therefore \angle A=90°$，

$\therefore \angle BCE=\angle A$.

(2)如图 8-2-34，当圆心 O 在$\triangle ABC$内部，即$\triangle ABC$为锐角三角形时，作$\odot O$的直径 CP，连接 AP，则$\angle PCE=\angle CAP=90°$.

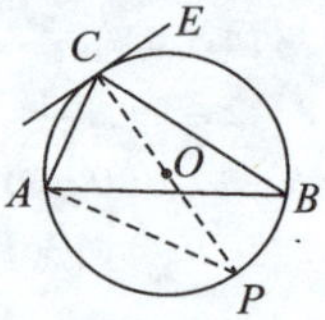

图 8-2-34

$\because \angle BCE=\angle PCE-\angle PCB=90°-\angle PCB$，

$\angle BAC=\angle CAP-\angle PAB=90°-\angle PAB$，

而$\angle PAB=\angle PCB$，

$\therefore \angle BCE=\angle BAC$.

(3)如图 8-2-35，当圆心 O 在$\triangle ABC$的外部，即$\triangle ABC$为钝角三角形时，作$\odot O$的直径 CP，连接 AP，则$\angle PCE=\angle CAP=90°$.

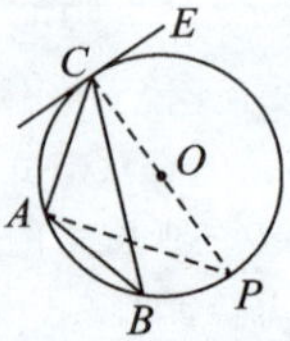

图 8-2-35

$\because \angle BCE=\angle PCE+\angle PCB=90°+\angle PCB$，$\angle BAC=\angle CAP+\angle PAB=90°+$

$\angle PAB$,

而$\angle PAB=\angle PCB$,

$\therefore \angle BCE=\angle BAC$.

综上可知$\angle BCE=\angle A$.

背景材料

射影几何学

概括地说，射影几何学是几何学的一个重要分支学科，它是专门研究图形的位置关系的，也是专门用来讨论在把点投影到直线或者平面上的时候，图形的不变性的科学.

在射影几何学中，把无穷远点看作是“理想点”. 通常的直线再加上一个无穷点就是无穷远直线，如果一个平面内两条直线平行，那么这两条直线就交于这两条直线共有的无穷远点. 通过同一无穷远点的所有直线平行.

在引入无穷远点和无穷远直线后，原来普通点和普通直线的结合关系依然成立，而过去只有两条直线不平行的时候才能求交点的限制就消失了.

由于经过同一个无穷远点的直线都平行，因此中心射影和平行射影两者就可以统一了. 平行射影可以看作是经过无穷远点的中心投影了. 这样凡是利用中心投影或者平行投影把一个图形映成另一个图形的映射，就都可以叫做射影变换了.

射影变换有两个重要性质：首先，射影变换使点列变点列，直线变直线，线束变线束，点和直线的结合性是射影变换的不变性；其次，射影变换下，交比不变. 交比是射影几何中重要的概念，用它可以说明两个平面点之间的射影对应.

在射影几何里，把点和直线叫做对偶元素，把“过一点作一直线”和“在一直线上取一点”叫做对偶运算. 在两个图形中，它们如果都是由点和直线组成，把其中一个图形里的各元素改为它的对偶元素，各运算改为它的对偶运算，结果就得到另一个图形. 这两个图形叫做对偶图形. 在一个命题中叙述的内容只是关于点、直线和平面的位置，把各元素改为它的对偶元素，各运算改为它的对偶运算的时候，结果就得到另一个命题. 这两个命题叫做对偶命题.

这就是射影几何学所特有的对偶原则. 在射影平面上，如果一个命题成立，那么它的对偶命题也成立，这叫做平面对偶原则. 同样，在射影空间里，如果一个命题成立，那么它的对偶命题也成立，叫做空间对偶原则.

研究在射影变换下二次曲线的不变性质，也是射影几何学的一项重要内容.

如果就几何学内容的多少来说，射影几何学 < 仿射几何学 < 欧氏几何学，这就是说欧氏几何学的内容最丰富，而射影几何学的内容最贫乏. 比如在欧氏几何学里可以讨论仿射几何学的对象（如简比、平行性等）和射影几何学的对象（如四点的交比等），反过来，在射影几何学里不能讨论图形的仿射性质，而在仿射几何学里也不能讨论图形的度量性质.

1872 年，德国数学家克莱因在爱尔朗根大学提出著名的《爱尔朗根计划书》中提出用变换群对几何学进行分类，就是凡是一种变换，它的全体能组成“群”，就有相应的几何学，而在每一种几何学里，主要研究在相应的变换下的不变量和不变性.

第九篇 复 数

知识网络

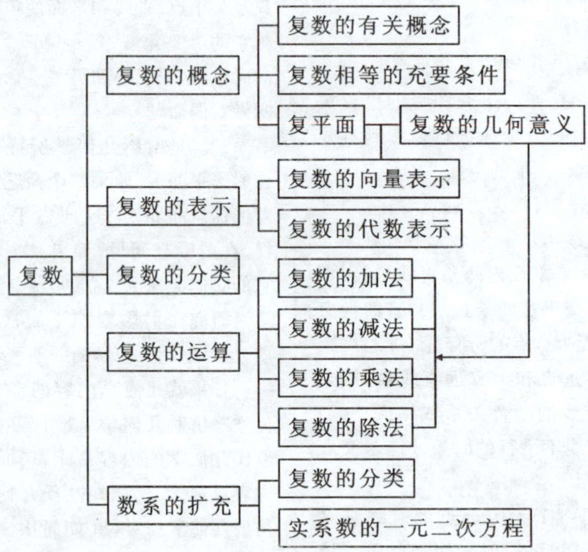

基础知识精析

1. 虚数单位

数 i 叫做虚数单位，并规定：

(1)$i^2=-1$；(2)实数与 i 可以进行四则运算，进行四则运算时，原有的加法、乘法运算律仍成立.

注意

(1)性质 $i^2=-1$ 中，并没有规定 $i=\pm\sqrt{-1}$ 还是 $i=\sqrt{-1}$ 或 $i=-\sqrt{-1}$.

(2)性质(2)是扩充数集的原则之一，这里只提加、乘运算，不提减、除，并不是对减法和除法不成立，而是为了后面讲复数的四则运算时，把减法、除法定义为加法、乘法的逆运算.

2. 复数

形如 $a+bi(a、b\in\mathbf{R})$ 的数叫做复数，复数通常用字母 z 表示. 全体复数构成的集合叫做复数集，一般用大写字母 $\mathbf{C}$ 表示. 其中 a,b 分别叫做复数 $a+bi$ 的实部与虚部.

3. 复数相等

如果两个复数的实部和虚部分别相等，

那么我们就说这两个复数相等.

如果 $a、b、c、d\in\mathbf{R}$,那么

$a+bi=c+di\Leftrightarrow a=c,b=d.$

特别地,$a+bi=0\Leftrightarrow a=0,b=0.$

注意

两个实数可以比较大小,但对于两个复数,如果不全是实数,就只能说相等或不相等,不能比较大小.

4. 复数的分类

复数 $a+bi(a、b\in\mathbf{R})$,$b=0$ 时为实数;$b\neq0$ 时为虚数,$a=0,b\neq0$ 时为纯虚数,即

$$\text{复数}(a+bi,a、b\in\mathbf{R})\begin{cases}\text{实数}(b=0)\\ \text{虚数}(b\neq0)\begin{cases}\text{纯虚数}(a=0)\\ \text{非纯虚数}(a\neq0).\end{cases}\end{cases}$$

5. 复平面

直角坐标系中,表示复数的平面叫做复平面,x 轴叫做实轴,y 轴叫做虚轴. 实轴上的点表示实数,除了原点外,虚轴上的点都表示纯虚数.

复数集 $\mathbf{C}$ 和复平面内所有的点所成的集合是一一对应的. 即

复数 $z=a+bi\xleftrightarrow{\text{一一对应}}$ 复平面内的点 $Z(a,b)$.

6. 复数的表示

(1)代数表示:把复数 z 表示成 $a+bi(a、b\in\mathbf{R})$的形式,叫做复数的代数形式.

(2)复数的向量表示:

设复平面内的点 Z 表示复数 $z=a+bi$. 连接 OZ,则向量$\overrightarrow{OZ}$是由点 Z 唯一确定的;反过来,点 Z(相对于原点来说)也可以由向量唯一确定. 即

复数 $z=a+bi\xleftrightarrow{\text{一一对应}}$ 平面向量$\overrightarrow{OZ}$.

7. 共轭复数

(1)当两个复数实部相等,虚部互为相反数时,这两个复数叫做互为共轭复数. 虚部不等于 0 的两个共轭复数也叫做互为共轭虚数.

复数 z 的共轭复数用$\bar{z}$表示,即如果 $z=a+bi$,那么 $\bar{z}=a-bi(a、b\in\mathbf{R})$.

在复平面内,如果用点 Z 表示 $z=a+bi$,用点$\bar{Z}$表示$\bar{z}=a-bi(a、b\in\mathbf{R})$,则点 Z 和点$\bar{Z}$关于实轴对称.

(2)共轭复数的性质:

① $z\cdot\bar{z}=|z|^2=|\bar{z}|^2$;② $z\in\mathbf{R}\Leftrightarrow z=\bar{z}$;③非零复数 z 是纯虚数$\Leftrightarrow\bar{z}+z=0$;④$z+\bar{z}=2a,z-\bar{z}=2bi$;⑤$\overline{z_1+z_2}=\bar{z}_1+\bar{z}_2$;$\overline{z_1\cdot z_2}=\bar{z}_1\cdot\bar{z}_2$;$\overline{\left(\frac{z_1}{z_2}\right)}=\frac{\bar{z}_1}{\bar{z}_2}(z_2\neq0)$.

8. 复数的模

向量$\overrightarrow{OZ}$的模 r 叫做复数 $z=a+bi(a、b\in\mathbf{R})$的模(或绝对值),记作$|z|$或$|a+bi|$. 由模的定义可知

$|z|=|a+bi|=r=\sqrt{a^2+b^2}$(显然 $r\geqslant0$,$a,b\in\mathbf{R}$).

当 $b=0$ 时,复数 $a+bi$ 表示实数 a,此时 $r=\sqrt{a^2}=|a|$.

9. 复数的加法与减法

两个复数相加(减)就是把实部与实部、虚部与虚部分别相加(减),即

$(a+bi)\pm(c+di)=(a\pm c)+(b\pm d)i$ $(a、b、c、d\in\mathbf{R})$.

注意

两个复数的和、差仍是一个复数,并且满足交换律、结合律.

10. 复数加法的几何意义

设$\overrightarrow{OZ_1}$,$\overrightarrow{OZ_2}$分别对应于复数 $z_1=a+bi$ $(a、b\in\mathbf{R})$和 $z_2=c+di(c、d\in\mathbf{R})$,且$\overrightarrow{OZ_1}$、$\overrightarrow{OZ_2}$不共线,以这两个向量为两条邻边作平行四边形,则这个平行四边形的对角线 OZ 所表示的向量$\overrightarrow{OZ}$就是与复数 z_1 与 z_2 的和相对应的

向量(如图 9－1).

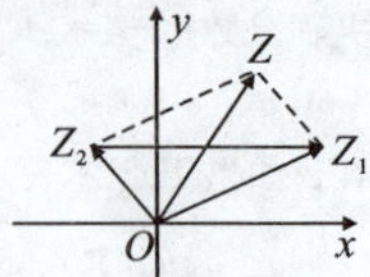

图 9－1

11. 复数减法的几何意义

两个复数 z_1 与 z_2 的差 z_1-z_2 对应于连接它们对应向量 $\overrightarrow{OZ_1}$ 和 $\overrightarrow{OZ_2}$ 的终点,并指向被减数的向量 $\overrightarrow{Z_2Z_1}$(如图 9－1).

12. 复数的乘法

复数乘法按多项式乘法法则进行,设 $z_1=a+b\mathrm{i}$,$z_2=c+d\mathrm{i}$(a、b、c、$d\in\mathbf{R}$),则它们的积 $z_1\cdot z_2=(a+b\mathrm{i})(c+d\mathrm{i})=(ac-bd)+(ad+bc)\mathrm{i}$.

注意

两个复数的积仍是一个复数. 复数的乘法满足交换律、结合律及乘法对加法的分配律. 即 $z_1\cdot z_2=z_2\cdot z_1$;$(z_1\cdot z_2)\cdot z_3=z_1\cdot(z_2\cdot z_3)$;$z_1(z_2+z_3)=z_1z_2+z_1z_3$($z_1$、$z_2$、$z_3\in\mathbf{C}$).

13. 两个共轭复数的积

两个共轭复数 z,$\bar{z}$ 的积是一个实数,这个实数等于每一个复数的模的平方,即 $z\cdot\bar{z}=|z|^2=|\bar{z}|^2$.

14. 虚数单位 i 的乘方

如果 $n\in\mathbf{N}^*$,那么 $\mathrm{i}^{4n}=1$,$\mathrm{i}^{4n+1}=\mathrm{i}$,$\mathrm{i}^{4n+2}=-1$,$\mathrm{i}^{4n+3}=-\mathrm{i}$.

15. 复数的乘方

复数的乘方也是相同复数的积. 实数集 $\mathbf{R}$ 中正整数指数幂的运算法则在复数集 $\mathbf{C}$ 中仍然成立. 即对任何 z、z_1、$z_2\in\mathbf{C}$ 及 m、$n\in\mathbf{N}^*$,有 $z^m\cdot z^n=z^{m+n}$;$(z^m)^n=z^{mn}$;$(z_1\cdot z_2)^m=z_1^m\cdot z_2^m$.

16. 复数的模的性质

(1) $|z|\geqslant 0$;

(2) $\bar{z}\cdot z=|z|^2=|\bar{z}|^2$;

(3) $|z_1|-|z_2|\leqslant|z_1\pm z_2|\leqslant|z_1|+|z_2|$;

(4) $|z_1z_2|=|z_1|\cdot|z_2|$;

(5) $\left|\dfrac{z_1}{z_2}\right|=\dfrac{|z_1|}{|z_2|}(z_2\neq 0)$;

(6) $|z_1+z_2|^2+|z_1-z_2|^2=2|z_1|^2+2|z_2|^2$.

17. 复数的除法

复数除法的实质是分母实数化,即

$$\frac{a+b\mathrm{i}}{c+d\mathrm{i}}=\frac{(a+b\mathrm{i})(c-d\mathrm{i})}{(c+d\mathrm{i})(c-d\mathrm{i})}=\frac{(ac+bd)+(bc-ad)\mathrm{i}}{c^2+d^2}=\frac{ac+bd}{c^2+d^2}+\frac{bc-ad}{c^2+d^2}\mathrm{i}(a,b,c,d\in\mathbf{R},c+d\mathrm{i}\neq 0).$$

18. 复平面内两点间距离公式的复数表示

复平面内两点间距离公式 $d=|z_1-z_2|$. 其中 z_1、z_2 是复平面内的两点 Z_1、Z_2 所对应的复数,d 表示 Z_1 和 Z_2 之间的距离.

19. 实系数一元二次方程的解

实系数一元二次方程 $ax^2+bx+c=0(a\neq 0)$,

若 $\Delta=b^2-4ac\geqslant 0$,则 $x=\dfrac{-b\pm\sqrt{\Delta}}{2a}$.

若 $\Delta=b^2-4ac<0$,则 $x=\dfrac{-b\pm\sqrt{-\Delta}\,\mathrm{i}}{2a}$.

注意

当 $\Delta<0$ 时,求根公式仍然可用,虚根成对出现且互为共轭复数.

20. 1 的三次虚根 ω 的性质

由方程 $x^3-1=0$,得 $x_1=1$,$x_2=\dfrac{-1+\sqrt{3}\mathrm{i}}{2}$,$x_3=\dfrac{-1-\sqrt{3}\mathrm{i}}{2}$.

取 $\omega_1=\dfrac{-1+\sqrt{3}\mathrm{i}}{2}$,$\omega_2=\dfrac{-1-\sqrt{3}\mathrm{i}}{2}$.

则有(1) $\omega_1^3=\omega_2^3=1$;

(2) $1+\omega_1+\omega_2=0$;

(3) $\omega_1^2=\omega_2$ 或 $\omega_2^2=\omega_1$;

(4) $\omega_1=\overline{\omega_2}$ 且 $\overline{\omega_1}=\omega_2$;

(5)$\omega_1 \cdot \omega_2 = 1, \omega_1 = \dfrac{1}{\omega_2}, \omega_2 = \dfrac{1}{\omega_1}$;

(6)$\omega^{3n} = 1, \omega^{3n+1} = \omega, \omega^{3n+2} = \omega^2$.

题型分类与方法总结

题型1 复数的有关概念

首先分清复数的实部和虚部，以及它们对复数分类的影响，然后通过赋值结合定义求解.

例1 已知 $m \in \mathbf{R}$，复数 $z = \dfrac{m(m-2)}{m-1} + (m^2+2m-3)\mathrm{i}$，当 m 为何值时，满足：(1)$z \in \mathbf{R}$；(2)z 是纯虚数；(3)z 对应的点位于复平面的第二象限；(4)z 对应的点在直线 $x+y+3=0$ 上.

分析 (1)(2)可根据 z 为实数、纯虚数的充要条件求出；(3)(4)可根据复数与复平面上的点的一一对应关系求出相应的 m 值.

解 (1)由 $m^2+2m-3=0$ 且 $m-1 \neq 0$，得 $m=-3$，故当 $m=-3$ 时，$z \in \mathbf{R}$.

(2)由$\begin{cases} \dfrac{m(m-2)}{m-1} = 0, \\ m^2+2m-3 \neq 0, \end{cases}$

解得 $m=0$ 或 $m=2$.

$\therefore$ 当 $m=0$ 或 $m=2$ 时，z 为纯虚数.

(3)由$\begin{cases} \dfrac{m(m-2)}{m-1} < 0, \\ m^2+2m-3 > 0, \end{cases}$

解得 $m<-3$ 或 $1<m<2$.

故当 $m<-3$ 或 $1<m<2$ 时，z 对应的点位于复平面的第二象限.

(4)由$\dfrac{m(m-2)}{m-1} + (m^2+2m-3) + 3 = 0$，

得$\dfrac{m(m^2+2m-4)}{m-1} = 0$.

解得 $m=0$ 或 $m=-1 \pm \sqrt{5}$.

故当 $m=0$ 或 $m=-1 \pm \sqrt{5}$时，z 对应的点在直线 $x+y+3=0$ 上.

题型2 复数相等条件的应用

复数问题实数化处理，通常是由复数相等的充要条件将其转化为实数集上的方程组，进而求得原方程的解.

例2 已知 x 是实数，y 是纯虚数，且满足$(2x-1)+(3-y)\mathrm{i} = y - \mathrm{i}$，求 x、y.

分析 因为 $x \in \mathbf{R}$，y 是纯虚数，所以可设 $y = b\mathrm{i}(b \in \mathbf{R}$ 且 $b \neq 0)$，代入原式，由复数相等的充要条件可得方程组，解之即得所求结果.

解 $\because y$ 是纯虚数，可设 $y = b\mathrm{i}(b \in \mathbf{R}$，且 $b \neq 0)$，则有$(2x-1)+3\mathrm{i}+b = b\mathrm{i} - \mathrm{i} = (b-1)\mathrm{i}$.

整理，得$(2x-1+b)+3\mathrm{i} = (b-1)\mathrm{i}$.

由复数相等的充要条件，得

$\begin{cases} 2x-1+b=0, \\ b-1=3. \end{cases}$解得$\begin{cases} b=4, \\ x=-\dfrac{3}{2}. \end{cases}$

$\therefore x = -\dfrac{3}{2}, y = 4\mathrm{i}$.

点拨 本题易犯的错误是：由$(2x-1)+(3-y)\mathrm{i} = y - \mathrm{i}$，得$\begin{cases} 2x-1=y, \\ 3-y=-1 \end{cases} \Rightarrow \begin{cases} x=\dfrac{5}{2}, \\ y=4. \end{cases}$这是因为 y 为纯虚数，并非实数，而左式中的 $3-y$并非是$(2x-1)+(3-y)\mathrm{i}$ 的虚部，同样，在右边的 $y-\mathrm{i}$ 中 y 也并非是实部.

题型3 向量的模的最值的求法

其解题途径主要有以下几种：(1)运用图形的直观性求解；(2)运用复数的三角不等式求解；(3)运用复数的几何意义求解；(4)运用共轭复数的性质求解.

例3 已知复数 z 满足$|z|=2$，求$|1+\sqrt{3}\mathrm{i}+z|$的最小值和最大值.

解法一 设 $z = a + b\mathrm{i}(a, b \in \mathbf{R})$.

$\because |z| = 2$，

$\therefore a^2 + b^2 = 4$.

$\therefore |z+1+\sqrt{3}\mathrm{i}| = \sqrt{(a+1)^2 + (\sqrt{3}+b)^2}$

$=\sqrt{8+2(a+\sqrt{3}b)}$. ①

设 $t=a+\sqrt{3}b$，则 $t-\sqrt{3}b=a$，$t^2-2\sqrt{3}bt+3b^2=a^2=4-b^2$，

$\therefore 4b^2-2\sqrt{3}tb+t^2-4=0$.

$\because b\in\mathbf{R}, t\in\mathbf{R}$,

$\therefore \Delta=(-2\sqrt{3}t)^2-16(t^2-4)\geqslant 0$.

解得 $-4\leqslant t\leqslant 4$，即 $-4\leqslant a+\sqrt{3}b\leqslant 4$. ②

②代入①，得

$|z+1+\sqrt{3}\mathrm{i}|_{min}=0$，$|z+1+\sqrt{3}\mathrm{i}|_{max}=4$.

解法二 $|z|=2$，

$\therefore$ 复数 z 对应的点 Z 是圆 $x^2+y^2=4$ 上的点.

$|z+1+\sqrt{3}\mathrm{i}|$ 表示 Z 与 $-1-\sqrt{3}\mathrm{i}$ 的对应点间的距离.

由于点 $P(-1,-\sqrt{3})$ 在圆上，如图 9-2，

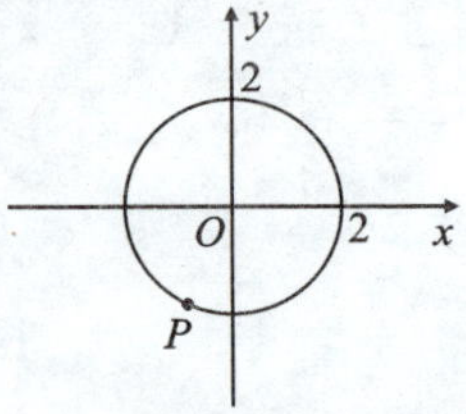

图 9-2

$\therefore PZ$ 的最小值为 0，最大值为 4，

即 $|z+1+\sqrt{3}\mathrm{i}|_{min}=0$，

$|z+1+\sqrt{3}\mathrm{i}|_{max}=4$.

解法三 由不等式 $|z_1|-|z_2|\leqslant|z_1+z_2|\leqslant|z_1|+|z_2|$，得 $|1+\sqrt{3}\mathrm{i}|-|z|\leqslant|1+\sqrt{3}\mathrm{i}+z|\leqslant|1+\sqrt{3}\mathrm{i}|+|z|$，

$\therefore 0\leqslant|1+\sqrt{3}\mathrm{i}+z|\leqslant 4$.

$\therefore |z+1+\sqrt{3}\mathrm{i}|_{min}=0$，

$|z+1+\sqrt{3}\mathrm{i}|_{max}=4$.

解法四 设 $z=x+y\mathrm{i}(x,y\in\mathbf{R})$，则由 $|z|=2$ 得 $x^2+y^2=4$.

$|z+1+\sqrt{3}\mathrm{i}|^2=(z+1+\sqrt{3}\mathrm{i})(\bar{z}+1-\sqrt{3}\mathrm{i})$

$=[(x+1)+(y+\sqrt{3})\mathrm{i}][(x+1)-(y+\sqrt{3})\mathrm{i}]$

$=(x+1)^2+(y+\sqrt{3})^2$

$=x^2+y^2+2x+2\sqrt{3}y+4$

$=8+2(x+\sqrt{3}y)$.

由于 $x^2+y^2=4$，故可令 $x=2\cos\theta$，$y=2\sin\theta(\theta\in\mathbf{R})$，

于是上式可化为 $|z+1+\sqrt{3}\mathrm{i}|^2$

$=8+4(\cos\theta+\sqrt{3}\sin\theta)$

$=8+8\left(\dfrac{1}{2}\cos\theta+\dfrac{\sqrt{3}}{2}\sin\theta\right)$

$=8+8\sin\left(\theta+\dfrac{\pi}{6}\right)$,

$\therefore 0\leqslant|z+1+\sqrt{3}\mathrm{i}|^2\leqslant 16$,

即 $|z+1+\sqrt{3}\mathrm{i}|_{min}=0$，$|z+1+\sqrt{3}\mathrm{i}|_{max}=4$.

题型 4 复数的代数运算

复数的四则运算类似于多项式的四则运算，此时含有虚数单位 i 的看作一类同类项，不含 i 的看作另一类同类项，分别合并即可，但要注意把 i 的幂写成最简单的形式，化简的依据是 i 的周期性，即 $\mathrm{i}^{4n}=1$，$\mathrm{i}^{4n+1}=\mathrm{i}$，$\mathrm{i}^{4n+2}=-1$，$\mathrm{i}^{4n+3}=-\mathrm{i}(n\in\mathbf{N})$. 复数的代数形式运算，基本思路是直接用法则运算，但有时如果能用上特殊复数 i 或 ω 的一些性质以及一些常见的结论，如 $(1+\mathrm{i})^2=2\mathrm{i}$，$(1-\mathrm{i})^2=-2\mathrm{i}$，$\dfrac{1+\mathrm{i}}{1-\mathrm{i}}=\mathrm{i}$，$\dfrac{1-\mathrm{i}}{1+\mathrm{i}}=-\mathrm{i}$，$-b+a\mathrm{i}=\mathrm{i}(a+b\mathrm{i})$ 等，可更有效地简化运算，提高计算速度.

例 4 计算：(1) $\dfrac{(2+2\mathrm{i})^4}{(1-\sqrt{3}\mathrm{i})^5}$；

(2) $\dfrac{-2\sqrt{3}+\mathrm{i}}{1+2\sqrt{3}\mathrm{i}}+\left(\dfrac{\sqrt{2}}{1-\mathrm{i}}\right)^{2\,010}$.

分析 (1) 可用 ω 的性质计算；

(2) 可用 $-2\sqrt{3}+\mathrm{i}=\mathrm{i}(1+2\sqrt{3}\mathrm{i})$ 计算.

(1) **解法一** 原式 $=\dfrac{16(1+\mathrm{i})^4}{(1-\sqrt{3}\mathrm{i})^4(1-\sqrt{3}\mathrm{i})}$

$=\dfrac{16(2\mathrm{i})^2}{(-2-2\sqrt{3}\mathrm{i})^2(1-\sqrt{3}\mathrm{i})}$

$= \dfrac{-64}{4(1+\sqrt{3}\mathrm{i})^2(1-\sqrt{3}\mathrm{i})}$

$= \dfrac{-16}{(1+\sqrt{3}\mathrm{i})\times 4}$

$= \dfrac{-4}{1+\sqrt{3}\mathrm{i}}$

$= -1+\sqrt{3}\mathrm{i}.$

解法二 原式 $= \dfrac{(1+\mathrm{i})^4}{2\cdot\left(\dfrac{1-\sqrt{3}\mathrm{i}}{2}\right)^5}$

$= \dfrac{[(1+\mathrm{i})^2]^2}{-2\left(-\dfrac{1}{2}+\dfrac{\sqrt{3}}{2}\mathrm{i}\right)^5}$

$= \dfrac{(2\mathrm{i})^2}{-2\omega^5} = \dfrac{-4}{-2\omega^2} = 2\omega$

$= 2\left(-\dfrac{1}{2}+\dfrac{\sqrt{3}}{2}\mathrm{i}\right) = -1+\sqrt{3}\mathrm{i}.$

其中 $\omega = -\dfrac{1}{2}+\dfrac{\sqrt{3}}{2}\mathrm{i}.$

(2) **解** 原式 $= \dfrac{\mathrm{i}(1+2\sqrt{3}\mathrm{i})}{1+2\sqrt{3}\mathrm{i}} + \left[\left(\dfrac{\sqrt{2}}{1-\mathrm{i}}\right)^2\right]^{1\,005}$

$= \mathrm{i} + \left(\dfrac{2}{-2\mathrm{i}}\right)^{1\,005} = \mathrm{i}+\mathrm{i}^{1\,005}$

$= \mathrm{i}+\mathrm{i}^{4\times 251+1} = \mathrm{i}+\mathrm{i}^1 = \mathrm{i}+\mathrm{i} = 2\mathrm{i}.$

题型5 复数与方程

解复系数一元二次方程时，可利用一元二次方程的求根公式进行，并且韦达定理(一元二次方程根与系数的关系)仍然适用. 实系数一元二次方程的虚根必是共轭复数，它们成对出现. 非实系数(含虚数系数)一元二次方程的处理不同于实系数，一般不用判别式处理，常用的方法是先设出根的代数形式，再利用复数相等的充要条件转化为实数方程(或方程组)处理，也可用配方法，再用求平方根的方法处理.

例5 已知关于 x 的方程 $x^2+(2+\mathrm{i})x+4ab+(2a-b)\mathrm{i}=0(a,b\in\mathbf{R})$ 有实数根.

(1)求 a,b 应满足的条件；

(2)求实数根的取值范围.

分析 如果一个方程有实数根，我们常常可以设此实数根为 x_0，并代入方程，将其整理为 $m+n\mathrm{i}=0(m,n\in\mathbf{R})$ 的形式，再根据复数相等的充要条件求解.

解 (1)设 x_0 是方程的实数根，则有

$x_0^2+(2+\mathrm{i})x_0+4ab+(2a-b)\mathrm{i}=0(a,b\in\mathbf{R})$，即 $x_0^2+2x_0+4ab+(x_0+2a-b)\mathrm{i}=0$，

则 $\begin{cases} x_0^2+2x_0+4ab=0, & ① \\ x_0+2a-b=0. & ② \end{cases}$

由②式有 $x_0=b-2a$，代入①式，得 $(b-2a)^2+2(b-2a)+4ab=0$，

整理，得 $4a^2+b^2-4a+2b=0.$ ③

(2)由②式有 $b=x_0+2a$，代入③式，得

$4a^2+(x_0+2a)^2-4a+2(x_0+2a)=0$，

即 $8a^2+4x_0a+x_0^2+2x_0=0.$

$\because a\in\mathbf{R}$，

$\therefore \Delta=16x_0^2-32(x_0^2+2x_0)\geqslant 0$，

即 $x_0^2+4x_0\leqslant 0$，$\therefore -4\leqslant x_0\leqslant 0.$

例6 设 i 是虚数单位，复数 z_1 和 z_2 满足 $z_1z_2+2\mathrm{i}z_1-2\mathrm{i}z_2+1=0$. 若 z_1 和 z_2 又满足 $\bar{z}_2-z_1=2\mathrm{i}$，求 z_1 和 z_2 的值.

分析 由于 z_1,z_2 有关系 $\bar{z}_2-z_1=2\mathrm{i}$，因此可把 $z_1=\bar{z}_2-2\mathrm{i}$ 代入条件式中，只需将 z_2 设为代数式即可求解.

解 $\because \bar{z}_2-z_1=2\mathrm{i}$，$\therefore z_1=\bar{z}_2-2\mathrm{i}.$

代入 $z_1z_2+2\mathrm{i}z_1-2\mathrm{i}z_2+1=0$ 中，得 $(\bar{z}_2-2\mathrm{i})(z_2+2\mathrm{i})-2\mathrm{i}z_2+1=0$，

$\therefore z_2\bar{z}_2-4\mathrm{i}z_2+2\mathrm{i}\bar{z}_2+5=0.$

设 $z_2=x+y\mathrm{i}(x,y\in\mathbf{R})$，则上式可变为 $(x+y\mathrm{i})(x-y\mathrm{i})-4\mathrm{i}(x+y\mathrm{i})+2\mathrm{i}(x-y\mathrm{i})+5=0$，

$\therefore x^2+y^2+6y+5-2x\mathrm{i}=0.$

$\therefore \begin{cases} x^2+y^2+6y+5=0, \\ 2x=0. \end{cases}$

$\therefore \begin{cases} x=0, \\ y=-1, \end{cases}$ 或 $\begin{cases} x=0, \\ y=-5. \end{cases}$

$\therefore z_2=-\mathrm{i}, z_1=-\mathrm{i}$ 或 $z_2=-5\mathrm{i}, z_1=3\mathrm{i}$.

点拨 在求解有关复数的问题时，常把复数 z 设为 $x+y\mathrm{i}(x,y\in\mathbf{R})$ 代入条件式后，使复数问题转化为实数问题再去解决.

题型6 复平面上的轨迹问题

常见的复数方程有以下几种：

(1)当 $|z-z_1|=r$，表示复数 z 对应的点的轨迹是以 z_1 对应的点为圆心，半径为 r 的圆.

(2)当 $|z-z_1|=|z-z_2|$，表示以复数 z_1，z_2 的对应点为端点的线段的垂直平分线.

(3)当 $|z-z_1|+|z-z_2|=2a\,(2a>|\overrightarrow{Z_1Z_2}|>0)$，则表示以复数 z_1,z_2 的对应点为焦点的椭圆.

(4)当 $||z-z_1|-|z-z_2||=2a\,(0<2a<|\overrightarrow{Z_1Z_2}|)$，则表示以复数 z_1,z_2 的对应点为焦点的双曲线.

例7 已知 $z\in\mathbf{C}$，且 $z=\dfrac{1+t\mathrm{i}}{1-t\mathrm{i}}(t\in\mathbf{R})$，求复数 z 对应的点的轨迹.

分析 通过设复数 $z=x+y\mathrm{i}(x,y\in\mathbf{R})$，可知方程含有四个量 x、y、t、i，首先据复数相等，可先消去 i，得到含参数 t 的方程组，再消参化简得到的关于 x、y 的方程.

解 设复数 $z=x+y\mathrm{i}(x,y\in\mathbf{R})$，

$$\therefore x+y\mathrm{i}=\frac{1+t\mathrm{i}}{1-t\mathrm{i}}=\frac{(1+t\mathrm{i})^2}{(1-t\mathrm{i})(1+t\mathrm{i})}$$

$$=\frac{1-t^2+2t\mathrm{i}}{1+t^2}.$$

根据复数相等有 $\begin{cases}x=\dfrac{1-t^2}{1+t^2}. & ①\\[2ex] y=\dfrac{2t}{1+t^2}. & ②\end{cases}$

$①^2+②^2$，得 $x^2+y^2=1$. ③

由①②可知 x、y 是③的解，但是否是曲线上的点呢？

我们可求 x 或 y 的范围来考察.

由①得 $t^2=\dfrac{1-x}{1+x}\geqslant0$，

即 $\begin{cases}(x-1)(x+1)\leqslant0,\\ x+1\neq0,\end{cases}$

$\therefore -1<x\leqslant1$.

而由③得 $y^2=1-x^2\geqslant0$，$\therefore -1\leqslant x\leqslant1$.

$\therefore$ 所求轨迹应是单位圆，除去 $(-1,0)$ 点.

点拨 这类求轨迹方程问题最后的抠点很关键，即能从求轨迹方程的步骤出发，最后的验证相当于从求参数方程中参数范围这点来考虑.

题型7 复数中的证明问题

(1)证明 $z\in\mathbf{R}$ 的途径：①设 $z=a+b\mathrm{i}$，证明 $b=0$；②利用 $z=\bar{z}\Leftrightarrow z\in\mathbf{R}$；③利用 $z^2\geqslant0\Leftrightarrow z\in\mathbf{R}$；④利用 $|z|^2=z^2\Leftrightarrow z\in\mathbf{R}$.

例8 已知复数 z 不是纯虚数，且 $|z|=1$，求证：$\dfrac{z}{1+z^2}$ 是实数.

分析 要证 $\dfrac{z}{1+z^2}$ 是实数，只需根据已知条件对 $\dfrac{z}{1+z^2}$ 进行化简，化简到 $\dfrac{z}{1+z^2}$ 为实数时为止.

解法一 设 $z=x+y\mathrm{i}(x、y\in\mathbf{R})$，则由 $|z|=1$ 知 $x^2+y^2=1$.

$\because$ 复数 z 不是纯虚数，$\therefore x\neq0$.

$$\because \frac{z}{1+z^2}=\frac{x+y\mathrm{i}}{1+(x+y\mathrm{i})^2}$$

$$=\frac{x+y\mathrm{i}}{1+x^2+2xy\mathrm{i}-y^2}=\frac{x+y\mathrm{i}}{(1+x^2-y^2)+2xy\mathrm{i}}$$

$$=\frac{x+y\mathrm{i}}{2x^2+2xy\mathrm{i}}=\frac{x+y\mathrm{i}}{2x(x+y\mathrm{i})}=\frac{1}{2x}\in\mathbf{R},$$

$\therefore \dfrac{z}{1+z^2}$ 是实数.

解法二 $\because |z|=1$，z 不是纯虚数，

$\therefore z\cdot\bar{z}=1$ 且 $z\neq\pm\mathrm{i}$.

$$\because \overline{\left(\frac{z}{1+z^2}\right)}=\frac{\bar{z}}{\overline{(1+z^2)}}$$

$$=\frac{\bar{z}}{1+\bar{z}^2}=\frac{\dfrac{1}{z}}{1+\dfrac{1}{z^2}}=\frac{z}{1+z^2},$$

∴ $\frac{z}{1+z^2}$为实数.

点拨 根据条件直接推证或利用共轭复数的性质,若 $z=\bar{z}$,则 z 为实数.

(2)证明 z 是纯虚数的途径:①设 $z=a+bi$,证明 $a=0$ 且 $b\neq0$;②利用 $z^2<0\Leftrightarrow z$ 为纯虚数;③若 $z\neq0$,则 $z+\bar{z}=0\Leftrightarrow z$ 为纯虚数.

例9 设 $z\in\mathbf{C}$ 且 $|z|=1$,但 $z\neq\pm1$,求证:$\frac{z-1}{z+1}$是纯虚数.

证法一 设 $z=a+bi(a,b\in\mathbf{R})$,

由 $|z|=1$ 得 $a^2+b^2=1$,

$$\therefore \frac{z-1}{z+1}=\frac{(a-1)+bi}{(a+1)+bi}$$

$$=\frac{[(a-1)+bi][(a+1)-bi]}{(a+1)^2+b^2}$$

$$=\frac{(a^2+b^2-1)+2bi}{(a+1)^2+b^2}=\frac{2b}{(a+1)^2+b^2}\mathrm{i}.$$

由 $|z|=1$ 且 $z\neq\pm1$,得 $b\neq0,a\neq\pm1$,

∴ $\frac{z-1}{z+1}$为纯虚数.

证法二 ∵ $|z|=1$,∴ $z\bar{z}=1$.

$$\therefore \frac{z-1}{z+1}=\frac{z-z\bar{z}}{z+z\bar{z}}=\frac{1-\bar{z}}{1+\bar{z}}=-\overline{\frac{z-1}{z+1}}=-\overline{\left(\frac{z-1}{z+1}\right)}.$$

∵ $z\neq\pm1$,∴ $\frac{z-1}{z+1}\neq0$.

∴ $\frac{z-1}{z+1}$是纯虚数.

综合解题指导

题型1 复数与集合的综合

例1 已知复数 $f(n)=\left(\frac{1-\mathrm{i}}{1+\mathrm{i}}\right)^n+\left(\frac{1+\mathrm{i}}{1-\mathrm{i}}\right)^n(n\in\mathbf{N})$,则集合 $\{x\,|\,x=f(n)\}$ 中元素的个数是(　　).

A. 4　　　　B. 3

C. 2　　　　D. 无数

解析 $f(n)=\left(\frac{1-\mathrm{i}}{1+\mathrm{i}}\right)^n+\left(\frac{1+\mathrm{i}}{1-\mathrm{i}}\right)^n=(-\mathrm{i})^n+\mathrm{i}^n$,由于 $n\in\mathbf{N}$,所以当 $n=4k$ 时,$f(n)=2$;当 $n=4k+1$ 时,$f(n)=0$;当 $n=4k+2$ 时,$f(n)=-2$;当 $n=4k+3$ 时,$f(n)=0$,以上 $k\in\mathbf{N}$. 故 $\{x\,|\,x=f(n)\}=\{0,-2,2\}$,此集合中元素的个数为 3. 故选 B.

答案 B.

点拨 注意集合中元素的互异性.

题型2 复数与函数的综合

例2 若 $f(z)=2z+\bar{z}-3\mathrm{i}$,$f(\bar{z}+\mathrm{i})=6-3\mathrm{i}$,试求 $f(-z)$.

分析 这是一道考查复数的运算的综合性问题,一方面,注意 $a+bi(a,b\in\mathbf{R})$ 的整体性,另一方面,应注意各种运算的合理性.

解 ∵ $f(z)=2z+\bar{z}-3\mathrm{i}$,

$\therefore f(\bar{z}+\mathrm{i})=2(\bar{z}+\mathrm{i})+(\overline{\bar{z}+\mathrm{i}})-3\mathrm{i}$

$=2\bar{z}+2\mathrm{i}+z-\mathrm{i}-3\mathrm{i}$

$=2\bar{z}+z-2\mathrm{i}$.

又知 $f(\bar{z}+\mathrm{i})=6-3\mathrm{i}$,

∴ $2\bar{z}+z-2\mathrm{i}=6-3\mathrm{i}$,即 $2\bar{z}+z=6-\mathrm{i}$.

设 $z=x+y\mathrm{i}$,则 $\bar{z}=x-y\mathrm{i}(x,y\in\mathbf{R})$.

∴ $2(x-y\mathrm{i})+x+y\mathrm{i}=3x-y\mathrm{i}=6-\mathrm{i}$,

∴ $\begin{cases}3x=6,\\y=1,\end{cases}$ ∴ $\begin{cases}x=2,\\y=1.\end{cases}$ ∴ $z=2+\mathrm{i}$.

∴ $f(-z)=-2z-\bar{z}-3\mathrm{i}=-2(2+\mathrm{i})-(2-\mathrm{i})-3\mathrm{i}=-6-4\mathrm{i}$.

点拨 在本题的解答中,$f(z)$ 的运算与实数函数 $f(x)(x\in\mathbf{R})$ 的运算相类似,体现出了复数运算与多项式运算的等同性.

题型3 复数与三角函数的综合

例3 已知复数 $z_1=2+\mathrm{i}$,$2z_2=\frac{z_1+\mathrm{i}}{(2\mathrm{i}+1)-z_1}$.

(1)求 z_2;

(2)若△ABC 的三个内角 A、B、C 依次成

等差数列，且 $u=\cos A+2i\cos^2\frac{C}{2}$，求 $|u+z_2|$ 的取值范围.

分析 根据条件，表示出 $|u+z_2|$，很可能是问题得以解决的一个重大转化.

解 (1) $z_2=\dfrac{\frac{1}{2}[(2+i)+i]}{(2i+1)-(2+i)}=\dfrac{1+i}{i-1}=\dfrac{2i}{-2}=-i.$

(2) $\because$ 在 $\triangle ABC$ 中，三个内角 A、B、C 依次成等差数列，

$\therefore 2B=A+C$，$\therefore B=60^\circ$，$A+C=120^\circ$.

$u+z_2=\cos A+2i\cos^2\frac{C}{2}-i$

$=\cos A+i\left(2\cos^2\frac{C}{2}-1\right)$

$=\cos A+i\cos C$.

$|u+z_2|^2=\cos^2A+\cos^2C$

$=\dfrac{1+\cos 2A}{2}+\dfrac{1+\cos 2C}{2}$

$=1+\dfrac{1}{2}(\cos 2A+\cos 2C)$

$=1+\dfrac{1}{2}[\cos 2A+\cos(240^\circ-2A)]$

$=1+\dfrac{1}{2}[\cos 2A-\cos(60^\circ-2A)]$

$=1+\dfrac{1}{2}[\cos 2A-(\cos 60^\circ\cos 2A+\sin 60^\circ\sin 2A)]$

$=1+\dfrac{1}{2}\left[\cos 2A-\left(\dfrac{1}{2}\cos 2A+\dfrac{\sqrt{3}}{2}\sin 2A\right)\right]$

$=1+\dfrac{1}{2}\left(\dfrac{1}{2}\cos 2A-\dfrac{\sqrt{3}}{2}\sin 2A\right)$

$=1+\dfrac{1}{2}\sin\left(\dfrac{\pi}{6}-2A\right)$.

$\because 0<A<\dfrac{2\pi}{3}$，$\therefore -\dfrac{7\pi}{6}<\dfrac{\pi}{6}-2A<\dfrac{\pi}{6}$，

$\therefore -\dfrac{1}{2}\leqslant\dfrac{1}{2}\sin\left(\dfrac{\pi}{6}-2A\right)<\dfrac{1}{4}$，

$\therefore \dfrac{1}{2}\leqslant 1+\dfrac{1}{2}\sin\left(\dfrac{\pi}{6}-2A\right)<\dfrac{5}{4}$，

即 $\dfrac{1}{2}\leqslant|u+z_2|^2<\dfrac{5}{4}$，

$\therefore \dfrac{\sqrt{2}}{2}\leqslant|u+z_2|<\dfrac{\sqrt{5}}{2}$.

题型4 复数与平面向量的综合

例4 如图9－3，在▱$OABC$ 中，顶点 O、A、C 分别表示 0，$3+2i$，$-2+4i$，试求：

(1) $\overrightarrow{AO}$ 表示的复数，$\overrightarrow{BC}$ 表示的复数；

(2) 对角线 $\overrightarrow{CA}$ 所表示的复数；

(3) 求 B 点对应的复数.

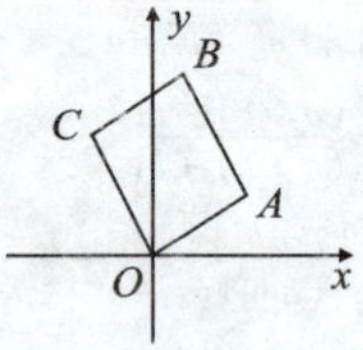

图9－3

分析 结合图形和已知点所对应的复数，根据复数加、减法的几何意义，即可求解.

解 (1) $\because \overrightarrow{AO}=-\overrightarrow{OA}$，

$\therefore \overrightarrow{AO}$ 所表示的复数为 $-3-2i$.

$\because \overrightarrow{BC}=\overrightarrow{AO}$，$\therefore \overrightarrow{BC}$ 所表示的复数为 $-3-2i$.

(2) $\because \overrightarrow{CA}=\overrightarrow{OA}-\overrightarrow{OC}$，

$\therefore \overrightarrow{CA}$ 所表示的复数为 $(3+2i)-(-2+4i)=5-2i$.

(3) $\because \overrightarrow{OB}=\overrightarrow{OA}+\overrightarrow{AB}=\overrightarrow{OA}+\overrightarrow{OC}$，

$\therefore \overrightarrow{OB}$ 表示的复数为 $(3+2i)+(-2+4i)=1+6i$，即 B 点对应的复数为 $1+6i$.

点拨 根据复平面内的点、向量及向量对应的复数是一一对应的，要求某个向量对应的复数，只要找出所求向量的始点和终点，或者用向量的相等直接给出所求结论即可.

题型5 复数与数列的综合

例5 设在等比数列 $\{z_n\}$ 中，其中 $z_1=1$，$z_2=a+bi$，$z_3=b+ai$ ($a,b\in\mathbf{R}$，且 $a>0$).

(1) 求 a，b 的值；

(2)试求使 $z_1+z_2+\cdots+z_n=0$ 的最小自然数 n;

(3)对(2)中的自然数 n,求 $z_1\cdot z_2\cdot\cdots\cdot z_n$ 的值.

分析 先确定等比数列 $\{z_n\}$.

解 (1)$\because z_1,z_2,z_3$ 成等比数列,

$\therefore z_2^2=z_1z_3$,即 $(a+bi)^2=b+ai$,

$a^2-b^2+2abi=b+ai.$

$\therefore \begin{cases}a^2-b^2=b,\\2ab=a,\end{cases}$

又由 $a>0$,解得 $a=\frac{\sqrt{3}}{2},b=\frac{1}{2}$.

(2)$\because z_1=1,z_2=\frac{\sqrt{3}}{2}+\frac{1}{2}i$,

$\therefore$ 公比 $q=\frac{\sqrt{3}}{2}+\frac{1}{2}i$.

于是 $z_n=\left(\frac{\sqrt{3}}{2}+\frac{1}{2}i\right)^{n-1}$.

$z_1+z_2+\cdots+z_n=1+q+q^2+\cdots+q^{n-1}=\frac{1-q^n}{1-q}=0$,

$\therefore q^n=\left(\frac{\sqrt{3}}{2}+\frac{1}{2}i\right)^n=(-i)^n\cdot\left(-\frac{1}{2}+\frac{\sqrt{3}}{2}i\right)^n=1$,

即 n 既是 3 的倍数又是 4 的倍数. 故 n 为 12 的倍数. 所以符合题意的最小自然数为 12.

(3)$z_1\cdot z_2\cdot\cdots\cdot z_{12}$

$=1\cdot\left(\frac{\sqrt{3}}{2}+\frac{1}{2}i\right)\cdot\left(\frac{\sqrt{3}}{2}+\frac{1}{2}i\right)^2\cdot\cdots\cdot\left(\frac{\sqrt{3}}{2}+\frac{1}{2}i\right)^{11}$

$=\left(\frac{\sqrt{3}}{2}+\frac{1}{2}i\right)^{1+2+\cdots+11}$

$=\left[(-i)\left(-\frac{1}{2}+\frac{\sqrt{3}}{2}i\right)\right]^{66}$

$=(-i)^{66}\left(-\frac{1}{2}+\frac{\sqrt{3}}{2}i\right)^{66}$

$=-1.$

点拨 注意若 $\omega=-\frac{1}{2}+\frac{\sqrt{3}}{2}i$,则 $\omega^3=1$ 这一结论的应用.

题型6 复数与解析几何的综合

例6 复数 z 满足条件:$|2z+1|=|z-i|$,那么 z 对应的点的轨迹是(　　).

A. 圆　　B. 椭圆

C. 双曲线　　D. 抛物线

解析 设 $z=a+bi(a,b\in\mathbf{R})$,则有

$|2z+1|^2=|2a+1+2bi|^2$

$=4a^2+4a+1+4b^2$,

$|z-i|^2=|a+(b-1)i|^2$

$=a^2+b^2-2b+1.$

$\because |2z+1|=|z-i|$,

$\therefore 4a^2+4a+1+4b^2=a^2+b^2-2b+1$,

$\therefore 3a^2+4a+3b^2+2b=0.$

故 z 所对应的点的轨迹是圆.

答案 A.

题型7 复数与二项式定理的综合

例7 已知 $\left(x^2-\frac{i}{\sqrt{x}}\right)^n$,其展开式中第三项与第五项的系数之比为 $-\frac{3}{14}$,其中 $i^2=-1$,则展开式中常数项是(　　).

A. $-45i$　　B. $45i$

C. -45　　D. 45

解析 $\left(x^2-\frac{i}{\sqrt{x}}\right)^n$ 的展开式中第三项、第五项的系数分别为 $C_n^2(-i)^2$、$C_n^4(-i)^4$,由题意有 $\frac{C_n^2(-i)^2}{C_n^4(-i)^4}=-\frac{3}{14}$.

整理得 $n^2-5n-50=0$,

解得 $n=10$ 或 $n=-5$(舍去).

当 $n=10$ 时,$\left(x^2-\frac{i}{\sqrt{x}}\right)^n=\left(x^2-\frac{i}{\sqrt{x}}\right)^{10}$,

其展开式的通项为 $T_{r+1}=C_{10}^r\cdot(x^2)^{10-r}\cdot\left(-\frac{i}{\sqrt{x}}\right)^r=C_{10}^r\cdot(-i)^r\cdot x^{20-\frac{5}{2}r}$.

令 $20-\frac{5}{2}r=0$,解得 $r=8$,

故$\left(x^2-\frac{i}{\sqrt{x}}\right)^n$的展开式中常数项为$T_9=C_{10}^8\cdot(-i)^8=45$. 故选 D.

答案 D.

三年高考分析

本章内容在高考试题中主要以选择题、填空题的形式出现，难度中档偏下，主要考查复数的有关概念和复数代数形式的运算. 预测未来将仍以复数的概念、代数表示和几何意义，以及复数的代数形式的加、减、乘、除运算为考查重点，仍以选择题或填空题的形式出现，难度较低.

例1 (北京理高考)在复平面内，复数$z=i(1+2i)$对应的点位于(　　).

A. 第一象限　　B. 第二象限

C. 第三象限　　D. 第四象限

解析 $\because z=i(1+2i)=-2+i$，$\therefore$ 复数z在复平面内对应的点为$Z(-2,1)$，该点位于第二象限.

答案 B.

例2 (福建高考)若复数$(a^2-3a+2)+(a-1)i$是纯虚数，则实数a的值为(　　).

A. 1　　B. 2

C. 1 或 2　　D. -1

解析 要使$(a^2-3a+2)+(a-1)i$是纯虚数，必须有$\begin{cases}a^2-3a+2=0,\\a-1\neq0.\end{cases}$解之，得$a=2$.

答案 B.

例3 (广东高考)设z是复数，$\alpha(z)$表示满足$z^n=1$的最小正整数n，则对虚数单位i，$\alpha(i)=$(　　).

A. 8　　B. 6　　C. 4　　D. 2

解析 由定义得$i^4=1$，故$\alpha(i)=4$.

答案 C.

例4 (四川高考)复数$2i(1+i)^2=$(　　).

A. -4　　B. 4

C. $-4i$　　D. $4i$

解析 $2i(1+i)^2=2i(1+2i+i^2)$
$=2i\cdot2i=4i^2=-4$.

答案 A.

例5 (辽宁理高考)已知复数$z=1-2i$，那么$\frac{1}{z}=$(　　).

A. $\frac{\sqrt5}{5}+\frac{2\sqrt5}{5}i$　　B. $\frac{\sqrt5}{5}-\frac{2\sqrt5}{5}i$

C. $\frac{1}{5}+\frac{2}{5}i$　　D. $\frac{1}{5}-\frac{2}{5}i$

解析 $\frac{1}{z}=\frac{1}{1+2i}=\frac{1-2i}{(1+2i)(1-2i)}=\frac{1-2i}{5}$
$=\frac{1}{5}-\frac{2}{5}i$.

答案 D.

例6 (汕头高考)若$z=\cos\theta+i\sin\theta$(i为虚数单位)，则使$z^2=-1$的θ值可能是(　　).

A. $\frac{\pi}{6}$　　B. $\frac{\pi}{4}$

C. $\frac{\pi}{3}$　　D. $\frac{\pi}{2}$

解析 $\because z^2=\cos^2\theta-\sin^2\theta+i\sin2\theta$
$=\cos2\theta+i\sin2\theta$,
$\therefore \cos2\theta=-1,\sin2\theta=0$.

将各选项代入的值可以是$\theta=\frac{\pi}{2}$.

答案 D.

例7 (山东高考)设z的共轭复数是$\bar z$，若$z+\bar z=4$，$z\cdot\bar z=8$，则$\frac{\bar z}{z}$等于(　　).

A. i　　B. $-i$

C. ±1　　D. $\pm i$

解析 设$z=a+bi$，则

$\begin{cases}z+\bar z=2a=4,\\z\cdot\bar z=a^2+b^2=8,\end{cases}$

故$\begin{cases}a=2,\\b=-2,\end{cases}$或$\begin{cases}a=2,\\b=2.\end{cases}$

当 $z=2+2\mathrm{i}$ 时，$\frac{\bar{z}}{z}=-\mathrm{i}$，

$z=2-2\mathrm{i}$ 时，$\frac{\bar{z}}{z}=\mathrm{i}$.

答案 D.

例8 （上海高考）若 z 是实系数方程 $x^2+2x+p=0$ 的一个虚根，且 $|z|=2$，则 $p=$ ________.

解析 设 $z=m+n\mathrm{i}(m\in\mathbf{R},n\in\mathbf{R}$，且 $n\neq 0)$，

则 $(m+n\mathrm{i})^2+2(m+n\mathrm{i})+p=0$，

$\therefore m^2+2mn\mathrm{i}-n^2+2m+2n\mathrm{i}+p=0$.

$\therefore m^2-n^2+2m+p+(2mn+2n)\mathrm{i}=0$.

$\therefore \begin{cases} m^2-n^2+2m+p=0, \\ 2mn+2n=0. \end{cases}$

$\therefore \begin{cases} m=-1, \\ p=n^2+1. \end{cases}$

又 $\because |z|=2$，即 $m^2+n^2=4$，

$\therefore n^2=4-m^2=3$.

$\therefore p=4$.

答案 4.

数学思想

1. 方程思想

在复数中，通常利用复数相等的充要条件，把复数问题实数化构造相应的方程（组），解相关问题.

例1 若 $(3-10\mathrm{i})y+(-2+\mathrm{i})x=1-9\mathrm{i}$，求实数 x、y 的值.

分析 将等式左边整理成 $a+b\mathrm{i}(a、b\in\mathbf{R})$ 的形式后，利用复数相等的充要条件，列出方程组，求出 x、y 的值.

解 原式可以化为

$(3y-2x)+(x-10y)\mathrm{i}=1-9\mathrm{i}$.

根据复数相等的充要条件，有

$\begin{cases} 3y-2x=1, \\ x-10y=-9. \end{cases}$

解得 $\begin{cases} x=1, \\ y=1. \end{cases}$

所以实数 $x=1,y=1$.

2. 数形结合思想

复数的几何意义及运算中加、减两种运算的几何意义，都体现了"数"与"形"结合的思想.

例2 已知点集 $D=\{z\,|\,|z+1+\sqrt{3}\mathrm{i}|=1,z\in\mathbf{C}\}$，试求 $|z|$ 的最小值和最大值.

解 点集 D 的图象为以点 $C(-1,-\sqrt{3})$ 为圆心，1 为半径的圆，如图 9－4. 圆上任意一点 $P(z)$，则 $\overrightarrow{PO}=|z|$.

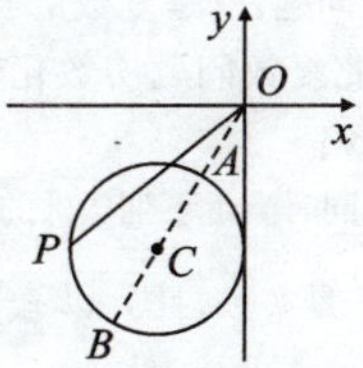

图 9－4

由图 9－4 易见当 OP 过圆心 $C(-1,-\sqrt{3})$ 时，与圆交于 A、B 两点，则 $|z|$ 的最小值是 $|OA|=|OC|-1=\sqrt{(-1)^2+(-\sqrt{3})^2}-1=2-1=1$；$|z|$ 的最大值是 $|OB|=|OC|+1=2+1=3$.

例3 设 $M=\{z\,|\,|z|\leqslant 2,z\in\mathbf{C}\}$，$N=\left\{z\,\middle|\,z=2\sin\theta+2\mathrm{i}\cos\theta,\theta\in\left(\frac{\pi}{2},\pi\right)\right\}$，则 $M\cap N$ 的几何表示可为（　　）.

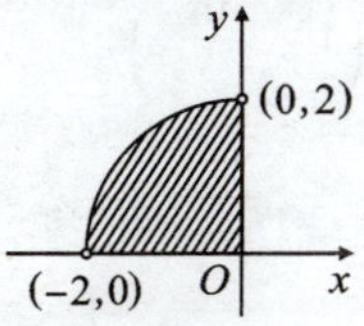

A

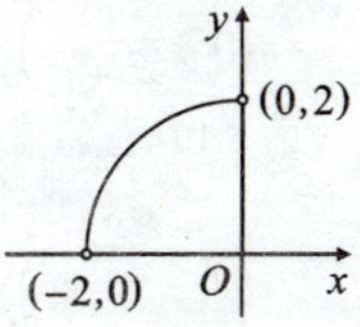

B

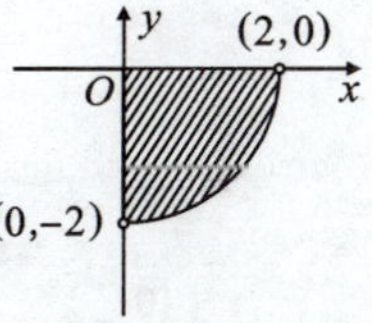

C

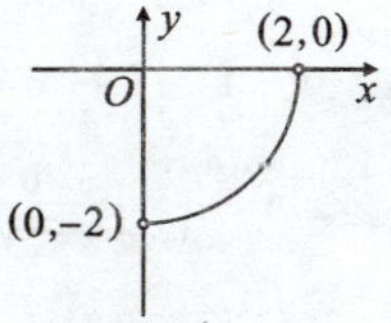

D

解析 $\because |2\sin\theta+2\mathrm{i}\cos\theta|$

$=\sqrt{4(\sin^2\theta+\cos^2\theta)}$

$=2$.

又$\because \theta\in\left(\frac{\pi}{2},\pi\right)$,

$\therefore 0<2\sin\theta<2$, $-2<2\cos\theta<0$. 故 $z=2\sin\theta+2\mathrm{i}\cos\theta$ 对应的点在第四象限中到原点的距离为 2 的圆弧上. 而 $|z|\leqslant 2$ 的几何表示为以原点为圆心,半径为 2 的闭圆域上.

$\therefore M\cap N$ 的几何表示应为 D,故选 D.

答案 D.

3. 化归转化思想

处理复数问题,就是复数的实部、虚部的有关问题,因此复数问题实数化是解决复数问题的基本思路.

例 4 求同时满足下列条件的所有复数 z.

(1) $z+\frac{10}{z}$ 是实数,且 $1<z+\frac{10}{z}\leqslant 6$;

(2) z 的实部与虚部均为整数.

分析 本题关键是设 $z=x+y\mathrm{i}$ (x、$y\in\mathbf{R}$),将 $z+\frac{10}{z}$ 表示为代数形式,再根据题意控制有关条件即可.

解 设 $z=x+y\mathrm{i}$ ($x,y\in\mathbf{R}$,且 x,y 不同时为 0).

$z+\frac{10}{z}=x+y\mathrm{i}+\frac{10}{x+y\mathrm{i}}$

$=x+y\mathrm{i}+\frac{10(x-y\mathrm{i})}{x^2+y^2}$

$=x\left(1+\frac{10}{x^2+y^2}\right)+y\left(1-\frac{10}{x^2+y^2}\right)\mathrm{i}$.

$\because z+\frac{10}{z}$ 是实数,

$\therefore y\left(1-\frac{10}{x^2+y^2}\right)=0$.

$\therefore y=0$ 或 $x^2+y^2=10$.

又$\because 1<z+\frac{10}{z}\leqslant 6$,

$\therefore 1<x\left(1+\frac{10}{x^2+y^2}\right)\leqslant 6$.

(1) 当 $y=0$ 时,$x\neq 0$,$\therefore 1<x+\frac{10}{x}\leqslant 6$,

即 $\begin{cases}x+\frac{10}{x}>1,\\ x+\frac{10}{x}\leqslant 6.\end{cases}$ $\therefore \begin{cases}\frac{x^2-x+10}{x}>0,\\ \frac{x^2-6x+10}{x}\leqslant 0.\end{cases}$

此不等式组无解.

(2) 当 $x^2+y^2=10$ 时,

由 $1<x\left(1+\frac{10}{x^2+y^2}\right)\leqslant 6$,得 $1<2x\leqslant 6$.

$\therefore \frac{1}{2}<x\leqslant 3$.

而 $x\in\mathbf{Z}$,故 $x=1$ 或 $x=2$ 或 $x=3$.

把 x 的值代入 $x^2+y^2=10$ 中,并由 $y\in\mathbf{Z}$,得

$\begin{cases}x=1,\\ y=3,\end{cases}$ $\begin{cases}x=1,\\ y=-3,\end{cases}$ $\begin{cases}x=3,\\ y=1,\end{cases}$ $\begin{cases}x=3,\\ y=-1.\end{cases}$

$\therefore$ 所求的复数 z 为 $1+3\mathrm{i}, 1-3\mathrm{i}, 3+\mathrm{i}, 3-\mathrm{i}$.

4. 整体转化思想

整体转化思想,就是将要求证(或运算)的某一部分看做一个整体,在整个运算过程中,始终以这个整体为中心,围绕该整体进行推理、论证、计算,从而得出所要求证(解)的结果.

例 5 已知 z_1, z_2 是两非零复数,且 $|z_1+z_2|=|z_1-z_2|$,求证:$\left(\frac{z_1}{z_2}\right)^2$ 是负数.

分析 把 $\frac{z_1}{z_2}$ 作为一个整体,设 $\frac{z_1}{z_2}=x+y\mathrm{i}$ ($x,y\in\mathbf{R}$),代入 $\left|\frac{z_1}{z_2}+1\right|=\left|\frac{z_1}{z_2}-1\right|$ 可求出 $x=0$,进而得出结论.

证明 $\because |z_1+z_2|=|z_1-z_2|$,$z_2\neq 0$,两边同除以 $|z_2|$ 得

$\left|\frac{z_1}{z_2}+1\right|=\left|\frac{z_1}{z_2}-1\right|$. ①

把 $\frac{z_1}{z_2}$ 作为一个整体,设 $\frac{z_1}{z_2}=x+y\mathrm{i}$ ($x,y\in\mathbf{R}$),

①式可转化为 $|(x+1)+y\mathrm{i}|=|(x-1)+y\mathrm{i}|$,

解之得 $x=0$.

又$\because z_1\neq 0$,$\therefore y\neq 0$,

$\therefore \dfrac{z_1}{z_2}$为纯虚数,故$\left(\dfrac{z_1}{z_2}\right)^2$是负数.

5. 分类讨论思想

由于复数包括实数和虚数,因此对不确定的结果要进行分类讨论. 在复数中分类讨论能使复杂问题简单化,从而化整为零,各个击破.

例6 在复数集 $\mathbf{C}$ 中解方程 $z^2+2|z|=a$(a 为实数且 $a\geqslant 0$).

解 $\because z^2=a-2|z|\in\mathbf{R}$,

$\therefore z$ 为实数或纯虚数.

(1)若 $z\in\mathbf{R}$,则原方程化为 $|z|^2+2|z|-a=0$,$\therefore z=\pm(-1+\sqrt{1+a})(a\geqslant 0)$.

(2)若 z 为纯虚数,设 $z=y\mathrm{i}(y\in\mathbf{R}$,且 $y\neq 0)$,则原方程化为 $|y|^2-2|y|+a=0$.

当 $a=0$ 时,$|y|=2$,即 $z=\pm 2\mathrm{i}$;当 $0<a\leqslant 1$ 时,$|y|=1\pm\sqrt{1-a}$,$\therefore z=-(1\pm\sqrt{1-a})\mathrm{i}$ 或 $z=(1\pm\sqrt{1-a})\mathrm{i}$;当 $a>1$ 时,方程无实数解,则此时原方程无纯虚数解.

点拨 解决此类问题的一般思路是设 $z=x+y\mathrm{i}(x,y\in\mathbf{R})$,或根据方程形式的特点,确定复数 z 的特性. 对 z 的情形分类要全面,讨论要规范.

背景材料

"虚数"不"虚"

"复数"、"虚数"这两个名词,都是人们在解方程时引入的. 为了用公式求一元二次、一元三次方程的根,就会遇到求负数的平方根的问题. 1545 年,意大利数学家卡丹诺(Giro Lamo Cardano,1501 年—1576 年)在《大术》一书中,首先研究了虚数,并进行了一些计算. 1572 年,意大利数学家邦别利(Rafael Bombelli,1526 年—1572 年)用缩写字母表示虚数,并探讨了它的运算法则. 1637 年,法国数学家笛卡儿(Rene Descartes,1596 年—1650 年)正式开始了使用"实数"、"虚数"这两个名词. 此后,德国数学家莱布尼茨(Gottfried Wilhelm Leibniz,1646 年—1716 年)、瑞士数学家欧拉(Leonherd Euler,1701 年—1783 年)和法国数学家棣莫弗(Abraham de Moivre,1667 年—1754 年)等又研究了虚数与对数函数、三角函数之间的关系,除解方程以外,还把它用于微积分等方面,得出很多有价值的结果,使某些比较复杂的数学问题变得简单而易于处理. 大约在 1777 年,欧拉第一次用 i 表示 -1 的平方根. 1832 年,德国数学家高斯(Garl Friedrich Gtauss,1777 年—1855 年)第一次引入复数的概念,一个复数可以用 $a+b\mathrm{i}$ 来表示. 其中 a,b 是实数,i 代表虚数单位,这样就把虚数与实数统一起来了. 高斯还把复数与复平面内的点一一对应起来,给出了复数的一种几何解释. 不久,人们又将复数与平面向量联系起来,并使其在电工学、流体力学、振动理论、机翼理论中得到广泛的实际应用. 然后,又建立了以复数为变数的"复变函数"的理论. 这是一个崭新而强有力的分支,所以我们应该深刻认识到"虚数不虚"的道理.

第十篇　计数原理

知识网络

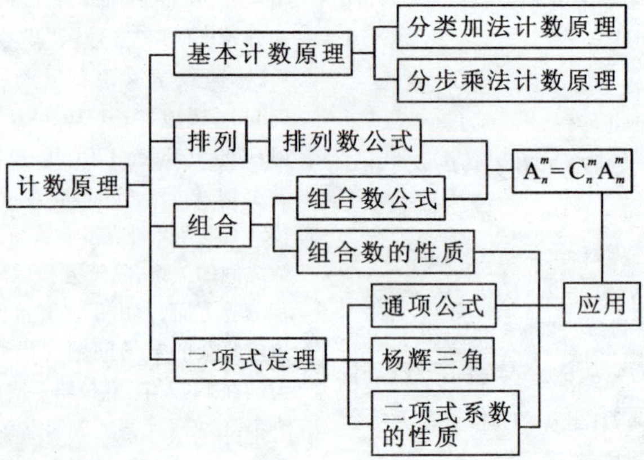

基础知识精析

1. 分类计数原理

完成一件事，有 n 类办法，在第 1 类办法中有 m_1 种不同的方法，在第 2 类办法中有 m_2 种不同的方法…在第 n 类办法中有 m_n 种不同的方法. 那么完成这件事共有 $N=m_1+m_2+\cdots+m_n$ 种不同的方法.

注意

(1) 分类计数原理又称为加法原理.

(2) 在"分类"问题中，各类办法中的任何一种方法都可以把这件事做完.

2. 分步计数原理

完成一件事，需要分成 n 个步骤，做第 1 步有 m_1 种不同的方法，做第 2 步有 m_2 种不同的方法…做第 n 步有 m_n 种不同的方法. 那么完成这件事共有 $N=m_1\cdot m_2\cdot\cdots\cdot m_n$ 种不同的方法.

注意

(1) 分步计数原理又称为乘法原理.

(2) 在"分步"问题中，每一步骤中的任何一种方法都不能把这件事做完，只有把各个步骤依次全部完成，才能把这件事做完.

3. 两个基本计数原理的联系与区别

两个基本原理都是讨论"做一件事"，确定"完成这件事所有的不同方法的种数".

两个基本原理的本质区别在于是"分类"和"分步"，如果完成一件事有 n 类办法，各种方法相互独立、相互排斥，且不论用哪一类办法中的哪一种方法都能单独完成这件事，那么求完成这件事的方法数就用分类计数原理. 如果完成一件事需分 n 个步骤，各个步骤彼此相依、不可分割，且只有依次完成所有步骤，才能完成这件事，那么求完成这件事的方法数，就用分步计数原理.

注意

在解具体问题时，不仅要弄清是“分类”还是“分步”，还要弄清“分类”或者“分步”的具体标准，同时注意分类、分步不能重复，不能遗漏.

4. 排列

一般地，从 n 个不同元素中取出 $m(m\leqslant n)$ 个元素，按照一定的顺序排成一列，叫做从 n 个不同元素中取出 m 个元素的一个排列.

注意

(1)排列的定义包含两个基本内容：一是“取出元素”；二是“按照一定顺序排列”. 因此当元素完全相同，并且元素的排列顺序也完全相同时，才是同一个排列.

(2)每一个排列不仅与选取的元素有关，而且与这些元素的排列顺序有关.

(3)在定义中，规定 $m\leqslant n$，如果 $m=n$，称为全排列.

5. 排列数

从 n 个不同元素中取出 $m(m\leqslant n)$ 个元素的所有排列的个数，叫做从 n 个不同元素中取出 m 个元素的排列数，用符号 A_n^m 表示.

注意

“排列”与“排列数”是两个概念，前者是具有 m 个元素的排列，后者是这种排列的不同种数.

6. 阶乘

把正整数 1 到 n 的连乘积，叫做 n 的阶乘，用 $n!$ 表示. 规定 $0!=1$.

注意

$(2n)!\neq 2n!$.

7. 排列数公式

$A_n^m=n(n-1)(n-2)\cdot\cdots\cdot(n-m+1)$ $(n,m\in \mathbf{N}^*$，并且 $m\leqslant n)$.

注意

(1)A_n^m 还可以表示为 $A_n^m=\dfrac{n!}{(n-m)!}$.

(2)n 个不同元素的全排列公式可写为 $A_n^n=n!$.

8. 排列数的性质

(1)$A_n^m=nA_{n-1}^{m-1}$；

(2)$A_n^m=mA_{n-1}^{m-1}+A_{n-1}^m$.

9. 组合

一般地，从 n 个不同元素中取出 $m(m\leqslant n)$ 个元素合成一组，叫做从 n 个不同元素中取出 m 个元素的一个组合.

注意

(1)组合的特点：不同元素，“只取不排”——无序性. 相同组合，元素相同.

(2)排列与组合的共同点，就是都要“从 n 个不同元素中，任取 m 个元素”，而不同点就是前者要“按照一定的顺序排列一列”，而后者却是“不论怎样的顺序合成一组”.

10. 组合数

从 n 个不同元素中取出 $m(m\leqslant n)$ 个元素的所有组合的个数，叫做从 n 个不同元素中取出 m 个元素的组合数，用符号 C_n^m 表示.

注意

“组合”和“组合数”是两个不同的概念，前者是指“从 n 个不同元素中取出 m 个元素合成一组”，它不是一个数，而是具体的一件事，后者是指“从 n 个不同元素中取出 m 个元素的所有组合的个数”，它是一个数.

11. 组合数公式

$$C_n^m=\frac{A_n^m}{A_m^m}=\frac{n(n-1)(n-2)\cdot\cdots\cdot(n-m+1)}{m!}=\frac{n!}{m!\,(n-m)!}.$$

其中 $n,m\in\mathbf{N}^*$，并且 $m\leqslant n$. 规定 $C_n^0=1$.

12. 组合数的性质

(1) $C_n^m=C_n^{n-m}$；

(2) $C_{n+1}^m=C_n^m+C_n^{m-1}$.

注意

一般地，计算 C_n^m 时，若 m 较大，可用性质(1)转化为计算 C_n^{n-m}；计算组合数之和时，常用性质(2).

13. 二项式定理

$(a+b)^n=C_n^0a^n+C_n^1a^{n-1}b+\cdots+C_n^ra^{n-r}\cdot b^r+\cdots+C_n^nb^n(n\in\mathbf{N}^*)$.

这个公式叫做二项式定理.

右边的多项式叫做 $(a+b)^n$ 的二项展开式. 其中的系数 $C_n^r(r=0,1,\cdots,n)$ 叫做展开式的二项式系数.

14. 二项展开式的通项公式

展开式中的 $C_n^ra^{n-r}b^r$ 项叫做二项展开式的通项，用 T_{r+1} 表示，即通项是展开式的第 $r+1$ 项，$T_{r+1}=C_n^ra^{n-r}b^r$，其中 $0\leqslant r\leqslant n$，$r\in\mathbf{N}$，$n\in\mathbf{N}^*$，我们把上面的公式叫做二项展开式的通项公式.

注意

(1) 分清 $C_n^ra^{n-r}b^r$ 是第 $r+1$ 项，而不是第 r 项.

(2) 展开式中第 $r+1$ 项的二项式系数 C_n^r 与第 $r+1$ 项的系数不一定相同，只有在特殊情况下，它们的值才相等；

(3) 通项公式中含有 a,b,n,r,T_{r+1} 五个元素，只要知道其中的四个元素，就可以求出第五个元素；

(4) 求常数项、有理项和系数最大的项时，一般要根据通项公式讨论对 r 的限制. 求有理项时要注意到指数及项数的整数性.

15. 二项展开式的特点

(1) 项数规律：展开式共有 $n+1$ 项.

(2) 指数规律：$(a+b)^n$ 的展开式的各项都是 n 次式；各项中字母 a 按降幂排列，次数由 n 递减到 0；字母 b 按升幂排列，次数由 0 递增到 n.

(3) 系数规律：展开式各项式的系数依次为 $C_n^0,C_n^1,C_n^2,\cdots,C_n^n(n\in\mathbf{N}^*)$.

注意

(1) 在二项式定理中，把 b 用 $-b$ 代替，得到 $(a-b)^n=C_n^0a^n-C_n^1a^{n-1}b+C_n^2a^{n-2}\cdot b^2+\cdots+C_n^n(-b)^n(n\in\mathbf{N}^*)$.

(2) 在二项式定理中，设 $a=1,b=x$，则 $(1+x)^n=1+C_n^1x+\cdots+C_n^rx^r+\cdots+x^n(n\in\mathbf{N}^*)$.

16. 杨辉三角

$(a+b)^n$ 展开式的二项式系数，当 n 依次取 1,2,3,…时，如下表所示：

$(a+b)^1$ …………… 1　1

$(a+b)^2$ ………… 1　2　1

$(a+b)^3$ ………… 1　3　3　1

$(a+b)^4$ ……… 1　4　6　4　1

$(a+b)^5$ …… 1　5　10　10　5　1

$(a+b)^6$ … 1　6　15　20　15　6　1

……

上面的表叫做二项式系数表，也称为“杨辉三角”. 它们有这样的规律：表中每行两端都是 1，而且除 1 外的每一个数都等于它肩上两个数的和；当 $(a+b)^n$ 的指数较小时，求展开式常用杨辉三角.

17. 二项式系数的性质

$(a+b)^n$ 展开式的二项式系数是 $C_n^0,C_n^1,C_n^2,\cdots,C_n^n$.

(1) 每一行的两端都是 1，其余每个数都等于它肩上两个数的和，即 $C_n^0=C_n^n=1$，$C_{n+1}^m=C_n^m+C_n^{m-1}$.

(2) 对称性：每一行中，与首末两端“等距离”的两个二项式系数相等，即 $C_n^m=C_n^{n-m}$.

(3)如果二项式的幂指数 n 是偶数，那么其展开式中间一项 $T_{\frac{n}{2}+1}$ 的二项式系数最大；如果 n 是奇数，那么其展开式中间两项 $T_{\frac{n+1}{2}}$ 与 $T_{\frac{n+1}{2}+1}$ 的二项式系数相等且最大.

(4)二项展开式的二项式系数的和等于 2^n，即在 $(1+x)^n=1+C_n^1x+\cdots+C_n^rx^r+\cdots+C_n^nx^n$ 中，令 $x=1$，则 $C_n^0+C_n^1+C_n^2+\cdots+C_n^r+\cdots+C_n^n=2^n$.

(5)在 $(a+b)^n$ 的展开式中，奇数项的二项式系数和等于偶数项的二项式系数和，即 $C_n^0+C_n^2+C_n^4+\cdots=C_n^1+C_n^3+C_n^5+\cdots=2^{n-1}$.

注意

求二项式系数最大的项时，要注意 n 的奇偶性.

题型分类与方法总结

题型1 分类加法计数原理的应用

应用分类计数原理，首先根据问题的特点，确定分类的标准. 分类应满足：完成一件事的任何一种方法，必属于某一类且仅属于某一类.

例1 在所有的两位数中，个位数字比十位数字大的两位数有多少个？

分析 只要两位数的个位、十位确定下来，那么这个两位数就确定了. 因此需对个位数字或对十位数字分类，有两种解法.

解法一 分析个位数字，可分为以下几类：

若个位数字是9，则十位数字可以是1，2，3，…，8中的一个，故有8个符合要求的两位数；

若个位数字是8，则十位数字可以是1，2，3，…，7中的一个，故有7个符合要求的两位数；

同理，若个位数字是7，则有6个符合要求的两位数；

若个位数字是6，则有5个符合要求的两位数；

…

若个位数字是2，则只有1个符合要求的两位数.

由分类加法计数原理知，满足条件的两位数有 $1+2+3+4+5+6+7+8=36$(个).

解法二 按十位数上的数字分别是1，2，3，4，5，6，7，8的情况分成8类，在每一类中满足题目条件的两位数分别有8个，7个，6个，5个，4个，3个，2个，1个. 由分类加法计数原理知，符合题意的两位数共有 $8+7+6+5+4+3+2+1=36$(个).

点拨 分类时要注意满足完成这件事情的任何一种方法必须属于某一类，并且分别属于不同种类的两种方法是不同的方法. 只有满足这些条件，才可以用分类加法计数原理.

题型2 分步乘法计数原理的应用

利用分步乘法计数原理解题时应注意：(1)要按事件发生的过程合理分步，即分步是有先后顺序的. (2)各步中的方法互相依存，缺一不可，只有各个步骤都完成了才算完成这件事.

例2 用数字1，2，3可以组成多少个四位数？

分析 要组成一个四位数可以分成四个步骤：第一步确定千位上的数字，从3个数字里任取一个数字，共有3种选法；第二步确定百位上的数字，依题意数字允许重复，仍有3种选法；第三步确定十位上的数字，同理，也有3种选法；同理，第四步，也有3种选法.

解 根据分步计数原理得到可以组成的四位数的个数是 $3\times3\times3\times3=3^4=81$.

题型3 两个计数原理的综合应用

用两个计数原理解决计数问题时，最重要的就是在开始计算之前要仔细分析——需要分类还是分步. 分类要做到“不重不漏”. 分步要做到"步骤完整",即完成了所有步骤,恰好完成任务,并且步与步之间要相互独立.

例3 有3个盒子,分别装有不同编号的红色小球6个,白色小球5个,黄色小球4个.

(1)从盒子里取1个小球,有多少种不同取法?

(2)从盒子里任取红、白、黄色小球各一个,有多少种不同取法?

(3)从三个盒子中取出2个不是同色的小球,有多少种不同的取法?

分析 (1)是分类问题;(2)是分步问题;(3)既要分类,又要分步.

解 (1)由分类加法计数原理知,有$6+5+4=15$(种)方法.

(2)由分步乘法计数原理知,有$6\times5\times4=120$(种)方法.

(3)分三类,每类又分两步:①取一个红球和一个白球,有6×5种不同的取法;②取一个白球和一个黄球,有5×4种不同的取法;③取一个红球和一个黄球,有6×4种不同的取法,所以共有$6\times5+5\times4+6\times4=74$(种)方法.

点拨 综合问题,要清楚是先分类(每类之中有分步)还是先分步(每步之中有分类).

题型4 排列数、组合数公式的应用

1. 解含有排列数、组合数的方程或不等式

利用排列数公式和组合数公式将方程(或不等式)转化为关于x的代数方程(或不等式)即可求解. 注意其中m和n的取值范围以及最后结果都需要检验.

例4 解下列方程:

(1)$A_{2x+1}^4=140A_x^3$;

(2)$C_{x+3}^{x+1}=C_{x+1}^{x-1}+C_{x+1}^x+C_{x+2}^{x-2}$;

(3)$C_{x+5}^x=C_{x+3}^{x-1}+C_{x+3}^{x-2}+\frac{3}{4}A_{x+3}^2$.

分析 (1)根据排列的意义和排列数公式求解;(2)利用组合数的性质求解;(3)先利用组合数性质化简,再求解.

解 (1)根据排列的意义及公式得

$4\leqslant2x+1,3\leqslant x,(2x+1)\cdot2x\cdot(2x-1)\cdot(2x-2)=140\cdot x(x-1)(x-2)$.

则有$\begin{cases}x\geqslant3,\\4x(x-1)\cdot(4x-23)(x-3)=0.\end{cases}$

解之,并检验,得$x=3$.

(2)由组合数的性质可得

$C_{x+1}^{x-1}+C_{x+1}^x+C_{x+2}^{x-2}$

$=C_{x+1}^2+C_{x+1}^1+C_{x+2}^4$

$=C_{x+2}^2+C_{x+2}^4$.

又$\because C_{x+3}^{x+1}=C_{x+3}^2$,

$\therefore C_{x+3}^2=C_{x+2}^2+C_{x+2}^1$,

$\therefore C_{x+2}^1+C_{x+2}^2=C_{x+2}^2+C_{x+2}^4$.

$\therefore C_{x+2}^1=C_{x+2}^4$.

$\therefore 5=x+2,x=3$.

经检验知$x=3$.

(3)由方程可知,$x\geqslant2$.

根据组合数性质(2),将原方程化为

$C_{x+4}^x+C_{x+4}^{x-1}=C_{x+4}^{x-1}+\frac{3}{4}A_{x+3}^2$,

$\therefore C_{x+4}^x=\frac{3}{4}A_{x+2}^2$,即$C_{x+4}^4=\frac{3}{4}A_{x+3}^2$.

$\therefore \frac{1}{4!}(x+4)(x+3)(x+2)(x+1)=\frac{3}{4}(x+3)(x+2)$.

$\therefore$ 原方程可化为$\frac{1}{4!}(x+4)(x+1)=\frac{3}{4}$,

$\therefore x^2+5x-14=0$,解得$x=2$或$x=-7$(舍).

例5 解下列不等式:

(1)$A_9^x>6A_9^{x-2}$;

(2)$\frac{1}{C_n^3}-\frac{1}{C_n^4}<\frac{2}{C_n^5}$.

解 (1)原不等式可化为

$\begin{cases}\frac{9!}{(9-x)!}>\frac{6\times9!}{(9-x+2)!},① \\ 2\leqslant x\leqslant9,x\in\mathbf{N}^*.\quad②\end{cases}$

①式等价于$(11-x)(10-x)>6$,即x^2-

$21x+104>0$，即$(x-8)(x-13)>0$，

$\therefore x<8$ 或 $x>13$.

结合②得 $2\leqslant x<8, x\in \mathbf{N}^*$，

$\therefore x=2,3,4,5,6,7$.

故所求不等式的解集为$\{2,3,4,5,6,7\}$.

(2)由$\frac{6}{n(n-1)(n-2)}-\frac{24}{n(n-1)(n-2)(n-3)}<\frac{240}{n(n-1)(n-2)(n-3)(n-4)}$，

可得 $n^2-11n-12<0$，解得 $-1<n<12$.

又$\because n\in \mathbf{N}^*$，且 $n\geqslant 5$，

$\therefore n\in\{5,6,7,8,9,10,11\}$.

2. 有关排列数、组合数的计算与证明

例6 计算：(1)$\frac{2A_7^5-A_6^6}{6!+5!}$；

(2)$(C_{100}^{98}+C_{100}^{97})\div A_{101}^3$；

(3)$C_2^2+C_3^2+\cdots+C_{10}^2$；

(4)$C_{2n}^{17-n}+C_{13+n}^{3n}$.

解 (1)原式$=\frac{2A_7^5-A_6^6}{(6+1)5!}$

$=\frac{2}{7}\times\frac{A_7^5}{5!}-\frac{6}{7}\times\frac{A_5^5}{5!}=\frac{2}{7}C_7^5-\frac{6}{7}$

$=\frac{2}{7}C_7^2-\frac{6}{7}=\frac{2}{7}\times\frac{7\times6}{2}-\frac{6}{7}=\frac{36}{7}$.

(2)原式$=C_{101}^{98}\div A_{101}^3=C_{101}^3\div(C_{101}^3A_3^3)$

$=\frac{1}{A_3^3}=\frac{1}{6}$.

(3)原式$=C_3^3+C_3^2+C_4^2+C_5^2+\cdots+C_{10}^2$

$=C_4^3+C_4^2+C_5^2+\cdots+C_{10}^2$

$=\cdots=C_{10}^3+C_{10}^2=C_{11}^3=165$.

(4)依题意 n 必须满足$\begin{cases}0\leqslant 17-n\leqslant 2n,\\0\leqslant 3n\leqslant 13+n,\end{cases}$

$\therefore 5.66<n\leqslant 6.5$，而 $n\in\mathbf{N}^*$，$\therefore n=6$.

$\therefore$ 原式$=C_{12}^{11}+C_{19}^{18}=31$.

例7 证明下列等式：

(1)$C_n^m=\frac{m+1}{n+1}C_{n+1}^{m+1}$；

(2)$1+\frac{1}{2}C_n^1+\frac{1}{3}C_n^2+\cdots+\frac{1}{n+1}C_n^n=\frac{1}{n+1}(C_{n+1}^1+C_{n+1}^2+\cdots+C_{n+1}^{n+1})$.

分析 可以考虑直接应用组合数计算公式，左边、右边分别化简再进行比较，也可以选用组合数的性质进行证明.

证明 (1)$\because C_n^m=\frac{n!}{m!\,(n-m)!}$，

$\therefore \frac{m+1}{n+1}C_{n+1}^{m+1}=\frac{m+1}{n+1}\cdot\frac{(n+1)!}{(m+1)!\,[(n+1)-(m+1)]!}$

$=\frac{n!}{m!\,(n-m)!}$，

$\therefore C_n^m=\frac{m+1}{n+1}C_{n+1}^{m+1}$.

(2)$\because \frac{1}{m}C_n^{m-1}=\frac{1}{m}\cdot\frac{n!}{(m-1)!\,(n-m+1)!}=\frac{1}{n+1}\cdot C_{n+1}^m$，

当 $m=1,2,3,\cdots,n+1$ 时，得 $C_n^0=\frac{1}{n+1}\cdot C_{n+1}^1$，$\frac{1}{2}C_n^1=\frac{1}{n+1}C_{n+1}^2$，$\cdots$，$\frac{1}{n+1}C_n^n=\frac{1}{n+1}\cdot C_{n+1}^{n+1}$.

$\therefore 1+\frac{1}{2}C_n^1+\frac{1}{3}C_n^2+\cdots+\frac{1}{n+1}C_n^n=\frac{1}{n+1}C_{n+1}^1+\frac{1}{n+1}C_{n+1}^2+\frac{1}{n+1}C_{n+1}^3+\cdots+\frac{1}{n+1}C_{n+1}^{n+1}=\frac{1}{n+1}(C_{n+1}^1+C_{n+1}^2+\cdots+C_{n+1}^{n+1})$.

题型5 排列组合的典型问题

1. 相邻问题捆绑法

所谓"捆绑法"就是在解决对于某几个元素要求相邻时，可整体考虑将相邻元素视为一个"大"元素.

例8 6 名同学排成一排，其中甲、乙两人必须在一起的不同排法共有(　　).

A. 720 种　　B. 360 种

C. 240 种　　D. 120 种

解析 因甲、乙两人要排在一起，故将甲、乙两人"捆"在一起视作一人，与其余四人全

排列共有 A_5^5 种方法，但甲、乙两人之间有 A_2^2 种方法，由分步计数原理可知：共有 $A_5^5 \cdot A_2^2 =$ 240(种)不同的排法.

答案 C.

点拨 *n 个元素排列时，若要求其中指定的 m 个元素相邻，则有 $(n-m+1)!\ m!$ 种不同的排列方法.*

2. 不相邻问题插空法

对于某几个元素不相邻的排列问题称为间隔排列问题，常用"插空法"，即可先将其他元素排好，然后再将不相邻的元素在这些排好的元素之间及两端的空隙中插入.

例 9 7 人站成一行，如果甲、乙两人不相邻，那么不同的排法有(　　).

A. 1 440 种　　B. 3 600 种

C. 4 320 种　　D. 4 800 种

解析 先让甲、乙之外的 5 人排成一行，有 A_5^5 种排法，再让甲、乙两人在每两人之间及两端的六个空隙中插入，有 A_6^2 种方法. 故共有 $A_5^5A_6^2=3\ 600$(种)排法，故选 B.

答案 B.

3. 错排问题穷举法

n 个元素排列时，都不在原本属于自己的位置，我们称之为"错排问题". 此类问题常用穷举法，即将完成这件事的方法一一列举出来，再一种一种地数数.

例 10 a,b,c,d 排成一行，a 不排第一，b 不排第二，c 不排第三，d 不排第四的排法有多少种？

解 按照题目的要求，采用画树状图的方式可逐个排出所有的结果，如图 10－1.

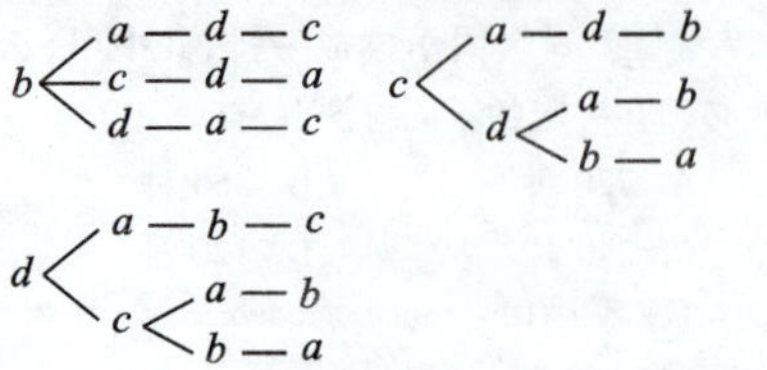

图 10－1

∴ 符合题意的排法有 9 种.

点拨 *3 个元素错排有 2 种方法，4 个元素错排有 9 种方法，必须要记住.*

例 11 将标号为 1,2,…,10 的 10 个球放入标号为 1,2,…,10 的 10 个盒子内. 每个盒内放一个球，则恰好有 3 个球的标号与其所在盒子的标号不一致的放入方法共有______种.

解析 从 10 个球中任取 3 个有 C_{10}^3 种方法，取出的 3 个球与其所在盒子的标号不一致的方法共有 2 种，∴ 共有 $2C_{10}^3=240$ (种)方法.

答案 240.

4. 定序问题逐个插空法

在有些排列问题中，某些元素的前后顺序是固定的(但不一定相邻)称为定序问题. 定序问题常见的处理途径有三种：(1)分为相邻不相邻处理，但当插入元素较多时，此法不宜使用；(2)除法处理，目的是调序；(3)逐个插空法.

例 12 某班新年联欢会原定的 5 个节目已排成节目单，开演前又增加了两个新节目，如果将这两个新节目插入原节目单中，那么不同插法的种数为(　　).

A. 42　　B. 30

C. 20　　D. 12

解析 方法一：当新增加的两个节目相邻时，共有 12 种方法；当新增加的两个节目不相邻时，共有 $A_6^2=30$(种)方法，应用分类计数原理共有 $12+30=42$(种)方法.

方法二：新增加的节目分别记为甲、乙，要完成这一事件，可分成两步：第一步把甲插入，共有 6 种方法，第二步把乙插入，共有 7 种方法，应用分步计数原理共有 $6\times7=42$(种)方法.

方法三：当 7 个节目进行全排列时，共有 A_7^7 种方法，而原有的 5 个节目全排列时共有 A_5^5 种方法，故排法种数为 $\dfrac{A_7^7}{A_5^5}=42$(种).

答案 A.

5. 分组问题与分配问题

(1)分组问题的常见形式及处理方法

①非均匀不编号分组:n 个不同元素分成 m 组,每组元素数目均不相同,且不考虑各组间的顺序,不管是否分尽,分法种数为

$$A=C_n^{m_1}\cdot C_{n-m_1}^{m_2}\cdot C_{n-(m_1+m_2)}^{m_3}\cdot\cdots\cdot C_{n-(m_1+m_2+\cdots+m_{m-1})}^{m_m}.$$

②均匀不编号分组:将 n 个不同元素分成不编号的 m 组,假定其中 r 组元素个数相等,不管是否分尽,其分法种数为 $\dfrac{A}{A_r^r}$(其中 A 为非均匀不编号分组中分法数). 如果再有 k 组均匀分组应再除以 A_k^k.

③非均匀编号分组:n 个不同元素分组,各组元素数目均不相等,且考虑各组间的顺序,其分法种数为 $A\cdot A_m^m$.

④均匀编号分组:n 个不同元素分成 m 组,其中 r 组元素个数相同且考虑各组间的顺序,其分法种数为 $\dfrac{A\cdot A_m^m}{A_r^r}$.

(2)分配问题:将 n 个元素按一定要求分给 m 个人,称为分配问题,解此类问题必须遵循先分组后排列的原则.

例 13 六本不同的书,按照以下要求处理,各有多少种分法?

(1)一堆一本,一堆两本,一堆三本;

(2)分给甲、乙、丙三人,甲得一本,乙得两本,丙得三本;

(3)分给甲、乙、丙三人,一人得一本,一人得两本,一人得三本;

(4)平均分给甲、乙、丙三人,每人两本;

(5)平均分成三堆,每堆两本.

解 (1)先在六本书中任取一本,作为一堆,有 C_6^1 种取法;再从余下的五本书中任取两本,作为一堆,有 C_5^2 种取法;最后从余下的三本中取三本,作为一堆,有 C_3^3 种取法,故共有 $C_6^1\cdot C_5^2\cdot C_3^3=60$(种)分法.

(2)由(1)知,分成三堆的方法有 $C_6^1\cdot C_5^2\cdot C_3^3$ 种,而每种分组方法,就对应一种甲得一本,乙得两本,丙得三本的一种分配方法. 故甲得一本,乙得两本,丙得三本的分法应为 $C_6^1\cdot C_5^2\cdot C_3^3=60$(种).

(3)由(1)知,分成三堆的方法有 $C_6^1C_5^2C_3^3$ 种,但每一种分组方法,又有 A_3^3 种不同的分配方案,故一人得一本,一人得两本,一人得三本的分法有 $C_6^1C_5^2C_3^3\cdot A_3^3=360$(种).

(4)三个人一个一个地来取书,甲从六本不同的书本中任取两本的方法有 C_6^2 种;甲不论用哪一种方法取得两本书后,乙再从余下的四本书中取两本有 C_4^2 种方法;而甲、乙不论用哪一种方法各取两本书后,丙从余下的两本书中取两本书,有 C_2^2 种方法,所以一共有 $C_6^2C_4^2C_2^2=90$(种)分法.

(5)把六本不同的书平均分三堆,每堆两本与把六本不同的书分给甲、乙、丙三人,每人两本的区别在于,后者相当于把六本不同的书,平均分成三堆后,再把每次分得的三堆书分给甲、乙、丙三人,因此,设把六本不同的书,平均分成三堆的方法有 x 种,那么把六本不同的书分给甲、乙、丙三人,每人两本的分法就应有 $x\cdot A_3^3$ 种,由(4)知,把六本不同的书分给甲、乙、丙三人,每人两本的方法有 $C_6^2C_4^2C_2^2$ 种. 所以,$xA_3^3=C_6^2C_4^2C_2^2$,则 $x=\dfrac{C_6^2C_4^2C_2^2}{A_3^3}=15$(种).

例 14 5 个教师分配到 3 个班里搞活动,每班至少分一人,有几种分法?

解 先把 5 位教师分 3 堆,有两类,即 $5=1+1+3=2+2+1$,其中 1,1,3 分步有 C_5^3 种,2,2,1 分步有 $\dfrac{C_5^1C_4^2C_2^2}{A_2^2}$ 种,再排列到 3 个班里有 A_3^3 种,由两个计数原理知共有:$\left(C_5^3+\dfrac{C_5^1C_4^2C_2^2}{A_2^2}\right)\cdot A_3^3=150$(种).

6. 相同元素优先满足题设法

例 15 将 9 个不加区别的小球放入编号为 1、2、3 的三个盒子里，要求每个盒子内的球数不少于盒子的编号，问：有多少种不同的放法？

解 先在 1、2、3 号盒子里分别放入 1 个、2 个、3 个小球，则原问题等价于 3 个元素（小球）放到三个位置有多少种方法？

由两个计数原理可得 $C_3^1+C_3^2\cdot A_2^2+C_3^3=10$（种）.

例 16 某中学准备组建一个 18 人的足球队，这 18 人由高一年级 10 个班的学生组成，每个班至少一个名额，分配方案共有______种.

解析 如图 10－2，取 18 枚棋子排成一列，在相邻的每两枚棋子形成的 17 个间隙中选取 9 个插入挡板.

将 18 枚棋子分隔成 10 个区间，第 $i(1\leqslant i\leqslant 10)$ 个区间的棋子数对应第 i 个班级学生的名额，因此，名额分配方案的种数与挡板插入数相等. 因为挡板插入数为 C_{17}^9，故名额分配方案共有 $C_{17}^9=24\ 310$（种）.

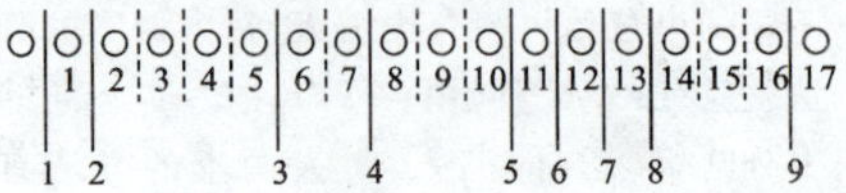

图 10－2

答案 24 310.

点拨 当剩余元素较多时，常用挡板法.

7. 涂色问题

(1)若图形不是很规则，则往往从某一块出发进行分步涂色，从而选用分步计数原理；(2)若图形具有一定的对称性，则先对涂色方案进行分类，每一类再分步.

例 17 如图 10－3，某城市在中心广场建造一个花圃，花圃分为 6 个部分. 现要栽种 4 种不同颜色的花，每部分栽种一种且相邻部分不能栽种同样颜色的花，不同的栽种方法有________种.（以数字作答）

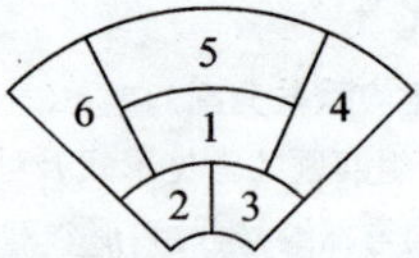

图 10－3

解析 将此类问题看成涂色问题，涂不同颜色代表栽种不同颜色的花. 区域 2、5 不相邻，取区域 2、5 为讨论对象.

(1)若区域 2、5 同色，则区域 3、5 一定不同色. 先涂区域 5 有 4 种方法，涂区域 2 有 1 种方法，涂区域 1 有 3 种方法，涂区域 6 有 2 种方法，涂区域 3 有 2 种方法，涂区域 4 有 1 种方法，即有 $4\times1\times3\times2\times2\times1=48$（种）方法.

(2)若区域 2、5 不同色.

①区域 3、5 同色：先涂区域 5 有 4 种方法，涂区域 2 有 3 种方法，涂区域 1 有 2 种方法，涂区域 6 有 1 种方法，涂区域 3 有 1 种方法，涂区域 4 有 2 种方法，即有 $4\times3\times2\times1\times1\times2=48$（种）方法；

②区域 3、5 不同色：先涂区域 5 有 4 种方法，涂区域 2 有 3 种方法，涂区域 1 有 2 种方法，涂区域 6 有 1 种方法，涂区域 3 有 1 种方法，涂区域 4 有 1 种方法，即有 $4\times3\times2\times1\times1\times1=24$（种）方法.

综上，共有 $48+48+24=120$（种）方法.

答案 120.

点拨 按事件发生的效果进行分类，按事件发生的过程进行分步.

8. 元素分析法和位置分析法

当出现特殊元素时，优先考虑特殊元素；当出现特殊位置时，优先考虑特殊位置，尤其是特殊位置分析法在高考中的地位更为突出.

例 18 （辽宁高考）将数字 1,2,3,4,5,6 排列一列，记第 i 个数为 $a_i(i=1,2,\cdots,6)$. 若 $a_1\neq1,a_3\neq3,a_5\neq5,a_1<a_3<a_5$，则不同的排列方法有________种.（用数字作答）

解析 本题中出现三个特殊位置 a_1,a_3,a_5，(a_1,a_3,a_5) 只能是下列几种情形：(2,4,

6),(2,5,6),(3,4,6),(3,5,6),(4,5,6),因此不同排列方法共有 $5A_3^3=30$(种).

答案 30.

9. 先选后排与先分组后排列

当元素之间互不相同,且元素个数与位置个数不一致时,往往用先选后排或先分组后排列的解题策略.

例 19 (宁夏高考)某校安排 5 个班到 4 个工厂进行社会实践,每个班去一个工厂,每个工厂至少安排一个班,不同的安排方法共有________种.(用数字作答)

解析 本题中元素个数是 5,位置个数是 4,所以本题的入手点是先将 5 个元素分成 4 组,而从效果来看只有一类 $5=1+1+1+2$,所以要完成分组,有 C_5^2 种方法,然后将四组元素在 4 个位置上进行全排列,即 $C_5^2\cdot A_4^4=240$(种).

答案 240.

点拨 本题中元素个数大于位置个数,且所有元素都参与排列,所以需先分组再排列.

例 20 从 6 人中选 4 人分别到巴黎、伦敦、悉尼、莫斯科四个城市游览,要求每个城市有一人游览,每人只游览一个城市,且这 6 人中甲、乙两人不去巴黎游览,则不同的选择方案共有( ).

A. 300 种　　B. 240 种

C. 144 种　　D. 96 种

解析 (1)若不选甲、乙,则有 $N_1=A_4^4=24$(种);

(2)若只选甲,则 $N_2=C_4^3C_3^1A_3^3=72$(种);

(3)若只选乙,则 $N_3=C_4^3C_3^1A_3^3=72$(种);

(4)若选甲、乙,则 $N_4=C_4^2A_3^2A_2^2=72$(种);

∴不同的选择方案共有 $24+72+72+72=240$(种).

答案 B.

点拨 (1)本题中虽然有 6 个元素,但是参与排列的只有 4 个元素,所以选择先选后排的解题策略;

(2)本题也可以从"巴黎"这一特殊位置入手,由此得有 $C_4^1\cdot A_5^3=240$(种)不同的选择方案.

10. 分排问题直排处理

把 n 个元素排成前后若干排的排列问题,若没有其他特殊要求,可采取统一排成一排的方法来处理.

例 21 两排座位,第一排 3 个座位,第二排 5 个座位,若 8 名学生坐(每人一个座位),则不同的坐法种数是( ).

A. $C_8^5C_8^3$　　B. $C_2^1C_8^5C_8^3$

C. $A_8^5A_8^3$　　D. A_8^8

解析 因 8 名学生可在前后两排的 8 个座位中随意入坐,再无其他条件,所以两排座位可看作一排来处理,其不同的坐法种数是 A_8^8,故选 D.

答案 D.

11. 交叉问题集合处理

某些排列组合问题几部分之间有交集,可用集合中求元素个数公式:

$\text{card}(A\cup B)=\text{card}(A)+\text{card}(B)-\text{card}(A\cap B)$.

例 22 从 6 名运动员中选出 4 个参加 4×100 m 接力赛,如果甲不跑第一棒,乙不跑第四棒,共有多少种不同参赛方法?

解 设全集 $I=\{$6 人中任取 4 人参赛的排列$\}$,$A=\{$甲跑第一棒的排列$\}$,$B=\{$乙跑第四棒的排列$\}$,根据求集合元素个数的公式得参赛方法共有:$\text{card}(I)-\text{card}(A)-\text{card}(B)+\text{card}(A\cap B)=A_6^4-A_5^3-A_5^3+A_4^2=252$(种).

12. 部分符合条件选用淘汰法

在选取总数中,只有一部分符合的条件,可从总数中减去不符合条件的数,即为所求.

例 23 (福建高考)某通讯公司推出一组手机卡号码,卡号的前七位数字固定,从"×××××××0000"到"×××××××9999"共 10 000 个号码. 若公司规定:凡卡号的后四位带有数字“4”或“7”的一律作为“优惠卡”，则这组号码中“优惠卡”的个数为(　　).

A. 2 000　　B. 4 096

C. 5 904　　D. 8 320

解析 后四位中不带4或7，则后四位只能从0,1,2,3,5,6,8,9这8个数字选4个进行排列有8^4种不同排法，故“优惠卡”的个数共有$10\ 000-8^4=5\ 904$(个).

答案 C.

题型6 二项式定理的应用

1. 求展开式中的指定项

解此类问题可以分两步完成：第一步是根据所给出的条件(特定项)和通项公式，建立方程来确定指数[求解时要注意二项式系数中n和r的隐含条件(n、r均为非负整数，$n\geqslant r$)]；第二步是根据所求的指数，再求所解的项.

例24 已知在$\left(\sqrt[3]{x}-\dfrac{1}{2\sqrt[3]{x}}\right)^n$的展开式中，第6项为常数项.

(1)求n；(2)求含x^2的项的系数；(3)求展开式中所有的有理项.

分析 写出通项公式，根据指定项的特点确定r的取值.

解 (1)通项公式为

$T_{r+1}=C_n^r x^{\frac{n-r}{3}}\left(-\dfrac{1}{2}\right)^r x^{-\frac{r}{3}}=$

$C_n^r\left(-\dfrac{1}{2}\right)^r x^{\frac{n-2r}{3}}$

因为第6项为常数项，所以$r=5$时，有$\dfrac{n-2r}{3}=0$，即$n=10$.

(2)令$\dfrac{n-2r}{3}=2$，

得$r=\dfrac{1}{2}(n-6)=2$，

$\therefore$所求系数为$C_{10}^2\left(-\dfrac{1}{2}\right)^2=\dfrac{45}{4}$.

(3)根据通项公式，由题意得

$$\begin{cases}\dfrac{10-2r}{3}\in\mathbf{Z},\\0\leqslant r\leqslant 10,\\r\in\mathbf{Z}.\end{cases}$$

令$\dfrac{10-2r}{3}=k(k\in\mathbf{Z})$，则$10-2r=3k$，即$r=5-\dfrac{3}{2}k$.

$\because k\in\mathbf{Z}$，$\therefore k$应为偶数.

$\therefore k$可取2,0,−2，即r可取2,5,8.

所以第3项，第6项与第9项为有理项，它们分别为$C_{10}^2\left(-\dfrac{1}{2}\right)^2x^2$，$C_{10}^5\left(-\dfrac{1}{2}\right)^5$，$C_{10}^8\left(-\dfrac{1}{2}\right)^8x^{-2}$.

点拨 求二项展开式中的有理项，一般是根据通项公式所得到的项，其所有的未知数的指数恰好都是整数的项，解这种类型的问题必须合并通项公式中同一字母的指数，根据具体要求，令其属于整数，再根据数的整除性来求解. 若求二项展开式中的整式项，则其通项公式中同一字母的指数应是非负整数，求解方式与求有理项一致.

例25 (1)求$\left(|x|+\dfrac{1}{|x|}-2\right)^3$的展开式中不含$x$的项；

(2)求$(1+x-x^2)^6$的展开式中x^5的系数.

分析 这是两个三项式的展开问题，转化为二项式的展开是关键.

解 (1)$\because |x|>0$，

$\therefore |x|+\dfrac{1}{|x|}-2=\left(\sqrt{|x|}-\dfrac{1}{\sqrt{|x|}}\right)^2$.

$\therefore \left(|x|+\dfrac{1}{|x|}-2\right)^3=\left(\sqrt{|x|}-\dfrac{1}{\sqrt{|x|}}\right)^6$，

故展开式中不含x的项是$(-1)^3C_6^3=-20$.

(2)$(1+x-x^2)^6=[1+(x-x^2)]^6$的展开式的通项公式是$T_{r+1}=C_6^r(x-x^2)^r$，其中$r=0,1,2,\cdots,6$.

$(x-x^2)^6$ 的展开式的通项公式是 $t_{m+1}=C_r^m x^{r-m}(-x^2)^m=(-1)^m C_r^m x^{r+m}$，其中 $m=0,1,2,\cdots,r$.

$T_{r+1}=(-1)^m C_6^r C_r^m x^{r+m}$，

依题意知，$r+m=5, 0\leqslant m\leqslant r\leqslant 6$，

$\therefore \begin{cases}r=3,\\ m=2,\end{cases}$ 或 $\begin{cases}r=4,\\ m=1,\end{cases}$ 或 $\begin{cases}r=5,\\ m=0.\end{cases}$

由此知，$(1+x-x^2)^6$ 展开式中 x^5 的系数是 $(-1)^2C_6^3C_3^2+(-1)C_6^4C_4^1+(-1)^0C_6^5C_5^0=6$.

2. 求二项展开式系数和——赋值法

对形如 $(ax+b)^n$、$(ax^2+bx+c)^m$（a、b、$c\in\mathbf{R}$）的式子求其展开式的各项系数之和，常用赋值法，只需令 $x=1$ 即可；对 $(ax+by)^n$（a、$b\in\mathbf{R}$）的式子求其展开式各项系数之和，只需令 $x=y=1$ 即可.

一般地，若 $f(x)=a_0+a_1x+a_2x^2+\cdots+a_nx^n$，则 $f(x)$ 展开式中各项系数之和为 $f(1)$，奇数项系数之和为 $a_0+a_2+a_4+\cdots=\dfrac{f(1)+f(-1)}{2}$，偶数项系数之和为 $a_1+a_3+a_5+\cdots=\dfrac{f(1)-f(-1)}{2}$.

例26 已知 $(1-2x)^7=a_0+a_1x+a_2x^2+\cdots+a_7x^7$.

求：(1) $a_1+a_2+\cdots+a_7$；

(2) $a_1+a_3+a_5+a_7$；

(3) $a_0+a_2+a_4+a_6$；

(4) $|a_0|+|a_1|+|a_2|+\cdots+|a_7|$.

分析 因为求的是展开式的系数和，所以可用赋值法求解.

解 令 $x=1$，则 $a_0+a_1+a_2+a_3+a_4+a_5+a_6+a_7=-1$. ①

令 $x=-1$，则 $a_0-a_1+a_2-a_3+a_4-a_5+a_6-a_7=3^7$. ②

(1) $\because a_0=C_7^0=1$，

$\therefore a_1+a_2+a_3+\cdots+a_7=-2$.

(2)（①－②）÷2，得 $a_1+a_3+a_5+a_7=-\dfrac{1+3^7}{2}=-1\,094$.

(3)（①＋②）÷2，得 $a_0+a_2+a_4+a_6=\dfrac{-1+3^7}{2}=1\,093$.

(4) $\because (1-2x)^7$ 展开式中，a_0、a_2、a_4、a_6 大于零，而 a_1、a_3、a_5、a_7 小于零.

$\therefore |a_0|+|a_1|+|a_2|+\cdots+|a_7|=(a_0+a_2+a_4+a_6)-(a_1+a_3+a_5+a_7)$.

$\therefore$ 由(2)(3)即可得其值为 2 187.

点拨 本题采用的是"赋值法"，是一种重要的方法，在解有关恒等式问题时，经常要用到这种方法.

3. 求展开式中系数最大的项

如求 $(a+bx)^n$（a、$b\in\mathbf{R}$）的展开式中系数最大的项，一般是采用待定系数法，设展开式各项系数分别为 A_1、A_2、$\cdots$、A_{n+1}，且第 $r+1$ 项系数最大，应用 $\begin{cases}A_r\geqslant A_{r-1},\\ A_r\geqslant A_{r+1}\end{cases}$ 解出 r 即可.

例27 若 $\left(\sqrt{x}+\dfrac{1}{2\sqrt[4]{x}}\right)^n$ 展开式中前三项系数成等差数列，求：

(1) 展开式中含 x 的一次幂的项；

(2) 展开式中所有 x 的有理项；

(3) 展开式中系数最大的项.

分析 本题可以根据前三项系数成等差数列先求出 n 的值，然后再根据展开式中的通项公式解决其他问题.

解 由已知条件：$C_n^0+C_n^2\cdot\dfrac{1}{2^2}=2C_n^1\cdot\dfrac{1}{2}$，解得 $n=8$.

(1) $T_{r+1}=C_8^r(\sqrt{x})^{8-r}\cdot\left(\dfrac{1}{2\sqrt[4]{x}}\right)^r=C_8^r\cdot 2^{-r}\cdot x^{4-\frac{3}{4}r}$.

令 $4-\dfrac{3}{4}r=1$，解得 $r=4$.

$\therefore x$ 的一次幂项为 $T_{4+1}=C_8^4\cdot 2^{-4}\cdot x=\dfrac{35}{8}x$.

(2) 令 $4-\dfrac{3}{4}r\in\mathbf{Z}$（$r\leqslant 8$），则只有当 $r=$

0,4,8 时,对应的项才是有理项,有理项分别为 $T_1=x^4$;$T_5=\frac{35}{8}x$;$T_9=\frac{1}{256x^2}$.

(3)记第 r 项系数为 t_r,设第 k 项系数最大,则有 $t_k\geqslant t_{k+1}$ 且 $t_k\geqslant t_{k-1}$,

又 $t_r=C_8^{r-1}\cdot 2^{-r+1}$,于是有

$$\begin{cases}C_8^{k-1}\cdot 2^{-k+1}\geqslant C_8^{k}\cdot 2^{-k},\\ C_8^{k-1}\cdot 2^{-k+1}\geqslant C_8^{k-2}\cdot 2^{-k+2},\end{cases}$$ 即

$$\begin{cases}\frac{8!}{(k-1)!\ (9-k)!}\cdot 2\geqslant\frac{8!}{k!\ (8-k)!},\\ \frac{8!}{(k-1)!\ (9-k)!}\geqslant\frac{8!}{(k-2)!\ (10-k)!}\cdot 2.\end{cases}$$

$$\therefore\begin{cases}\frac{2}{9-k}\geqslant\frac{1}{k},\\ \frac{1}{k-1}\geqslant\frac{2}{10-k}.\end{cases}$$ 解得 $3\leqslant k\leqslant 4$.

∴ 系数最大的项为第 3 项,$t_3=7\cdot x^{\frac{5}{2}}$ 和第 4 项,$t_4=7\cdot x^{\frac{7}{4}}$.

点拨 利用二项展开式的通项公式求二项展开式中某特定的项是一类典型问题,其通常的做法是确定通项公式中 r 的值或取值范围,但需注意二项式系数与项的系数的区别与联系.

4. 整除或取余问题

处理此类问题,应从底数转化为与除数的倍数有关的形式入手.

例28 证明:若 $(a-b)^m$ 展开式中含 b 的偶次项的系数和等于 $(a+b)^{10}$ 展开式的各项系数之和,则 $2^{6n-3}+3^{2n-1}$ 能被 m 整除.

证明 设 $(a-b)^m$ 展开式中含 b 的偶次项的系数之和 为 S,则 $S=C_m^0+C_m^2+\cdots=2^{m-1}$.

又因为 $(a+b)^{10}$ 展开式的各项系数之和即为各项二项式系数之和 2^{10},所以 $2^{m-1}=2^{10}$,所以 $m=11$.

因为 $2^{6n-3}+3^{2n-1}=8^{2n-1}+3^{2n-1}$

$=(11-3)^{2n-1}+3^{2n-1}$

$=C_{2n-1}^0 11^{2n-1}+C_{2n-1}^1 11^{2n-2}(-3)+\cdots+C_{2n-1}^{2n-2}11\cdot(-3)^{2n-2}+C_{2n-1}^{2n-1}(-3)^{2n-1}+3^{2n-1}$

$=11[C_{2n-1}^0 11^{2n-2}+C_{2n-1}^1 11^{2n-3}(-3)+\cdots+C_{2n-1}^{2n-2}\cdot(-3)^{2n-2}]$,

而 $C_{2n-1}^0 11^{2n-2}+C_{2n-1}^1 11^{2n-3}(-3)+\cdots+C_{2n-1}^{2n-2}\cdot(-3)^{2n-2}$ 是整数,所以 $2^{6n-3}+3^{2n-1}$ 可以被 11 整除.

点拨 本题的入手点是依据等式 $8=11-3$ 或 $3=11-8$.

例29 求 91^{92} 除以 100 的余数.

解 $\because 91^{92}=(100-9)^{92}$

$=100(100^{91}-C_{92}^1\cdot 100^{90}\cdot 9+C_{92}^2\cdot 100^{89}\cdot 9^2+\cdots+C_{92}^{91}\cdot 9^{91})+9^{92}$

而 $9^{92}=(10-1)^{92}$

$=10^2(10^{90}-C_{92}^1\cdot 10^{89}+C_{92}^2\cdot 10^{88}-\cdots+C_{92}^{90})-C_{92}^{91}\cdot 10+1$

$=10^2(10^{90}-C_{92}^1\cdot 10^{89}+C_{92}^2\cdot 10^{88}-\cdots+C_{92}^{90})-1\,000+81$,

∴ 91^{92} 除以 100 的余数是 81.

5. 用于近似计算

当 a 的绝对值与 1 相比很小且 n 不大时,常用近似公式 $(1\pm a)^n\approx 1\pm na$. 要求选取展开式中保留的项,以最后一项小数位超要求即可.

例30 求 $(2.999)^{10}$ 的近似值(精确到 0.001).

解 $(2.999)^{10}=(3-0.001)^{10}$

$=3^{10}-10\times 3^9\times 0.001+45\times 3^8\times 0.001^2-120\times 3^7\times 0.001^3+210\times 3^6\times 0.001^4+\cdots$

$=59\ 049-196.83+0.295\ 245-0.000\ 262\ 44+\cdots$

$\approx 58\ 852.465$.

6. 证明相关不等式

(1)正用或逆用二项式定理并结合不等式证明方法进行论证;(2)应用时注意构造二项式;(3)注意运用放缩法.

例31 求证:对一切 $n\in\mathbf{N}^*$,都有 $2\leqslant$

$\left(1+\frac{1}{n}\right)^n<3.$

证明 $\because\left(1+\frac{1}{n}\right)^n$

$=C_n^0+C_n^1\cdot\frac{1}{n}+C_n^2\left(\frac{1}{n}\right)^2+\cdots+C_n^n\left(\frac{1}{n}\right)^n$

$=1+1+\frac{1}{2!}\cdot\left(\frac{n-1}{n}\right)+\frac{1}{3!}\left(\frac{n-1}{n}\right)\left(\frac{n-2}{n}\right)+\cdots+\frac{1}{n!}\left(\frac{n-1}{n}\right)\cdot\left(\frac{n-2}{n}\right)\cdot\cdots\cdot\left(\frac{1}{n}\right),$

$\therefore 2\leqslant\left(1+\frac{1}{n}\right)^n<2+\frac{1}{2!}+\frac{1}{3!}+\cdots+\frac{1}{n!}<2+\frac{1}{1\times 2}+\frac{1}{2\times 3}+\cdots+\frac{1}{(n-1)n}$

$=2+\left(1-\frac{1}{2}\right)+\left(\frac{1}{2}-\frac{1}{3}\right)+\cdots+\left(\frac{1}{n-1}-\frac{1}{n}\right)$

$=3-\frac{1}{n}<3.$

当且仅当 $n=1$ 时，$\left(1+\frac{1}{n}\right)^n=2$；

当 $n\geqslant 2$ 时，$2<\left(1+\frac{1}{n}\right)^n<3.$

综合解题指导

题型1 排列组合与数列的综合

例1 n 边形的边依次记为 a_1、a_2、…、a_n，每条边都涂以红、黄、蓝三种颜色中的一种，要使相邻两边的颜色互不相同，有多少种不同的涂色方法？

解 边 a_1 有3种涂法，因 a_2 与 a_1 不同色，故 a_2 有2种涂法，a_3、a_4、…、a_n 边均有2种涂法. 依据乘法原理，共有 $3\cdot 2^{n-1}$ 种涂法.

但这种涂法只能保证 a_n 与 a_{n-1} 不同色，不能保证 a_1 与 a_n 不同色，于是这样的涂法有两类.

第一类：a_1 与 a_n 不同色，符合题设条件的涂法有 $S(n)$ 种；

第二类：a_1 与 a_n 同色，此时将 a_n 与 a_1 看成一边，相当于对 $n-1$ 边形作符合题设的涂色，涂法有 $S(n-1)$ 种.

从而 $S(n)+S(n-1)=3\cdot 2^{n-1}$，即

$S(n)-2^n=-[S(n-1)-2^{n-1}]$，于是 $\{S(n)-2^n\}$ 是以 -1 为公比的等比数列.

$\therefore S(n)-2^n=(-1)^{n-3}\cdot[S(3)-2^3]$，

$S(3)=6$，则 $S(n)-2^n=(-1)^{n-3}(6-8)$，

$\therefore S(n)=2^n+(-1)^{n-2}\cdot 2.$

因此，符合题设条件的涂法有 $2^n+(-1)^{n-2}\cdot 2$ 种.

点拨 注意利用递推数列来处理排列组合问题.

题型2 排列组合与映射的综合

例2 集合 $M=\{a,b,c\}$，$N=\{-1,0,1\}$，映射 $f:M\to N$ 满足 $f(a)-f(b)=f(c)$. 求映射 f 的个数.

分析 考虑 $f(c)$ 分别等于 -1、0 和 1 的情况.

解 当 $f(c)=-1$ 时，有两种可能：

$\begin{cases}f(a)=0,\\f(b)=1;\end{cases}\begin{cases}f(a)=-1,\\f(b)=0.\end{cases}$

当 $f(c)=0$ 时，有三种可能：

$\begin{cases}f(a)=1,\\f(b)=1;\end{cases}\begin{cases}f(a)=-1\\f(b)=-1;\end{cases}\begin{cases}f(a)=0,\\f(b)=0.\end{cases}$

当 $f(c)=1$ 时，有两种可能：

$\begin{cases}f(a)=1,\\f(b)=0;\end{cases}\begin{cases}f(a)=0,\\f(b)=-1.\end{cases}$

所以满足条件的映射共有7个.

题型3 排列组合与立体几何的综合

例3 (1)四面体的一个顶点为 A，从其他顶点和各棱中点中取3个点，使它们和点 A 在同一平面上，有多少种不同的取法？

(2)四面体的顶点和各棱中点共有10个

点,在其中取4个不共面的点,有多少种不同的取法?

解 (1)如图10-4,在含顶点A的四面体的3个面上,除点A外都有5个点,从中取出3个点必与点A共面共有$3C_5^3$种取法;在含顶点A的三条棱上各有3个点,它们与所对的棱的中点共面,共有3种取法.根据分类加法计数原理,与顶点A共面的3个点的取法有$3C_5^3+3=33$(种).

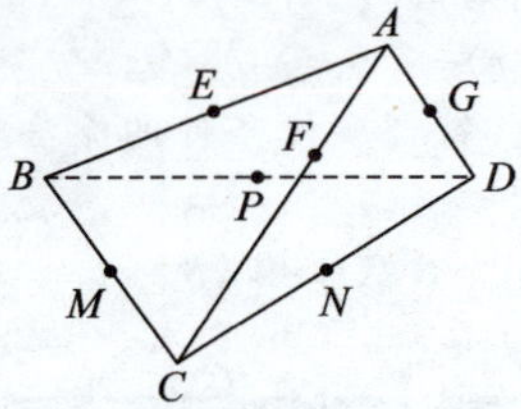

图10-4

(2)如图10-4,从10个顶点中取4个点的取法有C_{10}^4种,减去4点共面的取法种数就可以得到结果.从四面体同一个面上的6个点中取出的4点必定共面,有$4C_6^4=60$(种),四面体的每一条棱上3点与相对棱中点共面,共有6种共面情况,从6条棱的中点中取4个点时有3种共面情形(对棱中点连线两两相交且互相平分),故四点不共面的取法有$C_{10}^4-(60+6+3)=141$(种).

三年高考分析

本章内容在高考中单独命题时,一般考查两个计数原理、二项式定理,多为选择题、填空题,难度较小,而排列、组合的考查一般与概率相联系,多为综合,难度为中档.

例1 (重庆理高考)$\left(x^2+\dfrac{2}{x}\right)^8$的展开式中$x^4$的系数是(   ).

A. 16　　B. 70

C. 560　　D. 1 120

解析 设二项式展开式的第$r+1$项含有x^4,则$T_{r+1}=C_8^r(x^2)^{8-r}\left(\dfrac{2}{x}\right)^r=C_8^4\cdot 2^r\cdot x^{16-3r}$,

$\therefore 16-3r=4,\therefore r=4.$

$\therefore x^4$的系数为$C_8^4\cdot 2^4=1\ 120$.

答案 D.

例2 (陕西高考)从0,1,2,3,4,5这六个数字中任取两个奇数和两个偶数,组成没有重复数字的四位数的个数为(   ).

A. 300　　B. 216

C. 180　　D. 162

解析 分两类情况:一类不含0,有$C_3^2A_4^4=72$(个)数;一类含0,有$C_2^1C_3^2C_3^1A_3^3=108$(个)数,共有$72+108=180$(个).

答案 C.

点拨 解决本题时要注意对"0"进行分类讨论.

例3 (湖北高考)将5名志愿者分配到3个不同的奥运场馆参加接待工作,每个场馆至少分配一名志愿者的不同分配方案种数为(   ).

A. 540　　B. 300

C. 180　　D. 150

解析 先将5个元素分成三组,从效果上来看,有两种效果:$5=1+1+3=1+2+2$,因此共有$C_5^3+\dfrac{C_5^1C_4^2}{A_2^2}=25$(种)分组方法.

$\therefore N=25A_3^3=150.$

答案 D.

例4 (浙江高考)用1,2,3,4,5,6组成六位数(没有重复数字),要求任何相邻2个数字的奇偶性不同,且1和2相邻,则这样的六位数的个数为________.(用数字作答)

解析 因为1和2相邻以及任何相邻2个数字的奇偶性不同,所以采用"捆绑法"处理方式,按1和2这个整体排的位置进行分类:(1)若12整体排在前两位,即12××××或21××××的形式,则六位数只能是12奇偶奇偶或21偶奇偶奇，共有$2A_2^2A_2^2$种排法；(2)若六位数是×12×××或×21×××，只能是偶12奇偶奇或奇21偶奇偶，共有$2A_2^2A_2^2$种排法；(3)若六位数是××12××或××21××，只能是奇偶12奇偶或偶奇21偶奇，共有$2A_2^2A_2^2$种排法；(4)若六位数是×××12×或×××21×，排法数也为$2A_2^2A_2^2$种；(5)若六位数是××××12或××××21，排法数也为$2A_2^2A_2^2$种，所以这样的六位数的个数为$5\times 2A_2^2A_2^2=40$.

答案 40.

例5 （全国Ⅰ）将1，2，3填入3×3的方格中，要求每行每列都没有重复数字，下面是一种填法，则不同的填法共有（　　）.

1	2	3
3	1	2
2	3	1

A. 6种　　B. 12种

C. 24种　　D. 48种

解析 三个元素全排有A_3^3种排法，三个元素错排有2种方法，故共有$2A_3^3=12$（种）填法.

答案 B.

点拨 3个元素错排有两种方法，4个元素错排有9种方法.

例6 （天津高考）有4张分别标有数字1，2，3，4的红色卡片和4张分别标有数字1，2，3，4的蓝色卡片，从这8张卡片中取出4张卡片排成一行，如果取出的4张卡片所标数字之和为10，则不同的排法共有______种（用数字作答）.

解析 $10=1+2+3+4$

$=1+4+1+4$

$=2+3+2+3$.

而在第一类中，取卡片的种数是$2^4=16$；第二类中，只有一种取法；第三类中，也只有一种取法，所以符合题设的取法为$16+1+1=18$. ∴ 不同的排法共有$18A_4^4=432$（种）.

答案 432.

例7 （北京高考）若展开式$\left(x^2+\dfrac{1}{x^3}\right)^n$中的各项系数之和为32，则$n=$______，其展开式中的常数项为______（用数字作答）.

解析 令$x=1$，得各项系数和为$2^n=32$，

∴ $n=5$.

通项公式为$T_{r+1}=C_5^r(x^2)^{5-r}(x^{-3})^r$

$=C_5^rx^{10-5r}$.

∴ $r=2$，得$T_3=C_5^2=10$.

答案 5，10.

例8 （全国Ⅱ）$(1-\sqrt{x})^6(1+\sqrt{x})^4$的展开式中$x$的系数是（　　）.

A. -4　　B. -3

C. 3　　D. 4

解析 通项公式为$C_6^r(-1)^rx^{\frac{r}{2}}\cdot C_4^mx^{\frac{m}{2}}=C_6^rC_4^m(-1)^rx^{\frac{r+m}{2}}$，其中$0\leqslant r\leqslant 6$，$0\leqslant m\leqslant 4$. 要使$\dfrac{r+m}{2}=1$，有三种情形：①$r=0$，$m=2$；②$r=1$，$m=1$；③$r=2$，$m=0$.

∴ 展开式中x的系数是

$C_6^0C_4^2(-1)^0+C_6^1C_4^1(-1)^1+C_6^2C_4^0\cdot(-1)^2=6-24+15=-3$.

答案 B.

例9 （江西高考）设$(x^2+1)(2x+1)^9=a_0+a_1(x+2)+a_2(x+2)^2+\cdots+a_{11}(x+2)^{11}$，则$a_0+a_1+a_2+\cdots+a_{11}$的值为（　　）.

A. -2　　B. -1

C. 1　　D. 2

解析 在展开式的右边令$x=-1$，得目标式$z=a_0+a_1+a_2+\cdots+a_{11}=(1+1)(-2+1)^9=-2$.

答案 A.

点拨 合理赋值，可以起到化繁为简的作用.

例10 （江苏高考）若对于任意实数x，

有 $x^3=a_0+a_1(x-2)+a_2(x-2)^2+a_3(x-2)^3$，则 a_2 的值为（　　）.

A. 3　　　　B. 6

C. 9　　　　D. 12

解析 $a_0+a_1(x-2)+a_2(x-2)^2+a_3(x-2)^3=x^3=[2+(x-2)]^3$，

$\therefore T_{r+1}=C_3^r2^{3-r}(x-2)^r$.

令 $r=2$，得 $C_3^2 2=6$.

答案 B.

数学思想

1. 分类讨论思想

注意分清是分几步（或几类）来完成，即用分步计数原理还是分类计数原理，每一步（类）是排列问题还是组合问题.

例1 有9张卡片，将0、1、2、…、8这9个数字分别写在每张卡片上，现从中任取3张排成一个三位数，若6可当9用，问可组成多少个不同的三位数？

解 有以下两种情况：

(1)不含6的三位数共有 $A_7^1\cdot A_7^2$ 个；

(2)含6的三位数有以下两种情况：

①含6不含0的三位数有 $2C_7^2\cdot A_3^3$ 个；

②含6也含0的三位数有 $2C_7^1\cdot A_2^1\cdot A_2^2$ 个.

由分类计数原理得 $A_7^1\cdot A_7^2+2(C_7^2\cdot A_3^3+C_7^1\cdot A_2^1\cdot A_2^2)=602$（个）.

所以，共有602个符合要求的三位数.

点拨 实质上相当一部分排列组合问题需用分类讨论求解，分类讨论时注意分类讨论的对象及引发分类讨论的原因.

2. 整体思想

把问题作为一个有机的整体，从整体上考查题中的数量关系和空间形式，对整体结构进行全面、深刻的分析和改造，以探求解题思路的优化和简化解题过程的思想方法.

例2 $C_n^0+3C_n^1+5C_n^2+\cdots+(2n+1)C_n^n=$________.

解析 观察特点，类似于等差数列求和公式推导中的“倒序求和”.

设 $S=C_n^0+3C_n^1+5C_n^2+\cdots+(2n-1)\cdot C_n^{n-1}+(2n+1)C_n^n$，

$\therefore S=(2n+1)C_n^n+(2n-1)C_n^{n-1}+\cdots+3C_n^1+C_n^0$，

$\therefore 2S=2(n+1)[C_n^0+C_n^1+C_n^2+\cdots+C_n^n]=2(n+1)\cdot 2^n$，

$\therefore S=(n+1)\cdot 2^n$.

答案 $(n+1)\cdot 2^n$.

点拨 运用组合数公式证明等式，可以从整体结构出发，变化形式，简化过程.

3. 化归转化思想

将研究对象在一定条件下转化并归结为另一种研究对象的思想方法称之为化归转化思想.

例3 一条长椅上有七个座位，四人坐，要求三个空位中，有两个空位相邻，另一个空位与这两个空位不相邻，共有几种坐法？

分析 思路一是优先安排人入坐，再让空位去“插队”；思路二是运用逆向思维，从问题反面入手，采用减法.

解法一 把两个相邻空位看成一个整体，另一个空位与这个整体不相邻，则是用四个人把两个元素隔开. 可先让四人坐在四个位置上，再让后两个“元素”（一个是两个作为一个整体的空位，另一个是单独的空位）选择被四个人造成的五个“空隙”中的两个. 这样有 $A_4^4A_5^2=480$（种）坐法.

解法二 全部安排四人入坐的方法（不管空位相邻还是不相邻）数是 A_7^4. 从中减去不合题意的坐法数即可. 不合题意的坐法包括两类：一类是三个空位相邻，这种情况下共有 A_5^5 种安排方法（把四个人与相邻的三个空位看成5个元素）；另一类是三个空位彼此都不相邻,这种情况下共有 $A_4^4C_5^3$ 种安排办法(请注意这里的 C_5^3,而不是 A_5^5). 这样有 $A_7^4-A_5^5-A_4^4C_5^3=480$(种)坐法.

点拨 一般将有待解决的问题进行转化,使之成为大家熟悉的或容易解决的问题模式. 排列组合中蕴含着丰富的化归转化问题.

4. 集合思想

排列组合也可以利用集合中的交集、并集和 Venn 图来求解某些问题.

例 4 班委 5 人,分工担任班长、学习委员、体育委员、文娱委员、生活委员,其中甲不担任班长、乙不担任文娱委员,问有多少种分工方法?

解 如图 10-5,设 $I=\{$没有限制条件的 5 人分工方法$\}$,$\mathrm{card}(I)=A_5^5$.

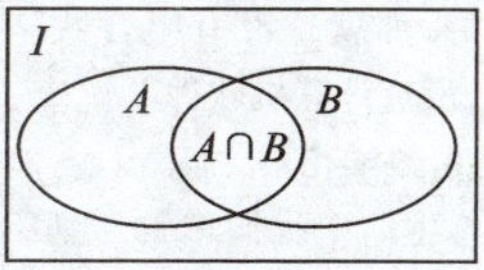

图 10-5

$A=\{$甲担任班长,其余 4 人安排其他 4 种职务的方法$\}$,$\mathrm{card}(A)=A_4^4$,

$B=\{$乙担任文娱委员,其余 4 人安排其他 4 种职务的方法$\}$,$\mathrm{card}(B)=A_4^4$,

则 $A\cap B=\{$甲担任班长,同时乙担任文娱委员,其余 3 人安排其他 3 种职务的方法$\}$,$\mathrm{card}(A\cap B)=A_3^3=6$.

根据集合运算法则,符合题意的分工方法为 $\mathrm{card}(\complement_I(A\cup B))=\mathrm{card}(I)-\mathrm{card}(A\cup B)$

$=\mathrm{card}(I)-\mathrm{card}(A)-\mathrm{card}(B)+\mathrm{card}(A\cap B)$

$=A_5^5-2A_4^4+A_3^3=78$(种).

点拨 本题利用集合思想解决排列组合问题,更直观形象.

背景材料

信息时代的组合数学

1. 组合数学概述

组合数学,又称为离散数学,但有时人们也把组合数学和图论加在一起算成是离散数学. 组合数学是计算机出现以后迅速发展起来的一门数学分支. 计算机科学就是算法的科学,而计算机所处理的对象是离散的数据,所以离散对象的处理就成了计算机科学的核心,而研究离散对象的科学恰恰就是组合数学. 组合数学的发展改变了传统数学中分析和代数占统治地位的局面. 现代数学可以分为两大类:一类是研究连续对象的,如分析、方程等,另一类就是研究离散对象的组合数学. 组合数学不仅在基础数学研究中具有极其重要的地位,在其他的学科中也有重要的应用,如计算机科学、编码和密码学、物理、化学、生物等学科中均有重要应用. 微积分和近代数学的发展为近代的工业革命奠定了基础. 而组合数学的发展则是奠定了本世纪的计算机革命的基础. 计算机之所以可以被称为电脑,就是因为计算机被人编写了程序,而程序就是算法,在绝大多数情况下,计算机的算法是针对离散的对象,而不是在作数值计算. 正是因为有了组合算法才使人感到计算机好像是有思维的.

组合数学不仅在软件技术中有重要的应用价值,在企业管理、交通规划、战争指挥、金融分析等领域都有重要的应用. 在美国有一家用组合数学命名的公司,他们用组合数学的方法来提高企业管理的效益,这家公司办得非常成功. 此外,试验设计也是具有很大应用价值的学科,它的数学原理就是组合设计. 用组合设计的方法解决工业界中的试验设计问题,在美国已有专门的公司开发这方面的软件. 最近,德国一位著名组合数学家利用组合数学方法研究药物结构,为制药公司节省了大量的费用，引起了制药业的关注.

在1997年11月的南开大学组合数学研究中心成立大会上，吴文俊院士指出，每个时代都有它特殊的要求，使得数学出现一个新的面貌，产生一些新的数学分支，组合数学这个新的分支也是在时代的要求下产生的. 最近，吴文俊院士又指出，信息技术很可能会给数学本身带来一场根本性的变革，而组合数学则将显示出它的重要作用. 杨乐院士也指出组合数学无论在应用上和理论上都具有越来越重要的位置，它今后的发展是很有生命力，很有前途的，中国应该倡导这个方面的研究工作. 万哲先院士甚至举例说明了华罗庚、许宝禄、吴文俊等中国老一辈的数学家不仅重视组合数学，同时还对组合数学中的一些基本问题作了重大贡献. 迫于中国组合数学自身发展的需要，以及中国信息产业发展的需要，在中国发展组合数学已经迫在眉睫，刻不容缓.

2. 组合数学在国外的发展状况

美国的大学、国家研究机构、工业界、军方和情报部门都有许多组合数学的研究中心，在研究上投入了大量的经费. 但他们得到的收益远远超过了他们的投入，更主要的是他们还聚集了全世界最优秀的组合数学领域的人才. 高层次的软件产品处处用到组合数学，更确切地说就是组合算法.

加拿大在Montreal成立了试验数学研究中心，他们的思路可能和吴文俊院士的数学机械化研究中心的发展思路类似，使数学机械化、算法化，不仅使数学为计算机科学服务，同时也使计算机为数学研究服务. 吴文俊院士指出，中国传统数学中本身就有浓厚的算法思想.

今后的计算机要向更加智能化的方向发展，其出路仍然是数学的算法和数学的机械化. 另外的一个有说服力的现象是，组合数学家总是可以在大学的计算机系或者在计算机公司找到很好的工作，一个优秀的组合数学家自然就是一个优秀的计算机科学家. 相反，美国所有大学计算机系都有组合数学的课程.

除上述以外，欧洲也在积极发展组合数学，英国、法国、德国、荷兰、丹麦、奥地利、瑞典、意大利、西班牙等国家都建立了各种形式的组合数学研究中心. 近几年，南美国家也在积极推动组合数学的研究. 澳大利亚、新西兰也组建了很强的组合数学研究机构. 值得一提的是亚洲的发达国家也十分重视组合数学的研究. 日本有组合数学研究中心，并且从美国引进人才，不仅支持日本国内的研究，还出资支持美国的有关课题的研究，这样使日本的组合数学这几年的发展极为迅速. 台湾、香港两地也从美国引进人才，大力发展组合数学. 新加坡、韩国、马来西亚也在积极推动组合数学的研究和人才培养. 台湾的数学研究中心也正在考虑把组合数学作为重点方向来发展. 世界各地对组合数学的如此钟爱显然是有原因的，那就是没有组合数学就没有计算机科学，没有计算机软件.

3. 组合数学花絮

在日常生活中我们常常遇到组合数学的问题. 如果你仔细留心一张世界地图，你会发现用一种颜色对一个国家着色，那么一共只需要四种颜色就能保证每两个相邻的国家的颜色不同. 这样的着色效果能使每一个国家都能清楚地显示出来. 但要证明这个结论确是一个著名的世界难题，最终借助计算机才得以解决，最近人们才发现了一个更简单的证明.

我国古代的河洛图上记载了三阶幻方，即把从一到九这九个数按三行三列进行排列，使得每行、每列以及两条对角线上的三个数之和都是一十五. 组合数学中有许多像幻方这样精巧的结构. 1977年美国旅行者1号、2号宇宙飞船就带上了幻方以作为人类智慧的信号.

当你装一个箱子时，你会发现要使箱子尽可能装满不是一件很容易的事，你往往需要做些调整. 从理论上讲，装箱问题是一个很难的组合数学问题，即使用计算机也是不容易解决的.

在中小学的数学游戏中，有这样一个问

题,一个船夫要把一只狼、一只羊和一棵白菜运过河. 问题是当人不在场时,狼要吃羊、羊要吃白菜,而他的船每趟只能运其中的一个. 他怎样才能把三者都运过河呢? 这就是一个很典型、很简单的组合数学问题.

我们还会遇到更复杂的调度和安排问题. 例如,在生产原子弹的曼哈顿计划中,涉及到很多工序,许多人员的安排,很多元件的生产,怎样安排各种人员的工作,以及各种工序间的衔接,从而使整个工期的时间尽可能短? 这些都是组合数学典型例子.

航空调度和航班的设定也是组合数学的问题. 怎样确定各个航班以满足不同旅客转机的需要,同时也使得每个机场的航班起落分布合理. 此外,在一些航班有延误等特殊情况下,怎样作最合理的调整,这些都是组合数学的问题.

对于城市的交通管理、交通规划,哪些地方可能是阻塞要地,哪些地方应该设单行道,立交桥建在哪里最合适,红绿灯怎样设定最合理, 如此等等,全是组合数学的问题.

一个邮递员从邮局出发,要走完他所管辖的街道,他应该选择什么样的路径,这就是著名的“中国邮递员问题”,由中国组合数学家管梅谷教授提出,著名组合数学家,J. Edmonds 和他的合作者给出了一个解答.

一个通讯网络怎样布局最节省? 美国的贝尔实验室和 IBM 公司都有世界一流的组合数学家在研究这个问题,这个问题直接关系到巨大的经济利益.

据说,假日饭店的管理中,也严格规定了有关的工序,如清洁工的第一步是换什么,清洗什么,第二步又做什么,总之,他进出房间的次数应该最少. 既然,这样一个简单的工作都需要讲究工序,那么一个复杂的工程就更不用说了.

库房和运输的管理也是典型的组合数学问题. 怎样安排运输使得库房充分发挥作用,进一步来说,货物放在什么地方最便于存取(如存储时间短的应该放在容易存取的地方).

我们知道,用形状相同的方型砖块可以把一个地面铺满(不考虑边缘的情况),但是如果用不同形状,而又非方型的砖块来铺一个地面,能否铺满呢? 这不仅是一个与实际相关的问题,也涉及到很深的组合数学问题.

组合数学中有一个著名问题:是否存在稳定婚姻的问题. 假如能找到两对夫妇(如张(男)—李(女)和赵(男)—王(女)),如果张(男)更喜欢王(女),而王(女)也更喜欢张(男),那么这样就可能有潜在的不稳定性. 组合数学的方法可以找到一种婚姻的安排方法,使得没有上述的不稳定情况出现(当然这只是理论上的结论). 这种组合数学的方法却有 一个实际的用途:美国的医院在确定录取医生时,他们将考虑申请者的志愿的先后次序,同时也给申请排序. 按这样的次序考虑出的总的方案将没有医院和申请者两者同时后悔的情况. 实际上,高考学生的最后录取方案也可以用这种方法.

组合数学还可用于金融分析、投资方案的确定,怎样找出好的投资组合以降低投资风险. 南开大学组合数学研究中心开发出了“金沙股市风险分析系统”现已投放市场,为短线投资者提供了有效的风险防范工具.

总之,组合数学无处不在,它的主要应用就是在各种复杂关系中找出最优的方案. 所以组合数学完全可以看成是一门量化的关系学,一门量化了的运筹学,一门量化了的管理学.

胡锦涛同志在 1998 年接见“五四”青年奖章获得者时发表的讲话中指出,组合数学是不同于传统的纯数学的一个分支,它还是一门应用学科,一门交叉学科. 他希望中国的组合数学研究能够为国家的经济建设服务.

如果 21 世纪是信息社会的世纪,那么 21 世纪也必将是组合数学大有可为的世纪.

第十一篇　概率

第一章　概率

知识网络

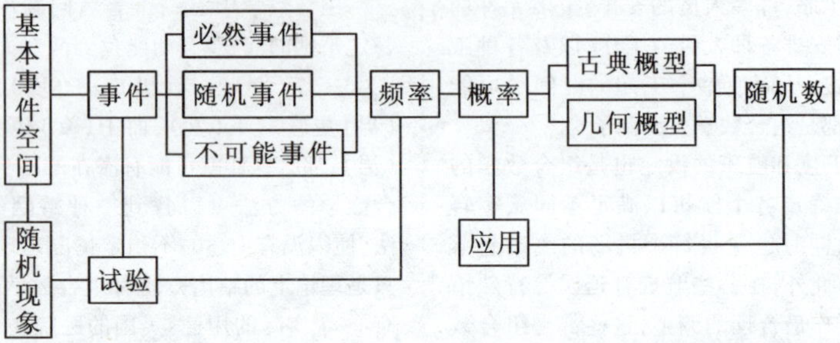

基础知识精析

1. 必然现象、随机现象

必然现象是在一定条件下必然发生某种结果的现象. 而随机现象具有如下特点：当在相同的条件下多次观察同一现象，每次观察到的结果不一定相同，事先很难预料哪一种结果会出现.

2. 随机试验

一个试验如果满足以下条件：

(1)试验可以在相同的条件下重复进行；

(2)试验的结果都明确可知，但不止一个；

(3)每次试验总是出现这些结果中的一个，但在一次试验之前却不能确定这次试验会出现哪一个结果.

像这样的试验就是一个随机试验.

3. 必然事件、不可能事件、随机事件、确定事件

(1)在条件 S 下，一定会发生的事件，叫做相对于 S 的必然事件，简称必然事件.

(2)在条件 S 下，一定不会发生的事件，叫做相对于 S 的不可能事件，简称不可能事件.

(3)在条件 S 下，可能发生也可能不发生的事件，叫做相对于条件 S 的随机事件.

(4)必然事件与不可能事件统称为相对于条件 S 的确定事件，简称确定事件.

确定事件和随机事件统称为事件. 通常用大写英文字母 A,B,C……来表示.

4. 基本事件、基本事件空间

试验中不能再分的最简单的随机事件，其他事件可以用它们来描绘，这样的事件称为基本事件. 所有基本事件构成的集合称为基本事件空间. 基本事件空间通常用大写希腊字母 Ω 表示.

5. 频数与频率

在相同的条件 S 下重复 n 次试验，观察某一事件 A 是否出现，称 n 次试验中事件 A 出现的次数 n_A 为事件 A 出现的频数，称事件 A 出现的比例 $f_n(A)=\frac{n_A}{n}$ 为事件 A 出现的频率.

由于 A 发生的次数至少为0，至多为 n，因此频率的值总在0与1之间，即 $0\leqslant\frac{n_A}{n}\leqslant1$.

6. 概率及其记法

一般地，在 n 次重复进行的试验中，事件 A 发生的频率 $\frac{m}{n}$，当 n 很大时，总是在某个常数附近摆动，随着 n 的增加，摆动幅度越来越小，这时就把这个常数叫做事件 A 的概率，记作 $P(A)$.

概率的这种定义叫做概率的统计定义. 从概率的定义中，我们可以看出随机事件 A 的概率 $P(A)$ 满足：$0\leqslant P(A)\leqslant1$.

当 A 是必然事件时，$P(A)=1$，当 A 是不可能事件时，$P(A)=0$.

注意

(1)概率是一个确定的数，是客观存在的，与每次试验无关.

(2)频率本身是随机的，在试验前不能确定，做同样次数的重复试验得到事件的频率不一定相同.

(3)频率是概率的近似值，随着试验次数的增加，频率会越来越接近概率. 在实际问题中，通常事件的概率是未知的，常用频率作为它的估计值.

(4)任何事件的概率都是0～1之间的一个确定的数，它度量该事件发生的可能性，小概率(接近0)事件很少发生，而大概率(接近1)事件则经常发生.

7. 事件的包含关系

一般地，对于事件 A 与事件 B，若事件 A 发生，则事件 B 一定发生，这时称事件 B 包含事件 A(或称事件 A 包含于事件 B)，记作 $B\supseteq A$(或 $A\subseteq B$). 与集合类比，事件 B 包含事件 A 可用图11－1－1表示.

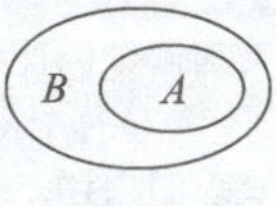

图11－1－1

注意

(1)不可能事件记作 $\varnothing$，显然 $C\supseteq\varnothing$(C 为任一事件).

(2)事件 A 也包含于事件 A，即 $A\subseteq A$.

8. 事件的相等关系

一般地，如果 $B\supseteq A$，且 $A\supseteq B$，那么称事件 A 与事件 B 相等，记作 $A=B$.

注意

(1)两个相等的事件 A,B 总是同时发生或同时不发生.

(2)所谓 $A=B$，就是事件 A,B 是同一个事件. 有时在验证两个事件是否相等时，事件相等的定义是非常有用的，在许多情况下可以说是唯一的一种方法.

9. 互斥事件

不可能同时发生的两个事件(即若事件 A 发生，则事件 B 不发生；若事件 B 发生，则事件 A 不发生)叫做互斥事件(或称互不相容事件).

注意

(1)从集合的角度来看，记事件 A 为集合 A，事件 B 为集合 B，则事件 A 与事件 B 是互斥事件，则集合 A 与集合 B 的交集为 $\varnothing$，即事件 A 与 B 在一次试验中同时发生的概率为0.

(2)推广：如果事件 $A_1,A_2,\cdots,A_n$ 中的任何两个都互斥，就称事件 $A_1,A_2,\cdots,A_n$ 彼此互斥，从集合角度看，n 个事件彼此互斥是指各个事件所含结果的集合彼此不相交.

10. 事件的并(或和)

一般地，由事件 A 和事件 B 至少有一个发生(即 A 发生，或 B 发生，或 A、B 都发生)所构成的事件 C，称为事件 A 与 B 的并(或和)，记作 $C=A\cup B$(或 $A+B$).

从集合角度看，可表示为如图11－1－2.

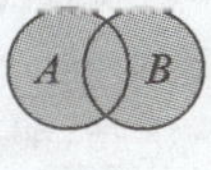

图11－1－2

注意

(1)事件 A 与事件 B 的并事件等于事件 B 与事件 A 的并事件,即 $A\cup B=B\cup A$.

(2)并事件有三层含义:事件 A 发生,事件 B 不发生;事件 B 发生,事件 A 不发生;事件 A 与事件 B 都发生.

11. 交(积)事件

由事件 A 和事件 B 同时发生所构成的事件 D,称为事件 A 与事件 B 的交事件(或积事件),记作 $D=A\cap B$(或 $D=AB$),如图 11－1－3.

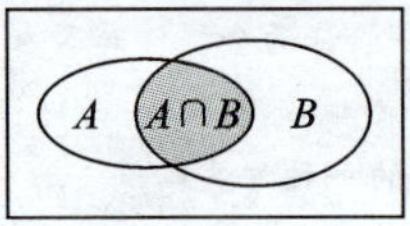

图 11－1－3

注意

(1)若 $A\cap B$ 为不可能事件,则事件 A 与事件 B 互斥.

(2)若 $A\cap B$ 为不可能事件,$A\cup B$ 为必然事件,称事件 A 与事件 B 互为对立事件.

12. 对立事件

不能同时发生且必有一个发生的两个事件叫做互为对立事件,事件 A 的对立事件记为 $\overline{A}$.

注意

(1)事件 A 与事件 B 对立是指事件 A 与事件 B 在一次试验中有且仅有一个发生. 事件 A 与事件 B 在一次试验中不会同时发生.

(2)对立事件是针对两个事件来说的,一般地,两个事件对立,则两个事件必是互斥事件;反之,两事件是互斥事件,但未必是对立事件.

(3)从集合角度看,事件 A 的对立事件是全集中由事件 A 所含结果组成的集合的补集.

(4)与集合类比,对立事件可用图 11－1－4 表示.

(5)在一次试验中,事件 A 与它的对立事件只能发生其中之一,并且也必然发生其中之一.

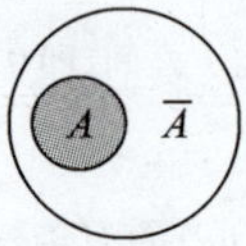

图 11－1－4

13. 互斥事件的概率加法公式

当事件 A 与事件 B 互斥时,$A\cup B$ 发生的频数等于 A 发生的频数与 B 发生的频数之和,从而 $A\cup B$ 的频率 $f_n(A\cup B)=f_n(A)+f_n(B)$,则概率的加法公式为:

$$P(A\cup B)=P(A)+P(B).$$

注意

(1)概率的加法公式中的条件"事件 A 与事件 B 互斥"不可缺,否则变为一般概率加法公式,即 $P(A\cup B)=P(A)+P(B)-P(A\cap B)$,当 A 与 B 互斥时,$A\cap B=\varnothing$,$P(\varnothing)=0$,此时满足概率加法公式.

(2)如果事件 $A_1,A_2,\cdots,A_n$ 彼此互斥,那么 $P(A_1\cup A_2\cup\cdots\cup A_n)=P(A_1)+P(A_2)+\cdots+P(A_n)$,即彼此互斥事件和的概率等于概率的和.

14. 对立事件的概率公式

若事件 A 与事件 $\overline{A}$ 互为对立事件,则 $A\cup\overline{A}$ 为必然事件,所以 $P(A\cup\overline{A})=1$,由加法公式 $P(A\cup\overline{A})=P(A)+P(\overline{A})$,因此 $P(A)=1-P(\overline{A})$.

15. 古典概型

满足以下两个条件的随机试验的概率模型称为古典概型:

(1)试验中所有可能出现的基本事件只有有限个(有限性);

(2)每个基本事件的发生都是等可能的(等可能性).

16. 古典概型的概率公式

(1)基本事件的概率:一般地,对于古典概型,如果试验的基本事件总数为 n,A 为一个基本事件，则 $P(A)=\frac{1}{n}$.

(2)古典概型的概率公式：对于古典概型，通常试验中的某一事件 A 是由几个基本事件组成，如果试验的所有基本事件个数为 n，随机事件 A 包含的基本事件个数为 m，那么事件 A 的概率 $P(A)=\frac{m}{n}$.

17. 几何概型

(1)如果每个事件发生的概率只与构成该事件区域的长度(面积或体积)成比例，那么称这样的概率模型为几何概率模型，简称几何概型.

(2)几何概型的特征是：①试验中所有可能出现的结果有无限多个；②每个基本事件出现的可能性相等.

18. 几何概型的概率公式

一般地，在几何区域 D 中随机地取一点，记事件"该点落在其内部一个区域 d 内"为事件 A，则事件 A 发生的概率为 $P(A)=\frac{d\text{ 的测度}}{D\text{ 的测度}}$.

这里 D 的测度不为0，其中"测度"的意义依 D 确定，当 D 分别是线段、平面图形或立体图形时，相应测度分别是长度、面积或体积.

即 $P(A)=\frac{\text{构成事件 }A\text{ 的区域测度(长度、面积或体积)}}{\text{试验的全部结果所构成的区域测度(长度、面积或体积)}}$.

注意

在几何概型中，概率为0的事件不一定是不可能的事件；概率为1的事件不一定是必然事件.

19. 古典概型与几何概型的区别

古典概型与几何概型中基本事件发生的可能性都是相等的，但古典概型要求基本事件有有限个；几何概型要求基本事件有无限多个，它的特点是试验结果在一个区域内均匀分布，所以随机事件的概率大小与随机事件所在区域的形状、位置无关，只与该区域的大小有关.

20. 随机数和随机模拟试验

随机数就是在一定范围内随机产生的数，并且得到这个范围内的每一个数的机会一样，用计算器和计算机上的随机函数可以产生任一指定范围内的随机整数和[0,1]内的随机(实)数，并且速度非常快，从而可以进行大量的重复模拟试验，运用随机模拟试验可以估计随机事件的概率，估计不规则图形的面积，从总体中抽取样本.

题型分类与方法总结

题型1 事件类型的判定

(1)先弄清题目的条件或试验的条件是什么；(2)判断事件发生的可能性的大小，从而确定事件的类型.

例1 盒中仅有4只白球，5只黑球，从中任意取出一只球.

(1)"取出的球是黄球"是什么事件？它的概率是多少？

(2)"取出的球是白球"是什么事件？它的概率是多少？

(3)"取出的球是白球或是黑球"是什么事件？它的概率是多少？

分析 正确理解必然事件、不可能事件、随机事件的定义，准确把握概率的意义.

解 (1)"取出的球是黄球"在题设条件下根本不可能发生，因此，它是不可能事件，它的概率为0.

(2)"取出的球是白球"是随机事件，它的概率是$\frac{4}{9}$.

(3)"取出的球是白球或黑球"在题设条件下必然要发生，因此，它是必然事件，它的概率为1.

点拨 随机事件是指在一定条件下可能

发生也可能不发生的事件,判断一个事件是否为随机事件,就是看它是否可能发生,这不同于判断一个命题的真假,不要把两者互相混淆.

题型2 互斥事件与对立事件的判定

要判断两个事件是互斥事件还是对立事件,只需要找出两个事件包含的所有结果,它们之间能不能同时发生,这样便可以判断两个事件是否互斥.在互斥的前提下,看两个事件中是否必有一个发生,可以判断它们是否为对立事件.

例2 某县城有甲、乙两种报纸供居民订阅,记事件A为"只订甲报",事件B为"至少订一种报",事件C为"至多订一种报",事件D为"不订甲报",事件E为"一种报也不订".判断下列每对事件是不是互斥事件?如果是,再判断它们是不是对立事件.

(1)A与C;(2)B与E;

(3)B与D;(4)B与C;

(5)C与E.

分析 利用互斥事件与对立事件的定义判断.

解 (1)由于事件C"至多订一种报"中有可能只订甲报,即事件A与事件C有可能同时发生,故A与C不是互斥事件.

(2)事件B"至少订一种报"与事件E"一种报也不订"是不可能同时发生的,故B与E是互斥事件.由于事件B发生可导致事件E一定不发生,且事件E发生会导致事件B一定不发生,故B与E还是对立事件.

(3)事件B"至少订一种报"中有可能只订乙报,即有可能不订甲报,即事件B发生,事件D也可能发生,故B与D不是互斥事件.

(4)事件B"至少订一种报"中有以下可能:"只订甲报""只订乙报""订甲、乙两种报".事件C"至多订一种报"中有以下可能:"甲、乙两种报都不订""只订甲报""只订乙报".由于这两个事件可能同时发生,故B与C不是互斥事件.

(5)由(4)的分析,事件E"一种报也不订"只是事件C的一种可能,故事件C与事件E有可能同时发生,故C与E不是互斥事件.

点拨 由对立事件的定义可知,对立事件首先是互斥事件,并且其中一个一定要发生,因此两个对立事件一定是互斥事件,但两个互斥事件却不一定是对立事件.解题时一定要搞清两种事件的关系.

题型3 利用互斥、对立事件的关系求随机事件的概率

(1)"名".给题目条件中的基本事件起名;

(2)"判".判断所设的基本事件之间的关系;

(3)"求".①将目标事件用所设的事件的和、积的形式表示;②利用概率的加法公式或对立事件的关系求目标事件的概率.

例3 一盒中装有各色球12只,其中5红、4黑、2白、1绿,从中取1球.求:

(1)取出球的颜色是红或黑的概率;

(2)取出球的颜色是红或黑或白的概率.

解法一 (1)从12只球中任取1球得到红球有5种取法,得到黑球有4种取法,得到红球或黑球共有$5+4=9$(种)不同取法,任取一球有12种取法.

∴任取1球得红球或黑球的概率为:

$P_1=\frac{9}{12}=\frac{3}{4}$.

(2)从12只球中任取1球得到红球有5种取法,得到黑球有4种取法,得到白球有2种取法,从而得到红或黑或白球的概率为:

$P_2=\frac{5+4+2}{12}=\frac{11}{12}$.

解法二 记事件A_1:从12只球中任取1球得到红球;

A_2:从中任取1球得到黑球;

A_3:从中任取1球得到白球;

A_4:从中任取1球得到绿球,

则 $P(A_1)=\frac{5}{12}$，$P(A_2)=\frac{4}{12}$，$P(A_3)=\frac{2}{12}$，$P(A_4)=\frac{1}{12}$.

根据题意，A_1、A_2、A_3、A_4 彼此互斥，由互斥事件概率得(1)取出红球或黑球的概率为：

$$P(A_1\cup A_2)=P(A_1)+P(A_2)$$
$$=\frac{5}{12}+\frac{4}{12}=\frac{3}{4}.$$

(2)取出红或黑或白球的概率为：

$$P(A_1\cup A_2\cup A_3)=P(A_1)+P(A_2)+P(A_3)=\frac{5}{12}+\frac{4}{12}+\frac{2}{12}=\frac{11}{12}.$$

解法三 (1)由解法二，取出红球或黑球的对立事件为取出白球或绿球，即 $A_1\cup A_2$ 的对立事件为 $A_3\cup A_4$，

∴ 取出红球或黑球的概率为：

$$P(A_1\cup A_2)=1-P(A_3\cup A_4)=1-P(A_3)-P(A_4)=1-\frac{2}{12}-\frac{1}{12}=\frac{9}{12}=\frac{3}{4}.$$

(2)$A_1\cup A_2\cup A_3$ 的对立事件为 A_4.

∴ 取出红或黑或白球的概率为：

$$P(A_1\cup A_2\cup A_3)=1-P(A_4)=1-\frac{1}{12}=\frac{11}{12}.$$

题型 4 基本事件数的探求方法

(1)列举法：把所有的基本事件一一列举出来. 此法适合于较简单的试验题.

例 4 甲、乙、丙三人站成一排合影留念，求甲、乙两人恰好相邻的概率.

解 用枚举法找到基本事件的总数，甲、乙、丙三人站成一排有以下 6 种站法：

甲乙丙，甲丙乙，乙甲丙，乙丙甲，丙甲乙，丙乙甲.

其中甲乙两人相邻的有甲乙丙，乙甲丙，丙甲乙，丙乙甲四种情况.

故甲乙两人恰好相邻的概率为：

$$P=\frac{4}{6}=\frac{2}{3}.$$

点拨 列举法要按某一顺序输写，这样做可以避免重复和遗漏.

(2)列表法：列表是列举法中的一种，此方法更能清楚显示基本事件的总数，不会出现重复和遗漏.

例 5 任取两个一位数，求这两个数的和等于 3 的概率.

解 结合下面表格运用枚举法逐个写出两次取数的和的结果.

	0	1	2	3	4	5	6	7	8	9
0	0	1	2	3	4	5	6	7	8	9
1	1	2	3	4	5	6	7	8	9	10
2	2	3	4	5	6	7	8	9	10	11
3	3	4	5	6	7	8	9	10	11	12
4	4	5	6	7	8	9	10	11	12	13
5	5	6	7	8	9	10	11	12	13	14
6	6	7	8	9	10	11	12	13	14	15
7	7	8	9	10	11	12	13	14	15	16
8	8	9	10	11	12	13	14	15	16	17
9	9	10	11	12	13	14	15	16	17	18

从表中可以看出，任取两个一位数，这两个数的和的所有可能结果的总数为 $n=100$，而“两数和等于3”这一事件包含其中的 4 种结果.

$$\therefore P(A)=\frac{m}{n}=\frac{4}{100}=0.04.$$

(3)树状图法：适合较复杂问题中基本事件数的探求.

例 6 口袋中有 2 个白球和 2 个黑球，这 4 个球除颜色外完全相同，4 个人按顺序依次从中摸出一球，求基本事件的总数.

解 把两个白球和黑球分别编号：1，2，3，4. 于是 4 个人按顺序依次从袋中摸出一球的所有可能结果用树状图表示如图 11－1－5.

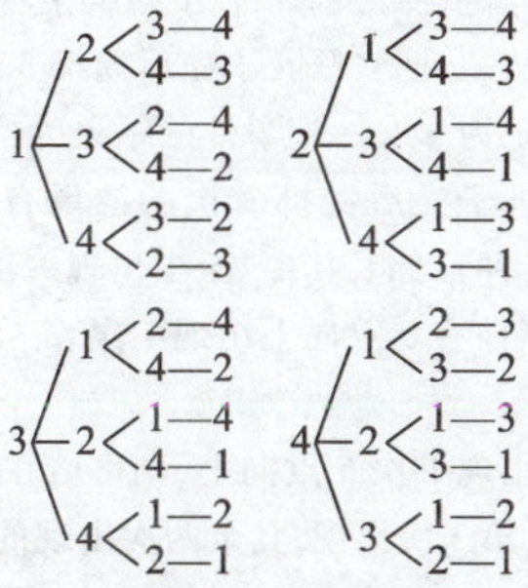

图 11－1－5

故共有 24 个基本事件.

(4)分析法:能解决基本事件总数较大的概率问题.

例7 例 5 还可有如下解法:

解 设 A 表示"取出的两个数的和等于 3",因为每次取出的数是 0、1、2、…、9 这十个数字中的一个,从而每次取数都有 10 种可能,所以两次取数共有等可能的结果总数为 $n=10\times10=100$(种).

事件 A 的可能取法有:第一次取的数分别为 0、1、2、3,相应的第二次取的数分别为 3、2、1、0,即事件 A 包含其中 4 种结果.

$\therefore P(A)=\frac{4}{100}=0.04$.

题型5 古典概型的概率计算

首先判断是否是古典概型,然后按下列步骤计算:(1)算出基本事件的总个数 n;(2)算出事件 A 中包含的基本事件的个数 m;(3)算出事件 A 的概率,即 $P(A)=\frac{m}{n}$.

例8 将一颗质地均匀的骰子先后抛掷 3 次,至少出现一次 6 点向上的概率是(   ).

A. $\frac{5}{216}$ B. $\frac{25}{216}$

C. $\frac{32}{216}$ D. $\frac{91}{216}$

解析 "至少出现一次 6 点向上",则有可能 6 点向上出现 1 次、2 次、3 次,正面作答运算比较繁琐,这种情况下,可以从它的对立面出发,考虑事件"没有一次 6 点向上"的概率.

方法一:把一颗骰子先后抛掷 3 次,向上的点数记为 a,b,c,记事件的结果为 (a,b,c),则一颗骰子先后抛掷 3 次的结果有 $6\times6\times6=216$(种)可能,其中"至少出现一次 6 点向上"的事件有 6 点向上出现 1 次、2 次、3 次共 3 类结果.

若出现 1 次 6 点向上,则可能在第 1 次,第 2 次,第 3 次出现,其余两次出现的是 1 ~ 5 中的任一个,所以有 $3\times5\times5$ 种可能情况. 若出现 2 次 6 点向上,则另一次出现的是 1 ~ 5 中的任一个,且可能在第 1 次,第 2 次,第 3 次出现,所以有 3×5 种可能情况. 若出现 3 次 6 点向上,则只有(6,6,6)一种情况. 所以共 $3\times5\times5+3\times5+1=91$(种)可能,故"至少出现一次 6 点向上"的概率为 $\frac{91}{216}$.

方法二:一颗骰子先后抛掷 3 次的结果有 $6\times6\times6=216$(种)可能,其中"至少出现一次 6 点向上"的对立事件为"没有一次 6 点向上",共有 $5\times5\times5=125$(种)可能,故"至少出现一次 6 点向上"的概率为 $P=1-\frac{125}{216}=\frac{91}{216}$. 故选 D.

答案 D.

点拨 解决此类问题的规律是:先计算出基本事件的总数,再根据题目条件算出所求事件包含的基本事件的个数. 也可以将所求事件分为几个互斥事件的和,根据概率的加法公式求得概率. 在计算一次试验的全部等可能结果总数和事件 A 所包含的基本事件数时,要做到不重不漏.

例9 从甲、乙、丙三人中任选两名代表,甲被选中的概率是多少?

分析 每个基本事件由任意两人组成,可以看作一次选两人,和顺序无关,也可以看作分两次选出两人,和顺序有关.

解法一 选择的两人与顺序无关,则所有的基本事件为{甲,乙},{甲,丙},{乙,丙}3 个,其中含有甲的有 2 个,且每个基本事件是等可能的,所以甲被选中的概率为 $P=\frac{2}{3}$.

解法二 认为选择的两人与顺序有关,则所有的基本事件共有(甲,乙),(甲,丙),(乙,甲),(乙,丙),(丙,甲),(丙,乙)6 个,而含有甲的基本事件有(甲,乙),(甲,丙),(乙,甲),(丙,甲)共 4 个,所以甲被选中的概率为 $P=\frac{4}{6}=\frac{2}{3}$.

点拨 在求等可能事件的基本事件总数和事件A包含的基本事件数时，要注意区分有序还是无序.

题型6 几何概型的概率计算

关键是构造出随机事件对应的几何图形，利用图形的几何度量来求随机事件的概率.

例10 在区间(0,1)中随机取两个数，求下列情况下的概率：

(1)两数之和小于1.2；

(2)两数平方和小于$\frac{1}{4}$.

分析 本题涉及两个变量x,y，若以x,y分别作为一个动点的横坐标与纵坐标，则动点所在平面区域就是此几何概型的几何区域.

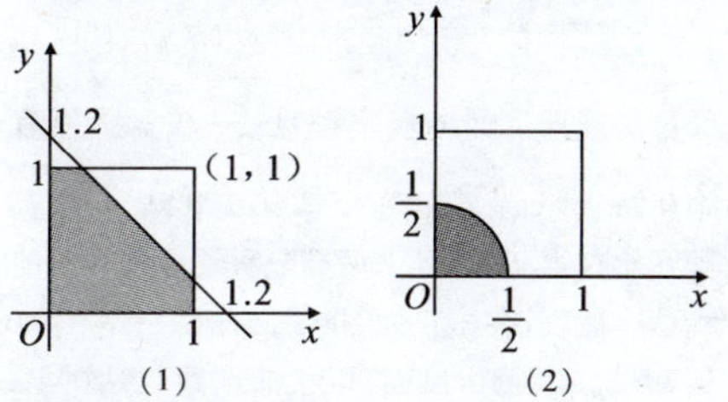

图11－1－6

解 设两数分别为x,y，则基本事件空间为：$\{(x,y)|0<x<1,0<y<1\}$.

(1)事件"两数之和小于1.2"对应的条件为$\begin{cases}0<x<1,\\0<y<1,\\x+y<1.2.\end{cases}$图形如图11－1－6(1)中的阴影部分，故所求概率为：

$$P=\frac{S_{阴影}}{S_{正方形}}=\frac{1-\frac{1}{2}\times0.8\times0.8}{1\times1}=0.68.$$

(2)事件"两数平方和小于$\frac{1}{4}$"对应的条件为$\begin{cases}0<x<1,\\0<y<1,\\x^2+y^2<\frac{1}{4}.\end{cases}$图形如图11－1－6(2)中的阴影部分，即以原点为圆心，$\frac{1}{2}$为半径且位于第一象限的圆的内部，故所求概率为：

$$P=\frac{S_{阴影}}{S_{正方形}}=\frac{\frac{1}{4}\pi\left(\frac{1}{2}\right)^2}{1\times1}=\frac{\pi}{16}.$$

例11 设m在[0,5]上随机地取值，求方程$x^2+mx+\frac{m}{4}+\frac{1}{2}=0$有实数根的概率.

分析 由于m在[0,5]上随机地取值，样本点是连续无限的，所以属于几何概型问题，只要求出使方程$x^2+mx+\frac{m}{4}+\frac{1}{2}=0$有实数根时$m$的取值范围，则问题便迎刃而解.

解 方程有实数根$\Rightarrow\Delta=m^2-4\left(\frac{m}{4}+\frac{1}{2}\right)\geqslant0\Rightarrow m\leqslant-1$或$m\geqslant2$.

因为$m\in[0,5]$，所以方程$x^2+mx+\frac{m}{4}+\frac{1}{2}=0$有实数根时，$m$的取值范围为[2,5]，

所以方程$x^2+mx+\frac{m}{4}+\frac{1}{2}=0$有实数根的概率为$P=\frac{区间[2,5]的长度}{区间[0,5]的长度}=\frac{3}{5}$.

例12 在线段$[0,a]$上随机地取三个点，试求由点O至三个点的线段能构成一个三角形的概率.

解 令事件A为"三条线段能构成一个三角形".

设三条线段各长为x,y,z，则每一个试验结果可表示为(x,y,z)，$0\leqslant x,y,z\leqslant a$，所有可能的结果组成集合$\Omega=\{(x,y,z)|0\leqslant x,y,z\leqslant a\}$.

因为三线段构成一个三角形的条件是：$x+y>z,x+z>y,y+z>x$，

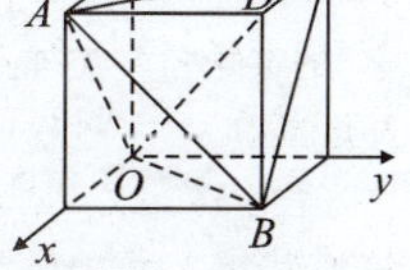

图11－1－7

所以事件A构成集合$A=\{(x,y,z)|x+y>z,x+z>y,y+z>x,0\leqslant x,y,z\leqslant a\}$，表示一个以$O$、$A$、$B$、$C$、$D$为顶点的六面体(如图11－

1−7),其体积等于$a^3-3\times\frac{1}{3}\times\frac{a^2}{2}\times a=\frac{1}{2}a^3$.

从而$P(A)=\frac{A\text{的体积}}{\Omega\text{的体积}}=\frac{\frac{1}{2}a^3}{a^3}=0.5$.

题型7 较复杂事件概率的求法

求复杂事件的概率通常有两种方法:一是将所求事件转化成彼此互斥的事件的和;二是先去求对立事件的概率,进而再求所求事件的概率.

例13 在大小相同的6个球中,2个是红球,4个是白球,若从中任意选取3个,则所选的3个球中至少有一个红球的概率是多少?

分析 从6个球中任意选取3个,可以看做是事件A"3个白球",事件B"2个白球,1个红球",事件C"1个白球,2个红球"的并,并且A、B、C是互斥的,因此可用概率的加法公式或对立事件的公式来求.

解法一 从6个球中任取3个,可以按顺序来取,第一步有6种,第二步有5种,第三步有4种,共有$6\times5\times4=120$(种).但对(1,2,3)这3个球来说,(1,2,3),(1,3,2),(2,3,1),(2,1,3),(3,1,2),(3,2,1)是同一种情况,所以从6个球中取3个球共有$\frac{6\times5\times4}{6}=20$(种)可能结果,选取的3个都是白球共有$\frac{4\times3\times2}{6}=4$(种).

故所求概率为$P=1-\frac{4}{20}=\frac{4}{5}$.

解法二 设白球标号为1,2,3,4,红球标号为5,6,从6个球中任选3个球包括:(1,2,3),(1,2,4),(1,2,5),(1,2,6),(1,3,4),(1,3,5),(1,3,6),(1,4,5),(1,4,6),(1,5,6),(2,3,4),(2,3,5),(2,3,6),(2,4,5),(2,4,6),(2,5,6),(3,4,5),(3,4,6),(3,5,6),(4,5,6),共20种情形,其中至少有1个红球的情形包括(1,2,5),(1,2,6),(1,3,5),(1,3,6),(1,4,5),(1,4,6),(1,5,6),(2,3,5),(2,3,6),(2,4,5),(2,4,6),(2,5,6),(3,4,5),(3,4,6),(3,5,6),(4,5,6),共16种,所以所选3个球中至少有一个红球的概率为$\frac{16}{20}=\frac{4}{5}$.

点拨 凡涉及"至多""至少"型的问题,可以用互斥事件以及分类讨论的思想求解,当涉及的互斥事件多于2个时,一般用对立事件求解.

综合解题指导

题型1 概率与数列的综合

例1 有人玩掷硬币走跳棋的游戏.已知硬币出现正反面的概率都是$\frac{1}{2}$,棋盘上标有第0站、第1站、第2站、…、第100站.一枚棋子开始在第0站,棋手每掷一次硬币棋子向前跳动一次,若掷出正面,棋子向前跳一站(从k到$k+1$);若掷出反面,棋子向前跳二站(从k到$k+2$),直到棋子跳到第99站(胜利大本营)或跳到第100站(失败集中营)时,该游戏结束.设棋子跳到第n站的概率为P_n.

(1)求P_0,P_1,P_2的值;

(2)试说明:$P_n-P_{n-1}=-\frac{1}{2}(P_{n-1}-P_{n-2})$,其中$n\in\mathbf{N}$,$2\leqslant n\leqslant99$;

(3)求P_{99}及P_{100}的值.

分析 (1)应用必然事件概率为1,分类讨论并用互斥事件概率公式及相互独立事件概率公式计算;(2)分情况讨论,得到概率间的递推关系式,变形关系式获证;(3)应用叠加抵消求和法求出P_{99},再根据递推关系得到P_{100}或根据必然事件概率为1得到P_{100}.

解 (1)棋子开始在第0站为必然事件,所以$P_0=1$.

第一次掷硬币出现正面，棋子跳到第1站，其概率为$\frac{1}{2}$，所以$P_1=\frac{1}{2}$.

棋子跳到第2站有下列两种情况：

①前两次掷硬币均出现正面，其概率为$\frac{1}{4}$；

②第一次掷硬币出现反面，其概率为$\frac{1}{2}$.

所以$P_2=\frac{1}{4}+\frac{1}{2}=\frac{3}{4}$.

(2)棋子跳到第$n(2\leqslant n\leqslant 99)$站有下列两种情况：

①棋子先跳到第$(n-2)$站，又掷出反面，其概率为$\frac{1}{2}P_{n-2}$；

②棋子先跳到第$(n-1)$站，又掷出正面，其概率为$\frac{1}{2}P_{n-1}$.

所以$P_n=\frac{1}{2}P_{n-2}+\frac{1}{2}P_{n-1}$，

从而$P_n-P_{n-1}=-\frac{1}{2}(P_{n-1}-P_{n-2})$.

其中$n\in\mathbf{N}, 2\leqslant n\leqslant 99$.

(3)由(1)与(2)知，数列$\{P_n-P_{n-1}\}$是首项为$P_1-P_0=-\frac{1}{2}$，公比为$-\frac{1}{2}$的等比数列，即$P_n-P_{n-1}=\left(-\frac{1}{2}\right)\left(-\frac{1}{2}\right)^{n-1}=\left(-\frac{1}{2}\right)^n$.

于是$P_1-P_0=-\frac{1}{2}$，

$P_2-P_1=\left(-\frac{1}{2}\right)^2$，

$P_3-P_2=\left(-\frac{1}{2}\right)^3$，…，

$P_{98}-P_{97}=\left(-\frac{1}{2}\right)^{98}$，

$P_{99}-P_{98}=\left(-\frac{1}{2}\right)^{99}$.

所以$P_{98}-P_0=\left(-\frac{1}{2}\right)+\left(-\frac{1}{2}\right)^2+\cdots+\left(-\frac{1}{2}\right)^{98}$，

$P_{99}-P_0=\left(-\frac{1}{2}\right)+\left(-\frac{1}{2}\right)^2+\cdots+\left(-\frac{1}{2}\right)^{99}$，

故$P_{98}=1+\frac{\left(-\frac{1}{2}\right)\left[1-\left(-\frac{1}{2}\right)^{98}\right]}{1+\frac{1}{2}}=\frac{1}{3}\left[2+\left(\frac{1}{2}\right)^{98}\right]$，

$P_{99}=1+\frac{\left(-\frac{1}{2}\right)\left[1-\left(-\frac{1}{2}\right)^{99}\right]}{1+\frac{1}{2}}=\frac{2}{3}\left[1-\left(\frac{1}{2}\right)^{99}\right]$.

于是$P_{100}=\frac{1}{2}P_{98}=\frac{1}{3}\left[1+\left(\frac{1}{2}\right)^{99}\right]$.

例2 有人玩掷骰子动棋游戏，棋盘分为A，B两方，开始时把棋子放在A方，根据下列①、②、③的规定移动棋子：①骰子出现1点时，不能动棋子；②出现2，3，4，5点时，把棋子移向对方；③出现6点时，如果棋子在A方就不动；如果在B方，就移至A方. 把骰子掷了n次后，棋子仍然在A方的概率记为P_n.

(1)对于任意$n\in\mathbf{N}$，证明(P_n, P_{n+1})总在过定点$\left(\frac{5}{9}, \frac{5}{9}\right)$，斜率为$-\frac{1}{2}$的直线上；

(2)求P_n.

解 (1)设把骰子掷了$(n+1)$次，棋子仍在A方的概率为P_{n+1}，有两种情况应当考虑：

①若第n次棋子在A方，其概率为P_n，且第$(n+1)$次骰子出现1点或6点，不动棋子，其概率为$\frac{2}{6}=\frac{1}{3}$，因此，第①种情况产生的概率为$\frac{1}{3}P_n$；

②若第n次棋子在B方，其概率为$1-P_n$，且第$(n+1)$次骰子出现2，3，4，5或6点，

则棋子被移至 A 方，其概率为 $\frac{5}{6}$，因此，第②种情况产生的概率为 $\frac{5}{6}(1-P_n)$.

$\therefore P_{n+1}=\frac{1}{3}P_n+\frac{5}{6}(1-P_n)$，

变形得 $P_{n+1}-\frac{5}{9}=-\frac{1}{2}\left(P_n-\frac{5}{9}\right)$，

$\therefore$ 点 (P_n,P_{n+1}) 总在过定点 $\left(\frac{5}{9},\frac{5}{9}\right)$，斜率为 $-\frac{1}{2}$ 的直线上.

(2) $\because P_0=1,P_1=\frac{1}{3}P_0+\frac{5}{6}(1-P_0)=\frac{1}{3}$，

又 $\because \dfrac{P_{n+1}-\frac{5}{9}}{P_n-\frac{5}{9}}=-\frac{1}{2}$，(利用(1)的结论)知 $\left\{P_n-\frac{5}{9}\right\}$ 是首项为 $P_1-\frac{5}{9}=\frac{1}{3}-\frac{5}{9}=-\frac{2}{9}$，公比为 $-\frac{1}{2}$ 的等比数列，

$\therefore P_n-\frac{5}{9}=-\frac{2}{9}\cdot\left(-\frac{1}{2}\right)^{n-1}$，

即 $P_n=\frac{5}{9}+\frac{(-1)^n}{9\cdot 2^{n-2}}$.

题型2 概率与"杨辉三角"的综合

例3 如图11－1－8，是在竖直平面内的一个"通道游戏". 图中竖直线段和斜线段都表示通道，并且在交点处相通，假设一个小弹子在交点处向左或向右是等可能的. 若竖直线段有一条的为第1层，有两条的为第2层……依次类推，现有一颗小弹子从第1层的通道里向下运动.

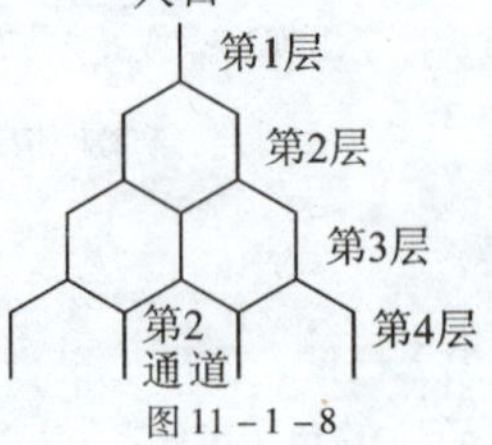

图11－1－8

(1)求该小弹子落入第4层第2个竖直通道的概率(从左向右数)；

(2)猜想落入第 $(n+1)$ 层第 m 个通道里的概率；

(3)该小弹子落入第 n 层第 $(m-1)$ 个竖直通道的概率与该小弹子落入第 n 层第 m 个竖直通道的概率之和等于什么？

分析 不难发现，该装置的原型为"杨辉三角"，利用其基本性质及蕴涵的数量关系，问题便迎刃而解.

解 (1)因为在交点处小弹子向左或向右是等可能的，所以小弹子落入第4层第1个竖直通道的路径只有1条，落入第4层第2个竖直通道的路径有3条，第3个有3条，第4个有1条. 故所求概率 $P=\frac{3}{1+3+3+1}=\frac{3}{8}$.

(2)设小弹子落入第 $(n+1)$ 层的第 m 个通道里的概率为 $P_{(n+1,m)}$，根据杨辉三角形的特点可猜想，所求的概率为：

$$P_{(n+1,m)}=\frac{C_n^{m-1}}{C_n^0+C_n^1+\cdots+C_n^n}=\frac{C_n^{m-1}}{2^n}.$$

(3) $\because C_{n-1}^{m-2}+C_{n-1}^{m-1}=C_n^{m-1}$，

$\therefore \frac{C_{n-1}^{m-2}}{2^{n-1}}+\frac{C_{n-1}^{m-1}}{2^{n-1}}=2\times\frac{C_n^{m-1}}{2^n}$，

即 $P_{(n,m-1)}+P_{(n,m)}=2P_{(n+1,m)}$，所以小弹子落入第 n 层第 $(m-1)$ 个竖直通道的概率与该小弹子落入第 n 层第 m 个竖直通道的概率之和等于小弹子落入第 $(n+1)$ 层第 m 个竖直通道的概率的两倍.

题型3 概率与线性规划的交汇

在几何概型中，概率可以用图形的面积之比来表示，而线性规划中的可行域也是一个图形，若可行域的面积可求时，则我们可以用于求事件的概率.

例4 在长度为1的线段上任取两点(非端点)，将其分成三条线段，则这三条线段能围成一个三角形的概率是多少？

分析 设其中两条线段的长为 x,y,则第三条线段的长为 $[1-(x+y)]$,由题意可得 $\begin{cases}0<x<1,\\0<y<1,\\0<x+y<1,\end{cases}$ 故点 (x,y) 构成一个可行域,可以考虑面积型的几何概型.

解 设其中两条线段长为 x,y,则另一条线段的长为 $[1-(x+y)]$,

则有 $\begin{cases}0<x<1,\\0<y<1,\\0<1-(x+y)<1,\end{cases}$

即 $\begin{cases}0<x<1,\\0<y<1,\\0<x+y<1.\end{cases}$ 对应的可行域为图 11-1-9 中 $\triangle ABO$ 的区域;三条线段要能构成三角形,则要任何一边都小于 $\frac{1}{2}$.

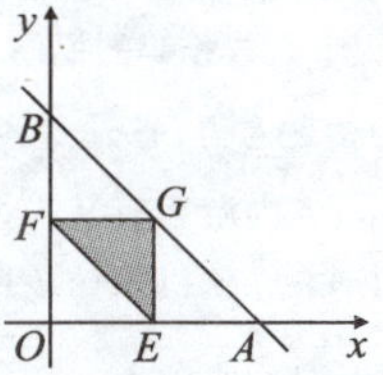

图 11-1-9

即 $\begin{cases}0<x<\frac{1}{2},\\0<y<\frac{1}{2},\\0<1-(x+y)<\frac{1}{2},\end{cases}$

亦即 $\begin{cases}0<x<\frac{1}{2},\\0<y<\frac{1}{2},\\\frac{1}{2}<x+y<1\end{cases}$

对应的可行域为图中 $\triangle EFG$ 的区域,由几何概型可知,这三条线段能围成一个三角形的概率为 $P=\frac{S_{\triangle EFG}}{S_{\triangle ABO}}=\frac{1}{4}$.

三年高考分析

本章内容与现实生活的关系极为密切,是每年高考的必考内容,题型除了以选择题、填空题的形式直接考查互斥事件、对立事件的概率及有关运算外,还有对几何概型的理解和概率的求法. 更有以实际问题为载体,以排列组合和概率知识为工具的综合型解答题.

例 1 (江苏高考)现有 5 根竹竿,它们的长度(单位:m)分别为 2.5,2.6,2.7,2.8,2.9. 若从中一次随机抽取 2 根竹竿,则它们的长度恰好相差 0.3 m 的情况有 2.5,2.8,2.6,2.9,即其概率为________.

解析 从 5 根竹竿中一次随机抽取 2 根竹竿共有 $C_5^2=10$(种)抽取方法,而抽取的两根竹竿长度恰好相差 0.3 m 的只有 2 种,$P=\frac{2}{10}=0.2$.

答案 0.2.

例 2 (辽宁高考)4 张卡片上分别写有数字 1,2,3,4,从这 4 张卡片中随机抽取 2 张,则抽出的 2 张卡片上的数字之和为奇数的概率为(　　).

A. $\frac{1}{3}$　　B. $\frac{1}{2}$　　C. $\frac{2}{3}$　　D. $\frac{3}{4}$

解析 从 4 张卡片中取 2 张共有 $C_4^2=6$(种)取法,数字之和为奇数是指两个数分别是一个奇数和一个偶数,共有 $C_2^1\cdot C_2^1=4$(种),则满足条件的概率为 $\frac{C_2^1\cdot C_2^1}{C_4^2}=\frac{2}{3}$.

答案 C.

例 3 (福建文高考)点 A 为周长等于 3 的圆周上的一个定点,若在该圆周上随机取一点 B,则劣弧 $\overset{\frown}{AB}$ 的长度小于 1 的概率为________.

解析 在该圆弧上使弧 $\overset{\frown}{AM}$ 的长度为 1 的

点 M 有两个，设为 M_1, M_2，则过 A 的圆弧 $\overset{\frown}{M_1M_2}$ 的长度为 2，B 点落在优弧 $\overset{\frown}{M_1M_2}$ 上就能使劣弧 $\overset{\frown}{AB}$ 的长度小于 1，所以劣弧 $\overset{\frown}{AB}$ 的长度小于 1 的概率为 $\frac{2}{3}$.

答案 $\frac{2}{3}$.

例 4 （山东高考）设集合 $A=\{1,2\}$，$B=\{1,2,3\}$，分别从集合 A 和 B 中随机取一个数 a 和 b，确定平面上的一个点 $P(a,b)$. 记"点 $P(a,b)$ 落在直线 $x+y=n$ 上"为事件 C_n $(2\leqslant n\leqslant 5, n\in\mathbf{N})$，若事件 C_n 的概率最大，则 n 的所有可能值为（　　）.

A. 3　　　B. 4

C. 2 和 5　　　D. 3 和 4

解析 点 $P(a,b)$ 的个数共有 $2\times 3=6$（个），落在直线 $x+y=2$ 上的概率 $P(C_2)=\frac{1}{6}$；落在直线 $x+y=3$ 上的概率 $P(C_3)=\frac{2}{6}$；落在直线 $x+y=4$ 上的概率 $P(C_4)=\frac{2}{6}$；落在直线 $x+y=5$ 上的概率 $P(C_5)=\frac{1}{6}$.

答案 D.

例 5 （安徽理高考）考察正方体 6 个面的中心，甲从这 6 个点中任意选两个点连成直线，乙也从这 6 个点中任意选两个点连成直线，则所得的两条直线相互平行但不重合的概率等于（　　）.

A. $\frac{1}{75}$　　B. $\frac{2}{75}$　　C. $\frac{3}{75}$　　D. $\frac{4}{75}$

解析 甲从正方体 6 个面的中心中取两个点有 C_6^2 种方法，乙从这 6 个点中取两个点有 C_6^2 种方法，故事件总数为 $C_6^2C_6^2=15\times 15$（种）.

如图 11－1－10，四边形 $BCDE$、$CFEA$、$ABFD$ 均为平行四边形. 甲从 BC 与 DE，BE 与 CD 中选一个有 C_2^1 种方法（若甲选 BC，则乙只能选 DE. 而乙也可能选 BC，此时甲选 DE）共有 $3C_2^1C_2^1$ 种选法. 故 $P=\frac{3\times 4}{15\times 15}=\frac{4}{75}$.

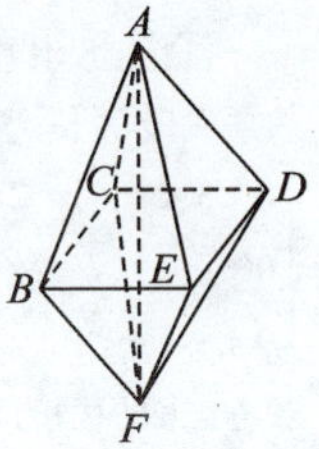

图 11－1－10

答案 D.

例 6 （四川文高考）为振兴旅游业，四川省 2009 年面向国内发行总量为 2 000 万张的熊猫优惠卡，向省外人士发行的是熊猫金卡（简称金卡），向省内人士发行的是熊猫银卡（简称银卡）. 某旅游公司组织了一个有 36 名游客的旅游团到四川名胜旅游，其中 $\frac{3}{4}$ 是省外游客，其余是省内游客. 在省外游客中有 $\frac{1}{3}$ 持金卡，在省内游客中有 $\frac{2}{3}$ 持银卡.

（1）在该团中随机采访 2 名游客，求恰有 1 人持银卡的概率；

（2）在该团中随机采访 2 名游客，求其中持金卡与持银卡人数相等的概率.

解 （1）由题意得，省外游客有 27 人，其中 9 人持金卡；省内游客有 9 人，其中 6 人持银卡. 设事件 A 为"随机采访该团 2 名游客，恰有 1 人持银卡"，则 $P(A)=\frac{C_6^1C_{30}^1}{C_{36}^2}=\frac{2}{7}$，所以随机采访该团 2 名游客，恰有 1 人持银卡的概率是 $\frac{2}{7}$.

（2）设事件 B 为"随机采访该团 2 名游客中，持金卡人数与持银卡人数相等"，可分为事件 A_1 为"随机采访该团 2 名游客中，0 人持金卡，0 人持银卡"，事件 A_2 为"随机采访该团 2 名游客中，1 人持金卡，1 人持银卡"，

则 $P(B)=P(A_1)+P(A_2)=\frac{C_{21}^2}{C_{36}^2}+\frac{C_9^1C_6^1}{C_{36}^2}=\frac{1}{3}+\frac{3}{35}=\frac{44}{105}$，

所以随机采访该团 2 名游客中，持金卡人数与持银卡人数相等的概率是 $\frac{44}{105}$.

例7 （宁夏高考）设关于 x 的一元二次方程 $x^2+2ax+b^2=0$.

(1)若 a 是从 0,1,2,3 四个数中任取的一个数，b 是从 0,1,2 三个数中任取的一个数，求上述方程有实数根的概率；

(2)若 a 是从区间[0,3]中任取的一个数，b 是从区间[0,2]中任取的一个数，求上述方程有实数根的概率.

解 设事件 A 为"方程 $x^2+2ax+b^2=0$ 有实根"，当 $a\geqslant0,b\geqslant0$ 时，方程 $x^2+2ax+b^2=0$ 有实根的充要条件为 $a\geqslant b$.

(1)基本事件共有 12 个：(0,0)，(0,1)，(0,2)，(1,0)，(1,1)，(1,2)，(2,0)，(2,1)，(2,2)，(3,0)，(3,1)，(3,2)，其中第一个数表示 a 的取值，第二个数表示 b 的取值.

事件 A 中包含 9 个基本事件，事件 A 发生的概率为 $P(A)=\frac{9}{12}=\frac{3}{4}$.

(2)试验的全部结果所构成的区域为：

$\{(a,b)|0\leqslant a\leqslant3,0\leqslant b\leqslant2\}$，

构成事件 A 的区域为：

$\{(a,b)|0\leqslant a\leqslant3,0\leqslant b\leqslant2,a\geqslant b\}$，

所以所求的概率为：

$$P(A)=\frac{3\times2-\frac{1}{2}\times2^2}{3\times2}=\frac{2}{3}.$$

例8 （天津高考）甲、乙两个篮球运动员互不影响地在同一位置投球，命中率分别为 $\frac{1}{2}$ 与 P，且乙投球 2 次均未命中的概率为 $\frac{1}{16}$.

(1)求乙投球的命中率 P；

(2)求甲投球 2 次，至少命中 1 次的概率；

(3)若甲、乙两人各投球 2 次，求两人共命中 2 次的概率.

(1) 解法一 设"甲投球一次命中"为事件 A，"乙投球一次命中"为事件 B.

由题意得 $[1-P(B)]^2=(1-P)^2=\frac{1}{16}$，

解得 $P=\frac{3}{4}$ 或 $P=\frac{5}{4}$（舍去）.

所以乙投球的命中率为 $\frac{3}{4}$.

解法二 设"甲投球一次命中"为事件 A，"乙投球一次命中"为事件 B.

由题意得 $P(\overline{B})P(\overline{B})=\frac{1}{16}$，

解得 $P(\overline{B})=\frac{1}{4}$ 或 $P(\overline{B})=-\frac{1}{4}$（舍去），故 $P=1-P(\overline{B})=\frac{3}{4}$.

所以乙投球的命中率为 $\frac{3}{4}$.

(2) 解法一 由题设和(1)知 $P(A)=\frac{1}{2}$，$P(\overline{A})=\frac{1}{2}$，故甲投球 2 次至少命中 1 次的概率为 $1-P(\overline{A})P(\overline{A})=\frac{3}{4}$.

解法二 由题设和(1)知 $P(A)=\frac{1}{2}$，$P(\overline{A})=\frac{1}{2}$，故甲投球 2 次至少命中 1 次的概率为 $C_2^1P(A)P(\overline{A})+P(A)P(A)=\frac{3}{4}$.

(3) 解 由题设和(1)知 $P(A)=\frac{1}{2}$，$P(\overline{A})=\frac{1}{2}$，$P(B)=\frac{3}{4}$，$P(\overline{B})=\frac{1}{4}$.

甲、乙两人各投球 2 次，共命中 2 次有三种情况：甲、乙两人各中一次；甲中 2 次，乙 2 次均不中；甲 2 次均不中，乙中 2 次.

概率分别为：

$C_2^1P(A)P(\overline{A})C_2^1P(B)P(\overline{B})=\frac{3}{16}$；

$P(A)P(A)P(\overline{B})P(\overline{B})=\frac{1}{64}$；

$P(\overline{A})P(\overline{A})P(B)P(B)=\frac{9}{64}$.

所以甲、乙两人各投球 2 次，共命中 2 次的概率为 $\frac{3}{16}+\frac{1}{64}+\frac{9}{64}=\frac{11}{32}$.

例9 (广东高考)某初级中学共有学生 2 000 名,各年级男、女生人数如下表:

	初一年级	初二年级	初三年级
女生	373	x	y
男生	377	370	z

已知在全校学生中随机抽取 1 名学生,抽到初二年级女生的概率是 0.19.

(1)求 x 的值;

(2)现用分层抽样的方法在全校抽取 48 名学生,问应在初三年级抽取多少名;

(3)已知 $y\geqslant245$, $z\geqslant245$,求初三年级中女生比男生多的概率.

解 (1)$\because \frac{x}{2\ 000}=0.19$, $\therefore x=380$.

(2)初三年级人数为 $y+z=2\ 000-(373+377+380+370)=500$,现用分层抽样的方法在全校抽取 48 名学生,应在初三年级抽取人数为$\frac{48}{2\ 000}\times500=12$(名).

(3)设初三年级女生比男生多的事件为 A,初三年级女生、男生数记为(y,z),由(2)知 $y+z=500$,且 $y,z\in\mathbf{N}$, $y\geqslant245$, $z\geqslant245$,基本事件空间包含的基本事件有:(245,255)、(246,254)、(247,253),…,(255,245)共 11 个;事件 A 包含的基本事件有:(251,249)、(252,248)、(253,247)、(254,246)、(255,245)共 5 个.

$\therefore P(A)=\frac{5}{11}$.

数学思想

1. 集合思想

若事件 A 和事件 B 不可能同时发生,则 A 与 B 互斥,也就是说事件 A 和事件 B 不包含相同的基本事件.用集合的语言来说,就是由事件 A 中的基本事件构成的集合和由事件 B 中的基本事件构成的集合的交集为$\varnothing$.

例1 一个盒子中装有红球 4 个,白球 3 个,从中任取 2 个球,则是互斥事件的有________.

①恰有 1 个白球和全是白球;

②至少有 1 个白球和全是白球;

③至少有 1 个红球和至少有 1 个白球;

④至少有 1 个白球和全是红球.

解析 设 n 为"任取 2 个球中白球的个数",则所有 n 的取值可构成集合 $U=\{0,1,2\}$.

①中"恰有 1 个白球"事件中 n 的取值构成集合 $P=\{1\}$,"全是白球"事件中 n 的取值构成集合 $Q=\{2\}$.

由于 $P\cap Q=\varnothing$,故这两个事件互斥.

②中"至少有 1 个白球"事件中 n 的取值构成集合 $P=\{1,2\}$,"全是白球"事件中 n 的取值构成集合 $Q=\{2\}$,由于 $P\cap Q=\{2\}\neq\varnothing$,故这两个事件不互斥.

③中"至少有 1 个红球",则"至多有 1 个白球",$\therefore P=\{0,1\}$,"至少有 1 个白球",则 $Q=\{1,2\}$,

由于 $P\cap Q=\{1\}\neq\varnothing$,故这两个事件不互斥.

④中"至少有 1 个白球",则 $P=\{1,2\}$,"全是红球"即"没有白球",则 $Q=\{0\}$,因为 $P\cap Q=\varnothing$,故这两个事件互斥.

答案 ①④.

点拨 首先要明确两个事件互斥的概念,其次是将本题中的红球个数转化为白球个数."至少"理解为"$\geqslant$".将判断两事件是否互斥转化为判断 $P\cap Q$ 是否为$\varnothing$.

2. 化归转化思想

所谓"化归"就是转化和归结,在解决数学问题时,人们常常将待解决的问题甲,通过某种转化,归结为一个已经解决或比较容易解决的问题乙,然后,通过问题乙的解去求问题甲的解,这就是"化归"的思想.

例2 如图11－1－11，在一个体积为64 cm^3 的正方体木块表面涂上红漆，然后锯成体积为1 cm^3 的小正方体，从中任取一块，求这一块至少有一面涂有红漆的概率.

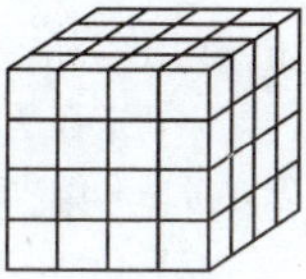

图11－1－11

解 直接求"取到的是至少有一面涂有红漆的小木块"的概率比较困难，可以转化为求其对立事件的概率，即求"取到的是未涂红漆的小木块"的概率. 经分析知未涂红漆的小木块有$(4-2)^3=8$(个)，故取到未涂红漆的小木块的概率为$\frac{8}{64}=\frac{1}{8}$，所以所求事件的概率为$1-\frac{1}{8}=\frac{7}{8}$.

点拨 含有"至多""至少"等文字的概率问题，从正面突破比较困难或者比较繁琐时，可考虑其反面，即其对立事件，然后应用对立事件的概率公式$P(A)=1-P(\overline{A})$来进行求解.

3. 数形结合思想

在古典概型问题中，当试验结果的总数不是很多时，可以用图表的方式将它们列举出来，以使得解题过程清晰明了. 在几何概型问题中，将事件用图形表示出来更是十分必要，这些时候都需要用到数形结合的思想.

例3 骰子是一种正方体形状的玩具，在正方体的各面上分别标有点数1、2、3、4、5、6，如图11－1－12.

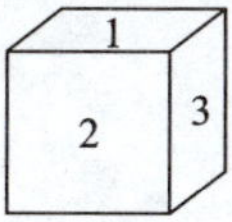

图11－1－12

将骰子向桌面先后抛掷2次，计算：

(1)一共有多少种不同的结果？

(2)其中向上的点数之积是12的结果有多少种？

(3)向上的点数之积是12的概率是多少？

解 (1)将骰子抛掷1次，它落在桌面上时向上的数有1、2、3、4、5、6这6种结果.

根据分步计算原理，先后2次向桌面抛掷骰子，一共有$6\times6=36$种不同的结果.

答：将骰子向桌面先后抛掷2次，一共有36种不同的结果.

第(1)问的几何解释见图11－1－13中的36个"·".

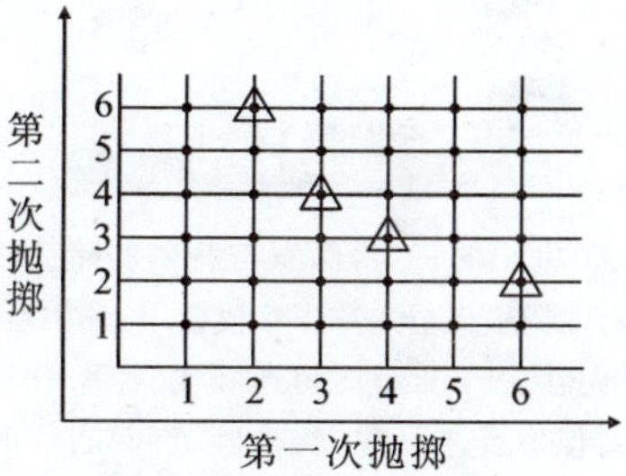

图11－1－13

(2)如图中的"△"，横、纵两个方向的"1,2,3,4,5,6"相乘的结果是12的有(2,6)，(3,4)(4,3)，(6,2)共4种情况.

答：将骰子向桌面先后抛掷2次，向上的点数之积是12的结果有4种.

(3)由于骰子是均匀的，将它向桌面先后抛掷2次的所有36种结果是等可能出现的，其中向上的点数之积是12的结果这一事件记为A，A包含的结果有4种，所以所求的概率为：

$$P(A)=\frac{4}{36}=\frac{1}{9}.$$

答：将骰子向桌面先后抛掷2次，向上的点数之积是12的概率是$\frac{1}{9}$.

点拨 (1)本例中"一次试验"是指：将骰子向桌面先后抛掷2次，而不是1次.

(2)本例中的"一次试验中出现的结果的可能性有n个"是指36个数对：(1,1)，(1,2)，(1,3)，(1,4)，(1,5)，(1,6)；(2,1)，…，(2,6)；…；(6,1)，(6,2)，(6,3)，(6,4)，(6,5)，(6,6). 即一次试验由36个基本事件

组成.

(3)本例中的“事件 A 包含的结果有 m 个”是指:向上的点数之积是 12 的 4 种结果 (2,6),(3,4),(4,3),(6,2).

(4)用 $P(A)=\frac{m}{n}$ 求事件 A 的概率,前提是“一次试验中出现所有的结果的可能性都相等”.如本例中的 36 种结果出现的可能性都是相等的.

背景材料

17 世纪的一天,保罗与著名的赌徒梅尔赌钱,他们事先每人拿出 6 枚金币,开始玩,约定谁先胜三局,谁就能得到 12 枚金币.比赛开始后,保罗胜了一局,梅尔胜了两局,这时一场意外中断了他们的赌博.于是他们商量这 12 枚金币应该怎样分配.保罗认为,根据胜利的局数,他自己应得总数的 $\frac{1}{3}$,即 4 枚金币,梅尔应得总数的 $\frac{2}{3}$,即 8 枚金币.但精通赌博的梅尔认为他赢的可能性大,所以他应该得到全部的金币.于是他们请求数学家帕斯卡评判,帕斯卡得到答案后,又求教于数学家费尔马.他们的一致裁决是:保罗应分得 3 枚金币,梅尔应分得 9 枚金币.

你知道数学家帕斯卡和费尔马当时各是怎样考虑和解决这个问题的吗?

解 帕斯卡是这样解决的:如果再玩一局,那么或是梅尔胜或是保罗胜.如果梅尔胜,那么他可以得到全部的金币(记为 1);如果保罗胜,那么两人各胜两局,应各得金币的一半$\left(记为\frac{1}{2}\right)$.由于这一局中两人获胜的可能性相等,因此梅尔得金币的可能性应是两种可能性大小的一半,即梅尔为 $\left(1+\frac{1}{2}\right)\div 2=\frac{3}{4}$,保罗为 $\left(0+\frac{1}{2}\right)\div 2=\frac{1}{4}$.所以他们分别得 9 枚和 3 枚金币.

费尔马是这样考虑的:如果再玩两局,会出现四种可能的结果:(梅尔胜,保罗胜),(保罗胜,梅尔胜),(梅尔胜,梅尔胜),(保罗胜,保罗胜).其中前三种结果都是梅尔取胜,只有第四种结果才能使保罗胜,所以梅尔取胜的概率为 $\frac{3}{4}$,保罗取胜的概率为 $\frac{1}{4}$.因此梅尔应得 9 枚金币,而保罗应得 3 枚金币.这和帕斯卡的答案是一致的.

第二章 随机变量及其分布

知识网络

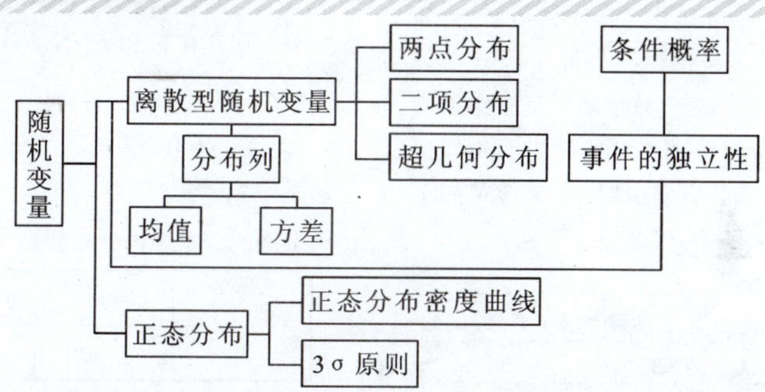

基础知识精析

1. 条件概率

一般地，设 A,B 为两个事件，且 $P(A)>0$，称

$$P(B|A)=\frac{P(AB)}{P(A)}=\frac{\operatorname{card}(AB)}{\operatorname{card}(A)},$$

为在事件 A 发生的条件下，事件 B 发生的条件概率. $P(B|A)$ 读作 A 发生的条件下 B 发生的概率.

条件概率具有概率的性质，任何事件的条件概率都在 0 和 1 之间，即

$$0\leqslant P(B|A)\leqslant 1.$$

如果 B 和 C 是两个互斥事件，那么

$$P(B\cup C|A)=P(B|A)+P(C|A).$$

2. 事件的相互独立性

设 A,B 为两个事件，如果 $P(AB)=P(A)\cdot P(B)$，那么称事件 A 与事件 B 相互独立. 事件 A 是否发生对事件 B 发生的概率没有影响，即 $P(B|A)=P(B)$. 这时，我们称两个事件 A,B 相互独立. 并把这两个事件叫做相互独立事件. 如果事件 A 与 B 相互独立，即 A 与 $\overline{B}$，$\overline{A}$ 与 B，$\overline{A}$ 与 $\overline{B}$ 也都相互独立.

注意

(1) 如果事件 $A_1,A_2,\cdots,A_n$ 相互独立，则有 $P(A_1A_2\cdots A_n)=P(A_1)\cdot P(A_2)\cdot\cdots\cdot P(A_n)$.

(2) 两个事件独立与互斥的区别：

两个事件互斥是指两个事件不可能同时发生；两个事件独立是指一个事件的发生与否对另一个事件发生的概率没有影响.

3. 独立重复试验

在相同的条件下，重复地做 n 次试验，如果各次试验的结果相互独立，那么一般就称它们为 n 次独立重复试验. 一般地，在一次试验中，事件 A 发生的概率为 P，则在 n 次独立重复试验中，事件 A 恰好发生 k 次的概率为 $P_n(k)=C_n^kP^k(1-P)^{n-k}(k=0,1,2,3,\cdots,n)$.

注意

“相同条件”实质上是指每次试验中，任一个事件发生的概率都相同，即“独立”的含义.

4. 随机变量

在随机试验中，确定了一个对应关系，使得每一个试验结果都用一个确定的数字表示. 在这个对应关系下，数字随着试验结果的变化而变化. 像这种随着试验结果变化而变化的变量称为随机变量. 随机变量通常用字母 $X, Y, \xi, \eta, \cdots$表示.

注意

(1)随机变量具有不确定性，即在试验之前不能确定试验结果.

(2)随机变量和函数一样是一种映射，它把随机试验的结果映射为实数.

5. 离散型随机变量

如果对于随机变量可能取的值，我们可以按一定次序一一列出，这样的随机变量叫做离散型随机变量.

6. 连续型随机变量

如果随机变量可以取某一区间内的一切值，这样的随机变量叫做连续型随机变量.

注意

离散型随机变量和连续型随机变量都是用来刻画随机试验所出现的结果的，但二者之间又有着根本的区别：对于离散型随机变量，能将它的可能值按一定次序一一列出；而连续型随机变量，可取某一区间内的一切值，我们无法将其中的值一一列出.

7. 离散型随机变量的分布列

设离散型随机变量 X 可能取的不同值为 $x_1, x_2, \cdots, x_n$,

X 取每一个值 $x_i(i=1,2,\cdots,n)$ 的概率 $P(X=x_i)=p_i$，则称下表为离散型随机变量 X 的概率分布列，简称为 X 的分布列. 也可用等式 $P(X=x_i)=p_i, i=1,2,\cdots,n$ 表示 X 的分布列.

X	x_1	x_2	$\cdots$	x_i	$\cdots$	x_n
P	p_1	p_2	$\cdots$	p_i	$\cdots$	p_n

由概率的性质可知，任一离散型随机变量的分布列具有下述两个性质：

(1) $p_i \geqslant 0, i=1,2,\cdots,n$;

(2) $\sum_{i=1}^{n} Pi=1$.

8. 两点分布

若随机变量 X 的分布列是

X	0	1
P	$1-P$	P

则称这样的分布列为两点分布列.

如果随机变量 X 的分布列为两点分布列，就称 X 服从两点分布，而称 $p=P(X=1)$ 为成功概率.

注意

两点分布又称 0－1 分布，由于只有两个可能结果的随机试验叫做伯努利试验，所以这种分布还称为伯努利分布.

9. 超几何分布

一般地，在含有 M 件次品的 N 件产品中，任取 n 件，若其中恰有 X 件次品数，则事件 $\{X=k\}$ 发生的概率为

$P(X=k)=\dfrac{C_M^k C_{N-M}^{n-k}}{C_N^n}, k=0,1,2,\cdots,m$，其中 $m=\min\{M,n\}$，且 $n \leqslant N, M \leqslant \mathbf{N}, n, M, N \in \mathbf{N}^*$，称分布列

X	0	1	$\cdots$	m
P	$\dfrac{C_M^0 C_{N-M}^{n-0}}{C_N^n}$	$\dfrac{C_M^1 C_{N-M}^{n-1}}{C_N^n}$	$\cdots$	$\dfrac{C_M^m C_{N-M}^{n-m}}{C_N^n}$

为超几何分布列.

如果随机变量 X 的分布列为超几何分布列，则称随机变量 X 服从超几何分布.

10. 二项分布

一般地，在 n 次独立重复试验中，设事件 A 发生的次数为 X，在每次试验中事件 A 发生的概率为 p，那么在 n 次独立重复试验中，事件 A 恰好发生 k 次的概率为

$$P(X=k)=C_n^k p^k(1-p)^{n-k},k=0,1,2,\cdots,n.$$

此时称随机变量 X 服从二项分布. 记作 $X\sim B(n,p)$，并称 p 为成功概率.

11. 离散型随机变量的均值

一般地，若离散型随机变量 X 的分布列为

X	x_1	x_2	x_3	$\cdots$	x_i	$\cdots$	x_n
P	p_1	p_2	p_3	$\cdots$	p_i	$\cdots$	p_n

则称 $EX=x_1p_1+x_2p_2+\cdots+x_ip_i+\cdots+x_np_n$ 为随机变量 X 的均值或数学期望，数学期望又简称为期望.

若 $Y=aX+b$，其中 a,b 为常数，则 Y 也是随机变量，$E(aX+b)=aEX+b$.

注意

(1)均值反映了离散型随机变量取值的平均水平.

(2)上述定义给出了求离散型随机变量的均值的方法. 我们仅研究有限个随机变量的均值的情况.

12. 两点分布与二项分布的期望

(1)两点分布的期望：

一般地，如果随机变量 X 服从两点分布，那么 $EX=1\times p+0\times(1-p)=p$.

(2)二项分布的期望：

如果随机变量 X 服从二项分布，即 $X\sim B(n,p)$，则 $EX=np$.

13. 离散型随机变量的方差与标准差

(1)设离散型随机变量 X 的分布列为

X	x_1	x_2	$\cdots$	x_i	$\cdots$	x_n
P	p_1	p_2	$\cdots$	p_i	$\cdots$	p_n

则 $(x_i-EX)^2$ 描述了 $x_i(i=1,2,\cdots,n)$ 相对于均值 EX 的偏离程度，而 $DX=\sum_{i=1}^{n}(x_i-EX)^2p_i$ 为这些偏离程度的加权平均，刻画了随机变量 X 与其均值 EX 的平均偏离程度. 我们称 DX 为随机变量 X 的方差，其算术平方根 $\sqrt{DX}$ 为随机变量 X 的标准差，记作 σX.

随机变量的方差与标准差都反映了随机变量的取值偏离于均值的平均程度. 方差或标准差越小，则随机变量偏离于均值的平均程度越小.

(2)性质：设随机变量 $Y=aX+b(a,b$ 为常数)，则 $DY=D(aX+b)=a^2DX$.

特别地，①当 $a=0$ 时，$Db=0$，即常数的方差等于0；

②当 $a=1$ 时，$D(X+b)=DX$，即随机变量与常数之和的方差就等于这个随机变量的方差；

③当 $b=0$ 时，$D(aX)=a^2DX$，即随机变量与常数之积的方差等于这个常数的平方与该随机变量方差的乘积.

注意

方差是随机变量的另一个重要的数字特征，它表现了随机变量所取的值相对于它的均值的集中与离散的程度，因此二者关系十分密切，即有 $DX=\sum_{i=1}^{n}(x_i-EX)^2p_i=EX^2-(EX)^2$.

14. 两点分布与二项分布的方差

(1)若 X 服从两点分布，则 $DX=p(1-p)$.

(2)若 $X\sim B(n,p)$，则 $DX=np(1-p)$.

15. 正态曲线

函数

$$\varphi_{\mu,\sigma}(x)=\frac{1}{\sqrt{2\pi}\sigma}e^{-\frac{(x-\mu)^2}{2\sigma^2}},x\in(-\infty,+\infty),$$

其中实数 μ 和 $\sigma(\sigma>0)$ 为参数. 我们称 $\varphi_{\mu,\sigma}(x)$ 的图象为正态分布密度曲线，简称正态曲线.

随机变量 X 落在区间 $(a,b]$ 的概率为

$$P(a<X\leqslant b)\approx\int_a^b\varphi_{\mu,\sigma}(x)\mathrm{d}x,$$

即由正态曲线，过点 $(a,0)$ 和点 $(b,0)$ 的两条 x 轴的垂线，及 x 轴所围成的平面图形的面积，就是 X 落在区间 $(a,b]$ 的概率的近似值，如图 11－2－1.

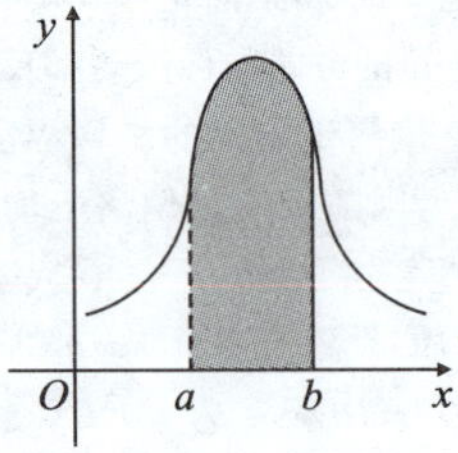

图 11－2－1

16. 正态曲线的特点

(1) 曲线位于 x 轴上方，与 x 轴不相交；

(2) 曲线是单峰的，它关于直线 $x=\mu$ 对称；

(3) 曲线在 $x=\mu$ 处达到峰值 $\frac{1}{\sigma\sqrt{2\pi}}$；

(4) 曲线与 x 轴之间的面积为 1；

(5) 当 σ 一定时，曲线随着 μ 的变化而沿 x 轴平移；

(6) 当 μ 一定时，曲线的形状由 σ 确定. σ 越小，曲线越"瘦高"，表示总体的分布越集中；σ 越大，曲线越"矮胖"，表示总体的分布越分散.

注意

特点(1)说明函数的值域为正实数集的子集，且以 x 轴为渐近线；特点(2)是曲线的对称性，说明函数关于 $x=\mu$ 对称，且在此时取得最大值；特点(4)说明正态变量在 $(-\infty,+\infty)$ 内取值的概率为 1；特点(6)说明当均值一定，σ 变化时，总体分布的集中、离散程度.

17. 正态分布与标准正态分布

(1) 正态分布

一般地，如果对于任何实数 $a<b$，随机变量 X 满足

$$P(a<X\leqslant b)=\int_a^b\varphi_{\mu,\sigma}(x)\mathrm{d}x,$$

则称随机变量 X 的分布为正态分布. 正态分布完全由参数 μ 和 σ 确定，因此正态分布常记作 $N(\mu,\sigma^2)$. 如果随机变量 X 服从正态分布，则记为 $X\sim N(\mu,\sigma^2)$.

(2) 标准正态分布

如果随机变量 X 的概率函数为 $\varphi(x)=\frac{1}{\sqrt{2\pi}}\mathrm{e}^{-\frac{x^2}{2}}, x\in(-\infty,+\infty)$，则称 X 服从标准正态分布，即 $X\sim N(0,1)$.

注意

(1) 若 $X\sim N(\mu,\sigma^2)$，则 X 的均值与方差分别为 $EX=\mu, DX=\sigma^2$.

(2) 正态分布中的参数 μ 是反映随机变量取值的平均水平的特征数，可以用样本均值去估计；参数 σ 是衡量随机变量总体波动大小的特征数，可以用样本标准差去估计.

18. 3σ 原则

(1) 正态总体在三个特殊区间内的取值的概率值：

$P(\mu-\sigma<X\leqslant\mu+\sigma)=0.682\ 6$；

$P(\mu-2\sigma<X\leqslant\mu+2\sigma)=0.954\ 4$；

$P(\mu-3\sigma<X\leqslant\mu+3\sigma)=0.997\ 4$.

(2) 3σ 原则

在实际应用中，通常认为服从正态分布 $N(\mu,\sigma^2)$ 的随机变量 X 只取区间 $(\mu-3\sigma,\mu+3\sigma)$ 的值，并简称之为 3σ 原则.

注意

正态总体几乎总取值于区间 $(\mu-3\sigma,\mu+3\sigma)$ 之内，而在此区间之外取值的概率只有 0.002 6，通常认为这种情况在一次试验中几乎不可能发生. 这是统计中常用的假设检验方法的基本思想.

题型分类与方法总结

题型1 相互独立事件概率的求法

求相互独立事件同时发生的概率的途径主要有：

(1)利用相互独立事件的概率乘法公式；

(2)正面计算较繁或难以入手时，可以从对立事件入手计算.

例1 甲、乙两人各进行一次射击，如果两人击中目标的概率都是0.8，计算：

(1)两人都击中目标的概率；

(2)其中恰有一人击中目标的概率；

(3)至少有一人击中目标的概率.

分析 因为甲、乙两人分别击中目标是相互独立的，所以应利用独立事件求概率的方法解决.

解 记"甲射击一次，击中目标"为事件A，"乙射击一次，击中目标"为事件B."两人都击中目标"是事件$A\cdot B$；"恰有1人击中目标"是$A\cdot\overline{B}$或$\overline{A}\cdot B$；"至少有1人击中目标"是$A\cdot B$或$A\cdot\overline{B}$或$\overline{A}\cdot B$.

(1)显然，"两人各射击一次，都击中目标"即是事件$A\cdot B$，又由于事件A与B相互独立，$\therefore P(A\cdot B)=P(A)\cdot P(B)=0.8\times0.8=0.64$.

(2)"两人各射击一次，恰好有一次击中目标"包括两种情况：一种是甲击中乙未击中(即$A\cdot\overline{B}$)，另一种是甲未击中，乙击中(即$\overline{A}\cdot B$)，根据题意，这两种情况在各射击一次时不可能同时发生，即事件$A\cdot\overline{B}$与$\overline{A}\cdot B$是互斥的，所以所求概率为：

$$P=P(A\cdot\overline{B})+P(\overline{A}\cdot B)=P(A)\cdot P(\overline{B})+P(\overline{A})\cdot P(B)$$

$$=0.8\times(1-0.8)+(1-0.8)\times0.8$$

$$=0.16+0.16=0.32.$$

(3)方法一："两人各射击一次，至少有一人击中目标"的概率为$P=P(A\cdot B)+[P(A\cdot\overline{B})+P(\overline{A}\cdot B)]=0.64+0.32=0.96$.

方法二：因为"两人都未击中目标"的概率是

$P(\overline{A}\cdot\overline{B})=P(\overline{A})\cdot P(\overline{B})=(1-0.8)\times(1-0.8)=0.2\times0.2=0.04$.

所以至少有一人击中目标的概率为：

$P=1-P(\overline{A}\cdot\overline{B})=1-0.04=0.96$.

点拨 (1)审题应注意关键的词句，例如"至少有一个发生""至多有一个发生""恰好有一个发生"等.(2)复杂问题可考虑拆分为等价的几个事件的概率问题，同时结合对立事件概率的求法来进行求解.

题型2 条件概率

条件概率与积事件的概率的区别为：条件概率$P(B|A)$是指在事件A发生的条件下事件B发生的概率.而积事件的概率$P(A\cap B)$是指事件A与B同时发生的概率.

例2 有一批种子的发芽率为0.9，出芽后的幼苗成活率为0.8，在这批种子中，随机抽取一粒，求这粒种子能成长为幼苗的概率.

分析 解决好概率问题的关键是明确概率类型，该例中的幼苗成活率是在出芽后这一条件下的概率，属于条件概率.

解 设种子发芽为事件A，种子成长为幼苗为事件AB(发芽，又成活为幼苗)，出芽后的幼苗成活率为$P(B|A)=0.8$，$P(A)=0.9$.

根据条件概率公式$P(AB)=P(B|A)\cdot P(A)=0.9\times0.8=0.72$，即这粒种子能成长为幼苗的概率为0.72.

点拨 在解决条件概率问题时，要灵活掌握$P(AB)$、$P(B|A)$、$P(A|B)$、$P(A)$、$P(B)$之间的关系，即$P(B|A)=\dfrac{P(AB)}{P(A)}$，$P(A|B)=\dfrac{P(AB)}{P(B)}$，$P(AB)=P(A|B)\cdot P(B)=P(B|A)\cdot P(A)$.

题型3 n次独立重复试验的概率

独立重复试验是相互独立事件的特例，只要有“恰好”“恰有”字样的用独立重复试验的概率公式计算更简单.

例3 甲、乙两人各射击一次，击中目标的概率分别是$\frac{2}{3}$和$\frac{3}{4}$. 假设两人射击是否击中目标相互之间没有影响；每人各次射击是否击中目标，相互之间也没有影响.

(1)求甲射击4次，至少有1次未击中目标的概率；(2)求两人各射击4次，甲恰好击中目标2次且乙恰好击中目标3次的概率；(3)假设某人连续2次未击中目标，则中止其射击. 问：乙恰好射击5次后，被中止射击的概率是多少？

分析 (1)至少一次未击中，包含情况多，可求其对立事件的概率.

(2)甲恰好击中目标2次与乙恰好击中目标3次相互独立.

(3)乙恰好射击5次被中止，相当于前2次射击至少有一次击中，第3次击中，第4次、第5次未击中.

解 (1)记“甲射击4次至少有1次未击中目标”为事件A_1. 由题意，射击4次，相当于作4次独立重复试验.

故$P(A_1)=1-P(\overline{A_1})=1-\left(\frac{2}{3}\right)^4=\frac{65}{81}$，所以甲射击4次至少有一次未击中目标的概率为$\frac{65}{81}$.

(2)记“甲射击4次，恰有2次击中目标”为事件A_2，“乙射击4次，恰有3次击中目标”为事件B_2，则有：

$$P(A_2)=C_4^2\times\left(\frac{2}{3}\right)^2\times\left(1-\frac{2}{3}\right)^{4-2}=\frac{8}{27};$$

$$P(B_2)=C_4^3\times\left(\frac{3}{4}\right)^3\times\left(1-\frac{3}{4}\right)^{4-3}=\frac{27}{64}.$$

由于甲、乙射击相互独立，得：

$$P(A_2B_2)=P(A_2)\cdot P(B_2)=\frac{8}{27}\times\frac{27}{64}=\frac{1}{8}.$$

所以两人各射击4次，甲恰好击中目标2次且乙恰好击中目标3次的概率为$\frac{1}{8}$.

(3)记“乙恰好射击5次后被中止射击”为事件A_3，“乙第i次射击未击中”为事件D_i $(i=1,2,3,4,5)$，则有：

$$A_3=D_5D_4\cdot\overline{D_3}\cdot(\overline{D_2D_1}),$$

且$P(D_i)=\frac{1}{4}$.

由于各事件相互独立，得：

$$P(A_3)=P(D_5)\cdot P(D_4)\cdot P(\overline{D_3})\cdot[1-P(D_2D_1)]$$

$$=\frac{1}{4}\times\frac{1}{4}\times\frac{3}{4}\times\left(1-\frac{1}{4}\times\frac{1}{4}\right)$$

$$=\frac{45}{1\,024}.$$

所以乙恰好射击5次后，被中止射击的概率为$\frac{45}{1\,024}$.

题型4 离散型随机变量

随机变量和函数都是一种映射，随机变量把试验结果映射为实数，函数把实数映射为实数，在两种映射之间，试验的结果相当于函数的定义域，随机变量的取值相当于函数的值域.

离散型随机变量有三个特征：

(1)可用数来表示；

(2)试验之前可以判断其可能出现的所有值；

(3)在试验之前不能确定取何值.

例4 ①某机场候机室中一天的游客数量为X；

②某寻呼台一天内收到的寻呼次数为X；

③某水文站观察到一天中长江的水位为X；

④某立交桥一天经过的车辆数为X；

⑤在2 003张已编号的卡片(从1号到2 003号)中任取一张，被取出的号数为X；

⑥某工厂加工的某种钢管，外径与规定

的外径尺寸之差为 X.

其中表示离散型随机变量的有________中的 X.(只填序号)

解析 ①、②、④、⑤中的随机变量 X 可能取的值,我们都可以按一定次序一一列出,因此,它们都是离散型随机变量;③、⑥中的 X 可以取某一区间内的一切值,无法按一定次序一一列出,故 X 不是离散型随机变量.

答案 ①②④⑤.

例5 某种彩票开奖是从 1,2,…,36 中任选 7 个基本号码,购买的彩票上的 7 个号码中与基本号码相同的个数用 X 表示. 则写出 X 的可能值及相对应的结果.

分析 该题是写出彩票上的号码与开奖号码相同的个数的取值,不是可能出现的号码组数选择.

解 X 的可能取值为:0、1、2、3、4、5、6、7.

$X=0$ 表示彩票上的 7 个号码中没有与基本号码相同.

$X=1$ 表示彩票上的 7 个号码中有 1 个与基本号码相同.

$X=2$ 表示彩票上的 7 个号码中有 2 个与基本号码相同.

$X=3$ 表示彩票上的 7 个号码中有 3 个与基本号码相同.

$X=4$ 表示彩票上的 7 个号码中有 4 个与基本号码相同.

$X=5$ 表示彩票上的 7 个号码中有 5 个与基本号码相同.

$X=6$ 表示彩票上的 7 个号码中有 6 个与基本号码相同.

$X=7$ 表示彩票上的 7 个号码全部与基本号码相同.

题型5 离散型随机变量分布列的求法

(1)明确随机变量的所有可能取值,以及取每个值所表示的意义;

(2)利用概率的有关知识,求出随机变量取每个值的概率;

(3)按规范形式写出分布列.

例6 一袋中有 6 个同样大小的黑球,编号为 1,2,3,4,5,6,现从中随机取出 3 个球,以 X 表示取出球的最大号码,求 X 的分布列.

分析 随机取出 3 个球的最大号码 X 的所有可能取值为 3,4,5,6. “$X=3$”对应事件“取出的 3 个球的编号为 1,2,3”;“$X=4$”对应事件“取出的 3 个球中恰取到 4 号球和 1,2,3 号球中的 2 个”;“$X=5$”对应事件“取出的 3 个球中恰取到 5 号球和 1,2,3,4 号球中的 2 个”;“$X=6$”对应事件“取出的 3 个球中恰取到 6 号球及 1,2,3,4,5 号球中的 2 个”. 若要求其概率,则要利用等可能事件的概率公式和排列组合知识来求解,从而可获得 X 的分布列.

解 从袋中随机地取 3 个球,包含的基本事件总数为 C_6^3,事件“$X=3$”包含的基本事件总数为 C_3^3,事件“$X=4$”包含的基本事件总数为 $C_1^1C_3^2$;事件“$X=5$”包含的基本事件总数为 $C_1^1C_4^2$;事件“$X=6$”包含的基本事件总数为 $C_1^1C_5^2$.

从而有 $P(X=3)=\dfrac{C_3^3}{C_6^3}=\dfrac{1}{20}$,

$P(X=4)=\dfrac{C_1^1C_3^2}{C_6^3}=\dfrac{3}{20}$,

$P(X=5)=\dfrac{C_1^1C_4^2}{C_6^3}=\dfrac{3}{10}$,

$P(X=6)=\dfrac{C_1^1C_5^2}{C_6^3}=\dfrac{1}{2}$,

∴ 随机变量 X 的分布列为:

X	3	4	5	6
P	$\dfrac{1}{20}$	$\dfrac{3}{20}$	$\dfrac{3}{10}$	$\dfrac{1}{2}$

点拨 确定离散型随机变量 X 的分布列的关键是要搞清 X 的每一个值对应的随机事件. 进一步利用排列组合求出 X 取每个值的

概率.

题型6 离散型随机变量分布列性质的应用

利用离散型随机变量分布列的性质：①$P_i \geqslant 0, i=1,2,3,\cdots,n$；②$P_1+P_2+\cdots+P_n=1$. 可以验证写出的分布列是否有误(即看它的概率是否均为非负实数且其概率和是否为1)；还可以帮助我们求出分布列中的某些参数，即利用其概率和为1求其参数.

例7 设随机变量 X 的分布列 $P\left(X=\frac{k}{5}\right)=ak(k=1,2,3,4,5)$.

(1)求常数 a 的值；

(2)求 $P\left(X\geqslant\frac{3}{5}\right)$；

(3)求 $P\left(\frac{1}{10}<X<\frac{7}{10}\right)$.

分析 本题用等式表示分布列.(1)用分布列的性质(2)求.(2)(3)由于 X 的可能取值为$\frac{1}{5},\frac{2}{5},\frac{3}{5},\frac{4}{5},1$，所以满足 $X\geqslant\frac{3}{5}$ 或 $\frac{1}{10}<X<\frac{7}{10}$ 的 X 值，只能在$\frac{1}{5},\frac{2}{5},\frac{3}{5},\frac{4}{5}$，1 中选取. 根据离散型随机变量在某个范围内取值的概率等于它取这个范围内多个值的概率的和即得.

解 (1)由 $a+2a+3a+4a+5a=1$ 得 $a=\frac{1}{15}$. (2) $P\left(X\geqslant\frac{3}{5}\right)=P\left(X=\frac{3}{5}\right)+P\left(X=\frac{4}{5}\right)+P(X=1)=12\times\frac{1}{15}=\frac{4}{5}$.

(3) $P\left(\frac{1}{10}<X<\frac{7}{10}\right)=P\left(X=\frac{1}{5}\right)+P\left(X=\frac{2}{5}\right)+P\left(X=\frac{3}{5}\right)=6\times\frac{1}{15}=\frac{2}{5}$.

题型7 超几何分布的概率计算

应用超几何分布的概率公式解题时，首先应确定随机变量 X 是否符合超几何分布，然后明确 N、M 和 n.

例8 一盒中有9个正品和3个次品零件，每次取一个零件，若取出的是次品则不再放回，求在取得正品前已取得次品数 X 的分布列，并求 $P\left(\frac{1}{2}\leqslant X\leqslant\frac{5}{2}\right)$.

分析 依据题设，可知 X 可能取值为0,1,2,3，$X=k$ 的意义是共取了$(k+1)$次零件，前 k 次取得的都是次品，第$(k+1)$次才取得正品，其中 $k=0,1,2,3$，由此可计算 $P(X=k)$ 的值.

解 易知，次品数 X 可能取值为0,1,2,3这四个数.

当 $X=0$ 时，即第一次取到正品，此时，$P(X=0)=\frac{C_9^1}{C_{12}^1}=\frac{3}{4}$；

当 $X=1$ 时，即第一次取到次品，第二次取到正品，此时，$P(X=1)=\frac{C_3^1\cdot C_9^1}{A_{12}^2}=\frac{9}{44}$；

同上可得，$P(X=2)=\frac{A_3^2\cdot C_9^1}{A_{12}^3}=\frac{3\times2\times9}{12\times11\times10}=\frac{9}{220}$；$P(X=3)=\frac{A_3^3\cdot C_9^1}{A_{12}^4}=\frac{3\times2\times1\times9}{12\times11\times10\times9}=\frac{1}{220}$.

故 X 的分布列为：

X	0	1	2	3
P	$\frac{3}{4}$	$\frac{9}{44}$	$\frac{9}{220}$	$\frac{1}{220}$

$P\left(\frac{1}{2}\leqslant X\leqslant\frac{5}{2}\right)=P(X=1)+P(X=2)=\frac{9}{44}+\frac{9}{220}=\frac{27}{110}$.

点拨 题设中要求取出的次品不再放回，应仔细分析每一个 X 的取值所对应的事件的准确含义，据此正确计算出概率.

题型8 二项分布

随机变量 X 服从二项分布须满足：n 次独立重复试验；X 为 n 次独立重复试验中某事件发生的次数.

例9 一名学生每天骑车去上学，从他家到学校的途中有6个交通岗,假设他在各个交通岗遇到红灯的事件是相互独立的,并且概率都是$\frac{1}{3}$.

(1)设X为这名学生在途中遇到红灯的次数,求X的分布列;

(2)设Y为这名学生在首次停车前经过的路口数,求Y的分布列;

(3)求这名学生在途中至少遇到一次红灯的概率.

分析 (1)看作6次独立重复试验.

(2)Y的所有可能取值为0,1,2,3,4,5.

(3)至少遇到一次红灯的对立事件是全都是绿灯.

解 (1)将通过每个交通岗看作一次试验,则遇到红灯的概率为$\frac{1}{3}$,且每次试验结果是相互独立的,

故$X\sim B\left(6,\frac{1}{3}\right)$,以此为基础求$X$的分布列.

由$X\sim B\left(6,\frac{1}{3}\right)$,得

$P(X=k)=C_6^k\left(\frac{1}{3}\right)^k\cdot\left(1-\frac{1}{3}\right)^{6-k}$,$k=0,1,2,3,4,5,6$.

所以X的分布列为

X	P
0	$C_6^0\left(\frac{2}{3}\right)^6$
1	$C_6^1\left(\frac{1}{3}\right)\left(\frac{2}{3}\right)^5$
2	$C_6^2\left(\frac{1}{3}\right)^2\left(\frac{2}{3}\right)^4$
3	$C_6^3\left(\frac{1}{3}\right)^3\left(\frac{2}{3}\right)^3$
4	$C_6^4\left(\frac{1}{3}\right)^4\left(\frac{2}{3}\right)^2$
5	$C_6^5\left(\frac{1}{3}\right)^5\left(\frac{2}{3}\right)$
6	$C_6^6\left(\frac{1}{3}\right)^6$

(2)由于Y表示这名学生在首次停车前经过的路口数,显然Y是随机变量,其取值为0,1,2,3,4,5,6.

其中$\{Y=k\}$$(k=0,1,2,3,4,5)$表示前$k$个路口没有遇上红灯,但在第$(k+1)$个路口遇上红灯,故各概率应按独立事件同时发生计算.

$P(Y=k)=\left(\frac{2}{3}\right)^k\cdot\frac{1}{3}(k=0,1,2,3,4,5)$,

而$\{Y=6\}$表示一路没有遇上红灯,

故其概率为$P(Y=6)=\left(\frac{2}{3}\right)^6$,

因此Y的分布列为:

Y	P
0	$\frac{1}{3}$
1	$\frac{1}{3}\cdot\frac{2}{3}$
2	$\frac{1}{3}\cdot\left(\frac{2}{3}\right)^2$
3	$\frac{1}{3}\cdot\left(\frac{2}{3}\right)^3$
4	$\frac{1}{3}\cdot\left(\frac{2}{3}\right)^4$
5	$\frac{1}{3}\cdot\left(\frac{2}{3}\right)^5$
6	$\left(\frac{2}{3}\right)^6$

(3)由题意知,“至少遇到一次红灯”的对立事件是“一次红灯都没有遇到”,因此有

$P(X\geqslant1)=1-P(X=0)=1-\frac{64}{729}=\frac{665}{729}$.

点拨 解决离散型随机变量分布列问题时,主要依据概率的有关概念和运算,同时还要注意识别题中的离散型随机变量服从什么分布.

题型9 离散型随机变量的期望与方差的计算

(1)由分布列求均值、方差:已知随机变

量的分布列，求其期望与方差主要是利用其定义求解. 但若分布列中有待定字母，必须先利用分布列的性质求出待定字母，然后再求期望与方差.

例10 已知离散型随机变量 X 的概率分布列为：

X	1	2	3	4	5	6	7
P	$\frac{1}{7}$	$\frac{1}{7}$	$\frac{1}{7}$	$\frac{1}{7}$	$\frac{1}{7}$	$\frac{1}{7}$	$\frac{1}{7}$

求 $EX,DX,\sigma X$.

分析 直接运用随机变量的期望、方差、标准差的公式计算.

解 $EX=1\times\frac{1}{7}+2\times\frac{1}{7}+\cdots+7\times\frac{1}{7}=4$;

$DX=\frac{1}{7}\times[(1-4)^2+(2-4)^2+\cdots+(7-4)^2]=4$;

$\sigma X=\sqrt{DX}=2$.

(2)求随机变量的均值：由问题先确定出随机变量的取值，再求出每个值对应的概率，做出随机变量的分布，进而求期望(均值)是一般的解题方法.

例11 某同学参加科普知识竞赛，需回答三个问题，竞赛规则规定：每题回答正确得100分，回答不正确得 -100 分. 假设这名同学每题回答正确的概率均为0.8，且各题回答正确与否相互之间没有影响.

(1)求这名同学回答这三个问题的总得分 X 的概率分布列和数学期望；

(2)求这名同学总得分不为负分的概率.

分析 (1)求 X 的可能取值，即求得分，答对0道题得 -300 分，答对1道题得 $100-200=-100$(分)，答对2道题得 $2\times100-100=100$(分)，答对3道题得300分. (2)总分不为负分包括：总分为100分和300分两种情况.

解 (1) X 的可能取值为 -300，-100，100，300.

$P(X=-300)=0.2^3=0.008$,

$P(X=-100)=C_3^1\times0.2^2\times0.8=0.096$,

$P(X=100)=C_3^2\times0.2\times0.8^2=0.384$,

$P(X=300)=0.8^3=0.512$.

所以 X 的概率分布列为：

X	-300	-100	100	300
P	0.008	0.096	0.384	0.512

因此，所求 X 的数学期望为：

$E(X)=(-300)\times0.008+(-100)\times0.096+100\times0.384+300\times0.512=180$.

(2)这名同学总得分不为负分的概率为：

$P(X\geqslant0)=P(X=100)+P(X=300)=0.384+0.512=0.896$.

(3)由特殊分布求均值与方差：对于实际问题，当它符合两点分布、二项分布、超几何分布时可以利用公式直接求均值或方差.

例12 某运动员投篮命中率为 $p=0.6$.

(1)求一次投篮时命中次数 X 的期望与方差；

(2)求重复5次投篮时，命中次数 η 的期望与方差.

分析 (1)投篮一次有两个结果，命中与不中，因此命中次数 X 服从两点分布. (2)重复5次投篮可认为是5次独立重复试验，命中次数 η 服从二项分布.

解 (1)投篮一次，命中次数 X 的分布列为：

X	0	1
P	0.4	0.6

则 $EX=p=0.6,DX=p(1-p)=0.24$.

(2)由题意，重复5次投篮，命中的次数 η 服从二次分布，即 $\eta\sim B(5,0.6)$，则 $E\eta=np=5\times0.6=3,D\eta=np(1-p)=1.2$.

例13 一个袋子里装有大小相同的3个红球和2个黄球，从中同时取出2个，则其中含红球个数的数学期望是________.

解析 本题的解决方法不止一种.

方法一:同时取出的2个球中含红球数X的概率分布为:

$P(X=0)=\frac{C_3^0C_2^2}{C_5^2}=\frac{1}{10}$,

$P(X=1)=\frac{C_3^1C_2^1}{C_5^2}=\frac{6}{10}$,

$P(X=2)=\frac{C_3^2C_2^0}{C_5^2}=\frac{3}{10}$.

$E(X)=0\times\frac{1}{10}+1\times\frac{6}{10}+2\times\frac{3}{10}=\frac{6}{5}$.

方法二:同时取出的2个球中含红球数X服从参数$N=5,M=3,n=2$的超几何分布,所以$E(X)=\frac{nM}{N}=\frac{6}{5}$.

答案 $\frac{6}{5}$.

(4)由期望或方差的性质求期望或方差

①期望的性质:

a. $Ec=c$(c为常数);

b. $E(aX+b)=aEX+b$(a,b为常数);

c. $E(X_1+X_2)=EX_1+EX_2$;

d. 如果X_1,X_2相互独立(即这两个随机变量取什么值互不发生影响),那么$E(X_1X_2)=E(X_1)E(X_2)$.

②方差的性质:

a. $DX=EX^2-(EX)^2$;

b. $D(aX+b)=a^2DX$.

例14 已知X的概率分布列为:

X	-1	0	1
P	$\frac{1}{2}$	$\frac{1}{3}$	$\frac{1}{6}$

(1)求EX,DX;

(2)设$Y=2X+3$,求EY,DY.

解 (1)$EX=x_1p_1+x_2p_2+x_3p_3=(-1)\times\frac{1}{2}+0\times\frac{1}{3}+1\times\frac{1}{6}=-\frac{1}{3}$;

$DX=(x_1-EX)^2p_1+(x_2-EX)^2p_2+(x_3-EX)^2p_3=\frac{1}{2}\times\left(-1+\frac{1}{3}\right)^2+\frac{1}{3}\times\left(0+\frac{1}{3}\right)^2+\frac{1}{6}\times\left(1+\frac{1}{3}\right)^2=\frac{5}{9}$.

(2)$EY=E(2X+3)=2EX+3=2\times\left(-\frac{1}{3}\right)+3=\frac{7}{3}$;

$DY=D(2X+3)=4DX=4\times\frac{5}{9}=\frac{20}{9}$.

题型10 正态分布

(1)正态分布下的概率计算

要求随机变量X在某一范围内的概率,只需借助于正态曲线的性质,把所求问题转化为已知概率的三个区间上去即可.

例15 设$X\sim N(1,2^2)$,试求:

(1)$P(-1<X\leqslant3)$;

(2)$P(3<X\leqslant5)$;

(3)$P(X\geqslant5)$.

分析 确定μ,σ后,转化为已知概率的三个区间.

解 $\because X\sim N(1,2^2)$,$\therefore \mu=1,\sigma=2$.

(1)$P(-1<X\leqslant3)=P(1-2<X\leqslant1+2)$
$=P(\mu-\sigma<X\leqslant\mu+\sigma)$
$=0.682\ 6$.

(2)$\because P(3<X\leqslant5)=P(-3<X\leqslant-1)$,

$\therefore P(3<X\leqslant5)=\frac{1}{2}[P(-3<X\leqslant5)-P(-1<X\leqslant3)]$

$=\frac{1}{2}[P(1-4<X\leqslant1+4)-P(1-2<X\leqslant1+2)]$

$=\frac{1}{2}[P(\mu-2\sigma<X\leqslant\mu+2\sigma)]-P(\mu-\sigma<X\leqslant\mu+\sigma)$

$=\frac{1}{2}\times(0.954\ 4-0.682\ 6)$

$=0.135\ 9$.

(3)$\because P(X\geqslant5)=P(X\leqslant-3)$,

$\therefore P(X\geqslant5)=\frac{1}{2}[1-P(-3<X\leqslant5)]$

$=\frac{1}{2}[1-P(1-4<X\leqslant 1+4)]$

$=\frac{1}{2}[1-P(\mu-2\sigma<X\leqslant\mu+2\sigma)]$

$=\frac{1}{2}\times(1-0.9544)=0.0228$.

(2)正态分布的应用

解答这类问题的关键是熟记正态变量的取值位于区间$(\mu-\sigma,\mu+\sigma)$，$(\mu-2\sigma,\mu+2\sigma)$，$(\mu-3\sigma,\mu+3\sigma)$上的概率值，同时又要根据已知的正态分布确定所给区间属于上述三个区间中的哪一个.

例16 在某次大型考试中，某班同学的成绩服从正态分布$N(80,5^2)$，现已知该班同学中成绩在80分~85分的有17人. 试计算该班成绩在90分以上的同学有多少人.

分析 依题意，由80分~85分同学的人数和所占百分比求出该班同学总数，再求出95分以上同学的人数.

解 $\because$ 成绩服从正态分布$N(80,5^2)$，

$\therefore \mu=80,\sigma=5,\mu-\sigma=75,\mu+\sigma=85$.

于是成绩在$(75,85]$内的同学占全班同学的68.26%.

这样成绩在$(80,85]$内的同学占全班同学的34.13%.

设该班有x名同学，则$34.13\%x=17$，

解得$x\approx 50$.

又$\because \mu-2\sigma=80-10=70,\mu+2\sigma=80+10=90$，

$\therefore$ 成绩在$(70,90]$内的同学占全班同学的95.44%.

$\therefore$ 成绩在$(80,90]$内的同学占全班同学的47.72%.

$\therefore$ 成绩在90分以上的同学占全班同学的2.28%.

即有$50\times 2.28\%\approx 1$(人). 即成绩在90分以上的仅有1人.

综合解题指导

题型1 随机变量与方程的综合题

例1 (山东高考)设b和c分别是先后抛掷一枚骰子得到的点数，用随机变量X表示方程$x^2+bx+c=0$的实根个数(重根按一个计).

(1)求方程$x^2+bx+c=0$有实根的概率；

(2)求X的分布列；

(3)求在先后两次出现的点数中有5的条件下，方程$x^2+bx+c=0$有实根的概率.

分析 (1)明确其基本事件空间$\Omega=\{(b,c)|b,c=1,2,3,4,5,6\}$，利用一元二次方程根与系数的关系$\Delta\geqslant 0$确定事件“方程$x^2+bx+c=0$有实根”包含的基本事件数. (2)$X$可能的取值为0,1,2，明确$X$取各值的对应事件，利用等可能事件概率公式计算. (3)记“先后两次出现的点数中有5”为事件M，“方程$ax^2+bx+c=0$有实根”为事件N，所求概率为条件概率$P(N|M)$.

解 (1)基本事件总数为$6\times 6=36$.

若使方程有实根，

则$\Delta=b^2-4c\geqslant 0$，即$b\geqslant 2\sqrt{c}$.

当$c=1$时，$b=2,3,4,5,6$；

当$c=2$时，$b=3,4,5,6$；

当$c=3$时，$b=4,5,6$；

当$c=4$时，$b=4,5,6$；

当$c=5$时，$b=5,6$；

当$c=6$时，$b=5,6$.

目标事件个数为$5+4+3+3+2+2=19$，因此方程$x^2+bx+c=0$有实根的概率为$\frac{19}{36}$.

(2)由题意知$X=0,1,2$，

则$P(X=0)=1-\frac{19}{36}=\frac{17}{36}$，$P(X=1)=$

$\frac{2}{36}=\frac{1}{18}$，$P(X=2)=\frac{17}{36}$.

故 X 的分布列为：

X	0	1	2
P	$\frac{17}{36}$	$\frac{1}{18}$	$\frac{17}{36}$

(3)记“先后两次出现的点数中有5”为事件 M，“方程 $x^2+bx+c=0$ 有实根”为事件 N，则 $P(M)=\frac{11}{36}$，$P(MN)=\frac{7}{36}$，$P(N|M)=\frac{P(MN)}{P(M)}=\frac{7}{11}$.

题型2 随机变量与函数的综合题

例2 某城市出租汽车的起步价为10元，行驶路程不超出4 km时出租车费为10元，若行驶路程超过4 km，则按每超出1 km加收2元计费(超出不足1 km的部分按1 km计). 从这个城市的民航机场到某宾馆的路程为15 km. 某司机经常驾车在机场与此宾馆之间接送旅客，由于行车路线的不同以及途中停车时间要转换成行车路程(这个城市规定，每停车5分钟按1 km路程计费)，这个司机一次接送旅客的行车路程 X 是一个随机变量，设他所收出租车费为 Y.

(1)求出租车费 Y 关于行车路程 X 的关系式；

(2)若随机变量 X 的分布列为：

X	15	16	17	18
P	0.1	0.5	0.3	0.1

求所收出租车费 Y 的数学期望；

(3)已知某旅客实付出租车费38元，而出租汽车实际行驶了15 km，问出租车在途中因故停车累计最多有几分钟.

分析 (2)先求 $E(X)$，再利用(1)中 Y 关于行驶路程 X 的关系式求 $E(Y)$.

解 (1)依题意得 $Y=2(X-4)+10$，即 $Y=2X+2$.

(2)$E(X)=15\times0.1+16\times0.5+17\times0.3+18\times0.1=16.4$.

$\because Y=2X+2$，

$\therefore E(Y)=E(2X+2)=2E(X)+2=34.8$.

故所收出租车费 Y 的数学期望为34.8元.

(3)由 $38=2X+2$，得 $X=18$，$5\times(18-15)=15$，

所以出租车在途中因故停车累计最多有15分钟.

三年高考分析

利用古典概型、互斥事件、相互独立事件等的概率计算求离散型随机变量的分布列、期望与方差，由分布列求事件的概率是近几年高考的热点，多以解答题的形式出现，属中档题. 近几年高考的趋势是题目的立意一年比一年灵活、新颖，应引起重视.

例1 (上海高考)若事件 E 与 F 相互独立，且 $P(E)=P(F)=\frac{1}{4}$，则 $P(E\cap F)$ 的值等于(　　).

A. 0　　B. $\frac{1}{16}$　　C. $\frac{1}{4}$　　D. $\frac{1}{2}$

解析 因为事件 E 与事件 F 相互独立，所以 $P(E\cap F)=P(E)P(F)=\frac{1}{4}\times\frac{1}{4}=\frac{1}{16}$.

答案 B.

例2 (安徽高考)设两个正态分布 $N(\mu_1,\sigma_1^2)(\sigma_1>0)$ 和 $N(\mu_2,\sigma_2^2)(\sigma_2>0)$ 的密度函数图象如图11－2－2，则有(　　).

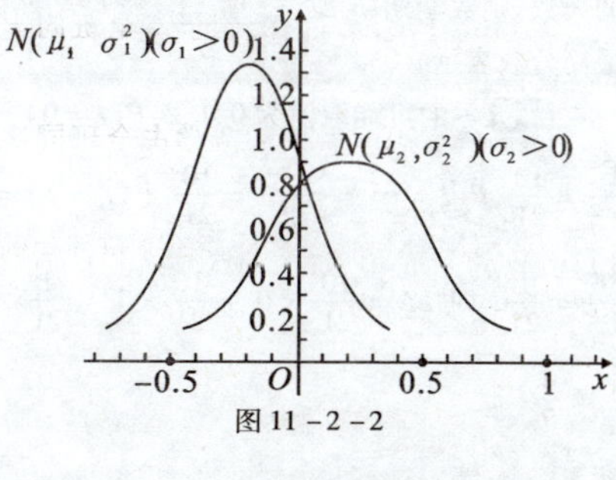

图11－2－2

A. $\mu_1<\mu_2,\sigma_1<\sigma_2$　B. $\mu_1<\mu_2,\sigma_1>\sigma_2$

C. $\mu_1>\mu_2,\sigma_1<\sigma_2$　D. $\mu_1>\mu_2,\sigma_1>\sigma_2$

解析 对于正态密度函数 $f(x)=\frac{1}{\sqrt{2\pi}\sigma}\cdot e^{-\frac{(x-\mu)^2}{2\sigma^2}}$，$\mu$ 的意义：$x=\mu$ 是 $f(x)$ 图象的对称轴；σ 的意义：σ 决定了 $f(x)$ 图象的形状，σ 越大，图象越矮胖；σ 越小，图象越高瘦.

故由图可知，$\mu_1<\mu_2,\sigma_1<\sigma_2$.

答案 A.

例3 （湖南高考）设随机变量 ξ 服从正态分布 $N(2,9)$，若 $P(\xi>c+1)=P(\xi<c-1)$，则 $c=$（　　）.

A. 1　　B. 2　　C. 3　　D. 4

解析 如图 11-2-3，由于 $\xi\sim N(2,9)$，

$\therefore\mu=2$，

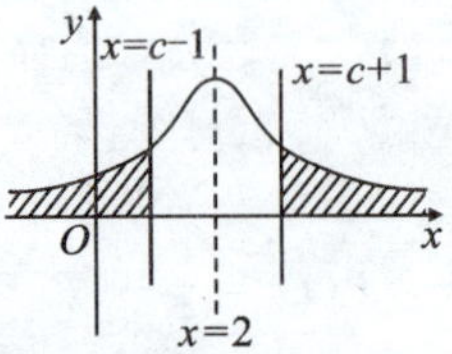

图 11-2-3

又 $\because P(\xi>c+1)=P(\xi<c-1)$，

由对称性可知：

$(c+1)+(c-1)=2\times2=4$，

$\therefore c=2$.

答案 B.

例4 （上海高考）某学校要从 5 名男生和 2 名女生中选出 2 人作为上海世博会志愿者，若用随机变量 ξ 表示选出的志愿者中女生的人数，则数学期望 $E\xi=$ ______.（结果用最简分数表示）

解析 ξ 的可能取值为 0，1，2，$P(\xi=0)=\frac{C_5^2}{C_7^2}=\frac{10}{21}$，$P(\xi=1)=\frac{C_5^1C_2^1}{C_7^2}=\frac{10}{21}$，$P(\xi=2)=\frac{C_2^2}{C_7^2}=\frac{1}{21}$. 即 $E\xi=\frac{10}{21}\times0+\frac{10}{21}\times1+\frac{1}{21}\times2=\frac{4}{7}$.

答案 $\frac{4}{7}$.

例5 （安徽理高考）某地有 A、B、C、D 四人先后感染了甲型 H1N1 流感，其中只有 A 到过疫区，B 肯定是受 A 感染，对于 C，因为难以断定他是受 A 还是受 B 感染的，于是假定他受 A 和受 B 感染的概率都是 $\frac{1}{2}$. 同样也假定 D 受 A、B 和 C 感染的概率都是 $\frac{1}{3}$. 在这种假定之下，B、C、D 中直接受 A 感染的人数 X 就是一个随机变量，写出 X 的分布列（不要求写出计算过程），并求 X 的均值（即数学期望）.

解 随机变量 X 的分布列为：

X	1	2	3
P	$\frac{1}{3}$	$\frac{1}{2}$	$\frac{1}{6}$

X 的均值 $EX=1\times\frac{1}{3}+2\times\frac{1}{2}+3\times\frac{1}{6}=\frac{11}{6}$.

附：X 的分布列的一种求法.

共有如下 6 种不同的可能情形，每种情形发生的概率都是 $\frac{1}{6}$.

①	A—B—C—D
②	A—B—C └D（由 B 引出）
③	A—B—C └D（由 A 引出）
④	A—B—D └C（由 A 引出）
⑤	A—C—D └B（由 A 引出）
⑥	A—B └C └D（由 A 引出）

在情形①和②之下，A 直接感染了一个人；在情形③、④、⑤之下，A 直接感染了两人；

在情形⑥之下，A 直接感染了三个人.

例6 （湖南高考）某地区为下岗人员免费提供财会和计算机培训，以提高下岗人员的再就业能力. 每名下岗人员可以选择参加一项培训、参加两项培训或不参加培训. 已知参加过财会培训的有 60%，参加过计算机培训的有 75%，假设每个人对培训项目的选择是相互独立的，且各人的选择相互之间没有影响.

(1) 任选 1 名下岗人员，求该人参加过培训的概率；

(2) 任选 3 名下岗人员，记 ξ 为 3 人中参加过培训的人数，求 ξ 的分布列.

解 任选 1 名下岗人员，记"该人参加过财会培训"为事件 A，"该人参加过计算机培训"为事件 B，由题设知，事件 A 与 B 相互独立，且 $P(A)=0.6$，$P(B)=0.75$.

(1) 任选 1 名下岗人员，该人没有参加过培训的概率是 $P_1=P(\overline{A}\cdot\overline{B})=P(\overline{A})\cdot P(\overline{B})=0.4\times0.25=0.1$.

所以该人参加过培训的概率是 $P_2=1-P_1=1-0.1=0.9$.

(2) 因为每个人的选择是相互独立的，所以 3 人中参加过培训的人数 ξ 服从二项分布 $B(3,0.9)$，$P(\xi=k)=C_3^k\times0.9^k\times0.1^{3-k}$，$k=0,1,2,3$，即 ξ 的分布列为：

ξ	0	1	2	3
P	0.001	0.027	0.243	0.729

例7 （山东高考）甲、乙两队参加奥运知识竞赛，每队 3 人，每人回答一个问题，答对者为本队赢得一分，答错得零分. 假设甲队中每人答对的概率均为 $\frac{2}{3}$，乙队中 3 人答对的概率分别为 $\frac{2}{3},\frac{2}{3},\frac{1}{2}$，且各人回答正确与否相互之间没有影响. 用 ξ 表示甲队的总得分.

(1) 求随机变量 ξ 的分布列和数学期望；

(2) 用 A 表示"甲、乙两个队总得分之和等于 3"这一事件，用 B 表示"甲队总得分大于乙队总得分"这一事件，求 $P(AB)$.

解 (1) 由题设可知：$\xi\sim B\left(3,\frac{2}{3}\right)$，因此 ξ 的分布列为：

$$P(\xi=k)=C_3^k\left(\frac{2}{3}\right)^k\times\left(1-\frac{2}{3}\right)^{3-k}=C_3^k\times\frac{2^k}{27},k=0,1,2,3.$$

所以 $E\xi=3\times\frac{2}{3}=2$.

(2) 用 C 表示"甲得 2 分，乙得 1 分"这一事件，用 D 表示"甲得 3 分，乙得 0 分"这一事件，所以 $P(AB)=P(C)+P(D)$.

又 $P(C)=C_3^2\left(\frac{2}{3}\right)^2\times\frac{1}{3}\times\left(\frac{2}{3}\times\frac{1}{3}\times\frac{1}{2}+\frac{1}{3}\times\frac{2}{3}\times\frac{1}{2}+\frac{1}{3}\times\frac{1}{3}\times\frac{1}{2}\right)=\frac{10}{81}$，

$$P(D)=C_3^3\left(\frac{2}{3}\right)^3\times\left(\frac{1}{3}\times\frac{1}{3}\times\frac{1}{2}\right)=\frac{4}{243},$$

所以 $P(AB)=\frac{10}{81}+\frac{4}{243}=\frac{34}{243}$.

例8 （重庆理高考）某单位为绿化环境，移栽了甲、乙两种大树各 2 株，设甲、乙两种大树移栽的成活率分别为 $\frac{2}{3}$ 和 $\frac{1}{2}$，且各株大树是否成活互不影响. 求移栽的 4 株大树中：

(1) 两种大树各成活 1 株的概率；

(2) 成活的株数 ξ 的分布列与期望.

解 (1) 设 A_k 表示甲种大树成活 k 株，$k=0,1,2$，B_l 表示乙种大树成活 l 株，$l=0,1,2$，则 A_1，B_1 独立，由独立重复试验中事件发生的概率公式有 $P(A_k)=C_2^k\left(\frac{2}{3}\right)^k\left(\frac{1}{3}\right)^{2-k}$，$P(B_l)=C_2^l\left(\frac{1}{2}\right)^l\left(\frac{1}{2}\right)^{2-l}$.

据此算得：

$P(A_0)=\frac{1}{9},P(A_1)=\frac{4}{9},P(A_2)=\frac{4}{9}$，

$P(B_0)=\frac{1}{4},P(B_1)=\frac{1}{2},P(B_2)=\frac{1}{4}$.

(1)所求概率为 $P(A_1\cdot B_1)=P(A_1)\cdot P(B_1)=\frac{4}{9}\times\frac{1}{2}=\frac{2}{9}$.

(2)**解法一** ξ 的所有可能值为0,1,2,3,4,且

$P(\xi=0)=P(A_0\cdot B_0)=P(A_0)\cdot P(B_0)=\frac{1}{9}\times\frac{1}{4}=\frac{1}{36}$.

$P(\xi=1)=P(A_0\cdot B_1)+P(A_1\cdot B_0)=\frac{1}{9}\times\frac{1}{2}+\frac{4}{9}\times\frac{1}{4}=\frac{1}{6}$,

$P(\xi=2)=P(A_0\cdot B_2)+P(A_1\cdot B_1)+P(A_2\cdot B_0)=\frac{1}{9}\times\frac{1}{4}+\frac{4}{9}\times\frac{1}{2}+\frac{4}{9}\times\frac{1}{4}=\frac{13}{36}$.

$P(\xi=3)=P(A_1\cdot B_2)+P(A_2\cdot B_1)=\frac{4}{9}\times\frac{1}{4}+\frac{4}{9}\times\frac{1}{2}=\frac{1}{3}$,

$P(\xi=4)=P(A_2\cdot B_2)=\frac{4}{9}\times\frac{1}{4}=\frac{1}{9}$.

综上知 ξ 有分布列：

ξ	0	1	2	3	4
P	$\frac{1}{36}$	$\frac{1}{6}$	$\frac{13}{36}$	$\frac{1}{3}$	$\frac{1}{9}$

从而，ξ 的期望为：

$E\xi=0\times\frac{1}{36}+1\times\frac{1}{6}+2\times\frac{13}{36}+3\times\frac{1}{3}+4\times\frac{1}{9}=\frac{7}{3}$(株).

解法二 分布列的求法同前，令 ξ_1,ξ_2 分别表示甲、乙两种大树成活的株数，则 $\xi_1\sim B\left(2,\frac{2}{3}\right),\xi_2\sim B\left(2,\frac{1}{2}\right)$,

故有 $E\xi_1=2\times\frac{2}{3}=\frac{4}{3},E\xi_2=2\times\frac{1}{2}=1$,

从而知 $E\xi=E\xi_1+E\xi_2=\frac{4}{3}+1=\frac{7}{3}$(株).

数学思想

1. 分类讨论思想

注意分类时要做到不重不漏.

例1 如果 $X\sim B\left(20,\frac{1}{3}\right)$，求使 $P(X=k)$ 取得最大值时 k 的值. 一般地，如果 $X\sim B(n,p)$，其中 $0<p<1$，讨论当 k 由0增加到 n 时，$P(X=k)$ 的变化情况；k 取什么值时，$P(X=k)$ 取得最大值？

分析 可以通过比较 $P(X=k)$ 与 $P(X=k+1)$ 的大小着手.

解 设 $X\sim B\left(20,\frac{1}{3}\right)$，考察不等式

$$\frac{P(X=k+1)}{P(X=k)}=\frac{C_{20}^{k+1}\left(\frac{1}{3}\right)^{k+1}\left(\frac{2}{3}\right)^{20-k-1}}{C_{20}^{k}\left(\frac{1}{3}\right)^{k}\left(\frac{2}{3}\right)^{20-k}}$$

$$=\frac{20-k}{k+1}\times\frac{1}{2}\geqslant1,$$

即 $3k\leqslant18$，得 $k\leqslant6$.

所以当 $k\leqslant6$ 时，$P(X=k+1)\geqslant P(X=k)$；

当 $k>6$ 时，$P(X=k+1)<P(X=k)$.

其中，当 $k=6$ 时，$P(X=k+1)=P(X=k)$. 即当 $k=6$ 或7时，$P(X=k)$ 取得最大值.

一般地，如果 $X\sim B(n,p)$，其中 $0<p<1$，令 $q=1-p$，考察不等式

$$\frac{P(X=k+1)}{P(X=k)}=\frac{C_n^{k+1}p^{k+1}q^{n-k-1}}{C_n^kp^kq^{n-k}}$$

$$=\frac{n-k}{k+1}\cdot\frac{p}{q}\geqslant1,$$

得 $(n-k)p\geqslant q(k+1)$.

由于 $p+q=1$，所以 $k\leqslant np-q=(n+1)p-1$.

(1)如果 $(n+1)p$ 是正整数，那么 $(n+1)\cdot p-1$ 也是非负整数. 此时，可以使

$k=(n+1)p-1,k+1=(n+1)p$,

且有 $P(X=k+1)=P(X=k)$.

可知当 $k=(n+1)p$ 或 $(n+1)p-1$ 时，$P(X=k)$ 取得最大值.

(2) 如果 $(n+1)p$ 不是正整数，那么在 $\frac{P(X=k+1)}{P(X=k)}\geqslant 1$ 中不可能取等号，即对任何 k，都有 $P(X=k+1)\neq P(X=k)$.

此时，当 $k+1<(n+1)p$ 时，仍有 $P(X=k+1)>P(X=k)$.

记"小于 $(n+1)p$ 的最大整数"为 $[(n+1)p]$，则当 $k=[(n+1)p]$ 时，$P(X=k)$ 取最大值.

2. 化归转化思想

在解决数学问题的过程中，将未知的、不熟悉的问题转化为已知的、熟悉的、已解决了的问题，是我们常用的方法与思考问题的出发点.

例 2 设 $X\sim N(\mu,\sigma^2)$，且总体密度曲线的函数表达式为：

$$f(x)=\frac{1}{2\sqrt{\pi}}e^{-\frac{x^2-2x+1}{4}},x\in\mathbf{R}.$$

(1) 求 μ、σ；

(2) 求 $P(|x-1|<\sqrt{2})$ 及 $P(1-\sqrt{2}<x<1+2\sqrt{2})$.

分析 根据正态曲线函数的结构特征，对照已知函数求出 μ 和 σ. 利用一般正态总体 $N(\mu,\sigma^2)$ 与标准正态总体 $N(0,1)$ 概率间的关系，将一般正态总体化归为标准正态总体来解决.

解 (1) 由于 $f(x)=\frac{1}{2\sqrt{\pi}}e^{-\frac{x^2-2x+1}{4}}=\frac{1}{\sqrt{2\pi}\cdot\sqrt{2}}e^{-\frac{(x-1)^2}{2(\sqrt{2})^2}}$，由一般正态分布的函数表达形式，可知 $\mu=1$，$\sigma=\sqrt{2}$，故 $X\sim N(1,2)$.

(2) $P(|x-1|<\sqrt{2})$

$=P(1-\sqrt{2}<x<1+\sqrt{2})$

$=F(1+\sqrt{2})-F(1-\sqrt{2})$

$=\Phi\left(\frac{1+\sqrt{2}-1}{\sqrt{2}}\right)-\Phi\left(\frac{1-\sqrt{2}-1}{\sqrt{2}}\right)$

$=\Phi(1)-\Phi(-1)$

$=2\Phi(1)-1$

$=2\times 0.841\ 3-1$

$=0.682\ 6.$

$P(1-\sqrt{2}<x<1+2\sqrt{2})$

$=F(1+2\sqrt{2})-F(1-\sqrt{2})$

$=\Phi\left(\frac{1+2\sqrt{2}-1}{\sqrt{2}}\right)-\Phi\left(\frac{1-\sqrt{2}-1}{\sqrt{2}}\right)$

$=\Phi(2)-\Phi(-1)$

$=\Phi(2)+\Phi(1)-1$

$=0.977\ 2+0.841\ 3-1$

$=0.818\ 5.$

背景材料

趣谈概率

在中国五千年的文化长河中，流传着许多谚语、典故，它们体现了很强的哲学思想，人们往往对这些谚语、典故的正确性深信不疑. 但是，它们为什么是正确的呢？为什么能够"水滴石穿"？为什么"三个臭皮匠顶一个诸葛亮"呢？下面我们从中挑选几例，并且用概率的思想来分析一下它们的正确性，供大家探讨.

1. "水滴石穿"的启示

在日常生活中，人们常常用"水滴石穿""只要功夫深，铁杵磨成针"来形容有志者事竟成. 但是，也有人认为这些都是不可能的. 不过从概率的角度看，你会发现这是很有道理的.

例 1 设在一次试验中，事件 A 发生的概率为 $X>0$，独立重复试验 n 次，求事件 A 至少发生一次的概率.

解 由题意可知，本题属于独立重复试验类型的概率，设 B 为"n 次试验中事件 A 至少发生一次"，因此 B 的对立事件即是 $\overline{B}$ 为"n 次试验中事件 A 一次都不发生".

$\therefore$ 由 $P(A)=X$，$P(\overline{A})=1-X$，有 $P(B)=1-P(\overline{B})=1-(1-X)^n$.

因为当 n 逐步增大时，$(1-X)^n$ 逐步减小，$1-(1-X)^n$ 逐步趋向于 1，故当 n 无限增大时，$1-(1-X)^n$ 无限趋近于 1.

由上面的例子可以看出，一件微不足道

的小事,只要你坚持做下去就会产生不可思议的结果.这正好印证了中国的一句俗语:“锲而不舍,金石可镂.”无数的事实也证明了这一点.爱迪生经历了无数次失败后终于发明了电灯;经过多年不懈的努力,吴道子终成一代“画圣”.这正如爱因斯坦所说的“成功=99%的汗水+1%的灵感.”

2. 三个臭皮匠顶一个诸葛亮

“三个臭皮匠顶一个诸葛亮”是在中国民间流传很广的一句谚语,我们也可以从概率的角度来分析一下它的正确性.

例2 刘备帐下以诸葛亮为首的智囊团共有9名谋士(不包括诸葛亮).假定对某事进行决策时,每名谋士贡献正确意见的百分比为0.7,诸葛亮贡献正确意见的百分比为0.85.现为某事可行与否分别征求每位谋士的意见,并按多数人的意见作出决策,求作出正确决策的概率.

解 本题属于二项分布,$p=0.7$,$n=9$,所以作出正确决策的概率为:

$$\sum_{k=5}^{9}C_9^k p^k(1-p)^{9-k}=C_9^5\cdot(0.7)^5\cdot(0.3)^4+C_9^6\cdot(0.7)^6\cdot(0.3)^3+C_9^7\cdot(0.7)^7\cdot(0.3)^2+C_9^8\cdot(0.7)^8\cdot(0.3)^1+C_9^9(0.7)^9\cdot(0.3)^0=0.901\,2>0.85.$$

由此例可说明,“三个臭皮匠顶一个诸葛亮”这种说法是有一定道理的,同时,它也给了我们这样的一个启示:集体的力量大.当你遇到困难,一个人找不出解决的方案时,就应该和大家一起出谋划策,这样就可能找到更好的解决办法.

但是也有人会说,有时候真理是掌握在少数人的手中呀?这不是和上面的例子相矛盾吗?其实,这两者是不矛盾的,只是两者成立的前提条件不同而已.下面,我们再用概率的思想来分析一下“真理有时掌握在少数人手中”这句话.

3. 真理有时掌握在少数人手中

例3 刘备帐下以诸葛亮为首的智囊团共有9名谋士(不包括诸葛亮).假定对某事进行决策时,每名谋士贡献正确意见的百分比为0.3,诸葛亮贡献正确意见的百分比为0.5.现为某事可行与否分别征求每位谋士的意见,并按多数人的意见作出决策,求作出正确决策的概率.

解 本题属于二项分布,$p=0.3$,$n=9$,所以作出正确决策的概率为:

$$\sum_{k=5}^{9}C_9^k p^k(1-p)^{9-k}=C_9^5\cdot(0.3)^5\cdot(0.7)^4+C_9^6\cdot(0.3)^6\cdot(0.7)^3+C_9^7\cdot(0.3)^7\cdot(0.7)^2+C_9^8\cdot(0.3)^8\cdot(0.7)^1+C_9^9(0.3)^9\cdot(0.7)^0=0.098\,8<0.5.$$

由此例可知,“真理有时掌握在少数人手中”这句话也是有一定道理的.这说明有时候我们不能一味听从大多数人的意见,而全盘否定某个人或少数人的独特见解,应根据实际情况来分析各种意见的可行性.

仔细观察例2和例3,可以注意到这两种情况的结果是截然相反的.这是为什么呢?这主要是由于“多数人贡献正确意见的百分比”的差异造成的.在二项分布中有这样一个公式:

$$b(k;n,p)=b(n-k;n,1-p).$$

其中$b(k;n,p)$表示n次独立重复试验中事件A恰好发生k次的概率,p为一次试验中事件A发生的概率.

由这个公式我们可以得到:

$b(5;9,0.7)=b(4;9,0.3)$,$b(6;9,0.7)=b(3;9,0.3)$,$b(7;9,0.7)=b(2;9,0.3)$,

$b(8;9,0.7)=b(1;9,0.3)$,$b(9;9,0.7)=b(0;9,0.3)$.

而且$\sum_{k=5}^{9}b(k;9,0.7)=1-\sum_{k=5}^{9}b(k;9,0.3)$,即$0.901\,2=1-0.098\,8$.

这说明在大多数人对某件事情都比较有把握时($p>0.5$),征求大家的意见所做的决策的正确率会更高.而在大多数人对某件事情都没有把握时($p<0.5$),征求大家的意见所做的决策的正确率反而会降低.

概率论在各个领域中的应用都是很广泛的,上面只是海洋中的一朵小小的浪花,只要大家都来做有心人,你会发现它还有很多有意思的例子.

第十二篇 统 计

知识网络

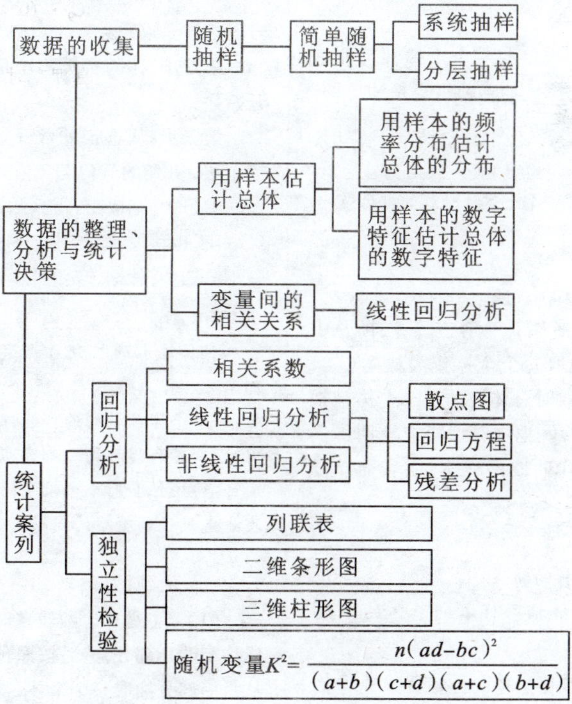

基础知识精析

1. 总体、个体、样本

一般地，我们把所要考察对象的某一数值指标的全体构成的集合看成总体，构成总体的每一个元素作为个体. 如考察某市高中生的身高，学生身高的全部数据就是总体，每一个学生的身高就是个体.

当总体中包含的个体很多时，很难对每一个个体进行考察，一个行之有效的办法就是从总体中随机抽取若干个个体进行考察，这若干个个体组成的集合叫做总体的一个样本.

注意

(1)总体与个体间的关系类似于集合与元素间的关系.

(2)样本与总体间的关系类似于子集与集合间的关系.

2. 随机抽样

在抽样时,要保持每一个个体都可能被抽到,且每一个个体被抽到的机会是均等的,满足这样的条件的抽样称为随机抽样.

注意

随机抽样中每一个个体被抽到的机会是均等的.

3. 简单随机抽样

一般地,设一个总体含有N个个体,从中逐个不放回地抽取n个个体作为样本($n \leq N$),如果每次抽取时总体内的各个个体被抽到的机会都相等,就把这种抽样方法叫做简单随机抽样. 这样抽取的样本,叫做简单随机样本.

注意

简单随机抽样的特点:

(1)它要求被抽取样本的总体的个数有限.

(2)它是从总体中逐个不放回地进行个体抽取,从而保证了所抽取的样本中没有被重复抽取的个体.

(3)在每一次抽取时,总体中的各个个体有相同的可能性被抽到,从而保证了这种抽样方法的公平性.

4. 常用的简单随机抽样方法

(1)抽签法(抓阄法):先将总体中的所有个体(共有N个)编号(号码可以从1到N),并把号码写在形状、大小相同的号签上(号签可以用小球、卡片、纸条等制作),然后将这些号签放在一个容器里进行均匀搅拌,抽签时,每次从中抽到1个号签,连续抽取n次,就得到一个容量为n的样本.

(2)随机数法:随机数表是由0,1,2,…,9组成,并且每个数字在表中各个位置出现的机会都是一样的.

用随机数表抽样的步骤:

第一步:将总体中的所有个体编号(每个号码位数一致);

第二步:在随机数表中任选一个数作为开始数;

第三步:从选定的数开始按一定的方向读下去,得到的数码若不在编号中,则跳过;若在编号中,则取出,得到的数码若在前面已经取出,也跳过,如此进行下去直到取满为止;

第四步:根据选定的号码抽取样本.

注意

抽签法和随机数法都是简单随机抽样,都满足总体容量有限、逐个抽取、不放回抽取、每个个体被抽到的可能性相同. 当总体较少时,制签和搅拌均匀都容易进行,故两种方法可通用;但面对个体较多的抽样时,随机数表法克服了制签难的问题.

5. 系统抽样

(1)当总体中个数较多时,可以将总体分成均衡的几部分,然后按照预先制定的规则,从每一部分抽取一个个体,得到所需的样本,这种抽样的方法叫做系统抽样.

(2)系统抽样的步骤:

①对总体中的个体编号;

②为将整体的编号分段(即分成几个部分). 要确定分段的间隔k,当$\frac{N}{n}$(N:总体中的个体数,n:样本容量)是整数时,$k=\frac{N}{n}$;当$\frac{N}{n}$不是整数时,从总体中剔除一些个体,使剩下的总体中个体数N'能被n整除,这时$k=\frac{N'}{n}$.

③在第1段用简单随机抽样确定起始的个体编号$l(l\leqslant k)$.

④按照事先确定的规则抽取样本(通常是将l加上间隔k得到第2个个体编号$(l+k)$,再将$(l+k)$加上k,得到第3个个体编号$(l+2k)$,依次进行下去,直到获得整个样本.

注意

系统抽样的第1段抽样包含着简单随机抽样,是等可能性的抽样.样本的效果受编号和第一段所取l的影响,所取样本序号依次成等差数列.

6. 分层抽样

(1)一般地,在抽样时,将总体分成互不交叉的层,然后按照一定的比例,从各层独立地抽取一定数量的个体,将各层取出的个体合在一起作为样本,这种抽样方法叫做分层抽样.

(2)分层抽样的步骤:

①将总体按一定标准分成互不交叉的层;

②根据总体中的个数N和样本容量n计算抽样比$k=\frac{n}{N}$;

③确定第i层应该抽取的个体数目$n_i=N_i\times k$(N_i为第i层所包含的个数),使得各n_i之和为n;

④按步骤③中确定的数目在各层中随机抽取个体,合在一起得到容量为n的样本.

7. 三种抽样方法的比较

类别	共同点	各自特点	相互联系	适用范围
简单随机抽样	(1)抽样过程中每个个体被抽取的概率相等; (2)均属于不放回抽样	从总体中逐个抽取	使用于系统抽样或分层抽样的某段、某层	总体中的个体数较少
系统抽样		将总体均分成几部分,按事先确定的规则在各部分抽取	在起始部分抽样时采用简单随机抽样	总体中的个体数较多
分层抽样		将总体分成几层,分层进行抽取	各层抽样时采用简单随机抽样或系统抽样	总体由差异明显的几部分组成

8. 样本的频率分布、频率分布表

根据随机所抽样本的大小,分别计算某一事件出现的频率,这些频率的分布规律(取值状况),就叫做样本的频率分布.为了能直观地显示样本的频率分布情况,通常我们会将样本的容量、样本中出现该事物的频数以及计算所得的相应频率列在一张表中,这个表叫做样本的频率分布表.

9. 用样本的频率分布估计总体的分布

从一个总体中得到一个包含大量数据的样本时,我们很难从一个个数字中直接看出样本所含的信息.如果把这些数据形成频数分布或频率分布,就可以比较清楚地看出样本数据的特征,从而估计总体的分布情况.用样本估计总体,是研究统计问题的一个基本思想方法,而对于总体分布,我们总是用样本的频率分布对它进行估计.

10. 频率分布直方图

(1)反映样本的频率分布规律的直方图,称为频率分布直方图,简称频率直方图.

(2)绘制频率分布直方图的步骤:

①求极差：一组数据的最大值与最小值的差称为极差；

②确定组距与组数：组数 = $\frac{\text{极差}}{\text{组距}}$；

③将数据分成互不相交的组：通常对组内数据所在区间取左闭右开区间，最后一组取闭区间；

④列频率分布表；

⑤绘制频率分布直方图：依据频率分布表绘制频率分布直方图，纵坐标表示频率与组距的比值. 画横坐标时其相应组距上的频率等于该组上的矩形的面积，即每个矩形的面积 = 组距 × $\frac{\text{频率}}{\text{组距}}$ = 频率，以每个组距为底，以频率与组距的比值为高作矩形.

(3)特点：

矩形的面积表示频率，各矩形的面积和为1.

11. 频率分布折线图

如果将频率分布直方图中各相邻的矩形上端的中点顺次连接起来便得到本组数据的频率分布折线图.

注意

为了方便看图，一般习惯于把频率分布折线图画成与横轴相连，所以横轴上的左右两端点没有实际的意义.

12. 总体密度曲线

当样本容量不断增大时，作频率分布直方图所分的组数也在增加，即组距不断减小，相应的频率折线图会越来越接近于一条光滑曲线. 统计中称这条光滑曲线为总体密度曲线. 总体密度曲线反映了总体在各个范围内取值的百分比.

13. 茎叶图

(1)茎叶图也是用来表示数据的一种图，茎是指中间的一列数，叶是指从茎的旁边生长出来的数.

(2)作法：

①将数据分为"茎"(高位)和"叶"(低位)两部分；

②将最小茎和最大茎之间的数按大小顺序排成一列，茎相同者共用一个茎，再画上竖线作为分界线；

③将各个数据的"叶"按大小顺序在分界线的一侧对应茎处同行排列.

14. 几种表示样本分布方法的比较

(1)频率分布表在数量表示上比较确切，但不够直观、形象，分析数据分布的总体态势不太方便.

(2)频率分布直方图能够很容易地表示大量数据，非常直观地表明分布的形状，使我们能够看到在分布表中看不清楚的数据模式. 但是从直方图本身不能得出原始的数据内容，也就是说，把数据表示成直方图后，原有的具体数据信息不能够体现.

(3)频率分布折线图的优点是它反映了数据的变化趋势，如果样本容量不断增大，分组的组距不断缩小，那么折线图就趋向于总体分布的密度曲线.

(4)用茎叶图刻画数据有两个优点：一是能够保留原始的数据信息；二是茎叶图便于记录和表示，能够展示数据的分布情况. 但是当样本数据较多或数据位数较多时，茎叶图就显得不太方便了.

15. 众数、中位数、平均数

在一组数据中，出现次数最多的数据叫做这组数据的众数.

将一组数据按大小顺序排列，把处在中间位置的一个数据(或中间两个数据的平均数)叫做这组数据的中位数.

如果 n 个数，$x_1, x_2, \cdots, x_n$，那么把 $\bar{x} = \frac{1}{n}(x_1 + x_2 + \cdots + x_n)$ 叫做这 n 个数据的平均数.

总体中所有个体的平均数叫做总体平均数. 样本中所有个体的平均数叫做样本平

均数.

如果在 n 个数据中,x_1 出现了 f_1 次,x_2 出现了 f_2 次,…,x_k 出现了 f_k 次(这里 $f_1+f_2+\cdots+f_n=n$),那么 $\bar{x}=\frac{x_1f_1+x_2f_2+\cdots+x_nf_n}{n}$ 叫做这 n 个数的加权平均数.

16. 样本方差、标准差及平均距离

设样本的元素为 $x_1,x_2,\cdots,x_n$,样本的平均数为 $\bar{x}$,x_i 到 $\bar{x}$ 的距离是 $|x_i-\bar{x}|$ $(i=1,2,\cdots,n)$,即样本 $x_1,x_2,\cdots,x_n$ 到 $\bar{x}$ 的"平均距离"是 $S=\frac{|x_1-\bar{x}|+|x_2-\bar{x}|+\cdots+|x_n-\bar{x}|}{n}$,由于此式含绝对值,运算不太方便通常用 $s=\sqrt{\frac{1}{n}[(x_1-\bar{x})^2+(x_2-\bar{x})^2+\cdots+(x_n-\bar{x})^2]}$,来计算标准差,方差就是标准差的平方,记为 s^2.

注意

(1)标准差越大,数据的离散程度越大,样本的数据越不稳定;标准差越小,数据的离散程度越小,样本的数据越稳定.

(2)若样本数据都相等,则 $s=0$;若 $s=0$,则样本数据都相等.

(3)标准差、方差都是平均距离的表示.

17. 变量间的相关关系

(1)当自变量的取值一定时,因变量的取值带有随机性,这两个变量之间的关系叫做相关关系.

(2) 散点图

将样本中 n 个数据点 (x_i,y_i) $(i=1,2,\cdots,n)$ 描在平面直角坐标系中,以表示具有相关关系的两个变量的一组数据的图形叫做散点图.

(3)线性相关的类型

①正相关:如果两个变量的散点图中的点散布在从左下角到右上角的区域,对于两个变量的这种相关关系,我们将它称为正相关.

②负相关:如果两个变量的散点图中的点散布的位置是从左上角到右下角的区域,我们把两个变量的这种关系称为负相关.

注意

(1)相关关系是指变量间确定存在关系,但又不具备函数关系所要求的确定性,它们的关系是带有随机性的.

(2)正相关关系中一个变量的值由小变大时,另一个变量的值也由小变大,总体呈递增趋势;负相关关系中一个变量的值由小变大时,另一个变量的值由大变小,总体呈递减趋势.

(3)标准差、方差都是平均距离的表示.

18. 回归分析

对具有相关关系的两个变量进行统计分析的方法叫做回归分析. 通俗地讲,回归分析就是寻找相关关系中这种非确定关系的某种确定性.

19. 回归直线方程

设 x 与 y 是具有相关关系的两个变量,且相应于 n 个观测值的 n 个点大致分布在某一直线的附近,就可以认为 y 对 x 的回归函数的类型为直线型:$\hat{y}=a+bx$. 其中

$$b=\frac{\sum_{i=1}^{n}(x_i-\bar{x})(y_i-\bar{y})}{\sum_{i=1}^{n}(x_i-\bar{x})^2}$$

$$=\frac{\sum_{i=1}^{n}x_iy_i-n\bar{x}\bar{y}}{\sum_{i=1}^{n}x_i^2-n\bar{x}^2},a=\bar{y}-b\bar{x}.$$

我们称这个方程为 y 对 x 的回归直线方程. 相应的直线叫做回归直线.

注意

回归直线过样本点的中心 $(\bar{x},\bar{y})$.

20. 最小二乘法

(1)最小二乘法是一种有效地求回归方

程的方法，它保证了各点与此直线在整体上最接近，最能反映样本观测数据的规律.

(2)最小二乘法估计的一般步骤：

①作出散点图，判断是否线性相关；

②如果是，则用公式求 a，b，写出回归方程；

③根据方程进行估计.

21. 线性相关系数

对于变量 y 与 x 的一组观测值来说，我们把

$$r=\frac{\sum_{i=1}^{n}(x_i-\bar{x})(y_i-\bar{y})}{\sqrt{\sum_{i=1}^{n}(x_i-\bar{x})^2\sum_{i=1}^{n}(y_i-\bar{y})^2}},(1\leqslant i\leqslant n)$$

叫做变量 y 与 x 之间的样本相关系数（简称相关系数）.

利用相关系数来衡量 y 与 x 之间的线性相关程度. $|r|\leqslant 1$，且 $|r|$ 越接近于1，相关程度越大；$|r|$ 越接近于0，相关程度越小.

注意

$r>0$ 正相关；$r<0$ 负相关.

22. 随机误差

对于线性回归模型：$y=bx+a+e$，这里 a 和 b 为模型的未知参数，e 是 y 与 $\tilde{y}=bx+a$ 之间的误差. 通常 e 为随机变量，称为随机误差，它的均值 $E(e)=0$，方差 $D(e)=\sigma^2>0$. 这样线性回归模型的完整表达式为：

$$\begin{cases}y=bx+a+e,\\E(e)=0,\\D(e)=\sigma^2.\end{cases}$$

注意

随机误差 e 的方差 σ^2 越小，通过回归直线预报真实值 y 的精确度越高.

23. 残差、残差平方和

对于样本点 (x_1,y_1)，(x_2,y_2)，…，(x_n,y_n) 而言，对应于它们的随机误差为 $e_i=y_i-\tilde{y}=y_i-bx_i-a$，$i=1,2,\cdots,n$，其估计值为 $\hat{e}_i=y_i-\hat{y}_i=y_i-\hat{b}x_i-\hat{a}$，$i=1,2,\cdots,n$，$\hat{e}_i$ 称为对应于点 (x_i,y_i) 的残差. 类比样本方差估计总体方差的思想，可以用 $\hat{\sigma}^2=\frac{1}{n-2}Q(\hat{a},\hat{b})(n>2)$ 作为 σ^2 的估计量，其中 $Q(\hat{a},\hat{b})$ 称为残差平方和. 可以用 $\hat{\sigma}^2$ 衡量回归方程的预报精度. 通常，$\hat{\sigma}^2$ 越小，预报精度越高.

24. 残差分析

在研究两个变量间的关系时，首先要根据散点图来粗略判断它们是否线性相关，是否可以用线性回归模型来拟合数据. 然后，可以通过残差 $\hat{e}_1,\hat{e}_2,\cdots,\hat{e}_n$ 来判断模型拟合的效果，判断原始数据中是否存在可疑数据，这方面的分析工作称为残差分析.

25. 相关指数 R^2

R^2 的计算公式：$R^2=1-\frac{\sum_{i=1}^{n}(y_i-\hat{y}_i)^2}{\sum_{i=1}^{n}(y_i-\bar{y})^2}$，

即 $R^2=1-\frac{残差平方和}{总偏差平方和}=\frac{回归平方和}{总偏差平方和}$.

注意

R^2 的取值越大，说明残差平方和越小，即随机误差产生的效应越小，说明模型的拟合效果越好.

26. 分类变量

用变量的不同“值”表示个体所属的不同类别，像这类变量称为分类变量.

注意

(1)这里的“变量”和“值”都应作为“广义”的变量和值进行理解.

(2)分类变量是大量存在的.

27. 列联表

列出两个分类变量的频数表，称为列联表.

28. 独立性检验

利用随机变量

$K^2=\dfrac{n(ad-bc)^2}{(a+b)(c+d)(a+c)(b+d)}$(其中 $n=a+b+c+d$ 为样本容量)来确定是否能以一定把握认为“两个分类变量有关系”的方法,称为两个分类变量的独立性检验.

独立性检验的基本思想类似于反证法.要确定“两个分类变量有关系”这一结论成立的可信程度,首先假设该结论不成立,即假设结论“两个分类变量没有关系”成立,在该假设下构造的随机变量 K^2 应该很小.如果由观测数据计算得到的 K^2 的观测值 k 很大,则在一定程度上说明假设不合理.

注意

K^2 与 k 的关系并不是 $k=\sqrt{K^2}$,K^2 是一个随机变量,在 a、b、c、d 取不同的值时,K^2 可能不同,而 k 是取定一组数 a、b、c、d 后的一个值.

29. 独立性检验的方法

一般地,假设有两个分类变量 X 和 Y,它们的可能取值分别为 $\{x_1,x_2\}$ 和 $\{y_1,y_2\}$,其样本频数列联表为:

	y_1	y_2	总计
x_1	a	b	$a+b$
x_2	c	d	$c+d$
总计	$a+c$	$b+d$	$a+b+c+d$

判断 H_1:“X 与 Y 有关系”成立的可能性的方法有:

(1)运用三维柱形图和二维条形图.

①在三维柱形图中,主对角线上两个柱形高度的乘积 ad 与副对角线上的两个柱形高度的乘积 bc 相差越大,H_1 成立的可能性就越大;

②在二维条形图中,可以估计满足条件 $X=x_1$ 的个体中具有 $Y=y_1$ 的个体所占的比例 $\dfrac{a}{a+b}$,也可以估计满足条件 $X=x_2$ 的个体中具有 $Y=y_1$ 的个体所占的比例 $\dfrac{c}{c+d}$.两个比例的值相差越大,H_1 成立的可能性就越大.

(2)利用独立性检验的思想来考察两个分类变量 X 与 Y 是否有关系,并且能较精确地给出这种判断的可靠程度.

具体做法是:

①根据实际问题所需的可信程度确定临界值 k_0;

②根据观测数据计算检验随机变量 K^2 的观测值 k;

③如果 $k>k_0$,就以 $[1-P(K^2\geqslant k_0)]\times 100\%$ 的把握认为 H_1 成立;否则,就认为样本数据未能提供充分的证据显示 H_1 成立.

注意

(1)使用 K^2 统计量做 2×2 列联表的独立性检验时,要求表中的4个数据都不小于5.

(2)计算检验随机变量 K^2 的观测值 k 时:

①如果 $k\geqslant10.828$,就有99.9%的把握认为 X 与 Y 有关系;

②如果 $k\geqslant7.879$,就有99.5%的把握认为 X 与 Y 有关系;

③如果 $k\geqslant6.635$,就有99%的把握认为 X 与 Y 有关系;

④如果 $k\geqslant5.024$,就有97.5%的把握认为 X 与 Y 有关系;

⑤如果 $k\geqslant3.841$,就有95%的把握认为 X 与 Y 有关系;

⑥如果 $k\geqslant2.706$,就有90%的把握认为 X 与 Y 有关系;

⑦如果 $k<2.706$,就认为没有充分证据显示 X 与 Y 有关系.

(3)虽然我们可以通过图形和列联表数据直观地得到两个分类变量是否有关,但还是需要用独立性检验的方法确认上述结论.这是因为图和表都是来自于样本数据,它们是总体的一个代表,它们反映出的这种相关性的特征能够在多大程度上代表总体,需要用独立性检验的方法来确认.

题型分类与方法总结

题型1 随机抽样方法的选择

当总体中的个体数较少时，常采用简单随机抽样法；当总体中的个体数较多时，常采用系统随机抽样法；当已知总体由差异明显的几部分组成的时候，常采用分层抽样法.

例1 在下列问题中，各采用什么抽样方法抽取样本较为合适？

(1)从 20 台彩电中抽取 4 台进行质量检测；

(2)科学会堂有 32 排座位，每排有 40 个座位(座位号 1 ~40). 一次报告会坐满了观众. 会后为听取意见要抽取 32 名听众进行座谈；

(3)某中学有 180 名教职工，其中有业务人员 136 名，管理人员 20 名，后勤服务人员 24 名，今要从中抽取一个容量为 15 的样本.

解 (1)简单随机抽样；

(2)系统抽样；

(3)分层抽样.

点拨 *弄清三种抽样方法的实质，是灵活选用抽样方法的实质.*

例2 某初级中学有学生 270 人，其中一年级 108 人，二、三年级各 81 人，现要利用抽样方法抽取 10 人参加某项调查，考虑选用简单随机抽样、分层抽样和系统抽样三种方案. 使用简单随机抽样和分层抽样时，将学生按一、二、三年级依次统一编号为 1，2，…，270；使用系统抽样时，将学生统一随机编号为 1，2，…，270，并将整个编号依次分为 10 段. 如果抽得号码有下列四种情况：

①7，34，61，88，115，142，169，196，223，250；

②5，9，100，107，111，121，180，195，200，265；

③11，38，65，92，119，146，173，200，227，254；

④30，57，84，111，138，165，192，219，246，270.

关于上述样本的下列结论中，正确的是(　　).

A. ②、③都不能为系统抽样

B. ②、④都不能为分层抽样

C. ①、④都可能为系统抽样

D. ①、③都可能为分层抽样

解析 ①是系统抽样，也可能是分层抽样；②不是系统抽样，也不是分层抽样；③是系统抽样，也可能是分层抽样；④不是系统抽样，但可能是分层抽样. 综上所述，①③都可能为分层抽样，故选 D.

答案 D.

题型2 用样本估计总体

一般情况下，样本容量越大，估计越精确.

例3 从高三学生中抽取 50 名同学参加数学竞赛，成绩的分组及各组的频数如下：(单位：分)[40，50)，2；[50，60)，3；[60，70)，10；[70，80)，15；[80，90)，12；[90，100)，8.

(1)列出样本的频率分布表(含累积频率)；

(2)画出频率分布直方图；

(3)估计成绩在[60，90)分的学生比例；

(4)估计成绩在 85 分以下的学生比例.

解 (1)频率分布表如下：

成绩分组	频数	频率	累积频率
[40，50)	2	0.04	0.04
[50，60)	3	0.06	0.1
[60，70)	10	0.2	0.3
[70，80)	15	0.3	0.6
[80，90)	12	0.24	0.84
[90，100)	8	0.16	1.00
合计	50	1.00	

(2)频率分布直方图如图 12-1.

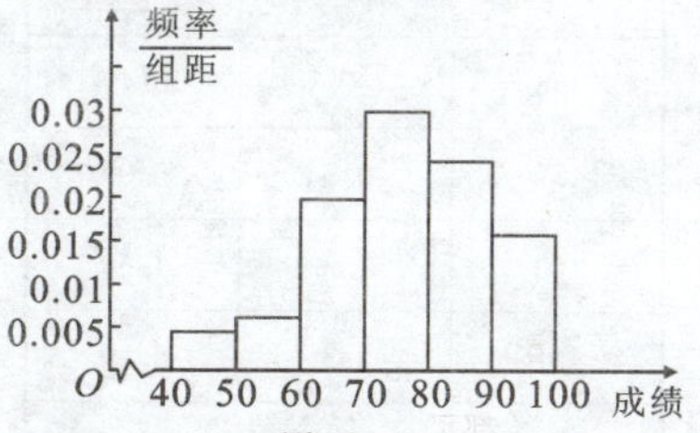

图 12-1

(3)成绩在[60,90)的学生所占的比例即为学生成绩在[60,90)的频率,0.2+0.3+0.24=0.74=74%.

(4)成绩在85分以下的学生所占的比例即学生成绩不足85分的频率.设相应频率为b,由$\frac{b-0.6}{85-80}=\frac{0.84-0.6}{90-80}$,故$b=0.72$.

估计成绩在85分以下的学生约占72%.

题型3 用样本的数字特征估计总体的数字特征

求出样本的众数、样本的中位数和样本的平均数等数字特征,它们可以作为总体相应特征的估计,用样本的标准差(或方差)估计总体的稳定性.

例4 有甲、乙两台机床,同时生产直径为60 mm的零件,为了检验产品质量,从产品中各抽出10件进行测量,结果如下(单位:mm):

机床甲:60 59.8 60.1 60.2 59.9 60 60.2 59.8 60.2 59.8

机床乙:60 60 59.9 60 59.9 60.2 60 60.1 60 59.9

分别计算上面两个样本的平均数与方差,并说明在零件的直径符合规定方面,哪台机床做得较好.

分析 根据用样本估计总体的思想,先求得样本的平均数与方差,通过比较这两个样本的平均数、方差,作为总体之间差异的估计值.

解 利用计算器计算可得:$\bar{x}_甲=60$,$\bar{x}_乙=60$;$s_甲^2=0.026$,$s_乙^2=0.008$.从样本平均数来看,甲、乙两台机床所生产的零件,直径的平均数都是60 mm,没有差异;从样本方差看,由于$s_甲^2>s_乙^2$,这表明甲机床生产的零件的直径与规定尺寸偏差较大,即乙机床生产的零件直径比甲机床生产的零件质量好一些,因此机床乙生产的零件做得较好.

点拨 挑选运动员参赛或比较产品质量等,先要看它们的平均数,当平均数相等时,应看它们成绩的标准差,标准差较小者,其成绩稳定或产品质量可靠,理应被选.由此进一步启发我们如何利用样本数据分析解决实际问题.

题型4 线性回归分析

(1)作出散点图;(2)求出线性相关系数;(3)由相关系数确定回归直线方程是否有意义;(4)写出线性回归方程,解决有关问题.

例5 为了了解某地区母亲身高x(cm)与女儿身高y(cm)的相关关系,随机测得10对母女的身高如下表所示:

母亲身高x(cm)	女儿身高y(cm)
159	158
160	159
160	160
162	161
159	161
154	156
158	157
159	160
157	157
158	158

试对 x 与 y 进行一元线性回归分析，并预报当母亲身高为 161 cm 时，女儿的身高为多少(精确到 0.1 cm).

分析 为了寻找两个随机变量间的线性关系，一般先作散点图. 根据这 10 对数据画出散点图，如图 12－2，由图可以看出，x 与 y 之间有近似的线性相关关系，据此图用回归直线方程解决问题.

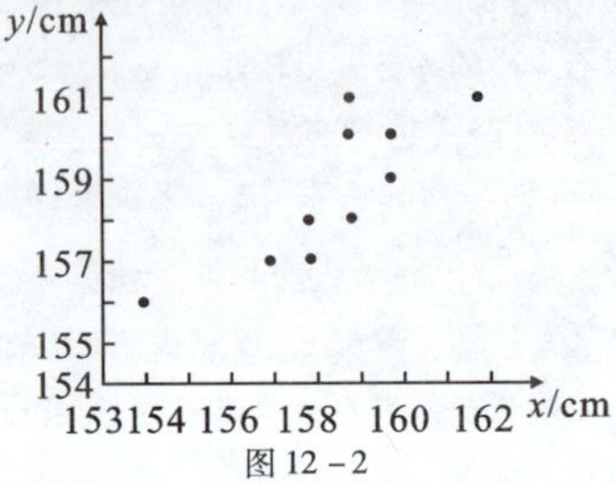

图 12－2

解 画出散点图如图 12－2，可以看出样本点呈条状分布，母亲的身高和女儿的身高有较好的线性相关关系.

$\bar{x}=\frac{1}{10}\sum_{i=1}^{10}x_i=158.6$，$\bar{y}=\frac{1}{10}\sum_{i=1}^{10}y_i=158.7$.

计算数据如下表：

x_i	$x_i-\bar{x}$	$(x_i-\bar{x})^2$
159	0.4	0.16
160	1.4	1.96
160	1.4	1.96
162	3.4	11.56
159	0.4	0.16
154	−4.6	21.16
158	−0.6	0.36
159	0.4	0.16
157	−1.6	2.56
158	−0.6	0.36

y_i	$y_i-\bar{y}$	$(y_i-\bar{y})^2$
158	−0.7	0.49
159	0.3	0.09
160	1.3	1.69
161	2.3	5.29
161	2.3	5.29
156	−2.7	7.29
157	−1.7	2.89
160	1.3	1.69
157	−1.7	2.89
158	−0.7	0.49

$\therefore \sum_{i=1}^{10}(x_i-\bar{x})^2=40.4$，$\sum_{i=1}^{10}(y_i-\bar{y})^2=28.1$，$\sum_{i=1}^{10}(x_i-\bar{x})(y_i-\bar{y})=27.8$.

$$\therefore r=\frac{\sum_{i=1}^{10}(x_i-\bar{x})(y_i-\bar{y})}{\sqrt{\sum_{i=1}^{10}(x_i-\bar{x})^2\sum_{i=1}^{10}(y_i-\bar{y})^2}}=\frac{27.8}{\sqrt{40.4\times28.1}}\approx0.825.$$

$\because 0.825>0.75$，$\therefore$ 可以认为 x 和 y 之间有很强的线性相关关系.

$$\hat{b}=\frac{\sum_{i=1}^{10}(x_i-\bar{x})(y_i-\bar{y})}{\sum_{i=1}^{10}(x_i-\bar{x})^2}=\frac{27.8}{40.4}\approx0.688,$$

$\hat{a}=\bar{y}-\hat{b}\bar{x}\approx158.7-0.688\times158.6\approx49.583$.

$\therefore$ 回归直线方程为 $\hat{y}=0.688x+49.583$.

当母亲身高为 161 cm，即 $x=161$ 时，女儿身高的预报值为 $\hat{y}=0.688\times161+49.583=160.351\approx160.4$(cm).

这就是说，当母亲身高为 161 cm 时，女儿的身高大致是 160.4 cm.

题型 5 独立性检验问题

(1)找出相关数据,作列联表;(2)求统计量 K^2;(3)判断可能性,注意与临界值作比较,得出事件有关的可信度.

例 6 吃零食是中学生中普遍存在的现象,吃零食对学生身体发育有诸多不利影响,从而影响学生的健康成长.下表是性别与吃零食的列联表:

	男	女	总计
喜欢吃零食	5	12	17
不喜欢吃零食	40	28	68
总计	45	40	85

请问性别与是否喜欢吃零食是否有关.

解 因为 $K^2=\dfrac{n(ad-bc)^2}{(a+b)(c+d)(a+c)(b+d)}$,

把相关数据代入公式,得:

$k=\dfrac{85\times(5\times28-12\times40)^2}{17\times68\times45\times40}\approx4.722>3.841$.

所以约有 95% 的把握认为"喜欢吃零食与性别有关".

综合解题指导

题型 1 统计与解析几何的综合

例 1 为了考察两个变量 x 和 y 之间的线性关系,甲、乙两位同学各自独立作了 10 次和 15 次试验,并且利用线性回归方法,求得回归直线分别为 l_1、l_2,已知两人所得的试验数据中,变量 x 和 y 的数据的平均值都相等,且分别都是 s、t,那么下列说法正确的是(　　).

A. 直线 l_1 和 l_2 一定有公共点 (s,t)

B. 直线 l_1 和 l_2 相交,但交点不一定是 (s,t)

C. 必有直线 $l_1 /\!/ l_2$

D. l_1 和 l_2 必定重合

解析 因为回归直线必过 $(\bar{x},\bar{y})$,且两组数据中 x 和 y 的数据的平均值相等,分别是 s 和 t,故两直线 l_1 和 l_2 一定有公共点 (s,t).

答案 A.

题型 2 统计与代数的综合

例 2 已知样本 99,100,101,x,y 的平均数是 100,方差是 2,则 $x\cdot y=$______.

解析 $\because \bar{x}=\dfrac{99+100+101+x+y}{5}=100$,

$\therefore x+y=200$. $\because s^2=\dfrac{1}{5}[(99-100)^2+(100-100)^2+(101-100)^2+(x-100)^2+(y-100)^2]=2$,即 $(x-100)^2+(y-100)^2=8=x^2+y^2-200(x+y)+20\,000=(x+y)^2-200(x+y)-2xy+20\,000=40\,000-40\,000-2xy+20\,000$,解得 $xy=9\,996$.

答案 9 996.

三年高考分析

本章内容在高考中主要考查对相关概念的理解,并且会用样本的有关数据特征去估计总体的特征,以及会运用统计的思想和方法去解决实际问题.题型主要以选择题、填空题为主,难度不大.预计今后高考将结合应用问题综合考查同学们构造抽样模型、识别模型、收集数据、求解计数方法等方面的考查.

例 1 (天津理高考)某学院的 A、B、C 三个专业共有 1 200 名学生,为了调查这些学生勤工俭学的情况,拟采用分层抽样的方法抽取一个容量为 120 的样本,已知该学院的 A 专业有 380 名学生,B 专业有 420 名学生,则在该学院的 C 专业应抽取______名学生.

解析 C 专业有 $1\,200-380-420=400$(名)学生,则 C 专业应抽取的学生数为 $\dfrac{400}{1\,200}\times120=40$(名).

答案 40.

例2 (陕西高考)某单位共有老、中、青职工430人,其中有青年职工160人,中年职工人数是老年职工人数的2倍,为了解职工身体状况,现采用分层抽样方法进行调查,在抽取的样本中有青年职工32人,则该样本中的老年职工人数为( ).

A. 9人　　B. 18人

C. 27人　　D. 36人

解析 设老年职工有 x 人,则 $430-3x=160$, $x=90$. 设抽取的样本为 m,则 $\frac{160}{430}\times m=32$,解得 $m=86$,则抽取样本中的老年职工人数为 $\frac{90}{430}\times86=18$(人).

答案 B.

例3 (宁夏高考)甲、乙、丙三名射箭运动员在某次测试中各射箭20次,三人的测试成绩如下表:

甲的成绩				
环数	7	8	9	10
频数	5	5	5	5

乙的成绩				
环数	7	8	9	10
频数	6	4	4	6

丙的成绩				
环数	7	8	9	10
频数	4	6	6	4

s_1、s_2、s_3 分别表示甲、乙、丙三名运动员这次测试成绩的标准差,则有( ).

A. $s_3>s_1>s_2$　　B. $s_2>s_1>s_3$

C. $s_1>s_2>s_3$　　D. $s_2>s_3>s_1$

解析 $\because \bar{x}_{甲}=(7+8+9+10)\times\frac{5}{20}=8.5$,

$$s_{甲}^2=\frac{1}{20}[5\times(7-8.5)^2+5\times(8-8.5)^2+5\times(9-8.5)^2+5\times(10-8.5)^2]=1.25;$$

$$\bar{x}_{乙}=\frac{7\times6+8\times4+9\times4+10\times6}{20}=8.5,$$

$$s_{乙}^2=\frac{1}{20}[6\times(7-8.5)^2+4\times(8-8.5)^2+4\times(9-8.5)^2+6\times(10-8.5)^2]=1.45;$$

$$\bar{x}_{丙}=\frac{7\times4+8\times6+9\times6+10\times4}{20}=8.5,$$

$$s_{丙}^2=\frac{1}{20}[4\times(7-8.5)^2+6\times(8-8.5)^2+6\times(9-8.5)^2+4\times(10-8.5)^2]=1.05.$$

$\therefore s_{乙}^2>s_{甲}^2>s_{丙}^2$, $\therefore s_2>s_1>s_3$.

答案 B.

例4 (广东文高考)为了调查某厂工人生产某种产品的能力,随机抽查了20位工人某天生产该产品的数量,产品数量的分组区间为[45,55),[55,65),[65,75),[75,85),[85,95),由此得到频率分布直方图如图12-3,则这20名工人中一天生产该产品数量在[55,75)的人数是________.

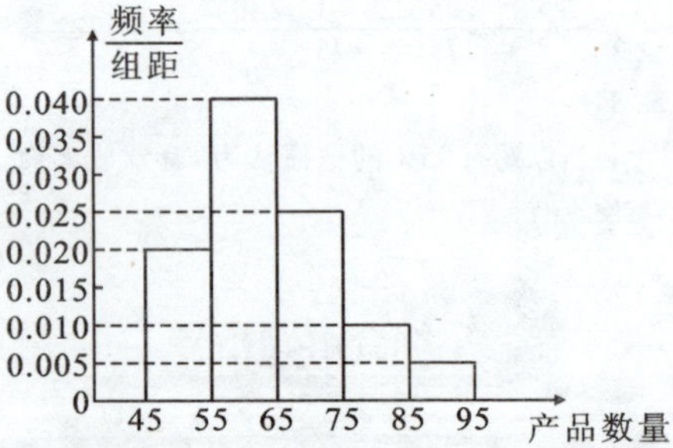

图12-3

解析 由图中信息可知[55,75)的频率为 $(0.040+0.025)\times10=0.65$,所以 $20\times0.65=13$.

答案 13人.

例5 (上海高考)在发生某公共卫生事件期间,有专业机构认为该事件在一段时间内没有发生大规模群体感染的标志为"连续10天,每天新增疑似病例不超过7人".根据过去10天甲、乙、丙、丁四地新增疑似病例数据,一定符合该标志的是( ).

A. 甲地:总体均值为3,中位数为4

B. 乙地：总体均值为1，众数为3

C. 丙地：中位数为2，众数为3

D. 丁地：总体均值为2，总体方差为3

解析 由于甲地总体均值为3，中位数为4，即中间两天（第5，6天）增加人数的平均数为4，因此后面的人数可以大于7，故甲地不符合；乙地中总体均值为1，因此这10天的感染人数总和为10，又由于方差大于0，故这10天中不可能每天都是1，可以有一天大于7，故乙地不符合；丙地中中位数为2，众数为3，3出现的最多，并且可以出现8，故丙地不符合．故丁地符合．

答案 D.

例6 （海南理高考）对变量x，y有观测数据$(x_i,y_i)(i=1,2,\cdots,10)$，得散点图12-4(1)；对变量$u$，有观测数据$(u_i,v_i)(i=1,2,\cdots,10)$，得散点图12-4(2)，由这两个散点图可以判断（　　）．

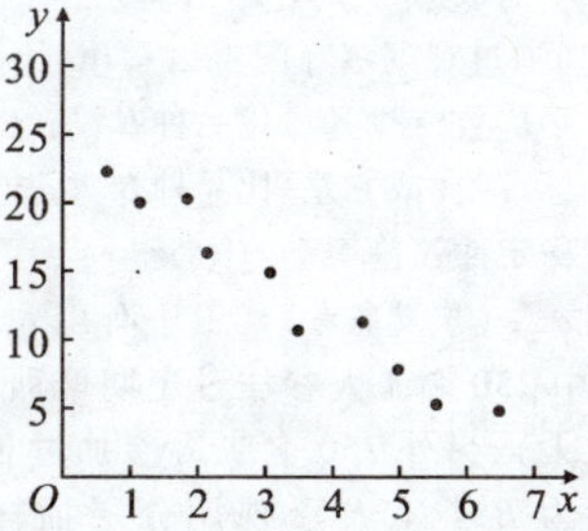

(1)

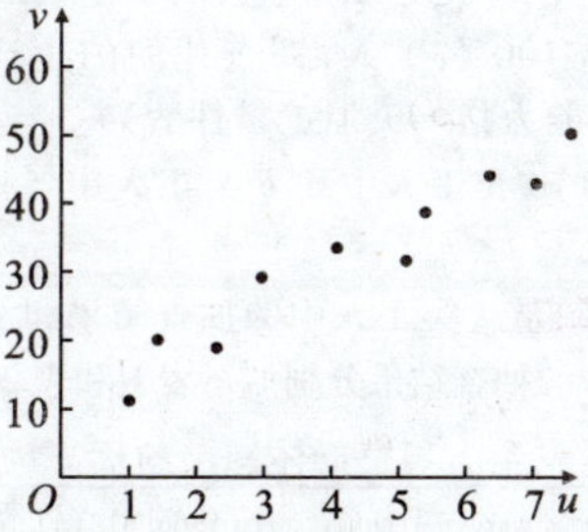

(2)

图12-4

A. 变量x与y正相关，u与v正相关

B. 变量x与y正相关，u与v负相关

C. 变量x与y负相关，u与v正相关

D. 变量x与y负相关，u与v负相关

解析 图(1)中的数据随着x的增大而y减小，因此变量x与变量y负相关；图(2)中的数据随着u的增大，v也增大，因此u与v正相关．

答案 C.

例7 （辽宁高考）某企业有两个分厂生产某种零件，按规定内径尺寸（单位：mm）的值落在[29.94，30.06)的零件为优质品．从两个分厂生产的零件中各抽出了500件，量其内径尺寸，得结果如下表：

甲厂：

分组	[29.86，29.90)	[29.90，29.94)	[29.94，29.98)
频数	12	63	86
分组	[29.98，30.02)	[30.02，30.06)	[30.06，30.10)
频数	182	92	61
分组	[30.10，30.14)		
频数	4		

乙厂：

分组	[29.86，29.90)	[29.90，29.94)	[29.94，29.98)
频数	29	71	85
分组	[29.98，30.02)	[30.02，30.06)	[30.06，30.10)
频数	159	76	62
分组	[30.10，30.14)		
频数	18		

(1)试分别估计两个分厂生产零件的优质品率；

(2)由以上统计数据填下面2×2列联表，并问是否有99%的把握认为“两个分厂生产的零件的质量有差异”．

	甲厂	乙厂	合计
优质品			
非优质品			
合计			

附：$K^2=\dfrac{n(n_{11}n_{22}-n_{12}n_{21})^2}{n_1+n_2+n_{n+1}n_{n+2}}$，

$p(K^2\geqslant k)$	0.05	0.01
k	3.841	6.635

解 (1)甲厂抽查的产品中有360件优质品，从而甲厂生产的零件的优质品率估计为$\dfrac{360}{500}=72\%$；

乙厂抽查的产品中有320件优质品，从而乙厂生产的零件的优质品率估计为$\dfrac{320}{500}=64\%$.

(2)

	甲厂	乙厂	合计
优质品	360	320	680
非优质品	140	180	320
合计	500	500	1 000

$$K^2=\frac{1\ 000\times(360\times180-320\times140)^2}{500\times500\times680\times320}\approx$$

$7.35>6.635$，

所以有99%的把握认为"两个分厂生产的零件的质量有差异".

例8 (安徽高考)某良种培育基地正在培育一种小麦新品种A，将其与原有的一个优良品种B进行对照试验，两种小麦各种植了25亩，所得亩产数据(单位：千克)如下：

品种A：357，359，367，368，375，388，392，399，400，405，412，414，415，421，423，423，427，430，430，434，443，445，445，451，454；

品种B：363，371，374，383，385，386，391，392，394，394，395，397，397，400，401，401，403，406，407，410，412，415，416，422，430.

(1)完成所附的茎叶图；

(2)用茎叶图处理现有的数据，有什么优点？

(3)通过观察茎叶图，对品种A与B的亩产量及其稳定性进行比较，写出统计结论.

解 (1)茎叶图如图12－5.

A		B
9 7	35	
8 7	36	3
5	37	1 4
8	38	3 5 6
9 2	39	1 2 4 4 5 7 7
5 0	40	0 1 1 3 6 7
5 4 2	41	0 2 5 6
7 3 3 1	42	2
4 0 0	43	0
5 5 3	44	
4 1	45	

图12－5

(2)由于每个品种的数据都只有25个，样本容量不大，画茎叶图很方便.此时茎叶图不仅清晰明了地展示了数据的分布情况，便于比较，也没有任何信息损失，而且还可以随时记录新的数据.

(3)通过观察茎叶图可以看出：①品种A的亩产平均数(或均值)比品种B高；②品种A的亩产标准差(或方差)比品种B大，故品种A的亩产稳定性较差.

例9 (宁夏高考)某工厂有工人1 000名，其中250名工人参加过短期培训(称为A类工人)，另外750名工人参加过长期培训(称为B类工人).现用分层抽样方法(按A类、B类分二层)从该工厂的工人中共抽查100名工人，调查他们的生产能力(生产能力指一天加工零件数).

(1)A类工人中和B类工人中各抽查多少工人？

(2)从A类工人中的抽查结果和从B类工人中的抽查结果分别如下表1和表2.

表1

生产能力分组	[100，110)	[110，120)	[120，130)	[130，140)	[140，150)
人数	4	8	x	5	3

表 2

生产能力分组	[110,120)	[120,130)	[130,140)	[140,150)
人数	6	y	36	18

①先确定 x、y,再完成图 12－6 中的频率分布直方图.就生产能力而言,A 类工人中个体间的差异程度与 B 类工人中个体间的差异程度哪个更小?(不用计算,可通过观察直方图直接回答结论)

A 类工人生产能力的频率分布直方图

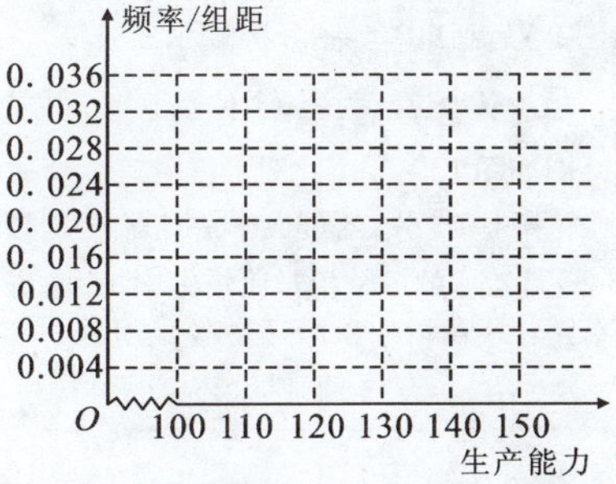

B 类工人生产能力的频率分布直方图

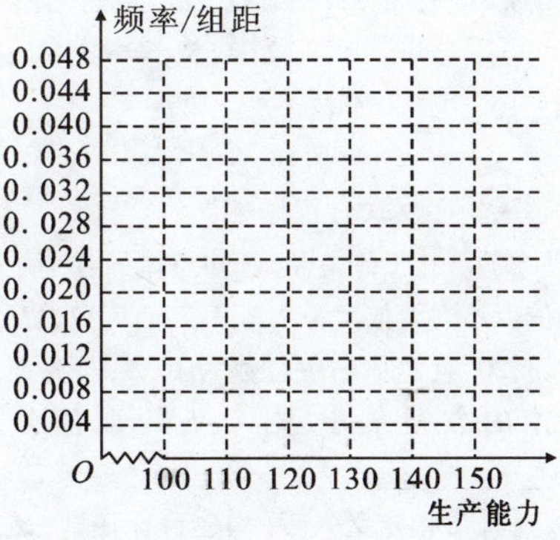

图 12－6

②分别估计 A 类工人和 B 类工人生产能力的平均数,并估计该工厂工人的生产能力的平均数(同一组中的数据用该组区间的中点值作代表).

解 (1)A 类工人中和 B 类工人中分别抽查 25 名和 75 名.

(2)①由 $4+8+x+5+3=25$,得 $x=5$;

$6+y+36+18=75$,得 $y=15$.

频率分布直方图如图 12－7:

A 类工人生产能力的频率分布直方图

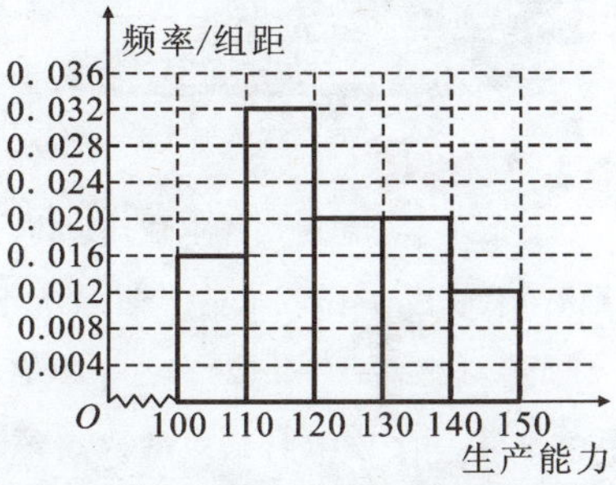

B 类工人生产能力的频率分布直方图

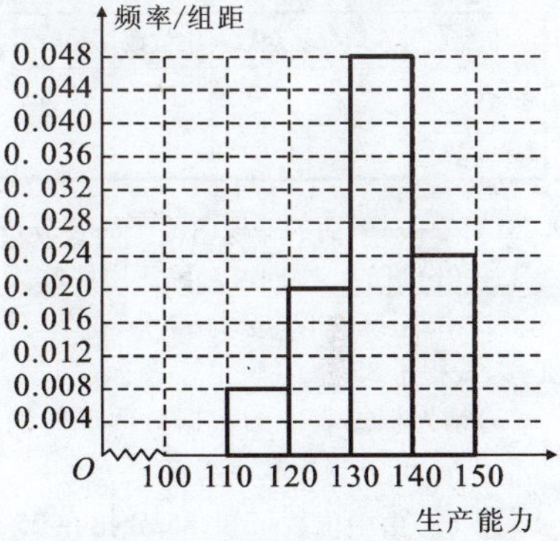

图 12－7

从直方图可以判断:B 类工人中个体间的差异程度更小.

②$\bar{x}_A=\frac{4}{25}\times105+\frac{8}{25}\times115+\frac{5}{25}\times125+\frac{5}{25}\times135+\frac{3}{25}\times145=123$(个);

$\bar{x}_B=\frac{6}{75}\times115+\frac{15}{75}\times125+\frac{36}{75}\times135+\frac{18}{75}\times145=133.8$(个).

$\bar{x}=\frac{25}{100}\times123+\frac{75}{100}\times133.8=131.1$(个).

即 A 类工人生产能力的平均数、B 类工人生产能力的平均数以及全厂工人生产能力的平均数的估计值分别为 123 个、133.8 个和 131.1个.

数学思想

1. 统计思想

统计的基本思想是用样本估计总体，也就是用有代表性的一部分来估计整体的情况.

例1 某校高一(1)、(2)班各有 49 名学生，两班在一次数学测试中的成绩统计如下表：

班级	平均分	众数	中位数	标准差
高一(1)班	79	70	87	19.8
高一(2)班	79	70	79	5.2

(1)请你对下面的一段话给予简要分析：

高一(1)班的小刚回家对妈妈说："昨天的数学测试中，全班的平均分为 79 分，得 70 分的人最多，我得了 85 分，在班里算是上游了."

(2)请你根据表中的数据对两班的测验情况作出分析，并提出教学建议.

解 (1)由中位数可知，85 分排在 25 位以后，从位次上讲不能说 85 分是上游，但也不能从位次上来判断学习的好坏，小刚得了 85 分，说明他对这阶段的学习内容掌握较好，从掌握的学习内容上讲也算是上游.

(2)高一(1)班成绩的中位数是 87 分，说明高于 87 分的人数占一半以上，而平均分为 79 分，标准差又很大，说明低分者也很多，两极分化严重，建议对学习差的学生给予帮助.

高一(2)班成绩的中位数和平均数都是 79 分，标准差又较小，说明学生之间的差别也较小，学习差的学生少，但学习优秀的学生也很少，建议采取措施提高优等生的人数.

点拨 在统计中，需要细致地研究样本数据的数字特征，以便对总体作出准确地估计.

2. 数形结合思想

本章中数形结合思想主要体现在借助于图表对数据进行分析处理.

例2 从两个班中各随机抽取 10 名学生，他们的数学成绩(分)如下表：

甲班	76	74	82	96	66	76	78	72	52	68
乙班	86	84	62	76	78	92	82	74	88	85

画出茎叶图并分析两个班学生的数学学习情况.

分析 解答本题可先确定好"茎"和"叶"，然后画出茎叶图分析即可.

解 以十位数为茎，个位数为叶，得成绩茎叶图如图 12 - 8. 由此图可得甲班数学成绩的中位数是 75 分，乙班数学成绩的中位数是 83 分，且乙班的成绩相对比较集中，故乙班总体成绩优于甲班.

甲班		乙班
2	5	
8 6	6	2
8 6 6 4 2	7	4 6 8
2	8	2 4 5 6 8
6	9	2

图 12 - 8

3. 函数与方程思想

例3 (上海高考)已知总体的各个个体的值由小到大依次为 2，3，3，7，a，b，12，13.7，18.3，20，且总体的中位数为 10.5，若要使该总体的方差最小，则 a、b 的取值分别是______.

解析 由定义入手，构建目标函数，然后由性质入手，构建不等关系.

$\because$ 总体的个体数是 10，且中位数是 10.5，

$\therefore \frac{a+b}{2}=10.5$，即 $a+b=21$，

$\therefore \frac{1}{10}\times(2+3+3+7+21+12+13.7+18.3+20)=10$，即总体的平均数是 10.

由方差的定义可知，要使总体的方差最

小，只要 $(a-10)^2+(b-10)^2$ 最小，因为

$(a-10)^2+(b-10)^2 \geqslant 2\left(\frac{a+b-20}{2}\right)^2=\frac{1}{2}$，

当且仅当 $a=b=10.5$ 时取“=”，

$\therefore a=b=10.5$.

答案 10.5，10.5.

例4 小李晨练所花的时间（单位：分钟）分别为 $x, y, 30, 29, 31$，已知这组数据的平均数为30，方差为2，则 $|x-y|$ 的值为（　　）.

A. 4　　B. 3　　C. 2　　D. 1

解析 由 $\frac{x+y+30+29+31}{5}=30$，得 $x+y=60$ ①，由 $\frac{1}{5}[(x-30)^2+(y-30)^2+0+1+1]=2$，得 $(x-30)^2+(y-30)^2=8$ ②.

由①②联立，得 $\begin{cases}x=32,\\y=28\end{cases}$ 或 $\begin{cases}x=28,\\y=32.\end{cases}$

$\therefore |x-y|=4$.

答案 A.

背景材料

第一流的数理统计学家——许宝禄

美国斯坦福大学统计系的走廊中，悬挂着许宝禄的画像.《中国大百科全书·数学》称赞：“许宝禄是中国早期从事数理统计学和概率论研究并达到世界先进水平的一位杰出学者.”

许宝禄的祖籍在杭州，1910年9月1日生于北京，1970年12月18日在北京病逝. 他幼时体质虚弱，但聪明好学. 5岁至14岁在家从师读书，11岁就写过两篇文言小说，13岁便能阅读英文的古典文学名著.

1928年他入燕京大学学习化学，1930年转入清华大学攻读数学. 这期间，他立下了“要对人类知识总量有所增添”的抱负，以优异的成绩毕业后，在北京大学数学系任助教. 1936年赴英国留学，在伦敦大学读研究生，同时又在剑桥大学学习，1938年获哲学博士学位，1940年又获科学博士学位.

1940年，许宝禄出于爱国热诚，不畏艰险回到了抗日烽火中的祖国，在昆明西南联大任教. 由于生活十分艰苦，他的身体也日渐衰弱. 但他精心教学，培育人才，并取得了丰硕的研究成果，深受国际数理统计学界的好评. 1945年再次出国，应邀先后在美国泊克利加州大学、哥伦比亚大学和北卡罗来纳大学任访问教授. 他以典型的中国学者的风度、对科学研究工作的高标准要求以及解决困难而具体的数学问题的能力给美国同行留下极为深刻的印象. 他对数理统计与概率论，特别是其中的多元分析、极限分布论、试验设计、矩阵论等方面作出了巨大的贡献.

1947年，他谢绝美国大学方面的挽留，毅然回到祖国，在北京大学任教. 解放后，他以极大的热情投入到了新中国的建设事业当中. 他历任北京大学一级教授、概率统计教研室主任、中国科学院学部委员等职. 20世纪50年代末他身患肺结核、胃病和痔疮等多种疾病，行动已不方便，仍坚持在住所主持讨论班和教研室工作. 1963年他的肺部出现空洞，更是加紧工作，同时领导了数理统计、马氏过程和平稳过程三个讨论班. 当他在简陋的住所溘然长逝时，人们在他的床前看到的是一叠叠的算草纸和一支使用多年的钢笔.

许宝禄逝世时享年仅60岁. 但是他留下

了举世瞩目的学术成就，留下了为我国概率统计学科的建立和发展所开创的业绩，也留下了热爱祖国、献身科学的宝贵精神财富. 1980年和1990年，在他诞辰70周年和80周年时，北京大学举行了全国性的纪念许宝禄学术讨论会，1981年和1983年，科学出版社和Springer-Verlag出版社分别出版了《许宝禄文集》和《许宝禄选集》.

许宝禄的品格、治学态度和求实精神感人至深，体现了中华民族的优秀传统精神.

(1)他身体虚弱，但意志顽强. 许宝禄身高1.76米，体重仅35千克，每天主食只吃100～150克，靠600～700克牛奶维持所需的营养，还竭尽全力为振兴科学而拼命工作. 在重病不能行动时，他还说："我的头脑还很清晰，还可以用脑子为祖国服务."

(2)认真治学，勤奋工作. 他对学生说："你念一本书，就要故意和作者作对，尽量去挑书上的毛病."他的论文总是经过反复推敲，才肯发表. 他常说："我不希望自己的文章在有名的杂志上而出了名，我希望一本杂志因为刊登了我的文章而出名."

(3)敏锐的眼光，求实的精神. 他的看法往往与众不同，这与他具有广博的学识与敏锐的洞察力有关. 他分析问题时，强调要有一种"内视"(insight)的能力. 他说："数学中的抽象能力是重要的，一些问题经过抽象之后，不仅变得简单明了，而且它的实质也更加清楚了."他诚恳地希望学生能超过老师，他说"自古以来，只有做状元的老师是光荣的，做状元的学生是没有什么的."

许宝禄是一位名副其实的、得到广泛承认的、具有世界一流水平的数理统计学家. 他虽然已过早去世了，但他的爱国情操、献身精神和卓越业绩，永远鼓舞着我们为中国的科学事业不懈奋斗！

第十三篇　数学建模

基础知识精析

1. 数学模型

对于现实中的原型，为了某个特定的目的，作出一些必要的简化和假设，运用适当的数学工具得到一个数学结构．也可以说，数学模型是利用数学语言（符号、式子与图象）模拟现实的模型．把现实模型抽象、简化为某种数学结构是数学模型的基本特征．它或者能解释特定现象的现实状态，或者能预测到对象的未来状况，或者能提供处理对象的最优决策．

2. 数学建模(Mathematical Modeling)

把现实世界中的实际问题加以提炼，抽象为数学模型，求出模型的解，验证模型的合理性，并用该数学模型所提供的解答来解释现实问题，我们把数学知识的这一应用过程称为数学建模．

3. 数学建模的几个过程

（1）模型准备：了解问题的实际背景，明确其实际意义，掌握对象的各种信息，用数学语言来描述问题．

（2）模型假设：根据实际对象的特征和建模的目的，对问题进行必要的简化，并用精确的语言提出一些恰当的假设．

（3）模型建立：在假设的基础上，利用适当的数学工具来刻画各变量之间的数学关系，建立相应的数学结构（尽量用简单的数学工具）．

（4）模型求解：利用获取的数据资料，对模型的所有参数做出计算（估计）．

（5）模型分析：对所得的结果进行数学上的分析．

（6）模型检验：将模型分析结果与实际情形进行比较，以此来验证模型的准确性、合理性和适用性．如果模型与实际吻合，那么要对计算结果给出其实际含义，并进行解释；如果模型与实际不吻合，那么应该修改假设，再次重复建模过程．

（7）模型应用：应用方式因问题的性质和建模的目的而异．

4. 求解应用题的一般步骤（四步法）

把实际问题抽象成数学问题的过程，主要包括审题和联想两个步骤：所谓审题是指认真读题，弄清题设和所求结论的实际意义，挖掘隐含条件；所谓联想，是指联想与题目有关的数学知识和数学方法，通过抽象和概括建立数学模型．

（1）读题：读懂并深刻理解题意，将文字语言译为数学语言，找出主要关系；

（2）建模：把主要关系近似化、形式化，抽象成数学问题；

（3）求解：化归为常规问题，选择合适的数学方法求解；

（4）评价：对结果进行验证或评估，对错误加以调节，最后将结果应用于现实，作出解释或验证．

数学建模分类

题型1　函数模型

（1）理解题意，认识问题的实际背景；（2）分析题目中的数量关系，根据题意引入字母（包括常量与变量）；（3）建立函数关系式（抓住目标量及其分量）；（4）将应用问题转化为数学问题求解；（5）检验，求得实际问题的解．常见的函数模型有正比例函数、反比例函数、一次函数、二次函数、指数函数、无理函数及分段函数模型等.

例1 如图 13－1,某河流航线 AC 段长 40 km,工厂 B 位于码头 C 正北方向 30 km 处,原来工厂 B 所需原料需由码头 A 装船沿水路到码头 C 后,再改陆路运到工厂 B,由于水路太长,运费很高,工厂 B 与当地航运局协商在 AC 段上另建一码头 D,并由码头 D 到工厂 B 修一条新公路,原料改为按由 A 到 D 再到 B 的路线运输,设 $|AD|=x$ km$(0\leqslant x\leqslant 40)$,每 10 吨货物总运费为 y 元. 已知每 10 吨货物每千米的运费:水路为 1 元、公路为 2 元.

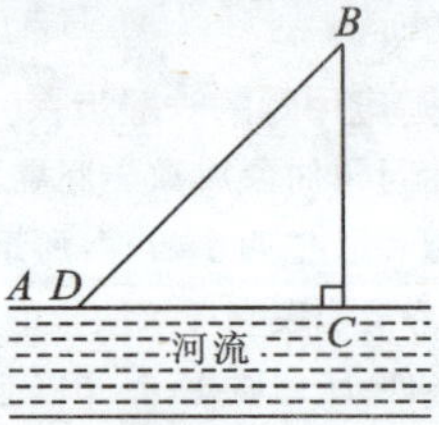

图 13－1

(1)写出 y 关于 x 的函数关系式;

(2)要使运费最省,码头 D 应建在何处?

(3)由于当地航运局要求水路运输不得少于 30 km,而对于工厂 B 来说,每 10 吨货物的总运费不能超过 94 元,试论证一下,码头 D 建在哪一段河岸上,才能使双方都满意.

解 (1)由题意知:

$|BD|=\sqrt{(40-x)^2+30^2}$,

易得每 10 吨货物总运费为:

$y=x+2\sqrt{(40-x)^2+30^2}$, $0\leqslant x\leqslant 40$,

即为 y 关于 x 的函数关系式.

(2)方法一:由(1)得:

$y-x=2\sqrt{(40-x)^2+30^2}$ (*),

两边平方得:$(y-x)^2=4(2\,500-80x+x^2)$,

整理,得 $3x^2-2(160-y)x+10\,000-y^2=0$.

∴ 关于 x 的二元一次方程 $\Delta=4(160-y)^2-4\times3(10\,000-y^2)\geqslant 0$,

解得 $y\geqslant 40+30\sqrt{3}$ 或 $y\leqslant 40-30\sqrt{3}$.

由于 $y>0$,而 $40-30\sqrt{3}<0$,故有 $y\geqslant 40+30\sqrt{3}$,将 $y=40+30\sqrt{3}$ 代入方程(*),得 $x=40-10\sqrt{3}$ 符合 $0\leqslant x\leqslant 40$,所以当 $x=40-10\sqrt{3}$ 时,y 取最小值.

即当码头 D 建在 AC 段上且与 A 相距 $(40-10\sqrt{3})$ km 处时,可使运费最少.

方法二:$y'=1+\dfrac{-2(40-x)}{\sqrt{(40-x)^2+30^2}}$.

由 $y'=0$,解得 $x=40-10\sqrt{3}$ 或 $x=40+10\sqrt{3}$(舍去).

∴ 当 $x=40-10\sqrt{3}$ 时,y 取最小值.

(3)由题意,得 $\begin{cases}x\geqslant 30,\\ y\leqslant 94.\end{cases}$

即 $\begin{cases}x\geqslant 30,\\ x+2\sqrt{(40-x)^2+30^2}\leqslant 94,\end{cases}$

解得 $\begin{cases}30\leqslant x\leqslant 40,\\ 22-4\sqrt{6}\leqslant x\leqslant 22+4\sqrt{6}.\end{cases}$

∴ $30\leqslant x\leqslant 22+4\sqrt{6}$.

即将码头 D 建在与 A 相距 30 km 到 $(22+4\sqrt{6})$ km 的一段河岸上,才可使得双方都满意.

例2 我国是水资源比较贫乏的国家之一,各地采用价格调控的手段来达到节约用水的目的. 某市用水收费的方法是:水费＝基本费＋超额费＋损耗费. 若每月用水量不超过最低限量 a m^3 时,只付基本费 8 元和每户每月定额损耗费 c 元;若用水量超过 a m^3 时,除了付同上的基本费和损耗费外,超过部分付 b 元 /m^3 的超额费. 已知每户每月的定额损耗费不超过 5 元.

该市某家庭今年第一季度的用水量和支付费用如下表:

月份	用水量(m^3)	水费(元)
1月	9	9
2月	15	19
3月	22	33

试根据上面表格中的数据求 a、b、c 的值.

分析 本题的基本函数关系是"水费 = 基本费 + 超额费 + 损耗费",而水费是一个分段函数,根据题目中给出的三次付费数量可以建立三个方程,从而可以确定数据 a、b、c. 注意在解出结果后要进行检验.

解 设每月用水量为 $x\ \mathrm{m}^3$,支付费用为 y 元,则有 $y=\begin{cases}8+c(0\leqslant x\leqslant a), & ①\\ 8+b(x-a)+c(x>a). & ②\end{cases}$

由题意知 $0<c\leqslant 5$,$\therefore 8<8+c\leqslant 13$.

由表中数据知 2、3 月份的费用均大于 13 元,故用水量 $15\ \mathrm{m}^3$、$22\ \mathrm{m}^3$ 均大于最低限量 $a\ \mathrm{m}^3$,将 $x=15$、$x=22$ 分别代入,得:

$$\begin{cases}19=8+b(15-a)+c,\\ 33=8+b(22-a)+c.\end{cases}$$

$\therefore b=2, 2a=c+19.$ ③

再分析 1 月份的用水量是否超过最低限量,不妨设 $9>a$,将 $x=9$ 代入②,得:

$$9=8+2(9-a)+c,$$

即 $2a=c+17$,这与③矛盾.

$\therefore 9\leqslant a$,1 月份的付款方式应选①式,

则有 $8+c=9$,$c=1$,故 $a=10$,$b=2$,$c=1$.

点拨 利用分段函数来表示变量的关系是应用题常见的一种形式,属于"综合经过抽象加工的各要素之间的数量关系,建立数学模型"的应用题,所涉及的数学知识是利用待定系数法解方程.

例3 某蔬菜基地种植西红柿,由历年市场行情得知,从 2 月 1 日起的 300 天内,西红柿市场售价与上市时间的关系如图 13-2;西红柿的种植成本与上市时间的关系如图 13-3.

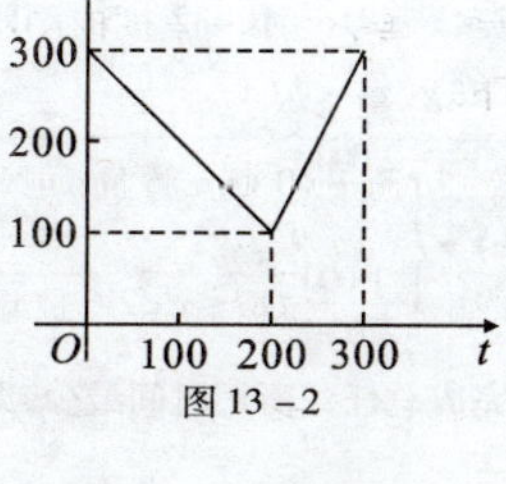

图 13-2

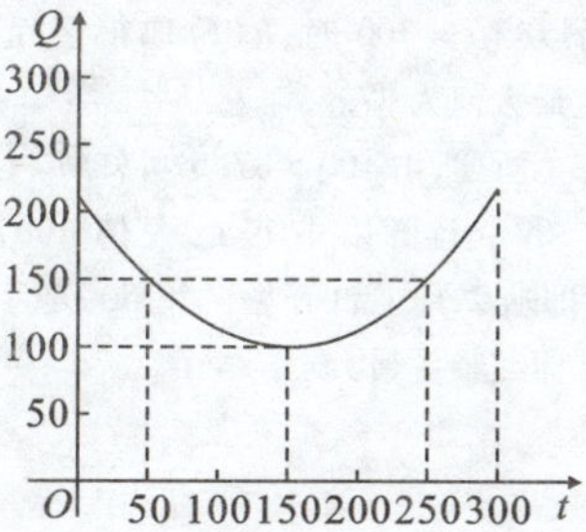

图 13-3

(1) 写出图 13-2 表示的市场售价与上市时间的函数关系式 $P=f(t)$ 和图 13-3 表示的种植成本与上市时间函数关系式 $Q=g(t)$;

(2) 规定市场售价减去种植成本为纯收益,问何时上市的西红柿收益最大.(注:市场售价和种植成本的单位:元/10^2kg,时间单位:天)

解 (1) 由图 13-2 可得市场售价与上市时间的函数关系为:

$$f(t)=\begin{cases}300-t & (0\leqslant t\leqslant 200),\\ 2t-300 & (200<t\leqslant 300).\end{cases}$$

由图 13-3 可得种植成本与上市时间的函数关系为:

$$g(t)=\frac{1}{200}(t-150)^2+100 \quad (0\leqslant t\leqslant 300).$$

(2) 设上市时间为 t 时的纯收益为 $h(t)$,则由题意得 $h(t)=f(t)-g(t)$,即

$$h(t)=\begin{cases}-\frac{1}{200}t^2+\frac{1}{2}t+\frac{175}{2} & (0\leqslant t\leqslant 200),\\ -\frac{1}{200}t^2+\frac{7}{2}t-\frac{1\,025}{2} & (200<t\leqslant 300).\end{cases}$$

当 $0\leqslant t\leqslant 200$ 时,配方整理得:

$$h(t)=-\frac{1}{200}(t-50)^2+100,$$

所以当 $t=50$ 时,$h(t)$ 取得区间 $[0,200]$ 上的最人值为 100;

当 $200<t\leqslant 300$ 时,配方整理得:

$$h(t)=-\frac{1}{200}(t-350)^2+100,$$

所以当 $t=300$ 时，$h(t)$ 取得区间 $(200, 300]$ 上最大值为 87.5.

综上所述，由 $100>87.5$ 可知，$h(t)$ 在区间 $[0,300]$ 上可以取得最大值 100，此时 $t=50$. 即从 2 月 1 日开始的第 50 天时，上市的西红柿纯收益最大.

点拨 从数学知识点上看不过是分段函数、函数减法运算、某个区间上的二次函数最值问题，似乎不难，但本题却是高考试卷中倒数第二题，说明命题者认为是有难度的，难在哪里？难在读懂题意，特别是对题目中函数图象的理解，由此找出相关的函数关系式，这是本题的新意所在，也是难点所在.

例4 某造船公司年最高造船量是 20 艘，已知造船 x 艘的产值函数为 $R(x)=3\,700x+45x^2-10x^3$（单位：万元），成本函数为 $C(x)=460x+5\,000$（单位：万元）. 又在经济学中，函数 $f(x)$ 的边际函数 $Mf(x)$ 定义为：$Mf(x)=f(x+1)-f(x)$.

(1) 求利润函数 $P(x)$ 及边际利润函数 $MP(x)$；（提示：利润＝产值－成本）

(2) 当年造船量安排多少艘时，可使公司造船的年利润最大？

(3) 求边际利润函数 $MP(x)$ 的单调递减区间，并说明单调递减在本题中的实际意义.

解 (1) $P(x)=R(x)-C(x)=-10x^3+45x^2+3\,240x-5\,000$（$x\in\mathbf{N}$ 且 $x\in[1,20]$），

$MP(x)=P(x+1)-P(x)=-30x^2+60x+3\,275$（$x\in\mathbf{N}$ 且 $x\in[1,20]$）.

(2) $P'(x)=-30x^2+90x+3\,240=-30(x+9)(x-12)$（$x\in\mathbf{N}$ 且 $x\in[1,20]$）.

当 $1<x<12$ 时，$P'(x)>0$，$P(x)$ 单调递增，

当 $12<x<20$ 时，$P'(x)<0$，$P(x)$ 单调递减.

$\therefore x=12$ 时，$P(x)$ 取最大值，即年建造 12 艘船时，公司造船的年利润最大.

(3) $\because MP(x)=-30(x-1)^2+3\,305$（$x\in\mathbf{N}$ 且 $x\in[1,20]$），

$\therefore$ 当 $1<x\leqslant 20$ 时，$MP(x)$ 单调递减.

$MP(x)$ 是减函数的实际意义：随着产量的增加，每艘船的利润与前一艘船相比较，利润在减少.

例5 某工厂有 216 名工人接受了生产 1 000台 GH 型高科技产品的总任务，已知每台 GH 型产品由 4 个 G 型装置和 3 个 H 型装置配套组成. 每个工人每小时能加工 6 个 G 型装置或 3 个 H 型装置. 现将工人分成两组同时开始加工，每组分别加工一种装置. 设加工 G 型装置的工人有 x 人，他们加工完 G 型装置所需时间为 $g(x)$，其余工人加工完 H 型装置所需时间为 $h(x)$（单位：h，可不为整数）.

(1) 写出 $g(x)$、$h(x)$ 的解析式；

(2) 比较 $g(x)$ 和 $h(x)$ 的大小，并写出这 216 名工人完成总任务的时间 $f(x)$ 的解析式；

(3) 应怎样分组，才能使完成总任务所用的时间最少？

解 (1) 由题意知，需加工 G 型装置 4 000个，加工 H 型装置 3 000 个，所用工人分别为 x 人、$(216-x)$ 人.

$\therefore g(x)=\dfrac{4\,000}{6x}, h(x)=\dfrac{3\,000}{3\cdot(216-x)}$，

即 $g(x)=\dfrac{2\,000}{3x}, h(x)=\dfrac{1\,000}{216-x}$ $(0<x<216, x\in\mathbf{N}^*)$.

(2) $g(x)-h(x)=\dfrac{2\,000}{3x}-\dfrac{1\,000}{216-x}=\dfrac{1\,000\cdot(432-5x)}{3x(216-x)}$.

$\because 0<x<216$，$\therefore 216-x>0$.

当 $0<x\leqslant 86$ 时，$432-5x>0$，$g(x)-h(x)>0$，故 $g(x)>h(x)$；

当 $87\leqslant x<216$ 时，$432-5x<0$，$g(x)-h(x)<0$，故 $g(x)<h(x)$.

$$\therefore f(x)=\begin{cases}\dfrac{2\,000}{3x}(0<x\leqslant 86 \text{ 且 } x\in\mathbf{N}^*),\\ \dfrac{1\,000}{216-x}(87\leqslant x<216 \text{ 且 } x\in\mathbf{N}^*).\end{cases}$$

(3) 完成总任务所用时间最少，即求 $f(x)$

的最小值.

当 $0<x\leqslant 86$ 时，$f(x)$ 递减，

$\therefore f(x)\geqslant f(86)=\frac{2\ 000}{3\times 86}=\frac{1\ 000}{129}$.

$\therefore f(x)_{\min}=f(86)$，此时 $216-x=130$.

当 $87\leqslant x<216$ 时，$f(x)$ 递增，

$\therefore f(x)\geqslant f(87)=\frac{1\ 000}{216-87}=\frac{1\ 000}{129}$.

$\therefore f(x)_{\min}=f(87)$，此时 $216-x=129$.

$\therefore f(x)_{\min}=f(86)=f(87)=\frac{1\ 000}{129}$.

$\therefore$ 加工 G 型装置、H 型装置的人数分别为 86、130 人或 87、129 人.

题型 2 不等式模型

(1)审题，必要时画出示意图；(2)建立不等式模型，即根据题意找出常量与变量的不等关系；(3)利用不等式的相关知识解题，即将数学模型转化为数学符号或图形符号.

例 6 一艘船由甲地逆水匀速行驶到乙地，甲乙两地相距 s(km)，水速为常量 p(km/h)，船在静水中的最大速度为 q(km/h)，且 $p<q$. 已知船每小时的燃料费用 y(元)与船在静水中速度 v(km/h)的平方成正比，比例系数为 k.

(1)把全程燃料费用 y(元)表示为静水中速度 v(km/h)的函数，并指出其定义域；

(2)为了使全程燃烧费用最小，船的实际前进速度应为多少？

解 (1)由于船每小时航行的燃料费用是 kv^2，全程航行时间为 $\frac{s}{v-p}$，于是全程燃料费用 $y=kv^2\cdot\frac{s}{v-p}$，故所求函数是 $y=ks\cdot\frac{v^2}{v-p}$ $(p<v\leqslant q)$，其定义域是 $v\in(p,q]$.

$$(2)y=ks\cdot\frac{(v^2-p^2)+p^2}{v-p}$$

$$=ks\left[(v+p)+\frac{p^2}{v-p}\right]$$

$$=ks\left(v-p+\frac{p^2}{v-p}+2p\right)$$

$$\geqslant ks\left[2\sqrt{(v-p)\cdot\frac{p^2}{v-p}}+2p\right]=4ksp.$$

其中取“=”的充要条件是 $v-p=\frac{p^2}{v-p}$，即 $v=2p$.

①当 $v=2p\in(p,q]$，即 $2p\leqslant q$ 时，$y_{\min}=f(2p)=4ksp$. 此时，船的前进速度等于 $2p-p=p$(km/h).

②当 $v=2p\notin(p,q]$，即 $2p>q$ 时，任取 v_1、$v_2\in(p,q]$，且 $v_1<v_2$，则有 $p^2-(v_1-p)(v_2-p)>p^2-(q-p)(q-p)=q(2p-q)>0$. 从而

$$y_1-y_2=ks\left[(v_1-v_2)+\left(\frac{p^2}{v_1-p}-\frac{p^2}{v_2-p}\right)\right]=\frac{ks(v_2-v_1)}{(v_1-p)(v_2-p)}[p^2-(v_1-p)(v_2-p)]>0.$$

故函数 y 在区间 $(p,q]$ 内递减，

此时，$y(v)\geqslant y(q)$.

即 $y_{\min}=y(q)=ks\frac{q^2}{q-p}$，

此时，船的前进速度等于 $q-p$. 故为了使全程燃料费用最小，当 $2p\leqslant q$ 时，船的实际前进速度应为 p km/h；当 $2p>q$ 时，船的实际前进速度为 $(q-p)$ km/h.

点拨 在求解函数解析式类的应用题时应有求定义域的意识. 第(2)问实质上有两个要求：其一是要有分类讨论的意识；其二要解决 $2p>q$ 时，何时取最小值.

例 7 如图 13－4，为处理含有某种杂质的污水要制造一底宽为 2 m 的无盖长方体沉淀箱，污水从 A 孔流入，经沉淀后从 B 孔流出. 设箱体的长度为 a m，高为 b m. 已知流出的水中该杂质的质量分数与 a、b 的乘积成反比. 现有制箱材料 60 m^2，问当 a、b 各为多长时，经沉淀后流出的水中该杂质的质量分数最小(A、B 孔的面积忽略不计).

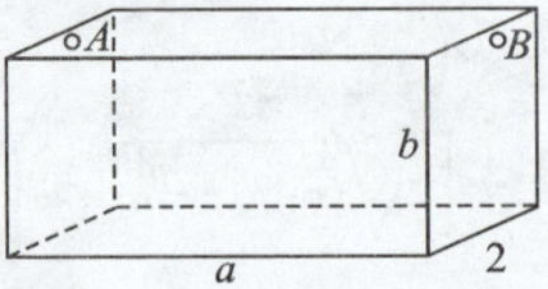

图 13－4

分析 需先建立流出的水中杂质的质量分数的函数关系式，然后求其最小值．

解法一 设 y 为流出的水中杂质的质量分数，则 $y=\frac{k}{ab}$，其中 $k>0$ 为比例系数，依题意，即所求的 a、b 值使 y 值最小．

$\because$ 有 $4b+2ab+2a=60(a>0,b>0)$，

得 $b=\frac{30-a}{2+a}\ (0<a<30)$．

$$y=\frac{k}{ab}=\frac{k}{\frac{30a-a^2}{2+a}}=\frac{k}{-a+32-\frac{64}{a+2}}$$

$$=\frac{k}{34-\left(a+2+\frac{64}{a+2}\right)}$$

$$\geqslant\frac{k}{34-2\sqrt{(a+2)\cdot\frac{64}{a+2}}}=\frac{k}{18}.$$

当 $a+2=\frac{64}{a+2}$ 时取等号，y 达到最小值．

这时 $a=6$ 或 $a=-10$（舍去），得 $b=3$．

$\therefore$ 当 a 为 6 m，b 为 3 m 时，经沉淀后流出的水中该杂质的质量分数最小．

解法二 由 $4b+2ab+2a=60$ 得 $ab+a+2b=30$，

$\therefore b(a+2)+a=30$，

即 $(a+2)(b+1)=32$．

$\therefore (a+2)(2b+2)=64$．

$\because (a+2)+(2b+2)$

$\geqslant 2\sqrt{(a+2)(2b+2)}=16$，

$$\therefore y=\frac{k}{ab}=\frac{k}{30-a-2b}$$

$$=\frac{k}{34-[(a+2)+(2b+2)]}\geqslant\frac{k}{18}.$$

当且仅当 $a+2=2b+2$ 时，y 最小，

则有 $\begin{cases}ab+a+2b=30,\\a=2b.\end{cases}$ 解得 $\begin{cases}a=6,\\b=3.\end{cases}$

解法三 设 y 为流出的水中的杂质的质量分数，则 $y=\frac{k}{ab}\quad(k>0)$．

由 $4b+2ab+2a=60(a>0,b>0)$，

得 $2b+ab+a=30$． ①

$\because a+2b\geqslant 2\sqrt{2ab}$，由①式得

$ab=30-(a+2b)\leqslant 30-2\sqrt{2ab}$，

$\therefore ab+2\sqrt{2}\cdot\sqrt{ab}-30\leqslant 0$． ②

当且仅当 $a=2b$ 时上式取等号．②式为以 $\sqrt{ab}$ 为变量的二次不等式．设 $t=\sqrt{ab}>0$，得 $t^2+2\sqrt{2}\cdot t-30\leqslant 0$，

解得 $-5\sqrt{2}\leqslant t\leqslant 3\sqrt{2}$，

$\because t>0$，

$\therefore 0<t\leqslant 3\sqrt{2}$，即 $0<\sqrt{ab}\leqslant 3\sqrt{2}$．

$\therefore 0<ab\leqslant 18$，即当 $a=2b$ 时，ab 取得最大值，其最大值为 18．

$\therefore 2b^2=18$，解得 $b=3$，$a=6$．

例 8 用一块钢锭铸一个厚度均匀且表面积为 2 m² 的正四棱锥形有盖容器（如图 13－5），设容器的高为 h m，盖子边长为 a m．

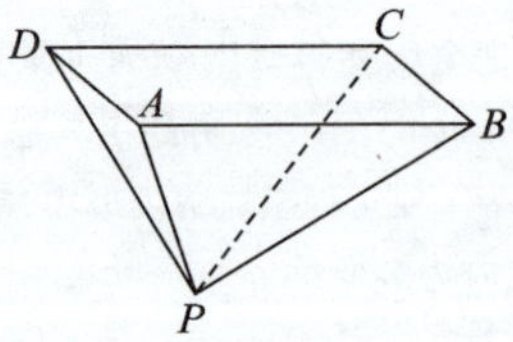

图 13－5

（1）求 a 关于 h 的函数关系式；

（2）设容器的容积为 V m³，则当 h 为何值时，V 最大？求出 V 的最大值．（求解本题时，不计容器的厚度）

分析 由正四棱锥的性质：高、斜高及相应的边心距构成直角三角形，易得 a 与 h 的函数关系式．

解 （1）设 h' 为正四棱锥的斜高，

由已知得$\begin{cases}a^2+4\cdot\frac{1}{2}h'a=2,\\ h^2+\frac{1}{4}a^2=h'^2.\end{cases}$

解得 $a=\frac{1}{\sqrt{h^2+1}}$ $(h>0)$.

(2) $V=\frac{1}{3}ha^2=\frac{h}{3(h^2+1)}$

$=\frac{1}{3\left(h+\frac{1}{h}\right)}(h>0)$,

因为 $h+\frac{1}{h}\geqslant 2\sqrt{h\cdot\frac{1}{h}}=2$,所以 $V\leqslant\frac{1}{6}$. 当且仅当 $h=\frac{1}{h}$,即 $h=1$ 时取得"=".

故当 $h=1$ m 时,V 有最大值,V 的最大值为$\frac{1}{6}$ m^3.

题型3 建立方程模型

建立方程模型解应用题时,往往会突破建立的仅仅是二次(或一次)方程(组)这一限制.

例9 英国物理学家、数学家牛顿曾指出了物体在常温下温度变化的冷却模型. 如果物体的初始温度为 Q_1,环境温度为 Q_0,则经过时间 t 后,物体的温度 Q 满足:

$$Q=Q_0+(Q_1-Q_0)e^{-kt}.$$

这里 k 是一个随着物体与环境的接触状况有关的正的常数,e 是自然对数的底数. 如图 13-6,是某同学在研究物体温度Q(℃)随时间 t(min)变化时画出的图象.

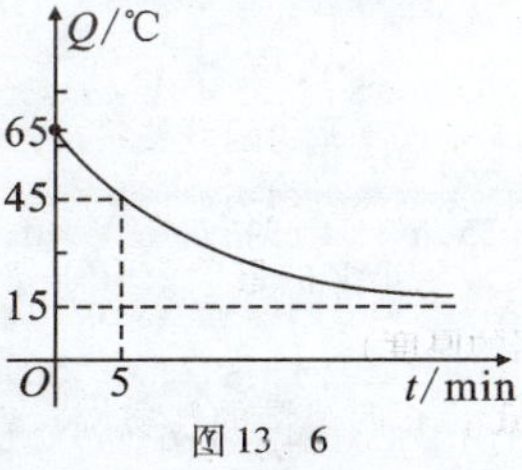

图 13-6

(1)求 $Q=Q(t)$ 的解析式;

(2)开始冷却后多长时间物体温度是25.8 ℃?

解 (1)由题意得 $Q_0=15$,$Q_1=65$,于是 $Q=15+50e^{-kt}$.

又 $45=15+50e^{-5k}$,

从而 $k=-\ln\left(\frac{3}{5}\right)^{\frac{1}{5}}$,

所以 $Q=15+50\left(\frac{3}{5}\right)^{\frac{t}{5}}$ $(t\geqslant 0)$.

(2)把 $Q=25.8$ 代入上式,

得$\left(\frac{3}{5}\right)^{\frac{t}{5}}=\frac{27}{125}$.

所以 $t=15$(min).

答:开始冷却后 15 min 物体的温度是25.8 ℃.

题型4 建立导数模型

建立导数模型可解决生活中的优化问题,其一般步骤如下:(1)分析实际问题中各量之间的关系,列出实际问题的数学模型,写出实际问题中变量之间的函数关系 $y=f(x)$;(2)求函数的导数$f'(x)$,解方程$f'(x)=0$;(3)比较函数在区间端点和使 $f'(x)=0$ 的点的数值的大小,最大(小)者为最大(小)值.

例10 有甲、乙两个工厂,甲厂位于一直线河岸的岸边 A 处,乙厂与甲厂在河的同侧,乙厂位于离河岸40 km 的 B 处,乙厂到河岸的垂足 D 与 A 相距 50 km,两厂要在此岸边合建一个供水站 C,从供水站到甲厂和乙厂的水管费用分别为每千米 $3a$ 元和 $5a$ 元,问供水站 C 建在何处才能使水管费用最省.

分析 根据题设建立数学模型,借助图象寻找各条件间的联系,适当选定变元,构造相应的函数关系,通过求导和其他方法求出最值.

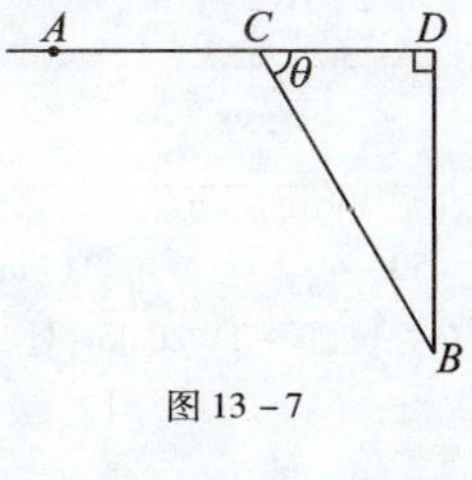

图 13-7

解法一 如图 13－7，根据题意知，只有点 C 在线段 AD 上某一适当位置，才能使总运费最省，设 C 点距 D 点 x km，则有：

$\because BD=40, AC=50-x$,

$\therefore BC=\sqrt{BD^2+CD^2}=\sqrt{x^2+40^2}$.

又设总的水管费用为 y 元，依题意，得：

$y=3a(50-x)+5a\sqrt{x^2+40^2}\ (0<x<50)$,

$$y'=-3a+\frac{5ax}{\sqrt{x^2+40^2}}.$$

令 $y'=0$，解得 $x=30$（$x=-30$ 舍去）.

在 $(0,50)$ 上，y 只有一个极值点，根据实际问题的意义，函数在 $x=30$ km 处取得最小值，此时 $AC=50-x=20$(km).

$\therefore$ 供水站建在 A、D 之间距甲厂 20 km 处，可使水管费用最省．

解法二 如图 13－7，设 $\angle BCD=\theta$，则 $BC=\frac{40}{\sin\theta}$，$CD=40\cdot\cot\theta\left(0<\theta<\frac{\pi}{2}\right)$，

$\therefore AC=50-40\cdot\cot\theta$.

设总的水管费用为 $f(\theta)$，依题意，则有：

$$f(\theta)=3a(50-40\cdot\cot\theta)+5a\cdot\frac{40}{\sin\theta}$$

$$=150a+40a\frac{5-3\cos\theta}{\sin\theta},$$

$$\therefore f'(\theta)=40a\cdot\frac{1}{\sin^2\theta}\cdot[3\sin\theta\sin\theta-(5-3\cos\theta)\cos\theta]=40a\cdot\frac{3-5\cos\theta}{\sin^2\theta}.$$

令 $f'(\theta)=0$，得 $\cos\theta=\frac{3}{5}$．

根据问题的实际意义，当 $\cos\theta=\frac{3}{5}$ 时，函数取得最小值，此时 $\sin\theta=\frac{4}{5}$，

$\therefore \cot\theta=\frac{3}{4}$，

$\therefore AC=50-40\cdot\cot\theta=20$(km)，即供水站建在 A、D 之间距甲厂 20 km 处，可使水管费用最省．

例 11 某商店经营一种奥运会纪念品，每件产品的成本为 30 元，并且每卖出一件产品需向税务部门上交 a 元（a 为常数，$2\leqslant a\leqslant 5$）的税收. 设每件产品的日售价为 x 元（$35\leqslant x\leqslant 41$），根据市场调查，日销售量与 e^x（e 为自然对数的底数）成反比例. 已知每件产品的日售价为 40 元时，日销售量为 10 件.

(1) 求该商店的日利润 $L(x)$ 元与每件产品的日售价 x 元的函数关系式；

(2) 当每件产品的日售价为多少元时，该商店的日利润 $L(x)$ 最大，并求出 $L(x)$ 的最大值.

解 (1) 设日销售量为 $\frac{k}{e^x}$，则 $\frac{k}{e^{40}}=10$，

$\therefore k=10e^{40}$，则日销售量为 $\frac{10e^{40}}{e^x}$ 件.

日售价为 x 元时，每件利润为 $(x-30-a)$ 元，则日利润为：

$$L(x)=(x-30-a)\frac{10e^{40}}{e^x}=10e^{40}\cdot\frac{x-30-a}{e^x}.$$

$$(2)\ L'(x)=10e^{40}\cdot\frac{e^x-(x-30-a)e^x}{(e^x)^2}$$

$$=10e^{40}\cdot\frac{31+a-x}{e^x}.$$

①当 $2\leqslant a\leqslant 4$ 时，$33\leqslant 31+a\leqslant 35$，当 $35<x<41$ 时，$L'(x)<0$，

$\therefore L(x)$ 在 $(35,41)$ 上是单调递减函数.

$\because L(x)$ 在 $[35,41]$ 上连续，

$\therefore$ 当 $x=35$ 时，$L(x)$ 取得最大值为 $10(5-a)e^5$.

②当 $4<a\leqslant 5$ 时，$35<31+a\leqslant 36$，

令 $L'(x)=0$，得 $x=a+31$，

$x\in(35,a+31)$ 时，$L'(x)>0$，$L(x)$ 在 $(35,a+31)$ 上是单调递增函数；

$x\in(a+31,41)$ 时，$L'(x)<0$，$L(x)$ 在 $(a+31,41)$ 上是单调递减函数.

$\because L(x)$ 在 $[35,41]$ 上连续，

$\therefore$ 当 $x=a+31$ 时，$L(x)$ 取得最大值为 $10e^{9-a}$.

由①②知，

$$L(x)_{max}=\begin{cases}10(5-a)e^5\ (2\leqslant a\leqslant 4),\\10e^{9-a}(4<a\leqslant 5).\end{cases}$$

例 12 如图 13－8，AB 是沿太湖南北方向的道路，P 为太湖中观光岛屿，Q 为停车场，$PQ=5.2$ km. 某旅游团游览完岛屿后，乘游船回停车场 Q，已知游船以 13 km/h 的速度沿方位角 θ 的方向行驶，$\sin\theta=\frac{5}{13}$. 游船离开观光岛屿 3 min 后，因事耽搁没有来得及登上游船的游客甲为了及时赶到停车地点 Q 与旅游团会合，决定立即租用小船先到达湖滨大道 M 处，然后乘出租汽车到点 Q（设游客甲到达湖滨大道后立即乘到出租车）. 假设游客甲乘小船行驶的方向是方位角 α，出租汽车的速度为 66 km/h.

(1) 设 $\sin\alpha=\frac{4}{5}$，问小船的速度为多少时，游客甲才能和游船同时到达停车场；

(2) 设小船速度为 10 km/h，请你替游客甲设计小船行驶的方位角 α，当角 α 的余弦值为多少时，游客甲能按计划以最短的时间到达停车场？

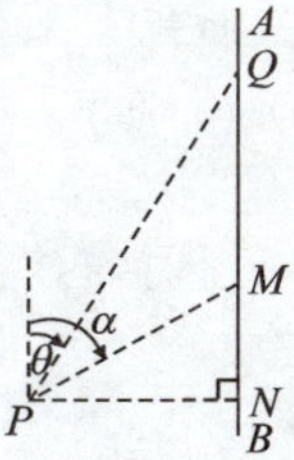

图 13－8

解 (1) 作 $PN\perp AB$，N 为垂足.

$\angle PQM=\theta$，$\angle PMQ=\pi-\alpha$，$\sin\theta=\frac{5}{13}$，$\sin\alpha=\frac{4}{5}$，

在 Rt△PNQ 中，

$PN=PQ\sin\theta=5.2\times\frac{5}{13}=2$(km)，

$QN=PQ\cos\theta=5.2\times\frac{12}{13}=4.8$(km).

在 Rt△PNM 中，$PM=\frac{PN}{\sin\alpha}=\frac{2}{\frac{4}{5}}=2.5$(km). $MN=\frac{PN}{\tan\alpha}=\frac{2}{\frac{4}{3}}=1.5$(km).

$MQ=QN-MN=4.8-1.5=3.3$(km).

设游船从 P 到 Q 所用时间为 t_1 h，游客甲从 P 经 M 到 Q 所用时间为 t_2 h，小船的速度为 v_1 km/h，则有：

$t_1=\frac{PQ}{13}=\frac{5.2}{13}=\frac{2}{5}$(h)，

$t_2=\frac{PM}{v_1}+\frac{MQ}{66}=\frac{2.5}{v_1}+\frac{3.3}{66}=\left(\frac{5}{2v_1}+\frac{1}{20}\right)$(h).

由已知得 $t_2+\frac{1}{20}=t_1$，即 $\frac{5}{2v_1}+\frac{1}{20}+\frac{1}{20}=\frac{2}{5}$，解得 $v_1=\frac{25}{3}$.

∴ 当小船的速度为 $\frac{25}{3}$ km/h 时，游客甲才能和游船同时到达停车场.

(2) 在 Rt△PMN 中，

$PM=\frac{PN}{\sin\alpha}=\frac{2}{\sin\alpha}$(km)，

$MN=\frac{PN}{\tan\alpha}=\frac{2\cos\alpha}{\sin\alpha}$(km).

∴ $QM=QN-MN=\left(4.8-\frac{2\cos\alpha}{\sin\alpha}\right)$(km).

∴ $t=\frac{PM}{10}+\frac{QM}{66}=\frac{1}{5\sin\alpha}+\frac{4}{55}-\frac{\cos\alpha}{33\sin\alpha}=\frac{1}{165}\times\frac{33-5\cos\alpha}{\sin\alpha}+\frac{4}{55}$.

∵ $t'=\frac{1}{165}\times\frac{5\sin^2\alpha-(33-5\cos\alpha)\cos\alpha}{\sin^2\alpha}$

$=\frac{5-33\cos\alpha}{165\sin^2\alpha}$，

∴ 令 $t'=0$ 得 $\cos\alpha=\frac{5}{33}$；

当 $\cos\alpha<\frac{5}{33}$ 时，$t'>0$；

当 $\cos\alpha > \frac{5}{33}$ 时，$t' < 0$.

$\because \cos\alpha$ 在 $\alpha \in \left(0, \frac{\pi}{2}\right)$ 上是减函数，

$\therefore$ 当方位角 α 满足 $\cos\alpha = \frac{5}{33}$ 时，t 最小，即游客甲能按计划以最短时间到达停车场.

题型5 建立三角函数模型

建立三角函数模型，解决实际问题的关键是理解各种应用问题中的有关名词、术语，画出图形，将实际问题转化成解三角形的问题求解. 对于较复杂的解三角形问题，一般要综合应用正弦定理、余弦定理、勾股定理等.

例13 为了测量上海东方明珠塔的高度，某人站在 A 处测得塔尖的仰角为 $75.5°$，前进 38.5 m 后，到达 B 处测得塔尖的仰角为 $80°$，试计算东方明珠塔的高度（精确到 1 m）.

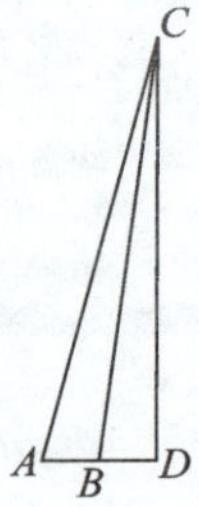

图 13－9

分析 画出图形如图 13－9，在 $\triangle ABC$ 中，由于可以求出三角形的内角，则可由正弦定理求出 BC. 再在 $\triangle ADC$ 中，求出 CD 的长.

解 如图 13－9，塔高为 CD，

$\angle CAD = 75.5°$，$\angle CBD = 80°$，

$\therefore \angle ACB = 4.5°$.

在 $\triangle ABC$ 中，

由正弦定理得 $\frac{AB}{\sin\angle ACB} = \frac{BC}{\sin A}$.

$\therefore BC = \frac{AB}{\sin\angle ACB} \cdot \sin A$

$= \frac{38.5}{\sin 4.5°} \times \sin 75.5°$.

$CD = BC \times \sin 80°$

$= \frac{38.5}{\sin 4.5°} \times \sin 75.5° \times \sin 80°$

≈ 468 (m).

答：东方明珠塔的高度约为 468 m.

点拨 测量高度要通过在高度与地面垂直的竖直平面内构造三角形，把测量的角和距离归结到三角形内，通过解三角形求出高度.

例14 已知海岛 A 四周 8 n mile 内有暗礁，今有一货轮从西向东航行，在 B 处望见 A 岛在北偏东 $75°$ 方向上，航行 $20\sqrt{2}$ n mile 后到 C 处，见此岛在北偏东 $30°$ 方向上，若货轮不改变航向继续前进，问有无触礁危险.

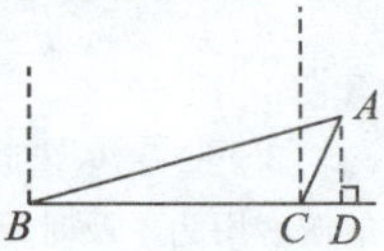

图 13－10

分析 画出图形如图 13－10，过 A 作 $AD \perp BC$ 于 D，在 $\triangle ABC$ 中，可以求出三角形的内角，应用正弦定理求出 AB，再在 $\text{Rt}\triangle ABD$ 中，求出 AD.

解 如图 13－10，过 A 作 $AD \perp BC$，垂足为 D，由题意知在 $\triangle ABC$ 中，$\angle ABC = 90° - 75° = 15°$，$\angle ACB = 30° + 90° = 120°$，$BC = 20\sqrt{2}$，则 $\angle BAC = 180° - 15° - 120° = 45°$.

由正弦定理得 $\frac{AB}{\sin\angle ACB} = \frac{BC}{\sin\angle BAC}$，

$\therefore AB = \frac{BC}{\sin\angle BAC} \cdot \sin\angle ACB$

$= \frac{20\sqrt{2} \times \sin 120°}{\sin 45°}$

$= 20\sqrt{3}$ (n mile).

$\therefore AD = AB\sin 15° = 20\sqrt{3} \times \sin 15°$

≈ 8.97 (n mile) > 8 n mile,

故无触礁危险.

点拨 正确画出符合题意的示意图，然后将问题转化为解三角形的问题，即将实际问题转化为“数学模型”，这是解决此类问题的关键所在.

例15 如图 13－11，半圆 O 的直径为 2，A 为直径延长线上的一点，$OA = 2$，B 为半圆上任意一点，以 AB 为一边作等边三角形 ABC. 问：点 B 在什么位置时，四边形 $OACB$ 的面积最大？

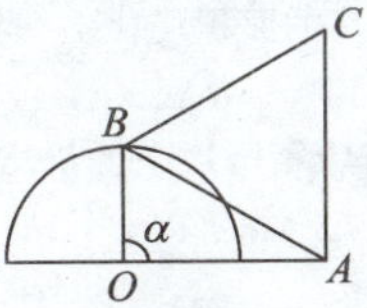

图 13－11

分析 要求四边形 $OACB$ 面积的最大值，首先需要建立一个面积函数，四边形的面积由点 B 的位置唯一确定，而点 B 由 $\angle AOB$ 唯一确定，因此可设 $\angle AOB=\alpha$，四边形 $OACB$ 可以分成 $\triangle AOB$ 与等边三角形 ABC.

解 设 $\angle AOB=\alpha$. 在 $\triangle AOB$ 中，由余弦定理，得 $AB^2=1^2+2^2-2\times1\times2\cos\alpha=5-4\cos\alpha$.

于是，四边形 $OACB$ 的面积为：

$$S=S_{\triangle AOB}+S_{\triangle ABC}$$

$$=\frac{1}{2}OA\cdot OB\sin\alpha+\frac{\sqrt{3}}{4}AB^2$$

$$=\frac{1}{2}\times2\times1\times\sin\alpha+\frac{\sqrt{3}}{4}(5-4\cos\alpha)$$

$$=\sin\alpha-\sqrt{3}\cos\alpha+\frac{5}{4}\sqrt{3}$$

$$=2\sin\left(\alpha-\frac{\pi}{3}\right)+\frac{5}{4}\sqrt{3}.$$

$\because 0<\alpha<\pi$,

$\therefore$ 当 $\alpha-\frac{\pi}{3}=\frac{\pi}{2}$ 时，$\alpha=\frac{5}{6}\pi$，即 $\angle AOB=\frac{5}{6}\pi$ 时，四边形 $OACB$ 的面积最大.

题型 6 建立数列模型

此类题的解法一般是根据题设条件，建立目标函数关系（即等差或等比数列模型），然后利用相关的数列知识定型解模. 解模的关键是判断是等差数列还是等比数列，确定首项、公差（比）以及项数各是什么，并能分清 a_n、S_n，然后才能选择合适的方法求解.

例 16 从社会效益和经济效益出发，某地投入资金进行生态环境建设，并以此发展旅游产业，根据规划，本年度投入 800 万元，以后每年投入将比上年减少 $\frac{1}{5}$. 本年度旅游业收入估计为 400 万元，由于该项建设对旅游业的促进作用，预计今后的旅游业收入每年会比上年增加 $\frac{1}{4}$.

(1) 设 n 年内（本年度为第 1 年）总投入为 a_n 万元，旅游业总收入为 b_n 万元，写出 a_n、b_n 的表达式；

(2) 至少经过几年，旅游业的总收入才能超过总投入？

解 (1) 第 1 年投入为 800 万元，

第 2 年投入为 $800\times\left(1-\frac{1}{5}\right)$ 万元

……

第 n 年投入为 $800\times\left(1-\frac{1}{5}\right)^{n-1}$ 万元.

所以，n 年内的总收入为 $a_n=800+800\times\left(1-\frac{1}{5}\right)+\cdots+800\times\left(1-\frac{1}{5}\right)^{n-1}=4\,000\times\left[1-\left(\frac{4}{5}\right)^n\right]$；

第 1 年旅游业收入为 400 万元，

第 2 年旅游业收入为 $400\times\left(1+\frac{1}{4}\right)$ 万元，

……

第 n 年旅游业收入为 $400\times\left(1+\frac{1}{4}\right)^{n-1}$ 万元.

所以，n 年内旅游业总收入为 $b_n=400+400\times\left(1+\frac{1}{4}\right)+\cdots+400\times\left(1+\frac{1}{4}\right)^{n-1}=1\,600\times\left[\left(\frac{5}{4}\right)^n-1\right]$.

(2) 设至少经过 n 年旅游业的总收入才能超过总投入，由此得 $b_n-a_n>0$，

即 $1\,600\times\left[\left(\frac{5}{4}\right)^n-1\right]-4\,000\times\left[1-\left(\frac{4}{5}\right)^n\right]>0.$

化简，得 $5\times\left(\frac{4}{5}\right)^n+2\times\left(\frac{5}{4}\right)^n-7>0$.

设 $x=\left(\frac{4}{5}\right)^n$，

代入上式，得 $5x^2-7x+2>0$.

解此不等式，得 $x<\frac{2}{5}$，$x>1$（舍去），

即 $\left(\frac{4}{5}\right)^n<\frac{2}{5}$，由此得 $n\geqslant 5$.

故经过5年旅游业的总收入才能超过总投入.

例17 从5月1日开始，联合国救援组织向遭海啸的难民运送食品，第一天运1 000 t，以后每天增加100 t，日运送食品达到最大量后，逐日递减100 t，使全月运送总量为59 300 t，那么在哪一天达到运送食品的最大量，最大量是多少？

分析 在日运送量达到最大值之前每天运送量依次组成一个等差数列，其公差为100，之后每天运送量依次组成另一个等差数列，其公差为 -100.

解 设5月 k 日运送食品达到最大量 $(1<k<31)$，则由题意得5月1日到5月 k 日，每天运送量构成一个以1 000为首项，公差为100的等差数列，$S_k=1\ 000k+\frac{k(k-1)}{2}\cdot 100=50k^2+950k$.

设5月 k 日至5月31日，每日运送量依次组成另一个等差数列，其首项为：

$b_1=a_k-100=[1\ 000+(k-1)\cdot 100]-100=100k+800$，

公差 $d'=-100$，项数为 $(31-k)$，

$\therefore S_{31-k}=(31-k)\cdot(100k+800)+\frac{1}{2}\cdot(31-k)\cdot(30-k)\cdot(-100)=-150k^2+5\ 350k-21\ 700$.

由 $S_k+S_{31-k}=59\ 300$，得 $k^2-63k+810=0$.

解得 $k=18$ 或 $k=45$（舍去），

当 $k=18$ 时，$a_k=1\ 000+(18-1)\times 100=2\ 700$（t）.

答：在5月18日达到运送食品的最大量，最大量为2 700 t.

例18 假设某市2008年新建住房400万平方米，其中有250万平方米是中低价房. 预计在今后的若干年内，该市每年新建住房面积平均比上一年增长8%. 另外，每年新建住房中，中低价房的面积均比上一年增加50万平方米. 那么到哪一年底：

(1)该市历年所建中低价房的累计面积（以2008年为累计的第一年）将首次不少于4 750万平方米？

(2)当年建造的中低价房的面积占该年建造住房面积的比例首次大于85%？

分析 由题意知，每年所建中低价房的面积是等差数列，而每年的建房面积则为等比数列，第(1)问求和，第(2)问解不等式.

解 (1)设中低价房面积形成数列 $\{a_n\}$，由题意可知 $\{a_n\}$ 是等差数列. 其中 $a_1=250$，$d=50$. 则 $S_n=250n+\frac{n(n-1)}{2}\times 50=25n^2+225n$，令 $25n^2+225n\geqslant 4\ 750$，即 $n^2+9n-190\geqslant 0$，而 n 是正整数，

$\therefore n\geqslant 10$（$n\leqslant -19$ 舍去），即 $n=10$. $\therefore$ 到2017年年底，该市历年所建中低价房的累计面积将首次不少于4 750万平方米.

(2)设新建住房面积形成数列 $\{b_n\}$，由题意可知 $\{b_n\}$ 是等比数列.

其中 $b_1=400$，$q=1.08$.

则 $b_n=400\times(1.08)^{n-1}$，

由题意可知，$a_n>0.85b_n$，有 $250+(n-1)\times 50>400\times(1.08)^{n-1}\times 0.85$.

由计算器解得满足上述不等式的最小正整数 $n=6$.

$\therefore$ 到2013年年底，当年建造的中低价房的面积占该年建造住房面积的比例首次大于85%.

例19 自然状态下的鱼类是一种可再生的资源，为持续利用这一资源，需从宏观上考察其再生能力及捕捞强度对鱼群总量的影响. 用 x_n 表示某鱼群在第 n 年年初的总量（$n\in\mathbf{N}^*$，且 $x>0$），不考虑其他因素，设在第 n 年内鱼群的繁殖量及被捕捞量都与 x_n 成正比，死亡量与 x_n^2 成正比，这些比例系数依次为实数 a、b、c.

(1)求 x_{n+1} 与 x_n 的关系式；

(2)猜测：当且仅当 x_1、a、b、c 满足什么条

件时,每年年初鱼群的总量保持不变?(不要求证明)

(3)设 $a=2,c=1$,为保证对任意 $x_1\in(0,2)$,都有 $x_n>0(n\in\mathbf{N}^*)$,则捕捞强度 b 的最大允许值是多少?证明你的结论.

解 (1)从第 n 年年初到第 $(n+1)$ 年年初,鱼群的繁殖量为 ax_n,被捕捞量为 bx_n,死亡量为 cx_n^2,

$\therefore x_{n+1}-x_n=ax_n-bx_n-cx_n^2,n\in\mathbf{N}^*,(*)$

即 $x_{n+1}=x_n(a-b-cx_n+1),n\in\mathbf{N}^*$.

(2)若每年年初鱼群总量保持不变,则 x_n 恒等于 $x_1,n\in\mathbf{N}^*$.

从而由$(*)$式,得 $x_n(a-b-cx_n)$ 恒等于 $0,n\in\mathbf{N}^*$,

$\therefore a-b-cx_1=0$,即 $x_1=\dfrac{a-b}{c}$.

$\because x_1>0,\therefore a>b$.

猜测:当且仅当 $a>b$,且 $x_1=\dfrac{a-b}{c}$ 时,每年年初鱼群总量保持不变.

(3)若 b 的值使得 $x_n>0,n\in\mathbf{N}^*$.

由 $x_{n+1}=x_n(3-b-x_n),n\in\mathbf{N}^*$,知 $0<x_n<3-b,n\in\mathbf{N}^*$,

特别地 $0<x_1<3-b$,即 $0<b<3-x_1$.

而 $x_1\in(0,2),\therefore b\in(0,1]$.

由此猜测 b 的最大允许值是1.

下面证明当 $x_1\in(0,2),b=1$ 时,都有 $x_n\in(0,2),n\in\mathbf{N}^*$.

①当 $n=1$ 时,结论显然成立.

②假设当 $n=k$ 时,结论成立,即 $x_k\in(0,2)$,则当 $n=k+1$ 时,$x_{k+1}=x_k(2-x_k)>0$,

又$\because x_{k+1}=x_k(2-x_k)=-(x_k-1)^2+1\leqslant1<2$.

$\therefore x_{k+1}\in(0,2)$,故当 $n=k+1$ 时结论也成立.

由①②可知,对任意的 $n\in\mathbf{N}^*$,都有 $x_n\in(0,2)$.

综上所述,为保证对任意 $x_1\in(0,2)$都有 $x_n>0,n\in\mathbf{N}^*$,则捕捞强度 b 的最大允许值是1.

题型7 建立几何模型

现实生活中涉及几何图形及几何特征的应用题,常需利用图形的几何性质,建立相应的几何模型(平面几何、立体几何、解析几何),再与方程、不等式、三角函数等知识方法结合求解.

例20 某人在一山坡 P 处观看山顶上的一座铁塔,如图13-12,塔高 $BC=80$ m,塔所在的山高 $OB=220$ m,$OA=200$ m,图中的山坡可视为直线 l 且点 P 在直线 l 上,l 与水平地面的夹角为 α,$\tan\alpha=\dfrac{1}{2}$. 试问此人距水平地面多高时,观看塔的视角 $\angle BPC$ 最大.(不计此人的身高)

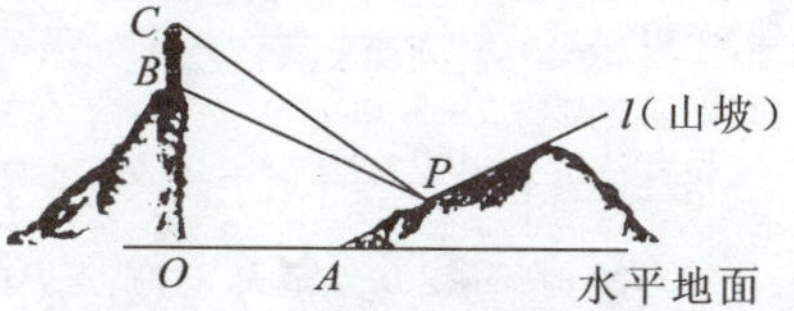

图13-12

解 如图13-13,建立平面直角坐标系,则 $A(200,0),B(0,220),C(0,300)$. 直线 l 的方程为 $y=(x-200)\tan\alpha$,即 $y=\dfrac{x-200}{2}$.

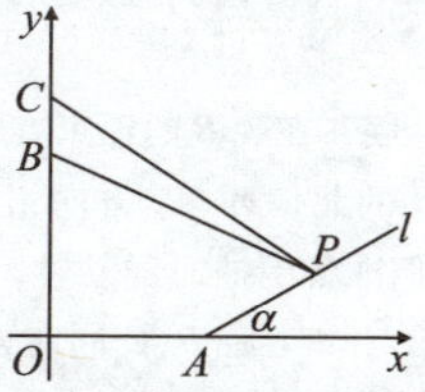

图13-13

设点 P 的坐标为(x,y),则$P\left(x,\dfrac{x-200}{2}\right)$ $(x>200)$.

由经过两点的直线的斜率公式得:

$$k_{PC}=\frac{\frac{x-200}{2}-300}{x}=\frac{x-800}{2x},$$

$$k_{PB}=\frac{\frac{x-200}{2}-220}{x}=\frac{x-640}{2x}.$$

由直线 PC 到直线 PB 的角的公式得：

$$\tan\angle BPC=\frac{k_{PB}-k_{PC}}{1+k_{PB}\cdot k_{PC}}$$

$$=\frac{\frac{160}{2x}}{1+\frac{x-800}{2x}\cdot\frac{x-640}{2x}}$$

$$=\frac{64x}{x^2-288x+160\times 640}$$

$$=\frac{64}{x+\frac{160\times 640}{x}-288}\ (x>200).$$

要使 $\tan\angle BPC$ 达到最大，只需 $x+\frac{160\times 640}{x}-288$ 达到最小，由均值不等式 $x+\frac{160\times 640}{x}-288\geqslant 2\sqrt{160\times 640}-288$，

当且仅当 $x=\frac{160\times 640}{x}$ 时上式取得等号，故当 $x=320$ 时，$\tan\angle BPC$ 最大. 这时，点 P 的纵坐标 $y=\frac{320-200}{2}=60$.

由此实际问题知，$0<\angle BPC<\frac{\pi}{2}$，所以 $\tan\angle BPC$ 最大时，$\angle BPC$ 最大. 故当此人距水平地面 60 m 高时，观看铁塔的视角 $\angle BPC$ 最大.

例21 舰 A 在舰 B 的正东方向 6 km 处，舰 C 在舰 B 的北偏西 30°方向，且与 B 相距 4 km处，它们准备围捕海洋动物，某时刻舰 A 发现动物信号，4 s 后 B、C 同时发现这种信号，设舰与动物均为静止的，动物的信号的传播速度是1 km/s，试确定海洋动物的位置.

解 如图 13－14，取 BA 所在直线为 x 轴，线段 AB 的中点 O 为原点，建立平面直角坐标系，易知 A、B、C 三点的坐标分别为 $(3,0)$、$(-3,0)$、$(-5,2\sqrt{3})$，设动物所在位置为 P，由于 B、C 同时发现动物信号，则有 $|PB|=|PC|$，于是 P 在线段 BC 的中垂线上，

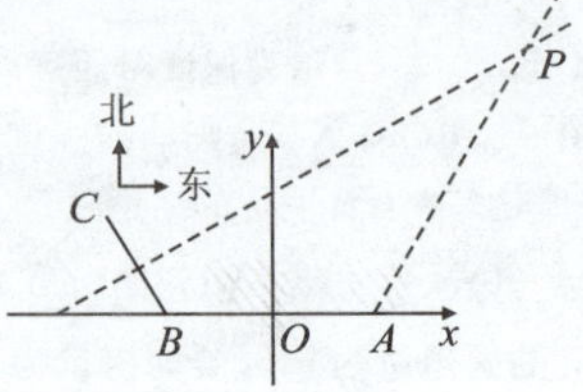

图 13－14

其方程为 $\sqrt{3}x-3y+7\sqrt{3}=0$.

又由于 A、B 两舰发现动物信号时间差为 4 s，知 $|PB|-|PA|=4$.

于是点 P 在双曲线 $\frac{x^2}{4}-\frac{y^2}{5}=1$ 的右支上.

解方程组 $\begin{cases}\sqrt{3}x-3y+7\sqrt{3}=0,\\ \frac{x^2}{4}-\frac{y^2}{5}=1,\end{cases}$

得直线与双曲线的交点为 $P(8,5\sqrt{3})$.

$\therefore |AP|=10$，$\angle PAx=60°$.

因此，海洋动物的位置在舰 A 的北偏东 30°方向上，且离 A 舰 10 km 处.

例22 如图 13－15，$\triangle ABC$ 是一遮阳栅，点 A、B 是地面上南北方向的两个定点，正西方向射出的太阳（用点 O 表示）光线 OCD 与地面所成的角为 θ.

(1) 遮阳栅与地面成多少度角时，才能使遮影 $\triangle ABD$ 的面积最大？

(2) 当 $AB=5$，$BC=4$，$CA=3$，$\theta=30°$时，求出遮影 $\triangle ABD$ 的最大面积.

分析 遮阳栅 $\triangle ABC$ 的形状和大小是确定的，本题的实质是求当二面角 $C\text{-}AB\text{-}D$ 的大小为多少度时，遮影 $\triangle ABD$ 的面积最大. 我们可以先作出二面角 $C\text{-}AB\text{-}D$ 的平面角以及光线 OCD 与地面所成的角 θ，显然，要使遮影 $\triangle ABD$ 的面积最大，由于 AB 的长为定值，所以只需 AB 边上的高最大即可.

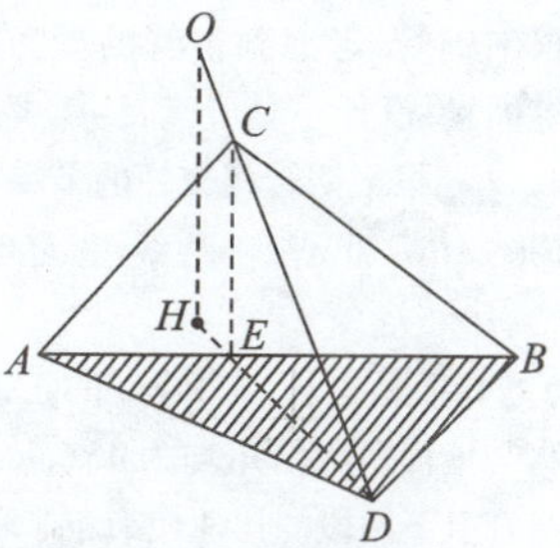

图 13－15

解 (1)如图 13－15，过 O 点作地面 ABD 的垂线 OH，垂足为 H，连接 DH 交 AB 于 E，连接 CE，则 $\angle CDE=\theta$，且 $AB\perp OH$.

$\because AB$ 是南北方向，CD 是东西方向，

$\therefore AB\perp CD$(隐含条件)，

$\therefore AB\perp DE$(三垂线定理的逆定理).

可见，DE 是 $\triangle ABD$ 中 AB 边上的高. 再由 $AB\perp OH$，$AB\perp CD$，得 $AB\perp$ 平面 CDE，从而 $AB\perp CE$.

可见，CE 是 $\triangle ABC$ 中 AB 边上的高，并且 $\angle CED$ 是遮阳栅与底面所成的二面角的平面角. 在 $\triangle ABD$ 中，要使它的面积最大，应使 DE 最大. 在 $\triangle CDE$ 中，由正弦定理得 $DE=\dfrac{CE}{\sin\theta}\cdot\sin\angle DCE=\dfrac{2S_{\triangle ABC}}{AB\cdot\sin\theta}\cdot\sin\angle DCE\leqslant\dfrac{2S_{\triangle ABC}}{AB\cdot\sin\theta}$.

$\therefore$ 当 $\angle DCE=90°$ 时，DE 最大，此时 $\angle CED=90°-\theta$. 故当遮阳栅与地面所成的角为 $(90°-\theta)$ 时，遮影 $\triangle ABD$ 的面积最大.

(2)当 $AB=5$，$BC=4$，$CA=3$，$\theta=30°$ 时，遮影 $\triangle ABD$ 的最大面积为 $S_{\triangle ABD}=\dfrac{1}{2}AB\cdot DE\leqslant\dfrac{1}{2}AB\cdot\dfrac{2S_{\triangle ABC}}{AB\cdot\sin 30°}=2S_{\triangle ABC}=12$.

点拨 本题实质是把求 $\triangle ABD$ 面积的最大值转化为求其 AB 边上的高的最大值. 解答本题的难点有两个：一是如何作出二面角 C-AB-D 的平面角以及光线 OCD 与地面所成的角 θ；二是在计算 DE 时需将 CE 用 $\triangle ABC$ 的面积表示出来.

例 23 职业中学的同学们来到某厂实习，老师傅拿来一张因保管不慎造成局部模糊的图纸，极力辨认，仅获得如图 13－16 的信息，其中 l_3 与圆 A 相切，$l_1/\!/l_3$，$l_2/\!/l_4$. 由于钻床只能作水平方向和垂直方向的移动，请同学们根据以上信息，求出钻孔中心 A 到直角顶点 O 的水平距离和铅直距离.

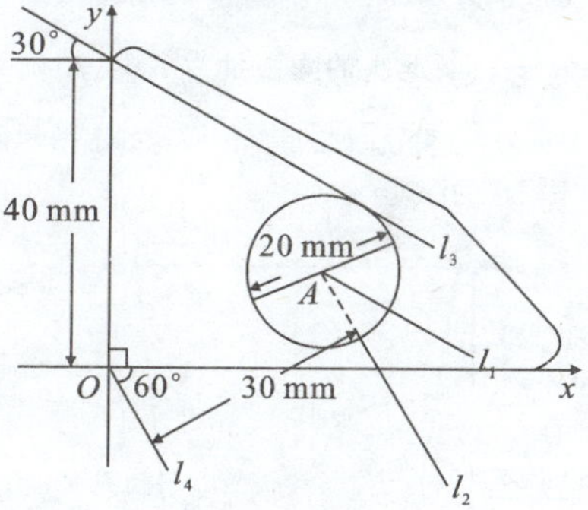

图 13－16

解 如图 13－16，以直角顶点为原点，建立直角坐标系，要求钻孔中心到直角顶点水平距离和铅直距离，也就是要求出钻孔中心 A 的坐标. 点 A 可以看成直线 l_1 和 l_2 的交点. 直线 l_2 的倾斜角是 $120°$，故斜率是 $\tan 120°=-\sqrt{3}$，它在 x 轴上的截距是 $\dfrac{30}{\sin 60°}=20\sqrt{3}$，

所以 l_2 的方程是 $y=-\sqrt{3}(x-20\sqrt{3})$. ①

直线 l_1 的倾斜角是 $150°$，故斜率为 $\tan 150°=-\dfrac{\sqrt{3}}{3}$，它在 y 轴上的截距是：

$$40-\frac{10}{\cos 30°}=40-20\cdot\frac{\sqrt{3}}{3},$$

所以 l_1 的方程是：

$$y=-\frac{\sqrt{3}}{3}x+40-20\cdot\frac{\sqrt{3}}{3}. ②$$

联立①、②得：

$$\begin{cases}y=-\sqrt{3}(x-20\sqrt{3}),\\ y=-\dfrac{\sqrt{3}}{3}\cdot x+40-20\cdot\dfrac{\sqrt{3}}{3}.\end{cases}$$

解得$\begin{cases}x=10+10\sqrt{3},\\ y=30-10\sqrt{3}.\end{cases}$

所以点 A 到点 O 的水平距离为$(10+10\sqrt{3})$ mm，约为 27.32 mm，铅直距离为$(30-10\sqrt{3})$ mm，约为 12.68 mm.

例24 用上口直径为 34 cm、底面直径为 24 cm、深为35 cm的水桶盛得的雨水正好为桶深的$\frac{1}{5}$，问：此次的降雨量为多少（精确到 0.1 mm）？（降雨量是指单位面积的水平地面降下雨水的深度）

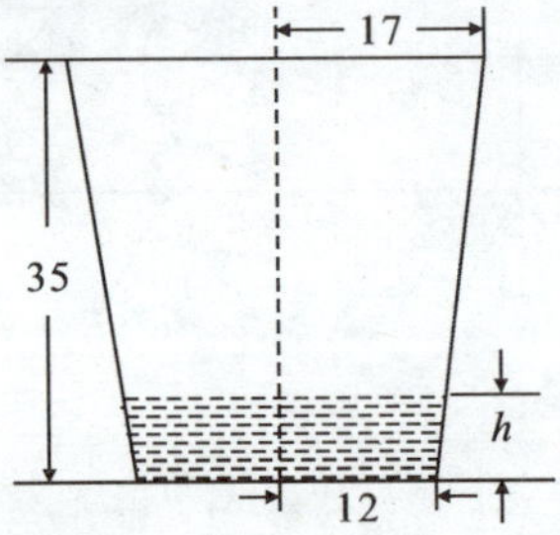

图 13－17

分析 降雨量为单位面积的水平地面上降下雨水的深度，雨水是落入水桶口面的，因此盛水的多少与水桶口的大小有关，与桶身形状无关，故将水桶盛得的雨水的体积除以桶口的面积即为降雨量.

解 如图 13－17，设水面圆半径为r cm，水深 h cm，则有$\frac{h}{35}=\frac{r-12}{17-12}=\frac{1}{5}$，

解得 $h=7, r=13$.

于是，雨水的体积为：

$V=\frac{\pi}{3}\times7\times(12^2+12\times13+13^2)$

$=1\ 094.33\pi\ (\text{cm}^3)$；

降雨量为$\frac{1\ 094.33\pi}{17^2\pi}\approx3.787\ (\text{cm})=37.9(\text{mm})$，

即此次降雨量约为 37.9 mm.

例25 某厂根据市场需求开发折叠式小凳（如图 13－18），凳面为三角形的尼龙布，凳脚为三根细钢管. 考虑到钢管的受力和人的舒适度等因素，设计小凳应满足：①凳子高度为 30 cm，②三根细钢管相交处的节点 O 与凳面三角形 ABC 重心的连线垂直于凳面和地面.

(1)若凳面是边长为 20 cm 的正三角形，三只凳脚与地面所成的角均为 45°，确定节点 O 分细钢管上下两段的比值（精确到 0.01）；

(2)若凳面是顶角为 120°的等腰三角形，腰长为 24 cm，节点 O 分细钢管上下两段之比为 2∶3. 确定三根细钢管的长度（精确到 0.1 cm）.

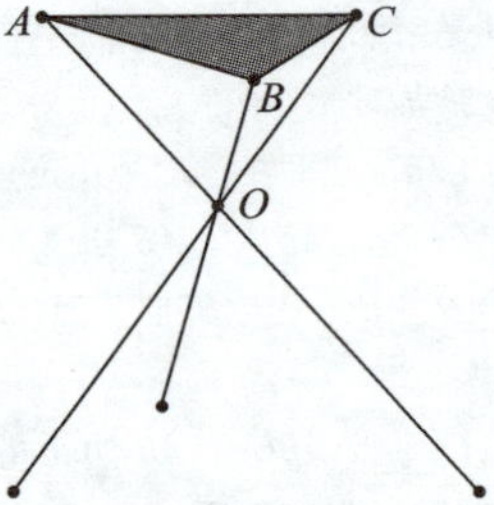

图 13－18

解 (1)设$\triangle ABC$ 的重心为 H，连接 OH（如图 13－19）.

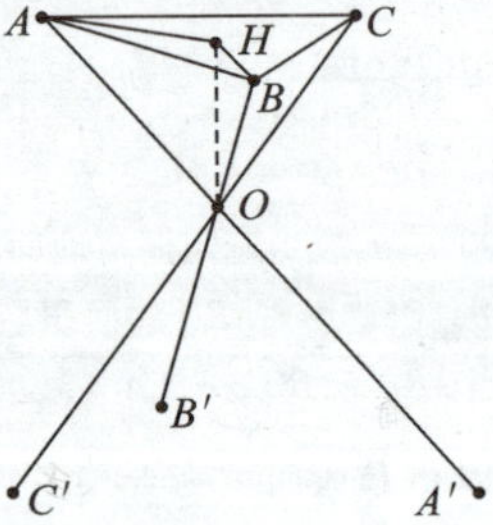

图 13－19

由题意可得，$BH=\frac{20\sqrt{3}}{3}$.

设细钢管上下两段之比为 λ，已知凳子高度为 30，则 $OH=\frac{30\lambda}{1+\lambda}$.

$\because$ 节点 O 与凳面三角形 ABC 重心的连线与地面垂直，且凳面与地面平行，

$\therefore \angle OBH$ 就是 OB 与平面 ABC 所成的

角，亦即$\angle OBH=45°$.

$\because BH=OH,\therefore \frac{30\lambda}{1+\lambda}=\frac{20\sqrt{3}}{3}$.

解得$\lambda=\frac{2\sqrt{3}}{9-2\sqrt{3}}\approx 0.63$，

即节点O分细钢管上下两段的比值约为0.63.

(2)设$\angle ABC=120°$，

$\therefore AB=BC=24, AC=24\sqrt{3}$.

设$\triangle ABC$的重心为H，则$BH=8, AH=8\sqrt{7}$.

由节点O分细钢管上下两段之比为2∶3，可知$OH=12$.

设过点A、B、C的细钢管分别为AA'、BB'、CC'，则$AA'=CC'=\frac{5}{2}OA=\frac{5}{2}\sqrt{OH^2+AH^2}=10\sqrt{37}\approx 60.8$，

$BB'=\frac{5}{2}OB=\frac{5}{2}\sqrt{OH^2+BH^2}=10\sqrt{13}\approx 36.1$，

$\therefore$对应于A、B、C三点的三根细钢管长度分别为60.8 cm，36.1 cm和60.8 cm.

题型8 线性规划模型

(1)理解题意，列出目标函数与约束条件；(2)画出可行域；(3)平移目标函数至边界顶点处；(4)讨论该顶点是否为所求；(5)得出结论.

例26 预算用2 000元购买单价为50元的桌子和20元的椅子，希望使桌椅的总数尽可能地多，但椅子数不少于桌子数，且不多于桌子数的1.5倍，问桌椅各应买多少？

解 设可买桌子x张，椅子y把，桌椅总数为z，

$\therefore$目标函数$z=x+y$.

约束条件$\begin{cases}x\geqslant 0,\\ y\geqslant 0,\\ x\leqslant y,\\ y\leqslant 1.5x,\\ 50x+20y\leqslant 2\,000,\end{cases}$

且x、$y\in\mathbf{N}^*$，

如图13-20，将直线$x+y=0$在可行域内移动，当过直线$y=1.5x$与$50x+20y=2\,000$的交点时，$y=-x+z$的截距最大，即桌椅总数最多.

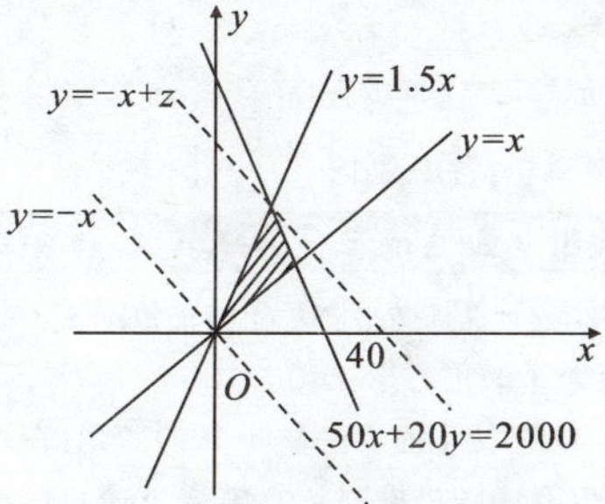

图13-20

由$\begin{cases}y=1.5x,\\ 50x+20y=2\,000,\end{cases}$解得$\begin{cases}x=25,\\ y=\frac{75}{2}.\end{cases}$

$\because x$、$y\in\mathbf{N}^*$，

$\therefore x=25, y=37$.

答：应买桌子25张，椅子37把.

例27 某校食堂基本以面食和米饭为主，面食每百克含蛋白质6个单位，含淀粉4个单位，售价0.5元；米饭每百克含蛋白质3个单位，含淀粉7个单位，售价0.4元. 学校要求给学生配制成盒饭，每盒至少有8个单位的蛋白质和10个单位的淀粉，如何配制盒饭，才既科学又使费用最少？

解 设每份盒饭中面食为x百克，米饭为y百克，费用为z元，则$z=0.5x+0.4y$，且有：

$\begin{cases}6x+3y\geqslant 8,\\ 4x+7y\geqslant 10,\\ x\geqslant 0, y\geqslant 0.\end{cases}$

作出不等式组所表示的平面区域，如图13-21.

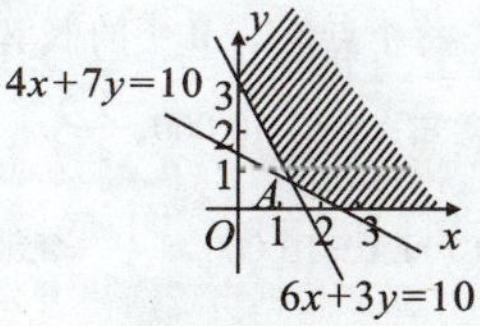

图13-21

解方程组$\begin{cases}6x+3y=8,\\4x+7y=10,\end{cases}$得$A\left(\frac{13}{15},\frac{14}{15}\right)$.

由图知，当且仅当直线$y=-\frac{5}{4}x+\frac{5}{2}z$过点$A$时，纵截距$\frac{5}{2}z$最小，即$z$最小.

故当每盒饭面食为$\frac{13}{15}$百克，米食为$\frac{14}{15}$百克时，既科学，费用又少.

题型9 建立排列组合与概率模型

例28 (海南、宁夏高考)如图13－22，面积为S的正方形$ABCD$中有一个不规则的图形M，可按下面方法估计M的面积：在正方形$ABCD$中随机投掷n个点，若n个点中有m个点落入M中，则M的面积的估计值为$\frac{m}{n}S$，假设正方形$ABCD$的边长为2，M的面积为1，并向正方形$ABCD$中随机投掷10 000个点，以X表示落入M中的点的数目.

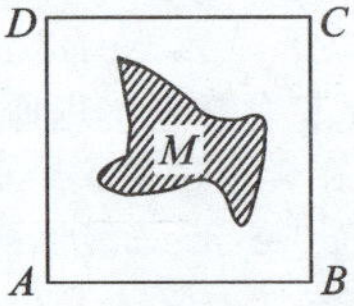

图13－22

(1)求X的均值EX；

(2)求用以上方法估计M的面积时，M的面积的估计值与实际值之差在区间$(-0.03,0.03)$内的概率.

附表：$P(k)=\sum\limits_{t=0}^{k}C_{10\,000}^{t}\times0.25^{t}\times0.75^{10\,000-t}$.

k	2 424	2 425	2 574	2 575
$P(k)$	0.040 3	0.042 3	0.957 0	0.959 0

分析 每个点落入M中的概率均为$P=\frac{1}{4}$. 依题意知$X\sim B\left(10\,000,\frac{1}{4}\right)$.

解 (1)$EX=10\,000\times\frac{1}{4}=2\,500$.

(2)依题意所求概率为：

$P\left(-0.03<\frac{X}{10\,000}\times4-1<0.03\right)$,

$$\begin{aligned}&P\left(-0.03<\frac{X}{10\,000}\times4-1<0.03\right)\\&=P(2\,425<X<2\,575)\\&=\sum_{t=2\,426}^{2\,574}C_{10\,000}^{t}\times0.25^{t}\times0.75^{10\,000-t}\\&=\sum_{t=0}^{2\,574}C_{10\,000}^{t}\times0.25^{t}\times0.75^{10\,000-t}-\sum_{t=0}^{2\,425}C_{10\,000}^{t}\times0.25^{t}\times0.75^{10\,000-t}\\&=0.9\,570-0.042\,3=0.914\,7.\end{aligned}$$

点拨 部分考生对于此题中出现的“面积”一词与问题解决有何关联存在迷惑，导致解题出错.

例29 某工厂生产甲、乙两种产品，每种产品都是经过第一和第二工序加工而成，两道工序的加工结果相互独立，每道工序的加工结果均有A、B两个等级，对每种产品，两道工序的加工结果都为A级时，产品为一等品，其余均为二等品.

(1)已知甲、乙两种产品每一道工序的加工结果为A级的概率如表一，分别求生产出的甲、乙产品为一等品的概率$P_{甲}$、$P_{乙}$；

表一

效率＼工序／产品	第一工序	第二工序
甲	0.8	0.85
乙	0.75	0.8

(2)已知一件产品的利润如表二，用ξ、η分别表示一件甲、乙产品的利润，在(1)的条件下，求ξ、η的分布列及$E\xi$、$E\eta$；

表二

利润＼等级／产品	一等	二等
甲	5(万元)	2.5(万元)
乙	2.5(万元)	1.5(万元)

(3)已知生产一件产品需用的工人数和资

金额如表三,该工厂有工人 40 名,可用资金 60 万元. 设 x、y 分别表示生产甲、乙产品的数量,在(2)的条件下,x、y 为何值时,$z=xE\xi+yE\eta$ 最大? 最大值是多少?(解答时须给出图示)

表三

用量＼项目 产品	工人(名)	资金(万元)
甲	8	5
乙	2	10

解 (1)$P_{甲}=0.8\times0.85=0.68$,

$P_{乙}=0.75\times0.8=0.6$.

(2)随机变量 ξ、η 的分布列如下:

ξ	5	2.5	η	2.5	1.5
P	0.68	0.32	P	0.6	0.4

$E\xi=5\times0.68+2.5\times0.32=4.2$,

$E\eta=2.5\times0.6+1.5\times0.4=2.1$.

(3)由题设知 $\begin{cases}5x+10y\leqslant60,\\8x+2y\leqslant40,\\x\geqslant0,y\geqslant0.\end{cases}$

目标函数为 $z=xE\xi+yE\eta=4.2x+2.1y$.

作出可行域(如图 13－23).

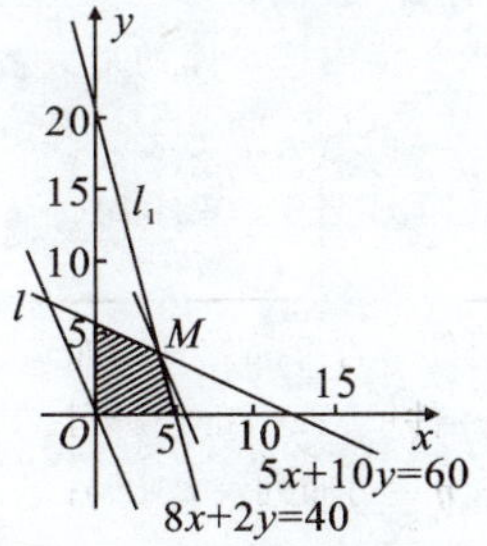

图 13－23

作直线 l:$4.2x+2.1y=0$,将 l 向右上方平移至 l_1 位置时,直线经过可行域上的点 M 且与原点距离最大,此时 $z=4.2x+2.1y$ 有最大值.

解方程组 $\begin{cases}5x+10y=60,\\8x+2y=40,\end{cases}$ 得 $\begin{cases}x=4,\\y=4,\end{cases}$

即 $x=4$,$y=4$ 时,z 取最大值,z 的最大值为 25.2.

例 30 (安徽高考)为防止风沙危害,某地决定建设防护绿化带,种植杨树、沙柳等植物. 某人一次种植了 n 株沙柳,各株沙柳成活与否是相互独立的,成活率为 p,设 η 为成活沙柳的株数,数学期望 $E\eta$ 为 3,标准差 $\sigma\eta$ 为 $\frac{\sqrt{6}}{2}$.

(1)求 n、p 的值并写出 η 的分布列;

(2)若有 3 株或 3 株以上的沙柳未成活,则需要补种,求需要补种沙柳的概率.

解 由题意知,$\eta\sim B(n,p)$,$P(\eta=k)=C_n^kp^k(1-p)^{n-k}$,$k=0,1,\cdots,n$.

(1)由 $\begin{cases}E\eta=np=3,\\\sigma\eta=\sqrt{np(1-p)}=\frac{\sqrt{6}}{2},\end{cases}$

得 $\begin{cases}n=6,\\p=\frac{1}{2}.\end{cases}$

$\therefore$ η 的分布列为:

η	0	1	2	3	4	5	6
P	$\frac{1}{64}$	$\frac{6}{64}$	$\frac{15}{64}$	$\frac{20}{64}$	$\frac{15}{64}$	$\frac{6}{64}$	$\frac{1}{64}$

(2)记"需要补种沙柳"为事件 A,则 $P(A)=P(\eta\leqslant3)$,得 $P(A)=\frac{1+6+15+20}{64}=\frac{21}{32}$ $\left(或 P(A)=1-P(\eta>3)=1-\frac{15+6+1}{64}=\frac{21}{32}\right)$.

例 31 袋中装着标有数字 1,2,3,4,5 的小球各 2 个. 从袋中任取 3 个小球,按 3 个小球上最大数字的 9 倍计分,每个小球被取出的可能性都相等,用 X 表示取出的 3 个小球上的最大数字,求:

(1)取出的 3 个小球上的数字互不相同的概率;

(2)随机变量 X 的概率分布和数学期望;

(3)计分介于 20 分到 40 分之间的概率.

(1)解法一 "一次取出的 3 个小球上的数

字互不相同”的事件记为 A，则有：

$$P(A)=\frac{C_5^3C_2^1C_2^1C_2^1}{C_{10}^3}=\frac{2}{3}.$$

解法二 “一次取出的 3 个小球上的数字互不相同”的事件记为 A，“一次取出的 3 个小球上有两个数字相同”的事件记为 B，则事件 A 和事件 B 是互斥事件.

因为 $P(B)=\frac{C_5^1C_4^1C_2^1}{C_{10}^3}=\frac{1}{3}$，

所以 $P(A)=1-P(B)=1-\frac{1}{3}=\frac{2}{3}$.

解 (2)由题意 X 可能的取值为 2，3，4，5.

$$P(X=2)=\frac{C_2^2C_2^1+C_2^1C_2^2}{C_{10}^3}=\frac{1}{30};$$

$$P(X=3)=\frac{C_4^2C_2^1+C_4^1C_2^2}{C_{10}^3}=\frac{2}{15};$$

$$P(X=4)=\frac{C_6^2C_2^1+C_6^1C_2^2}{C_{10}^3}=\frac{3}{10};$$

$$P(X=5)=\frac{C_8^2C_2^1+C_8^1C_2^2}{C_{10}^3}=\frac{8}{15}.$$

所以随机变量 X 的概率分布为：

X	2	3	4	5
P	$\frac{1}{30}$	$\frac{2}{15}$	$\frac{3}{10}$	$\frac{8}{15}$

因此 X 的数学期望为 $E(X)=2\times\frac{1}{30}+3\times\frac{2}{15}+4\times\frac{3}{10}+5\times\frac{8}{15}=\frac{13}{3}$.

(3)“一次取球所得计分介于 20 分到 40 分之间”的事件记为 C，则 $P(C)=P$(“$X=3$”或“$X=4$”)$=P$(“$X=3$”)$+P$(“$X=4$”)$=\frac{2}{15}+\frac{3}{10}=\frac{13}{30}$.

三年高考分析

例 1 (海南、宁夏高考)如图 13-24，O 为数轴的原点，A、B、M 为数轴上三点，C 为线段 OM 上的一动点. 设 x 表示 C 与原点 O 的距离，y 表示 C 到 A 距离的 4 倍与 C 到 B 的距离的 6 倍的和.

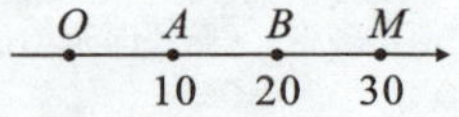

图 13-24

(1)将 y 表示为 x 的函数；

(2)要使 y 的值不超过 70，x 应该在什么范围内取值?

解 (1) $y=4|x-10|+6|x-20|$，$0\leqslant x\leqslant 30$.

(2)依题意，知 x 满足：

$$\begin{cases}4|x-10|+6|x-20|\leqslant 70,\\0\leqslant x\leqslant 30.\end{cases}$$

解不等式组，得其解集为 $[9,23]$，所以 $x\in[9,23]$.

例 2 (湖北高考)水库的蓄水量随时间而变化. 现用 t 表示时间，以月为单位，年初为起点，根据历年数据，某水库的蓄水量 V(单位：亿立方米)关于 t 的近似函数关系式为：

$$V(t)=\begin{cases}(-t^2+14t-40)e^{\frac{t}{4}}+50,0<t\leqslant 10,\\4(t-10)(3t-41)+50,10<t\leqslant 12.\end{cases}$$

(1)该水库的蓄水量小于 50 的时期称为枯水期，以 $i-1<t<i$ 表示第 i 月份($i=1,2,\cdots,12$)，问：一年内哪几个月份是枯水期?

(2)求一年内该水库的最大蓄水量(取 $e=2.7$ 计算).

解 (1) ①当 $0<t\leqslant 10$ 时，

$V(t)=(-t^2+14t-40)e^{\frac{1}{4}t}+50<50$，

化简，得 $t^2-14t+40>0$.

解得 $t<4$ 或 $t>10$. 又 $0<t\leqslant 10$，故 $0<t<4$.

②当 $10<t\leqslant 12$ 时，

$V(t)=4(t-10)\cdot(3t-41)+50<50$，

化简，得 $(t-10)(3t-41)<0$，

解得 $10<t<\frac{41}{3}$. 又 $10<t\leqslant 12$，

故 $10<t\leqslant 12$.

综上，得 $0<t<4$ 或 $10<t\leqslant 12$.

故知枯水期为 1 月，2 月，3 月，11 月，12 月，

共5个月.

(2)由(1)知,$V(t)$的最大值只能在[4,10]内达到.

由 $V'(t)=e^{\frac{1}{4}t}\left(-\frac{1}{4}t^2+\frac{3}{2}t+4\right)=-\frac{1}{4}e^{\frac{1}{4}t}(t+2)(t-8)$.

令 $V'(t)=0$,解得 $t=8$($t=-2$ 舍去).

当 t 变化时,$V'(t)$ 与 $V(t)$ 的变化情况如下表:

t	$[4,8)$	8	$(8,10]$
$V'(t)$	+	0	−
$V(t)$	↗	极大值	↘

由上表,$V(t)$ 在 $t=8$ 时取最大值 $V(8)=8e^2+50=108.32$(亿立方米). 故知一年内该水库的最大蓄水量是108.32亿立方米.

例3 (山东高考理)两县城 A 和 B 相距 20 km,现计划在两县城外以 AB 为直径的半圆弧 $\overset{\frown}{AB}$ 上选择一点 C 建造垃圾处理厂,其对城市的影响度与所选地点到城市的距离有关,对城 A 和城 B 的总影响度为对城 A 与对城 B 的影响度之和. 记 C 点到城 A 的距离为 x km,建在 C 处的垃圾处理厂对城 A 和城 B 的总影响度为 y. 统计调查表明:垃圾处理厂对城 A 的影响度与所选地点到城 A 的距离的平方成反比,比例系数为4;对城 B 的影响度与所选地点到城 B 的距离的平方成反比,比例系数为 k. 当垃圾处理厂建在弧 $\overset{\frown}{AB}$ 的中点时,对城 A 和城 B 的总影响度为0.065.

(1)将 y 表示成 x 的函数;

(2)讨论(1)中函数的单调性,并判断弧 $\overset{\frown}{AB}$ 上是否存在一点,使建在此处的垃圾处理厂对城 A 和城 B 的总影响度最小? 若存在,求出该点到城 A 的距离;若不存在,说明理由.

解 (1)根据题意 $\angle ACB=90°$,$AC=x$ km,$BC=\sqrt{400-x^2}$ km,且建在 C 处的垃圾处理厂对城 A 的影响度为 $\frac{4}{x^2}$,对城 B 的影响度为 $\frac{k}{400-x^2}$,因此,总影响度 $y=\frac{4}{x^2}+\frac{k}{400-x^2}(0<x<20)$.

又因为垃圾处理厂建在弧 $\overset{\frown}{AB}$ 的中点时,对城 A 和城 B 的总影响度为0.065,则有

$$\frac{4}{(\sqrt{10^2+10^2})^2}+\frac{k}{400-(\sqrt{10^2+10^2})^2}=0.065,$$

解得 $k=9$,所以 $y=\frac{4}{x^2}+\frac{9}{400-x^2}(0<x<20)$.

(2)$$y'=-\frac{8}{x^3}+\frac{18x}{(400-x^2)^2}=\frac{18x^4-8\times(400-x^2)^2}{x^3(400-x^2)^2}=\frac{(x^2+800)(10x^2-1\ 600)}{x^3(400-x^2)^2}.$$

由 $y'=0$ 解得 $x=4\sqrt{10}$ 或 $x=-4\sqrt{10}$(舍去),易知 $4\sqrt{10}\in(0,20)$.

y、y' 随 x 的变化情况如下表:

x	$(0,4\sqrt{10})$	$4\sqrt{10}$	$(4\sqrt{10},20)$
y'	−	0	+
y	↘	极小值	↗

由表可知,函数在 $(0,4\sqrt{10})$ 内单调递减,在 $(4\sqrt{10},20)$ 内单调递增,

$y_{\min}=y\Big|_{x=4\sqrt{10}}=\frac{1}{16}$. 此时 $x=4\sqrt{10}$.

故在 $\overset{\frown}{AB}$ 上存在 C 点,使得建在此处的垃圾处理厂对城 A 和城 B 的总影响度最小,该点与城 A 的距离 x 为 $4\sqrt{10}$ km.

例4 (福建高考)某分公司经销某种品牌产品,每件产品的成本为3元,并且每件产品需向总公司交 a 元($3\leqslant a\leqslant 5$)的管理费,预计当每件产品的售价为 x 元($9\leqslant x\leqslant 11$)时,一年的销售量为 $(12-x)^2$ 万件.

(1)求分公司一年的利润 L(万元)与每件产品的售价 x(元)的函数关系式；

(2)当每件产品的售价为多少元时,分公司一年的利润 L 最大,并求出 L 的最大值 $Q(a)$.

解 (1)分公司一年的利润 L(万元)与售价 x 的函数关系式为 $L=(x-3-a)(12-x)^2, x\in[9,11]$.

(2) $L'(x)=(12-x)^2-2(x-3-a)(12-x)=(12-x)(18+2a-3x)$.

令 $L'=0$,得 $x=6+\frac{2}{3}a$ 或 $x=12$(不合题意,舍去).

$\because 3\leqslant a\leqslant 5, \therefore 8\leqslant 6+\frac{2}{3}a\leqslant \frac{28}{3}$.

在 $x=6+\frac{2}{3}a$ 时,x 取最大值.

$\therefore$ ①当 $8\leqslant 6+\frac{2}{3}a\leqslant 9$,即 $3\leqslant a<\frac{9}{2}$ 时,

$L_{\max}=L(9)=(9-3-a)(12-9)^2=9(6-a)$.

②当 $9<6+\frac{2}{3}a<\frac{28}{3}$,即 $\frac{9}{2}\leqslant a\leqslant 5$ 时,

$L_{\max}=L\left(6+\frac{2}{3}a\right)=\left(6+\frac{2}{3}a-3-a\right)\cdot\left[12-\left(6+\frac{2}{3}a\right)\right]^2=4\left(3-\frac{1}{3}a\right)^3$.

所以 $Q(a)=\begin{cases}9(6-a), 3\leqslant a\leqslant \frac{9}{2},\\ 4\left(3-\frac{1}{3}a\right)^3, \frac{9}{2}<a\leqslant 5.\end{cases}$

答:若 $3\leqslant a\leqslant \frac{9}{2}$,则当每件售价为 9 元时,分公司一年的利润 L 最大,最大值 $Q(a)=9(6-a)$ 万元;若 $\frac{9}{2}<a\leqslant 5$,则当每件售价为 $\left(6+\frac{2}{3}a\right)$元时,分公司一年的利润 L 最大,最大值 $Q(a)=4\left(3-\frac{1}{3}a\right)^3$ 万元.

例5 (湖南高考理)在一个特定时段内,以点 E 为中心的 7 海里以内的海域被称为警戒水域,点 E 正北 55 海里处有一个雷达观测站 A,某时刻测得一艘匀速直线行驶的船只位于北偏东 45° 的 B 点,且与点 A 相距 $40\sqrt{2}$ 海里,经过 40 分钟,又测得该船已行驶到点 A 北偏东 $45°+\theta\left(\sin\theta=\frac{\sqrt{26}}{26}, 0°<\theta<90°\right)$ 的 C 点,且与点 A 相距 $10\sqrt{13}$ 海里.

(1)求该船行驶的速度;

(2)若该船不改变方向继续行驶,判断它是否会进入警戒水域并说明理由.

解 (1)由题意 $AB=40\sqrt{2}, AC=10\sqrt{13}$.

由 $\sin\theta=\frac{\sqrt{26}}{26}$,

知 $\cos\theta=\sqrt{1-\left(\frac{\sqrt{26}}{26}\right)^2}=\frac{5\sqrt{26}}{26}(0°<\theta<90°)$.

又 $\because BC^2=AB^2+AC^2-2AB\cdot AC\cdot\cos\theta$,

$\therefore BC^2=(40\sqrt{2})^2+(10\sqrt{13})^2-800\times\sqrt{26}\times\frac{5\sqrt{26}}{26}=500$. 即 $BC=10\sqrt{5}$.

$\because$ 从 B 到 C 航行了 $\frac{2}{3}$ 小时,

$\therefore v=\frac{10\sqrt{5}}{\frac{2}{3}}=15\sqrt{5}$(海里/时).

(2)建立如图 13-25 的平面直角坐标系.

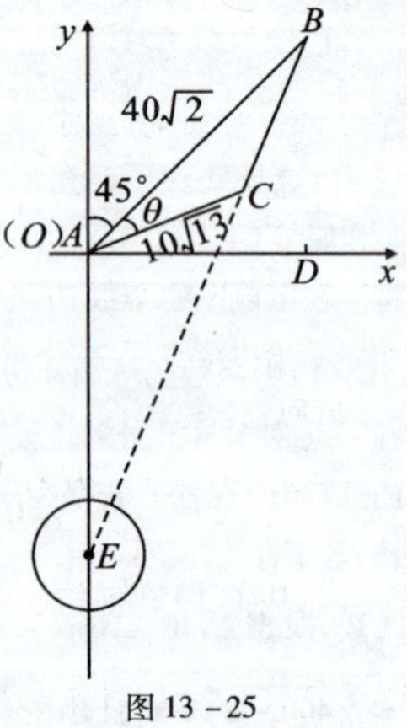

图 13-25

由题意 $B(40,40)$，$\angle CAD=45°-\theta$，

$\sin\angle CAD=\sin(45°-\theta)$

$=\frac{\sqrt{2}}{2}\cdot\cos\theta-\frac{\sqrt{2}}{2}\cdot\sin\theta=\frac{2}{\sqrt{13}}$，

$\cos\angle CAD=\sqrt{1-\left(\frac{2}{\sqrt{13}}\right)^2}=\frac{3}{\sqrt{13}}$，

从而 $C(30,20)$. 则直线 BC 的方程为 $y-20=2(x-30)$，整理得 $2x-y-40=0$.

又∵ $E(0,-55)$，∴ E 到直线 BC 的距离 $d=\frac{|2\times0-(-55)-40|}{\sqrt{2^2+1^2}}=\frac{15}{\sqrt{5}}=3\sqrt{5}<7$.

∴ 该船会进入警戒水域.

例6 （湖北高考）为了预防流感，某学校对教室用药熏消毒法进行消毒，已知药物释放过程中，室内每立方米空气中的含药量 y（毫克）与时间 t（小时）成正比；药物释放完毕后，y 与 t 的函数关系式为 $y=\left(\frac{1}{16}\right)^{t-a}$（$a$ 为常数），如图 13－26.

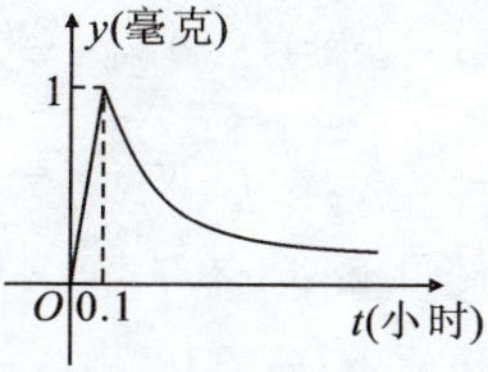

图 13－26

根据图中提供的信息，回答下列问题：

(1)从药物释放开始，每立方米空气中的含药量 y（毫克）与时间 t（小时）之间的函数关系式为________；

(2)据测定，当空气中每立方米的含药量降低到 0.25 毫克以下时，学生方可进教室，那么从药物释放开始，至少需要经过________小时，学生才能回到教室.

解析 (1)图中直线的斜率为 $\frac{1}{0.1}=10$，方程为 $y=10t$，点 $(0.1,1)$ 在曲线 $y=\left(\frac{1}{16}\right)^{t-a}$ 上，所以 $1=\left(\frac{1}{16}\right)^{0.1-a}$，所以 $a=0.1$.

因此，$y=\begin{cases}10t(0\leqslant t\leqslant0.1),\\ \left(\frac{1}{16}\right)^{t-0.1}\ (t>0.1).\end{cases}$

(2)因为药物释放过程中室内药量一直在增加，即使药量小于 0.25 毫克，学生也不能进入教室，所以只能当药物释放完毕后，室内药量减少到 0.25 毫克以下时学生方可进入教室，即 $\left(\frac{1}{16}\right)^{t-0.1}\leqslant0.25$，解得 $t\geqslant0.6$.

答案 (1) $y=\begin{cases}10t(0\leqslant t\leqslant0.1),\\ \left(\frac{1}{16}\right)^{t-0.1}\ (t>0.1);\end{cases}$

(2)0.6.

例7 （湖南高考）如图 13－27，某地为了开发旅游资源，欲修建一条连接风景点 P 和居民区 O 的公路. 点 P 所在的山坡面与山脚所在水平面 α 所成的二面角为 $\theta(0°<\theta<90°)$，且 $\sin\theta=\frac{2}{5}$，点 P 到平面 α 的距离 $PH=0.4$(km). 沿山脚原有一段笔直的公路 AB 可供利用. 从点 O 到山脚修路的造价为 a 万元/km，原有公路改建费用为 $\frac{a}{2}$ 万元/km. 当山坡上公路长度为 l km$(1\leqslant l\leqslant2)$ 时，其造价为 $(l^2+1)a$ 万元. 已知 $OA\perp AB$，$PB\perp AB$，$AB=1.5$ km，$OA=\sqrt{3}$ km.

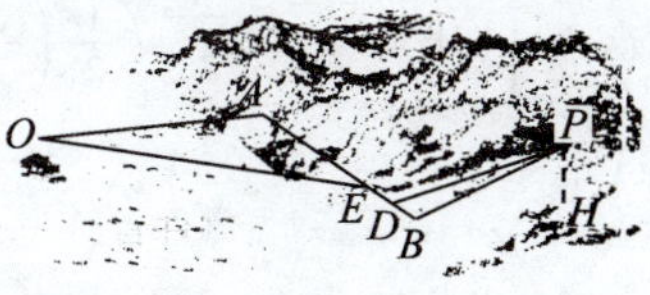

图 13－27

(1)在 AB 上求一点 D，使沿折线 $PDAO$ 修建公路的总造价最小；

(2)对于(1)中得到的点 D，在 DA 上求一点 E，使沿折线 $PDEO$ 修建公路的总造价最小；

(3)在 AB 上是否存在两个不同的点 D'、E'，使沿折线 $PD'E'O$ 修建公路的总造价小于

(2)中得到的最小总造价,证明你的结论.

解 (1)如图 13-28,$PH\perp\alpha$,$HB\subset\alpha$,$PB\perp AB$,由三垂线定理逆定理知,$AB\perp HB$.所以$\angle PBH$是山坡面与α所成二面角的平面角,则$\angle PBH=\theta$,$PB=\frac{PH}{\sin\theta}=\frac{0.4}{\frac{2}{5}}=1$.

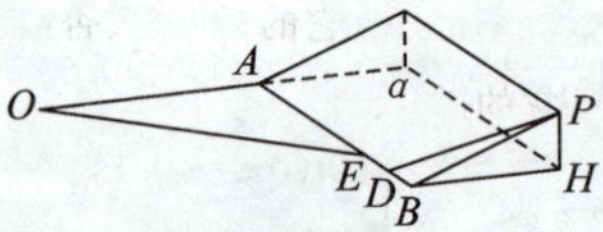

图 13-28

设$BD=x$(km),$0\leqslant x\leqslant 1.5$,则$PD=\sqrt{x^2+PB^2}=\sqrt{x^2+1}\in\left[1,\frac{\sqrt{13}}{2}\right]$.

记总造价为$f_1(x)$万元,根据题设有:

$$f_1(x)=\left(PD^2+1+\frac{1}{2}AD+AO\right)a$$
$$=\left(x^2-\frac{1}{2}x+\frac{11}{4}+\sqrt{3}\right)a$$
$$=\left(x-\frac{1}{4}\right)^2a+\left(\frac{43}{16}+\sqrt{3}\right)a.$$

$\therefore$ 当$x=\frac{1}{4}$,即$BD=\frac{1}{4}$(km)时总造价$f_1(x)$最小.

(2)设$AE=y$ km,$0\leqslant y\leqslant\frac{5}{4}$,总造价为$f_2(y)$万元,根据题设有:

$$f_2(y)=\left[PD^2+1+\sqrt{y^2+3}+\frac{1}{2}\left(\frac{3}{2}-\frac{1}{4}-y\right)\right]a=\left(\sqrt{y^2+3}-\frac{y}{2}\right)a+\frac{43}{16}a.$$

则$f_2'(y)=\left(\frac{y}{\sqrt{y^2+3}}-\frac{1}{2}\right)a$.

由$f_2'(y)=0$,得$y=1$.

当$y\in(0,1)$时,$f_2'(y)<0$,$f_2(y)$在$(0,1)$内是减函数;

当$y\in\left(1,\frac{5}{4}\right)$时,$f_2'(y)>0$,$f_2(y)$在$\left(1,\frac{5}{4}\right)$内是增函数.

故当$y=1$,即$AE=1$ km时总造价$f_2(y)$最小,且最小总造价为$\frac{67}{16}a$万元.

(3)不存在这样的点D'、E'.

事实上,在AB上任取不同的两点D'、E',为使总造价最小,E'显然不能位于D'与B之间.故可设E'位于D'与A之间,且$BD'=x_1$ km,$AE'=y_1$ km.$0\leqslant x_1+y_1\leqslant\frac{3}{2}$,总造价为$S$万元,则$S=\left(x_1^2-\frac{x_1}{2}+\sqrt{y_1^2+3}-\frac{y_1}{2}+\frac{11}{4}\right)a$,类似于(1)(2)的讨论知,$x_1^2-\frac{x_1}{2}\geqslant-\frac{1}{16}$,$\sqrt{y_1^2+3}-\frac{y_1}{2}\geqslant\frac{3}{2}$,当且仅当$x_1=\frac{1}{4}$,$y_1=1$同时成立时,上述两个不等式的等号同时成立,此时$BD'=\frac{1}{4}$(km),$AE'=1$(km),$S$取得最小值$\frac{67}{16}a$.点$D'$、$E'$分别与$D$、$E$重合.所以不存在这样的点$D'$、$E'$,使沿折线$PD'E'O$修建公路造价小于(2)中得到的最小总造价.

附　录

附录 1　高中数学常用公式及定理

第一篇　集合与常用逻辑用语

1. 子集、真子集的传递性

对于集合 A、B、C，若 $A\subseteq B$，$B\subseteq C$，则 $A\subseteq C$；若 $A\subsetneqq B$，$B\subsetneqq C$，则 $A\subsetneqq C$.

2. 非空集合的子集、真子集的个数

若非空集合 A 中元素个数为 n，则集合 A 的子集个数为 2^n，真子集的个数为 2^n-1.

3. 交集、并集、补集

$A\cap A=A,A\cap\varnothing=\varnothing,A\cap B=B\cap A$

$A\cup A=A,A\cup\varnothing=A,A\cup B=B\cup A$

若 S 为全集，则 $S\cup A=S,S\cap A=A,A\cup\complement_S A=S,A\cap\complement_S A=\varnothing,\complement_S(\complement_S A)=A$

4. 集合的运算与运算律

交换律：$A\cap B=B\cap A,A\cup B=B\cup A$

结合律：$A\cap(B\cap C)=(A\cap B)\cap C,A\cup(B\cup C)=(A\cup B)\cup C$

分配律：$A\cap(B\cup C)=(A\cap B)\cup(A\cap C)$，$A\cup(B\cap C)=(A\cup B)\cap(A\cup C)$

反演律：$\complement_U(A\cup B)=\complement_U A\cap\complement_U B,\complement_U(A\cap B)=\complement_U A\cup\complement_U B$（$U$ 为全集）

5. 四种命题之间的关系

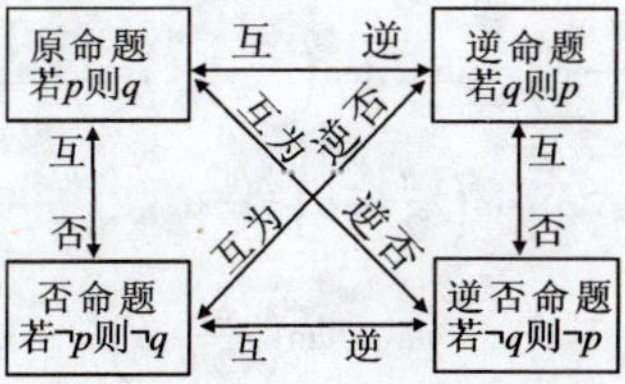

原命题为真，它的逆命题、否命题不一定为真，它的逆否命题一定为真.

6. 复合命题真假值表

(1)非 p 形式复合命题的真假可以用下表表示：

p	$\neg p$
真	假
假	真

(2)p 且 q 形式复合命题的真假可以用下表表示：

p	q	$p\wedge q$
真	真	真
真	假	假
假	真	假
假	假	假

(3)p 或 q 形式复合命题的真假可以用下表表示：

p	q	$p\vee q$
真	真	真
真	假	真
假	真	真
假	假	假

7. 全称命题、特称命题及其否定

全称命题 p：$\forall x\in M,p(x)$，

它的否定 $\neg p$：$\exists x_0\in M,\neg p(x_0)$.

特称命题 p：$\exists x_0\in M,p(x_0)$，

它的否定 $\neg p$：$\forall x\in M,\neg p(x)$.

第二篇　函数

1. 根式的基本性质

如果$\sqrt[n]{a}$有意义,那么

(1)$(\sqrt[n]{a})^n=a$(n是大于1的自然数);

(2)n为奇数时,$\sqrt[n]{a^n}=a(a\in\mathbf{R})$;

(3)n为偶数时,

$$\sqrt[n]{a^n}=|a|=\begin{cases}a(a>0),\\0(a=0),\\-a(a<0);\end{cases}$$

(4)$\sqrt[np]{a^{mp}}=\sqrt[n]{a^m}$($a\geqslant0$,$m$、$n$、$p$是正整数,且$n>1$);

(5)$\sqrt[n]{ab}=\sqrt[n]{a}\cdot\sqrt[n]{b}$($a\geqslant0$,$b\geqslant0$,$n$是大于1的整数);

(6)$\sqrt[n]{\dfrac{a}{b}}=\dfrac{\sqrt[n]{a}}{\sqrt[n]{b}}$($a\geqslant0$,$b>0$,$n$是大于1的整数);

(7)$(\sqrt[n]{a})^m=\sqrt[n]{a^m}$($a\geqslant0$,$m$、$n$都是大于1的整数);

(8)$\sqrt[m]{\sqrt[n]{a}}=\sqrt[mn]{a}$($a\geqslant0$,$m$、$n$都是大于1的整数).

2. 积、商、幂、方根的对数

对于$M>0$,$N>0$,$a>0$且$a\neq1$,则

$\log_a(MN)=\log_aM+\log_aN$,

$\log_a\left(\dfrac{M}{N}\right)=\log_aM-\log_aN$,

$\log_a\sqrt[n]{M}=\dfrac{1}{n}\log_aM$,

$\log_aM^n=n\log_aM$.

3. 对数恒等式及换底公式

$a^{\log_aN}=N(a>0$,且$a\neq1$,$N>0)$,

$\log_aN=\dfrac{\log_bN}{\log_ba}(a>0$,且$a\neq1$,$b>0$且$b\neq1$,$N>0)$.

4. 换底公式的推论

$\log_ab=\dfrac{1}{\log_ba}(a>0$,且$a\neq1$,$b>0$,且$b\neq1)$,

$\log_{a^m}b^n=\dfrac{n}{m}\log_ab(a>0$,且$a\neq1$,$b>0$,且$b\neq1$,$m$、$n\in\mathbf{Q}$且$m$、$n\neq0)$.

5. 函数零点存在性定理

如果函数$y=f(x)$在区间$[a,b]$上的图象是连续不断的一条曲线,并且有$f(a)\cdot f(b)<0$,那么,函数$y=f(x)$在区间(a,b)内有零点,即存在$c\in(a,b)$,使得$f(c)=0$,这个c也就是方程$f(x)=0$的根.

6. 角度制与弧度制的换算

$360°=2\pi\text{ rad}$,$180°=\pi\text{ rad}$,$1°=\dfrac{\pi}{180}\text{rad}$,

$1\text{rad}=\left(\dfrac{180}{\pi}\right)^{\circ}\approx57.30°=57°18'$.

7. 同角三角函数间的关系式

平方关系:$\sin^2\alpha+\cos^2\alpha=1$

商数关系:$\tan\alpha=\dfrac{\sin\alpha}{\cos\alpha}$,$\cot\alpha=\dfrac{\cos\alpha}{\sin\alpha}$

倒数关系:$\tan\alpha\cdot\cot\alpha=1$

8. 诱导公式

公式一:$\sin(\alpha+2k\pi)=\sin\alpha$,$\cos(\alpha+2k\pi)=\cos\alpha$,$\tan(\alpha+k\pi)=\tan\alpha$,其中$k\in\mathbf{Z}$;

公式二:$\sin(\pi+\alpha)=-\sin\alpha$,$\cos(\pi+\alpha)=-\cos\alpha$,$\tan(\pi+\alpha)=\tan\alpha$;

公式三:$\sin(-\alpha)=-\sin\alpha$,$\cos(-\alpha)=\cos\alpha$,$\tan(-\alpha)=-\tan\alpha$;

公式四:$\sin(\pi-\alpha)=\sin\alpha$,$\cos(\pi-\alpha)=-\cos\alpha$,$\tan(\pi-\alpha)=-\tan\alpha$;

公式五:$\sin\left(\dfrac{\pi}{2}-\alpha\right)=\cos\alpha$,

$\cos\left(\dfrac{\pi}{2}-\alpha\right)=\sin\alpha$,$\tan\left(\dfrac{\pi}{2}-\alpha\right)=\cot\alpha$;

公式六:$\sin\left(\dfrac{\pi}{2}+\alpha\right)=\cos\alpha$,

$\cos\left(\dfrac{\pi}{2}+\alpha\right)=-\sin\alpha$,$\tan\left(\dfrac{\pi}{2}+\alpha\right)=-\cot\alpha$.

9. 三角函数的性质

函数 性质	$y=\sin x$	$y=\cos x$	$y=\tan x$
定义域	$\mathbf{R}$	$\mathbf{R}$	$\{x\mid x\neq k\pi,k\in\mathbf{Z}\}$
值域	$[-1,1]$	$[-1,1]$	$\mathbf{R}$
周期	2π	2π	π
奇偶性	奇函数	偶函数	奇函数
单调性	在$\left[-\frac{\pi}{2}+2k\pi,\frac{\pi}{2}+2k\pi\right]$上是增函数;在$\left[\frac{\pi}{2}+2k\pi,\frac{3}{2}\pi+2k\pi\right]$上是减函数,$k\in\mathbf{Z}$	在$[(2k-1)\pi,2k\pi]$上是增函数;在$[2k\pi,(2k+1)\pi]$上是减函数,$k\in\mathbf{Z}$	在$\left(-\frac{\pi}{2}+k\pi,\frac{\pi}{2}+k\pi\right)$内都是增函数,$k\in\mathbf{Z}$

10. 两角和与差公式

(1)和角公式:

$\sin(\alpha+\beta)=\sin\alpha\cos\beta+\cos\alpha\sin\beta$

$\cos(\alpha+\beta)=\cos\alpha\cos\beta-\sin\alpha\sin\beta$

$\tan(\alpha+\beta)=\dfrac{\tan\alpha+\tan\beta}{1-\tan\alpha\tan\beta}$

(2)差角公式:

$\sin(\alpha-\beta)=\sin\alpha\cos\beta-\cos\alpha\sin\beta$

$\cos(\alpha-\beta)=\cos\alpha\cos\beta+\sin\alpha\sin\beta$

$\tan(\alpha-\beta)=\dfrac{\tan\alpha-\tan\beta}{1+\tan\alpha\tan\beta}$

11. 二倍角公式

$\sin 2\alpha=2\sin\alpha\cos\alpha$

$\cos 2\alpha=\cos^2\alpha-\sin^2\alpha=2\cos^2\alpha-1=1-2\sin^2\alpha$

$\tan 2\alpha=\dfrac{2\tan\alpha}{1-\tan^2\alpha}$

12. 半角公式

$\sin\dfrac{\alpha}{2}=\pm\sqrt{\dfrac{1-\cos\alpha}{2}}$

$\cos\dfrac{\alpha}{2}=\pm\sqrt{\dfrac{1+\cos\alpha}{2}}$

$\tan\dfrac{\alpha}{2}=\pm\sqrt{\dfrac{1-\cos\alpha}{1+\cos\alpha}}=\dfrac{\sin\alpha}{1+\cos\alpha}=\dfrac{1-\cos\alpha}{\sin\alpha}$

13. 万能公式

$\sin\alpha=\dfrac{2\tan\frac{\alpha}{2}}{1+\tan^2\frac{\alpha}{2}}$

$\cos\alpha=\dfrac{1-\tan^2\frac{\alpha}{2}}{1+\tan^2\frac{\alpha}{2}}$

14. 三角公式的重要变形

(1)降幂公式:

$\sin^2\alpha=\dfrac{1-\cos 2\alpha}{2},\cos^2\alpha=\dfrac{1+\cos 2\alpha}{2}$

(2)升幂公式:

$1-\cos 2\alpha=2\sin^2\alpha,1+\cos 2\alpha=2\cos^2\alpha$

(3)正切和(差):

$\tan\alpha+\tan\beta=\tan(\alpha+\beta)(1-\tan\alpha\tan\beta)$

$\tan\alpha+\tan\beta=\dfrac{\sin(\alpha+\beta)}{\cos\alpha\cos\beta}$

$\tan\alpha-\tan\beta=\tan(\alpha-\beta)(1+\tan\alpha\tan\beta)$

(4)正弦平方差:

$\sin^2\alpha-\sin^2\beta=\sin(\alpha+\beta)\sin(\alpha-\beta)$

15. 和差化积公式

$\sin\alpha+\sin\beta=2\sin\dfrac{\alpha+\beta}{2}\cos\dfrac{\alpha-\beta}{2}$

$\sin\alpha-\sin\beta=2\cos\dfrac{\alpha+\beta}{2}\sin\dfrac{\alpha-\beta}{2}$

$\cos\alpha+\cos\beta=2\cos\dfrac{\alpha+\beta}{2}\cos\dfrac{\alpha-\beta}{2}$

$\cos\alpha-\cos B=-2\sin\dfrac{\alpha+\beta}{2}\sin\dfrac{\alpha-\beta}{2}$

16. 积化和差公式

$\sin\alpha\cos\beta=\dfrac{1}{2}[\sin(\alpha+\beta)+\sin(\alpha-\beta)]$

$\cos\alpha\sin\beta=\dfrac{1}{2}[\sin(\alpha+\beta)-\sin(\alpha-\beta)]$

$\cos\alpha\cos\beta=\frac{1}{2}[\cos(\alpha+\beta)+\cos(\alpha-\beta)]$

$\sin\alpha\sin\beta=-\frac{1}{2}[\cos(\alpha+\beta)-\cos(\alpha-\beta)]$

17. 辅助角公式

$a\sin x\pm b\cos x=\sqrt{a^2+b^2}\sin\left(x\pm\arctan\frac{b}{a}\right)$ $(a>0,b>0)$

$a\cos x\pm b\sin x=\sqrt{a^2+b^2}\cos\left(x\mp\arctan\frac{b}{a}\right)$ $(a>0,b>0)$

18. 弧度制下的弧长公式、扇形面积公式

(1)弧长公式：α 为已知角的弧度数，l 是以已知角为圆心角所对圆弧的长，r 为圆弧所在圆的半径，则 $l=|\alpha|r$；

(2)扇形面积公式：$S_{扇形}=\frac{1}{2}lr=\frac{1}{2}|\alpha|r^2$.

19. 正弦定理

$\frac{a}{\sin A}=\frac{b}{\sin B}=\frac{c}{\sin C}=2R$

推论：①$a:b:c=\sin A:\sin B:\sin C$

②$a=2R\sin A,b=2R\sin B,c=2R\sin C$

③$\sin A=\frac{a}{2R},\sin B=\frac{b}{2R},\sin C=\frac{c}{2R}$

20. 余弦定理

$a^2=b^2+c^2-2bc\cos A$

$b^2=a^2+c^2-2ac\cos B$

$c^2=a^2+b^2-2ab\cos C$

推论：$\cos A=\frac{c^2+b^2-a^2}{2bc}$，$\cos B=\frac{a^2+c^2-b^2}{2ac}$，$\cos C=\frac{a^2+b^2-c^2}{2ab}$

21. 三角形面积公式

在$\triangle ABC$中，设$\angle A$、$\angle B$、$\angle C$的对边分别为a、b、c；a、b、c边上的高分别为h_a、h_b、h_c；$S_{\triangle ABC}$为面积，$p=\frac{a+b+c}{2}$(半周长)，则

①$S_{\triangle ABC}=\frac{1}{2}ah_a=\frac{1}{2}bh_b=\frac{1}{2}ch_c$

②$S_{\triangle ABC}=\frac{1}{2}ab\sin C=\frac{1}{2}bc\sin A=\frac{1}{2}\cdot ac\cdot\sin B$

③$S_{\triangle ABC}=\sqrt{p(p-a)(p-b)(p-c)}$(海伦公式)

22. 基本初等函数的导数公式

(1)若 $f(x)=c$(c 为常数)，则 $f'(x)=0$；

(2)若$f(x)=x^n(n\in Q^*)$，则$f'(x)=nx^{n-1}$；

(3)若$f(x)=\sin x$，则$f'(x)=\cos x$；

(4)若$f(x)=\cos x$，则$f'(x)=-\sin x$；

(5)若$f(x)=a^x$，则$f'(x)=a^x\ln a$；

(6)若$f(x)=e^x$，则$f'(x)=e^x$；

(7)若$f(x)=\log_a x$，则$f'(x)=\frac{1}{x\ln a}$；

(8)若$f(x)=\ln x$，则$f'(x)=\frac{1}{x}$.

23. 导数的四则运算

(1)和差的导数：$(u+v)'=u'+v'$；

(2)积的导数：$(uv)'=u'v+uv'$；

特别地$(cu)'=cu'$(c是常数)；

(3)商的导数：$\left(\frac{u}{v}\right)'=\frac{u'v-uv'}{v^2}(u\neq v)$.

24. 复合函数的求导法则

复合函数$y=f(g(x))$的导数和函数$y=f(u),u=g(x)$的导数之间的关系为$y'_x=y'_u\cdot u'_x$.

25. 函数的单调性与其导函数的正负关系

在某个区间(a,b)内，如果$f'(x)>0$，那么函数$y=f(x)$在这个区间内单调递增；如果$f'(x)<0$，那么函数$y=f(x)$在这个区间内单调递减.

26. 定积分的性质

(1) $\int_a^b kf(x)\mathrm{d}x = k\int_a^b f(x)\mathrm{d}x$（$k$ 为常数）；

(2) $\int_a^b [f_1(x) \pm f_2(x)]\mathrm{d}x = \int_a^b f_1(x)\mathrm{d}x \pm \int_a^b f_2(x)\mathrm{d}x$；

(3) $\int_a^b f(x)\mathrm{d}x = \int_a^c f(x)\mathrm{d}x + \int_c^b f(x)\mathrm{d}x$（其中 $a<c<b$）.

27. 微积分基本定理（牛顿—莱布尼兹公式）

一般地，如果 $f(x)$ 是区间 $[a,b]$ 上的连续函数，并且 $F'(x)=f(x)$，那么 $\int_a^b f(x)\mathrm{d}x = F(b)-F(a)$.

第三篇　数列

1. 数列的前 n 项和 S_n 与通项 a_n 的关系

$$a_n=\begin{cases}S_1\ (n=1),\\ S_n-S_{n-1}\ (n\geqslant 2).\end{cases}$$

2. 等差数列的有关公式

等差数列的通项公式为 $a_n=a_1+(n-1)d$，变形公式为 $a_n=a_m+(n-m)d$，

等差数列前 n 项和公式为

$$S_n=\frac{(a_1+a_n)n}{2}=na_1+\frac{n(n-1)}{2}d.$$

3. 等比数列的有关公式

等比数列的通项公式为 $a_n=a_1q^{n-1}$，变形公式为 $a_n=a_mq^{n-m}(q\neq 0)$，

等比数列前 n 项和公式为

$$S_n=\begin{cases}na_1\ (q=1),\\ \dfrac{a_1(1-q^n)}{1-q}=\dfrac{a_1-a_nq}{1-q}\ (q\neq 1).\end{cases}$$

第四篇　不等式

1. 不等式的基本原理

$a-b>0 \Leftrightarrow a>b$

$a-b=0 \Leftrightarrow a=b$

$a-b<0 \Leftrightarrow a<b$

这是推证不等式基本性质的出发点.

2. 不等式的基本性质

(1) 对称性：$a>b \Leftrightarrow b<a$

(2) 传递性：

$a>b, b>c \Rightarrow a>c$；$c<b, b<a \Rightarrow c<a$

(3) 单调性：

$a>b \Rightarrow a+c>b+c$（加法单调性）

$a>b, c>0 \Rightarrow ac>bc$；$a>b, c<0 \Rightarrow ac<bc$（乘法单调性）

(4) 可运算性：

$a>b, c>d \Rightarrow a+c>b+d$（加法法则）

$a>b>0, c>d>0 \Rightarrow ac>bd$（乘法法则）

$a>b>0, n\in \mathbf{N}^*, n>1 \Rightarrow a^n>b^n$（乘方法则）

$a>b>0, n\in \mathbf{N}^*, n>1 \Rightarrow \sqrt[n]{a}>\sqrt[n]{b}$（开方法则）

3. 证明不等式常用的定理

定理 1（重要不等式）：如果 a、$b\in \mathbf{R}$，那么 $a^2+b^2\geqslant 2ab$，当且仅当 $a=b$ 时，等号成立.

定理 2（均值不等式）：如果 a、b 是正数，那么 $\frac{a+b}{2}\geqslant\sqrt{ab}$，当且仅当 $a=b$ 时，等号成立.

定理 3：如果 a、b、c 是正数，那么 $\frac{a+b+c}{3}\geqslant\sqrt[3]{abc}$，当且仅当 $a=b=c$ 时，等号成立.

定理 4（一般形式的算术—几何平均值不等式）：如果 a_1、a_2、…、a_n 为 n 个正数，那么 $\frac{a_1+a_2+\cdots+a_n}{n}\geqslant\sqrt[n]{a_1a_2\cdot\cdots\cdot a_n}$，当且仅当 $a_1=a_2=\cdots=a_n$ 时，等号成立.

4. 绝对值的三角不等式

定理 1　若 a、b 为实数，则 $|a+b|\leqslant|a|+|b|$，当且仅当 $ab\geqslant 0$ 时，等号成立.

定理 2　设 a、b、c 为实数，则 $|a-c|\leqslant|a-b|+|b-c|$，等号成立 $\Leftrightarrow (a-b)(b-c)\geqslant 0$，

即 b 落在 a、c 之间.

推论1 $||a|-|b||\leqslant|a+b|$;

推论2 $||a|-|b||\leqslant|a-b|$.

第五篇 算法初步

1. 输入、输出、赋值语句的一般格式

(1)输入语句的一般格式:

```
INPUT "提示内容";变量
```

(2)输出语句的一般格式:

```
PRINT "提示内容";表达式
```

(3)赋值语句的一般格式: `变量=表达式`

2. 条件语句

(1)IF-THEN 语句的一般格式是

```
IF  条件  THEN
      语句体
END IF
```

(2)IF-THEN-ELSE 语句的一般格式是

```
IF  条件  THEN
      语句体1
ELSE
      语句体2
END IF
```

3. 循环语句

(1)UNTIL 语句的一般格式是

```
DO
   循环体
LOOP UNTIL  条件
```

(2)WHILE 语句的一般格式是

```
WHILE  条件
   循环体
WEND
```

第六篇 平面解析几何

1. 直线的斜率公式

(1)$k=\tan\alpha(0°\leqslant\alpha<180°$,且 $\alpha\neq90°)$;

(2)$k=\dfrac{y_2-y_1}{x_2-x_1}$(直线经过 $P_1(x_1,y_1)$、$P_2(x_2,y_2)$ 两点).

2. 直线方程的五种形式

(1)点斜式:$y-y_0=k(x-x_0)(k\neq0)$;

(2)斜截式:$y=kx+b(k\neq0)$;

(3)两点式:$\dfrac{y-y_1}{y_2-y_1}=\dfrac{x-x_1}{x_2-x_1}(x_1\neq x_2,y_1\neq y_2)$;

(4)截距式:$\dfrac{x}{a}+\dfrac{y}{b}=1(a\neq0$ 且 $b\neq0)$;

(5)一般式:$Ax+By+C=0(A^2+B^2\neq0)$.

3. 两直线的位置关系

设两直线分别为 $l_1:y=k_1x+b_1$ 或 $A_1x+B_1y+C_1=0$,$l_2:y=k_2x+b_2$ 或 $A_2x+B_2y+C_2=0$,则有

$l_1/\!/l_2\Leftrightarrow k_1=k_2$ 且 $b_1\neq b_2$ 或 $A_1B_2-A_2A_1=0$ 且 $A_1C_2-A_2C_1\neq0$ 或 $B_1C_2-B_2C_1\neq0$,

$l_1\perp l_2\Leftrightarrow k_1\cdot k_2=-1$ 或 $A_1A_2+B_1B_2=0$.

4. 中点坐标公式

设 $P_1(x_1,y_1)$、$P_2(x_2,y_2)$,则线段 P_1P_2 的中点 $P(x,y)$ 的坐标为 $\begin{cases}x=\dfrac{x_1+x_2}{2},\\ y=\dfrac{y_1+y_2}{y}.\end{cases}$

5. 两点间距离公式

(1)平面内两点间距离公式:如果表示向量 $\boldsymbol{a}$ 的有向线段的起点和终点的坐标分别为 (x_1,y_1),(x_2,y_2),那么 $|\boldsymbol{a}|=\sqrt{(x_1-x_2)^2+(y_1-y_2)^2}$;

(2)空间两点间距离公式:已知空间有两点 $A(x_1,y_1,z_1)$,$B(x_2,y_2,z_2)$,则 $|AB|=\sqrt{(x_1-x_2)^2+(y_1-y_2)^2+(z_1-z_2)^2}$.

6. 点到直线的距离和两平行线间的距离

(1)点 $P(x_0,y_0)$ 到直线 $Ax+By+C=0$ 的距离:$d=\dfrac{|Ax_0+By_0+C|}{\sqrt{A^2+B^2}}$;

(2)两平行直线 $Ax+By+C_1=0$ 与 $Ax+By+C_2=0$ 间的距离：$d=\frac{|C_1-C_2|}{\sqrt{A^2+B^2}}$.

7. 圆的方程

(1)圆的标准方程：$(x-a)^2+(y-b)^2=r^2$；

(2)圆的一般方程：$x^2+y^2+Dx+Ey+F=0$，其中 $D^2+E^2-4F>0$.

8. 点和圆的位置关系

已知点 $P(x_0,y_0)$，圆 $(x-a)^2+(y-b)^2=r^2$，设点 P 到圆心的距离为 d，则

(1)点 P 在圆内 $\Leftrightarrow d<r\Leftrightarrow(x_0-a)^2+(y_0-b)^2<r^2$；

(2)点 P 在圆上 $\Leftrightarrow d=r\Leftrightarrow(x_0-a)^2+(y_0-b)^2=r^2$；

(3)点 P 在圆外 $\Leftrightarrow d>r\Leftrightarrow(x_0-a)^2+(y_0-b)^2>r^2$.

9. 直线和圆的位置关系

已知直线 $Ax+By+C=0$ 和圆 $(x-a)^2+(y-b)^2=r^2$，圆心 (a,b) 到直线的距离为 d，则

(1)直线与圆相离 $\Leftrightarrow d>r$；

(2)直线与圆相切 $\Leftrightarrow d=r$；

(3)直线与圆相交 $\Leftrightarrow d<r$.

10. 两圆的位置关系

已知两圆圆心为 O_1、O_2，两圆半径为 r_1、r_2，则

两圆相离 $\Leftrightarrow |O_1O_2|>r_1+r_2$；

两圆外切 $\Leftrightarrow |O_1O_2|=r_1+r_2$；

两圆相交 $\Leftrightarrow |r_1-r_2|<|O_1O_2|<r_1+r_2$；

两圆内切 $\Leftrightarrow |O_1O_2|=|r_1-r_2|$；

两圆内含 $\Leftrightarrow |O_1O_2|<|r_1-r_2|$.

11. 椭圆的相关公式

(1)标准方程：

焦点在 x 轴上，$\frac{x^2}{a^2}+\frac{y^2}{b^2}=1(a>b>0)$，

焦点在 y 轴上，$\frac{x^2}{b^2}+\frac{y^2}{a^2}=1(a>b>0)$；

(2)a、b、c 间的关系：$a^2=b^2+c^2$；

(3)离心率：$0<e=\frac{c}{a}<1$.

12. 双曲线的相关公式

(1)标准方程：

焦点在 x 轴上，$\frac{x^2}{a^2}-\frac{y^2}{b^2}=1(a,b>0)$，

焦点在 y 轴上，$\frac{y^2}{a^2}-\frac{x^2}{b^2}=1(a,b>0)$；

(2)a、b、c 间的关系：$a^2+b^2=c^2$；

(3)离心率：$e=\frac{c}{a}>1$；

(4)渐近线方程：$\frac{x}{a}\pm\frac{y}{b}=0$(焦点在 x 轴上).

13. 抛物线的相关公式

(1)标准方程：

焦点在 x 轴上，$y^2=2px(p>0)$，

焦点在 y 轴上，$x^2=2py(p>0)$；

(2)离心率：$e=1$.

14. 弦长公式

直线 $y=kx+b$ 与圆锥曲线(若是双曲线，则交点必须在同一支上)相交于 $A(x_1,y_1)$，$B(x_2,y_2)$，则弦长 $|AB|=\sqrt{1+k^2}\,|x_1-x_2|=\sqrt{1+\frac{1}{k^2}}\,|y_1-y_2|$.

15. 平移公式

设 $P(x,y)$ 是图形 F 上的任意一点，共在平移后的图形 F' 上的对应点为 $P'(x',y')$，设 $\overrightarrow{PP'}=(h,k)$，则有 $\begin{cases}x'=x+h,\\y'-y+k.\end{cases}$

16. 极坐标和直角坐标的互化公式

$\rho^2=x^2+y^2$，$\tan\theta=\frac{y}{x}(x\neq0)$.

17. 参数方程

(1) 圆 $x^2+y^2=r^2$ 的参数方程

$\begin{cases}x=r\cos\theta,\\ y=r\sin\theta\end{cases}$ (θ 为参数)

(2) 椭圆 $\frac{x^2}{a^2}+\frac{y^2}{b^2}=1$ 的参数方程

$\begin{cases}x=a\cos\varphi,\\ y=b\sin\varphi\end{cases}$ (φ 为参数)

(3) 双曲线 $\frac{x^2}{a^2}-\frac{y^2}{b^2}=1$ 的参数方程

$\begin{cases}x=a\sec\varphi,\\ y=b\tan\varphi\end{cases}$ (φ 为参数)

(4) 抛物线 $y^2=2px$ 的参数方程

$\begin{cases}x=2pt^2,\\ y=2pt\end{cases}$ (t 为参数)

第七篇　向量和立体几何

1. 向量加法的三角形法则

已知非零向量 $\boldsymbol{a}$、$\boldsymbol{b}$，在平面内任取一点 A，作 $\overrightarrow{AB}=\boldsymbol{a}$，$\overrightarrow{BC}=\boldsymbol{b}$，则向量 $\overrightarrow{AC}$ 叫做 $\boldsymbol{a}$ 与 $\boldsymbol{b}$ 的和，记作 $\boldsymbol{a}+\boldsymbol{b}$，即 $\boldsymbol{a}+\boldsymbol{b}=\overrightarrow{AB}+\overrightarrow{BC}=\overrightarrow{AC}$.

2. 向量加法的平行四边形法则

已知非零向量 $\boldsymbol{a}$、$\boldsymbol{b}$，在平面上任取一点 A，作 $\overrightarrow{AB}=\boldsymbol{a}$，$\overrightarrow{AD}=\boldsymbol{b}$，以 $\overrightarrow{AB}$ 和 $\overrightarrow{AD}$ 为邻边作 ▱$ABCD$，则以 A 为起点的对角线 $\overrightarrow{AC}$ 就是 $\boldsymbol{a}$ 与 $\boldsymbol{b}$ 的和，即 $\overrightarrow{AC}=\boldsymbol{a}+\boldsymbol{b}$.

3. 向量减法的三角形法则

已知两个向量 $\boldsymbol{a}$、$\boldsymbol{b}$，在平面内任取一点 O，作 $\overrightarrow{OA}=\boldsymbol{a}$，$\overrightarrow{OB}=\boldsymbol{b}$，则 $\overrightarrow{BA}=\boldsymbol{a}-\boldsymbol{b}$，即 $\boldsymbol{a}-\boldsymbol{b}$ 可以表示从向量 $\boldsymbol{b}$ 的终点指向向量 $\boldsymbol{a}$ 的终点的向量.

4. 数乘的运算律

设 λ、μ 为实数，那么

(1) $\lambda(\mu\boldsymbol{a})=(\lambda\mu)\boldsymbol{a}$

(2) $(\lambda+\mu)\boldsymbol{a}=\lambda\boldsymbol{a}+\mu\boldsymbol{a}$

(3) $\lambda(\boldsymbol{a}+\boldsymbol{b})=\lambda\boldsymbol{a}+\lambda\boldsymbol{b}$

5. 向量共线的充要条件

(1) 向量 $\boldsymbol{b}$ 与非零向量 $\boldsymbol{a}$ 共线的充要条件是有且只有一个系数 λ，使得 $\boldsymbol{b}=\lambda\boldsymbol{a}$

(2) 设 $\boldsymbol{a}=(x_1,y_1)$，$\boldsymbol{b}=(x_2,y_2)$，其中 $\boldsymbol{b}\neq 0$，则 $\boldsymbol{a}/\!/\boldsymbol{b}\Leftrightarrow x_1y_2-x_2y_1=0$

6. 平面向量的基本定理

如果 $\boldsymbol{e}_1$、$\boldsymbol{e}_2$ 是同一平面内的两个不共线向量，那么对于这一平面内的任意向量 $\boldsymbol{a}$，有且只有一对实数 λ_1、λ_2，使 $\boldsymbol{a}=\lambda_1\boldsymbol{e}_1+\lambda_2\boldsymbol{e}_2$

7. 平面向量的坐标运算

设 $\boldsymbol{a}=(x_1,y_1)$，$\boldsymbol{b}=(x_2,y_2)$，则

(1) $\boldsymbol{a}+\boldsymbol{b}=(x_1+x_2,y_1+y_2)$

(2) $\boldsymbol{a}-\boldsymbol{b}=(x_1-x_2,y_1-y_2)$

(3) $\lambda\boldsymbol{a}=(\lambda x_1,\lambda y_1)$

8. 三角形的重心公式

(1) 坐标公式

若 $\triangle ABC$ 的各顶点坐标分别为 $A(x_1,y_1)$、$B(x_2,y_2)$、$C(x_3,y_3)$，则 $\triangle ABC$ 的重心 $G(x,y)$ 的坐标为 $\begin{cases}x=\frac{x_1+x_2+x_3}{3},\\ y=\frac{y_1+y_2+y_3}{3};\end{cases}$

(2) 向量公式

在 $\triangle ABC$ 中，O 是平面内任一点，$\overrightarrow{OA}=\boldsymbol{a}$，$\overrightarrow{OB}=\boldsymbol{b}$，$\overrightarrow{OC}=\boldsymbol{c}$，$G$ 为 $\triangle ABC$ 的重心，则 $\overrightarrow{OG}=\frac{1}{3}\cdot(\boldsymbol{a}+\boldsymbol{b}+\boldsymbol{c})$.

9. 数量积的性质

设 $\boldsymbol{a}$、$\boldsymbol{b}$ 都是非零向量，$\boldsymbol{e}$ 是单位向量，θ 是 $\boldsymbol{a}$ 与 $\boldsymbol{e}$ 的夹角，则

(1) $\boldsymbol{e}\cdot\boldsymbol{a}=\boldsymbol{a}\cdot\boldsymbol{e}=|\boldsymbol{a}|\cos\theta$;

(2) $\boldsymbol{a}\perp\boldsymbol{b}\Leftrightarrow\boldsymbol{a}\cdot\boldsymbol{b}=0$;

(3) 当 $\boldsymbol{a}$ 与 $\boldsymbol{b}$ 同向时，$\boldsymbol{a}\cdot\boldsymbol{b}=|\boldsymbol{a}|\cdot|\boldsymbol{b}|$，

当 $\boldsymbol{a}$ 与 $\boldsymbol{b}$ 反向时，$\boldsymbol{a}\cdot\boldsymbol{b}=-|\boldsymbol{a}|\cdot|\boldsymbol{b}|$，

特别地，$\boldsymbol{a}\cdot\boldsymbol{a}=|\boldsymbol{a}^2|$ 或 $|\boldsymbol{a}|=\sqrt{\boldsymbol{a}\cdot\boldsymbol{a}}$（$\boldsymbol{a}\cdot\boldsymbol{a}$ 可以简写成 $\boldsymbol{a}^2$）;

(4) $\cos\theta=\frac{\boldsymbol{a}\cdot\boldsymbol{b}}{|\boldsymbol{a}|\cdot|\boldsymbol{b}|}$;

(5) $|\boldsymbol{a}\cdot\boldsymbol{b}|\leqslant|\boldsymbol{a}|\cdot|\boldsymbol{b}|$.

10. 数量积的运算律

已知向量 $\boldsymbol{a}$、$\boldsymbol{b}$、$\boldsymbol{c}$ 和实数 λ、μ,则

(1)交换律:$\boldsymbol{a}\cdot\boldsymbol{b}=\boldsymbol{b}\cdot\boldsymbol{a}$

(2)数乘结合律:$\lambda\boldsymbol{a}\cdot\boldsymbol{b}=\lambda(\boldsymbol{a}\cdot\boldsymbol{b})=\boldsymbol{a}\cdot(\lambda\boldsymbol{b})$

(3)分配律:$(\boldsymbol{a}+\boldsymbol{b})\cdot\boldsymbol{c}=\boldsymbol{a}\cdot\boldsymbol{c}+\boldsymbol{b}\cdot\boldsymbol{c}$

注意

对于向量 $\boldsymbol{a}$、$\boldsymbol{b}$、$\boldsymbol{c}$:(1)由 $\boldsymbol{a}\cdot\boldsymbol{b}=\boldsymbol{b}\cdot\boldsymbol{c}$ 不能得出 $\boldsymbol{a}=\boldsymbol{c}$;(2) $(\boldsymbol{a}\cdot\boldsymbol{b})\cdot\boldsymbol{c}\neq\boldsymbol{a}\cdot(\boldsymbol{b}\cdot\boldsymbol{c})$;(3)当 $\boldsymbol{a}\neq 0$ 时,由 $\boldsymbol{a}\cdot\boldsymbol{b}=0$ 不能得到 $\boldsymbol{b}=0$.

11. 数量积的坐标表示

设 $\boldsymbol{a}=(x_1,y_1)$,$\boldsymbol{b}=(x_2,y_2)$,则

(1) $\boldsymbol{a}\cdot\boldsymbol{b}=x_1x_2+y_1y_2$

(2) $\boldsymbol{a}^2=|\boldsymbol{a}|^2=x_1^2+y_1^2$

(3) $|\boldsymbol{a}|=\sqrt{x_1^2+y_1^2}$

(4) $\cos\theta=\frac{x_1x_2+y_1y_2}{\sqrt{x_1^2+y_1^2}\cdot\sqrt{x_2^2+y_2^2}}$

(5) $\boldsymbol{a}\perp\boldsymbol{b}\Leftrightarrow x_1x_2+y_1y_2=0$

12. 空间向量定理

对空间任意两个向量 $\boldsymbol{a}$、$\boldsymbol{b}$ ($\boldsymbol{b}\neq 0$),$\boldsymbol{a}\parallel\boldsymbol{b}$ 的充要条件是存在唯一的实数 λ,使 $\boldsymbol{a}=\lambda\boldsymbol{b}$.

13. 共面向量定理

如果两个向量 $\boldsymbol{a}$、$\boldsymbol{b}$ 不共线,那么向量 $\boldsymbol{p}$ 与向量 $\boldsymbol{a}$、$\boldsymbol{b}$ 共面的充要条件是:存在唯一的实数对 (x,y),使 $\boldsymbol{p}=x\boldsymbol{a}+y\boldsymbol{b}$.

14. 空间向量基本定理

如果三个向量 $\boldsymbol{a}$、$\boldsymbol{b}$、$\boldsymbol{c}$ 不共面,那么对空间任一向量 $\boldsymbol{p}$ 存在唯一的有序实数组 $\{x,y,z\}$,使 $\boldsymbol{p}=x\boldsymbol{a}+y\boldsymbol{b}+z\boldsymbol{c}$.

15. 空间向量的数量积性质

(1) $\boldsymbol{a}\cdot\boldsymbol{e}=|\boldsymbol{a}|\cos\langle\boldsymbol{a},\boldsymbol{e}\rangle$ ($\boldsymbol{e}$ 为单位向量)

(2) $\boldsymbol{a}\perp\boldsymbol{b}\Leftrightarrow\boldsymbol{a}\cdot\boldsymbol{b}=0$

(3) $|\boldsymbol{a}|^2=\boldsymbol{a}\cdot\boldsymbol{a}$

16. 空间向量的直角坐标运算

设 $\boldsymbol{a}=(a_1,a_2,a_3)$,$\boldsymbol{b}=(b_1,b_2,b_3)$,则

(1) $\boldsymbol{a}+\boldsymbol{b}=(a_1+b_1,a_2+b_2,a_3+b_3)$

(2) $\boldsymbol{a}-\boldsymbol{b}=(a_1-b_1,a_2-b_2,a_3-b_3)$

(3) $\boldsymbol{a}\cdot\boldsymbol{b}=(a_1b_1+a_2b_2+a_3b_3)$,特别地,$\boldsymbol{a}\cdot\boldsymbol{a}=a_1^2+a_2^2+a_3^2$

(4) $\boldsymbol{a}\parallel\boldsymbol{b}(\boldsymbol{b}\neq 0)\Leftrightarrow a_1=\lambda b_1,a_2=\lambda b_2,a_3=\lambda b_3(\lambda\in\mathbf{R},b\neq 0)$ 或 $\frac{a_1}{b_1}=\frac{a_2}{b_2}=\frac{a_3}{b^3}(b_1\cdot b_2\cdot b_3\neq 0)$

(5) $\boldsymbol{a}\perp\boldsymbol{b}\Leftrightarrow a_1b_1+a_2b_2+a_3b_3=0$

(6)若 $A(x_1,y_1,z_1)$,$B(x_2,y_2,z_2)$,则 $\overrightarrow{AB}=\overrightarrow{OB}-\overrightarrow{OA}=(x_2,y_2,z_2)-(x_1,y_1,z_1)=(x_2-x_1,y_2-y_1,z_2-z_1)$

17. 空间向量 a 与 b 的夹角

设 $\boldsymbol{a}=(a_1,a_2,a_3)$,$\boldsymbol{b}=(b_1,b_2,b_3)$,则

$$\cos<\boldsymbol{a},\boldsymbol{b}>=\frac{a_1b_1+a_2b_2+a_3b_3}{\sqrt{a_1^2+a_2^2+a_3^2}\cdot\sqrt{b_1^2+b_2^2+b_3^2}}$$

18. 柱、锥、台体的侧面积、表面积公式

(1)直棱柱:$S_{侧}=ch$(c 为底面周长,高是 h),$S_{全}=S_{侧}+2S_{底}$

(2)圆柱:$S_{侧}=2\pi rl$(r 为底面圆半径,l 是母线长),$S_{全}=2\pi rl+2\pi r^2$

(3)圆锥:$S_{侧}=\pi rl$,$S_{全}=\pi rl+\pi r^2$

(4)圆台:$S_{侧}=\pi(r'l-rl)$,$S_{全}=\pi(r'^2+r^2+r'l-rl)$

19. 柱、锥、台体的体积公式

(1)棱(圆)柱的体积:$V=Sh$,S 为棱(圆)柱的底面面积,h 为棱(圆)柱的高

(2)棱(圆)锥的体积:$V=\frac{1}{3}Sh$,S 为棱(圆)锥的底面面积,h 为棱(圆)锥的高

(3)棱(圆)台的体积:$V=\frac{1}{3}h(S+\sqrt{SS'}+S')$,$S$、$S'$分别为上、下底的面积

20. 球的体积和表面积公式

$V_{球}=\frac{4}{3}\pi R^3$，$S_{球}=4\pi R^2$，R 为球的半径

21. 平面的基本性质

公理 1　如果一条直线上的两点在一个平面内，那么这条直线上所有的点都在这个平面内.

用集合符号表示为：若 $A\in l, B\in l, A\in\alpha, B\in\alpha$，则 $l\subset\alpha$（如图 $F-1$）.

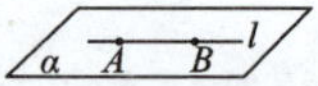

图 $F-1$

公理 2　经过不在同一条直线上的三点，有且只有一个平面.

根据公理 2 还可以得出下面三个推论（如图 $F-2$）：

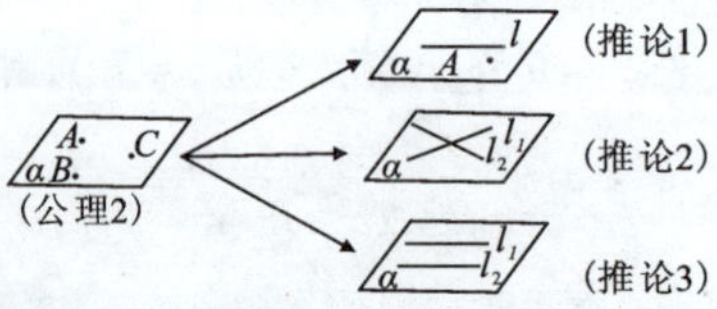

图 $F-2$

推论 1　经过一条直线和这条直线外的一点，有且只有一个平面.

推论 2　经过两条相交直线，有且只有一个平面.

推论 3　经过两条平行直线，有且只有一个平面.

公理 3　如果两个平面有一个公共点，那么它们有且只有一条通过这个点的公共直线.

用集合符号表示为：

若 $A\in\alpha, A\in\beta$，则 $\alpha\cap\beta=l$，且 $A\in l$.（如图 $F-3$）.

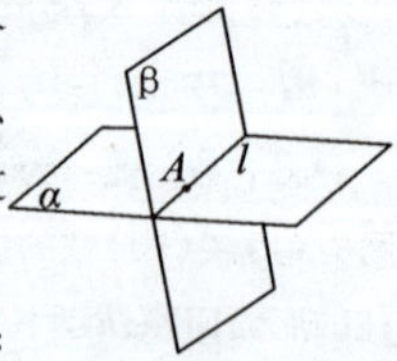

图 $F-3$

平行公理（公理 4）

平行于同一条直线的两条直线互相平行，即已知直线 a、b、c，若 $a/\!/b$，$c/\!/b$，则 $a/\!/c$.

22. 等角定理

如果一个角的两边和另一角的两边分别平行并且方向相同，那么这两个角相等.

等角定理的推论：如果两条相交直线和另两条相交直线分别平行，那么这两组直线所成的锐角（或直角）相等.

23. 异面直线的判定定理

平面内一点和平面外一点的连线，和平面内不经过该点的直线是异面直线（如图 $F-4$）.

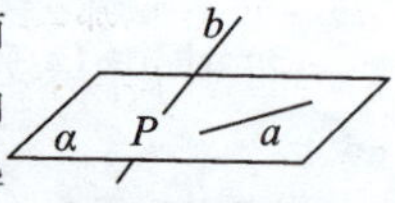

图 $F-4$

24. 直线和平面平行的判定定理

如果平面外的一条直线和这个平面内的一条直线平行，那么这条直线和这个平面平行. 即

$$\left.\begin{array}{l}直线\ a\not\subset 平面\ M,\\ 直线\ b\subset 平面\ M,\\ 直线\ a/\!/直线\ b\end{array}\right\}\Rightarrow 直线\ a/\!/平面\ M.$$

25. 直线和平面平行的性质定理

如果一条直线和一个平面平行，经过这条直线的平面和这个平面相交，那么这条直线就和两平面的交线平行. 即

$$\left.\begin{array}{l}直线\ a/\!/平面\ M,\\ 直线\ a\subset 平面\ N,\\ 直线\ M\cap 平面\ N=b\end{array}\right\}\Rightarrow a/\!/b.$$

26. 直线和平面垂直的判定定理

如果一条直线和一个平面内的两条相交直线都垂直，那么这条直线垂直于这个平面. 即

$$\left.\begin{array}{l}直线\ a\subset 平面\ M,\\ 直线\ b\subset 平面\ M,\\ 直线\ a\cap 直线\ b\neq\varnothing,\\ 直线\ l\perp a, 直线\ l\perp b\end{array}\right\}\Rightarrow 直线\ l\perp 平面\ M.$$

如果两条平行线中的一条垂直于一个平面，那么另一条直线也垂直于这个平面. 即

直线 $a/\!/$直线 b，$a\perp$平面 $M\Rightarrow b\perp$平面 M.

27. 直线和平面垂直的性质定理

如果两条直线垂直于同一个平面，那么这两条直线平行. 即

直线 $a\perp$ 平面 M，直线 $b\perp$ 平面 M，则 $a/\!/b$.

28. 两个平面平行的判定定理

如果一个平面内有两条相交直线都平行于另一个平面，那么这两个平面平行.

判定两个平面平行，也可以使用下述判定定理：

垂直于同一条直线的两个平面平行.

29. 两个平面平行的性质定理

(1) 如果两个平面平行，那么其中一个平面内的直线必平行于另一个平面；

(2) 如果两个平行平面同时与第三个平面相交，那么它们的交线平行；

(3) 如果一条直线垂直于两个平行平面中的一个平面，那么它也垂直于另一个平面；

(4) 夹在两个平行平面间的平行线段相等.

30. 两个平面垂直的判定定理

如果一个平面经过另一个平面的一条垂线，那么这两个平面垂直. 用符号表示为

$$\left.\begin{array}{l}\text{直线 } l\perp\text{平面 }\alpha,\\ l\subset\text{平面 }\beta\end{array}\right\}\Rightarrow\alpha\perp\beta.$$

也可以利用两个平面垂直的定义判定两个平面垂直.

31. 两个平面垂直的性质定理

性质定理 1　如果两个平面垂直，那么在一个平面内垂直于它们交线的直线垂直于另一个平面. 即

$$\left.\begin{array}{l}\text{平面 }M\perp\text{平面 }N,\\ M\cap N=a,\\ b\subset M,b\perp a\end{array}\right\}\Rightarrow b\perp N.$$

性质定理 2　如果两个平面垂直，那么经过第一个平面内的一点垂直于第二个平面的直线在第一个平面内. 即

$$\left.\begin{array}{l}\text{平面 }M\perp\text{平面 }N,\\ A\in M,A\in l,l\perp N\end{array}\right\}\Rightarrow l\subset M.$$

性质定理 3　如果两个相交平面都垂直于第三个平面，那么它们的交线垂直于第三个平面. 即

$$\left.\begin{array}{l}\text{平面 }M\cap\text{平面 }N=l,\\ \text{平面 }M\perp\text{平面 }P,\text{平面 }N\perp\text{平面 }P\end{array}\right\}\Rightarrow l\perp P.$$

第八篇　推理与证明

1. 平行线等分线段定理

如果一组平行线在一条直线上截得的线段相等，那么在其他直线上截得的线段也相等.

推论 1　经过三角形一边的中点与另一边平行的直线必平分第三边.

推论 2　经过梯形一腰的中点，且与底边平行的直线平分另一腰.

2. 平行线分线段成比例定理

三条平行线截两条直线，所得的对应线段成比例.

推论　平行于三角形一边的直线截其他两边(或两边的延长线)所得的对应线段成比例.

3. 直角三角形的射影定理

直角三角形斜边上的高是两直角边在斜边上射影的比例中项；两直角边分别是它们在斜边上射影与斜边的比例中项.

4. 圆周角定理

圆上一条弧所对的圆周角等于它所对的圆心角的一半.

5. 圆心角定理

圆心角的度数等于它所对的弧的度数

推论 1　同弧或等弧所对的圆周角相等；在同圆或等圆中，相等的圆周角所对的弧也相等.

推论 2　半圆(或直径)所对的圆周角是直角；90°的圆周角所对的弦是直径.

6. 圆内接四边形的性质定理

定理1　圆的内接四边形的对角互补.

定理2　圆内接四边形的外角等于它的内角的对角.

7. 圆内接四边形的判定定理

定理　如果一个四边形的对角互补,那么这个四边形的四个顶点共圆.

推论　如果四边形的一个外角等于它的内角的对角,那么这个四边形的四个顶点共圆.

8. 切线的性质定理

定理　圆的切线垂直于经过切点的半径.

推论1　经过圆心且垂直于切线的直线必经过切点.

推论2　经过切点且垂直于切线的直线必经过圆心.

9. 切线的判定定理

经过半径的外端并且垂直于这条半径的直线是圆的切线.

10. 弦切角定理

弦切角等于它所夹的弧所对的圆周角.

11. 相交弦定理

圆内的两条相交弦,被交点分成的两条线段长的积相等.

12. 割线定理

从圆外一点引圆的两条割线,这一点到每条割线与圆的交点的两条线段长的积相等.

13. 切割线定理

从圆外一点引圆的切线和割线,切线长是这点到割线与圆交点的两条线段长的比例中项.

14. 切线长定理

从圆外一点引圆的两条切线,它们的切线长相等,圆心和这一点的连线平分两条切线的夹角.

15. 平面与圆柱面的截线

定理　圆柱形物体的斜截面与圆柱的交线是椭圆.

16. 平面与圆锥面的截线

定理　在空间中,取直线 l 为轴,直线 l' 与 l 相交于 O 点,夹角为 α, l' 围绕 l 旋转得到以 O 为顶点, l' 为母线的圆锥面. 任取平面 π,若它与轴 l 的交角为 β(当 π 与 l 平行时,记 $\beta=0$),则

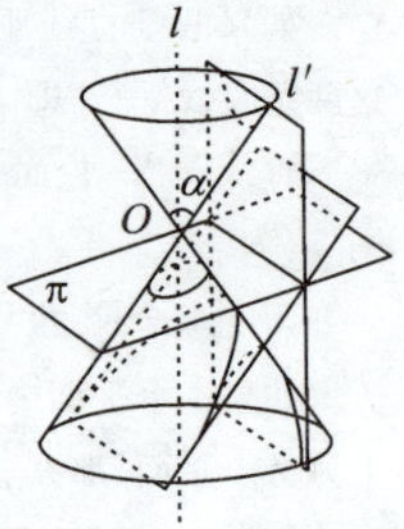

图 F-5

(1) $\beta>\alpha$,平面 π 与圆锥的交线为椭圆;

(2) $\beta=\alpha$,平面 π 与圆锥的交线为抛物线;

(3) $\beta<\alpha$,平面 π 与圆锥的交线为双曲线.

第九篇　复数

1. 复数相等的充要条件

$a+bi$ 与 $c+di$ 相等的充要条件是 $a=c$ 且 $b=d$. 特别地 $a+bi=0\Leftrightarrow a=0, b=0$.

2. 复数代数形式的四则运算

(1)加法运算:

$(a+bi)+(c+di)=(a+c)+(b+d)i$;

(2)减法运算:

$(a+bi)-(c+di)=(a-c)+(b-d)i$;

(3)乘法运算:设 $z_1=a+bi, z_2=c+di$ (a、b、c、$d\in\mathbf{R}$),则

$z_1\cdot z_2=(a+bi)(c+di)=ac+bci+adi-bd=(ac-bd)+(ad+bc)i$;

(4)除法运算: $(a+bi)\div(c+di)=\frac{ac+bd}{c^2+d^2}+\frac{bc-ad}{c^2+d^2}i$($a$、$b$、$c$、$d\in\mathbf{R}$, $c+di\neq0$).

第十篇　计数原理

1. 分类计数原理

完成一件事可以有 n 类办法,在第1类办法中有 m_1 种不同的方法,在第2类办法中有 m_2 种不同的方法……在第 n 类办法中有 m_n 种不同的方法,那么完成此事的方法共有 $N=m_1+m_2+\cdots+m_n$ 种不同的方法.

2. 分步计数原理

完成一件事,需要分成 n 个步骤,做第 1 步有 m_1 种不同的方法,做第 2 步有 m_2 种不同的方法……做第 n 步有 m_n 种不同的方法,那么完成这件事共有 $N=m_1\cdot m_2\cdot\cdots\cdot m_n$ 种不同的方法.

3. 排列数公式

$A_n^m=n(n-1)(n-2)\cdots(n-m+1)$

$=\dfrac{n!}{(n-m)!}$,

$A_n^n=n!$.

4. 组合数公式

$C_n^m=\dfrac{A_n^m}{A_m^m}=\dfrac{n(n-1)(n-2)\cdots(n-m+1)}{m!}$

$=\dfrac{n!}{m!\ (n-m)!}$.

5. 组合数的性质

性质 1 $C_n^m=C_n^{n-m}$

性质 2 $C_{n+1}^m=C_n^m+C_n^{m-1}$

性质 3 $kC_n^k=nC_{n-1}^{k-1}$

6. 二项式定理

$(a+b)^n=C_n^0a^n+C_n^1a^{n-1}b+C_n^2a^{n-2}b^2+\cdots+C_n^ra^{n-r}b^r+\cdots+C_n^{n-1}ab^{n-1}+C_n^nb^n(n\in\mathbf{N}^*)$

7. 二次展开式的通项公式

$T_{r+1}=C_n^ra^{n-r}b^r$

8. 二项式系数的主要性质

(1) $C_n^{n-m}=C_n^m$

(2) $C_n^0+C_n^1+C_n^2+\cdots+C_n^n=2^n$

(3) $C_n^1+C_n^3+C_n^5+\cdots=C_n^0+C_n^2+C_n^4+\cdots=2^{n-1}$

(4) 如果 n 是偶数,那么中间项 $\left(\text{第}\dfrac{n}{2}+1\text{项}\right)$的二项式系数 $C_n^{\frac{n}{2}}$ 最大,

如果 n 是奇数,那么中间项 $\left(\text{第}\dfrac{n+1}{2}\text{项和第}\dfrac{n+1}{2}+1\text{项}\right)$的二项式系数 $C_n^{\frac{n-1}{2}}$ 及 $C_n^{\frac{n+1}{2}}$ 最大

第十一篇 概率

1. 概率的加法公式

如果事件 A 与事件 B 互斥,那么 $P(A\cup B)=P(A)+P(B)$.

2. 对立事件的概率公式

若事件 A 的对立事件记作 $\overline{A}$,则 $P(\overline{A})=1-P(A)$.

3. 条件概率公式

在事件 A 发生的条件下事件 B 发生的概率 $P(B|A)=\dfrac{P(AB)}{P(A)}$.

如果 B 和 C 是两个互斥事件,那么 $P(B\cup C|A)=P(B|A)+P(C|A)$.

4. 相互独立事件同时发生的概率

如果 A、B 是相互独立事件,那么 $P(A\cdot B)=P(A)P(B)$.

一般地,如果事件 A_1、A_2、…、A_n 相互独立,那么 $P(A_1\cdot A_2\cdot\cdots\cdot A_n)=P(A_1)\cdot P(A_2)\cdot\cdots\cdot P(A_n)$

5. 独立重复试验中事件 A 发生 k 次的概率

如果在一次试验中,事件 A 发生的概率为 P,那么在 n 次独立重复试验中,事件 A 恰好发生 k 次的概率为 $P_n(k)=C_n^kP^k(1-P)^{n-k}$.

6. 数学期望计算公式

(1) 一般地,若离散型随机变量 X 的分布列为

X	x_1	x_2	…	x_i	…	x_n
P	p_1	p_2	…	p_i	…	p_n

则随机变量 X 的均值(数学期望) $EX=x_1p_1+x_2p_2+\cdots+x_ip_i+\cdots+x_np_n$

(2) $E(aX+b)=aEX+b$

(3) 若 X 服从两点分布,则 $EX=p$

(4) 若 $X\sim B(n,p)$,则 $EX=np$

7. 离散型随机变量的方差

(1) $DX=\sum_{i=1}^{n}(x_i-EX)^2p_i$

(2) $D(aX+b)=a^2DX$

(3) 若 X 服从两点分布，则 $DX=p(1-p)$

(4) 若 $X\sim B(n,p)$，则 $DX=np(1-p)$

8. 正态分布密度函数

$\varphi_{\mu,\sigma}(x)=\dfrac{1}{\sqrt{2\pi}\sigma}e^{-\frac{(x-\mu)^2}{2\sigma^2}}$，$x\in\mathbf{R}$，式中的系数 μ、$\sigma(\sigma>0)$ 是参数，分别表示总体的平均数与标准差.

9. 正态分布的概率

(1) $P(a<X\leqslant b)=\int_a^b\varphi_{\mu,\sigma}(x)\mathrm{d}x$

(2) $P(\mu-a<X\leqslant\mu+a)=\int_{\mu-a}^{\mu+a}\varphi_{\mu,\sigma}(x)\mathrm{d}x$

第十二篇　统计

1. 方差

$s^2=\dfrac{1}{n}[(x_1-\bar{x})^2+(x_2-\bar{x})^2+\cdots+(x_n-\bar{x})^2]$，$\bar{x}$ 表示 x_1、x_2、…、x_n 这 n 个数的平均数.

2. 标准差

方差的算术平方根 $s=\sqrt{\dfrac{1}{n}[(x_1-\bar{x})^2+(x_2-\bar{x})^2+\cdots+(x_n-\bar{x})^2]}$

3. 方差简化计算公式

(1) $s^2=\dfrac{1}{n}[(x_1^2+x_2^2+\cdots+x_n^2)-n\bar{x}^2]$

$=\dfrac{1}{n}(x_1^2+x_2^2+\cdots+x_n^2)-\bar{x}^2$

(2) $s^2=\dfrac{1}{n}[(x_1'^2+x_2'^2+\cdots+x_n'^2)-n\bar{x}'^2]$，其中 $x_1'=x_1-a$，$x_2'=x_2-a$，…，$x_n'=x_n-a$，$x_1,x_2,\cdots,x_n$ 是原已知的 n 个数据，a 是接近这组数据的平均数的一个常数.

4. 方差的运算性质

(1) 一组新数据 $x_1+b,x_2+b,\cdots,x_n+b$ 的方差仍是 s^2（b 是常数）；

(2) 一组新数据 $ax_1,ax_2,\cdots,ax_n$ 的方差是 a^2s^2，标准差是 $|a|s$（a 是常数）；

(3) 一组新数据 $ax_1+b,ax_2+b,\cdots,ax_n+b$ 的方差是 a^2s^2，标准差是 $|a|s$.

5. 回归直线方程的计算

回归直线方程 $\hat{y}=\hat{b}x+\hat{a}$，其中

$$\begin{cases}\hat{b}=\dfrac{\sum_{i=1}^{n}(x_i-\bar{x})\cdot(y_i-\bar{y})}{\sum_{i=1}^{n}(x_i-\bar{x})^2}=\dfrac{\sum_{i=1}^{n}x_iy_i-n\bar{x}\bar{y}}{\sum_{i=1}^{n}x_i^2-n\bar{x}^2},\\ \hat{a}=\bar{y}-\hat{b}\bar{x}\end{cases}$$

6. 相关系数的计算公式

$$r=\frac{\sum_{i=1}^{n}(x_i-\bar{x})(y_i-\bar{y})}{\sqrt{\sum_{i=1}^{n}(x_i-\bar{x})^2\sum_{i=1}^{n}(y_i-\bar{y})^2}}$$

$$=\frac{\sum_{i=1}^{n}x_iy_i-n\bar{x}\bar{y}}{\sqrt{(\sum_{i=1}^{n}x_i^2-n\bar{x}^2)\sum_{i=1}^{n}(y_i^2-n\bar{y}^2)}}$$

7. 相关指数的计算公式

$$R^2=1-\frac{\sum_{i=1}^{n}(y_i-\hat{y}_i)^2}{\sum_{i=1}^{n}(y_i-\bar{y})^2}$$

8. 独立性检验

一般地，假设有两个分类变量 X 和 Y，它们的可能取值分别为 $\{x_1,x_2\}$ 和 $\{y_1,y_2\}$，其样本频数列联表为

	y_1	y_2	总计
x_1	a	b	$a+b$
x_2	c	d	$c+d$
总计	$a+c$	$b+d$	$a+b+c+d$

利用随机变量 $K^2=\dfrac{n(ad-bc)^2}{(a+b)(c+d)(a+c)(b+d)}$（其中 $n=a+b+c+d$）来确定是否能以一定把握认为“两个分类变量有关系”的方法，称为两个分类变量的独立性检验.

附录2 思想方法总述

一、函数与方程思想

函数与方程思想是高中数学的一条主线,这不仅可以从高中新课程内容中一直是以函数为主线贯穿这一事实体现出来,而且函数与方程思想也是数学最本质的思想方法之一.函数思想使常量数学进入了变量数学,高中数学中的初等函数、数列、不等式、解析几何等问题都可以转化为函数与方程问题.

函数思想是指运用运动和变化的观点,集合与对应的内在联系,去分析和研究数学问题中的数量关系,建立函数关系或构造函数,运用函数的图象和性质去分析问题、转化问题和解决问题,应用非常广泛.深刻理解一般函数的单调性、周期性、值域和图象变换,熟练掌握一次函数、二次函数、反比例函数、幂函数、指数函数和对数函数、三角函数的具体特性,是应用函数思想解题的基础,而善于分析问题的结构特征,揭示其内在联系,挖掘隐含条件,从而恰当地构造函数和灵活运用函数的性质是解题的关键.

与函数思想相联系的就是方程思想.所谓方程思想,就是在解决问题时,用事先设定的未知数沟通问题中所涉及的各量间的制约关系,列出方程(组),从而求出未知数及各量的值,使问题得解.所设的未知数,沟通了变量之间的联系.方程可以看作是未知量与已知量相互制约的条件,它架设了由已知探索未知的桥梁,事实上,方程 $f(x)=0$ 的解就是函数 $y=f(x)$ 的图象与 x 轴的交点的横坐标,函数 $y=f(x)$ 也可以看作二元方程 $f(x)-y=0$,通过方程进行研究.方程思想可以动中求静,研究运动中的等量关系.

函数与方程思想在解题中的应用主要表现在以下几个方面:

(1)函数与不等式的相互转化,对于函数 $y=f(x)$,当 $y>0$ 时,就化为不等式 $f(x)>0$,借助于函数的图象和性质可解决有关问题,而研究函数的性质也离不开不等式.

(2)数列是一种特殊的函数,数列的通项公式与前 n 项和公式都可以看成是 n 的函数,也可以看成方程或方程组,特别是等差数列的通项公式可以看成是 n 的一次函数,而其求和公式可以看成是 n 的二次函数,因此,许多数列问题可以用函数与方程的思想进行分析,并加以解决.

(3)函数 $f(x)=(a+bx)^n(n\in\mathbf{N}^*)$ 与二项式定理密切相关,利用这个函数,用赋值法和比较系数法可以解决很多有关二项式定理的问题及求和问题.

(4)解析几何中的许多问题,例如,直线与二次曲线的位置关系问题,需要通过解二元方程组才能解决.这都涉及了二次方程与二次函数的有关理论.

(5)立体几何中有关线段、角、面积、体积的计算,经常需要运用列方程或建立函数表达式的方法加以解决,建立空间向量后,立体几何与函数的关系就更加密切了.

二、数形结合思想

数与形是数学中两个最古老、也是最基本的研究对象,它们在一定的条件下可以相互转化,如某些代数问题、三角问题往往都有几何背景,而借助其背景图形的性质,可使那些抽象的概念、复杂的数量关系变得直观,以便于探求解题思路或找到问题的结论.数形结合不仅是一种重要的解题方法,而且也是一种重要的思维方法,因此它在中学数学中占有重要的地位

数形结合解题就是在解决与几何图形有关的问题时,将图形信息转换成代数信息,利用数量特征将其转化为代数问题;在解决与

数量有关的问题时，根据数量的结构特征构造出相应的几何图形，即化为几何问题. 从而利用数形的辩证统一和各自的优势尽快地得到解题途径，这对提高分析和解决问题的能力将有极大的帮助.

应用数形结合的思想方法解题，通常从以下几个方面入手：

(1) 集合及其运算问题——Venn 图与数轴；

(2) 函数与函数图象——函数图象的几何特征与数量特征紧密结合；

(3) 不等式与函数图象；

(4) 曲线与方程；

(5) 参数本身的几何意义；

(6) 代数式的结构特点；

(7) 概念自身的几何意义，如复数的几何意义及向量表示，把复数与平面几何和解析几何有机地联系在一起；

(8) 可行域与目标函数的最值；

(9) 向量的两重性.

三、分类讨论思想

1. 分类讨论思想是将一个较复杂的数学问题分解(或分割)成若干个基础性问题，通过对基础性问题的解答来实现解决原问题的思想策略. 对问题实行分类与整合，分类标准等于增加一个已知条件，实现了有效增设，将大问题(或综合性问题)分解为小问题(或基础性问题)，优化解题思路，降低问题难度.

2. 分类讨论的常见类型：

(1) 由数学概念引起的分类讨论：有的概念本身是分类的，如绝对值、二次函数、直线斜率、指数函数、对数函数等.

(2) 由性质、定理、公式的限制引起的分类讨论：有的数学定理、公式、性质是分类给出的，在不同的条件下结论不一致，如等比数列的前 n 项和公式、函数的单调性等.

(3) 由数学运算要求引起的分类讨论：如除法运算中除数不为零，偶次方根非负，对数中对真数与底数的要求，指数运算中对底数的要求，不等式两边同乘一个正数、负数，三角函数的定义域等.

(4) 由图形的不确定性引起的分类讨论：有的图形类型、位置需要分类，如角的终边所在的象限，点、线、面的位置关系等.

(5) 由参数的变化引起的分类讨论：某些含有参数的问题，如含参数的方程、不等式，由于参数的取值不同会导致所得结果不同，或对于不同的参数值要运用不同的求解或证明方法.

四、转化与化归思想

1. 转化与化归的思想方法是数学中最基本的思想方法. 数学中一切问题的解决都离不开转化与化归，数形结合思想体现了数与形的相互转化；函数与方程思想体现了函数、方程、不等式间的相互转化；分类讨论思想体现了局部与整体的相互转化，以上三种思想方法都是转化与化归思想的具体体现. 各种变换方法、分析法、反证法、待定系数法、构造法等都是转化的手段. 所以说，转化与化归是数学思想方法的灵魂.

2. 转化与化归的原则：

(1) 目标简单化原则：将复杂的问题向简单的问题转化.

(2) 和谐统一性原则：即化归应朝着使待解决问题在表现形式上趋于和谐，在量、形关系上趋于统一的方向进行，使问题的条件和结论更均匀和恰当.

(3) 具体化原则：即化归方向应由抽象到具体.

(4) 低层次原则：即将高维空间问题化归成低维空间问题.

(5) 正难则反原则：即当问题正面讨论遇到困难时，可考虑问题的反面，设法从问题的反面去探求，使问题获解.

五、数学基本方法

1. 配方法

配方法是指将一个代数式变形为一个(或几个)代数式平方的形式. 通过配方找到已知和未知的联系. 配方法主要适用于与二次项有关的函数、方程、代数式及二次曲线等问题的求解与证明.

2. 换元法

换元法是指引入一个或几个新的变量代替原来的变量(或代数式). 通过引入新变量将分散的条件联系起来,实现化难为易、化繁为简、化未知为已知的目的. 常用的换元方法有代数换元、三角换元等.

3. 待定系数法

要确定变量间的函数关系,设出某些未知系数,然后根据所给条件来确定这些未知系数的方法叫做待定系数法.

使用待定系数法的一般步骤:

(1)确定所给问题中含待定系数的解析式(或曲线方程)等,或根据题意设出函数解析式(或曲线方程);

(2)根据题中恒等的条件,列出一组含待定系数的方程;

(3)解方程或消去待定系数,使问题获解.

待定系数法主要适用于:求函数的解析式、求曲线方程(椭圆、双曲线、抛物线)等.

4. 构造法

以已知条件为原料,以所求结论为方向,构造出一种新的数学形式,使得问题在这种形式下能简捷获解. 常见的构造对象有:构造函数模型、构造数列、构造图形、构造反例等.

5. 代入法

代入法又称转移法或相关点代入法,是指在运动变化的过程中,一个动点随着另一个动点的变化而变化,而其中一个动点在已知曲线上或适合已知方程,此时可用代入法解题. 代入法主要应用于与对称有关的函数问题及二次曲线的轨迹问题.

6. 定义法

如果动点轨迹满足某种已知曲线的定义,那么可根据定义直接写出曲线方程,定义法常用于求直线、圆、圆锥曲线的方程.

7. 参数法

选择适当的中间变量(参数),并用它分别表示动点的坐标,从而得到动点轨迹的参数方程,消去参数即得轨迹的普通方程,这种求轨迹方程的方法叫做参数法. 具体解题时,经常以角度、直线的斜率、点的坐标、线段长度等为参数,但要注意参数的取值范围.

8. 坐标法

以坐标系为工具,建立合适的坐标系,用代数方法解决几何问题,突显了转化与化归的思想.

9. 反证法

反证法的一般步骤是:①否定结论;②推理论证;③导出矛盾;④肯定结论.

适用于用反证法证明的数学问题:

(1)结论本身是以否定形式出现的一类问题;

(2)关于唯一性、存在性命题;

(3)结论以“至多”“至少”等形式出现的命题;

(4)结论的反面比原结论更具体、更容易证明的命题;

(5)一般关系不明确或难于直接证明的不等式.

附录3 中国数学发展史概略

中国古代文明概述

中国是世界文明古国之一，地处亚洲东部，太平洋西岸. 黄河流域和长江流域是中华民族文化的摇篮，大约在公元前2000年，在黄河中下游产生了第一个奴隶制国家——夏朝（公元前2070—公元前1600年），共经历十三世、十六王. 其后又有奴隶制国家商（公元前1600—公元前1046年，共经历十七世、三十一王）和西周（公元前1046—公元前771年，共经历约二百七十五年，传十一世、十二王）. 随后出现了中国历史上的第一次全国性大分裂形成的时期——春秋（公元前770—公元前476年）战国（公元前475—公元前221年）. 春秋后期，中国文明进入封建时代，到公元前221年秦王嬴政统一全国，出现了中国历史上第一个封建帝制国家——秦朝（公元前221—公元前206年）. 在以后的时间里，中国封建文明在秦帝国的封建体制的基础下不断完善并持续发展，经历了统一强盛的西汉帝国（公元前206—公元25年）、东汉王朝（25—220年）、战乱频繁与分裂的三国时期（220—280年）、西晋（265—317年）与东晋王朝（317—420年）、汉民族以外的少数民族统治的南朝（420—589年）与北朝（386—581年）. 到了公元581年，由隋再次统一了全国，建立了隋朝（581—618年），接着经历了强大富庶文化繁荣的大唐王朝（618—907年）、北方少数民族政权辽（916—1125年）、经济和文化发达的北宋（960—1127年）与南宋（1127—1279年）、蒙古族建立的控制范围扩张至整个西亚地区的疆域最大的元朝（1271—1368年），元朝灭亡后，汉族人在华夏大地上重新建立起来的封建王朝——明朝（1368—1644年），明王朝于17世纪中期为少数民族女真族（满族）建立的清朝（1616—1911年）所代替. 清朝是中国最后一个封建帝制国家. 自此之后，中国脱离了帝制而转入了现代民主国家.

中国文明与古代埃及、美索不达米亚、印度文明一样，都是古老的农耕文明，但与其他文明截然不同，它持续发展两千余年之久，在世界文明史上是绝无仅有的. 这种文明十分注重社会事务的管理，强调实际与经验，关心人和自然的和谐与人伦社会的秩序，儒家思想是调解社会矛盾、维系这一文明持续发展的重要思想基础.

中国的起源与早期发展

据《易·系辞》记载：“上古结绳而治，后世圣人易之以书契”. 在殷墟出土的甲骨文卜辞中有很多记数的文字. 从一到十，及百、千、万是专用的记数文字，共有13个独立符号，记数用合文书写，其中有十进制的记数法，出现最大的数字为三万.

算筹是中国古代的计算工具，而这种计算方法称为筹算. 算筹的产生年代已不可考，但可以肯定的是筹算在春秋时代已很普遍.

用算筹记数，有纵、横两种方式：

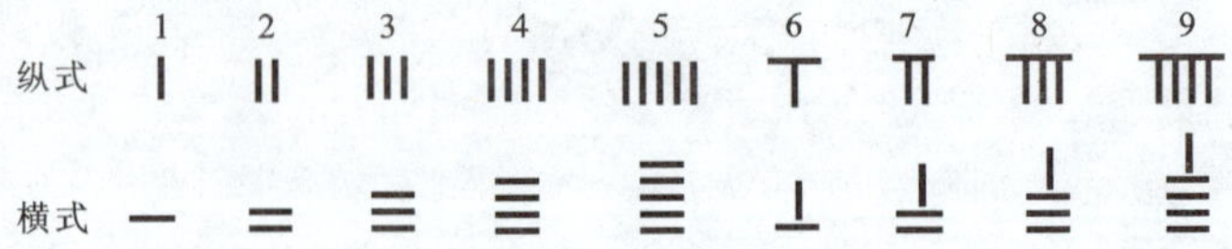

表示一个多位数字时,采用十进位值制,各位值的数目从左到右排列,纵横相间(法则是:一纵十横,百立千僵,千、十相望,万、百相当),并以空位表示零.算筹为加、减、乘、除等运算建立起良好的条件.

筹算直到15世纪元朝末年才逐渐为珠算所取代,中国古代数学就是在筹算的基础上取得其辉煌成就的.

在几何学方面,《史记·夏本纪》中说夏禹治水时已使用了规、矩、准、绳等作图和测量工具,并早已发现"勾三股四弦五"这个勾股定理(西方称毕达哥拉斯定理)的特例.战国时期,齐国人著的《考工记》,汇总了当时手工业技术的规范,包含了一些测量的内容,并涉及到一些几何知识,例如角的概念.

战国时期的百家争鸣也促进了数学的发展,一些学派还总结和概括出与数学有关的许多抽象概念.著名的有《墨经》中关于某些几何名词的定义和命题,例如:"圆,一中同长也"、"平,同高也"等等.墨家还给出有穷和无穷的定义.《庄子》记载了惠施等人的名家学说和桓团、公孙龙等辩者提出的论题,强调抽象的数学思想,例如"至大无外谓之大一,至小无内谓之小一"、"一尺之棰,日取其半,万世不竭"等.这些许多几何概念的定义、极限思想和其他数学命题是相当可贵的数学思想,但这种重视抽象性和逻辑严密性的新思想未能得到很好的继承和发展.

此外,讲述阴阳八卦,预言吉凶的《易经》已有了组合数学的萌芽,并反映出二进制的思想.

中国数学体系的形成与奠基

这一时期包括从秦汉、魏晋、南北朝,共400年间的数学发展历史.秦汉是中国古代数学体系的形成时期,为使不断丰富的数学知识系统化、理论化,数学方面的专著陆续出现.

现传中国历史最早的数学专著是1984年在湖北江陵张家山出土的成书于西汉初的汉简《算数书》,与其同时出土的一本汉简历谱所记乃吕后二年(公元前186年),所以该书的成书年代至晚是公元前186年(应该在此前).

西汉末年(公元前1世纪)编纂的《周髀算经》,尽管是谈论盖天说、宇宙论的天文学著作,但包含许多数学内容,在数学方面主要有两项成就:(1)提出勾股定理的特例及普遍形式;(2)测太阳高、远的陈子测日法,为后来重差术(勾股测量法)的先驱.此外,还有较复杂的开方问题和分数运算等.

《九章算术》是一部经几代人整理、删补和修订而成的古代数学经典著作,约成书于东汉初年(公元前1世纪).全书采用问题集的形式编写,共收集了246个问题及其解法,分属于方田、粟米、衰分、少广、商功、均输、盈不足、方程和勾股九章.主要内容包括分数四则和比例算法、各种面积和体积的计算、关于勾股测量的计算等.在代数方面,《方程》章中所引入的负数概念及正负数加减法法则,在世界数学史上都是最早的记载;书中关于线性方程组的解法和现在中学讲授的方法基本相同.就《九章算术》的特点来说,它注重应用,注重理论联系实际,形成了以筹算为中心的数学体系,对中国古算影响深远.它的一些成就如十进制、今有术、盈不足术等还传到印度和阿拉伯,并通过这些国家传到欧洲,促进了世界数学的发展.

魏晋时期中国数学在理论上有了较大的发展.其中赵爽(生卒年代不详)和刘徽(生卒年代不详)的工作被认为是中国古代数学理论体系的开端.三国吴人赵爽是中国古代对数学定理和公式进行证明的最早的数学家之一,对《周髀算经》做了详尽的注释,在《勾股圆方图注》中用几何方法严格证明了勾股定理,他的方法已体现了割补原理的思想.赵爽还提出了用几何方法求解二次方程的新方法. 263 年,三国魏人刘徽注释《九章算术》,在《九章算术注》中不仅对原书的方法、公式和定理进行一般的解释和推导,系统地阐述了中国传统数学的理论体系与数学原理,而且在其论述中多有创造,在卷1《方田》中创立割圆术(即用圆内接正多边形面积无限逼近圆面积的办法),为圆周率的研究工作奠定理论基础和提供了科学的算法,他运用"割圆术"得出圆周率的近似值为3 927/1 250(即3.141 6);在《商功》章中,为解决球体积公式的问题而构造了"牟合方盖"的几何模型,为祖暅获得正确结果开辟了道路;为建立多面体体积理论,运用极限方法成功地证明了阳马术;他还撰著《海岛算经》,发扬了古代勾股测量术——重差术.

南北朝时期的社会长期处于战争和分裂状态,但数学的发展依然蓬勃,出现了《孙子算经》、《夏侯阳算经》、《张邱建算经》等算学著作. 约于公元4~5世纪成书的《孙子算经》给出"物不知数"问题并做了解答,导致求解一次同余组问题在中国的滥觞;《张邱建算经》的"百鸡问题"引出三个未知数的不定方程组问题.

公元5世纪,祖冲之、祖暅父子的工作在这一时期最具代表性,他们在《九章算术》刘徽注的基础上,将传统数学大大向前推进了一步,成为重视数学思维和数学推理的典范. 他们同时在天文学上也有突出的贡献. 其著作《缀术》已失传,根据史料记载,他们在数学上主要有三项成就:(1)计算圆周率精确到小数点后第六位,得到 $3.1415926 < \pi < 3.1415927$,并求得 π 的约率为22/7,密率为355/113,其中密率是分子分母在1 000以内的最佳值,欧洲直到十六世纪德国人鄂图和荷兰人安托尼兹才得出同样结果;(2)祖暅在刘徽工作的基础上推导出球体体积的正确公式,并提出"幂势既同则积不容异"的体积原理,即二立体等高处截面积均相等则二体体积相等的定理. 欧洲十七世纪意大利数学家卡瓦列利才提出同一定理;(3)发展了二次与三次方程的解法.

同时代的天文历学家何承天创调日法,以有理分数逼近实数,发展了古代的不定分析与数值逼近算法.

中国数学教育制度的建立

隋朝大兴土木,客观上促进了数学的发展. 唐初王孝通撰《缉古算经》,主要是通过土木工程中计算土方、工程的分工与验收以及仓库和地窖计算等实际问题,讨论如何以几何方式建立三次多项式方程,发展了《九章算术》中的少广、勾股章中开方理论.

隋唐时期是中国封建官僚制度建立时期,随着科举制度与国子监制度的确立,数学教育有了长足的发展. 唐朝于656年在国子监设立算学馆,设有算学博士和助教,由太史令李淳风等人编纂注释《算经十书》(包括《周髀算经》、《九章算术》、《海岛算经》、《孙子算经》、《张邱建算经》、《夏侯阳算经》、《缉古算经》、《五曹算经》、《五经算术》和《缀术》),作为算学馆学生用的课本,对保存古代数学经典起了重要的作用.

由于南北朝时期的一些重大天文发现在隋唐之交开始落实到历法编算中,使唐代历法中出现一些重要的数学成果. 公元600年,隋代刘焯在制订《皇极历》时,在世界上最早提出了等间距二次内插公式,这在数学史上是一项杰出的创造,唐代僧一行在其《大衍历》中将其发展为不等间距二次内插公式.

唐朝后期,计算技术有了进一步的改进和普及,出现很多种实用的算术书,对于乘除算法力求简捷.

中国数学发展的高峰

唐朝亡后,五代十国仍是军阀混战的继续,直到北宋王朝统一了中国,农业、手工业、商业迅速繁荣，科学技术突飞猛进．从公元 11 世纪到 14 世纪（宋、元两代），筹算数学达到极盛，是中国古代数学空前繁荣、硕果累累的全盛时期．这一时期出现了一批著名的数学家和数学著作，列举如下：贾宪的《黄帝九章算法细草》（11 世纪中叶），刘益的《议古根源》（12 世纪中叶），秦九韶的《数书九章》（1247 年），李冶的《测圆海镜》（1248 年）和《益古演段》（1259 年），杨辉的《详解九章算法》（1261 年）、《日用算法》（1262 年）和《杨辉算法》（1274—1275 年），朱世杰的《算学启蒙》（1299 年）和《四元玉鉴》（1303 年）等等．宋元数学在很多领域都达到了中国古代数学，也是当时世界数学的巅峰．其中主要的工作有：

公元 1050 年左右，北宋贾宪（生卒年代不详）在《黄帝九章算法细草》中创造了开任意高次幂的“增乘开方法”，公元 1819 年英国人霍纳才得出同样的方法．贾宪还列出了二项式定理系数表，欧洲到 17 世纪才出现类似的“帕斯卡三角”（《黄帝九章算法细草》，已佚）．

公元 1088—1095 年间，北宋沈括从“酒家积罂”数与“层坛”体积等生产实践问题提出了“隙积术”，开始对高阶等差级数的求和进行研究，并创立了正确的求和公式．沈括还提出“会圆术”，得出了我国古代数学史上第一个求弧长的近似公式．他还运用运筹思想分析和研究了后勤供粮与运兵进退的关系等问题．

公元 1247 年，南宋秦九韶在《数书九章》中推广了增乘开方法，叙述了高次方程的数值解法，他列举了二十多个来自实践的高次方程的解法，最高为十次方程．欧洲到 16 世纪意大利人菲尔洛才提出三次方程的解法．秦九韶还系统地研究了一次同余式理论．

公元 1248 年，李冶（1192—1279 年）著的《测圆海镜》是第一部系统论述“天元术”（一元高次方程）的著作，这在数学史上是一项杰出的成果．在《测圆海镜·序》中，李冶批判了轻视科学实践，以数学为“九九贱技”、“玩物丧志”等谬论．

公元 1261 年，南宋杨辉（生卒年代不详）在《详解九章算法》中用“垛积术”求出几类高阶等差级数之和．公元 1274 年他在《乘除通变本末》中还叙述了“九归捷法”，介绍了筹算乘除的各种运算法．公元 1280 年，元代王恂、郭守敬等制订《授时历》时，列出了三次差的内插公式．郭守敬还运用几何方法求出相当于现在球面三角的两个公式．

公元 1303 年，元代朱世杰（生卒年代不详）著《四元玉鉴》，他把“天元术”推广为“四元术”（四元高次联立方程），并提出消元的解法，欧洲到公元 1775 年法国人别朱才提出同样的解法．朱世杰还对各有限项级数求和问题进行了研究，在此基础上得出了高次差的内插公式，欧洲到公元 1670 年英国人格里高利和公元 1676—1678 年间牛顿才提出内插法的一般公式．

公元十四世纪我国人民已使用珠算盘．在现代计算机出现之前，珠算盘是世界上简便而有效的计算工具．

中国数学的衰落与日用数学的发展

这一时期指十四世纪中叶明王朝建立到明末的 1582 年．数学除珠算外出现全面衰弱的局面，当中涉及到中算的局限、十三世纪的考试制度中已删减数学内容、明代大兴八段考试制度等复杂的问题，不少中外数学史家仍探讨当中涉及的原因．

明代最大的成就是珠算的普及，出现了许多珠算读本，乃至程大位的《直指算法统宗》（1592 年）问世，珠算理论已成系统，标志着从筹算到珠算转变的完成．但由于珠算流行，筹算几乎绝迹，建立在筹算基础上的古代数学也逐渐失传，数学出现长期停滞.

西方初等数学的传入与中西合璧

十六世纪末开始，西方传教士开始到中国活动，由于明清王朝制定天文历法的需要，传教士开始将与天文历算有关的西方初等数学知识传入中国，中国数学家在“西学中源”思想支配下，数学研究出现了一个中西融会贯通的局面.

十六世纪末，西方传教士和中国学者合译了许多西方数学专著. 其中第一部且有重大影响的是意大利传教士利马窦和徐光启合译的《几何原本》前6卷（1607年），其严谨的逻辑体系和演绎方法深受徐光启推崇. 徐光启本人撰写的《测量异同》和《勾股义》便应用了《几何原本》的逻辑推理方法论证中国的勾股测望术. 此外，《几何原本》课本中绝大部分的名词都是首创，且沿用至今. 在传入的西方数学中仅次于几何的是三角学. 在此之前，三角学只有零星的知识，而此后获得迅速发展. 介绍西方三角学的著作有邓玉函编译的《大测》（2卷，1631年）、《割圆八线表》（6卷）和罗雅谷的《测量全义》（10卷，1631年）. 在徐光启主持编译的《崇祯历书》（137卷，1629—1633年）中，介绍了有关圆锥曲线的数学知识.

入清以后，会通中西数学的杰出代表是梅文鼎，他坚信中国传统数学“必有精理”，对古代名著做了深入的研究，同时又能正确对待西方数学，使之在中国扎根，对清代中期数学研究的高潮是有积极影响的. 与他同时代的数学家还有王锡阐和年希尧等人. 清康熙帝爱好科学研究，他“御定”的《数理精蕴》（53卷，1723年），是一部比较全面的初等数学书，对当时的数学研究有一定影响.

传统数学的整理与复兴

乾嘉年间形成一个以考据学为主的干嘉学派，编成《四库全书》，其中数学著作有《算经十书》和宋元时期的著作，为保存濒于湮没的数学典籍做出重要贡献.

在研究传统数学时，许多数学家还有发明创造，例如有“谈天三友”之称的焦循、汪莱及李锐做出不少重要的工作. 李善兰在《垛积比类》（约1859年）中得到三角自乘垛求和公式，现在称之为“李善兰恒等式”. 这些工作较宋元时期的数学进了一步. 阮元、李锐等人编写了一部天文学家和数学家传记《畴人传》（46卷，1795—1810年），开数学史研究之先河.

西方数学再次东进

1840年鸦片战争后，闭关锁国政策被迫中止. 同文馆内添设“算学”，上海江南制造局内添设翻译馆，由此开始第二次翻译引进的高潮. 主要译者和著作有：李善兰与英国传教士伟烈亚力合译的《几何原本》后9卷（1857年），使中国有了完整的《几何原本》中译本；《代数学》（13卷，1859年）；《代微积拾级》（18卷，1859年）. 李善兰与英国传教士艾约瑟合译《圆锥曲线说》（3卷），华蘅芳与英国传教士傅兰雅合译《代数术》（25卷，1872年），《微积溯源》（8卷，1874年），《决疑数学》（10卷，1880年）等. 在这些译著中，创造了许多数学名词和术语，至今仍在应用. 1898年建立京师大学堂，同文馆并入. 1905年废除科举，建立西方式学校教育，使用的课本也与西方其他各国相仿.

中国现代数学的建立

这一时期是从20世纪初至今的一段时间，常以1949年新中国成立为标志划分为两个阶段.

中国近现代数学开始于清末民初的留学活动. 较早出国学习数学的有1903年留日的冯祖荀，1908年留美的郑之蕃，1910年留美的胡明复和赵元任，1911年留美的姜立夫，1912年留法的何鲁，1913年留日的陈建功和留比利时的熊庆来(1915 年转留法),1919 年留日的苏步青等人. 他们中的多数回国后成为著名数学家和数学教育家,为中国近现代数学发展做出重要贡献. 其中胡明复 1917 年取得美国哈佛大学博士学位,成为第一位获得博士学位的中国数学家. 随着留学人员的回国,各地大学的数学教育有了起色. 最初只有北京大学 1912 年成立时建立的数学系,1920 年姜立夫在天津南开大学创建数学系,1921 年和 1926 年熊庆来分别在东南大学(今南京大学)和清华大学建立数学系,不久武汉大学、齐鲁大学、浙江大学、中山大学陆续设立了数学系,到 1932 年各地已有 32 所大学设立了数学系或数理系. 1930 年熊庆来在清华大学首创数学研究部,开始招收研究生,陈省身、吴大任成为国内最早的数学研究生. 三十年代出国学习数学的还有江泽涵(1927 年)、陈省身(1934 年)、华罗庚(1936 年)、许宝禄(1936 年)等人,他们都成为中国现代数学发展的骨干力量. 同时外国数学家也有来华讲学的,例如英国的罗素(1920 年),美国的伯克霍夫(1934 年)、奥斯古德(1934 年)、维纳(1935 年),法国的阿达马(1936 年)等人. 1935 年中国数学会成立大会在上海召开,共有 33 名代表出席. 1936 年《中国数学会学报》和《数学杂志》相继问世,这些标志着中国现代数学研究的进一步发展. 解放以前的数学研究集中在纯数学领域,在国内外共发表论著 600 余种. 在分析学方面,陈建功的三角级数论、熊庆来的亚纯函数与整函数论研究是代表作,另外还有泛函分析、变分法、微分方程与积分方程的成果;在数论与代数方面,华罗庚等人的解析数论、几何数论和代数数论以及近世代数研究取得令世人瞩目的成果;在几何与拓扑学方面,苏步青的微分几何学、江泽涵的代数拓扑学、陈省身的纤维丛理论和示性类理论等研究做了开创性的工作. 在概率论与数理统计方面,许宝禄在一元和多元分析方面得到许多基本定理及严密证明. 此外,李俨和钱宝琮开创了中国数学史的研究,他们在古算史料的注释整理和考证分析方面做了许多奠基性的工作,使我国的民族文化遗产重放光彩.

新中国成立后,1949 年 11 月即成立中国科学院. 1951 年 3 月《中国数学学报》复刊(1952 年改为《数学学报》),1951 年 10 月《中国数学杂志》复刊(1953 年改为《数学通报》). 1951 年 8 月中国数学会召开建国后第一次全国代表大会,讨论了数学发展方向和各类学校数学教学改革问题.

建国后的数学研究取得长足进步. 20 世纪 50 年代初期就出版了华罗庚的《堆垒素数论》(1953 年)、苏步青的《射影曲线概论》(1954 年)、陈建功的《直角函数级数的和》(1954 年)和李俨的《中算史论丛》(5 集,1954—1955 年)等专著,到 1966 年,共发表各种数学论文约 2 万余篇. 除了在数论、代数、几何、拓扑、函数论、概率论与数理统计、数学史等学科继续取得新成果外,还在微分方程、计算技术、运筹学、数理逻辑与数学基础等分支有所突破,有许多论著达到世界先进水平,同时培养和成长起一大批优秀数学家.

20 世纪 60 年代后期,中国的数学研究基本停止,教育瘫痪、人员丧失、对外交流中断,后经多方努力状况略有改变. 1970 年《数学学报》恢复出版,并创刊《数学的实践与认识》. 1973 年陈景润在《中国科学》上发表《大偶数表示为一个素数及一个不超过二个素数的乘积之和》的论文,在哥德巴赫猜想的研究中取得突出成就. 此外中国数学家在函数论、马尔可夫方程、概率应用、运筹学、优选法等方面也有一定创见.

1978 年 11 月中国数学会召开第三次代表大会,标志着中国数学的复苏. 1978 年恢复全国数学竞赛,1985 年中国开始参加国际数学奥林匹克数学竞赛.1981年陈景润等数学家获国家自然科学奖励.1983年国家首批授予18名中青年学者以博士学位，其中数学工作者占2/3.1986年中国第一次派代表参加国际数学家大会，加入国际数学联合会，吴文俊应邀做了关于中国古代数学史的45分钟演讲.近十几年来数学研究硕果累累，发表论文专著的数量成倍增长，质量不断上升.1985年庆祝中国数学会成立50周年年会上，已确定中国数学发展的长远目标.代表们立志要不懈地努力，争取使中国在世界上早日成为新的数学大国.

中国数学的特点

1.以算法为中心，属于应用数学.中国数学不脱离社会生活与生产的实际，以解决实际问题为目标，数学研究是围绕建立算法与提高计算技术而展开的.

2.具有较强的社会性.中国传统数学文化中，数学被定为儒学家培养人的道德与技能的基本知识——六艺（礼、乐、射、御、书、数）之一，它的作用在于“通神明、顺性命，经世务、类万物”，所以中国传统数学总是被打上中国哲学与古代学术思想的烙印，往往与术数交织在一起.同时，数学教育与研究往往被封建政府所控制，唐宋时代的数学教育与科举制度、历代数学家往往是政府的天文官员，这些事例充分反映了这一性质.

3.寓理于算，理论高度概括.由于中国传统数学注重解决实际问题，而且因中国人综合、归纳思维的决定，所以中国传统数学不关心数学理论的形式化，但这并不意味中国传统仅停留在经验层次而无理论建树.其实中国数学的算法中蕴涵着建立这些算法的理论基础，中国数学家习惯把数学概念与方法建立在少数几个不证自明、形象直观的数学原理之上，如代数中的“率”的理论，平面几何中的“出入相补”原理，立体几何中的“阳马术”、曲面体理论中的“截面原理”（或称刘祖原理，即卡瓦列利原理）等等.

中国数学对世界的影响

数学活动有两项基本工作——证明与计算，前者是由于接受了公理化（演绎化）数学文化传统，后者是由于接受了机械化（算法化）数学文化传统.在世界数学文化传统中，以欧几里得《几何原本》为代表的希腊数学，无疑是西方演绎数学传统的基础，而以《九章算术》为代表的中国数学无疑是东方算法化数学传统的基础，它们东西辉映，共同促进了世界数学文化的发展.

中国数学通过丝绸之路传播到印度、阿拉伯地区，后来经阿拉伯人传入西方.而且在汉字文化圈内，一直影响着日本、朝鲜半岛、越南等亚洲国家的数学发展.

参考文献

1.钱宝琮.《中国数学史》，科学出版社

2.编写组.《中国数学史简编》，山东教育出版社

3.吴文俊主编.《中国数学史大全》，北京师范大学出版社

附录4 外国数学发展史概略

外国数学史，在古代实际上是指各个地区的数学史，例如古巴比伦数学、古埃及数学、古希腊数学、古印度数学、阿拉伯数学等；在中世纪，是指欧洲数学史；在近代，才是世界数学史. 由于中国数学有悠久的发展史，经历了数千年之久，而且具有很突出的特色，与任何一个国家或地区的发展，极不相称，所以把中国数学史单独列出很有必要，也有充分的理论根据. 相应地也把外国数学史单列一项.

在古代，亚洲底格里斯河与幼发拉底河之间的地带，是人类文明发源地之一. 公元前19世纪，苏美尔和阿卡德民族在这里建立了巴比伦王国. 19世纪，在美索不达米亚出土约50万块刻有楔形文字的泥板，经考证，这些泥板有的是公元前20世纪的遗物，有的是公元前6世纪的遗物. 这些楔形文字中也包括巴比伦人在数学上的一些成就. 由于古巴比伦对奴隶的剥削日趋严酷，农奴生活濒于绝境，于公元前6世纪，巴比伦王国覆灭，合并于波斯帝国，而巴比伦数学也告结束.

大约公元前3000年左右，在尼罗河一带，形成了古埃及王国. 由于埃及人长期与大自然作斗争，逐渐掌握了一些科学、技术知识；又因需要以物易物、丈量土地、建筑房屋及坟墓，也积累了一些数学知识；为了传递信息，古埃及人也创造了一种象形文字，一般称为僧侣文. 根据考证，尼罗河每年定期泛滥，泛滥之后，需要重新丈量被淹没的土地，因而长期以来，便由丈量土地的知识逐渐发展成为所谓几何学. 要了解古埃及的某些情况，只能通过“臭斯科纸草书”、“莱因德纸草书”这两卷纸草书进行探讨. 由于宗教的改革，古代埃及统治集团的内部斗争愈加剧烈，外部则经常受到欺凌，于公元前6世纪前后，被波斯吞并，成为一个省，而古埃及的文化也随之逐渐消失.

古代希腊是人类历史上最宏伟的文明之一，对西方的文化有巨大的影响. 古希腊文明可以追溯到公元前29世纪，一直延续到公元6世纪. 古希腊的数学发展是由学派组成的，例如，最早是以泰勒斯为代表的爱奥尼亚学派. 在爱奥尼亚学派之后，相继兴起的是毕达哥拉斯学派，在数学方面，研究了一些初等数论的问题，并以发现勾股定理（西方称为毕达哥拉斯定理）驰名于世. 与毕达哥拉斯齐名的学派，是以芝诺为代表的悖论学派，悖论学派创立了一些悖论，给学术界造成了极大的震动. 原子论学派，主张宇宙间的物质都由不可分割的元素组成的.

与悖论学派差不多同时，雅典出现了诡辩学派. 在数学方面，他们提出了三大几何问题，即“化圆为方”、“倍立方”、“三等分角”. 在雅典相继而起的是柏拉图学派，柏拉图是古希腊的著名哲学家，他注重数学，并十分推崇几何，认为几何可以培养思维能力. 该学派培养出不少优秀学生，亚里士多德就是他的学生之一. 在雅典以亚里士多德为首创办了吕园学派. 吕园学派的贡献在于创立了逻辑学，因而为欧几里得的《几何原本》铺平了发展道路. 公元前4世纪，亚历山大帝国分裂为三个国家，最大的是托勒密王朝. 托勒密王在亚历山大城建立了最大的图书馆，从而使得亚历山大城变为希腊文化的中心. 但是，到公元5— 6世纪，由于东罗马的入侵，希腊文化的发展即告终结，而保留下来的希腊文化遗产，为欧洲的文化提供了丰富的营养.

古印度也是古代文明国家之一，印度数学大约产生于公元前4世纪，当时是一种十进位制系统，经过千年的变迁，到公元6世纪，才形成印度数字，8世纪传入阿拉伯，13世纪传入欧洲，逐渐演变成现今所谓印度——阿拉伯数字. 19世纪出土了“巴克沙利手稿”，经考证，记载了印度4、5世纪的数学知识，其中论述了“反演法”及其例证. 古印度人还以“库塔卡”来解某些不定方程；还改变了希腊人的“全弦”为“半弦”，即今之“正弦”线.

阿拉伯数学是指8～15世纪伊斯兰教国家所建立的数学. 其代表人物之一是阿尔·花拉子米，他首先提出所谓“代数学”一词，他对二次方程作了系统的研究. 另一代表人物是13世纪的纳速拉丁，他首先从天文学里把三角分割出来，使其成为一门独立的学科. 阿拉伯人曾把一大批希腊、印度的著作翻译成阿拉伯文，使得这些濒于灭亡的著作获得新生，从而传入欧洲，使欧洲数学一跃而起.

中世纪数学是指以罗马为中心的数学发展概况. 由于十字军东征，欧洲人从阿拉伯获得大批希腊著作以及阿拉伯文译本，或阿拉伯人的著作，12世纪便进入大翻译时期，从而了解到希腊及阿拉伯在数学上的贡献. 13世纪初期，由一些教会学校转变为一些大学，这些大学成为影响后世数学发展的基地. 欧洲经过了文艺复兴的洗礼，数学首先发展了起来，并为后世的数学发展做了准备.

近代数学史指17～19世纪的数学发展概况. 具体来说，就是自笛卡儿、费马创立了解析几何之后，把变量引入到数学中，使数学拓展了新的领域；而牛顿、莱布尼茨创立了微积分学；纳皮尔、比尔吉发明了对数；巴斯卡、费马、惠更斯兴起了概率论，使得17世纪欧洲数学由定量数学发展成为变量数学，并达到了一定的高峰，称为古典高等数学时代 AE. 到18世纪，在数学里逐渐形成几何学、代数学、分析学的三大分支. 尤其是欧拉把以曲线为主要研究对象的微积分学拓广成以函数为主要对象，使微积分学提到极高的层次，又由于实际的需要，出现了微分方程，不久使得微分方程成为一支重要的学科. 到19世纪，由于非欧几何的诞生，射影几何的复兴、分析学的严格化、数学的公理化成为当时的主要研究对象，并为20世纪的数学发展，作了必要而充分的准备.

17世纪数学　17世纪是数学史上的辉煌时期. 17世纪初期继续着上一世纪的研究. 30年代，费马与笛卡儿分别以古希腊的圆锥曲线理论为基础，通过引入坐标和变量的概念建立了几何中的曲线与代数中的方程之间的内在联系，创立了解析几何学.

费马的著作完成于1630年左右，虽然到1679年才得以出现，但其思想与方法已在同时代人中产生了影响，笛卡儿的《几何学》作为巨著《方法论》的附录，于1637年正式出现，标志着解析几何的诞生，并为微积分的创立做了准备. 微积分是17世纪最辉煌的数学创造，也是自希腊时代以来数学中一系列重要创造的继续和发展，尤其是自文艺复兴以来，由于科学技术中各种实际问题的推动，对变速运动规律的研究，对曲线、切线、函数极值、物体重心和引力的研究，以及对曲线、曲面各种度量问题的研究，到17世纪中期已经积累了大量具体成果和方法. 1666年10月，牛顿完成了第一篇系统的微积分论文，此后在将近40年的时间里不断改进和发展了这一理论.

莱布尼茨于1673年左右独立于牛顿接触到微积分的实质性问题，大约在1675年完成了创建微积分的工作. 与牛顿的工作相比，他更注重于发展微积分的形式化算法和建立一套简捷、明确而有效的符号，他于1684年先于牛顿发表了第一篇微积分论文. 牛顿和莱布尼茨的历史功绩在于从众多零散成果中确立了微积分的基本概念、普遍方法和一般形式，使之最终成为一门完整而统一的数学分支.

17 世纪，在几何领域发生的另一场重大变革就是射影几何的建立. 1639 年，笛沙格在一篇论文中把无穷远元素引入几何学，得到射影几何中的一些基本命题，特别是“笛沙格定理”，是全部射影几何的基本定理. 通过研究笛沙格的著作，帕斯卡得到射影几何中另一些重要定理，尤其是著名的帕斯卡定理，并于 1640 年发表了《圆锥曲线论》，这是自阿波罗尼奥斯以来圆锥曲线论的最大进步.

17 世纪，由于使用字母系数而使证明有了一种尺度，代数学已上升为一门科学，方法和理论都得以大大扩展，1637 年，笛卡儿在《几何学》中给出了关于高次方程正根与负根个数的笛卡儿符号法则. 1653 年，帕斯卡在《论算术三角形》一书（1665 年出现）中深入地讨论了二项式系数和基本的组合关系，并给出了数学归纳法的最早陈述. 1665 年，牛顿给出了有理指数的二项式定理，1671 年他又给出了求方程实根近称值的牛顿法. 1693 年，莱布尼茨创立了行列式理论. 17 世纪的数论主要是在费马的推动下进步的，他给出了关于素数、完全数、亲和数、不定方程等方面的许多重要结果，但通常只是给出命题却很少证明. 证明大多由欧拉和拉格朗日在 18 世纪给出. 此外，默森尼研究了形如 $2p-1$（p 为素数）的素数，笛卡儿给出了一条探索亲和数的规则，莱布尼茨得到了后人所说的用于素数检验的威尔逊定理.

1654 年，帕斯卡与费尔马在通信中讨论了“赌博中断问题”，从而共同创立了概率论. 在此基础上，1657 年惠更斯发表了概率论的第一篇正式论文——《论赌博中的推理》，其中首次引入了“数学期望”这一重要概念. 这一时期计算技术的一个十分引人注目的进步是原始计算机的发明. 1623 年，德国科学家席卡德制造了第一台机械计算机的模型. 1642 年，帕斯卡制成了第一台可供实用的计算加减法的机械，1671 年，莱布尼茨制成了可进行乘除运算的计算机. 这些工作标志着计算开始由手工时代进入机械时代，并成为后世电子计算机的源头.

17 世纪的数学不仅由于解析几何与微积分的创立而成为近代数学的开端，它在数学成果、方法与思想各方面的丰富创造也对后世数学的发展产生了极为深远的影响.

18 世纪数学 18 世纪最引人注目的是微积分的迅速发展并发挥出巨大威力，一些重要概念被不断明确和深化，一些强有力的方法被建立. 18 世纪中叶，多元微积分的概念与方法也已初步建立. 1748 年，欧拉出版了《无穷小分析引论》，标志着微积分发展的一个新阶段，与此同时，微积分向更加广阔的领域扩展，产生了无穷级数、常微分方程、偏微分方程、变分法等重要分支，从而使现代数学中最广阔的领域——数学分析初具规模. 这些进展主要是在伯努利家族、泰勒、欧拉、克莱罗、达朗贝尔、拉格朗日、拉普拉斯等人的推动下实现的. 与分析领域的巨大成就相比，其他领域略为逊色，但仍有十分明显的进步.

1713 年，雅各布 · 伯努利的遗著《猜度术》出现，这是概率论的第一部专著，对早期概率论作了全面总结. 随后，棣莫弗在《机会论》（1718 年）、《分析杂论》（1730 年）中给出了大量新内容. 1777 年，法国人蒲丰提出了著名的“投针问题”，开始了几何概率的研究. 解析几何的进步与微分几何的创建交织在一起. 1704 年，牛顿发表《三次曲线》，研究了 78 种可能情形中的 72 种. 1715 年，约翰 · 伯努利引入了三个坐标面. 1731 年，克莱罗开创的空间曲线理论是三维微分几何的第一个重大发展. 此后，欧拉对解析几何、空间曲线与曲面理论都有重要贡献. 18 世纪末至 19 世纪初,经过蒙日及其学生们的努力,终于把微分几何作为一门独立的学科建立起来,同时他还是画法几何的奠基人.

在代数学方面,对五次以上代数方程公式解的探讨仍在继续,其中拉格朗日的工作对 19 世纪群论的诞生有着重要意义. 线性方程组及行列式已经建立了独立而系统化的理论. 1799 年,高斯继承欧拉、达朗贝尔、拉格朗日的工作,终于给出了代数基本定理的第一个证明. 18 世纪的数论主要是由欧拉推动的,他证明了费尔马提出的许多数论命题,系统地探讨了亲和数,并提出了二次互反律,这是 18 世纪数论中最富创造性的成果,于 1801 年被高斯证明,并称之为"算术中的宝石". 哥德巴赫(1742 年)与华林(1770 年)分别提出了他们的著名猜想,成为后世数论中的重大课题. 18 世纪后期,拉格朗日、勒让德也有重要的工作. 与 17 世纪相比,18 世纪的数学虽然没有提供那样众多新颖而基本的概念与方法,却施展了高度的技巧,并根据科学技术特别是力学与天文学的需要,提出和解决了大量新的问题. 在数学方法上则完成了从几何方法向解析方法的转变. 18 世纪的数学在迅速发展的同时也暴露出其弱点:忽略了数学方法与基础的严密性,从而导致了一系列矛盾,而 18 世纪的数学家对此似乎并不十分担心. 这一时期的数学家大多又是物理学家,人们坚信概念与方法在物理学上的正确性保证了它们在数学上的正确性.

19 世纪数学 1801 年高斯发表了《算术探究》一书,表面看来称是"算术"著作,但实际是一部非常严格的数论专著. 书中不但建立了严格论证的典范,还表达了追求严密论证的思想. 1837 年,狄利克雷在高斯的基础上,进一步开辟了解析数学论的新领域;之后,黎曼的工作也促进了解析数论的发展. 高斯、罗巴切夫斯基、鲍耶各自独立地发现了非欧几何学,从而打破了 2 000 年来欧几里得几何学一统天下的局面. 19 世纪 20 年代,高斯开拓了微分几何学,经过黎曼的工作发扬了微分几何学的研究,并建立了任意维空间内蕴几何学. 在 19 世纪,微积分学的严格化成了当务之急,而柯西对微积分学严格化起到了巨大作用;此外,魏尔斯特拉斯发展了柯西的论说,提出用 $\varepsilon-\delta$ 定义极限概念,并给予函数连续性的确切定义以及一致收敛的定义,使得微积分学以至分析学趋于完善的境界;尤其魏尔斯特拉斯、康托尔、戴德金等人建立了无理数的精密定义之后,更使得分析学达到完善的地步.

在级数方面,1822 年,傅里叶不仅扩展了偏微分方程的研究,而且还提出三角级数的研究,从而获得许多丰硕的成果. 到 30 年代,伽罗瓦创造性地提出代数的最基本的结构——群论,也是抽象代数的重要组成部分. 1899 年,希尔伯特发表《几何基础》,书中阐述了欧几里得几何学的公理系统,因为数学家们为数学的各个分支纷纷建立各自的公理体系,于是形成数学走向公理化的高潮.

1900 年,希尔伯特在第二届国际数学家大会上作了题为"数学问题"的报告,提出当时数学中尚未解决的 23 个问题,这既是 19 世纪的未决问题,又是 20 世纪数学的发展方向.

附录5 数学家简介

毕达哥拉斯（Pythagoras，约公元前560～约公元前480年） 希腊哲学家、数学家、天文学家. 生于希腊东部萨摩斯岛，卒于他林敦（今意大利南部塔兰托）. 早年曾受教于伊奥尼亚学派的安纳西曼德，以后游历埃及、巴比伦等地，学习古代流传下来的天文、数学知识. 回乡后一度讲学，后为摆脱暴政，移居西西里岛，最后定居克罗托内，在那里广收门徒，建立一个宗教、政治、学术合一的秘密团体，后人称之为毕达哥拉斯学派. 该团体后来在政治斗争中遭到破坏，毕达哥拉斯本人逃到塔兰托后被杀害. 他的主要贡献在数学，以数的理论而著称. 他研究的数目的不是为了实际应用，而是想通过揭露数的奥秘来探索宇宙的永恒真理，信奉“万物皆数”. 其主要成就有：将学问分为四类，即算术、音乐（数的应用）、几何（静止的量）、天文（运动的量）；根据“简单整数比”原理创造一套音乐理论；将自然数进行分类，如奇数、偶数、完全数、亲和数、三角数（1，3，6，10，…）、平方数（1，4，9，16，…）、五角数（1，5，12，22，…）、六角数（1，6，15，28，…）等等；发现勾股定理（西方称之为毕达哥拉斯定理）和勾股数（西方称之为毕达哥拉斯数）；发现五种正多面体；发现不可通约量等等. 由于该学派将一切发明归于首领，且秘而不宣，因此后人不知这些成就具体是由何人何时发明的. 此外，在天文学方面首创地圆说，认为日、月、五星都是球体，浮悬在太空中，天体的运行都沿着圆形轨道. 毕达哥拉斯学派是古希腊第二个重要学派，其思想学说对希腊文化有巨大影响.

柏拉图（Plato，约公元前427～公元前347年） 希腊数学家、哲学家、教育家. 生于雅典，卒于同地. 出身显贵世家，自幼受到良好教育. 少年时勤奋好学，多才多艺. 20岁起追随哲学家苏格拉底（Socrates，公元前468～公元前399年），深受其逻辑思想的影响. 苏格拉底去世后，他外出游历，学识渐增. 数学上受到西奥多罗斯（Theodorus of Cyrene，约公元前465～公元前399年）和毕达哥拉斯学派的阿尔希塔斯等人的影响. 公元前387年在雅典创办一所学园，并亲自任教和从事学园的管理达40年之久. 著名学生有亚里士多德、欧多克索斯、门奈赫莫斯等. 他崇尚理念，认为数学是理念的一部分，整个物质世界是依照数学原则设计的，即“神永远按几何规律办事”. 数学是物质世界通向理念世界的必经之路，受到数学训练的心灵才有可能去认识永恒的理念. 故而，在他的学园门口写着“不懂几何者不得入内”. 他讨论了倍立方体问题，主张几何作图应限于尺规，认为若用其他工具就难以达到训练抽象思维的目的. 他提出分析的证明方法，引入术语“分析”和“综合”，最早论证了归纳法和反证法，这些方法已在数学研究中获得广泛的运用. 他还对几何中采用的逻辑方法做出了重要的改进，给几何概念、公理以更为明确的阐述. 欧几里得的许多定义和公理都归功于柏拉图学派. 他的数学哲学也影响深远，其名著《理想国》中有专章论述有关问题. 此外，他对教育课程的设置与改造常为后人称道，被誉为“数学家的缔造者”.

欧几里得（Euclid，约公元前330～约公元前275） 希腊数学家. 生平不详. 早年大概学于雅典，深知柏拉图学说，很可能也是这个学派的成员. 约公元前300年～公元前295年期间来到亚历山大工作. 他在教学上循循善诱，但反对投机取巧的学风. 他的名言“在几何里，没有专门为国王铺设的大路”成为千古箴言. 他饱闻博学但又为人谦逊，从不掠人之美，也不过分强调自己的独创工作. 他一生著述颇多，其中最著名的是《几何原本》. 他将公元前7世纪以来希腊几何积累起来的丰富成果整理在严密的逻辑体系之中，其中包括伊奥尼亚学派的命题证明思想，毕达哥拉斯学派的数理论，智人学派的尺规作图和穷竭法，埃利亚学派的无穷思想，柏拉图学派的逻辑思想和欧多克索斯的比例论等等，使几何学成为一门独立的、演绎的科学. 原本共

13卷,后人增补2卷.因其内容循序渐进,且博大精深,2 000多年来一直是几何学的经典教本,也是流传最广和影响最大的一本数学书.此外,他还有保存下来的《已知条件》和《图形的分割》两部著作,另有《推论集》、《现象》、《光学》和音乐、力学方面失传的著作.其中的《光学》是希腊文的第一本透视学著作,得到一些几何光学的基本命题.

阿基米德(Archimedes,公元前287～公元前212年) 希腊数学家、力学家.生于西西里岛的叙拉古,卒于同地.早年曾在亚历山大跟随欧几里得的门徒学习,对欧几里得数学的进一步发展做出一定贡献,以后又与亚历山大的学者保持密切联系,因此算是该学派的成员.他的许多学术成果就是通过和亚历山大学者的通信往来保存下来的.在数学中,后人对他的评价极高,称之为“数学之神”或有史以来三个最伟大的数学家之一.仅留下的专著就有10种之多.其中《论球与圆柱》从6个定义和5个公理出发,推出关于球与圆柱面积和体积的50多个命题.下卷命题4实质上是用几何方法解决相当于三次方程 $x^2(a-x)=b^2c$ 的问题.《圆的度量》只有3个命题,计算圆内接正96边形的周长,求得圆周率在 $3\frac{10}{71}$ 与 $3\frac{1}{7}$ 之间.《论劈锥曲面体与椭圆体》共32个命题,研究几种圆锥曲线的旋转体,以及这些立体被平面截取部分的体积.开篇的两个引理分别是等差数列求和公式和自然数平方和公式.《论螺线》共28个命题,论述“阿基米德螺线”引出的面积和切线问题.《数沙者》是唯一一部算术论著,设计了一种可以表示任意大数目的方法.《抛物弓形求积》共24个命题,可确定抛物线与任一弦所围弓形的面积.他还设计一个“群牛问题”,导致二次不定方程.此外,他还发现13种半正多面体,用边表示三角形面积的“海伦公式”和正七边形作图法.在其他学科中,他以阿基米德浮力原理、杠杆定律、平面图形重心求法、天文仪器和螺旋水泵的制作等成就彪炳史册,被称为是将熟练的计算技巧和严格证明融为一体,将抽象理论和工程技术的具体应用紧密结合的典范.

丢番图(Diophantus of Alexandria,活动于250～275年左右) 希腊数学家.生平不详.主要活动年代大约是250～275年前后.一则收入《希腊诗文选》的墓志铭道出他的经历:丢番图的一生,幼年占1/6,青少年占1/12,又过了1/7才结婚,5年后生子,子先父4年而卒,寿为其父之半.因此推知他终年为84岁.其主要贡献是撰写了《算术》一书,共13卷,现存6卷希腊文本和4卷阿拉伯文本.它在历史上的影响可以与欧几里得《几何原本》相媲美.《算术》主要讲数的理论,讨论了一次、二次以及个别的三次方程和大量的不定方程,从另一角度看也可以归入代数学的范围.其特点是完全脱离几何的模式,在希腊数学中独树一帜.现存的10卷共有290个题目及解法,突出成就有:从具体问题出发,导出多种类型的不定方程,然后详细列举了它们的解法,其中包括多达6阶和多达10个未知数的不定方程,并给出二元一次不定方程的一般解法,被认为是不定分析的创始人;创用一些代数符号,并使用了一些运算符号,虽然很不完善,但为代数的发展指出方向;得到部分数论的结果,如指出 $8n+7$(n 为非负整数)不能表示成三个平方数的和,指出当 n 不是奇数时,$2n+1$ 可以表示为两个数的平方和,反之,$4n+3$ 或 $4n-1$ 不能表示为两个数的平方和等等.他还有一部残存的《多角数》,应用并推广了有关形数的几个公式.此外失传的著作有《推论集》,载有若干数论的引理及推论;《分数算法》记载了分数计算的法则.

斐波那契(Fibonacci, Leonardo,约1170～约1250年) 意大利数学家.生于比萨,卒于同地.早年随父经商,到北非布日伊受教育,从一位阿拉伯教师学习计算,掌握了印度数码这一新的记数体系,后到埃及、叙利亚、希腊、西西里、法国等地游历,熟习了不同国家和地区在商业上的算术体系,经过比较发现,印度——阿拉伯数码最方便.1200年左右回比萨,潜心写作,于1202年完成名作《算盘书》.此处“算盘”并不单指罗马算盘或某一种计算工具而是指一般的计算.全书共15章,开篇就介绍说:9个印度数码是9、8、7、6、5、4、3、2、1以及用这9个数码和记号0就可以表示出任何数目.1~7章解释了位值制原理,整数和分数的各种计算方法,以及乘法表、素数表和因子表等若干数表;8~12章将算术应用于商业问题,如物价、利润、利息、货币换算等;13章论述比例和试位法;14章讲开方法则;15章有几何和代数问题.该书问世后广为流传,为印度——阿拉伯数码和阿拉伯数学在欧洲的流传起了重要作用.《算盘书》在1228年的修订本中增加了脍炙人口的“兔子问题”(见斐波那契兔子问题),导致著名的斐波那契数列:1,1,2,3,5,8,13,21,…其规律是从第3项起每一项是前两项的和,有许多有趣的性质.他的其他著作有《几何实用》(1220年);《平方数书》(1225年),专论二次丢番图方程,也包括个别三次方程的求解,是当时数论的名作;《精华》(1225年)和《通信录》.他被誉为西方中世纪第一个伟大的数学家,使西方数学开始了一个新的时期.

开普勒(Kepler, Johannes, 1571.12.27~1630.11.15) 德国天文学家、物理学家、数学家.生于施塔特的魏尔,卒于雷根斯堡.自幼体弱多病,但智力超群,上过修道院学校,1587年由一公爵资助入蒂宾根大学学习,第二年获学士学位,1591年获硕士学位.1594年到奥地利格拉茨任数学教师,业余研究天文学.后到布拉格结识天文学家第谷,1601年第谷去世后他继承了第谷的未竟事业.在天文学中,他以发现行星运动三大定律而著称,而这些定律都是用数学语言来表述的.(1)行星的运行轨道是椭圆,太阳居其焦点之一,将哥白尼学说向前推进了一大步;(2)在相等的时间内,行星与太阳之间的连线扫过的面积相等;(3)行星公转周期平方与轨道半长轴的立方成正比.前两条定律发表于1609年的《新天文学》中,后一条定律发表于1619年的《宇宙的和谐》中.在数学上他是早期微积分的先驱者之一,在《酒桶的新立体几何》(1615年)中引入无穷大和无穷小概念,指出“圆是由无数个顶点在圆心的三角形构成的,圆周是由这些三角形的无穷小的底边构成的”,并用同样道理阐明了立体构成说,讨论了90多种各类体积问题.他还研究了等周问题,并在《天文学家的光学部门》(1604年)中提出平行线的无穷远点概念.另外,他还引入“轨迹”术语,讨论过蜂房结构和黄金分割,并创立了一套特有的表示符号.

韦达(Viète 或 Vieta, Francois, 1540~1603.12.13) 法国数学家.亦译维埃特.因其著作均用拉丁文发表,故名字常用拉丁文拼法,译为韦达(Vieta).生于普瓦图地区丰特奈-勒孔特,卒于巴黎.早年在巴黎普瓦捷大学学习法律,1560年毕业后成为律师,后任过巴黎行政法院审查官、皇室私人律师和最高法院律师.1595~1598年对西班牙战争期间破译截获的西班牙密码,卓有成效.他业余研究数学,并自筹资金印刷和发行自己的著作.韦达的主要著作有:《应用三角形的数学定律》(1579年),给出精确到5位和10位小数的6种三角函数表及造表方法,发现正切定律、和差化积等三角公式,给出球面三角形的完整公式及记忆法则;《截角术》(1615年出版)给出 $\sin nx$ 和 $\cos nx$ 的展开式;《分析术入门》(1591年),创设大量代数符号,引入未知量的运算,是最早的符号代数专著;《论方程的识别与订正》(1615年出版),改进了三次、四次方程的解法,给出三次方程不可约情形的三角解法,记载了著名的韦达定理(方程根与系数的关系式);《各种数学解答》(1593年)中给出圆周率 π 值的第一个解析表达式,还得到 π 的10位精确值等等.此外,他在1600年发表一篇关于古希腊数学家阿波罗尼奥斯几何作图相切问题的专著,给出一个圆切于三个已知圆的尺规作图法.他的论著因内容深奥和言辞艰涩在当时影响不大,1646年荷兰出版了他的全集后,才使他的理论渐渐流传开来,得到后人的承认和赞赏.

笛卡儿(Descartes, René, 1596.3.31~1650.2.11) 法国哲学家、数学家、自然科学家.生于图赖讷地区拉艾城,卒于瑞典斯德哥尔摩.早年就读于拉弗莱什教会学校,在那里与梅森结为密友.1612年到巴黎普瓦捷大学读法学,毕业时获博士学位,成为律师.1617年到荷兰从军,后到丹麦、瑞士、意大利等地游历.1625年回巴黎,与梅森等人一起讨论数学.1628年移居荷兰,潜心著述20多年,为科学文库留下丰富宝藏. 他在数学中以创立解析几何学而著称,代表作是《几何学》,作为他的哲学名著《方法论》的附录之一,于 1637 年在莱顿出版. 这也是他唯一的数学论著. 全书分 3 卷. 卷 I 将几何问题化为代数问题,提出几何问题的统一作图法,将线段与数量联系起来,设立方程,根据方程的解所表示的线段间的关系进行作图. 卷 II 给出解析几何的基本思想,将平面上的点与一种斜坐标确定的数对 (x,y) 联系起来,进一步考虑含有两个未知数的二次不定方程,再依据方程的次数将曲线分类,从此人类进入变量数学阶段. 卷 III 讨论代数方程理论,给出笛卡儿符号法则:多项式方程的正根个数不超过其系数的变号次数,而负根个数不超过同号系数连续出现的次数;还改进了符号系统,用 a、b、c 等表示已知量,用 x、y、z 等表示未知量等. 他反对经院哲学,成为西方近代哲学的创始人之一. 此外,他对天文学、物理学、化学和生理学等领域皆有研究.

费马(Fermat, Pierre de, 1601. 8. 17 ~ 1665. 1. 12) 法国数学家. 生于法国南部图卢兹附近博蒙 · 德洛马涅,卒于卡斯特尔. 早年在家乡受教育,后入图卢兹大学学习法律,毕业后任律师. 1631 年起一直任图卢兹议会议员. 他博闻饱学,精通数种文字,掌握多门自然科学知识. 任职期间业余研究数学,结交笛卡儿、梅森、惠更斯等著名学者,经常书信往来,讨论数学问题. 生前较少发表论著,多数成果留在手稿、通信或书页空白处. 1679 年他的儿子将这些遗作整理汇集成书,在图卢兹出版. 费马的主要贡献有:在数论中证明或提出许多命题,如形如 $4n+1$ 的素数均能唯一表示为两个平方数之和;费马小定理,即如果 p 是素数,a 是正整数,则 $p\mid(a^p-a)$ 等. 其中影响最大的是费马大定理,即方程 $x^n+y^n=z^n(n>2)$ 没有正整数解,记于丢番图《算术》1621 年版第 2 页卷的空白处;在《平面与立体轨迹引论》(1629 ~ 1636 年)中明确指出方程可以描述曲线,并可通过方程研究推断曲线性质,得到解析几何要旨,与笛卡儿分享这一学科创立的荣誉;给出现代微积分中函数取极值的必要条件,提出求极大、极小值和拐点的步骤以及通过求和过程得到求曲线所围面积的公式,是早期微积分学的先驱之一;通过与帕斯卡的通信讨论赌金分配问题,得出正确解答,成为概率论的共同创立者之一. 他还在光学研究中提出"费马原理",是变分法的前期工作. 由于他的诸多成就,他被誉为"业余数学家之王".

牛顿(Newton, Isaac, 1643. 1. 4 ~ 1727. 3. 21) 英国数学家、物理学家、天文学家、自然哲学家. 生于林肯郡伍尔索普,卒于伦敦. 早年在格兰瑟姆读书,1661 年以优异成绩考入剑桥大学三一学院,数学上受教于巴罗. 1664 年毕业后曾为躲避鼠疫回乡,1665 ~ 1666 年间做出流数法、万有引力和光的分析三大发明,年仅 23 岁. 1667 年回剑桥在三一学院执教. 1669 年继巴罗之后任卢卡斯数学教授职位. 晚年致力于哲学和公务,1696 年任造币厂监督,3 年后任厂长. 1703 年当选为英国皇家学会主席. 他在数学上以创建微积分学而著称,其流数始于 1665 年,系统叙述于《流数法与无穷级数》(1671 年完成,1736 年出版),首先发表在《自然哲学的数学原理》(1687 年)中. 其中借助运动学中描述的连续量及其变化率阐述他的流数理论,并创用字母上加一点符号表示流动变化率. 讨论的基本问题是:已知流量间的关系,求它们的流数的关系以及逆运算,确立了微分与积分这两类运算的互逆关系,即微积分学基本定理. 此外,还论述了有理指数的二项式定理(1664 年),n 次代数方程根的 m 次幂和公式(1707 年),数论、解析几何学、曲线分类、变分法等问题. 在物理学上发现了万有引力定律(1666 ~ 1684 年),并据此指出行星运行成椭圆轨道的原因. 1666 年用三棱镜实验光的色散现象,1668 年发明并亲手制作了第一具反射望远镜. 在哲学上深信物质、运动、空间和时间的客观存在性,坚持用观察和实验方法发现自然界的规律,力求用数学定量方法表述的定律说明自然现象,其科学研究方法支配后世近 300 年的物理学研究.

莱布尼茨(Leibniz, Gottfried Wilhelm, 1646. 7. 1 ~ 1716. 11. 14) 德国数学家、自然科学家、哲学家. 生于莱比锡,卒于

汉诺威. 父亲是莱比锡大学教授，去世后留下丰富藏书，为他早年的学习创造了良好条件. 1661 年入莱比锡大学，学习哲学、修辞学、数学及多种语言，后选择法学. 1666 年转学于阿尔特多夫大学，次年获博士学位. 1672 年到过巴黎，结识许多著名学者. 1676 年出任汉诺威公爵顾问及图书馆馆长，后一直在那里任过多种官职，直到逝世. 他的研究涉及逻辑学、数学、力学、地质学、法学、历史、语言及神学等多种领域，其目的是寻求一种可以获得知识和创造发明的普遍方法. 在数学中以独立创立微积分学而著称，始于 1675 年，发表于 1684 年，即《一种求极大、极小值与切线的新方法》. 文章从几何学的角度论述微分法则，得到微分学的一系列基本结果，是较早的微积分学文献. 1686 年他又发表第一篇积分学论文，可以求出原函数. 这两篇文献均早于牛顿首次发表的微积分结果(1687 年)，但他开始从事研究的时间要晚近 10 年，因此数学史上将他二人并列作为微积分学的创立者. 莱布尼茨于 1694 年进一步补充了积分结果. 他创设的数学符号非常优良，对微积分的发展有极大影响，直到现在仍在使用. 他的其他贡献有：1673 年制作了能进行四则运算的计算机，比帕斯卡的只能做加减运算的计算机(1642 年)进了一大步；系统阐述了二进制记数法，并把它与中国的八卦联系起来；利用格雷戈里的展开式于 1674 年得到 $\frac{\pi}{4}=1-\frac{1}{3}+\frac{1}{5}-\frac{1}{7}+\cdots$ 等等. 此外，他在哲学上倡导客观唯心主义的单子论，在逻辑学上提出数理逻辑的许多基本概念和命题.

泰勒(**Taylor，Brook，1685. 8. 18 ~ 1731. 12. 29**)　英国数学家. 生于米德尔塞克斯的埃德蒙顿，卒于伦敦. 1701 年考入剑桥大学圣约翰学院学习，1709 年获法学硕士学位，移居伦敦. 1712 年当选为英国皇家学会会员，1714 年又获法学博士学位. 同年任皇家学会秘书，四年后因健康原因退职. 其主要著作是 1715 年发表的《正的和反的增量方法》，其中包含他于 1712 年给数学家、天文学家梅钦的信中首先提出泰勒定理，用现代形式表示为

$$f(x+h)=f(x)+\frac{f'(x)}{1!}h+\frac{f''(x)}{2!}h^2+\frac{f'''(x)}{3!}h^3+\cdots+\frac{f^{(n)}(x)}{n!}h^n+\cdots$$

它由格雷戈里——牛顿插值公式发展而来，当 $x=0$ 时称为马克劳林定理. 到 1772 年拉格朗日强调了这一公式的重要性，称之为微分学基本定理，但泰勒对定理的证明未考虑级数的收敛性，因而不太严格，这一工作直到 19 世纪 20 年代才由柯西完成. 泰勒定理开创了有限差分理论，使任意单变量函数都可展为幂级数，在研究弦振动等物理问题时有广泛应用. 1717 年他还应用这一定理求解了数值方程. 泰勒的其他贡献有：论述微分方程的奇异解；曲率问题的研究；发表《线性透视学》(1715 年)和再版的《线性透视原理》(1719 年)等权威性透视法著作，提出和使用"投影点"概论，对摄影测量制图学的发展有一定影响. 此外，他还撰有哲学遗作，发表于 1793 年.

哥德巴赫(**Goldbach，Christian，1690. 3. 18 ~ 1764. 11. 20**)　德国—俄国数学家. 生于普鲁士哥尼斯堡(今属立陶宛)，卒于莫斯科. 早年就读于哥尼斯堡大学，初读法学，后学医学和数学. 1710 年游历欧洲，结识莱布尼茨、伯努利家族等数学名家. 1725 年移居俄国圣彼得堡，任帝国科学院会议秘书兼数学和历史学教授，与欧拉共事. 1727 年赴莫斯科，当上沙皇彼得二世的家庭教师. 1742 年担任外交部公使. 他的影响主要在数论，以提出"哥德巴赫猜想"而闻名. 他曾与欧拉进行了长期的书信交往，在 1742 年 6 月 7 日给欧拉的信中提出了这一猜想：不小于 6 的偶数能表示成两个奇素数之和，不小于 9 的奇数能表示成三个奇素数之和. 欧拉在 6 月 30 日的回信中说：虽然我还不能证明它，但确信它的成立. 欧拉同时化简了猜想的表述：任何一个偶数 $n(n\geqslant 4)$ 是两个素数之和. 该猜想虽然对于不太大的数用实际检验得到证实，但至今没有严格的证明. 200 多年来许多数学家为此做过努力，相继得到一批近似结果，其中以中国数学家陈景润于 1973 年发表的结果为最好，他证明了"每一个充分大的偶数都可以表示为一个素数及一个不超过两个素数乘积的数之和"，通俗表示为{1,2}. 哥德巴赫的其他论

述有：里卡蒂微分方程积分法（1728 年）、Γ 函数的插值问题（1729 年）、复根共轭问题（1742 年）、函数的无穷级数展开式（1745 年）等，许多成果体现在与数学家们的通信中.

欧拉（Euler，Léonard，1707. 4. 15 ~ 1783. 9. 18） 瑞士数学家. 生于巴塞尔，卒于俄国圣彼得堡. 出身牧师家庭，自幼受父亲教育. 13 岁入巴塞尔大学，15 岁获学士学位，16 岁获硕士学位. 他上大学时就受到约翰 · 伯努利的特别指导，后专心数学研究，19 岁（1726 年）开始创作文章，一举获巴黎科学院奖金. 1727 年，由丹尼尔 · 伯努利举荐，到圣彼得堡科学院工作. 1731 年成为物理学教授，1733 年接替丹尼尔 · 帕努利任数学教授. 1741 年受普鲁士腓特烈大帝邀请到德国柏林科学院任物理数学所所长. 1766 年应俄国沙皇喀德林二世敦聘重回圣彼得堡，直至去世. 他是数学史上最多产的数学家，论著几乎涉及当时所有的数学分支. 其主要贡献有：出版《无穷分析引论》（1748 年）、《微分学原理》（1755 年）和《积分学原理》（1768—1770 年）三部数学经典著作，扩展了微积分领域，为无穷级数、微分方程、微分几何学等分支和学科的产生与发展奠定了基础；开创现代三角学和现代数论；还由解决哥尼斯堡七桥问题而引发图论分支的研究等等. 他创用或提倡使用了大量先进的数学符号，得到许多重要的公式、定理和常数值. 除创建纯粹数学理论外，他还应用这些数学工具去解决天文、物理、力学等方面的实际问题，取得巨大成果. 他在 1735 年因过度工作右眼失明，1771 年又因病左眼失明，他以惊人的记忆力和心算技巧继续进行科学创作，以口授方式又完成几百篇科学论文. 此外，他扶植后学，关心教育，其高尚品德得后人的广泛尊敬.

拉格朗日（Lagrange，Joseph Louis，1736. 1. 25 ~ 1813. 4. 10） 法国数学家、力学家、天文学家. 生于意大利都灵，卒于巴黎. 少年时读到哈雷介绍牛顿有关微积分的短文，对分析学产生巨大兴趣，后上了都灵大学. 18 岁时研究“等周问题”，用纯分析的方法发展了欧拉开创的变分法. 19 岁（1755 年）时当上都灵炮兵学校的数学教授. 不久成为柏林科学院通讯院士. 1757 年参与创建都灵科学协会，在协会出版的科技会刊上发表了大量论文，内容涉及变分法、概率论、微分方程、弦振动、最小作用原理等. 1764 年用万有引力解释月球天平动问题获巴黎科学院奖金，1766 年又用微分方程理论和近似解法研究六体问题再度获奖，成为欧洲极有声望的数学家. 1776 年接受普鲁士王腓特烈邀请到柏林科学院工作. 1787 年定居巴黎，历任法国米制委员会主任、巴黎高等师范学校和巴黎综合工科学校数学教授. 其主要贡献有：在《关于代数方程解法的思考》（1770 年）等论文中，发现置换对解的影响，指出五次方程不可能有根式解，蕴含群论思想的萌芽；在《分析力学》（1788 年）中用分析学理论建立起完整和谐的力学体系，使力学分析化，是自牛顿之后最重要的经典力学著作；在《解析函数论》（1797 年）和《函数计算讲义》（1801 年）两大分析巨著中尝试重建微积分的基础，采用新的微分符号，成为函数论的起点. 他还在数论中得到一系列重要结果，在微分方程理论中提出奇解是积分曲线族的包络的几何解释，提出线性代换的特征值概念等.

拉普拉斯（Laplace，Pierre-Simon，1749. 3. 23 ~ 1827. 3. 5） 法国数学家、天文学家. 生于诺曼底的博蒙昂诺日，卒于巴黎. 家境贫寒，靠邻居资助上学，在博蒙军事学校读书，显露数学才华，不久就成为该校数学教员. 1767 年由达朗贝尔介绍获得巴黎陆军学校数学教授职位. 1785 年当选为法国科学院院士. 1795 年任巴黎综合工科学校教授，后又在高等师范学校任教授. 1816 年成为法兰西学院院士，次年任该院院长. 他主要研究天体力学和物理学，认为数学只是一种解决问题的工具，但在运用数学时创造和发展了许多新的数学方法. 其主要成就是：在《宇宙体系论》（1796 年）中探讨了太阳系的起源，提出星云假说，该假说在 1755 年由康德从哲学角度阐述过，拉普拉斯则是从数学和力学角度来论证，后人称之为“康德—拉普拉斯”星云假说；在《天体力学》（5 卷，1799—1825 年）中汇聚了他在天文学中的几乎全部发现，试图给出由太阳系引起的力学问题的完整分析解答，阐述了天体运行、地球形状、行星摄动、月离理论和三体问题等等，引入著名的拉普拉斯方程$\frac{\partial^2 v}{\partial x^2}+\frac{\partial^2 v}{\partial y^2}+\frac{\partial^2 v}{\partial z^2}=0$；在《概率的分析理论》(1812年)中总结了当时整个概率论的研究，论述了概率在选举、审判调查、气象等方面的应用，引入"拉普拉斯变换". 他还给出展开行列式的"拉普拉斯定理"，发展了解非齐次微分线性方程组的常数变量法，研究了复变函数的积分和有限差分，并对物理学中的毛细管作用、热学理论、粒子论、光学和声音的速度等问题作过论述.

傅立叶(Fourier, Jean Baptiste Joseph, 1768. 3. 21～1830. 5. 16) 法国数学家、物理学家. 生于欧塞尔，卒于巴黎. 9岁时父母双亡，被当地教堂收养. 12岁由一主教送入地方军事学校读书. 17岁(1785年)回乡教数学，1794年到巴黎，成为高等师范学校的首批学员，次年到巴黎综合工科学校执教. 1798年随拿破仑远征埃及时任军中文书和埃及研究院秘书，1801年回国后任伊泽尔省地方长官. 1817年当选为巴黎科学院院士，1822年任该院终身秘书，后又任法兰西学院终身秘书和理工科大学校务委员会主席. 其主要贡献是在研究热的传播时创立了一套数学理论. 1807年向巴黎科学院呈交《热的传播》论文，推导出著名的热传导方程$\frac{\partial^2 v}{\partial x^2}+\frac{\partial^2 v}{\partial y^2}+\frac{\partial^2 v}{\partial z^2}=R\frac{\partial v}{\partial t}$，并在求解该方程时发现解析函数可以由三角函数构成的级数形式表示，从而提出任一函数都可以展成三角函数的无穷级数. 1811年在修改后的论文《热在固体中的运动理论》中讨论了各种给定初始条件的情形，得到"傅立叶积分公式"等结果，一举赢得巴黎科学院的奖金(1812年). 1822年又在代表作《热的分析理论》中解决了热在非均匀加热的固体中分布传播问题，成为分析学在物理学中应用最早的例证之一，对19世纪数学和理论物理学的发展产生深远影响. 傅立叶级数(即三角级数)、傅立叶分析等理论均由此创始. 傅立叶的其他贡献有：最早使用定积分符号，改进了代数方程符号法则的证法和实根个数的判别法等.

高斯(Gauss, Carl Friedrich, 1777. 4. 30～1855. 2. 23) 德国数学家、物理学家、天文学家. 生于不伦瑞克，卒于格丁根. 高斯是近代数学奠基者之一，在历史上影响之大，可以和阿基米德、牛顿、欧拉并列. 他幼年时就表现出超人的数学天赋. 1795年进入格丁根大学学习. 第二年他发现正十七边形的尺规作图法，并给出可用尺规作出的正多边形的条件，解决了自欧几里得以来悬而未决的问题. 1798年转入黑尔姆施泰特大学，1799年获博士学位. 1807年以后一直在格丁根大学任教授.

高斯的数学研究几乎遍及所有的领域，在数论、代数学、非欧几何、复变函数和微分几何等方面都做出了开创性的贡献. 他还把数学应用于天文学、大地测量学和磁学的研究，发明了最小二乘法原理. 高斯的数论研究总结在《算术研究》(1801年)中，这本书奠定了近代数论的基础，它不仅是数论方面的划时代之作，也是数学史上不可多得的经典著作之一. 高斯对代数学的重要贡献是证明了代数基本定理，他的存在性证明开创了数学研究的新途径. 高斯在1816年左右就得到非欧几何的原理，发现椭圆函数的双周期性，但这些工作在他生前都没发表出来. 他还深入研究复变函数，建立了一些基本概念并发现了著名的柯西积分定理. 1828年高斯出版了《关于曲面的一般研究》，全面、系统地阐述了空间曲面的微分几何学，并提出内蕴曲面理论. 高斯的曲面理论后来由黎曼进一步发展. 高斯一生共发表155篇论文，他对待学问十分严谨，只是把他自己认为是十分成熟的作品发表出来. 其著作还有《地磁概论》(1839年)和《论与距离平方成反比的引力和斥力的普遍定律》(1840年)等.

柯西(Cauchy, Augustin-Louis, 1789. 8. 21～1857. 5. 23) 法国数学家、力学家. 生于巴黎，卒于索镇. 1805年入巴黎综合工科学校学习，两年后转到桥梁工程学校，1809年成为工程师. 1813年放弃工程师的职业，从事理论科学研究. 1816年成为巴黎综合工科学院教授，并当选为法国科学院院士. 1830年，查理十世被逐，柯西拒绝效忠新的国王，因此失去所有职务，并流亡国外. 在此期间，曾任原国王查理十世的家庭教师. 1848 年恢复综合工科学院教授职务，并任巴黎大学教授. 柯西在大学期间，就开始研读拉格朗日和拉普拉斯的著作. 1811 年解决了拉格朗日向他提出的问题：凸多面体的角是否由其面数所决定. 第二年又给出了费马多角数问题的解答. 柯西最重要的数学贡献在微积分学、复变函数论和微分方程等方面. 他发明并阐明了级数收敛准则和一些判别法，提出关于极限理论的 ε - 方法，把整个极限过程用不等式描述，后来经改进形成 $\varepsilon-\delta(\varepsilon-N)$ 方法沿用至今. 他还给出了如今通用的函数的连续性的概念，给出定积分的第一个确切定义以及广义积分的定义等. 在复变函数论方面，他系统地总结了复数理论，探讨了柯西—黎曼条件，建立了柯西积分定理和公式，还研究了留数定理. 在微分方程方面，柯西深入考察并证明了解的存在唯一性定理. 偏微分方程中的柯西问题也是很出名的. 他还利用傅立叶变换来研究线性偏微分方程. 柯西在代数学方面也做了许多工作，他发现了行列式和矩阵的许多性质以及二次型的正交变换方法，推广了鲁非尼定理等. 此外，柯西对力学和天文学也有许多贡献. 他的著作甚丰，共出版了 7 部著作和 800 多篇论文，以《分析教程》(1821 年)和《关于定积分理论的报告》(1827 年)最为著名. 柯西是一位多产的数学家，他的全集从 1882 年开始出版到 1974 年才出齐最后一卷，总计 28 卷.

罗巴切夫斯基(**ЛобацеВСКН Й͠，НИКОЈLаЙ ИВАНОВНц，1792. 12. 1 ~ 1856. 12. 24**)　俄国数学家. 生于下诺夫哥罗德(今高尔基城)，卒于喀山. 1807 年入喀山大学学习，1811 年获硕士学位并留校工作. 1816 年任副教授，1822 年任教授. 还曾任物理数学系主任、图书馆馆长和喀山大学校长等职. 罗巴切夫斯基是非欧几里得几何学的创始人之一. 他从 1816 年开始试作平行公设(欧几里得《几何原本》中的第五公设)的证明. 他把全部几何命题按是否依赖于平行公设而分为两部分，不靠平行公设的那部分现通称为“绝对几何学”. 他从绝对几何中的命题“在一个平面上，过直线 AB 外一点至少可作一条直线与 AB 不相交”出发，在严密的推导下得到一系列前后一贯的命题，由此构成了逻辑上无矛盾且与绝对几何不相冲突，但又与欧几里得几何不同的新几何体系. 罗巴切夫斯称之为“虚几何学”，后人则称之为“罗巴切夫斯基几何学”. 1826 年，他在喀山大学公开发表自己的新学说，但没有得到承认. 以后他陆续用俄文、法文、德文发表自己的工作. 他去世后，高斯对他的学说予以肯定，他的工作逐渐引起人们重视. 直到 1868 年，意大利数学家贝尔特拉米发表著名的论文，给出罗巴切夫斯基几何学的直观解释，他的发现才最终得到确认. 除此之外，罗巴切夫斯基在无穷级数论、积分学和概率论等方面，也有出色的工作. 他还是一位杰出的教育家和管理者，创立了喀山数学学派和喀山数学教育学派. 其代表作有《具有完善的平行线理论的新几何学原理》、《论几何学基础》(1829—1830 年)、《平行线理论的几何研究》(1840 年，德文)等.

阿贝尔(**Abel，Niels Hanrik，1802. 8. 5 ~ 1829. 4. 6**)　挪威数学家. 生于芬岛，卒于弗鲁兰. 阿贝尔的父亲是一位基督教牧师，家境贫困. 13 岁时阿贝尔入奥斯陆一所教会学校学习，15 岁时幸遇优秀数学教师霍尔姆伯，他发现了阿贝尔的数学天才并给予悉心指导. 阿贝尔一生得到霍尔姆伯许多帮助. 1821 年，在霍尔姆伯等人的资助下，阿贝尔进入克里斯蒂安尼亚大学学习. 1824 年，他解决了困扰数学界 200 多年的五次方程求解问题，开辟了研究近世代数方程论的道路. 他的论文以小册子的形式刊行，也送给了高斯，但没有引起任何反响. 1825 年阿贝尔到欧洲大陆，准备继续深造并谋求职务. 在德国他结识了克雷尔，这是在他一生中第二个对他的事业有极大帮助的人. 他与施泰纳建议克雷尔创办了著名数学刊物《纯粹与应用数学杂志》. 这个杂志头三卷发表了阿贝尔的 22 篇包括方程论(见《高于四次的一般方程的代数求解之不可能性的证明》)、无穷级数、椭圆函数论等方面的论文. 阿贝尔在欧洲大陆没有谋到合适的职位，1827 年他贫病交迫地回到了挪威.

一年以后，不到27岁的阿贝尔就病逝了．他去世的第二天，克雷尔来信通知他被柏林大学任命为教授．阿贝尔对数学的贡献是多方面的．除了五次方程以外，他还研究了更广一类的代数方程，后人发现这是具有交换的伽罗瓦群的方程．为了纪念他，人们称交换群为阿贝尔群．阿贝尔还是公认的椭圆函数论的奠基人之一．他发现了椭圆积分的反演．他的一系列工作为椭圆函数论的研究开拓了道路．他还研究无穷级数，得到一些判别准则以及关于幂级数求和的定理．这些工作使他成为分析学严格化的推动者．

伽罗瓦（Galois，Evariste，1811．10．25～1832．5．31）　法国数学家．生于布拉伦，卒于巴黎．幼时受到良好的家庭教育．1827年开始自学勒让德、拉格朗日、高斯和柯西等人的论著．不久遇到数学教师里夏尔．里夏尔很快发现了伽罗瓦的数学才能，在他的指导下，伽罗瓦开始了数学研究．1828～1830年，他得到许多后来称为伽罗瓦理论的重要结果．1830年进入高等师范学校学习，由于参加政治斗争被学校除名，并两次入狱．1832年5月，由于政治和爱情的纠葛，他在一次决斗中被打死．伽罗瓦是近世代数的创始人之一．他深入研究了一个方程能用根式求解所必须满足的本质条件，建立了方程的根的“容许”置换．这些置换通过添加方程的根的域构成了自同构群．他得到了代数方程能用根式求解的充分必要条件是自同构群可解．他提出的“伽罗瓦域”、“伽罗瓦群”和“伽罗瓦理论”都是近世代数所研究的最重要的课题．他的工作是19世纪数学中最杰出的成就之一．但是伽罗瓦生前并未获得应有的荣誉．他在1829～1831年三次投到巴黎科学院的论文均被遗失或退回．在决斗前夕，他给朋友谢瓦利埃写了一封信，请求他把论文公诸于世，但没引起人们的注意．直到1846年，伽罗瓦的附有刘维尔注释的手稿才公开发表．1870年，若尔当在其著作《置换与代数方程论》中对伽罗瓦理论作了长篇论述．从此，伽罗瓦的工作才被完全理解．伽罗瓦理论对近代数学的发展产生了广泛而深远的影响．

黎曼（Riemann，Georg Friedrich Bernhard，1826．9．17～1866．7．20）　德国数学家．生于德国汉诺威的布雷斯伦茨，卒于意大利塞那斯加．1846年入格丁根大学学习哲学和神学，不久转向数学，成为高斯晚年的学生．1847年后曾到柏林就读，在那里受到狄利克雷、雅可比、施泰纳和艾森斯坦等数学家的影响．1850年回到格丁根．1851年以《单复变函数的一般理论基础》一文获博士学位．1854年成为格丁根大学讲师，并发表了著名的就职演说《关于几何基础的假设》．1859年接替狄利克雷的教授职务，同年当选为德国科学院院士．黎曼是19世纪极富创造性的数学家之一．他在复变函数论、傅立叶级数、几何学基础、素数分布等方面都有重要贡献．在他的博士论文中，把单值解析函数推广到多值解析函数，用拓扑学方法研究复变函数论，发展成黎曼曲面论．他的工作为19世纪复变函数论的全面发展奠定了基础．黎曼在1854年的就职论文《关于用三角级数表示函数的可能性》中，讨论了函数的傅立叶级数及收敛性问题，并举例阐明函数的连续性与可微性之间的区别．他的就职演说《关于几何基础的假设》已成为著名的历史文献，其中发扬了高斯关于曲面的微分几何研究，阐述了曲率和流形的概念，建立了黎曼空间的概念，为几何学开拓了更广阔的研究领域——黎曼几何学，这些著作后来成为广义相对论的数学基础．1859年，黎曼在德国科学院院刊上发表了题为《论小于给定数的素数个数》的论文，该文中研究了黎曼ζ函数，并将素数分布问题归结为对该函数的研究，提出了关于黎曼ζ函数的6个猜想，包括著名的黎曼猜想：$\zeta(s)$的全体非平凡零点都位于$\sigma=\frac{1}{2}$直线上．黎曼广泛使用解析函数的工具研究数论，开创了解析数论这一新的分支．此外，他在阿贝尔函数、积分论、椭圆函数论、超几何级数、微分方程等许多方面都有成就．在数学物理方面也发表了一些创造性的论文．

C．F．克莱因（Christian Felix，Klein，1849．4．25～1925．6．22）　德国数学家．生于杜塞尔多夫，卒于格丁根．1865年

入波恩大学学习，第二年就被选为普吕克教授助手.普吕克去世后，他继续完成普吕克未完成的线几何学著作.1868年获博士学位.相继在格丁根大学、埃朗根大学、慕尼黑高等工业学院和莱比锡大学任教.1886年返回格丁根大学任教，直至去世.1871年以来，C. F. 克莱因从变换群的观点出发，对各种几何学进行综合研究.1872年在埃朗根大学的就职演说《对于近代几何学研究的比较考察》（即著名的《埃朗根纲领》）中阐述了他的主要观点.其中给出了几何学的明确定义："给出一个流形和这个流形的一个变换群，建立关于这个群的不变性理论."根据他的观点，实现了把当时几种貌似毫无关系的几何学的统一和分类.《埃朗根纲领》中的研究方法在以后几十年里产生很大的影响，群论在数学中的地位也大为提高.他还从事函数论研究，其论著《代数函数及其积分的黎曼理论》（1882年）对黎曼面的理论作了深刻的论述.C. F. 克莱因对椭圆模函数理论也有很大贡献，他和庞加莱同是椭圆模函数研究的创始人.在数学的其他领域，C. F. 克莱因也有许多建树.例如，他卓有成效地研究了代数曲线奇点间的关系；通过论证正二十面体建立起一般五次代数方程的完整理论等.C. F. 克莱因还是一位十分出色的科学组织者，他对格丁根大学的数学教育和科研进行了一系列改革，提倡加强应用数学的分量.经过他的努力，希尔伯特和闵科夫斯基先后来到格丁根，从而形成强大的格丁根学派.格丁根后来成为世界数学研究的中心，与他的努力是分不开的.1912年当选为国际数学教育委员会主席.其主要著作还有《自守函数论讲义》（与弗里克合著，1897～1912年）、《高观点下的初等数学》（初版1908年，与弗里克合著，中译本：湖北教育出版社，1995年）、《十九世纪数学发展史》（1926～1927年）等.论文收集在1921～1923年出版的3卷本《克莱因全集》中.

冯·诺伊曼（Von Neumann, John, 1903.12.28.～1957.2.8） 匈牙利—美国数学家.生于匈牙利布达佩斯，卒地美国华盛顿.父亲是犹太血统的银行家.他从小就显露出数学才能，早年在柏林大学和苏黎世联邦工业大学学习化学，1926年取得化学工程师的资格.在此期间他自学数学，受到希尔伯特和外尔等数学家的影响.1926年获得博士学位.先后在柏林大学和汉堡大学任职.1930年应聘到普林斯顿大学任教.1933年成为普林斯顿高等研究院终身教授.第二次世界大战期间，担任制造原子弹的顾问，并参与电子计算机的研制工作.1954年成为美国原子能委员会委员并移居华盛顿.冯·诺伊曼是20世纪最杰出的数学家之一，他在纯粹数学和应用数学方面都有卓越的贡献.20世纪40年代以前，他主要研究纯粹数学，在集合论、测度论、群论及算子理论等方面做出贡献.特别是在1933年解决了希尔伯特第5问题.他建立的算子环理论为量子力学奠定了数学基础.这一时期的代表作是《量子力学的数学基础》（1932年）.1940年以后他转向应用数学，在力学、经济学、数值分析和电子计算机方面都有重要贡献.第二次世界大战开始后，冯·诺伊曼因战事需要研究可压缩气体运动，建立冲击波理论和湍流理论，他对非线性双曲型（无粘流体方程）引入人工粘性项的差分方法已成为现代流体计算的主导方法.这些工作发展了流体力学.他为原子弹的设计方案提出许多重要建议，在研制原子弹的过程中，他与波兰数学家乌拉姆提出蒙特卡罗法，开创统计模拟方法.1944年参与了世界上第一台电子计算机的设计，后来又陆续研究更完善的计算机，如1945年提出离散变量电子计算机（EDVAC）的设计方案等.另一项重大成果是创立了对策论，并应用于经济领域，1944年与莫根施特恩（O. Morgensten）合著的《对策论与经济行为》已成为经典著作.他在病危的情形下，还研究人的神经系统与计算的关系，未及完成而卒，以后以《计算机与人脑》（1958年）刊行于世.其主要论著收集在《冯·诺伊曼全集》（6卷，1961年）中.

刘徽（Liu Hui, 263年左右） 中国数学家，魏晋年间人.籍贯是淄乡（今山东邹平），生卒年不详.据《隋书·律历志》（7世纪）记载，他于263年注释《九章算术》.刘徽在该书序中自叙说"徽幼习《九章》，长再详览"，可知他早年就学习过《九章算术》，成年后又继续深入研究.他除了注释《九章算术》外,还撰写了《重差》作为该书第10卷.唐初以后,《重差》以《海岛算经》为名独立成书.《九章算术》是中国古代流传下来的最早也是最重要的数学著作,几乎集中了当时的全部数学知识.刘徽全面论述了《九章算术》所载的方法和公式,指出并纠正了其中的错误,在数学方法和数学理论上做出杰出贡献,成为中国古代数学理论的奠基者.他的主要贡献有:创立割圆术,运用朴素的极限思想证明圆面积公式及计算圆周率,得到 $\pi=157/50$、3927/1250 两个近似值;发展了天文观测中的重差术,提出重表法、连索法、累距法三种基本方法;重视逻辑推理,同时又注意几何直观的作用,采取"析理以辞,解体用图"的注释方法;发展了"率"的理论、齐同原理和出入相补原理;提出刘徽原理,并用极限思想对之作了证明;在求体积问题上指出《九章算术》中球体积公式的错误,设计了牟合方盖(直径相同的两个正交圆柱的公共部分),为日后祖暅原理的建立指明了方向.刘徽还创造了解线性方程组的互乘相消法;在中国第一次提出不定方程问题;建立了等差级数前 n 项和公式;改进了许多问题的解法.经过刘徽注释的《九章算术》影响深远,支配中国数学的发展1 000多年,成为东方数学的代表作.

赵爽(Zhao Shuang,3世纪初)　中国数学家.东汉末至三国时代人.生平不详,约生活于公元3世纪初.字君卿,东吴人.据载,他研究过张衡的天文学著作《灵宪》和刘洪的《乾象历》,也提到过"算术".他的主要贡献是约在222年深入研究了《周髀算经》,为该书写了序言,并作了详细注释.其中一段530余字的"勾股圆方图"注文是数学史上极有价值的文献.它详细解释了《周髀算经》中勾股定理,将勾股定理表述为:"勾股各自乘,并之,为弦实.开方除之,即弦."又给出了新的证明:"按弦图,又可以勾股相乘为朱实二,倍之为朱实四,以勾股之差自相乘为中黄实,加差实,亦成弦实.""又""亦"二字表示赵爽认为勾股定理还可以用另一种方法证明.

祖冲之(Zu Chongzhi,429~500)　中国数学家、科学家.南北朝时期人,字文远.生于宋文帝元嘉六年(429年),卒于齐昏候永元二年(500年).祖籍范阳郡遒县(今河北涞源县).先世迁入江南,祖父掌管土木建筑,父亲学识渊博.祖冲之从小接受家传的科学知识.青年时进入华林学省,从事学术活动.一生先后任过南徐州(今镇江市)从事史、公府参军、娄县(今昆山县东北)令、谒者仆射、长水校尉等官职.其主要贡献在数学、天文历法和机械三方面.在数学方面,他写了《缀术》一书,被收入著名的《算经十书》中,作为唐代国子监算学课本,可惜后来失传了.《隋书·律历志》留下一小段关于圆周率的记载,祖冲之算出 π 的真值在3.141 592 6(朒数)和3.141 592 7(盈数)之间,相当于精确到小数第7位,成为当时世界上最先进的成就.这一纪录直到15世纪才由阿拉伯数学家卡西打破.祖冲之还给出 π 的两个分数形式:22/7(约率)和355/113(密率),其中密率精确到小数第7位,在西方直到16世纪才由荷兰数学家奥托重新发现.祖冲之还和儿子祖暅一起圆满地解决了球体积的计算问题,得到正确的球体积公式.在天文历法方面,祖冲之创制了《大明历》,最早将岁差引进历法;采用了391年加144个闰月的新闰周;首次精密测出交点月日数(27.212 23),回归年日数(365.242 8)等数据,还发明了用圭表测量冬至前后若干天的正午太阳影长以定冬至时刻的方法.在机械学方面,他设计制造过水碓磨、铜制机件传动的指南车、千里船、计时器等等.此外,他在音律、文学、考据方面也有造诣,是历史上少有的博学多才的人物.

沈括(Shen Kuo,1033~1097)　中国科学家.北宋人,约生于明道二年(1033年),约卒于绍圣四年(1097年).字存中,浙江钱塘(今杭州)人.自幼受家庭影响,爱好学习.少年时随父走南闯北,增长见识.12岁延师受业,喜博览群书.1051年受任为沭阳(今江苏沭阳)主簿,着手治理沭水,提倡修圩造田,使7 000顷地变为良田.1055年赴东海(今江苏东海)代县令.1061年任宣州宁国(今安徽宁国)县令,两年后进京(今开封)应举进士,后编校昭文书籍,还任过司理参军和司天监翰林学士和权三司使等多种官职.1085年移居润州梦溪园私宅，潜心著述，于1088年完成巨著《梦溪笔谈》26卷. 该书共载有200多条科学技术论述，内容涉及数学、物理学、化学、天文、地质、地理、气象、工程技术、生物和医学等多种学科，不仅是我国古代科技史上不朽的杰作，也是世界科技资料库中的一份宝贵遗产. 在数学方面，他在卷18《技艺》中首先提出“隙积术”，纠正了古代用刍童（长方台）法计算隙积“常失于数少”的错误，给出依次堆成长方台形的物体的总个数公式 $S=\frac{n}{6}\cdot[(2b+d)a+(2d+b)c]+\frac{n}{6}(c-a)$（其中 a、b、c、d 分别是顶层和底层的长和宽的个数，n 为层数），开辟了研究高阶等差级数求和问题的新方向，为南宋杨辉的“垛积术”，元代郭守敬的“招差术”开辟了道路. 他还创立“会圆术”，给出已知弓形的高和圆的直径求底长和弧长的近似方法，在郭守敬的《授时历》中得到应用. 此外，他将数学知识广泛应用于天文、历法和军事、工程中，得到许多重要结果. 他还在诸多学科中有重要记载和发现. 如中国古代四大发明中就有两项（活字印刷和指南针）出自《梦溪笔谈》的记载，其著作仅注册的就有155卷. 传世的尚有《良方》、《长兴集》等.

贾宪（Jia Xian，约11世纪） 中国数学家. 北宋人，生平籍贯不详，活动在11世纪上半叶. 他是数学家、天文学家楚衍的弟子，在朝廷里任左班殿直，撰有《黄帝九章算经细草》9卷、《算法学支古集》2卷. 后者已失传，前者以刘徽注、李淳风等注《九章算术》为底本，并因被杨辉的《详解九章算法》全部抄录而今存约三分之二. 其中设立若干新的题目，提出若干新的法（术），并作细草，对《九章算术》的术文进一步加工抽象，从而发展了中国古典数学的算法理论，在算法的抽象化、程度化、一般化方面做出了极大贡献. 贾宪总结《九章算术》以来的开方程序，提出立成释锁法，即借助一张数表进行开方的方法，并创造“开方作法本源”（今称贾宪三角），作为其立成. 贾宪三角是将0到6次的二次式展开式的系数自上而下排成的三角形，并提出增乘方求廉法作为造表法，可见贾宪可以开任意高次方. 贾宪三角后来还成为解决垛积问题的工具. 中亚的卡西于1427年，欧洲在十六七世纪也发现了这种系统规律，西方称之为“伯斯卡三角形”. 贾宪最突出的贡献是创造增乘开方法，以随乘随加代替一次使用贾宪三角的系数计算减根方程，比立成释锁法简捷、整齐，更具程序性，并列出开二次方、三次方、四次方的开方图. 这种方法后来被南宋秦九韶等发展为求高次方程正根的正负开方术，成为宋元数学最发达的一个分支. 后来中亚也创造了同类的方法. 而在欧洲，直到19世纪初才先后由意大利数学家鲁菲尼和英国的霍纳创造出来，所以西方称之为鲁菲尼—霍纳法或霍纳法. 贾宪还继承了刘徽解方程的互乘相消法，并因地制宜，有时使用互乘相消法，有时使用直除法. 贾宪是宋元数学的主要推动者之一.

秦九韶（Qin Jiushao，约1202～1261） 中国数学家，南宋人，约生于宋嘉泰二年（1202年），卒于景定二年（1261年）. 字道古，普州定岳（今四川安岳县）人. 父亲当过潼川（今四川三台）郡守. 秦九韶早年曾在杭州求学，后曾在湖北、安徽、江苏等地为官，晚年被贬到梅州（今广东梅县），不久便在此去世. 他学术渊博，被称为“性极机巧，星象、音律、算术以至营造等事无不精究”. 他在数学上的贡献是于1247年完成《数书大略》18卷的写作，明代后期改名为《数书九章》. 全书共有81个问题，分为9类，每类9个问题. 内容包括一次同余式的解法，历法计算和降雨降雪量的测量，面积计算，勾股重差，均输税收，粮谷转运与仓窖容积，建筑施工，营盘布置及军需供应，交易与利息等问题. 其主要贡献是一次同余式和高次方程解法. 他总结了历算家计算上元积年的方法，在《孙子算经》“物不知数”题的基础上，提出“大衍总数术”，针对不同的情况，提出不同的程序，完整地解决了一次同余问题，比西方同类解法早500多年. 在解高次方程时，他总结和巩固了前人的开方法，提出正负开方术，系统地应用到任意次方程有理根或无理根的求解上去，比西方同类解法早近600年. 此外，他还独立发现了用三角形三边表示其面积的公式，改进了线性方程组的解法，并第一次用十进分数表示无理数的近似值.该书还详实地反映了南宋社会的经济情况,是非常有价值的历史资料.

杨辉(Yang Hui,约13世纪中叶) 中国数学家.南宋人.生平不详,约在13世纪中叶至后半叶活动于苏、杭一带,字谦光,钱塘(今杭州)人.著有5部共21卷数学书,对了解当时数学的发展情况具有重要的意义.其中《详解九章算法》12卷(1261年),取《九章算术》246问中的80问进行详解,分为解题(包括解释题意、名词术语、文字校勘和评论等内容)、细草和比类三项,并附有纂类,将《九章算术》题目按解题深浅程度重新编排.书中的"开方作法本源图"曾被称为杨辉三角形,杨辉指明此系贾宪(约11世纪)所用.西方称这样的二项式系数排列为"帕斯卡三角形",从时间上看已分别在杨辉和贾宪之后400年和600年了.《日用算法》(2卷,1262年)为通俗实用算书,《乘除通变本末》(3卷,1274年)论四则运算等方法,《田亩比类乘除捷法》(2卷,1275年)记叙开方术,《续古摘奇算法》(2卷,1275年)论纵横图,并说《海岛算经》,保存了许多珍贵的数学史料.他的著述广征博引,强调数学研究与教育工作应放在计算技术方面,提倡循序渐进和熟读精思的学习方法,还特意为初学者制定了"习算纲目",因此他被称为杰出的数学教育家.杨辉在数学上以改进乘除捷法、纵横图研究、级数求和等成就被列为与秦九韶、李冶和朱世杰齐名的宋元四大家,为数学的发展做出重要贡献.同时,他的先进的教育思想和数学方法对后世也有深刻的影响,在中国数学教育史上占有重要地位.

徐光启(Xu Guangqi,1562.4.24~1633.11.24) 中国数学家、科学家.明代人,生于嘉靖四十一年三月二十(1562年4月24日),卒于崇祯六年十月初七(1663年11月24日),字子先,号玄扈,上海徐家汇人.1597年赴京参加顺天府乡试中第一名举人,曾以教书为生.1604年北京会试中进士,同年改充翰林院庶吉士.1607年任翰林院检讨,1629年升为礼部左侍郎,1633年官至文渊阁大学士,不久病故.徐光启是介绍和吸收欧洲科学技术知识的先驱和积极推动者,在数学、天文学和农学等方面都做出重要贡献.他认识到数学是"众用之基",力主在引进西方科学书籍时首先翻译数学书.1606年与意大利传教士利玛窦合作翻译了欧几里得《几何原本》前6卷,于1607年在北京付印.这是中国现存的第一部数学译著,也是第一次将西方数学的严密逻辑体系和推理方法引入中国.译文文字简练,意义准确,全部数学译名都是首创,其中许多至今仍在沿用,如点、线、面、平面、曲线、曲面、直角、钝角、锐角、垂线、平行线、对角线、相似、外切等等.该译本被称赞为"字字精金美玉,是千古不朽之作".徐光启还与利玛窦合译了《测量法义》(1607年)、《简平仪说》(1611年)等书,并亲自撰写了《测量异同》和《勾股义》,将西方三角学和测量方法引入中国.1629年,受皇帝之命组织历局,进行历法改革,数年后编译出137卷的《崇祯历书》,系统介绍西方天文历法和三角学,影响深远.此外,他编著的《农政全书》(1625~1628年)60卷对中国农学的发展做出重大贡献.

附录6 数学名题与猜想

孙子问题(Sun Zi's problem) 中国古代约公元3世纪成书的《孙子算经》中记载的问题,是原书卷下第26题:“今有物不知其数,三三数之剩二;五五数之剩三;七七数之剩二,问物几何?答曰:二十三.”用现代符号表示为$N\equiv2(\mathrm{mod}3)\equiv3(\mathrm{mod}5)\equiv2(\mathrm{mod}7)$,其最小的正整数解是23.《孙子算经》中给出了它的具体解法,其中关键的步骤是:“凡三三数之剩一,则置七十;五五数之剩一,则置二十一;七七数之剩一,则置十五.”因此可得$N=70\times2+21\times3+15\times2-2\times105=23$.原题及其解法中的3、5、7后来叫“定母”,70、21、15叫“乘数”.求乘数的方法在《孙子算经》中没有说明,直到1247年宋代数学家秦九韶在《九章算术》中才给出具体求法.分析一下乘数,70是5与7最小公倍数的2倍,21、15分别是3与7、3与5最小公倍数的1倍.这2、1、1的倍数秦九韶称为“乘率”,求出乘率,就可以知道乘数.《九章算术》给出求乘率的方法,称之为“大衍求一术”.1874年清代数学家黄宗宪发现了求乘率简法,使“求一术”广为流传.在西方与《孙子算经》同类的算法最早见于斐波那契的《算盘书》(1202年),同样没有证明.而与秦九韶“求一术”同类的算法直到1801年才出现于高斯的《算术研究》中.1852年英国传教士伟烈亚力最早将“大衍求一术”介绍到西方,使中国独特的古老算法开始为欧洲人所知.现在一般数论书中将满足同余式组数的存在及特性称为“中国剩余定理”或“孙子定理”.孙子问题的算法名称很多,宋代周密称之为“鬼谷算”、“隔墙算”,宋代杨辉称之为“秦王暗点兵”、“翦管术”,明代程大位叫它“物不知总”、“韩信点兵”,并在《算法统宗》(1592年)中将孙子算法编成歌诀,推动了该算法的普及.

百鸡问题(problem of a hundred chickens) 中国古代约5—6世纪成书的《张邱建算经》中记载的问题,是原书卷下第38题,也是全书的最后一题:“今有鸡翁一,直钱五;鸡母一,直钱三;鸡雏三,直钱一.凡百钱买鸡百只,问鸡翁、母、雏各几何?答曰:鸡翁四,直钱二十;鸡母十八,直钱五十四;鸡雏七十八,直钱二十六.又答:鸡翁八,直钱四十;鸡母十一,直钱三十三;鸡雏八十一,直线二十七.又答:鸡翁十二,直钱六十;鸡母四,直钱十二;鸡雏八十四,直钱二十八.”该问题导致三元不定方程组,其重要之处在于开创一问多答的先例,这是过去中国古算书中所没有的.原书没有给出解法,只说:“术曰:鸡翁每增四,鸡母每减七,鸡雏每益三,即得”.即如果少买7只母鸡,就可多买4只公鸡和3只小鸡.所以只要得出一组答案,就可以推出其余两组答案.中国著名的古算书校勘者甄鸾和李淳风注释该书时都没给出解法,只有约6世纪的算学家谢察微记述过一种不甚正确的解法.到了清代,研究百鸡术的人渐多,1815年骆腾凤使用“大衍求一术”解决了百鸡问题.1874年丁取忠创用一个简易的算术解法.在此前后时曰醇(约1870年)推广了百鸡问题,作《百鸡术衍》,从此百鸡问题和百鸡术才广为人知.百鸡问题还有多种表述形式,如百僧吃百馒、百钱买百禽等.宋代杨辉的算书中有类似问题,中古时近东各国也有相仿问题流传.例如印度算书和阿拉伯学者艾布·卡米勒的著作中都有百钱买百禽的问题,且与《张邱建算经》中的题目几乎一样.

13个球的问题(problem of the thirteen spheres) 几何学中的古老问题.1694年英国牛津大学天文学教授格雷戈里与他的朋友、著名科学家牛顿讨论体积不同的星星在天空中如何分布,引出这一问题:一个单位球能否与13个(互不相交的)单位球相切?牛顿认为不可能,而格雷戈里则猜测可能,他们的讨论记录在的一本笔记本中,没有发表.对平面(二维)而言,一个单位圆能且仅能与6个单位圆相切.在空间(三维)中,格雷戈里的猜测等价于下面的问题:单位球面上能否有13个半径为$\pi/6$的球冠互不重叠?进一步还可化简为下述等价命题:单位球面上能否有13个点,每两个点之间的距离$\geqslant 1$?通过实验容易验证,可以有12个单位球与同一个单位球相切,且每两两切点之间的距离大于1.另一方面通过计算可知,不可能有14个以上的单位球与同一个单位球相切.讨论13个球和14个球的问题是困难的.尽管实验已说明,很难将13个球与同一个球相切,但其严格论证却姗姗来迟.直到1953年,德国数学家许特(K. Schütte)与荷兰数学家范德瓦尔登才证明:至多有12个单位球可以与同一个单位球相切,此时距该问题的提出已近260年.1956年利奇(J. Leech)给出一个较简单的证明,采用反证法,并引用了网络知识,较完满地解决了这一问题.

与13个球问题相关联的问题很多.生物学家塔默斯(Tammes)在1930年提出:在单位球上放n个半径均为a_n的球冠,互不重叠,a_n的最大值是多少?该问题目前只知道$n\leqslant 12$与$n=24$的答案.其中$n=12$即为上述问题的解.13个球问题还有高维的推广.例如在四维空间中,类似的相切个数已知道是24或25,具体为多少还不能确定.当$d>3$时,在d维空间中,能确定类似相切球个数的目前只知道两种,即$d=8$,相切球个数为240;$d=24$,相切球个数为196 560,这也是利奇给出的.

等周问题(isoperimetrice problem)

分析学中的一个基本问题.当曲线的周长或曲面的表面积相等时,求其所围面积或体积为最大时的曲线或曲面.这一问题也叫做古典等周问题或特殊等周问题.它起源于古希腊传说,据记载那时希腊人已知道曲线等周问题的解答是圆.公元前180年左右,古希腊数学家芝诺多罗斯写过一篇有关等周图形的论著,可惜已失传,其中若干命题被公元4世纪的学者帕波斯所记载,得以保存.1697年瑞士数学家雅各布·伯努利重提等周问题,将它纳入分析学中曲线和求极值的范畴中讨论,由此引起变分法的发展.欧拉、拉格朗日、勒让德等人对此做出贡献.1838—1842年瑞士数学家施泰纳在假定极大性存在的前提下用综合方法证明:在具有一定周长的所有的平面图形中,圆周包围着最大的面积.他还证明了在具有一定周长的所有三角形中,等边三角形具有最大的面积.1870年德国数学家外尔斯特拉斯用变分法证明了极大性的存在.

一般来说,在积分值$\int_c G(x,y,y')\,\mathrm{d}x=$常数的条件下,求使泛函$\int_c F(x,y,y')\,\mathrm{d}x$为最大曲线$c:y=y(x)$这一条件的变分问题,被称为广义等周问题.此外等周问题也常用图形中各种量之间的不等式来证明.三维的等周问题的解答是球面,有许多实际例证,被称为平稳问题.

蜂房问题(problem of honeycomb)

由观察研究蜜蜂房引出的一个问题:由怎样的三个全等菱形作顶盖封闭一个正六棱柱,使所得立体在具有相同容积的条件下,表面积最小.它最先由18世纪法国自然哲学家雷奥米尔提出,他猜测菱形的两个角应分别为$109°28'$和$70°32'$,这个数值是另一个法国天文学家马拉尔迪对蜂房实测后得出的.在此之前已有不少学者注意到蜂房的奇妙结构.例如公元4世纪初古希腊数学家帕波斯认为六棱柱的巢是最经济的结构;17世纪初德国天文学家开普勒断言蜂房的角应与菱形十二面体的角一致等等.雷奥米尔的猜想由瑞士数学家柯尼希证实,但他计算的结果因所用对数表有误而与实际数值有两分之差.1743

年英国数学家马克劳林用初等方法进一步得到该问题的解，菱形的钝角为 109°28′16″，锐角是70°31′44″，与实测一致. 后来许多人又给出各种解法，其中以普通微积分里求极值的方法较简单. 此外，每两个相毗连的菱形面皆构成一个 120°的二面角，每两个棱柱所构成的二面角显然也是 120°. 蜂房问题是生物现象启示人类的典型例子，对数学研究和数学教育有特殊作用.

挂谷问题（Kakeya's problem） 日本数学家挂谷（Kakeya）宗一于 1917 年提出的一个问题，原则是一武士用短棒抵挡矢石射击，换成数学记法表示为：如何将长为 1 的线段转过 180°（或 360°），使这线段扫过的面积为最小？若棒绕一端旋转半周，扫过的半圆面积为 $\pi/2=1.57\cdots$；若棒绕中心旋转 180°，扫过的面积为 $\pi/4=0.785\cdots$；若在正三角形（高为 1，边长为 $2/\sqrt{3}$）中每一顶点处各绕 60°，则扫过面积为 $1/\sqrt{3}=0.577\cdots$. 挂谷本人考虑内摆线，当小圆、大圆的直径分别为 1/2，3/2 时，曲线内任一条切线长为定值 1，棒再按在正三角形内的方式转动扫过的面积为 $\pi/8=0.392\cdots$. 挂谷本人及许多人都认为这就是最小面积了. 1925 年美国数学家 G. D. 伯克霍夫特别在著作中提到挂谷问题. 后来，长度为 1 的线段可在点集中转过 180°，这样的点集被称为挂谷集. 挂谷问题就转化为求面积最小的挂谷集. 1920 年原苏联数学家别西科维奇在自己的研究领域提出一个类似的问题：是否存在一个面积（若尔当测度）为 0 的平面点集，它在每一方向上都有长度≥1 的线段？后来他将这两个问题称为孪生问题. 1928 年别西科维奇解决了自己的问题，即构造出面积为 0 的平面点集，在每一方向上都有长度≥1 的线段. 接着又运用同样的方法，并借助匈牙利数学家鲍尔（J. Pāl）的想法进行“联结”，成功地解决了挂谷问题. 他的结论出乎绝大多数人的意料：短棒扫过的面积可任意地小（因而没有最小值）. 他的方法由德国数学家佩龙（1928 年）和另一位数学家舍恩伯格（1962 年）两度化简，已成为数学中的经典例子. 但他们得到的挂谷集有很多洞，因而不是单连通的. 1921 年鲍尔证明了如果限于凸图形，前述的正三角形是面积最小的解（$1/\sqrt{3}$）. 1965 年沃克（R. J. Walker）首先找到比挂谷本人解答的面积更小的单连通域挂谷集. 同年布洛姆、舍恩伯格和坎宁安（F. Cunningham）先后造出面积为 $(5-2\sqrt{2})\cdot\pi/24\ (<\pi/11)$ 的单连通挂谷集. 1971 年坎宁安终于在单位圆内作出可以任意小的单连通挂谷集，完全解决了单连通性和有界性两方面的问题. 同时，他证明了如果限于星形（即图形内存在一点，连接它与图形中任一点的线段整个图形中），则挂谷集的面积 $\geqslant\pi/108$. 挂谷问题还有多种推广形式，如 1971 年戴维斯（R. O. Davies）证明了一条半径为 1 的圆弧转过 180°，扫过的面积不能任意小. 此外，将线段改为宽度很小的长方形这类问题也开始有人研究.

分蛋糕问题（problem of distribution of cake） 对策论问题. 人们对同一客观对象有着不同的价值观，是人类经济活动中的一个基本事实. 最简单的是二人分蛋糕问题：A、B 两人分一个蛋糕，问怎样的分法才公平合理. 一般认为合理的办法是 A 切 B 选，即蛋糕由 A 切成他认为平均的两块，而由 B 首先挑选，于是双方均无异议. 1942 年前后，波兰数学家斯坦因豪斯首先将条件推广，提出了 n 个人分蛋糕问题：设有 $n(n\geqslant2)$ 个人分一个蛋糕，要求设计一种方法，使每个人都认为自己所分得的蛋糕（按照各人自己的价值观）不少于整个蛋糕的 $1/n$. 对于 $n=2$ 的方法无法推广. 1943 年左右，斯坦因豪斯给出一个解决 $n=3$ 的方法，但仍不能推广到任意大于 3 的自然数 n. 于是他将问题提给几个数学家朋友. 约在 1944 年，他的同胞巴拿赫和克纳斯特（B. Knaster，1893 ~ 1980 年）解决了斯坦因豪斯提出的问题,得到公正合理的分配结果,被称为巴拿赫—克纳斯特方法. 但新的问题是:公正合理是否一定会使每个人满意? 导致 n 个人分蛋糕问题的进一步提法:设有 n $(n\geqslant 2)$ 个人分一个蛋糕,要求设计一种分法,使得每个人都认为自己所得的不少于他人. A 切 B 选仍可解决 $n=2$ 的情形,但斯坦因豪斯的方法和巴拿赫—克纳斯特方法都不能解决 $n\geqslant 3$ 的情形. 1960 年左右,美国数学家弗里奇(J. Selfridge)和英国数学家康韦先后独立解决了 $n=3$ 的情况,但该方法无法推广到 $n\geqslant 4$ 的情形. 1992 年美国《科学》杂志 3 ~ 4 月号专文介绍这一悬而未决的问题,引起人们的广泛关注. 美国纽约大学政治学教授布拉姆斯(S. Brams)设计一种新方法解决 $n=3$ 的问题. 该方法启发了他的朋友,同在纽约的数学教授泰勒(A. Taylor),在当年即把布拉姆斯的方法推广到一般的 n,但增加了容许分蛋糕过程可以无限的条件. 1992 年底,泰勒终于找到了有限步分蛋糕的方法,并在 1995 年初正式发表了他的论文,为该问题划上了句号. 但他的方法随着 n 的增大,操作步数呈指数式增长,这在算法理论中被认为是“坏算法”. 目前,数学家正致力于寻找该问题的“好算法”. 对分蛋糕问题求解所产生的方法在社会生活中已有一些具体的应用.

费马大定理(Fermat's last theorem)

现代表述为:当 $n>2$ 时,方程 $x^n+y^n=z^n$ 没有正整数解.

费马大定理的提出涉及到两位相隔 1400 年的数学家,一位是古希腊的丢番图,一位是法国的费马.

丢番图活动于公元 250 年左右,他以著作《算术》闻名于世,不定方程的研究是他的主要成就之一. 他求解了这样表达的不定方程(《算术》第 2 卷第 8 题):

将一个已知的平方数分为两个平方数. (1)

现在人们常把这一表述视为求出不定方程

$$x^2+y^2=z^2 \tag{2}$$

的正整数解. 因而,现在一般地,对于整系数的不定方程,如果只要求整数解,就把这类方程称为丢番图方程. 有时把不定方程称为丢番图方程.

关于二次不定方程(1)的求解问题解决后,一个自然的想法是问未知数的指数增大时会怎么样. 费马提出这一数学问题.

费马生前很少发作品,一些数学成果常写在他给朋友的信中,有的见解就写在所读的书页的空白处. 他去世后,才由后人收集整理出版.

1637 年前后,费马在读巴歇校订注释的丢番图的《算术》第 2 卷第 8 题,即前引表述(1)时,在书的空白处写道:“另一方面,将一个立方数分成两个立方数,一个四次幂分为两个四次幂,或者一般地将一个高于二次的幂分为两个同次的幂,这是不可能的. 关于此,我已发现一种美妙的证法,可惜这里空白的地方太小,写不下.” (3)

费马去世后,人们在整理他的遗物时发现这一段话,却没有找到证明,这更引起了数学界的兴趣.

后来,表达(3)被理解为:当整数 $n>2$ 时,方程

$$x^n+y^n=z^n \tag{4}$$

没有正整数解.

欧拉、勒让德、高斯等大数学家都试证过这一命题,但都没有证明出来,问题表述的简单和证明的困难,吸引了更多的人投入证明工作.

这一命题就被称为费马猜想,又叫做费马问题,但更多地被叫做“费马最后定理”,在我国,则一般称之为费马大定理.

“费马最后定理”这个名称的来历可能是:费马一生提出过许多数论命题,后来经过数学界的不懈努力,到 1840 年前后,除了一个

被反驳以外,大多数都证明,只剩下这个费马猜想没有被证明,因此称之为"最后定理".

而称之为"费马大定理"是为了和"费马小定理"相区别,后者也是数论中的一个著名定理:设 p 为素数,而 a 与 p 互素,则 a^p-a 必为 p 的倍数.

柯尼斯堡七桥问题(Königsbergseven bridges problem) 18 世纪初普遍流传于鲁士柯尼斯堡镇(原苏联加里宁格勒)的一个问题.城内一条河的两支流绕过一个岛,有 7 座桥横跨这两支流.问一个散步者能否走过每一座桥,而且每座桥只走过一次.1736 年欧拉

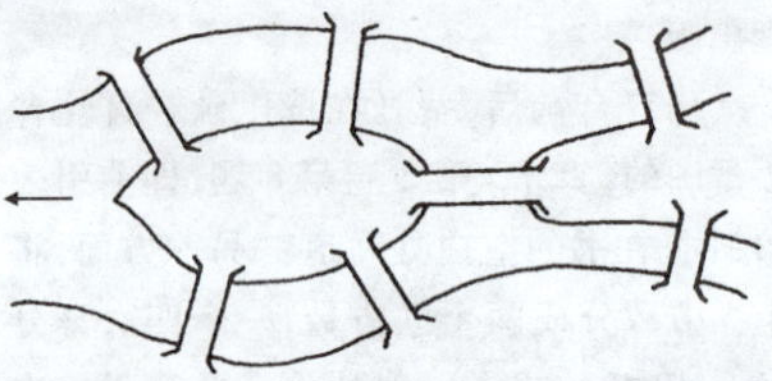

圆满地解决了这一问题,证明这种方法是不存在的.他将实际问题抽象为平面上的点与线的组合,把每一座桥视为一条线,桥所连接的地区视为点,这样如果从某一点出发最后再回到这一点的话,则连接这一点的线数必须是偶数.欧拉最后给出任意一种河—桥图能否全部走一次的判定法则,即如果通过奇数座桥连接的地方不止两个,满足要求的路线不存在;如果只有两个地方通过奇数座桥连接,则可从其中任一地出发找到所要求的路线;如果没有一个地方通过奇数座桥连接,则从任一地出发,所求的路线都能实现.他还说明了怎样快速找到所要求的路线.欧拉的论文在圣彼堡科学院作了报告,成为图论历史上第一篇重要文献.七桥问题引发了网络理论的研究,还被认为是拓扑学理论的基本应用题,且对解决最短邮路等问题很有帮助.

哥德巴赫猜想(Goldbach's conjecture) 在 1742 年,哥德巴赫(Christian Goldbach)给欧拉(Leonard Euler)的一封信中,猜想说:每一个大于 2 的偶整数都可以写为两个素数的和.虽然,计算机已经验证到百万,但仍没有证明被给出.但是,自从哥德巴赫时期以来,他的想法已经被分解为"强"的哥德巴赫猜想——他原始的主张——和"弱"的哥德巴赫猜想,也就是主张每一个大于 7 的奇数都可以表示为 3 个奇素数的和.试试看,并且留心这方面的信息吧!

附录 7　数学竞赛

国际数学奥林匹克（International Mathematical Olympiad）

现代意义上的数学竞赛是从匈牙利开始的. 1894 年，为纪念数理学会主席埃沃斯荣任教育大臣，数理学会通过一项决议：举行以埃沃斯命名的，由高中学生参加的数学竞赛，每年十月举行，每次出 3 题，限 4 小时完成，允许使用任何参考书，试题以奥妙而奇特的形式见长，一般都有富创造特点的简明解答. 在埃沃斯的领导下，这一数学竞赛对匈牙利的数学发展起了很大的作用，许多卓有成就的数学家、科学家是历届埃沃斯竞赛的优胜者，如 1897 年弗叶尔、1898 年冯卡门等.

受到匈牙利的影响，数学竞赛在东欧各国蓬勃开展：1902 年罗马尼亚，1934 年前苏联，1949 年保加利亚，1950 年波兰，1951 年前捷克斯洛伐克，……相继进行了数学竞赛.

把中学生的数学竞赛命名为“数学奥林匹克”的是前苏联，采用这一名称的原因是数学竞赛与体育竞赛有着许多相似之处，两者都崇尚奥林匹克精神. 竞赛的成果使人们意外地发现，数学竞赛的强国往往也是体育竞赛的强国，这给了人们一定的启示.

1934 年在列宁格勒，1935 年在莫斯科，有关的国立大学分别组织了地区性的数学竞赛，并称之为“中学数学奥林匹克”. 当时，莫斯科的著名数学家都参加了这一工作. 前苏联的数学奥林匹克分为五级：学校奥林匹克，县奥林匹克，地区奥林匹克，共和国奥林匹克，全国奥林匹克，再选出参加国际数学奥林匹克的六名代表.

对国际间组织数学竞赛最热心的是罗马尼亚的教授罗曼. 经过他的积极策划，1959 年 7 月，第一届国际数学奥林匹克（简称 IMO）在罗马尼亚古都布拉索举行，拉开了国际数学竞赛的帷幕. 当时参加竞赛的学生共 52 名，分别来自东欧的罗马尼亚、保加利亚、匈牙利、波兰、前捷克斯洛伐克、前德意志民主共和国和前苏联等 7 个国家. 每个国家有 8 名队员，前苏联只派了 4 名队员. 以后（除 1980 年由于东道主蒙古经费困难而暂停）每年举行一次，到 1990 年在我国举办第 31 届时，已发展到 54 个国家和地区的 308 名选手. 到 2009 年在德国不来梅举办第 50 届时，已增加到 104 个国家和地区，500 多名选手.

IMO 的运转方式已经制度化，其竞赛章程规定：

（1）一年一度的 IMO 的东道国由参赛国（或地区）轮流担任，所需经费由东道国负担，整个活动由东道国出任主席，由各国领队组成的主试委员会主持，试题和解答由参赛国提供，每国 3 ~ 5 题（也可不提供），东道国不提供试题，而由东道国组成选题委员会，对各国提供的试题进行评议与初选，主要考虑试题是否与以往的试题重复，并把试题按代数、数论、几何、组合数学、组合几何等分类，确定试题难度（A、B、C 三级），选择 30 题左右. 如果这些题有新解法的话，还要求提供原解法以外的解答，译成英文供主试委员选用.

（2）每个参赛团组织一个参赛队，成员不超过 8 人，其中队员不超过 6 人（是中学或同等级学校学生），正、副领队各 1 人，考试分两天两试，每试 3 题，每试 4.5 小时，每题 7 分，所以每个选手的最高得分是 42 分.

（3）IMO 的官方用语为英、法、德、俄语，而参赛国大约需要 26 种文字，届时由各领队把试卷译成本国语言，并经协调委员会认可.试卷先由各国的正、副领队评判，再与协调委员会协商（每个协调员负责一个试题的评分），如有分歧，由主试委员会仲裁，协商工作是在信任与友好的气氛中进行的.

（4）IMO 的获奖人数约占参赛人数的一半，评奖根据分数段评出一、二、三等奖获得者，其比例平均为 1:2:3. 此外，主试委员会还可因在某个试题上作出了非常漂亮（指思路简捷巧妙，有独创性）或在数学上有意义的解答的学生给予特别奖.

为避免再次出现 1980 年那样的中断，IMO 设立一个专门的委员会（有的译为场所委员会）负责确定各届的东道主.

按 IMO 的规定，每一届的东道主必须向上一届的所有参赛国发出邀请，而新参加的国家则应当向东道主表明参加的意愿，再由东道主发出邀请.

东欧外的国家中，第一个加入的是芬兰（1965 年第 7 届），接着法国、英国、意大利、瑞典、荷兰等也都在 60 年代陆续加入. 1974 年，美国、越南加入. 此后，参加国逐年增加，并遍布欧、美、亚、非及大洋洲，IMO 才成为名副其实的全球性的数学大赛.

1988 年第 29 届，根据香港的建议，IMO 首次设立了荣誉奖，奖给那些虽然未得金、银、铜牌，但至少有一道题得满分的选手. 这一措施，大大调动了各参赛国及其参赛选手的积极性.

IMO 的精神就是奥林匹克精神："重要的不在于取胜，而在于参加."据此，自 1983 年第 24 届以来，虽然每一个代表队（6 个人为组员）都计算自己的总分，且知道按总分的顺序排在多少名，但组织委员会不向团体优胜者颁奖，因为 IMO 只是个人的竞赛，不是团体的竞赛.

美国初中数学竞赛（AJHSME，American junior High School Mathematics Examination）

服务于 8 年级及以下年级学生，该竞赛开始于 1985 年，每年 1 月底的星期二举行. 由 25 个单项选择题组成，答对一题一分，答错不扣分，满分 25 分；竞赛时间 40 分钟. 比赛的目的是通过这样一种对学生有吸引力的考试，增加学生在数学方面的兴趣及学习数学的热情，促进学生学习中学必修数学课程之外的数学内容，增强问题解决的能力. 通过考试，确定学生个人掌握初中教学大纲中广泛内容的情况，通过参加考试及其后对解答的研究，能使学生感知数学课程中问题解决活动的重要性. 为吸引大多数学生，竞赛题的过渡从容易到非常困难. 考试内容与 7、8 年级教学大纲相联系，包括（但不局限在）整数、分数、小数、百分数及比例等算术，以及数论、日常的几何、周长、面积、体积、概率及统计、逻辑推理等. 该考试给参加者提供了应用初中所学概念来处理由易到难并包含广泛应用的问题的机会. 许多考题被设计来挑战学生，并提供他们在多数初中数学教学中所不能得到的解决问题的经验. 获得高分的学生将被邀请参加美国高中数学竞赛.

美国高中数学竞赛（AHSME，American High School Mathematics Examination）

服务于高中或高中以下年级学生，从 1950 年开始，一般每年二月的第一个星期二举行，竞赛时间 90 分钟. 竞赛题由 30 个单项选择题构成. 答对一题 5 分，答错 0 分，未答一题扣 2 分；总分 150 分. 竞赛的目的是通过这样一种对学生有吸引力的考试，鼓励学生带着兴趣解决数学问题，确定学生在问题解决方面的能力. 进一步而言，其主要目的是通过解决具有刺激并富于挑战的问题提高学生在数学方面的兴趣及能力；另一个特殊的目的是帮助在数学方面杰出的学生. 竞赛内容为除去微积分以外的高中数学. 所选问题的解决方案都阐明相应的一个重要的数学原理. 有时有些问题的选择答案列出了细微但非偶然的混淆及常见的计算错误，有些问题还有快捷的"技巧性"的解决方案；这些第一次出现时似乎是技巧的方法正是解决大量问题的技术；由于获得这些技能，学生的数学技能及方法将得到极大提高和扩充. 由于考题是为从一般学校的普通学生到重点学校的优秀生阶段中的每一位而设计的，考题的安排由易到难，考生将发现大多数题都具有挑战性，但也都在他们力所能及的范围内. 由于考查能力及知识面很广，考生的成绩分布很广，通常获得100分或100分以上的考生比例较低，这些学生将被邀请参加美国数学邀请赛，高、中、低年级学生有机会多次参加AHSME，自豪地发现自己能力的变化.

美国数学邀请赛（AIME，American Invitational Mathematics Examination）

始于1983年，AHSME后五星期举行，考试时间为3小时，竞赛题由15个答案为0~999中的整数的问题构成. 答对一题得一分，答错不扣分；满分15分. 考题有相当的难度，考生一般不能通过猜测得到正确答案. 考试内容为除去微积分外的中学数学. 与美国高中数学竞赛及美国数学奥林匹克竞赛一样，考题都能用不超过微积分外的中学教学方法解决. AIME的目的是，与AHSME结合，确定大学之前阶段在数学方面杰出的学生，选拔美国数学奥林匹克竞赛的参加者. 该考试试图为数学方面有优势的高中生提供进一步挑战并提供认识其才干的机会. 与其他竞赛一样，该考试提供了一种进一步发展数学才能，提高数学兴趣的途径；其实它的价值在于考前的准备及考后对考题的进一步思考和讨论.

美国数学奥林匹克竞赛（USAMO，United Sates of American Mathematical Olympiad）

始于1972年，AIME后六星期举行；考试时间为6小时，由6个问答及证明题构成. 每题7分，不完全的答案及证明得部分分；考题都能用微积分之前的数学方法解决. USAMO的目的是，发现并挑战具有杰出才干（高超的独创性，丰富的数学知识及优秀的计算专长的）的中学生；发掘这些可能是下一代数学界的精英的学生的数学才干. 每年大约160名基于AHSME及AIME的高分者被邀请参加USAMO，只有美国公民或持有绿卡者才有资格参加此考试；之前阶段的竞赛无此要求. 以下是选拔USAMO参加者的方法：首先利用AHSME分数与10倍AIME分数的和来排名，然后如下选择参加USAMO的五个小组，第一小组由前120名学生构成，第二小组由接下来的12年级以下学生中的前10名构成，第三组由再接下来的11年级以下学生中的前10名构成，第四组由前三组除外的10年级以下学生中的前10名构成，从那些以上四组中无代表的每一个州、每一个准州中选出一名学生参加奥林匹克夏令营（MOSP，Mathematical Olympiad Program）并组成第五个组. USAMO的前六名组成美国队参加国际数学奥林匹克竞赛.

数学奥林匹克夏令营（MOSP，Mathematical Olympiad Program）

由24个有前途的学生（含国际数学奥林匹克竞赛美国队的六名成员）及指导教师组成. 参加学生的选拔方法如下：首先按照USAMO的分数排名，然后选出前八名（国际数学奥林匹克竞赛美国队的六名队员及两名替补），再在接下来的17名高分学生中依次选出非高年级的学生：如果选出的学生不够24名，则按9倍USAMO分数与AHSME分数及

10 倍 AIME 分数的总和选择非高年级的学生来补充名额. 夏令营将在一些重要的数学领域中给学生提供丰富的知识、深入的内容以激发他们保持和提高在数学方面的兴趣，为进一步研究数学做充分准备. 这些内容包括组合论证、生成函数、图论、递推关系、嵌进和与积、概率、数论、多项式、方程理论、复数、算法证明、函数方程、Ramsey'S 定理、几何、鸽笼原理、包含排除、古典不等式等内容（传统上，与其他国家相比，这些内容在美国的学校受到较少重视)，深入认识理解这些内容才能在国际数学奥林匹克竞赛中有合理的表现. 夏令营还努力在参加者中营造一种友好的合作关系，并让他们感受到合作及自尊的愉快. 夏令营保证了美国队在国际数学奥林匹克竞赛中的表现，恰当的反映了美国最优秀的学生的能力和创造性. 历时四周的夏令营结束后，由 USAMO 的前六名组成的美国队参加国际数学奥林匹克竞赛.

全国高中数学联合竞赛［中国］

1981 年中国数学会开始举办"全国高中数学联赛"，高中联赛与全国中学生数学冬令营衔接，有"选拔"的作用. "全国高中数学联赛"于每年十月中旬的第 1 个星期天举行，分一、二两试. 一试试题主要着眼于普及，重在考查数学的基础知识和基本技能；二试着眼于提高，着重考查学生运用数学知识、方法解决实际问题的能力. 在"全国高中数学联赛"中的优胜者将被邀请参加全国中学生数学冬令营.

竞赛时间:100 分钟 .

竞赛办法与命题要求：命题范围以现行高中数学教学大纲为准，主要考查学生对基本知识和基本技能的掌握情况，以及综合运用和灵活运用的能力. 试卷包括 6 道选择题、6 道填空题和 3 道解答题，全卷满分为 150 分. 全国高中数学联赛二试，命题范围以现行高中数学竞赛大纲为准，试题包括 3 道解答题，其中一道是平面几何试题，全卷满分 150 分.

全国中学生数学冬令营［中国］

1985 年，由北京大学、南开大学、复旦大学和中国科技大学四所大学倡议，中国数学会决定，自 1986 年起每年一月份举行全国中学生数学冬令营，后又改名为中国数学奥林匹克（Chinese Mathematical Olympiad，简称 CMO). 目前都是由中国数学会、《中学生数理化》编辑部与一个具体承办单位共同举办. 冬令营邀请各省、市、自治区在全国高中数学联赛中的优胜者参加，人数 100 多人，分配原则是每省市区至少一人，然后设立分数线择优选取. 冬令营为期 5 天，第一天为开幕式，第二、第三天考试，第四天学术报告或参观游览，第五天闭幕式，宣布考试成绩和颁奖.

CMO 考试完全模拟 IMO 进行，每天 3 道题，限四个半小时完成. 每题 21 分（为 IMO 试题的 3 倍)，6 个题满分为 126 分，题目难度接近 IMO、颁奖也与 IMO 类似，设立一、二、三等奖，分数最高的前 20 至 30 名选手将组成参加当年国际数学奥林匹克(International Mathematical Olympiad，简称 IMO)的中国国家集训队.

从 1990 年开始，冬令营设立了陈省身杯团体赛. 从 1991 年起，全国中学生数学冬令营被正式命名为中国数学奥林匹克，它成为中国中学生最高级别、最具规模、最有影响的数学竞赛.

附录8 数学奖

沃尔夫奖

沃尔夫奖一年举行一次.

1976 年 1 月 1 日, R. 沃尔夫(Ricardo Wolf)及其家族捐献一千万美元成立了沃尔夫基金会,其宗旨主要是为了促进全世界科学、艺术的发展. R. 沃尔夫 1887 年生于德国,其父是德国汉诺威城的一位五金商人,也是该城犹太社会的名流. R. 沃尔夫曾在德国研究化学,并获得博士学位. 第一次世界大战前移居古巴. 他用了将近 20 年的时间,经过大量试验,历尽艰辛,成功地发明了一种从熔炼废渣中回收铁的方法,从而成为百万富翁. 1961 ~ 1973 年他曾任古巴驻以色列大使,以后定居以色列. 他是沃尔夫基金会的倡导者和主要捐献人. R. 沃尔夫于 1981 年逝世. 基金会的理事会主席由以色列政府官员担任. 评奖委员会由世界著名科学家组成. 沃尔夫基金会设有:数学、物理、化学、医学、农业五个奖(1981 年又增设艺术奖). 1978 年开始颁发,通常是每年颁发一次,每个奖的奖金为 10 万美元,可以由几人分得. 自 1978 年到 1990 年已有 24 位数学家获得沃尔夫数学奖. 由于沃尔夫数学奖具有终身成就的性质,所以这 24 位数学家都是蜚声数坛、闻名遐迩的当代数学大师,他们的成就在相当程度上代表了当代数学的水平和进展.

世界性数学奖——菲尔兹奖

菲尔兹奖是著名的世界性数学奖,由于诺贝尔奖没有数学奖,因此也有人将菲尔兹奖誉为数学中的诺贝尔奖.

这一大奖于 1932 年第 9 届国际数学家大会时设立,1936 年首次颁奖. 获奖者经由国际数学家联合会执委会选定的 8 人评委会评选,在国际数学家大会上颁奖. 该奖每 4 年颁发一次,每次获奖者不超过 4 人,每人可获得一枚纯金制成的奖章和一笔奖金. 奖章上面有希腊数学家阿基米德的头像,并且用拉丁文镌刻上“超越人类极限,做宇宙主人”的格言. 菲尔兹奖专门用于奖励 40 岁以下的年轻数学家的杰出成就,即授予那些能对未来数学发展起重大作用的人. 这项奖为纪念加拿大数学家约翰·菲尔兹而以他的名字命名. 菲尔兹于 1924 年主持第 7 届国际数学家大会时,曾设想利用大会结余的经费设立一项基金,用于鼓励青年数学家. 1932 年他去世前又捐赠一部分财产,加上第 7 届大会的结余作为基金,设立一项“不署国名、团体名和个人名的”奖金.

菲尔兹奖是一枚金质奖章和 1 500 美元的奖金,奖章的正面是阿基米德的浮雕头像. 奖金数目微不足道,但其地位至高,主要原因有三:第一,它是由数学界的国际权威学术团体——国际数学联合会主持,从全世界的第一流青年数学家中评定、遴选出来的;第二,它是在每隔四年才召开一次的国际数学家大会上隆重颁发的,且每次获奖者仅 2 ~ 4 名(一般只有 2 名);第三,也是最根本的一条,是由于得奖人的出色才干,赢得了国际社会的声誉. 1982 年,华裔数学家丘成桐教授荣获菲尔兹奖,成为获此荣誉的第一位华人.

J. C. 菲尔兹(Fields),1863 年 5 月 14 日生于加拿大渥太华. 他 11 岁丧父,18 岁丧母,家境不算太好. J. C. 菲尔兹 17 岁进入多伦多大学攻读数学,24 岁时在美国的约翰·霍普金斯大学获博士学位,26 岁任美国阿勒格尼大学教授. 1892 年他到巴黎、柏林学习和工作,1902 年回国后执教于多伦多大学. J. C. 菲尔兹于 1907 年当选为加拿大皇家学会会员. 他还被选为英国皇家学会、苏联科学院等许多科学团体的成员.

奈望林纳奖

奈望林纳奖是有关信息科学方面的数学奖. 奈望林纳奖与菲尔兹奖一样,每 4 年在国际数学家大会上颁发,每次有一位获奖者,获奖者可获一枚奖章和一笔奖金.

该奖项 1981 年 4 月由国际数学家联合会执行委员会设立. 1982 年 4 月,国际数学家联合会接受了赫尔辛基大学的捐赠,故该奖被命名为奈望林纳奖,以纪念罗尔夫·奈望林纳(当时的赫尔辛基大学校长、国际数学家联合会主席).

附录9 历届国际数学家大会简介

国际数学家大会(International Congress of Mathe - maticians),是数学家们为了数学交流,展示、研讨数学的发展,会见老朋友、结交新朋友的国际性会议,是国际数学界最大的盛会.一般四年举行一次(除了第一、二次世界大战期间曾停顿外).首次大会举行于1897年,至今共举行了25次.出席的数学家的人数,最少的一次是208人,最多的一次是4 000多人.每次大会一般都邀请一批杰出数学家分别在大会上做一小时的学术报告和学科组的分组会上作45分钟学术报告,凡是出席大会的数学家都可以申请在分组会上做10分钟的学术报告,或将自己的论文在会上散发.

现将历次大会简介如下:

第一次.时间:1897.地址:瑞士苏黎世.参加人数:208人.

主席:K. F. 盖泽尔(Geiser,瑞士数学家、苏黎世工学院教授).

在大会上做报告的数学家共有4位:J. H. 庞加莱(但他因病缺席,由J. 弗兰纽尔(Franel)替他宣读论文),A. 胡尔维茨(Hur - witz),C. F. 克莱因,G. 皮亚诺(Peano).

这次大会以J. H. 庞加莱报告的《关于纯分析和数学物理》及C. F. 克莱因报告的《目前高等数学问题》,著称于世.

第二次.时间:1900年.地址:法国巴黎.参加人数:229人.

主席:J. H. 庞加莱. C. 埃尔米特(Hermite,法国数学家)担任名誉主席.大会上做报告的数学家共有4位:M. 康托(Cantor),M. G. 米塔·列夫勒,V. 沃尔泰拉(Volterra),J. H 庞加莱.

这次大会以D. 希尔伯特在历史与教育两组联席会上的讲演《未来的数学问题》(在刊印的讲稿中,他共列出23个问题,但他在实际讲演中,因时间关系只讲了其中10个问题),确立了这次巴黎国际数学家大会在数学史上的地位.他认为:"通过对这些问题的研讨,可以期待科学的进步."

第三次.时间:1904年.地址:德国海德堡.参加人数:336人.

主席:H. 韦伯(Weber,德国数学家).在大会上做报告的数学家共有4位:G. 格林希尔(Greenhill),P. 班勒卫(Painleve),C. 塞格雷(Segre),W. 沃廷格(Wirtinger).

这次大会正值德国著名数学家C. G. L. 雅可比(Jacobi)诞辰100周年,在H. 韦伯致辞后,海德堡大学的数学教授L. 柯尼希贝格(Konigsberger)做了纪念C. G. L. 雅可比的纪念演说,他在演说中对C. G. L. 雅可比做了高度的评价.

大会期间还展出了近十年来的数学文献、数学仪器和模型.

第四次.时间:1908年.地址:意大利罗马.

主席:P. 布拉塞纳(Blaserna,罗马科学院院长).意大利国王亲临开幕式会场以表祝贺、欢迎.

被邀请在大会上做报告的数学家共7位:J. H. 庞加莱,已达布(Darboux),D. 希尔伯特,C. F. 克莱因,V. 沃尔泰拉,G. 韦罗内塞(Veronese),S. 纽科姆(Newcomb).但是,D. 希尔伯特和C. F. 克莱因都谢绝了邀请;J. H. 庞加莱因病也未能亲临大会作报告.

这次大会上颇具特色的活动是颁发卡西亚(Cuccia)奖,一枚金质奖章和3 000法郎奖金,此奖"以奖赏推进代数挠曲线研究的重要论文".帕多凡大学的数学家巴塞韦里(Seven)荣获此奖.这是国际数学家大会颁发的各种奖赏中的第一次.

第五次.时间:1912年.地址:英国剑桥.参加人数:708人(但据会议记载"实际出席会议者"是574人).

主席:C. G. 达尔文(Darwin,英国数学家、物理学家,他是进化论创始人 C. R. 达尔文的孙子).

在大会上做报告的数学家有:E. 波莱尔(Borel),E. 兰道(Lan - dau),B. 加利特曾(Galitzen)等. 这次报告人的安排注意到纯粹数学与应用数学的平衡. 此外,应用数学方面又分成三个小组:工程数学;统计、经济和保险统计数学;数理天文.

大会主席 C. G. 达尔文和其他英国的报告人都利用这次机会向到会的数学家强调:英国数学家已最终打破了长期孤立于大陆数学家的状态.

第六次. 时间:1920 年. 地址:法国斯特拉斯堡. 来自 27 个国家的数学家出席了这次大会.

主席:E. 皮卡(Picard,法国数学家). C. 若尔当(Jordan,法国数学家)担任名誉主席.

剑桥大学的英国数学家 J. 拉莫尔(Larmor)爵士做的第一个全会报告,他在报告中详细评述了 D. 希尔伯特和 C. F. 克莱因在第一次世界大战期间的工作. 在大会上做报告的还有 V. 沃尔泰拉等.

在这次大会期间,正式成立了国际数学联合会(International Mathematical Union,简称 IMU),C. J. G. 瓦莱普桑(Vallee - Poussin,比利时数学家)当选为主席.

这次大会不准轴心国的数学家参加,从而遭到了几位头面人物的抵制,认为这种开会法不是国际性的.

第七次. 时间:1924 年. 地址:加拿大多伦多. 参加人数是第六次大会的两倍.

主席:J. C. 菲尔兹(Fiefs,加拿大数学家).

在大会上做报告的数学家有:E. 嘉当(Cartan),J. M. L 鲁(Roux),S. 平凯莱(Pinchrle),F. 塞韦里,F. C. M. 斯特默(Stomer),M. H. 杨(Young)等. 这次在大会上的报告全部属于纯粹数学领域.

W. H. 杨准备的讲演题目是《20 世纪纯粹数学研究的某些特征》,但他没有提及 D. 希尔伯特在巴黎召开的那次数学家大会上提出 23 个问题中的任何一个.

这次大会,轴心国的数学家再次未能参加. 对此,大多数美国数学家一直反对排斥德国和其他轴心国的数学家,并对此提出一项决议案,得到意大利、荷兰、瑞典、丹麦、挪威和英国数学家的赞同.

大会接受了一笔钱存入自己的财库,J. C. 菲尔兹开始考虑利用它来设立一项国际数学奖.

第八次. 时间:1928 年. 地址:意大利博洛尼亚. 参加人数:836 人.

主席:S. 平凯莱.

在大会上做报告的数学家较多,其中有:V. 沃尔泰拉,G. D. 伯克霍夫(Birkoff)等人. V. 沃尔泰拉是至今唯一一位做过 4 次全会报告的数学家,而且他这次演讲时,意大利国王 V. 伊曼纽列(Emanuelle)三世也来到会场听他演讲.

第一次世界大战后的第三次大会选择在意大利波伦亚召开,表明数学家希望数学会议只受科学支配而不受政治的控制.

这次大会尽管 D. 希尔伯特身体欠佳,但他率领了 60 多位德国数学家参加了这次盛会,他非常高兴的告诉与会者:“经过漫长而艰难的时期,世界上所有的数学家的代表又齐聚一堂. 为了我们所热爱的这门科学的繁荣,应该如此也必须如此.”“数学不分种族…….”对于数学,整个文明世界构成同一个国家.”

这次会的开幕式在波伦亚大学,后去过拉韦纳,闭幕式则在佛罗伦萨.

第九次. 时间:1932 年. 地址:瑞士苏黎世. 参加人数:667 人,其中有 20 位曾参加过 1897 年第一次国际数学家大会,当年的大会主席 C. F. 盖泽尔虽已 90 岁的高龄也来了,H. 费尔(Fehr,瑞士数学家、教育家、国际数学教育杂志的创办人和编辑)也来了,他是唯一参加了至今历次大会的数学家.

主席:R. 菲特尔(Fueter,瑞士数学家).

在大会上做报告的数学家较多.其中有:E. 嘉当,A. E. 诺特 L. 比贝尔巴赫(Bieberbach)等.邀请 L. 比贝巴赫在大会上做报告,是组织委员会为了主动向那些在1928年反对过"去波伦亚的人"的数学家表示和解.A. E. 诺特是被邀请在国际数学家大会上做全会演讲的第一位女数学家,而且自她之后被邀请在全会上演讲的女性的数目跟零相差无几.

这次大会宣布 J. C. 菲尔兹在遗嘱中提供一笔馈赠,作为每届大会颁发两枚奖章的资金——即从1936年开始颁发的菲尔兹奖章.

第十次.时间:1936年.地址:挪威奥斯陆.参加人数387人(由于德国希特勒和意大利墨索里尼的上台,以及世界政治和经济形势的剧变,从而使加这次大会的数学家比上届将近减少了一半).

主席:F. C. M 斯托默(Stomer,挪威数学家).

在大会上做报告的数学家有:E. 嘉当(这是他在国际数学家第三次全会做报告),L. V. 阿尔福斯等.

这次大会虽然出席的人数相对较少,但开得很隆重,挪威国王和王后在皇宫举行了欢迎招待会,挪威外交部长做了热情洋溢的讲话,他说:"尽管我不够格归入数学初学者的行列,但敢大胆地称赞你们的科学,它不愧是扩展人类智力的主将".

在这次大会上首次颁发了菲尔兹奖,获奖得主是:L. V 柯尔福斯,J. 道格拉斯.由挪威国王将奖章授予了他们.C. 卡拉西奥多里(Carathecdcry)对两位获奖者的主要成就做了评价.

第十一次.时间:1950年.地址:美国波士顿.参加人数:1 700多人,达到过去历次大会中人数最多的两倍.

主席:O. 维布伦(Veblen,美国数学家).

在大会上做报告的数学家共有22位(有15位出于美国或在美国上大学或从事数学研究工作).其中有 H. 嘉当,A. 韦伊,陈省身等.

这次菲尔兹奖得主是:L. 施瓦尔兹,A. 赛尔伯格.由 H. 玻尔(Bohr)对两位获奖者的主要成就做了评价.

这次大会,社会主义阵营国家的数学家无人到会,但苏联科学院院长 S. 沃维洛夫(Vaivlov)发来了预祝大会成功的贺电.

第十二次.时间:1954年.地址:荷兰阿姆斯特丹.参加人数:1 553人.

主席:J. A. 斯豪滕(Schouten,荷兰数学家).

在大会上做报告的数学家有:I. M. 盖尔范德,A. N. 柯尔莫戈洛夫,A. 韦伊,J. 冯·诺依曼,K. 博苏克(Borsuk),J. 内曼(Neymen),A. 塔斯基(Tarski),P. S. 亚历山德罗夫(Alexandrov),S. M. 尼科尔斯克(Nikolski),等.J. 冯·诺依曼按照 D. 希尔伯特的演讲方式提出了若干重大的数学问题——它们将有助于数学在20世纪下半叶的进步,但由于他过度劳累已病得很重,故未能将其演讲的手稿付印出版.

这次菲尔兹奖得主是:小平邦彦,J. P. 塞尔.由 C. H. H 外尔对两位获奖者的主要成就做了精彩的评价.上两次都是由该届菲尔兹奖评委会主席或委员来介绍获奖者的主要成就,在 C. H. H. 外尔这位名家执行此项任务之后,评价获奖者的成就便都由研究该领域的专家来担任了.

第十三次.时间:1958年.地址:英国爱丁堡.参加人数:1 658人.

主席:W. V. D. 霍奇(Hodge,英国数学家).他说:"为了数学的健康发展,由数学中所有分支的代表举行定期的聚会是必要的."同时他认为:国际数学家大会"乃是防止过度专门化这种危险的安全保障,有不可估量的价值".

这次菲尔兹奖得主要是:K. F. 罗斯,R 托姆. 由 H. 达文波特(DavenPort),和巴霍普夫(HoPf),分别对两位获奖者的主要成就做了评价.

这次大会做出了一项革新,自 1897 年以来每次大会总是把代数和数论在分组时排在第一组,而本次大会则将逻辑和数学基础排在了它们之前.

第十四次. 时间:1962 年. 地址:瑞典斯德哥尔摩. 参加人数:3 000 多人.

主席:R. H. 奈望林纳,他同时是国际数学联合会主席和菲尔兹奖评委会主席——这种三位一体的角色还没有哪一次的主席扮演过. 大会上做报告的数学家有:I. M. 盖尔范德,L. V 阿尔福斯等人.

这次菲尔兹奖得主是:L. V. 霍曼德尔,J. W. 米尔诺. 由瑞典国王向他们颁发奖章,由 L. 加丁和 H. 惠特尼分别对两位获奖者的主要成就做了评价.

本次大会的组织委员会主席 O. 弗罗斯特曼(Frostman)认为:"数学本身正在如此迅速地发展,恐怕没有一个人能概况研究前沿的状况,只有在国际合作的基础上联合努力,才可能了解数学的全貌".

第十五次. 时间:1966 年. 地址:苏联莫斯科. 会议注册人数:5 594 人,实际到莫斯科的是 4 000 多人. 会议共分 15 个小组,几乎是上次分组的两倍.

主席:I. G. 彼得罗夫斯基(Petrovski,苏联数学家).

在大会上做报告的数学家共 17 位. 其中 9 位来自英国和美国;5 位是苏联人;2 位来自西德,1 位来自法国.

本次大会报告人似乎达成了默契,大家都用本国语言讲演.

由于一项匿名捐款充实了菲尔兹奖的基金. 评选委员会主席 G. 德拉姆(De Rham)汇报了这一情况,并说明由于 30 年前首次颁奖以来数学领域已大大扩展,因此颁奖人数"可以审慎地"增加到每次 4 人. 这次菲尔兹奖得主是:M. F. 阿提雅,P. J. 科思,A. 格罗爱迪克,S. 斯梅尔. 苏联科学院长 M. V. 凯尔戴什(Keldysh)向他们颁发奖章. 由队嘉当,A. 丘奇(Churcn),J. A. 迪厄多内,R. 托姆分别对 4 位获奖者的成就做了评价.

在这次大会上宣读了 2 000 多篇学术报告和报道,从中可以看出现代科学发展的两个重要趋势:一方面,学科日趋专门化;另一方面,各学科之间的相互参透又形成整体化的趋势.

第十六次. 时间:1970 年. 地址:法国尼斯. 参加人数:2 811 人.

主席:J. 勒雷. P. A. 蒙泰尔(Momel,法国数学家)以 94 岁高龄担任名誉主席.

在大会上做报告的数学家有:陈省身 I. M. 盖尔范德,L. S. 庞特里亚金等人. 几乎所有大会报告人都用英语讲演,唯一的例外是 L. S. 庞特里亚金,他用了法语. 这显示了国际数学家大会在使用语言方面的变化,意味着英语成为各国数学家交往的共同语言. 这次大会取消了 10 分钟的论文宣读这种报告形式,而代之散发了 265 篇打印的个人论文通报.

这次菲尔兹奖得主是:A. 贝克,广中平佑,S. P. 诺维科夫,J. G. 汤普逊. 法国总统在巴黎接见了他们和所有曾荣获菲尔兹奖的法国人,由 P. 图兰(Turan),A. 格罗登迪克,M. F. 阿蒂雅,R. D. 布劳尔(Brauer),分别对 A. 贝克,广中平佑,S. P. 诺维科夫,J. G. 汤普逊的主要成就做了评价.

第十七次. 时间:1974 年. 地址:加拿大温哥华. 参加人数是多伦多那次大会的 8 倍之多.

主席; H. S. M. 考克斯特(Coxeter,英国数学家,后任加拿大多伦多大学教授). 他在开幕词中说:"从前的数学是身居象牙塔的特殊人物研究的对象,现在的数学已变得非常普及,甚至影响到体育:(英式)足球做成切掉尖角的20面体形状,电子计算机到处生根发芽,所有大学的数学系都在扩展以接纳大量渴求知识的学生."他认为战后数学在世界上的地位发生了彻底的变化.

这次菲尔兹奖得主是:E. 庞比里,D. B. 曼福德. 由K. 查德里斯卡恩兰和J. 塔特(Tate),分别对两位获奖者的成就做了评价.

第十八次. 时间:1978年. 地址:芬兰赫尔辛基. 参加人数:3 000多人.

主席:O. 莱托(Lehto,赫尔辛基大学数学家). R. H奈望林纳担任名誉主席. 在大会上做报告的数学家共15人;第一个在大会演讲是首届菲尔兹奖得主L. V. 阿尔福斯;A. 孔耐,W. 包斯顿,A. 韦伊,丘成桐,S. P. 诺维科夫,等人都做了大会演讲.

这次大会收到个人提交的论文达2 000多篇.

这次菲尔兹奖得主是:C. 费弗曼,P. 德林,D. 奎伦,G. A. 玛古利斯. 由L. A. E. 卡莱松(Carleson),N. M. 卡茨(Katz),I. M. 詹姆斯(Jame),J. 蒂茨(Tit),分别对4位获奖者的成就做了评价.

这次大会,首次邀请一位数学家做与会徽有关的报告,他就是苏联数学家Yu. I. 马林. 他要听众仔细观察会徽,他说:"你将很容易辨认出会徽的图案是著名的'模结构'的一部分."

第十九次. 时间: 1983年. 地址:波兰华沙. 参加人数:2 300多人.

主席:C. 奥对奇(Olecn,). W. 奥里茨(Orlicz,波兰数学家)担任名誉主席.

在大会上做报告的数学家有:肖荫堂,R. 托姆,……等人.

这次菲尔兹奖的得主是:A. 孔耐,T. 色斯顿,丘成桐. 由H. 阿拉基(Araki),C. T. C. 沃尔(Wall),L. 尼伦伯格(wirenberg),分别对3位获奖者的主要成就做了评价,但由于C. 沃尔和L. 尼伦伯格没有到会,他们的评价由他人代读.

在这次大会上还首次颁发了奈望林纳奖,该奖是芬兰为纪念她的著名数学家R. H. 奈望林纳而设的,以表彰他对整个科学以及芬兰的计算机科学所做的贡献. R. 塔简(Tarjan,美国数学家)因其在信息科学的数学方面的杰出成就,成为该奖的第一个得主.

国际数学联合会秘书O. 莱托在闭幕式上说:"作为个人,我们每个人当然都会选择自己的政治观点,但当大家汇集一起组织数学的国际性合作时,就应完全避开政治. 我们这门美好的科学应成为联结众人的桥梁,使我们真正结成一个数学大家庭."

第二十次. 时间:1986年. 地址:美国伯克利. 参加人数:3 500多人.

主席:A. 格利森(Gleason,美国数学家). L. V. 阿尔福斯担任名誉主席.

在大会上做报告的数学家共有16位,他们是:S. 斯梅尔,L. 德布兰格斯(de Branges),S. 唐纳森(Donaldson),G. 法尔廷斯(Faltings),J. M. 费罗利奇(Frshich),F. W. 格林(Gehling),M. 格罗莫夫(Gromov),H. W. 伦斯特拉(Lenstra),R. M. 舍恩(Schoen),A. 舍思黑格(Schsnhaga),S. 希拉(Shelah),A. V. 斯科罗霍德(Skorohod),E. M. 斯坦(StCin),A. A. 萨斯林(Suslin),D. A. Jr. 沃甘(Vogan),E. 威滕(Witten).

这次菲尔兹奖得主是:M. 弗里德曼,S. 唐纳森,G. 福尔廷斯. 由J. W. 米尔诺,M. F. 阿蒂雅,B. 梅热(Mazur)分别对3位获奖者的主要成就做了评价.

这次奈望林纳奖的得主是:L. 瓦利亚特(Valiant,英国数学家)他对理论计算机科学这株迅速成长的幼树的几乎每一个分支均有决定性的影响. 或者可以说,有关计算问题的理论是他最重要、最成熟的贡献.

由本次大会的名誉主席、首届菲尔兹奖

得主 L. V. 阿尔福斯亲自将菲尔兹奖章和奈望林纳奖授予上述 4 人.

本次大会的特色之一,是更多地强调计算机科学.

出席这次大会的许多数学家,尤其是美国数学家,对未来考虑得很多. 美国总统里根的代理科学顾问 R. 约翰逊(Johson)极力主张,数学家应集中精力关注一下数学教育. M. 弗里德曼发表他荣获菲尔兹奖章的感想时说:"浇灌数学之树使之常青成了我义不容辞的责任,……最根本的是要努力改变社会导向,使孩子们从上小学起就能喜欢数学而不是视数学为畏途."

第二十一次. 时间:1990 年. 地址:日本东京. 参加人数:近 4 000 人.

主席:小松彦三郎(Komatsu Hikosaburo,京都大学教授)

在大会上做报告的数学家共 15 位. 他们是:K. 乌伦贝克(Uhen - beck)森重文,A. 弗洛尔(Floer),Y. 艾哈拉(Ihara),S. 库克(Cook),A. J. 马伊达(Majda),S. 布洛克(Bloch),R. B. 梅尔罗斯(Melrose),G. 勒斯泰格(Lusztig),A. 瓦切科(Varchenko),L. 洛瓦斯共(Lováz),V. 琼斯(Jones),Ya. G. 赛奈(Sinal)G. 马古利斯(Margulis),B. L. 费根(Feigin).

这次菲尔兹奖得主是:F. R. J. 沃恩. 森重文,V. 德里费尔德,E. 威滕. 由 J. 伯曼(Birman),广中平佑,M. 杰博(Jimbo),L. 法迪夫(Faddeev)分别对 4 位获奖者的主要成就做了评价.

这次奈望林纳奖得主是:A. 雷博罗夫(Razborov,苏联数学家),他对计算复杂性理论有重要建树,特别是对单调布尔函数的复杂度做了很好的工作.

本次大会,以其在研究上与物理学或多或少的联系所占的优势而给人以深刻的印象,一个趋势很好地说明了这一点,这次 4 位菲尔兹奖得主中的 3 位:F. R. J. 沃恩,E. 威滕,V. 德里费尔德的工作都与物理学有深刻地联系. 这个现象并不出人意料,但它却不能引起数学的地位和作用的激励和反思. 物理学和数学间的密切关系和这两门科学一样古老,对此,人们只要想到阿基米德或 G. 伽利略(Galilei),想起他们所说"自然是用数学的语言描绘的",或者想到 I. 牛顿,或更晚些的 J. H. 庞加莱就行了. 此外,对大会成果的认真分析,揭示了这些题材的持久性和最基本研究的连续性.

本次东道国日本的有关当局表示将发行这次大会的纪念邮票.

第二十二次. 时间:1994 年. 地点:瑞士苏黎世. 参加人数:2 300 多人,其中有中国大陆数学家 50 人,台湾地区数学家 10 人和香港数学家 8 人.

名誉主席:B. 埃克曼(Eckmann).

在大会上做报告的数学家共 17 位,他们是:R. 玛利安(Marian),P. L. 利翁(Lions),C. H. 陶布斯(Taubes),J. 布尔盖恩(Bourgain),J. B. 凯勒(Keller),M. 孔采维奇(Kontsevich),B. 拉斯兹洛(Laszlo),J. H. 康韦(Conway),F. 朱尔格(Jürg),J. C. 约克兹(Yoccoz),S. R. S. 瓦拉德汉(Varadhan),D. 沃伊卡莱斯卡(Voiculescu),V. A. 瓦西列夫(Vassiliev),I. 多布奇斯(Daubechies),P. 西摩(Seymour),A. 怀尔斯(Wiles),E. 泽尔曼诺夫(Zelmanov),A. 威杰尔松(Widgerson).

这次菲尔兹奖得主是:J. 布尔盖恩,P. L. 利翁,J. C. 约克兹,E. 泽尔曼诺夫. 由 L. 卡法里利(Caffarelli),S. R. S. 瓦拉德汉(Varadhan),A. 道戴(Douady),W. 费特(Feit)分别对 4 位获奖者的主要成就了评价.

此次奈望林纳奖得主是:A. 威杰尔松(Widgerson,以色列大学的数学家),他在关于零知识证明方面的工作极有建树. 他的结果表明:单向函数对于具有一个 Prover 的非平凡零知识证明了存在性是非常本质的,但对于多个 Prover 的交互作用(interactive)证明则不需要. 作为一个应用例子, K 点网络在有不超过 CK(C 为某个常数)个地方出错,仍然是可靠的.

被邀请做45分钟报告的中国大陆数学家有4人,他们是:张恭庆(北京大学),马志明(中国科学院应用数学所),励建书(美国马里兰大学),李俊(美国××).

第二十三次. 时间:1998 年. 地点:德国柏林. 参加人数:3 348 人. 中国有 63 位数学家(包括台湾地区 11 人)参加.

主席:M · 格罗特施尔(Gr? tschel). F·E·P·希策布鲁赫(Hirze – bruch)担任名誉主席.

在大会上做报告的数学家共有 21 位,他们是:J. K. 莫泽(Moser),P. W. 肖尔(Shor),E. 赫鲁索夫斯基(Hrushovski). D. 麦克达夫(McDuff),I. G. 麦卡唐纳德(Macdonald),H. H. W. 霍弗(Hofer),V. 沃沃德斯基(Voevodsky),W. 哈克布希(Hackbusch),K. 西格蒙德(Sigmund),M. 塔拉格兰德(Talagrand),C. 韦费(Vafa),G. C. 帕普尼柯鲁(Papanicolaou),三轮哲二(Tetsuji Miwa),G. 皮西尔(Pisier),C. 德尼格尔(Deninger),G. 加勒沃蒂(Gallavotti),J. M. 比斯马特(Bismut),M. 维纳(Viana),S. 马拉特(Mallat),P. 萨纳克(Sarnak),P. 戴科尼斯(Diaconis).

这次菲尔兹奖得主是:R. E. 博切尔兹,W. T. 高尔斯,M. 孔采维奇,C. T. 麦克马兰;A. 怀尔斯荣获特别贡献奖. J. 利波斯凯(Lepowsky),J. 林登斯特劳斯(Lindenstrauss),Yu. I. 马宁(Manin),J. 米尔诺(Milnor)分别对前4位获奖者的主要成就做了评价.

此次奈望林纳奖得主是:P. W. 肖尔(美国数学家),他对量子计算(quantum compution)、算法有重要建树.

中国有 4 位旅美中青年数学家应邀在会上做了 45 分钟报告,他们是张寿武、阮永斌、夏志宏、侯一钊.

在 8 月 27 日下午的闭幕式上,国际数学联合会主席 D · 芒福德宣布下届国际数学家大会将于 2002 年在中国北京举行. 接着,国际数学联合会下届主席 J · 帕利斯和中国数学会理事长张恭庆先后讲话. 张恭庆代表 ICM'2002 东道主,欢迎世界各国与地区的数学家 4 年后在北京聚会,会场上响起了热烈的掌声. 最后由 ICM98 组织委员会主席 M. 格罗特施尔宣布本届国际数学家大会闭幕.

第二十四次. 时间:2002 年. 地点:中国北京. 参加人数:约 4 000 名数学家.

主席:吴文俊,组委会主席:马志明

大会期间,有 20 位数学家做大会一小时报告,174 人做 45 分钟报告. 11 位中国数学家做 45 分钟报告. 著名青年数学家、美国马萨诸塞理工学院教授、北京大学特聘教授田刚等三位华人数学家做大会一小时报告. 大会主席吴文俊、诺贝尔经济学奖获得者纳什等做了以数学史和博弈论为题的公众报告. 在本次大会上,洛朗 · 拉佛阁和弗拉基米尔 · 沃沃斯基两位数学家被授予菲尔兹奖. 迈度 · 苏丹获奈望林纳奖. 这是 100 多年来中国第一次主办国际数学家大会,也是发展中国家第一次主办这一大会.

第二十五次. 时间:2006 年. 地点:西班牙马德里. 参加人数:约 4 000 名数学家.

相遇于书本 相知于网络 万向思维书友会

几年来，万向思维一直期待有个机会与大家更亲密接触。今天，我们终于做了一件对书迷书痴书粉丝们来说可喜可贺的大事。清清嗓子，大声喊出来：**万向思维书友会会员招募开始了**。听到了吗？什么？你问我入会细则，两条路线容我一一道来。

路线 A：动动手指，编辑手机短信"万向思维"发送至 12114，你就成为我们的普通会员。

路线 B：参加以下的"淘宝大行动"，你就成为我们的 VIP 会员。

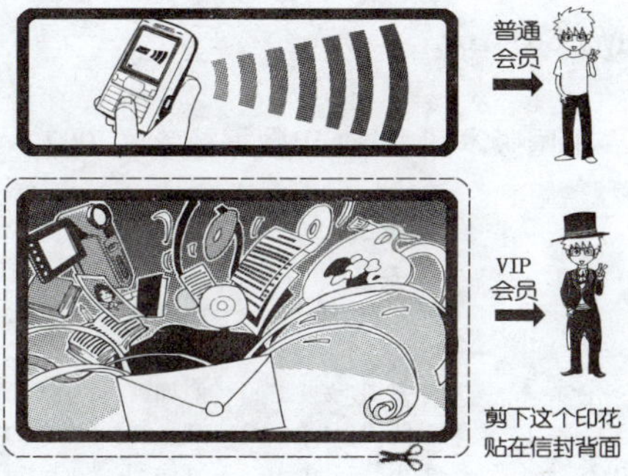

宝贝"见光" 你的文章（务必有老师推荐，一旦出版，将颁发指导老师证书）、画作（含漫画）、Flash、DV 短片甚至靓照，只要你乐于展示，希望让同龄人见识，那就发过来！我们一定洗净双手、擦亮双眼、细细拜读之后放到我们的书上、网上，让大家一起来分享。

宝贝"试水" 你认真使用了我们的书："唉，怎么有错？""嗨，这个栏目没意思！""咦，这个东东特好玩！"赶紧记下来发给我们，只要你有理，我们就无条件接受。

宝贝"出土" 也许你是学习高手，也许你是考试能手，人家孟老夫子都说了"达则兼济天下"，那就把你那些"私家笔记""错题本""点子本"，独门秘籍诸如"经典题""陷阱题""弱智题""攻坚题"告诉我们，我们将汇编成书，使它们"得见天日"。

宝贝"心 O_2" 也许你最拿手的是自我心理按摩。那好啊，端出你的心灵鸡汤，我们热烈欢"饮"。几句歌词，几条名言，让你开怀的漫画，甚至是你的心语点滴，只要曾打动你一个，就能感动我们一群人。

宝贝"风向" 你喜欢或者同学喜欢或者校友喜欢或者同龄人喜欢读什么书，赶紧告诉我们吧。要是不知道，聪明的你可以进行调查啊，假如你能尝试弄一个调查问卷再把结果给我们，那么恭喜你，你已经成功体验过社会实践活动了。

以上"宝贝"在邮寄时，务必将上图中的活动印花剪下，贴在信封背面，否则你将不能参加书友会的各项活动。所有邮寄来的作品均视为已授权出版。我们的具体联系方式见下页页末。

万向思维书友特别享受

1. 所有会员，编辑相应手机短信"小学学习方法""初中学习方法"或"高中学习方法"发送至 **12114**，就可以收到不同主题的免费手机报，内容包括教育资讯、考试动态、休闲测试等。

2. 所有 VIP 会员均获赠万向思维精美笔记本一套。

3. 所有会员均自动进入"**万向思维书友会助学基金**"活动候选名单。我们的编辑慧眼如炬，将从"淘宝大行动"中评出最有价值的"宝贝"，颁发一、二、三等奖；而其余会员（包括经由路线 **A** 加入的普通会员）将在当年有一次参加鼓励奖抽取的机会，奖项设置如下：

一等奖：2 名（各奖 2 000 元）
二等奖：20 名（各奖 500 元）
三等奖：50 名（各奖 200 元）
鼓励奖：300 名（各奖 50 元）

VIP 会员档案模板

①姓名	②学校	③班级	④性别	⑤生日
⑥最便捷联系电话（最好是手机）			**⑦QQ/E-mail**	
⑧通信地址（含邮编）			⑨一句话评价你自己	

获奖名单将于 2010 年 1 月 31 日和 7 月 31 日在万向思维学习网（www. wxsw. cn）上公布。假如因为你粗心或字迹潦草，所提供以上个人信息不实、不全，造成助学金及笔记本无法送达，所有责任将由你自己承担，所以请特别注意。

图书在版编目（CIP）数据

高中数学资料包／刘增利主编. —4版. —北京：北京出版社，2007.1

ISBN 978-7-5303-3337-2

Ⅰ. 高… Ⅱ. 刘… Ⅲ. 数学课—高中—教学参考资料 Ⅳ. G634.603

中国版本图书馆CIP数据核字（2007）第009743号

最新"万向思维金点子"奖学金获奖名单(2009年7月)

"创意之星"一等奖

沈洪林(山东德州)　梁斯鹏(广东廉江)

"创意之星"二等奖(部分名单)

陈家梅(安徽当涂)　谢如雪(四川郫县)　胡银婷(四川眉山)　张　朋(辽宁丹东)
王倩玲(四川成都)　刘兴邦(甘肃庆阳)　尤忠敏(云南临沧)　赵亚萍(甘肃会宁)
王小英(福建龙岩)　陈徐宁(贵州毕节)　李洪飞(河北唐山)　陈　斌(福建莆田)
王　涛(陕西咸阳)　黄丽玲(广西钦州)　田士令(新疆伊犁)

"纠错王"奖

刘媛媛(山东聊城)　马　骄(新疆伊宁)　张飘逸(江苏海门)　高宁召(河南汝阳)　张映彬(福建漳州)

高中数学教材知识资料包
GAOZHONG SHUXUE JIAOCAI ZHISHI ZILIAOBAO

策划设计	北京万向思维基础教育教学研究中心数学教研组	出　版	北京出版集团公司
主　编	刘增利		北京教育出版社
执行策划	杨文彬	地　址	北京北三环中路6号
学科主编	冯艳红	邮　编	100120
本册主编	高晓明　杨建杰	网　址	www.bph.com.cn
责任编辑	吕颜辉	总发行	北京出版集团公司
责任审读	聂欢欢　惠雅敏	经　销	各地书店
责任校对	王　妙　呼　娜	开　本	890×1240　1/32
责任录排	李　嫚　余　丹　王娟萍	印　张	18.5
插图制作	王　滨　柏淑惠	字　数	481千字
封面设计	魏　晋	版　次	2007年9月第4版
版式设计	廉　赢	印　次	2010年1月第2次印刷
责任印制	赵天宇	书　号	ISBN 978-7-5303-3337-2/G·3263
印　刷	陕西思维印务有限公司	定　价	29.80元

物流编码 52302

主编邮箱:zhubian@wxsw.cn　投稿邮箱:towxsw@wxsw.cn　求购邮箱:qiugou@wxsw.cn

图书质量监督电话:010－82378880(含图书内容咨询)　010－58572750　010－58572393

通信地址:北京市海淀区王庄路1号清华同方科技广场B座15层(邮编100083)